AF357366

# HISTOIRE NATURELLE

## DES

# ANIMAUX SANS VERTÈBRES.

---

## TOME NEUVIÈME.

# OUVRAGES DE LAMARCK

## QUI SE TROUVENT CHEZ J.-B. BAILLIÈRE.

Philosophie zoologique, ou Exposition des considérations relatives à l'Histoire naturelle des animaux, à la diversité de leur organisation, et des facultés qu'ils en obtiennent, aux causes physiques qui maintiennent en eux la vie, et donnent lieu aux mouvemens qu'ils exécutent ; enfin à celles qui produisent, les unes le sentiment, et les autres l'intelligence de ceux qui en sont doués ; *deuxième édition*. Paris, 1830, 2 vol. in-8.　　　　12 f.

Système analytique des connaissances positives de l'homme restreintes à celles qui proviennent directement ou indirectement de l'observation. Paris, 1830, in-8.　　　　6 f.

Mémoire sur les fossiles des environs de Paris, comprenant la détermination des espèces qui appartiennent aux animaux marins sans vertèbres, et dont la plupart sont figurés dans la collection du Muséum. Paris, in-4. 10 f.

Extrait du cours de zoologie du Muséum d'Histoire naturelle, sur les animaux sans vertèbres. Paris, 1812, in-8.　　　　2 f. 50 c.

Imprimé chez Paul Renouard, rue Garancière, 5.

# HISTOIRE NATURELLE

## DES

# ANIMAUX SANS VERTÈBRES,

PRÉSENTANT

LES CARACTÈRES GÉNÉRAUX ET PARTICULIERS DE CES ANIMAUX,
LEUR DISTRIBUTION, LEURS CLASSES, LEURS FAMILLES, LEURS
GENRES, ET LA CITATION DES PRINCIPALES ESPÈCES QUI S'Y
RAPPORTENT;

PRÉCÉDÉE

**D'UNE INTRODUCTION**

Offrant la Détermination des caractères essentiels de l'Animal, sa Distinction du végétal et des
autres corps naturels; enfin, l'Exposition des principes fondamentaux de la Zoologie.

## PAR J. B. P. A. DE LAMARCK,

MEMBRE DE L'INSTITUT DE FRANCE, PROFESSEUR AU MUSÉUM D'HISTOIRE NATURELLE.

*Nihil extrà naturam observatione notum.*

**DEUXIEME ÉDITION.**

REVUE ET AUGMENTÉE DE NOTES PRÉSENTANT LES FAITS NOUVEAUX
DONT LA SCIENCE S'EST ENRICHIE JUSQU'A CE JOUR;

Par MM.

G. P. DESHAYES ET H. MILNE EDWARDS.

## TOME NEUVIÈME.

### HISTOIRE DES MOLLUSQUES.

# A PARIS,

## CHEZ J.-B. BAILLIÈRE,

LIBRAIRE DE L'ACADÉMIE ROYALE DE MÉDECINE,

RUE DE L'ÉCOLE DE MÉDECINE, 17.

**A LONDRES**, H. BAILLIÈRE, 219, REGENT STREET.

**1845.**

# HISTOIRE NATURELLE

DES

# ANIMAUX SANS VERTÈBRES.

—◦—

### JANTHINE. (Janthina.)

Coquille ventrue, conoïdale, mince, transparente. Ouverture triangulaire. Columelle droite, dépassant la base
du bord droit, celui-ci ayant un sinus dans son milieu.
Point d'opercule.

*Testa ventricosa, conoidalis, tenuis, pellucida. Aper-
tura triangularis; columellâ rectâ, labri basim ultra
productâ : labro ad medium sinu emarginato. Operculum
nullum.*

[Animal subglobuleux ayant la tête grosse, cylindracée,
prolongée en trompe, terminée antérieurement en une
fente buccale perpendiculaire, garnie de plaques cornées,
hérissées de crochets ; une paire de tentacules de chaque
côté de la tête, les plus petits antérieurs ; point d'yeux ;
pied court, portant en dessous un amas de vésicules cartilagineuses servant de vésicule natatrice et de points
d'attache pour des ampoules remplies d'œufs. Branchies
formées de deux feuillets très inégaux, le plus grand mul-
tifide, quelquefois saillant hors du manteau.]

OBSERVATIONS. — Les Janthines sont des coquilles marines
très singulières, uniques de leur famille et de leur genre, qui

ne se rencontrent jamais qu'à la surface des eaux, et dont le test, toujours violet, tant en dedans qu'en dehors, est très mince, transparent et fragile. Linné les avait rangées parmi ses Helix, quoique ceux-ci soient des coquillages terrestres, vivant à l'air libre, et tous véritablement phytiphages, ce qui est tout-à-fait étranger à l'animal des Janthines. En effet, ce dernier, comme marin, doit avoir des habitudes différentes dans sa manière de vivre; aussi a-t-il une trompe, selon M. Cuvier, ce qui semblerait devoir l'éloigner de la division où nous le plaçons. S'il parait avoir quatre tentacules, cela provient sans doute de ce que les deux tentacules de beaucoup de trachélipodes marins portent les yeux élevés sur des tubercules qui sont à leur base, et qu'ici, ces tubercules plus allongés simulent des tentacules particuliers.

Dans les Janthines, l'ouverture de la coquille présente inférieurement un angle formé par la columelle droite et par la base du bord extérieur.

Au reste, la forme particulière de cette coquille, son peu d'épaisseur qui la rend très fragile, enfin sa couleur violette, la rendent très remarquable, et indiquent que l'animal auquel elle appartient est lui-même très particulier.

Ce mollusque flotte, étant suspendu à la surface des eaux par l'appendice vésiculeux qui adhère à son pied, et qu'il a, dit-on, la faculté d'enfler ou de contracter à son gré. Il ne respire que l'eau, et ses branchies sont des feuillets triangulaires attachés au plafond de la cavité qui les contient.

[Il est difficile encore aujourd'hui de déterminer rigoureusement la place que les Janthines doivent occuper dans la série des mollusques pectinibranches, malgré le travail anatomique de Cuvier, malgré les recherches intéressantes de MM. Quoy et Gaimard, plusieurs points de l'organisation de ces animaux curieux restent incertains ou inconnus. Les Janthines sont des animaux pélagiens, suspendus à la surface de l'eau au moyen d'une vésicule cartilagineuse, composée d'un grand nombre de cellules vides; ces animaux, poussés par le vent ou la tempête, ou entraînés par les courans, envahissent quelquefois d'immenses surfaces du grand Océan, et ce ne doit pas être sans étonnement que les navigateurs traversent, pendant plusieurs jours, ces

grands amas flottans d'une même espèce de Janthine. L'animal,
outre cette propriété de se suspendre sur les abîmes, a d'autres
caractères particuliers qui en font un mollusque à part. Sa tête
est très grosse, allongée en un mufle proboscidiforme, tronquée
en avant et présentant, au milieu de cette troncature, une fente
perpendiculaire qui est l'entrée de la bouche : cette bouche est
bordée de lèvres épaisses sur lesquelles viennent se terminer les
plaques buccales cartilagineuses, hérissées de fins crochets. A
l'extrémité postérieure de la tête, sont placés de chaque côté,
deux tentacules inégaux : les antérieurs sont plus petits que les
postérieurs, et ils sont assez rapprochés pour sembler sortir d'un
même tubercule commun. M. Quoy, dans ses observations, af-
firme n'avoir pu découvrir aucun trace d'yeux sur ces tentacules ou dans leur voisinage. Le pied est court, et, c'est sur le
plan qui devrait servir à la locomotion, que se trouve attachée
la vésicule dont nous avons parlé. Cette vésicule est plus ou
moins grande selon les individus; on en trouve même quelquefois qui en sont complètement dépourvus, sans que pour cela
ils paraissent souffrir, ou manquer de la propriété de se maintenir à la surface de l'eau. A ce sujet les observations de M. Bory
de St.-Vincent et de MM. Quoy et Gaimard ne permettent pas
le moindre doute. Cette vésicule, à laquelle Fabius Columna a
donné justement le nom de *spuma cartilaginea*, est composée
d'un grand nombre de cellules qui n'ont entre elles aucune communication; aussi l'on ne peut admettre comme vraies les as-
sertions de Bosc, qui prétend que l'animal a la faculté de vider
ces vésicules, pour s'enfoncer, quand il le veut, dans les pro-
fondeurs de la mer.

D'après les observations récentes de MM. Quoy et Gaimard,
la vésicule des Janthines n'est pas seulement destiné à soutenir
l'animal à la surface de l'eau ; elle lui sert également à y fixer
un très grand nombre de petites ampoules dans lesquelles les
œufs sont contenus. Ces ampoules, qui ont la forme de petites
graines de courge, contiennent de petits œufs en quantité considérable, tellement que M. Quoy en estime le nombre à plus
d'un million. Il faut en effet que la reproduction, chez ces animaux, soit d'une excessive fécondité, pour expliquer l'existence
de ces amas considérables que l'on rencontre à la surface des

grands Océans. Nous ne reproduirons pas ici les faits anatomiques sur les Janthines, que l'on doit à Cuvier, nous renverrons le lecteur au mémoire de ce grand naturaliste.]

## ESPÈCES.

### 1. Janthine commune. *Janthina communis*. Lamk.

*J. testá ventricoso-conoideá, longitudinaliter subrugosá, transversim tenuiter striatá, violaceá; ultimo anfractu magno, angulato; spirá apice obtusiusculá.*

*Helix janthina*. Lin. Syst. nat. éd. 12. p. 1246. Gmel. p. 3645. n° 103.

Lister. Conch. t. 572. f. 24.

Rumph. Mus. t. 20. f. 2.

Gualt. Test. t. 64. fig. O.

Sloane. Jam. 1. t. 1. f. 4.

Brown. Jam. t. 39. f. 2.

Forsk. Descr. Anim. p. 127. n° 75 et Icones. pl. 40 f. c. c2. c3.

D'Argenv. Conch. pl. 6. fig. S.

Chemn. Conch. 5. t. 166. f. 1577. 1578. *Trochus janthinus.*

*Janthina fragilis.* Encyclop. pl. 456. f. 1. a. b.

Annales du Mus. vol. XI. p. 123.

* Fab. columna de purpura. p. 1. pl. 1. *Cochlea janthina* et p. 12. ch. 2. p. 13. f. 2.

* Daniel major. Fab. colum. de purpura. p. 19. ch. 2. p. 20.

* Born. Mus. p. 382.

* Schrot. Einl. t. 2. p. 155.

* Brookes. Intr. p. 129. pl. 6. f. 107.

* Dillw. Cat. t. 2. p. 938. n° 117. *Helix janthina.*

* *Janthina fragilis.* Lamk. Syst. des a. s. vert. 1801. p. 89.

* Breyne. Phil. trans. t. 24. juillet 1705. p. 2054. pl. n° 301. tab. 2. f. 5. 6. 7.

* Linné. Mus. ulric. t. 2. p. 670. n° 375.

* Linné. Syst. nat. éd. 10. 772. n° 602.

* Knorr. Verg. t. 2. pl. 30. f. 2. 3.

* *Janthina fragilis.* Roissy. Buf. de Sonnini. Moll. t. 3. p. 396. pl. 55. f. 11.

* *Janthina fragilis.* Sow. Genera of shells. f. 12.

* *Janthine violette.* Blainv. Malac. pl. 37 bis. f. 12.

* *Janthina communis.* Payr. Cat. p. 120. n° 253.

* Desh. Encycl. méth. Vers. t. 2. p. 324. n° 1.

* *Janthina fragilis.* Swain. Zoolog. illustr. t. 2. pl. 85. f. sup. et
  inf.
* *Janthina penicephala.* Péron. voy. pl. 27. f. 7.
* *Janthina bicolor.* Menke. Synop. p. 140.
* *Janthina bicolor.* Philippi. Enum. Moll. Sicil. p. 164. n° 1.
* Bowd. Elem. of Conch. pl. 9. f. 26 et pl. 14. f. 13.

Habite l'Océan atlantique et la Méditerranée. Mon cabinet. C'est la
seule espèce de ce genre qui soit édite. Diamètre transversal, 1
pouce.

## 2. Janthine naine. *Janthina exigua.* Lamk.

J. *testâ ovato-conoideâ, tenuissimâ, subhyalinâ, longitudinaliter
elegantissimè striatâ, violaceâ; spirâ apice acutâ; ultimo anfractu obtusè angulato.*

Encyclop. pl. 456. f. 2. a. b.
* Blainv. Dict. s. nat. t. 24.
* Desh. Encyc. méth. Vers. t. 2. p. 325. n° 2.
* Sowerby. Genera of shells. f. 2.

Habite..... Mon cabinet. Celle-ci, toujours plus petite que la précédente, s'en distingue essentiellement en ce qu'elle n'a point de
stries transverses. Diam. transv., 3 lignes et demie à-peu-près.

## † 3. Janthine prolongée. *Janthina prolongata.* Blainv.

J. *testâ ovato-globulosâ, apice obtusâ, lævigatâ; anfractibus con-
vexis, suturâ profundâ separatis, aperturâ magnâ, ovatâ, basi
prolongatâ; columellâ contorto-uniplicatâ; labro late sinuoso.*
Blainv. Dict. sc. nat. t. 24. 1822. p. 155.
*Janthina globosa.* Swainson. Zool. illust. t. 2. pl. 85. fig. med. 1823.
*Janthina prolongata.* Payr. Cat. p. 121. n° 254. pl. 6. f. 1. Exclus.
Sowerby. Synon.
*Id.* Desh. Encycl. méth. Vers. t. 2. p. 325. n° 3. Excl. Sow. Syn.
Philip. Enum. moll. Sicil. pl. 9. f. 16.

Habite la Méditerranée. Coquille globuleuse, très mince, d'un beau
violet pourpré à la base du dernier tour, et d'un gris violacé dans
le reste de son étendue; sa spire est courte et obtuse, à suture
subcanaliculée; le dernier tour est très grand et l'ouverture se prolonge à la base en une languette large et subtriangulaire. L'ouverture est plus haute que large, la columelle est droite et elle
présente un pli oblique tordu, comparable à celui des lymnées.
Le bord droit est très mince et faiblement sinueux dans sa longueur. Les grands individus ont 27 mill. de long et 21 de large.

## LES MACROSTOMES.

*Coquille auriforme, à ouverture très évasée, et à bords désunis. Point de columelle ni d'opercule.*

Les *Macrostomes* forment une assez belle famille qui, sauf les Sigarets, semble avoisiner celle des Turbinacés par ses rapports, et qui est remarquable par la grandeur et l'évasement de l'ouverture des coquilles qu'elle comprend. Ces coquilles sont nacrées, en général peu profondes, et ne sont point operculées. La plupart sont extérieures. Nous rapportons à cette famille les genres *Sigaret*, *Stomatelle*, *Stomate et Haliotide.*

[Nous devons faire sur cette famille des Macrostomes plus d'une observation ; elle n'est point naturelle. Tous les faits tendent à le prouver ; et Lamarck lui-même, tout en la créant, n'a pu échapper au sentiment qu'il manifeste ici, en effet, à l'exception des Sigarets, les genres que cette famille contient se rapprochent des Turbinacés. Si nous prenons chaque genre en particulier, et si nous en examinons les caractères principaux, nous pourrons prouver que la famille des Macrostomes n'est point naturelle.

1° Le genre Sigaret, comme nous allons le voir bientôt se compose aujourd'hui de deux sortes d'animaux bien distincts : les Sigarets, tels qu'Adanson les avait connus et caractérisés, se rattachent aux Natices par des nuances insensibles, et leurs animaux en offrent d'ailleurs tous les caractères ; d'autres Sigarets, à coquille tout-à-fait intérieure et dont M. de Blainville a fait son genre Coriocelle, n'ont plus les mêmes caractères que les précédens, et doivent s'éloigner aussi bien des Natices que des Haliotides.

2° M. Quoy, dans son grand ouvrage, a fait connaître

les animaux des genres Stomatelle et Stomate, et l'on remarque qu'ils ont beaucoup plus d'analogie avec les Haliotides qu'avec les Sigarets et les Coriocelles.

3° Le genre Haliotide lui-même, très naturel dans tous
ses caractères, ne doit pas être autant éloigné que l'a fait
Lamarck de la famille des Turbinacés. On voit en effet
s'établir entre les Haliotides d'un côté, les Stomates profondes et les Pleurotomaires d'un autre, des rapports évidens entre les Troques et les Turbos. Ces rapports, il faut
le dire, ne peuvent être ni bien sentis, ni bien exposés
dans une méthode linéaire ; ce n'est qu'au moyen des em-
branchemens latéraux que l'on peut faire sentir l'analogie
de ces genres entre eux.

------

## SIGARET. (Sigaretus.)

Coquille subauriforme, presque orbiculaire ; à bord
gauche court et en spirale. Ouverture entière, très évasée,
plus longue que large, à bords désunis.

*Testa subauriformis, suborbiculata ; labio brevi, spi-
raliter intorto. Apertura integra, dilatata; rotundato-ob-
longa ; marginibus disjunctis.*

[Animal allongé glossoïde, ayant un pied très grand dépassant la tête en avant et cachant presque en entier la coquille dans son épaisseur. Tête large et peu saillante, portant une paire de tentacules triangulaires, aplaties, pédon-
cules à la base, mais sans yeux. Opercule corné, très mince,
paucispiré à son extrémité inférieure et semblable à celui
des Natices : il est caché dans un sillon profond creusé dans
le pied et qui reçoit le bord postérieur de la coquille.

OBSERVATIONS. — La coquille des Sigarets est cachée dans
le manteau de l'animal qui la produit. Elle semble avoir quel-

ques rapports avec les Natices; mais l'évasement de son ouverture et sa columelle courte et en spirale l'en distinguent éminemment.

L'animal de cette coquille a été observé par M. Cuvier (Bul-
letin des sciences, p. 52, n° 31). Ce savant lui trouva d'abord
l'apparence d'un mollusque nu, tel que serait un Doris sans
branchies extérieures; mais ensuite il découvrit qu'il portait une
coquille cachée dans l'épaisseur de son manteau, et que la partie postérieure de son corps se moulait dans la spirale. Il crut
même apercevoir les organes de la respiration placés sous le rebord du manteau. Cependant il les trouva ensuite dans une
cavité branchiale, sous la forme de deux lames pectinées et vas-
culeuses.

[Le genre Sigaret, comme nous le disions précédemment, a
besoin de plusieurs rectifications assez importantes, à cause de
la confusion qui s'y est introduite. Établi par Adanson, dans
son voyage au Sénégal, il ne contenait alors qu'une seule espèce
dont Adanson ne connut point l'animal et dont il rapprocha la
coquille de celle des Haliotides. Cuvier, dans ses mémoires divers sur les Mollusques, croyant faire connaître le Sigaret d'A-
danson, décrivit un animal à coquille tout-à-fait intérieure et
qui diffère très notablement du véritable Sigaret. Malgré la différence de cet animal avec celui des Haliotides, Cuvier néanmoins le rapprocha de ce dernier. Depuis, Lamarck rassembla,
sous une même dénomination, et celui d'Adanson et celui de
Cuvier, quoiqu'ils appartinssent réellement à deux genres fort
distincts. M. de Blainville s'aperçut bien de la confusion qui
existait dans le genre qui nous occupe. Avec le Sigaret de Cuvier il fit son genre Coriocelle, genre que l'on devra adopter;
mais, sans s'en apercevoir, M. de Blainville fit une erreur en établissant son genre Cryptostome, qui n'est autre chose qu'un double emploi du genre Sigaret lui-même. Aussi il est nécessaire
de supprimer ce genre Cryptostome qui ne diffère en rien du Sigaret d'Adanson.

Dès que le genre Sigaret est débarrassé des Coriocelles, et
que les Cryptostomes lui sont réunis, il devient très naturel et
se rapproche extrêmement de celui des Natices. L'animal des
Natices, comme nous l'avons dit en traitant de ce genre, déve-

loppe un très large pied, qui quelquefois recouvre toute la coquille, mais qui peut toujours rentrer complétement dans son intérieur. Il y a même des espèces qui ont le pied tellement grand qu'elles peuvent à peine le rentrer dans la coquille dans les plus fortes contractions. Dans les vrais Sigarets, la coquille est toujours trop petite pour contenir l'animal. Le pied est largement développé, il est linguiforme, et ses bords se relèvent sur la coquille pour la cacher en partie. Dans le sillon profond qui sert à loger le bord tranchant de la coquille dans l'épaisseur du pied, on trouve un opercule très mince, corné et tout-à-fait semblable à celui d'une Natice. La tête est très courte, dépassée par la partie antérieure du pied ; elle porte deux tentacules sur sur lesquels on n'aperçoit aucune trace des yeux : cet organe manque à ces animaux comme à ceux des Natices. Au-dessus de la tête s'ouvre une assez grande cavité branchiale, dans laquelle on trouve l'anus et la branchie exactement dans les mêmes rapports que dans les Natices.

Les coquilles qui doivent rester actuellement dans le genre Sigaret sont généralement déprimées, à columelle très concave, et se rapprochant par leur forme des Haliotides et des Stomatelles ; mais ces coquilles ne sont jamais nacrées comme les Stomatelles et jamais perforées comme les Haliotides. Si l'on dispose les espèces, depuis les plus aplaties jusqu'aux plus globuleuses, on les voit passer insensiblement au genre Natice, de telle sorte, que plusieurs espèces, sur la limite des deux genres, pourraient être comprises aussi bien dans l'un que dans l'autre. Le nombre des véritables Sigarets est peu considérable. Nous en connaissons quatorze, dont trois fossiles provenant des terrains tertiaires.

## ESPÈCES.

**1. Sigaret déprimé.** *Sigaretus haliotoideus.* **Lamk.**

> *S.* testá auriformi, dorso convexo-depressá ; transversim undulato-striatá, albidá ; spirá retusissimá ; aperturá valdè dilatatá ; umbilico tecto.
>
> *Helix haliotoidea.* Lin. Syst. nat. éd. 10. p. 775. Gmel. p. 3663 n° 152.

*Bulla velutina.* Muller. Zool. Dan. 3. t. 101. f. 1-4.

Rumph. Mus. t. 40. fig. R.

Petiv. Gaz. t. 12. f. 4.

Gualt. Test. t. 69. fig. F.

Le sigaret. Adans. Seneg. t. 2. f. 2.

D'Argenv. Conch. pl. 3. fig. C.

Favann. Conch. pl. 5. fig. C.

Knorr. Vergn. 6. t. 9. f. 5.

Martini. Conch. 1. t. 16. f. 151–154.

* Lin. Mus. ulric. p. 673. n° 382.

* Schrot. Einl. t. 2. p. 176.

* An Lister Conch. pl. 570. f. 21 ?

* Klein Ostrac. pl. 7. f. 114.

* *An eadem species?* Knorr. Vergn. t. 4. pl. 17. f. 5.

* Dillw. Cat. t. 2. p. 973. n° 190. *Helix haliotoidea.*

* Brookes. Introd. p. 130. pl. 8. f. 111.

* *Cryptostoma Leachii.* Blainv. Malac. pl. 42. f. 3. 3a.

* *Sigaretus Leachii.* Sow. Gener. of shells. f. 3.

*Sigaretus haliotideus.* Gray. Spic. Zool. p. 4. n° 1. pl. 5. f. 1..

* Desh. Encycl. méth. Vers. t. 3. p. 949. n° 1.

Habite l'Océan atlantique, la Méditerranée, etc. Mon cabinet. Plus
grand diam., 19 lignes.

## 2. Sigaret concave. *Sigaretus concavus.* Lamk. (1)

S. *testá ovatá, dorso convexá, transversìm undulato-striatá, fulvo-
rufescente; spirá albidá, subprominulá; aperturá valdè concavá, umbilico semitecto.*

*An helix neritoidea?* Lin. Gmel. p. 3663. n° 150.

* *Sigaretus haliotideus.* Sow. Genera of shells. f. 2.

* Blainv. Malac. pl. 49 bis. f. 6.

* Gray. Spic. Zool. p. 4. n° 2.

Habite..... Mon cabinet. Il est moins grand et beaucoup plus convexe

---

(1) Le Sigaret déprimé est en effet très aplati comme l'indique au reste la description d'Adanson. Le Sigaret concave est
plus profond que le précédent, et c'est lui que M. Sowerby dans
son Genera a nommé à tort *Sigaretus haliotideus,* le prenant pour
celui-ci. Sous le nom de *Concavus* M. Sowerby figure une espèce qui vient des mers du Chili et du Pérou et que Lamarck
probablement ne connut pas.

que le précédent, et a l'ouverture moins dilatée. Diam. transv., 15 lignes et demie.

## 3. Sigaret lisse. *Sigaretus lævigatus.* Lamk. (1)

*S. testá ovali, convexo-depressá, lævi, albá, supernè rufo-fuces-cente; spirá brevi, obtusá, peroblíquá; labro intùs luteo-ru-fescente.*

Habite les mers de Java. Mon cabinet. Espèce singulière par son défaut de stries. Diam. transv., 1 pouce.

## 4. Sigaret cancellé. *Sigaretus cancellatus.* Lamk. (2)

*S. testá ovali, dorso convexá, scabriusculá, transversìm striatá, sulcis longitudinalibus decussatá, albá; spirá obliquè versus marginem incumbente; umbilico partìm tecto.*

*Nerita cancellata.* Chemn. Conch. 10. t. 165. f. 1596. 1597.

Habite..... l'Océan indien? Mon cabinet. Espèce remarquable, tant par son treillis extérieur, que par le peu d'évasement de son ouverture. Diam. transv., 9 lignes.

## † 5. Sigaret zonal. *Sigaretus zonalis.* Quoy.

*S. testá ovato-depressá, obsoletè striatá; spirá brevi, prominulá, intùs extùsque albá, aliquando zoná longitudinali rufá cinctá; columellá acutá, arcuatá; umbilico obtecto.*

*Cryptostoma zonalis.* Quoy et Gaim. Voy. de l'Astrol. t. 2. p. 221. pl. 66 bis. f. 1 à 3.

Habite le port du Roi-George. Jolie espèce de Sigaret décrite pour la première fois par l'auteur auquel nous l'empruntons; elle se rapproche de l'*haliotoideus* par sa forme générale, mais elle se distingue par l'absence de stries ainsi que par sa spire plus courte,

---

(1) C'est à tort que dans nos fossiles des environs de Paris nous avons donné un nom semblable à une espèce fossile très probablement différente de la vivante citée ici par Lamarck. Nous réparons ce double emploi en donnant à notre espèce fossile le nom de *Sigaretus politus.*

(2) Il n'est pas bien certain pour nous que le Sigaret cancellé de Lamarck soit, comme le pense M. Quoy, de la même espèce que celle à laquelle ce dernier naturaliste donne le nom de *Velutina cancellata.* Si ces coquilles ne sont point identiques, leur extrême analogie les entraîne dans un même genre, celle-ci devra donc passer aux Vélutines.

plus pointue et composée de trois tours seulement. L'ouverture est très grande, l'enroulement de la spire presque entièrement caché de ce côté. La columelle est mince et l'ombilic entièrement caché. Cette coquille est d'un beau blanc laiteux, et, dans certains individus, elle est obliquement traversée par une zone brunâtre assez étroite, quelquefois formée de taches subarticulées. M. Quoy donne dans son ouvrage la figure de l'animal de cette espèce, et il appartient évidemment au genre Cryptostome de M. de Blainville. Mais, au lieu de conclure avec M. Quoy que le Sigaret de Lamarck, ainsi que celui d'Adanson, doivent venir se ranger dans le genre Cryptostome, il faut au contraire que ce soient les Cryptostomes qui viennent se placer dans le genre Sigaret depuis plus long-temps établi. La coquille de cette jolie espèce a 28 mill. de long et 18 de large.

### † 6. Sigaret de Gray. *Sigaretus Grayi.* Desh.

*S. testâ ovato-convexâ, rufescente spirâ obtusâ ; anfractibus convexiusculis, zonulâ albidâ marginatis, transversim tenuè striatis ; striis impressis, subpuncticulatis ; aperturâ ovato-rotundâ, rufocastaneâ ; columellâ albâ, basi reflexâ.*

Bonan. Observat. circa vivent. coq. fig. 14 ?

*Sigaretus concavus.* Sow. Genera of shells. Genre Sigaret. f. 1.

*Sigaretus,* Gray. Spicil. Zool. p. 4. n° 3. pl. 5. f. 2.

Habite le Chili et le Pérou. Cette espèce est la plus grande actuellement connue dans le genre Sigaret. M. Sowerby l'a prise pour le *sigaretus concavus* de Lamarck, mais nous sommes certain qu'il s'est trompé, et M. Gray lui-même a rectifié cette erreur. M. Gray, ayant le premier distingué cette espèce dans ses *Spicilegia zoologica*, et ne lui ayant point donné de nom spécifique, nous proposons de lui donner celui du savant auquel la science est redevable d'un grand nombre de travaux divers qui le placent au premier rang parmi les zoologistes anglais. Cette coquille est ovalaire, très convexe, à spire courte et obtuse à laquelle on compte quatre tours seulement. Les premiers tours sont d'un brun livide, et leur suture est bordée, dans presque tous les individus, d'une petite zone blanche, le dernier tour est revêtu d'un épiderme verdâtre au-dessous duquel il est d'un brun fauve et blanchâtre à la base de la coquille. La surface extérieure est couverte d'un grand nombre de stries transverses, tremblées, peu profondes et comme imprimées dans la substance du têt. L'ouverture est ovale-obronde, d'un beau brun-marron en dedans, et elle est assez fortement modifiée par l'avant-dernier tour. La columelle est très arquée, épaissie à la base, blanche d'un blanc rosé. Elle laisse derrière elle une petite fente ombilicale très étroite. La longueur de cette espèce est de 60 mill., sa largeur de 48. Nous connaissons des individus plus grands.

## † 7. Sigaret naticoïde. *Sigaretus papilla*. Gray.

*S. testá ovato-subglobulosá, lacteá, apice obtusá, transversim striatá, striis longitudinalibus exilissimis cancellatá; anfractibus convexiusculis, suturá canaliculatá conjunctis; aperturá ovato-oblongá; umbilico pervio, simplici, profundo.*

*Nerita papilla seu ruma felis.* Chemn. Conch. t. 5. p. 285 pl. 189. f. 1939.

*Nerita papilla.* Gmel. p. 3675. n° 20.

*Sigaretus papilla.* Gray. Spic. zool. p. 4. n° 4.

Habite les côtes d'Afrique d'après M. Gray. Chemnitz, et Gmelin, après lui, comprenaient cette espèce dans le genre Nérite, dans une section qui correspond assez exactement au genre Natice de Lamarck. On pourrait en effet la ranger presque aussi bien parmi les Natices que parmi les Sigarets. Par sa forme générale, elle a les plus grands rapports avec le *Natica melanostoma* et autres espèces environnantes, mais par la couleur et la nature de ses stries, elle se rapproche beaucoup des autres Sigarets. Elle est ovale-oblongue, obtuse au sommet, à spire courte, sublatérale et à suture canaliculée. Le dernier tour est orné de stries transverses, distantes, inégales et comme imprimées carrément dans la substance du têt. Ces stries sont traversées par d'autres longitudinales extrèmement fines et que l'on n'aperçoit qu'à la loupe. L'ouverture est ovale-oblongue, non modifiée par l'avant-dernier tour; le bord gauche laisse à découvert derrière lui un ombilic médiocre, simple et profond. Cette coquille, d'un blanc laiteux, uniforme, a 24 mill. de long et 20 de large.


## *Espèces fossiles.*


## † 1. Sigaret canaliculé. *Sigaretus canaliculatus*. Sow.

*S. testá ovatá, concaviusculá, tenui, eleganter tenuè striatá, basi latè umbilicatá; spirá brevi; anfractibus angustis, subconvexis; aperturá ovato-rotundatá marginibus acutis, sinistro brevissimo.*

*Sigaretus canaliculatus.* Sow. Min. Conch. pl. 384.

*Id.* Def. Dict. des sc. nat. art. Sigaret.

Desh. Coq. foss. de Paris. t. 2. p. 182. pl. 21. f. 13-14.

Gray. Spic. Zool. p. 4. n° 6.

Sow. Genera of shells. f. 4.

Habite fossile aux environs de Paris, aux environs de Londres, en Belgique et à Valognes dans le calcaire grossier. Nous avions cru que cette même espèce se retrouvait aussi aux environs de Dax et de Bordeaux, mais nous apercevons des différences constantes qui nous font douter aujourd'hui de la justesse de notre première détermination. Cette espèce se rapproche, sous certains rapports, du *Sigaretus concavus* de Lamarck, il est en proportion plus concave et se rapproche davantage de la forme des Natices. Il est ovale, à spire très courte et peu saillante, composée de cinq tours striées très élégamment. Les stries sont souvent onduleuses, comme tremblées, et elles ressemblent à de petits rubans aplatis que l'on aurait appliqués sur une surface lisse. L'ouverture est ovale obronde, à peine modifiée par l'avant-dernier tour. La région ombilicale est concave, infundibuliforme, et elle conduit à un ombilic étroit et profond. Les plus grands individus de cette jolie espèce ont 3o mill. de long et 25 de large.

## † 2. Sigaret poli. *Sigaretus politus.* Desh.

*S. testâ ovatâ, depressâ, apice acutâ, lævigatâ; anfractibus angustis, planis, conjunctis; aperturâ dilatatâ, ovatâ; margine sinistro plano, depresso; umbilico angustissimo, rimulari.*

Desh. Coq. foss. de Paris. t. 2. p. 18?. pl. 23. f. 5. 6. *Sigaretus lævigatus.*

*Sigaretus lævigatus.* Gray. Spic. Zool. p. 4. n° 7.

Habite fossile aux environs de Paris et de Dax. Il est très rare de rencontrer cette espèce aux environs de Paris, elle est également rare à Dax. Elle ressemble pour l'aspect général au *Sigaretus canaliculatus* de Sowerby, la spire est plus pointue, les tours sont aplatis, conjoints; l'ouverture est grande, ovalaire, et recouvre entièrement l'enroulement de la spire. La columelle est très concave, aplatie, tranchante, surtout dans sa portion postérieure. Derrière elle se montre une petite fente ombilicale en petite partie recouverte par le bord gauche. Nous avions d'abord donné à cette espèce le nom de *Sigaretus lævigatus*, sans nous souvenir que Lamarck avait déjà employé cette même dénomination pour une espèce vivante, probablement fort différente de la nôtre. Cette espèce a 20 mill. de long et 17 de large.

## STOMATELLE. (Stomatella.)

Coquille orbiculaire ou oblongue, auriforme, imperforée. Ouverture entière, ample, plus longue que large ; bord droit évasé, dilaté, ouvert.

*Testa orbicularis vel oblonga, auriformis, imperforata. Apertura integra, ampla, sublongitudinalis : labro effuso, dilatato, patente.*

[Animal ovale oblong, déprimé, à pied large, quelquefois frangé sur les bords ; tête large et aplatie, portant une paire de grands tentacules à la base externe desquels se montre des pédicules oculifères ; deux corps frangés sur la tête entre les tentacules ; cavité branchiale, simple, non fendue et contenant à gauche une grande branchie composée de deux feuillets presque égaux. Anus à droite. Un opercule rudimentaire, corné, multispiré dans quelques espèces.]

Observations. — Les Stomatelles, par leur forme générale, paraissent avoir beaucoup de rapports avec les Stomates et même avec les Haliotides. Néanmoins, elles n'ont point la côte transversale des Stomates, ni leur bord droit aussi relevé que dans ces dernières, et elles diffèrent encore davantage des Haliotides, puisqu'elles sont imperforées, c'est-à-dire qu'elles manquent de cette rangée de trous qui caractérisent celles-ci. Les Stomatelles nous paraissent donc constituer un genre particulier et très distinct. Les coquillages qui le composent semblent être des turbinacés très aplatis ; mais leur forme et surtout leur défaut d'opercule les en distinguent essentiellement.

Ce sont des coquilles marines, toutes nacrées intérieurement, et dont on connaît plusieurs espèces fort remarquables.

[Comme Lamarck l'a lui-même très bien senti, le genre Stomatelle a de très grands rapports avec les Turbinacés et avec les Haliotides ; il sert de lien entre des mollusques, qui par leurs coquilles paraissent très différens. Les animaux des Stomatelles, dont on doit la connaissance aux recherches de MM. Quoy et Gaimard, ne diffèrent pas d'une manière très notable de ceux des Haliotides, ce sont des Haliotides sans trou et sans la division du manteau correspondant à ces trous. Ce qui prouve combien ces animaux ont de rapports avec ceux des Turbinacées, c'est la découverte faite chez l'un d'eux d'un opercule rudimentaire, corné, multispiré, placé à l'extrémité du pied; c'est la Stomatelle tachetée qui a offert ce fait intéressant à l'observation de M. Quoy.

## ESPÈCE.

1. **Stomatelle imbriquée.** *Stomatella imbricata.* **Lamk.**

> *St. testâ suborbiculari, convexo-depressâ, scabriusculâ, griseâ; sulcis transversis confertis imbricato-squamosis; spirâ subprominulâ.*

Encycl. pl. 450 f. 2. a. b.

* Blainv. Malac. pl. 49 bis. f. 5.

* Sow. Genera of shells. f. 1.

* Desh. Encycl. méth. Vers. t. 3. p. 984. n° 1.

Habite les mers de Java. Mon cabinet. C'est la plus grande des espèces de ce genre. Diamètre transversal, environ 17 lignes.

2. **Stomatelle rouge.** *Stomatella rubra.* **Lamk.**

> *St. testâ orbiculato-convexâ, transversim striatâ et bi-carinatâ, longitudinaliter obsoletè plicatâ, rubrâ, propè suturas albo-maculatâ; carinis nodulosis; anfractibus supernè planulatis; spirâ brevi, acutâ.*

*Stomatella sulcata.* Encyclop. pl. 450. f. 3. a. b.

* Desh. Encycl. méth. Vers. t. 3. p. 984. n° 2.

Habite les mers de l'Inde. Mon cabinet. Très jolie coquille; elle est jaunâtre en dessous, et a son ouverture bien nacrée. Diamètre transversal, 9 lignes.

3. **Stomatelle sulcifère.** *Stomatella sulcifera.* **Lamk.**

> *St. testâ suborbiculatâ, convexâ, tenui, transversim sulcatâ, longitudinaliter tenuissimè striatâ, griseo-rubente; sulcis scabriusculis; spirâ prominulâ.*

* Sowerby. Genera of shells. fig. 2.

* Desh. Encycl. méth. Vers. t. 3. p. 985. n° 3.

Habite les mers de la Nouvelle-Hollande. Mon cabinet. Diamètre transversal, 6 lignes et demie.

4. **Stomatelle auricule.** *Stomatella auricula.* Lamk. (1)

> St. testá haliotoideá, ovato-oblongá, dorso convexá, lævigatá, luteo-roseá, fusco-lineatá; spirá laterali, subprominulá; labro sinu arcuato.

* Lin. Syst. nat. éd. 10. p. 783. *Patella lutea.*
* Lin. Mus. Ulric. p. 692. n° 418.
* Lin. Syst. nat. éd. 12. p. 1260.
*Patella lutea.* Lin. Gmel. p. 3710. n° 94.
Rumph. Mus. t. 40. fig. I.
Favanne. Conch. pl. 5. fig. F.
* Schrot. Einl. t. 2. p. 419.
Martini. Conch. 1. t. 17. f. 154. 155.
*Stomatella auricula.* Encycl. pl. 450. f. 1 a. b.
* Dillw. Cat. t. 2. p. 1040. n° 55.
* Blainv. Malac. pl. 42. f. 5. 5a.
* Quoy et Gaim. Voy. de l'Astr. t. 3. pl. 66 bis. f. 17–19.
* Sow. Genera of shells. fig. 5.
* Desh. Encycl. méth. Vers. t. 3. p. 985. n° 4.
Habite l'Océan des Moluques et de la Nouvelle-Hollande. Mon cabinet. Elle a l'aspect d'une petite Haliotide non percée de trous; son dos est un peu bombé; ses lignes brunes quelquefois articulées. Diamètre longitudinal, 9 lignes un quart.

5. **Stomatelle planulée.** *Stomatella planulata.* Lamk.

> St. testá haliotoideá, oblongá, planulatá, dorso convexo-depressá, tenuiter striatá, virente, fusco-maculatá; spirá minimá, ad latus decumbente.

* Desh. Encycl. méth. Vers. t. 3. p. 985. n° 4.
Encyclop. pl. 458. f. 4. a. b.
* Sow. Genera of shells. fig. 6.
Habite les mers de la Nouvelle-Hollande. Mon cabinet. Elle est voisine de la précédente, mais plus aplatie; spire très courte, sublatérale. Diamètre longitudinal, 11 lignes et demie; transversal, 5 lignes et demie.

---

(1) Au lieu de donner un nom nouveau à cette espèce, Lamarck aurait dû lui conserver celui que Linné lui avait imposé le premier. Nous pensons qu'il est nécessaire de restituer à cette espèce son nom linnéen et de l'inscrire à l'avenir sous le nom de *Stomatella lutea.*

Tome IX. 2

### ✝ 6. Stomatelle noire. *Stomatella nigra*. Quoy.

*St. testâ elongato-ovali, convexâ, lævi, nigrâ margine dextro lon-*
*gitrorsum striatâ, intus violaceo fulgente ; spirâ minimâ, subter-*
*minali; aperturâ ovali-integrâ.*

An ead ? *Martini*, Tab. 17. f. 154-155.

Quoy et Gaim. Voy. de l'Astrol. t. 3. p. 307. pl. 66 bis. f. 10. 12.

Habite Tonga-Tabou aux Sandwich. Espèce très voisine du *Stoma-*
*tella planulata* de Lamarck ; elle a la spire plus grande et plus
saillante en proportion. Elle est d'un noir foncé, toute lisse, si
ce n'est vers le bord droit où on remarque quelques stries longitudinales très fines. La nacre intérieure est violacée.

### ✝ 7. Stomatelle tachetée. *Stomatella maculata*. Quoy.

*St. testâ oblongo-orbiculatâ, convexâ, longistrorsum transversimque*
*tenuissimè striatâ, flavicante, fusco vel subrubro maculatâ, in-*
*tus albâ; spirâ prominenti.*

Quoy et Gaim. Voy. de l'Astrol. t. 3. p. 315. pl. 66 bis. f. 13-16.

Habite l'île de Vanikoro. Espèce très voisine du *Stomatella imbricata*,
mais elle s'en distingue par sa forme plus ovalaire, sa spire proportionnellement plus saillante et plus pointue, ses stries plus fines
et simples. Elle est d'un blanc jaunâtre et elle est ornée de grandes
taches irrégulières d'un fauve brunâtre ou rougeâtre.

---

## STOMATE. (Stomatia.)

Coquille auriforme, imperforée; à spire proéminente.
Ouverture entière, ample, plus longue que large. Le bord
droit aussi élevé que le columellaire. Une côte transversale
et tuberculeuse sur le dos.

*Testa auriformis, imperforata ; spirâ prominente. Aper-*
*tura integra, oblonga, ampliata : labro labioque æqualiter*
*erectis. Costa dorsalis transversa, tuberculata.*

Observations. — Les Stomates ont un peu l'aspect et la forme
générale des Haliotides ; on voit même sur leur dos une côte
transversale, subbicarinée et tuberculeuse ; mais cette côte n'est
nullement perforée dans les Stomates, tandis qu'elle l'est constamment dans les Haliotides.

Ces coquilles sont marines et ont quelquefois une nacre très brillante. Nous n'en connaissons encore que les deux espèces suivantes.

[Le genre Stomate, emprunté par Lamarck à Helblins, ne nous paraît point assez distinct de celui des Stomatelles pour pouvoir en être séparé. On trouve dans l'un et dans l'autre de ces genres des caractères analogues et des différences qui paraissent plutôt spécifiques que génériques. Au reste il faudrait connaître l'animal de la Stomate, le comparer avec celui de la Stomatelle, et c'est après cette comparaison que l'on pourra définitivement admettre ou rejeter le genre Stomate.]

## ESPÈCES.

1. **Stomate argentine.** *Stomatia phymotis.* Helbl.

St. testâ haliotoideâ, ovato-oblongâ, dorso convexâ, striatâ, nodulosâ, argenteâ; spirâ parvulâ, contortâ; labro tenui, acuto.
Meuschen. Naturf. 18. t. 2. f. 18. et 18 e.
*Stomatia phymotis.* Helblins. Privatg. 4. t. 2. f. 34. 35.
Favanne. Conch. pl. 5. fig. F. *Mala.*
*Haliotis imperforata.* Chemn. Conch. 10. t. 166. f. 1600. 1601.
Gmel. p. 3690. n° 11. *Haliotis imperforata.*
*Stomatia phymotis.* Encycl. pl. 450 f. 5. a. b.
* Lister. Synop. Mantissa. pl. 1056. f. 6. 7.
* Blainv. Malac. pl. 49 bis. f. 4.
* Desh. Encyl. méth. Vers. t. 3. p. 983.
* Brookes. Introd. pl. 9. f. 120.
* *Haliotis imperforata.* Dillw. Cat. t. 2. p. 1014. n° 17.
* *Stomatia phymotis.* Sow. Genera of shells. f. 4.
Habite l'Océan des Grandes-Indes. Mon cabinet. Coquille rare, très brillante, recherchée dans les collections. Diamètre longitudinal, un pouce; transversal, 7 lignes et demie.

2. **Stomate terne.** *Stomatia obscurata.* Lamk.

St. testâ haliotoideâ, ovatâ, dorso convexo-depressâ, striatâ, nodulosâ, albidâ, non margaritaceâ; spirâ exsertiusculâ, contortâ.
Habite..... Mon cabinet. Celle-ci diffère de la précédente, non-seulement parce qu'elle est moins bombée et dépourvue de nacre,

mais parce qu'elle se rétrécit antérieurement. Diamètre longitudinal, 11 lignes; transversal, 6.

[Nous ferons remarquer que Brocchi, dans sa Conchyliologie subapennine, a donné le nom de Stomate à une coquille fossile qui a tous les caractères des Cabochons et qui ne peut en conséquence être admis dans celui des Stomates.]

----

## HALIOTIDE. (Haliotis.)

Coquille auriforme, le plus souvent aplatie; à spire très courte, quelquefois déprimée, presque latérale. Ouverture très ample, plus longue que large, entière dans son état parfait. Disque percé de trous disposés sur une ligne parallèle au bord gauche et qui en est voisine; le dernier commençant par une échancrure.

*Testa auriformis, sœpius planiuscula; spirâ brevissimâ, interdùm depressâ, sublaterali. Aperturâ amplissimâ, ovato-oblongâ, in testâ perfectâ integrâ. Discus foraminibus seriatis pertusus; serie labio vicino paralleloque; foramine ultimo emarginaturâ incipiente*

[Animal ovale-oblong, déprimé, à pied très large, débordant la coquille et orné de franges ou d'appendices charnues diverses. Tête large et aplatie, portant une paire de grands tentacules pédiculés à la base externe; yeux placés au sommet tronqué des pédicules. Cavité branchiale fort grande, ayant la paroi supérieure divisée en deux lobes et contenant de chaque côté de l'anus un grand peigne branchiale.

Observations. — Les Haliotides constituent un très beau genre, assez nombreux en espèces, et remarquables par la forme singulière, ainsi que par la nacre très brillante de leur coquille.

On leur a donné le nom d'Oreilles de mer, parce qu'en effet elles représentent assez bien, pour la plupart, la forme du cartilage de l'oreille de l'homme.

La coquille des Haliotides est ovale-oblongue, en général aplatie, légèrement en spirale vers une de ses extrémités, et garnie d'une rangée de trous disposé sur une ligne courbe voisine du bord gauche et qui lui est parallèle.

A mesure que l'animal grandit, il se forme un nouveau trou sur le bord de la partie antérieure de la coquille; or, ce trou commence par une échancrure qui sert à donner passage au siphon court de l'animal, et se complète ensuite; en même temps, il s'en ferme un dans la partie postérieure.

Dans sa situation naturelle, et lorsque l'animal marche, cette coquille doit être considérée comme un bassin renversé, ayant sa convexité en dessus. Sa circonférence est alors fortement débordée par le pied très ample de l'animal, et la spire se trouve dans la partie postérieure du corps de ce dernier.

Les Haliotides ne sont point operculées; dans leur repos, elles adhèrent aux rochers, comme les Patelles, en s'appliquant sur leur surface. Elles se tiennent toujours à-peu-près à fleur d'eau, et pendant les belles nuits d'été, elles vont paître l'herbe qui croît près du rivage.

D'après la description de l'Ormier (l'animal de l'Haliotide) que donne Adanson, j'avais soupçonné que les branchies de cet animal étaient extérieures comme celles des Phyllidiens; mais M. Cuvier m'a détrompé en m'apprenant qu'elles étaient cachées dans une cavité particulière. Ainsi l'Haliotide appartient à la famille des Macrostomes.

Relativement aux tentacules, peut-être n'y en a-t-il réellement que deux. Mais comme il est assez fréquent, parmi les trachélipodes marins, de trouver les yeux portés chacun sur un tubercule qui naît à la base extérieure ou postérieure des tentacules, ces tubercules sont apparemment plus allongés ici qu'ailleurs; dans ce cas, les deux plus grands tentacules sont les antérieurs.

[Ce genre curieux des Haliotides est très naturel et mérite une attention particulière de la part des naturalistes. Le caractère qui le distingue le plus éminemment ce sont les perforations régulières de la coquille, perforations qui correspondent à une fente naturelle du manteau de l'animal et qui sont destinées à favoriser l'accès de l'eau sur les branchies. Dans d'autres genres,

qui paraissent très différens de celui-ci, on rencontre un caractère analogue : c'est ainsi que dans les Siliquaires, coquille tu-
buliforme habitée par un mollusque, on trouve aussi sur le côté,
soit une fente profonde, soit une série de perforations, et l'animal a aussi le manteau fendu. Mais de tous les genres connus,
celui qui rattache le mieux les Haliotides à la famille des Troques et des Turbos, est celui qui a été nommé Pleurotomaire
par M. Defrance. Dans ce genre, il existe de très petites espèces
vivantes, dont M. d'Orbigny a fait son genre Scissurelle. Ces
espèces, avec une forme extérieure très voisine de celles des Haliotides profondes, ont la fente latérale simple des Pleurotomaires ; on peut donc considérer ce petit groupe des Scissurelles, comme un intermédiaire entre les Haliotides et les Pleurotomaires proprement dits. Parmi ceux-ci, qui sont tous fossiles,
il y des espèces surbaissées, ayant une grande dépression centrale et une ouverture assez considérable. Elles forment le passage des Scissurelles aux espèces turbiniformes, et ces dernières
passent insensiblement aux espèces trochiformes. On ne peut
douter par une analogie bien fondée que, dans les Pleurotomaires, l'animal avait le manteau fendu et les branchies placées au-
dessous de cette fente, comme dans les Haliotides et les Siliquaires. Ce n'est pas par la seule considération de ces caractères
que les Haliotides se rattachent à la famille des Turbinacées.
On sait aujourd'hui par les recherches anatomiques de M. Quoy,
que l'animal des Stomatelles diffère à peine de celui des Haliotides dans les caractères les plus essentiels de son organisation.
L'on sait aussi par l'examen des nombreuses espèces d'Haliotides, que s'il y en a qui ont des trous nombreux ouverts sur le
côté, il y en a d'autres qui n'en ont plus que deux ou trois, et
ces espèces forment en quelque sorte le passage aux Stomatelles.
Dans ce dernier genre on observe des espèces qui s'approfon-
dissent de plus en plus et qui passent aux Turbos de la manière
la plus insensible. Ainsi, comme on le voit par nos observations,
le genre Haliotide se lie aux Turbinacés par deux sortes de caractères importans, d'un côté par la diminution des trous, et
par les Stomatelles profondes, de l'autre par le changement des
trous en une fente continue, qui se trouve dans les Pleurotomaires ; aussi, pour nous, la famille des Macrostomes devra

disparaître de la méthode, les Sigarets devant passer dans la famille des Natices et les Stomatelles, auxquelles nous joignons les Stomates, ainsi que les Haliotides, doivent entrer dans la famille des Turbinacés.

## ESPÈCES.

**1. Haliotide oreille-de-Midas.** *Haliotis Midæ*. Lin. (1)

> *H. testá rotundatá, maximá, crassá, ponderosá; dorso plicis longitudinalibus undulatis uno latere incumbentibus; spirá retusá; margine sinistro curvo, elevatissimo.*
>
> *Haliotis Midæ.* Lin. Syst. nat. éd. 10. p. 779. Gmel. p. 3687. n° 1.
>
> * Linné. Mus. Ulric. p. 683. n° 401.
>
> * Linné. Syst. nat. éd. 12. p. 1255.
>
> Lister. Conch. t. 613. f. 5.
>
> Gualt. Test. t. 6. fig. B.
>
> Knor. Vergn. 5. t. 20. f. 3.
>
> Favanne. Conch. pl. 5. fig. A. 3.
>
> Martini. Conch. 1. t. 14. f. 136. et t. 15. f. 141.
>
> * Schrot. Einl. t. 2. p. 374. n° 1.
>
> * Dillw. Cat. t. 2. p. 1008. n° 1.
>
> * Desh. Encycl. méth. Vers. t. 2. p. 178. n° 1.
>
> Habite les mers du cap de Bonne-Espérance et des Grandes-Indes. Mon cabinet. C'est une des plus grandes et des plus épaisses de ce genre; son bord gauche surtout est remarquable par son épaisseur et son élévation. Diamètre longitudinal, 5 pouces 10 lignes; transversal, 4 pouces 10 lignes.

**2. Haliotide iris.** *Haliotis iris*. Gmel.

> *H. testá rotundato-oblongá, maximá, tenui; rugoso-plicatá, ex viridi, rubro et cæruleo nitidissimè variá, spirá subprominulá, obtusá; margine sinistro elevato.*
>
> Forsters. Catal. 193. n° 1553.
>
> *Haliotis iris.* Martyns. Conch. 2. f. 61.
>
> Favanne. Conch. pl. 79. fig. D.
>
> Chemn. Conch. 10. t. 167. f. 1612. 1613.

---

(1) Linné n'a connu de cette espèce que des individus polis artificiellement, ce qui lui a fait donner des caractères défectueux et une synonymie incomplète.

*Haliotis iris.* Gmel. p. 3691. n° 19.

* Dillw. Cat. t. 2. p. 1013. n° 15.

* Desh. Encycl. méth. Vers. t. 2. p. 178. n° 2.

Habite les mers de la Nouvelle-Zélande. Mon cabinet. Très belle coquille, précieuse, et fort recherchée dans les collections. Diamètre longitudinal, 5 pouces et demi; transversal, 4 pouces.

## 3. Haliotide tubifère. *Haliotis tubifera.* Lamk. (1)

*H. testá ovali, basi subacutá, maximá, crassiusculá, rugosá, ex argenteo et rubro margaritaceá; foraminibus in tubos elongatos productis; spirá subprominulá; margine sinistro elevatissimo.*

Forsters. Catal. p. 193. n° 1556.

*Haliotis nævosa.* Martyns. Conch. 2. f. 63.

*Haliotis gigantea.* Chemn. Conch. 10. t. 167. f. 1610. 1611.

*Haliotis gigantea.* Gmel. p. 3691. n° 18.

* Dillw. Cat. t. 2. p. 1012. n° 12. *Hal. gigantea.*

* *Haliotis tubifera.* Desh. Encycl. méth. Vers. t. 2. p. 179. n° 3.

Habite les mers de la Nouvelle-Hollande. Mon cabinet. Grande et belle coquille, fort remarquable par ses trous qui, extérieurement se prolongent en tubes de 3 à 4 lignes de longueur; sa nacre est très brillante. Diamètre longitudinal, 5 pouces 10 lignes; transversal, 4 pouces.

(1) Nous ferons d'abord observer que deux espèces bien distinctes sont confondues sous un même nom. Chemnitz, le premier, introduisit cette confusion dans la synonymie. Elle a été reproduite par Gmelin et par Lamarck. Il est certain que l'espèce figurée par Martyns est bien différente de celle que représente Chemnitz. L'une a la spire très courte, terminale, et à peine visible à l'intérieur, l'autre au contraire l'a fort largement exposée : tous les autres caractères spécifiques ne sont pas moins différens que ceux dont nous venons de parler. Quant au nom de cette espèce, il devra être changé. Martyns ayant donné à son espèce le nom d'*Haliotis nævosa*, cette dénomination devra lui rester. Quant à l'autre elle pourra conserver le nom d'*Haliotis gigantea*, que lui a imposé Chemnitz, et ce dernier nom devra être substitué à celui d'*Haliotis tubifera*, que Lamarck a eu tort de lui donner. Ainsi, il faut supprimer de la synonymie de cette espèce, la citation de Martyns et lui restituer son premier nom d'*Haliotis gigantea*.

## 4. Haliotide concave. *Haliotis excavata*. Lamk.

*H. testá subrotundá, convexissimá, striato plicatá, intùs valdè con-*
*cavá, margaritaceá ; cavitate umbilicali subinfundibuliformi, de-*
*tectá ; spirá prominente.*

[*b*] *Var. testá excavatione mediocri.*

* Desh. Encycl. méth. Vers. t. 2. p. 179. n° 4.

Habite les mers de la Nouvelle-Hollande. *Péron.* Mon cabinet. Espèce singulièrement remarquable par sa profonde excavation et sa
forme presque ronde. Sa variété, quoique un peu moins concave,
l'est encore beaucoup. Elle se trouve dans les mers de Java. M. *Les-*
*chenault.* Dans l'une et l'autre, la cavité ombilicale est en entonnoir, hors du bord, et entourée d'une carène spirale. Diam. longitudinal de la première, 2 pouces 8 lignes; transv., 2 pouces 3
lignes. Diam. longit. de la seconde, 2 pouces 7 lignes, transv., 2
pouces 2 lignes.

## 5. Haliotide australe. *Haliotis australis*. Gmel.

*H. testá ovato-oblongá, latiusculá, convexo-depressá, rugosá et*
*plicatá, intùs argenteo et rubro margaritaceá ; spirá prominulá.*

Chemn. Conch. 10. t. 166. f. 1604. 1604 a.

*Haliotis australis.* Gmel. p. 3689. n° 9.

* Dillw. Cat. t. 2. p. 1012. n° 11.

* Desh. Encycl. méth. Vers. t. 2. p. 179. n° 5.

* Schrot. Einl. t. 2. p. 386. n° 7.

* Spengler. Naturfor. t. 9. p. 150. pl. 5. f. 1.

Habite les mers de la Nouvelle-Hollande. M. de *Labillardière*. Elle
se trouve aussi dans celles de la Nouvelle-Zélande. Mon cabinet
Cette coquille est comme décussée sur le dos par des plis inégaux
qui traversent ses rides longitudinales. Longueur, 3 pouces; largeur, 2 pouces 3 lignes.

## 6. Haliotide commune. *Haliotis tuberculata*. Lin. (1)

*H. testá ovato-oblongá, convexo-depressá, longitudinaliter striatá,*
*transversè plicatá : plicis inæqualibus remotiusculis ; fossulá um-*
*bilicali perparvá, labio partìm tectá ; spirá prominulá.*

*Haliotis tuberculata.* Lin. Syst. nat. éd. 10. p. 780. Gmel. p. 3687.

---

(1) Plusieurs auteurs ont confondu une seconde espèce avec
celle-ci. C'est celle que Lamarck a distingué sous le nom d'*Ha-*
*liotis lamellosa*. Comme cette dernière espèce habite la Méditerranée, les auteurs ont cru qu'elle était la même que celle de

Bonanni. Recr. 1. f. 10. 11.

Lister. Conch. t. 611. f. 2.

Gualt. Test. t. 69. fig. I.

D'Argenv. Conch. pl. 3. fig. A. F. et Zoomorph. pl. 1. fig. C.

Favanne. Conch. pl. 5. fig. A 2.

Knorr. Vergn. 1. t. 17. f. 2. 3.

Adans. Seneg. pl. 2. f. 1. l'ormier.

Regenf. Conch. 1. t. 8. f. 20 et pl. 10. f. 42.

Martini. Conch. 1. p. 174. vign. 6. et t. 16. f. 146–149.

* *Altera patella major*. Belon. Aquat. p. 395.

* Rond. Aquat. p. 3. ch. II.

* Lister. Anim. Angl. pl. 3. f. 16.

* Schrot. Einl. t. 2. p. 375.

* Donow. Brit. Conch. t. 1. pl. 5.

* Maton et Racket. Lin. Trans. t. 8. p. 227.

* Dorset. Cat. p. 57. pl. 22. f. 1. 2.

* Brok. Intr. p. 135. pl. 9. f. 121.

* Linné. Mus. Ulric. p. 683. n° 402.

* Lin. Syst. nat. éd. 12. p. 1256.

* Lin. Fauna. Suecica. p. 379. n° 1326.

* Herbst. Verm. t. 1. pl. 44. f. 1.

* Burrow. Elém. p. 161. pl. 21. f. 1.

* *Haliotis vulgaris*. Da Costa. Brit. Conch. p. 15. pl. 2. f. 1. 2.

* Muller. Zool. Danie. Prodr. p. 238. n° 2876.

* Dillw. Cat. p. 1009. n° 4.

* Gerville. Cat. des coq. de la Manche. p. 51. n° 1.

* Coll. des Ch. Cat. des test. du Finist. p. 46. n° 1.

* Desh. Encycl. méth. Vers. t. 2. p. 179. n° 6.

Habite les mers d'Europe et l'Océan-Atlantique. Mon cabinet. Dans les croisemens entre les stries et les rides, on aperçoit de petits tubercules peu saillans; elle est souvent marbrée en dessus de rouge et de vert; sa nacre est très brillante. Diam. longit., 3 pouces une ligne; transv., 2 pouces une ligne.

---

la Manche. Dillwyn commet cette erreur, dont Gmelin avait déjà donné l'exemple, nous soupçonnons que l'*Haliotis tuberculata* de Ginnani et celle de M. Payreaudeau doit se rapporter au *Lamellosa* et non à celle-ci. Dillwyn rapporte au *Tuberculata* deux figures de Rumphius qui représentent une espèce très distincte de celle-ci. Lamarck attribue avec plus de raison ces deux figures à son *Haliotis unilateralis*.

## 7. Haliotide striée. *Haliotis striata.* Lin. (1)

*H. testâ ovato-oblongâ , dorso convexo depressâ , longitudinaliter
striatâ, transversìm rugosâ, ferrugineâ ; spirâ subprominulâ.*

*Haliotis striata.* Lin. Syst. nat. éd. 10. t. 2. p. 780. Gmel. p. 3688.
n° 3.

* Lin. Mus. Ulric. p. 684. n° 408.

* Lin. Syst. nat. éd. 12. p. 1256.

Martini. Conch. 1. t. 14. f. 138.

* Schrot. Einl. t. 2. p. 377.

* Dillw. Cat. t. 2. p. 1010. n° 5.

Habite l'Océan Indien. Mon cabinet. Elle n'a point sur le dos les
petits tubercules de l'*H. tuberculata ;* l'impression de ses stries
longitudinales se remarque en sa face interne, dont la nacre est
argentine. Diam.. longit., 2 pouces 2 lignes ; trans., 15 lignes et
demie.

## 8. Haliotide en faux. *Haliotis asinina.* Lin.

*H. testâ elongatâ, angustiusculâ, subfalcatâ, lœvigatâ, viridi, fusco
marmoratâ , intùs margaritaceâ ; striis undulatis obliquis ; spirâ
brevissimâ.*

*Haliotis asinina.* Lin. Syst. nat. éd. 10. p. 780. Lin. Ed. 12. p. 1256.
n° 745.

* Linné. Mus. Ulr. p. 685. n° 406.

Lister. Conch. t. 610. f. 1.

Rumph. Mus. t. 40. fig. E. F.

Gualt. Test. t. 69. fig. D.

D'Argenv. Conch. pl. 3. fig. E.

* Born. Mus. p. 412.

Favanne. Conch. pl. 5. fig. A. 4.

---

(1) Nous avons décrit dans l'Encyclopédie une Haliotide sous
le nom de Striée et qui très probablement n'est pas la même que
celle de Linné. La description que donne Linné de son espèce
dans le Museum Ulricæ, est trop abrégée, et comme il ne cite
aucune synonymie, on a aucun moyen de suppléer à l'insuffisance
de la description. Peut-on rapporter avec certitude la coquille
figurée par Martyns à l'*Haliotis striata* de Linné? Nous ne trouvons pas dans les deux coquilles une identité dans les caractères,
qui nous suffise pour les confondre. Aussi cette espèce linnéenne reste douteuse pour nous, quoique dans un autre temps
nous ayons cru la reconnaître.

Knorr. Vergn. 3. t. 15. f. 1.

Regenf. Conch. 1. t. 9. f. 29.

Martini. Conch. 1. t. 16. f. 150.

*Haliotis asinium.* Gmel. p. 3688. nº 6.

* Schrot. Einl. t. 2. p. 381.

* Dillw. Cat. t. 2. p. 1011. nº 10.

* Desh. Encycl. méth. Vers. t. 2. p. 180. nº 8.

Habite les mers de la Chine et des Moluques. Mon cabinet. Sa fossette ombilicale est tout-à-fait cachée sous le bord. Diam. longit.,
2 pouces 6 lignes; transv., 13 lignes.

9. Haliotide glabre. *Haliotis glabra.* Chemn. (1)

> *H. testá ovali, convexo-planulatá, glabrá, tenuiter striatá, albo et
> viridi marmoratá; spirá retusá; interná facie margaritaceá.*

* Dillw. Cat. t. 2. p. 1011. nº 9.

* *Haliotis glabra.* Var. A. Schub. et Wag. Compl. a Chemn. p. 76.

Favanne. Conch. pl. 5. fig. A 1.

*Haliotis glabra.* Chemn. Conch. 10. t. 166. f. 1602. 1603.

*An haliotis virginea? Ejusd.* Conch. 10. t. 166. f. 1607. 1608.

*Haliotis glabra.* Gmel. p. 3690. nº 14.

*Ejusd. haliotis virginea?* p. 3690. nº 16.

Habite les mers de la Nouvelle-Hollande. M. de *Labillardière.* Mon

---

(1) Il y a plusieurs observations à faire sur l'*Haliotis glabra*
de Chemnitz. Cet auteur a décrit sous ce nom une espèce bien
distincte et il en a fait ressortir les caractères. Plus tard, Lamarck
a ajouté sous le même nom, mais avec doute, l'*Haliotis virginea*
du même auteur. Nous les avons toutes deux sous les yeux, et
depuis long-temps nous avons reconnu qu'elles doivent constituer
deux bonnes espèces. Depuis, MM. Schubert et Wagner, dans
le dernier supplément à Chemnitz, ont réunis au *glabra* de
Chemnitz une Haliotide, à laquelle M. Swainson, dans ses Illustrations zoologiques, avait donné le nom de *Californiensis.*
Dans l'Encyclopédie méthodique nous avons adoptés l'opinion
de MM. Schubert et Wagner, parce que nous ne possédions pas
alors la coquille de Chemnitz. Aujourd'hui que nous pouvons
comparer entre elles les trois coquilles que nous venons de citer,
nous pensons qu'elles doivent constituer trois espèces distinctes.
Le *glabra* de Chemnitz, dont il faut séparer aussi bien le *Virginea* que le *Californiensis* de Swainson.

cabinet. Convexité médiocre; nacre très brillante. Diam. longit.,
19 lignes; transv., 13.

**10. Haliotide lamelleuse.** *Haliotis lamellosa.* **Lamk.**

*H. testâ ovato-oblongâ, convexo-planulatâ, lamellosâ, aurantio-*
*rubente ; dorso inæquali, longitudinaliter striato ; lamellis trans-*
*versis strias decussantibus ; spirâ subprominulâ ; internâ facie mar-*
*garitaceâ.*

* Desh. Exp. scient. de Morée. Moll. p. 135. n° 148.

* Born. Mus. p. 410. vignette.

* Desh. Encycl. méth. Vers. t. 2. p. 181. n° 10.

* Poli. Test. t. 3. pl. 55. f. 23 à 36.

* *An eadem ? Haliotis tuberculata.* Pay. Cat. p. 122. n° 256.

* Aldrov. de Exang. p. 551. f. 8. 9.

* Bonan. Recr. part. 1. f. 11.

* Ginanni. Adriat. t. 2. pl. 3. f. 27?

* *Fossilis. Haliotiis Philberti.* Marc. de Serres. Annales des sc. nat. t.
12. pl. 45. f. A.

Habite la Méditerranée. Mon cabinet. Espèce très distincte, qui me
paraît inédite. Son épiderme est grisâtre. Diam. longit., 20 lignes
et demie; trans., 1 pouce.

**11. Haliotide unilatérale.** *Haliotis unilateralis.* **Lamk.**

*H. testâ ovali, convexo-depressâ, rudi, subverrucosâ, albido-fla-*
*vescente, maculis fuscis pictâ ; labio elevato, anteriùs latere pro-*
*ducto ; spirâ prominulâ, obtusâ.*

*An* Rumph. Mus. t. 40. fig. G ? H ?

Habite les mers de Timor et de la Nouvelle-Hollande. Mon cabinet.
Bord droit fort court; nacre peu brillante. Diam. longit., 16 lignes ; transv., 11 et demie.

**12. Haliotide ridée.** *Haliotis rugosa.* **Lamk.**

*H. testâ semi-ovali, convexo-depressâ, longitudinaliter rugosâ, al-*
*bidâ, maculis intensè rubris pictâ ; spirâ contortâ, supernè pla-*
*nulatâ, granulatâ ; internâ facie obscuratâ.*

*An* Martini. Conch. 1. t. 15. f. 145?

Habite..... Mon cabinet. Forme un peu rapprochée de celle de la précédente; point de nacre à l'intérieur. Diam. longit., 16 lignes et
demie; transv., 10 lignes et demie.

**13. Haliotide canaliculée.** *Haliotis canaliculata.* **Lamk.** (1)

*H. testâ ovato-rotundatâ, convexo-depressâ, decussatim striatâ,*

----

(1) Murray, dans l'ouvrage précité, cite l'*Haliotis parva* de

*costá singulari notatá, ferrugineá; interná facie margaritaceá, canaliculo exaratá.*

*Haliotis parva.* Lin. Syst. nat. éd. 10. p. 780. Gmel. p. 3689. n° 7.

* Lin. Mus. Ulric. p. 684. n" 407.

* Lin. Syst nat. éd. 12. p. 1256.

Knorr. Vergn. 1. t. 20. f. 5.

*An* Favanne. Conch. pl. 5. fig. D ?

Martini. Conch. 1. t. 14. f. 140.

* Murray. Fundam. Test. Amœn. Acad. t. 8. p. 145. pl. 2. f. 25.

* Schrot. Einl. t. 2. p. 382.

* Schrebers. Conch. t. 1. p. 331.

* Dillw. Cat. t. 2. p. 1014. n° 16. *Hal. parva.*

* *Hal. canaliculée.* Blainv. Malac. pl. 48. fig. 6.

* *Hal. vulgaire.* Blainv. Malac. pl. de principes. n° 2. f. 6.

* Bowd. Elem. of Conch. pl. 6. f. 4.

* Desh. Encycl. méth. Vers. t. 2. p. 181. n° 11.

Habite..... l'Océan-Indien ? Mon cabinet. Vulg. *l'oreille-à-rigole.* Diam. longit., 22 ; transv., 16.

## 14. Haliotide tricostale. *Haliotis tricostalis.* Lamk.

*H. testá rotundatá, depressá, basi truncatá; dorso albo ferrugineo, striato, subtricostato; lamellis transversis intra spiram et costam mediam; interná facie obscuratá, canaliculo exaratá.*

* *Haliotis canaliculata.* Schub. et Wagn. Compl. à Chemn. p. 177. pl. 224. f. 3088. 3089.

* Desh. Encycl. méth. Vers. t. 2. p. 181. no 12.

Habite les mers de Java. M. *Leschenault.* Mon cabinet. Coquille très singulière par sa forme, ses trous s'allongeant un peu en tubes, et son bord gauche muni en dessous d'une rangée de tubercules, ce qui, avec la saillie du canal, la fait paraître tricostale ; elle est terne intérieurement. Diam. longit., 14 lignes ; transv. près d'un pouce.

## 15. Haliotide douteuse. *Haliotis dubia.* Lamk.

*H. testá parvá, haliotidiforme, uno latere truncatá, penitùs imper-*

---

Linné et en copie la description, mais la figure qu'il en donne, pl. 2. f. 25, est évidemment d'imagination.

Lamarck a eu tort de changer le nom linnéen de cette espèce. Rien dans la nomenclature ne l'autorisait à ce changement ; il faut donc lui restituer son nom d'*Haliotis parva.*

*foratâ, albâ; dorso longitudinaliter striato-nodulosâ; internâ
facie obscuratâ.*

Habite..... Mon cabinet. Petite coquille singulière, ayant la côte des
Haliotides, mais imperforée. D'après cette côte, elle ne saurait appartenir aux Stomatelles, et sa spire n'est nullement celle des
Stomates. Elle est arquée. Diam. longit., 11 lignes ; transv., 5 li-
et demie.

## † 16. Haliotide blanchâtre. *Haliotis albicans.* Quoy.

*H. testâ magnâ, ovatâ, griseo-albâ vel rubescente, flammulis al-
bis, radiantibus ornatâ, longitudinaliter obsolète striata; spirâ
prominulâ, magnâ, lateraliter foraminibus angustis submarginatâ,
decem perviis; intus albo-margaritaceâ.*

Quoy et Gaim. Voy. de l'Ast. t. 3. p. 311. pl. 68. f. 1-2.

Habite la Nouvelle-Zélande.

Grande et belle espèce rapportée pour la première fois par MM. Quoy
et Gaimard. Lorsqu'elle est jeune, elle a du rapport avec l'*Haliotis
profunda* de Lamarck, mais en vieillissant elle prend d'autres caractères. Elle est ovale obronde, sa spire, assez large, s'avance vers
le centre et se relève notablement au-dessus de la convexité du
dernier tour. Sa circonférence est convexe, et elle porte un grand
nombre de petites perforations à peine saillantes au dehors, et
dont les neuf ou dix dernières sont ouvertes. Ces perforations ne
sont point rondes mais ovalaires. Dans les grands individus, la coquille paraît lisse, mais dans ceux qui sont d'une belle conservation, on voit jusque sur le milieu du dernier tour des stries peu
saillantes et longitudinales qui diminuent peu- à-peu et finissent
par disparaître. La couleur de cette coquille est assez variable, souvent elle est d'un blanc grisâtre ou brunâtre, quelquefois elle est
d'un rouge ocracé, et orné de grandes flammules blanchâtres et
rayonnantes, quelquefois en zigzag, et presque toujours bifurquées
sur le bord gauche. En dedans, cette coquille est ordinairement
d'une nacre blanchâtre peu éclatante.

Les grands individus ont 16 cent. de long et 13 de large.

## † 17. Haliotide variée. *Haliotis varia.* Lin.

*H. testâ ovato-oblongâ, depresso convexâ, sulcatâ, sulcis nodulosis;
striis interjectis; spirâ humili, lateraliter subangulatâ, anticè foraminibus quinquè perforatâ, diversimodo variegatâ, albo fusco,
viridique; intus argenteâ.*

Herbst. Vermes. t. 1. pl. 54. f. 2.

Lin. Syst. nat. t. 10. p. 780. n° 650.

Lin. Mus. Ulric. p. 684. n° 404.

Lin. Syst. nat. éd. 12. p. 1256.

Gmel. Syst. nat. éd. 13. p. 3688. n° 4. Exclus. pl. synony.

Martini. Conch. t. 1. pl. 15. f. 144.

Schrot. Einl. t. 2. p. 378.

Dillw. Cat. t. 2. p. 1010. n° 7.

Habite...

Quoique Linné n'ait point donné de synonymie à cette espèce, sa description nous l'a fait reconnaître et nous avons pu rapporter, comme exacte, la synonymie qui est ici mentionnée. Cette coquille est ovale oblongue, elle est assez aplatie, peu profonde en dessous, et sa spire, subterminale, est courte et à peine saillante. Cette spire est composée de trois tours subanguleux à la circonférence, et sur cet angle viennent saillir une trentaine de courtes tubulures, dont les cinq dernières, ou antérieures, sont ouvertes. La surface extérieure présente de nombreux sillons longitudinaux entre lesquels s'interposent une ou deux stries peu profondes. Sur ces sillons se relèvent des tubercules irrégulières, non-seulement par ce qu'ils ne sont point semblables dans leur forme, mais encore parce qu'ils ne sont point distribués sur la surface d'une manière régulière ; le plus souvent ils sont oblongs et allongés sur le sillon. La coloration de cette coquille est variable : le plus grand nombre des individus sont marqués de grandes taches brunâtres plus ou moins foncées sur un fond blanchâtre, lavé de jaunâtre et de vert. Sur le côté gauche de la coquille, la coloration prend plus de régularité, elle consiste en zones blanches et brunes assez larges, égales, tombant perpendiculairement de l'angle marginal vers le bord.

Cette coquille a 40 millim. de long et 29 de large.

## ✝ 18. Haliotide de Virginie. *Haliotis Virginea.* Chemn.

*H. testá ovato-oblongá, depressá, longitudinaliter tenuè sulcatá, transversim tenue striatá, decussatá, albo, fusco, viridique marmoratá; spirá brevi, humili, subterminali; foramiuibus triginta circiter sex perviis; paginá inferiore striatá, argenteo viridique margaritaceá.*

Chemn. Conch. Cab. t. 10. p. 314. pl. 166. f. 1607-1608.

Gmel. Syst. nat. p. 3690. n° 16.

Dillw. Cat. t. 2. p. 1009. n° 3.

Habite la Nouvelle-Zélande ?

Cette espèce est parfaitement distincte de toutes ses congénères; elle est ovale-oblongue, très aplatie, à spire très courte, presque terminale, formée de deux tours et demi seulement, et dont l'enroulement s'aperçoit à peine à l'intérieur, étant caché presque entièrement sous le bord de la coquille. La surface extérieure est légèrement convexe; elle est partagée en deux parties inégales par une série régulière de perforations, au nombre de 3o environ, et dont les cinq ou six dernières sont ouvertes. Toute cette surface est occupée par des fins sillons longitudinaux, traversés presque à angle droit par un très grand nombre de stries transverses très fines, qui produisent sur cette surface un réseau assez régulier ; à l'intérieur, la coquille est striée, elle est nacrée et présente de beaux reflets rougeâtres ou d'un vert assez foncé; en dehors elle est brune, nuancée de verdâtre et marbrée de quelques taches blanchâtres sur le dos.

Cette coquille a 5o millim. de long et 34 de large.

Lamarck confondait cette espèce avec son *Haliotis glabra;* il y a cependant entre elles de notables différences, aussi ne l'a-t-il mentionnée dans sa synonymie qu'avec un point de doute.

## † 19. Haliotide de Californie. *Haliotis Californiensis.* Sw.

*H. testâ ovatâ, convexâ, glabrâ, castaneo-atratâ; spirâ humili, brevi, subterminali; foraminibus numerosis, octo perviis; intùs margaritaceâ.*

Swain. Zoolog. Illustr. t. 2. pl. 8o.

*Haliotis glabra.* Var. B. Schub. et Wag. Compl. a Chemn. p. 76. pl. 224. f. 3086. 3087.

*Haliotis glabra.* Desh. Encyc. méth. Vers. t. 2. p. 18o. n° 1.

Habite la Californie. Nous avons cru d'abord, avec MM. Schuber et Wagner, que cette espèce était la même que l'*Haliotis glabra* de Chemnitz et de Lamarck; mais un examen plus attentif nous a prouvé que notre rapprochement, emprunté aux auteurs que nous venons de citer, est erroné, et qu'il est convenable d'adopter, pour cette espèce, le nom que M. Swainson lui a donné dans ses illustrations zoologiques. Cette coquille prend un volume assez considérable; elle est régulièrement ovalaire, elle devient très convexe en vieillissant, et sa surface extérieure, revêtue d'une couche épaisse et noirâtre, est toujours lisse, et ne présente jamais, sur le côté gauche, les sillons que présente constamment l'*Haliotis glabra* de Chemnitz. La spire est très courte, on y compte deux tours, aussi son enroulement s'aperçoit-il à peine à l'intérieur. Les perforations sont nombreuses, elles ne se prolongent point à l'exté-

rieur sous forme de tube, et il y en a ordinairement huit d'ouvertes; elles ne sont pas toujours placées d'une manière très régulière. A l'intérieur, cette coquilie est d'une nacre très brillante,
présentant des éclats métalliques d'un vert tendre et d'un rouge
rosé. Les grands individus ont 14 cent. et demi de long et 11
cent. et demi de large.

† **20. Haliotide tachetée.** *Haliotis nœvosa.* **Martyns.**

*H. testá ovata, depressá, tenui, rubro-ferrugineá, albo viridique*
*variegatá, striis longitudinalibus transversisque tenuissimis decus-*
*satá, obliquè plicatá, lateraliter subangulatá, in angulo perfo-*
*ratá; foraminibus tubulosis, sex perviis; spirá latá; margine si-*
*nistro lato, plano.*

Martyns. Univ. Conchol. t. 2. f. 63.
*Haliotis gigantea pars.* Chemn. Conch. t. 10. p. 316.
*Id.* Gmel. Syst. nat. p. 3691. n° 18.
*Id.* Lamk. Anim. s. vert. 1ʳᵉ édit. t. 6. p. 214.
*Id.* Desh. Encyc. méth. Vers. t. 2. p. 179. n° 3.
*Id.* Dillw. Cat. t. 2. p. 1012. n° 12.

Habite la Nouvelle-Zélande. Nous mettons dans la synonymie ces
quatre dernières citations à cause de la figure de Martyns rapportée à tort à l'*Haliotis gigantea*. Quoique parfaitement distincte
de toutes ses congénères, cette espèce a été constamment confondue
avec l'*Haliotis gigantea* de Chemnitz, et dont Lamarck a fait son
*Haliotis tubifera*. Depuis que Chemnitz a fait cette confusion, tous
les auteurs, et nous-mêmes, dans l'Encyclopédie, l'avons reproduite,
mais il est nécessaire actuellement de la faire cesser; cela deviendra
assez facile pour les personnes qui auront à-la-fois sous les yeux
les deux espèces. Celle-ci est régulièrement ovalaire; sa spire est
grande, cependant peu saillante, et s'avance d'une manière notable vers le centre de la coquille. Elle compte trois tours, à la
circonférence desquels s'élève un angle assez aigu sur lequel on remarque plus de quarante tubulures courtes, dont les six dernières seulement sont ouvertes. Au-dessous de cet angle se montre
une dépression en rigole, au-dessous de laquelle le bord gauche
tombe perpendiculairement. Toute la surface est couverte d'un
réseau formé de stries onduleuses, longitudinales, coupées par
d'autres, transverses, beaucoup plus fines. Outre ces accidens, on
remarque encore des plis obliques quelquefois bifurqués et qui se
répètent à l'intérieur de la coquille. En dedans, cette espèce est
d'une très belle nacre; son bord gauche est très large et tout-à-fait
plat, on le voit se continuer à l'intérieur, et suivre les contours

de la spire. Cette belle espèce est d'un rouge briqueté assez foncé
et varié de grandes taches rayonnantes d'un blanc verdâtre. Les
grands individus ont 13 cent. de long et 95 mil'. de large.

† 21. Haliotide très belle. *Haliotis pulcherrima*. Chem.

> H. testâ ovato-suborbiculari, convexiusculâ, castaneo-rubente, ra-
> diatim costatâ, tenuissimè transversim striatâ; spirâ magnâ, sub-
> centrali, lateraliter subangulatâ, in angulo multiforaminatâ;
> foraminibus minimis, octo perviis.

Martyns. Univ. Conch. t. 2. f. 62.

Chemn. Conch. t. 10. p. 313. pl. 166. f. 1605. 1606.

Gmel. Syst. nat. p. 3600. n° 15.

Dillw. Cat. t. 2. p. 1008. n° 2.

Habite la Nouvelle-Zélande. Très jolie espèce qui mérite bien le nom
que lui a donné Chemnitz. Elle est ovale arrondie, à spire grande
et subcentrale, à laquelle on compte près de quatre tours ; elle
est assez saillante et obtuse au sommet. Le côté gauche des tours
présente un angle très obtus sur lequel s'élèvent de très petites
tubulures dont les huit dernières sont ouvertes. Au-dessous de
cet angle, le côté gauche est finement plissé, tandis que la partie
supérieure de la coquille est occupée par une série assez régulière
de côtes obliques et rayonnantes, obliquement traversées par des
stries d'accroissement transverses, très fines et assez régulières. A
l'intérieur, cette coquille est d'une nacre très brillante, sur laquelle se réflètent les plus belles nuances de vert bleuâtre, de
rouge métallique. Cette jolie espèce a jusqu'à 30 mill. de long
et 22 de large.

---

## LES PLICACÉS.

*Coquille à ouverture non évasée, ayant des plis à la co-*
*lumelle.*

On aurait tort, d'après la considération des plis à la columelle, de réunir ces coquilles aux auricules, ces dernières étant terrestres, tandis que nos *Plicacés* sont tous
marins. Nous avons donc dû en former une petite famille
particulière. On ne les confondra point avec les volutes,

les mitres, etc., qui sont pareillement marines, parce que celles-ci ont une échancrure à la base de leur ouverture qui les en distingue. Nous ne rapporterons à cette ptite famille que les genres Tornatelle et Pyramidelle.

[Les coquilles, comprises par Lamarck dans la famille des Plicacés, sont en effet distinctes de toutes les autres et ne peuvent se confondre avec aucun des groupes déjà établis. Plusieurs questions restent encore indécises sur les rapports des genres que renferme cette famille, et ceux de la famille elle-même. Ces questions, pour être définitivement résolues, auraient besoin de plusieurs faits sur lesquels malheureusement de bonnes observations manquent encore. On sait que les Tornatelles et les Pyramidelles ont un opercule corné; depuis les observations de M. Quoy, on connaît les caractères extérieurs de l'animal des Pyramidelles; mais on ignore complètement ceux des Tornatelles. Par leur coquille, les deux genres dont il est question ont de l'affinité: c'est ainsi que l'on voit les Tornatelles, s'allongeant peu-à-peu d'une espèce à l'autre, ne conserver qu'un pli columellaire et prendre la forme extérieure des Pyramidelles, sans acquérir cependant le poli que l'on remarque dans le plus grand nombre des espèces de ce dernier genre. Il y a même quelques espèces fossiles qu'il est assez difficile de placer, à cause de leurs caractères ambigus qui participent à-la-fois de ceux des deux genres. Comme nous l'avons dit précédemment, à la page 286 du huitième volume de cet ouvrage, il est bien à présumer qu'il faudra ranger, dans cette famille des Plicacés, notre petit genre *Bonellia* qui a pour type le *Bulimus terebellatus* de Lamarck. Quoique dans les Bonellies la columelle soit sans plis, cependant les caractères extérieurs de ces coquilles ont de si nombreuses analogies avec ceux des Pyramidelles que l'on ne peut s'empêcher de rapprocher ces genres. C'est encore probablement dans

le voisinage de la famille des Plicacés qu'il conviendra de
mettre un genre curieux que l'on ne connaît, jusqu'à présent, qu'à l'état fossile, et que M. Defrance a établi sous le
nom de Nérinée. Sans doute que les Nérinées, par quelques espèces subcanaliculées à la base, ont des rapports
avec les Cérites ; mais elles se lient également aux Pyramidelles par les espèces qui ont des plis columellaires, et
quelques traces seulement d'un pli sur le côté droit. Enfin
ce serait encore non loin des Tornatelles et des Pyramidelles qu'il conviendrait de ranger un petit groupe de coquilles fossiles des Coral-rag, et qui, avec la forme des
Tornatelles, ont à-peu-près les plis des Nérinées. Si,
lorsque l'on aura découvert l'animal des Bonellies, on lui
trouve une analogie suffisante pour le rapprocher des
Pyramidelles, il restera à discuter la valeur des plis columellaires et à décider quelle importance ils doivent conserver dans la formation de la famille. ]

---

### TORNATELLE. ( Tornatella.)

Coquille enroulée, ovale-cylindrique, en général striée
transversalement, et dépourvue d'épiderme. Ouverture
oblongue, entière, à bord droit tranchant. Un ou plusieurs plis sur la columelle. Un opercule corné.

*Testa convoluta, ovato-cylindrica, sæpiùs transversim
striata, epidermide destituta. Apertura oblonga, integra ;
margine exteriori acuto. Columella basi uni vel pluripli-
cata; operculum corneum.*

OBSERVATIONS. Les Tornatelles sont des coquilles marines et
enroulées que je confondais avec les Auricules, à cause des plis
de leur columelle. Mais, outre la différence des lieux d'habitation, elles en sont bien distinguées par leur forme générale, qui
rappellerait un peu celle des ovules, si leur spire saillante ne

suffisait pas pour les en rendre distinctes. Ces coquilles sont presque toujours dépourvues de drap marin ou de ce qu'on nomme épiderme ; et leur surface externe est striée transversalement, tantôt partout et tantôt localement. Elles ont sur leur columelle un ou plusieurs plis, ordinairement épais et obtus.

[Les coquilles, comprises aujourd'hui dans le genre Tornatelle, étaient des Volutes pour Linné. Linné n'avait point estimé, à sa juste valeur, ce caractère important de l'intégrité de l'ouverture de ces coquilles qui diffèrent par là, d'une manière si notable, des véritables Volutes. Les auteurs linnéens s'attachèrent à la lettre du *Systema naturæ* et maintinrent ces coquilles dans le genre Volute. Bruguière, le premier, sentit qu'elles ne devaient pas rester dans des rapports si peu naturels, et améliora la méthode, tout en la laissant défectueuse, en comprenant les Tornatelles dans son genre indigeste des Bulimes. C'est de ce genre que Lamarck a retiré les Tornatelles, pour les confondre d'abord avec les Auricules ; mais bientôt il reconnut qu'elles devaient constituer un genre à part, et prit pour type le *Voluta Tornatilis* de Linné. Depuis la création du genre par Lamarck, il a été adopté par presque tous les zoologistes, depuis surtout que M. Gray eut découvert que, dans ce genre, la coquille est fermée par un opercule corné. Ce fait intéressant, joint aux observations de M. Lowe sur certaines auricules, a déterminé la séparation définitive de ce genre du groupe des Auricules. Il se rattache définitivement aux Pyramidelles et se rapproche de la famille des Turbinacés comme Lamarck l'avait si judicieusement pensé depuis long-temps.

Le nombre des espèces de ce genre est peu considérable. Quelques-unes vivantes ont été ajoutées aux cinq véritables Tornatelles de Lamarck. Nous n'admettons pas dans ce genre la *Tornatella bulla* de M. Kiener, laquelle appartient, selon nous, au genre Bulle à la section des Bullines de M. de Férussac, dont elle offre tous les caractères. Le nombre des espèces fossiles s'est accru d'une manière notable, et, parmi elles, on doit surtout remarquer quelques espèces gigantesques qui proviennent des terrains crétacés inférieurs. Peut-être ces espèces, ainsi que d'autres appartenant aux terrains jurassiques, devront-elles constituer un nouveau genre, car avec la forme générale des Tornatelles, les plis de la Columelle ressemblent davantage à ceux des Volutes ou des Marginelles.

Comme nous le disions précédemment, les Tornatelles se lient d'une manière insensible aux Pyramidelles : d'un côté, aux Pyramidelles courtes, telles que le *Plicata*, par exemple; et d'un autre, à quelques Tornatelles fossiles turriculées, mais qui n'ont qu'un pli columellaire. La plupart des Tornatelles se reconnaissent, non-seulement par leur forme généralement ovalaire, mais encore par la forme et la disposition des plis de la Columelle. Dans les espèces vivantes, il n'y a réellement qu'un seul pli columellaire. Celles qui paraissent en avoir deux ont une Columelle fort épaisse, que le sillon columellaire semble avoir coupé nettement en deux. Le bord supérieur du sillon, formant un angle, a l'apparence d'un second pli. C'est parmi les espèces fossiles qu'il faut chercher des Tornatelles ayant deux véritables plis sur la Columelle. Ces espèces à deux plis appartiennent aux terrains tertiaires de Paris et de Londres. Lorsqu'on passe du terrain tertiaire au secondaire, on voit s'accroître le nombre des plis columellaires, qui se montrent au nombre de trois et même quelquefois de quatre. Ces espèces à trois plis sont-elles de véritables Tornatelles? C'est là une question fort difficile à résoudre, puisqu'il n'y a rien de connu jusqu'à présent dans la nature vivante qui pût nous guider même par une analogie éloignée; mais comme ces coquilles des terrains secondaires conservent assez généralement la forme ventrue ou ovalaire des Tornatelles, nous pensons que c'est dans ce genre qu'elles doivent se placer, à moins que l'on ne préfère établir pour elles, dans la suite, un petit genre à part.

## ESPECES.

**1.** Tornatelle brocard. *Tornatella flammea*. Lamk. (1)

> **T.** *testá ovali, ventricosá transversìm striatá, albá, strigis longitudinalibus, rubris, undatis, pictá; spirá conoideá; columellá uniplicatá.*

(1) Sous le titre de Variété, Gmelin a compris dans cette es-

Lister. Conch. t. 814. f. 24.
Favanne. Conch. pl. 65. fig. P 17 et pl. 27. f. E?
Martini. Conch. 2. t. 43. f. 439.
*Bulimus variegatus.* Brug. Dict. n° 67.
*Voluta flammea.* Gmel. p. 3435. n° 2. *Variet. exclus.*
*Tornatella flammea.* Encycl. pl. 452. f. 1. a. b.
* *Voluta.* Schrot. Einl. t. 1. p. 271. n° 103.
* *Voluta flammea.* Dillw. Cat. t. 1. p. 504. n° 12.
* Sow. Genera of shells. *Tornatella.* f. 1.
* Kiener. Spec. des coq. viv. genr. Torn. pl. 1. f. 1.
Habite.... Mon cabinet. Longueur, 14 lignes; largeur, 10 lignes.

## 2. 'Tornatelle mouchetée. *Tornatella solidula.* Lamk. (1)

*T. testá ovato-oblongá, subcylindricá, transversìm striatá, albo lu-*
*tescente, nigro-punctatá ; spirá conico-acutá; columellá bipli-*
*catá : plicá majore bilobá.*
*Voluta solidula.* Lin. Syst. nat. p. 1187. Gmel. p. 3437. n° 13.
Favanne. Conch. pl. 65. fig. P 2.
Martini. Conch. 2. t. 43. f. 440. 441.
Chemn. Conch. 10. t. 149. f. 1405.
*Bulimus solidulus.* Brug. Dict. n° 68.

---

pèce trois coquilles qui n'ont avec elle aucun rapport : l'une
est une véritable Columbelle, *Columbella fulgurans.* Lamk. Les
deux autres sont des Auricules de la section des Conovules : la
première est établie par Gmelin lui-même sous le nom de *Voluta*
*flava* (*Auricula monile*, Lamk.), la seconde est notre *Auricula*
*fasciata.*

(1) Il serait difficile de reconnaître dans cette espèce le *Bulla*
*solidula* de la 10ᵉ édition du *Systema naturæ*, mais la description,
très suffisante que Linné en donne sous le même nom dans le
*Museum Ulricæ reginæ*, ne laisse plus de doute sur son identité
avec celle-ci, et cela est bientôt confirmé par Linné lui-même,
qui la fait passer des Bulles dans les Volutes de la 12ᵉ édition du
*Syst. nat.* Gmelin, après avoir cité très à propos la figure de
Kammerer dans la Synonymie de cette espèce, se sert de nouveau de la même figure, pour établir, dans son genre Helix,
une espèce, sous le nom d'*Helix nævia* : nouvelle preuve du
peu de soin qu'il mettait à la compilation, dont il a fait la 13ᵉ

* *Bulla solidula.* Lin. Syst. nat. éd. 10. t. 2. p. 728. n⁰ 346.
* *Id.* Lin. Mus. Ulric. p. 590. n⁰ 228.
* Kamm. Rud. Cab. pl. 8. f. 4.
* *Helix nævia.* Gmel. p. 3656. n⁰ 251.
* *Voluta solidula.* Dillw. Cat. t. 1. p. 504. n° 13.
* Kiener. Spec. des coq. viv. Genr. Torn. pl. 1. f. 2.

Habite.... l'Océan Indien? Mon cabinet. Longueur, 9 lignes et de-
    mie; mais, selon *Bruguière*, elle peut atteindre jusqu'à 15 li-
    gnes.

## 3. Tornatelle fasciée. *Tornatella fasciata.* Lamk.

    *T. testâ ovato-conicâ, transversìm striatâ, rufo-rubente, albo-bi-
    fasciatâ; spirâ exsertâ, acutâ; columellâ uniplicatâ.*

*Voluta tornatilis.* Lin. Syst. nat. éd. 12. p. 1187. Gmel. p. 3437
    n° 12.

Lister. Conch. t. 835. f. 58.

Pennant. Brit. Zool. 4. t. 71. f. 86.

Favanne. Conch. pl. 65. fig. P 3.

Martini. Conch. 2. t. 43. f. 442. 443.

*Bulimus tornatilis.* Brug. Dict. n₀ 69.

*Tornatella fasciata.* Encycl. p. 452. f. 3. a. b.

* Knorr. Vergn. t. 6. pl. 19. f. 4?
* *Voluta bifasciata.* Gmel. p. 3436. n⁰ 4.
* Donov. Conch. brit. t. 2. pl. 57.
* Dorset. Cat. p. 44. pl. 14. f. 2.
* *Turbo ovalis.* Dacosta. Brit. Conch. p. 101. pl. 8. f. 2.
* *Voluta tornatilis.* Dillw. Cat. t. 1. p. 503. n° 11.
* *An. ead. spec.?* Plancus de Conch. Min. Notis. pl. 2. f. 8. L. M
* *Tornatella fasciata.* Payr. Cat. p. 122. n⁰ 257.
* *Id.* Philippi. Enum. moll. p. 166. n° 1.
* Kiener. Spec. des coq. viv. Genr. Torn. pl. 1. f. 3.
* *Fossilis. Voluta tornatilis.* Brocchi. Conch. foss. Subap. t. 2. p.
    322. n° 26.

Habite la Méditerranée et l'Océan-Européen. Mon cabinet. Les stries
    de sa base sont les plus éminentes. Longueur, 10 lignes; largeur,
    5 lignes.

---

édition du *Système de la nature.* Dillwyn a rapporté à tort, à
l'espèce qui nous occupe, le *Voluta sulcata* de Gmelin. Cette coquille constitue une espèce bien distincte de Tornatelle.

### 4. Tornatelle oreillette. *Tornatella auricula*. Lamk. (1)

> *T. testá ovato-oblongá, glabrá, subpellucidá, albá; striis longi-*
> *tudinalibus remotiusculis; spirá conoideá, obtusá; columellá bi-*
> *plicatá.*

Lister. Conch. t. 577. f. 32 b.

Gualt. Test. t. 55. fig. F?

*Bulimus auricula*. Brug. Dict. n₀ 75.

* *Voluta*. Schrot. Einl. t. 1. p. 281. n₀ 145.

Habite.... Mon cabinet. Celle-ci est bien plus lisse que les autres; elle a néanmoins une strie transverse sous chaque suture. Lon‑gueur, 9 lignes et demie.

### 5. Tornatelle luisante. *Tornatella nitidula*. Lamk.

> *T. testá ovali, ventricosá, basi transversè striatá, albo-roseá, ni-*
> *tidulá; spirá brevi, acutá; columellá biplicatá.*

Encycl. pl. 452. f. 2. a. b.

* Sow. Genera of shells. Tornatella. fig. 2.

* Desh. Encycl. méth. Vers. t. 3. p. 1042. n° 1.

* Kiener. Spec. des coq. viv. Genre Torn. pl. 1. f. 5.

Habite les mers de l'Ile-de-France. Mon cabinet. De ses deux plis, l'inférieur est le plus gros. Longueur, environ 9 lignes; largeur, près de 5.

### 6. Tornatelle piétin. *Tornatella pedipes*. Lamk. (2)

> *T. testá ovato-turgidá, ventricosá, solidá, transversim striatá,*
> *squalidè albá; spirá brevi, obtusá; aperturá ringente, quinque-*
> *plicatá.*

---

(1) Nous avons été surpris de ne pas trouver la figure de cette espèce dans l'ouvrage de M. Kiener, ouvrage qui paraissait destiné surtout à faire connaître les espèces de Lamarck.

(2) Nous trouvons ici, sous le nom de *Tornatella pedipes*, une petite coquille curieuse, habitée par un mollusque fort singulier dans plusieurs de ses caractères, et pour lequel Adanson, dans son ouvrage au Sénégal, a créé un genre particulier sous le nom de Piétin, *pedipes*. Quoique Adanson, en créant ce genre, eût eu le soin de lui imposer tous les caractères zoologiques les plus précis, néanmoins les auteurs ses contemporains ne l'adoptèrent pas, et Schrœter, parmi les conchyliologues, fut le premier qui ait mentionné la coquille dans ses additions au

Adans. Seneg. t. 1. f. 4. le piétin.
*Bulimus pedipes.* Brug. Dict. n° 73.
* *Helix.* Schrot. Einl. t. 2. p. 251. n° 263.
* *Helix afra.* Gmel. Syst. nat. p. 3651. n° 194.

genre *Helix* de Linné. Gmelin qui, dans sa treizième édition du *Systema naturæ*, a copié presque partout l'ouvrage de Schrœter, sans le citer, a fait, du Piétin d'Adanson, son *Helix afra*. Dillwyn a suivi l'exemple de Gmelin, et a conservé cette espèce parmi les Hélices, tandis que Bruguières la comprenait dans son genre indigeste des Bulimes. Jusque dans ces derniers temps, le genre d'Adanson fut presque entièrement oublié, et M. de Férussac, le premier, le rétablit dans la famille des Auricules lorsqu'il présenta le tableau synoptique de cette famille, à la fin de son prodrome sur les Hélices. Quelques années après, M. de Blainville adopta également le genre d'Adanson, dans son *Traité de Malacologie ;* mais il eut le tort d'y réunir les Tornatelles et les Conovules. Il est vrai que dans les additions et corrections de l'ouvrage que nous citons, M. de Blainville revint quelque temps après à une opinion plus juste, en admettant enfin le genre Tornatelle comme nous avons eu occasion de le dire en traitant de ce genre. Dans l'Encyclopédie méthodique, nous avons particulièrement insisté sur la nécessité d'admettre le genre Pédipes, et, nous appuyant sur les excellentes observations d'Adanson, nous avons indiqué les rapports naturels de ce genre dans la famille des Auricules. Depuis cette époque, M. Lowe, dans un assez long séjour qu'il fit à Madère, eut occasion de faire des expériences sur les *Pedipes* et quelques autres genres avoisinans; consignées dans le cinquième volume du Zoological journal, elles ont confirmé, non-seulement la nécessité du genre, mais encore ses rapports avec ceux qui l'avoisinent.

## Genre **PIÉTIN**. *Pedipes.*

Caractères génériques.
Animal subglobuleux, à pied aplati, divisé en deux parties inégales par un profond sillon transverse. Tête

* *Id*. Dillw. Cat. t. 2. p. 886. n° 2.
* *Pedipes afra*. Fer. Prod. de la fam. des auricules. p. 109. n° 1.
* *Pedipes afra*. Low. Zool. Journ. t. 5. p. 296. pl. 13. f. 8 à 12.
* *Pedipes Adansoni*. Blainv. Dict. des sc. nat. t. 40. p. 288.

courte, portant une paire de tentacules coniques, ayant
les yeux sessiles, ovalaires et obliques à la partie interne
de leur base. Organe respiratoire branchial; point d'o-
percule.

Coquille épaisse, subglobuleuse, striée transversalement, à spire courte et sans épiderme; ouverture entière,
oblique, grimaçante; la columelle portant trois grands
plis inégaux, et le bord droit une dent médiane.

Les observations, faites par Adanson sur son Piétin,
ont été confirmées par celles de M. Lowe. Cet animal a
beaucoup de rapports avec celui des Auricules, et surtout
avec celui de l'*Auricula myosotis* et de quelques espèces
analogues. Il est subglobuleux, blanchâtre; son pied est
mince et étalé sur les bords, et sa tête est élargie en dessous de la même manière : cette tête est bilobée en avant,
et elle est munie d'une paire de tentacules coniques, con-
tractiles, noirâtres au sommet, et portant les yeux au
côté interne de leur base. Ces yeux sont sessiles; ils ne
sont point arrondis, comme dans la plupart des mollusques, mais ils sont ovales-oblongs et placés obliquement.
Le pied a une structure des plus singulières pour un mollusque Gastéropode. Il est divisé en deux portions inégales par un sillon transverse large et profond. Cette disposition du pied donne à l'animal une marche particulière
que l'on peut comparer à celles des chenilles connues
sous le nom d'Arpenteuses. En effet, lorsque le Piétin
veut marcher, au lieu de ramper à la manière des autres
Gastéropodes, il appuie la partie postérieure de son pied
sur le sol, et porte en avant la partie antérieure, en donnant à la portion, comprise dans le sillon, toute l'extension

* *Id.* Desh. Dict. class. d'hist. nat. t. 13. p. 544.
* *Id.* Blainv. Malac. p. 451.
Habite les mers du Sénégal. Mon cabinet. Petite coquille, remar-
quable par son ouverture grimaçante. Sa columelle offre, dans sa

---

possible. Il appuie ensuite cette extrémité antérieure du
pied sur le sol, et, par une contraction assez rapide, en
rapproche l'extrémité postérieure. Celle-ci fixée de nouveau, la partie antérieure est une seconde fois portée en
avant, et la marche de l'animal se continue de la même
manière. Nous avons vu, en traitant du genre Auricule,
que la plupart des espèces, et notamment les plus grandes,
respirent l'air de la même manière que les Hélices; mais
il y en a un certain nombre sur lesquelles on avait justement des doutes, et les expériences de M. Lowe ont démontré, jusqu'à évidence, que les animaux de la section
des Conovules, ainsi que celui de l'*Auricula myosotis* et
des espèces voisines, respirent au moyen d'une branchie.
Il en est de même relativement au genre *Pedipes*. Il est
pectinibranche, mais, comme il n'est point operculé, il ne
peut rester dans le genre Tornatelle, ni être maintenu
dans la famille des Plicacés. Tous les caractères de l'animal le portent vers la famille des Auricules dans laquelle
il doit être compris entre les Auricules et notre petit
genre Ringicule. Les caractères de la coquille sont en cela
d'accord avec ceux de l'animal. Cette coquille, en effet,
participe aux caractères des deux genres entre lesquels
nous la plaçons. Elle est de petite taille, subglobuleuse;
son têt est épais et dépourvu d'épiderme. La spire est toujours courte et formée d'un petit nombre de tours. L'ouverture est entière, fort inclinée sur l'axe longitudinal, et
elle est obstruée par les plis que l'on y remarque. La columelle, assez épaisse, arquée dans sa longueur, présente
trois plis inégaux. Les deux premiers, ou antérieurs, sont

partie supérieure, un grand pli lamelliforme, et, vers son milieu, deux autres plis forts petits; les deux plis du bord droit correspondent aux deux petits du bord gauche. Longueur, 3 lignes et demie; largeur, 3 lignes.

† 6. Tornatelle ponctuée. *Tornatella punctata*. Férus.

> *T. testâ ovato-oblongâ, utrinque attenuatâ, apice acuminatâ, transversìm sulcatâ, albâ, punctulis irregularibus, rufis, luteisve maculatâ; aperturâ angustâ, coarctatâ; columellâ inæqualiter biplicatâ; plicâ inferiore magnâ, bipartitâ.*
>
> *Voluta sulcata.* Gmel. Syst. nat. p. 3436. nᵒ 3.
>
> *Auricula punctata.* Martini. Conch. t. 2. p. 124. pl. 43. f. 440. 441.
>
> *Tornatella punctata.* Fer. Prodr.
>
> Habite..... Cette espèce a beaucoup de rapport avec le *Tornatella solidula*, et on la confondrait peut-être avec lui si la columelle ne présentait constamment des caractères distinctifs. Elle est ova-

minces, tranchans sur le bord; le troisième, très grand, un peu ployé sur lui-même, est tellement placé, que, lorsque l'animal rentre dans sa coquille, le sillon du pied est occupé par lui. Ce pli s'y engage dans toute son épaisseur. Le bord droit est très épais, et il présente constamment, dans les individus adultes, une dent conique, obtuse au sommet, placée presque à l'opposite du second pli columellaire.

Les Piétins sont des coquilles marines; elles vivent dans les creux des rochers battus par la mer. On n'en connaît qu'un petit nombre d'espèces. M. de Férussac en cite quatre; mais jusqu'à présent nous n'en avons jamais vu que trois, parmi lesquelles celle d'Adanson est la mieux connue. Nous en avons également une espèce fossile, mais dont nous ignorons le gisement. Comme ces espèces ne sont point figurées, à l'exception du *Mirabilis* de M. de Férussac, mais que nous ne possédons pas, nous nous abstiendrons d'en donner la description, et nous nous bornerons à compléter la synonymie de l'espèce d'Adanson.

laire; sa spire pointue se compose de sept à huit tours étroits,
un peu convexes, et dont la suture est peu profonde. Le dernier
tour forme près des trois quarts de la longueur totale, il est atténué à la base. L'ouverture est très étroite; son bord droit reste
mince et tranchant vers sa terminaison, mais il s'épaissit assez subitement à l'intérieur, et surtout vers le milieu où il est notablement renflé. La columelle est épaisse et porte deux plis inégaux
séparés par un profond sillon. Le pli inférieur est large, aplati et
divisé en deux par une petite gouttière; toute la surface extérieure
est couverte aussi de stries transverses, le plus souvent écartées,
et plus nombreuses à la base. Cette coquille est d'un blanc laiteux,
irrégulièrement parsemé de ponctuations d'un brun pâle ou jaunâtre.
Dans quelques individus, ces ponctuations se confondent par leurs
bords et forment des taches irrégulières. Les grands individus ont
22 mill. de long et 10 de large.

## *Espèces fossiles.*

† 1. **Tornatelle tachetée.** *Tornatella punctulata.* **Fér.**

> *T. testâ ovatâ, lævi, ad basim striatâ; punctis quadratis, vinosis trihus lineis dispositis.*

Fer. Tab. Syst. p. 108.
Bast. Bass. Tert. du S. O. de la France. p. 25. pl. 1. f. 24.
Habite..... Fossile aux environs de Dax et de Bordeaux. Coquille plus
globuleuse que la plupart des autres Tornatelles et se rapprochant
par là du *Tornatella nitidula* de Lamarck. La spire est courte,
pointue, formée de six tours fort étroits, médiocrement convexes:
le dernier est subglobuleux, atténué à la base. L'ouverture est
allongée, étroite; son bord droit est très mince, tranchant et
arqué dans sa longueur. La columelle est assez allongée et porte
dans le milieu un seul pli oblique, peu épais. La coquille est presque toute lisse, si ce n'est à la base du dernier tour où apparaissent des stries fines et simples. Quoique fossile, cette coquille présente constamment des traces de sa première coloration. Elle consiste en trois séries transverses de petites taches quadrangulaires,
d'un rouge vineux pâle. La longueur de cette espèce est de 11
mill. et sa largeur de 7.

† 2. **Tornatelle papyracée.** *Tornatella papyracea.* **Bast.**

> *T. testâ pellucidâ, transversè eleganter sulcatâ ; sulcis complanatis; umbilico parvo ; columellâ uniplicatâ.*

Bast. Bass. Tert. du S. O. de la France. p. 25. pl. 1. f. 9.

Habite..... Fossile aux environs de Dax et de Bordeaux. Très jolie espèce qui n'a point tout-à-fait l'apparence des autres Tornatelles. Elle est allongée, subturriculée; sa spire, très pointue, est un peu plus longue que le dernier tour. Elle est formée de sept tours convexes, très élégamment sillonnés en travers. La surface des sillons est plane, et leurs interstices offrent de courtes lamelles assez régulières résultant des accroissemens. L'ouverture est ovale oblongue; son bord droit est mince et tranchant, et la columelle, à peine arquée dans sa longueur, présente dans le milieu un pli comparable à celui de certaines Lymnées. Le test de cette espèce est mince et très fragile. Sa longueur est de 13 mill. et sa largeur de 6.

### † 3. Tornatelle de Dargelas. *Tornatella Dargelasi.* Bast.

*T. testâ aciculatâ, lævissimè striatâ; columellâ uniplicatâ; striis argutissimè puncticulatis.*

Bast. Bass. Tert. du S. O. de la France. p. 25. pl. 1. f. 19.

Habite.... Fossile aux environs de Bordeaux. Cette jolie petite espèce a beaucoup de rapports avec la *Tornatella punctata* de Férussac. Nous possédons aussi une petite espèce vivante du Sénégal et qui a les plus grands rapports avec celle des environs de Bordeaux. La Tornatelle de Dargelas est ovale-oblongue; sa spire est allongée et pointue, elle est formée de huit tours étroits à peine convexes, à suture linéaire et peu profonde. Le dernier tour est cylindracé, obtus à la base. L'ouverture est fort étroite; son bord droit est mince et tranchant, le bord gauche est épaissi dans toute sa longueur, et un profond sillon oblique en détache le pli columellaire. Celui-ci est gros, fortement contourné et vient se confondre avec la base du bord droit. La surface extérieure présente des stries qui ne sont point régulièrement disposées; elles sont plus ou moins nombreuses et plus ou moins écartées, selon les individus. Ces stries sont extrêmement fines, et l'on voit, dans leur profondeur, des ponctuations excessivement petites. Cette jolie espèce a 8 ou 10 mill. de long et 4 à 5 de large.

### | 4. Tornatelle demi striée. *Tornatella semi striata.* Bast.

*T. testâ ovatâ, cylindraceâ, extremitatibus striatâ; striis tenuissimè puncticulatis; columellâ uniplicatâ.*

*Vol. tornatilis Var.?* Fer. Tab. Syst. p. 108.

Bast. Bass. Tert. du S. O. de la France. p. 25.

Habite.... Fossile aux environs de Bordeaux et en Italie. Coquille ovalaire, subcylindracée, à spire plus ou moins allongée, selon les individus. Cette spire compte sept à huit tours étroits, légèrement convexes, à suture linéaire bordée en dessous par un ou deux sillons transverses. Le dernier tour est plus allongé que la spire, il est toujours lisse dans le milieu, et les stries transverses qui sont à la base, apparaissent d'abord très fines et vont graduellement en s'augmentant; ces stries de la base, aussi bien que celles du bord de la suture sont toujours très finement ponctuées. L'ouverture est allongée, étroite, et la columelle ne porte dans le milieu qu'un seul pli oblique ou obtus. On distingue la variété d'Italie par la spire en proportion plus courte et plus obtuse. La longueur de cette espèce est de 12 mill. et la largeur de 5 à 6.

## 5. Tornatelle sillonnée. *Tornatella sulcata*. Lamk.

*T. testâ ovato-elongatâ, apice acutâ, basi obtusâ, transversim sulcatâ; sulcis numerosis, simplicibus; spirâ longiusculâ; anfractibus convexiusculis, suturâ profundâ separatis; aperturâ basi dilatatâ; columellâ uniplicatâ.*

*Auricula sulcata*. Lamk. Ann. du Mus. t. 4. p. 434. n° 1. et t. 8. pl. 60. f. 7.

*Id*. Anim. s. vert. t. 7. p. 538. n° 1.

*Tornatella sulcata*. Def. Dict. des sc. nat. t. 54.

*Id*. Sow. Genera of shells. *Tornatella*. f. 3.

*Id*. Desh. Coq. foss. des env. de Paris. t. 2. p. 187. pl. 22. f. 3. 4.

*Id*. Encycl. méth. Vers. t. 3. p. 1042. n° 2.

Habite.... Fossile aux environs de Paris, à Grignon, Parnes, Mouchy, etc. Coquille ovale allongée, à spire longue, conique et pointue, à laquelle on compte neuf à dix tours légèrement convexes, et dont la suture forme à sa partie supérieure un petit plan, une sorte de rampe qui remonte jusqu'au sommet. Le dernier tour est un peu cylindracé, il est atténué à la base, et l'ouverture qui le termine est allongée, étroite, dilatée vers la base. Son bord droit est mince, tranchant, finement dentelé et légèrement arqué dans sa longueur. La columelle ne présente qu'un seul pli oblique, tordu et peu saillant. Toute la surface extérieure est finement sillonnée. Ces sillons sont transverses, et dans leurs interstices on voit se relever des petites lamelles d'accroissement très fines et irrégulièrement espacées. Les grands individus ont 20 mill. de long et 8 de large.

## † 6. Tornatelle enflée. *Tornatella inflata*. Fer.

*T. testâ ovato-inflatâ, transversim regulariter sulcatâ; sulcis punc-*

*ticulatis vel striis tenuibus longitudinalibus clathratis ; aperturâ
basi dilatatâ ; columellâ supernè uniplicatâ.*

Fer. Tab. Syst. des moll. p. 108. n° 9.

Def. Dict. des sc. nat. t. 54.

Bast. Ter. Tert. du S. O. de la France. Mém. de la Soc. d'hist. nat.
de Paris. t. 2. p. 25. n° 2.

Brand. Foss. Hant. pl. 4. f. 61 ?

Desh. Coq. fos. de Paris. t. 2. p. 188. n° 2. pl. 24. f. 4. 5. 6.

Habite.... Fossile aux environs de Paris, à Grignon, Parnes, Mouchy, etc. On en trouve une variété aux environs de Dax et de
Bordeaux. Espèce ovale, assez renflée, et qui, par sa forme, se
rapproche un peu du *Tornatella fasciata.* On compte sept à huit
tours à sa spire ; ils sont légèrement convexes, et leur suture est
bordée, dans presque tous les individus, par une strie plus profonde et plus large. Le dernier tour est renflé ; l'ouverture qui le
termine, est allongée, étroite, son bord droit est mince et tranchant et à peine courbé dans sa longueur. La columelle est courte
elle ne présente à la partie supérieure qu'un seul gros pli oblique
tordu, dont l'extrémité se continue avec la base du bord droit.
Toute la surface est élégamment striée ; les stries sont fines, assez
profondes, et elles sont toujours ponctuées dans toute leur longueur. Lamarck avait confondu cette espèce avec le *Tornatella
sulcata ;* mais elle en est bien distincte, et c'est avec raison que
Férussac l'en a distinguée. La variété de Dax et de Bordeaux est
un peu plus cylindracée. Cette coquille a 16 mill. de long et 7 de
large.

† 7. **Tornatelle cerclée.** *Tornatella alligata.* **Desh.**

*T. testâ ovato-acutâ, inflatâ, transversim sulcatâ, sulcis simplicibus,
distantibus, regularibus, convexiusculis ; aperturâ ovato-oblongâ,
basi dilatatâ ; columellâ in medio uniplicatâ, basi complanatâ.*

Desh. Coq. foss. de Paris. t. 2. p. 188. n° 3. pl. 23. f. 3. 4.

Habite.... Fossile aux environs de Paris, à la Ménagerie, dans le
parc de Versailles. Petite coquille ovale-oblongue, renflée dans
le milieu, plus atténuée à la base que la plupart des espèces. Sa
spire est courte, pointue et composée de six tours étroits, convexes, à suture simple et assez profonde. L'ouverture est ovale-
oblongue, dilatée à la base ; le bord droit est mince et tranchant,
à peine arqué dans sa longueur. La columelle porte dans le milieu un seul pli transverse et peu obtus ; toute la surface extérieure
est régulièrement sillonnée. Ces sillons sont simples, médiocrement convexes, et plus larges à la base de la coquille que sur le

milieu. Cette petite espèce, fort rare, a 12 mill. de largeur et 7 de longueur.

† 8. Tornatelle conique. *Tornatella pyramidata.* Desh.

*T. testâ elongatâ, turritâ, lævigatâ; anfractibus planis, suturâ simplici separatis; aperturâ angustâ, ovato-acutâ; columellâ superne uniplicatâ.*

Desh. Expéd. de Morée. Moll. p. 154. n° 208. pl. 24. f. 29–31.

Habite.... Fossile dans les terrains tertiaires de la Morée. Petite coquille que nous rapportons au genre Tornatelle, mais qui est certainement intermédiaire entre ce genre et celui des Pyramidelles. elle est allongée, turriculée, conique; on compte six à sept tours à la spire. Les tours sont presque plats, et la suture qui les réunit est subcanaliculée comme dans la plupart des Pyramidelles. Le dernier tour forme un peu moins de la moitié de la longueur totale; il se termine par une ouverture ovale-oblongue, dont le bord droit est mince et tranchant et à peine courbé dans sa longueur. La columelle est courte et présente à la base un seul gros pli oblique qui, en aboutissant à l'extrémité du bord droit, se continue avec lui. Cette petite coquille a 9 mill. de long et 3 de large.

† 9. Tornatelle allongée. *Tornatella elongata.* Sow.

*T. testâ elongatâ angustâ, utrinquè attenuatâ, transversìm striatâ; striis ad basim profundioribus et distantioribus; anfractibus convexiusculis ultimo alteris duplo majore; aperturâ elongatâ, angustâ; columellâ arcuatâ, subuniplicatâ.*

*Actæon elongatus.* Sow. Min. Conch. pl. 460. f. 3.

Habite... Fossile dans l'argile de Londres, à Barton, en Angleterre. Petite espèce qui est l'une des plus étroites dans le genre. Elle est allongée, atténuée à ses extrémités; sa spire, allongée et obtuse au sommet, compte six à sept tours peu convexes, réunis par une suture à peine profonde. L'ouverture est étroite, dilatée vers la base; son bord droit est mince et tranchant et légèrement arqué dans sa longueur. La columelle est courbée et elle présente vers le milieu un pli oblique peu apparent lorsque la coquille est entière, mais plus saillant à l'intérieur. Toute la surface est couverte de stries extrêmement fines qui vont en s'approfondissant et en s'élargissant à la base du dernier tour. Cette petite coquille a 7 mill. de long et 2 de large.

† 10. Tornatelle géante. *Tornatella gigantea.* Sed. et Mur.

*T. testâ magnâ, ovato-globosâ, crassâ; spirâ truncatâ, brevissimâ;*

*anfractibus numerosis, angustis, lævigatis; aperturâ prælongâ,
angustâ, arcuatâ columellâ brevi, triplicatâ; plicis inæqualibus.*
Sedw. et Murch. Mém. sur les Alp. d'Autr. Trans. de la Soc. géol.
de Lond. 1831. pl. 38. f. 9.
Habite.... Fossile à Gosau. Grande coquille très remarquable qui a
bien quelques-uns des caractères des Tornatelles, mais qui ne les
présente pas tous avec assez d'exactitude, pour pouvoir rentrer par
la suite dans ce genre. Celle-ci, ainsi que notre *Tornatella prisca*,
devra sans doute constituer un genre particulier auquel il faudra
joindre quelques espèces qui n'ont été jusqu'à présent ni décrites
ni figurées. Cette grande coquille acquiert quelquefois la grosseur
du poing. Elle est ovale, globuleuse, tronquée du côté de la spire.
Cette spire n'est saillante que vers le sommet; elle est très surbaissée, et ressemble en cela à celle de certains cônes. Elle est
formée d'un très grand nombre de tours fort étroits, aplatis, lisses
ou seulement striés irrégulièrement par les accroissemeus. Le dernier tour est presque aussi grand que toute la coquille, et l'ouverture est aussi grande que le dernier tour. Elle est allongée, arquée
dans sa longueur, très rétrécie à son extrémité postérieure, et
faiblement dilatée à la base. La columelle, après avoir suivi la
courbure de l'avant-dernier tour, devient presque perpendiculaire
à la base et présente trois plis médiocres quant à la grandeur de
la coquille, et qui vont en décroissant d'arrière en avant. Ces plis
sont presque transverses. La coquille, figurée par M. Sedwichs et
Murchisson, a 70 mill. de long et 65 de large. Mais nous nous
souvenons d'avoir vu des individus plus gros dans la collection de
M. Boué.

† 11. Tornatelle ancienne. *Tornatella prisca.* Desh.

*T. testâ ovatâ, utrinquè attenuatâ; spirâ brevi, acutâ; anfractibus
brevibus, convexis, suturâ profundâ separatis; aperturâ elongatâ,
angustâ; columellâ infernè triplicatâ.*
Desh. Expéd. de Morée. Zool. p. 154. n° 211, pl. 26. f. 13.
Habite.... Fossile des terrains secondaires de Morée. Cette coquille,
par son volume et sa forme, a quelque analogie avec le *Tornatella
fasciata* de Lamarck. Elle est ovalaire, à spire courte, formée de
sept à huit tours fort étroits, convexes et à suture canaliculée.
L'ouverture est allongée, étroite; la columelle est droite à la base,
et elle porte dans cet endroit trois plis aigus, égaux et peu obliques. La surface extérieure paraît lisse, autant du moins que l'on
en peut juger d'après le seul individu un peu détérioré que nous

avons sous les yeux. Cette coquille a 18 millimètre de long et 10 de large.

----

## PYRAMIDELLE. (Pyramidella.)

Coquille turriculée, dépourvue d'épiderme. Ouverture entière, demi ovale; à bord extérieur tranchant. Columelle saillante inférieurement, subperforée à sa base, et munie de trois plis transverses.

*Testa turrita, epidermide destituta. Apertura integra; semi-ovalis; labro acuto. Columella basi producta, subperforata; plicis tribus transversis.*

[ Animal spiral allongé, ayant un pied court subquadrangulaire, sur l'extrémité postérieure duquel se trouve un opercule corné, très mince, strié longitudinalement; tête triangulaire, portant un grand voile buccal bilobé, deux tentacules auriculiformes, fendus antérieurement et portant à leur base interne deux yeux sessiles, arrondis et noirs. Cavité branchiale, allongée, étroite, contenant le long de l'anus un grand peigne branchial étroit, dont les feuillets sont égaux.]

OBSERVATIONS. Quoique l'habitation des Pyramidelles ne soit pas indiquée d'une manière positive par les auteurs, je suis persuadé, par la considération du bord externe de leur ouverture, que ces coquilles ne sont point terrestres, mais qu'elles sont marines.

J'ai hésité sur la conservation de ce groupe particulier; maintenant je ne doute plus qu'on ne doive le maintenir. La columelle droite, un peu saillante au bas de l'ouverture, le caractérise éminemment.

[En créant son genre Pyramidelle, Lamarck avait d'abord conservé quelques doutes à son sujet; il ne croyait pas que ses caractères eussent une valeur suffisante pour constituer un bon genre. Comme les auteurs qui ont précédé Lamarck plaçaient les Pyramidelles parmi les Hélices ou parmi les Bulimes, il était naturel qu'il conçût des doutes, avant de savoir d'une manière positive que ces coquilles sont réellement marines. Il nous semble néanmoins que les scrupules de Lamarck auraient pu facilement disparaître devant une rigoureuse appréciation des caractères de ce genre, puisqu'il n'existe en réalité aucune espèce terrestre qui les présente; le poli de leur surface, l'épaisseur de leur test, la position et la forme des plis columellaires, la forme de l'ouverture, tous les caractères, en un mot, des Pyramidelles, les éloignent des coquilles terrestres et suffisent pour en faire un bon genre. Plusieurs choses manquaient pour assurer au genre qui nous occupe ses rapports naturels et lui donner toute sa valeur zoologique; les travaux des MM. Quoy et Gaimard ont comblé cette lacune en donnant sur l'animal des renseignemens importans. On savait déjà par M. Gray et par nos propres observations, que les Pyramidelles portent un opercule corné non spiral et très voisin de celui des Tornatelles, mais on ne connaissait rien de l'animal. M. Quoy le représente avec un pied court, assez épais, triangulaire, portant sur son extrémité postérieure un petit opercule. La tête a une forme particulière; elle est triangulaire, assez profondément bilobée, et c'est au sommet de ce triangle que se trouve de chaque côté un tentacule assez allongé et assez semblable aux tentacules des Aplysies. En effet, ils sont fendus en avant dans toute leur longueur, ce qui leur donne assez de ressemblance avec le cornet auriculaire du lièvre. Les yeux sont très petits et placés à la base interne des tentacules. La cavité branchiale est largement ouverte en avant; elle est assez profonde, et contient, à droite, une longue branchie, composée d'un grand nombre de petits feuillets courts et égaux. Sur le même côté, et à la base de la branchie, se trouve l'anus et l'oviducte. Ils viennent tous deux aboutir à une dépression auriculiforme du manteau, qui se loge dans l'angle antérieur de l'ouverture. C'est à cela que se bornent les détails anatomiques, ou plutôt zoologiques, que l'on doit à MM. Quoy et Gaimard. Comme on le voit, rien n'est encore connu sur l'organisation intérieure; il faut encore rechercher si ce genre, ainsi que les Tornatelles, appartient aux mollusques dioïques, ou s'il est monoïque comme la plupart de ceux qui ont l'ouverture entière.

## ESPÈCES.

### 1. Pyramidelle forêt. *Pyramidella terebellum*. Lamk.

*P. testá conico-turritá, umbilicatá, lœvi, albá, lineis rufis cinctá ;*
*columellá recurvá ; labro intùs lœvigato.*

*Helix terebella.* Muller. Verm. p. 123. n° 319.

Bonanni. Recr. 3. f. 379.

Lister. Conch. t. 844. f. 72.

Petiv. Gaz. t. 118. f. 15.

Gualt. Test. t. 4. fig. M.

*Bulimus terebellum.* Brug. Dict. n° 98.

* *Helix terebella.* Schrot. Fluss. Conch. p. 362.

* Schrot. Einl. t. 2. p. 215. n° 141. *Helix.*

* *Trochus dolabratus.* Var. Gmel. p. 3586.

* *Trochus terebellum.* Dillw. Cat. t. 2. p. 810. n° 119.

* Kiener. Spec. des coq. viv. Genre Pyram. pl. 1. f. 2.

Habite la mer des Antilles. Mon cabinet. Longueur, 15 lignes et
demie.

### 2. Pyramidelle dentée. *Pyramidella dolabrata*. Lamk.

*P. testá conico-turritá, perforatá, lœvi, albá, lineis luteis cinctá ;*
*columellá recurvá ; labro intùs dentato et sulcato.*

*Trochus dolabratus.* Lin. Gmel. p. 3585. n° 113.

*Helix dolabrata.* Muller. Verm. p. 121. n° 318.

D'Argenv. Conch. pl. 11. fig. L.

Favanne. Conch. pl. 65. fig. L.

Knorr. Vergn. 6. t. 29. f. 2 ?

Chemn. Conch. 5. t. 167. f. 1603. 1604.

*Bulimus dolabratus.* Brug. Dict. n° 99.

*Pyramidella terebellum.* Encycl. pl. 452. f. 2. a. b.

* *Pyr. dolabrata.* Blainv. Malac. p. 453. Pyr. térébelle. *Id.* pl. 21.
f. 4.

* Kiener. Spec. des coq. viv. Pyram. pl. 1. f. 3.

Habite.... les mers de l'Amérique méridionale? Mon cabinet. Elle
ressemble beaucoup à la précédente ; mais la face interne de son
bord droit est dentée et sillonnée. Longueur, 11 lignes et demie.

### 3. Pyramidelle plissée. *Pyramidella plicata*. Lamk. (1)

*P. testá ovato-oblongá, solidá, longitudinaliter plicatá, albá,*

---

(1) Chemnitz le premier a fait connaître cette petite espèce sous

*punctis rufis seriatim cinctá; plicis lœvibus : interstitiis transversè
striatis; ultimo anfractu spirá breviore turgidulo.*

Encycl. pl. 452. f. 3. a. b.

* *Voluta auriscati.* Chemn. Conch. t. 11. p. 20. pl. 177. f. 1711
1712.

* *Id.* Dillw. Cat. t. 1. p. 503. n° 10.

* Desh. Encycl. méth. Vers. t. 3. p. 863. n° 2.

* Kiener. Spec. des coq. viv. Pyram. pl. 1. fig. 4.

* Lister. Conch. pl. 577. f. 3 a a.

* *Voluta.* Schrot. Einl. t. 2. p. 280. n° 144.

* Schub et Wagn. Chemn. Supp. p. 153. pl. 234. f. 4100. a. b.

Habite les mers de l'Ile-de-France. Mon cabinet. Espèce très distincte; ouverture petite; columelle imperforée. Longueur, près de
11 lignes.

## 4. Pyramidelle froncée. *Pyramidella corrugata.* Lamk.

> *P. testá elongato-turritá, gracili, longitudinaliter plicatá, albá,
> prope suturas punctis luteis raris pictá; ultimo anfractu spirá multò
> breviore.*

* Kiener. Spec. des coq. viv. Pyram. pl. 2. f. 6.

Habite... Mon cabinet. Elle a de fines stries transverses entre ses
plis. Longueur, 8 lignes.

## 5. Pyramidelle tachetée. *Pyramidella maculosa.* Lamk.

> *P. testá turrito-subulatá, longitudinaliter striatá, albidá, maculis
> punctisque rufis sparsim pictá; anfractibus numerosis : ultimo
> spirá multo breviore.*

Encycl. pl. 452. f. 1. a. b.

* *Pyramidella punctata.* Schub. et Wagn. Chemn. Suppl. pl. 234.
f. 4099. a. b.

* *Pyramidella maculosa.* Desh. Encycl. méth. Vers. t. 3. p. 862.

* Quoy et Gaim. Voy. de l'Astr. t. 3. pl. 65. f. 1. 2.

* Kiener. Spec. des coq. viv. Pyram. pl. 2. f. 5.

* Bonan. Recr. Part. 3. f. 42.

* Lister. Conch. pl. 844. f. 72. b.

* Martini. Conch. t. 5. pl. 157. f. 1493. 1494.

---

le nom de *Voluta auriscati,* en la faisant passer dans son genre Pyramidelle, Lamarck aurait dû lui conserver son premier nom. Ce que
Lamarck n'a pas fait, nous pensons qu'il est convenable de l'exé-
cuter et d'inscrire à l'avenir cette espèce sous le nom de *Pyramidella auriscati.*

* *Bulimus dolabratus.* Var. b. Brug. Encycl. t. 1. p. 356. n° 99.
Habite.... Mon cabinet. Longueur, 9 lignes.

### † 6. Pyramidelle ventrue. *Pyramidella ventricosa.* Guerin.

*P. testâ ovato-oblongâ, lævigatâ, albidâ, rufo-variegatâ, flammulis
nigris pictâ ; spirâ acutissimâ ; anfractibus numerosis, subdepressis ; columellâ triplicatâ.*

Guérin. Mag. de Zool. pl. 2.
Quoy et Gaim. Voy. de l'Astr. t. 2. p. 175. pl. 65. f. 3 à 7.
Kiener. Spec. des coq. viv. Pyramidelles. pl. 1 f. 1.
Habite.... l'île de Vanikoro. Espèce ayant de l'analogie avec le *Pyramidella maculosa* de Lamarck, mais néanmoins bien distincte
par sa forme et ses autres caractères. Elle est plus courte en proportion que la plupart des autres espèces : sa spire est très pointue
et composée de douze tours étroits, médiocrement convexes, à
suture subcanaliculée, la surface extérieure est lisse et polie, les
premiers tours sont ornés dans le milieu d'une fascie transverse
d'un brun obscur, sur un fond d'un gris brunâtre, interrompu par
des taches longitudinales d'un brun foncé et irrégulièrement distribuées. Sur le dernier tour se trouvent trois fascies que l'on voit
se répéter à l'intérieur de l'ouverture, en trois zones d'un brun
intense qui aboutissent jusque vers l'extrémité du bord droit.
L'ouverture est ovalaire, échancrée à son extrémité antérieure.
Cette échancrure est au sommet d'un bourrelet décurrent autour
de la base, et sur lequel le grand pli de la columelle vient s'appuyer. Deux autres plis se montrent sur la partie antérieure de la
columelle. Ils sont inégaux : c'est celui du milieu qui est le plus
petit. Cette coquille a 30 mill. de long et 14 de large.

### *Espèces fossiles.*

### 1. Pyramidelle en tarière. *Pyramidella terebellata.* Lamk.

*P. testâ elongatâ turritâ, lævigatissimâ, nitidâ ; anfractibus nume-
rosis, angustis, planis, suturâ impressâ separatis ; aperturâ ovato-
angustâ ; labro acutissimo ; columellâ plicis tribus inæqualibus instructâ.*

*Auricula terebellata.* Lamk. Ann. du mus. t. 4. p. 436. n° 7. et t.
8. pl. 60. f. 10. a. b.
*Id.* Def. Dict. des sc. nat. t. 3. Suppl. p. 134. n° 5.
*Pyramidella terebellata.* Def. loc. cit. t. 44. p. 135.
*Auricula terebellata.* Lamk. Anim. s. v. t. 7. p. 540. n° 7.

*Pyramidella terebellata.* Fer. Tab. Syst. des moll. p. 107. n° 10.

*Id.* Bast. Mém. sur les terr. tert. du S. O. de la France; Soc. d'hist. nat. de Paris. t. 2. p. 26. n° 2.

*An turbo terebellatus?* Broc. Conch. foss. subap. p. 383. n° 33.

*Pyramidella terebellata.* Desh. coq. Foss. de Paris. t. 2. p. 191. pl. 22. f. 7. 8.

Habite... Fossile à Grignon, Parnes, Mouchy, Courtagnon, Houdan, les faluns de la Touraine, Angers, Bordeaux, Dax, l'Italie? Petite espèce allongée, turriculée, très pointue, et dont la spire compte 15 à 16 tours aplatis, lisses et polis, réunis par une suture linéaire et canaliculée. Le dernier tour est court, sans ombilic à la base, et présentant en dehors de la columelle un petit bourrelet oblique et décurrent qui aboutit à une petite échancrure de l'extrémité antérieure de l'ouverture. Cette ouverture est petite, étroite, ovale-oblongue, atténuée à ses extrémités. Son bord droit est très mince et on le rencontre très rarement entier. La columelle est courte, à peine arquée et garnie de trois plis inégaux, obtus, dont le médian est le plus petit, et le postérieur le plus grand. Les grands individus de cette espèce n'ont pas plus de 14 mill. de long et 4 et demi de large.

## †2. Pyramidelle unisillonnée. *Pyramidella unisulcata.* Desh.

*P. testâ elongato-turritâ, nitidissimâ; anfractibus planis, juxta suturam unisulcatis; labro intus dentato et sulcato; aperturâ vix quartam longitudinis partem æquante.*

*Pyramidella terebellata.* Var. Duj. Mém. géol. sur la Touraine. p. 282.

Habite.... Fossile dans les faluns de la Touraine et dans les environs d'Angers. Petite espèce dont la forme et la grandeur rappellent assez bien celles de l'espèce que l'on rencontre aux environs de Paris. Elle est étroite, turriculée, composée d'un grand nombre de tours étroits, à peine convexes, lisses et polis et dont la suture est subcanaliculée. Cette suture et suivie en dessus par un petit sillon assez profond et que l'on voit sur le dernier tour occuper la circonférence. L'ouverture est petite, ovalaire, atténuée à ses extrémités. Lorsque le bord droit est entier, il est mince et tranchant; lorsqu'il est mutilé, on aperçoit à l'intérieur une série de crénelures comme dans le *Pyramidella dolabrata.* La columelle est peu courbée; elle porte trois plis inégaux, dont le premier est beaucoup plus grand que les deux autres. Cette petite coquille a 12 mill. de long et 4 de large.

# LES SCALARIENS.

*Coquille n'ayant point de plis à la columelle : les bords de l'ouverture réunis circulairement.*

Parmi les Trachélipodes qui ne respirent que l'eau, il n'y a que les Péristomiens et les Scalariens qui aient les bords de l'ouverture réunis ; ces bords sont désunis dans les autres. Mais les Péristomiens sont des coquillages fluviatiles, et les Scalariens dont il s'agit ici sont tous des coquillages marins. Ces derniers forment donc une famille séparée.

Dans les Scalariens, la coquille a une tendance à ne former qu'une spirale lâche ; de manière que les tours de la spire sont souvent écartés entre eux , c'est-à-dire ne s'appuient point les uns sur les autres. Le Vermet, la Scalaire, dite *Scalata,* et quelques Dauphinules en offrent des exemples. Ce sont des Trachélipodes vermiculacés. Or, de même que l'on connaît des Conchifères vermiculacés tels que le Taret, la Fistulane et l'Arrosoir, de même aussi l'on observe des Mollusques vermiculacés dans les Scalariens.

Nous rapportons à cette famille les genres Vermet, Scalaire et Dauphinule.

[ Se laissant trop facilement guider par un caractère artificiel de peu d'importance, Lamarck a établi sa famille peu naturelle des Scalariens. Si nous prenons en effet chacun des genres qui y sont assemblés, nous démontrerons facilement qu'ils n'ont entre eux que des rapports assez éloignés. Ce caractère d'avoir l'ouverture de la coquille circulaire et complètement détachée de l'avant-dernier tour ne traduit rien d'important de l'organisation des animaux, et l'on peut concevoir que cette forme se repro-

duise dans des types fort différens. Il aurait suffi que Lamarck comparât la figure qu'Adanson donne de son Vermet avec celle du Scalaire que l'on trouve dans Plancus,
pour se convaincre, avec la plus grande facilité, que les caractères extérieurs de ces animaux n'ont que peu de ressemblance. D'un autre côté, on ne peut mettre en doute que
le genre Dauphinule est éloigné de ses rapports naturels ;
car, ayant une coquille épaisse, nacrée à l'intérieur, fermée par un opercule calcaire, il est évident que ce genre
appartient au type des Turbos auxquels il passe d'une manière insensible. Il est donc impossible, dans l'état actuel
de la science, d'accepter la famille des Scalariens telle
qu'elle est constituée par Lamarck. Depuis que, par les
observations de MM. Quoy et Gaimard, on connaît l'animal des Turritelles, il devient évident que les Scalaires
doivent se rapprocher beaucoup de ce genre et faire partie
de la même famille, tandis que les Vermets rapprochés des
Siliquaires et peut-être des Magilles, doivent constituer une
famille particulière, à laquelle nous avons donné le nom
de Tubulibranche dans notre tableau de l'encyclopédie.
Enfin, les Dauphinules, comme nous le disions tout-à-
l'heure, devront rentrer dans la famille des Turbos où
elles méritent à peine de constituer un genre particulier.

---

## VERMET (Vermetus).

Coquille mince, tubuleuse, en spirale lâche, fixée par la
spire. Ouverture orbiculaire, à bords réunis. Un opercule.

*Testa tenuis, tubulosa, laxè spirata ; spirá per apicem
adhærente. Apertura orbicularis ; marginibus connexis.
Operculum.*

OBSERVATIONS. A la vue de cette coquille, on ne se douterait
nullement qu'elle soit le produit d'un mollusque trachélipode ;

on la prendrait plutôt pour la coquille d'une Serpule, c'est-à-
dire d'une Annelide, parce qu'elle en a toute l'apparence.

Cependant, selon la description et la figure qu'Adanson a
données du Vermet, il est évident que cet animal est un véritable mollusque, que c'est même un trachélipode, mais bien
singulier sans doute ; puisqu'il ne saurait se déplacer pour ramper ou nager.

La coquille du Vermet étant tubuleuse, mince, diaphane,
presque cornée, et contournée en spirale, surtout dans sa partie
postérieure, est fort singulière en ce qu'elle est adhérente ou
fixée sur des corps marins, par l'extrémité atténuée et pointue
de sa spire.

Ces coquilles se trouvent communément par groupes plus ou
moins considérables, et comme entortillées les unes dans les
autres. Elles paraissent assez bien associées aux Scalariens, qui
offrent aussi parmi eux des coquilles tubuleuses par l'écartement singulier des tours de leur spire.

L'animal, selon *Adanson*, est vermiforme. Il a la tête tronquée ; deux tentacules oculés à leur base extérieure ; un pied
cylindrique, incapable de ramper, inséré au-dessous de la tête,
portant un petit opercule cartilagineux ; deux filets à la base de
la tête ; et un manteau tapissant l'intérieur de sa coquille.

[Le genre Vermet a été institué par Adanson pour de singuliers mollusques, dont la coquille tubuleuse, irrégulière, adhérente, ressemble à celle des Annelides tubicoles. Cette ressemblance est si grande, que malgré les observations précises d'A-
danson, Linné et la plupart des zoologistes de la fin du siècle
dernier et du commencement de celui-ci, ont rejeté le genre
Vermet et en ont confondu les espèces avec les Serpules. Lamarck, le premier, dans son premier essai d'une classification
des coquilles, publié dans les mémoires de la société d'histoire
naturelle de Paris (1799), conserva le genre, mais il eut le tort
de lui donner le nom de Vermiculaire, lorsque celui d'Adanson
devait être préféré. A cette époque Lamarck mit ce genre entre
les Dentales et les Siliquaires. L'année suivante Daudin publia
un petit recueil de mémoires et de notes sur les Mollusques et
les Vers, il proposa judicieusement de restituer au genre d'A-
danson son premier nom ; mais à côté des espèces d'Adanson,

dont il rappelle le nom, Daudin ajoute comme appartenant aux
Vermets, quatre espèces qui sont sans exception de véritables
Serpules. Malgré la juste rectification du nom générique faite
par Daudin, Lamarck n'en conserva pas moins son genre Vermiculaire dans son système des animaux sans vertèbres. M. de
Roissy, dans le Buffon de Sonnini adopta le genre d'Adanson et
y mentionna les espèces de Daudin. C'est en établissant la famille des Scalariens dans l'extrait du cours, que Lamarck sub-
stitua enfin le nom de Vermet à celui de Vermiculaire. Ordinairement judicieux et juste appréciateur des travaux d'Adanson,
Lamarck, le premier, s'était éloigné, au sujet des Vermets, des
observations de ce naturaliste; mais aussi, l'un des premiers, il y
revint en rétablissant le genre qui nous occupe dans des rapports
beaucoup plus naturels qu'on ne l'avait fait avant lui. Cuvier,
dans le règne animal, rentra également dans les observations
d'Adanson, en comprenant les Vermets parmi les nombreux
sous-genres de son grand genre Turbo.

Bien que les observations d'Adanson fussent précises, comme
il n'avait figuré et décrit l'animal que d'une seule de ses
espèces, celle justement qui est le moins irrégulière, presque tous les conchyliologistes, jusque dans ces derniers
temps, se refusèrent à admettre dans le genre ces paquets
de tubes calcaires, adhérens à la manière de serpules et
présentant toute leur irrégularité. Il fallut de nouveau répéter les observations d'Adanson et figurer les animaux d'un
grand nombre d'espèces pour être bien convaincu qu'en
effet les tubes testacés dont il vient d'être question, appartiennent réellement à des Mollusques. Mais avant que ces caractères
zoologiques fussent consignés dans la science par les travaux
de MM. Delle Chiaje, Philippi, Quoy et Gaimard, nous avions
découvert dans la coquille un caractère facile, propre à distinguer les tubes d'Annelides de ceux des Vermets. Lorsque l'on
vient à couper en deux une coquille turriculée des genres Turritelle ou Cerite, il n'est pas rare de rencontrer à l'extrémité de la
spire, et à des distances plus ou moins rapprochées, des cloisons
tranverses, en calottes hémisphériques, entières et qui sont le résultat de l'accroissement rapide de l'animal et de sa coquille.
Ces cloisons se remarquent particulièrement et remontent

quelquefois assez haut dans l'extrémité du *Cerithum giganteum.*
Ayant observé des cloisons semblables dans la longueur de certains tubes calcaires rapportés aux Annelides, nous avons été
bientôt convaincu que ces tubes étaient de véritables Vermets,
car les Annelides, par leur organisation, ne peuvent jamais
clore l'extrémité postérieure du tube par une ou plusieurs cloisons. Dans ces animaux, en effet, l'anus est situé à l'extrémité
postérieure du corps; cette extrémité correspond à l'extrémité
postérieure du tube, qui reste constamment ouverte pour donner issue aux matières de la digestion. Ainsi, dans l'examen des
tuyaux calcaires, on sera toujours facilement guidé, ceux des
Annelides étant constamment percés aux deux extrémités, ceux
des Mollusques offrant avec non moins de constance des cloisons transverses plus ou moins espacées. Le genre Siliquaire,
très voisin de celui des Vermets, présente exactement les mêmes
caractères, quant aux cloisons du tube, tandis que les Magiles,
qui paraissent également très voisins des Vermets et des Siliquaires, au lieu de former des cloisons, remplissent successivement l'extrémité spirale de leur tube, quelquefois aussi une
partie de ce tube lui-même, d'une matière calcaire compacte,
comparable à du marbre cristallin pour la dureté et la pesan-
teur. D'après ce qui précède, il est convenable d'ajouter aux
caractères du genre, non-seulement qu'il est operculé comme
Adanson l'avait prouvé depuis long-temps, mais encore que le
tube est cloisonné à l'intérieur. Guidé par ce dernier caractère,
nous avons déjà rassemblé dans le genre Vermet plus de 30 espèces vivantes et onze espèces fossiles qui, pour la plupart, ne
sont ni décrites ni figurées.

En comparant ce que les auteurs que nous venons de
citer ont dit sur les animaux du genre Vermet, il résulte
que ces mollusques ont beaucoup d'analogie avec la plupart
de ceux de la famille des Turbinacées. L'animal qui habite
un tube très long, est en proportion très court, toute la
partie postérieure de ce tube lui étant devenue successivement inutile, séparé qu'il en est par des cloisons plus ou moins
nombreuses. L'animal d'un Vermet ressemble à celui d'une
Dauphinule ou d'un Turbo que l'on aurait déroulé; il présente

cependant des différences. L'extrémité antérieure du corps offre
en avant une troncature ovalaire ou subcirculaire ordinairement
concave, et sur laquelle est adhérent un opercule corné. Cet
opercule a une structure particulière : il n'est point multispiré
comme dans les Troques ; on n'aperçoit aucune strie d'accroissement : il semble sécrété sur tout le bord à-la-fois. Il est
concave en dehors. Du côté de son adhérence, il présente au
centre un espace assez grand, rugueux, par lequel il est attaché sur le pied. Cette partie centrale est entourée d'une
zone circulaire lisse et brillante. Au dessus du pied, un peu en
avant de la tête, on trouve, dans toutes les espèces, de petits
appendices charnus, tentaculiformes, et qui sont peut-être
analogues aux appendices qu'on trouve au pied de certains
turbos. Un sillon assez profond sépare du pied une tête médiocre,
large et aplatie. Cette tête porte de chaque côté un tentacule ordinairement court et obtus, à la base extérieure duquel se trouve
le point oculaire. Le manteau qui revêt l'intérieur de la coquille et à travers lequel l'animal passe pour faire saillir sa tête,
forme une cavité dorsale fort allongée, dans laquelle se trouve,
à gauche, un peigne branchial plus ou moins considérable,
selon les espèces, et à droite, dans une position parallèle, l'anus
et l'extrémité antérieure des organes de la génération. Si on
admet comme exactes les figures anatomiques données par
M. Delle Chiaje, dans le tome III du grand ouvrage de Poli,
on trouverait, en pénétrant dans l'animal, que les organes
digestifs se composent d'une cavité buccale médiocre, dans laquelle aboutissent les canaux de deux glandes salivaires, situées
de chaque côté de l'œsophage. L'œsophage, assez long, se dilate en un estomac cylindracé, qui donne naissance à un intestin
grêle peu allongé, qui, après une longue circonvolution dans le
foie, vient se terminer, comme nous l'avons dit, au côté droit
de l'animal. Le foie occupe presque toute l'extrémité postérieure
du corps. Un ovaire lui est accolé, et il paraîtrait que cet ovaire
vient déboucher immédiatement par un canal dans une sorte de
matrice légèrement boursouflée. Le cœur est placé à droite, à
la base de la branchie : il est formé d'un petit ventricule et d'une
très petite oreillette. Nous devons ajouter à ces renseignemens,

empruntés aux figures de M. Delle Chiaje, que nous les regardons comme très imparfaits, et qu'il serait encore nécessaire aujourd'hui, pour l'histoire du genre curieux qui nous occupe, qu'un anatomiste habile donnât une description complète de l'animal d'un Vermet.

Comme nous l'avons dit, la plupart des Vermets ont été confondus avec les Serpules, et Lamarck, qui n'a pas reconnu tous leurs caractères, a suivi l'opinion commune. En examinant les Serpules qui font partie du tome v de cet ouvrage, on y trouvera sept espèces de Vermets. Nous en donnons ici les noms pour en faciliter la recherche.

1. *Serpula glomerata*, n° 6.

Il est difficile de s'assurer si cette espèce est bien celle de Linné, car, après avoir étudié avec le plus grand soin les divers ouvrages de Linné, depuis la première édition du *Fauna suecica* jusqu'à la douzième édition du *Systema naturæ*, il nous a été impossible de reconnaître sous ce nom une espèce bien déterminée. Chemnitz et Gmelin ont pris au hasard une espèce et lui ont donné arbitrairement le nom linnéen, ce dernier auteur, selon sa coutume, apportant une grande confusion dans la synonymie de son espèce. Ce n'est donc pas à l'espèce de Linné que nous renvoyons, mais à celle de Lamarck, portant le nom linnéen.

2. *Serpula decussata*, n° 7.

3. *Serpula vermicella*, n° 13.

Celle-ci est certainement le Lispe d'Adanson, et nous proposons de lui rendre son premier nom de *Vermet lispe*.

4. *Serpula spirulæa*, n° 23.

C'est avec doute que nous rapportons cette espèce au genre Vermet. Si elle était uniquement établie pour le Datin d'Adanson, nous n'aurions aucun doute; mais le Datin lui-même n'est cité qu'avec doute par Lamarck, et il dit son espèce fossile. Cette espèce a besoin d'un nouvel examen.

5. *Serpula dentifera* Lamk. n° 24.

C'est le *Vermetus dentiferus* de MM. Quoy et Gaimard.

6. *Serpula sipho*, n° 25.

Celle-ci ayant été décrite par Adanson, sous le nom de *Masier*, il convient de lui restituer son nom primitif.

TOME IX. 5

7. *Serpula arenaria*, n° 26.

Grande espèce dont nous connaissons l'analogue fossile en Italie et en Morée.

## ESPÈCES.

1. Vermet lombrical. *Vermetus lumbricalis*. Lamk. (1)

*V. testá apice spiræ affixá, anterius in tubum ascendentem porectá, tenui, pellucidá, luteo-rufescente.*

---

(1) Il est assez difficile de savoir aujourd'hui si le *Serpula lumbricalis* de Linné est de la même espèce que le Vermet d'Adanson. Il est certain que la Serpule dont il est question est une véritable Vermet, du moins très voisin de celui d'Adanson, s'il ne lui est identique. Comme il existe trois espèces très rapprochées de celle du Sénégal par leurs caractères, il pourrait se faire que Linné les comprît toutes sous une commune dénomination, surtout si l'on s'en rapporte à la 12e édition du *Systema naturæ*. Dans la 10e édition de cet ouvrage nous trouvons dans la synonymie la citation de quatre figures. Celle de Lister représente une grande espèce à deux carènes. Elle est très distincte du Vermet d'Adanson. La seconde figure est celle de Rumphius. Elle appartient à une espèce lisse beaucoup plus voisine de celle d'Adanson que la précédente. La figure de Gualtierri, citée la troisième, nous semble pouvoir se rapporter au Vermet d'Adanson et il en est de même pour la figure de d'Argenville. Dans le museum de la princesse Ulrique, Linné réduisit sa synonymie aux deux figures de Rumphius et de Gualtierri, mais malheureusement sa description est trop courte pour caractériser une espèce. Aux quatre citations de la 10e édition, Linné en ajoute deux dans la 12e, mais les figures mentionnées se rapportent à de véritables Serpules et doivent être entièrement rejetées. Gmelin ne manque pas, sous le prétexte de compléter la synonymie de Linné, d'en augmenter la confusion. Il y rapporte le Vermet d'Adanson et les autres espèces voisines, à titre de variété. Il joint une Serpule et une autre espèce de Vermet, qu'il reproduit plus loin sous le nom de *Serpula Arenaria*. Dillwyn rectifia à la vérité quelques confusions de Gmelin, en suppri-

Adans. Seneg. t. 11. fig. 1. le Vermet.

Martini. Conch. 1. t. 3. fig. 24. b.

* *Serpula lumbricalis pars.* Gmel. p. 3742. n° 12.

* *Id.* Dillw. Cat. t. 2. p. 1077. n° 22. *Syn. plerisque exclus.*

* Vermet. d'Adanson. Blainv. Malac. pl. de principes. n° 1. fig. 12.

* Gualt. Test. pl. 10 fig. Q.

* D'Argenv. Conch. pl. 29. fig. 1.

* *Serpula lumbricalis.* Burrow. Elem. of Conch. pl. 22. fig. 2.

* *An eadem spec.?* Broocks. Introd. pl. 9. fig. 132 ?

* Favanne. Conch. pl. 6. fig. 11.

Habite les mers du Sénégal. Mon cabinet. L'animal de cette coquille
n'a aucun rapport avec celui d'une Serpule.

*Nota.* Daudin a décrit six autres espèces de coquilles qu'il rapporte
à ce genre. Au lieu d'être fixées par l'extrémité de la spire, comme
le Vermet, elles le sont latéralement, et rampent, soit sur les
pierres, soit sur des peignes ou des huîtres, etc. Je ne crois pas
que ces coquilles appartiennent à notre genre.

† 2. Vermet bicaréné. *Vermetus bricarinatus.* Desh.

> *V. testá elongatá, spiraliter distortá, apice acuminatá, regulariter
> spiratá, longitudinaliter bicarinatá, rufo-castaneá; aperturá ro-
> tundatá, subbiangulatá.*

Bowd. Elem. of Conch. pl. 9. fig. 17.

Bonan. Observ. Circa vivent. Coq. fig. 43.

Lister. Conch. pl. 548. fig. 1.

Knorr. Vergn. t. 2. pl. 13. fig. 1.

Martini. Conch. t. 1. pl. 2. fig. 12 B.

*Serpula lumbricalis pars.* Gmel. p. 3742. n° 12.

*Id.* Dillw. Cat. t. 2. p. 1077. n° 22. *Syn. plerisque exclus.*

Habite....

Cette espèce, figurée pour la première fois par Bonanni, a été depuis
reproduite par Lister, et Martini, contre son habitude, a copié
en la coloriant la figure de Lister. Cette espèce se distingue très
nettement du Vermet d'Adanson. Elle est toujours plus grande, et
le commencement de la spire présente une spirale plus allongée et

mant les variétés, mais il laisse subsister celle du reste de la synonymie. Lamarck a bien reconnu toute cette confusion des auteurs, mais au lieu d'y porter remède, comme cela lui aurait
été facile, il s'est contenté de mentionner seulement l'espèce
d'Adanson, sans chercher à en compléter la synonymie.

5.

généralement plus large lorsque les tours viennent à se disjoindre.
Sur les premiers tours on remarque trois carènes, mais sur les suivans, lorsqu'ils commencent à se séparer, la carène supérieure dis-
parait peu-à-peu, et on en trouve plus que deux sur le tube. Les
carènes sont accompagnées de stries longitudinales inégales, lesquelles sont coupées en travers par des stries régulières d'accroissement. L'ouverture est arrondie ; ses bords sont minces et tranchans, et son péristome est obscurément anguleux aux endroits
où aboutissent les carènes extérieures. Toute cette coquille est
d'un brun marron uniforme, et cette couleur la distingue facilement du Vermet d'Adanson qui est toujours d'un blanc grisâtre.
La partie régulière de la spire a 12 à 15 mill. de longueur ; mais
le reste du tube varie en longueur selon la projection qu'il a prise.

### + 3. Vermet de Knorr. *Vermetus Knorrii*. Desh.

*V. testá brevi, vermiculatá, apice acuminatá et regulariter spiratá,
alteris anfractibus irregulariter disjunctis, ad apicem bicarinatis,
anticè cylindraceis, longitudinaliter striatis; aperturá tenui, circulari.*

Knorr. Vergn. t. 4. pl. 17. fig. 2.
Habite. . . .

Nous distinguons cette espèce qui est voisine du *Vermetus bicarinatus*; mais elle reste constamment plus petite, l'extrémité spirale
est beaucoup plus courte, les tours réguliers n'offrent que deux
carènes, et ces deux carènes disparaissent bientôt sur les premiers
tours disjoints. Aussi, vers l'ouverture, on ne retrouve jamais la
moindre trace de ces carènes ; elles sont remplacées par des stries
longitudinales inégales, comme tremblées et assez serrées. Le test
est mince, transparent et d'une couleur uniforme d'un brun marron rougeâtre, quelquefois jaunâtre. Nous pensons que cette espèce provient de la Martinique, mais nous n'en avons par la certitude absolue. Le plus grand individu que nous ayons a 40 mill.
de longueur.

Nous devons rappeler que cette espèce a été confondue par Gmelin
et par Dillwyn avec le *Serpula lumbricalis*, quoiqu'il s'en distingue, comme on le voit, avec la plus grande facilité.

### 4. Vermet triangulaire. *Vermetus triqueter*. Bivon.

*V. testá solitariá aut gregariá, extus versus apicem saltem triquetrá
et depressiusculá, orbiculatim vel turbinatim contortá, rugis transversis flexuosis, anticè sæpe elongatá, cylindricá.*

*V. triqueter.* Biv. nouv. genre de Moll. p. 11.
*Serpula glomerata.* Gmel. p. 3742.

Bon. Recra. part. 1. fig. 20 E.

Gualt. Test. pl. 10. fig. T?

Mart. Conch. t. 1. pl. 3. fig. 23.

Var. *B. testis aggregatis, basi spiratis, anticè porrectis, teretibus, subfastigiatis.*

Bivon. Nouv. genre de Moll. pl. 2. fig. 4.

*An Serpula fascicularis.* Lamk. V. p. 360?

Phill. Enum. Moll. p. 170. pl. 9. fig. 21. 22. 22 a.

Fav. Conch. pl. 6. fig. F 1. ·

Habite la Méditerranée.

Cette espèce se distinguerait difficilement des Serpules si en cassant les tubes on ne les trouvait cloisonnés à leur extrémité postérieure. La coquille forme des amas irréguliers plus ou moins considérables, qui ont pour point d'appui soit des galets, soit des coquilles abandonnées au fond de la mer. Un individu, pris isolément, présente un tube adhérent dans presque toute son étendue, et contournée en trois ou quatre spirales irrégulières, assez fréquemment disposées dans un plan horizontal. La surface libre de ce tube est divisée en trois parties presque égales par deux carènes saillantes, ce qui rend en effet le tube subtriangulaire. Ordinairement, au milieu, ou dans l'intervalle des carènes, se trouve une petite côte décurrente. Cette espèce est d'un blanc fauve ou grisâtre à l'extérieur, et tintée d'un marron assez foncé à l'intérieur.

Les grands individus n'ont guère que 20 mill. de diamètre.

---

## SCALAIRE. (Scalaria.)

Coquille subturriculée, garnie de côtes longitudinales élevées, interrompues, presque tranchantes. Ouverture obronde : les deux bords réunis circulairement, et terminés par un bourrelet mince, recourbé.

*Testa subturrita : costis longitudinalibus elevatis, subacutis, interruptis. Apertura rotundata : marginibus connexis, marginatis, reflexis.*

[Animal cylindracé à pied court et subquadrangulaire; tête courte, obtuse, aplatie, portant de chaque côté un tentacule conique pointu; yeux sessiles petits placés à la partie externe de la base des tentacules. Cavité branchiale allongée, étroite, contenant à gauche un peigne branchial à feuillets courts, et à droite l'anus et l'organe de la génération. Opercule corné, mince, paucispiré, ayant le sommet de la spire presque central.

OBSERVATIONS. Les Scalaires, qu'on nomme aussi vulgairement Scalata, sont des coquillages marins très distingués des Cyclostomes, non-seulement par leur habitation, et leur forme subturriculée, mais surtout par leurs côtes longitudinales élevées, interrompues, un peu obliques, et presque tranchantes. Ces côtes ne sont que les bourrelets minces des anciens bords de l'ouverture. Elles marquent les différens accroissemens de la coquille, et montrent que le rebord rejeté en dehors de la dernière ouverture est un véritable bourrelet qui a peu d'épaisseur, mais qui n'est point aigu. Ce rebord est très différent de celui des coquilles terrestres, qui est toujours unique, et ne se retrouve point sur les anciens tours.

La spire des Scalaires est plus ou moins allongée selon les espèces; mais dans toutes celles qui sont connues, le tour inférieur est un peu plus gros et plus grand que celui qui précède, et conséquemment que les autres; ce qui fait que ces coquilles n'ont pas une forme cylindracée, comme les Maillots, et sont turriculées.

Parmi les espèces de ce genre, l'une d'elles est fort remarquable par son ombilic, et surtout par l'écartement singulier des tours de sa spire, qui, ne se joignant pas les uns aux autres, montrent la coquille comme un tube tortillé en spirale lâche, presque à la manière du Vermet.

L'animal des Scalaires a deux tentacules qui se terminent chacun par un filet sétacé. Les yeux, situés à la naissance des filets, paraissent dans la partie moyenne de chaque tentacule. ( *Plancus,* Conch. t. 5. f. 7. 8.)

Les Scalaires habitent, les unes dans les mers des climats chauds, et les autres dans celles qui bordent nos côtes de l'Océan. On en connaît déjà plusieurs espèces.

[Quoique Linné rapportât les coquilles du genre Scalaire à ses Turbos, on ne peut cependant qu'applaudir à Lamarck d'avoir créé le genre Scalaire , puisqu'il est fondé sur de bons caractères. Aussi presque tous les conchyliologues se sont empressés de l'adopter ; mais tous n'ont pas été parfaitement d'accord sur ses rapports naturels. Les zoologistes ont bien senti que ce genre ne pouvait s'éloigner beaucoup des Troques et des Turbos : et en effet les variations dans l'appréciation de ces rapports ont-elles principalement porté sur des affinités d'une petite valeur. Nous voyons Lamarck , dès l'établissement de la famille des Scalariens, rapprocher ce genre des Dauphinules et des Vermets. Cuvier, dans la première édition du *Règne animal*, en fait un sous-genre du grand genre Turbo, et le met entre les Turritelles et les Cyclostomes. M. de Férussac le comprend dans sa famille des Trochoïdes, le rejette à la fin entre les Pleurotomaires et les Mélanopsides. M. de Férussac, ne s'étant jamais expliqué sur ces rapports, il nous est impossible d'en deviner les motifs. Nous trouvons ce genre plus convenablement placé dans le *Traité de malacologie* de M. de Blainville. Ce savant anatomiste a modifié d'une manière heureuse l'opinion de Lamarck , et a conservé le genre Scalaire dans le voisinage des Vermets ; mais il a eu soin de le rapprocher des Turritelles, avec lesquelles il a plusieurs points de contact, aussi bien par la coquille que par l'animal. Depuis long-temps nous avons adopté cette opinion de M. de Blainville, et nous pensons qu'il ne faut plus désormais séparer le genre Scalaire des Turritelles par la longue série que renferme la famille des Turbinacées. Nous avons déjà dit, en traitant de la famille des Scalariens, comment il était nécessaire, dans l'état actuel des connaissances, de distribuer les genres qu'elle contient.

L'animal des Scalaires n'est point encore entièrement connu. Quoiqu'il y en ait une espèce extrêmement abondante sur certains points de l'Océan d'Europe et quoique d'autres soient également abondans dans la Méditerranée, cependant les anatomistes n'ont point encore fait connaître leur organisation intérieure. Nous connaissons seulement deux figures de l'animal, marchant avec sa coquille sur le dos. L'une est connue depuis long-temps : elle est à la planche v de l'ouvrage de Plancus ; l'autre est plus exacte : elle est à la planche v de l'ouvrage de M. Philippi. Nous avons pu nous assurer, par l'examen de plusieurs individus conservés dans la liqueur, que la figure de M. Philippi était plus exacte que celle de Plancus. Les parties extérieures d'un Scalaire ressemblent beaucoup à celles d'un Vermet. Le corps de l'animal est cylindracé. Son pied, destiné à ramper, est cependant fort court ; sa surface inférieure est subquadrangulaire. En avant il déborde la tête, et en arrière il porte en dessus un opercule corné paucispiré, formé d'un tour et demi environ, à sommet presque central et ayant exactement la forme de l'ouverture qu'il est destiné à fermer d'une manière assez exacte. La tête est séparée du pied par un sillon peu profond : elle est petite, courte, et elle porte une paire de tentacules, à la base desquelles on remarque des yeux sessiles. Ces yeux sont placés à la partie externe de la base de ces tentacules, et non pas vers le milieu de leur longueur, comme l'a représenté Plancus. Si l'on ouvre le manteau, on trouve à gauche, comme dans les Vermets, un peigne branchial long et étroit, accompagné de la glande à mucosités. Sur le côté droit se trouvent l'anus et l'organe de la génération.

Lorsque l'on a réuni un grand nombre d'espèces des genres Scalaire et Turritelle, tant vivans que fossiles, on voit s'établir entre eux un passage dont toute la série n'est pas encore remplie, mais qui cependant est évident : l'ouverture de certaines Turritelles s'arrondit, et celle de certains Scalaires montre un péristome presque disjoint. Nous verrons, au reste, en traitant du genre Turritelle, qu'il y a plus d'un trait de ressemblance entre les animaux des deux genres que nous venons de mentionner. Lamarck n'a donné qu'un petit nombre d'espèces vivantes et fossiles. Aujourd'hui les collections en renferment beaucoup plus. Nous en connaissons plus de vingt vivantes, et il en existe au moins autant de fossiles.

## ESPÈCES.

1. Scalaire précieuse. *Scalaria pretiosa*. Lamk.

> *Sc. testá conicá, umbilicatá, in spiram laxem contortá, pallidè fulvá; costis albis; anfractibus disjunctis, lævibus : ultimo ventricoso.*

*Turbo scalaris.* Lin. Syst. nat. *id.* 10. p. 764. Gmel. p. 3603.
 n° 62.

Lin. Mus. Ulric. p. 658. n° 351.

* Lin. Syst. nat. édit. 12. p. 1237.

* Born. Mus. p. 354.

* *Turbo scalaris.* Murray. Fund. test. Amœn. Acad. p. 142. pl. 2.
 fig. 7.

* *Aciona scalaria.* Bowd. Elem. of Conch. pl. 9. fig. 5.

* Valentyn Verhandeling, Amboina. pl. 12. fig. 103 a. b.

* Desh. Ency. méth. Vers. t. 3. p. 929. n° 1.

Rumph. Mus. t. 49. fig. A.

Petiv. Amb. t. 2. fig. 9.

Gualt. t. 10. fig. ZZ.

D'Argenv. Conch. pl. 11. fig. V.

* Schrot. Einl. t. 2. p. 36. pl. 3. fig. 20.

Favanne. Conch. pl. 5. fig. A.

Knorr. Vergn. 4. t. 20. fig. 2. 3 et 5. t. 23. fig. 1. et t. 24. fig. 6.

Regenf. Conch. 2. t. 5. fig. 44.

Martini. Conch. 4. t. 152. fig. 1426. 1427. 1430. 1431. et t. 165.
 fig. 1432. 1433.

*Scalaria preciosa.* Encyclop. pl. 451. fig. 1. a. b.

* Burrow. Elem. of Conch. p. 168. pl. 19. fig. 7.

* Dillw. Cat. t. 2. p. 852. n° 87. *Turbo scalaris.*

* Sow. Genera of shells. Genre *Scalaria.* fig. 1.

Habite l'Océan des grandes Indes. Mon cabinet. Très belle espèce,
 précieuse lorsqu'elle est d'un grand volume et bien conservée ; vulgairement le *Scalata.* Longueur, 17 lignes. Elle en acquiert au
 moins 6 de plus.

## 2. Scalaire lamelleuse. *Scalaria lamellosa.* Lamk. (1)

> S. *testâ subturritâ, imperforatâ, pallidè fulvâ aut rufescente ; costis
> albis tenuibus lamelliformibus denticulatis ; anfractibus contiguis,
> lævibus : ultimo basi carinifero.*

* Delle Chiaje dans Poli testac. t. 3. pl. 53. fig. 4, 5.

---

(1) Cette espèce vivante de la Méditerranée est sans aucun
doute l'analogue du *Scalaria pseudo-scalaris* de Brocchi : c'est
donc ce dernier nom qu'elle doit porter à l'avenir. M. Philippi,
dans l'ouvrage que nous citons, donne dans la synonymie de
cette espèce le *Scalaria foliacea* de M. Sowerby, mais il est
évident que cette espèce est bien distincte.

* Knorr. Vergn. t. 4. pl. 20. fig. 5.

* Desh. Ency. méth. Vers. t. 3. p. 930. n° 2.

* *Scalaria pseudoscalaris.* Philip. Enum. Moll. p. 167. pl. 10. fig. 2.

* *Turbo pseudoscalaris.* Broc. Couch. foss. p. 379. pl. 7. fig. 1.

* *Scalaria lamellosa.* Payr. Cat. p. 123. n° 258. pl. 6. fig. 2.

* *Turbo clathrus.* Var. Pennant. Brit. Zool. 1812. t. 4. p. 304. n° 33, pl. 84. fig. 2.

Habite la Méditerranée. Mon cabinet. Elle a quelquefois des lignes ponctuées et transverses sur son dernier tour. Longueur, 13 à 14 lignes.

## 3. Scalaire couronnée. *Scalaria coronata.* Lamk. (1)

*Sc. testá turritá, apice acutá, imperforatá, scabriusculá, albidá, punctis lineolisve rufis seriatim cinctá; costis tenuibus lamelliformibus fimbriato - laceris creberrimis; costá transversá basi coronatá.*

* Desh. Encycl. méth. Vers. t. 3. p. 930. n° 3.

* Encyclop. pl. 451. fig. 5. a. b.

Habite... Mon cabinet. Coquille rare, assez précieuse. Elle avoisine la précédente, et offre, comme elle, une petite carène qui couronne la face inférieure de son dernier tour. Longueur, 16 lignes.

## 4. Scalaire variqueuse. *Scalaria varicosa.* Lamk.

*Sc. testá turritá, apice obtusá, imperforatá, albá; costis tenuissimis incumbentibus crenato-fimbriatis creberrimis; varicibus crassiusculis alternis sparsis.*

* Desh. Encycl. méth. Vers. t. 3. p. 930. n° 4.

* *Valentyn amboina.* pl. 1. fig. 7.

*Scalaria fimbriata.* Encycl. pl. 451. fig. 4. a. b.

Habite... Mon cabinet. Celle-ci est immaculée, et remarquable par des varices qui sont très distinctes de ses côtes; ces dernières sont lamelleuses et frangées; près des sutures, les aspérités de leurs franges sont plus aiguës. Longueur, 15 lignes et demie.

---

(1) Il existe beaucoup d'analogie entre cette espèce, et le *Turbo principalis* de Pallas et de Chemnitz; nous n'avons cependant pas la certitude de leur identité, les descriptions de ces auteurs ne se rapportant pas exactement à celle de Lamarck. C'est une espèce qui demande un nouvel examen avec plus de matériaux que nous ne pouvons en rassembler.

## 5. Scalaire commune. *Scalaria communis*. Lamk. (1)

*Sc. testâ turritâ, imperforatâ, albâ, aut pallidè fulvâ; costis crassius-
culis lœvibus subobliquis.*

*Turbo clathrus.* Lin. Syst. nat. Ed. 10. p. 765. Gmel. p. 3603; n° 3.

* Lin. Mus. Ulric. p. 658, n° 352.

* Lin. Syst. nat. éd. 12. p. 1237.

Lister. Conch. t. 588. fig. 51.

Bonanni: Recr. 3. fig. 111.

Petiv. Amb. t. 13. fig. 10.

Rumph. Mus. t. 29. fig. W.

Gualt. Test. t. 58. fig. H.

Plancus. Conch. t. 5. fig. 7. 8.

* D'Acosta. Brit. Conch. p. 115. pl. 7. fig. 11.

* Fav. Conch. pl. 39. fig. M 2.

* Schrot. Einl. t. 2. p. 36.

* *Turbo clathrus.* Born. Mus. p. 354.

* Pennant. Brit. Zool. 1812. t. 4. p. 304. n° 33. pl. 84: fig. 2. *Exclusa varietate.*

Knorr. Vergn. 1. t. 11. fig. 5:

Martini. Conch. 4. t. 153. fig. 1434 et 1438.

* Knorr. Vergn. t. 4. pl. 20. fig. 4. t. 4.

* Maton et Racket. Cat. p. 170.

* Dorset. Cat. p. 50. pl. 15. fig. 11.

* *Turbo scalaris.* Brockes. Intr. p. 126. pl. 8. fig. 100.

* Payr. Cat. p. 123. n° 259.

* *Scalaria clathrus.* Sow. Genera of shells. Genre *Scalaria*. fig. 2.

* Delle Chiaje dans Poli testac. t. 3. pl. 53. fig. 1. 2. 3.

* Desh. Encycl. méth. Vers. t. 3. p. 931. n° 5.

Encyclop. pl. 451. fig. 3. a. b.

* Philip. Enum. Moll. Sicil. p. 167. n° 1.

[*b*] *Var. testâ longiore, roseo-violaceâ; costis purpureo-maculatis.*

* *Fossilis.* Philip. loc. cit. p. 168, n° 3.

Habite dans les mers d'Europe; principalement dans la Manche, où
elle est très commune. Mon cabinet. Longueur, 16 lignes; la var.
[*b*] en a 17 et demie. Vulgairement le *faux-scalata*.

---

(1) Lamarck a eu tort, selon nous, de ne pas accepter,
pour cette espèce le nom que Linné lui avait imposé: elle doit
recevoir la dénomination de *Scalaria clathrus* dans une nomenclature bien faite.

## 6. Scalaire australe. *Scalaria australis*. Lamk.

*Sc. testá turritá, gracili, apice obtusá, albá ; costis lævibus rectissi-*
*mis, infra ultimum anfractus supra carinam impositis; suturis vix*
*excavatis.*

* Sow. Genera of shells. Genre *Scalaria*. fig. 4.

* Desh. Encycl. méth. Vers. t. 3. p. 931. n° 6.

* Guérin. Mag. de Zool. Conch. pl. 40.

Habite les mers de la Nouvelle-Hollande. M. Macleay. Mon cabinet.
Elle est imperforée, glabre, sans taches, et n'a qu'un pouce de
longueur.

## 7. Scalaire côtes rares. *Scalaria raricosta*. Lamk.

*Sc. testá turritá, perforatá, albá; striis transversis tenuissimis; costu-*
*lis longitudinalibus obsoletis; varicibus costæformibus interruptis*
*raris et in locis singularibus confertis.*

*An* Martini. Conch. 4. t. 153. fig. 1435? 1436?

* Sow. Genera of shells. Genre *Scalaria*. fig. 3.

Habite.... Mon cabinet. Espèce singulière, bien distincte, et très
différente du *Scal. communis*, n° 5. Longueur, 8 lignes.

## † 8. Scalaire crénelée. *Scalaria crenata*. Desh.

*Sc. testá elongatá, turritá, albá, lævigatá; anfractibus convexiusculis,*
*ad suturam eleganter crenulatis; ultimo anfractu imperforato, ad*
*basim costulá obtusá circumdato; aperturá circulari, integrá; la-*
*bro incrassato, extùs marginato.*

*Turbo crenatus*. Lin. Syst. nat. Ed. 10. p. 65.

Lin. Mus. Ulr. p. 659. n° 353.

*Id.* Lin. Syst. nat. éd. 12. p. 1238.

Gmel. p. 3604. n° 65.

Chemn. Conch. 11. p. 156. pl. 195 a. fig. 1880. 1881.

Dilw. Cat. t. 2. p. 855. n° 93.

List. Conch. pl. 588. fig. 52.

Habite...

Coquille fort singulière, mais qui, malgré son étrangeté, appartient
cependant au genre auquel nous la rapportons. Linné avait bien
apprécié les rapports de cette coquille, car il l'avait placée dans le
voisinage de son *Turbo clathrus*. Elle est allongée, toute blanche,
lisse ; ses tours, au nombre de huit ou neuf, sont médiocrement
convexes, ils sont séparés entre eux par une suture assez profonde
creusée en rigole, et dont le bord est crénelé régulièrement. Ces
crénelures sont peu nombreuses, régulières et obtuses. Sur les premiers tours on remarque de petites côtes longitudinales obsolètes

qui, partant des crénelures, descendent perpendiculairement jusqu'à l'autre suture. Les côtes diminuent peu-à-peu et disparaissent
bientôt, et les derniers tours sont lisses. Quelquefois l'uniformité
de leur surface est interrompue par un petit nombre de varices représentant d'anciens péristomes. Le dernier tour n'est jamais ombiliqué; la base est revêtue d'une couche superposée, circonscrite
un peu au-dessous de la circonférence par un petit bourrelet
transverse, assez large et aplati. L'ouverture est ovale obronde,
son bord droit est épaissi en dehors. Cette coquille est longue de
22 mill. et large de 10.

### † 9. Scalaire à côtes plates. *Scalaria planicosta*. Bivon.

*Sc. testâ subulato-turritâ, concolore, bruneâ; anfractibus parum
convexis; costis tenuibus, filiformibus, appressis, nonnullis latio-
ribus.*

*Sc. planicosta.* Bivon. nouv. genre de Moll. pl. 2. fig. 13.

Phill. Enum. Moll. p. 168. pl. 10. fig. 4.

Habite la Méditerranée.

Coquille allongée, turriculée, plus étroite en proportion que la plupart des espèces du même genre. On compte 15 à 16 tours dans les
grands individus : ces tours sont convexes, conjoints et garnis de
petites côtes longitudinales étroites, entre lesquelles la surface parait lisse, mais lorsqu'on l'examine sous un grossissement convenable, on la voit ornée d'un grand nombre de stries transverses très
fines et très serrées. Toutes les côtes longitudinales ne sont point
égales. Quelques-unes, à des intervalles irréguliers, s'élargissent
considérablement et se changent en varices assez épaisses. Il y a
presque toujours une de ces varices opposée à l'ouverture. Cette
ouverture est médiocre, ovale-obronde, à péristome entier presque également épais dans toute sa circonférence. Cette espèce se
distingue facilement de ses congénères par une couleur d'un brun
marron foncé et uniforme. Elle est longue de 30 millim. et
large de 9.


## *Espèces fossiles.*


### 1. Scalaire crépue. *Scalaria crispa*. Lamk.

*Sc. testâ subturritâ, imperforatâ; costis lamelliformibus inæqualibus
confertissimis; anfractibus ventricosis; suturis excavatis.*

*Scalaria crispa.* Ann. du Mus. vol. 4. p. 213. n° 1. et t. 8. pl. 37.
fig. 5.

Encycl. pl. 451. fig. 2. a. b.
* Desh. Coq. foss. de Paris. t. 2. pl. 9. 10.
* *Id.* Encycl. méth. Vers. t. 3. p. 931. n° 7.
* Galeotti. Mém. sur la géol. du Brabant. p. 146. n° 44.
Habite... Fossile de Grignon. Mon cabinet. Longueur, 15 à 18 mil-
limètres.

## 2. Scalaire monocycle. *Scalaria monocycla.*

Sc. *testâ conicâ, imperforatâ; costis lamelliformibus inæqualibus;
ultimo anfractu basi filo transversali alligato.*
*Scalaria monocycla.* Ann. du Mus. vol. 4. p. 214. n° 4.
Habite.... Fossile de Grignon. Mon cabinet. Longueur, environ 18
millimètres.

## 3. Scalaire treillissée. *Scalaria decussata.*

Sc. *testâ turritâ, elongatâ, imperforatâ, transversìm striatâ, costis
longitudinalibus minimis creberrimis decussatâ; ultimo anfractu
basi angulato.*
*Scalaria decussata.* Ann. du Mus. vol. 4. p. 313. n$_o$ 2. et t. 8.
pl. 37. fig. 3.
* Desh. Coq. foss. de Paris. t. 2. pl. 23. fig. 1. 2.
* *Id.* Encycl. méth. Vers. t. 3. p. 932. n" 8.
Habite..... Fossile de Grignon. Mon cabinet. Longueur, 18 millimètres.

## 4. Scalaire dépouillée. *Scalaria denudata.* Lamk.

Sc. *testâ turritâ, imperforatâ; costis raris; costarum interstitiis lævibus; anfractibus distantibus.*
*Scalaria denudata.* Annales. vol. 4. p. 214. n° 3.
Habite... Fossiles de Grignon. Cab. de M. Defrance. Cette coquille
a de grands rapports avec le *Sc. crispa,* et n'en est peut-être qu'une
variété; mais elle n'a qu'un petit nombre de côtes saillantes et
écartées entre elles, et n'offre que de simples traces de celles qui
manquent. Longueur, un centimètre ou environ.
Comme le soupçonnait Lamarck, cette espèce a été faite sur une variété mal conservée du *Scalaria crispa.*

## 5. Scalaire plissée. *Scalaria plicata.*

Sc. *testâ turritâ, imperforatâ; costis parvulis, plicæformibus.*
*Scalaria plicata.* Ann. ibid. n° 5.
Habite.... Fossiles de Parnes. Cab. de M. Defrance. Espèce bien
distincte, remarquable par ses côtes longitudinales peu élevées,
obtuses, et qui ressemblent à des plis.

## † 6. Scalaire semblable. *Scalaria similis.* Sow.

*Sc. testâ elongato-turritâ, acuminatâ, longitudinaliter costellatâ, transversìm sulcatâ; costis simplicibus, depressis vix convexiusculis; anfractibus convexis, conjunctis; ultimo basi subangulato; aperturâ ovato-circulari, extùs marginatâ.*

Sow. Min. Conch. pl. 16. fig. 1. 2.

Habite... Fossile dans le Crag d'Angleterre.

Cette coquille a beaucoup de rapports avec le *Turbo clathrus grœnlandicus* de Chemnitz (t. 11. p. 95. pl. 195 a. fig. 1878.1879). La description que Chemnitz donne de l'espèce vivante, est tellement conforme à ce que nous observons sur les individus fossiles, que nous sommes convaincu que l'on réunira plus tard ces deux espèces lorsque l'on aura pu en faire une comparaison exacte. Nous ne pouvons décider encore de cette analogie, parce que nous n'avons pas sous les yeux la coquille figurée par Chemnitz. Le *Scalaria similis* de M. Sowerby est une coquille qui a beaucoup de ressemblance pour la plupart des caractères avec le *Scalaria clathrus*. Les tours sont nombreux, convexes et réunis par une suture peu profonde. Ces tours offrent des côtes longitudinales régulièrement espacées, au nombre de 9 à 10. Leurs interstices sont occupées par des sillons transverses peu nombreux, larges et aplatis ; le dernier tour présente à la base un aplatissement qui semble le résultat d'une lame surajoutée; cette lame est circonscrite près de la circonférence par un angle obtus à peine apparent. L'ouverture ovale-oblongue, est garnie en dehors d'un bourrelet assez étroit qui forme la dernière côte. Cette coquille a 32 à 35 mill. de long, et 12 ou 13 de large.

## † 7. Scalaire foliacée. *Scalaria foliacea.* Sow.

*S. testâ elongato-turritâ, angustâ, costellis lamelliformibus ornatâ; anfractibus convexis, disjunctis, lævigatis; aperturâ rotundatâ, marginatâ.*

Sow. Min. Conch. pl. 390. fig. 2.

Sow. Gen. of shells. Genre *Scalaire.* fig. 5.

Habite... Fossile dans le Crag en Angleterre.

Cette espèce a de l'analogie avec le *Scalaria pseudoscalaris;* mais elle s'en distingue par des caractères constans. Il est à présumer que M. Philippi, en l'ajoutant à la synonymie du *Scalaria pseudoscalaris,* en aura jugé d'après la figure seulement, ce qui l'a sans doute induit en erreur. Cette coquille est allongée, turriculée, en proportion plus étroite à la base que l'espèce que nous venons de citer. Ses tours sont très convexes, garnis de lames saillantes et longitudinales, et présentant en effet par leur disposition et leur nombre, beaucoup de ressemblance avec celles du *Scalaria pseudo-scalaris*. Ce qui distingue essentiellement les deux espèces, c'est que dans celle-ci les tours sont constamment disjoints, tandis que dans l'autre ils sont constamment soudés. On sait que dans le *pseudo-scalaris*, il y a à la circonférence du dernier tour une petite crête transverse. Dans le *Scalaria foliacea*, cette crête ne se montre jamais. L'ouverture est arrondie, elle est simple, à péristome complet, et garni en dehors d'une côte lamelleuse semblable à celle qui la précède.

Cette coquille a 22 mill. de long, et 8 de large.

### † 8. Scalaire térébrale. *Scalaria terebralis*. Mich.

*S. testá turrito-elongatá, subulatá, imperforatá, irregulariter et longitudinaliter costatá et varicosá; costis minimis, frequentibus; varicibus raris, rotundatis; anfractibus contiguis; ultimo anfractu basi costá transversá instructo; suturá paululum profundá.*

Mich. Magas. de Conch. p. 34. pl. 34.

Habite... Fossile à Salles, près Bordeaux.

Cette coquille a beaucoup de rapport avec l'espèce vivante nommée *Scalaria planicosta* par M. Philippi, et figurée par lui dans son ouvrage sur les Mollusques de la Sicile. La fossile est toujours moins grande. Elle est allongée, subulée, étroite à la base ; les tours sont nombreux, convexes et garnis de petites côtes longitudinales très étroites, interrompues régulièrement par des côtes plus larges et plus épaisses, en forme de varices ; les interstices de ces côtes sont lisses ; les sutures sont peu profondes, et elles réunissent les tours entre eux. Le dernier tour, très convexe à la base, présente, comme dans plusieurs autres espèces du même genre, une petite côte transverse un peu au-dessous de la circonférence. Cette petite coquille a 20 mill. de long, et 6 de large.

### † 9. Scalaire costulée. *Scalaria costellata*. Desh.

*S. testá elongato-turritá, conoïdeá, eleganter decussatá; striis transversis majoribus, longitudinalibus tenuissimis, confertis; anfractibus convexis suturá profundá separatis; aperturá rotundatá; marginibus acutis.*

Desh. Coq. foss. de Paris. t. 2. p. 200. n° 8. pl. 24. fig. 1. 2. 3.

Habite..... Fossile aux environs de Paris, à la Chapelle, près Senlis.

Petite espèce très élégante qui, par ses caractères, commence à lier les Scalaires aux Turritelles; elle est allongée, turriculée, assez large à la base. Ses tours, au nombre de 8 , sont convexes, et le dernier, sensiblement aplati à la base, est percé au centre d'un ombilic étroit. Ces tours sont élégamment treillissés par de petites côtes transverses, coupées à angle droit par des lamelles longitudinales. Les points d'intersection de ces côtes et de ces lamelles se relèvent en une petite écaille. L'ouverture est arrondie, entière; ses bords sont peu épais et non bordés. Cette petite espèce a 6 mill. de long, et 2 de large.

### † 10. Scalaire striatule. *Scalaria striatula*. Desh.

*Sc. testá elongato-turritá, subulatá, transversim striatá, longitudinaliter subplicatá; plicis obsoletis, striis regularibus, convexis; anfractibus convexis, numerosis : ultimo disco lævigato, coronato; aperturá rotundatá; marginibus acutis.*

Desh. Coq. foss. de Paris. t. 2. p. 198. n° 5. pl. 25. fig. 6. 7. 8.

Habite.... Fossile aux environs de Paris, à Château-Rouge, non loin de Beauvais.

Espèce intéressante dont nous devons la connaissance à M. Graves, connu depuis long-temps des amateurs de conchyliologie, par ses recherches assidues sur les fossiles du département de l'Oise. Elle est intermédiaire par ses caractères entre les Scalaires et les Turritelles; elle est allongée, turriculée. Ses tours, nombreux et convexes, sont ornés de sillons transverses peu saillans, assez comparables à ceux du *Scalaria similis* de M. Sowerby; ces sillons sont coupés presque à angle droit, par de petites côtes longitudinales obsolètes sur les premiers tours, et qui disparaissent entièrement sur les derniers. Le dernier tour présente à la base des stries transverses comprises dans un espace aplati, circonscrit vers la circonférence par un angle peu apparent. L'ouverture est ovale-obronde; elle est simple et à bords tranchans. Cette coquille est longue de 22 mill., et large de 7.

### † 11. Scalaire lamelleuse. *Scalaria multilamella*. Bast.

*Sc. testá elongato-subulatá turritá; lamellis numerosis acutis, tenuibus, longitudinalibus; anfractibus conjunctis, convexis; interstitiis lævigatis; ultimo anfractu basi lævigato; aperturá rotundatá supernè subangulatá.*

*An Scalaria monocycla ?* Lamk. Ann. du Mus. t. 4. p. 214. n° 4.

*Scalaria semicostata ?* Sow. Min. Conch. pl. 16. fig. 3.

Bast. Ter. Tert. du S.-O. de la France. Mém. de la Soc. d'Hist. nat. de Paris. t. 2. p. 310. n° 3. pl. 1. fig. 15.

Def. Dict. des Sc. nat. t. 48. p. 19.

Desh. Coq. foss. de Paris. t. 2. p. 196. n° 3. pl. 28. fig. 15. 16.

Habite.... Fossile aux environs de Paris, à Barton en Angleterre, et aux environs de Bordeaux.

Cette espèce avoisine beaucoup par ses caractères le *Scalaria decussata* de Lamarck, elle a à-peu-près la même forme, mais elle est généralement plus grande; ses tours sont chargés de lamelles très serrées, dans l'intervalle desquelles on remarque à la loupe quelques stries transverses très obsolètes. Le dernier tour semble coiffé par une calotte lisse assez épaisse, et dont le bord forme un angle obtus à la circonférence. L'ouverture est ovale-obronde, et son péristome est interrompu dans une très petite portion de son étendue, ce qui place cette espèce parmi celles qui servent d'intermédiaire entre les Scalaires et les Turritelles. Les grands individus ont 43 mill. de long, et 12 de large.

## † 12. Scalaire fines lames. *Scalaria tenuilamella*. Desh.

*Sc. testá elongato-turritá, acuminatá; anfractibus convexissimis, supernè contabulatis, lamellis tenuibus confertis ornatis; lamellis suprá planis supernè angulatis tenuissimè decussatis; aperturá rotundatá utrinquè subauriculatá.*

Desh. Coq. foss. de Paris. t. 2. p. 195. n° 2. pl. 22. fig. 11. 12. 13. 14.

*Var. a testá breviore, magis inflatá.*

Galeotti. Mém. sur la Géol. du Brabant. p. 146. n° 45. pl. 4. fig. 3.

Habite.... Fossile aux environs de Paris, à Mouchy-le-Chatel. La variété se trouve dans les sables de Cette, en Belgique.

Très belle et très élégante espèce qui avoisine beaucoup le *Scalaria crispa* de Lamarck. Ses tours disjoints sont chargés de lames nombreuses renversées en dehors, aplaties et terminées à la partie supérieure des tours par une grande écaille en forme d'oreillette. La surface extérieure de ces lamelles présente sous la loupe un grand nombre de stries fines et obliques. L'ouverture est tout-à-fait arrondie, garnie d'un péristome épais dans toute sa circonférence, péristome qui, dans les individus bien conservés, se prolonge en dessus et en dessous en une petite oreillette, dont l'une correspond à l'angle supérieur des tours, et l'autre au bourrelet décurrent et écailleux qui circonscrit une très petite fente ombilicale placée derrière le bord gauche. Cette belle et rare espèce a 19 mill. de long, et 9 de large.

† 13. **Scalaire de Munster.** *Scalaria Munsteri.* Rœm.

> *Sc. testâ turritâ, anfractibus convexis costatis, transversim subtilissimè densè striatis; costis elevatis, suprâ acutis, basi subdilatatis, longitudinaliter striatis; aperturâ ovatâ?*

Rœm. Verstein. Nord. Oolit. p. 147. pl. 11. fig. 10.

Habite.... Fossile en Allemagne, dans le Coral-Rag de Hoheneggelsen.

Nous citons cette espèce d'après l'ouvrage de M. Rœmer. Il est intéressant en effet de voir une coquille du genre Scalaire que l'on avait toujours crue propre aux terrains tertiaires, descendre jusqu'à des terrains appartenant aux couches jurassiques. M. Munster n'a rencontré dans ses recherches qu'un fragment incomplet de cette espèce; mais on peut juger d'après ce fragment, que cette espèce devait être une coquille allongée, turriculée, non perforée à la base, et dont les tours sont ornés, comme dans la plupart des Scalaires, de côtes longitudinales, distantes, traversées par un grand nombre de stries transverses, régulières et assez profondes. Les côtes longitudinales sont elles-mêmes coupées par le passage des stries transverses.

---

## DAUPHINULE. (Delphinula.)

Coquille subdiscoïde ou conique, ombiliquée, solide; à tours de spire rudes ou anguleux. Ouverture entière, ronde, quelquefois trigone : à bords réunis, le plus souvent frangés ou munis d'un bourrelet.

*Testa subdiscoidea vel conica, umbilicata, solida; anfractibus asperis aut angulatis. Apertura integra, rotunda, interdùm trigonâ : marginibus connexis, sœpiùs fimbriatis aut incrassato-marginatis.*

[Animal semblable à celui des Troques : cylindracé, pied court, épais, portant à son extrémité postérieure un opercule calcaire ou corné, tête cylindracée proboscidiforme, tronquée en avant, et portant en arrière une paire de tentacules coniques, pointus, pédiculés à la partie externe de la base; pédicules courts, oculés au sommet. Un

6.

opercule soit corné et multispiré, soit calcaire et paucispiré.]

OBSERVATIONS. Les *Dauphinules* sont des coquilles marines que
*Linné* rapportait à son genre *Turbo*, comme ayant l'ouverture
arrondie; mais les bords réunis de cette ouverture les en distinguent au premier aspect. Ces coquilles se rapprochent évidemment des Scalaires par leurs rapports; et, parmi elles, on
voit aussi des espèces dont la spire est lâche et a ses tours
séparés.

La coquille des *Dauphinules* est solide, assez épaisse, nacrée
intérieurement ou sous la couche externe, à tours de spire rudes,
raboteux en dehors ou au moins anguleux du côté de l'ombilic.
Elle n'a point de columelle apparente, et probablement l'animal a un opercule.

La plupart des coquilles de ce genre sont hérissées d'épines,
de franges testacées subrameuses, de tubercules ou stries sca-
bres. Ces coquilles marines sont fort différentes, par leur
épaisseur, leur solidité, l'état de leur surface externe, des coquilles terrestres que nous nommons Cyclostomes, quoique,
de part et d'autre, les bords de l'ouverture soient réunis circulairement.

[Nous avons dit en traitant de la famille des Scalariens en général, que les genres qui la constituent devaient être distribués
dans la méthode d'une autre manière que ne l'a fait Lamarck.
L'examen des genres précédens nous a permis d'apporter les
raisons, et de présenter les motifs de notre opinion; et nous allons voir que pour le genre Dauphinule, cette opinion s'appuie
sur un assez grand nombre de faits.

Dans ses premières méthodes, Lamarck rassemblait en un
seul genre, sous le nom de Cyclostome, toutes les coquilles à ouvertures ronde et entière. Depuis, Draparnaud réduisit aux seules
espèces terrestres, le genre Cyclostome de Lamarck; et ce savant
zoologiste dans ses mémoires sur les fossiles des environs de Paris, adoptant l'opinion de Draparnaud, proposa le genre Dauphinule pour les espèces marines de son ancien genre Cyclostome. Depuis cette époque, presque tous les conchyliologues
ont admis le genre Dauphinule et l'ont diversement placé dans

l'ordre méthodique suivant qu'ils lui ont reconnu plus d'analogie
soit avec les Turbos, soit avec les Scalaires. Depuis long-temps,
notre opinion est fixée à l'égard de ce genre : nous le considérons
comme un démembrement à-peu-près inutile du genre *Turbo*.
Nous avons fait voir qu'il existait entre les Turbos et les Dauphinules une série non interrompue de modifications tellement gra-
duées, qu'il est impossible de déterminer d'une manière précise
le point où se termine un genre et où l'autre commence. Ce passage des deux genres se manifeste, non-seulement entre les espèces vivantes, mais encore entre celles qui sont fossiles. Lorsque
nous avons cherché à démontrer l'inutilité du genre Dauphinule,
nous ne connaissions pas encore l'animal de ce genre représenté
et décrit pour la première fois par MM. Quoy et Gaimard dans
la partie zoologique du voyage de l'Astrolabe. La connaissance
de l'animal est venue pleinement confirmer nos prévisions ; car
il n'offre aucune différence avec celui des Turbos et des Troques. La ressemblance des caractères va jusqu'aux moindres détails. Comme nous le verrons bientôt, on trouve dans la famille
des Troques des espèces à opercules calcaires, et d'autres à
opercules cornés. Il en est de même dans le genre qui nous
occupe : il y a des espèces dont l'opercule est corné et multispiré,
tandis que dans d'autres il est calcaire et paucispiré. En se laissant uniquement guider par les caractères conchyliologiques, il
est certain que le genre Dauphinule a peu de rapports avec ceux
de la famille dans laquelle il se trouve ; dans les uns comme les
Vermets, les Scalaires, la coquille est mince, et n'est jamais nacrée ; dans presque toutes les Dauphinules au contraire le test
est épais, très solide, composé de deux couches comme dans les
Turbos et les Troques : la couche extérieure est diversement colorée, et la couche intérieure est nacrée. Il y a bien quelques espèces de véritables Dauphinules dont le test n'est point nacré à
l'intérieur, mais il en est de même dans les Turbos, et dans les
Troques.

Quand même on adopterait le genre Dauphinule de Lamarck,
il serait néanmoins nécessaire de faire subir à ses caractères
génériques, une modification assez importante ; car Lamarck
comprenait dans son genre une coquille très rare et très précieuse que l'on connaît, dans le commerce, sous le nom de *Bord-*

*strape*, et à laquelle il a proposé de donner le nom de *Delphinula trigonostoma*. Après un examen minutieux de cette espèce, nous lui avons reconnu tous les caractères d'une véritable Cancellaire se liant à ce genre par plusieurs espèces fossiles avec lesquelles elle a la plus grande analogie. Cette coquille étant retirée du genre Dauphinule, il en résulte que toutes les espèces peuvent être caractérisées par une ouverture circulaire et entière.

L'animal figuré par MM. Quoy et Gaimard est allongé, cylindracé; son pied court et ovalaire est épais et porte à son extrémité postérieure un opercule corné dans quelques espèces, calcaire dans d'autres. La tête est proboscidiforme, tronquée en avant, et offrant dans la troncature une fente longitudinale qui est celle de la bouche. Sur l'arrière de la tête naît de chaque côté un grand tentacule conique pédonculé à sa base, et extérieurement. Au sommet de ce pédoncule court et tronqué, se trouve l'organe de la vision. Le manteau a les bords libres plus ou moins frangés, selon les espèces. Il est à présumer que, comme dans les Troques et les Turbos, sa cavité contient à gauche une grande branchie pectinée, et à droite l'anus et l'issue des organes de sa génération.

Lamarck a connu peu d'espèces du genre Dauphinule; il en cite trois vivantes et sept fossiles. Depuis, ce nombre s'est accru d'une manière assez notable, surtout parmi les espèces fossiles. ]

## ESPÈCES.

### 1. Dauphinule laciniée. *Delphinula laciniata*. Lamk.

*D. testâ subdiscoideâ, crassâ, transversìm sulcato-asperatâ, appendicibus maximis curvis laciniato-ramosis armatâ, rubro et fusco variâ; spirâ retusâ.*

*Turbo delphinus.* Lin. Syst. nat. ed. 10: p. 764. Gmel. p. 3599. n° 44.

Lister. Conch. t. 608. fig. 45.

Rumph. Mus. t. 20. fig. H.

Petiv. Amb. t. 3. fig. 1.

Gualt. Test. pl. 68. fig. C. D.

Bonanni. Recr. 3. fig. 31.

D'Argenv. Conch. pl. 6. fig. H.

Favanne. Conch. pl. 9. fig. G 1. G. 2.

Seba. Mus. 3. t. 59. fig. 12. 27.

Knorr. Vergn. 1. t. 22. fig. 4. 5. et 4. t. 7. fig. 2. 3. et t. 8. fig. 1.

Regenf. Conch. 1. t. 8. fig. 14.

* Lin. Mus. Ulric. p. 657.

* Lin. Syst. nat. éd. 12. p. 1236.

* Bowd. Elem. of. Conch. pl. 9. fig. 16.

* Grew. Mus. Reg. Soc. pl. 12. Fingerdsnail. fig. 1. 2.

* Valentyn Amboina. pl. 5. fig. 41.

* *Turbo delphinus.* Herbst. Hist. Verm. pl. 51. fig. 1.

* Lesser. Testaceotheol. p. 123. fig. . n° 14.

* Gevens. Conch. Cab. pl. 4. fig. 24 à 30.

* Schrot. Einl. t. 2. p. 30.

* Brockes. Introd. p. 126. pl. 8. fig. 98.

* *Turbo delphinus.* Dillw. Cat. t. 2. p. 850. n° 82.

* *Delphinula spinosa.* Roissy. Buf. Moll. t. 5. p. 291. pl. 54. fig. 4.

* Blainv. Malac. pl. 33. fig. 3.

* Desh. Encycl. méth. Vers. t. 2. p. 64. n₀ 1.

Var. *Monstr. distorta.* Chemn. Conch. t. 11. p. 292, pl. 211. fig. 2090. 2091.

Chemn. Conch. 5. t. 175. fig. 1827. 1735.

*Delphinula laciniata.* Encycl. pl. 451. fig. 1. a. b.

Habite l'Océan indien. Mon cabinet. Elle est remarquable par les grands appendices laciniés dont elle est hérissée. Diam. transv., 2 pouces une ligne, les appendices non compris.

## 2. Dauphinule distorte. *Delphinula. distorta.* Lamk.

*D. testâ subdiscoideâ, crassâ, rubro-purpureâ; sulcis transversis tu-berculato-muricatis; anfractibus supernè angulato-planulatis et longitudinaliter plicatis : ultimo disjuncto, separato.*

*Turbo distortus.* Lin. Syst. nat. éd. 10. p. 64. Gmel. p. 3600. n₀ 46.

Chemn. Conch. 5. t. 175, fig. 1737. 1739.

* Lin. Syst. nat. éd. 12. p. 1236.

* Lin. Mus. Ulric. p. 657.

* Schrot. Einl. t. 2. p. 632.

* Dillw. Cat. t. 2. p. 851. n₀ 84. *Turbo distortus.*

* Desh. Encycl. méth. Vers. t. 2. p. 64. n° 2.

Habite l'Océan indien. Mon cabinet. Espèce singulière par la disjonction de son dernier tour. Elle n'a point d'appendices laciniés comme celle qui précède. Diam. transv., 2 pouces.

3. **Dauphinule turbinopside.** *Delphinula turbinopsis.* Lam.

> **D.** *testâ ovata-conicâ, albâ, luteo-nebulatâ; sulcis carinisque trans-*
> *versis imbricato-lamellosis; lamellis longitudinalibus uno latere*
> *decumbentibus; umbilico parvo.*

Habite... Mon cabinet. Longueur, 15 lignes.

*Nota.* J'ai donné le nom de *Delphinula trigonostoma* à la coquille
rarissime, vulg. appelée le *Bordstrape* [Favanne, Conch. pl. 79.
fig. CC.], coquille que j'ai vue, mais que je ne possède pas. Je
n'en fais donc ici qu'une simple mention.

† 4. **Dauphinule adamantine.** *Delphinula adamantina.*
**Duclos.**

> *Testâ orbiculato-convexâ, crassiuscula, sulcis longitudinalibus et*
> *transversis clathratâ; colore fulvâ; aperturâ orbiculari, margine*
> *foliaceo, plicato, latissimo circumdatâ.*

Duclos. Mag. de Conch. pl. 31.

Habite... Jolie espèce décrite pour la première fois par M. Duclos,
et qui a d'autant plus d'intérêt qu'elle a une très grande analogie
avec une espèce fossile que l'on rencontre dans les terrains tertiaires à Hauteville près Valogne. Elle est suborbiculaire, à spire
courte, composée d'un petit nombre de tours convexes, dont le
dernier en proportion plus grand que tous les autres, est cylindracé
et percé au centre d'un grand ombilic profond. Cet ombilic est
circonscrit en dehors par une carène saillante. L'ouverture est
tout-à-fait circulaire, et elle est garnie à la manière de certains
Cyclostomes d'une large lèvre, aplatie, foliacée, et rayonnée par un
assez grand nombre de plis. Toute la surface extérieure est régulièrement treillissée par des côtes transverses rapprochées et d'autres
longitudinales un peu plus écartées. Cette jolie coquille qui a été
trouvée dans un sable de délestage est d'une couleur d'un jaune
fauve uniforme. Elle a 18 millim. de long, et 20 de large.


*Espèces fossiles.*


1. **Dauphinule éperon.** *Delphinula calcar.* Lamk.

> **D.** *testâ orbiculato-convexâ; anfractibus scabris, medio carinatis :*
> *carinâ spinis armatâ; spirâ brevi, obtusâ.*

*Delphinula calcar.* Ann. du Mus. vol. 4. p. 110. n° 1. et t. 8. pl. 36.
fig. 1. a. b.

Encycl. pl. 451. fig. 2. a. b.

* Roissy. Buf. Moll. t. 5. p. 291. n° 2.
* Def. Dict. sc. nat. t. 12. p. 544.
* Desh. Coq. foss. de Paris. t. 2. p. 203. n° 2. pl. 23. fig. 11. 12.
Habite... Fossile de Grignon. Mon cabinet. Diam. transv., y compris
les épines, 11 lignes.

## 2. Dauphinule râpe. *Delphinula lima.* Lamk.

D. *testâ orbiculato-convexâ, scabrâ, transversìm striatâ : striis squa-
mulis concavis, echinatis; anfractibus subangulatis teretibus.*
*Delphinula lima.* Ann. ibid. n° 2.
*An turbo?* Brander. Foss. Hanton. p. 10. t. 1. fig. 7. 8.
* Roissy. Buf. Moll. t. 5. p. 292. n° 3.
* Desh. Encycl. méth. Vers. t. 2. p. 64. n° 3.
* Def. Dict. sc. nat. t. 12.
* Desh. Coq. foss. de Paris. t. 2. p. 203. n₀ 3. pl. 24. fig. 7. 8.
Habite... Fossile de Courtagnon. Mon cabinet. Diam. transv., 10
lignes.

## 3. Dauphinule conique. *Delphinula conica.* Lamk.

D. *testâ conico-pyramidatâ; anfractibus lævibus carinatis : ultimo bi-
carinato, sæpiùs disjuncto.*
*Delphinula conica.* Ann. ibid. n° 3. et t. 8. pl. 36. fig. 4.
* Roissy. Buf. Moll. t. 5. p. 293. n° 4.
* Def. Dict. sc. nat. t. 12.
* Deh. Coq. foss. de Paris. t. 2. p. 215. pl. 24. fig. 14. 15.
Habite... Fossile de Beyne, près Pontchartrain. Mon cabinet. Lon-
gueur, près de 3 lignes.

## 4. Dauphinule à bourrelet. *Delphinula marginata.* Lamk.

D. *testâ orbiculato-convexâ; anfractibus lævibus; umbilici margine
incrassato subplicato.*
*Delphinula marginata.* Ann. ibid. p. 111. n° 5. et 8. pl. 36. fig. 6.
* Roissy. Buf. Moll. t. 5. p. 293. n° 6.
* Desh. Encycl. méth. Vers. t. 2. p. 64. n° 4.
* Def. Dict. sc. nat. t. 12.
* Bastérot. Foss. de Bord. p. 27. n₀ 1.
* Desh. Coq. foss. de Paris. t. 2. p. 208. n₀ 9. pl. 23. fig. 17 à 20.
Habite... Fossile de Grignon. Mon cabinet. Diam. transv., 3 lignes
et demie.

## 5. Dauphinule striée. *Delphinula striata.* Lamk.

D. *testâ orbiculato-convexâ, transversìm striatâ; anfractibus sub-an-
gulatis : umbilico spirali.*

*Delphinula striata.* Ann. ibid. n₀ 6. et t. 8. pl. 36. lig. 5.

* Roissy. Buf. Moll. t. 5. p. 294. nᵒ 7.

* Def. Dic. sc. nat. t. 2. p. 540.

* Desh. Coq. foss. de Paris. t. 2. p. 207. pl. 34. fig. 8 à 11. 19. 20.

Habite... Fossile de Grignon. Mon cabinet. Diam. transv., 2 lignes et demie.

## 6. Dauphinule sillonnée. *Delphinula sulcata.* Lamk.

> D. *testá orbiculato-convexá, depressiusculá; anfractibus profundè sulcatis; labro serrato.*

*Delphinula sulcata.* Ann. ibid. nᵒ 7. et t. 8. pl. 36. fig. 8.

* Def. Dict. sc. nat. t. 12.

* *Turbo sulciferus.* Desh. Coq. foss. de Paris. t. 2. p. 250. nᵒ 6 pl. 33. fig. 1 à 4 et 7. f. 40. pl. 38 à 41.

Habite... Fossile de Grignon. Mon cabinet. Diam. transv., 2 lignes un quart.

## 7. Dauphinule gauffrée. *Delphinula Warnii.* Def.

> D. *testá orbiculato-depressá, sulcis longitudinalibus et tranversis cla-thratá; aperturá primùm expansá : marginibus dein introrsùm inflexis.*

*Delphinula Warnii, ex D. Defrance.*

* Def. Dic. sc. nat. t. 12. p. 544.

* Desh. Coq. foss. de Paris. t. 2. p. 204. nᵒ 4. pl. 24. fig. 12. 13.

Habite... Fossile de Hauteville. Mon cabinet. Coquille très singulière par sa conformation. Diam. transv., près de 8 lignes.

## † 8. Dauphinule de Regley. *Delphinula Regleyana.* Desh.

> D. *testá orbiculatá convexá; anfractibus supra planulatis, infernè convexis, ad marginem carinatis; suturis profundis obtectis separatis supernè bifariam nodulosis, infernè eleganter squamosis; carná spinis longiusculis, depressis, numerosis armatá; aperturá rotundatá; umbilico magno, profundo.*

Desh. Coq. foss. de Paris. t. 2. p. 202. nᵒ 1. pl. 23. f. 7. 8.

Habite. . . . à Parnes aux environs de Paris. Très belle espèce qui a beaucoup de rapport avec le *Delphinula calcar* de Lamarck : elle s'en distingue néanmoins par plusieurs caractères; elle est orbiculaires, aplatie, à spire courte, composée de quatre à cinq tours aplatis, dont la suture est un canal recouvert par la carène saillante et dentelée qui est à la base des tours. Le dernier tour offre à sa partie supérieure une carène continue, sur le bord de laquelle s'élèvent un grand nombre de dentelures aplatis et un peu courbées en dessus. Ce dernier tour cylindracé en dessous est

percé au centre d'un grand ombilic. La surface extérieure n'est
pas comme dans le *Delphinula calcar* chargée dans toutes ses parties de sillons écailleux. En dessus, et auprès de la suture, on
trouve deux rangées de tubercules simples, et en dessous six à sept
rangées d'écailles spiniformes, qui vont graduellement en dimi-
nuant depuis la circonférence jusque dans l'intérieur de l'ombilic.
Cette belle espèce fort rare a 25 millimètres de diamètre et 15 de
hauteur.

† 9. **Dauphinule lime.** *Delphinula scobina.* **Brong.**

D. *testâ rugosâ, spinulis fornicatis asperatâ, unâ serie spinarum
majorum fornicatorum.*

Brong. Mém. sur les terr. sup. du Vicentin. p. 53. pl. 2. f. 7. *turbo
scobinâ.*

Basterot. Coq. foss. de Bordeaux. p. 27. n° 2.

Habite.... fossile dans le Vicentin et aux environs de Dax. Cette
espèce a beaucoup de rapport avec le *Delphinula calcar* de Lamarck. Elle est très aplatie au sommet et ses deux derniers tours
s'allongent d'une manière notable, comme cela arrive souvent dans
le *Delphinula distorta.* Ses tours sont au nombre de cinq. Ils sont
aplatis en dessus et couronnés par une rangée de grandes épines
triangulaires sur lesquels viennent se ranger en divergeant des
stries fines et élégantes. En dessous la coquille est régulièrement
convexe, et elle est ouverte au centre par un très grand ombilic
dans lequel on aperçoit tous les tours de la spire. Toute la surface
est chargée d'un grand nombre de sillons transverses rapprochés, inégaux, sur lesquels se relèvent un grand nombre de fines
écailles redressées et courbées en gouttière. Les sillons qui se montrent à la partie supérieure des tours entre la suture et le bord
dentelé sont rendus onduleux par de petites côtes longitudinales
qui vont en rayonnant de la suture vers le bord. Sur ces sillons les
écailles, sont beaucoup moins nombreuses que sur ceux de dessous.
Cette belle espèce a 30 millimètres de diamètre et 24 de hauteur.

† 10. **Dauphinule spiruloïde.** *Delphinula spiruloides.* **Desh.**

D. *testâ orbiculatâ depressâ, lævigatâ, apice obtusâ; anfractibus valdè
convexis, suturâ profondâ separatis, ultimo basi late umbilicato;
umbilico intus carinato; aperturâ rotundatâ; marginibus incras-
satis.*

Desh. Coq. foss. de Paris. t. 2. p. 209. n° 10. pl. 26. f. 1. 2. 3. 4.

Habite.... fossile à Grignon. Petite coquille fort singulière qui
a du rapport avec le *Delphinula marginata* de Lamarck. Elle est

discoïde, déprimée. Sa spire est courte et obtuse, composée de quatre tours arrondis, lisses et dont le dernier est régulièrement cylindracé. En dessous il est percé d'un ombilic infundibuliforme assez grand, et dont la surface est divisée en deux par un angle assez saillant. L'ouverture est circulaire, bordée d'un bourrelet peu épais, renversé en dehors. Ce qui est curieux dans cette coquille, c'est que la partie du bord gauche qui correspond à l'ombilic est moins élevé que le bord droit, et forme une large échancrure peu profonde. Cette petite coquille n'a que quatre millimètres de diamètre.

† 11. Dauphinule callifère. *Delphinula callifera*. Desh.

> *D. testá orbiculato-depressá, lœvigatá; anfractibus supra subplanis; ultimo basi umbilico minimo perforato, callo semicirculari obtecto; aperturá rotundatá; margine tenui.*

Desh. Coq. foss. de Paris t. 2. p. 210. n° 12. pl. 25. f. 16. 17. 18.
Habite .... fossile à Betz, Tancrou, Mouchy aux environs de Paris. Petite coquille très singulière subdiscoïde, à spire très aplatie à laquelle on compte quatre tours convexes. Le dernier est en proportion plus grand que les autres, il est un peu comprimé vers la circonférence, et il présente au centre un petit ombilic dont les bords sont finement plissés; ce qui distingue éminemment cette espèce c'est qu'au-dessus de cet ombilic, vient se placer horizontalement une callosité en forme de bouton indépendant de l'ouverture, et qui semble une poche latérale de la partie antérieure du dernier tour. L'ouverture est petite, tout-à-fait circulaire. Ses bords sont assez épais, simples et sans bourrelet extérieur. Cette petite espèce rare encore dans les collections a quatre millimètres de diamètre.

---

# LES TURBINACÉS.

*Coquille turriculée ou conoïde; à ouverture arrondie ou oblongue, non évasée, ayant les bords désunis.*

Les *Turbinacés* constituent la dernière famille des Trachélipodes phytiphages, de ceux qui, en général, n'ont point de trompe, mais un museau à deux mâchoires et qui paraissent simplement herbivores; enfin de ceux dont la coquille n'offre à la base de son ouverture ni échancrure dirigée en arrière, ni canal quelconque. Tous sont des coquillages marins, conoïdes ou turriculés, et paraissent pourvus d'un opercule. Lorsqu'on pose ces coquilles sur leur base, leur axe est toujours incliné, quoique plus ou moins, et n'est jamais parfaitement vertical. Nous rapportons à cette famille les genres *Cadran*, *Roulette*, *Troque*, *Monodonte*, *Turbo*, *Planaxe*, *Phasianelle* et *Turritelle*.

---

## **CADRAN**. (Solarium.)

Coquille orbiculaire, en cône déprimé ; à ombilic ouvert, crénulé ou denté sur le bord interne des tours de spire. Ouverture presque quadrangulaire. Point de columelle.

*Testa orbicularis, conico depressa, umbilicata ; umbilico patulo, ad margines internas anfractuum crenulato vel dentato. Apertura subquadrangularis. Columella nulla.*

[Animal allongé, cylindracé, peu épais, ayant un pied court, tantôt ovalaire, tantôt auriculé à son extrémité antérieure et portant en arrière un opercule corné, quelquefois aplati et paucispiré, quelquefois conique et multispiré. Tête courte et aplatie, échancrée antérieurement et portant une paire de tentacules ; les yeux tantôt sessiles à la base externe des tentacules, tantôt pédiculés. Manteau simple ou dentelé, en forme de collier, à travers lequel passe l'animal.

OBSERVATIONS. —Les *Cadrans* ont paru avoir avec les Troques des rapports si considérables, que Linné les a rapportés à son genre *Trochus*, et que, depuis la détermination de l'illustre naturaliste suédois, les zoologistes qui ont écrit sur les coquilles ont adopté ce sentiment. Ces rapports sont, à la vérité, assez remarquables, surtout si l'on compare les *Cadrans* avec ceux des Troques dont la base se termine par un bord orbiculaire tranchant. Néanmoins, quels que soient les rapports cités, les *Cadrans* semblent par leur forme en avoir aussi avec les Planorbes; car l'examen de certaines espèces fossiles nous montre qu'il est même assez difficile d'établir entre les *Cadrans* et les Planorbes des limites bien tranchées.

Quoi qu'il en soit, le genre dont nous traitons maintenant paraît très naturel, et se distinguera toujours facilement, soit des Troques, soit des Planorbes, parce que l'ombilic des coquilles qui le composent a constamment le bord interne des tours crénelé ou denté.

Les *Cadrans* habitent dans la mer. On n'en connaît qu'un petit nombre d'espèces recueillies dans l'état frais, et quelques autres dans l'état fossile, dont les analogues vivans n'ont pas encore été observés.

[Lorsque Lamarck institua le genre *Cadran*, l'animal n'était point connu, et par conséquent les rapports de genre ne pouvaient être définitivement établis. Il faut dire cependant que Linné et Lamarck, guidés par la coquille seule, jugèrent convenablement de ses rapports avec les *Trochus*. On doit à MM. Quoy et Gaimard la connaissance de deux animaux appartenant au genre *Cadran* de Lamarck, et ces animaux présentent entre eux des différences qui paraissent plus considérables que celles qui existent ordinairement entre les espèces d'un même genre. On voit en effet dans le *Solarium perspectivum* un animal très semblable à celui des Troques. Cet animal est allongé, cylindroïde; son pied est petit, ovalaire; sur son extrémité postérieure est attaché un opercule corné, paucispiré, assez semblable à celui du *Trochus pagodus* de Linné. Le pied se joint au reste du corps par un pédicule assez allongé. La tête est aplatie; elle n'est point proboscidifère, comme celle des Troques et des Turbos; elle est au contraire échancrée en avant, et les angles de l'échancrure se prolongent en deux tentacules cylindracés et obtus au sommet. A la base de ces tentacules s'élève de chaque côté un pédicule court et tronqué, au sommet duquel se trouve le point oculaire. Le manteau forme un collier complet, dont le bord anguleux vient s'appliquer à la circonférence de l'ouverture de la coquille. L'autre espèce de Cadran figurée par MM. Quoy et Gaimard, est le *Variegatum* de La-marck. Il y a déjà plusieurs années qu'un capitaine de navire, M. Herbert de Saint-Simon, après une station aux Antilles, nous communiqua une jolie espèce de Cadran que nous décrivîmes dans l'Encyclopédie sous le nom de *Solarium Herberti*. L'oper-cule de cette espèce s'étant rencontré dans l'intérieur d'un des individus, nous vîmes dans cette partie le moyen de donner un excellent caractère de plus au genre *Solarium*, nous persuadant qu'il devait être semblable dans toutes les espèces. L'espèce représentée par MM. Quoy et Gaimard a beaucoup d'analogie avec le *Solarium Herberti ;* mais son animal diffère d'une ma-nière notable de celui dont nous venons de donner la descrip-tion. Cet animal en effet est petit ; son pied est oblong ; il se dilate à son extrémité antérieure en deux grandes oreillettes latérales et triangulaires. L'extrémité postérieure de ce pied est arrondie, très obtuse ; la tête est fort petite ; elle n'est point proboscidifère ; elle porte en avant deux grands tentacules triangulaires fort élargis à la base, et ayant au côté externe de cette base de petits yeux sessiles, sans aucune trace du pé-dicule que nous avons remarqué dans le *Solarium perspectivum.* Ce qui caractérise plus particulièrement l'espèce de M. Quoy et la nôtre, c'est la forme toute particulière de l'opercule. Cet opercule est corné ; mais il est conique et tourné un grand nom-bre de fois en spirale sur un axe longitudinal dont l'extrémité est saillante à la base. Une lame cornée à tours nombreux et ser-rés, et dont le bord libre irrégulièrement déchiqueté se relève vers le sommet s'enroule autour de cet axe : nous ne connaissons dans aucun autre genre un opercule ayant cette forme et cette struc-ture. Il deviendrait un excellent caractère, si toutes les espèces en portaient un semblable ; mais comme plusieurs ont un oper-cule différent, et que cependant les coquilles ont des formes analogues, il nous paraît difficile d'établir deux genres parmi ces espèces, avant de connaître un plus grand nombre d'exemples des différences qu'elles peuvent présenter. On trouve en effet à la limite des deux groupes quelques espèces, dont quelques-unes seraient fort embarrassantes à classer avant d'avoir connaissance de leur opercule. Ayant observé dans les sables de Grignon un corps singulier dont tous les caractères le rapprochent des

opercules, nous nous sommes décidés, après avoir eu connaissance de l'opercule du *Solarium Herberti*, à rapporter celui-ci
à l'espèce fossile que l'on rencontre le plus fréquemment dans
les sables de Grignon, et qui par ses dimensions a pu recevoir
l'opercule dont nous venons de parler. Les personnes qui, dans
leur collection, pourront comparer les opercules des espèces
que nous venons de mentionner en dernier lieu, adopteront
probablement notre opinion sur l'opercule du *Solarium patulum*. En traitant du genre Vermet, nous avons rappelé ses rapports avec les Siliquaires, et nous avons fait observer que dans
ce dernier genre, d'après l'observation de M. Philippi, l'animal
porte un opercule corné, composé de plusieurs plaques subspi-
rales empilées les unes sur les autres. Par ce caractère, l'animal
des Siliquaires se rapproche donc de celui de certains *Solarium*,
mais quant au reste de l'organisation, il y a des différences assez considérables pour tenir ces deux genres dans des familles
distinctes.

M. Sowerby a créé, sous le nom d'*Euomphalus,* un genre qui
nous paraît très voisin de celui qui nous occupe. Proposé pour
des coquilles fossiles provenant des terrains de sédiment de transition, ce genre présente cependant presque tous les caractères des
vrais *Solarium,* quoique la plupart des espèces conservent dans
l'ensemble un cachet particulier qui les distingue. Nous avions
d'abord pensé que ce genre *Euomphalus* pouvait être supprimé
facilement de la méthode ; mais actuellement, après avoir fait
de nouvelles observations, nous ne voyons aucun inconvénient
à le maintenir, parce que les espèces qui en dépendent n'offrent
jamais quelques-uns des petits caractères par lesquels les Cadrans se distinguent de toutes les autres coquilles de la famille
des Troques ; ainsi tous les Cadrans présentent au bord interne
de l'ouverture, à l'endroit qui correspond au bourrelet de l'ombilic, une petite fente plus ou moins profonde que nous trouvons même dans le *Solarium stramineum,* espèce qui se rapproche
le plus des Euomphales. Lorsque dans l'ombilic le bourrelet
granuleux est double, le bord interne de l'ouverture présente
constamment deux fissures dont la position correspond à celle
des bourrelets. Comme Lamarck l'a dit, les Cadrans se distinguent particulièrement et par l'ombilic, et par les granula-

tions qui en garnissent l'entrée ; ces granulations ne se montrent
pas de la même manière dans ceux des Euomphales qui en ont
du côté inférieur. Au lieu d'être vers l'intérieur de la coquille,
et d'être comprises dans la surface de l'ombilic, elles appartiennent au côté extérieur de la base.

Le nombre des espèces connues actuellement dans les collections n'est pas très considérable; il y en a une vingtaine
d'espèces vivantes, et à-peu-près autant de fossiles. Pendant
long-temps on a cru que le terrain tertiaire seul contenait des
espèces de ce genre ; mais l'on sait aujourd'hui que de véritables Cadrans se montrent jusque dans les terrains inférieurs
de la craie ; ces espèces vivaient avec des Pleurotomaires, genre
voisin de celui-ci, mais également très rapproché des Troques
et des Turbos.

Parmi les espèces fossiles, Lamarck rangeait des coquilles dont
les caractères n'ont que fort peu de rapports avec les *Solarium*.
La plupart de ces espèces, dont le *Solarium disjunctum* peut
donner une bonne idée, s'enroulent irrégulièrement et présentent dans la forme de l'ouverture des différences très notables
avec celles des véritables Cadrans. Nous nous sommes déterminé à créer pour ces coquilles un genre particulier auquel nous
avons d'abord donné le nom d'Omalaxis; mais depuis nous
avons préféré appliquer celui de *Bifrontia*, voulant par là rappeler le *Solarium bifrons*, qui est devenu pour nous le type de
notre nouveau genre.

## ESPÈCES.

1. **Cadran strié.** *Solarium perspectivum*. **Lamk.**

> *S. testâ orbiculato-conoideâ, longitudinaliter striatâ, albido-fulvâ;
> cingulis albo et fusco aut castaneo articulatis prope suturas; cre-
> nulis umbilici parvulis.*

Troclus perspectivus. Lin. Syst. nat. ed. 12. p. 1227. Gmel. p.
3566. n₀ 3.

Lister. Conch. t. 636. f. 24.

Rumph. Mus. t. 27. f. L.

Petiv. Amb. t. 2. f. 14.

Gualt. Test. t. 65. f. O.

Bonanni. Recr. 3. f. 27-28.

D'Argenv. Conch. pl. 8. f. M.

Favanne. Conch. pl. 12. f. K.

Seba. Mus. 3. t. 40. f. 1. 2. 13. 14. 28. 41. 42.

Knorr. Vergn. 1. t. 11. f. 1. 2.

Regenf. Conch. 1. t. 6. f. 61.

Born. Mus. p. 326. vign. f. B.

Chemn. Conch. 5. t. 172. f. 1691-1696.

*Ejusd.* Conch. 11. t. 196. f. 1884-1885.

*Solarium perspectivum.* Encycl. pl. 446. f. 1. a. b.

* Grew. Mus. Reg. Soc. pl. 12. Concave Short Whirle. f. 1-2.

* Besleri. Gazo. Phys. nat. pl. 19. f. 7.

* Lesser. Testaceo-Théol. p. 118. f. n° 7.

* Gevens. Conch. Cab. pl. 25. f. 267 à 270.

* Lin. Syst. nat. éd. 10. p. 757.

* Lin. Mus. Ulric. p. 646.

* Schrot. Einl. t. 1. p. 650.

* Broockes. Intr. of Conch. pl. 7. f. 94.

* Dillw. Cat. t. 2. p. 784. *Trochus perspectivus.*

* Bowdich. Elem. of Conch. pl. 9. f. 11.

* Quoy et Gaim. Voy. de l'Astr. pl. 62. f. 20. 21. 22.

* Sow. Genera of shells. Genre *Solarium.*

Habite l'Océan indien; se trouve aussi dans la Méditerranée, près
d'Alexandrie. Mon cabinet. Coquille bien connue et très remarquable par sa forme. Diam. de sa base, 2 pouces 7 lignes.

## 2. Cadran granulé. *Solarium granulatum.* Lamk.

S. *testá orbiculato-conoideá, albido-fulvá, prope suturas rufo-maculatá; cingulis pluribus granosis; umbilico coarctato, dentibus
crassis muricato.*

Lister. Conch. t. 634. f. 22.

Encycl. pl. 446. f. 5. a. b.

* Gevens. Conch. Cab. pl. 25. f. 266 et 272.

Habite..... Mon cabinet. Espèce très distincte par ses granulations,
même en sa face inférieure, son défaut de stries longitudinales, et
son ombilic resserré, ceint de dents épaisses. Diam. de sa base,
19 lignes.

## 3. Cadran glabre. *Solarium lævigatum.* Lamk.

S. *testá conoideá, læviusculá, albidá; cingulis pluribus luteo vel
rufo maculatis; umbilico coarctato, dentibus crassiusculis obvallato.*

Encycl. pl. 446. f. 3. a. b.

Habite.... Mon cabinet. Celui-ci est un peu plus élevé que les précédens; il n'a point de granulations, et ne saurait être confondu avec notre première espèce, son ombilic étant resserré. On aperçoit, vers le haut de sa spire, quelques stries longitudinales très fines. Diam. de sa base, 18 lignes.

## 4. Cadran treillissé. *Solarium stramineum.* Lamk.

**S.** *testá orbiculato-convexá, transversim sulcatá, longitudinaliter striatá, luteo-fulvá, immaculatá; umbilico patulo, læviter crenulato.*

Lister. Conch. t. 635. f. 23.

Chemn. Conch. 5. t. 172. f. 1699.

*Trochus stramineus.* Gmel. p. 3575. n. 59.

* *Trochus.* Schrot. Einl. t. 1. p. 717. n° 96.

* Dillw. Cat. t. 2. p. 785. n° 36.

Habite sur les côtes de Tranquebar. Mon cabinet. Son dernier tour est légèrement arrondi, et les crénelures de son ombilic extrêmement fines; sutures un peu canaliculées. Diam. de la base, 10 lignes et demie.

## 5. Cadran tacheté. *Solarium hybridum.* Lamk.

**S.** *testá orbiculatá, abbreviato-conoideá, lævigatá, luteo-rufescente, albo-maculatá, subtùs fasciatá; umbilico angusto, crenato.*

*Trochus hybridus.* Lin. Gmel. p. 3567. n° 4.

Chemn. Conch. 5. t. 173. f. 1702-1705.

*Solarium hybridum.* Encycl. pl. 446. f. 2. a. b.

* Gevens. Conch. Cab. pl. 25. f. 273-274.

* *Trochus hybridus.* Lin. Syst. nat. éd. 10. p. 759.

* Lin. Syst. nat. éd. 12. p. 1228.

* Lin. Mus. Ulric. p. 646. n° 330.

* Schrot. Einl. t. 1. p. 632.

* Dillw. Cat. t. 2. p. 784. n° 61.

Habite la Méditerranée. Mon cabinet. Malgré sa petite taille, les crénelures de son ombilic sont assez fortes; c'est principalement en dessous et au pourtour qu'on lui voit des fascies articulées. Diamètre transversal, 8 lignes un quart.

## 6. Cadran bigarré. *Solarium variegatum.* Lamk.

**S.** *testá orbiculato-convexá, transversim sulcatá, longitudinaliter striatá, albo et spadiceo articulatìm variegatá; umbilico patulo, crenulato.*

Chemn. Conch. 5. t. 173. f. 1708-1709.

*Trochus variegatus.* Gmel. p. 3575. n₀ 60.

*Solarium variegatum.* Encycl. pl. 446. f. 6. a. b.

* Cevens. Conch. Cab. pl. 25. f. 276.

* *Trochus.* Schrot. Einl. t. 1. p. 718. no 98.

* *Trochus perspectiviunculus.* Dillw. Cat. t. 2. p. 783, n° 59.

* Quoy et Gaim. Voy. de l'Astr. pl. 62. f. 23-24.

Habite les mers australes. Mon cabinet. Connu sous le nom de *Lé-preux de la Nouvelle-Zélande.* Il est bigarré tant en dessus qu'en dessous; c'est une jolie espèce. Diamètre transversal, 8 lignes.

## 7. Cadran jaunâtre. *Solarium luteum.* Lamk.

*S. testâ parvulâ, orbiculato-conoideâ, glabrâ, ad periphœriam bisul-catâ, luteâ; sulcis suturisque rubro-punctatis; umbilico angusto, crenis albis cincto.*

Habite les mers de la Nouvelle-Hollande. M. Macleay. Mon cabinet. C'est le plus petit des Cadrans que je connaisse. Diamètre transversal, 4 lignes et demie.

## † 8. Cadran cordelé. *Solarium areola.* Desh.

*S. testâ orbiculato-conicâ, trochiformi, apice obtusâ; basi pla-nulatâ, profundè umbilicatâ, transversim sulcatâ, longitudinaliter tenue striatâ, suturâ lineâ albâ notatâ, anfractibus maculis albis et nigris alternis trifariam notatis; umbilico angusto, crenulis albis bicincto.*

*Trochus areola.* Chem. Conch. t. 5. p. 134. pl. 173. f. 1710, 1711 id. Gmel. p. 3575.

*Trochus.* Schrot. Einl. t. 1. p. 718. n° 99.

*Solarium tessellatum.* Desh. Ency. méth. vers. t. 2. p. 160. n° 9.

*Trochus areola.* Dillw. Cat. t. 2. p. 782.

Habite. . . . . . .

Nous ne savons qu'elle est la patrie de cette jolie coquille. Les figures très imparfaites de Chemnitz ne nous ayant pas d'abord permis de reconnaitre l'espèce, nous l'avons décrite dans l'Encyclopédie sous le nom de *Solarium tessellatum*; ayant pu depuis consulter un exemplaire de Chemnitz dont le coloriage était beaucoup plus parfait que dans le nôtre, nous avons reconnu dans son *Trochus areola,* notre *Solarium tessellatum :* cette coquille est trochiforme aplatie à la base, son sommet est obtus, et l'on compte six tours à la spire. Ces tours sont aplatis et ne se distinguent facilement que par la ligne blanche qui suit leur suture. La surface présente des sillons transverses au nombre de quatre sur chaque tour et un grand nombre de stries longitudinales, profondes et qui découpent cette surface en petites pièces quadrangulaires assez régulières. L'ombilic est étroit et profond, sa cavité est blanche et il présente constamment deux carènes aiguës, dont l'une, la plus extérieure, est crénelée avec une grande régularité. L'ouverture est arrondie. La coloration est constante; elle consiste sur chaque tour en trois rangées transverses de taches alternantes blanches et brunes; ces taches sont quadrangulaires, ce qui les fait ressembler aux cases d'un damier. Cette espèce a 15 millimètres de hauteur, et 17 de diamètre.

## 9. Cadran cylindracé. *Solarium cylindraceum*. Desh.

*S. testâ orbiculato-conicâ, trochiformi, apice obtusâ, nigro-fucescente, transversim sulcatâ, et longitudinaliter striatâ, umbilico minimo, crenulato, intùs trisulcato; aperturâ rotundatâ.*

*Trochus cylindraceus.* Chem. Couch. t. 5. p. 95. pl. 170. f. 1639.

*Trochus cylindricus.* Gmel. p. 3572.

Schrot. Einl. t. 1. p. 703. n° 60.

*Trochus cylindraceus.* Dillw. Cat. t. 2. p. 767. n° 18.

*Solarium Herberti.* Desh. Encycl. méth. vers. t. 2. p. 159. n° 6.

Habite les Antilles.

Nous avions d'abord donné à cette espèce le nom de *Solarium Herberti*, depuis nous avons reconnu qu'elle était identique au *Trochus cylindraceus* de Chemnitz : quoique la figure de cet auteur soit défectueuse, la description nous a aidé à retrouver en elle notre espèce ; cette coquille est une des plus conoïdes du genre Cadran, elle est trochiforme, obtuse au sommet, composée de sept tours convexes dont le dernier est percé au centre par un ombilic d'une médiocre étendue et dont le bord est crénelé. Dans l'intérieur de cet ombilic on remarque trois petites côtes parallèles et presque égales. La surface de cette espèce est sillonnée transversalement et finement striée dans sa longueur; l'ouverture est circulaire et l'opercule qui la ferme est conique, prolongé à la base en un axe saillant. Toute la coquille est d'un brun foncé, quelquefois marqueté à la base des tours par de petites taches alternatives blanches et brunes. Dans le plus grand nombre des individus tout le test est d'un brun marron assez foncé, et cette couleur est la même en dedans et en dehors. Les grands individus ont 15 millimètres de hauteur et 16 de diamètre.

*Espèces fossiles.*

### 1. Cadran évasé. *Solarium patulum.* Lamk.

*S. testá orbiculato-convexá; anfractibus planulatis, sublævibus : mar-*
*ginibus carinatis et crenulatis; umbilico magno, patulo.*

Solarium patulum. Ann. du Mus. vol. 4. p. 53. n° 1. et t. 8. pl. 35.
f. 3. a. b.

Encycl. p. 446. f. 4. a. b.

* Sow. Min. Conch. t. 1. pl. 11. f. 1.

* Desh. Encycl. méth. Vers. t. 2. p. 161. n° 12.

* Def. Dict. sc. nat. t. 55. p. 485.

* Desh. Coq. foss. de Paris. t. 2. p. 215. n° 2. pl. 26. f. 11 à 14. et
pl. 40. f. 14 à 16.

Habite.... Fossile de Grignon. Mon cabinet. Diamètre transversal,
8 lignes.

### 2. Cadran sillonné. *Solarium sulcatum.* Lamk.

*S. testá orbiculato-convexá, subtùs radiatim sulcatá; anfractibus*
*lævibus margine bisulcatis; umbilico mediocri fornicato.*

Solarium sulcatum. Ann. ibid. n° 2.

Habite.... Fossile de Grignon. Mon cabinet. Diamètre transversal,
7 lignes.

### 3. Cadran canaliculé. *Solarium canaliculatum.* Lamk.

*S. testá orbiculato-convexá, suprà infràque sulcis transversis grauo-*
*sis sculptá; umbilico crenato, ad latera canaliculato.*

*Turbo.* Brand. Foss. Hanton. p. 10. t. 1. f. 7-8.

*Solarium canaliculatum.* Ann. ibid. n. 3.

*Sow. Min. Conch. pl. 524. f. 1.

* Def. Dict. sc. nat. t. 55. p. 485.

* Desh. Coq. foss. de Paris. t. 1. p. 220. n° 8. pl. 24. f. 19. 20. 21

* Desh. Encycl. méth. Vers. t. 2. p. 161. n° 13.

Habite.... Fossile de Grignon. Mon cabinet. Diamètre transversal,
5 lignes.

### 4. Cadran plissé. *Solarium plicatum.* Lamk.

*S. testá orbiculato-convexá, depressiusculá, rugosá; rugis verticaliter*
*sulcatis; umbilico mediocri, plicis grossis crenato.*

*Solarium plicatum.* Ann. ibid. n° 4. et t. 8. pl. 33. f. 1. a. b.

* Sow. Min. Conch. pl. 524. f. 2.

* Def. Dict. sc. nat. t. 55. p. 485.

* Desh. Coq. foss. de Paris. t. 2. p. 219. n₀ 6. pl. 24: f. 16. 17. 18.
Habite.... Fossile de Grignon. Mon cabinet. Diamètre transversal,
un peu plus de 5 lignes.

## 5. Cadran à gouttière. *Solarium spiratum*. Lamk.

*S. testá conoideá, substriatá ; anfractibus supernè crenulatis; suturis
excavato-canaliculatis; umbilico pervio, crenulato, intùs granu-
lato.*

*Solarium spiratum*. Ann. ibid. p. 54. n° 5. et t. 8. pl. 35. f. 2. a. b.
* Def. Dict. sc. nat. t. 55. p. 485.
* Desh. Coq. foss. de Paris. t. 2. p. 216. pl. 26. f. 5. 6. 7.
Habite.... Fossile de Grignon. Mon cabinet. Diamètre de la base
2 lignes trois quarts.

## 6. Cadran disjoint. *Solarium disjunctum*. Lamk. (1)

*S. testá discoideá, carinatá, lævi; spirá planá; facie inferiore con-
vexá; ultimo anfractu disjuncto; umbilico subserrato.*

---

(1) En étudiant les fossiles des environs de Paris pour en
faire la description, nous nous aperçûmes que Lamarck avait
compris parmi les espèces du genre *Solarium*, plusieurs coquilles fort singulières, qui par leur forme se rapprochent des Cadrans, et qui par leurs caractères essentiels s'en éloignent d'une
manière notable : ces coquilles fossiles sont discoïdes, et les
tours de spire sont presque également exposés des deux côtés.
La plupart présentent aussi ce caractère propre aux Vermets
et aux Siliquaires, d'avoir les tours disjoints et d'une manière
irrégulière. Après avoir rassemblé les espèces que nous connaissions dans ce groupe particulier, nous proposâmes dans
l'Encyclopédie de créer un genre pour elles sous le nom d'*Omalaxis*. Lorsque plus tard nous exposâmes les caractères de notre
genre dans notre ouvrage sur les fossiles des environs de Paris,
à cette première dénomination générique nous substituâmes
celle de *Bifrontia*, voulant rappeler par là le *Solarium bifrons*
de Lamarck, qui devenait le type de notre genre, et conserver
par ce moyen la tradition de son origine.

Nous avions remarqué autrefois dans la collection de M. Brongniart une grande coquille discoïde, provenant du terrain de
transition d'Angleterre, et que M. Sowerby a fait connaître par

*Solarium disjunctum*. Ann. ibid. p. 55. n° 8.
[*b*] *Eadem margine vix carinato.*

---

une figure imparfaite, sous le nom d'*Euomphalus catillus* (Mineral conchology, tome 1, pl. 45). La belle conservation de l'individu de M. Brongniart nous avait permis de reconnaître en lui tous les caractères de notre genre Bifrontie; de plus, M. Brown, dans son *Lethæa geognostica*, a bien compris que la coquille dont il est question ne pouvait rester dans les Euomphales, et, ne connaissant pas sans doute l'identité de ses caractères avec ceux de notre genre, il proposa pour elle un genre nouveau, auquel il donna le nom de *Schizostoma*. Nous croyons que ce nouveau genre ne peut être adopté, puisqu'il fait double emploi avec nos Bifronties, et il sera facile de s'en convaincre, en cherchant à appliquer sur les espèces tertiaires comme sur celles des terrains anciens, les caractères génériques que nous allons exposer.

### Genre **BIFRONTIE**. — *Bifrontia*. (Desh.)

Animal inconnu. Coquille discoïde, planorbulaire, à tours de spire quelquefois disjoints; ombilic profond, caréné sur le bord; ouverture subtriangulaire, un peu dilatée, bord droit mince et tranchant, profondément détaché du reste du péristome par une échancrure dans le bord inférieur et dans le bord supérieur.

Ce genre, comme on le voit, n'est autre chose qu'un démembrement des Cadrans fossiles de Lamarck. Les espèces qui lui appartiennent sont généralement petites; elles sont discoïdes, très aplaties de chaque côté, et ressemblent en cela à des Planorbes dont une des surfaces serait presque plane. Cette surface plane est la supérieure, l'inférieure est toujours ouverte par un très grand ombilic dans lequel les tours de spire se voient aussi facilement que de l'autre côté. Dans toutes les espèces que nous connaissons, le pourtour de cet ombilic est toujours caréné et quelquefois la carène est dentelée. Dans ce genre comme dans les Planorbes, il était assez difficile de savoir si la coquille est

Habite.... Fossile de Grignon. Mon cabinet. Diamètre transversal, 5 lignes.

---

dextre ou senestre : avant quelques observations que nous avons été à même de faire, on pouvait arbitrairement prendre l'un ou l'autre côté pour le supérieur; mais ayant trouvé aux environs de Laon une variété monstrueuse d'une espèce commune dans cette localité, nous lui avons trouvé à-la-fois la spire constamment saillante d'un côté, et de plus elle a cela de particulier qu'elle tourne à l'inverse des autres, c'est-à-dire de droite à gauche.

Nous nous sommes assuré par ce moyen que le côté inférieur de la coquille est celui où se trouve l'ombilic le plus profond, et par conséquent toutes les espèces sont dextres. Il ne sera pas possible de laisser notre genre *Bifrontia* dans le voisinage des Cadrans, nous croyons qu'il doit entrer dans la même famille que les Vermets et les Siliquaires, plusieurs espèces présentant comme dans ces genres des coquilles à sommet régulier et dont les tours sont disloqués plus ou moins irrégulièrement. Ce qui distingue éminemment ce genre des Vermets, c'est que, malgré leur disjonction, les tours restent constamment dans le plan horizontal. L'ouverture a aussi des particularités que l'on ne rencontre dans aucun autre genre; elle est subtriangulaire ou quadrangulaire dans quelques espèces; la lèvre droite est mince et tranchante, elle se projette en avant, elle est presque demi circulaire et elle est profondément détachée en dessous par une échancrure; l'échancrure inférieure se montre dans l'angle de l'ombilic; elle est étroite et un peu moins profonde que celle du côté supérieur : celle-ci est beaucoup plus large, elle occupe toute la largeur du bord supérieur. Dans les individus mutilés il est assez facile à l'aide des stries d'accroissement de reconstituer la forme générale de l'ouverture.

Jusqu'à présent on ne connaît qu'un petit nombre d'espèces appartenant à notre genre *Bifrontia;* nous en comptons cinq aux environs de Paris; il y en a une sixième dans les terrains tertiaires inférieurs de la Belgique, toutes ces espèces sont distribuées dans le premier étage des terrains tertiaires. Nous n'en

connaissons maintenant aucune dans les terrains tertiaires supérieurs. Ce genre paraît manquer, du moins jusqu'à présent,
dans toute la série des terrains secondaires, et il apparaît de
nouveau dans la partie supérieure du terrain de transition. Dans
ces terrains une seule espèce est mentionnée ; mais nous croyons
qu'il y en a plusieurs autres.

### 1. Bifrontie de Laon. *Bifrontia laudinensis*. Desh.

> *B. testâ discoideâ, lævigatâ, supernè planâ vel subconvexâ, subtùs
> convexâ, latè umbilicatâ; umbilico profundè ad marginem angu-
> lato; angulo simplici vel leviter crenato; anfractibus subtrigonis ul-
> timo ad periphæriam obtuso; aperturâ trigonâ, dilatatâ.*

*Solarium laudinense.* Def. Dict. de sc. nat. t. 55. p. 486.

Var. A. Desh. *Testâ umbilico augustiore margine crenato.*

Var. B. Desh. *Testa sinistrorsa insuper conicâ, subtùs profundissimè
umbilicatâ, umbilico augusto.*

Desh. Coq. foss. de Paris. t. 2. p. 226. n° 5. pl. 26. f. 15-16.

Habite aux environs de Laon et de Soissons.

Coquille fort singulière qu'il est fort rare de rencontrer entière à
cause de l'extrème fragilité de son bord droit ; elle est discoïde,
plane en dessus, beaucoup plus convexe en dessous et ouverte
largement de ce côté par un ombilic dont le bord est en carène
simple. Cependant il est quelques individus dans lesquels ce bord
est chargé de petites écailles d'une grande ténuité. Les tours sont
au nombre de six ; ils sont embrassans, quelquefois un peu irréguliers ; le dernier est subanguleux à la circonférence ; il se dilate
assez rapidement vers l'ouverture de manière à faire croire que
parvenu à son dernier accroissement, l'animal avait proportionnellement de plus grands diamètres. L'ouverture est ovale subtriangulaire, plus haute que large ; une large échancrure occupe tout
le côté supérieur ; une autre beaucoup plus étroite et moins profonde se montre dans l'angle de l'ombilic. Nous connaissons plusieurs variétés de cette espèce, l'une entre autres qui est substriée
transversalement ; mais la plus intéressante est sans contredit
celle que nous avons observée à Laon et à Compiègne, non-seulement elle est trochoïde, mais elle est senestre et elle sert par conséquent à juger si les coquilles du genre sont senestres ou sont
dextres. Les grands individus ont 15 millim. de diamètre et 8 à 9
millim. d'épaisseur.

## 2. Bifrontie dentelée. *Bifrontia serrata*. Desh.

*B. testá discoideá, lævigatá, nitidá, supernè convexiusculá, infernè late umbilicatá; umbilico ad marginem angulato, angulo dentato, aperturá subdilatatá, quadrangulari, obliquá; margine superiore profundè emarginato; dextro latissimo, arcuato; ultimo anfractu ad periphæriam angulato.*

Desh. Coq. foss. de Paris. t. 2. p, 225. no 4. pl. 26. f. 17-18.

Habite.... Fossile aux environs de Paris, à Parnes, Grignon, Mouchy-le-Châtel.

Plusieurs caractères servent à distinguer cette espèce de ses congénères, sa spire est lisse et presque toujours concave ; ses tours ne sont pas toujours d'une parfaite régularité ; mais il est très rare qu'ils soient disjoints. Un angle aigu, mais non proéminent en carène, sépare la face supérieure du reste de la coquille. Un angle beaucoup plus aigu circonscrit l'ombilic, et cet angle est garni dans toute sa longueur de dentelures semblables à celles d'une scie. La coquille est toute lisse, rarement elle porte des stries transverses obsolètes ; cette espèce se distingue encore parce qu'elle est plus bombée que le *Bifrontia disjuncta*; mais elle l'est moins en proportion que le *Bifrontia laudinensis*. Cette espèce a 10 millim. de diam. et 5 d'épaisseur.

## 3. Bifrontie aplatie. *Bifrontia catillus*. Desh.

*B. testá orbiculato-discoideá, utroque latere excavatá, subtùs profundiore, anfractibus quadratis, utrinque angulatis; apertura rotondato-quadrangulari, labro expanso; fissurá inferiori angustá.*

*Eumphalus catillus.* Sow. Min. conch. pl. 45. f. 3-4.

*An eadem?* Parkinson. Organ. rem. t. 3. pl. 6. f. 1-3.

*Helicites delphinularis.* Schloth. Petref. p. 102. n° 10. pl. 11. f. 5.

*Schizostoma catillus.* Bronn. Lethæa geogn. t. 1. p. 95. pl. 3. f. 10. a. b.

Habite... Fossile dans les terrains inférieurs de l'Eifel, aux environs de Tournai, de Namur, en Allemagne et en Angleterre, dans la même position géologique.

Coquille qui, par sa forme extérieure, se rapproche de certains Eumphales, mais il suffit d'en étudier avec quelque soin les caractères pour s'apercevoir qu'elle n'appartient pas à ce genre, puisqu'elle présente tous ceux des Bifronties. Ses tours, au nombre

### 7. Cadran carocollé. *Solarium carocollatum.* Lamk .

*S. testâ orbiculato-conoideâ, transversim su        er
striatâ; utimo anfractu acutè angulato; t   '      ,rvi       iis
crassis obvallato.*

* Basterot. Foss. de Bordeaux. pl. 2. f. 12. a. b. c.

---

de six ou sept , suivant la grandeur des individus , sont toujours
subquadrangulaires. La coquille s'enroule de manière à ce que ses
tours sont seulement appuyés les uns contre les autres. Le côté
supérieur de la spire est quelquefois aussi concave que celui de
l'ombilic , mais , à cet égard , la forme est assez variable , et
il y a des individus dans lesquels tous les tours sont relevés les
uns au-dessus des autres , et dans ce cas , la suture paraît plus
enfoncée que lorsque les tours sont conjoints. L'ombilic, ou plutôt la face inférieure est aussi largement découverte que la supérieure, l'ouverture est obronde dans le fond. Elle est quadrangulaire à son entrée lorsqu'elle est entière. Le bord droit détaché
en avant est demi circulaire, il est un peu oblique, et la
fissure qui le détache sur les côtés, est étroite et assez profonde.
Nous avons vu dans la collection de M. de Verneuil des individus de cette espèce qui ont plusieurs pouces de diamètre.

### 4. Bifrontie marginée. *Bifrontia marginata.* Desh.

*B. testâ discoideâ, insuper planâ , subtus convexâ , lævigatâ ; um-
bilico magno, profundo, margine serrato, intus subcanaliculato ;
anfractibus trigonis, ad periphœriam carinatis ; aperturâ trigonâ,
obliquatâ, infernè angulo acutissimo terminatâ.*

Desh. Coq. foss. de Paris. t. 2. p. 224. n° 3. pl. 26. f. 19–20.
Habite... Fossile aux environs de Paris, à Parne, à Mouchy-le-Châtel.
Cette espèce a beaucoup d'analogie avec le *Solarium disjunctum* ;
elle est très discoïde, fort aplatie, quelquefois ses tours sont disloqués sans être entièrement disjoints. Le bord de l'ombilic est
très aigu; il n'est point dentelé, ou s'il présente des traces de
dentelures, ce sont plutôt des indices que des dentelures véritables. La circonférence du dernier tour n'est pas seulement
anguleuse comme dans le *Bifrontia serrata*, mais l'angle devient
saillant, sous forme d'une carène tranchante. L'ouverture est subtriangulaire; et lorsque le bord droit est entier, il est presque
demi circulaire, et fortement prolongé en avant. Cette espèce à
10 millimètres de diamètre et 3 à 4 d'épaisseur.

Desh. Encycl. méth. Vers. t. 2. p. 160. n° 9.

........le des environs de Bordeaux. Mon cabinet. Dia-

........re .........versal, 14 lignes.

## 8. Cadran mille grains. *Solarium millegranum.* Lamk. (1)

> S. *testâ orbiculato-convexâ, ad periphæriam compressâ, angulato-*
> *carinatâ, scabrâ; striis sulcisque transversis granulosis; infernâ*
> *facie convexâ; umbilico patulo, crenato.*
>
> * *Trochus canaliculatus.* Brocchi. Conch. foss. Subap. t. 2. p. 359.
> n° 14.
>
> * Desh. Encycl. méth. Vers. t. 2. p. 161. n° 11.
>
> Habite.... Fossile d'Italie. Mon cabinet. Diamètre transversal, 11
> lignes.

## 9. Cadran petit-plat. *Solarium patellatum.* Lamk. (2)

> S. *testâ discoideâ, depressâ, carinatâ: spirâ complanatâ; anfractibus*
> *lævibus marginatis; umbilico crateriformi, margine subcrenu-*
> *lato.*
>
> *Solarium patellatum.* Ann. ibid. n° 7.
>
> Habite.... Fossile de Grignon. Cabinet de M. Defrance. Coquille
> orbiculaire, discoïde, aplatie, carénée sur les bords, à spire presque
> plane, n'ayant que quatre ou cinq tours. Lorsqu'on la pose sur la
> spire, sa face inférieure se présente sous la forme d'un petit plat,
> son ombilic étant fort évasé. Larg., 7 millim.

## 10. Cadran à deux faces. *Solarium bifrons.* (3)

> S. *testâ discoideâ, obtusâ, lævi, utrinquè subumbilicatâ; ultimo an-*
> *fractu alios obtegente; umbilicis superficialibus serratis.*
>
> *Solarium bifrons.* Ann. ibid. p. 55. n° 9.
>
> * Def. Dict. sc. nat. t. 55. p. 486.

---

(1) Brocchi, dans son ouvrage sur les fossiles d'Italie, a confondu cette belle espèce avec le *Solarium canaliculatum* de Lamarck ; elle est très distincte cependant, et Lamarck a eu raison de lui imposer un nouveau nom spécifique.

(2) Comme nous avons eu occasion de nous en assurer plusieurs fois, cette espèce ne peut rester dans les catalogues, ayant
été faite sur de très jeunes individus du *Solarium patulum.*

(3) Cette espèce appartient à notre genre *Bifrontia,* et elle
est pour nous le *Bifrontia bifrons.*

* *Bifrontia bifrons*. Desh. Coq. foss. de Paris, t. 2. p. 222. pl. 26. f. 23. 24. 25.

Habite.... Fossile de Grignon. Cabinet de M. Defrance. Cette coquille est très remarquable par sa forme singulière, et se rapproche beaucoup du *S. disjunctum*. Elle est entièrement discoïde, plus obtuse que carénée dans son pourtour, lisse, plane du côté de la spire dont le sommet est enfoncé, et offre un léger aplatissement de l'autre côté. Le dernier tour enveloppe et recouvre les autres. Les deux ombilics sont presque sans profondeur, et bordés de petites dents aiguës. Larg., 8 millim.

† **11. Cadran de Bonelli.** *Solarium pseudo-perspectivum.* Broc.

*S. testâ orbiculato-discoideâ, conoideâ, apice obtusâ, basi planulatâ : anfractibus planis ad suturam basique sulcatis ; sulcis crenulatis ; umbilico magno, canaliculato, in margine crenato, crenellis latis sulco distinctis.*

Aldrov. Mus. metal. pl. 211. fig. infer.

Brocchi. Conch. Foss. subap. t. 2. p. 359. pl. 5. f. 18. a. b.

Desh. Ency. méth. vers, t. 2. p. 160. n° 10.

Habite.... Fossile dans le Plaisantin et aux environs de Dax, de Bordeaux, en Morée dans les faluns de la Touraine.

Brocchi, dans sa Synonymie, rapporte à cette espèce celle figurée dans l'ouvrage de Martini et qui représente le *Solarium hybridum* de Lamarck ; il est incontestable que la plus grande ressemblance existe entre l'espèce vivante et la fossile, mais, néanmoins, nous y apercevons des différences qui nous paraissent suffisantes quant à présent pour maintenir la séparation des deux espèces: les plus grands individus du *Solarium hybridum* que nous avons vus jusqu'à présent, n'acquièrent jamais la taille de l'espèce fossile, et lorsqu'ils sont adultes, au lieu de rester carénés à la circonférence, ils s'arrondissent de plus en plus. Le *Solarium pseudo-perspectivum* est une coquille discoïde, à spire conique et peu saillante; les tours sont aplatis et leur suture est accompagnée en dessus de deux sillons réguliers, subgranuleux, surtout sur les premiers tours. La base de la coquille est aplatie, elle est percée au centre d'un ombilic d'une médiocre étendue, canaliculée en dedans et bordée d'une assez large zone plissée fort saillante, et qui couvre une partie de la cavité ombilicale. A la circonférence, le dernier tour présente trois sillons inégaux ; le plus gros forme l'angle de la carène ; l'ouverture est plus quadrangulaire, et l'ex-

trémité inférieure de la columelle présente un sillon profond,
qui correspond au bourrelet plissé et saillant de l'ombilic. Cette
coquille a 28 millimètres de diamètre et 18 d'épaisseur.

### † 12. Cadran pauvret. *Solarium miserum.* Duj.

*S. testâ orbiculato-depressâ, transversim sulcato-granulatâ et obliquè
striatâ; anfractibus infernè convexis, supernè planulatis; umbilico patulo, crenulato.*

Duj. Mém. géol. sur la Touraine. p. 284. pl. 19. f. 11. a. b.
Habite... Fossile dans les faluns de la Touraine.

Petite coquille dont la forme rappelle assez celle du *Solarium variegatum*. Elle est subtrochiforme, à spire conoïde très surbaissée,
composée de cinq à six tours fort aplatis, chargée d'un grand nombre de petits plis longitudinaux, et traversée de quelques sillons transverses; il y a particulièrement deux sillons plus élevés
que les autres: l'un est à la base des tours, et l'autre est au
sommet, ils sont granulés comme tout le reste de la coquille.
A la circonférence du dernier tour elle offre un méplat entre deux
sillons inégaux; ce tour est convexe en dessous, et percé au centre
d'un ombilic assez grand et dont l'entrée est garnie d'un bourrelet étroit finement crénelé. Cette petite coquille, assez rare
dans les terrains tertiaires de la Touraine, a 10 millimètres de
diamètre et 6 à 7 d'épaisseur.

### † 13. Cadran bistrié. *Solarium bistriatum.* Desh.

*S. testâ orbiculato-conoideâ; anfractibus planis, lævigatis, ad su-
turam bistriatis; basi late umbilicatâ; umbilico margine tenuiter
plicato; ultimo anfractu ad periphœriam angulato, subtus unisulcato; aperturâ subquadrangulari.*

Desh. Coq. Foss. de Paris. t. 2. p. 215. n° 1. pl. 25. f. 19-20.
Habite... Fossile les environs de Paris et dans les sables inférieurs
de Laon et Compiègne.

Très belle espèce de Cadran que nous avons fait connaître pour la
première fois dans notre ouvrage sur les fossiles des environs
de Paris. Il est discoïde, aplati, à spire conique et très surbaissée; on y compte sept à huit tours très plats dont la suture est bordée en dessus par deux stries parfaitement régulières;
le dernier tour est fortement caréné à sa circonférence; en dessous
il est plat, et la carène est suivie de ce côté d'une strie fine et
assez saillante; l'ombilic est largement ouvert; les tours de la
spire se montrent sous la forme d'une rampe simple dont l'angle
est très finement plissé; l'entrée de l'ombilic n'est point accompa-

gnée de bourrelet, c'est un angle très net, chargé de plis élégans
très fins, et d'une grande régularité. L'ouverture est subtriangu-
laire ; ses bords sont très minces, tranchans et sans aucune inflexion. Les grands individus ont 37 millimètres de diamètre et
20 de hauteur.

### † 14. Cadran bordé. *Solarium marginatum.* Desh.

*S. testá orbiculato-depressá, subdiscoideá, apice obtusá ; anfractibus planis, transversim quinque striatis ; striis longitudinalibus, obliquis, decussatis ultimo anfractu ad periphæriam angulato; angulo utrinque marginato, plicato; plicis inæqualibus furcatis ; umbilico magno canaliculato ; margine crenato.*

Desh. Coq. Foss. de Paris. t. 2. p. 218. nº 5. pl. 25. f. 21, 22, 23.

Habite... Fossile aux environs de Paris, à Assy, près Meaux.

Petite espèce qui a quelque ressemblance par sa forme générale et
l'ensemble de ses caractères avec le *Solarium variegatum.* Cette
coquille est discoïde très aplatie. Ses tours, au nombre de six,
sont granuleux à leur partie supérieure et moyenne, tandis que
leur suture est bordée en dessus de deux bourrelets inégaux
tout-à-fait lisses. La circonférence du dernier tour est anguleuse,
elle présente trois bourrelets lisses, inégaux et comme étagés.
En dessous, le bourrelet marginal est accompagné de deux fines
stries régulières. L'ombilic est large et profond et son entrée
est bordée d'une double rangée de cannelures. La rangée interne
est séparée de l'autre par un petit sillon très profond; cette
petite espèce très rare jusqu'à présent a 8 millimètres de diamètre et 4 d'épaisseur. L'individu que nous possédons a conservé
quelques traces de son ancienne coloration ; on y voit une large
zone d'un rouge ferrugineux sur le milieu des tours.

### † 15. Cadran à petits plis. *Solarium plicatulum.* Desh.

*S. testá orbiculato-incrassatá, conoideá, apice obtusá anfractibus subconvexis, suturá marginatá separatis ; ultimo anfractu ad periphæriam subangulato, subtus convexo; umbilico magno, submarginato, margine granuloso, facie externá supernè longitudinaliter plicatá ; aperturá rotundatá, postice subangulata.*

Desh. Coq. Foss. de Paris. t. 2. p. 120. nº 7. pl. 24. f. 9. 10. 11.

Habite... Fossile aux environs de Paris, à Valmondois, Tancrou,
Assy et la Chapelle près Senlis.

Cette espèce a beaucoup d'analogie avec le *Solarium plicatum* de Lamarck; elle est en proportion plus épaisse, et elle se distingue au premier aperçu en ce que ses tours au lieu d'être striés également dans toute leur étendue, offrent une large zone sur laquelle se relèvent de petits plis longitudinaux d'une assez grande régularité. Le bourrelet de l'ombilic offre aussi des différences dans sa forme et sa position. Cette espèce est plus rare que le *Solarium plicatum*, elle devient généralement plus grande : elle a seize millimètres de diamètre et huit de hauteur.

## † 16. Cadran trochiforme. *Solarium trochiforme*. Desh.

*S. testâ orbiculato-conicâ, apicè acutâ; anfractibus convexis, transversim regulariter striatis, suturâ profundâ separatis; striis regularibus, superioribus granulosis; ultimo anfractu obtusè angulato; umbilico minimo, intùs striato, margine granuloso.*

Desh. Coq. Foss. de Paris. t. 2. p. 217. n° 4. pl. 26. f. 8, 9, 10.

Habite... Fossile aux environs de Paris, à Tancrou, près de Meaux.

Petite coquille qui a beaucoup de rapport par sa forme et son volume avec le *Solarium spiratum* de Lamarck. Il n'en diffère qu'en ce que la spire est en proportion plus allongée, et que les tours au lieu d'être lisses sont finement striés en travers. La suture est bordée d'une bande très étroite, sur le bord de laquelle s'élèvent de très fines granulations rangées sur la dernière strie de ce côté. Cette petite coquille fort rare jusqu'à présent a six millimètres de hauteur et autant de diamètre.

## † 17. Cadran à collier. *Solarium moniliferum*. Michelin.

*S. testâ orbiculato-conicâ, striis decussatâ; anfractibus excavatis, ad suturam canaliculatis; ultimo anfractu ad periphæriam bisulcato, basi convexo; umbilico, simplici tenuissimè crenulato.*

Michelin. Mag, de Conchy. pl. 34.

Habite.... Fossile dans la craie inférieure de la Champagne, etc.

Cette jolie espèce de Cadran est trochiforme, sa spire très pointue au sommet est régulièrement conique, et on y compte six tours étroits séparés entre eux par une gouttière au fond de laquelle est placée la suture. Sur le bord externe de cette gouttière, on trouve une rangée de granulations très régulières; le dernier tour est creusé à la circonférence d'un petit canal étroit, bordé de chaque côté d'un petit bourrelet médiocrement saillant. Ce dernier tour est convexe en dessous, il est percé au centre d'un ombilic assez grand, simple en dedans et dont le bord est très finement crénelé. Toute la surface de cette coquille est ornée d'un fin réseau de stries longitudinales et transverses, à l'entrecroisement desquelles s'élève une très petite granulation. Cette charmante coquille a 15 millimètres de diamètre et 12 d'épaisseur.

### † 18. Cadran quadristrié. *Solarium quadristriatum.* Dub.

*S. testá orbiculato-conoideá; umbilico crenato ; basi transversim et
radiatim striatá, striis radiatis e crenulis affluentibus; anfractibus convexis, transversim sex striis ornatis.*

Dubois. Conch. foss. p. 42. pl. 3. f. 20-23.

Habite... Fossile dans les sables de Szuskowce.

Nous mentionnons cette espèce d'après l'ouvrage de M. Dubois de
Montperreux. Ce naturaliste, plein de zèle, donna à son espèce
le nom de *Quadristriatum*, et cependant d'après sa figure et sa
courte description, l'espèce se distingue par six stries transverses
sur les premiers tours, tandis qu'il y en a neuf sur le dernier.
L'ombilic est fortement crénelé sur son bord, et de la base des
crénelures partent des stries recourbées qui parcourent la face
inférieure du dernier tour et se croisent avec les stries transverses.
Cette petite espèce a quatre millimètres de diamètre et à-peu-près
deux millimètres d'épaisseur.

---

### ROULETTE. (Rotella.)

Coquille orbiculaire, luisante, sans épiderme; à spire
très basse, subconoïde ; à face inférieure convexe et calleuse. Ouverture demi ronde.

*Testa orbicularis, nitida, decorticata; spirâ brevissimâ,
subconoideá ; infernâ facie convexâ, callosâ. Apertura
semirotonda.*

Observations. —J'ai cru devoir séparer des Troques, et distinguer comme un genre particulier, sous le nom de *Roulette*,
le *Trochus vestiarius* de Linné, parce que la face inférieure des
coquilles de ce genre est éminemment calleuse, caractère qu'on
ne retrouve point parmi les Troques.

En observant ces coquilles, on croit voir des Hélicines;
néammoins les *Roulettes*, qui sont des coquilles marines assez
solides, diffèrent beaucoup des Hélicines, en ce que leur callo-
é ne se borne point au bord columellaire, mais embrasse
une grande partie de la face inférieure du test.

Les différentes espèces de ce genre offrent toutes beaucoup

d'analogie dans leur forme générale, et néanmoins sont constamment distinctes entre elles par diverses particularités qui concernent leurs sutures ou l'état de leur surface. Voici l'exposition de celles qui nous sont connues.

[En créant son genre ROULETTE, et en le plaçant entre les Cadrans et les Troques, Lamarck n'a eu d'autre guide que cette sagacité profonde qui a toujours distingué ses travaux de ceux des autres naturalistes. Plusieurs conchyliologues l'ont blâmé, non-seulement d'avoir créé le genre, mais encore de l'avoir compris parmi ceux de sa famille des Turbinacées. Cependant Lamarck ne connaissait absolument que la coquille, et on conçoit qu'un naturaliste moins exercé aurait pu en effet commettre des erreurs. Depuis la création de ce genre, un fait très important est venu confirmer l'opinion de Lamarck. M. Sowerby, dans son *Genera* des coquilles, a fait connaître l'opercule d'une espèce de Roulette, et nous avons eu depuis, plus d'une fois, l'occasion de l'observer aussi. Cet opercule est très mince, orbiculaire, corné, transparent, multispiré, et il a le sommet central : en un mot, il est absolument semblable à l'opercule du plus grand nombre des Troques; ainsi on peut déjà présumer, d'après le caractère tiré de cette partie, que l'animal des Roulettes diffère fort peu de celui des Troques; c'est donc dans les rapports les plus immédiats avec ceux-ci que le genre Roulette doit rester. Quand on considère l'ensemble du genre qui nous occupe, on ne peut disconvenir qu'il a une apparence toute particulière qui le distingue des Turbos et des Troques. Les coquilles qu'il contient sont toujours lisses, polies, comme celles des Phasianelles ou celles des Porcelaines. Jamais elles ne sont attaquées par les animaux parasites qui infestent les autres coquilles; jamais non plus les animaux marins qui aiment à s'attacher ne viennent se fixer sur elles. Personne n'ignore au contraire que dans les Troques et les Turbos le test est épidermé, et très souvent il est caché sous une croûte épaisse déposée par des animaux de diverses sortes. Il faut croire que cette propriété dont jouissent les Roulettes tient à quelque chose de particulier dans l'organisation de l'animal, et nous pensons que chez lui le manteau a une assez grande extensibilité pour se renverser sur la coquille, et la garantir ainsi constam-

8.

ment du contact des corps étrangers. En se laissant ainsi guider par les observations que nous venons de faire, tout porte à croire que le genre Roulette de Lamarck restera dans la méthode, et que la connaissance de l'animal ne fera que le confirmer davantage. Plusieurs zoologistes ont voulu substituer au nom proposé par Lamarck celui de Pythonille créé par Montfort; mais d'autres personnes ont revendiqué ce même genre Pythonille pour remplacer celui auquel Lamarck a donné le nom d'Hélicine. Cette divergence d'opinions est déjà une preuve que le genre de Montfort lui-même pouvait être compris de plusieurs manières, et avait besoin d'une juste interprétation; nous pensons avoir été le premier à découvrir ce que c'est que ce genre Pythonille. Si l'on consulte uniquement la synonymie de cet auteur, on doit rapporter son genre aux Hélicines de Lamarck; au contraire, si on s'abstient de la synonymie, et qu'on lise attentivement la description du genre, on le regarde alors comme un double emploi des Roulettes de Lamarck. Il est évident pour nous que Montfort confondait deux choses très distinctes dans son genre Pythonille, et c'est ainsi que l'on peut s'expliquer comment l'une et l'autre opinion au sujet de ce genre avait l'apparence d'être la véritable. Dèslors, on concevra pourquoi nous rejetons le genre de Montfort, malgré son antériorité à celui de Lamarck. Nous ne connaissons qu'une seule espèce fossile appartenant au genre Roulette, et, chose fort remarquable, elle appartient au terrain de transition, car elle provient des environs de Tournay, et elle nous a été communiquée par M. Puzos qui a pris un soin extrême à rassembler lui-même une collection très précieuse de cette localité. Il y a dans les marnes du Lias une coquille qui a beaucoup de rapports par sa forme générale et par la callosité de sa base avec les Roulettes; mais nous avons reconnu que cette coquille est un véritable Pleurotomaire.

## ESPÈCES.

**1. Roulette linéolée.** *Rotella lineolata.* **Lamk. (1)**

*R. testá orbiculari, convexo-conoideá, lævissimá, pallidè carneá;*

*lineolis longitudinalibus confertis undulatis fuscis anfractibus contiguis; infimâ facie albâ.*

*Trochus vestiarius.* Lin. Syst. nat. éd. 12. p. 1230. Gmel. p. 3578. n° 75.

Bonanni. Recr. 3. f. 355.

Lister. Conch. t. 651. f. 48.

*An* Petiv. Gaz. t. 11. f. 6?

Gualt. Test. t. 65. f. H.

Favanne. Conch. pl. 12. f. G. *Bona.*

Chemn. Conch. 5. t. 166. f. 1601. e. f. g. *Mediocres.*

* Gevens. Conch. Cab. pl. 19. f. 189 à 191.

* Lin. Syst. nat. éd. 10. p. 758.

Habite.... dans la Méditerranée? Mon cabinet. Espèce commune, très lisse, sans stries et sans nodulations. Diam. transv., 4 à 7 lignes et demie.

## 2. Roulette rose. *Rotella rosea.* Lamk.

*R. testâ orbiculari, convexo-conoideâ, lœvi, roseo-rubente ; anfractibus contiguis, margine superiore fasciâ lineis longitudinalibus alternatìm fuscis et albis compositâ instructis; infimâ facie disco albo.*

Lister. Conch. t. 650. f. 46.

Gualt. Test. t. 65. f. G.

*An* Knorr. Verg. 6. t. 22. f. 7 ?

Chemn. Conch. 5. t. 166. f. 1601. h.

Habite.... les mers de l'Inde? Mon cabinet. Point de stries ni de nodulations ; distingué par une fascie suturale. Diam. transv., 5 lignes trois quarts.

## 3. Roulette suturale. *Rotella suturalis.* Lamk.

*R. testâ orbiculari, convexo-conoideâ, striis distantibus cinctâ, griseâ, lineolis fuscis longitudinalibus angulato-flexuosis numerosissimis pictâ; anfractuum margine superiore prominulo; infimâ facie disco purpureo.*

---

(1) Connue depuis long-temps sous le nom de *Trochus vestiarius* que Linné lui imposa, cette espèce a reçu une autre dénomination de Lamarck, ce qui est fâcheux, puisque ce changement tendrait à faire perdre la tradition d'une espèce bien faite par Linné; il sera donc convenable d'inscrire cette coquille sous le nom de *Rotella vestiaria.*

* Gevens. Conch. Cab. pl, 19. f. 186-187.

Habite.... les mers de l'Inde ? Mon cabinet. Le bord supérieur des
tours, étant saillant, fait paraître les sutures enfoncées. Diam.
transv., 7 lignes et demie.

## 4. Roulette monilifère. *Rotella monilifera.* Lamk.

*R. testá orbiculari, convexo-conoideá, transversim sulcatá, luteo-*
*virente, apice aureá; sulcis nigro-punctatis; anfractuum margine*
*superiore nodis coronato; infimá facie disco pallidè purpureo, cen-*
*tro gibboso.*

Gualt. Test. t. 65. f. E.

*An* Schroetter. Einl. in Conch. 1. t. 3. f. 12 ? 13 ?

Habite les mers de l'Inde. Mon cabinet. Espèce très distincte par la
rangée de nœuds qui couronne chacun de ses tours. Diam. transv.,
6 lignes.

## 5. Roulette javanaise. *Rotella javanica.*

*R. testá orbiculari, convexo-conoideá, sulcis raris cinctá, griseo-*
*violacescente, cœruleo-punctatá, apice albá; anfractuum margine*
*superiore noduloso : ultimo quadrisulcato; infimá facie disco*
*albo.*

Habite les mers de Java. M. Leschenault. Mon cabinet. Elle avoisine
la précédente, mais en est très distincte. Diam. transv., 5 lignes
un quart.

---

## TROQUE. (Trochus.)

Coquille conique, à spire élevée, quelquefois surbaissée; à pourtour plus ou moins anguleux, souvent mince
et tranchant. Ouverture déprimée transversalement; à
bords désunis dans leur partie supérieure. Columelle arquée, plus ou moins saillante à sa base. Un opercule.

*Testa conica; spirá elatá, interdùm abbreviatá; peri-*
*phœriá angulatá, sæpè tenui et acutá. Apertura transver-*
*sim depressa; marginibus supernè disjunctis. Columella*
*arcuata, basi plùs minùsve prominula. Operculum.*

OBSERVATIONS. — Les *Troques* ou Toupies sont des coquilles
marines, coniques, à spire plus ou moins élevée selon les es-

pèces, ayant leur pourtour anguleux ou subanguleux, souvent mince et tranchant, et leur ouverture sensiblement déprimée. L'axe de leur spire n'est que faiblement incliné, et ils reposent facilement et presque entièrement sur leur base, celle-ci étant ordinairement plate ou concave, rarement convexe. Leur ouverture coupe de biais la direction du dernier tour, et laisse voir la portion inférieure de la columelle, qui est constamment torse ou arquée. La plupart de ces coquilles ont une nacre très brillante, et plusieurs d'entre elles offrent des côtes longitudinales, ce que nous n'avons point encore remarqué dans aucun Turbo.

Les Troques sont connus vulgairement sous le nom de *Limaçons à bouche aplatie*; et c'est effectivement la dépression de leur ouverture que Linné a considérée pour caractériser ce beau genre de coquillages, qui est fort nombreux en espèces quoique nous en ayons séparé les Cadrans et les Roulettes.

[Comme on le sait, Linné est le créateur du genre *Trochus*. Depuis qu'il est sorti des mains de l'immortel auteur du *Systema naturæ*, ce genre a été constamment adopté par tous les zoologistes, et ce n'est que dans ces derniers temps que Lamarck y a apporté quelques légères modifications. En éliminant celles des espèces qui constituent ses genres *Solarium* et *Rotella*, Lamarck a également trouvé quelques espèces à prendre pour son genre Monodonte. De la manière dont le genre Troque ainsi réformé est caractérisé, il est évident que l'on a tenu compte uniquement de la forme des coquilles, et que l'on ne s'est pas enquis si les animaux pouvaient former un genre naturel. Il est vrai que bien peu d'espèces étaient connues sous ce rapport, même du temps de Lamarck; cependant il n'aurait pas été difficile d'en observer un certain nombre, puisque plusieurs vivent sur nos côtes de la Manche et sur celles de la Méditerranée. Aujourd'hui, les observations zoologiques se sont étendues non-seulement sur les Troques, mais encore sur les genres avoisinans, les Turbos, les Monodontes, les Dauphinules et les Cadrans. A mesure que le cercle des connaissances s'est agrandi, on s'est aperçu qu'il y avait une extrême ressemblance entre les animaux de ces genres. Le premier, nous nous aperçûmes qu'un caractère auquel on donne habituellement une grande importance, avait jusque-là échappé à l'attention des conchyliologues.

Nous remarquâmes qu'il y avait des Troques ou des coquilles trochiformes fermées, les unes par un opercule corné et multi-spiré, les autres par un opercule corné et paucispiré, et d'autres enfin portant constamment un opercule calcaire paucispiré; nous répétâmes la même observation sur les coquilles que l'on range ordinairement dans le genre Turbo de Linné. Cette observation nous fit faire cette question, s'il ne serait pas plus naturel d'établir la distinction générique entre les Turbos et les Troques, non plus d'après la forme extérieure, mais d'après la nature de l'opercule, rangeant dans les Troques toutes les espèces à opercule corné, et dans les Turbos toutes celles qui ont l'opercule calcaire. Mais en réfléchissant sur la valeur réelle de la nature de l'opercule, nous arrivâmes bientôt à cette conviction que ce caractère ne peut être que secondaire, à moins que l'on ne veuille lui attribuer une valeur très différente selon les familles et les genres. Il faut se souvenir en effet que, sans aucune difficulté on admet dans le genre Natice des espèces dont l'opercule est constamment calcaire, et d'autres où il est constamment corné, et l'on n'a jamais pensé à diviser en deux le genre Natice d'après ce caractère de l'opercule. On en a été empêché par plusieurs raisons: d'abord, parce qu'il existe une extrême analogie entre toutes les espèces de ce genre, quelle que soit d'ailleurs la nature de l'opercule; et ensuite parce qu'on s'est aperçu que les animaux eux-mêmes de ces deux groupes d'espèces n'offraient aucune différence générique. Toutes ces observations préliminaires nous ont naturellement porté à rechercher s'il était possible de trouver de bons caractères génériques autres que ceux que donne la forme extérieure de la coquille ou la nature de l'opercule. Nous devions dès-lors rechercher le plus grand nombre des animaux des quatre genres Dauphinule, Turbo, Monodonte et Troque, pour nous assurer si chez eux au moins nous trouverions dans leurs caractères zoologiques le moyen de distinguer des genres qu'il est si difficile de limiter d'après la coquille seule.

Plus on a rassemblé d'espèces appartenant aux quatre genres que nous venons de mentionner, et plus on éprouve d'embarras pour les classer dans leur genre respectif. Cela vient de ce que l'on passe par les nuances les plus insensibles des Troques aux Monodontes d'un côté, et des Troques aux Turbos, d'un autre. On voit se nuancer aussi de la manière la plus insensible les Turbos avec les Monodontes, et les Turbos avec les Dauphinules, de sorte qu'il est matériellement impossible de déterminer rigoureusement la limite de ces genres  et ils ne sont réellement fondés que sur le caprice de chacun. Nous avons examiné les animaux d'un assez bon nombre d'espèces, conservées dans la liqueur ; nous avons comparé entre elles les figures données par les auteurs, et surtout celles de Poli, de M. Delle Chiaje, et surtout celles de MM. Quoy et Gaimard. Les personnes qui voudront suivre la même marche que nous, seront bientôt convaincues qu'il n'existe pas non plus entre les animaux des différences suffisantes pour justifier les quatre genres Dauphinule, Turbo, Monodonte et Troque. Il est résulté pour nous de tout ce qui précède que tous ces genres doivent être fondus en un seul dans lequel il sera nécessaire, indispensable même de faire un grand nombre de groupes pour faciliter la recherche des espèces, en employant la méthode dichotomique qui sans doute est artificielle, mais d'un emploi extrêmement commode.

Il est un genre dont nous ne pouvons parler qu'en passant, mais qui nous est d'un utile exemple pour appuyer ce qui précède. Nous voulons parler des Pleurotomaires. Créé par M. Defrance, ce genre rassemble aujourd'hui un grand nombre d'espèces, presque toutes fossiles, sous ce caractère commun d'avoir l'ouverture entière et le bord droit profondément échancré. On ne connut d'abord que des espèces trochiformes; mais bientôt on en découvrit de turbiniformes. Il y en a même quelques-uns qui ont la forme des Cadrans, et quelques autres qui sont déprimées à la manière des Haliotides. En un mot, sous un caractère très naturel viennent se ranger des formes extrêmement variées, et il serait certainement impossible de les distribuer en plusieurs genres. Le même phénomène se remarque dans le grand genre Turbo tel que nous le comprenons, puisque l'on y trouve aussi des formes plus variées encore rassemblées sous un petit nombre de caractères constans, et par conséquent naturels. En inscrivant dans le genre que nous avons cité environ cent cinquante espèces tant vivantes que fossiles, Lamarck a cru avoir presque tout connu. Aujourd'hui ce nombre est presque triplé, et nous sommes convaincus qu'il s'augmentera encore à mesure que les explorations s'étendront davantage, soit pour la recherche des espèces vivantes, soit pour celle des espèces fossiles. Nous ne chercherons pas à ajouter aux espèces données par Lamarck celles qui sont depuis peu répandues dans les collections: nous nous sommes particulièrement attachés à reconnaître les espèces oubliées soit dans les ouvrages de Linné, soit dans ceux de Chemnitz ou d'autres auteurs. Il est très utile de discuter ces espèces pour assurer une bonne nomenclature, car c'est parce que l'on est sûr de les connaître, que les espèces que l'on donne comme nouvelles le sont réellement.

# ESPÈCES.

### 1. Troque impérial. *Trochus imperialis*. Chemn.

*T. testá orbiculato-conoideá, apice obtusá, suprà fusco-violacescente, infrà albá; sulcis transversis imbricato-squamosis; anfractibus convexo-turgidis, margine squamoso-radiatis: squamis complicatis; umbilico infundibuliformi.*

Chemn. Conch. 5. t. 173. f. 1714. et t. 174, f. 1715.

*Trochus imperialis*. Gmel. p. 3576. n° 63.

* Bowd. Elem. of conch. pl. 9. f. 9.

* Schrot. Einl. t. 1. p. 720. n° 101.

* *Trochus heliotropium*. Martyn. Univ. conch. pl. 30.

* *Turbo echinatus*. var. β. Gmel. p. 3591. n° 110.

* Dillw. Cat. t. 2. p. 787. n° 68.

Habite les mers australes. Mon cabinet. Coquille grande, rare, précieuse et fort remarquable. Vulg. l'*Éperon royal* ou le *Grand éperon de la Nouvelle-Zélande*. Diam. de la base, y compris les épines, 3 pouces 9 lignes et demie.

### 2. Troque longue-épine. *Trochus longispina*. Lamk.

*T. testá orbiculato-conoideá, subpyramidatá, argenteá et aureá; sulcis transversis tuberculato-muricatis; periphœriá spinis longis radiatá; inferná facie transversim lamellosá; umbilico angusto.*

*An Turbo calcar?* Lin. Gmel. p. 3592. n° 13. *Synonymis exclusis.*

Habite l'Océan des Grandes-Indes. Mon cabinet. Belle coquille, fort rare, très scabre en dessus, lamelleuse en dessous, ayant son pourtour éminemment rayonné par de longues épines, et dont le test

est comme argenté et doré. Le sommet de sa spire est obtus, et de petites côtes longitudinales se remarquent sur ses tours supérieurs. La convexité de sa face inférieure fait paraître son ouverture peu déprimée, quoiqu'elle le soit réellement. Je n'ai pu en trouver une seule bonne figure dans les auteurs. Diam. transv., y compris les épines, presque 3 pouces.

## 3. Troque solaire. *Trochus solaris*. Lin. (1)

*T. testá orbiculato-subconicá, apice acutá, albidá; striis obliquis et undulatis; anfractibus margine spinoso-radiatis; infernâ facie plano-concavá, undulatìm striatá; aperturá semicordatá; umbilico angusto.*

*Trochus solaris.* Lin. Syst. nat. ed. 12. p. 1229. *Excl. syn.* Gmel. p. 3569. n° 15.

Favanne. Conch. pl. 13. f. C 1.

Chemn. Conch. 5. t. 173. f. 1700. 1701.

* Lin. Mus. Ulric. p. 645. *exclus. synon.*

* *Trochus solaris.* var. A. Dillw. Cat. t. 2. p. 786. n° 66. *exclus. var. B.*

Habite l'Océan indien. Mon cabinet. Coquille rare et précieuse, fort différente de celle qui précède. Elle est blanchâtre en dessus et en dessous, non nacrée, et n'a aucune aspérité sur ses tours, mais seulement des plis longitudinaux obsolètes, croisés par de fines stries onduleuses. Ombilic étroit, en partie recouvert par le bord gauche. Vulg. l'*Éperon soleil.* Diam. transv., y compris les épines, 2 pouces 7 lignes.

## 4. Troque indien. *Trochus indicus*. Gmel.

*T. testá orbiculari, convexo-conicá, apice acutá, tenuissimá, subtilissimè striatá, albá, supernè roseá; periphœriá dilatatá,*

---

(1) La plupart des auteurs, depuis Gmelin et Dillwyn ont confondu sous un seul nom deux espèces très distinctes que Chemnitz avait eu soin de séparer. Lamarck n'admet avec juste raison dans le *Trochus solaris* de Linné que les synonymes qui lui appartiennent. L'excellente description que Linné donne de cette espèce dans le *Museum Ulricœ* s'accorde parfaitement avec celle de Chemnitz, et nous ne comprenons pas que Gmelin lui ait associé à titre de variété une autre espèce fort différente.

*acutissimâ ; infernâ facie profundè umbilicatâ ; lamellâ laterali cavitatem formante.*

Chemn. Conch. 5. t. 172. f. 1697. 1698.

*Trochus indicus.* Gmel. p. 3575. n° 57.

* Schrot. Einl. t. 1. f. 717. n° 95.

* Dillw. Cat. t. 2. p. 785. n° 64.

* Schubert et Wagn. Suppl. à Chemn. p. 129. pl. 229. f. 4062.

Habite l'Océan des Grandes-Indes. Mon cabinet. Coquille rare, et fort remarquable par sa forme étalée et la ténuité de son test, qui est presque membraneux et un peu transparent; sa face inférieure est légèrement concave, et offre un ombilic large, profond, et en spirale à carènes striées. Diam. de la base, 2 pouces. Cette belle espèce manque de bonnes figures.

## 5. Troque rayonnant. *Trochus radians.* Lamk. (1)

*T. testâ orbiculato-conoideâ, longitudinaliter costatâ, albido-griseâ ; costis radiantibus ultra periphæriam prominulis; infernâ facie lamellâ laterali majusculâ cavitatem formante.*

Encycl. p. 415. f. 3. a. b.

Habite la mer des Antilles, proche la Guadeloupe. Badier. Mon cabinet. Sa face inférieure est encore légèrement concave. Diam. de la base, 17 lignes.

## 6. Troque bonnet. *Trochus pileus.* Lamk. (2)

*T. testâ orbiculato-conicâ, longitudinaliter costulatâ, albidâ ; infernâ facie concavâ; lamellâ septiformi cavitatem tenuissimâ formante.*

Habite... Mon cabinet. La lame septiforme qui constitue son ouverture est latérale, et n'arrive que jusqu'au milieu de la base inférieure; celle-ci est plus concave que dans le précédent. Il a la forme d'un bonnet chinois. Diam. de la base, un pouce.

---

(1) Ce *Trochus radians* de Lamarck n'est autre chose qu'une Calyptrée, que l'on trouvera inscrite dans le tome VII de cet ouvrage, p. 626, sous le nom de Calyptrée rayonnante. Nous avons complété la synonymie de cette espèce, en la transportant dans le genre où elle doit rester; nous ne la reproduisons pas ici.

(2) Cette espèce est encore très probablement une Calyptrée, autant du moins que nous pouvons en juger d'après la courte phrase descriptive de Lamarck.

7. **Troque calyptriforme.** *Trochus calyptræformis.* Lamarck. (1)

> *T. testá orbiculato-convexá, apice mamillatá, lævigatá, albá,
> supernè lutescente; infernâ facie concavá; lamellá septiformi
> tenuissimá cavitatem formante.*

Habite les mers de la Nouvelle-Hollande. Péron. Mon cabinet. Coquille fort intéressante en ce qu'elle paraît être l'analogue vivant
d'un fossile qne l'on trouve à Grignon, dont je ferai mention à la
fin de ce genre, et que j'avais nommé *Calyptræa trochiformis.* La
cavité formée par la lame septiforme de sa face inférieure est
étroite et fort petite. Diam. de la base, 8 lignes et demie. Les individus que possède le Muséum sont plus grands.

8. **Troque frangé.** *Trochus fimbriatus.* **Lamk.**

> *T. testá orbiculato-conicá, longitudinaliter obsoletè costulatá, trans-
> versìm striatá, albido-lutescente; anfractibus margine crenulato-
> fimbriatis; infernâ facie planulatá, imperforatá.*

Habite les mers de la Nouvelle-Hollande. Mon cabinet. Ses franges
sont courtes et comme tachetées de jaune. Diamètre de la base,
13 lignes.

9. **Troque courte-épine.** *Trochus brevispina.* **Lamk.**

> *T. testá orbiculato-subconicá, scabrá, cinereá; anfractibus obliquè
> striatis, tuberculato-asperis, margine lamellis brevibus radiatis;
> infernâ facie lamellosá, aurantio concentricè fasciatá, imper-
> foratá.*

Habite les mers des Antilles, près de l'île Saint-Jean. Mon cabinet.
Les lames qui bordent ses tours sont courtes et aiguës. Son sommet est un peu pointu. Diamètre de la base, 10 lignes.

10. **Troque rotulaire.** *Trochus rotularius.* **Lamk.**

> *T. testá orbiculari, convexo-depressá, scabriusculá, griseá, anfrac-
> tibus margine squamoso-fimbriatis; periphæriæ fimbriá duplici,
> crassá, imbricato-squamosá; infernâ facie plano-convexá, con-
> centricè rugosá, imperforatá.*

---

(1) Cette espèce, comme les deux précédentes, est encore
une Calyptrée. Nous l'avons mentionnée dans le genre auquel
elle appartient, dans le tome VII de cet ouvrage, page 627, sous
le nom de Calyptrée de Lamarck.

Habite... Mon cabinet. L'épaisseur des franges de son pourtour le rend très remarquable. Diam. de la base, 11 lignes trois quarts.

## 11. Troque étoile. *Trochus stella*. Lamk. (1)

*T. testá orbiculato-convexá , apice depressá, griseo-margaritaceá ; anfractibus costulatis, granulosis, margine radiatim spinosis : periphœriæ spinis longiusculis ; inferná facie convexá , asperatá, subperforatá.*

Lister. Conch. t. 608. f. 46.

Gualt. Test. t. 65. f. N. P.

D'Argenv. Conch. pl. 6. f. R.

Favanne. Conch. pl. 13. f. C 3.

Knorr. Vergn. 4. t. 4. f. 2.

Chemn. Conch. 5. t. 164. f. 1552.

* *Turbo calcar.* Lin. Syst. nat. ed. 10. p. 762.

* Id. Lin. Mus. Ulric. p. 654.

* Id. Lin. Syst. nat. ed. 12. p. 1234.

* Klein. Teutam. ostrac. pl. 1. f. 21.

Habite les mers de Saint-Domingue. Mon cabinet. Il y en a de perforés et d'autres qui ne le sont nullement. Diamètre transversal, y compris les épines, 15 lignes.

## 12. Troque stellaire. *Trochus stellaris*. Lamk.

*T. testá orbiculato-convexá, spinis echinatá, cinereá ; anfractibus margine radiatim spinosis ; spirá prominulá ; inferná facie valdè convexá, scabrá, imperforatá.*

*Trochus stellatus* Chemn. Conch. 5. t. 164. f. 1553.

---

(1) Si l'on s'en rapporte à la description que Linné donne de son *Turbo calcar* dans le *Museum Ulricæ*, cette espèce serait exactement la même que le *Trochus stella* de Lamarck ; mais si l'on s'attache uniquement à la synonymie, on éprouve de grandes difficultés à reconnaître l'espèce linnéenne, parce que dans cette synonymie, Linné confond plusieurs espèces. Celle figurée par Rumphius est de toutes, celle à laquelle la description s'applique parfaitement, tandis que la coquille de d'Argenville, pl. 11, f. *H*, à laquelle cependant Linné, dans la 12ᵉ édition du *Systema*, ajoute *Calcar bene*, semblerait être plutôt l'espèce de Linné. Cette figure représente une autre espèce que celle de Rumphius, et la description de Linné ne lui convient pas.

*Turbo stellaris.* Gmel. p. 3600, n° 47.

Habite les mers australes. Mon cabinet. La convexité de sa face inférieure élargit un peu son ouverture. Diamètre transversal , y
compris les épines, environ 13 lignes.

### 13. Troque rude. *Trochus asperatus.* Lamk.

*T. testâ orbiculato-conoideâ , apice subacutâ, rudi, longitudina-
liter costatâ, cinereo-virente ; anfractibus margine spinis brevibus
radiatis ; infernâ facie valdè convexâ, asperatâ, imperforatâ.*

Habite... Mon cabinet. Diamètre transversal, y compris les épines,
14 lignes.

### 14. Troque rhodostome. *Trochus rhodostomus.* Lamk.

*T. testâ orbiculato-conicâ, spinis longiusculis echinatâ, cinereâ ;
costulis longitudinalibus infernè in spinas productis ; periphœriâ
biseriatim spinosâ; infima facie planâ, rugoso-scabrâ ; columellâ
extùs roseâ.*

Habite... Mon cabinet. Coquille fort rude au toucher. Elle est imperforée. Diam. de la base, un pouce; hauteur pareille.

### 15. Troque piquant. *Trochus spinulosus.* Lamk.

*T. testâ orbiculato-conoideâ, apice obtusâ, griseâ ; anfractibus tu-
berculis erectis acutis scaberrimis , margine spinis brevibus radiatis; infernâ facie convexiusculâ, transversim lamellosâ, imperforatâ.*

Habite... Mon cabinet. Il est hérissé de tubercules courts et très
pointus. Diamètre transversal, 21 lignes.

### 16. Troque costulé. *Trochus costulatus.* Lamk.

*T. testâ orbiculato-conoideâ, apice obtusâ, albido-ferrugineâ ; an-
fractibus tuberculato-scabris , longitudinaliter costulatis ; margine
spinis brevibus radiatis ; infernâ facie transversìm lamellosâ ;
umbilico parvo.*

Habite... la mer des Antilles? Mon cabinet. Coquille épaisse , remarquable par ses rayons courts et aplatis; ouverture d'une nacre
argentée très brillante. Diamètre transversal, 2 pouces.

### 17. Troque fausses-côtes. *Trochus inermis.* Gmel.

*T. testâ orbiculato-conicâ , apice obtusiusculâ , longitudinaliter
costulato-nodulosâ, luteo-virente ; costellis interruptis, ad marginem subprominulis ; infimâ facie radiatim lamellosâ , cariniferâ; umbilico tecto.*

*Trochus occidentalis.* Chemn. Conch. 5. t. 173. f. 1712. 1713.

*Trochus inermis.* Gmel. p. 3576. nᵒ 62.

* Schrot. Einl. t. 1. p. 719. nᵒ 100.

* Dillw. Cat. t. 2. p. 787. nᵒ 67.

Habite dans les mers d'Amérique. Mon cabinet. Son pourtour est fort mince, et sa face inférieure aplatie. Diamètre de la base, 19 lignes.

## 18. Troque agglutinant. *Trochus agglutinans.* Lamk. (1)

*T. testá orbiculato-conicá, squalidè albá; anfractibus angulatis, polygonis : areis vel conchylia vel lapides agglutinantibus; inferná facie subconcavá, rufá; umbilico ætate occultato.*

*Trochus conchyliophorus.* Born. Mus. t. 12. f. 21. 22.

Favanne. Conch. pl. 12. f. C 1. C 2.

Chemn. Conch. 5. t. 172. f. 1688-1690.

*Trochus conchyliophorus.* Gmel. p. 3584. nᵒ 110.

* Guet. Sur les ac. des coq. Mém. de l'Acad. 1759. pl. 13. f. 1 à 4.

* Dillw. Cat. t. 2. p. 787. nᵒ 69.

* Bowdich. Elem. of Conch. pl. 9. f. 8.

* Davila. Cat. t. 1. pl. 6. f. MM.

* Schrot. Einl. t. 1. p. 714. nᵒ 93.

Habite l'Océan des Antilles. Mon cabinet. Coquille singulière par la faculté qu'elle a d'agglutiner les corps mobiles du sol sur lequel elle repose, en sorte que tantôt elle n'agglutine que des pierres, et tantôt que des coquilles ou des portions de coquilles, selon que le sol où elle se trouve est chargé de ces objets. Diamètre de la base, 21 lignes. Vulg. la *Fripière* ou la *Maçonne.*

## 19. Troque raboteux. *Trochus cœlatus.* Chemn.

*T. testá conicá, asperatá, longitudinaliter costatá, cinereá et viridi; costis lamellosis imbricatis convoluto-fistulosis, in ultimo anfractu duplici serie patentibus, spiniformibus; anfractibus convexis; infimá facie sulcis imbricato-squamosis corrugatá.*

Lister. Conch. t. 646. f. 38. et t. 647. f. 40.

Seba. Mus. 3. t. 60. f. 1-2.

---

(1) Pour plusieurs raisons le nom de cette espèce doit être changé contre celui que Born le premier lui a donné, d'abord, à cause de la priorité, et ensuite parce que l'on pourra laisser le nom de *Trochus agglutinans* à l'espèce fossile de Grignon, qui se distingue très facilement de l'espèce vivante.

Knorr. Vergn. 5. t. 12. f. 3.

Favanne. Conch. pl. 8. f. M.

*Trochus cœlatus.* Chemn. Conch. 5. t. 162. f. 1536-1537.

*Trochus cœlatus.* Gmel. p. 3581. n⁰ 95.

* Gevens. Conch. cab. pl. 15. f. 133-134.

* Schrot. Einl. t. 1. p. 685. n° 18.

* Dillw. Cat. t. 2. p. 803. n° 103.

Habite l'Océan des Antilles. Mon cabinet. Belle coquille, assez élevée, rude ou toucher, à ouverture dilatée et nacrée; point d'ombilic. Vulgairement la *Raboteuse.* Diamètre de la base, 23 lignes; hauteur, 20.

## 20. Troque turban. *Trochus tuber.* Lin. (1)

*T. testâ conoideâ, crassâ, noduliferâ, costatâ, viridi; costis longitudinalibus nodosis cinereis; anfractibus convexo-turgidis; infimâ. facie convexiusculâ, imperforatâ; fauce argenteâ.*

*Trochus tuber.* Lin. Syst. nat. ed. 12. p. 1230. Gmel. p. 3578. n₀ 77

D'Argenv. Conch. pl. 8. f. I.

Favanne. Conch. pl. 9. f. C.

Seba. Mus. 3. t. 74. f. 12.

Knorr. Vergn. 1. t. 3. f. 2.

Chemn. Conch. 5. t. 164. f. 1561. et t. 165. f. 1572-1576.

* Lister. Conch. pl. 646. f. 38.

* Regenf. Conch. t. 1. pl. 12. f. 76.

* Gevens. Conch. cab. pl. 15. f. 135-136.

* Lin. Syst. nat. ed. 10. p. 759.

* Schrot. Einl. t. 1. p. 688.

* Dillw. Cat. t. 2. p. 796. n.° 8. *exclus. varietate.*

Habite la Méditerranée, selon Linné. Mon cabinet. Coquille qui, sous un volume médiocre, est épaisse et pesante. Sa forme est en quelque sorte celle d'un turban, et elle offre des côtes longitudinales obliques, fort noueuses, cendrées ou blanchâtres sur un fond vert. Son pourtour est subanguleux et noueux. Ouverture argentée, un peu dilatée. Diamètre de sa base, 21 lignes; hauteur 16.

---

(1) Comme la précédente, cette espèce a l'ouverture fermée par un opercule calcaire très épais et chagriné au centre. Si l'on distingue les Troques des Turbos d'après la nature de l'opercule, ces deux espèces doivent passer au genre Turbo. Dillwyn rapporte à cette espèce le Kachin d'Adanson, et par conséquent le *Trochus pantherinus* de Gmelin. Il peut avoir raison, nous n'avons aucun moyen de contrôler son opinion.

## 21. Troque mage. *Trochus magus.* Lin.

*T. testá conoideá, crassiusculá, transversìm striatá, fulvá, strigis longitudinalibus flexuosis purpureis ornatá; anfractibus supernè tuberculis nodiformibus coronatis, infernè lineá elevatá, cinctis; inferná facie convexiusculá, latè et profundè umbilicatá.*

Trochus magus. Lin. Syst. nat. ed. 12. p. 1228. Gmel. p. 3567. n° 7.

Lister. Conch. t. 641. f. 32.

Gualt. Test. t. 62. f. L.

D'Argenv. Conch. pl. 8. f. S.

Favanne. Conch. pl. 8. I 4.

Seba. Mus. 3. t. 41. f. 4-6.

Knorr. Vergn. 6. t. 27. f. 4.

Pennant. Brith. zool. 4. t. 80. f. 107.

Chemn. Conch. 5. t. 171. f. 1656-1660.

Chemn. Conch. t. 11. pl. 196. f. 1836-1837.

* Gevens. Conch. cab. pl. 11. f. 83-84. et pl. 12. 85 à 96.

* Le Dolat. Adans. Seneg. p. 186. pl. 12. f. 8?

* Born. Ind. test. mus. p. 334.

* Born. Mus. test. p. 330.

* Desh. Encycl. méth. vers. t. 3. p. 1071. n° 7.

* Payr. Cat. p. 123. n° 260.

* Desh. Exp. de Morée. Zool. p. 137. n° 152.

* Philip. Enum. moll. sicil. p. 179. n° 13.

* Delle Chiaje. Dans Poli. testac. t. 3. pl. 52. f. 6. B.

* Lin. Syst. nat. ed. 10. p. 757.

* Lin. Mus. Ulric. p. 647.

* Schrot. Einl. t. 1. p. 655.

* Donov. Conch. t. 1. pl. 8. f. 1.

* Dorset. Cat. pl. 16. f. 1.

* Dillw. Cat. t. 2. p. 774. n° 33.

Habite la Méditerranée et la mer Rouge. Mon cabinet. Coquille assez commune dans les collections, ayant encore la forme d'un turban, et munie d'un grand ombilic. Diamètre de la base, 17 lignes; hauteur, 13 et demie. Vulgairement la *Sorcière.*

## 22. Troque bouche-rose. *Trochus merula* (1). Chemn.

*T. testá suborbiculari, convexo-conoideá, glabrá, nigrá, apice detritá et argenteá; anfractibus convexis: ultimo ventricoso; inferná facie*

---

(1) Une communication bienveillante de M. Janelle nous a

*convexo-planâ, imperforatâ; columellâ albâ, extùs purpureo tinctâ; fauce argenteâ.*

Knorr. Vergn. 5. t. 3. f. 1.

Favanne. Conch. pl. 9. f. B 1.

*Trochus merula.* Chem. Conch. 5. t. 165. f. 1564-1565.

*Trochus sinensis.* Gmel. p. 3583. n° 103.

* Schrot. Einl. t. 1. p. 690. n° 26.

* Dillw. Cat. t. 2. p. 795. n° 86. *excl. variet.*

Habite les mers du cap de Bonne-Espérance et de la Chine ; se trouve aussi dans celle de la Nouvelle-Hollande. M. Macleay. Mon cabinet. L'angle de son pourtour est un peu obtus ; spire courte. Vulg. la *Veuve à bouche rose* ou le *Merle.* Diamètre de la base, 16 lignes et demie.

23. **Troque bouche-d'argent.** *Trochus argyrostomus.* **Gmel.**

*T. testâ conoideâ, nigrâ, apice albidâ; sulcis longitudinalibus obliquis undulatis; striis obliquè transversis remotiusculis sulcos decussantibus; anfractibus convexis; infernâ facie plano-convexâ, imperforatâ, rubro et viridi tinctâ; columellâ basi truncatâ; fauce argenteâ.*

Chemn. Conch. 5. t. 165. f. 1562-1563.

*Trochus argyrostomus,* Gmel. p. 3583. n° 102.

* Davila. Cat. t. 1. pl. 5. f. K.

* Schrot. Einl. t. 1. p. 689. n° 25.

* Dillw. Cat. t. 2. p. 795. n° 85.

Habite les mers australes. Mon cabinet. Coquille remarquable par sa coloration, ainsi que par la disposition de ses sillons et de ses stries. Vulg. l'*Ecritoire.* Diamètre de la base, 21 lignes ; hauteur, 15 lignes et demie.

24. **Troque de Cook.** *Trochus Cookii.* **Chemn.** (1)

*T. testâ orbiculato-conicâ, basi ventricoso-dilatatâ, longitudinaliter plicatâ, asperatâ, rufo-fuscescente; plicis creberrimis confertis obliquis imbricato-squamosis; anfractibus convexis; infimâ facie convexiusculâ, concentricè rugosâ, imperforatâ.*

____

fait connaître l'opercule de cette espèce : il est calcaire, multispiré au centre, marqué d'une tache verte en dessus et granuleux sur cette tache, lisse dans le reste de son étendue.

(1) Cette coquille n'est point un Troque comme Lamarck

9.

Chem. Conch. 5. t. 163. f. 1540. et t. 164. f. 1551.
*Trochus Cookii.* Gmel. p. 3582. n° 97.
* *Trochus sulcatus.* Martyns. Univ. conch. pl. 35.
* Schrot. Einl. t. 1. p. 686. n° 20.
* Dillw. Cat. t. 2. p. 808. n° 110.
Habite les mers de la Nouvelle-Zélande. Mon cabinet. Diam. de la
base, 21 lignes et demie. Il devient beaucoup plus grand.

### 25. Troque dilaté. *Trochus niloticus.* Lin. (1)

*T. testâ conico-pyramidatâ, basi dilatatâ, crassissimâ, ponderosâ,
lævi, albâ, strigis longitudinalibus rubro-fuscis ornatâ, subtùs
sanguineo-maculatâ; columellâ arcuatâ, basi truncatâ, supernè
dentiferâ sulcoque contorto umbilicum simulante.*

*Trochus niloticus.* Lin. Syst. nat. ed. 12. p. 1227. Gmel. p. 3565.
n° 1.
* *An eadem species?* Aldrov. de Test. p. 363.
* Fab. Columna de Purp. p. 16. *Turbo exoticus.*
* Dan. Major. Fab. Columna de Purp. p. 21.
Lister. Conch. t. 617. f. 3.
Bonanni. Recr. 3. f. 102.
Rumph. Mus. t. 21. f. A et f. 3. 4.
Petiv. Amb. t. 3. f. 12.
Gualt. Test. t. 59. f. B. C.
Seba. Mus. 3. t. 75. *In medio.*
* *Trochus maculatus.* Lin. Syst. nat. ed. 10. p. 756. *plur. synon.
excl.*
* Id. Lin. Mus. Ulric. p. 644. *plur. syn. exclus.*
Knorr. Vergn. 2. t. 5. f. 1. et t. 6. f. 1.
* Born. Ind. Mus. Cæs. p. 330.
* Born. Mus. p. 327.
* Mus. Gottv. pl. 39. f. 265. a. b. c.
* Gevens. Conch. cab. pl. 5. f. 34 a. b. *Junior.* pl. 6. f. 38 et 45.
* Regenf. Conch. t. 1. pl. 4. f. 42.
Favanne. Conch. pl. 12. f. B 1.

---

l'a cru d'après Gmelin, c'est un véritable Turbo à opercule
calcaire. Chemnitz a fait représenter, pl. 163, n° *a.b.*, cet opercule
que l'on a eu occasion de voir dans presque toutes les collections.

(1) Dans la 10° édition du *Systema naturæ*, ainsi que dans le

Chemn. Conch. 5. t. 167. f. 1605 à 1609. et t. 168. f. 1614.

* Schrot. Einl. t. 1. p. 647.

Encycl. pl. 444. f. 1. a. b.

* Brookes. Introd. of conch. p. 128. pl. 7. f. 93.

* Dillw. Cat. t. 2. p. 760. n° 1.

Habite l'Océan indien. Mon cabinet. Grande et très belle coquille, dépourvue de véritable ombilic, et qui, dans son entier développement, présente à son dernier tour une grande dilatation obtusément anguleuse. Dépouillée de sa couche externe, elle offre une nacre argentée très brillante. Sa face inférieure est un peu convexe. Vulg. le *grand cul-de-lampe*. Diam. de la base, 3 pouces 9 lignes; hauteur, 2 pouces 10 lignes.

## 26. Troque pyramidal. *Trochus pyramidalis*. Lamk. (1)

*T. testá conico-pyramidatá, tuberculiferá, cinereo et roseo variá; tuberculis magnis obtusis distantibus ad anfractuum marginem inferiorem dispositis; infimá facie planulatá, lineis viridibus concentricis zonatìm pictá; umbilico nullo.*

*Trochus dentatus.* Forsk. Egypt. Descr. Anim. p. 125. n° 67.

Favanne. Conch. pl. 13. f. A.

*Trochus dentatus.* Chemn. Conch. 5. t. 161. f. 1516. 1517.

*Trochus foveolatus.* Gmel. p. 3580. n° 84.

* Lister. Conch. pl. 626. f. 11?

* *Turbo persicus.* Fab. Columna. Aquat. et terrest. observ. p. LX. f. 8.

* Marvye. Méth. nécess. aux voy. pl. 2. f. 27.

* Schrot. Einl. t. 1. p 680. n° 5.

* Dillw. Cat. t. 2. p. 805. n° 108.

---

*Museum Ulricæ*, Linné a confondu cette espèce avec le *Trochus maculatus*; mais depuis il a reconnu qu'elle devait être distinguée, et il l'a établie avec une synonymic fort correcte dans la 12e édition du *Systema*.

(1) Cette espèce est le *Trochus dentatus* de Forskal et de Chemnitz, auquel Gmelin a eu tort de donner un nom nouveau, celui de *Trochus foveolatus*. Au lieu de revenir au plus ancien nom, Lamarck a préféré en donner un troisième; on conçoit, sans peine, qu'il n'y aurait jamais de nomenclature faite si un tel exemple était suivi. Cette espèce doit reprendre son nom de *Trochus dentatus*.

* Var. a. *Testa basi latiore tuberculis minoribus, numerosioribus.*
* Chemn. Conch. l. c. f. 1518. 1519.
* Desh. Encycl. méth. vers. t. 3. p. 1073. n° 12.

Habite dans la mer Rouge. Mon cabinet. Après la précédente, c'est
une des plus grandes espèces de ce genre. Elle est très remarquable par les gros tubercules distans qui se trouvent à la base de
ses tours. Sa columelle est arquée, comme torse, et fait une saillie
qui complète le sinus de la base du bord droit. Diam. de la base,
2 pouces 8 lignes; hauteur, 2 pouces 10 lignes.

## 27. Troque nodulifère. *Trochus noduliferus.* Lamk.

*T. testá conico-pyramidatá, nodulosá, roseo-albidá ; anfractibus
superioribus granosis, omnibus margine inferiore tuberculato-
nodosis : nodis versùs basim sensim majoribus et obtusioribus ;
infernâ facie planulatâ, albá; fauce argenteá; umbilico nullo.*

Habite... Mon cabinet. Belle coquille, qui a beaucoup de rapports
avec la précédente, quoiqu'elle en soit très distincte, et sur laquelle le rose domine. Sa columelle offre les mêmes caractères
que celle du *T. pyramidalis.* Diam. transv. , 2 pouces 10 lignes;
hauteur, 2 pouces 8 lignes.

## 28. Troque bleuâtre. *Trochus cærulescens.* Lamk.

*T. testá conico-pyramidatá, muticá, infernè subtùsque cærulescente;
anfractibus basi suprà suturas prominentibus; columellá ut in
præcedente ; labro basi sinuato, infernè subtùs sulcato et margine
crenato.*

Encycl. p. 444. f. 2 a. b.

Habite les mers de la Nouvelle-Hollande. Péron. Mon cabinet. Les
jeunes individus de cette espèce sont presque entièrement bleuâ-
tres, et ont la base de leurs tours supérieurs crénelés ; les individus plus vieux et plus grands n'offrent plus de crénelures, et ne
présentent leurs teintes bleues que sur le dernier tour et en dessous. Cette espèce est la seule connue de ce genre qui ait une
pareille coloration. Diam. de la base, 2 pouces 3 lignes et demie;
hauteur, 2 pouces 5 lignes.

## 29. Troque obélisque. *Trochus obeliscus.* Lamk. (1)

*T. testá conico-pyramidatá, nodulosá et granulatá , viridi et albo
coloratá; anfractibus margine inferiore tuberculato-nodosis cir-*

_______

(1) Born, le premier, donna le nom de *Trochus pyramis* à

*culisque pluribus granosis cinctis : ultimo dempto ; infernâ facie
planulatâ ; labro basi sinuato.*

Knorr. Vergn. 1. t. 12. f. 4.

Favanne. Conch. pl. 13. f. etc.

*Trochus pyramis.* Chemn. Conch. 5. t. 160. f. 1510-1512.

*Trochus obeliscus.* Gmel. p. 3579. n° 81.

* *Trochus.* Schrot. Einl. t. 1. p. 678. n° 1.

* *Trochus pyramis.* Dillw. Cat. t. 2. p. 805. n$_0$ 107.

* Gevens. Conch. cab. pl. 9. f. 68.

* Herbst. Traité des vers. pl. 50. f. 1.

* *Trochus pyramis.* Born. Mus. p. 333.

Habite l'Océan indien. Mon cabinet. Sa face inférieure est planulée
et offre des stries concentriques ; columelle profondément canaliculée en dessous. Diamètre transversal, 2 pouces 3 lignes ; hauteur pareille.

## 30. Troque cardinal. *Trochus virgatus.* Gmel.

*T. testâ conico-pyramidali, medio subinflatâ, granosâ, strigis longi-
tudinalibus alternatim rubris et albis ornatâ; sulcis transversis granosis; infernâ facie plano concavâ, concentricè sulcatâ, lineolis
rubris pictâ.*

Lister. Conch. t. 631. f. 17.

Gualt. Test. t. 61. f. E.

Chemn. Conch. 5. t. 160. f. 1514-1515.

*Trochus virgatus.* Gmel. p. 3580. n$_0$ 83.

* Mus. Gottv. pl. 39. f. 267. 268. 266. b.

* Schrot. Einl. t. 1. p. 679. *Trochus.* n° 3.

* Dillw. Cat. t. 2. p. 806. n° 109.

---

cette espèce. Chemnitz adopta ce nom et fit représenter exactement l'espèce. Gmelin aurait dû imiter Chemnitz au lieu d'imposer un nouveau nom. Quoique le nom de Gmelin ait été préféré par Lamarck, nous proposons de restituer à l'espèce celui
que, le premier, Born lui imposa. Ce changement nous paraît
d'autant plus utile que Gmelin, après avoir débaptisé la coquille
de Chemnitz, s'empara du nom pour l'appliquer à une autre espèce que Chemnitz avait négligé de nommer. Si nous en croyons
quelques personnes qui, plus heureuses que nous, ont pu examiner les coquilles de Lamarck, son *Trochus cærulescens* ne serait
qu'un individu poli de l'*Obeliscus.*

Habite l'Océan indien. Mon cabinet. Columelle arquée, courte, peu prominente; point d'ombilic. Diamètre de la base, 23 lignes; hauteur, 2 pouces. Vulgairement le *cardinal*.

31. Troque maculé. *Trochus maculatus*. Lin. (1)

*T. testá conico-pyramidali, noduliferá, roseo rubro viridi et albo variá; sulcis transversis crassiusculis nodulosis; infená facie planulatá, lineis rubris flexuoso-angulatis radiatá; cavitate contortá umbilicum simulante; columellá dentatá.*

*Trochus maculatus*. Lin. Gmel. p. 3566. n° 2.

Lister. Conch. t. 632. f. 20.

Gualt. Test. t. 61. f. DD.

Regenf. Conch. 2. t. 4. f. 30.

Favanne. Conch. pl. 13. f. C.

Chemn. Conch. 5. t. 168. f. 1615-1618

* Mus. Gottv. pl. 39. f. 266 a.

* Murray. Fundam. Test. amæn. acad. t. 8. p. 114. pl. 2. f. 20.

* Herbst. Hist. verm. pl. 50. f. 2.

* *Trochus maculatus*. Schrot. Einl. t. 1. p. 648. pl. 3. f. 9.

* Id. Dillw. Cat. t. 2. p. 762. n° 5.

Habite l'Océan indien. Mon cabinet. Il varie dans sa coloration, et n'est caractérisé en dessus que par ses nodulations et ses sutures marginées; en dessous, ses caractères sont plus tranchés : une excavation tournante figure un faux ombilic, et sa columelle est fortement crénelée. Diamètre de la base, 21 lignes; hauteur, 19. Vulgairement le *Cardinal vert*.

───────────────────────────

(1) Comme nous l'avons dit dans une note précédente, Linné a séparé le *Trochus niloticus* du *Trochus maculatus* de la 10ᵉ édition du *Systema* et du *Museum Ulricæ*. Pour ce *Trochus maculatus*, la synonymie a été considérablement réduite et la phrase caractéristique entièrement refaite. Malgré ces changemens importans nous ne pouvons reconnaître à laquelle des espèces connues le *Trochus maculatus* doit être rapporté; la phrase caractéristique est si courte et la synonymie si mauvaise, qu'il nous est impossible, quant à présent, d'en faire une bonne application. Linné renvoie à une figure 96 de Bonanni: elle représente une espèce dentée sur le bord comme le *Turbo calcar*; il renvoie ensuite à trois figures de Rumphius: elles sont la représentation de jeunes individus du *Trochus niloticus*. La troisième

### 32. Troque grenu. *Trochus granosus*. Lamk.

*T. testá orbiculato-conicá, apice acutá, eleganter granosá, griseo-virente, flammulis maculiformibus sparsis roseis in intensè rubris pictá ; anfractibus convexiusculis; cingulis granosis creberrimis : unico in ultimo anfractu majore; infimá facie ut in trocho maculato.*

Habite... Mon cabinet. Espèce jolie, très voisine de la précédente, mais qui en est distincte par un cône bien plus surbaissé, légèrement renflé vers son milieu, et des granulations plus fines et plus régulières. Diamètre de la base, 15 lignes; hauteur, un pouce.

### 33. Troque squarreux. *Trochus squarrosus*. Lamk.

*T. testá orbiculato-conicá, tuberculato-nodulosá, squarrosá, cinereo viridi rubro fuscoque variá; tuberculis vel nodis ad anfractuum margines dispositis; striis transversis granulosis; infimá facie concentricè sulcatá.*

---

citation est de Gualteri, pl. 61, f. E. Cette figure est celle du *Trochus virgatus*, Lamk. La dernière, enfin, est de d'Argenville, pl. 11, f. C.; elle pourrait également appartenir au *Virgatus*, mais elle est incertaine. Dans aucune de ces figures on ne trouve réunis les caractères que résume une phrase de quelques mots. Nous pensons en conséquence que le *Trochus maculatus* est une de ces espèces qu'il faut abandonner et retrancher de la nomenclature. Depuis Linné tous les auteurs se sont vainement appliqués à reconnaître l'espèce qui nous occupe. Born a introduit beaucoup de confusion dans la synonymie de ce qu'il nomme *Trochus maculatus*. Chemnitz a été plus réservé et sa synonymie convient assez à une seule espèce que très probablement Linné ne connut pas. C'est à cette espèce de Chemnitz que presque tous les auteurs ont donné le nom linéen; aussi l'on peut dire que dans Gmelin, Dillwyn et Lamarck, ce n'est pas le *Trochus maculatus* de Linné que l'on y trouve, mais bien le *Trochus sanguinolentus* de Chemnitz auquel on a substitué le nom linnéen. Pour être conséquent avec les principes qui nous dirigent dans la réforme de la nomenclature, deux choses doivent être faites : supprimer le *Trochus maculatus* de Linné comme espèce très incertaine, et restituer à l'espèce qui ici porte le nom de *maculatus* celui de *sanguinolentus* donné par Chemnitz le premier.

Habite.... Mon cabinet. Coquille un peu âpre au toucher, à spire pointue ; un faux ombilic à la face inférieure ; base du bord droit crénelée, silonnée en dessous. Diamètre de la base, 14 lignes ; hauteur, un pouce.

## 34. Troque épaissi. *Trochus incrassatus.* Lamk.

*T. testá orbiculato-conicá, incrassatá, obsoletè nodosá, cinereo viridi et rubro variá; sulcis transversis latis noduliferis; apice obtusiusculo; ultimo anfractu obtusè angulato; infimá facie planoconvexá.*

*An* Chemn. Conch. 5. t. 169. f. 1632 ?

Habite... Mon cabinet. La base du bord droit est fortement dentée et silonnée en dessous. Cette coquille est remarquable par son épaisseur particulière. Diamètre de la base, 14 lig. ; hauteur, 13.

## 35. Troque flammulé. *Trochus flammulatus.* Lamk.

*T. testá conico-pyramidali, apice acutá, granosá, albidá, strigis longitudinalibus undato-flexuosis rubris ornatá, sulcis transversis granosis; ultimo anfractu subdilatato; cavitate contortá umbilicum simulante; columellá dentatá.*

Habite les mers de Saint-Domingue. Mon cabinet. Coquille voisine de la précédente par ses rapports, mais qui en est distinguée par la dilatation particulière de son dernier tour, et surtout par les sillons concentriques de sa face inférieure qui, ainsi que ceux de l'entrée de son ouverture, sont plus fortement prononcés ; bord droit très épais. Elle est recherchée dans les collections. Diamètre de la base, 18 lignes ; hauteur, 17 et demie.

## 36. Troque élancé. *Trochus elatus.* Lamk. (1)

*T. testá conico-turritá, apice acutá, granulosá, albá, strigis longitudinalibus intensè roseis pictá ; striis transversis granuliferis; anfractibus convexis : ultimo vix angulato; inferná facie plano-convexá; columellá; supernè dentiferá; labro subtùs lævigato.*

* *Trochus acutangulus.* Chemn. Conch. t. 5. p. 81. pl. 167. f. 1610.

* *Trochus conus.* Gmel. p. 3569. n₀ 17.

---

(1) Cette espèce est bien certainement le *Trochus acutangulus* de Chemnitz, dont Gmelin a fait, on ne sait trop pourquoi, son *Trochus conus.* Cette espèce ayant été nommée pour la première fois par Chemnitz, c'est le nom de cet auteur qui devra lui être consacré.

* Schrot. Einl. t. 1. p. 696. n₀ 41.
* Fav. Conch. pl. 13. f. I ?
* *Trochus conus.* Dillw. Cat. t. 2. p. 761. no 2.

Habite.... Mon cabinet. Celui-ci est éminemment distingué des précédens par sa forme élancée, le pourtour de sa base moins anguleux, presque arrondi, et les caractères de sa columelle ; la nacre de son ouverture est très brillante. Diamètre de sa base, 18 lignes et demie ; hauteur, 23.

## 37. Troque marbré. *Trochus marmoratus.* Lamk. (1)

*T. testá conico-pyramidatá, nodiferá, albá, rubro et viridi marmoratá ; anfractibus medio concavis, margine inferiore tuberculato-nodosis : ultimo dempto ; infimá facie plano-convexá, albá, rubro-maculatá ; aperturá dilatatá.*

Lister. Conch. t. 620. f. 6.

Rumph. Mus. t. 21. f. 4.

D'Argenv. Conch. pl. 8. f. C.

Favanne. Conch. pl. 12. f. B 2.

Chemn. Conch. 5. t. 167. f. 1606-1607.

Habite l'Océan indien. Mon cabinet. Diamètre de la base, 2 pouces ; hauteur, 19 lignes. Son axe est fort incliné.

## 38. Troque papilleux. *Trochus mauritianus.* Gmel.

*T. testá conico-pyramidatá, tuberculis papillosis decumbentibus obsitá, rubro viridi et albo variá ; tuberculis ad anfractuum basim dispositis ; infimá facie planulatá, concentricè striatá ; albidá ; labro sinu duplici.*

Lister. Conch. t. 625. f. 11.

Bonanni. Recr. 3. f. 90.

Gualt. Test. t. 61. f. D–F.

Favanne. Conch. pl. 13. f. S.

*Trochus Muricatus.* Chem. Conch. 5. t. 163. f. 1547-1548.

*Trochus mauritianus.* Gmel. p. 3582. n₀ 99.

* Schrot. Einl. t. 1. p. 687. n₀ 22.

* *Trochus mauritianus.* Dillw. Cat. t. 2. p. 804. n° 105.

---

(1) Lamarck fait évidemment un double emploi pour cette espèce, puisqu'il l'établit pour de jeunes individus du *Trochus niloticus*, il a suivi en cela l'exemple de Chemnitz, mais pour cette fois il aurait dû plutôt imiter Gmelin et Dillwyn qui ont su éviter cette erreur.

Habite les mers des îles de France et de Bourbon. Mon cabinet. Il est très distinct du *T. pyramidalis* par le double sinus de son bord droit; l'arcuation de sa columelle est fort courte. Diamètre de la base, 21 lignes et demie; hauteur, 23.

## 39. Troque imbriqué. *Trochus imbricatus.* Gmel. (1)

*T. testá conico-pyramidali, longitudinaliter obliquè costatá, albidá; costis ad anfractuum margines prominulis; anfractibus infernè prominentibus, subimbricatis; infimá facie plano-convexá, concentricè rugosá.*

Lister. Conch. t. 628. f. 14.

Gualt. Test. t. 60. f. Q.

Born. Mus. t. 12. f. 19-20.

Fav. Conch. pl. 13. f. D.

Chemn. Conch. 5. t. 162. f. 1531.

*Trochus imbricatus.* Gmel. p. 3581. n° 93.

Encycl. pl. 445. f. 4. a. b.

* Schrot. Einl. t. 1. p. 683. n° 15.

* Dillw. Cat. t. 2. p. 802. n$_0$ 102.

Habite la mer des Antilles. Mon cabinet. Ses toûrs sont comme empilés les uns sur les autres, ayant leur bord inférieur saillant, un peu dépassé par les côtes. Diamètre de la base, 23 lignes; hauteur, 25.

## 40. Troque trisérial. *Trochus triserialis.* Lamk.

*T. testá conico-turritá, tuberculis numerosissimis obsitá, griseo-fulvá; anfractibus convexis, triseriatim tuberculosis : tuberculis acutis, patenti ascendentibus; infimá facie planulatá, concentricè striatá.*

Habite. . . . Mon cabinet. Arcuation de la columelle fort courte. Diam. de la base, 16 lignes; hauteur, 21.

## 41. Troque crénulé. *Trochus crenulatus.* Lamk.

*T. testá orbiculato-conicá, apice acutá, lævigatá, albo fulvo et virente marmoratá; anfractibus planis; periphœriá suturisque crenulatis; supiná facie planá, concentricè striatá; labro basi sinu terminato.*

----

(1) Chemnitz confond évidemment une seconde espèce avec celle-ci, elle est représentée fig. 1532, 1533 de la même planche. Gmelin fait de cette espèce, à laquelle il joint une Calyptrée, une variété du *Trochus imbricatus.* Dillwyn sépare convenablement la variété.

Habite... Mon cabinet. Belle espèce, qui paraît inédite. Diam. de la base, 21 lignes ; hauteur, 22.

## 42. Troque aspérule. *Trochus asperulus.* Lamk.

*T. testá orbiculato-conicá, apice acutá, tuberculis minimis granulisque asperulatá, fulvo-violacescente; anfractibus planis, margine inferiore tuberculiferis; supiná facie planá; labro crenulato.*

Habite les mers de Saint-Domingue. Mon cabinet. Pourtour mutique, un peu tranchant; columelle courte, creusée en canal. Diam. de la base, 2 pouces une ligne; hauteur, 21 lignes et demie.

## 43. Troque aigu. *Trochus acutus.* Lamk.

*T. testá orbiculato-conicá, apice peracutá, basi dilatatá, granosá, fulvo-virente; anfractibus seriatim granosis, margine inferiore crenatis; infimá facie planá.*

Habite.... Mon cabinet. Il était inscrit dans ma collection sous le nom de *T. epiglottis.* Il est remarquable par son pourtour dilaté, tranchant, et sa spire très pointue. Diam. de la base, 22 ligues ; hauteur, 21.

## 44. Troque concave. *Trochus concavus.* Gmel.

*T. testá orbiculato-conoideá, apice obtusiusculá, longitudinaliter obliquè plicatá, viridi et rubro-violacescente coloratá; infimá facie concavá, subinfundibuliformi, concentricè sulcatá, albá.*

Chem. Conch. 5. t. 168. f. 1620–1621.

*Trochus concavus.* Gmel. p. 3570. n° 21.

* Schrot. Einl. t. 1. p. 698. n° 45.

* Dillw. Cat. t. 2. p. 763. n° 7.

Habite les mers de l'Inde. Mon cabinet. Coquille rare, à pourtour aigu, subdentelé; à face inférieure bien concave, offrant une excavation tournante qui simule un ombilic; columelle courte; ouverture argentée. Vulg. l'*Entonnoir.* Diam. de la base, 22 lignes ; hauteur, 16 lignes.

## 45. Troque rayé. *Trochus lineatus.* Lamk.

*T. testá orbiculato-conicá, transverse striatá, roseo-violacescente, apice albá; lineis rubris longitudinalibus obliquis tenuissimis numerosissimis; anfractibus planulatis; infimá facie lineis rubris radiatá; centro albo.*

Habite les mers de la Nouvelle-Hollande. Mon cabinet. Son ouverture est blanche, nullement nacrée. Diam. de la base, 14 lignes ; hauteur, un pouce.

### 46. Troque marginé. *Trochus zizyphinus.* Lin.

*T. testá orbiculato-conicá, apice acutá, luteo-fulvá; anfractibus planis, lævibus, infernè cingulo crassiusculo marginatis: cingulis albo et aurantio articulatis; aperturá dilatatá, subtetragoná.*

*Trochus zizyphinus.* Lin. Syst. nat. ed. 12. p. 1231. Gmel. p. 3579. nᵒ 80.

Bonanni. Recr. 3. f. 93.

Lister. Conch. t. 616. f. 1.

Gualt. Test. t. 61. f. C.

Pennant. Brith. zool. 4. t. 80. f. 103.

Fav. Conch. pl. 13. f. T ?

Chemn. Conch. 5. t. 166. f. 1592-1594.

* Delle Chiaje. dans Poli. Testac. t. 3. pl. 52. f. 1.

* Pontoppidan. Voy. t. 2. p. 270. f. 18 ?

* Lin. Syst. nat. ed. 10. p. 759.

* Lin. Mus. Ulric. p. 670.

Habite l'Océan européen, la Méditerranée, etc. Mon cabinet. Jolie coquille remarquable par ses bourrelets blancs, maculés d'orangé, dont ses tours sont marginés inférieurement; on aperçoit sur le sommet de sa spire de très fines granulations ; sa face inférieure, un peu convexe, est dépourvue de faux ombilic; columelle lisse. Diam. de la base, 16 lignes et demie; hauteur, 14.

### 47. Troque conuloïde. *Trochus conuloides.* Lamk.

*T. testá conicá, basi dilatatá, lævigatá, cingulatá, fulvá, flammulis rufis aut spadiceis ornatá; anfractibus planis, cingulis quatuor obvallatis: cingulo ultimo marginali majore; aperturá ut in præcedente.*

Chemn. Conch. 5. t. 166. f. 1590-1591.

Habite l'Océan européen et la Méditerranée. Mon cabinet. Un peu plus petit que le précédent, il s'en distingue en ce que, outre le bourrelet marginal, il en a trois autres plus grêles sur chaque tour ce qui le caractérise éminemment. Diam. de la base, 12 lignes et demie ; hauteur, 11 et demie.

### 48. Troque petit-cône. *Trochus conulus.* Lin. (1)

*T. testá conicá, basi dilatatá, lævigatá, nitidá, luteo-rubicante, maculis spadiceis sparsis pictá; anfractibus planiusculis, margi-*

---

(1) Lorsque l'on a sous les yeux un grand nombre d'individus des *Trochus zizyphinus, conulus, conuloides,* on les voit se

*natis : supremis granulosis; infimá facie ut in duobus præceden-
tibus.*

*Trochus conulus.* Lin. Gmel. p. 3579. n° 79.

Bonnani. Recr. 3. f. 99.

Pennaut. Brith. zool. 4. t. 80 f. 104.

Chemn. Conch. 5. t. 166. f. 1538.

* Lin. Syst. nat. ed. 10. p. 759.

Habite les mers d'Europe; se trouve dans la Manche, la Méditerranée, etc. Mon cabinet. Il est voisin des deux qui précèdent. Diam.
de la base, près de 10 lignes; hauteur, 9 et demie. Les figures citées, sauf celle de Chemnitz, sont médiocres.

## 49. Troque pavot. *Trochus jujubinus.* Gmel.

*T. testá conico-acutá, transversim striato-granulosá, rubrá, su-
pernè nigricante, maculis oblongis albis ornata, anfractibus
medio concavis, margine inferiore elevatis; infimá facie rubrá,
perforatá; centro albo.*

Favanne. Conch. pl. 12. f. L. *Mala:*

Chemn. Conch. 5. t. 167. f. 1612. 1613.

*Trochus jujubinus.* Gmel. p. 3570. n° 19.

---

lier les uns aux autres par de nombreuses variétés, et il est très
difficile et même impossible de dire si telles de ces variétés appartiennent plutôt à une des espèces qu'à l'autre. Aussi nous
pensons qu'il conviendrait de les réunir pour les distribuer ensuite en variétés principales, d'après la forme et d'après la couleur. Il y a plusieurs caractères communs qui servent à reconnaître un seul type dans ces trois espèces, ce sont la forme de
la columelle, l'incidence du plan de l'ouverture sur l'axe longitudinal, les granulations du sommet de la spire. Ce qui prouve
combien ces espèces sont peu distinctes, c'est que chaque auteur
les a entendues à sa façon et a apporté des modifications dans la
synonymie. Les mêmes figures se sont ainsi trouvées réparties
et combinées de diverses manières dans les trois espèces en
question. Si l'on en croyait Chemnitz, il faudrait séparer de ces
trois espèces celle qu'il nomme *Trochus conulus tranquebaricus.*
Gmelin et Dillwyn la rapportent comme variété du *Trochus
zizyphinus* de Linné. Il serait utile, ce nous semble, de vérifier
jusqu'à quel point cette opinion mérite d'être adoptée.

* Schrot. Einl. t. 1. p. 697. n° 43.
* Dillw. Cat. t. 2. p. 762. n° 4.

Habite les mers de l'Ile-de-France. Mon cabinet. Jolie coquille, bien remarquable par sa coloration et ses caractères de forme. Les tours supérieurs sont noirâtres; les deux derniers, ainsi que le sommet de la spire, rouges ou couleur de chair. Diam. de la base, 8 lignes et demie; hauteur, 8. Vulg. le *Pavot*.

## 5o. Troque de Java. *Trochus Javanicus*. Lamk.

*T. testâ conicâ, transversè sulcatâ, rufo-rubicante; anfractibus planulatis, margine inferiore elevato-angulatis; infimâ facie planâ, striis lineisque rufis concentricis notatâ; umbilico pervio.*

Habite les mers de Java. M. Leschenault. Mon cabinet. Il a quelques rapports de forme avec le précédent. Son ouverture est un peu dilatée, et la base de son bord droit offre un sinus près de la columelle. Diam. transversal, 10 lignes un quart; hauteur, 9 et demie.

## 51. Troque annelé. *Trochus annulatus*. Martyn.

*T. testâ orbiculato-conicâ, valdè obliquâ, apice acutâ, transversim sulcato-granulosâ, pallidè luteâ; anfractibus convexis; periphæriâ suturisque violaceo-annulatis; infima facie convexâ, imperforatâ; centro violaceo; fauce argenteâ.*

*Trochus annulatus.* Martyn. Conch. 1. t. 33.

Favanne. Conch. pl. 79. f. I?

*Trochus virgineus.* Chemn. Conch. 10. t. 165. f. 1581. 1582.

* *Trochus virgineus.* Dillw. Cat. t. 2. p. 800. n° 97.

* *Trochus cœlatus.* var. β. Gmel. p. 3582.

Habite les mers de la Nouvelle-Zélande. Mon cabinet. Très jolie coquille, ayant l'ouverture dilatée, nacrée intérieurement. Le sommet de sa spire est violet, ainsi que les anneaux de ses sutures, ce qui la rend très agréable à la vue. Diam. de la base, un pouce; hauteur, 10 lignes.

## 52. Troque cerclé. *Trochus doliarius*. Martyn.

*T. testâ orbiculato-conicâ, valdè obliquâ, apice acutâ, cinguliferâ : cingulis albis in fundo fulvo-rufescente; infimâ facie plano-convexâ, imperforatâ; aperturâ dilatatâ, argenteâ.*

Martyn. Conch. 1. f. 32.

*Trochus doliarius.* Chemn. Conch. 10. t. 165. f. 1579. 1580.

Encycl. p. 445. f. 1 a. b.

Habite les mers de la Nouvelle-Zélande. Mon cabinet. Diam. de la base, 13 lignes; hauteur, 11.

## 53. Troque granulé. *Trochus granulatus.* Born. (1)

*T. testâ orbiculato-conicâ, valdè obliquâ, basi dilatatâ, apice per-acutâ, griseâ; striis transversis alternatìm majoribus et granulosis; suturis marginatis; infimâ facie convexâ, concentricè striatâ et punctatâ, imperforatâ; aperturâ dilatatâ.*

* *Trochus papillosus.* Dacosta. Brit. Conch. p. 38. pl. 3. f. 5. 6.

*Trochus granulatus.* Born. Mus. t. 12. f. 9. 10.

* Delle Chiaje dans Poli. Testac. t. 3. pl. 52. f. 4. *An eadem?* f. 5?

* *Trochus zizyphinus.* var. Lin. Mus. Ulric. p. 650.

* Id. Gmel. p. 3579. n° 80.

* Gualt. Ind. pl. 61. f. G. M.

* Id. Donovan. Conch. Brit. t. 4. pl. 127.

* Id. Maton et Racket. Lin. trans. t. 8. p. 155.

* Id. Dorset. Cat. p. 48. pl. 16. f. 5. 6.

* *Trochus tenuis.* Montagu. Test. brit. p. 275. pl. 10. f. 3.

* *Trochus papillosus.* Dillw. Cat. t. 2. p. 800. n° 95.

* *Trochus granulatus.* Payr. Cat. p. 124. n° 261.

* Desh. Expéd. sc. de Morée. Zool. p. 138. n° 158.

* *Trochus granulatus.* Philip. Enum. moll. Sicil. p. 174. n° 1. pl. 10. f. 22. 22 a.

Habite... Mon cabinet. On le trouve fossile en Angleterre; c'est le *T. tenuis* de Montagu, selon M. Leach, qui m'en a communiqué un exemplaire. Diamètre de la base de l'analogue vivant, 16 lignes; hauteur, 12 et un quart.

## 54. Troque grenade. *Trochus granatum.* Chemn.

*T. testâ ventricoso-conicâ, obliquissimâ, transversìm striato-granu-losâ, strigis longitudinalibus flexuosis alternatìm albis et rufis pictâ; anfractibus convexis; spirâ acutâ; infernâ facie convexâ, imperforatâ; fauce margaritaceâ.*

Chemn. Conch. 5, t. 170. f. 1654. f. 1655.

*Trochus granatum.* Gmel. p. 3584. n° 108.

---

(1) L'ouvrage de Da Costa étant antérieur à celui de Born de quelques années, il sera convenable de suivre l'exemple de Dilwyn, et de rendre à cette espèce le premier nom qu'elle a reçu de l'auteur anglais, elle devra être inscrite à l'avenir dans les catalogues, sous le nom de *Trochus papillosus.*

* Schrot. Einl. t. 1. p. 707. n° 73.

* *Trochus tigris.* Martyn. Univ. conch. pl. 75.

* *Trochus tigris.* Gmel. p. 3585.

* *Trochus granatum.* Dillw. Cat. t. 2. p. 800. n° 96.

Habite les mers de la Nouvelle-Zélande. Mon cabinet. Coquille très rare, précieuse, recherchée dans les collections. Elle est un peu mince, à granulations très fines, dont les rangées sont toutes égales et serrées. Son dernier tour est fort grand, subanguleux; sa spire proportionnellement peu allongée. Posée sur son ouverture, cette coquille a son axe très incliné. Diam. transv., 23 lignes et demie. Vulg. la *Pomme de grenade.*

## 55. Troque porte-collier. *Trochus moniliferus.* Lamk.

*T. testá orbiculato-conicá, basi dilatatá, transversim striato-granulosá, albá; anfractibus convexis, serie tuberculorum moniliformibus medio cinctis, margine inferiore denticulatis; infimá facie plano-convexá, semiperforatá; aperturá valdè dilatatá, argenteá.*

Encycl. p. 445. f. 2 a. b.

Habite... Mon cabinet. Coquille très rare et très précieuse. Ses stries granuleuses sont très fines. Diamètre de la base, 14 lignes et demie; hauteur, 12 et demie.

## 56. Troque iris. *Trochus iris.* Chemn.

*T. testá obliquè conicá, glabrá, griseo-violaceá, lineis spadiceis longitudinalibus flexuosis pictá, subepidermide variis coloribus iridis micante; anfractibus convexiusculis: ultimo subangulato; aperturá dilatatissimá; umbilico nullo.*

Favanne. Conch. pl. 79. f. G.

*Trochus iridis.* Chemn. Conch. 5. t. 161. f. 1522. 1523.

*Trochus iris.* Gmel. p. 3580. n° 86.

* Schrot. Einl. t. 1. p. 681. *Trochus* n° 8.

* Walch. Naturf. t. 2. part. 4. 1774. pl. 1. f. 5. 6.

* Martyn. Univ. conch. pl. 24.

* Dillw. Cat. t. 2. p. 807. n° 111. *exclus. varietate.*

Habite les mers de la Nouvelle-Zélande. Mon cabinet. Sa nacre est d'un beau vert doré, avec des reflets rougeâtres très brillans. Diamètre de la base, 12 lignes et demie; hauteur, un pouce. Vulg. la *Cantharide.*

## 57. Troque orné. *Trochus ornatus.* Lamk.

*T. testá parvulá, obliquè conicá, basi dilatatá, transversim striato-*

*granulosá, albidá, strigis longitudinalibus aurantio-rufescentibus
ornatá ; anfractibus convexis ; infimá facie convexiusculá, imperforatá ; fauce dilatatá.*

Habite... Mon cabinet. Diam. de la base , 7 lignes trois quarts;
hauteur, 6.

## 58. Troque bicerclé. *Trochus bicingulatus*. Lamk.

*T. testá parvulá , obliquè conicá , basi dilatatá , transversìm sul-
catá , rubicante, obscurè flammulatá ; anfractibus medio bicin-
gulatis : cingulis transversè striatis ; infimá facie ut in præcedente.*

Habite les mers de la Martinique. Mon cabinet. Diam. de la base,
7 lignes et un quart ; hauteur, 5.

## 59. Troque callifère. *Trochus calliferus*. Lamk.

*T. testá orbiculato-convexá , transversim sulcatá , longitudinaliter
tenuissimè striatá, albidá , maculis oblongis fusco-nigricantibus
pictá; infernâ facie plano-convexá, umbilicatá : umbilico callo
clavato laterali modificato ; columellá basi truncatá.*

Habite... Mon cabinet. Espèce singulière , ayant une callosité ombilicale comme dans certaines Natices. Diam. de la base , 8 lign.

## 60. Troque ombilicaire. *Trochus umbilicaris*. Lin. (1)

*T. testá orbiculari, brevè conicá, acutá, transversìm striatá, cinereo-
olivaceá ; anfractibus convexis; umbilico pervio , spirali, albo ;
aperturá dilatatá , intùs argenteá.*

---

(1) Deux espèces fort différentes ont reçu le même nom.
Celle-ci a été nommée la première par Linné dans la 10ᵉ édition
du *Systema naturæ* ; la seconde a été nommée de même, *Trochus umbilicaris*, beaucoup plus tard par Born. Gmelin n'a point
confondu ces deux espèces; il a laissé à la première son nom
linnéen, et il a proposé de nommer l'autre, *Trochus fuscatus*, ce
qui a été généralement adopté. Il est arrivé, par suite de cette
similitude de noms, que quelques personnes ont persisté à conserver le nom d'*Ombilicaris* pour l'espèce de Born, et quelques
autres, tels que MM. Payreaudau et Philippi, les ont confondues,
quoiqu'il y ait entre elles une extrême différence. En effet, l'espèce de Linné ressemble en petit au *Trochus concavus*, tandis
que celle de Born a assez l'apparence d'un Cadran.

*Trochus umbilicaris.* Lin. Syst. nat. ed. 12. p. 1229. Gmel. p. 3568. n° 14.

Chemn. Conch. 5. t. 171. f. 1666.

* Lin. Syst. nat. ed. 10. p. 758.

* Schrot. Einl. t. 1. p. 660.

* Dillw. Cat. t. 2. p. 781. n° 55.

Habite dans la Méditerranée. Mon cabinet. Sa spire forme un petit cône pointu de peu d'élévation. Diamètre transversal, 8 lignes trois quarts.

## 61. Troque ondé. *Trochus undatus.* Lamk.

*T. testá orbiculato-convexá, transversim striato-granulosá, aureo-rufescente; strigis longitudinalibus angustis undato-flexuosis cærulescentibus; infimá facie plano-convexá; centro fossulá umbiliciformi margine crenatá; columellá labroque crenatis.*

*Monodonta undata.* Encycl. pl. 447. f. 3. a. b.

Habite... Mon cabinet. Jolie coquille, toute granuleuse, à strigies rayonnantes, et à columelle tronquée comme dans les Monodontes; mais sa forme et son ouverture déprimée caractérisent le genre auquel nous la rapportons ici. Diam. de la base, 12 lignes et demie.

## 62. Troque de Pharaon. *Trochus Pharaonis.* Lin.

*T. testá orbiculato-conoideá, granosá, rubrá; cingulis granosis confertis, alternè penitùs rubris et albo nigroque articulatis; infimá facie convexo-planá, umbilicatá; umbilico columellá labroque crenatis,*

*Trochus Pharaonis.* Lin. Syst. nat. ed. 12. p. 1228. Gmel. p. 3567. n° 3.

Lister. Conch. t. 637. f. 25.

Petiv. Gaz. t. 14. f. 10.

Gualt. Test. t. 63. f. B.

D'Argenv. Conch. pl. 8. f. L. Q.

Favanne. Conch. pl. 13. f. V 1. V 2.

Knorr. Vergn. 1. t. 30. f. 6. et 4. t. 26. f. 3. 4.

Chemn. Conch. 5. t. 171. f. 1672. 1673.

*Monodonta Pharaonis.* Encycl. pl. 447. f. 7. a. b.

* *Umbilic.* Rondelet. Hist. des poiss. p. 70.

* Gesner. De crust. p. 253.

* Gevens. Conch. cab. pl. 13. f. 101 à 103.

* *Trochus Pharaonius.* Lin. Syst. nat. ed. 10. p. 757.

* Born. Ind. Mus. cæs. p. 333.

* Born. Test. Mus. p. 329.
* Schrot. Einl. t. 1. p. 653.
* Dillw. Cat. t. 2. p. 772. n° 30.
* Bonan. Recr. 3. f. 222. 223. *aucta.*
* Bowd. Elem. of conch. pl. 9. f 26.

Habite dans la mer Rouge et la Méditerranée. Mon cabinet. Coquille très jolie remarquable par ses granulations, sa coloration, ainsi que par son ombilic, sa columelle et son bord droit, crénelés; ce dernier a en outre une petite dent sous le limbe de son extrémité supérieure. Vulgairement le *Bouton de camisolle* ou le *Turban de Pharaon.* Diam. de la base, 10 lignes. On en distingue une variété.

## 63. Troque sagittifère. *Trochus sagittiferus.* Lamk.

*T. testá orbiculato-conoideá, lævi, luteo-virente, transversim fasciatá; maculis oblongis sagittatis nigris seriatim dispositis; infimá facie imperforatá; labro simplici.*

Habite... Mon cabinet. Ses tours sont convexes; ouverture argen ? tée. La surface lisse de cette coquille et ses taches en fers de flèches la rendent fort remarquable. Diam. de la base, 10 lignes.

## 64. Troque rouge-pâle. *Trochus carneolus.* Lamk.

*T. testá orbiculari, convexá, lævigatá, carneá aut luteo-rubente, diversi modè fasciatá et maculatá; spirá brevissimá; infimá facie umbilicatá.*

*An* Chemn. Conch. 5. t. 171. f. 1682?

Habite... Mon cabinet. Il n'a point de granulations. Diam. transv.; 6 lignes trois quarts.

## 65. Troque cinéraire. *Trochus cinerarius.* Lin. (1)

*T. testá orbiculato-convexá, apice obtusá, transversim striatá, cinereá; strigis longitudinalibus flexuosis rubro-violaceis radiantibus; umbilico pervio, angusto; aperturá dilatatá.*

----

(1) Il existe dans l'océan d'Europe deux espèces voisines que l'on confond assez souvent sous la dénomination commune de *Trochus cinerarius.* Cependant Da Costa avait su distinguer ces deux espèces: l'une qui est aplatie et assez largement ombiliquée, a reçu de lui le nom de *Trochus cinereus;* l'autre plus conique, seulement perforée à la base et ornée de linéoles plus étroites et plus nombreuses, a été nommée *Trochus lineatus* par

*Trochus cinerarius.* Lin. Syst. nat. ed. 12. p. 1229. Gmel. 3568. n° 12.

Muller. Zool. Dan. 3. t. 102. f. 1–4.

Chemn. Conch. 5. t. 171. f. 1686.

* Lister. Anim. Angl. pl. 3. f. 15.

* Gevens. Conch. Cab. pl. 13. f. 118 à 126.

* Lin. Syst. nat. ed. 10. p. 758.

* Born. Ind. test mus. p. 335.

* Schrot. Einl. t. 1. p. 659.

* Donov. Conch. brit. t. 3. pl. 74.

* Montagu. Test. brit. p. 284.

* *Trochus lineatus.* Da Costa. Brit. Conch. p. 43. pl. 3. f. 11–12.

* Dorset. Cat. p. 48. pl. 16. f. 11–12.

Habite dans la Méditerranée, sur les côtes de la Manche, près de Caen (M. Roussel), et dans la mer du Nord. Mon cabinet. Diam. transv., 8 lignes.

## 66. Troque excavé. *Trochus excavatus.* Lamk.

*T. testâ conoideâ, transversè striatâ, cinereo-virescente; anfractibus subturgidis; infernâ facie cavâ, centro umbilicatâ : umbilico angusto, partim tecto, annulo viridi circumvallato.*

Habite... Mon cabinet. Diam. transv , 7 lignes.

## 67. Troque nain. *Trochus nanus.* Lamk.

*T. testâ orbiculari, subconicâ, ad peripheriam acutè angulatâ, cinereo-virente; lineis longitudinalibus fuscis radiantibus; anfractibus planiusculis; infimâ facie planâ, concentricè sulcatâ, violacescente; umbilico nullo.*

Habite les mers de la Nouvelle-Hollande. Mon cabinet. Sa spire est obtuse au sommet; l'intérieur du bord droit est rayé de brun. Diamètre de la base, 7 lignes ; hauteur, 3 et demie.

## 68. Troque pyramidé. *Trochus pyramidatus.* Lamk.

*T. testâ parvâ, obliquè pyramidatâ, transversim striato-granulosâ, albidâ, flammulis cæruleis ornatâ; anfractibus planis, margine*

le même auteur. C'est elle que l'on rapporte au *Trochus cinerarius* de Linné. Il est certain que l'espèce linnéenne est l'une des deux dont il est question, et nous pensons avec Dillwyn que le *Cinerarius* est bien la même coquille que le *Lineatus* de Da Costa ; c'est en conséquence de cette opinion que nous donnons la synonymie.

*inferiore cingulatis : cingulis rubentibus; infimâ facie lineis roseis concentricis pictâ; umbilico nullo.*

Habite.... Mon cabinet. Ce n'est point le *T. pyramis* de Gmelin. Diam. de la base, 2 lignes trois quarts; hauteur, 3 lignes. Son obliquité est la cause de ce peu d'élévation.

## 69. Troque pygmée. *Trochus erythroleucos.* Gmel. (1)

*T. testâ minutâ, obliquè conicâ, acutâ, transversim striatâ, albo et roseo tinctâ, apice rubrâ; anfractibus convexiusculis, basi marginatis; infimâ facie convexiusculâ, imperforatâ.*

Lister. Conch. t. 621. f. 8. *Figura nimis magna.*

*Trochus minutus.* Chemn. Conch. 5. t. 162. f. 1529. a-b.

*Trochus erythroleucos.* Gmel. p. 3581. n° 91.

* Delle Chiaje. Dans Poli. Testac. t. 3. pl. 52. f. 30-32.

* *Trochus conulus.* Da Costa. Conch. brit. p. 40. pl. 2. f. 4.

* Schrot. Einl. t. 1. p. 683. no 13.

* Fav. Conch. pl. 12. f. N. 2.

* *An trochus striatus?* Philip. Enum. moll. Sicil. p. 176. f. 6.

* Dillw. Cat. t. 2. p. 797. n° 91.

Habite sur les côtes de l'état du Maroc. Mon cabinet. Diamètre de la base, 3 lignes ; hauteur à-peu-près égale.

*Nota.* Relativement aux troques fossiles, voyez-en la description de huit espèces dans les Annales du Muséum, vol. 4. p. 46 et suiv.

## † 70. Troque cendré. *Trochus cinereus.* Da Costa.

*T. testâ orbiculato-conicâ, umbilicatâ, apice obtusâ ; anfractibus convexiusculis, transversim striatis, fusco griseis, flammulis rubescentibus angustis, radiantibus ornatis ; ultimo anfractu ad peripheriam obtusè angulato subtùs convexiusculo; aperturâ obliquâ, rotundato subquadrangulari, labro acuto; columellâ subrectâ, basi abruptâ.*

Da Costa. Brit. Conch. p. 42. pl. 3. f. 9-10.

Montagu. Test. p. 289. et suppl. p. 119.

Donov. Brit. Conch. t. 5. pl. 155. f. 3.

Schrot. Einl. t. 1. p. 725. no 116.

Lister. Conch. pl. 633. f. 21.

---

(1) Chemnitz avait depuis long-temps donné le nom de *Trochus minutus* à cette espèce, lorsque Gmelin, en l'introduisant dans la 13ᵉ édition du *Systema naturæ*, en changea inutilement le nom. Nous proposons actuellement de rendre à l'espèce la dénomination de *Trochus minutus.*

Dillw. Cat. t. 2. p. 782. n° 57. *Trochus cinereus.*
Gevens. Conch. pl. 13. f. 106 à 117.
Habite l'Océan d'Europe.

Cette coquille a beaucoup de rapports avec le *Trochus divaricatus* de
Linné ; elle en a également avec le *Cinerarius*, et se distingue cependant de l'une et de l'autre ; elle est plus dilatée à la base que
le *Cinerarius*, et sa spire est beaucoup plus élancée que celle du
*Trochus obliquatus* de Da Costa, avec lequel elle a également de
très grandes affinités. Les grands individus ont jusqu'à 20 millim.
de diamètre, et à-peu-près autant de hauteur.

## † 71. Troque divergent. *Trochus divaricatus.* Lin.

*T. testá conoideá, perforatá transversim striatá, apice obtusá, gri-
seo viridulá, punctulis rubris, lineas longitudinales simulantibus ornatá ; anfractibus convexiusculis ; ultimo basi concentricè striato,
concavo, perforato; aperturá obliquissimá, subquadrangulari, intùs
viridi margaritaceá.*

Lin. Syst. nat. ed. 10. p. 758.
Lin. Syst. nat. ed. 12. p. 1229.
Gmel. Lin. Syst. nat. ed. 13. p. 3568. n° 13.
Schrot. Einl. t. 1. p. 660.
Fabricius. Faun. Groenl. p. 392 ?
Dillw. Cat. t. 2. p. 781. n° 53.
Habite l'Océan d'Europe.

Petite espèce dont nous ne connaissons encore aucune bonne figure ;
elle est trochiforme, plus haute que large ; ses tours sont médiocrement convexes, striés au travers ; le dernier tour est anguleux à sa
circonférence, il est concave en dessous et percé au centre d'une
très petite fente ombilicale, oblique, comprise dans une petite
zone blanche, infundibuliforme. L'ouverture est subquadrangulaire, et le bord droit, à partir de l'extrémité de la columelle, parcourt en s'atténuant la moitié de la circonférence du dernier
tour ; à l'intérieur, cette ouverture est nacrée et reflète un vert
assez intense. Cette coquille est ordinairement d'un gris cendré
verdâtre ; les tours sont ornés de petites lignes obliques, quelquefois onduleuses formées de petits points d'un rouge très vif. Ce
qui a fait donner à cette espèce le nom qu'elle porte, c'est que
Linné a eu sous les yeux des individus dont le dernier tour, dis-
loqué en quelque sorte, se détache assez profondément du précédent. Cette petite coquille a 12 à 13 millimètres de diamètre, et
15 à 18 de hauteur.

## † 72. Troque brunâtre. *Trochus fuscatus*. Gmel.

*T. testá orbiculato-conoideá, profundè umbilicatá, apice acutá, trans-*
*versim striatá, fuscá, lineis transversis puncticulatis ornatá; anfrac-*
*tibus convexiusculis, ultimo magno ad periphæriam subangulato,*
*subtùs convexo; aperturá subtrigoná, intùs margaritaceá.*

*Trochus fuscatus*. Gmel. p. 3576.

Schrot. Einl. t. 1. p. 746. n° 176.

*Trochus umbilicaris*. Born. Mus. p. 331. pl. 12. f. 1–2.

*Trochus fuscatus*. Dillw. Cat. t. 2. p. 781. n₀ 54.

*Trochus umbilicaris*. Payr. Cat. p. 129. n° 270.

*Trochus fuscatus*. Desh. Exp. sc. de Morée zool. p. 172.

*Trochus umbilicaris*. Philip. Enum. moll. Sicil. p. 181.

Habite la Méditerranée.

Comme nous l'avons vu à l'occasion du *Trochus umbilicaris*, cette espèce à cause de son nom a été la source d'une confusion dont la
nomenclature n'a plus aujourd'hui à se débarrasser depuis qu'il a
été reconnu que le *Trochus umbilicaris* de Born et celui de Linné
constituent deux espèces bien distinctes. Celle-ci a beaucoup
de l'apparence d'un Cadran ; elle est trochoïde, obtuse au sommet,
obscurément anguleuse à la circonférence, convexe en dessous et
percée au centre d'un ombilic, dont le diamètre est à-peu-près les
deux tiers de celui du dernier tour. Cet ombilic est très profond
et il est un peu recouvert par une petite carène saillante en son
bord interne ; cette carène correspond à l'angle inférieur de l'ouverture dans lequel une petite gouttière est creusée ; les tours sont
striés transversalement et souvent la suture est subcaniculée.
L'ouverture est arrondie, subtrigone, peu oblique. Cette coquille
est très variable quant à la couleur, le plus souvent elle est d'un
brun foncé, et elle est ornée à la circonférence, ainsi que vers les
sutures de taches nuageuses, blanchâtres ; sur le milieu des tours
se montrent des linéoles transverses, subarticulées de points blanchâtres alternant avec des points d'un brun noirâtre. Les grands
individus ont 24 millimètres de diamètre et 18 de hauteur.

## † 73. Troque corallin. *Trochus corallinus*. Gmel.

*T. testá conico-globosá, profundè umbilicatá, fuscá vel rubescente,*
*anfractibus convexiusculis, eleganter granulosis; aperturá obliquá,*
*ringente; columellá bidentatá, dente inferiore bifido ; labro intùs*
*sulcato, supernè unidentato.*

Gmel. p. 3576. n° 68. *var.* β *exclusa.*

Le Fujet. Adans. Seneg. p. 183. pl. 12. f. 4.

Schrot. Einl. t. 1. p. 747. n° 173.

*Trochus corallinus.* Dillw. Cat. t. 2. p. 773. n° 31. *exclus. var.*

*Monodonta Couturii.* Payr. Cat. p. 134. pl. 6. f. 19. 20.

*Monodonta Couturii.* Philippi. Enum. moll. Sicil. p. 196. n° 1.

Habite l'Océan européen.

En inscrivant cette espèce dans son catalogue, Gmelin y a ajouté, à titre de variété, le ʒari d'Adanson, qui constitue une espèce bien distincte. Quoique Adanson ait parfaitement décrit l'espèce qui nous occupe sous le nom de Fuget, M. Payreaudau ne l'a pas reconnu et lui a donné un nouveau nom, que M. Philippi a eu tort d'adopter, quoiqu'il ait eu connaissance de ce changement inopportun d'un nom spécifique. Cette coquille est ordinairement d'un rouge de corail et ornée de petites taches blanchâtres; ces tours sont convexes, et l'on compte sur le dernier une quinzaine de rangées transverses de granulations d'une extrême régularité. L'ouverture est oblique, rétrécie. Sa columelle, percée à la base d'un ombilic assez large et profond, présente deux dents très inégales; l'inférieure est très grosse, séparée de l'extrémité du bord droit par une échancrure profonde, et toujours bifide au sommet, ce sommet étant creusé d'une gouttière. Le bord droit est épais, et il porte à l'intérieur cinq sillons assez gros, et, à l'extrémité supérieure, au-dessus du cinquième sillon, une petite dent oblongue. Cette petite coquille a 10 à 12 millimètres de diamètre et autant de hauteur. Cette coquille a beaucoup de rapports avec le *Trochus Pharaonis*, et si nous ajoutions plus d'importance à la distinction des genres Troque et Monodonte, nous placerions ces deux espèces dans le dernier genre, car elles en offrent tous les caractères et elles appartiennent à un petit groupe bien déterminé dans lequel nous comptons maintenant une quinzaine d'espèces.

## † 74. Troque petite-pagode. *Trochus fanulum.* Gmel.

*T. testá conicá subtus convexiusculá, apice acuminatá, transversim striato puncticulatá, basi perforatá, albidá, rubro vel fusco flammulatá; anfractibus convexis, latè spiratis, basi profundè canaliculatis, ultimo ad periphœriam canaliculato; aperturá subquadrangulari; columellá obliquá submarginatá, basi truncatá.*

Schrot. Einl. t. 1. p. 706. n° 63.

*Trochus sacellum sinense.* Chemn. Conch. t. 5. p. 98. pl. 170. f. 1648-1649.

*Trochus fanulum.* Gmel. p. 3575.

Bonan. Rec. 3. pl. 396.

Gevens. Conch. pl. 13. f. 138-139.

Fav. Conch. pl. 13. f. O. *Acuta ex Bonan.*

*Trochus fanulum.* Dillw. Cat. t. 2. p. 769. n. 23.

*Monodonta Ægyptiaca.* Payr. Cat. p. 177. pl. 6. f. 26-27.

*Trochus fanulum.* Philip. Enum. moll. Sicil. p. 179. n° 12.

Desh. Exp. sc. de Morée zool. p. 139. n° 161.

Habite l'Océan d'Europe.

Cette espèce fort élégante nommée depuis long-temps et très bien figurée, n'a point été reconnue par M. Payreaudau et a été confondue
par lui avec le *Monodonta Ægyptiaca* de Lamarck qui constitue
une espèce extrêmement différente. Celle-ci est fort élégante, se
rapproche du *Trochus magus,* mais elle est toujours plus petite et
sa spire est beaucoup plus élancée, les tours sont largement étagés,
ornés de petites côtes obliques, obtuses et de stries transverses,
obsolètes et finement granulées. A la base des tours et à la circonférence du dernier se trouve une gouttière étroite et profonde dans
laquelle s'élèvent de petites lamelles longitudinales. La coloration
de cette coquille est assez variable, le plus souvent elle est blanchâtre, et elle est ornée de flammules assez larges, brunes ou d'un
beau rouge. Les grands individus ont 18 millim. de diam., et autant de hauteur.

## † 75. Troque royal. *Trochus regius.* Chemn.

*T. testâ concavâ, basi dilatatâ, apice acuminatâ, transversim ine-
qualiter granulosâ : granulis inferioribus superioribusque majoribus ; anfractibus planulatis, ultimo in medio depresso, subtùs
plano, umbilico cœco perforato, concentrice tenuè granuloso; aperturâ subdentatâ, in medio inflatâ.*

*Trochus regius.* Chem. Conch. t. 5. p. 94. pl. 170. f. 1637.

Schrot. Einl. t. 1. p. 703. n° 58.

Gmel. p. 3572. n° 30.

Dillw. Cat. t. 2. p. 767. n. 16.

Habite. . . .

Coquille qui, par sa forme et son volume, se rapproche un peu du
*Trochus maculatus* de Chemnitz ; elle est conique, à base large et
dilatée, pointue au sommet ; sa columelle est percée d'un grand
ombilic infundibuliforme non pénétrant, les tours sont aplatis et
l'on y compte quatre rangées de gros tubercules, la rangée supérieure, qui touche à la suture, et la rangée inférieure, qui fait saillie à la circonférence, sont composées de granulations plus grosses;
le dernier tour est plat en dessous, et l'on y remarque cinq ou
six rangées concentriques de fines granulations. L'ouverture est

subquadrangulaire fort oblique; la columelle est droite; elle est
singulièrement épaissie dans le milieu, et très faiblement crénelée dans sa longueur. On remarque trois sillons simples également distans dans la surface de l'ombilic: sur un fond blanc,
cette coquille est ornée de grandes flammules rouges. Les individus de moyenne taille ont 42 millim. de diam., et autant de hauteur.

### † 76. Troque quadrillé. *Trochus fenestratus.* Gmel.

*T. testâ elongato-conicâ, basi planâ, apice acutâ, longitudinaliter
costatâ, transversim sulcatâ; anfractibus convexiusculis, ultimo
angulato, concentricè striato; aperturâ obliquissimâ, columellâ contortâ, basi truncatâ, tuberculo majore terminatâ.*

*Trochus pyramidalis asper*, etc. Chemn. Conch. t. 5. p. 44. pl.
163. f. 1549–1550.

Schrot. Einl. t. 1. p. 688. n 23.

*Trochus fenestratus.* Gmel. p. 3582. n° 100.

Fav. Conch. pl. 12. f. I.

Rumph. Amb. pl. 21. f. 7.

Gualt. Ind. test. pl. 60. f. N.

Gevens. Conch. pl. 7. f. 55–56.

*Trochus fenestratus.* Dillw. Cat. t. 2. p. 804. n° 106.

Habite l'Océan Indien.

Belle espèce de Troque qui a beaucoup de rapport avec celui que
l'on trouve assez abondamment aux environs de Paris, et auquel
Lamarck a donné le nom de *Trochus crenularis*. Elle est allongée, régulièrement conique, très pointue au sommet et composée
d'un grand nombre de tours dont les premiers sont aplatis et les
derniers convexes. Sur ces tours descendent de petites côtes longitudinales, régulières, et qui sont découpées à travers par deux
ou trois sillons. Le dernier tour est plat en dessous, et toute cette
surface est chargée de fines stries très régulières et concentriques. L'ouverture est subquadrangulaire; la columelle est très
courte, fortement tronquée à la base, tordue dans sa longueur
terminée à son extrémité inférieure en un empâtement dentiforme très saillant. La couleur est d'un blanc terne, ornée entre
les côtes de taches assez régulières d'un brun rougeâtre foncé. Les
grands individus ont 28 millim. de diamètre et 35 de hauteur.

### † 77. Troque strié. *Trochus striatus.* Lin.

*T. testâ elongato-conicâ, angustâ, acuminatâ, transversim striatâ,
albo fuscescente, lineis nigris, numerosis longitudinalibus pictâ,*

*anfractibus plano-concavis, ultimo basi convexiusculo; aperturá
quadrangulari; columellá rectá, angustá basi truncatá.*

Gualt. Ind. pl. 61. f. N.

Lin. Syst. nat. éd. 10. p. 759.

Lin. Syst. nat. éd. 12. p. 1230.

Chemn. Conch. t. 5. p. 29. pl. 162. f. 1527. 1528.

Schrot. Einl. t. 1. p. 670.

*Trochus parvus.* Da Costa. Brit. conch. p. 41.

Dillw. Cat. t. 2. p. 797. n° 90.

Gmel. p. 3579. n° 68.

Habite la Méditerranée, l'Océan d'Europe.

Petite coquille fort élégante et qui se rapproche beaucoup du *Trochus minutus* de Chemnitz ou *Erythroleucos* de Gmelin et de
Lamarck. Elle est allongée, conique, pointue, étroite à la base,
légèrement convexe de ce côté et sans aucune trace d'ombilic. Les
tours sont nombreux, étroits, aplatis ou légèrement concaves
dans le milieu. La base des tours déborde un peu au-dessus de la
suture. La surface est ornée de stries transverses, régulières, au
nombre de trois ou quatre. L'ouverture est petite, quadrangulaire, épaisse; la columelle est mince, droite, courte et tronquée
à la base. La couleur de cette coquille est d'un brun fauve très
pâle uniforme, et sur cette couleur ressortent agréablement un
grand nombre de fines linéoles longitudinales, assez régulières
d'un noir foncé. Cette petite espèce a 7 millim. de diamètre et 10
de longueur.

## † 78. Troque mélanostome. *Trochus melanostomus.* Gmel.

*T. testá conicá, apice obtusá, basi concavá, imperforatá, concen-
tricè striatá, anfractibus angustis planulatis, albo virescentibus,
fusco-atrato irregulariter maculatis, aperturá obliquissimá, intùs
fucescente; columellá tenui, regulariter arcuatá.*

*Trochus in fauce nigerrimus.* Chemn. Conch. t. 5. p. 20. pl. 161.
f. 1526 a. b.

*Trochus.* Schrot. Einl. t. 1. p. 683. n° 12.

*Trochus melanostomus.* Gmel. p. 3581. n° 90.

Id. Dillw. Cat. t. 2. p. 797. n° 89.

Habite... Nous croyons qu'elle provient de la Nouvelle-Zélande.

Coquille d'un aspect triste, dont la surface est presque toujours
rongée même pendant la vie de l'animal; elle est régulièrement
conique, à-peu-près aussi haute que large; ses tours sont étroits
nombreux, aplatis, conjoints; leur surface est irrégulièrement

raboteuse ; le dernier tour est anguleux à la circonférence , il est concave en dessous et présente de ce côté trois ou quatre stries concentriques, étroites et écartées. La columelle est aplatie, assez large, mince, tranchante, régulièrement arquée, et se continuant sans aucune interruption avec le bord droit. En dehors, cette columelle est accompagnée d'une zone assez large, lisse, sur laquelle se dessinent quelques petites taches longitudinales d'un brun rougeâtre. L'ouverture est très oblique et d'un brun terne à l'intérieur. Cette coquille a 20 millim. de diamètre et 18 de hauteur.

### † 79. Troque pourpré. *Trochus purpuratus.* Martyn.

*T. testâ elongato-conicâ, acuminatâ, basi convexâ, transversim sulcatâ et tenuè reticulatâ, aperturâ obliquâ, argenteâ, rotundato-subquadrangulari.*

Martyn. Univ. conch. t. 2. pl. 68. fig. *duæ Med.*

Chemn. Conch. t. 5. p. 28. pl. 161. f. 1524. 1525.

*Trochus rostratus.* Gmel. p. 3580. n° 87.

*Trochus.* Schrot. Einl. t. 1. p. 682. n° 9.

*Trochus iris.* var. Dillw. Cat. t. 2. p. 807. n° 111.

Habite la Nouvelle-Zélande.

Jolie espèce restée très rare jusqu'à présent dans les collections, et que Martyn a fait connaître depuis long-temps dans son magnifique ouvrage. Elle est voisine du *Troque iris* pour la forme générale, mais sa taille est plus petite; elle est allongée, conique, très pointue au sommet. Ses tours, au nombre de huit, sont médiocrement convexes; le dernier, très grand, est arrondi à la circonférence, et il est convexe en dessous : il n'est point ombiliqué. Sur ce dernier tour, on compte neuf ou dix sillons transverses, arrondis, peu proéminens. On en compte cinq sur le second et trois seulement sur les premiers. Outre ces sillons transverses, la surface présente un fin réseau de stries entrecroisées qui ne manquent pas d'élégance. L'ouverture est peu oblique et se rapproche en cela de la plupart des Littorines; mais elle est nacrée en dedans, tandis que, dans ce genre, les coquilles ne le sont jamais. La coloration de cette espèce est très agréable; presque toujours décortiquée, le sommet de la spire est d'une belle nacre rose pourpré. Le reste de la surface, sur un fond blanc verdâtre, est parsemé d'un grand nombre de taches linéolaires d'un beau rose. Cette coquille a 15 millim. de diamètre et 22 de hauteur.

## Espèces fossiles.

### 1. Troque crénulaire. *Trochus crenularis.*

*Tr. testá pyramidatá, transversìm tuberculatá ; anfractuum margine
inferiore crasso, tuberculis majoribus crenato; columellá truncatá.*

*Trochus crenularis.* Annales, vol. 4. p. 48. n" 1. t. 7. pl. 15. f. 5.

* Bowd. Elem. of conch. pl. 9. f. 7.

* Def. Dict. sc. nat. t. 55. p. 472.

* Desh. Coq. foss. de Paris. t. 2. p. 229. n° 1. pl. 27. f. 3. pl. 28.
f. 13. 14. 15.

Habite... Fossile de Grignon. Mon cabinet. Il a de si grands rapports avec le *Tr. mauritianus*, que je crois qu'il n'en est qu'une
variété. Il forme un cône pyramidal de 28 à 30 millim. de hauteur,
et qui offre des rangées transverses de petits tubercules obliques.
Le bord inférieur de chaque tour est épais, garni de tubercules
plus grands, obliques, didymes, qui le font paraître crénelé. Il
n'est point ombiliqué.

### 2. Troque à collier. *Trochus monilifer.* Lamk.

*Tr. testá conicá, imperforatá, transversè granulatá; anfractibus
seriebus granorum quaternis; columellá obliquá, subtruncatá.*

*Trochus nodulosus.* Brander. Foss. Hant. t. 1. f. 6.

*Trochus monilifer.* Ann. ibid. n° 2.

* Sow. Min. conch. pl. 367.

* Def. Dict. sc. nat. t. 55. p. 474.

* Desh. Coq. foss. de Paris. t. 2. p. 231. n° 3. pl. 28. f. 1-6.

Habite... Fossile de Louvres. Cabinet de M. *Defrance.* Coquille en
cône court, pointue, haute de 2 centimètres. Chaque tour de spire
offre quatre rangées transverses de tubercules granuleux, assez
égaux, et qui ressemblent à des rangs de collier. On voit sur la
base aplatie de la coquille huit rangées circulaires et concentriques
de petits grains, et de fines stries rayonnantes qui les traversent.
Columelle arquée, tronquée, courante sur le bord de l'ouverture.

### 3. Troque sillonné. *Trochus sulcatus.* Lamk. (1)

*Tr. testá conicá, subperforatá, transversìm eleganterque sulcatá;
margine inferiore prominente.*

*Trochus sulcatus.* Ann. ibid. p. 49. n° 3.

---

(1) Nous renvoyons pour cette espèce à ce que nous en disons
en décrivant le *Trochus Lamarckii.*

[*a*] *Testâ maculosâ ; sulcis anfractuum tenuissimis subduodenis.*
[*b*] *Testâ immaculatâ ; sulcis profundioribus subnovenis.*

Habite.... Fossile de Grignon et de Pontchartrain. Cabinet de
M. *Defrance* et le mien. Coquille en cône pointu au sommet, à
tours de spire sans convexité, tous élégamment striés en travers.
La base de chaque tour est un peu élevée et bien séparée du sommet du tour suivant par sa saillie. La columelle se fond dans la
base du bord droit de l'ouverture. Ombilic en partie recouvert.
Hauteur, 15 ou 16 millimètres.

## 4. Troque à cordonnets. *Trochus alligatus*. Lamk.

*Tr. testâ conicâ, imperforatâ, maculosâ ; anfractibus cingulis fili-*
*formibus inæqualibus subsenis : infimo crassiore.*

*Trochus alligatus.* Ann. ibid. n° 4.

Habite... Fossile de Ben, près Pontchartrain. Mon cabinet. Celui-ci
ressemble beaucoup au précédent par son aspect; mais il en diffère particulièrement par les cordonnets de ses tours qui sont au
nombre de six sur chacun d'eux, et dont l'inférieur est plus gros
que les autres. Vers le sommet de la spire, ce cordonnet inférieur
est armé de tubercules écartés, et le supérieur est crénelé. Longueur, 18 millimètres.

## 5. Troque semi-costulé. *Trochus semicostulatus*. Lamk. (1)

*T. testâ conicâ, imperforatâ; anfractuum parte superiore costellis cre-*
*bris et obliquis ornatâ : inferiore tuberculis minimis biserialibus.*

*Trochus ornatus.* Ann. ibid. n° 5.

Habite.. Fossile des environs de Paris. Mon cabinet. Il a de grands
rapports avec le *Tr. crenularis;* mais les tubercules de la partie inférieure de chaque tour sont beaucoup plus petits, et la coquille
est moins pyramidale. Sa base est large, sillonnée circulairement.
Columelle tronquée et épaisse à son extrémité. Longueur, un peu
plus de 2 centimètres.

## 6. Troque subcariné. *Trochus subcarinatus*. Lamk.

*T. testâ abbreviato-conicâ, perforatâ; anfractibus lævibus, margine*
*inferiore prominulo subcarinatis.*

*Trochus subcarinatus.* Ann. ibid. p. 50. n° 6.

-----

(1) Lamarck avait d'abord donné le nom de *Trochus ornatus*
à cette espèce, dans les Annales du Museum; il lui substitue ici
celui de *semicostatus*, que l'on ne doit pas adopter, le premier
devant être préféré, à cause de son antériorité.

(*b*) *Var. anfractuum margine inferiore non exserto.*
(*c*) *Var. anfractibus infimis superioribus involventibus.*

Habite... Fossile de Grignon et de Pontchartrain. Cabinet de M. Defrance. Celui-ci a un peu l'aspect de l'*Helix elegans* de Draparnaud ; mais il est marin comme ses congénères, et présente un petit cône raccourci, muni de cinq à six tours dont le bord inférieur est un peu saillant en carène obtuse. Son test est épais et nacré. Longueur, 8 ou 9 millimètres.

7. **Troque bicariné.** *Trochus bicarinatus.* **Lamk.**

T. *testá conicá, imperforatá; anfractibus lævibus, carinis binis remotis.*

*Trochus bicarinatus.* Ann. ibid. n° 7.

* Desh. Coq. foss. Paris. t. 2. p. 243. pl. 40. f. 17-18.

Habite... Fossile de Lonjumeaux. Cabinet de M. Defrance. Cette espèce forme un petit cône moins raccourci que celle qui précède, long d'environ 5 millimètres, et dont les tours sont munis chacun de deux carènes, l'une à la base du tour, et l'autre près de son sommet.

8. **Troque agglutinant.** *Trochus agglutinans.* **Lamk.** (1)

(*b*) *Var. testá depresso-conicá, basi dilatatá; anfractibus externè rudibus, irregularibus, polyedris; umbilico intùs plicato.*

*Trochus umbilicaris.* Brander. Foss. Hant. t. 1. f. 4-5.

*Trochus agglutinans.* Ann. ibid. p. 51. n° 8. et t. 7. pl. 15. f. a. b.

* Guettard. Sur les ac. des coq. Mém. de l'Ac. 1759. pl. 13. f. 5.
* Def. Dict. sc. nat. t. 55. p. 476. *Var. exclus.*
* Desh. Coq. foss. de Paris. t. 2. p. 241. pl. 31. f. 8. 9. 10.
* Sow. Min. Conch. pl. 98. f. 1-2.

Habite... Fossile de Grignon. Mon cabinet. Cette coquille présente un cône très surbaissé, pointu au sommet, dilaté à sa base, à bord

------

(1) Cette espèce ne saurait être confondue avec aucune autre vivante connue jusqu'à présent ; elle diffère du *Trochus conchyliophorus* de Born, auquel Lamarck a eu tort de donner le même nom qu'à celle-ci. Le *Trochus agglutinans* est toujours ombiliqué et très aplati, ce qui le distingue aussi de toutes les autres espèces fossiles. Ce Troque est particulier aux terrains tertiaires de la première période, et ne passe en identique dans aucune autre.

tranchant avec des angles et des sinus irréguliers. La face inférieure est aplatie, un peu concave, et son ouverture est très déprimée. L'ombilic, en partie recouvert, comme dans l'espèce principale, est plissé intérieurement. Largeur, 16 lignes et demie. Cette
espèce est aussi une véritable *Fripière*.

## 9. Troque calyptriforme. *Trochus calyptræformis*. La-marck. (1)

> *T. testá orbiculatá, convexo-turgidulá, subconicá, echinulatá; vertice
> subcentrali.*

*Trochus apertus et opercularis*. Brander. Foss. Hant. t. 1. f. 1. 2. 3.
*Calyptræa trochiformis*. Ann. vol. 1. p. 385. nº 1.

(b) *Var.* testá orbiculato-convexá, depressiusculá, obliquè striatá,
muticá; striis dorso acutis.

(c) *Var.* testá elatiore, pileiformi, subconicá, asperulatá.

Habite... Fossile de Grignon. Mon cabinet. Coquille orbiculaire s
subconoïde, plus ou moins élevée, à tours convexes, et souvent hérissée de petites aspérités écailleuses. Sa face inférieure est concave et offre une lame septiforme qui rend l'ouverture étroite.
Cette espèce, très commune à Grignon, est d'autant plus remarquable, que feu M. Péron a rapporté des mers de la Nouvelle-Hollande l'analogue vivant de sa var. (b), dont j'ai fait mention dans
cet ouvrage (2). Diam. de la base de l'espèce principale, 13 lig.
La var. (c) a été trouvée à Aumont, près Montmorency, par
M. Gilet-Laumont.

## † 10. Troque podolien. *Trochus podolicus*. Du Bois.

> *T. testá conicá, anfractibus invicem confluentibus (raro in varietate
> depressá ab invicem distantibus) longitudinaliter sulcato-striatis ;
> aperturæ margine externo subtùs angulato; umbilico minimo.*

*Trochus conulus*. Eichw. p. 221. Karsten. Archiv. 130.
Dub. Conch. foss. p. 42. pl. 3. f. 1. 2. 3.
*Trochus variabilis*. Sedgw. et Murch. Mém. sur la structure des
Alpes d'Autriche. Trans. de la soc. géol. de Lond. t. 3. pl. 30.
f. 9.
Habite... Fossile en Volhynie et en Podolie.
Coquille fort commune dans les terrains tertiaires de la Volhynie et

---

(1) Cette espèce est une Calyptrée, aussi bien que l'espèce
vivante à laquelle Lamarck renvoie.

(2) Voyez *Trochus calyptræformis*, p. 125. n. 7.

de la Podolie. Elle est allongée, conique, pointue au sommet,
formée de six ou sept tours à peine convexes, sillonnés transversalement et élégamment crénelés à la base. Quelquefois les
sillons transverses sont subgranuleux; quelquefois ils sont simples; et dans presque tous les individus, la circonférence du dernier tour est crénelée assez régulièrement. En dessous, le dernier
tour est convexe, il est sillonné et présente, derrière la columelle, une petite fente ombilicale. L'ouverture est subquadrangulaire, aussi haute que large. La columelle est droite et se continue à la base sans interruption avec le bord droit. On trouve
assez souvent des individus qui ont conservé des restes de leur
coloration, et cette coloration consiste en flammules d'un jaune
rougeâtre, disposées à-peu-près comme celles du *Trochus magus*.
Cette coquille a 20 millimètres de diamètre et 25 de hauteur.

**11. Troque de Buch. *Trochus Buchii*. Du Bois.**

> *T. testá conicá, profundè umbilicatá; latitudine altitudinem supe-*
> *rante; cariná acutá, crenatá; anfractibus binis annulis cinctis;*
> *uno medio granulato, et ad suturam altero latiore, transversim*
> *sulcato, longitudinaliter plicato; aperturá rhomboidalis.*

*Trochus annulatus.* Karsten. Archiv. 2. p. 132.

Dubois. Conch. foss. p. 39. pl. 3. f. 9. 10. 11.

*Trochus Puschii.* Audrez. Notice sur les coq. foss. Bull. des nat. de
Moscou. t. 2. p. 99. pl. 5. f. 1.

Habite... Fossile en Podolie.

Jolie espèce de Troque qui a du rapport avec le *Trochus magus*;
mais il est moins large en proportion, sa spire est plus élancée
et l'ombilic est en proportion beaucoup plus étroit. Ses tours
sont ornées à la partie supérieure d'une rangée de tubercules oblongs, crénelés par des stries transverses. Le milieu des tours
est parcouru par une petite côte transverse très élégamment granuleuse. Une côte simple circonscrit la circonférence du dernier
tour et la face inférieure de ce tour médiocrement convexe, pre-
sente quatre ou cinq petits sillons concentriques. L'ouverture
est oblique, subquadrangulaire, la columelle est presque droite
subtronquée à la base et terminée par un petit renflement sub-
dentiforme. Derrière cette columelle s'ouvre un petit ombilic
fort étroit. Cette jolie coquille, qui est assez commune dans les
terrains tertiaires de la Podolie, a quelquefois un pouce de diamètre et à-peu-près autant de hauteur.

**† 12. Troque cariné. *Trochus carinatus*. Borson.**

> *T. testá obliquè conicá; anfractibus planis, propè suturam obtusè*

*carinatis; rugis obliquis; aperturâ patulâ peristomate in basim
expanso.*

Berson. Orittogr. piem. p. 84. n° 9. pl. 2. f. 2.
Brong. Terr. sup. du Vicentin. p. 56. pl. 4. f. 5 a. b.
Habite... Fossile à la Superga, aux environs de Turin.
Cette coquille appartient très probablement au genre Turbo. Son
ouverture offre, en effet, presque tous les caractères du *Turbo
rugosus;* elle est discoïde, aplatie, conique, pointue au sommet
et composée d'un petit nombre de tours anguleux à la circonférence, et dont le dernier est beaucoup plus grand en proportion
que les autres. Ce dernier tour offre ordinairement deux carènes; l'une, supérieure, est la continuation de l'angle des tours
précédens, et l'autre, inférieure, circonscrit la base. Cette base
est aplatie et envahie presque tout entière par une large expansion du bord gauche. Cette callosité, comparable à celle du
*Turbo rugosus* est en proportion beaucoup plus grande. L'ouverture est très oblique, presque horizontale et arrondie au fond.
Pour sa forme extérieure, cette espèce présente quelque analogie avec une coquille vivant actuellement dans les mers du
Pérou; mais, néanmoins, il reste entre ces deux espèces des
caractères qui les font très facilement distinguer. Les grands
individus ont 40 millim. de diamètre et 30 de hauteur.


† 13. Troque de Bosc. *Trochus Boscianus.* Brong.

*T. testâ perfectè conicâ, super anfractibus seriebus tuberculorum
elongatorum senis; binis inferioribus proeminentibus.*

Brong. Terr. sup. du Vicentin. p. 56. pl. 2. f. 11.
Basterot. Mém. sur les foss. du S O. de la France. p. 33. n° 3.
Habite... Fossile aux environs de Dax et dans le Vicentin.
Jolie espèce de Troque qui se rapproche un peu du *Trochus crenularis* de Lamarck. Il est allongé, conique, très pointu, étroit
à la base; sa spire compte huit à neuf tours dont le bord inférieur saillant, au-dessus de la suture est crénelé avec élégance. La
surface est ornée de stries transverses granuleuses, dont l'une plus
grosse que les autres borde en dessous la suture. Le dernier tour
est finement striée en dessous. Il est aplati de ce côté et ne
présente aucune trace d'ombilic. L'ouverture est quadrangulaire;
elle est peu oblique; sa columelle est simple, droite et légèrement tordue dans sa longueur. Cette jolie espèce, assez rare
dans les collections, a 17 millim. de diamètre et 24 de hauteur.

## † 14. Troque de Lucas. *Trochus Lucasianus*. Brong.

*T. testá conicá, basi paululum coarctatá ; super anfractibus serie tuberculorum duplici.*

Brong. Terr. sup. du Vicentin. p. 55. pl. 2. f. 6.

Habite... Fossile à Castel-Comberto.

Espèce fort remarquable, qui est allongée, conique et qui offre ce caractère particulier d'avoir la spire convexe dans son ensemble. Cette espèce a quelques rapports avec les grands individus du *Trochus monilifer* des environs de Paris ; mais il en a davantage encore, pour les caractères de l'ouverture, avec une belle espèce qui se trouve dans les terrains tertiaires inférieurs aux environs de Valogne, département de la Manche. Le *Trochus lucasianus* est conique, plus long que large. Ses tours sont aplatis, nombreux, fort étroits, presque conjoints, et réunis par une suture superficielle et crénelée. Ce qui distingue surtout cette espèce, c'est que la surface de ses tours présente deux rangées de très gros tubercules obtus et oblongs. Le dernier tour est anguleux à la circonférence, aplati, et finement strié en dessous. L'ouverture est quadrangulaire et transverse plus large que haute ; la columelle est très courte, subitement tronquée à la base, et porte à son extrémité un énorme tubercule arrondi qui envahit presque toute sa longueur. Cette coquille a 35 millimètres de diamètre et 45 de hauteur.

## † 15. Troque fendu. *Trochus duplicatus*. Sow.

*T. testá conicá, basi convexá; anfractibus 6 subconcavis, obliquis, transversè striato utrinque tuberculosis, tuberculis acutis, inferioribus striis duabus profundioribus , duplicatis basi in costulas longitudinales productis; aperturá sublongitudinali, columellá elongatá.*

Sow. Min. Conch. pl. 181. f. 5.

Rœm. Verstein. nord. oolit. p. 149.

Habite... Fossile dans le terrain oolitique, en Angleterre, en Allemagne et en France.

Jolie espèce de Troque que l'on distingue facilement parmi tous ses congénères. Il est conique et dilaté à la manière du *Trochus niloticus*. Ses tours sont creusés dans le milieu et bordés à la base par un bourrelet crénelé, profondément divisé en deux par un petit sillon. Le dernier tour est légèrement convexe vers le centre. Il est percé d'un ombilic et le bord de cet ombilic est chargé de crénelures obliques qui se recouvrent les unes les autres comme les tuiles d'un toit ; tout le reste de la surface est lisse. L'ouverture est quadrangulaire, peu oblique; la columelle est droite, simple et tronquée à la base. Cette jolie espèce a 16 millimètres de diamètre et autant de hauteur.

## † 16. Troque obsolète. *Trochus obsoletus*. Rœm.

T. *testá conicá, anfractibus tribus, lævibus, lateribus planis; umbilico nullo; aperturá depresso ovatá.*

Rœm. Verstein. Nord oolit. p. 151. pl. 11. f. 5.

Habite dans le terrain oolitique du nord de l'Allemagne.

La petite coquille décrite sous ce nom par M. Rœmer a beaucoup d'analogie avec celle que l'on trouve assez fréquemment aux environs de Bayeux; il y a cependant des différences suffisantes pour maintenir ces deux espèces. Celle-ci est fort petite, conique, aplatie à la base et composée de trois tours lisses, aplatis, conjoints dont le dernier est anguleux à la circonférence. L'ouverture est petite, subovalaire, un peu plus large que haute. Cette petite coquille a 5 à 6 millimètres de hauteur et de largeur.

## † 17. Troque perlé. *Trochus margaritaceus*. Desh.

T. *testá conicá, basi dilatatá, apice acutá, infernè planá; anfractibus planis quadriseriatim granulosis, ultimo anfractu ad peripheriam angulato subtus lævigato; aperturá obliquá, quadrangulari; columellá brevi basi callo lato instructá; marginibus acutis.*

Desh. Coq. foss. de Paris. t. . p. 232. n° 4. pl. 28. f. 7. 8. 9.

Habite... Fossile aux environs de Paris, à Valmondois et à Lachapelle, près Senlis.

Très jolie espèce de Troques, l'une des plus rares des environs de Paris; par sa forme et son volume, elle se rapproche du *Trochus maculatus* de Chemnitz. Elle est régulièrement conique, à-peu-près aussi haute que large; ses tours sont nombreux, très aplatis, à suture très superficielle et à peine distincte. La surface de chaque tour présente quatre rangées de granulations régulières, dont l'une, celle de la base, est presque toujours un peu plus grosse que les autres; le dernier tour est anguleux à la circonférence, et ce qui distingue éminemment cette espèce, c'est que ce dernier tour est complètement lisse en dessous, et ne présente aucune trace d'ombilic. L'ouverture quadrangulaire peu oblique, un peu plus haute que large; la columelle porte vers la base un énorme tubercule dont la base est séparée du bord droit par une échancrure assez profonde. Si l'on regarde à l'intérieur de l'ouverture, on remarque une crête saillante se contournant autour de la base de la columelle et séparée d'elle par une gouttière

assez large. Cette belle espèce a 40 millimètres de diamètre, et
45 de hauteur.

### † 18. Troque mitré. *Trochus mitratus.* Desh.

*T. testâ conicâ, apice acutâ, basi dilatatâ, planâ; anfractibus an-*
*gustis, planis, quadrisulcatis, sulcis inæqualibus, subgranulosis et*
*longitudinaliter oblique tenuissimè striatis, aperturâ quadrangu-*
*lari columellâ basi dilatatâ et truncatâ; marginibus acutis.*

Desh. Coq. foss. de Paris. t. 2. p. 233. n° 5. pl. 27. f. 6-8. 12-14.

Habite... Fossile dans les calcaires grossiers des environs de Paris, à
Parne et à Mouchy-le-Châtel.

Celle-ci est certainement la plus rare de toutes celles qui sont connues aux environs de Paris; elle a de l'analogie avec le *Trochus*
*virgatus,* mais elle s'en distingue essentiellement par tous ses caractères spécifiques : elle est allongée, conique, très pointue au
sommet, composée d'un grand nombre de tours fort aplatis, conjoints et chargés de trois, ou quatre sillons transverses, dont l'inférieur est le plus gros. Ces sillons sont granuleux dans la plupart
des individus; ils le sont toujours dans le jeune âge, mais les granulations ont une tendance à s'effacer sur les derniers tours des
individus les plus vieux. Le dernier tour est anguleux à sa circonférence, il est finement strié en dessous et à peine convexe de ce
côté. L'ouverture est quadrangulaire, déprimée, plus large que
haute; la columelle est fort courte, et elle porte sur le milieu de
sa longueur, un gros pli tordu, dont la base fait saillie en dehors.
Cette belle espèce conserve des traces de sa première coloration
qui consiste comme dans le *Trochus virgatus* en grandes flammules
d'un rouge terreux pâle, sur un fond blanc. Le plus grand individu
que nous ayons à 30 millimètres de diamètre et de 30 de hauteur.

### † 19. Troque à cordelettes. *Trochus funiculosus.* Desh.

*T. testâ conicâ, elongatâ, apice acutâ, basi dilatatâ, planâ, lævigatâ;*
*anfractibus planis, transversim et regulariter quadrisulcatis;*
*sulcis æqualibus, profundis; aperturâ quadrangulari; columellâ*
*brevi, contortâ basi dilatatâ et truncatâ.*

Desh. Coq. foss. de Paris. t. 2. p. 234. n° 6. pl. 27. f. 4. 5.

Habite... Fossile à Mouchy, dans le calcaire grossier.

Espèce singulière, très allongée, et à spire très aiguë. Cette spire
compte un assez grand nombre de tours très étroits, sur lesquels sont
disposés et avec régularité trois ou quatre cordelettes transverses,
presque égales, très régulières et fort rapprochées les unes des

autres. Le dernier tour est très anguleux à la circonférence, aplati en dessous et lisse. L'ouverture est fort petite, quadrangulaire un peu plus large que haute. La columelle est courte, épaisse, tronquée à la base, et portant à son extrémité un tubercule pliciforme, assez gros, et faisant saillie au-dehors. Cette petite coquille, fort rare a 13 millimètres de diamètre et 15 d  hauteur.

† 20. **Troque de Lamarck.** *Trochus Lamarckii.* **Desh.**

> *T. testá elongato-conicá, apice acutá; anfractibus planis transversìm striatis, basi prominulis; ultimo ad periphœriam carinato, subtùs plano, subperforato, transversìm inæqualiter striato; aperturá quadrangulari; columellá angustá, simplici, continuá.*

*An Trochus subcarinatus ?* Lamck. Ann. du mus. t. 4.

*An Trochus sulcatus ?* Id. Ann. du mus. p. 49. n° 3.

Desh. Coq. foss. de Paris. t. 2. p. 234. n° 7. pl. 27. f. 10. 11.

Habite... Fossile à Grignon, à Parne, à Mouchy-le-Châtel, assez fréquent dans les calcaires grossiers des environs de Paris.

Lamarck confondait sous les noms de *Trochus subcarinatus* et de *Trochus sulcatus* les variétés de plusieurs espèces qu'il était impossible de rapporter d'une manière exacte à un nom spécifique plutôt qu'à l'autre. Pour faire cesser toute confusion, nous avons consacré, à l'une des espèces, le nom du célèbre naturaliste qui a rendu de si éminens services à la botanique et à la zoologie. Cette coquille est allongée, régulièrement conique, très pointue au sommet, et composée d'un grand nombre de tours aplatis, carénés à la base et dont la carène est saillante au-dessus de la suture. Toute la surface des tours est finement et régulièrement striée; le dernier tour est caréné à la circonférence, il est aplati en dessous, très finement strié, et présente derrière la columelle une fente ombilicale, extrêmement petite. L'ouverture est quadrangulaire, à-peu-près aussi haute que large; la columelle est droite, simple, et forme le côté le plus court de l'ouverture. Les grands individus de cette jolie espèce ont 12 millimètres de diamètre, et 15 de hauteur.

† 21. **Troque patellé.** *Trochus patellatus.* **Desh.**

> *T. testá orbiculato-depressá, conicá, brevi, basi dilatatá; anfractibus angustis, planis oblique et longitudinaliter subplicatis, plicis irregularibus; ultimo anfractu ad periphœriam angulato, subtus plano, umbilicato, leviter striato; aperturá depressá, subquadrangulari, margine externo repando.*

Desh. Coq. de Paris. t. 2. p. 240. n° 15. pl. 31. f. 5. 6. 7.

Habite... Fossile aux environs de Paris, à Valmondois, à Acy et à Tancrou.

Espèce fort intéressante et qui avoisine à certains égards le *Trochus indicus* de Lamarck. Elle est orbiculaire, discoïde, obtuse au sommet, à spire courte, composée de six ou sept tours aplatis, conjoints, et dont le dernier à une circonférence extrêmement aiguë, mais non prolongée en une lamelle mince, comme celle du *Trochus indicus*. Le dernier tour très dilaté est concave en dessous, et il est percé au centre d'un assez large ombilic infundibuliforme; l'ouverture est aplatie, presque horizontale, ovale, transverse, et a beaucoup de ressemblance avec celle du *Trochus agglutinans*. La surface extérieure est lisse, ou irrégulièrement rugueuse, mais les rugosités sont très obsolètes, et quelquefois disparaissent entièrement. Cette espèce fort rare à 3o millimètres de diamètre et 15 de hauteur.

### † 22. Troque élancé. *Trochus elatus*. Desh.

*T. testâ elongatâ apice acutâ, basi angustâ; anfractibus concaviusculis, basi angulatis, transversim tenuissimè striatis; angulo crenato; striis æqualibus; ultimo anfractu ad periphæriam angulato, basi plano, striato, umbilicato; aperturâ quadrangulari; columella simplici, continuâ.*

Desh. Coq. foss. de Paris. t. 2. p. 235. n° 8. pl. 29. f. 5-8.

Habite... Fossile dans les calcaires grossiers des environs de Paris, à Mouchy-le-Château.

Cette coquille est l'une des plus turriculées du genre troque. Elle est conique, très aiguë au sommet et composée de huit à neuf tours aplatis, carénés à la base et rentrant les uns dans les autres, à la manière de ceux du *Turritella imbricataria*. L'angle des tours est crénelé, et le reste de leur surface est très finement strié; le dernier tour est très aplati en dessous, et il est percé d'un petit ombilic étroit qui quelquefois est obstrué par une petite callosité columellaire; l'ouverture est quadraugulaire, aussi haute que large et peu oblique. Il y a des individus qui conservent des reste de leur coloration, qui consiste en fines linéoles d'un beau blanc sur un fond d'un jaune ocracé. Cette jolie espèce a 9 millimètres de diamètre et 13 de hauteur.

### † 23. Troque nain. *Trochus minutus*. Desh.

*T. testâ conico-depressâ, minimâ, apice obtusâ, basi dilatatâ; anfractibus planis, longitudinaliter plicatis: ultimo ad periphæriam*

*angulato , in medio umbilicato , bistriato , angulo marginali acu-
tissimo : aperturâ minimâ , obliquatâ, depressâ.*

Desh. Coq. foss. de Paris. t. 2. p. 239. n° 14. pl. 29. f. 15-18.

Habite... Fossile aux environs de Paris et Betz.

Celle-ci est une des plus petites espèces que nous connaissions ; elle a
quelque analogie avec le *Trochus patellatus,* mais elle se distingue
nettement de toutes ses congénères ; elle est discoïde, aplatie , obtuse au sommet, formée de cinq tours régulièrement plissés en
rayonnant. Ces plis aboutissent à la circonférence très aiguë du
dernier tour. En dessous, ce dernier tour est lisse, plat, et même
légèrement concave, et son centre est percé d'un ombilic infundibuliforme assez grand. L'ouverture est subquadrangulaire, et elle
est fort oblique. Cette petite espèce a cinq ou six millimètres de
diamètre et à-peu-près autant de hauteur.

## † 24. Troque sillonné. *Trochus sulcatus.* Lamk.

> *T. testâ conicâ, apice acutâ, transversim tenuè sulcatâ ; anfractibus
> planis, suturâ canaliculatâ separatis ; ultimo ad periphæriam an-
> gulato ; aperturâ quadrangulari, obliquâ ; columellâ simplici,
> continuâ.*

**Var.** a. Desh, *Testâ longiore , anfractibus basi prominulis, subcarinatis.*

*An trochus sulcatus?* Lamk. Ann. du mus. t. 4. p. 49. n° 3. t. 7.
pl. 15. f. 6. D.

Desh. Coq. foss. de Paris. t. 2. p. 236. n° 9 pl. 29. f. 1. 2. 3. 4.

Habite... Fossile aux environs de Paris, à Parne, à Grignon, à
Mouchy-le-Châtel, etc.

Belle espèce, très distincte de toutes celles que l'on trouve aux environs de Paris ; elle est régulièrement conique, à spire très aiguë,
composée de sept à huit tours très aplatis, sur lesquels se trouvent disposés avec une grande régularité six ou sept sillons transverses simples et tranchans. Dans la plupart des individus, la
suture est débordée par l'angle de la base des tours. Le dernier
tour est convexe en dessous; il est sillonné comme en dessus et
présente derrière la columelle une petite fente ombilicale fort
étroite. La columelle est oblique , faiblement tordue dans sa longueur et subtronquée à sa base. Cette espèce très élégante a dix millimètres de diamètre et douze de hauteur.

## MONODONTE. (Monodonta.)

Coquille ovale ou conoïde. Ouverture entière, arrondie ; à bords désunis supérieurement. Columelle arquée,
tronquée à sa base. Un opercule.

*Testa ovata vel conoidea. Apertura integra, rotundata ;
marginibus supernè disjunctis. Columella arcuata, basi truncata. Operculum.*

OBSERVATIONS. — Les *Monodontes* tiennent en quelque sorte
le milieu, par leurs rapports, entre les Troques et les Turbos.
En effet, ces coquilles doivent se distinguer des Troques, principalement parce que leur ouverture est plus arrondie, c'est-à-
dire n'est point ou presque point déprimée, et on ne devra pas
les confondre avec les Turbos, leur columelle, tronquée à sa
base, formant dans l'ouverture une saillie dentiforme qui les
caractérise. Ainsi, c'est par la forme de leur ouverture que les
Monodontes se distinguent des Troques, et c'est par celle de
leur columelle qu'elles diffèrent des Turbos.

Toutes les Monodontes sont des coquilles marines, obliques
sur le plan de leur base, à spire plus ou moins élevée, les unes
mutiques, les autres tuberculeuses. Il y en a qui ont le bord droit
comme doublé et sillonné assez fortement dans l'intérieur ; dans
d'autres, ce bord est simple.

L'animal de ces coquilles a un pied elliptique, court, cilié, et
muni latéralement de quelques filets longs, subciliés ; deux tentacules longs, aigus, couverts de filets piliformes : les yeux à
leur base extérieure, élevés sur des pédicules courts ; et un opercule orbiculaire, mince, corné, attaché à son pied. Adans. Seneg.
p. 180. t. 12. *Osilin.*

## ESPÈCES.

1. **Monodonte bicolore.** *Monodonta bicolor.* Lamk.

> *M. testâ obliquè pyramidatâ, imperforatâ, tuberculis echinatâ,
> infernè albâ, supernè nigricante ; ultimi anfractus tuberculis
> majoribus transversim biseriatis et fuscatis ; labro intùs sulcato.*

Habite... Mon cabinet. C'est la seule que nous connaissions de ce genre dont la troncature de la columelle soit médiocre. Elle  à la suivante par ses rapports. Diam. de la base, 17 lignes ; hauteur pareille.

## 2. Monodonte pagode. *Monodonta pagodus.* Lamk. (1)

*M. testá obliquè conicá, contabulatá, imperforatá, tuberculis echinatá, longitudinaliter costatá, transversim sulcatá griseofuscescente ; costis in tuberculo elongata compressa extra marginem spirarum productis ; infimá facie albidá ; concentricè sulcatá, papillosá.*

*Turbo pagodus.* Lin. Syst. nat. ed. 12, p. 1234. Gmel. p. 3591 n. 12.

Lister. Conch. t. 644. f. 36.

Rumph. Mus. t. 21. fig. D.

Petiv. Amb. t. 10. f. 8.

Gualt. Test. t. 62. fig. B. C.

D'Argenv. Conch. pl. 8. fig. A.

Favanne. Conch. pl. 12. fig. A.

Seba. Mus. 3. t. 60. f. 3.

Knorr. Vergn. 1. t. 25. f. 3. 4.

*Trochus pagodus.* Chemn. Conch. 5. t. 163. f. 1541. 1542.

* Lin. Syst. nat. ed. 10. p. 762.

* Klein. Ostrac. pl. 2. f. 37.

* Gevens. Conch. Cab. f. 64. 65.

---

(1) Cette coquille n'est point nacrée à l'intérieur comme les autres Monodontes ; sa columelle est aplatie comme celle des Littorines, et son opercule corné est tout-à-fait semblable à celui du *Littorina littorea.* L'animal représenté par MM. Quoy et Gaimard diffère de celui des autres espèces de Monodontes par la position des yeux, et ressemble en cela aux Littorines. En conséquence de ces observations, nous proposons de faire passer cette espèce dans le genre Littorine. L'ouvrage que nous venons de citer vient lui-même à l'appui de notre opinion. Les auteurs ont fort éloigné les Littorines et la Monodonte pagode ; mais il suffit pour se convaincre de leur ressemblance de rapprocher la planche 33 de la planche 36 de l'ouvrage cité. Les deux espèces suivantes : *M. tectum persicum* et *M. papillosa*, offrant les mêmes caractères que le *Pagodus*, doivent aller avec lui parmi les Littorines.

* Lin. Mus. Ulric. p. 654.
* Born. Mus. p. 345.
* Schrot. Einl. t. 2. p. 16.
* Dillw. Cat. t. 2. p. 627. n° 27.
* Quoy et Gaim. Voy. de l'Astrol. pl. 62. f. 1 à 4.
* *Trochus pagodus.* Desh. Encycl. méth. vers, t. 3. p. 1079. n°
  27.

Habite l'Océan des grandes Indes. Mon cabinet. Vulg. la *Pagode* ou
le *Toit chinois.* Ses tours sont étagés par le prolongement des côtes
tuberculifères; le dernier en offre deux rangées. Diam. de la base,
15 lignes; hauteur, 12 et demie.

## 3. Monodonte toit-persique. *Monodonta tectum persicum.* Lamk.

*M. testá obliquè conicá, acutá, imperforatá, tuberculis echinatá,
cinereo-fucescente ; tuberculis transversim seriatis ascendentibus ;
in ultimo anfractu biserialibus et obtusioribus ; in superioribus acu-
minato-spinulosis ; infimá facie papillosá.*

*Turbo tectum persicum.* Lin. Syst. nat. éd. 12. p. 1234. Gmel. p. 3591.
n° 11.

*An* Gualt. Test. t. 60. fig. M?

Favanne. Conch. pl. 13. fig. F.

Chemn. Conch. 5. t. 163. f. 1543. 1544.

* Gevens. Conch. Cab. pl. 9. f. 66.
* Lin. Syst. nat. éd. 10. p. 762.
* Lin. Mus. Ulric. p. 653.
* Schrot. Einl. t. 2. p. 15.
* Dillw. Cat. t. 2. p. 826. n° 25.
* *Trochus tectum persicum.* Desh. Encycl. méth. vers. t. 3. p. 1080.
  n° 28.

Habite la mer de l'Inde. Mon cabinet. Vulg. la *Petite pagode.*
Diam. de la base, 8 lignes et demie ; hauteur, 9.

## 4. Monodonte papilleuse. *Monodonta papillosa.* Lamk. (1)

*M. testá obliquè conicá, acutá, imperforatá, in fundo fuscescente
papillis albis echinatá; papillis transversim triseriatis : in ultimo
anfractu quadriseriatis ; infimá facie concentricè papillosá ; columella luteo-rufescente.*

---

(1) Si comme tout nous porte à le croire, la courte description
de cette espèce est exacte, elle serait la même que le *Trochus*

* *Trochus grandinosus*. Chemn. Conch. t. 10. p. 291. pl. 169. f. 1639.

* *Trochus bullatus*. Martyns Univ. Conch. pl. 38.

Habite les mers de Timor. Mon cabinet. Elle avoisine la précédente mais elle en est distincte. Toutes ses papilles sont obtuses. Diam. de la base, 11 lignes; hauteur pareille.

## 5. Monodonte coronaire. *Monodonta coronaria*. Lamk.

*M. testâ obliquè conicâ, subturritâ, imperforatâ, scabrâ, tuberculis minimis acutis multifariam coronatâ, albâ, basi apiceque roseis: anfractibus convexis, multicarinatis: carinis brevibus, tuberculiferis; labio columellari rufescente.*

Encyclop. pl. 447. f. 6. a b.

Habite... Mon cabinet. La figure citée représente un individu à sommet fruste; dans de plus petits, la spire est pointue. Cette coquille est peu épaisse. Diam. de la base, 11 lignes; longueur de la coquille, 18.

## 6. Monodonte égyptienne. *Monodonta ægyptiaca*. Lamk. (1)

*M. testâ orbiculato-conoideâ, contabulatâ, transversim striatâ, in fundo rubro costis longitudinalibus albis radiatâ; infimâ facie sulcis concentricis nigro-punctatis instructâ; umbilico spirali.*

*Turbo declivis*. Forsk. Ægypt. Descr. Anim. p. 126. n° 72.

*Trochus ægyptius*. Chemn. Conch. 5. t. 171. f. 1663. 1664.

*Trochus ægyptius*. Gmel. p. 3573. n° 41.

* Schrot. Einl. t. 1. p. 708. n° 75. pl. 8. f. 19?

* *Trochus declivis*. Dillw. Cat. t. 2. p. 775. n° 38.

* *Trochus ægyptiacus*. Des Encyl. méth. vers. t. 3. p. 1080. n° 29,

Habite dans la mer Rouge, proche l'isthme de Suez. Mon cabinet. Jolie coquille, à tours étagés, inclinés vers leur bord supérieur,

---

*grandinosus* de Chemnitz, dont il existe aussi une excellente figure dans le magnifique ouvrage de Martyn. D'après son opercule et la nature de son test, cette coquille est pour nous une véritable Littorine, se liant à ce genre par l'intermédiaire du *Turbo muricatus*, qui incontestablement est une Littorine.

(1) Cette espèce, comme le témoigne la synonymie de Lamarck lui-même, a été nommée *Turbo declivis* par Forskall. Ce nom spécifique doit donc lui rester, quel que soit le genre où on la place; il faut en conséquence lui donner le nom de *Monodonta declivis*, dans le cas où l'on voudrait conserver ce genre défectueux des Monodontes.

dent columellaire plus proéminente que dans les espèces qui précèdent. Diam. de la base, 9 lignes ; hauteur, 7 trois quarts.

## 7. Monodonte grenat. *Monodonta carchedonius*. Lamk. (1)

*M. testâ ovato-abbreviatâ, transversim sulcatâ, cinereo-rubente ; ultimo anfractu costulâ cincto ; penultimo sursùm declivi, longitudinaliter costato ; umbilico parvo ; dente columellari prominulo.*

Lister. Conch. t. 654. f. 54.

Favanne. Conch. pl. 8. fig. D. le *grenat*.

Chemn. Conch. 10. t. 165. f. 1583. 1584.

* Schrot. Einl. t. 1. p. 789. n° 128.

* Dillw. Cat. t. 2. p. 788. n° 71. *Trochus perlatus*.

Habite.... Mon cabinet. Petite coquille assez singulière par l'avant-dernier tour qui forme un toit incliné au-dessus du dernier ; spire courte et pointue. Diam. de la base, 6 lignes trois quarts.

## 8. Monodonte lenticulaire. *Monodonta modulus*. Lamk.

*M. testâ suborbiculari, obliquè depressâ, transversim striatâ, longitudinaliter obsoletè plicatâ, albidâ, maculis purpureis adspersâ ; infimâ facie convexa, concentricè sulcatâ, umbilicatâ ; dente columellari prominulo.*

*Trochus modulus.* Lin. Syst. nat. éd. 12. p. 1228. Gmel. p. 3568. n° 8.

Lister. Conch. t. 653. f. 52.

Seba. Mus. 3. t. 55. f. 17.

---

(1) Il y a plusieurs observations à faire au sujet de cette espèce. Elle a été nommée *Trochilus unidens* par Chemnitz ; elle doit donc devenir le *Monodonta unidens*. Gmelin, selon sa coutume, a fait plus d'une erreur ; il trouve une bonne figure de l'espèce dans Lister, et il la rapporte comme variété du *Trochus modulus*. Il associe ensuite la coquille de Chemnitz avec une espèce toute différente figurée dans le catalogue de Kaemmerer, y joint encore la figure déjà citée de Lister, et fait de tout cela la variété γ du *Trochus tectum* ; enfin, oubliant que la coquille de Kaemmerer est déjà une variété du *Trochus tectum*, il en fait une espèce sous le nom de *Trochus perlatus*. Dillwyn a eu tort d'accepter pour l'espèce de Chemnitz le nom de *Trochus perlatus*, et d'y laisser comme Gmelin de la confusion, tout en cherchant à la rectifier ; car on y trouve à-la-fois l'espèce de Kaemmerer et celle de Chemnitz.

*Trochus lenticularis.* Chemn. Conch. 5. t. 171. f. 1665.

Schro, Einl. in Conch. 1. t. 8. fr. 11.

* Gevens. Conch. Cab. pl. 13 f. 127.

* Lin. Syst. nat. ed. 10. p. 757.

* Dillw. Cat. t. 2. p. 775. n₀ 37.

Habite les mers de la Barbade, selon *Lister ;* la mer Rouge, selon
*Gmelin.* Mon cabinet. Diam. transv., 7 lignes.

## 9. Monodonte rétuse. *Monodonta tectum.* **Lamk.**

*M. testá ovato-ventricosá, subperforatá, plicis longitudinalibus cras-*
*sis exaratá, transversìm striatá rubroque punctatá, albidá ; spirá*
*retusá.*

Lister. Conch. t. 653. f. 51.

D'Argenv. Conch. pl. 6. fig. Q.

Favanne. Conch. pl. 9. fig. M. 3. *le Bossu.*

Knorr. Vergn. 4. t. 6. f. 5.

Chemn. Conch. 5. t. 165. f. 1567. 1568.

*Trochus tectum.* Gmel. p. 3569. n° 16.

*Monodonta retusa.* Encyclop. pl. 447. f. 4. a. b.

* Schrot. Einl. t. 1. p. 691. n° 28.

* *Trochus tectum.* Dillw. cat. t. 2. p. 788. n° 70 *exclusá variet.*

Habite... Mon cabinet. Coquille comme bossue, presque noduleuse
par ses gros plis. Ouverture très blanche, offrant une ligne brune
qui part du sommet de la columelle; dent collumellaire de la même
couleur. Diam. trans., 11 lignes.

## 10. Monodonte double-bouche. *Monodonta labio.* **Lamk.**

*M. testá ovato-conicá, ventricosá, crassá, imperforatá, transversim*
*rugosá, rubro nigroque maculatá ; rugis nodulosis, labro dupli-*
*cato, intùs sulcato, albo.*

*Trochus labio.* Lin. Syst. nat. ed. 12. p. 1230. Gmel. p. 3578. n° 76.

Lister. Conch. t. 584. f. 42. et t. 645. f. 37. *Bona.*

Rumph. Mus. t. 21. fig. E.

petiv. Amb. t. 11. f. 2.

D'Argenv. Conch. pl. 6. fig. N.

Favanne. Conch. pl. 8. fig. A. 2.

Adans. Seneg. pl. 12. f. 2. *le Retan.*

Born. Mus. t. 12. f. 7. 8.

Chemn. Conch. 5 t. 166. f. 1579—1581.

*Monodonta labio.* Encyclop. pl. 447. f. 1. 2. b.

* Gevens. Conch. Cab. pl. 18.

* Lin. Syst. nat. éd. 10. p. 759.

* Lin. Mus. Ulric. p. 649.
* *Trochus labio.* Schrot. Einl. t. 1. p. 667.
* Id. Brook. Intr. p. 123. pl. 7. f. 95.
* Dillw. Cat. t. 2. p. 792. n° 80.
* Blainv. Malac. pl. 33. f. 4.
* *Trochus labeo.* Sow. Gener. of shells. f. 5.
* *Trochus labio.* Desh. Ency. méth. vers. t. 3. p. 1080. n° 30.

Habite l'Océan atlantique, sur les côtes d'Afrique, etc. Mon cabinet. Coquille épaisse, un peu conique, à tours convexes, ceinte de cordelettes noueuses, et remarquable par son ouverture. Sa dent columellaire est très saillante. Vulg. la *Bouche double granuleuse.* Diam. transv. 15 lignes; longueur 18.

## 11. Monodonte australe. *Monodonta australis.* Lamk.

*M. testá ovato-conoideá, ventricosá, imperforatá, crassiusculá, cinguliferá, nitidá, virente; cingulis planis lavibus intensè viridis et albo tessellatis; anfractibus convexis; aperturá albá; labro duplicato, intùs sulcato.*

Favanne. Conch. pl. 8. fig. A 1. *le Ratelier.*
Chemn. Conch. 11. t. 196. f. 1890. 1891.
* *Trochus labio var.* Dillw. Cat. t. 2. p. 792. no 69.
* *Trochus australis.* Desh. Encycl. méth. vers. t. 3. p. 1081. n° 31.

Habite les mers de la Nouvelle-Hollande. Mon cabinet. Jolie coquille luisante, cingulifère, et élégamment parquetée de vert et de blanc. Diam. de la base, 13 lignes, longueur 14 et demie.

## 12. Monodonte canalifère. *Monodonta canalifera.* Lamk.

*M. testá subglobosá, imperforatá, transversè striatá et fasciata, nitidá, violacescente; fasciis angustis creberrimis rubro et cœruleo articulatis; aperturá albá; columellá planá, canali parallelo instructá; labro duplicato, intùs sulcato.*

Encyclop. pl. 447. f. 5. a. b.
* *Trochus canaliferus.* Desh. Encycl. méth. vers. t. 3. p. 1081. n° 32.

Habite.... Mon cabinet. Coquille rare, très jolie, agréablement fasciée, remarquable par le canal de sa columelle. Diamètre transversal, 11 lignes.

## 13. Monodonte verte. *Monodonta viridis.* Lamk.

*M. testá ovato-globosa, imperforatá, transversim sulcatá, virente;*

TOME IX. 12

*...icis elevatis angustis remotiusculis intensè viridibus ; fauce ar-
genteá ; columellá obsoletè canaliculatá ; labro semiduplicato
intùs crenato.*

Encyclop. pl. 447. f. 2. a. b.

Habite les mers de la Nouvelle-Hollande. Mon cabinet. Celle-ci,
d'une coloration moins brillante que celle qui précède, y tient
par certains rapports ; car elle offre l'ébauche d'un canal sur le
bord columellaire. En outre, la duplicature de son bord droit ne
se prolongeant pas jusqu'au milieu de ce bord, semble de même
être imparfaite ou avortée. Sa spire est courte, quoique un
peu plus allongée que dans la précédente. Diam. de la base, 11
lignes.

14. **Monodonte fraise.** *Monodonta fragaroïdes.* **Lamk.** (1)

*M. testá ovato-conoideá, imperforatá, solidá, glabrá, albido-lu-
tescente ; maculis nigris oblongis variis confertis transversim seriatis ; anfractibus convexis ; fauce margaritaceá ; labro simplicissimo.*

---

(1) Sous le nom de *Trochus turbinatus*, Born a établi une
espèce qui, en la rectifiant, nous paraît être la même que celle-
ci. Il prend ensuite une variété de la même espèce, et lui donne
le nom de *Trochus tessulatus*. On nous objectera sans doute que
Born signale dans son *tessulatus* un ombilic très petit qui n'existe
pas dans l'autre ; mais nous répondrons qu'il n'est pas très rare
de trouver des individus qui, dans le *Turbinatus*, ont acciden-
tellement une petite fente ombilicale. Nous devons examiner
actuellement le *Trochus turbinatus*. Born y rapporte évidemment
deux espèces qu'il cite dans Lister et dans Gèves, en suppri-
mant ces deux citations de sa synonymie, l'espèce de Born correspond exactement au *Monodonta fragaroïdes* de Lamarck.
Chemnitz a trop imité Born et n'a fait qu'ajouter à la confusion,
en joignant à ses citations synonymiques des figures plus
nombreuses des deux espèces ; mais si l'on veut en faire le dé-
part, celles qui se rapportent au *Turbinatus* sont beaucoup plus
nombreuses que celles qui appartiennent à l'autre espèce. Les
figures de Chemnitz peuvent servir à rectifier son espèce : il est
évident que les figures 1583, 1584 représentent le *Trochus turbinatus, et en même temps, comme nous l'avons dit, le *Trochus*

Lister. Conch. t. 642. f. 53. 54.
Klein. Ostrac. tentam. pl. 2. f. 53. 54.
Bonanni. Recr. 3. f. 201.
Gualt. Test. t. 65. fig. D, E. G.

---

*tessulatus* de Born ; mais les figures 1585 , 1586 et 1587 n'ont
aucun rapport avec les premières. L'une d'elles, 1585, pourrait
se rapporter au *Trochus divaricatus* de Linné. Chemnitz a eu
le tort d'introduire dans son espèce l'*Osilin* d'Adanson, qui a
en effet beaucoup de ressemblance avec elle, mais qui est cependant bien distincte par ses caractères. Ce qui nous a paru
singulier, c'est que Chemnitz ne cite dans sa synonymie que le
*Trochus tessulatus* de Born, et ne mentionne pas son *Trochus
turbinatus*, quoiqu'il ajoute à la synonymie de cette première
espèce toute celle de la seconde. Gmelin a imité entièrement
Chemnitz ; seulement il sépare de la synonymie de cet auteur la
figure 7, pl. 10 de Knorr, et fait pour elle, et bien à tort, une
espèce particulière, sous le nom de *Trochus citrinus*, et ce qui
est curieux, c'est que Gmelin, en établissant son *Trochus citrinus*, oublie que déjà il a introduit cette même figure de Knorr à
titre de variété du *Trochus labeo*. Dillwyn, dans son catalogue,
distingue les deux espèces de Born, et reprend les deux noms
de cet auteur, comme cela est juste ; mais il est pour nous évident que les deux espèces de Dillwyn doivent être confondues.
Nous soupçonnons cependant, d'après quelques mots de leurs
descriptions, que les auteurs qui ont admis le *Trochus tessellatus* ont entendu une espèce bien distincte du *turbinatus*. Le *tessellatus* serait le même que le *Monodonta Draparnaudi* de M.
Payraudeau. Si l'on admet avec nous un léger changement, on
pourra conserver le *Trochus tessulatus* dans la nomenclature ;
mais dans tous les cas, le nom de *Fragaroides* devra être changé
contre celui de *Turbinatus* de Born. Il serait possible, comme le
pense M. Philippi, que le *Monodonta articulata* de Lamarck
soit la même espèce que le *Tessulatus* ou *Draparnaudi* ; mais
nous n'osons l'affirmer ; car Lamarck regarde son espèce comme
inédite, et lui qui a cité l'ouvrage de Géves dans différentes oc-
casions, n'aurait pas sans doute oublié les bonnes figures qui
s'y trouvent de l'espèce en question.

12.

*An Osilin ?* Adan. Seneg. pl. 12. f. 1.

Knorr. Vergn. 1. t. 10. f. 6.

Chemn. Conch. 5. t. 166. f. 1583. 1584.

Habite dans la Méditerranée. Mon cabinet. C'est une variété du *Tr. tessellatus* pour Gmelin. Vul. la *Fraise sauvage*. Diamètre de la base, 13 lignes et demie.

### 15. Monodonte multicarinée. *Monodonta constricta.* Lamk.

*M. testa ovato-conoideá, imperforatá, transversè carinatá, cinereo et nigro nebulosa ; carinis pluribus elatis remotiusculis , in ultimo anfractu septenis ; labro intùs sulcato , margine crenato.*

*Trochus constrictus* ex. D. Macleay.

Habite les mers de la Nouvelle-Hollande, près de l'ile de Diémen ; communiquée par M. *Macleay*. Mon cabinet. Ses carènes la distinguent éminemment. Diamètre de la base, 10 lignes 3 quarts.

### 16. Monodonte tricarinée. *Monodonta tricarinata.* Lamk.

*M. testá globoso-conoideá , imperforatá , transversim carinatá et sulcato-granulosá ; rubente , albo et nigro maculatá ; anfractibus convexis ultimo carinis tribus præcipuis cincto ; spirá brevi.*

*Trochus quadricarinatus.*. Chemn. Conch. t. 11. p. 67. pl. 196. fig. 1392. 1393.

* *Id.* Dillw. Cat. t. 2. p. 793. n° 82.

Habite.... Mon cabinet. Diamètre de la base , 10 lignes 3 quarts.

### 17. Monodonte articulée. *Monodonta articulata.* Lamk.

*M. testá conoideá , infernè dilatatá , ætate imperforatá , lævi , pallidè violaceá , longitudinaliter lineolis tenuissimis rubentibus pictá; cingulis angustis albo et rubro articulatis ; anfractibus valdè convexis.*

Habite.... Mon cabinet. Jolie coquille , qui me paraît encore inédite. Diamètre de la base , 10 lignes un quart.

### 18. Monodonte demi-deuil. *Monodonta lugubris.* Lamk.

*M. testá globoso-conicá , subperforatá , glabrá , nigrá , prope labrum infernèque luteo-virente , supernè margaritaceá ; spirá brevi , acutá ; labro simplici.*

Habite les mers de l'Ile-de-France. Mon cabinet. Diam. de la base 9 lignes.

**19. Monodonte ponctuée.** *Monodonta punctulata.* Lamk.

*M. testá globoso-conoideá, imperforatá, tenuiter striatá, fusces-*
*cente; punctis minimis lutescentibus sparsis; spirá brevi.*

Habite les mers du Sénégal. Mon cabinet. Diamètre de la base, 6 lignes et demie.

**20. Monodonte canaliculée.** *Monodonta canaliculata.* Lamk.

*M. testá abbreviato-conoideá, ventricosá, umbilicatá, transversim*
*sulcatá, luteo-rufescente, sulcis prominulis transversè striatis:*
*superiore elatiore; suturis concavo-canaliculatis.*

Habite... Mon cabinet. Le sillon supérieur de chaque tour étant
plus élevé que les autres, et près de la suture, fait paraître celle-ci
enfoncée et comme canaliculée. Diamètre de la base, 6 lignes et
demie.

**21. Monodonte semi-noire.** *Monodonta seminigra.* Lamk.

*M. testá obliquè conicá, imperforatá, læviusculá, infernè nigrá,*
*supernè albá; dente columellari albo; labro simplici.*

Habite la mer Pacifique, sur les rivages de l'île d'Othaïti. Mon cabinet. La reine de cette île en fait des boucles d'oreille. La columelle est très courte. Diam. de la base, 5 lignes un quart; longueur, 7 lignes et demie.

**22. Monodonte rose.** *Monodonta rosea.* Lamk.

*M. testá obliquè conicá, subturritá, imperforatá, lævi, nitidá,*
*supernè rubrá, infernè roseo-violacescente; lineis albis tenuis-*
*simis distantibus transversis; anfractibus convexo-planulatis la-*
*bro simplici, crassiusculo.*

Habite les mers de la Nouvelle-Hollande. M. de Labillardière et
Péron. Mon cabinet. Outre les lignes blanches mentionnées ci-
dessus, quelques individus offrent des linéoles rougeâtres longitudinales et très obliques. Ouverture d'un nacré verdâtre. Longueur, près de 13 lignes.

**23. Monodonte rayée.** *Monodonta lineata.*

*M. testá obliquè conicá, subturritá; imperforatá, lævigatá, griseo-*
*rubente; lineis longitudinalibus undatis albis distantibus; an-*
*fractibus convexo-planulatis; labro simplici.*

Habite les mers de la Nouvelle-Hollande. Mon cabinet. Très voisine
de la précédente par sa forme. Longueur, 10 lignes et demie.

## †24. Monodonte marquetée. *Monodonta tessellata*. Desh.

*M. testá turbinato-trochiformi, apice acutá, basi dilatatá, trans-
versim striatá, albo-griseá vel violacescente, aliquando nigrescente,
lineis tenuissimis longitudinaliter rubris pictá, cingulis transversis angustis albo rubroque articulatis ; anfractibus convexis ; aperturá subrotundá , argenteá ; columellá contortá subuniden-
tatá.*

*Trochus tessellatus pars.* Chemn. Conch. t. 5. p. **63.**

*Trochus.* Geves. Conch. pl. 20. f. 195. a. b. 196. a. b, 200. 201.
a. b.

*Monodonta Draparnaudii.* Payr. Cat. p. 131. nº 272. pl. 6. f. 17.
18.

*Trochus tessellatus.* Desh. Expéd. de Morée. zool. p. **120.**

*Trochus articulatus.* Philip. Enum. moll. Sicil. p. 177. nº 8.

Habite la Méditerranée où il est commun.

Nous avons déjà parlé de cette espèce dans la note relative au *Monodonta fragarioides* de Lamarck, et nous y renvoyons. Si comme
le pense M. Philippi cette coquille est la même que le *Monodonta
articulata* de Lamarck , le nom que nous adoptons ne devra pas
être changé , parce qu'il est le plus ancien. Cette jolie espèce,
comme nous l'avons vu , a été confondue par Gmelin et les autres
auteurs avec le *Turbinatus.* Elle se distingue cependant avec facilité : elle est conoïde , pointue au sommet , composee de sept a
huit tours dont les premiers sont striés stransversalement, tandis
que les derniers le sont à peine. La coquille est en proportion plus
étroite et plus longue que le *Turbinatus.* L'ouverture est subcirculaire, très obscurément subquadrangulaire; elle est nacrée et son
bord est épaissi à l'intérieur. La columelle est quelquefois perforée à la base , le plus souvent elle est close Cette columelle est arquée dans sa longueur et tronquée à la base , mais la troncature
est petite. Les couleurs sont variables , le plus souvent la coquille
est blanchâtre. peinte d'un grand nombre de linéoles rouges, longitudinales interrompues par quelques zones transverses étroites sur
lesquelles se disposent avec régularité les taches quadrangulaires
bianches et rouges. Il y a des variétés grisâtres, violâtres ou noires
qui ont les couleurs disposées de la même manière. La longueur est
de 32 millim. ; la largeur de 26.

## † 25. Monodonte osilin. *Monodonta osilin*. Adans.

*M. testá turbinato-conoidcá, transversim substriatá, nigrá albo lu-*

*...teove sparsim punctatâ, imperforatâ; apertura obliquissimâ, intus argenteâ; columellâ obliquè arcuatâ, basi obtuse...*

L'Osilin. Adans. Seneg. p. 178 pl. 12.

*Trochus tigrinus.* Chemn. Conch. t. 5. p. 53. pl. 165. f. 1566.

*Trochus merula.* Var. Dillw. Cat. t. 2. p. 795, n° 86.

*Trochus tessellatus.* Var. D. Gmel. p. 3583, n° 106.

Habite les mers du Sénégal (Adanson. M Petit).

Espèce confondue par Dillwyn avec le *Trochus merula* de Linné dont elle se distingue avec la plus grande facilité. Sous le nom de *Monodonta punctulata*, Lamarck a inscrit, sous le n° 19, une espèce qui paraît très voisine de celle-ci, si elle ne lui est identique. N'ayant pu vérifier l'espèce de Lamarck dont la description est trop concise et n'est point accompagnée de synonymie, nous n'avons pu nous assurer si elle est la même que celle d'Adanson. L'Osilin est une coquille subtrochiforme presque toujours obtuse au sommet qui est dénudé profondément et sur laquelle se montre une nacre d'un assez beau jaune. Dans les individus bien frais on remarque sur la surface quelques stries transverses peu apparentes. L'ouverture est d'une nacre argentée à l'intérieur; son bord droit est décurrent sur la circonférence et son extrémité fort mince est bordée d'une zone noire. La columelle est courte, fortement arquée et terminée à la base par une petite troncature dentiforme. A l'extérieur toute cette coquille est d'un noir brunâtre très foncé et parsemée d'un petit nombre de points irrégulièrement épars blancs au jaunâtres. La longueur est de 23 millim. et la largeur de 20.

## Espèce fossile.

† 1. **Monodonte parisienne.** *Monodonta parisiensis.* **Desh.**

*M. testâ ovatâ, subglobulosâ, apice conicâ, basi rotundatâ; anfractibus convexis, suturâ undulatâ separatis, transversim sulcatis sulcis granulosis, granulis quadratis rubentibus; ultimo anfractu magno, convexo; aperturâ rotundatâ; columellâ arcuatâ, basi truncatâ, labro acuto.*

Desh. Coq. foss. de Paris. t. 2. p. 248. n° 1. pl. 32. f. 8. 9.

Habite... Fossile aux environs de Paris à Valmondois et à Taucrou.

Elle est la première qui ait été découverte aux environs de Paris.

Elle a assez le port du *Monodonta labeo*, mais sa troncature colamellaire a beaucoup de ressemblance [avec celle du *Monodonta modulus*. La coquille est turbiniforme pointue au sommet, les tours convexes sont ornés de côtes transverses régulières découpées en granulations aplaties. L'ouverture est circulaire, la columelle est imperforée arquée dans sa longueur et subitement échancrée à la base. Cette espèce très rare a 23 millim. de longueur et 20 de large.

---

## TURBO. (Turbo.)

Coquille conoïde ou subturriculée; à pourtour jamais comprimé. Ouverture entière, arrondie, non modifiée par l'avant-dernier tour, à bords désunis dans leur partie supérieure. Columelle arquée, aplatie, sans troncature à sa base. Un opercule.

*Testa conoidea vel subturrita; periphœriá nunquam compressá. Apertura integra, rotundata, penultimo anfractu non deformata; marginibus supernè disjunctis. Columella arcuata, planulata, basi non truncata. Operculum.*

OBSERVATIONS. — Les *Turbos* ou Sabots sont des coquillages marins très variés, fort nombreux en espèces, que l'on connaît vulgairement sous le nom de *Limaçons à bouche ronde*. Ils offrent une coquille solide, souvent remarquable par son épaisseur, agréablement diversifiée dans chaque espèce par les couleurs dont elle est ornée, et qui offre souvent une nacre très brillante. Ses tours étant constamment arrondis, son pourtour n'est jamais comprimé ou tranchant. Elle repose entièrement ou presque entièrement sur son ouverture, et son axe est en général plus fortement incliné que celui des Troques.

Les *Turbos* ont de grands rapports avec les Monodontes; mais ils en diffèrent essentiellement en ce que leur columelle n'est jamais tronquée à son extrémité inférieure, cette extrémité ne constituant point une dent saillante dans l'ouverture, et se fondant insensiblement dans le bord droit, ce qui est très différent dans les Monodontes; leur ouverture n'est point échancrée ou altérée dans sa rondeur par la saillie de l'avant-dernier tour, comme dans les Phasianelles, et son bord extérieur est tranchant.

L'animal des *Turbos* offre un pied ou disque ventral plus court que la coquille et qui est obtus aux deux bouts. Il a deux tentacules pointus qui portent les yeux à leur base extérieure.

[Nous n'avons plus à revenir sur le genre Turbo considéré d'une manière générale, nous n'avons plus à examiner sa valeur générique, ce que nous en avons dit en traitant du genre *Trochus*, prouve suffisamment que l'un de ces deux genres devra disparaître de la méthode; mais en joignant les Turbos aux Troques les conchyliologistes doivent en faire sortir un genre proposé par M. de Férussac sous le nom de Littorine. Ce genre très distinct des Turbos, comme nous le verrons bientôt, a pour type le *Turbo Littoreus* de Linné. Tout récemment M. Sowerby, dans ses Illustrations Conchyliologiques, a proposé un petit genre *Margarita* démembré des Turbos pour quelques espèces à test mince nacré à l'intérieur et dont l'ouverture entière est fermée par un opercule corné multispiré. En appliquant à ce genre la distinction que nous avons faite dans le grand genre *Trochus*, d'après la nature de l'opercule, il viendrait se ranger parmi les Troques aussi bien que le *Turbo pica*, le *Turbo diaphanus*, etc. et nous devons nous étonner de ce que M. Sowerby en conséquence des caractères de son nouveau genre n'y ait pas compris les espèces que nous venons de citer. En refusant d'adopter le nouveau genre de M. Sowerby, nous ne sommes pas seulement guidés par l'analogie des Coquilles et des opercules, mais encore par celle des animaux. Grâce à l'extrême obligeance de M. Jannelle nous avons du Spitzberg l'animal d'une espèce qui pourrait entrer dans le genre *Margarita*, et cet animal ne diffère en rien de celui des Troques.]

## ESPÈCES.

1. Turbo marbré. *Turbo marmoratus.* Lin.

T. *testâ subovatâ, ventricosissimâ, imperforatâ, lævi, viridi albo*

*et fusco marmoratá aut subfasciatá ; ultimo anfractu transver-*
*sim trifariam noduloso : nodis superioribus majoribus ; labro basi*
*in caudam brevem reflexam explanato ; fauce argenteá.*

*Turbo marmoratus.* Lin. Syst. nat. ed. 12. p. 1134. Gmel. p. 3592.
n° 15.

Lister. Conch. t. 587. f. 46.

Gualt. Test. t. 64. fig. A.

Seba. Mus. 3. t. 74. f. 1. 2.

Knorr. Vergn. 3. t. 26. f. 1. et t. 27. f. 1.

Regenf. Conch. 1. t. 1. f. 12. et pl. 5. f. 52.

Chemn. Conch. 5. t. 179. f. 1775. 1776.

Encycl. pl. 448. f. 1. a. b.

* *Testa polita.* Aldr. de Testac. p. 395.

* Id. Jonst. Hist. nat. de exang. pl. 12. f. 6.

* Klein. Tentam. ostrac. pl. 7. f. 124. 125.

* Gevens. Conch. cat. pl. 14. f. 128 à 132 et pl. 16. f. 149.

* Rump. Mus. amb. pl. 19. f. A. B.

* Lin. Syst. nat. ed. 10. p. 763.

* Herbs. Hist. Verm. pl. 51. fig. 2.

* Lin. Mus. Ulric. p. 655.

* Schroter. Einl. t. 2. p. 21. pl. 3. f. 17.

* Dillw. Cat. t. 2. p. 830. n° 34.

* Desh. Encycl. méth. vers. t. 3. p. 1092. n° 1.

* *Testa ab industria polita.*

*Turbo olearius.* Lin. Syst. nat. ed. 10. p. 763.

* Gualt. Hist. pl. 68. f. A.

* *Turbo olearius.* Lin. Syst. nat. ed. 12. p. 235.

Habite l'Océan indien. Mon cabinet. Très belle coquille, la plus
grande de son genre. Dépouillée de la partie extérieure de son
test, elle offre une nacre argentée, irisée et très brillante. On la
nomm. vulg. le *Burgau* ou la *Princesse.* Diam. transv. 4 pouces.
On en connaît de bien plus grandes.

## 2. Turbo impérial. *Turbo imperialis.* Gmel.

*T. testá ovatá, ventricosá, imperforatá, crassá, ponderosá, lævi,*
*viridi in fundo albido coloratá ; anfractibus rotundatis : ultimo*
*superné obtusé angulato ; fauce margaritaceá.*

Chemn. Conch. 5. t. 180. f. 1790.

*Turbo imperialis.* Gmel. p. 3594. n° 20.

* Schrot. Einl. t. 2. p. 71. n° 24.

* Dillw. Cat. t. 2. p. 833. n° 39.

Habite les mers de la Chine. Mon cabinet. Coquille épaisse, pesante, à queue presque nulle. Elle offre au sommet de sa columelle une légère callosité qui s'étend sous l'insertion supérieure du bord droit. Diamètre transversal, 3 pouces 7 lignes. Vulgairement le *Perroquet.*

## 3. Turbo à collier. *Turbo torquatus.* Gmel.

T. *testâ orbiculato-convexâ, latè et profundè umbilicatâ, transversim sulcatâ, lamellis longitudinalibus confertis substriatâ, griseo-virente ; anfractibus supernè angulo nodoso coronatis ; ultimo carinâ medio cincto; spirâ apice retusâ.*

Martyns. Conch. 2. f. 71.

Chem. Conch. 10. p. 293. vign. 24. fig. A. B.

*Turbo torquatus.* Gmel. p. 3597. n° 106.

* Dillw. Cat. t. 2. p. 849. n° 79.

* Broderip. Zool. journ. t. 5. p. 332. pl. suppl. 49. f. 1.

Habite les mers de la Nouvelle-Zélande. Mon cabinet. La rangée de nœuds qui borde la partie supérieure de chaque tour ressemble à un collier. Diam. transv., 3 pouces 4 lignes.

## 4. Turbo mordoré. *Turbo sarmaticus.* Lin.

T. *testâ semiorbiculari, ventricosâ, imperforatâ, aurantio-flavicante aut nigrâ; ultimo anfractu triseriatim noduloso ; spirâ brevi, obtusâ; columellâ planâ, subconcavâ.*

*Turbo sarmaticus.* Lin. Syst. nat. ed. 12. p. 1235. Gmel. p. 3593. n° 16.

D'Argenv. Conch. pl. 8. fig. B.

Favanne. Conch. pl. 8. fig. L.

Regenf. Conch. 1. t. 1. f. 7.

Chemn. Conch. 5. t. 179. f. 1777. 1778. et t. 180. f. 1781.

* Lin. Syst. nat. ed. 10. p. 763.

* Desh. Encycl. méth. vers. t. 3. p. 1072. n° 2.

* Schrot. Einl. t. 2. p. 22.

* Dillw. Cat. t. 2. p. 831. n° 35.

* Knorr Delic. nat. selec. t. 1. coq. pl. B 3. f. 2.

Habite les mers du cap de Bonne-Espérance, des Grandes-Indes et des Moluques. Mon cabinet. On la nomme vulg. la *Veuve perlée,* parce que les marchands la rendent telle en l'usant d'espace en espace pour en découvrir la nacre. Diamètre transversal, près de 3 pouces.

## 5. Turbo cornu. *Turbo cornutus.* Gmel.

T. *testâ ovatâ, ventricosâ, imperforatâ, transversim sulcatâ, lon-*

*gitudinaliter tenuissimè striatá, olivaceá; spinis longiusculis ca-*
*naliculatis in duobus vel tribus ordinibus transversim dispositis.*
Favanne. Conch. pl. 8. fig. G. 1.

Chemn. Conch. 5. t. 179. f. 1779: 1780.

*Turbo cornutus.* Gmel. p. 3593. n° 18.

* Davila. Cat. t. 1. pl. 5. f. 1.

* Schrot. Einl. t. 2. p. 69. n° 21.

* Dillw. Cat. t. 2. p. 832. n₀ 37.

* Desh. Ency. méth. vers. t. 3. p. 1093. n₀ 3.

Habite les mers de la Chine. Mon cabinet. Vulg. la *Bouche-d'argent
cornue* ou *à gouttières.* Ses épines allongées et canaliculées ne se
montrent que sur le dernier tour; elles sont courtes sur les autres.
La base de son bord gauche se termine en un petit lobe caudifor-
me. Diamètre transversal, 2 pouces 2 lignes.

## 6. Turbo bouche-d'argent *Turbo argyrostomus.* (1)

*T. testá subovatá, ventricosá, obsoletè perforatá, transversim crassè
rugosá, longitudinaliter subtilissimè striatá, albido-lutescente,*

---

(1) Il serait difficile, sans doute, de reconnaître le *Turbo argyrostomus* si l'on s'attachait trop scrupuleusement à la synonymie que Linné lui donne dans la 10ᵉ édition du *Systema naturæ*;
mais cette synonymie, plus correcte dans le *Museum Ulricæ,* est
accompagnée d'une description qui ne permet plus aucune erreur à l'égard de l'espèce; et enfin, il suffirait de s'attacher à la
synonymie très bien faite de la 12ᵉ édition du *Systema* pour
éviter toute confusion. Cependant, Chemnitz se laissant tromper
par la conservation plus ou moins parfaite des individus qu'il
examina, fit deux espèces de celle de Linné, suivant en cela le
mauvais exemple de Favanne qui, pour les individus bien conservés, a fait une bouche d'argent épineuse, et, pour ceux qui
ont perdu ces épines, une bouche d'argent chagrinée. Schroter,
en cherchant à améliorer la synonymie de l'espèce, y a apporté
une confusion à laquelle Gmelin a encore ajouté; enfin, Dillwyn
a laissé subsister les erreurs de ses devanciers en adoptant trop
aveuglément toute leur synonymie. Lamarck a mieux fait en
restreignant à un petit nombre de citations sa synonymie, qu'il
rend ainsi plus certaine, et les additions que nous y faisons ne
font que compléter ce que Lamarck avait si bien commencé.

*flammis rufo–fuscis pictá; rugis quibusdam squamiferis: squamis elevatis fornicatis rariusculis.*

*Turbo argyrostomus.* Lin. Syst. nat. ed. 12. p. 1236. Gmel. p. 359. n° 41.

Chemn. Conch. 5. t. 177. f. 1758. 1759.

* Gevens. Conch. cab. pl. 17. f. 159.

* Lin. Syst. nat. ed. 10. p. 764.

* Born. Mus. p. 350.

* Seba. Mus. t. 3. pl. 74. f. 6.

* Schrot. Einl. t. 2. p. 28.

* Dillw. Cat. t. 2. p. 847. no 75. *excl. plus. synon.*

* Davila. Cat. t. 1. pl. 5. f. K.

* Lin. Mus. Ulric. p. 656.

* Desh. Ency. méth. vers. t. 3. p. 1093. n° 4.

Habite l'Océan indien. Mon cabinet. Vulg. la *Bouche-d'argent épineuse.* Ses rides transverses rendent son bord droit très plissé et comme crénelé. Cette coquille est épaisse et pesante. Diamètre transversal 2 pouces et demi.

**7. Turbo bouche-d'or.** *Turbo chrysostomus.*

*T. testá subovatá, ventricosá, imperforatá, transversim sulcatá, longitudinaliter striatá, cinereo–lutescente, flammulis rufo-fuscis longitudinalibus subradiatá; sulcis quibusdam squamiferis : squamis subprominulis fornicatis ; aperturá intùs aureá.*

*Turbo chrysostomus.* Lin. Syst. nat. ed. 12. p. 1237. Gmel. p. 3591. n° 10.

Rumph. Mus. t. 19. fig. E.

Petiv. Amb. t. 5. f. 3.

Gualt. Test. t. 62. fig. H?

D'Argenv. Conch. pl. 6. fig. D.

Favanne. Conch. pl. 9. fig. A 2.

Seba. Mus. 3. t. 74. f. 9.

Knorr. Vergn. 2. t. 14. f. 2. et 5. t. 13. f. 3.

Chemn. Conch. 5. t. 178. f. 1766.

* Gevens. Conch. Cab. pl. 18. f. 171 à 175.

* Lin. Syst. nat. ed. 10. p. 762.

* Lin. Mus. Ulric. p. 653.

* *Turbo echinatus.* Gmel. p. 3592. n° 110. *excl. var.* β.

* Martyn. Univ. Conch. pl. 26.

* Born. Mus. p. 344.

* Schrot. Einl. t. 2. p. 14.

* Dillw. Cat. t. 2. p. 825. n° 24.

* Barrow. Elem. of conch. pl. 19. f. 5.

* Desh. Ency. méth. vers. t. 3. p. 1093. 5.

Habite l'Océan des Grandes-Indes et des Moluques. Mon cabinet. Vulg. la *Bouche-d'or*. Espèce très remarquable par la belle couleur d'or du fond de son ouverture. Elle est toujours moins grande que la précédente, avec laquelle elle a beaucoup de rapports. Diamètre transversal. 20 lignes.

## 8. Turbo rayonné. *Turbo radiatus*. Gmel.

**T.** *testá subovatá, perforatá, scabrá, transversìm sulcatá, cinereofulvá, flammulis longitudinalibus fuscis radiatá ; sulcis imbricatosquamosis asperatis ; spirá exsertiusculá.*

Forsk. Descript. Anim. p. 23. n° 81.

Chemn. Conch. 5. t. 180. f. 1788. 1789.

*Turbo radiatus*. Gmel. p. 3594. n° 19.

* Schrot. Einl. t. 2. p. 70. n° 23.

* Dillw. Cat. t. 2. p. 832. n° 38.

* Desh. Ency. méth. vers. t. 3. p. 1094. n° 6.

Habite la mer Rouge. Mon cabinet. Les petits individus de cette espèce ne sont pas perforés. Diam. transv., 19 lignes.

## 9. Turbo bariolé. *Turbo margaritaceus*. Lin.

**T.** *testá ovato-ventricosá, subperforatá, crassá, ponderosá, transversìm sulcatá, muticá, flavescente, viridi et fusco variegatá ; anfractibus supernè obtusè angulatis, suprà angulum funiculo instructis.*

*Turbo margaritaceus*. Lin. Syst. nat. ed. 12. p. 1236. Gmel. p. 3599. n° 42.

Rump. Mus. t. 19. fig. 3. 4.

Seba. Mus. 3. t. 74. f. 4.

Regenf. Conch. 1. t. 10. f. 43.

Chemn. Conch. 5. t. 177. f. 1762.

Schroter. Einl. in Conch. 1. t. 3. f. 17.

* Gevens. Conch. cab. pl. 17. f. 155. 156.

* Lin. Syst. nat. ed. 10. p. 764.

* Lin. Mus. Ulric. p. 656.

* Schrot. Einl. t. 2. p. 29.

* Dillw. Cat. t. 2. p. 817. n° 76.

* Desh. Ency. méth. vers. t. 3. p. 1094. n° 7.

Habite l'Océan indien. Mon cabinet. Les auteurs le disent ombiliqué ; caractère qui ne se retrouve guère que dans les jeunes indi-

vidus. Spire plus courte que le dernier tour. Diam. transv., 2
pouces une ligne.

## 10. Turbo cannelé. *Turbo setosus.* Gmel.

*T. testá ovato-ventricosá, imperforatá, crassá, transversim profundè
sulcatá, albo-viridi et fusco variegatá; sulcis crassis transversè
striatis; anfractibus rotundatis; spirá brevi.*

Rumph. Mus. t. 19. fig. C.
Gualt. Test. t. 64. fig. B.
D'Argenv. Conch. pl. 6. fig. A.
Favanne. Conch. pl. 9. fig. A 1.
Chemn. Conch. 5. t. 181. f. 1795. 1796.
*Turbo setosus.* Gmel. p. 3594. n° 23.
Encyclop. pl. 448. f. 4. a b.
* Gevens. Conch. Cab. pl. 14. f. 153. 154.
* Schrot. Einl. t. 2. p. 72. n° 28.
* Dillw. Cat. t. 2. p. 834. n° 42.
* Sow. Genera of shells. f. 6.
* Desh. Ency. méth. vers. t. 3. p. 1094. n° 8.
Habite l'Océan des Grandes-Indes. Mon cabinet. Bord droit crénelé
et comme crispé; ouverture très argentée. Vulg. le *Léopard* ou
la *Bouche d'argent marquetée.* Diamètre transversal, 2 pouces 3
lignes.

## 11. Turbo à rigole. *Turbo spenglerianus.* Gmel.

*T. testá ovatá, imperforatá, transversim sulcatá, albidá, maculis lu-
natis luteo-rufescentibus creberrimis pictá; anfractibus rotundatis,
prope suturas latè canaliculatis; spirá exsertiusculá; fauce non
margaritaceá.*

Chemn. Conch. 5. t. 181. f. 1801. 1802.
*Turbo spenglerianus.* Gmel. p. 3595. n° 27.
* Davila. Cat. t. 1. pl. 7. f. P.
* Schrot. Einl. t. 2. p. 73. n° 30.
* Dillw. Cat. t. 2. p. 835. n° 45.
* Desh. Ency. méth. vers. t. 3. p. 1695, n° 9.
Habite l'Océan indien (mer des Antilles, M. Hotessier). Mon cabi-
net. Coquille rare, fort remarquable par le canal qui borde supé-
rieurement chacun de ses tours. Son ouverture n'est point nacrée,
et son bord droit n'est ni plissé ni crénelé. Diam. transv., 2 pou-
ces 5 lignes.

## 12. Turbo rubané. *Turbo petholatus*. Lin.

*T. testá ovatá, imperforatá, lævi, nitidá, virente aut rufo-rubente, tæniis transversis variis pictá: anfractibus rotundatis, supernè obtusè angulatis; annulo viridi ad aperturam.*

*Turbo petholatus.* Lin. Syst. nat. ed. 12. p. 1233. Gmel. p. 3590. n° 8.

*An* Lister. Conch. t. 584. f. 39 ?

Rumph. Mus. t. 19. fig. D. et 1. 5—7.

Petiv. Amb. t. 7. f. 15.

Gualt. Test. t. 64. fig. F.

D'Argenv. Conch. pl. 6. fig. G. X. et Append. pl. 1. fig. D.

Favanne. Conch. pl. 9. fig. D 1. D 2. D 3. D. 4.

Seba. Mus. 3. t. 74. f. 26—29.

Knorr. Vergn. 1. t. 3. f. 4. 2. t. 22. f. 1. 2. et 3. t. 3. f. 3.

Chemn. Conch. 5. t. 183. f. 1826—1835. et t. 184. f. 1836—1839.

* Regenf. Conch. t. 1. pl. 8. f. 18. et pl. 9. f. 27.
* Valentyn. Amboina. pl. 6. f. 53 à 56.
* Knorr. Del. nat. selec. t. 1. coq. pl. BIII. f. 7.
* *Helix regia.* Herbts. Hist. verm. pl. 52. f. 1.
* Gevens. Conch. Cab. pl. 20. f. 202 à 204 et pl. 21 f. 205 à 212.
* Lin. Syst. nat. ed. 10. p. 762.
* Lin. Mus. Ulric. p. 652.
* Born. Mus. p. 342.
* Schrot. Einl. t. 2. p. 10.
* Klein. Ostrac. pl. 2. f. 51.
* Dillw. Cat. t. 2. p. 823. n° 19.
* Desh. Ency. méth. vers. t. 3. p. 1095. n° 10.

Habite les mers de l'Inde et de l'Amérique australe. Mon cabinet. Très jolie coquille, singulièrement variée dans sa coloration et ses fascies. Vulg. nommée le *Ruban* ou la *Peau-de-serpent.* Diamètre transversal, 23 lignes.

## 13. Turbo ondulé. *Turbo undulatus*. Chemn.

*T. testá semiorbiculari, convexá, ventricosá, latè et profundè umbilicatá, glabrá, albidá, strigis longitudinalibus undulato-flexuosis viridibus aut viridi-violaceis ornatá; anfractibus rotundatis; spirá obtusá.*

Forsters. Catal. n° 1339.

Martyns. Conch. 1. f. 29.

*Turbo undulatus.* Chemn. Conch. 10. t. 169. f. 1640. 1641.

*Turbo undulatus.* Gmel. p. 3597. n° 107.

* Dillw. Cat. t. 2. p. 846. n° 74.

* Desh. Ency. méth. vers. t. 3. p. 1095. n° 11.

Habite les mers de la Nouvelle-Zélande et de la Nouvelle-Hollande. Mon cabinet. Sa spire est peu allongée, comme renflée. Vulg. la *Peau-de-serpent de la Nouvelle-Zélande*. Diamètre transversal, 2 pouces 2 lignes.

## 14. Turbo pie. *Turbo pica*. Lin. (1)

*T. testá orbiculato–conoideá, ventricosá, latè et profundè umbilicatá, crassá, ponderosá, lævi, albá, maculis aut strigis nigris longitudinalibus latis subinterruptis radiatá ; umbilici orificio unidentato.*

*Turbo pica*. Lin. Syst. nat. éd. 12. p. 1235. Gmel. p. 3598. n° 39.

*An* Lister. Conch. t. 640. f. 30?

Bonanni. Recr. 3. f. 29. 30.

Petiv. Gaz. t. 70. f. 9.

Gualt. Test. t. 68. fig. B.

D'Argenv. Conch. pl. 8. fig. G.

Favanne. Conch. pl. 9. fig. F 2.

Knorr. Vergn. 1. t. 10. f. 1. 2. pl. 21. f. 3.

Adans. Seneg. t. 12. f. 7. le *livon*.

Regenf. Conch. 1. t. 6. f. 66. et t. 11. f. 57.

Chemn. Conch. 5. t. 176. f. 1750. 1751.

* Klein. Tentam. Ostrac. pl. 2. f. 52.

* Gevens. Conch. cab. pl. 10. f. 74 à 77. et pl. 11. f. 78 à 82.

* Lin. Syst. nat. éd. 10. p. 763.

* Born. Mus. p. 349.

* Schrot. Einl. t. 2. p. 25.

* Dillw. Cat. t. 2. p. 842. n° 64.

* Lin. Mus. Ulric. p. 655.

* Bowd. Elem. of Conch. t. 2. pl. 9. f. 3.

* Reaum. De la form. des coq. Mém. de l'Ac. 1709. pl. 14. f. 7.

* Herissant Eclairc. Mém. de l'Ac. 1766. pl. 15. f. 1. 2.

* Blainv. Malac. pl. 33. f. 1.

* Crouch Lamk. Conch. pl. 16. f. 17.

* Schumak. Nouv. syst. p. 197.

Habite l'Océan atlantique équatorial. Mon cabinet. Coquille com-

(1) Si nous en croyons la plupart des auteurs, cette espèce aurait un opercule corné et appartiendrait en conséquence au genre Troque, tel que nous l'entendons, c'est-à-dire contenan toutes les espèces qui ont l'opercule de cette nature

mune, assez grosse, pesante, à opercule corné, ne reposant qu'incomplètement sur son ouverture, et singulière par la dent située à l'orifice de son ombilic. Le bord interne de sa columelle est lisse continu, et se fond dans le bord droit; mais on observe à la surface externe de cette columelle une troncature qu'on ne peut comparer à celle des Monodontes, parce qu'elle est hors de l'ouverture, et qu'elle ne termine pas la columelle. Vulg. la *Veuve*, le *Petit-deuil* ou la *Pie*. Diamètre transversal, 3 pouces moins une ligne.

15. Turbo à fissure. *Turbo versicolor*. Gmel. (1)

    *T. testá globoso-depressá, umbilicatá, crassá, muticá, transversè striatá, viridi fusco et albo variegatá; spirá brevi, obtusá; infimá facie convexo-turgidá; fissurá ex umbilico intra labrum et columellam porrectá.*

Lister. Conch. t. 576. f. 29.

Chemn. Conch. 5. t. 176. f. 1740. 1741.

*Turbo versicolor.* Gmel. p. 3599. n° 43.

* Gevens. Conch. Cab. pl. 19. f. 181 et 183.

* Martyn. Univ. Conch. pl. 70. *Limax porphyrites.*

* Chemn. Conch. t. 5. pl. 176. f. 1747. a. b. c. d.

* *Turbo porphyrites.* Gmel. p. 3602. n° 111.

* Schrot. Einl. t. 2. p. 64. n° 8.

* *Turbo versicolor.* Desh. Ency. méth. vers t. 3. p. 1096. n° 12.

Habite l'Océan austral. Mon cabinet. La base du bord droit, se trouvant séparée de la columelle par une fissure, a l'aspect d'une oreillette. La coquille est en partie ceinte de fascies articulées. Ouverture très argentée. Diam. transv., 16 lignes.

16. Turbo émeraude. *Turbo smaragdus*. Gmel. (2)

    *T. testá subglobosá imperforatá, lævi, nitidá, viridi; anfractibus rotundatis; spirá brevi, obtusá.*

---

(1) En donnant une excellente figure de cette espèce, Martyn lui a imposé le nom de *Limax porphyrites*; dans son Catalogue, Gmelin a conservé cette espèce, mais, au lieu d'en compléter la synonymie, il a fait un double emploi en établissant pour la même, empruntée à Chemnitz, son *Turbo versicolor*. Dillwyn a rectifié cette erreur et a rendu à l'espèce son premier nom : nous proposons de suivre l'exemple de Dillwyn.

(2) Je considère le *Turbo helicinus* de Born comme une va-

Naturf. 7. t. 2. fig. A. 1. A. 2.

Chemn. Conch. 5. t. 182. f. 1815. 1816.

*Turbo smaragdus.* Gmel. p. 3595. no 30. et p. 3602. no 112.

Encyclop. pl. 448. f. 3. a b.

* Schrot. Einl. t. 2. p. 77. n° 40.

* Martyn. Univ. Conch. pl. 73.

* Dillw. Cat. t. 2. p. 825. n° 23.

* Desh. Ency. méth. vers. t. 3. p. 1096. n° 13.

* *Turbo helicinus.* Born. Mus. p. 348. pl. 12. f. 23, 24.

* Gmel. p. 3597.

* Schrot. Einl. t. 2. p. 102. n° 116.

* *Turbo helicinus.* Dilw. Cat. t. 2. p. 824. n° 21.

Habite les mers de la Nouvelle-Zélande. Mon cabinet. Coquille rare et jolie, brillante, d'un beau vert irrisé. Diam. transv., 16 lignes. Jeune individu.

## 17. Turbo bonnet turc. *Turbo cidaris.* Gmel.

*T. testá globoso-compressá, subimperforatá, lœvi, diversi modo colorata et fasciatá, infra suturas maculis oblongis albis sæpiùs ornatá; anfractibus rotundatis; spirâ brevi, obtusâ.*

D'Argenv. Conch. pl. 6. fig. B. O.

Favanne. Conch. pl. 8. fig. C 1. C 2.

Seba. Mus. 3. t. 74. f. 13—15.

Chemn. Conch. 5. t. 184. f. 1840—1847.

*Turbo cidaris.* Gmel. p. 3596. n° 34.

Encyclop. pl. 448. f. 5. a. b.

* Rariora. Mus. Besleriani. pl. 19. f. 5?

* Valentyn. Amboina. pl. 4. f. 35.

* *Helix viridis.* Herbst. Hist. verm. pl. 52. f. 3.

* Gevens. Conch. cab. pl. 19. f. 180.

* Dillw. Cat. t. 2. p. 823. n° 20.

* Desh. Ency. méth. vers. t. 3. p. 1096. n° 14.

Habite l'Océan des Grandes-Indes, les mers de la Chine, de la Nouvelle-Guinée et de la Nouvelle-Zélande. Mon cabinet. Il offre une fossette à la place qu'occuperait l'ombilic s'il existait. Cette espèce est caractérisée par sa forme, et varie tellement dans sa

---

riété peu importante du *Turbo smaragdus*. Il sera facile de se convaincre que ces deux espèces doivent être réunies en rassemblant un grand nombre d'individus, parmi lesquels se trouvera la variété qui a servi de type à l'espèce de Born.

13.

coloration, qu'on peut en présenter une multitude de variétés sans terme. Vulg. le *Turban-turc* et le *Turban-persan*. Diam. transv. comme dans les deux précédens.

### 18. Turbo grenu. *Turbo diaphanus.* Gmel. (1)

*T. testá ovato-ventricosá, imperforatá, undiquè granulosá, rubes-cente; cingulis granulosis creberrimis; anfractibus convexis; spirá breviusculá.*

Spengler. Naturf. 9. t. 5. f. 2, a b.

Chemn. Conch. 5. t. 161. f. 1520. 1521.

*Trochus diaphanns.* Gmel. p. 3580. n° 85.

* *Trochus diaphanus.* Dillw. Cat. t. 2. p. 801. n° 98.

* Desh. Ency. meth. vers. t. 3. p. 1097. n° 15.

* *Turbo punctulatus.* Gmel. p. 3589. n° 113.

* *Trochus punctulatus.* Martyn. Univ. Conch. pl. 86.

* Schrot. Einl. t. 1. p. 681. n° 7.

Habite les mers de la Nouvelle-Zélande. Mon cabinet. Il est un peu transparent et son pourtour n'offre nullement l'angle des troques. Diam. transv., près de 20 lignes.

### 19. Turbo scabre *Turbo rugosus.* Lin. (2)

*T. testá orbiculato-subconoideá, imperforatá, scabrá, transversim sulcatá; griseá aut virente; lamellis tenuissimis sulcos decussan-tibus; anfractibus supernè plicis prominentibus coronatis; colu-mellá aurantio-rubente tinctá.*

---

(1) Le nom de *Trochus punctulatus* donné à cette espèce par Martyn doit être préféré, à cause de son antériorité, à celui de Gmelin, généralement adopté. Gmelin a fait pour cette espèce un double emploi qu'il faut rectifier. Après avoir établi son *Trochus diaphanus* pour les figures de Spengler et de Chemnitz, il met parmi les Turbos, sous le nom de *punctulatus*, la coquille de Martyn, sans s'apercevoir qu'elle est la même que celle de Chemnitz, introduisant ainsi, par suite d'une compilation mal faite, la même espèce dans deux genres différens. Cette espèce doit passer au genre Troque, car elle a un opercule corné. Nous devons la connaissance de ce fait à M. le capitaine de vaisseau Chiron, qui, pendant la campagne de *la Vénus* a recueilli avec le plus grand zèle une foule d'espèces intéressantes.

(2) Dillwyn confond avec cette espèce, à titre de variété, une

*Turbo rugosus.* Lin. Syst. nat. édit. 12. p. 1234. Gmel. p. 3592. n° 14.

* *Turbo calcar.* Var. β. Gmel. p. 3592.

* Junior Chemn. Conch. t. 5. p. 198. pl. 180. f. 1786, 1787.

* *Turbo armatus.* Dillw. Cat. t. 2, p. 829. n° 32.

Lister. Conch. t. 647. f. 41.

Bonanni. Recr. 3. f. 12. 13.

Gualt. Test. t. 63. fig. F ?

D'Argenv. Conch. pl. S. fig. O. *Mala.*

Favanne. Conch. pl. 9. fig. O.

Knorr. Vergn. 3. t. 20. f. 1.

Chemn. Conch. 5. t. 180. f. 1782—1785.

* *Umbilicus.* Belon de Aquat. p. 430.

* La Cagarolle de mer. Rondel. Des Poiss. p. 63.

* Gesner. De Crust. p. 252. f. 1.

* Aldrov. De Test. p. 393.

* Jonst. Hist. nat. de exang. pl. 12. f. 2. 4.

* Gevens. Conch. Cab. pl. 15. f. 144. et 146 et pl. 16. f. 147. 148.

* Born. Mus. p. 346.

* Klein. Ostr. pl. 2. f. 50.

* Rariora. Mus. Besleriani. pl. 19. f. 6.

* Delle Chiaje dans Poli *Testacea.* t. 3. pl. 52. f. 44 à 47.

* Schrot. Einl. t. 2. p. 19.

* Olivi zool. Adriat. p. 169.

* Dillw. Cat. t. 3. p. 829. n° 33.

* Desh. Ency. méth. vers. t. 3. p. 1097. n° 16.

* Payr. Cat. p. 139. n° 180.

* Desh. Expéd. Sc. de Morée, zool. p. 144. n° 177.

* *Fossilis.* Scilla la *vana specul.* pl. 16. f. 8. *Opercul.* pl. 17. AA.

* Broc. Conch. subap. p. 362. n° 1.

Habite la Méditerranée et les mers de Cumana. M. *de Humboldt.*
Mon cabinet. Il a une légère carène sur le milieu de ses tours ;
dans les jeunes individus, cette carène est épineuse. Diam. transv.,
près de 2 pouces. Vulg. la *Fausse-raboteuse.*

20. Turbo couronné. *Turbo coronatus.* Gmel.

*T. testá subglobosá, ventricosá, imperforatá, tuberculiferá, trans-*

---

coquille très rare encore dans les collections et qui a beaucoup
de rapports avec le *Turbo diaphanus.* Chemnitz a très bien distingué cette espèce, mais elle n'a pas été reproduite depuis dans
les catalogues. Il est évident que le *Turbo armatus* de Dillwyn a
été établi pour des jeunes individus du *Turbo rugosus.*

*versìm sulcato-granulosá, griseo et viridi marmorata; tuberculis
oblongis obtusis transversim triseriatis: serie superiore suturali;
spirá brevi, apice retusá, aurantiá.*

Lister. Conch. t. 575 f. 28.

Fav. Conch. pl. 8. f. *O. mala.*

* Schreib. Conch. t. 1. p. 274.

* Schrot. Einl. t. 2. p. 71. Turbo, nos 25 et 26.

Chemn. Conch. 5. t. 180. f. 1791, 1792 *et fortè* 1795.

*Turbo coronatus.* Gmel. p. 3594. n° 21.

Encyclop. pl. 448. f. 2. a. b.

* Gève. Conch. Cab. pl. 19. f. 176.

(b) *Var. testá subperforatá; tuberculis brevioribus, quadriseriatis.*

D'Argenv. Conch. pl. 6. f. Q.

* Dillw. Cat. t. 2. p. 833. n° 40.

Habite l'Océan des Grandes-Indes et le détroit de Malacca. Mon cabinet. Coquille épaisse, quoique d'un volume médiocre. Vulg. la
*Couronne-fermée.* Diamètr. transv. 18 lignes; de la variété, 13
lignes.

### 21. Turbo crénelé. *Turbo crenulatus.* Gmel.

*T. testá ovato-ventricosá, imperforatá, transversim sulcato–gra-
nulatá et nodulosá, albo, rufo et fusco nebulosá; anfractibus supernè costá nodosá eminentiore et infra suturas crenulatis; spirá
exsertiusculá.*

* Gevens. Conch. pl. 16. f. 150 et 152.

* *Valentyn Amboina.* pl. 9. f. 81. 82. 83.

* Schrot. Einl. t. 2. p. 77. n° 40.

* Dillw. Cat. t. 2. p. 836. n° 47.

Chemn. Conch. 5, t. 182. f. 1811. 1812.

*Turbo crenulatus.* Gmel. p. 3575. n° 29.

Habite.... Mon cabinet. Diam. transv., 14 lignes.

### 22. Turbo hérissé. *Turbo hippocastanum.* Lamk. (1)

*T. testá subglobosá, obliquè conicá, imperforatá, nodoso-muricatá,
transversim striato-granulosá, albo et rufo-fuscescente variegatá;
nodis acutis transversim seriatis: seriis tribus in ultimo anfractu.*

Chemn. Conch. 5. t. 182. f. 1807—1810, 1813 et 1814.

---

(1) Cette espèce ayant été nommée par Gmelin, long-temps
avant Lamarck, il est convenable de lui rendre son nom de
*Turbo castaneus.*

* Schrot. Einl. t. 2. p. 75. n° 35, 36.

* Gevens. Conch. Cab. pl. 16. f. 151.

* *Turbo castaneus.* Dillw. Cat. t. 2. p. 836. n° 46.

*Turbo castaneus.* Gmel. p. 3595. n° 28.

Habite les mers de l'Amérique australe. Mon cabinet. Coquille que l'on a comparée au marron d'Inde, non pour sa couleur, mais parce qu'elle est à-peu-près hérissée comme l'enveloppe de ce fruit. Elle offre diverses variétés. Diam, transv., 9 lignes.

23. Turbo muriqué. *Turbo muricatus.* Lin. (1)

*T. testâ ovato-conicâ, subperforatâ, tuberculato-nodulosâ, cinereo-plumbeâ ; seriis nodulorum transversis confertis : nodis superioribus acutis, inferioribus muticis ; spirâ acutâ ; fauce fuscâ.*

* Lister. Conch. pl. 30. f, 28.

* Seba. Mus. t. 3. pl. 36, f. 28. 26.

* Herbst. Einl. t. 2. p. 8. n° 4.

* *Turbo muricatus.* Lin. Syst. nat. edit. 10. p. 761.

* Burrow. Elem. of Conch. pl. 19. f. 4.

* Schrot. Einl. t. 2. p. 7.

*Turbo muricatus.* Lin. Syst. nat. edit. 12. p. 1232. Gmel. p. 3589. n. 4.

Petiv. Gaz. t. 70. f. 11.

Gualt. Test. t. 45. fig. E.

Adans. Seneg. t. 12. fr. 2. le *boson.*

Born. Mus. t. 12. f. 15. 16.

Chemn. Conch. 5. t. 1752. 1755.

Habite l'Océan atlantique, etc. Mon cabinet Longueur, 11 lignes.

24. Turbo littoral. *Turbo littoreus.* Lin. (2)

*T. testâ ovatâ, apice acutâ, imperforatâ, transversim striatâ, cinereo-fulvâ, lineis fuscis subfasciculatis cinctâ ; ultimo anfractu ventricoso ; columellâ albâ ; fauce fuscâ.*

---

(1) Il y a dans les ouvrages de Linné deux coquilles qui ont beaucoup de rapports et qui cependant se trouvent dans deux genres différens avec le même nom spécifique : ce sont le *trochus* et le *Turbo muricatus*, malgré la description malheureusement trop courte du *trochus muricatus* dans le Muséum Ulricæ, il nous est impossible de retrouver cette espèce et nous soupçonnons qu'elle doit appartenir au genre *Littorina* ainsi que le *Turbo muricatus.*

(2) Le *Turbo littoreus*, étant devenu le type d'un nouveau

*Turbo littoreus.* Lin. Syst. nat. éd. 12. p. 1232. Gmel. p. 3588. n° 3.
Lister. Conch. t. 585. f. 43.
Gualt. Test. t. 45. fig. A. C. G.
Favanne. Conch. pl. 9. fig. K 2.

genre, sous le nom de *Littorina,* c'est ici que nous devons parler de ce genre, quoique le plus grand nombre des espèces, que Lamarck connût, aient été confondues par lui parmi les Phasianelles. M. de Férussac, dans ses *tableaux systématiques des mollusques,* partage le genre Paludine en cinq sous-genres; le cinquième est celui auquel il donne le nom de Littorine. M. de Blainville n'adopta pas ce sous-genre, et il écarta les coquilles qui en font partie des rapports indiqués par M. de Férussac lui-même. Il fit de ces coquilles une section du grand genre Turbo. Latreille, dans ses *familles du Règne animal,* oublie presque complètement le genre Littorine, et ne le mentionne que pour rappeler la création et les rapports que lui donne son auteur. Quoique G. Cuvier n'admette pas les nouveaux genres sans quelques difficultés, il a cependant adopté celui-ci dans la seconde édition du *Règne animal*; il le place, il est vrai, dans des rapports peu naturels, à la suite des Paludines, en contact avec les Monodontes. Malheurement, lorsque Cuvier donna la seconde édition de l'ouvrage que nous venons de mentionner, la science n'était pas en possession de faits assez nombreux, assez bien constatés sur l'ensemble des grands genres *Turbo* et *Trochus* de Linné, pour décider de toute la classification des genres qui en ont été démembrés à tort ou à raison. Il est également vrai que Lamarck, se laissant guider par la connaissance approfondie des caractères des coquilles, fut plus heureux dans la classification de ces genres que la plupart des autres zoologistes, et que Cuvier lui-même. Cependant des changemens restent à faire, et nous en avons indiqué plusieurs, en traitant successivement les genres de la famille des Scalariens et de ceux de la famille des Turbinacés: aujourd'hui ces réformes nous paraissent d'autant plus nécessaires que nous avons pu observer un grand nombre d'animaux, appartenant à plusieurs de ces genres, reconnaître leurs caractères zoologiques et en estimer la valeur.

Pennant. Brit. Zool. 4. t. 81. f. 109.
Born. Mus. t. 12. f. 13. 14.
Chemn. Conch. 5. t. 185. f. 1852. n⁰ˢ 1—3.
* Lister. Anim. Angl. pl. 3. f. 9.

C'est ainsi que, pour le genre qui nous occupe, nous avons re
connu non-seulement que les animaux avaient des caractères
propres à le distinguer de ceux qui sont connus, mais qui devaient les éloigner des Turbos et des Troques et les rapprocher
des Scalaires. En effet, l'animal des Littorines rampe sur un pied
petit, à bords minces, ovale ou subcirculaire, presque entièrement caché par la coquille. Lorsque l'animal marche, ce pied
porte, au-dessus et du côté postérieur, un opercule toujours
corné, noirâtre, pauci-spiré et à sommet latéral. Cet opercule
forme deux tours et demi à trois tours de spire; il est demi-
circulaire, le bord interne est droit comme dans l'opercule des
Natices : le pied est peu saillant en avant, il est arrondi de ce
côté; la tête est assez épaisse, elle se prolonge en un museau
ridé transversalement, épais, conique et terminé par une fente
longitudinale, qui est celle de la bouche. Cette tête porte en
arrière deux tentacules coniques, pointus, larges à la base, et
ayant au côté externe de cette base le point oculaire assez gros
et médiocrement saillant.

Les coquilles du genre Littorine se distinguent avec la plus
grande facilité de celles des Troques et des Turbos, parce qu'elles
ne sont jamais nacrées ; elles ont d'ailleurs dans la forme de l'ouverture et surtout de la columelle aplatie et souvent tranchante
des caractères particuliers. On séparerait plus difficilement
plusieurs espèces de Littorines des Phasianelles, si l'on ne re-
connaissait tout d'abord ce dernier genre par le poli des coquilles et par la nature calcaire de son opercule. Celles des Littorines qui se rapprochent le plus des Phasianelles ont la columelle
presque droite, subtronquée à l'extrémité et tranchante en son
bord, ce qui ne se présente pas dans les Phasianelles. Enfin les
animaux des deux genres sont très différens : celui des Phasianelles par les ornemens de la tête et les tentacules du pied ne
diffère pas de celui des Troques, tandis que celui des Littorines,

* Maton et Racket. Lin. Trans. t. 8. p. 158. pl. 4. f. 8 à 11.
* Dorset. Cat. p. 49. pl. 17. f. 1, et pl. 19. f. 2. 3.
* Herbst. Einl. t. 2. p. 8. n° 3.
* Gevens. Conch. Cab. pl. 28. f. 315. 316.

comme nous venons de l'exposer, a des caractères qui lui sont propres et qui le rapprochent des Scalaires; dans les deux genres, les opercules ont beaucoup d'analogie; l'animal des Scalaires a la tête proboscidiforme, les tentacules sont plus obtus, plus courts en proportion, et les yeux au côté externe de la base y sont un peu plus haut.

Il résulte de tout ce que nous venons d'exposer sur le genre Littorine qu'il peut être caractérisé de la manière suivante.

## Genre Littorine. *Littorina*. Fer.

*Caractères génériques.* Animal spiral, marchant sur un piéd aminci, ovale ou subcirculaire; tête proboscidiforme à bouche terminale antérieure; deux tentacules coniques, pointus, larges à la base, yeux gros à peine saillans au côté externe de la base des tentacules; opercule corné, paucispiré à sommet latéral et submarginal.

Coquille turbinée, non nacrée, épaisse, solide, ovale ou globuleuse; ouverture peu oblique à l'axe longitudinal, entière, anguleuse au sommet; columelle large, arquée dans sa longueur ou presque droite, sans bord gauche, comme dénudée et presque toujours tranchante en son bord interne.

Les Littorines, comme leur nom l'indique, vivent presque toutes sur les rochers qui bordent les rivages; elles sont presque toujours hors de l'eau, mais elles se placent de manière à recevoir la lame qui se brise sur les rochers, elles résistent aussi bien aux ardeurs du soleil et aux torrens de pluie des pays chauds, qu'aux fureurs des vagues qui retombent en cascades sur les rochers. Il y a quelques années on ne connaissait encore qu'un petit nombre de Littorines, aujourd'hui il en existe plus de soixante-dix espèces vivantes dans notre seule collection, auxquelles nous en ajoutons dix ou douze de fossiles appartenant pour le plus grand nombre aux terrains tertiaires.

Nous allons donner ici les principales espèces de ce genre et

* Baster *opus. subcesiva.* p. 110.
* D'Acosta. Brit. Conch. pl. 6. f. 1.
* Schrot. Einl. t. 2. p. 5.
* Donov. Conch. Brit. t. 1. pl. 33. f. 1. 2.

---

nous rappellerons au lecteur que nous considérons comme lui appartenant, les deux premières espèces de Monodonte de Lamarck et les six dernières espèces de ses Phasianelles. Nous observerons que pour les deux espèces de Monodontes en question, M. Gray, dans le voyage du capitaine Becchey, a fait pour elles un genre *Pagodus.* Nous croyons ce genre inutile, les figures de l'animal données par M. Quoy, dans le voyage de *l'Astrolabe,* nous prouvent de la manière la plus incontestable qu'il a tous les caractères des Littorines; l'opercule prouve également que ces espèces appartiennent aux Littorines.

Nous pensons aussi qu'il faudra ranger dans le même genre plusieurs espèces fossiles des terrains secondaires qui, dans tous les auteurs, sont distribuées parmi les Troques ou les Turbos. Nous citerons, pour exemples, les *Turbo ornatus* et *carinatus,* figurés par M. Sowerby dans son *Mineral Conchology,* pl. 240; enfin, nous rapportons actuellement aux Littorines trois espèces de Phasianelles que nous avons décrites dans notre ouvrage sur les fossiles des environs de Paris, sous les noms de Phasianelles *tricostalis, multisulcata et melanoides.*

## ESPÈCES.

† 1. Littorine sale. *Littorina squalida.* Brod. et Sow.

> *L. testá obovali, apice acuminato, anfractibus supernè depressiusculis, transversim striatis; striis distantibus aperturá rotundá, labio supernè coarctato.* *

Brod. et Sow. Zool. journ. t. 4. p. 370.
Gray. Becch. voy. p. 139. pl. 34. f. 12.
Habite l'Océan austral.

Coquille ovale, renflée, à spire pointue, composée de 5 à 6 tours dont le dernier est plus grand que tous les autres réunis; par sa forme générale, cette espèce se rapproche du *Phasianella sulcata* de Lamarck, qui est aussi une véritable Littorine. Les tours, peu convexes, sont joints par une suture peu profonde, ils sont sillon-

* Mont. Test. p. 301.
* Gronov. Zooph. p. 326. n° 1504.
* *Nerita littorea.* Muller. Zool. Dan. Prodr. pl. 244. n° 2954.
* *Id.* Fabricius, *Fauna Groenland.* p. 403. n° 405.

---

nés transversalement et quelquefois ridés dans le sens opposé; l'ouverture est ovalaire, le bord droit est blanc, tranchant et légèrement onduleux à cause des sillons qui y aboutissent; la columelle et le fond de l'ouverture sont d'un brun peu foncé, couleur noisette; la columelle, arquée dans sa longueur, est élargie en dehors et surtout à la base où elle est sensiblement prolongée au point où elle se réunit au bord droit.

Cette coquille, épaisse et solide, est uniformément d'un blanc grisâtre ou verdâtre. Elle a 23 à 24 millim. de long, 16 à 17 de large.

## † 2. Littorine marnat. *Littorina punctata.* Desh.

*L. testá ovato-acutá, crassá; spirá mucronatá; anfractibus lævigatïs, planiusculis; punctis albis sparsis, aperturá ovatá; columellá basi dilatatá.*

*Turbo punctatus.* Gmel. p. 3597.

*Turbo.* Schrot. Einl. t. 2. p. 104. n° 120.

Le Marnat. Adans. Seneg. p. 168. pl. 12. f. 1.

Fav. Conch. pl. 71. f. A 1. A 2. ex Adans. Mala.

Dilw. Cat. t. 2. p. 810. n° 10.

Habite le Sénégal.

Dans son genre *Trochus,* Adanson ne range que de véritables Littorines. La description qu'il donne de l'animal de celle-ci, et la figure de trois autres espèces ne laissent aucun doute à cet égard.

Cette coquille est ovale oblongue, très pointue, son dernier tour est plus grand que le reste de la spire. Cette spire se compose elle-même de six tours peu convexes et dont la surface est lisse et polie, elle est enveloppée d'un épiderme mince et caduc qui, étant enlevé, laisse voir la couleur d'un brun foncé de la coquille; ainsi que les nombreux points blanc dont elle est couverte, ces points blanc forment des lignes obliques qui descendent en sens inverse de la spire. L'ouverture est ovalaire, oblique; son bord droit est mince et tranchant; le bord gauche présente une surface plane, s'élargissant vers la base. Cette coquille est longue de 18 à 20 millim.

## † 3. Littorine zic-zac. *Littorina zic-zac.* Desh.

*L. testá ovato-oblongá, acuminatá, basi subangulatá, transversim*

* Arg. Conch. pl. 6. f. L?
* Dilw. Cat. t. 2. p. 817. n° 5, *Turbo littoreus.*
* Philippi Enum. Moll. Sicil. p. 189. n° 1.
* *Littorina vulgaris.* Sow. Genera of Shells. f. 1.

---

*striatá, fusco-cœrulescente, lineis albis, undulatis, confertis pictá; aperturá ovatá, atro-castaneá, intus lineá albá basi notatá.*
*Trochus zic-zac.* Chem. Conch. t. 5. p. 69. pl. 166. f. 1600.
*Varietate exclusa.*

Habite les Barbades, d'après Chemnitz et Favanne.

Chemnitz et Lamarck ont confondu les deux mêmes espèces, le premier, sous le nom de *Trochus zig-zag;* le second sous celui de *Phasianella lineata.* L'une de ces espèces, ayant été figurée par M. Benjamin Delessert, sous le nom de *Phasianella lineata*, nous lui laisserons ce nom en la faisant passer dans le genre Littorine. Quant à celle-ci, nous lui réserverons le nom de Chemnitz, et de cette manière les deux espèces resteront sans changement dans la nomenclature.

La Littorine zic-zac est une petite espèce fort commune dans les collections, elle est allongée, très pointue au sommet; sa spire est composé de sept tours peu convexes, dont le dernier est un peu plus long que les autres réunis. Le dernier a la base circonscrite par un angle très obtus. Toute la surface extérieure est finement striée : les stries sont distantes et peu profondes. L'ouverture est ovale et anguleuse au sommet; elle est d'un brun très foncé en dedans, et son bord droit, mince et tranchant, est marqué de quelques taches blanches. La columelle est aplatie, étroite, blanchâtre dans le milieu, très brune dans le reste de son étendue. La couleur de cette coquille la rend très facile à distinguer, elle est d'un bleu foncé et ornée d'un grand nombre de linéoles blanches qui descendent en zig-zag de la suture à la base des tours. Dans une variété, les linéoles près de la suture sont plus larges et moins nombreuses que sur le reste des tours. Dans une autre variété, ces linéoles sont interrompues par une large zone d'un bleu grisâtre. A la base de l'ouverture, et en dedans, on remarque une ligne blanche très oblique.

Cette coquille est longue de 15 millim. et large de 9.

## † 4. Littorine noduleuse. *Littorina nodulosa.* Desh.

*L. testá ovatá, apice acutá, nodulosá; nodulis duplici serie in anfractu ultimo dispositis; simplici serie in anfractibus superioribus;*

* *Turbo*. Sect. I. Blainv. Malac. p. 429.
* *Littorina*. Sow. Man. Conch. p. 177. fig. 363.
* Turton. Conch. Dict. p. 196. n° 7.
* D'Acosta. Brit. Conch. p. 98. pl. 6. f. 1.

---

*apertura atrata rotundata; columella angusta, basi planulata.*
*Trochus duplici serie.* Chemn. Conch. t. 5. p. 42. pl. 163. f. 1545.
   1546.
*Trochus.* Schrot. Einl. t. 1. p. 687. n° 21.
*Trochus nodulosus.* Gmel. p. 3582. u° 98.
*Turbo trochiformis.* Dilw. Cat. t. 2. p. 826. n° 26.
*Littorina tuberculata,* Menke. Syn. p. 44.
*Id.* Anton. Verz. der Conch. p. 53. n° 1921.
Habite...

Nous rendons à cette espèce son premier nom, et nous complétons
   sa synonymie en y réunissant le *Turbo trochiformis* de Dillwyn et
   le *Littorina tuberculata* de MM. Menke et Anton. Comme on le
   voit, trois noms ont été imposés à cette même espèce; et, suivant
   la règle que nous nous sommes prescrite, nous avons adopté le
   plus ancien. Quoiqu'il y ait plusieurs espèces voisines de celle-
   ci, cependant elle se distingue par plusieurs bons caractères.
   Le dernier tour porte deux rangées de grands tubercules pointus; il n'en reste qu'un sur les tours précédens. Le dernier tour
   est court, arrondi, un peu moins long que le reste de la spire.
   Il est orné à la base de deux rangées de tubercules obtus, séparés
   par une ou deux stries saillantes. L'ouverture est petite, arrondie,
   d'un brun très foncé en dedans. Son bord droit est mince et tranchant et sa columelle, peu élargie, tranchante en son bord, présente vers la base une dépression longitudinale. Toute cette coquille est d'un brun grisâtre, et les tubercules sont blanchâtres.
Elle est longue de 15 millim. et large de 11.

## † 5. Littorine brune. *Littorina castanea.* Desh.

*L. testa ovata; spira brevi, acuminata, transversim striata, castanea,*
   *albo rubrove fasciata; apertura ovato-rotunda, fusca; columella*
   *albida.*
*Buccinum castanei coloris.* Schrot. Fluss Conch. p. 344. pl. 9. f. 16.
   18. 19.
*Cochlea lunares Groenlandicæ.* Chemn. Conch. t. 5. p. 235. pl. 185.
   f. a. à g.
*Littorina groenlandica.* Menk. Syn. Moll. p. 45.

* Pennant. Zool. brit. 1812 t. 4. p. 293. pl. 84. fig. 1. 1.
* Gerville. Cat. des coq. de la Manche. p. 44. n° 2.
* Coll. des Ch. Cat. des moll. du Finist. p. 48. n° 1.
* Bouch. Chant. Cat. des moll. marins du Boulonnais. p. 58. n° 102.

---

*Littorina sulcata.* Menke. loc. cit.

Habite les mers du Nord. Je restitue à cette espèce un nom qui rappelle celui que Schroter le premier lui imposa. Ce nom doit être préféré à celui que M. Menke a emprunté de Chemnitz à cause de cette antériorité constatée par Chemnitz lui-même. Ayant sous les yeux une série assez considérable de variétés de cette espèce, je pense que toutes les figures citées de Chemnitz lui appartiennent : par conséquent, j'y joins le *Littorina sulcata* de M. Menke.

Cette espèce, pour sa forme générale, se rapproche beaucoup du *Turbo littoreus.* Elle est ovale, subglobuleuse, à spire courte et pointue; plus courte que le dernier tour. Les tours sont convexes, striés transversalement. L'ouverture est ovale obronde, son bord droit est mince et tranchant, la columelle est étroite, plus arrondie et beaucoup moins aplatie que dans la plupart des autres espèces. Cette coquille, assez épaisse, présente de nombreuses variétés; il y a des individus entièrement bruns, d'autres qui sont ornés d'une large fascie blanche sur le dernier tour ; dans d'autres, cette fascie est remplacée par des mouchetures blanchâtres et transverses. Il y a une autre variété qui est d'un blanc grisâtre uniforme. Enfin on en trouve qui ont des fascies rougeâtres qui s'élargissent successivement, et la série de variétés peut se terminer par des individus entièrement rouges.

Les grands individus ont 17 millim. de long et de 13 de large.

## † 6. Littorine obèse. *Littorina obesa.* Sow.

*L. testá ovato-acutá, basi subangulatá, lævigatá, albo-roseá; aperturá brevi, rubrá; columellá basi latiore.*

Sow. Genera of shells. *Littorina.* f. 6.

Habite..... Cette espèce ne manque pas d'analogie avec celle figurée, depuis long-temps, dans le bel ouvrage de Martyn, planche 68, sous le nom de *Limax coccinea.*

Le *littorina obesa* est une coquille oblongue conique, à spire pointue, à laquelle on compte neuf tours peu convexe, dont le dernier, subanguleux à la base, est plus court que les autres réunis; l'ouverture est fort petite, ovalaire, anguleuse au sommet, d'un rouge sanguinolent à l'intérieur; son bord droit est mince et tranchant;

* Schrot. Flus. Conch. pl. 8. f. 5.

* Fossilis. *Turbo littoreus.* Sow. Min. Conch. pl. 71. f. 1.

Habite l'Océan européen, la mer du Nord, les rives de la Manche, où il est assez commun, etc. Mon cabinet, Vulg. le *Vignot* ou la *Guignette.* Longueur, 10 lignes.

---

la columelle est étroite, un peu dilatée à la base où l'on remarque la trace d'une petite fente ombilicale ; toute la coquille est lisse. Dans quelques individus, la suture est bordée au-dessous par une strie qui la suit. La couleur est d'un blanc rosé plus intense à la base des tours.

Cette espèce a 17 millim. de long et 11 de large.

### † 7. Littorine élégante. *Littorina pulchra.* Sw.

*L. testá ovato-turgidá, apice acutá ; anfractibus convexis, marginatis, transversim striatis, rubescentibus, flammiullis atratis, obliquis, ornatis ; aperturá ovatá, dilatatá columellá planá, latissimá ; labro nigro punctato.*

Sow. Geneva of shells, *Littorina,* fig. 2. 3.

Habite...... très belle espèce de Littorine à laquelle convient bien le nom que lui a donné M. Sowerby ; par sa forme générale, elle se rapproche beaucoup des *Turbos,* et par sa taille, elle est une des plus grandes espèces de Littorine. Elle est globuleuse, très ventrue. Son dernier tour est tellement grand qu'il constitue à lui seul presque toute la coquille. La spire est courte, conique, pointue au sommet ; elle est composée de six tours striés transversalement et dont la suture est bordée par un petit bourrelet : dans la plupart des individus, les stries sont rendues irrégulièrement granuleuses par des stries d'accroissement multipliées et peu régulières. Le dernier tour est déprimé à sa partie supérieure. L'ouverture est régulièrement ovalaire, d'un brun fauve dans tout son pourtour. La columelle est très large, et présente une surface plane et même un peu concave vers le milieu. Le bord droit est mince et tranchant, et il est orné de six ou sept taches noires qui correspondent aux fascies obliques d'un brun foncé qui se montrent à l'extérieur de la coquille ; ces fascies sont larges, quelquefois anastomosées entre elles ; elles se dirigent d'arrière en avant, de la suture aux bords de l'ouverture, en parcourant la moitié de la circonférence du dernier tour.

Les grands individus ont 30 millimètres de long et 27 de large.

### † 8. Littorine miliaire. *Littorina miliaris.* Quoy.

*L. testá ovato-globosá, apice acutá, vittis granosis confertis cincta, cinere-plumbeâ ; fauce violaceâ et albâ ; columellâ depressâ, basi dilatatâ.*

Quoy et Gaim. Voy. de l'Astrol. t. 2. p. 484. pl. 33. f. 16-19.

Habite le port Pralin. Coquille ovale oblongue, très pointue au sommet, ayant la spire aussi longue que le dernier tour. Ce dernier tour est globuleux. L'ouverture est ovale, la columelle presque droite et de la même largeur dans toute sa longueur. Le bord droit est mince et tranchant et pointillé de blanc dans toute sa longueur. En dehors, toute la coquille est granuleuse. Les granulations sont obtuses et rangées en lignes transverses au nombre de deux ou trois sur les premiers tours et de 8 ou 9 sur le dernier. En dehors toute la coquille est d'un brun gris, en dedans elle est d'un brun très intense et la columelle est d'un brun fauve passant au bleuâtre au dehors.

Cette coquille a 17 millimètres de long et 12 de large.

## † 9. Littorine de Diemen. *Littorina Diemenensis*. Quoy.

*L. testâ minimâ, ovato-conicâ, apice acutâ transversim , tenuissime striatâ, cærulescente , ultimo anfractu vittato ; aperturâ violaceâ; columellâ depressâ.*

Quoy et Gaim. Voy. de l'Atrol. t. 2. p. 479, pl. 33. f. 8, 11.

Habite Van Diemen. La Littorine de Diemen est absolument le Turbo bleuâtre de M. de Lamarck, qu'on trouve dans la Méditerranée, avec des stries transverses de plus que n'a pas ce dernier. Ces individus en sont aussi généralement plus grands. Il est court, un peu renflé à la base, à spire assez pointue. Sa couleur est d'un bleu tirant sur le céleste avec une bandelette irrégulière, plus foncée sur le dernier tour. Son ouverture est arrondie; un peu anguleuse, d'un violet sombre en dedans. La columelle est déprimée. La coquille a beaucoup plus d'éclat dans l'eau que lorsqu'elle est exposée à l'air (Quoy).

Sa longueur est de 11 millimètres et sa largeur de 6.

## † 10. Littorine ceinte. *Littorina cincta*. Quoy.

*L. testâ ovato-conicâ, apice acutâ , basi sub carinatâ, transversim late striatâ, luteo fusco cinctâ; aperturâ ovali spadiceâ; columellâ depressâ, violaceâ.*

Quoy et Gaim. Voy. de l'Astrol. t. 2. p. 481. pl. 33. f. 20-21.

Habite la Nouvelle-Zélande. Assez petite espèce courte, très conique, à spire pointue, dont les tours sont un peu arrondis, le dernier por-

tant une carène peu saillante, mais qui se distingue cependant des
sillons transverses. L'ouverture est arrondie, d'un brun violacé.
Le bord gauche est très aplati , presque en gouttière, blanc et violacée. Cette coquille est transversalement et régulièrement striée.
Les sillons sont peu profonds, jaunes et assez espacés, ce qui donne
l'air de petites bandelettes à leurs intervalles bruns. La pointe de
la spire est bleuâtre. Nous ne connaissons point l'animal de cette
espèce, qui a des rapports avec la Phasianelle sillonnée de Lamarck, qui elle-même est une Littorine (Quoy).

Sa longueur est de 17 millim. et sa largeur de 13.

### † 11. Littorine pyramidale. *Littorina pyramidalis*. Quoy.

*L. testâ conicâ elongatâ, basi inflatâ, apice acutâ, tuberculatâ ;
griseo-fuscâ; ultimo anfractu plicato duabus seriebus nodulorum
cincto ; aperturâ minimâ rotundâ ; columellâ depressâ, subcanali-
culatâ, basi dilatatâ.*

Quoy et Gaim. Voy. de l'Astrol. t. 2, p. 482. pl. 33. f. 12-15.

Habite la baie de Jervis, Nouvelle-Hollande. Cette espèce est remarquable par sa forme en pyramide, dont le dernier tour, très
renflé, semble être la base de laquelle s'élève assez brusquement
le reste de la spire. Elle est rugueuse, ceinte d'un cordon de tubercules sur le sommet des tours, le dernier en a deux rapprochés
qui sont presque épineux. Il offre de plus quelques plis longitudinaux près du bord droit. L'ouverture est petite, ronde, fauve; la
columelle est largement déprimée un peu canaliculée, et dilatée
à la base. Le dernier tour est, en général, d'un joli gris opalin et
le reste de la coquille d'un rougeâtre clair, sur lequel se dessinent
de petits tubercules blancs (Quoy).

Sa longueur est de 24 millim. et sa largeur de 14.

### † 12. Littorine de Sydney. *Littorina luteola*. Quoy.

*L. testâ conicâ, apice acutâ, carinatâ, anfractibus ternis, transversim
striatâ, lineis fusco rubente pictâ; aperturâ subrotundâ.*

Quoy et Gaim. Voy. de l'Astrol. t. 2. p. 477. pl. 33. f. 4. 7.

Habite au port Jackson dans la rade de Sydney. Cette espèce se
distingue par sa forme élancée, turriculée, à sommet pointu. Le
dernier tour est de la même longueur que tous les autres réunis,
non renflé, traversé par une petite carène arrondie, qui va se perdre dans les sutures. Quelques individus en ont deux seulement
sur le dernier tour, qui présente assez ordinairement un bourrelet
éloigné du bord droit. L'ouverture est à-peu-près ronde, un peu

anguleuse postérieurement , sans presque aucune dépression à la columelle. Cette coquille est profondément striée transversalement d'un jaunâtre clair piqueté de brun et de rougeâtre. Ces taches sont longues et suivent le sens des stries, il y a quelque variété dans l'intensité de la coloration ; et quelques exemplaires ont de petites flammes brunes longitudinales (Quoy).

Sa longueur est de 15 mill. et sa largeur de 11.

## *Espèces fossiles.*

† **1.** Littorine muricoïde. *Littorina muricoïdes*. Desh.

> *L. testá turbinato-elongatá, basi convexá ; spirá acuminatá ; anfractibus planiusculis canali engusto separatis, transversìm sulcatis sulcis quatuor squamosis; aperturá ovatá, columellá arcuatá planá, acutá.*

*Turbo muricatus.* Sow. Min. Conch. pl. 240. f. 4.

*Id.* Phil. Geol. of Yorkshire. pl. 4. f. 14.

Habite..... Fossile des vaches noires, en France et en Angleterre à Malton et à Steeple Ashton dans le Coral-rag. Le nom de cette espèce doit être changé, parce que Linné avait déjà donné le nom de *Turbo muricatus* à une espèce vivante qui passant dans le genre Littorine doit avant toute autre conserver cette dénomination. Il y a une série d'espèces fossiles des terrains secondaires qu'il faudra mettre à la suite de celle-ci, tels que les *Turbo ornatus, duplicatus,* etc.

† **2.** Littorine tricostale. *Littorina tricostalis*. Desh.

> *L. testá elongato-turbinatá, spirá breviusculá, acuminatá; anfractibus convexis, brevibus, transversim bisulcatis; ultimo majore subgloboso, tricostato; basi striato, aperturá ovatá, columellá latiore, subperforatá.*

*Phasianella tricostalis.* Desh. Coq. foss. de Paris. t. 2. p. 268. n. 6. pl. 34. f. 23. 24. 25.

Habite Houdan.

Cette espèce nous paraît distincte des *Littorina multisulcata* et *melanoïdes*, quoiqu'elle ait avec elles beaucoup d'analogie. La spire est courte, pointue; son dernier tour est proportionnellement plus large que dans les espèces qui précèdent ; les six ou sept tours dont la spire se compose sont étroits, convexes, et l'on voit sur les premiers deux carènes ou deux côtes transverses, et sur le dernier on en voit une troisième se placer à la circonférence; on remarque

entre ces côtes quelques stries fines, lorsqu'on examine la coquille
à l'aide d'une loupe. Le dernier tour est subglobuleux, pourvu à
la base de stries inégales ; l'ouverture qui le termine est presque
aussi large que haute. La columelle est très aplatie, large, tranchante à la base et présentant une dépression ombilicale; le bord
droit est mince, tranchant et un peu dilaté.

Cette petite espèce, assez rare, n'a que sept millim. de long et cinq
et demi de large.

### † 3. Littorine multisillonnée. *Littorina multisulcata*. Desh.

*L. testá elongato-subturritá, apice acuminatá ; anfractibus convexis*
*transversim sulcatis, ultimo basi striato ; aperturá obliquá, ovatá;*
*columellá basi depressá.*

*Phasianella multisulcata.* Desh. Coq. foss. de Paris. t. 1. p. 267.
n. 4. pl. 38. f. 19. 20. 21.

Habite Houdan.

Cette coquille est subturriculée ; sa spire est assez allongée, pointue;
on y compte sept à huit tours médiocrement convexes, étroits, et
sur lesquels on voit quatre ou cinq sillons transverses, réguliers ;
au-dessous de ces sillons, sur le dernier tour, se présentent des
stries très fines qui se continuent jusqu'à la base. Ces stries sont inégales et au nombre de cinq ou six seulement. L'ouverture est petite,
oblique à l'axe, ovalaire, terminée postérieurement par un angle
assez aigu; la columelle est aplatie, tranchante à la base ; le bord
droit est tranchant, mais épais intérieurement.

Cette petite espèce rare ne s'est encore trouvée que dans la localité
où je la cite; elle est longue de 10 mill. et large de 6.

### † 4. Littorine mélanoïde. *Littorina melanoides*. Desh.

*L. testá subturritá, elongatá, apice acuminatá ; spirá longiusculá;*
*anfractibus subplanis, suturá canaliculatá separatis, transversim*
*striatis ; striis obsoletis ; ultimo ad peripheriam bisulcato, striato,*
*aperturá ovatá ; columellá depressá.*

*Phasianella melanoides.* Desh. Coq. foss. de Paris. t. 2, p. 268. n. 5.
pl. 34. f. 20. 21. 22.

Habite Houdan.

Cette coquille est voisine du *Littorina multisulcata;* elle a à-peu-près
la même forme ; sa spire est cependant plus longue et son dernier
tour proportionnellement plus court et plus épais. Cette spire est
formée de six tours assez larges, à peine convexes, séparés entre
eux par une suture canaliculée : ils sont pourvus de quelques stries
transverses, obsolètes, et l'on remarque à la circonférence du der-

nier tour deux petits sillons rapprochés, au-dessous desquels se
montrent plusieurs stries fines et régulièrement décroissantes vers
la base. L'ouverture est petite, ovalaire, un peu atténuée ou anguleuse à son extrémité postérieure ; la columelle est aplatie, presque droite ; le bord droit est mince, tranchant et très fragile.

Cette petite espèce, qui paraît très rare, a un peu la forme d'une
Mélanie, et c'est pour cette raison que nous lui avons donné le
nom qu'elle porte ; elle est longue de 10 millim. et large de 5.

† 5. Littorine de Grateloup. *Littorina Grateloupi*. Desh.

*L. testá conicá, turbinatá, apice acutá, transversìm striatá, striis
tenuibus, depressis, numerosis ; anfractibus convexiusculis, ultimo
ad periphœriam subangulato, subtus convexo, aperturá ovato-rotundá ; columellá angustá basi planá.*

*Phasianella angulifera*. Grat.Tabl. statis. des coq. foss. de l'Adour.
p. 12. n. 144.

*An Littorina Alberti ?* Dujard. Mém. sur la Touraine. Mém. de la
Soc. Géol. de France. t. 2. p. 287. pl. 19. f. 22.

Habite... Fossile de Dax et de Touraine. M. Grateloup regarde cette
espèce comme l'analogue fossile du *Phasianella angulifera* de Lamarck. Nous croyons que ce savant conchyliologue se trompe ; il
n'y a pas à nos yeux une identité assez parfaite entre ces coquilles
pour les admettre dans la même espèce : celle-ci est toujours plus
petite, ses stries sont plus serrées, plus nombreuses, moins aplaties ;
les tours sont peu convexes au nombre de neuf, le dernier est
aussi grand que la spire, il est anguleux à la circonférence. L'ouverture est ovale obronde ; la columelle est aplatie et dilatée à la
base. Cette coquille a 18 millim. de long et 11 de large.

† 6. Littorine de Prévost. *Littorina Prevostina*. Desh.

*L. testá elongato-turbinatá, lævigatá, basi convexá ; anfractibus pla-
nis suturá impressá separatis, ultimo ad periphœriam obtuse subangulato ; aperturá ovatá, columellá planiusculá.*

*Phasianella prevostina*. Bast. Mém. sur les foss. de Bordeaux, p. 38
pl. 1. f. 18.

Habite... Fossile aux environs de Bordeaux et de Dax où elle est
commune. Petite coquille lisse composée de sept tours aplatis, à
suture enfoncée étroite, canaliculée ; le dernier tour, très convexe
en dessous, a un angle très obtus à la circonférence. L'ouverture
est ovale, peu oblique, et la columelle aplatie doit faire ranger cette
espèce dans les Littorines et non dans les Phasianelles. Cette coquille a 7 millim. de longueur.

### 25. Turbo roussi. *Turbo ustulatus*. Lamk. (1)

*T. testá ovato-ventricosá, imperforatá, crassá, transversim sub-
striatá, castaneá aut rufo-fuscescente; anfractibus convexis;
aperturá albá.*

D'Argenv. Conch. pl. 6. fig. L.

Favanne. Conch. pl. 9. fig. K. 1.

Habite.... Mon cabinet. Vulg. le *Marron-rôti.* Outre sa coloration,
qui est plus intense, plus rembrunie que dans le précédent, il est
plus épais et n'offre point de lignes fasciculées transverses. Diam.
de la base, 10 lignes; longueur, 13 lignes et demie.

### 26. Turbo de Nicobar. *Turbo nicobaricus*. Gmel.

*T. testá subglobosá, imperforatá, crassiusculá, glabrá, albidá ma-
culis lineisque rubris reticulatá; aperturá intensè aurantiá; columellá subcallosá.*

* Gevens. Conch. Cab. pl. 21. f. 213.

* Karsten. Mus. Lesk. t. 1. pl. 4. f. 7.

* Desh. Ency. méth. vers. t. 3. p. 1098. n° 18.

* Dilw. Cat. t. 2. p. 816. n° 3.

*Helix paradoxa.* Born. Mus. t. 13. f. 16. 17.

Chemn. Conch. 5. t. 182 f. 1822—1825.

*Turbo nicobaricus.* Gmel. p. 3596. n° 33.

Habite l'Océan des Grandes-Indes, près des îles de Nicobar. Mon cabinet. Il n'est point cerclé comme le dit *Gmelin.* Spire fort courte.
Diam. de la base, 8 lignes.

### 27. Turbo néritoïde. *Turbo neritoides*. Lin. (2)

*T. testá semiglobosá, imperforatá, crassiusculá, glabrá, flavá aut
luteo-rubente, ut plurimùm unicolore, rarò maculis variis aut
fasciis pictá; spirá obtusissimá; columellá planá.*

---

(1) Nous avons vu cette espèce dans la collection de Lamarck, grâce à l'obligeance de son nouveau propriétaire, M. Benjamin Delessert, ami éclairé des sciences naturelles. Nous
avons reconnu que le *Turbo ustulatus* a été formé avec quelques individus roulés du *Turbo littorens.* Il faut donc que cette
espèce disparaisse des catalogues.

(2) Ce Turbo néritoïde n'est point un véritable Turbo, il doit
faire parti du genre Littorine de Férussac ; les observations consignées dans l'intéressant travail de M. Bouchard Chantereaux,

*Turbo neritoïdes.* Lin. Syst. nat. ed. 12. p. 1232. Gmel. 3588. n° 2.

* Lin. Syst. nat. ed. 10. p. 761.

* Lister. Anim. Angl. pl. 3. f. 11 à 13.

* Lister. Conch. pl. 607. fig. 39 à 42.

* *An* Gualt. Ind. Test. pl. 64. f. N?

* D'Acosta. Brit. Conch. p. 50. pl. 3. f. 13 à 16.

* Klein. Tent. ostrac. pl. 1. f. 25. 26. pl. 2. fig. 31 à 34.

* *Nerita.* Pennant. Zool. brit. 1812. t. 4. p. 346. n° 3. pl. 90. f. 3.

* Gevens. Conch. Cab. pl. 28. f. 319 à 326.

Knorr. Vergn. 6. t. 23. f. 8. 9.

Chemn. Conch. 5. t. 185. f. 1854. n°. 1 à 11.

* Schrot. Einl. t. 2. p. 4. n° 2.

* Herbst. Einl. t. 2. p. 8. n° 2.

* *Nerita littoralis.* O. Fabricius. Faun. Groenl. p. 402. n° 404.

* *Turbo neritoïdes,* Olivi. Adriat. p. 169.

* *Nerita littoralis.* Dilw. Cat. t. 2. p. 989. n° 25.

* *Nerita littoralis.* Burrow. Elem. of. Conch. pl. 20. f. 7.

* Collard des Ch. Cat. des moll. du Finist. p. 49. n° 2.

* Bouch. Chant. Cat. des Moll. du Boulonnais. p. 60. n° 105.

Habite dans la Méditerranée et sur les côtes méridionales de la Manche. Mon cabinet. Coquille assez commune. Diam. trans., 6 lignes 3 quarts.

## 28. Turbo rétus. *Turbo retusus.* Lamk. (1)

*T. testá ventricoso-subglobosá, imperforatá, transversim striatá, olivaceo-flavescente; spirá retusissimá; aperturá lateraliter dilatatá; labro tenui : limbo interiore albo.*

* Maton et Rack. Conch. Brit. p. 226. n° 6. pl. 5. f. 15.

*Nerita littoralis.* Act. de la Soc. Linn. vol. 8. t. 5. f. 15.

* Turt. Brit. Conch. p. 126. n° 6.

* Coll. des Ch. Moll. du Finistère. p. 49. n° 3.

* Gerville. Cat. p. 50. n° 4.

* Bouch. Chant. Cat. des moll. du Boulonn. p. 60. n° 104.

Habite les mers d'Europe, particulièrement les côtes de la Manche, près de Calais. Mon cabinet. Il a des rapports avec le précédent, mais en est très distinct. Ce n'est point le *N. littoralis* de Gmelin. Diam. transv., près de 5 lignes.

---

sur les mollusques du Boulonnais, ne laissent aucun doute à cet égard.

(1) Cette espèce est encore une véritable Littorine.

### 29. Turbo breton. *Turbo rudis.* Maton. (1)

*T. testâ ovatâ, ventricosâ, imperforatâ, transversìm striatâ, fere
sulcatâ, cinereo-lutescente; spirâ prominulâ; acutâ, obliquissimâ,
columellâ basi latiore.*

*Turbo rudis.* Montag. *ex D.* Leach.

* Turt. Conch. Dict. p. 197. n° 9.

* Gerv. Cat. des Moll. p. 45. n° 3.

* Mat. et Rack. Conch. Brit. p. 159. n° 3. pl. 4. f. 12. 13.

* Coll. des Ch. Cat. des Moll. du Finistère. p. 49. n° 4.

* Bouch. Chant. Cat. des Moll. du Boulon. p. 59. n° 103.

* *Turbo littoreus.* Var. B. Gmel. p. 3588.

* Chemn. Conch. t. 5. p. 233. pl. 185. f. 1853.

* Schrot. Einl. t. 2. p. 84. n° 58.

* Donovan. Brit. Conch. t. 1. pl. 33. f. 3.

* Montagu. Test. Brit. p. 304.

* Dorset. Cat. p. 49. pl. 18. f. 6.

* *Turbo rudis.* Dilw. Cat. t. 2. p. 818. n$_0$ 7.

* *Fossilis. Turbo rudis.* Sow. Min. Conch. pl. 71. f. 2.

Habite l'Océan européen; commun sur les côtes de Bretagne, près
le Croisic, où il se tient sur les rochers, etc.; communiqué par
M. *Leach.* Mon cabinet. Diam. de la base, 6 lignes.

### 30. Turbo bizonal. *Turbo obtusatus.* Lin. (2)

*T. testâ subrotundâ, ventricosâ, imperforatâ, lævi, albâ, castaneo-
bizonatâ; spirâ retusâ; labio columellari plano, latiusculo.*

*Turbo obtusatus.* Lin. Syst. nat. ed. 12. p. 1232. n° 605.

Chemn. Conch. 5. t. 185. f. 1854. n$^{os}$. c. d.

* Schrot. Einl. t. 2. p. 3. n° 1.

* Herbst. Einl. t. 2. p. 8. n° 1.

* Dilw. Cat. t. 2. p. 815. n° 1.

Habite l'Océan septentrional. Mon cabinet. Diamètre transversal,
4 lignes.

---

(1) Cette espèce, voisine du *Turbo littoreus,* doit comme lui
faire partie du genre Littorine.

(2) Nous pensons que malgré l'autorité de Linné et de Lamarck, il faudra réunir cette espèce au *Turbo neritoïdes* à titre de variété. Nous ne voyons, en effet, dans ces coquilles
très variables, quant à la couleur, aucun caractère qui les sépare.

## 31. Turbo pourpré. *Turbo pullus.* Lin.(1)

> *T. testá parvulá , ovato-conoidea, imperforatá, lævi, nitidá , in fundo albo purpureo punctatá et maculatá; spirá apice obtusiusculá.*
>
> * *Delle Chiaje* dans Poli. Testac. t. 3. pl. 52. f. 43.
> * Lin. Syst. nat. ed. 10. p. 761.
> * Donov. Conch. t. 1. pl. 2. f. 2 à 6.
>
> *Turbo pullus.* Lin. Syst. nat. ed. 12. p. 1233.
> Born. Mus. t. 12. f. 17. 18.
> * *Phasianella pulla.* Desh. Exp. de Morée. Zool. t. 3. p. 145. n° 179.
> * *Turbo pictus.* D'Acosta. Brit. Conch. p. 103. pl. 8. f. 1. 3.
> * *Turbo pullus.* Dilw. Cat. t. 2. p. 822. n° 17.
> *Phasianella pulla.* Payreau. Cat. p. 140. n° 281.
>
> Habite dans la Méditerranée. Mon cabinet. Coquille toujours petite, mais fort jolie. Diam. de la base, 2 lignes un quart; longueur environ 3 lignes et demie.

## 32. Turbo bleuâtre. *Turbo cærulescens.* Lamk. (2)

> *T. testá parvulá, ovato-conicá, imperforatá, glabrá, cærulescente; spirá apice acutá; operculo corneo.*
>
> * *Littorina Basteroti.* Payr. Cat. des Moll. de Corse. p. 115. pl. 5. f. 19. 20.
> * Coll. des Ch. Cat. des Moll. p. 49. n° 5.
> * Bouch. Chant. Cat. des Moll. du Boulonnais. p. 60. n° 106.
> * *Paludina glabrata.* Pfeiff. Syst. anord. 3e part. pl. 8. f. 10.
> * *Nerita ex fusco-viridescens.* List. Anim. angl. p. 164. lit. 11.
> * *An Nerita littoralis ?* Lin. Syst. nat. ed. 12. p. 1253. n° 724. *Syno. plerisque exclus.*
>
> Habite dans la Méditerranée, près de Cette, sur les rochers hors de l'eau. *Faujas.* Mon cabinet. Longueur 3 lignes.

---

(1) Cette coquille n'est point un Turbo, mais une véritable Phasianelle très abondamment répandue dans l'Océan européen.

(2) Elle appartient encore au genre Littorine. Cette espèce est très commune sur les bords de la Méditerranée ; elle s'attache aux rochers battus par la mer, mais au-dessus de son niveau lorsqu'elle est tranquille. Elle vit aussi sur nos côtes de la Manche. Les naturalistes doivent éprouver de l'embarras à déterminer rigoureusement ce que c'est que le *Nerita littoralis* de

### 33. Turbo cancellé. *Turbo cancellatus*. Lamk. (1)

*T. testâ parvâ, ovato-conicâ, imperforatâ, tenui, decussatìm striatâ, albidâ; spirâ breviusculâ.*

* B. Delessert. Coq. de Lamk. pl. 37. f. 7.

*Turbo cancellatus* ex D. Beudant.

Habite dans la Méditerranée. M. *Beudant.* Mon cabinet. Longueur, une ligne 3 quarts.

---

Linné. Ceux qui lisent la description de l'espèce à l'endroit cité de l'histoire des animaux d'Angleterre, par Lister, pag. 164, ne peuvent s'empêcher de reconnaître le *Turbo cœrulescens* de Lamarck; ceux qui ne consultent que les figures citées dans la synonymie de Linné, assurent que ce *Nerita littoralis* est la même espèce que le *Turbo neritoïdes;* enfin l'embarras augmente quand on lit qu'elle est très commune et très variée de couleur sur les rochers des mers d'Europe, et qu'une variété plus petite habite les eaux douces. Il est évident que sous ce nom de *Nerita littoralis,* Linné confondait au moins trois espèces, le *Turbo cœrulescens* de Lamk., le *Turbo néritoïde* formant double emploi et probablement le *Neritina fluviatilis.* Gmelin simplifie Linné, en cela qu'il supprime la citation de la page 164 de Lister, et réduit toute la synonymie à des figures qui représentent le *Turbo neritoïdes,* par conséquent dans Gmelin le *Nerita littoralis* est un double emploi du *Turbo neritoïdes;* Dillwyn donne au *Turbo neritoïdes* une toute autre signification que Linné lui-même; il n'admet pour cette espèce qu'une seule citation, c'est celle de la *fig.* F de la pl. 45 de Gualtieri. Cette figure conviendrait assez au *Turbo cœrulescens* de Lamarck et ne peut s'appliquer en aucune manière à l'espèce linnéenne; aussi Dillwyn porte au *Nerita littoralis* toute la synonymie qui appartient au *Turbo neritoïdes.*

(1) Lorsque Lamarck travaillait à son dernier volume des Animaux sans vertèbres, le genre Rissoa n'avait pas encore été établi par Desmarest, et Lamarck en distribua les espèces en grande partie parmi les Mélanies, et laissa celle-ci et la suivante dans le genre Turbo. Je pense que ce *Turbo cancellatus* est la même espèce que le *Rissoa lactea* de M. Michaud.

**34. Turbo costulé. *Turbo costatus*. Lamk. (1)**

*T. testâ minimâ, conicâ, imperforatâ, gracili, longitudinaliter cos-*
*tulatâ, cinereo-violacescente; spirâ apice acutâ.*

*Turbo costatus ex D.* Beudant.

* B. Delessert. Coq. de Lamk. pl. 37. f. 8.

Habite dans la Méditerranée. M. *Beudant.* Mon cabinet. Longueur,
une ligne et demie.

**+ 35. Turbo rougeâtre. *Turbo rubicundus*. Reeve.**

*T. testâ orbiculato-globosâ, apice obtusâ, transversìm sulcatâ; sulcis*
*angustis, regulariter granulosis; anfractibus convexis, rubescenti-*
*bus; aperturâ circulari, obliquâ; columellâ explanatâ, in medio*
*depressâ roseâ.*

Reeve. Proc. zool. soc. 1842.

Reeve. Conch. Syst. t. 2. p. 162. pl. 220. f. 11. 12.

*Cochlea rubicunda.* Chemn. t. 5. p. 207. pl. 181. f. 1803. 1804.

Habite les mers de la Nouvelle-Hollande et de la Nouvelle-Zélande.

Coquille que l'on confond assez habituellement dans les collections
avec le *Turbo diaphanus* de Lamarck, quoiqu'il en diffère cependant d'une manière assez notable. Il est arrondi, globuleux, d'une
forme approchant celle du *Turbo rugosus*. La spire, obtuse au sommet, compte 5 à 6 tours chargés d'un grand nombre de rangées
transverses, étroites et régulières de petits tubercules obtus, dont
la grosseur va progressivement en s'accroissant depuis la base des
tours jusque vers la suture. Vers cette suture, on compte, sur les
deux ou trois derniers tours, deux ou trois rangées de perles plus
grosses. L'ouverture est médiocre, circulaire, oblique, d'une très
belle nacre. La columelle est élargie et présente au-dehors une
surface en croissant légèrement creusée en gouttière dans le milieu
et bordée en dehors par un angle teinté de rose. Toute la coquille
est d'un rouge briqueté avec des taches où cette même couleur
plus foncée est disposée en grandes marbrures irrégulières.

Elle a 50 mill. de diamètre et 45 de hauteur.

**+ 36. Turbo papyracé. *Turbo papyraceus*. Gmel.**

*T. testâ subglobosâ, depressiusculâ, lævigatissimâ, transversìm mul-*
*tifasciatâ; fasciis punctis albis, rufisque articulatis; anfractibus*

---

(1) Cette espèce est un véritable Rissoa, les individus de la
collection de Lamarck sont jeunes et pourraient bien appartenir
au *Rissoa costata* de Desmarest.

*convexiusculis; ultimo basi depresso; aperturá subcirculari, obliq...,*
*fauce arguteá; columellá angustá, basi callo semicirculari, albo,*
*clausá.*

*Turbo papyraceus.* Gmel. p. 3596, n° 31.

Schrot. Einl. t. 2. p. 77. n° 41.

Chemn. Conch. t. 5. p. 215. pl. 182. f. 1817. 1818.

Dillw. Cat. t. 2. p. 837. n° 48.

Habite les mers du cap de Bonne-Espérance.

Coquille que l'on aurait une tendance à placer parmi les Troques à
cause de son peu d'épaisseur et de l'obliquité de son ouverture, si
l'on ne savait d'ailleurs que son opercule est calcaire. Elle est turbinoïde, un peu déprimée à la base, ce qui, dans les jeunes individus surtout, produit un angle très obtus à la circonférence du dernier tour. La surface extérieure est entièrement lisse et polie,
comme dans les *Turbo cidaris* et *patholatus.* Les tours sont médiocrement convexes, à suture simple. L'ouverture est oblique; son
bord droit est mince et tranchant. La columelle a le bord mince;
une zone demi-circulaire circonscrit sa base, et c'est sur cet espace
que l'animal dépose une callosité aplatie, blanche, qui laisse sur la
surface columellaire deux lignes enfoncées. La coloration de cette
espèce consiste en un grand nombre de fascies ou plutôt de linéoles
transverses composées de points alternes blancs et bruns, sur un
fond d'un brun clair et rougeâtre. Il y a même une variété presque rouge et d'autres qui ont une tendance au verdâtre.

Cette espèce a 22 millim. du diamètre à la base. Je dois ajouter que
dans la plupart des individus il y a une zone assez large immédiatement au-dessous de la suture, et dans laquelle se montrent des
taches sub-quadrangulaires noirâtres, alternatives avec d'autres plus
petites blanchâtres ou rougeâtres.

## † 37. Turbo épervier. *Turbo sparverius.* Gmel.

*T. testá ovatá, ventricosá, imperforatá, crassá, ponderosá, transver-*
*sìm sulcatá; sulco majore in medio anfractum; anfractibus con-*
*vexis, albo, fusco, variegatis; aperturá argenteá, rotundatá, basi*
*subauriculatá; columellá simplici.*

*Turbo sparverius.* Gmel. p. 3594. n° 43.

Schrot. Einl. t. 2. p. 73. n° 3.

Chem. Conch. t. 5. p. 204. pl. 181. f. 1798.

Regenf. Coq. t. 2. pl. 6. f. 63.

Dillw. Cat. 2. p. 825. n° 43.

Habite les mers de l'Inde, d'après Gmelin.

Coquille ovale globuleuse, parfaitement distincte du *Turbo setosus*

avec lequel elle a cependant beaucoup d'analogie. La spire est
assez allongée, composée de six tours dont le dernier est beaucoup
plus grand que les autres réunis. Ces tours sont sillonnés transversalement, les sillons sont inégaux, peu profonds, mais il y en a toujours un plus gros que les autres qui forme un cordon saillant sur
le milieu des tours. Ce sillon est un peu au-dessus du milieu du
dernier tour. Entre lui et la suture, mais plus près de lui que de
cette dernière, on remarque deux autres sillons plus relevés que
ne le sont ceux de la base. L'ouverture est argentée à l'intérieur;
la columelle est épaisse, simple, arrondie et se prolonge, à sa jonction avec le bord droit, en une petite oreillette comparable à celle
du *Turbo canaliculatus* de Gmelin, par exemple. La coloration
est assez constante, elle consiste en marbrures irrégulières, souvent
composées de taches subarticulées d'un beau brun marron sur un
fond blanchâtre, tirant sur le fauve. Cette coquille, que l'on confond habituellement avec le *Turbo setosus*, a 65 mill. de haut et
5o de large.

### † 38. Turbo de Norris. *Turbo Norrisii*. Sow.

*T. testá orbiculato-depressá, lævigatá, rotelliformis apice obtusá, ad
periphæriam obtusè subangulatá, subtùs convexiusculá, umbilico
profundo perforatá, castaneá, ad umbilicum nigrescente; aperturá
margaritaceá, subtrigoná, obliquá; labro acutissimo, bisinuoso.*

*Trochiscus Norrisii.* Sow. Mag. of. nat. hist. 2ᵉ série.

Id. Gray. Beecheys. voy. Zool. p. 143. pl. 34. f. 14.

*Turbo rotelliformis.* Jay. Cat. on the shells. p. 111. pl. 1. f. 2. 3.

Habite les mers de Chine?

Très belle et très rare espèce, connue depuis peu dans les collections;
elle a un peu la forme et les apparences d'une très grande roulette;
mais elle appartient par tous ses caractères, au genre Turbo. Elle
est déprimée, plus large que haute; sa spire est obtuse, les tours
sont aplatis, conjoints, ce qui donne à leur ensemble une courbure uniforme. Le dernier tour est très grand, subanguleux à sa
circonférence et médiocrement convexe en dessous. Un ombilic,
assez large et profond, qui remonte à l'extrémité de sa spire, perce
la base de la coquille. La columelle est courte, simple, mince;
elle s'appuie, en s'avançant un peu, sur le bord de l'ombilic, et se
termine à une petite callosité qui marque son point d'intersection
avec le bord droit. Le bord droit est mince et tranchant, et présente dans sa longueur une double sinuosité en *S* italique, très allongé. L'ouverture est oblique, arrondie dans le fond, mais subtriangulaire à l'entrée. Cette coquille, naturellement lisse et polie,

est d'un beau brun marron uniforme, passant assez brusquement au noir pour former une zone de cette couleur autour de l'ombilic. L'individu de ma collection a 37 millim. de diamètre et 30 de hauteur.

## † 39. Turbo de Regenfuss. *Turbo Regenfusii*. Desh.

*T. testá magná; globosá, apice acuminatá, lœvigatá, viridi, transversim obscurè fasciata ; fasciis pallidioribus, maculis quadratis, nigrescentibus notatis ; anfractibus convexis; ultimo supernè angulato; aperturá circulari, intùs argenteá ; columellá simplici, extùs callo incrassato marginatá.*

Regenf. Conch. t. 1. pl. 5. f. 52.

*Turbo olearius.* Chemn. Conch. t. 5. p. 185. pl. 1773. 1774.

*Turbo olearius.* Var. γ. Gmel. p. 3593. n. 17.

*Turbo olearius.* Var. Dillw. Cat. t. 2. p. 831. n. 36.

Habite l'Océan de l'Inde.

Nous distinguons cette espèce du *Turbo olearius* des auteurs, ainsi que du *Marmoratus* de Lamarck, avec lesquels elle a cependant beaucoup de rapport. Nous lui avons donné le nom de Regenfuss qui le premier en a produit une excellente figure. Ce Turbo est généralement un peu plus gros que le poing; il est globuleux, à spire assez allongée et pointue. Ses tours, au nombre de 5 à 6, sont convexes, lisses, mais le dernier présente constamment, à la partie supérieure, une seule côte saillante, tantôt continue, tantôt divisée en quelques gros tubercules. Cette côte est la seule qui se produise jamais sur ce dernier tour. Le reste de la surface est lisse et poli. L'ouverture est grande et arrondie. C'est elle qui présente les principaux caractères distinctifs de l'espèce. Elle diffère notablement de celle du *Turbo marmoratus.* Son plan, par rapport à l'axe, est beaucoup plus oblique; son bord a une sinuosité supérieure qui n'existe pas dans l'autre espèce. La columelle, plus étroite et plus mince, est beaucoup plus couverte à sa partie supérieure par la saillie du bord droit. Cette columelle est élargie et aplatie à la base, mais non prolongée en oreillette. Elle est circonscrite en dehors par un bourrelet obtus et étroit qui part de la place où devrait être l'ombilic, et se prolonge, en se contournant, jusqu'à l'extrémité de la columelle. Le *Turbo marmoratus* à volume égal, c'est-à-dire très jeune encore, ne présente jamais cet ensemble de caractères. Cette coquille est lisse, d'une belle couleur verte, interrompue par quelques fascies transverses inégales sur lesquelles se dessinent des taches irrégulières; souvent subquadrangulaires, d'un vert noirâtre.

L'individu, figuré par Regenfuss, a 105 mill. de haut et 100 de
large. Le nôtre est peu plus petit.

## † 40. Turbo canaliculé. *Turbo canaliculatus*. Gmel.

*T. testâ ovatâ, crassâ, solidâ, transversim sulcatâ, viridescente,
fusco irregulariter marmoratâ; aperturâ circulari ; labro intus sulcato, basi auriculato.*

*Turbo canaliculatus.* Gmel. p. 3594, n. 22.

Schrot. Einl. t. 2. p. 72. n,27.

Chemn. Conch. t. 5. p. 202. pl. 181. f. 1794.

Favan. Conch. t. 2. p. 67. pl. 9. f. A. 4.

Regenf. Coq. t. 1. pl. 10. f. 44.

Dillw. Cat. t. 2. p. 834. n. 41.

Habite les mers de l'Inde, d'après Gmelin.

Coquille très voisine par ses caractères du *Turbo sparverius;* elle se
distingue cependant par une forme plus ovoïde, moins globuleuse,
sa spire plus élancée et plus pointue ; les tours, très convexes, sont
garnis de sillons transverses larges, déprimés et presque égaux.
Un seul est un peu plus saillant que les autres et il occupe à-peu-
près le milieu des tours. L'ouverture est circulaire, d'une belle
nacre argentée ; le bord droit est tranchant, et l'on voit se prolon-
ger en dedans des sillons qui correspondent à ceux de l'extérieur.
La columelle est épaisse, simple, sans ombilic, et à sa jonction
avec le bord droit elle se prolonge en une oreillette étroite et canaliculée dans sa longueur.

Cette coquille, épaisse et pesante , est d'un vert plus ou moins intense, passant au jaunâtre dans quelques individus, et irrégulièrement marbré de brun ou de noirâtre.

Cette espèce a 70 mill. de hauteur et 50 de large.

## † 41. Turbo variable. *Turbo variabilis*. Reeve.

*T. testâ globosâ, ventricosâ; imperforatâ, lævi, nitidâ, colore varia-
bili , flavo fuscoque marmoratâ, lineisve albis fulguratâ; aperturâ
rotundatâ ; columellâ crassâ, subcylindricâ.*

Reeve. Proc. of zool. soc. 1842.

Reeve. Conch. Syst. t. 2. p. 167. pl. 219. f. 1. 2.

Habite les îles Philippines.

Très belle espèce, encore rare dans les collections, qui a de l'analogie avec le *Turbo cidaris* et le *petholatus*, mais qui en diffère constamment et par la coloration et par ses autres caractères. Elle est
arrondie, globuleuse, toute lisse, polie et brillante. Les tours, au
nombre de 5, sont très convexes le dernier est très grand. L'ou-

verture est circulaire, peu oblique, d'une très belle nacre argentée; la columelle est étroite, épaisse, cylindracée et sans aucune perforation ombilicale. La coloration est très variable, mais elle est des plus élégantes. Elle consiste souvent en de grandes marbrures d'un brun marron foncé sur un fond d'un jaune fauve. Dans certains individus, ces marbrures sont entrecoupées de séries transverses de taches blanchâtres et brunes. Dans l'une des plus belles variétés, sur un fond du plus beau brun foncé la coquille est ornée d'un grand nombre de fines linéoles du plus beau blanc, obliquement décurrentes en zig-zag.

Les grands individus ont 50 mill. dans leurs deux diamètres.

## † 42. Turbo ongle. *Turbo unguis*. Wood.

*T. testá conicá, trochiformi , basi planulatá, intùs margaritaceá, subtùs, concentricè striatá, longitudinaliter exilissimè lamellosá ; anfractibus planiusculis supernè radiatim costellatis, basi tuberculis prælongis, obtusis, radiantibus circumdatis ; aperturá ovatá; labro repando, prælongo; callo umbilicali costulá albá bipartito.*

*Trochus unguis.* Wood. Ind. test. supp. pl. 5, f. 2

*Turbo digitatus* Desh. Mag. de Guérin, 1841. moll. pl. 36.

Reeve. Conch. Syst. t. 2. p. 165. pl. 217. f. 6.

Habite Acapulco.

Très belle espèce que nous plaçons parmi les *Turbos* malgré sa forme trochoïde, parce qu'elle a l'opercule calcaire ; elle se distingue facilement de ses congénères par les côtes rayonnantes qui descendent du sommet à la base des tours et qui, à la circonférence très aiguë du dernier, se prolongent en digitations unguiformes plates en dessous ou médiocrement creusées. L'ouverture est extrèmement oblique; le bord droit occupe dans son développement la demi-circonférence du dernier tour. L'ouverture paraît triangulaire, mais dans le fond elle est ovale, arrondie. Le dernier tour est aplati en dessous, il est orné de stries concentriques sur lesquelles s'élèvent, sous forme d'écailles, des lamelles très fines, très serrées et longitudinales.

Les grands individus de cette espèce ont 55 mill. de diamètre et 40 de hauteur.

## † 43. Turbo de Jourdan. *Turbo Jourdani*. Kiener.

*T. testá ovato-conicá , turgidá, lævigatá, castaneo-rubescente, imperforatá; anfractibus convexis, primis transversim tricostatis; ultimo obscurè costato ; aperturá magná, circulari ; columellá cylindraceá, supernè callosá.*

Kien. Revue Zool. Soc. Cuv. 1839. p. 324.

*Idem.* Mag. de Guérin, 1840. Moll. pl. 9.

Habite les mers de la Nouvelle-Hollande.

Grande et belle espèce appartenant autrefois à la collection de
M. Jourdan, et qui a été décrite pour la première fois par
M. Kiener ; elle est ovale, oblongue, plus allongée que ne le sont
la plupart des *Turbos*, ce qui la rapproche un peu des Phasianelles.
La spire, à laquelle on compte un petit nombre de tours, est presque aussi haute que l'ouverture. Les tours sont convexes, leur suture est canaliculée, et sur les premières s'élèvent trois côtes transverses qui, parvenues vers l'origine du dernier tour, s'amoindrissent
et finissent par disparaître. L'ouverture est grande, arrondie, d'une
très belle nacre à l'intérieur. La lèvre droite, amincie, est bordée
de rouge. Cette coquille est lisse et polie ; elle est partout d'un
beau brun rougeâtre, et ses accroissemens irréguliers sont marqués par des linéoles longitudinales de la même couleur plus foncée.
L'individu, décrit par M. Kiener, est très grand. Environ 20 centimètres de hauteur.

## † 44. Turbo corallin. *Turbo sanguineus*. Lin.

> *T. testá minimá, globosá, lævigatá, transversim sulcatá, basï perforatá,*
> *rubra ; anfractibus convexis ; aperturá obliquá circulari ; colu-*
> *mellá basi callosá ; marginibus incrassatis.*

Lin. Syst. nat. ed. 10. p. 763.

Lin. Syst. nat. ed. 12. p. 1235.

*An trochus roseus ?* Dillw. Cat. t. 2. p. 776, n. 40.

*Globulus roseus.* Chemn. Conch. t. 5. p. 113. pl. 174. f. 1675.

Olivi Adriat. p. 169.

*Turbo coccineus.* Desh. Expéd. de Morée, t. 3. p. 145, n. 178, pl. 19.
f. 6. 7. 8.

Habite la Méditerranée.

Les auteurs ont laissé subsister de la confusion entre cette espèce et
une autre qu'ils donnent comme le *sanguineus* de Linné; en lisant
attentivement ce que Linné dit de son *Turbo sanguineus* dans les
deux éditions du *Systema*, on restera convaincu que cette courte
description ne peut s'appliquer à la coquille à laquelle Chemnitz,
Gmelin, Dillwyn attribuent le nom Linnéen ; il me paraît certain que le *Trochus roseus* de Chemnitz se rapporte entièrement
par ses caractères au *Turbo sanguineus* de Linné. Nous sommes
bien convaincu aujourd'hui que notre *Turbo coccineus* dont nous
avons donné une bonne figure dans l'ouvrage de Morée est la même
espèce que le *sanguineus* de Linné. Cette petite coquille est d'un

rouge de corail de la grosseur d'un pois, un peu déprimée. Sa surface est lisse et cependant occupée par un petit nombre de larges sillons. La columelle est arrondie, percée à la base d'un petit ombilic; l'ouverture est ronde et d'une belle nacre argentée.

## *Espèces fossiles.*

### 1. Turbo petites-écailles. *Turbo squamulosus.* Lamk.

T. *testâ conoideâ, acutâ, umbilicatâ; sulcis anfractuum quinis squamulosis; squamis fornicatis.*

*Turbo squamulosus.* Annales, vol. 4. p. 106. n. 1.

* Def. Dict. des sc. nat. t. 46. p. 519.

* Desh. Coq. foss. de Paris. t. 2. p. 251. n. 1. pl. 32. f. 4 à 7.

Habite..... Fossile de Presles et Grignon. Mon cabinet. Cette coquille ressemble un peu par son aspect au *Trochus Pharaonis* de Linné, mais son ouverture n'offre pas les mêmes caractères. C'est un cône court, à sommet pointu, et à base élargie. Les tours de spire sont convexes, un peu canaliculés en leur bord supérieur, et chargés chacun de cinq sillons écailleux et transverses. Le dernier tour est plus grand que tous les autres pris ensemble. Hauteur, un centimètre.

### 2. Turbo petits-rayons. *Turbo radiosus.* Lamk.

T. *testâ globoso-conoideâ; anfractibus medio profundè sulcosis, suprà infràque radiatim striatis.*

*Turbo radiosus.* Ann. ibid. n. 2.

Def. Dict. des sc. nat. t. 46. p. 519.

* Desh. Coq. foss. de Paris. t. 2. p. 260. n. 13. pl. 40. f. 11. 12.

Habite..... Fossile de Grignon. Cabinet de *M. Defrance.* Petite coquille bien distincte comme espèce, qui semble se rapprocher des Cyclostomes par son ouverture ronde, mais dont les bords sont disjoints, l'extérieur s'insérant sur l'avant-dernier tour. Elle n'a que cinq tours de spire très convexes, dont le dernier est beaucoup plus grand que les autres. Largeur et longueur, 6 ou 7 millimètres.

### 3. Turbo hélicinoïde. *Turbo helicinoides.* Lamk.

T. *testâ depresso-conoideâ, nitidâ, submaculosâ; anfractibus lævissimis; basi subcallosâ.*

*Turbo helicinoides.* Ann. ibid. p. 107. n. 3.

* Desh. coq. foss. de Paris. t. 2. p. 257. n. 9. pl. 31. f. 11. 12. 13.

Habite..... Fossile de Grignon. Cabinet de *M. Defrance.* Celui-ci est orbiculaire conoïde, un peu aplati, et ressemble assez au *Trochus vestiarius* de Linné. Néanmoins son ouverture est plus arrondie et sa base moins calleuse. Ses tours sont convexes, lisses, luisans, tachetés ou comme marbrés, et au nombre de quatre. Largeur, 4 ou 5 millimètres.

## 4. Turbo dentelé. *Turbo denticulatus*. Lamk.

*T. testá globoso-conoideá, transversim striatá; anfractibus medio subbicarinatis; carinis denticulatis; basi umbilicatá.*

*Turbo denticulatus.* Ann. ibid. n. 4. et t. 8. pl. 36. f. 3. A. B.

* Def. Dict. des sc. nat. t. 46. p. 518.

* Desh. Coq. foss. de Paris. t. 2. p. 255. n. 5. pl. 34. f. 1. à 4.

Habite.... Fossile de Grignon. Cabinet de *M. Defrance.* Espèce fort petite, qui se rapproche un peu du *T. rugosus* de Linné. La coquille a quatre tours de spire, est striée transversalement, et offre sur la partie moyenne de chacun de ses tours deux crêtes ou carènes dentelées, armées en éperon, dont l'inférieure est un peu plus grande. Elle est sillonnée circulairement en dessous, et a un ombilic étroit, à demi recouvert. Largeur, 2 millimètres. Peut-être devrait-on placer cette coquille parmi les Dauphinules.

## † 5. Turbo de Parkinson. *Turbo Parkinsoni.* Bast.

*T. testá fasciis roseis numerosis pictá, umbilicatá, transversè sulcatá; sulcis longitudinaliter lamellosis; longitudine spiræ variabili.*

Bast. Mém. géol. de Bord. p. 26. pl. 1. f. 1.

Habite.... Fossile à Dax.

Très belle espèce fossile, facilement reconnaissable par les gros sillons qui se montrent à la surface des tours. Il y en a deux sub-granuleux sur les premiers, trois sur l'avant-dernier et huit sur le dernier. Ce dernier tour, convexe en dessous, est percé à la base d'un ombilic étroit et profond qui pénètre jusqu'au sommet de la spire. L'ouverture est arrondie, ses bords sont très épais; la columelle est assez mince et divisée en dehors en deux parties inégales par un sillon. Outre les grosses côtes transverses dont cette coquille est ornée, sa surface présente encore une multitude de lames longitudinales et obliques fixes serrées, pressées, onduleuses, comme celles que l'on remarque dans le *Turbo torquatus.*

Les plus grands individus ont 45 millimètres de diamètre et 50 de hauteur.

## † 6. Turbo de Fitton. *Turbo Fittoni.* Bast.

*T. testá transversè striatá; anfractibus subcarinatis; columellá incrassatá; umbilico nullo.*

Bast. Mém. géol. de Bord. p. 27. pl. 1. f. 6.

Habite... Fossile à Dax.

15.

Cette espèce est beaucoup moins grande que le *Turbo Parkinsoni*. Sa surface est lisse comme celle du *Turbo petholatus*. On y remarque cependant quelques angles transverses, peu saillans, trois sur le dernier tour, un seul sur le milieu des précédens. Le dernier tour est convexe en dessous, il n'a pas la moindre trace d'ombilic; l'ouverture est assez grande, arrondie et oblique. La columelle est simple, cylindracée et assez épaisse.

Cette coquille, assez rare, a 30 mill. de diamètre et 25 de hauteur.

### † 7. Turbo bicariné. *Turbo carinatus*. Borson.

*T. testâ depresso-conicâ, rotelliformi, lævigatâ; anfractibus depressis, basi uniangulatis, ultimo ad periphæriam biangulato, subtus depresso, latè calloso, imperforato ; aperturâ obliquissimâ, ovato-circulari.*

*Trochus carinatus*. Borson. Oryct. piem. p. 84. n. 9. pl. 2. f. 2.

Brong. Terr. de séd. du Vicent. p. 56. pl. 4. f. 5. a. b.

Habite... Fossile à la Superga, près Turin.

Espèce fort intéressante que nous rapportons aux *Turbos* malgré sa forme trochoïde, parce que nous sommes persuadé, d'après l'ensemble de ses caractères, qu'elle était pourvue d'un opercule calcaire. La spire est en cône surbaissé, obtuse au sommet, à tours aplatis, dont la suture est canaliculée et se trouve en partie cachée par la carène de la base des tours. Le dernier tour présente deux angles à sa circonférence. Le supérieur est un peu plus obtus que l'inférieur. Ce dernier est un peu plus rentré en dessous. L'ouverture est ovale, arrondie, elle est très oblique et ses bords, renversés en une large callosité, envahissent presque toute la base de la coquille. La forme et l'étendue de cette callosité rappellent celle du *Turbo rugosus*, quoique celle de l'espèce fossile soit en proportion plus étendue et beaucoup plus épaisse.

Cette coquille a 35 millim. de diamètre et 25 millim. de hauteur.

### † 8. Turbo planorbulaire. *Turbo planorbularis*. Desh.

*T. testâ orbiculato-depressâ , transversim tenue sulcatâ ; sulcis regularibus ; anfractibus convexiusculis ; ultimo basi subplano, profondè et latè umbilicato ; umbilico intùs striato.*

Desh. Description des coq. foss. de Paris. t. 2. p. 258. n. 10. pl. 33. fig. 19. 20. 21. 22.

Habite.... Fossile à Houdan.

Petite coquille que nous n'avons jusqu'à présent rencontrée que dans cette localité ; elle se distingue très bien de toutes les espèces du genre *Turbo*, étant d'une forme orbiculaire, presque planorbulaire ; elle est discoïde, à spire courte, déprimée, obtuse au sommet, composée de cinq à six tours étroits, convexes, à suture simple et subcanaliculée ; la surface extérieure de ces tours est régulièrement et finement sillonnée ; les sillons vont graduellement en décroissant depuis le sommet jusqu'à la base ; le dernier tour est presque plat en dessous, il est presque lisse ou seulement strié ; il est percé au centre d'un ombilic très large qui laisse facilement apercevoir tous les tours de la spire. La face interne est pourvue de deux ou trois sillons assez élevés. L'ouverture est petite, arrondie, très oblique ; ses bords sont minces, tranchans et un peu sinueux dans leurs contours.

Cette petite coquille rare a à peine 3 mill. de hauteur et 6 de diamètre.

† 9. **Turbo trochiforme.** *Turbo trochiformis.* **Desh.**

*T. testâ subturbinatâ, subtrochiformi, basi dilatatâ, transversim sulcatâ ; sulcis inæqualibus, squamulosis; anfractibus planis, suturâ canaliculatâ separatis; ultimo ad peripheriam sub-angulato, subtùs convexiusculo, tenuiter striato ; umbilico angusto et profondo, perforato ; aperturâ ovato-rotundatâ ; marginibus tenuissimis.*

Desh. Descrip. des coq. foss. de Paris. t. 2. p. 252. n. 2. pl. 32. fig. 10. 11. pl. 40. fig. 36. 37.

Habite.... Fossile à Beyne. Chaumont.

Cette espèce que nous distinguons anjourd'hui n'est peut-être qu'une très forte variété du *Turbo squamulosus,* car elle en présente les principaux accidens, mais profondément modifiés; elle se rapproche autant de la forme des Troques que de celle des *Turbos* ; sa spire est un peu plus haute que large ; elle est régulièrement conique, pointue au sommet, composée de huit tours aplatis, séparés par une suture simple et canaliculée; leur surface supérieure présente cinq sillons transverses, dont le premier et le dernier sont plus saillans et un peu plus grands que les autres. Ces sillons sont ou tuberculeux ou subécailleux : les écailles se montrent principalement sur celui qui forme la circonférence du dernier tour. Ce dernier tour est limité en dehors par un angle assez aigu, placé immédiatement au-dessous du dernier sillon externe ; en dessous, la coquille est convexe et ornée d'un grand nombre de stries concentriques presque égales et simples. Au centre, on voit un ombilic étroit et profond, circonscrit en dehors par un petit angle saillant qui s'enfonce dans son intérieur. L'ouverture est sensiblement ovalaire, un peu plus large que haute ; ses bords sont minces, tranchans ; la columelle est un peu plus épaissie, arrondie et régulièrement arquée.

Cette coquille, extrêmement rare, reste petite. Le plus grand individu a 25 mill. de hauteur et 22 de large.

† 10. Turbo striatule. *Turbo striatulus*. Desh.

T. *testâ turbinato-depressâ, apice obtusâ, transversim tenuè striatâ;
striis tenuibus, subregularibus, striis obliquis irregulariter decussatis; ultimo anfractu magno, basi profondè umbilicato; umbilico
marginato; aperturâ rotundatâ, obliquissimâ; marginibus simplicibus, acutissimis.*

Desh. Descript. des coq. foss. de Paris, t. 2. p. 253. n. 3. pl. 3o.
fig. 10. 11. 12. 13.

Habite.... Fossile au Vivray, près Chaumont.

Petite coquille très rare, à ce qu'il paraît, et dont nous devons la
connaissance à notre ami M. Duchatel, qui a bien voulu nous
communiquer le seul individu qui soit jusqu'à présent connu.
Elle est ovale arrondie; la spire est beaucoup plus courte que son
diamètre; elle est obtuse au sommet, et elle est formée de cinq
tours, dont le dernier est beaucoup plus grand que tous les autres
réunis; en dessus, ils sont ornés d'un grand nombre de stries très
fines, assez régulières, peu profondes, traversées irrégulièrement par les stries d'accroissement multipliées. La circonférence
du dernier tour est arrondie; en dessous il est convexe, et au centre
il présente un ombilic étroit et profond, circonscrit en dehors par
une callosité assez épaisse, dont le bord externe vient rejoindre
la base de la columelle; dans cet ombilic on remarque une petite
côte saillante qui s'enfonce dans son intérieur. L'ouverture est
grande, arrondie, très oblique à l'axe. Ses bords sont simples, tranchans et minces; la columelle est régulièrement arquée, elle est
presque droite, asecz épaisse et arrondie.

Cette petite espèce a 6 millim. de hauteur et 8 millim. de diamètre
à sa base.

† 11. Turbo à trois côtes. *Turbo tricostatus*. Desh.

T. *testâ orbiculato-discoideâ; spirâ brevi, depressâ; anfractibus planis, bicarinatis; ultimo majore, tricarinato, basi subplano, lœvigato, umbilico mediocri perforato; aperturâ rotondatâ; marginibus acutis.*

Var. a. Desh. *Testâ spirâ productiore, ultimo anfractu quadrisulcato.*

*Idem.* Descript. des coq. foss. de Paris. t. 2. p. 259. n. 12. pl. 33.
fi. 10. 11. 12.

Habite.... Fossile à Monneville, Valmondois, Tancrou.

Il existe beaucoup de ressemblance, quant à la forme extérieure, entre cette coquille et le *Turbo bicarinatus;* elle est cependant un peu moins déprimée, sa spire formant une légère saillie au-dessus du dernier tour. Cette spire est composée de cinq tours assez élargis, à peine convexes, qui seraient complètement lisses s'il ne s'élevait à leur surface trois côtes étroites très régulières et transverses. De ces côtes deux sont à la circonférence du dernier tour, et la troisième est entre la suture et les deux premières. En dessous, le dernier tour est tout-à-fait lisse, poli, et percé au centre d'un ombilic étroit, lisse en dedans. L'ouverture est ovalaire, un peu plus large que haute; le bord columellaire est un peu épaissi et arrondi.

Cette petite coquille, assez rare, offre une variété dans laquelle un quatrième sillon vient se placer entre les deux de la circonférence. Les plus grands individus ont 5 millim. de hauteur et 10 millim. de diamètre à la base.

### † 12. Turbo lisse. *Turbo lævigatus.* Desh.

*T. testâ orbiculato-depressâ, lævigatâ ; spirâ depressâ, apice obtusâ; anfractibus angustis, ad suturam tenuè bistriatis ; ultimo anfractu ad perpiheriam subangulato basi, latè umbilicato ; aperturâ rotundatâ, obliquâ ; marginibus tenuibus.*

Desh. Descript. des coq. foss. de Paris. t. 2. p. 257. n° 8. pl. 33. fig. 13. 14. 15.

Habite Grignon.

Petite coquille fort remarquable et qui a beaucoup d'analogie avec le *Turbo pygmæus,* mais qu'on en distingue cependant par la largeur de son ombilic; elle est orbiculaire, très déprimée, à spire très courte et obtuse au sommet, à laquelle on compte six tours étroits, convexes, à suture superficielle et bordée en dessous de deux stries transverses; le dernier tour est proportionnellement plus grand que les autres : il est lisse comme les précédens, et il offre vers la circonférence un angle obtus, qui ne se prolonge pas jusqu'à l'ouverture. Ce dernier tour est convexe en dessous, ouvert au milieu par un très large ombilic, qui laisse à découvert tous les tours de la spire. Sur son bord interne, cet ombilic est strié ; l'ouverture est petite, très oblique, obronde; ses bords sont minces et tranchans, et le bord droit est légèrement sinueux dans le milieu.

Cette petite coquille est très rare : elle a 5 mill. de diamètre et 3 de hauteur.

### † 13. Turbo sigarétiforme. *Turbo sigaretiformis.* Desh.

*T. testâ depresso-turbinatâ, tenuissimâ, fragili, transversim regula-*

*riter decussatá ; sulcis decussatis lamellis longitudinalibus te-*
*nuissimis; ultimo anfractu basi perforato; umbilico cariná acutá*
*marginato; aperturá ovato-rotundá, magná, margaritaceá.*

Desh. Descript. des coq. foss. de Paris. t. 2. p. 254. n° 4. pl. 30.
fig. 14, 15. 16. 17. 18.

Habite.... Fossile à Parnes.

Petite coquille excessivement rare et d'une élégance remarquable ; elle
est subglobuleuse, un peu déprimée, formée d'un petit nombre de
tours convexes, dont le dernier est proportionnellement plus grand
que les autres ; la surface extérieure est élégamment ornée de
sillons transverses, largement espacés, et entre lesquels se voient
une ou deux stries ; ces sillons et ces stries sont coupés obliquement et très régulièrement par de courtes lamelles longitudinales,
très régulières, obliques, qui forment sur la surface extérieure un
réseau à mailles obliques, des plus réguliers. L'ouverture est grande,
oblique à l'axe, nacrée à l'intérieur ; ses bords sont minces et
tranchans ; la columelle est percée dans sa largeur d'un trou ombi-
lical infundibuliforme. La surface de cet ombilic est lisse, et il
est circonscrit en dehors par une carène saillante, découpée en
deux stries parallèles, crénelées à leur sommet. L'extrémité supérieure de l'ouverture se prolonge en une espèce de languette qui
s'appuie sur l'avant-dernier tour.

Sa longueur est de 6 mill. et sa largeur de 9.

## † 14. Turbo tiare. *Turbo tiara.* Sow.

*T. testá conico-depressá, globosá, umbilicatá; anfractibus convexis,*
*superné tuberculis coronato-marginatis.*

Sow. Min. Conch. pl. 551. f. 1.

Habite... Fossile dans les terrains de transition de l'Angleterre.

Grande et belle espèce fossile dont la forme générale rappelle un peu
celle du *Turbo torquatus* ; elle est lisse, assez largement ombiliquée,
déprimée ; sa spire est obtuse, composée de sept à huit tours convexes
séparés entre eux par une suture subcanaliculée et dont le bord supérieur est élégamment couronné d'une rangée de gros tubercules
redressés et obtus.

Cette espèce, très rare, a jusqu'à 70 millim. de diam. et 50 de hauteur.

---

### PLANAXE. (Planaxis.)

Coquille ovale-conique, solide. Ouverture ovale, un peu
plus longue que large. Columelle aplatie et tronquée à sa
base, séparée du bord droit par un sinus étroit. Face inté-

rieure du bord droit sillonnée ou rayée, et une callosité courante sous son sommet.

*Testa ovato-conica, solida. Apertura ovata, sublongitudinalis. Columella basi depressa truncataque, sinu perangusto è labro separata. Labrum facie internâ sulcatâ aut lineatâ, et infrà marginem superiorem callo decurrente distinctum.*

OBSERVATIONS.— Les Planaxes sont des coquillages marins qui avoisinent les Phasianelles par leurs rapports, et qui s'en distinguent par leur columelle tronquée à sa base, comme dans les Mélanopsides. J'ignore s'ils ont un opercule, ce qui les distinguerait encore davantage, dans le cas où ils en seraient dépourvus. Les coquilles des Planaxes sont sillonnées transversalement à l'extérieur, et ne sont pas fort grandes. La callosité courante sous le sommet de leur bord droit semble leur donner un rapport avec les Buccins et les Pourpres. On n'en connaît encore que peu d'espèces.

[Tous les conchyliologues ont admis le genre Planaxe, mais tous ne l'ont pas placé, dans la méthode, de la même manière et dans les mêmes rapports. Dans l'article Planaxe, du *Dictionnaire classique*, ainsi que dans celui de l'*Encyclopédie méthodique,* nous proposions de rapprocher ce genre des Melanopsis, nous fondant sur l'analogie des opercules; mais, comme pour nous les Mélanopsides ne peuvent être éloignés des Mélanies, notre opinion tendait à faire sortir les Planaxes des Turbinacés pour les reporter dans le voisinage des Mélaniens. M. de Blainville, dans son *Traité de Malacologie*, comprit bien que les rapports que nous avions indiqués étaient fondés, et il les adopta; mais donnant à l'échancrure, qui est à la base des coquilles de ces deux genres, plus d'importance qu'elle n'en mérite, il les entraîna tous deux, loin de leurs rapports naturels, dans la famille des Entomostomes, dans le voisinage des Pourpres. MM. Quoy et Gaimard ont fait connaître l'animal des Planaxes dans la *Zoologie du Voyage de l'Astrolabe*. Ces naturalistes rapprochent ce genre des Littorines, et ils ont parfaitement raison; mais les sortant tous deux de la famille des Turbinés, ils les intercallent entre les Buccins, les Vis et les Fuseaux; cependant ces auteurs reconnaissent que les genres Littorine et Planaxe ont aussi beaucoup d'analogie avec les Mélanies; mais il faut qu'à leurs yeux les rapports avec les Buccins soient plus nombreux pour les avoir déterminés à la classification qu'ils ont définitivement préférée. Pour terminer en quelques mots la courte histoire des phases subies par ce genre, nous ajouterons que M. Reeve, tout récemment, dans sa *Conchologia systematica*, a adopté l'opinion de M. de Blainville, sans en donner les motifs, la modifiant en cela cependant qu'il sépare les Planaxes des Mélanopsides.

Examinons actuellement les caractères des animaux, tels que MM. Quoy et Gaimard les ont décrits et figurés. Nous ferons remarquer d'abord un fait essentiel qui détruit à l'instant même les rapports proposés par ces messieurs, et leurs propres travaux vont me servir de preuve. Que l'on jette les yeux sur la planche 32 du *Voyage de l'Astrolabe*, elle représente des Buccins; qu'on les porte ensuite sur la planche 34, où sont figurés des Fuseaux, on verra que, dans les Buccins, l'animal a un prolongement du manteau en avant, sous forme d'un petit canal charnu très long, qui passe par l'échancrure de la coquille et la dépasse de beaucoup. Si nous examinons les Fuseaux, nous trouvons ce même canal charnu, formant un prolongement antérieur du manteau; mais ce canal, au lieu d'être libre au dehors, est couvert par une gouttière de la coquille qui s'allonge autant que lui, à mesure que l'animal se développe avec l'âge. Pour justifier leur opinion, à l'égard des Littorines et des Planaxes, il faudrait que MM. Quoy et Gaimard eussent observé des caractères semblables dans ces genres, et il n'en est rien. Pour bien juger la question, nous devons ajouter, avant d'aller plus loin, que les caractères tirés de ce prolongement antérieur du manteau, libre dans les Buccins, couvert dans les Fuseaux, ont une telle valeur qu'ils ont servi à établir, d'une manière invariable, deux grandes familles naturelles parmi les mollusques. Or, MM. Quoy et Gaimard prouvant, de la manière la plus péremptoire, que les Planaxes et les Littorines n'ont point ces caractères, on peut donc rigoureusement conclure, en se servant de leurs seuls documens zoologiques, que les rapports dans lesquels ils ont placé ces genres ne sont pas naturels.

De la comparaison des deux genres Littorine et Planaxe, il résulte qu'en effet ces animaux ont la plus grande analogie.

La forme de la tête, la position des tentacules, celle des yeux,
l'intégrité du manteau, quoique dans l'un des genres la coquille soit échancrée à la base, et bien plus, la ressemblance des
opercules, constatent leurs rapports. Enfin, pour exprimer en
quelques mots l'analogie des deux genres en question, nous
ajouterons que les Planaxes sont aux Littorines ce que les Mélanopsides sont aux Mélanies. Il reste à déterminer actuellement
la place que doivent occuper les Planaxes dans les familles naturelles des Mollusques. Tous les faits que la science possède aujourd'hui conduisent vers cette opinion, que les Littorines et les
Planaxes ne peuvent être éloignés des Paludines, des Mélanies et
des Mélanopsides. Nous allons joindre ici les caractères tirés des
animaux des Planaxes : en les comparant à ceux des Littorines,
et en les rapprochant de ceux bien connus des Mélanies et des
Mélanopsides, on en viendra, nous l'espérons du moins, à partager notre manière d'apprécier les analogies nombreuses qui
existent entre tous ces genres :

Animal ayant le bord du manteau simple, sans canal ni
échancrure antérieure, largement ouvert au-dessus de la tête,
pour donner entrée à une cavité cervicale, contenant deux feuillets branchiaux très inégaux; tête proboscidiforme terminée
par une fente buccale longitudinale; deux tentacules allongés,
pointus au sommet, plus ou moins longs, selon les espèces, et
portant l'œil au côté externe de la base où il occasionne un simple renflement; pied court et épais, portant à l'extrémité postérieure un opercule corné mince, toujours pauci-spiré au sommet.

L'opercule, quoi'qu'on en ait dit, ne ressemble pas à celui des
Pourpres; il aurait plus d'analogie avec celui des Buccins dont
il diffère toujours par la courte spire qui se voit à son sommet; mais il a plus de ressemblance avec celui des Mélanies, qui
est également allongé et pauci-spiré dans le plus grand nombre
des espèces. Trompé par quelques caractères des coquilles,
nous avions pensé autrefois que le *Purpura nucleus* de Lamarck
devait se ranger parmi les Planaxes. Un examen plus attentif et
surtout du véritable opercule de cette coquille, nous a fait reconnaître notre erreur. L'opercule de cette espèce est celui d'un
Buccin : néanmoins, M. Sowerby, dans son *Genera of shells*, a
maintenu cette espèce sous le nom de *Planaxis semi-sulcata*.

Le nombre des espèces connues est peu considérable. Les trois variétés du *Buccinum sulcatum* de Bruguières constituent trois espèces. M. Sowerby, dans son *Genera*, en a ajouté une quatrième, et MM. Quoy et Gaimard en ont décrit deux espèces nouvelles. Parmi elles, il y en a une fort singulière à cause d'une callosité pliciforme qu'elle porte au sommet de la columelle, et dont nous avions d'abord pensé à faire un genre *Quoya*, que nous avons dû abandonner, en apprenant que l'animal ne diffère pas de celui des autres Planaxes. Indépendamment de ces six espèces, nous en possédons six autres dont nous ne connaissons ni descriptions ni figures, et parmi elles il y en a une fossile des environs de Dax.]

## ESPÈCES.

### 1. Planaxe sillonnée. *Planaxis sulcata.* Lamk.

*Pl. testâ ovato-conicâ, imperforatâ, transversìm sulcatâ, albâ, nigro-maculatâ ; maculis subquadratis ; labro margine crenulato, intùs striato.*

Lister. Conch. t. 980. f. 39.

* Blainv. Malac. pl. 16. f. 4.

*Buccinum sulcatum. Var.* [b]. Brug. Dict. n° 16.

* *Buccinum sulcatum.* Var. B. Dilliw., Cat. t. 2, p. 614, n° 63.

* Schrot. Einl. t, 1, p. 369. *Buccinum,* n° 47.

Habite l'Océan des Antilles. Mon cabinet. Le bord supérieur des tours est un peu épais. Quant au dernier tour, il est légèrement subanguleux. Longueur, 12 lignes et demie.

### 2. Planaxe ondulée. *Planaxis undulata.* Lamk. (1)

*Pl. testâ ovato-conoideâ, imperforatâ, crassiusculâ, transversìm sulcatâ, albâ flammulis rufo-fuscis, undulatis longitudinaliter pictâ ; apice obtusato ; labro margine integro, intùs striato.*

Martini. Conch. 4. t. 124. f. 1170. 1171.

* *Buccinum pyramidale.* Gmel., p. 3488, n° 74.

* Schrot. Einl., t. 1, p. 369. *Buccinum,* n° 66.

* *Buccinum sulcatum.* Var, C. Dillw., Cat. t. 2, p.614.

* Sowerby. Conch. Man. f. 365.

---

(1) Il est à remarquer que les auteurs anglais, cités dans la synonymie de cette espèce, l'ont prise pour la précédente, erreur aussi facile à reconnaître qu'à rectifier. Gmelin ayant déjà donné un nom à cette coquille, il faudra le lui restituer à cause de sa priorité.

* *Planaxis sulcatus.* Conch. Lamk. Conch. pl. 16. f. 18.
* *Id.* Sow. Gen. of shells. *Plaxanis.* pl. 1.
* *Id.* Quoy. et Gaim. *Voy. de l'Ast.* Zool. t. 2. p. 486. pl. 33. f. 25.
  à 29.
* *Planaxis sulcatus.* Reeve. Conch. syst. t. 2. p. 238. pl. 270. f. 1.
*Buccinum sulcatum. Var.* [c]. Brug. Dict. n° 16.

Habite l'Océan des Indes orientales. Mon cabinet. Un peu plus épaisse
et plus raccourcie que la précédente; elle en diffère en outre par
son bord droit non crénelé et par ses flammules onduleuses. Longueur. 9 lignes et demie.

*Nota.* Ne possédant point le *Buccinum sulcatum* de Born, qui est la
Var. [a] de Bruguières, je n'ai pu le citer.

† 3. **Planaxe courte.** *Planaxis brevis.* Quoy.

    *Pl. testâ minimâ, ovato-conicâ, brevi, transversim striatâ, nigricante,
obscurè albido-punctatâ; labro margine crenulato intùs striato,
fusco; spirâ obtusiusculâ.*

Quoy et Gaim. *Voy. de l'Astr.* t. 2. p. 488. pl. 33. f. 30-32.
Habite Guam et la Nouvelle-Guinée.

Cette coquille est courte, à spire grosse, médiocrement pointue, presque toujours corrodée, striée en travers de la même manière que le
*Planaxis sulcata.* Sa couleur est d'un brun presque noir, obscurément piqueté de blanchâtre. Le bord droit est couleur de chocolat; le fond de l'ouverture et la columelle sont d'une teinte un peu
plus claire, ce qui distingue ces parties de la belle blancheur de
l'autre espèce.

Sa longueur est de 10 millim., son épaisseur de 6 millim.

† 4. **Planaxe buccinoïde.** *Planaxis buccinoïdes.* Desh.

    *Pl. testâ ovato-conicâ, imperforatâ, transversim sulcatâ, nigrâ, albo-
maculatâ; maculis subquadratis; sulcis convexis; interstitiis profundioribus; labro fusco, intùs albo sulcato.*

*Buccinum sulcatum.* Born. Mus. p. 258. pl. 20. f. 5-6.
*Id.* Var. A. Brug. Encycl. méth. Vers. t. 1, n° 16.
* *Buccinum sulcatum.* Var. A. Dillw., Cat., t. 2, p. 614, n° 63.
* Gmel., p. 3491, n° 89.
* Schrot. Einl., t. 1, p. 397, *Buccinum,* n° 159.
* Lister. Conch., pl. 976, p. 312.
*Planaxis buccinoïdes.* Nob. Dict. class. art. *Planaxe.*

Habite... Cette espèce est la variété [a] du *Buccinum sulcatum* de Bruguières, que Lamarck n'avait point vue et qui constitue une espèce
distincte des deux autres; elle est ovale, conique, un peu moins
ventrue que le *sulcata;* sa spire est en proportion plus allongée,

composée de six à sept tours peu convexes, sensiblement étagés et sur lesquels s'élèvent de gros sillons transverses, égaux, convexes, séparés entre eux par des intervalles aplatis et presque aussi larges qu'eux. L'ouverture est petite, ovale, semi-lunaire. Le bord droit est oblique, arqué, concave dans sa longueur, mince en son bord, subitement épaissi en dedans où il est sillonné de blanc sur un fond brun tanné. Cette coquille est d'un beau brun noir et ornée d'un assez grand nombre de taches quadrangulaires blanches irrégulièrement distribuées. Il existe une variété sans taches. La longueur est de 30 millim. et la largeur de 16.

† 5. Planaxe décollée. *Planaxis decollata.* Quoy.

*Pl. testá ovato-turritá, apice truncatá, transversìm, tenuissimè striatá, virescenti-luteá, flammulis fuscis longitrorsùm pictá; labro margine integro; columellá posticè valdè dentatá.*

Quoy et Gaim. Voy. de l'Astr. t. 2. p. 489. pl. 33. f. 33-34.

Habite la Nouvelle-Guinée.

Cette coquille est épaisse, allongée, turriculée, un peu ventrue. Son ouverture portée à droite est ovalaire; le bord droit demi-circulaire, uni, épais, sillonné en dedans; la columelle lisse, arrondie, un peu échancrée. La spire est toujours rongée, décollée à sa pointe; les tours en sont arrondis : le dernier égale à-peu-près ce qui reste des autres réunis. Ils sont très finement striés en travers. Quatre ou cinq raies plus grosses correspondent à la columelle. Le fond de la couleur est un vert jaunâtre, couvert de bandes brunes longitudinales, rapprochées. Le dernier tour en a de plus une transverse. L'ouverture est d'un blanc légèrement rougeâtre.

Sa longueur est de 30 millim., son épaisseur de 11 millim.

† 6. Planaxe lisse. *Planaxis mollis.* Sow.

*Pl. testá elongato-conicá, apice acuminatá, albá, subepidermide fuscescente, lævigatá; anfractibus planiusculis; aperturá ovatá, minimá; labro crassissimo supernè incumbente.*

Sow. Genera of shells. *Planaxis.* f. 2.

Reeve. Conch. Syst. t. 2. p. 238. pl. 270. f. 2.

Habite... Coquille allongée sub-turriculée, lisse, toute blanche, sous un épiderme d'un brun jaunâtre qui, vu à la loupe, paraît formé d'une très grande quantité de petites parcelles séparées par un fendillement. Le dernier tour est aussi grand que la spire, il est peu enflé, et ceux qui le précèdent sont à peine convexes. L'ouverture est petite, ovalaire; son bord droit très épais, sub-plissé en dedans; l'angle postérieur de cette ouverture tombe subitement, ce qui donne à cette portion de la coquille un caractère propre à l'espèce et que l'on rencontre bien rarement dans d'autres genres. La columelle est légèrement arquée dans sa longueur, et sa troncature, ordinairement cachée par le bord droit, descend ici à son niveau.

## † 7. Planaxe noire. *Planaxis nigra.* Quoy.

*Pl. testâ minimâ, fragili, ovato-conicâ, brevi, subventricosâ, lævi, basi transversìm striatâ, nigerrimâ ; aperturâ ovali, lævigatâ, posticè canaliculatâ, nec callosâ.*

Quoy et Gaim. Voy. de l'Astr. t. 2. p. 491. pl. 33. f. 22-24.

Habite au Havre-Carteret de la Nouvelle-Irlande.

Nous plaçons près des Planaxes cette très petite coquille, bien que sa callosité décurrente soit remplacée par un canal à l'angle postérieur de l'ouverture. Mais cette ouverture, à columelle tronquée, séparée du bord droit par un sinus, est tout-à-fait celle des Planaxes. Elle est lisse, sans sillons. La spire est courte, obtuse, toujours un peu corrodée à sa pointe. Ses tours, au nombre de quatre, sont obliques, arrondis, le dernier très grand, ventru, dilaté, avec trois ou quatre stries transverses à sa base, près du sinus. Le test est assez fragile, lisse dans le reste de son étendue, et totalement noir. L'ouverture seule est d'un brun de chocolat luisant.

Sa longueur est de 10 millim., son épaisseur de 5 millim.

---

## PHASIANELLE. (Phasianella.)

Coquille ovale ou conique, solide. Ouverture entière, ovale, plus longue que large, à bords désunis supérieurement : le droit tranchant, non réfléchi. Columelle lisse, comprimée, atténuée à sa base. Un opercule calcaire ou corné.

*Testa ovata vel conica, solida. Apertura ovata, longitudinalis, integra ; labiis supernè disjunctis : externo simplici, acuto, non reflexo. Columella lævis, compressa, basi attenuata. Operculum calcareum vel corneum.*

OBSERVATIONS. Les Phasianelles sont des coquillages marins, très voisins des Turbos par leurs rapports, et dont la plupart étaient confondus par les auteurs, soit parmi les Hélices, soit parmi les Bulimes. Voyez les *Annales du Mus.*, vol. IV, p. 295, et vol. XI, p. 130.

La coquille des Phasianelles est en spirale ovale-conique, dont

le dernier tour est beaucoup plus grand que les autres. Son ouverture est dirigée obliquement vers la base de la columelle.
Elle est entière, ovale, plus longue que large, arrondie inférieurement, et rétrécie dans sa partie supérieure, où l'avant-dernier tour fait une saillie. Ses bords sont désunis vers cet avant-
dernier tour, et le droit est toujours simple, tranchant, sans
bourrelet, et sans rebord renversé.

La plupart des Phasianelles sont lisses, brillantes, sans drap
marin, et ornées de couleurs vives, variées, fort agréables. Il
en existe déjà un assez grand nombre d'espèces dans les collections.

L'animal de ces coquilles est un Trachélipode ayant deux
longs tentacules coniques, et les yeux portés sur des pédicules
qui s'insèrent à la base de ces tentacules. Sa cavité branchiale
contient deux branchies pectiniformes [M. Cuvier].

[Le genre Phasianelle se rattache à la grande famille des Troques, de la manière la plus incontestable; et, depuis Lamarck,
presque tous les naturalistes l'ont également senti. Cependant, il
faut en convenir, ils étaient plutôt conduits par quelques analogies dans les coquilles et les opercules, que par les caractères
plus essentiels des animaux de ces genres. Ce qui le prouve de
la manière la plus positive, c'est que Lamarck et presque tous
ses successeurs ont admis parmi les Phasianelles des espèces
qu'il faut aujourd'hui distraire de ce genre pour les transporter
parmi les Littorines. On trouve dans toute la famille des Turbinacées, dans laquelle nous ferions entrer aujourd'hui les genres
Haliotide, Stomate, Stomatelle, Pleurotomaire, Roulette, Turbo,
Dauphinule et Phasianelle, des caractères qui sont communs à
tous ces genres, qui les lient et en constituent un groupe véritablement très naturel. Ainsi, dans tous, les tentacules de la tête
ont un pédicule oculifère au côté externe de la base; dans tous,
des ornemens membraneux, plus ou moins apparens, sont sur
la tête et à côté des yeux, et se prolongent soit sur le manteau,
soit sur le pied. Sur les côtés du pied et en dessus s'élèvent des
tentacules et des ornemens découpés et digités en plus ou
moins grand nombre selon les genres; très nombreux dans les
Haliotides, ils le sont moins dans les Stomates et les Stomatelles.
Il y en a trois ou quatre paires dans les Turbos, réunissant les

Troques et les Monodontes, et il y en a toujours trois paires dans les Phasianelles. Ces tentacules, soit de la tête, soit du pied, ont encore, dans tous ces genres, un caractère commun: c'est qu'ils sont garnis dans toute leur longueur de très petites papilles semblables à de petits poils implantés sur leur surface. Lorsque l'on examine ces parties dans les animaux vivans, on leur trouve une apparence particulière dont on reconnaît la cause par l'observation microscopique. Les Phasianelles ont non-seulement les caractères communs que je viens de rappeler, elles se distinguent encore par l'étroitesse du pied, la longueur proportionnelle des tentacules, et enfin par la forme générale de la coquille et de son opercule toujours calcaire. L'on concevra sans peine la nécessité de réformer les caractères génériques donnés par Lamarck, puisqu'ils ont été présentés dans le but d'introduire dans le genre des coquilles qu'il faut en rejeter aujourd'hui. Ainsi, toutes les Phasianelles ont la columelle arrondie; toutes celles dans lesquelles Lamarck a trouvé la columelle aplatie sont des Littorines. Il en est de même de l'opercule. Les véritables Phasianelles ont toutes, sans exception, l'opercule calcaire : ce sont encore ces espèces à columelle aplatie qui ont l'opercule corné. En dépouillant le genre Phasianelle de Lamarck de toutes les espèces qui lui sont étrangères, quatre seulement lui restent; toutes les autres entrent dans le genre Littorine, dont nous avons précédemment parlé. Toutes les véritables Phasianelles, celles qui ne sont pas fossiles, se reconnaissent, au premier aspect, au poli naturel de leur surface et au brillant de leurs couleurs. Le nombre qui en est répandu actuellement dans les collections, est peu considérable; huit ou dix tout au plus pourraient être ajoutées à celles de Lamarck. Quant aux espèces fossiles, elles sont moins nombreuses encore, et toutes proviennent des terrains tertiaires. Dans son *Traité de Malacologie*, M. de Blainville a non-seulement admis toutes les espèces de Lamarck, parmi les Phasianelles, mais il y a encore introduit des coquilles qui n'ont aucun des caractères des précédentes, et qui sont devenues depuis le motif d'un genre créé sous le nom d'*Eulima*.]

## ESPÈCES.

### 1. Phasianelle bulimoïde. *Phasianella bulimoides*. Lamk. (1)

*Ph. testâ oblongo-conicâ, tenuiusculâ, lævi, pallidè fulvâ, transversim
fasciatâ ; fasciis crebris diversi modo variegatis et maculatis ; spirâ
apice acutâ.*

* *Phasianella varia*. Sow. Genera of shells. f. 1.

* *Id*. Reeve. Conch. Syst. t. 2. p. 170. pl. 223. f. 1.

Chemn. Conch. 9. t. 120. f. 1033. 1034.

*Buccinum australe*. Gmel. p. 3490. n° 173.

* Quoy et Gaim. Voy. de l'Astr. pl. 59. f. 1. à 7.

*Phasianella varia*. Encyclop. pl. 449. f. 1. a. b. c.

* *Phasianella picta*. Blainv. Malac. p. 439. pl. 37. f. 5.

* Brookes. Introd. of. Conch. pl. 7. f. 96.

* Crouch. Lamk. Conch. pl. 17. f. 1.

* De Roissy. Buf. Moll. t. 5. p. 331. pl. 54. f. 10.

* Fav. Davila. Cat. pl. 1. f. 46.

* *Buccinum australe*. Dilw. Cat. t. 2. p. 627. n° 95. *Helix solida
bornii exclusa.*

* Wood. Cat. pl. 23. f. 96.

Habite les mers de la Nouvelle-Zélande et de la Nouvelle-Hollande;
commune près de l'île Maria. *Péron*. Mon cabinet. Vulg. le *Fai-
san*. Cette espèce est la plus grande de ce genre. Autrefois fort
rare et très recherchée, elle est devenue assez commune par le
grand nombre d'exemplaires que *Péron* a rapportés de son voyage
à la Nouvelle-Hollande. Elle offre beaucoup de variétés dans la
coloration de ses fascies. Longueur, 2 pouces 9 lignes. Son opercule est calcaire.

### 2. Phasianelle rougeâtre. *Phasianella rubens*. Lamk.

*Ph. testâ ovato-conicâ, lævi, nitidâ, rubente, maculis albis parvis
inæqualibus adspersâ, lineis fuscis, tenuissimis, distantibus cinctâ;
anfractibus valdè convexis ; spirâ apice subacutâ.*

Encyclop. pl. 449. f. 2. a. b.

Habite les mers de la Nouvelle-Hollande. *Péron*. Mon cabinet.
Elle est d'un rouge assez vif, mais interrompu par de petites
taches blanches, nombreuses et irrégulièrement disposées. Longueur, 11 lignes 3 quarts.

---

(1) Le nom de cette espèce devra être changé; depuis long-
temps elle est inscrite dans la 13ᵉ édition du *Systema* de Gmelin,
sous le nom de *Buccinum australe*, quoique cette coquille ne soit

.8 **3. Phasianelle bigarrée.** *Phasianella variegata*. Lamk.

> *Ph. testá ovato-conicá, lævi, nitidá, albo rubroque variegatá, fasciis angustis creberrimis albo et rubro articulatis cinctá ; anfractibus valde convexis ; spirá apice obtusiusculá.*

* B. Delessert. Recueil de coq. pl. 37. f. 10.

Habite les mers de la Nouvelle-Hollande. *Péron.* Mon cabinet. Longueur, 10 lignes.

**4. Phasianelle élégante.** *Phasianella elegans*. Lamk.

> *Ph. testá parvulá, obliquè conicá, transversè striatá ; anfractibus infernè argenteo-virentibus, supernè albis strigisque longitudinalibus aureo-rubris ; ultimo subangulato ; infimá facie albo et rubro tessellatá, subperforatá.*

Habite les mers de la Nouvelle-Hollande. *Péron.* Mon cabinet. Le bord inférieur des tours est un peu proéminent. Elle est très agréablement colorée. Longueur, 5 lignes 3 quarts.

**5. Phasianelle péruvienne.** *Phasianella peruviana*. Lamk.

> *Ph. testá parvulá, obliquè conicá, glabrá, fusco-nigricante, maculis albis, oblongis, inæqualibus, raris pictá ; anfractibus convexis.*

* *Littorina peruviana*. Gray, Beck. Voy. p. 138. pl. 36. f. 8.
* *Turbo zebra*. Wood. Cat. sup. pl. 6. f. 33.
* B. Delessert. Coq. de Lamk. pl. 37, f. 9.

Habite sur les côtes du Pérou, près de Callao. MM. de *Humboldt* et *Bonpland.* Mon cabinet. Longueur, 7 lignes.

**6. Phasianelle rayée.** *Phasianella lineata*. Lamk. (1)

> *Ph. testá parvulá, obliquè conicá, transversè striatá, albá ; lineis longitudinalibus, confertis, undulato-flexuosis, fuscescentibus ; spirá acutá ; aperturá rufo-fuscá.*

---

pas un Buccin, et qu'elle soit devenue pour Lamarck le type de son genre Phasianelle, son premier nom spécifique ne peut lui être enlevé. C'est donc sous le nom de *Phasianella australis*, que cette espèce devra être inscrite, à l'avenir, dans les Catalogues. Dillwyn, dans son Catalogue, a confondu une seconde espèce avec celle-ci, l'*Helix solida* de Born, qui est parfaitement distincte de toutes les autres Phasianelles.

(1) D'après ce que j'ai vu dans la collection de Lamarck, deux espèces sont confondues sous cette dénomination. Déjà, depuis long-temps, Chemnitz avait également réuni les deux

* *Trochus ziczac.* Chemn. Conch. t. 5. p. 69. pl. 166. f. 1599. b.

* B. Delessert. Coq. de Lamk. pl. 37. f. 11.

Habite... Mon cabinet. Son dernier tour est subanguleux. Longueur de la précédente.

### 7. Phasianelle nébuleuse. *Phasianella nebulosa.* Lamk.

*Ph. testâ ovato-ventricosâ, conoideâ, subperforatâ, glabrâ, albidâ, rufo cæruleoque nebulosâ; anfractibus convexis.*

* B. Delessert. Coq. de Lamk. pl. 37. f. 12.

Habite sur les côtes de Saint-Domingue. *Riché.* Mon cabinet. Longueur de celle qui précède.

### 8. Phasianelle sillonnée. *Phasianella sulcata.* Lamk.

*Ph. testâ ovato-ventricosâ, obliquè conoideâ, transversìm sulcatâ, cinereâ; apice acuto; labio columellari rufo; labro intùs albo.*

* B. Delessert. Coq. de Lamk. pl. 37. f. 13.

* *Littorina irrorata.* Gray, Beck. Voy. p. 138. pl. 38. f. 1.

Habite sur les côtes de la Caroline. M. *Bosc.* Mon cabinet. Longueur, 8 lignes et demie.

### 9. Phasianelle mauricienne. *Phasianella mauritiana.* Lamk.

*Ph. testâ obliquè conicâ, transversìm tenuissimè striatâ, albido-cærulescente; ultimo anfractu subangulato; spirâ apice acutâ; columellâ violaceo-cærulescente.*

* B. Delessert. Coq. de Lamk. pl. 37, f. 14.

Habite sur les côtes de l'Ile-de-France. Mon cabinet. Longueur 11 lignes et demie.

### 10. Phasianelle angulifère. *Phasianella angulifera.*

*Ph. testâ oblongo-conicâ, basi ventricosâ, tenuiusculâ, transversìm striatâ; maculis in fundo vario pallidoque longitudinalibus, inæ-*

---

mêmes espèces, sous le nom de *Trochus ziczac.* Dans le bel ouvrage où M. B. Delessert a figuré les espèces inédites de Lamarck, on trouve, sous le nom de *Lineata*, l'une des espèces que nous mentionnons, et le nom doit lui rester. Relativement à l'autre espèce, nous lui attribuerons le nom de Chemnitz; de cette manière, la nomenclature se trouvera rectifiée sans changemens dans les noms spécifiques. L'une et l'autre doivent faire partie du genre Littorine, ainsi que toutes les autres espèces de Phasianelles de Lamarck. Les numéros de 5 à 10 devront passer dans le genre en question.

*qualibus, rufo-fuscis; ultimo anfractu angulifero; spirâ apice acutâ.*

Lister. Conch. t. 583. f. 37. 38.

* *Turbo striatus.* Schum. Nouv. syst. des coq. p. 193.

* Quoy et Gaim. Voy. de l'Ast. t. 2. p. 474. pl. 33. f. 1 à 3.

*Helix scabra.* Dillw. Cat. t. 2. p. 904. n° 41.

* *An helix scabra?* Linné. Syst. nat. p. 1243.

* *Helix scabra.* Chemn. Conch. t. 11. p. 283. pl. 210. f. 2074 à 2075.

* *Idem.* Gmel. p. 3620, n° 31.

Habite l'Océan des Antilles. Mon cabinet. Ses tours sont très convexes, et son bord droit assez mince. Le fond de sa coloration varie beaucoup, quoique ses taches soient en général d'un roux brun. Longueur, 16 lignes et demie.

† **11. Phasianelle solide.** *Phasianella solida.* Desh.

*Ph. testâ ovato-oblongâ, lævigatâ, solidulâ, rubescente, albo fuscoque marmoratâ, lineis numerosis albo, rubro vel fusco articulatis, pictâ; anfractibus convexis; ultimo spirâ majore: aperturâ ovatâ, albâ.*

*Helix solida.* Born. Mus. p. 393. pl. 13. f. 18, 19.

*Helix solida.* Gmel. p. 3651. n° 191.

*Helix* Schrot. Einl. t. 2. p. 231. n° 197.

*Buccinum australe.* Pars. Dillw. Cat. t. 2. p. 627. n° 95.

*An Phas. ventricosa.* Quoy et Gaim. Voy. de l'Astr. pl. 59. f. 8, 9?

Habite les mers de la Nouvelle-Zélande. Fort belle espèce figurée et décrite pour la première fois par Born, et qui se distingue très nettement du *Ph. bulimoides* de Lamarck, quoiqu'elle se rapproche de quelques-unes de ses variétés. Elle est ovale, oblongue, à proportion plus ventrue et plus courte que le *Bulimoides;* ses tours sont plus convexes, son ouverture plus régulièrement ovale et plus large. Enfin la coloration a aussi quelque chose de particulier et de distinctif. Le fond de la coquille est rougeâtre, et il est marbré par des taches et le plus souvent par des zones longitudinales, onduleuses, blanches ou rosées, accompagnées de brun ou de verdâtre. Sur tous les individus, se trouvent un très grand nombre de linéoles étroites, toujours formées de petites taches blanches alternant avec d'autres brunes ou rouges en fer de flèche, dont la pointe est dirigée du côté du bord droit de l'ouverture. Les variétés, dans ces dispositions de couleur, sont nombreuses, comme dans toutes les Phasianelles. Sur les quinze individus que nous avons sous les yeux, il n'y en a pas deux qui, sous ce rapport, soient identiques. Cette coquille a 35 millim. de long et 23 de large.

† 12. **Phasianelle de Vieux.** *Phasianella Vieuxii.* **Payr.**

*Ph. testâ oblongâ, conoideâ, lævigatâ, politâ, apice acutiusculâ, subpellucidâ, sæpius rubescente, lineis, flammulisve albis flexuosis et puncticulis albis aut rubris pictâ; anfractibus convexis: ultimo alteris majore.*

Payr. Cat. des Moll. de Corse. p. 146. n° 282. pl. 7. fig. 5, 6.

Philippi. Enum. Moll. Sicil. p. 188. n° 2.

Habite la Méditerranée à peu de profondeur, sur les zostères, où elle vient en assez grande abondance pendant la nuit. Espèce très jolie et parfaitement distincte de toutes ses congénères; elle est oblongue, allongée, à spire pointue, à laquelle on compte cinq tours convexes, dont le dernier est plus grand que tous les autres. La surface est lisse et polie, et le test, quoique solide et calcaire, conserve toujours de la transparence. L'opercule est très épais et d'un blanc mat. L'ouverture qu'il ferme d'une manière très exacte est ovale, peu oblique, et présente une petite callosité à son angle supérieur. Quant à la coloration, cette espèce est très variable, comme toutes celles du même genre. Les individus que l'on rencontre le plus fréquemment sont d'un beau rouge, ornés de très fines linéoles anguleuses entrecoupées de points blancs et interrompues par des flammules blanches qui partent des sutures et s'arrêtent au milieu des tours; il y a des individus chez qui ces flammules plus courtes forment un collier crénelé; d'autres, enfin, où deux ou trois lignes de points blancs transverses prédominent. Enfin, nous possédons deux variétés qui sont en quelque sorte exceptionnelles par leur rareté: l'une est partout du plus beau rouge de corail; l'autre est blanche et ornée de cinq lignes étroites, régulières, également distantes, du plus beau brunnoir. La longueur est de 13 millim., la largeur de 7.

## *Espèces fossiles.*

1. **Phasianelle turbinoïde.** *Phasianella turbinoides.* **Lamk.**

*Ph. testâ ovatâ variè pictâ; anfractibus omnibus lævibus.*

*Phasianella turbinoides.* Annales, vol. 4. p. 296. n° 1.

*Desh. Coq. foss. de Paris, t. 2. p. 265. pl. 40. f. 8-10.

Habite..... Fossile de Grignon. Cab. de M. *Defrance.* Quoique dans l'état fossile, cette coquille conserve encore quelques vestiges de sa coloration. Les tours de sa spire, au nombre de cinq ou six, sont convexes, lisses, et l'inférieur est beaucoup plus grand que les autres. L'ouverture est ovale, un peu plus longue que large, et la columelle présente l'apparence d'un petit ombilic qui a été recouvert. Longueur, 14 millim.

2. **Phasianelle semi-striée.** *Phasianella semistriata.*

> Ph. testâ ovatâ ; anfractibus inferioribus transversè striatis.
> Phasianella semistriata. Ann. ibid. p. 297. n° 2.
> *Desh. Coq. foss. de Paris, t. 2. p. 266. pl. 40. f. 8-10.
> Habite..... Fossile de Grignon. Cab. de M. *Defrance.* Celle-ci paraît n'être qu'une variété de la précédente, lui ressemblant beaucoup par la forme et la taille ; mais elle en diffère en ce que ses tours inférieurs sont ornés de stries fines, serrées et transverses, et qu'à peine on lui retrouve quelques traces de ses anciennes couleurs.

† 3. **Phasianelle élégante.** *Phasianella princeps.* **Sow.**

> Ph. testâ elongato-turbinatâ, transversim eleganter sulcatâ ; anfractibus : convexis ultimo spirâ majore, aperturâ ovatâ, labro tenui undulato.
> Sow. Genera of shells. f. 3.
> Reeve. Conch. Syst. t. 2. p. 170. pl. 223. f. 3.
> Habite ..... Fossile à Hauteville, département de la Manche. Espèce très distincte et bien facile à reconnaitre, car elle est la seule connue jusqu'à présent qui soit sillonnée ; ce n'est point une Littorine. Elle a tous les caractères des Phasianelles, et pour le *facies* général elle a de l'analogie avec le *Phasianella Vieuxii* ; elle est plus grande ; ses tours sont très convexes, au nombre de cinq, et ornés de sillons transverses bien réguliers, assez gros, qui, en aboutissant sur le bord droit, le rendent onduleux. L'opercule est calcaire et se distingue par un sillon qui borde une sorte de cicatrice qui se trouve en dehors sur le sommet de la spire. Les grands individus ont 22 millim. de long et 11 de large.

---

**TURRITELLE.** (Turritella.)

Coquille turriculée, non nacrée. Ouverture arrondie, entière, ayant les bords désunis supérieurement : le droit muni d'un sinus. Un opercule corné.

*Testa turrita, non margaritacea. Apertura rotundata,*

*integra; marginibus supernè disjunctis : labrum sinu emarginatum. Operculum corneum.*

OBSERVATIONS. — De même qu'il a été convenable de séparer les Vis des Buccins, à cause de leur forme turriculée, de même aussi les Turritelles me semblent devoir être distinguées des Turbos, parce que, outre leur forme générale, pareillement turriculée, elles ont toutes un sinus au bord droit qu'on ne trouve nullement dans ces derniers.

Les anciens conchyliologistes, n'ayant égard qu'à la forme générale des coquilles, et ne profitant point des caractères qu'on peut obtenir de la considération de leur ouverture, donnaient indistinctement le nom de Vis à toutes les coquilles turriculées. Ainsi les Turritelles, les Scalaires, les Cérites, etc., se trouvaient confondues avec les Vis proprement dites. Il y a cependant une grande différence entre la forme de l'ouverture d'une Vis ou d'une Cérite, et celle de l'ouverture d'une Turritelle.

Toutes les Turritelles sont des coquilles marines dont l'animal porte un opercule orbiculaire et corné. Ces coquilles sont la plupart munies de stries ou de carènes transverses; mais aucune d'elles, parmi les espèces connues, n'offre ni côtes verticales, ni bourrelets, ni tubercules épineux. Les bords de leur ouverture sont désunis supérieurement et ne sont point réfléchis en dehors. Quant au sinus du bord droit, souvent ce bord endommagé ne le montre pas; mais en examinant la direction des stries d'accroissement qui l'avoisinent, on le reconnaît toujours.

[Le genre Turritelle devra rester tel que Lamarck l'a proposé dans cet ouvrage. Les coquilles qu'il renferme sont réunies par des caractères naturels qui le distinguent de tous les autres genres connus. Il y a quelques années que l'on pouvait encore discuter sur la place que les Turritelles doivent occuper dans les mollusques Gastéropodes : aussi, les zoologistes n'étaient point d'accord sur la classification de ce genre, parce qu'il leur manquait un des élémens principaux pour en juger : l'animal n'était point connu. Adanson l'avait vu cependant, mais ne l'avait pas étudié assez pour en donner une figure et une description, et, guidé par ses souvenirs, il se contenta de placer les deux espèces de Turritelles qu'il connût dans le même genre que les Cérites. On doit à MM. Quoy et Gaimard la connaissance exacte de l'animal du genre Turritelle, et cette connaissance ne dérange pas considérablement les rapports qui ont été indiqués par la plupart des naturalistes. Cet animal diffère considérablement de celui figuré par d'Argenville dans sa *Zoomorphose*. On avait donc raison de n'attacher aucune confiance à la figure de cet auteur, chez lequel l'imagination semble avoir fait tous les frais des figures de Mollusques qu'il donne. Il n'en est pas de même de la figure produite par MM. Quoy et Gaimard ; elle représente un animal rampant sur un pied court et ovalaire, se continuant en dessus par un long pédicule qui sert d'appui à la tête et rentre dans la coquille. Cette tête est prolongée en une trompe cylindracée un peu aplatie, plus large à la base et fendue à son extrémité antérieure en une fente buccale longitudinale. De chaque côté de la base naît une paire de tentacules très allongés, coniques, pointus, à la base desquels, et du côté extérieur, se trouvent les yeux. Ces yeux sont, comme dans les Cérites, un peu au-dessus de l'insertion des tentacules ; le manteau, dans ce genre, a un caractère particulier ; il forme un anneau frangé, une sorte de collier dont le bord libre, renversé en arrière, est diversement orné, selon les espèces, et à travers lequel passent le corps et la tête de l'animal pour entrer dans sa coquille ou pour en sortir. Cet animal ne laisse pas traîner sa coquille derrière lui, comme le font les Cérites et la plupart des coquilles longues ; il la relève sous un angle assez aigu, la supporte sur son long pédicule et s'avance dans une posture peu ordinaire aux Mollusques. Sur l'extrémité postérieure du pied se trouve un opercule corné, multi-spiré, comme celui des Cérites, mais presque toujours frangé sur ses bords. Le sommet de la spire de cet opercule est central, ce qui le distingue facilement de celui des Scalaires. Malgré cette différence dans l'opercule, je ne pense pas que le genre que je viens de rappeler doive être éloigné de celui des Turritelles ; car les animaux des deux genres ont beaucoup d'analogie. Si nous comparons actuellement l'animal des Turritelles à celui des Turbos ou des Troques, nous leur trouvons de trop grandes différences pour les maintenir dans la même famille ; si nous continuons cette comparaison avec les Cérites, nous reconnaîtrons, à l'instant même, que les Turritelles ont avec ce dernier genre plus d'analogie qu'on ne l'aurait imaginé d'abord. Les Cérites ne sont pas Zoophages, comme Lamarck l'a cru; leur manière de vivre et leur organisation le prouvent, ainsi que nous le verrons bientôt. Les Cérites ont aussi le bord du manteau, tantôt frangé, tantôt tuberculé, selon les espèces, et ce qui les différencie, c'est que chez eux il y a un canal à la base de la coquille, qui n'existe pas dans les Turritelles. Avant de conclure sur ces faits que nous venons de rapporter, il faut continuer la comparaison des genres que je viens de mentionner, avec les Mélanies et les Mélanopsides qui vivent dans les eaux douces. Déjà, dans mes articles de l'*Encyclopédie*, j'avais indiqué les rapports des Mélanies avec les Turritelles et les Cérites. Les observations de M. Quoy ont été confirmatives de cette opinion, et c'est ainsi qu'avec l'ensemble des faits connus on peut arriver à une classification plus naturelle des divers genres que je viens de rappeler.

Pour établir ma manière de penser par une comparaison qui n'est cependant point tout-à-fait exacte, je dirai que les Mélanies sont aux Turritelles, ce que les Néritines sont aux Nérites, et je ferai le même rapprochement des Mélanopsides, à l'égard des Cérites, tout en reconnaissant cependant que les genres Mélanie et Mélanopside sont plus distincts des Turritelles et des Cérites, que ne le sont les Néritines et les Nérites. On connaît dans les collections plusieurs espèces de Turritelles, soit vivantes, soit fossiles, qui, par leurs caractères extérieurs, semblent confirmer les doubles rapports que je viens d'indiquer. C'est ainsi que les espèces, dont M. Defrance a fait son genre *Proto*, offrent un passage des Turritelles aux Cérites par la dépression, large et profonde, en forme d'échancrure, qui existe à la base de la coquille. D'un autre côté, il y a des Turritelles dont l'ouverture est ovale-oblongue, comme le Mésale d'Adanson, par exemple, qui prennent assez exactement la forme de certaines Mélanies. L'analogie de ces deux genres deviendra plus évidente encore aux yeux des personnes qui auront examiné la *Turritella virginiana* de Lamarck et quelques-unes des espèces fossiles du bassin de Paris. Il y a un genre dont je n'ai pas encore parlé et qui me paraît avoir quelques rapports avec

les Turritelles, rapports qui sont moins immédiats, sans contredit: je veux parler du genre Vermet. Celles des espèces qui ne
s'appliquent pas par toute leur surface aux corps sous-marins,
celles qui, appuyées par le sommet, se déroulent irrégulièrement, celles-là portent toujours un commencement de spire régulière dont la ressemblance avec une petite Turritelle ne saurait être contestée. Cette ressemblance devient bien plus grande
encore, lorsque, dans un Vermet, la spire régulière se prolonge
plus qu'à l'ordinaire. Il faut ajouter que cette ressemblance
n'entraîne pas le genre Vermet à la suite des Turritelles; les
animaux des deux genres sont très distincts, aussi bien par
leurs caractères extérieurs que par leurs mœurs.

Les Turritelles habitent presque toutes les mers. Les espèces
sont assez nombreuses dans les collections; mais c'est un genre
qui est destiné à s'enrichir encore beaucoup. Les espèces fossiles appartiennent particulièrement aux terrains tertiaires; cependant on en connaît quelques-unes dans les terrains crétacés
inférieurs; il y en a même de citées dans des terrains beaucoup
plus anciens.

## ESPÈCES.

1. **Turritelle double-carène.** *Turritella duplicata.* Lamk. (1)

> *T. testá turritá, crassá, ponderosá, transversè sulcatá et carinatá,*
> *albido-fulvá, apice rufescente; anfractibus convexis, carinatis :*
> *medio carinis duabus eminentioribus.*
>
> *Turbo duplicatus.* Lin. Syst. nat. ed. 12. p. 1239. Gmel. p. 3607.
> n° 79.
> * Lin. Syst. nat. ed. 10. p. 766.
> * Lin. Mus. Ulric. p. 662.
> * *Turbo duplicatus.* Dilw. Cat. t. 2. p. 869. n° 130.
> * Schuma. Nouv. Syst. p. 199.
> * Desh. Encycl. méth. vers. t. 3. p. 1100. n° 1.
> Bonanni. Recr. 3. f. 114.

---

(1) Dans sa *Conchiologia fossile subapennina*, Brocchi donne
le nom de *Turbo duplicatus* à une espèce qui est complètement
différente de celle-ci; l'espèce de l'auteur italien devra donc
recevoir un autre nom.

Gualt. Test. t, 58. fig. C.

Seba. Mus. 3. t. 56. f. 7. 8.

Martini. Conch. 4. t. 151. f. 1414.

*Turritella duplicata.* Encyclop. pl. 449. f. 1. a. b.

* D'Acosta. Conch. Brit. pl. 6. f. 3.

* Born. Mus. p. 356.

* Schrot. Einl. t. 2. p. 48.

* *Var.* Sow. Gener. of shells. *Turritella.* f. 1.

* Reeve. Conch. Syst. t. 2. p. 172, pl. 224. f. 1.

Habite les mers de l'Inde, sur les côtes de Coromandel. Mon cabinet. Vulg. la *Vis-de-pressoir.* Coquille épaisse et pesante. Longueur, 4 pouces 7 lignes. Elle devient plus grande.

### 2. Turritelle tarière. *Turritella terebra.* Lamk. (1)

> *T. testâ elongato-turritâ, transversè sulcatâ, fulvo-rufescente aut
> rubente; anfractibus convexis, numerosissimis, sulcatis : sulcis sub-
> æqualibus; spirâ apice acutâ.*

---

(1) Telle qu'elle a été établie par Linné, dans la 10ᵉ édition
du *Systema naturæ,* cette espèce n'a presque pas besoin de réformes dans sa *Synonymie :* deux citations seulement doivent
être supprimées, celle du *Fauna suecica* et celle du *Fabius columna.* La première, comme Linné lui-même l'a senti, appartient
à une espèce d'Europe bien différente de celle-ci. Celle de *Columna* est trop incorrecte et pourrait aussi bien s'appliquer à
plusieurs espèces. Aussi, dans le *Museum Ulricæ,* Linné a-t-il
soin de supprimer ces deux citations. Dans la 12" édition du
*Systema,* il ajoute à tort le *Ligar* d'Adanson, qui constitue une
espèce bien distincte, et Lamarck a commis également cette erreur; mais ce qui a été cause de la plus fâcheuse confusion,
c'est que Linné, ayant indiqué des mers d'Europe son espèce,
tous les zoologistes, qui ont décrit les coquilles des mers euro-
péennes, ont cru retrouver l'espèce Linnéenne, et ont successivement attribué le nom à plusieurs espèces différentes. Martini a jeté
le premier la confusion dans la *Synonymie.* Gmelin y a ajouté.
Il était peut-être difficile qu'il en soit autrement, et voici pourquoi; c'est que Linné lui-même semble vouloir modifier son
espèce ou transporter le nom de l'une à l'autre. Dans la se-

*Turbo terebra.* Lin. Syst. nat. ed. 12. p. 1239. Gmel. p. 3608.
n° 81.

* Lin. Syst. nat. ed. 10. p. 766.

* Lin. Mus. Ulric. p. 662.

αφροδιθη. Martyns. Univ. Conch. *frontispice.*

Lister. Conch. t. 590. f. 54.

Bonanni. Recr. 3. f. 115.

Gualt. Test. t. 58. fig. A.

D'Argenv. Conch. pl. 11. fig. D. et Zoomorph. pl. 4. fig. F.

Favanne. Conch. pl. 39. fig. E. et pl. 71. fig. P.

Adans. Seneg. t. 10. f. 6. *le Ligar.*

Seba. Mus. 3. t. 56. f. 12. 18. 25. 32. 40.

Knorr. Vergn. 1. t. 8. f. 6,

Martini. Conch. 4. t. 151. f. 1415—1419.

*Turritella terebra.* Encyclop. pl. 449. f. 3. a. b.

* Chemn. Conch. t. 10. pl. 165. f. 1591.

* *Turritella Archimedis.* Dilw. Cat. t. 2. p. 871. n° 135.

* Desh. Encycl. méth. vers. t. 5. p. 1101. n° 2.

Habite les mers d'Afrique et de l'Inde. Mon cabinet. Coquille très
effilée. Longueur, 4 pouces 7 lignes et demie.

**3. Turritelle imbriquée.** *Turritella imbricata.* Lamk. (1)

    *T. testâ turritâ, transversè sulcatâ, ex albo rufo et fusco marmoratâ;*

---

conde édition du *Fauna suecica*, Linné donne le nom de *Turbo
terebra* à une coquille des mers d'Europe, qui est tout-à-fait
différente du *Turbo terebra*, des 10ᵉ et 12ᵉ éditions du *Systema*,
ainsi que du *Museum Ulricæ*, puisque, dans ce dernier ouvrage,
le *Fauna suecica* n'est même pas cité. Est-ce à l'espèce du
*Fauna suecica* que doit rester le nom de *Turbo terebra*, ou bien
est-ce à l'espèce du *Museum Ulricæ*, etc.? Linné me paraît avoir
donné lui-même la solution de la question, en conservant le
nom à la même espèce dans trois ouvrages successifs. En cela,
je crois que les zoologistes doivent imiter Linné ; et, pour éviter
à l'avenir d'autre confusion dans la *Synonymie*, j'ai proposé,
dans l'ouvrage de Morée, de donner le nom de *Turritella Linnei*
à l'espèce du *Fauna suecica*, espèce que l'on trouve dans toutes
les mers d'Europe.

    (1) Il est bien difficile aujourd'hui de reconnaître, d'une ma-
nière, précise ce que Linné a entendu par son *Turbo imbricatus*;

*anfractibus planulatis, sursùm declivibus, subimbricatis; spirà apice peracutâ.*

*Turbo imbricatus.* Lin. Syst. nat. éd. 12. p. 1239. Gmel. p. 3606. n° 76.

Bonanni. Recr. 3. f. 117.

Gualt. Test. t. 58. fig. E.

Seba. Mus. 3. t. 56. f. 26. 31. 33. 34.

Knorr. Vergn. 6. t. 25. f. 2.

Martini. Conch. 4. t. 152. f. 1422.

* Lin. Syst. nat. éd. 10. p. 766. excl. Bonani. synony.

* Lin. Mus. Ulric. p. 660.

* *Turbo imbricatus.* Dillw. Cat. t. 2. p. 868. n° 127.

* Desh. Encycl. méth. Vers. t. 3. p. 1101. n° 3.

Habite l'Océan des Antilles. Mon cabinet. La base de chaque tour fait une saillie au-dessus de la suture du tour suivant. Sillons un peu distans. Longueur, 3 pouces une ligne.

### 4. Turritelle torse. *Turritella replicata.* Lamk. (1)

*T. testâ turritâ, lævigatâ, albido-fulvâ ; anfractibus tumidis, medio subangulatis, spiratim contortis; suturis coarctatis.*

*Turbo replicatus.* Lin. Gmel. p. 3606, n° 77.

---

ce qu'il en dit dans les deux dernières éditions du système, est tout-à-fait insuffisant et peut s'appliquer à cinq ou six espèces. Les descriptions plus complètes du Muséum de la princesse Ulrique permettent ordinairement de reconnaître les espèces douteuses du *Systema naturæ* : pour celle-ci il n'en est pas ainsi, elle est insuffisante, et il faudrait avoir la coquille même de Linné pour la rapporter sûrement à une espèce connue. Nous pouvons faire à-peu-près la même observation sur l'espèce de Lamarck, car il réunit sous une commune dénomination autant d'espèces que d'auteurs cités.

(1) Nous pourrions répéter à l'égard de cette espèce ce que nous venons de dire sur la précédente, les indications de Linné, soit dans les 10ᵉ et 12ᵉ éditions du *Systema naturæ*, soit dans le Muséum *Ulricæ* sont insuffisantes ; la synonymie ne peut aider, car elle se borne à une très médiocre figure de d'Argenville. La synonymie de Lamarck, semblable à celle de Gmelin, est défec-

Bonanni. Recr. 3. f. 24.

Petiv. Gaz. t. 127. f. 6.

D'Argenv. Conch. pl. 11. fig. E.

Knorr. Vergn. 6. t. 25. f. 3.

Martini. Conch. 4. t. 151. f. 1412.

* *Turbo replicatus.* Dillw. Cat. t. 2. p. 868. n° 128.

Habite les mers de l'Inde. Mon cabinet. Elle ressemble à une colonne
torse qui serait graduellement atténuée vers son sommet et terminée en pointe. Ses tours étant subanguleux, leur moitié inférieure
est blanchâtre et la supérieure fauve; ils ne sont point striés. Longueur, 2 pouces 10 lignes et demie.

## 5. Turritelle rembrunie. *Turritella fuscata.* Lamk.

> T. *testá turritá, transversim striatá, castaneo-fuscá; anfractibus con-
> vexis.*

> Habite... Mon cabinet. J'aurais pris celle-ci pour la variété du *Turbo
> replicatus* que cite Gmelin, si ses tours eussent été plus renflés et
> plus contournés, ainsi que la figure de Lister, t. 590, f. 55, les re-
> présente. Longueur, 25 lignes et demie.

## 6. Turritelle cornée. *Turritella cornea.* Lamk.

> T. *testá turrito-acutá, lævi, nitidá, luteo-corneá; anfractibus con-
> vexis; suturis coarctatis.*

> Encyclop. pl. 449. f. 2. a. b.

> Habite... Mon cabinet. Elle a ses tours renflés et ses sutures très res-
> serrées; point de stries. Longueur, 22 lignes et demie.

---

tueuse, les figures qu'elle indique ne présentant pas exactement
les caractères de la phrase latine et de la très courte description
qui la suit; la figure de Bonanni ne ressemble pas à celle de
d'Argenville, celle de Knorr a bien quelques rapports avec celle
de d'Argenville, mais il y a bien des raisons de croire qu'elles
ne représentent pas la même espèce; enfin la figure de Martini
est certainement différente de toutes les autres et nous pouvons
ajouter que, d'après les renseignemens que donne Lamarck, la
coquille à laquelle il a attribué le nom de Linné est encore différente de toutes celles de la synonymie. Nous ajouterons que
le *Turbo replicatus* de Brocchi est une espèce très distincte de toutes les autres, et à laquelle nous ne connaissons aucun analogue
vivant.

7. Turritelle bréviale. *Turritella brevialis.*

> *T. testâ abbreviato-turritâ, albâ ; anfractibus convexis, lævibus, prope marginem superiorem unisulcatis : ultimo ventricoso.*

Habite... Mon cabinet. Elle est fort raccourcie, relativement à sa grosseur. Longueur, 2 pouces.

8. Turritelle bicerclée. *Turritella bicingulata.* (1)

> *T. testâ turritâ, transversìm tenuissimè striatâ, albo rufo et fusco marmoratâ ; anfractibus convexis, dorso bicingulatis.*

Seba. Mus. 3. t. 56. f. 30. et 37. 38.
*An Turbo variegatus?* Lin. Gmel. p. 3608. n° 82.
*An* Martini. Conch. 4. t. 152. f. 1423?
* *Turritella biangulata.* Blainv. Malac. p. 430. *Turritelle acutangle.* pl. 21. f. 3.
* Dacosta. Brit. Conch. pl. 7. f. 8.
* *Turbo exoletus.* Dillw. Cat. t. 2. p. 870. n° 133.
* Desh. Encycl. méth. Vers. t. 3. p. 1102. n° 4.

Habite... Mon cabinet. Ses tours sont constamment bicerclés. Longueur, 2 pouces.

9. Turritelle trisillonnée. *Turritella trisulcata.*

> *T. testâ turrito-acutâ, transversè sulcatâ, albidâ, supernè rubro-violacescente, infernè luteo-flammulatâ ; anfractibus convexiusculis, dorso sulcis tribus eminentioribus.*

Habite... Mon cabinet. Ses flammules sont éparses. Les trois sillons élevés qui ceignent chacun de ses tours seraient de petites carènes s'ils étaient plus aigus. Longueur, 23 lignes.

10. Turritelle exolète. *Turritella exoleta.* (2)

> *T. testâ turritâ, lævigatâ, albidâ ; anfractibus medio concavis, supernè infernèque tumidis, elatioribus, obtusis.*

*Turbo exoletus.* Lin. Gmel. p. 3607. n° 80.

---

(1) Lamarck cite dans sa synonymie, avec doute il est vrai, le *Turbo variegatus* de Linné; cette citation devra disparaître, car Linné dit de son *variegatus : anfractibus planiusculis striis septem obsoletis,* ce qui ne peut s'accorder en aucune façon avec l'espèce de Lamarck.

(2) Il y a parmi les Conchyliologues deux opinions au sujet du *Turbo exoletus* de Linné ; il est donc nécessaire d'examiner

Bonanni. Recr. 3. f. 113.
Lister. Conch. t. 591. f. 58.
D'Argenv. Conch. pl. 11. fig. C.
Favanne. Conch. pl. 39. fig. D.
Martini. Conch. 4. t. 152. f. 1424.
* *Turbo torcularis.* Born. Mus. p. 358. pl. 13. f. 8.
* *Turbo duplicatus.* Var. B. Gmel. p. 3607.
* *Turbo torcularis.* Dillw. Cat. t. 2. p. 79. n° 131.
* *Turbo exoletus.* Born. Mus. p. 357. pl. 13. f. 7.

---

attentivement cette espèce : on la trouve pour la première fois
dans la 10ᵉ édition du *Systema* et elle est reproduite textuellement et sans aucun changement dans la 12ᵉ édition du même
ouvrage. Linné la croit de l'Océan européen austral, et la phrase
par laquelle il la caractérise est trop courte pour que nous ne
la rapportions pas ici : *Testa turrita : anfractibus carinis duobus obtusis, distantibus.* A la suite de cette phrase, Linné cite
Bonanni, Recreat., part. 3, f. 113. Si l'on s'en tient à la phrase
de Linné, il est certain que l'on peut appliquer le nom spécifique à toutes les espèces qui ont deux carènes éloignées, et il y a
plusieurs de ces espèces. Mais la synonymie vient restreindre ce
qui est trop vague dans la phrase ; la figure de Bonanni ne laisse
donc aucun doute sur l'espèce linnéenne ; aussi le plus grand nombre des auteurs ont conservé l'espèce de Linné en prenant pour
son type la figure de Bonanni. D'autres naturalistes, et particulièrement ceux de l'Angleterre, se sont préoccupés de cette idée que
le *Turbo exoletus* vit dans les mers d'Europe comme Linné le
dit ; et comme on n'a jamais trouvé dans ces mers une coquille
qui répondît à la figure de Bonanni , ces naturalistes en ont conclu qu'il fallait supprimer la citation de cette figure et appliquer le nom à celle des espèces d'Europe qui a deux carènes
éloignées sur les tours. Nous croyons qu'il était plus naturel de
penser que Linné avait été trompé sur la localité de son espèce,
non sur ses caractères. Ces observations nous conduisent à rejeter
l'opinion des naturalistes anglais et à suivre celle de Lamarck.
Gmelin, à son ordinaire, met de la confusion dans la synonymie
de l'espèce qui nous occupe en y rapprochant deux ou trois espèces. Born, dans le *Testacea Musei Vindobonensis,* sépare du *Turbo*

* *Turbo obsoletus*. Gmel. p. 3612.
* *An eadem*. Davila. Cat. t. 1. pl. 14. f. Q?
* Lin. Syst. nat. éd. 10. p. 766.
* *Turbo obsoletus*. Dillw. Cat. t. 2. p. 870. n° 132.
* Sow. Gener. of shells. *Turritella*. f. 3.
* Reeve. Conc. Syst. t. 2. p. 172. pl. 224. f. 3.
* Desh. Encycl. méth. Vers. t. 3. p. 1102. n° 5.

Habite sur les côtes de la Guinée. Mon cabinet. Elle est remarquable par l'excavation de ses tours. Longueur, 2 pouces.

## 11. Turritelle carinifère. *Turritella carinifera*. Lamk.

*T. testá turritá, transversìm carinatá, lævigatá, diaphaná, albá; anfractibus medio cariná cinctis : ultimo angulato; infimá facie plano-concavá.*

Habite... Mon cabinet. Espèce inédite, dont les caractères sont bien tranchés. Longueur, 13 lignes.

## 12. Turritelle australe. *Turritella australis*. Lamk.

*T. testá parvá, turritá, transversìm tenuissimè striatá, cinereá; anfractibus convexiusculis, infra medium unicingulatis, margine superiore sulco prominulo instructis; apice obtuso.*

Habite les mers de la Nouvelle-Hollande. M. de *Labillardière*. Mon cabinet. Longueur, 9 lignes.

---

*exoletus* une espèce sous le nom de *Torcularis* sur ce caractère qu'il y a de fines stries transverses dans le *Torcularis*, qui n'existent pas dans l'autre; nous croyons ce caractère insuffisant, car presque tous les Exolètes frais ou peu roulés ont des stries transverses, ceux qui ont été roulés plus long-temps les ont entièrement perdues. Dillwyn, dans son catalogue, a adopté le *Turbo torcularis* de Born et a rapporté au *Turbo obsoletus* de Gmelin le véritable *Exoletus* de Linné, tandis qu'il donne ce dernier nom à une espèce des mers d'Europe à laquelle Martini avait imposé le nom de *Turbo marmoreus*, lequel est probablement de la même espèce que le *Turritella biangulata* de Lamarck. D'après ce qui précède, on concevra pourquoi nous ne rapportons pas dans notre synonymie le *Turritella exoleta* de la faune française ni celle du catalogue de M. Bouchard Chantereaux sur les espèces du Boulonnais.

**13. Turritelle de Virginie.** *Turritella Virginiana.* Lamk.

> *T. testá parvá, turritá, transversìm carinis minimis cinctá, stramineá; anfractibus convexiusculis, margine inferiore cariná prominulá cinctis: ultimo ventricoso, infra medium tricarinato, basi annulo griseo-violacescente notato.*

Habite sur les côtes de la Virginie. Mon cabinet. Ouverture oblongue. Longueur, 6 lignes et demie.

**† 14. Turritelle à angle aigu.** *Turritella acutangula.* Desh.

> *T. testá elongato-subulatá; spiræ anfractibus cariná unicá, majore, acutá, præditis, obsoletè striatis, pallidè fuscis; aperturá rotundatá; labro lateraliter profondè sinuoso.*

*Turbo acutangulus.* Lin. Syst. nat. ed. 10. p. 766.

Bonan. Recr. 3. f. 117.

Gualt. Test. pl. 58. f. B.

Lin. Mus. Ulric. p. 661.

Lin. Syst. nat. ed. 12. p. 1239.

Schrot. Einl. t. 2. p. 47.

Gmel. p. 3607.

Knorr. Vergn. t. 3. pl. 19. f. 5.

*Turbo acutangulus.* Dillw. Cat. t. 2. p. 869. n. 129.

Habite les mers de Tranquebar, d'après Gmelin.

Le *Turbo acutangulus* de Brocchi est une espèce très distincte de celle-ci.

Grande coquille qui a beaucoup d'analogie avec le *Turritella duplicata*; quelques zoologistes pensent même que ces deux espèces devront être réunies à titre de variété. En examinant le jeune âge de certains individus, on leur trouve une identité parfaite, et bientôt, avec l'âge, se montre une différence notable par le développement de deux carènes dans les uns et d'une seule dans les autres; aussi, nous avons l'opinion que les individus dont nous parlons appartiennent, en effet, à une même espèce; mais il en est d'autres, et c'est à ceux-là seulement que nous conservons le nom d'*acutangulus*, qui, dans le jeune âge, offrent des caractères différens et qui n'ont jamais qu'un seul angle sur le milieu des tours; ces individus sont toujours plus étroits, les tours de spire sont plus obliques et plus profondément séparés. L'ouverture elle-même présente des différences: elle est ovalaire, plus haute que large et non arrondie comme dans la *Turritella biangulata*. Du reste, ces deux espèces ont la même couleur d'un fauve pâle.

La longueur est de 11 centimètres et la largeur de 23 millimètres.

17.

### † 15. Turritelle onguline. *Turritella ungulina.* Desh.

> *T. testâ elongato-turritâ, subulatâ, angustâ, transversim decem*
> *striatâ, rubro-ferrugineo nebulosâ; anfractibus convexiusculis;*
> *aperturâ, obliquâ, rotundatâ; labro acuto, subsinuoso.*

*Turbo ungulinus.* Lin. Syst. nat. éd. 12. p. 1240.

*Id.* Schrot. Einl. t. 2. p. 53. n. 43.

*Id.* Gmel. p. 3608, n° 83.

*Id.* Dillw. Cat. t. 2. p. 872, n. 137.

Habite la Méditerranée et l'Océan européen.

Il n'existe pas encore de bonne figure de cette espèce, quoiqu'elle soit mentionnée depuis Linné, qui, dans la 12° édition du *Systema naturæ*, l'a caractérisée de manière à la faire reconnaître facilement. Elle a beaucoup d'analogie avec l'espèce à laquelle les auteurs anglais attribuent le nom de *Turbo terebra;* elle reste toujours de petite taille, elle est allongée, subulée, étroite; ses tours sont nombreux, convexes, et l'on y compte dix stries transverses, qui ne sont pas toujours de la même grosseur, ni également distantes. Leur nombre varie dans quelques individus; on en compte huit ou neuf; entre ces stries, la loupe en fait découvrir de plus fines, et l'on remarque de plus des stries onduleuses d'accroissement qui forment un réseau fin et peu régulier avec les stries transverses dont nous venons de parler. L'ouverture est arrondie, un peu plus haute que large. Ses bords sont arqués, minces et tranchans, et le droit est un peu sinueux dans sa longueur. Toute cette coquille sur un fond d'un fauve rougeâtre est marbrée de taches nuageuses d'un rouge ferrugineux.

Sa longueur est de 45 millim. et sa largeur de 10.

### † 16. Turritelle rosée. *Turritella rosea.* Quoy.

> *T. testâ elongato-conicâ, lævi, transversim tenuissimè sulcatâ, roseâ;*
> *anfractibus convexis; spirâ acutâ; aperturâ subquadratâ.*

Quoy et Gaim. Voy. de l'Astrol. t. 3. p. 136. pl. 55. f. 24-26.

M. Quoy est le premier qui ait décrit cette espèce; elle a de la ressemblance avec l'*Imbricata;* elle en a aussi, mais d'une manière plus éloignée, avec l'*Exoleta;* elle est allongée, conique, assez large à la base, ses tours nombreux et aplatis sont striés transversalement, et ils présentent, en arrière et en avant, un renflement entre lequel se trouve la suture; le dernier tour est aplati à la base; l'ouverture est arrondie, subquadrangulaire; son bord droit est mince et tranchant, et il offre une large sinuosité depuis son angle antérieur jusqu'au point de son insertion sur l'avant-dernier

tour. Toute cette coquille est d'un rouge pâle passant au fauve.
Elle est longue de 55 millim. et large de 20.

## † 17. Turritelle granuleuse. *Turritella granosa.* Quoy.

*T. testá minimá, elongato-turritá, granulosá, plicatá, transversìm
striatá, fulvo-rubente; anfractibus convexis, numerosissimis;
spirá acutá; aperturá subrotundá.*

Quoy et Gaim. Voy. de l'Astrol. t. 3. p. 138. pl. 55. f. 29. 30.

Petite coquille courte, ressemblant un peu à une Mélanie. Elle est
allongée, turriculée, granuleuse, striée transversalement, d'un
rouge fauve. Les tours sont très nombreux, convexes, la spire aiguë; l'ouverture obronde.

Elle est longue de 25 millim. et large de 10.

## † 18. Turritelle mesal. *Turritella mesal.* Adans.

*T. testá elongato-turritá, transversìm tenuè sulcatá; ad suturam sul-
cis duobus majoribus; anfractibus convexis, albis vel violascentibus;
aperturá ovatá, basi dilatatá; labro tenui, anticè producto.*

Le *Mesal Adans.* Sénég. p. 159. pl. 10. f. 7.

Habite les mers du Sénégal.

Espèce très distincte que l'on reconnaît facilement par sa forme générale qui la rapproche un peu de certaines Mélanies. Elle a encore un autre intérêt : par son ouverture, elle se rapproche de
plusieurs espèces fossiles des environs de Paris. Elle est allongée,
très pointue au sommet; sa spire se compose de 16 à 17 tours
convexes sur lesquels on compte cinq sillons transverses, écartés
et très grêles entre lesquels on distingue à la loupe des stries très
fines. Les deux sillons qui sont immédiatement au-dessus des sutures sont plus gros que les autres. L'ouverture est ovalaire, oblique, par rapport aux deux plans de la coquille; elle est dilatée à la
base, et son bord droit, très mince et tranchant, se projette en avant
comme celui des Rissoa, et comme cela a lieu, du reste, dans plusieurs des espèces fossiles des environs de Paris. Cette coquille est
blanche, assez souvent d'un blanc violacé livide, et il y a des individus qui réunissent ces deux teintes.

Les grands individus ont 75 millim. de long et 20 de diamètre.

## † 19. Turritelle ligar. *Turritella ligar.* Adans.

*T. testá elongato-subulatá, multispiratá; transversìm sulcatá; sulcis
inæqualibus; anfractibus convexis, albis, vel violascentibus, fusco
marmoratis; aperturá rotundatá; labro latè sinuoso.*

Le Ligar Adans. Sénég. p. 158. pl. 10. f. 6.

*Turritella terebra.* Lamk. A. s. vert. t. 7. p. 56. n° 2. *Pro Adansoni synonymo.*

Habite le Sénégal.

Lamarck a confondu cette espèce avec son *Terebra;* elle est cependant bien facile à distinguer ; mais il est à croire que Lamarck s'en est rapporté uniquement à la figure assez médiocre d'Adanson. Cette espèce est allongée, turriculée ; sa forme générale rappelle assez celle du *Terebra.* Cependant elle est moins atténuée à son sommet. Les tours de spire sont nombreux, convexes, sillonnés transversalement, les sillons sont inégaux, ceux du milieu des tours sont les plus gros et les plus écartés ; on en compte huit sur chaque spire ; ils se continuent à la base du dernier tour, mais ils sont plus aplatis et plus effacés. L'ouverture est arrondie ; le bord columellaire est très mince, tranchant, le bord droit présente dans sa longueur une sinuosité concave, large et peu profonde. La coloration de cette espèce la rend facile à distinguer du premier coup-d'œil ; elle est blanche, marbrée de grandes taches d'un violet peu foncé, et sur ses deux couleurs se montrent de grandes marbrures longitudinales d'un brun peu foncé. L'ouverture est violacée en dedans. Les grands individus ont 12 cent. 1|2 de longueur et 28 mill. de diamètre.

## † 20. Turritelle tricarinée. *Turritella tricarinata.*

*T. testá turritá, anfractibus angustis, planulatis, fuscis, tricarinatis; carinis nodulosis, nigrescentibus.*

King. Zool. journ. t. 5. p. 346. n° 55.

Habite les mers du Pérou et du Chili.

Espèce très facile à reconnaître ; elle est de taille médiocre, en proportion plus large à la base que la plupart de ses congénères. Sa spire, très pointue, est composée de 17 à 18 tours à peine convexes, séparés par une suture subcanaliculée. Sur chacun des tours se relèvent trois cordons assez larges, subgranuleux, réguliers, également distans et qui sont d'un brun noir, tandis que le reste de la coquille est d'un blanc fauve. Les granulations qui sont sur les carènes sont dans des sens différens, selon que l'on les examine sur la première, la seconde ou la troisième. Leur obliquité dépend du mode d'accroissement de la coquille, et ils sont toujours dans le sens des stries qui indiquent cet accroissement. L'ouverture est arrondie ; son bord droit, très mince, présente vers son sommet une large échancrure triangulaire assez comparable à celle de quelques espèces de Pleurotomes.

Cette espèce a 60 mill. de long et 20 de large.

† 21. **Turritelle noduleuse.** *Turritella nodulosa.*

*T. testâ elongato-turritâ; anfractibus striatis; albo-griseâ, flammulis fuscis, longitudinalibus pictâ; striis duabus maximis, subnodulosis.*

King. Zool. journ. t. 5. p. 347. n° 56.

Habite...

Coquille très facile à distinguer, étant du petit nombre de celles qui ont des granulations sur les tours de spire. Elle est allongée, subulée, très étroite; on compte quinze tours à la spire; ces tours sont étroits, finement striés en travers et relevés dans le milieu et à leur partie supérieure de deux cordons inégaux sur lesquels sont rangées avec régularité des granulations obtuses. Le dernier tour est aplati à la base; l'ouverture est arrondie, subquadrangulaire, elle est peu oblique et son bord droit est à peine sinueux dans sa longueur. Sur un fond d'un blanc grisâtre, cette espèce est ornée d'un grand nombre de petites flammules longitudinales, d'un brun marron assez foncé.

L'individu de notre collection a 43 mill. de long et 11 de diamètre.

## *Espèces fossiles.*

1. **Turritelle terrébrale.** *Turritella terebralis.* **Lamk.**

*T. testâ elongato-turritâ, transversìm striatâ : striis confertis, æqualibus; anfractibus medio-convexis, basi apiceque depressis; suturis infrà marginatis.*

* Basterot, foss. de Bordeaux. p. 28. n. 1. pl. 1. f. 14.

* Desh. Encycl. méth. vers., t. 3. p. 1102, n. 6.

Habite.... Fossile des environs de Bordeaux, où il est très commun. Mon cabinet. Cette coquille a des rapports avec le *T. terebra;* mais, outre son état fossile, elle en est très distincte. Longueur, 4 pouces, 7 lignes.

2. **Turritelle rotifère.** *Turritella rotifera.* **Lamk.**

*T. testâ turritâ, carinis maximis distantibus, rotiformibus cinctâ; anfractibus planulatis, margine superiore carinâ maximâ, rotiformi instructis, medio carinis duabus minimis : anfractuum superiorum carinis medianis sensìm majoribus.*

* Desh. Encycl. méth. vers. t. 3. p. 1102. n. 7.

* Desh. Desc. des coq. foss. de Paris. t. 2. p. 274. n. 1. pl. 40. f. 20. 21.

Habite.... Fossile des environs de Montpellier, recueilli par *Bruguières.* Mon cabinet. Coquille fort singulière, garnie dans sa longueur de grandes carènes droites et distantes qui ressemblent à des roues écartées l'une de l'autre. Longueur, 2 pouces et demi.

3. Turritelle imbricataire. *Turritella imbricataria*. Lamk.

> *T. testá subulatá ; spiræ anfractibus planis, transversim striatis, imbricatis : striis intermediis subtilissimè granulatis.*

*Turritella imbricataria.* Annales, vol. 4. p. 216. n° 1, et t. 8. pl. 37. fig. 7

* Desh. Descr. des Coq. foss. de Paris. t. 2. p. 271. pl. 35. f. 1, 2, pl. 36, f. 7, 8, pl. 37. f. 9, 10. pl. 38. f. 12.

* Bronn. Leth. Geogn. t. 2. p. 1045. pl. 41. f. 1.

* *Lyell*. Princ. of Geol. 1re édit. t. 3. pl. 3. f. 6.

* Desh. dans *Lyell*. Princ. of Geol. App. t. 4. pl. 2. f. 1, 2.

Habite..... Fossile de Grignon, Chaumont et Courtagnon. Mon cabinet et celui de M. *Defrance*. Elle semble d'abord être l'analogue fossile de notre Turritelle imbriquée ; néanmoins ses stries transverses, entremêlées de stries finement granuleuses, suffisent pour l'en distinguer. Cette coquille est régulièrement turriculée, subulée, et ses tours de spire semblent des entonnoirs renversés, imbriqués ou empilés les uns sur les autres. Sa long. est de 95 millimètres.

4. Turritelle sillonnée. *Turritella sulcata*. Lamk.

> *T. testá conicá, transversè sulcatá : sulcis inferioribus profundioribus ; striis verticalibus arcuatis, confertis, tenuissimis.*

*Turritella sulcata.* Ann. ibid. n° 2, et t. 8. pl. 37. f. 8.

* Sow. Genera of shells. *Turritella*. f. 2.

* Reeve. Conch. Syst. t. 2. p. 172. pl. 224. f. 2.

* Desh. Coq. foss. de Paris. t. 2. p. 287. n° 19. pl. 38. f. 5, 6 et 7.

Habite..... Fossile de Grignon. Mon cab. et celui de M. *Defrance*. Coquille plus grosse et plus raccourcie que celle qui précède. Elle forme un cône pointu, long de 5 centimètres, sillonné transversalement, et dont les sillons des tours inférieurs sont plus profonds et plus grands que ceux du sommet. Toute sa surface offre, en outre, des stries verticales très fines, serrées et arquées. Bord droit de l'ouverture arrondi en aile, formant un large sinus dans sa partie supérieure, et s'évasant en se joignant à la base de la columelle, comme dans les mélanies.

5. Turritelle subcarinée. *Turritella subcarinata*. Lamk. (1)

> *T. testá conicá, transversè sulcatá : sulcis profundis, carinis inæqualibus separatis.*

---

(1) Le grand nombre de variétés que nous avons rassem-

*Turritella subcarinata.* Ann. ibid. p. 217. n° 3.

[*b*] *Eadem vix sulcata; anfractibus tristriatis.*

Habite..... Fossile de Grignon. Mon cab. et celui de M. *Defrance.*
Cette espèce, quoique très rapprochée de la précédente par ses
rapports, en paraît très distincte. Elle lui ressemble par sa forme
raccourcie en cône pointu, et par les caractères de son ouverture;
mais elle en diffère par ses sillons transverses, larges, profonds,
inégaux, au nombre de trois ou quatre sur chaque tour, et qui
sont séparés les uns des autres par des crêtes carinées, tranchantes et assez remarquables. Longueur, environ 4 centimètres.

## 6. Turritelle à bandes. *Turritella fasciata.* Lamk.

*T. testâ conicâ; spiræ anfractibus supernè bisulcatis, et medio zonâ
planâ distinctis.*

*Turritella fasciata.* Ann. ibid. n° 4, et t. 8. pl. 37. f. 4. pl. 59. f. 1,
*a. b.*

* Desh. Coq. foss. de Paris. t. 2. p. 284. n° 18. pl. 38. f. 13, 14,
17, 18. pl. 39. f. 1 à 20.

Habite..... Fossile de Grignon. Cab. de M. *Defrance.* Coquille conique, pointue au sommet, offrant sur chaque tour une bande ou
zone plane au milieu de laquelle on aperçoit une strie peu apparente qui la divise en deux. Le bord supérieur des tours présente
deux sillons profonds et en gouttière que séparent des crêtes carinées. Ces sillons s'effacent dans les tours supérieurs. Ouverture
conformée comme celle des espèces n°s 2 et 3. Longueur de la coquille, 21 ou 22 millimètres.

## 7. Turritelle multisillonnée. *Turritella multisulcata.* Lamk.

*T. testâ conicâ; anfractibus convexis, subæqualiter multisulcatis;
sulcis tenuissimis.*

*Turritella multisulcata.* Ann. ibid. n° 5.

[*b*] *Eadem magis elongata; sulcis profundioribus.*

* Desh. Coq. foss. de Paris, t. 2. p. 228. n° 21. pl. 38. f. 10, 11,
et 12.

Habite..... Fossile de Grignon, où il est très commun. Mon cabinet
et celui de M. *Defrance.* Celle-ci forme un cône un peu raccourci,

---

blées, de cette espèce et de la suivante, nous a convaincu depuis
long-temps qu'elles doivent être réunies sous un même nom, et
nous croyons en avoir démontré la nécessité dans notre ouvrage
sur les *Coquilles fossiles des environs de Paris.*

pointu au sommet, composé de onze ou douze tours convexes, régulièrement et finement sillonnés transversalement à l'axe de la coquille. Son ouverture présente, dans le bord droit, une aile arrondie, mince et tranchante, surmontée d'un large sinus. La partie inférieure de ce bord droit s'évase fortement comme dans les Mélanies, en se joignant à la base de la columelle qui semble, en cet endroit, commencer un petit canal. Longueur 3 centimètres.

### 8. Turritelle en tarrière. *Turritella terebellata*. Lamk.

*T. testâ elongato-subulatá ; spiræ anfractibus medio subconvexis, transversìm striatis : striis minoribus interstitialibus.*

* *Melania sulcata*. Sow. Min. Conch. t. 1. p. 85. pl. 39. f. 1.
* Desh. Coq. foss. de Paris. t. 2. p. 279. pl. 35. f. 3. 4.

Favanne, Conch. pl. 66. fig. O 16.

*Turritella terebellata*. Ann. ibid. p. 218. n° 9.

Habite.... Fossile de Chaumont. Mon cabinet et celui de M. *Defrance*. Cette espèce est allongée en alène, comme la Turritelle imbricataire, et se rapproche un peu, par ses caractères, de notre *Turritella terebra*. Elle offre quinze ou seize tours de spire. Son ouverture est arrondie-ovale, et le sinus de son bord droit est bien prononcé. Longueur, près de 13 centimètres.

### 9. Turritelle perforée. *Turritella perforata*. Lamk.

*T. testâ subulatá; anfractibus planis, sursùm imbricatis ; columellâ perforatá.*

* Desh. Coq. foss. de Paris. t. 2. p. 290. n° 23. pl. 20. f. 30. 31. 32.

*Turritella perforata*. Ann. ibid. n° 7.

Habite.... Fossile de Grignon. Mon cab. Coquille grêle, subulée, dont la columelle est perforée dans toute sa longueur. Ses tours de spire sont au nombre de dix-sept ou dix-huit, aplatis, comme imbriqués les uns sur les autres, et munis chacun de trois stries transverses qui, avec le bord inférieur relevé, paraissent au nombre de quatre. Longueur, 18 millimètres.

### 10. Turritelle unisillonnée. *Turritella unisulcata*. Lamk.

*T. testâ subulatá; anfractibus lævibus, planiusculis, basi sulco unico exaratis.*

* Desh. coq. foss. de Paris. t. 2. p. 280. n° 12. pl. 57. f. 13. 14.

*Turritella unisulcata*. Ann. ibid. n° 8.

Habite.... Fossile de Grignon. Cab. de M. *Defrance*. Coquille subulée, composée de douze ou treize tours de spire un peu aplatis, lisses, et ayant chacun un sillon près de leur base. Ouverture arrondie, un peu quadrangulaire. Longueur, 2 centimètres.

**11.** Turritelle uniangulaire. *Turritella uniangularis.* Lamk.

> *T. testâ conico-subulatâ; anfractibus lævibus, angulo transverso
> infra medium distinctis.*

* Desh. Coq. foss. de Paris. t. 2. p. 281. n° 13. pl. 40. f. 28. 29.
*Turritella uniangularis.* Ann. ibid. p. 219. n° 9.
Habite.... Fossile de Grignon. Cab. de M. *Defrance.* Cette coquille
a le port de la précédente, mais elle en diffère particulièrement
par la carène ou l'angle transversal qu'on voit un peu au-dessous
du milieu de chacun de ses tours. Longueur, 11 ou 12 millimètres.

**12.** Turritelle mélanoïde. *Turritella melanoides.* Lamk.

> *T. testâ conicâ; anfractibus planis; striis transversis sulcisque
> intermixtis.*

* Desh. Coq. foss. de Paris. t. 2. p. 289. n° 22. pl. 40. f. 25. 26. 27.
*Turritella melanoides.* Ann. ibid. n° 10.
Habite.... Fossile de Grignon. Cab. de M. *Defrance.* Elle ressemble
à la Turritelle multisillonnée par sa forme conique et le bord
droit de son ouverture; mais ses tours de spire sont aplatis, et
offrent, en leur surface, un mélange de stries fines transverses
et de quelques sillons plus larges et très distincts. Longueur, 13
millimètres.

† **13.** Turritelle cathédrale. *Turritella cathedralis.* Brong.

> *T. testâ magnâ, elongato-subulatâ, transversìm sulcatâ, subimbricatâ;
> anfractibus planulatis, aliquando in medio excavatis, conjunctis;
> aperturâ magnâ, basi depressâ, subemarginatâ.*

Brong. Ter. Calc. trap. du Vic. p. 55. pl. 4. f. 6.
Bast. Foss. de Bord. p. 29. n° 6.
*Proto turritella.* Def. Dict. Sc. nat. pl. 34. f. 1.
*Id.* Desh. Encycl. méth. t. 2. p. 850.
*Turritella proto.* Bast. Foss. p. 30. n° 7. pl. 1. f. 7.
Lyell. Princ. t. 3. pl. 3. f. 5.
*Turritella sinuosa.* Sow. Genera of shells. f. 4.
*Id.* Reeve. Conch. syst. t. 2. p. 172. pl. 224. f. 4.
Habite... Fossile aux environs de Bordeaux, dans les faluns de la
Touraine et à la Superga, près Turin.
C'est avec cette espèce que M. Defrance a établi son genre *Proto*, et
peut-être sera-t-il convenable de conserver ce genre qui nous pa-
raît intermédiaire entre les Turritelles et les Cérites. Il est à pré-
sumer que l'animal est différent, sous quelques rapports, de celui
des deux genres avec lesquels nous comparons cette espèce; elle est
grande, allongée, pointue au sommet, et ses premiers tours sont

convexes, tandis que ceux qui suivent sont plats ; et très souvent les trois ou quatre derniers sont creusés dans le milieu à la manière de ceux des Nérinées ; il arrive même que la base des tours se met un peu en saillie au-dessus de la suture ; la surface est garnie de quatre à cinq sillons transverses dont les premiers sont les plus gros ; un angle obtus circonscrit la base du dernier tour ; au-dessus, existe une rigole assez large qui est elle-même dominée par un large bourrelet chargé de nombreuses lames d'accroissement. L'ouverture est ovalaire, elle est très singulière par la profonde dépression de sa base qui se trouve ainsi creusée par une sorte d'échancrure plus large et plus profonde que dans aucune autre coquille. Un bord gauche, épais et calleux, s'applique sur l'avant-dernier tour ; le bord droit, légèrement dilaté, est sinué dans sa longueur à la manière de celui des Turritelles proprement dites. Les grands individus de cette espèce ont 16 cent. de long. et 36 mill. de diamètre.

### † 14. Turritelle d'Archimède. *Turritella Archimedis*. Brong.

*T. testá subulatá, transversè sulcatá; anfractibus bicarinatis; interstitiis subtilissimè striatis.*

Brong. Mém. sur les terr. sup. du Vicentin. p. 55. pl. 2. f. 8.

Bast. Foss. de Bord. p. 28. n° 2.

Dubois de Montper. Foss. de pod. p. 38. pl. 2. f. 21. 22.

*Turritella subcarinata.* Def. Dict. t. 56. p. 159.

Var. *B. Turritella scalaria.* Dub. de Mont. Foss. de Pod. p. 36. pl. 2. f. 18.

*Turritella duplicata.* Dub. de Mont. Foss. de Pod. p. 37. pl. 2. f. 19 et 20.

*Turritella Archimedis.* Bronn. Leth. Géogn. t. 2. p. 1047. pl. 42. f. 36.

Habite... Fossile dans les faluns de la Touraine, aux environs de Bordeaux, en Volhynie et en Podolie, à la Superga, près Turin.

Espèce fort remarquable, assez variable, mais qui se distingue facilement par les deux carènes inégales qui s'élèvent sur ses tours de spire. Cette espèce reste toujours petite ; elle est étroite. Sa spire, pointue, est formée d'une quinzaine de tours finement striés en travers, et sur le milieu desquels s'élève une carène obtuse ; et dans la plupart des individus il y en a une seconde au sommet, beaucoup moins proéminente et qui borde la suture. Le dernier tour est aplati à la base ; l'ouverture est arrondie, subquadrangulaire, elle est peu oblique. Ses bords sont minces et tranchans, et le droit est peu sinueux dans sa longueur. On compte plusieurs

variétés avec lesquelles **M.** Dubois de Montpereux a fait plusieurs
espèces qu'il faut actuellement supprimer.

Les grands individus ont 55 mill. de long et 17 de large.

† 15. **Turritelle carinifère.** *Turritella carinifera.* **Desh.**

> *T. testá elongato–turritá, apice acuminatá; anfractibus concaviusculis, transversìm striatis, basi unicarinatis ; cariná acutá ; aperturá subquadrangulari, lateraliter basique profundè sinuatá.*

Desh. Descript. des coq. foss. de Paris. t. 2. p. 273. n° 2. pl. 36.
f. 12.

Habite... fossile à Chaumont, Parnes, Mouchy, Houdan.

Cette espèce prend toujours une plus grande taille que le *Turritella imbricataria;* elle s'en distingue encore par plusieurs autres caractères. Elle est proportionnellement plus large à la base; ses tours sont moins étroits, ils sont un peu concaves et ils sont terminés à la base par une carène aiguë et saillante au-dessus de la suture. Leur surface est couverte de stries inégales et diversement espacées, selon les individus; les plus fines sont entre les plus grosses, et toutes sont obscurément granuleuses. La carène est ordinairement simple et lisse, quelquefois elle est rendue bifide par un sillon qui la partage; l'ouverture est ovale, subquadrangulaire. La columelle est étroite, mince, un peu tordue vers la base et elle se termine par un angle que la sinuosité du bord antérieur rend plus saillant. Le bord droit est mince et tranchant; il est presque toujours mutilé, et on ne peut juger de la forme que par les stries d'accroissement. Il devait être profondément sinueux dans son milieu, ce qui contribuait à rendre plus saillante son extrémité antérieure, qui prend la forme d'une petite oreillette.

Cette coquille, assez commune, a 16 centimètres de longueur et 28 de diamètre à la base.

† 16. **Turritelle granuleuse.** *Turritella granulosa.* **Desh.**

> *T. testá elongato–turritá, angustá, apice acuminatá ; anfractibus planis, quadriseriatìm granulosis, basi subcarinatis; granulis minimis, striis longitudinalibus tenuissimis, interjectis; aperturá ovatosubquadrangulari ; labro profundè sinuato.*

Desh. Descript. des coq. foss. de Paris. t. 2. p. 275. n° 4. pl. 37.
fig 1 et 2.

Habite... fossile à Mouneville, Maulle, Assy.

Coquille qui, par sa forme, ne manque pas d'analogie avec les *Turritella imbricataria* et *monilifera,* et se distingue en ce qu'elle est proportionnellement plus étroite; elle ne devient jamais aussi

grande. Elle est formée d'une vingtaine de tours aplatis, assez
étroits, sur lesquels on voit quatre rangées de très fines granulations. La rangée qui se trouve à la base de chaque tour est un peu
plus saillante que les autres, ce qui fait paraître cette partie relevée en carène; entre ces rangées de granulations, on remarque des
stries longitudinales fort nombreuses, assez régulières et très onduleuses. Lorsqu'on examine la coquille avec une assez forte loupe,
on trouve sur les derniers tours un assez grand nombre de stries
transverses très fines. La coquille trouvée à Maulle pourrait constituer une variété, en ce que les quatre rangs de granulations
sont égaux.

La longueur des plus grands individus est de 67 millim.; la largeur
est de 13.

### † 17. Turritelle à collier. *Turritella monilifera*. Desh.

*T. testâ elongatâ, apice acuminatâ; anfractibus planis, subconjunc-
tis, quadrisulcatis; sulcis inæqualibus, apice granulosis; ultimo
anfractu basi tenue striato; aperturâ ovato-rotundâ.*

Desh. Descrip. des coq. foss. de Paris. t. 2. p. 275. n° 5. pl. 37.
f. 7, 8.

Habite... fossile à la Chapelle, près Senlis, Valmondois, Assy.

On pourrait prendre cette espèce pour une variété de la *Granulosa*,
si l'on ne faisait attention à quelques caractères qui lui sont propres : elle est allongée; sa spire, longue et pointue, est composée de
seize à dix-huit tours toujours aplatis, presque conjoints. On voit
à leur surface le plus souvent quatre, quelquefois cinq sillons
transverses, au sommet desquels se trouvent des granulations assez grosses. Les tours ne sont point carénés à la base; le dernier
présente à sa surface inférieure de fines stries concentriques plus
ou moins multipliées, selon les individus. L'ouverture est ovale-
obronde; ses bords sont minces, et le bord droit est à peine sinueux. La columelle est peu épaisse et faiblement contournée dans
sa longueur. Ce qui distingue encore essentiellement cette espèce
de celle qui précède, c'est que tous les individus, sans exception,
sont proportionnellement plus larges à la base.

Les grands individus ont 68 millimètres de longueur et 19 de
large.

### † 18. Turritelle à cordelettes. *Turritella funiculosa*. Desh.

*T. testâ minimâ, angustâ acuminatâ; anfractibus planis, angustis
subseparatis, transversim quinque sulcatis; sulcis minimis, simplicibus; aperturâ ovato rotundâ; labro tenuissimo, subsinuato.*

Desh. Descr. des coq. foss. de Paris. t. 2. p. 276. n° 6. pl. 37. f.
5 et 6.

Habite Grignon.

Cette petite coquille semblerait être le jeune âge de la Turritelle imbricataire; mais lorsqu'on vient à lui comparer les extrémités bien
conservées de cette dernière espèce, on trouve des différences constantes, ce qui nous a déterminé à en faire une espèce particulière. Cette coquille est allongée, étroite, d'un petit volume; ses
tours sont assez nombreux, on en compte quinze à dix-huit; ils
sont séparés entre eux par une petite gouttière superficielle qui
suit la suture; la surface présente cinq ou six sillons transverses,
inégaux, entre lesquels on remarque quelquefois un petit nombre
de stries très fines. Ces sillons sont simples; la base du dernier
tour est lisse. L'ouverture est ovalaire; ses bords sont extrêmement minces, très fragiles. Le droit est légèrement sinueux.

Cette petite espèce, assez commune, a 27 millimètres de long et 6 de
large.

† 19. Turritelle ambiguë. *Turritella ambigua.* Desh.

*T. testá elongato-turritá, angustá, acuminatá; anfractibus planis,*
*numerosis, tenuissimè striatis; striis inæqualibus, simplicibus; ul-*
*timo anfractu basi lævigato; aperturá subquadrangulari.*

Desh. Descript. des coq. foss. de Paris. t. 2. p. 277. n° 7. pl. 37.
f. 3 et 4.

Habite Parnes.

Petite espèce qui a quelque analogie avec la *Funiculosa;* elle est allongée, très étroite, très pointue au sommet. On compte vingt
tours de spire; ils sont étroits, aplatis, séparés par une suture très
fine, légèrement enfoncée; leur surface présente un grand nombre
de stries très fines, simples, mais inégales. Le dernier tour est
lisse à la base; il se termine par une ouverture fort petite, subquadrangulaire, dont la columelle, très mince, est revêtue d'un
bord gauche très étroit. Le bord droit est d'une extrême ténuité; il est tranchant et assez fortement sinueux dans la longueur.

Cette coquille, assez rare, à ce qu'il paraît, est longue de 30 millim.
et large de 7.

† 20. Turritelle alène. *Turritella subula.* Desh.

*T. testá elongato-angustá, subulatá; anfractibus numerosis, angus-*
*tis, tenuissimè striatis; striis confertis, inæqualibus; suturá ca-*
*naliculatá; ultimo anfractu basi subconcavo, striato; aperturá*
*quadranguluri.*

Desh. Descrip. des coq. foss. de Paris. t. 2. p. 277. n° 8. pl. 37. fig. 15 et 16.

Habite Parnes, Mouchy.

On distingue assez facilement cette espèce de l'*Ambigua ;* elle est proportionnellement plus étroite. Son sommet est très pointu et les premiers tours sont tout-à-fait lisses; les suivans sont chargés de stries très fines, transverses, très rapprochées, inégales, quelquefois interrompues par des stries longitudinales d'accroissement qui sont extrèmement onduleuses. La base du dernier tour est lisse. L'ouverture est un peu plus haute que large; elle est quadrangulaire. Ses bords sont très minces et très tranchans; l'inférieur est faiblement sinueux, mais le bord droit est profondément échancré. La suture est très fine et elle est accompagnée d'un petit canal superficiel, dans lequel on remarque une ou deux stries plus fines que les autres.

Cette coquille, assez commune, a 28 millimètres de long et 6 de large.

† 21. **Turritelle hybride.** *Turritella hybrida.* Desh.

> *T. testá elongato-subulatá, angustá, apice acutá; marginibus planis, basi marginatis, transversìm tenuè striatis : stris inæqualibus; suturá canaliculatá; ultimo anfractu subcarinato, sulcato; aperturá ovatá ; labro valdè sinuoso.*

Desh. Descript. des coq. foss. de Paris. t. 2. p. 278. n° 10. pl. 36. fig. 5 et 6.

Habite Retheuil, Guize, Lamothe et Soissons.

Cette coquille est très voisine par ses rapports de celle à laquelle Lamark a donné le nom de *Turritella terebellata ;* cependant, comme elle conserve des caractères constans et que nous n'avons encore rencontré aucune variété qui pût servir d'intermédiaire, nous avons établi cette espèce sous le nom d'Hybride, pour faire voir ses rapports avec celle dont nous venons de parler. Elle est allongée, étroite, très pointue au sommet; ses tours, assez larges, sont aplatis et limités à leur base par un bourrelet arrondi et peu saillant. C'est au-dessous de ce bourrelet que l'on remarque la suture accompagnée d'une petite rigole peu profonde et lisse; la surface extérieure présente un très grand nombre de stries transverses très fines, très étroites, un peu aiguës et inégales. Les premiers tours sont presque lisses, et le dernier est limité à sa circonférence par une double carène assez saillante, suivie à la base de quelques sillons, entre lesquels on voit un petit nombre de stries très fines. L'ouverture est ovale, plus haute que large; la columelle est mince, un peu contournée. Le bord droit est très fragile, toujours cassé, et l'on ne peut juger de la profonde sinuosité dont il est pourvu à la base que par les stries d'accroissement qui le représentent.

Cette coquille, assez rare, se trouve dans les sables inférieurs du calcaire grossier. Les plus grands individus que nous ayons vus ont 10 centim. et demi de long et 18 millimètres de large.

## † 22. Turritelle sulcifère. *Turritella sulcifera*. Desh.

*T. testá magná, elongato-turritá, apice acuminatá; anfractibus convexis, transversìm multi sulcatis; sulcis inæqualibus, apice acutis; aperturá subrotundá; columellá contortá; labro tenuissimo, infernè sinuato, apice producto.*

Var. a. Desh. *Testá angustiore, sulcis distantioribus; interstitiis tenuissimè striatis.*

Desh. Descript. des Coq. foss. de Paris. t. 2. p. 278. n. 9. pl. 35. f. 5. 6. pl. 36. f. 3. 4. pl. 37. f. 19. 20.

Habite... fossile à Valmondois, la Chapelle près Senlis, Monneville.

Cette espèce est l'une des plus grandes et des plus remarquables des environs de Paris : elle est allongée, très pointue au sommet, et sa spire est formée de vingt à vingt-deux tours. Ces tours sont convexes : les premiers sont striés, mais à mesure que la coquille s'accroît, ses stries se changent peu-à-peu en sillons transverses, inégaux, réguliers, au nombre de dix ou douze sur chaque tour. Au sommet, ils sont aigus et tranchans, les intervalles qui les séparent sont lisses : on remarque seulement des stries longitudinales onduleuses, produites par les accroissemens. La suture est un peu profonde ; elle est presque toujours suivie par un petit canal superficiel, lisse. L'ouverture est presque ronde ; la columelle est peu épaisse, arrondie et suivie d'un bord gauche très étroit. Le bord droit est mince et tranchant ; il est profondément sinueux à la base. La variété que l'on trouve à Monneville se distingue facilement en ce qu'elle est toujours plus étroite, et l'on remarque des stries fines et transverses entre les sillons du dernier tour.

Les grands individus ont 15 centimètres et demi de long, et leur largeur est de 33 millimètres.

## † 23. Turritelle scalarine. *Turritella scalarina*. Desh.

*T. testá elongato-angustá, acuminatá, lævigatá; anfractibus convexis, suturá profundá disjunctis; aperturá obliquá, ovato-rotundá; labro tenuissimo, non sinuato.*

Desh. Descript. des Coq. foss. de Paris. t. 2. p. 281. n. 14. pl. 40. f. 33. 34. 35.

Habite... fossile à Parnes.

Cette petite coquille dont nous n'avons vu jusqu'à présent que deux individus, ne peut être placée que dans les Turritelles; elle n'en a pas cependant tous les caractères. Elle est allongée, étroite, turriculée; ses tours sont assez larges, très convexes, entièrement lisses et profondément séparés entre eux par une suture simple. L'ouverture est ovale, obronde, très petite ; quoique le bord droit ait une tendance à se rapprocher du gauche, cependant ils restent disjoints; cette ouverture est oblique à l'axe; la columelle est en filet très mince et un peu tordue dans sa longueur; le bord droit est mince, tranchant et sans sinuosité.

La longueur de cette petite coquille est de 6 millimètres, et sa largeur est d'un millimètre et un quart.

## † 24. Turritelle demi-striée. *Turritella semi-striata.* Desh.

*T. testá conicá, basi subdilatatá ; anfractibus convexiusculis, brevibus, suturá emarginatá distinctis , lævigatis; ultimo semi-striato ; aperturá ovato-rotundá, labro subsinuoso.*

Desh. Descript. des Coq. foss. de Paris. t. 2. p. 282. n. 15, pl. 40. f. 22. 23. 24.

Habite... fossile à Berchère, près Houdan.

Petite espèce de Turritelle dont nous devons la connaissance aux recherches de M. Puzoz, amateur distingué, qui se livre avec ardeur à la recherche des fossiles. Cette coquille est courte, large à la base; on compte onze à douze tours à sa spire; ils sont lisses; légèrement convexes, et leur suture, très fine, est accompagnée d'une ou de deux stries très fines; le dernier tour est proportionnellement plus grand que dans les espèces précédentes, et il est strié transversalement dans la moitié de son étendue. Ces stries occupent la base, elles sont tranchantes et subimbriquées. L'ouverture est ovale, oblongue, plus haute que large, atténuée à ses extrémités. Elle est versante à la base. La columelle est peu épaisse, arquée dans sa longueur, et se continue avec un bord droit qui est très mince et tranchant. Ce bord droit est faiblement sinueux dans sa longueur.

Cette petite espèce curieuse a 10 millim. de longueur et 4 et demi de largeur.

## † 25. Turritelle incertaine. *Turritella incerta.* Desh.

*T. testá conico-turritá, apice acuminatá; anfractibus convexiusculis transversìm striato-sulcatis; striis sulcisque inæqualibus, depressis; aperturá ovato-rotundá, obliquatá ; columellá incrassatá, angulo marginatá; labro tenuissimo, lateraliter sinuoso.*

**Desh.** Descrip. des Coq. foss. de Paris, t. 2. p. 283, n. 17. pl. 37.
f. 11, 12. pl. 38. f. 15, 16.

Habite... fossile à Barron, Ermenonville, Tancrou, Valmondois.

Il serait possible que les caractères sur lesquels nous distinguons
cette espèce ne fussent pas d'une aussi grande valeur que nous le
croyons aujourd'hui et devinssent insuffisans, si l'on venait à découvrir des variétés intermédiaires entre elle et les *Turritella fasciata, sulcata* et *melanoïdes*. Cette coquille est allongée en cône
assez large à la base ; sa spire, très pointue au sommet, se compose de quinze à seize tours convexes, étroits, sur lesquels on remarque quelques sillons inégaux, transverses et entre eux un petit
nombre de stries inégales et en nombre variable. La suture est
simple ; le dernier tour est substrié à la base ; l'ouverture est
ovale-obronde, versante à son extrémité. La columelle est épaisse,
un peu aplatie, fortement arquée dans sa longueur et bordée en
dehors par un petit angle fort aigu. Le bord droit est mince et
tranchant ; son extrémité antérieure forme une saillie assez considérable : il est profondément sinueux vers son extrémité postérieure.

La longueur est de 42 millim. et la largeur de 14.

---

## DEUXIÈME SECTION.

## [Trach. Zoophages.]

*Trachélipodes à siphon saillant, qui ne respirent que l'eau
qui parvient aux branchies par ce siphon. Tous ne se
nourrissent que de substances animales, sont marins, dépourvus de mâchoires, et munis d'une trompe rétractile.
Coquille spirivalve, engaînante, à ouverture, soit canaliculée,
soit échancrée ou versante à sa base.*

Ces Trachélipodes sont bien distingués de ceux de la
première section, soit par l'animal qui n'a point de mâchoires à la bouche, mais une trompe rétractile avec laquelle il perce et suce les autres coquillages, soit par leur
coquille dont la base de l'ouverture est tantôt canaliculée,
tantôt échancrée ou seulement versante.

18.

Ils sont tous marins, et ne respirent que l'eau qui arrive aux branchies par un canal tubuleux qu'on nomme leur siphon et dont ils sont généralement munis. C'est ce siphon saillant qui produit à la base de l'ouverture de la coquille, tantôt un canal et tantôt une échancrure ou un bord bas et versant. Ainsi l'échancrure et le canal de la coquille indiquent l'existence du siphon saillant de l'animal.

Tous ceux de ces Mollusques que l'on connaît ont effectivement une trompe à la bouche, sont carnassiers, et manquent de mâchoires pour brouter l'herbe. Leur tête est munie de deux tentacules.

Comme la cavité spirale de la coquille est un cône creux qui s'est moulé sur le corps même de l'animal, elle offre, dans sa manière de tourner autour de son axe, et dans sa forme particulière, toutes les différences, selon les familles, les genres et les espèces, qu'on observerait dans les animaux mêmes.

Cela étant ainsi, nous partageons cette section en cinq familles différentes, d'après la considération de la coquille; familles qui conservent les rapports entre les animaux qu'elles comprennent.

Dans les deux premières de ces familles, le canal de la base de l'ouverture est toujours manifeste. Ce canal s'anéantit dans la troisième; et dans les deux dernières, on ne voit plus qu'une échancrure, et à la fin, un petit bord bas et versant. Voici l'énoncé de ces cinq familles :

> Les Canalifères.
> Les Ailées.
> Les Purpurifères.
> Les Columellaires.
> Les Enroulées.

[Comme on l'a vu précédemment, Lamarck a partagé en deux sections ce qu'il nomme les Mollusques trachélipo-

des. D'après lui, ces sections correspondraient à des animaux différens, non-seulement par la coquille, mais plus
essentiellement encore par leurs mœurs ; il nomme Tra-
chélipodes-Phytiphages tous les Mollusques dont la coquille est entière et qui se nourrissent de végétaux, comme
leur nom l'indique. Dans la seconde section, Lamarck réunit tous les Mollusques à coquille échancrée ou canaliculée, et il les nomme Zoophages, parce qu'il suppose qu'ils
se nourrissent d'autres animaux. Ces divisions pourraient
aider à la classification des Mollusques, si elles étaient en
tout conformes à l'observation : il n'en est pas ainsi, et il
y a tels Mollusques à coquille entière, tels que ceux des
Natices, par exemple, qui sont autant carnassiers que les
plus voraces des Mollusques à coquille échancrée. L'inverse a également lieu, c'est-à-dire, que des genres à coquille canaliculée, les Cérites, par exemple, se nourrissent
entièrement de matières végétales. Ainsi, tout en conservant ces grandes et commodes divisions fondées sur l'intégrité de la coquille ou sur son prolongement en canal
ou son échancrure, on pourrait, sans inconvénient, supprimer l'épithète caractéristique de Phytiphage et de Zoophage que Lamarck y a ajoutée.

Lamarck, comme on le voit, divisa en cinq familles
seulement toute cette longue série de Mollusques à coquille canaliculée ou échancrée. Ces familles sont réellement suffisantes pour rassembler un assez petit nombre
de genres qui, presque tous, sont remarquables par la
quantité considérable d'espèces qu'ils renferment. Nous
verrons, en traitant des familles et des genres, les petits
changemens qu'il faudra apporter dans leur distribution
pour mettre leur classification générale en accord avec ce
que la science possède aujourd'hui.

# LES CANALIFÈRES.

*Coquille ayant un canal plus ou moins long à la base de son ouverture, et dont le bord droit ne change point de forme avec l'âge.*

Les *Canalifères* constituent une famille fort nombreuse et très variée dans les races qu'elle embrasse. Ils ont tous une coquille spirivalve, à ouverture en général oblongue, munie à sa base d'un canal plus ou moins long, tantôt droit, tantôt recourbé vers le dos de la coquille. Le bord droit de cette dernière ne change point de forme avec l'âge. Il paraît que ces coquillages sont tous operculés.

Dans les uns, les accroissemens de la coquille ne s'exécutent que par de très petites pièces parallèles au bord droit, et qui y sont successivement ajoutées; ces accroissemens sont peu marqués. Dans les autres, un bourrelet constant borde leur ouverture, et parmi eux la plupart offrent en outre des bourrelets persistans sur les tours de leur spire : en sorte que ceux-ci indiquent la grandeur des pièces d'accroissement que l'animal a été obligé d'ajouter à sa coquille. Ainsi, l'on peut diviser les *Canalifères* en deux sections de la manière suivante:

I^re SECTION. — Point de bourrelet constant sur le bord droit, dans les espèces.

> Cérite.
> Pleurotome.
> Turbinelle.
> Cancellaire.
> Fasciolaire.
> Fuseau.
> Pyrule.

II⁰ Section. — Un bourrelet constant sur le bord droit
dans toutes les espèces.

> Struthiolaire.... Point de bourrelet sur la spire.
> Ranelle.
> Rocher.    Des bourrelets sur la spire.
> Triton.

[La famille des *Canalifères*, telle que Lamarck l'a insti-
tuée, devra subir quelques changemens devenus nécessaires dans l'état actuel de l'observation. Le genre Cérite n'est
point zoophage comme Lamarck l'a supposé, et, par l'ensemble de ses caractères, ce genre se rapproche plus de la
famille des Mélaniens que de celle des Canalifères. Il en
est de même du genre Cancellaire. L'animal n'a point d'o-
percule, et nous avons toujours trouvé sur les végétaux
l'espèce qui habite assez abondamment toutes les côtes de
la Méditerranée. Depuis bien long-temps, nous avions pres-
senti que Lamarck n'avait pas mis le genre Struthiolaire à
sa véritable place. Les figures que MM. Quoy et Gaimard
ont données de l'animal de ce genre, ont prouvé qu'en effet il appartient à la famille des Ptérocères. En écartant de
la famille des Canalifères les trois genres que nous venons
de citer, elle deviendra naturelle à ce point qu'il est impossible de trouver des caractères extérieurs qui distinguent les animaux de divers genres qu'elle renferme, et
l'on peut dire qu'ils se différencient d'après la coquille
seulement. Nous avons vu à-la-fois des animaux de Rochers, de Fuseaux, de Fasciolaires, de Pleurotomes, de
Ranelles et de Tritons; MM. Quoy et Gaimar dont fait connaître ceux des Turbinelles et des Pyrules; et nous pouvons affirmer que tous se ressemblent. Leur opercule
même, qui est toujours corné, offre aussi la plus grande
analogie.]

## PREMIÈRE SECTION.

*Point de bourrelet constant sur le bord droit.*

### CÉRITE. (Cerithium.)

Coquille turriculée. Ouverture oblongue, oblique, ter·
minée à sa base par un canal court, tronqué ou recourbé,
jamais échancré. Une gouttière à l'extrémité supérieure
du bord droit. Un opercule petit, orbiculaire et corné.

*Testa turrita. Apertura oblonga, obliqua, basi canaliculo
brevi, truncato vel recurvo, non emarginato, terminata. Labrum supernè in canalem subdistinctum desinens. Operculum parvum, orbiculare, corneum.*

C'est à Bruguière qu'on doit l'établissement du béau genre
des *Cérites*. Linné avait confondu la plupart de ces coquilles
parmi ses *Murex*, et rapportait les autres, soit à son genre
*Strombus*, soit à celui des *Trochus*. Bruguière ayant senti que
des coquilles eminemment turriculées et munies d'un canal
court à leur base, devaient être distinguées des *Murex*, jugea
convenable d'en former un genre particulier, auquel il assigna
de bons caractères pour le reconnaître, et le nom de *Cérite*
qu'il emprunta d'une de ses espèces ainsi nommée par Adanson.

L'examen des coquilles connues a prouvé depuis que toutes
celles qui se rapportent à ce nouveau genre forment un assemblage très naturel, d'après la considération des rapports qui
lient les espèces les unes aux autres : ainsi il y a lieu de croire
que les naturalistes adopteront ce beau genre.

L'ouverture de ces coquilles est courte, oblongue, oblique,
et offre, dans sa partie supérieure, un sillon en gouttière renversée, lequel est plus ou moins exprimé ou distinct selon les
espèces.

La spire forme au moins les deux tiers de la longueur de la

coquille, parce que son dernier tour n'excède en grosseur celui qui le précède que d'une médiocre quantité ; elle se présente
sous la forme d'un cône allongé en pyramide, dont la surface
est rarement lisse, mais presque toujours chargée de stries, de
granulations, de tubercules, d'épines, et quelquefois de varices
ou bourrelets persistans, qui sont diversifiés d'une manière admirable dans les espèces.

Les *Cérites* sont très voisines des Pleurotomes par leurs rapports. Leur genre est très nombreux en espèces ; et déjà l'on en
connaît un très grand nombre, soit fraîches ou marines, soit
à l'état fossile. Or, comme l'extrême diversité des parties
protubérantes de la surface de ces coquilles, ainsi que la régularité et l'élégance de leur distribution, ne laisse presque aucune forme possible dont la nature n'offre ici des exemples, on
peut dire que l'architecture trouverait dans les espèces de ce
genre, de même que dans celles des Pleurotomes et des Fuseaux,
un choix de modèles pour l'ornement des colonnes, et que ces
modèles seraient très dignes d'être employés.

J'ai déjà fait remarquer que plus nos collections s'enrichissent,
plus la détermination des genres, et surtout des espèces, devient difficile, les lacunes que nous prenons pour des limites
imposées par la nature, se trouvant proportionnellement remplies. Les embarras que j'ai éprouvés pour fixer le caractère de
chaque espèce de *Cérites* me permettent d'avancer que c'est
principalement dans ce genre que cette vérité se montre avec le
plus d'évidence, parce que nous sommes fort avancés dans la
collection de ces coquillages.

Les *Cérites* vivent toutes dans la mer. Néanmoins, plusieurs
des espèces qui ont le canal droit et tronqué habitent dans les
marais salins ou aux embouchures des fleuves, à l'endroit où
les eaux douces se mêlent aux eaux marines. Ce ne sont pas cependant des coquilles vraiment fluviatiles, et elles n'offrent
point de caractères suffisans pour les distinguer comme genre.

L'étude des espèces de ce genre est d'autant plus intéressante,
que, parmi les fossiles dont notre continent se trouve en différens lieux si abondamment rempli, un grand nombre d'entre
eux nous présentent une suite considérable de *Cérites* qu'il im-

porte de connaître, non-seulement pour l'avancement de l'histoire naturelle, mais encore pour celui de la théorie des mutations qu'a éprouvées la surface de notre globe.

L'animal des *Cérites* rampe sur un disque petit et suborbiculaire, qu'on nomme son *pied*. Sa tête est tronquée en dessous, bordée d'une crête ou d'un bourrelet frangé, et munie de deux tentacules aigus qui portent les yeux sur un renflement de leur base externe.

[ J'aurai peu à ajouter aux généralités du genre *Cérite :* l'importance de ce genre nombreux a été comprise par Lamarck qui a également senti qu'il serait difficile d'établir des coupures génériques dans ce grand ensemble d'espèces liées par des caractères communs. Cependant M. Brongniart, dans des vues géologiques, plutôt que guidé par les faits zoologiques, a proposé de former aux dépens des Cérites un genre Potamide pour celles des espèces qui, vivant à l'embouchure des rivières ou dans les eaux saumâtres, ont aussi le canal de la base de l'ouverture tellement court qu'il est réduit à une dépression de cette partie. Si ce caractère s'établissait d'une manière nette et tranchée, il aurait quelque importance ; mais il n'en est pas ainsi : il y a une foule de nuances qui lient les Cérites aux Potamides et rendent incertaines les limites des genres. Au reste, quand même on aurait adopté le genre Potamide sur les caractères de la coquille, les animaux que l'on connaît actuellement ne se distinguent pas de ceux des Cérites, et le genre Potamide n'aurait pu subsister devant ce fait important.

En cherchant les fossiles des environs de Paris, nous découvrîmes une petite coquille fort singulière, senestre, ayant l'apparence d'une Cérite, mais offrant des caractères très particuliers ; l'ouverture est presque ronde, le canal de la base est complètement clos comme dans certains *Murex*, et enfin il y a sur le dos du dernier tour, une petite ouverture circulaire constante, opposée à l'ouverture principale. Le dernier tour porte réellement trois ouvertures. Cette espèce fossile ne fut pas la seule qui nous offrit ces caractères, nous les retrouvâmes dans plusieurs autres vivantes, ce qui nous détermina à établir un petit genre sous le nom de TRIFORE, *Triforis*. Quelques personnes l'ont adopté ; d'autres l'ont rejeté pour en faire une simple section de Cérites. Nous pensons cependant que les caractères de ce genre sont suffisans pour le faire accepter dans une méthode naturelle.

Déjà Lamarck s'étonnait du nombre considérable d'espèces de Cérites, soit vivantes soit fossiles, qui étaient connues lorsqu'il publia ce dernier volume des Animaux sans vertèbres. Depuis, ce nombre s'est accru à ce point, qu'une monographie du genre demanderait un volume ; en effet, nous comptons plus de 140 espèces vivantes, il y en a plus de 300 fossiles dont près de la moitié se trouvent dans le bassin de Paris. On a cru pendant assez long-temps que le genre Cérite à l'état fossile ne dépassait pas les terrains tertiaires. Aujourd'hui, ce genre a été trouvé dans presque toute la série des terrains de sédiment. Autant il est abondant dans les terrains tertiaires, autant il est rare dans les terrains plus anciens. ]

## ESPÈCES.

### 1. Cérite géante. *Cerithium giganteum.* Lamk. (1)

  *C. testá turritá, maximá, subsesquipedali, ponderosissimá, cinereo-fuscescente; anfractibus infrà suturas tuberculis magnis seriatìm coronatis; columellá subbiplicatá.*

  * Kiener. Spec. des Coq. p. 11. n° 6. pl. 11.

  Habite les mers de la Nouvelle-Hollande. Mon cabinet. Cette coquille rarissime, et probablement la première de cette espèce observée vivante, fut apportée à Dunkerque, en décembre 1810, par un Anglais nommée *Mathews Tristram*, qui, interrogé sur la ma-

---

(1) En donnant la description de cette espèce dans notre ouvrage sur les Coquilles fossiles de Paris, nous avons dit notre opinion sur l'analogie de l'individu cru vivant par Lamarck, et ceux qui sont fossiles aux environs de Paris. Nous avons prétendu que Lamarck, trompé par Denys de Montfort, avait été victime d'une supercherie blâmable. M. Kiener, qui, après nous, a examiné l'individu cédé à Lamarck par Montfort a reconnu qu'en effet, il avait subi une préparation qui a fait prendre le change à Lamarck sur sa véritable nature.

nière dont il se l'était procurée, répondit qu'étant embarqué sur la flûte *le Swalow*, qui naviguait dans la mer du Sud, il attaqua un jour, la sonde à la main, les bancs de rochers en avant de la Nouvelle-Hollande ; et que, se servant alors d'une sonde de nouvelle invention, qui rapporte avec elle ce qu'elle peut ramasser, il avait ainsi retiré cette coquille du fond de la mer. Il ajouta qu'il n'avait eu que ce seul individu ; et qu'une portion de la spire étant cassée, on n'en voulut point en Angleterre, ou du moins on en fit assez peu de cas pour ne lui en point donner ce qu'il en demandait. M. *Denys de Montfort* en fit l'emplette. Connaissant l'importance du nouveau fait que présente cette belle coquille pour l'étude de la géologie, je le priai de me la céder, ce à quoi il voulut bien consentir. Le fait dont il s'agit consiste en ce qu'elle nous offre l'analogue vivant d'une coquille semblable, pour les caractères et la taille, que l'on trouve fossile à Grignon, près de Paris. Longueur, un pied plus 2 lignes : sans la troncature de sa spire, elle aurait près de 2 pouces de plus.

### 2. Cérite cuiller. *Cerithium palustre.* Brug.

*C. testá turritá, crassá, longitudinaliter plicatá, transversìm striatá, fuscescente; anfractibus tristriatis : ultimo striis numerosioribus sulciformibus; labro subcrenulato.*

*Strombus palustris.* Lin. Syst. nat. éd. 12. p. 1213. Gmel. p. 3521. n° 38.

Lister. Conch. t. 836. f. 62. et t. 837. f. 63.

Rumph. Mus. t. 30. fig. Q.

Petiv. Amb. t. 13. f. 13.

Seba. Mus. 3. t. 50. f. 13. 14. et 17–19.

Knorr. Vergn. 3. t. 18. f. 1.

Favanne. Conch. pl. 40. fig. A 1.

Martini. Conch. 4. t. 156. f. 1472.

*Cerithium palustre.* Brug. Dict. n° 19.

* Quoy et Gaim. Voy. de l'Astr. t. 3. p. 122. pl. 55. f. 14. 15. 16.

* Kiener. Spec. des Coq. p. 81. pl. 1.

* Schrot. Flussconch. p. 341. n° 133.

* Blainv. Malac. pl. 20. f. 4.

* Perry. Conch. pl. 35. f. 3.

* Crouch. Lamk. Conch. pl. 17. f. 3.

* Boissy. Buf. Moll. t. 6. p. 115. no 5.

* Schum. Nouv. syst. p. 224.

* *Strombus palustris.* Schrot. Einl. t. 1. p. 448. n° 29.

* *Id.* Burrow. Elem. of Conch. pl. 17. f. 4.

* *Id.* Dillw. Cat. t. 2. p. 676. n° 39.

* *Id.* Wood. Ind. Test. pl. 25. f. 39.

Habite sur les côtes des Indes-Orientales, dans les marais salins. Mon cabinet. Son canal est fort court. Longueur, 4 pouces 8 lignes. Vulg. la *Grande cuiller-à-pot.*

## 3. Cérite sillonnée. *Cerithium sulcatum.* Brug. (1)

    *C. testâ turritâ, solidâ, longitudinaliter plicatâ, transversìm striatâ, univaricosâ, rufo-fuscescente; labro magno, semicirculari; basi ultrà canalem porrecto.*

Bonanni. Recr. 3. f. 68.

Lister. Conch. t. 1021. f. 85.

Rumph. Mus. t. 30. fig. T.

Petiv. Amb. t. 13. f. 22.

Gualt. Test. t. 57. fig. E.

Knorr. Vergn. 5. t. 13. fig. 8.

Martini. Conch. 4. t. 157. f. 1484. 1485.

*Cerithium sulcatum.* Brug. Dict. n° 20.

*Murex moluccanus.* Gmel. p. 3593. n° 151.

*Cerithium sulcatum.* Encyclop. pl. 442. f. 2.

* *Strombus mangiorum.* Schrot. Flussconch. p. 383.

* Blainv. Malac. pl. 20. f. 5.

* Sow. Genera of shells. f. 3.

* Quoy et Gaim. Voy. de l'Astr. t. 3. p. 121. pl. 54. f. 22. 23.

* Menke. Moll. Novæ Holl. Spec. p. 19. n° 78.

* Kiener. Spec. des Coq. p. 89. n° 23. pl. 27. f. 2.

* *Murex sulcatus.* Born. Mus. p. 320.

* Schrot. Einl. t. 1. p. 558. *Murex.* n° 40.

* *Strombus fuscus.* Gmél. p. 3523. n° 47.

* Schrot. Einl. t. 1. p. 470. *Strombus.* n° 59.

---

(1) Déjà cette espèce était nommée avant que Bruguière l'inscrivît sous le nom de *sulcatum*, dans l'*Encyclopédie.* C'est le *Murex moluccanus* de Gmelin, qui doit devenir le *Cerithium moluccanum* pour ceux des naturalistes qui respectent les règles d'une bonne nomenclature. Deux espèces sont ordinairement confondues sous un seul nom de *Cerithium sulcatum*; cette seconde espèce a été bien figurée par M. Kiener, pl. 27, fig. 1. On pourrait réserver le nom de *sulcatum* à celle-là seulement.

* *Murex sulcatus.* Dillw. Cat. t. 2. p. 757. n° 157.

* *Murex moluccanus.* Wood. Ind. Test. pl. 28. f. 161.

* Reeve. Couch. Syst. t. 2. p. 179. pl. 227. f. 3.

Habite les mers des Indes-Orientales. Mon cabinet. Elle est très remarquable par le caractère de son bord droit. Vulg. la *Petite cuiller-à-pot.* Longueur, 2 pouces 5 lignes. J'en possède une variété des côtes de Saint-Domingue qui est plus petite.

## 4. Cérite télescope. *Cerithium telescopium.* Brug.

*C. testâ conico-turritâ, transversìm sulcatâ, fuscâ, columellâ uniplicatâ; canali brevissimo, margine recurvo.*

*Trochus telescopium.* Lin. Syst. nat. ed. 12. p. 1231. Gmel. p. 3585. n° 112.

Bonanni. Recr. 3. f. 92.

Lister. Conch. t. 624. f. 10.

Rumph. Mus. t. 21. f. 12.

Petiv. Amb. t. 4. f. 10.

Gualt. Test. t. 60. fig. D. E.

D'Argenv. Conch. pl. 11. fig. B.

Favanne. Conch. pl. 39. fig. B 2.

Seba. Mus. 8. t. 50. f. 1-12.

Knorr. Vergn. 3. t. 22. f. 2. 3.

Born. Mus. p. 326. vign. fig. A. D.

*Telescopium.* Chemn. Conch. 5. t. 160. f. 1507-1509.

*Cerithium telescopium.* Brug. Dict. n° 17.

* Quoy et Gaim. Voy. de l'Astr. t. 3. p. 125. pl. 55. f. 4. 5. 6.

* Menke. Moll. Novæ Holl. Spec. p. 19. n° 76.

* Potiez et Mich. Cat. des moll. de Douai. p. 371. n° 66.

* Kiener. Spec. des coq. p. 88. n° 72. pl. 28. f. 1.

* *Trochus telescopium.* Murray. Fund. test. amœn. acad. t. 8. p. 145. pl. 2. f. 27.

* Knorr. Delic. nat. select. t. 1. Coq. pl. BIV. f. 9.

* Lesser. Testaceotheol. p. 226. n° 48.

* Lin. Syst. nat. ed. 10. p. 760.

* Lin. Mus. Ulric. p. 650.

* Born. Mus. Cæsar. p. 338.

* Roissy. Buf. moll. t. 6. p. 114. n° 4.

* *Telescopium fuscum.* Schum. Nouv. syst. p. 233.

* *Trochus telescopium.* Schrot. Einl. t. 1. p. 673.

* *Id.* Dillw. Cat. t. 2. p. 810. n° 118.

* *Trochus telescopium.* Blainv. Malac. pl. 32 bis. p. 2.

* *Id.* Wood. Ind. Test. pl. 80. f. 120.

Habite les mers des Indes-Orientales. Mon cabinet. Son canal est
encore fort court. Bord droit très mince, échancré à son extrémité
supérieure. Vulg. le *Télescope*. Longueur, 2 pouces 10 lignes.

## 5. Cérite ébène. *Cerithium ebeninum*. Brug.

*C. testá turritá, transversim sulcatá, nigrá; anfractibus subangula-*
*tis, medio tuberculatis : tuberculis majusculis, acuminatis ; aper-*
*turá dilatatá.*

Favanne. Conch. pl. 79. fig. N.
Chemn. Conch. 10. t. 162. f. 1548. 1549.
*Cerithium ebeninum*. Brug. Dict. n° 26.
Encyclop. pl. 442. f. 1. a. b.
* Spengler. Naturf. t. 9. pl. 5. f. 3.
* *Strombus aculeatus.* var. 6. Gmel. p. 3523. n° 44.
* Quoy et Gaim. Voy. de l'Astr. t. 3. p. 123. pl. 55. f. 1. 2. 3.
* Kiener. Spec. des Coq. p. 82. n° 66. pl. 26. f. 1.
* Martyns. Univ. Conch. t. 1. pl. 13.
* *Murex aluco.* var. γ. Gmel. p. 3560. n° 134.
* *Murex aluco.* var. γ. Schrot. Einl. t. 1. p. 537.
* *Murex ebeninus.* Dillw. Cat. t. 2. p. 752. n° 149.
* *Id.* Wood. Ind. Test. pl. 27. f. 153.

Habite les mers de la Nouvelle-Zélande. Mon cabinet. Coquille rare
et précieuse. Vulg. nommée la *Cuillère d'ébène*. Longueur, 3 pouces 2 lignes.

## 6. Cérite noduleuse. *Cerithium nodulosum*. Brug.

*C. testá turritá, transversim striatá, albidá lineolis, fuscis maculatá;*
*anfractibus medio tuberculatis : tuberculis magnis acuminatis ;*
*labro crenulato, intùs substriato.*

Lister. Conch. t. 1025. f. 87.
Rumph. Mus. t. 30. fig. O.
Petiv. Amb. t. 7. f. 12.
Gualt. Test. t. 57. fig. G.
Seba. Mus. 3. t. 50. f. 15. 16.
Knorr. Vergn. 1. t. 16. f. 4.
Favanne. Conch. pl. 39. fig. C 5.
Martini. Conch. 4. t. 156. f. 1473 et 1474.
*Cerithium nodulosum*. Brug. Dict. n° 8.
Encyclop. pl. 442. f. 3. a. b.
* Perry. Conch. pl. 35. f. 2.
* Schum. Nouv. syst. p. 224.
* *Murex aluco.* Born. Mus. p. 531. *Non Linnœi.*

* Potiez et Mich. Cat. des moll. de Douai. p. 367. n° 47.

* Kiener. Spec. des coq. viv. p. 4. n° 1. pl. 2. f. 1.

* *Murex aluco.* Schrot. Einl. t. 1. p. 536. n° 56.

* *Murex tuberosus.* Dillw. Cat. t. 2. p. 749. n° 143.

* *Murex nodulosus.* Wood. Ind. Test. pl. 27. f. 147.

* Quoy et Gaim. Voy. de l'Astr. t. 3. p. 112. pl. 154. f. 5. 6.

Habite l'Océan des Grandes-Indes et des Moluques; se trouve aussi dans les mers de Saint-Domingue. Mon cabinet. Vulg. la *Grande chenille.* Longueur, 3 pouces 4 lignes.

7. Cérite goumier. *Cerithium vulgatum.* Brug. (1)

*C. testá turritá, echinatá, transversìm striato-granulosá, cinereo-fulvá, rubro aut fusco marmoratá; anfractuum medio tuberculis plicato-spinosis transversìm seriatis; suturis crenulatis.*

Bonanni. Recr. 3. f. 82.

Lister. Conch. t. 1019. f. 82.

Gualt. Test. t. 56. fig. L.

Adanson. Sénég. t. 10. f. 3. le goumier.

Seba. Mus. 3. t. 50. f. 23.

Favanne. Conch. pl. 39. fig. C 1.

*Cerithium vulgatum.* Brug. Dict. n° 13.

* *Strombus nodosus.* Schrot. Flussconch. p. 386. pl. 8. f. 11. 12.

* Blainv. Malac. pl. 20. f. 6.

* Payr. Cat. des moll. de Corse. p. 142. n° 284.

* Wood. Ind. Test. pl. 27. f. 152.

* Phil. Enum. moll. Sicil. p. 192. n° 1. pl. 11. f. 3. 4. 6.

* Delle Chiaje, dans Poli, Testac. t. 3. pl. 49. f. 12.

* *Murex alucoides.* Olivi. Adriat. p. 153.

* Ginann. op. post. t. 2. pl. 6. f. 51.

* Schrot. Einl. t. 1. p. 496. *Murex* n° 196.

* *Murex alucoides.* Dillw. Cat. t. 2. p. 751. n° 148.

---

(1) Il est assez difficile de choisir entre les deux noms que cette espèce a reçus d'Olivi et de Bruguière, parce que les ouvrages de ces deux naturalistes ont été publiés dans la même année. M. de Blainville, dans la *Faune française,* donne comme le mâle de cette espèce une coquille toujours plus petite, très étroite et qui, pour nous, constitue une espèce très distincte. M. Kiener a fait la même confusion, ainsi que M. Philippi.

* Desh. Expéd. sc. de Morée. Zool. t. 3. n° 303.
* Pot. et Mich. Cat. des moll. de Douai. p. 364. n° 32.
* Blainv. Faune franç. Moll. p. 153. n° 1. pl. 6 A. f. 1. 3. 4.
* Kiener. Spec. des coq. p. 29, n° 20. pl. 9. f. 2. *exclus. varietatibus.*
* *Fossilis ; murex alucoides.* Brocchi. Conch. foss. subap. t. 2. p. 137. n° 65.
* Scilla La van. spc. pl. 16. f. 2,

Habite la Méditerranée et l'Océan Atlantique. Mon cabinet. Canal court, légèrement recourbé. Longueur, 2 pouces 4 lignes.

## 8. Cérite obélisque. *Cerithium obeliscus.* Brug. (1)

C. *testá turritá, transversè striatá, fulvá, rubro fuscoque punctatá ; anfractuum striis tribus granulatis suturisque tuberculatis ; columellá uniplicatá ; canali recurvo.*

Lister. Conch. t. 1018. f. 80.
Gualt. Test. t. 56. fig. M.
Favann. Conch. pl. 39. fig. C 6.
Seba. Mus. 3. t. 50. f. 26. 27. et t. 51. f. 26.
Martini. Conch. 4. t. 157. f. 1489.
*Cerithium obeliscus.* Brug. Dict. n° 1.
*Murex sinensis.* Gmel. p. 3542. n° 54.
*Cerithium obeliscus.* Encyclop. pl. 443. f. 4. a. b.
* *An eadem? Strombus.* Schrot. Flussconch. p. 380. pl. 9. f. 9.
* Roissy. Buf. moll. t. 6. p. 112. n° 1.
* Schrot. Einl. t. 1. p. 560. *Murex* n° 44.
* *Murex obeliscus.* Dillw. Cat. t. 2. p. 747. n° 139.
* *Id.* Wood. Ind. Test. pl. 27. f. 142.
* Menk. Moll. Novæ Holl. spec. p. 19. n° 79.
* Poliez et Mich. Cat. des moll. de Douai. p. 367. n° 48.
* Kiener. Spec. des coq. p. 15. pl. 5. f. 1. *Var. exclusis.*

Habite la mer des Antilles. Mon cabinet. Vulg. l'*Obélisque* ou le *Clocher-chinois.* Longueur, 2 pouces 2 lignes.

## 9. Cérite granuleuse. *Cerithium granulatum.* Brug. (2)

---

(1) M. Kiener rapporte à cette espèce des variétés qui, pour moi, doivent constituer des espèces distinctes, à cause de la constance de leurs caractères.

(2) Il y a un *Murex granulatus* de Linné, que, faute de bien

*C. testá turrita, transversè striatá, rufo-fuscescente; anfractibus medio
trifariàm granulatis; interdùm varicibus brevibus sparsis.*

Rumph. Mus. t. 3o. fig. L.

Petiv. Amb. t. 8. f. 12.

Seba. Mus. 3. t. 5o. f. 45. 46.

Martini. Conch. 4. t. 157. f. 1492.

*Cerithium granulatum.* Brug. Dict. n° 6.

*Murex cingulatus.* Gmel. p. 3561. n° 138.

*Cerithium granulatum.* Encyclop. pl. 442. f. 4.

* *Murex granulatus.* Dillw. Cat. t. 2. p. 756. n° 156. *Exclus. pler.
syn.*

* *Id.* Wood. Ind. Test. pl. 28. f. 160.

* Pot. et Mich. Cat. des Moll. de Douai. p. 364. n° 34.

* Kiener. Spec. des Coq. p. 87. n° 71. pl. 31. f. 3.

Habite l'Océan indien. Mon cabinet. Vulg. la *Chenille granuleuse.*
Longueur, 2 pouces et demi.

10. Cérite chenille. *Cerithium aluco.* Brug.

*C. testá turritá, echinatá, albidá, rufo nigroque maculatá; anfracti-
bus infernè lævibus, supernè tuberculatis : tuberculis acutis, ascendentibus; canali recurvo.*

*Murex aluco.* Lin. Syst. nat. éd. 12. p. 1225. n° 572.

Bonanni. Recr. 3. f. 69.

Lister. Conch. t. 1017. f. 79.

Rumph. Mus. t. 3o. fig. N.

Petiv. Gaz. t. 153. f. 2.

---

le reconnaître, la plupart des auteurs ont maintenu dans les
catalogues, en lui donnant une toute autre signification. En effet, comme on le verra au *Cerithium asperum*, le *Murex granulatus* est la même espèce, mais que Linné n'a vue que dégradée
par l'habitation des Pagures. Le *Cerithium granulatum* de Bruguière et de Lamarck, le *Murex granulatus* de Dillwyn n'a pas
le moindre rapport avec le *granulatus* de Linné. La réunion de
l'espèce de Linné au *Cerithium asperum* permet de conserver
à la coquille de Bruguière le premier nom qui lui a été donné
par Gmelin. Cette coquille devra donc se nommer *Cerithium
cingulatum.* Dillwyn et Lamarck ont introduit dans leur *Synonymie* plusieurs citations qui devront disparaître.

Gualt. Test. t. 57. fig. A.

D'Argenv. Conch. pl. 11. fig. H.

Favanne. Conch. pl. 89. fig. C 10.

Seba. Mus. 3. t. 50. f. 37. 39. et t. 51. f. 22. 23. 25. 27.

Knorr. Vergn. 3. t. 16. f. 5.

Martini. Conch. 4. t. 156. f. 1478.

*Cerithium aluco.* Brug. Dict. n° 7.

Encyclop. pl. 443. f. 5. a. b.

* Lin. Syst. nat. éd. 10. p. 755.

* Lin. Mus. Ulric. p. 643.

* Perry. Conch. pl. 36. f. 5.

* Brookes. Introd. of Conch. pl. 7. f. 92.

* Roissy. Buf. Moll. t. 6. p. 113. n° 3.

* Schum. Nouv. Syst. p. 24.

* *Murex coronatus.* Born. Mus. p. 322. (1)

* *Murex aluco.* Var. B. Schrot. Einl. t. 1. p. 537.

* *Id.* Dillw. Cat. t. 2. p. 749. n° 142.

* Quoy et Gaim. Voy. de l'Astr. t. 3. p. 111. pl. 54. f. 19. 20.

* Menke. Moll. Novæ Holl. Spec. p. 19. n° 80.

* Pot. et Mich. Cat. des Moll. de Douai. p. 360. n° 11.

* Kiener. Spec. des Coq. p. 17. n° 11. pl. 6. f. 1.

* Blainv. Malac. pl. 20. f. 2.

* *Id.* Wood. Ind. Test. pl. 27. f. 146.

Habite l'Océan des Grandes-Indes et des Moluques. Mon cabinet. Elle n'a qu'une rangée de tubercules sur chaque tour. Ses stries transverses sont très fines. Vulg. la *Chenille bariolée.* Longueur, 23 lignes un quart.

11. Cérite hérissée. *Cerithium echinatum.* Lamk.

C. *testá turritá, echinatá, transversim sulcatá, albidá, spadiceo-punctatá; anfractibus medio tuberculiferis : tuberculis longiusculis acutis ascendentibus; ultimi anfractus sulcis asperatis; labro denticulato, scaberrimo.*

* *An eadem? Cerithium mutatum.* Sow. Genera of shells. f. 6.

* Pot. et Mich. Cat. des Moll. de Douai. p. 365. n° 35.

* Kiener. Spec. des Coq. p. 7. n° 3. pl. 3. f. 1.

---

(1) Ce *Murex coronatus* de Born est le véritable *aluco* de Linné. Cette première erreur de Born l'entraîne à une seconde; il donne le nom d'*aluco* au *Cerithium nodulosum*, qui en est très différent.

Habite... Mon cabinet. Son canal est court, un peu recourbé. Long-gueur, 19 lignes.

## 12. Cérite érythréenne. *Cerithium erythræonense.* L. (1)

*C. testá, turritá, tuberculato-muricatá, transversìm sulcatá et striatá, albá, maculis ferrugineis sparsis nebulosá; anfractibus medio tuberculatis et infrà bisulcatis; canali brevi, subrecto; labro crenulato.*

Kiener. Spec. des Coq. p. 6. n° 2. pl. 3. f. 2.

* *Strombus striatus.* Schrot. Flussconch. p. 382. pl. 8. f. 13.

* *Buccinum tuberosum.* Fab. Columna aquat. et terrestr. Obser. p. LIII. f. 6.

Habite la mer Rouge. Mon cabinet. Longueur, 2 pouces 3 lignes.

## 13. Cérite muriquée. *Cerithium muricatum.* (2)

*C. testá turritá, muricatá, rufo-fuscá; anfractibus supernè infernèque striá granosá instructis et medio tuberculis magnis acuminatis unicá serie muricatis; canali brevissimo.*

Lister. Conch. t. 121. f. 17.

D'Argenv. Conch. pl. 11. fig. etc.

Favanne. Conch. pl. 39. fig. C 19.

*Strombus tympanorum aculeatus.* Chemn. Conch. 9. t. 136. f. 1267. 1268.

*Cerithium muricatum.* Brug. Dict. n° 27.

* *Nerita aculeata.* Mull. Verm. p. 193. n° 380.

* Klein. Ostrac. pl. 2. f. 39.

* Schrot. Flussconch. p. 376.

* *Murex fuscatus.* Lin. Syst. nat. éd. 10. p. 755.

---

(1) M. Kiener rapporte à cette espèce, avec certitude, le *Cerithium mutatum* de M. Sowerby, mais cette coquille a beaucoup plus d'analogie avec le *Cerithium echinatum* de Lamarck.

(2) L'examen attentif du *Murex fuscatus* de Linné ne nous laisse aucun doute sur son identité avec l'espèce que Bruguière et Lamarck nomment *Cerithium muricatum.* Cette espèce devra donc reprendre à l'avenir le nom de *Cerithium fuscatum.* M. Costa, et après lui M. Philippi ont attribué le nom de *Cerithium fuscatum* à une espèce de la Méditerranée qui n'est point celle de Linné, et qui, en conséquence, devra recevoir un autre nom: *Cerithium mediterraneum.*

* *Id.* Lin. Syst. nat. éd. 12. p. 1225.
* Perry. Conch. pl. 36. f. 2?
* Gmel. p. 3662. n° 145.
* Potiez et Mich. Cat. des Moll. de Douai. p. 367. n° 46.
* Kiener. Spec. des Coq. p. 85. n° 69. pl. 31. f. 1.
* *Varietas; Cerithium radula.* Kiener. Spec. des Coq. p. 86. n° 70. pl. 31. f. 2.
* *Murex fuscatus.* Schrot. Einl. t. 1. p. 538. n° 57.
* *Id.* Dillw. Cat. t. 2. p. 752. n° 150.
* *Id.* Wood. Ind. Test. pl. 27. f. 154.

Habite sur les côtes occidentales de l'Afrique, à l'embouchure des rivières où les eaux sont saumâtres. Mon cabinet. Longueur, 19 lignes.

## 14. Cérite ratissoire. *Cerithium radula.* Brug.

*C. testá turritá, muricatá, rufo-fuscá; anfractibus medio tuberculis unicá serie muricatis striisque pluribus granosis circumvallatis; canali brevi, recto.*

*Murex radula.* Lin. Syst. nat. éd. 12. p. 1226. Gmel. p. 3563. n° 147.

*Nerita aculeata.* Muller. Verm. p. 193. n° 380.

Lister. Conch. t. 122. f. 18 et 20.

Adans. Sénég. pl. 10. f. 1. le Popel.

Born. Mus. p. 324. t. 11. f. 16.

Favanne. Conch. pl. 40. fig. F.

Schroëtter. Einl. in Conch. 1. t. 3. f. 6.

Martini. Conch. 4. t. 155. f. 1459.

*Cerithium radula.* Brug. Dict. n° 28.

*Strombus aculeatus.* Gmel. p. 3523. n° 44.

* *Strombus.* Schrot. Flussconch. p. 378.
* Lin. Syst. nat. éd. 10. p. 756.
* *Murex fluviatilis.* Gmel. p. 3562. n° 141.
* Schrot. Einl. t. 1. p. 562. *Murex.* n° 52.
* *Murex terebella.* Gmel. p. 3562. n° 144.
* *Murex sinensis.* Var. γ. Gmel. p. 3542.
* Roissy. Buf. Moll. t. 6. p. 115. n° 6.
* *Murex radula.* Schrot. Einl. t. 1. p. 539. n° 59.
* *Id.* Dillw. Cat. t. 2. p. 754, n° 152.
* *Murex fluviatilis.* Wood. Ind. Test. pl. 28. f. 156.
* Potiez et Mich. Cat. des Moll. de Douai. p. 369. n° 58.
* *Cerithium muricatum.* Sow. Genera of shells. f. 10.
* *Id.* Reeve. Conch. Syst. t. 2. p. 179. pl. 227. f. 10.

Habite sur les côtes occidentales de l'Afrique, peut-être aussi à l'embouchure des rivières et dans les marais saumâtres, comme la précédente. Mon cabinet. Elle a en général sur chaque tour cinq stries granuleuses : deux au-dessus de la rangée de tubercules, et trois au-dessous. Longueur, 23 lignes.

## 15. Cérite épaisse. *Cerithium crassum*. Lamk. (1)

*C. testâ conico-turritâ, crassâ, longitudinaliter plicatâ, transversìm striatâ, rubro violascescente; plicis latis, planulatis; anfractibus planiusculis, tristriatis; columellâ elongatâ, biplicatâ; labro crasso; margine incurvo, intùs dentifero.*

Habite... Mon cabinet. Elle a des rapports avec le *Cerithium palustre*, mais en diffère par son ouverture qui est fort étroite, le bord droit étant très recourbé en dedans. Longueur 2 pouces et demi. Elle aurait quelques lignes de plus si la sommité de sa spire n'était cassée.

## 16. Cérite décollée. *Cerithium decollatum*. Brug.

*C. testâ turritâ, apice truncatâ et consolidatâ, longitudinaliter plicato-sulcatâ, transversìm tenuissimè striatâ, univaricosâ, griseo-fulvâ; plicis lævibus, ad interstitia transversè striatis; ultimo anfractu subfasciato; labro margine exteriore marginato.*

*Murex decollatus*. Lin. Syst. nat. éd. 12. p. 1226. Gmel. p. 3563, n° 150.

*Cerithium decollatum*. Brug. Dict. n° 45.

An *Turbo pulcher*. Dillw. Cat. t. 2. p. 855. n° 91 ?

* *Murex decollatus*. Dillw. Cat. t. 2. p. 759. n° 164.

* Kiener. Spec. des Coq. p. 96. n° 79. pl. 28. f. 2.

* Roissy. Buf. Moll. t. 6. p. 116. n° 6.

* *Murex decollatus*. Schrot. Einl. t. 1. p. 542. n° 62.

Habite... Mon cabinet. Elle n'a constamment que cinq tours et demi, et ressemble par son aspect au Bulime décollé. Ses côtes longitudinales s'effacent en partie sur son dernier tour. Stries très fines; canal presque nul. Longueur, 11 lignes trois quarts.

## 17. Cérite obtuse. *Cerithium obtusum*. Lamk.

*C. testâ turritâ, apice obtusâ, crassiusculâ, longitudinaliter plicatâ, transversìm sulcatâ, univaricosâ, supernè cinereâ, infernè rufo-*

---

(1) D'après la collection de Lamarck, cette espèce aurait été établie avec un jeune individu du *Cerithium palustre*.

*fuscescente ; ultimo anfractu ventricoso ; labro margine exteriore crassissimè marginato.*

* Quoy et Gaim. Voy. de l'Astr. t. 3. pl. 55. f. 18 à 21.
* Kiener. Spec. des Coq. p. 95. n° 78. pl. 29. f. 1 et 2.
* *Strombus obtusus.* Wood. Ind. Test. Sup. pl. 4. f. 8.
* *Cerithium decollatum.* Sow. Genera of shells. f. 2.
* *Id.* Reeve. Conch. Syst. t. 2. p. 178. pl. 227. f. 2.

[*b*] *Var. testâ angustiore, minùs ventricosâ, cinereâ ; anfractibus numerosioribus.* Mon cabinet.

Habite les mers de Timor. Mon cabinet. Cette espèce avoisine la pré-cédente par ses rapports; mais, au lieu d'une troncature à son sommet, sa spire va en s'atténuant, et est obtuse à son extrémité. La coquille a d'ailleurs six tours complets, plus un demi-tour ter-minal; et la var. [*b*] en offre jusqu'à neuf également complets. Longueur de l'espèce principale, 19 lignes; de sa variété, 18. Cette espèce, ainsi que la précédente, a sur le dernier tour une varice opposée à l'ouverture.

## 18. Cérite semi-granuleuse. *Cerithium semigranosum.* Lamk.

*C. testâ fusiformi-turritâ, apice acutâ, transversìm tenuissimè striatâ et sulcato-granosâ, albido-flavescente ; anfractibus supernè sulcis duobus granosis cinctis ; ultimo infernè sulcis tribus aut quatuor nudis notato ; canali valdè recurvo.*

Encyclop. pl. 443. f. 1. a. b.
* *Murex semi-granosus.* Wood. Ind. Test. pl. 28. f. 162.
* Kiener. Spec. des Coq. p. 26. n° 18. pl. 21. f. 2.

Habite les mers de la Nouvelle-Hollande. Mon cabinet. La partie in-férieure de chaque tour est toujours dépourvue de granulations. Longueur, 18 lignes.

## 19. Cérite raboteuse. *Cerithium asperum.* Brug. (1)

*C. testâ turrito-acutâ, asperatâ, longitudinaliter plicato-sulcatâ,*

---

(1) Nous réunissons deux espèces de Linné qui nous sem-blent identiques d'après leurs caractères. Leur séparation s'ex-plique par Linné lui-même, qui dit n'avoir jamais vu son *Murex granulatus* que mutilé et déformé par l'habitation des Pagures, animaux qui jouissent, pour la plupart, de la faculté de dissoudre les parties intérieures des coquilles qui gênent leurs mouvemens et leur développement. Schroeter, qui n'a pas fait

*transversìm striatá, albá ; plicis muricato-asperis ; columellá uni-*
*plicatá ; canali valdè recurvo.*

*Murex asper.* Lin. Syst. nat. Ed. 12. page 1226. Gmel. p. 3563.
n° 148.

Lister. Conch. t. 1020. f. 84.

Seba. Mus. 3. t. 50. f. 20. et t. 51. f. 35.

Favanne. Conch. pl. 39. fig. C 18.

Martini. Conch. 4. t. 157. f. 1483.

*Cerithium asperum.* Brug. Dict. n° 5.

* *Vertagus granularis.* Schum. Nouv. syst. p. 228.

* *Murex asper.* Dillw. Cat. t. 2. p. 755. n° 155.

* *Id.* Wood. Ind. Test. pl. 28. f. 159.

* *Rumph.* Mus. pl. 30. f. L.

* *Klein.* Tent. ostrac. pl. 7. f. 119.

* *Potiez et Mich.* Cat. des Moll. de Douai. p. 309. n° 57.

* *Murex granulatus.* Lin. Syst. nat. éd. 12. p. 1226. n° 577.

* *Id.* Schrot. Einl. t. 1. p. 541. n° 61.

Habite les mers de l'Ile-de-France, d'où je l'ai reçue, et dans celles
des Antilles, selon *Bruguière.* Mon cabinet. Longueur, près de
22 lignes. Vulg. la *Chenille blanche réticulée.*

### 20. Cérite rayée. *Cerithium lineatum.* Lamk.

*C. testá turrito-acutá, scabriusculá, longitudinaliter plicato-sulcatá,*
*albidá, lineis luteis cinctá ; plicis muricato-asperis ; anfractibus*
*trilineatis : ultimo basi unisulcato; columellá biplicatá.*

*Clava rugata.* Martyns. Conch. 1. f. 12.

*Cerithium lineatum.* Encyol. pl. 443. f. 3 a. b.

*An cerithium asperum, var. ?* [b] Brug. Dict. n° 5.

* *Strombus vibex.* var. β. Gmel. p. 3522. n° 42.

* *Quoy et Gaim.* Voy. de l'Astr. t. 3. p. 110. pl. 54. f. 7. 8.

* *Kiener.* Spec. des coq. p. 25. n° 17. pl. 21. f. 1.

Habite la mer Pacifique, sur les côtes des iles des Amis. Mon cabinet. Elle est un peu plus effilée que celle qui précède, et n'a point

---

attention à cette circonstance, a figuré, sous le nom de *Murex
asper,* une coquille toute différente, le *Cerithium tuberculatum,*
Lamk., n° 28. Il est très probable qu'il faudra réunir en une
seule espèce les *Cerithium asperum* et *lineatum ;* mais il ne faudra pas suivre l'exemple de M. Kiener, qui, au lieu de conserver
le nom spécifique de Linné, qui est aussi le plus ancien, a préféré celui de *lineatum.*

de stries transverses. Son canal est aussi plus court, quoique encore un peu recourbé. Des deux plis de sa columelle, l'un est plus fort que l'autre. Longueur, 23 lignes.

**21. Cérite buire.** *Cerithium vertagus.* Brug. (1)

*C. testâ elongato-turritâ, apice acutâ, læviusculâ, albido-fulvâ; anfractuum parte superiore longitudinaliter plicato transversimque bistriato; columellâ uniplicatâ; canali recurvo, rostrato.*

*Murex vertagus.* Lin. Syst. nat. ed. 12. p. 1225. Gmel. p. 3560 n° 133.

Bonanni. Recr. 3. f. 84.

Lister. Conch. t. 1020. f. 83.

Rumph. Mus. t. 30. fig. K.

Petiv. Gaz. t. 56. f. 4. et Amb. t. 18. f. 14.

Gualt. Test. t. 57. fig. D.

D'Argenv. Conch. pl. 11. fig. P.

Favanne. Conch. pl. 39. fig. C 16.

Seba. Mus. 3. t. 50. f. 42 et t. 51. f. 24. 33. 34.

Knorr. Vergn. 6. t. 40. f. 4. 5.

Martini. Conch. 4. t. 156. f. 1479. et 157. f. 1480.

*Cerithium vertagus.* Brug. Dict. n° 2.

Encyclop. pl. 443. f. 2. a. b.

* Quoy et Gaim. Voy. de l'Ast. t. 3. p. 115. pl. 54. f. 24. 25.

* Potiez et Mich. Cat. des coq. de Douai. p. 358. n° 6.

* Kiener. Spec. des coq. p. 20. n° 12. pl. 18. f. 2.

* *Murex vertagus.* Murray. Fundam. test. amœn. acad. t. 8. p. 145. pl. 2. f. 28.

* Perry. Conch. pl. 35. f. 1.

* Roissy. Buf. moll. t. 6. p. 113. n° 2.

---

(1) La synonymie de cette espèce, dans Linné, est à-peuprès irréprochable; celle de Gmelin demande à être corrigée; il rapporte d'abord, à titre de variété, une espèce bien distincte, que Bruguière a séparée, sous le nom de *fasciatum*. Ensuite, avec le *vertagus*, il confond encore une autre espèce récemment nommée *Cerithium procerum*, par M. Kiener. Lamarck a admis cette confusion de Gmelin, et pour rendre à l'espèce de Linné toute son intégrité, nous proposons de supprimer de la *Synonymie* de Lamarck la figure de Rumphius, celle de Knorr, la figure 1480 de Martini, enfin celle de l'*Encyclopédie*.

* *Vertagus vulgaris.* Schum. Nouv. Syst. p. 228.
* *Murex vertagus, pars.* Born. Mus. p. 320.
* *Id.* Schrot. Eiul. t. 1. p. 534. n° 55.
* *Id.* Burrow. Elem. of Conch. p. 18. f. 6.
* *Id.* Dillw. Cat. t. 2. p. 748. n° 140. *Exclusá varietate.*
* *Id.* Wood. Ind. Test. pl. 27. f. 143.

Habite l'Océan des Grandes-Indes et des Moluques. Mon cabinet.
Longueur, 3 pouces 2 lignes. Vulg. la *Buire* ou la *Chenille blanche.*

## 22. Cérite fasciée. *Cerithium fasciatum.* Brug.

C. *testá cylindraceo-turritá, apice acutá, longitudinaliter plicatá,
albá, luteo-fasciatá; anfractibus planulatis, tripartitis et trifascia-
tis; columellá uniplicatá; canali recurvo, rostrato.*

Lister. Conch. t. 1021. f. 85. b.
Gualt. Test. t. 57. fig. H.
Seba. Mus. 3. t. 50. f. 34. 44.
Knorr. Verg, 3. t. 20, f. 3. et 5. t. 15. f. 6.
Favanne. Conch. pl. 39. fig. C 15.
Martini. Conch. 4. t. 157. f. 1481. 1482.
*Cerithium fasciatum.* Brug. Dict. n° 3.
* *Murex vertagus.* Var. β. Gmel. p. 3560. n° 153.
* Perry. Conch. pl. 36. f. 4.
* *Murex vertagus.* Var. Dillw. Cat. t. 2. p. 748.
* Potiez et Mich. Cat. des Moll. de Douai, p. 563. n° 27.
* Kiener. Spec. des coq. p. 23. n° 15. pl. 20. f. 1 a.

Habite les mers de l'Inde, sur la côte de Coromandel et sur celle de
Ceylan. Mon cabinet. Elle avoisine la précédente par ses rapports.
Ses plis sont nombreux et serrés. Vulg. la *Chenille blanche striée.*
Longueur, environ 2 pouces.

## 23. Cérite subulée. *Cerithium subulatum.* Lamk. (1)

C. *testá turrito-subulatá, transversim tenuissimè striatá, squalidè al-*

---

(1) Lamarck a fait un double emploi pour le nom de cette
espèce. On trouve en effet un *Cerithium subulatum* parmi les
espèces fossiles de Paris, qui est différent de celui-ci. Nous
avons laissé subsister ce double emploi dans notre ouvrage sur
les fossiles du bassin de Paris; cela est d'autant plus facile à
réparer, que Lamarck avait donné le nom de *costulatum* à ma
variété du *subulatum* fossile; il suffira donc de rétablir l'espèce
sous le nom de *subulatum.*

*bidá; anfractuum margine superiore noduloso, subcrenato; colu-*
*mellá subuniplicatá; canali recurvo.*

* Potiez et Mich. Cat. des Moll. de Douai p. 371. n° 65.

* Kiener Spec. des Coq. p. 24. n° 16. pl. 19. f. 1.

Habite.... Mon cabinet. Elle a un fort sillon à la base de son dernier tour. Le pli de sa columelle est peu saillant. Longueur, 16 lignes un quart.

### 24. Cérite hétéroclite. *Cerithium heteroclites.* Lamk. (1)

*C. testá turritá, basi ventricosá, transversìm striatá, granosá, albo fulvo et castaneo nebulosá; anfractibus convexiusculis, bifariàm granosis: ultimo subgloboso, nudo; canali brevissimo; labro cre-nulato.*

* *Cerithium vulgatum.* Var. Kiener. Spec. des Coq. p. 6. f. 2.

Habite les mers de la Nouvelle-Hollande. M. *Macleay.* Mon cabinet. Coquille singulière par la forme ventrue et subglobuleuse de son dernier tour, qui semble être absolument étranger aux autres; ceux-ci sont légèrement convexes, et ont chacun deux rangées de granulations d'un beau noir de jais. Longueur, 15 lignes 3 quarts.

### 25. Cérite zonale. *Cerithium zonale.* Brug. (2)

*C. testá turritá, longitudinaliter obsoletè plicatá, transversìm striato-granulosá, albo et nigro alternatìm zonatá; plicis obliquis; canali brevissimo, truncato.*

*Cerithium zonale.* Brug. Dict. n° 39.

*An* Lister. Conch. t. 1018. f. 81?

* *Trochus striatellus.* Dillw. Cat. t. 2. p. 813. n° 127?

* Kiener. Spec. des Coq. p. 62. n° 47. pl. 8. f. 1.

Habite.... l'Océan des Antilles? Mon cabinet. La partie noire de chaque tour est plus large que la partie blanche; celle-ci est tou-

---

(1) Espèce fondée sur un seul individu d'une coquille produite probablement par un animal malade. Je l'ai examinée sans y reconnaître un *Cerithium vulgatum*, comme M. Kiener, ou l'espèce de MM. Potiez et Michaud, qui me paraît bien distincte.

(2) M. Quoy donne le nom de *Cerithium zonale* à une espèce bien distincte de celle de Lamarck. C'est pour cette raison que la citation de l'ouvrage de M. Quoy ne se trouve pas dans la *Synonymie.*

jours la supérieure et ceinte à sa base d'une strie très granuleuse. Point de plis à la columelle. Longueur, 16 lignes.

### 26. Cérite semi-ferrugineuse. *Cerithium semiferrugineum.* Lamk.

C. *testâ abbreviato-turritâ, tuberculiferâ, squarrosâ, transversim striatâ et granulosâ, infernè ferrugineâ; supernè albâ; anfractibus margine superiore tuberculato-coronatis; aperturâ albâ; columellâ supernè uniplicatâ; canali brevissimo.*

* *Cerithium tuberculatum.* Sow. Genera of shells. f. 4.
* Potiez et Mich. Cat. des Moll. de Douai. p. 370. n. 63.
* Kiener. Spec. des Coq. p. 43. p. 31. pl. 14. f. 3.
* *Cerithium tuberculatum.* Reeve. Conch. Syst. t. 2. p. 178. pl. 226. f. 1.

Habite.... Mon cabinet. Le pli de la columelle forme une gouttière sous le sommet du bord droit. Longueur, 14 lignes.

### 27. Cérite cordonnée. *Cerithium torulosum.* Brug. (1)

C. *testâ turritâ, transversim tenuissimè striatâ, albidâ, anfractibus infimis margine superiore cingulo tumido marginatis : supremis tuberculato-asperis; canali brevi, recurvo.*

*Murex torulosus.* Lin. Syst. nat. éd. 12. p. 1226. Gmel. p. 3563. n° 146.

*Turbo annulatus.* Martini. Conch. 4. t. 157. f. 1486.

Chemn. Conch. 10. t. 164. f. 1575, 1576.

*Cerithium torulosum.* Brug. Dict. n° 14.

*Murex annularis.* Gmel. p. 3561, n° 135.

* *Murex torulosus.* Schrot. Einl. t. 1. p. 538. n. 58.
* *Murex larva.* Gmel. p. 3559. n° 168.
* *Id.* Dillw. Cat. t. 2. p. 753. n° 151, *exclus. plur. syn.*
* *Id.* Wood. Ind. Test. pl. 28. f. 155.
* Kiener. Spec. des Coq. p. 27. n° 19. pl. 2. f. 2.

Habite... l'Océan des Grandes-Indes ? Mon cabinet. Coquille sin-

---

(1) Dillwyn admet dans la synonymie de cette espèce la figure 16 de la pl. 121 de Lister, et reproduite par Klein tent., pl. 2, fig. 38. Ces figures représentent une coquille très distincte à laquelle Gmelin a donné le nom de *Murex fuscus,* et qui est une véritable Mélanie, probablement le *carinifera* de Lamarck.

gulière en ce que la partie supérieure de ses tours est comme cordelée. Longueur, 14 lignes.

**28. Cérite tuberculée.** *Cerithium tuberculatum.* Lamk. (1)

> C. *testá ovato-conicá, basi ventricosá, transversim tenuissimè striatá, albido et nigro coloratá, apice albá; anfractibus supernè tuberculis majusculis serie unicá coronatis: ultimo infernè trifariàm nodoso; tuberculis nodisque nigerrimis; canali brevi, truncato.*

*Strombus tuberculatus.* Lin. Syst. nat. éd. 12. p. 1213. nº 514
> Gmel. p. 3521. nº 37.

Lister. Conch. t. 1024. f. 89.

Seba. Mus. 3. t. 55. f. 21. *in angulo dextro superiore.*

Born. Mus. t. 10. fig. 16. 17.

Martini. Conch. 4. t. 157. f. 1490.

*Cerithium morus.* Brug. Dict. nº 44.

* *Strombus tuberculatus.* Schrot. Einl. t. 1. p. 447. nº 28.

* *Murex asper.* Schrot. Einl. t. 1. p. 540. nº 60. pl. 3. f. 7.

* *Strombus tuberculatus.* Dillw. Cat. t. 2. p. 675. nº 38.

* *Id.* Wood. Index. test. pl. 25. f. 38.

* *An eadem species.* Menke Moll. Novæ Holl. Spec. p. 19. nº 81?

* Kiener. Spec. des Coq. p. 35. pl. 13. f. 1.

Habite dans la mer Rouge, et, selon *Linné*, dans la Méditerranée. Mon cabinet. Elle a sur le dernier tour une varice opposée à l'ouverture. Longueur, 15 lignes.

---

(1) Il me paraît bien difficile et peut-être est-il impossible de dire aujourd'hui, d'une manière certaine, à laquelle de nos espèces se rapporte le *Strombus tuberculatus* de Linné. D'abord Linné ne donne aucune synonymie à son espèce, et sa phrase est très courte, comme à l'ordinaire, et peut très bien s'appliquer à trois ou quatre espèces d'un même groupe. Ce dont on peut être certain, c'est que cette espèce n'est pas un Strombe, mais une Cérite. Ce qui ajoute à l'embarras, c'est que Linné la dit de la Méditerranée, et il n'y a aucune espèce connue dans cette mer, qui ait les caractères assignés par Linné. Born donne la figure d'une coquille, sous le nom de *Strombus tuberculatus;* mais rien ne prouve que Born a rencontré juste l'espèce de Linné. Pourquoi celle-là plutôt que l'une des deux

26. Cérite mûre. *Cerithium morus.* **Lamk.**

> C. testá ovato-conoideá, transversìm tenuissimè striatá, griseo-viola-
> cescente , nodis graniformibus, æqualibus, rubro-nigris seriatim
> cinctá ; anfractibus omnibus varicosis : varicibus alternis sparsis ;
> canali brevi, truncato.

* Quoy et Gaim. Voy. de l'Astr. t. 3. p. 118. pl. 54. f. 13. 14. 15.

* Pot. et Mich. Cat. des moll. de Douai. p. 366. n° 45. pl. 31. f. 25. 26.

* Kiener. Spec. des Coq. p. 52. n° 38. pl. 15. f. 1.

---

ou trois autres qui peuvent recevoir ce nom. Cette initiative de Born a suffi; et Gmelin, Dillwyn, Lamarck, en complétant la *Synonymie*, ont consacré l'espèce de Born, sous le nom linnéen. On s'aperçoit cependant de quelques incertitudes à l'égard de cette espèce. Ainsi, Gmelin, à l'exemple de Born, après avoir rapporté la figure 1490 de Martini, fait avec cette même figure son *Murex sordidus*, en se demandant, à la vérité, s'il ne serait pas une variété du *Strombus tuberculatus*. Lamarck lui-même, après avoir donné une synonymie irréprochable à l'espèce, sauf celle de Linné, applique le nom de *Cerithium tuberculatum* à une coquille de sa collection qui constitue une espèce très distincte de celle rapportée dans sa propre *Synonymie*. L'ouvrage de M. Kiener fait foi de ce que j'avance, car l'auteur prend le soin scrupuleux de s'attacher plus à la collection qu'à l'ouvrage même de Lamarck, et de n'y apporter aucune modification, aucune rectification; on pourrait même lui reprocher d'être trop sobre de ces renseignemens qui guident dans la recherche des espèces connues avant lui, et qui suffiraient pour persuader aux commençans que la science conchyliologique était déjà fort avancée avant 1834.

Dans la *Faune française*, M. de Blainville confond avec le *tuberculatum* une espèce très distincte de la Méditerranée, espèce nommée à tort *Cerithium fuscatum*, par M. Costa et par M. Philippi. Cette espèce, parfaitement distincte de celles auxquelles on l'a rapportée jusqu'à présent, devra recevoir un nom qui la distingue. Nous proposerons celui de *Cerithium mediterraneum*.

Habite..... Mon cabinet. Celle-ci mérite mieux le nom de *mûre* que
la précédente, parce qu'elle en a l'aspect, et que ses tours ne sont
point couronnés. Ses nodulations graniformes sont nombreuses,
serrées, et reposent sur un fond d'un gris rougeâtre, un peu violet.
Longueur, 11 lignes et demie.

## 3o. Cérite oculée. *Cerithium ocellatum.* Brug.

> C. *testâ conico-turritâ, basi ventricosâ, transversìm striatâ, gra-
> nulosâ, cinereo-nigricante, albo-ocellatâ ; anfractuum striis plu-
> ribus granulosis ; unicâ majore tuberculatâ ; canali brevissimo.*
> Cerithium ocellatum. Brug. n° 43.
> * Kiener. Spec. des Coq. p. 40. n° 28. pl. 12. f. 2.

Habite..... Mon cabinet. Longueur, 1 pouce.

## 3i. Cérite écrite. *Cerithium litteratum.* Brug.

> C. *testâ conico-turritâ, apice acutâ, transversìm striato-muricatâ,
> albidâ, rubro aut nigro punctatâ : punctis interdùm characte-
> res æmulantibus ; anfractibus supernè tuberculis majoribus acu-
> tis unicâ serie cinctis ; canali truncato.*
> Gualt. Test. t. 56. fig. N.
> *Murex litteratus.* Born. Mus. p. 323. t. 11. f. 14. 15.
> *Cerithium litteratum.* Brug. Dict. n° 42.
> *Murex litteratus.* Gmel. p. 3548. n° 83.
> * Schrot. Einl. t. 1. p. 600. *Murex.* n° 175.
> * *Murex litteratus.* Dillw. Cat. t. 2. p. 757. n° 158.
> * *Id.* Wood. Ind. Test. pl. 28. f. 163.
> * Pot. et Mich. Cat. des Moll. de Douai. p. 362. n° 23.
> * Kiener. Spec. des Coq. p. 42. n° 30. pl. 14. f. 1.

Habite l'Océan des Antilles ; commune sur les côtes de la Guadeloupe. Mon cabinet. Longueur, 11 lignes et demie.

## 3a. Cérite noircie. *Cerithium atratum.* Brug. (1)

> C. *testâ turritâ, apice acutâ, varicosâ, ustulatâ ; anfractuum striis*

---

(1) En lisant attentivement les descriptions de Born et de
Bruguière, on reste convaincu que ces deux naturalistes ont
donné le même nom à deux espèces ; ou, pour être plus clair,
Bruguière a commis une erreur, en appliquant le nom de Born
à une coquille d'une autre espèce. Depuis Bruguière, cette confusion s'est continuée dans Dillwyn et dans Lamarck. La figure
du *Cerithium atratum* de M. Kiener représente bien l'espèce de
Born, mais cet auteur n'a pas mentionné celle de Bruguière.

*transversis granosis, prope suturas bifariàm tuberculatis; vari-*
*cibus sparsis nodiformibus ; canali truncato.*

*Murex atratus.* Born. Mus. p. 324. t. 11. f. 17. 18.

*Cerithium atratum.* Brug. Dict. n° 12.

*Murex atratus.* Gmel. p. 3564. n° 156.

* Schrot. Einl. t. 1. p. 601. *Murex.* n° 177.

* *Murex atratus.* Dillw. Cat. t. 2. p. 751. n° 147.

* *Id.* Wood. Ind. Test. pl. 27. f. 151.

* Kiener. Spec. des Coq. p. 33. n° 23. pl. 20. f. 3.

Habite l'Océan des Antilles, sur les côtes de la Guadeloupe. Mon
cabinet. Longueur, 13 lignes.

## 33. Cérite ivoire. *Cerithium eburneum.* Brug.

*C. testá turritá, transversìm striato-granulosá, albá, immaculatá;*
*anfractuum striis tribus aut quinque granoso-asperatis : medianá*
*valdè majore.*

*Cerithium eburneum.* Brug. Dict. n. 41.

* Potiez et Mich. Cat. des Moll. de Douai. p. 365. n° 40. pl. 31.
f. 23. 24.

* Kiener. Spec. des Coq. p. 44. n° 32. pl. 10. f. 2.

Habite l'Océan des Antilles; se trouve aussi dans les mêmes lieux
que les deux précédentes. Mon cabinet. Longueur, 10 lignes un
quart.

## 34. Cérite ponctuée. *Cerithium punctatum.* Brug.

*C. testá turritá, varicosá, transversìm striatá, albá, rubro aut fusco*
*punctatá ; anfractibus medio striá obsoletè tuberculatá instructis;*
*ultimo basi lineá albá cincto.*

*Cerithium punctatum.* Brug. Dict. n° 40.

* Kiener. Spec. des Coq. p. 48. n° 35. pl. 16. f. 4.

Habite sur les côtes du Sénégal. Mon cabinet. Longueur, 6 lignes et
demie.

## 35. Cérite lime. *Cerithium lima.* Brug. (1)

*C. testá turrito subulatá, varicosá, transversìm striato-granulosá,*

---

(1) Le *Trochus punctatus* de Linné n'est peut-être pas la
même espèce que celle de Lamarck; en effet, la coquille de
Linné n'a que trois rangées de petits tubercules, celle de Lamarck en a quatre. Quant au *Murex scaber* d'Olivi, il ne laisse
pas le moindre doute sur son identité avec l'espèce de Lamarck;
aussi à cause de l'antériorité du nom, il sera convenable de
donner à l'espèce le nom de *Cerithium scabrum.*

*rufo-fuscescente; anfractibus quadristriatis; granulis minimis punc-
tiformibus; canali brevissimo.*

*Cerithium lima.* Brug. Dict. Encycl. n° 33.

* *Murex scaber.* Olivi. Adriat. p. 153.

* *Cerithium Latreillei.* Payr. Cat. des Moll. de Corse. p. 143. n° 286
pl. 7. f. 9. 10.

* *An trochus punctatus?* Lin. Syst. nat. éd. 12. p. 1231. n° 603.

* *Id.* Schrot. Einl. t. 1. p. 677. n° 25.

* *Cerithium scabrum.* Desh. Exp. sc. de Morée. Zool. t. 3. p. 181.
n° 308.

* *Cerithium scabrum.* Blainv. Faune franç. p. 155. n° 3. pl. 6. a. f. 8.

* *Id.* Potiez et Mich. Cat. des Moll. de Douai. p. 370. n° 62.

* Philip. Enum. Moll. Sicil. p. 195. n° 5.

* Kiener. Spec. des Coq. p. 73. n° 58. pl. 24. f. 2. *Exclusis varietatibus.*

Habite sur les côtes de la Guadeloupe. Mon cabinet. Longueur, 5 à
6 lignes.

## 36. Cérite perverse. *Cerithium perversum.* (1)

*C. testá contrariá, cylindraceo-subulatá, gracili, transversìm striato-
granulosá, pallidè rufá; anfractibus planulatis, tristriatis; ultimi
anfractús busi plano-concavá; canali recto, prominulo.*

*An cerithium maroccanum ?* Brug. Dict. n° 34.

---

(1) Je suis obligé de faire quelques observations sur la manière dont M. de Blainville a envisagé cette espèce, dans la *Faune
française;* d'abord il réunit sous un même nom deux espèces, l'une
senestre reconnue et maintenue par tous les auteurs sans exception, et cela avec d'autant plus de raison, que l'animal est
toujours d'un jaune pâle; l'autre espèce est dextre, et l'animal
est noir comme le dit M. de Blainville lui-même ; il suffit d'ailleurs d'examiner les deux figures que M. de Blainville attribue
à la même espèce, pour se convaincre facilement de l'erreur où
est tombé ce savant zoologiste; on conçoit, d'après ce qui précède, que la synonymie de M. de Blainville doit être refaite entièrement.

M. de Blainville dit qu'en vieillissant, cette espèce prend
tous les caractères du genre que j'ai nommé Trifore. Par cette
assertion, il m'est démontré que M. de Blainville confond encore une troisième espèce avec les deux précédentes ; car ja-

* Chemn. Naturf. t. 12. pl. 3. f. 3.

* Payr. Cat. des Moll. de Corse. p. 142. n° 285.

* Desh. Expéd. sc. de Morée. Zool. t. 3. p. 180. n° 307.

* *Cerithium tuberculare*. Blainv. Faune. franç. Moll. p. 157. pl. 6 **A**. f. 6.

* Phil. Enum. Moll. Sicil. p. 194. n° 4.

* Kiener. Spec. des Coq. p. 75. n° 60. pl. 25. f. 1.

* *Trochus perversus*. Lin. Syst. nat. éd. 10. p. 760.

* *Id*. Lin. Syst. nat. éd. 12. p. 1231?

* *Id*. Schrot. Einl. t. 1. p. 676. n° 24.

* *Id*. Dillw. Cat. t. 2. p. 811. n° 121.

* *Id*. Wood. Ind. Test. pl. 29. f. 123.

* Potiez et Mich. Cat. des Moll. de Douai. p. 367. n° 51.

* *Fossilis Murex granulosus*. Brocchi. Conch. Foss. subap. pl. 9. f. 18.

Habite. . Mon cabinet. Longueur, 10 lignes trois quarts.

## † 37. Cérite lisse. *Cerithium læve*. Quoy.

*C. testâ conico-turritâ, acutâ, lævi; albâ; columellâ lævi, canali bre-vissimo, recurvo.*

Quoy et Gaim. Voy. de l'Astrol. t. 3. p. 106. pl. 54. f. 1-3.

Menke. Moll. *Novæ Holl*. Spec. p. 19. n° 77.

Kiener. Spec. gener. des Coq. t. 14. n° 8. pl. 17. f. 1.

Habite la Nouvelle-Hollande.

Cette espèce est la plus grande vivante connue, elle forme un cône allongé, ordinairement tronqué au sommet : aussi il est assez difficile de juger des caractères du jeune âge sur les vieux individus. On compte jusqu'à 22 tours de spire sur les individus de moyenne taille. Il faudrait en ajouter 16 pour la partie tronquée. Ces tours sont étroits, aplatis, conjoints ; dans le jeune âge, ils sont divisés en deux parties inégales par un sillon transverse ; vers le douzième tour, la suture devient crénelée et ces crénelures se changent en tubercules courts et aplatis qui remontent vers le tiers de la coquille. Alors ils s'élargissent de plus en plus, s'aplatissent en même temps, et finissent par disparaître, de sorte que les quatre ou cinq derniers tours seuls sont véritablement lisses ; car, indépendamment

---

mais ni l'une ni l'autre de ces deux espèces n'offrent les caractères des Trifores, quel que soit leur âge ; je puis affirmer ceci avec toute certitude, ayant vu un très grand nombre de ces coquilles.

des accidens que nous venons de signaler , on remarque encore
sur les jeunes individus bien frais des stries transverses et très fines
qui disparaissent à leur tour. Le dernier tour est convexe à la
base. Dans le jeune âge, il est subanguleux à la circonférence.
L'ouverture est déprimée, plus large que haute, ce qui la rend
subquadrangulaire. La columelle est épaisse et arrondie, lisse,
portant à la partie supérieure un gros bourrelet décurrent en forme de pli et qui circonscrit le canal de la base. Celui-ci est étroit,
profond, assez allongé et contourné dans sa longueur. Le bord
droit est toujours mince et tranchant ; il est très saillant en avant,
il se détache de l'avant-dernier tour par une sinuosité très large et
très profonde. Toute cette coquille est d'un blanc jaunâtre ou grisâtre sale ; elle est terne et comme rongée par les eaux où elle habite. Nous avons un jeune individu, bien conservé, qui est d'un beau
blanc de faïence et qui a conservé tout son luisant. Le plus grand
individu que nous ayons, et que nous devons à la générosité de
M. Quoy, a 18 cent. de longueur et 75 mill. de large. Cette coquille sert souvent d'appui à un Cabochon qui vit en famille et y
laisse l'impression corrodée de son pied.

## † 38. Cérite massue. *Cerithium clava*. Brug.

*C. testá elongato-turritá, transversim sulcatá, apicè plicatá, albo
fulvá, rubro vel fusco marmoratá ; aperturá albá, obliquá, canali
longo, recurvo, terminatá.*

Quoy. Voy. de l'Astrol. t. 3. p. 109. pl. 54. f. 4.
Jay. Cat. on the shells. p. 115. pl. 2. f. 5.
*Clava maculosa.* Martyn. Univ. Conch. pl. 57.
*Murex clava.* Chemn. Conch. t. 10. p. 256. Vign. 22. p. 233. f. A B.
*Id.* Gmel. p. 3565. n° 162.
*Cerithium clava.* Brug. Ency. méth. p. 479.
*Murex clava.* Dillw. Cat. t. 2. p. 750. n° 145.
*Id.* Wood. Ind. Test. pl. 27. f. 149.
*Cerithium marmoratum.* Kiener. Spec. des Coq. p. 13. n° 7. pl.
12. f. 1.

Habite les mers de la Nouvelle-Hollande.

C'est à cette espèce que doit rester le nom de *Clava* donné pour la
première fois par Bruguière, dans l'Encyclopédie. MM. Quoy et
Gaimard ont changé ce nom contre celui de *Marmoratum* conservé par M. Kiener ; mais le premier nom doit être restitué et
n'occasionnera pas la confusion que redoute M. Kiener avec l'espèce fossile nommée *Cerithium clavus* par Lamarck. *Clava* veut

dire *Massue*; *Clavus* veut dire *clou* ou *chevillette*, noms et choses
que l'on ne saurait confondre.

## † 39. Cérite de Sowerby. *Cerithium Sowerbyi*. Kiener.

*C. testâ elongato-turritâ, transversìm striatâ, apice plicatâ, fulvâ,
castaneo-maculatâ ; maculis minimis, serialibus; anfractibus primis convexis, subcarinatis, tenuè decussatis ; alteris planis conjunctis ; aperturâ magnâ, ovato-subcirculari, albâ, canali longo,
reflexo, terminatâ.*

*Cerithium clava* Sow. Genera of shells. f. 8.

*Cerithium Sowerbyi*. Kiener. Spec. des Coq. p. 18. n° 11. pl. 7.
f. 2.

*Id*. Reeve. Conch. syst. t. 2. p. 178. pl. 226. f. 8.

Habite.....

Espèce qui, pour la taille et la coloration, a de l'analogie avec le
*Cerithium aluco*. M. Sowerby, dans son *Genera of shells*, l'a confondu avec le *Cerithium clava*, qui s'en distingue non-seulement
par sa taille, mais par tous ses caractères. M. Kiener a reconnu
l'erreur de M. Sowerby et a donné à l'espèce le nom du savant
Anglais.

Le *Cerithium Sowerbyi* est une coquille allongée, turriculée, très pointue au sommet, composée de seize tours de spire qui varient pour
leurs caractères suivant les âges. Les sept ou huit premiers sont
convexes, pourvus de deux petites carènes peu saillantes, et toute
leur surface est couverte d'un réseau très fin de stries entrecroisées.
Sur les tours suivans, ces carènes disparaissent; elles sont remplacées par des plis longitudinaux assez gros et espacés. Les stries
transverses des premiers tours persistent, mais s'élargissent à mesure que les tours eux-mêmes prennent du développement. Les
stries longitudinales disparaissent peu-à-peu, et il n'en reste plus
d'autre trace qu'une série de petites rides qui bordent la suture.
Les plis longitudinaux s'amoindrissent et disparaissent vers le milieu de la hauteur de la coquille, de telle sorte que les quatre derniers tours sont tout-à-fait aplatis, continus et munis seulement
de stries transverses. Le dernier tour est un peu déprimé à sa
base; il a une varice obtuse opposée à l'ouverture. Celle-ci est
ovale-obronde, blanche en dedans et terminée, comme dans le
*Cerithium vertagus*, par un canal long et redressé vers le dos. La
coloration consiste en de très petites taches brunes formant des
séries dans l'intervalle des stries sur un fond fauve-pâle. Il y a de
plus de grandes taches brunes irrégulièrement éparses sur toute
la surface.

† 40. **Cérite élancée.** *Cerithium procerum.* **Kiener.**

*C. testá elongato-turritá, apice acutissimá, albá, longitudinaliter plicatá, transversim striatá; striis plicisque in ultimis anfractibus evanescentibus; aperturá obliquá, ovatá, utrinquè attenuatá, canali arcuato, longo terminatá; columellá uniplicatá.*

*Cérite Buire.* Blainv. Malac. pl. 20. f. 1.

Kiener. Spec. gener. des Coq. pl. 18. f. 1. p. 22.

Rumph. Mus. amb. pl. 30. f. k.

Knorr. Vergn. t. 6. pl. 40. f. 4. 5.

Marti. Conch. t. 4. pl. 157. f. 1480.

Encycl. meth. pl. 443. f. 2. a. b.

Habite l'Océan des Grandes-Indes.

Cette coquille a été presque constamment confondue avec la *Cerithium vertagus*; elle en est très distincte, comme l'a senti M. Kiener, mais peut-être aussi n'est-elle qu'une variété du *Cerithium fasciatum* de Bruguière. Cette coquille est allongée, turriculée; le sommet est très pointu, et l'on remarque toujours des varices irrégulièrement distribuées sur les premiers tours. Ces premiers tours offrent encore d'autres particularités. Ils sont striés transversalement et chargés de plis longitudinaux; les stries et les plis diminuent peu-à-peu de profondeur, et finissent par disparaître presque entièrement sur les derniers tours. Tous les tours sont aplatis, l'ouverture est très oblique, plus longue que large, et terminée en avant par un canal assez long et fortement redressé en dessus. Le bord gauche est plus large que dans beaucoup d'autres espèces, et il présente dans le milieu une grosse callosité. La columelle est toujours munie dans le milieu d'un pli assez épais. Cette espèce présente plusieurs variétés et une entre autres qui est striée et plissée dans toute sa longueur.

Les grands individus ont 95 mill. de long et 20 de large.

† 41. **Cérite galonnée.** *Cerithium tæniatum.* **Quoy.**

*C. testá elongato-turritá, levi, apice plicatá, acutá, luteolá, vittá decurrente aurantiacá cinctá; aperturá ovali et obliquá: canali brevi, subrecurvo.*

Quoy et Gaim. Voy. de l'Astrol. t. 3. p. 113. pl. 54. f. 21.

Kiener. Spec. gener. des Coq. p. 21. n° 13. pl. 19. f. 2.

Habite le port de Doréy, Nouvelle-Guinée.

Coquille qui a la plus grande ressemblance, pour la forme extérieure, avec le *Vertagus*; elle est cependant un peu plus petite. Elle est lisse presque partout, si ce n'est au sommet dont les tours sont striés transversalement et plissés longitudinalement. L'ouverture est moins oblique que dans le *Vertagus*; elle est ovale-oblongue, son bord droit est simple, rougeâtre en dedans; le bord gauche est blanc et proéminent dans toute la longueur. Cette coquille est d'un fauve-rougeâtre uniforme, et elle est ornée à la base des tours d'une seule fascie rouge.

Cette espèce est longue de 47 mill. et large de 15.

### † 42. Cérite peinte. *Cerithium pictum*. Wood.

*C. testá elongato-turritá, in medio turgidiore, apice acutá, transversìm striatá, longitudinaliter obtusè plicatá, fuscescente, transversìm albo-striatá; aperturá ovatá, albá; labro simplici, incrassato.*

*Murex pictus*. Wood. Ind. Test. sup. pl. 5. f. 2. 4.

Kiener. Spec. gener. des Coq. p. 38. n° 27. pl. 17. f. 2.

Habite l'Océan de l'Inde, d'après M. Kiener. Cependant je l'ai trouvée, dans le commerce, dans une collection provenant du Sénégal. Cette espèce se distingue par sa forme générale qui la rapproche un peu du *Cerithium vertagus*. Elle est allongée, turriculée, un peu renflée vers le milieu. Ses tours de spire sont ornés de stries transverses très fines et de plis longitudinaux obtus, larges, plus profonds au sommet des tours. L'ouverture est blanche en dedans; son bord droit, très simple, un peu proéminent en avant, s'épaissit subitement à l'intérieur. Le bord gauche lui-même est assez épais, fort étroit, et vient se terminer postérieurement en une callosité assez épaisse qui marque l'origine d'une petite gouttière décurrente dans l'angle supérieur de l'ouverture. Toute cette coquille est d'un fauve brunâtre, et elle est ornée d'un grand nombre de petites lignes d'un assez beau blanc.

Cette coquille a 35 mill. de longueur et 14 de large.

### † 43. Cérite épineuse. *Cerithium rubus*. Desh.

*C. testá turrito-conicá, acuminatá, transversìm striato-sulcatá, albo griseá; anfractibus convexiusculis, supernè basique nodulosis, in medio spinis longiusculis serratis; ultimo anfractu quinquefariàm spinoso; aperturá ovatá, subsemi-lunari; labro denticulato.*

*Clava Rubus*. Martyn. Univ. Conch. pl. 58.

*Murex sinensis*. Var. Gmel. p. 3542. n° 54.

*Murex serratus. pars*. Dillw. Cat. t. 2. p. 755. n° 154.

* *Murex serratus*. Wood. Ind. Test. pl. 28. f. 158.

*Cerithium serratum*. Lamk. Foss. n° 3.

Habite la Nouvelle-Zélande.

Cette espèce, restée rare dans les collections, a été donnée par Lamarck comme l'analogue vivant du *Cerithium serratum* des environs de Paris. Ces espèces ont réellement de l'analogie entre
elles; mais il n'y a pas assez d'identité pour les confondre sous un
même nom spécifique. Les caractères de l'ouverture suffisent à
eux seuls pour séparer l'espèce vivante de celle qui est fossile.

Pour éviter la confusion qui résulterait dans la nomenclature si l'on
conservait le nom de *serratum* à cette espèce, nous lui avons
rendu le nom que Martyns lui imposa le premier, dans le magnifique ouvrage que l'on a de lui.

Cette coquille est allongée, turriculée, plus large à la base que
beaucoup d'autres espèces; en cela elle ressemble au *Cerithium
Adansoni* de Bruguière. Les tours de spire sont médiocrement
convexes; ils sont striés en travers, et ils offrent au sommet des
tours deux et quelquefois trois sillons granuleux fort réguliers. Un
sillon semblable à ceux-là se montre aussi à la base de chaque
tour, tandis que le milieu est occupé par une rangée de longs tubercules spiniformes, comprimés et obliquement redressés en
arrière. Sur le dernier tour, cette rangée d'épines est toujours la
plus proéminente, et elle est accompagnée de trois autres rangées
de tubercules pointus qui garnissent la base. L'ouverture est
oblique, subsemilunaire, la columelle étant peu arquée dans sa
longueur. Toute cette coquille est d'un blanc grisâtre. Elle a 55
mill. de long et 25 de large.

## † 44. Cérite d'Adanson. *Cerithium Adansoni.* Brug.

*C. testâ ventricosâ, striis crassis et papillis acutis muricatâ; anfrac-
tibus convexiusculis, in medio angulatis, albo-lutescentibus, maculis
et punctis piceis aspersis; aperturâ ovatâ, obliquâ, albâ, canali profundo supernè terminatâ.*

Le Cérite Adans. Sénég. p. 155. pl. 10. f. 2.

*Murex aluco.* Var. ζ. Gmel. p. 3561.

*Cerithium Adansonii.* Brug. Ency. méth. Vers. t. 1. p. 479.

Gualt. Index. Test. pl. 57. f. B.

Seba. Thes. t. 3. pl. 50. f. 15.

*Murex Adansonii.* Dillw. Cat. t. 2. p. 750. n° 144.

*Id.* Wood. Ind. Test. pl. 27. f. 148.

Kiener. Spec. des Coq. p. 9. n° 4. pl. 4. f. 2.

Habite le Sénégal, d'après Adanson. Espèce facile à distinguer: elle
est courte et large; on compte onze à douze tours à sa spire. Ces
tours sont divisés en deux parties égales par un angle sur lequel
s'élève un rang de tubercules pointus, dont le nombre est variable

selon les individus. Sur le dernier tour, et vers la circonférence,
se montre un second rang de tubercules plus petits et plus étroits.
Toute la surface est occupée par des stries transverses, assez profondes, écartées, inégales, parmi lesquelles celle qui borde la suture est ordinairement crénelée. L'ouverture est ovale oblique. Le
bord droit, saillant en avant, se termine à son angle antérieur en
un long bec pointu qui se recourbe au-dessus du canal terminal.
L'angle postérieur de l'ouverture forme une rigole profonde très
fortement séparée par un bourrelet décurrent à l'intérieur. Le
bord droit, épaissi à l'intérieur, est mince, tranchant et crénelé;
le bord gauche est étroit, régulièrement arqué en segment de cercle, d'une courbure beaucoup plus ouverte que celle du bord droit.
Ce bord gauche, assez épais, se détache dans presque toute sa longueur. Cette coquille est d'un blanc jaunâtre et toute parsemée
très irrégulièrement de petits points d'un brun noirâtre et quelquefois rougeâtre. Elle a 52 millim. de long et 22 de large.

## † 45. Cérite truitée. *Cerithium maculosum*. Kiener.

*C. testâ elongato-turbinatâ, transversìm tenuè striatâ, albâ, maculis*
*irregularibus punctisque nigrescentibus maculatâ; anfractibus an-*
*gustis, in medio seriatìm tuberculosïs: ultimo spiram æquante;*
*aperturâ albâ, subrotundâ, infernè profundè canaliculatâ.*

Kiener. Spec. des Coq. p. 36. nº 25, pl. 13. f. 3. non 2.

Habite les côtes d'Acapulco et les îles Gallopages. Coquille qui a
beaucoup d'analogie avec le *Cerithium adustum*, mais qui est moins
ovale, moins ventrue; elle est cependant l'une des plus courtes du
genre. On lui compte huit tours de spire, les premiers sont à peine
convexes; les derniers le sont un peu plus, et on voit s'élever sur
leur milieu une rangée de tubercules courts et arrondis. Le dernier tour est à lui seul aussi grand que le reste de la spire; il est
ventru, et l'ouverture qui le termine est ovale obronde, oblique
et fort singulière par le profond canal qui occupe son angle supérieur. Le canal terminal est étroit, profond et très oblique. Le
bord droit est simple, mince; le gauche règne dans toute la longueur de l'ouverture, il s'élargit particulièrement le long de la columelle, il se relève et se détache dans cette partie de sa longueur.
Il se termine en arrière en une callosité assez épaisse qui marque
le commencement de la rigole creusée dans l'angle supérieur. La
surface extérieure est couverte de stries très fines; et la coloration consiste en taches irrégulières d'un brun noirâtre sur un fond
blanc. Outre ces taches, on remarque encore des ponctuations foncées qui suivent la direction des stries.

Cette espèce est longue de 45 mill. et large de 20.

## † 46. Cérite rôtie. *Cerithium adustum.* Kiener.

*C. testá turbinatá, ovatá, transversìm striato-rugosá, fuscescente,
albo marmoratá, nigro punctatá; anfractibus angustis, planis; ultimo spiram æquante; aperturá albá, ovato-obliquá, supernè profundè canaliculatá; canali callo decurrente separato; labro tenui,
simplici.*

Kiener. Spec. des Coq. p. 37. n° 26. pl. ı3. f. 2, non 3.

Habite l'Océan indien, la mer Rouge, d'après M. Kiener. Coquille
courte et épaisse, ovale, renflée, ayant le dernier tour presque aussi
grand que lé reste de la spire. Cette spire se compose de huit tours
peu convexes, striés en travers, à stries inégales. Sur les plus larges
s'élèvent de petits tubercules qui forment deux stries transverses
sur les premiers tours; il y en a cinq ou six sur le dernier. Toute
la coquille est d'un brun marron foncé entremêlé de marbrures
blanches et régulières. Les stries transverses, et particulièrement
celles où sont les tubercules, sont ornées de points noirs subqua-
drilatères. L'ouverture est très singulière à cause de l'extrême profondeur du canal décurrent et intérieur qui forme son angle supérieur. Ce canal est circonscrit, non—seulement par une légère
dépression du bord droit, mais encore pàr une callosité blanche
très épaisse qui l'accompagne. Le bord droit est mince, simple, régulièrement courbé dans sa longueur; la gauche se détache à la
base de la coquille, et se relève pour cacher une partie du canal
terminal.

Cette espèce a 47 mill. de longueur et 22 de large.

## † 47. Cérite de la Méditerranée. *Cerithium Mediterraneum.* Desh.

*C. testá elongato-turritá, transversìm striatá, longitudinaliter irregu-
lariter plicatá, fuscá vel albá, fusco punctatá; anfractibus convexiusculis, submarginatis; striis irregularibus distantibus; plicis
subnodulosis; aperturá ovato-circulari, canali brevi, obliquo, angusto terminatá.*

*Cerithium tuberculatum.* Blainv. Faune franc. p. ı54. n° 2. pl.
6 A f. 5.

*Cerithium fuscatum.* Costa. Philip. Enum. Moll. Sicil. p. ı93, n° 2.
pl. ıı. f. 7.

*Cerithium tuberculatum.* Potiez et Mich. Cat. des Moll. de Douai.
p. 372. n° 72.

*Cerithium fuscatum.* Kiener. Spec. génér. des Coq. p. 3o. pl. 9. f. ı.

Habite la Méditerranée où elle est très commune sur tous les rochers recouverts de peu d'eau. Elle se tient particulièrement en abondance dans les petits bassins naturels et tranquilles revêtus d'une abondante végétation sous-marine.

Nous avons vu, dans une note précédente que le nom linnéen attribué par plusieurs auteurs à cette espèce ne saurait lui appartenir. Ce n'est pas non plus le *Cerithium tuberculatum*, comme l'a cru M. de Blainville dans la Faune française. Nous avons également dit à quelle espèce ce nom se rapporte. Il résulte actuellement de nos observations sur l'espèce qui nous occupe, que, quoique connue, elle doit cependant recevoir un nom nouveau. La synonymie que nous adoptons pour elle la rendra actuellement facile à distinguer, et la confusion deviendra à l'avenir impossible pour ce qui la concerne.

Cette petite coquille, allongée, turriculée, est un peu plus renflée au milieu qu'à ses extrémités ; ses tours, au nombre de 11, sont médiocrement convexes; on y observe une dizaine de stries transverses, inégales, et des plis longitudinaux irréguliers qui sont rendus subgranuleux par le passage des stries. Ces plis longitudinaux, à leur origine au-dessus de la suture, sont ordinairement bifurqués dans toute la hauteur de la première strie, ce qui donne à l'espèce un caractère particulier facile à apercevoir. L'ouverture est petite, ovalaire; son bord droit, mince et tranchant, est ponctué de brun ; le bord gauche est court, s'applique dans toute la longueur de l'ouverture, et la callosité qui se termine en arrière, est creusée d'une petite gouttière décurrente à l'intérieur. La couleur est assez variable. Souvent toute la coquille est d'un beau brun marbré de blanc et pointillé de brun foncé.

La longueur de cette espèce est de 20 à 25 millim.

## † 48. Cérite rubanée. *Cerithium lemniscatum.* Quoy.

*C. testâ turritâ, transversìm striato-granulosâ, tantisper tuberculosâ, albo et nigro alternatìm zonatâ; canali brevissimo; columellâ roseâ ; labro simplici.*

Quoy et Gaim. Voy. de l'Astrol. t. 3. p. 119. pl. 54. f. 16-18.

Kiener. Spec. des Coq. p. 45. n° 33. pl. 1. f. 1.

Habite l'île de Vanikoro.

Espèce courte, parfaitement distincte de toutes celles du même genre : elle est très élégante par les accidens qui ornent sa surface; sa spire est pointue ; on y compte douze tours peu convexes, très étroits; on y observe des sillons et des stries transverses inégaux, granuleux; les sillons sont au nombre de quatre, et une ou deux stries se montrent entre chacun d'eux. Sur le sillon du milieu, sur les deux derniers tours s'élèvent des tubercules de plus en plus gros qui finissent par devenir subépineux. La base de la coquille est arrondie, sillonnée, et tous les sillons sont granuleux. L'ouverture est blanche ; la columelle est courte, et le canal qui la termine est court, mais profond. Le bord droit, épaissi à l'intérieur, est toujours sillonné, et, sur son fond blanc, il est orné d'une large zone d'un beau brun. Cette coquille est assez variable pour la coloration ; quelquefois elle est blanche avec les tubercules fauves et une zone étroite, brune à la base des tours. Le plus ordinairement elle est d'un brun noir très foncé, et elle est ornée d'une zone blanche qui occupe la moitié supérieure des tours.

Cette coquille, rare encore dans les collections, est longue de 28 mill. et large de 9.

## † 49. Cérite subépineuse. *Cerithium uncinatum.* Desh.

*C. testâ conico-turritâ, apice acuminatâ, transversìm striatâ, basi biseriatìm nodosâ, albâ, fusco marmoratâ et lineato-punctatâ ; anfractibus convexiusculis, in medio tuberculis acutis armatis ; aperturâ ovato-subcirculari, albâ; labro-plicato, anticè producto ; canali angusto, longo, uncinato.*

*Strombus muricatus et marmoratus.* Schrot. Flusch. p. 379. pl. 8. f. 15.

Schrot. Einl. t. 1. p. 611. *Murex* n° 198.

*Murex uncinatus.* Gmel. p. 3542. n° 57.

*Id.* Dillw. Cat. t. 2. p. 751. n° 146.

*Id.* Wood. Ind. Test. pl. 27. f. 150.

Habite.....

Coquille anciennement connue dans les collections , comme le témoigne notre synonymie, et quoiqu'elle soit commune, elle n'a pas été mentionnée par M. Kiener, dans sa monographie, au reste fort incomplète, du genre Cérite. Cette coquille a de l'analogie avec le *Cerithium litteratum*, elle en a aussi avec l'*Adansoni ;* mais elle se distingue de la première, parce qu'elle est plus grande, et de la seconde , parce qu'elle est plus petite. Elle est conique, turriculée, pointue au sommet ; les tours de spire, au nombre de dix, sont très inégaux dans leur développement, car les quatre premiers constituent à eux seuls presque toute la coquille. Toute la surface est couverte de stries transverses, et sur le milieu des tours s'élève un angle d'où naissent deux gros tubercules pointus dont la base est très large. Ces tubercules sont peu nombreux, et il est rare qu'ils se suivent d'un tour à l'autre pour former des

séries longitudinales. Deux séries de tubercules arrondis se montrent à la base du dernier tour. L'ouverture est ovale, obronde,
blanche en dedans ; le bord droit est un peu proéminent en avant;
il est plissé dans toute sa longueur. Le canal terminal est assez
allongé, étroit et recourbé au-dessus comme un petit crochet.
Toute cette coquille est d'un blanc sale, avec des marbrures irrégulières d'un brun grisâtre presque toujours formées par un assemblage de petites linéoles transverses. Longue de 35 mill., cette
coquille est large de 17.

### † 5o. Cérite bigarrée. *Cerithium variegatum.* Quoy.

*C. testá ovato-conoidea, acutá, ventricosá, transversìm tenuissimè
striatá, nodis graniformibus cincta, albo et fusco variegatá; aperturá minimá subrotunda ; canali truncato.*

Quoy et Gaim. Voy. de l'Astrol. t. 3. p. 129. pl. 55. f. 17.
Kiener. Spec. des Coq. p. 55. n° 41. pl. 15. f. 2.
Habite les côtes de l'île Touga-Tabou.

Petite coquille bien distincte de toutes ses congénères. Elle est allongée, turriculée, d'un beau brun marron foncé, avec quelques marbrures d'un blanc fauve. Ses tours, au nombre de six ou sept, sont
interrompus, à des distances inégales, par des varices blanchâtres.
On compte à leur surface trois rangées transverses de granulations
qui se disposent aussi dans le sens de petits plis longitudinaux
faiblement arqués dans leur longueur. Entre chaque rangée de
granulations, on voit une petite strie saillante. L'ouverture est petite ; le bord droit est très épaissi en dedans et très profondément
plissé. Sur sa limite extérieure, ce bord droit est élégamment ponctué de brun. Le canal terminal est très court et oblique. Cette
petite coquille a 15 ou 18 mill. de longueur et 7 à 8 de large.

### † 51. Cérite grenue. *Cerithium granosum.* Kiener.

*C. testá elongato-acutissimá, angustá, transversìm striatá, triseria-
tim granosá; anfractibus planis, conjunctis; ultimo basi producto, tenuè granuloso, varice aperturæ opposito prædito ; aperturá magná, ovato-oblongá ; labro plicato, intùs lineis fuscis ornato.*

Kiener. Spec. des coq. p. 57. n° 43. pl. 4. f. 5.
Habite la mer Rouge, d'après M. Kiener.

Coquille facile à distinguer parmi ses congénères; elle est allongée,
étroite, à spire très aiguë, composée de 13 à 14 tours sur chacun desquels s'élèvent trois rangées transverses de granulations
qui se disposent de manière à former en même temps des plis
longitudinaux. Outre ces tubercules, la surface présente encore

un grand nombre de stries transverses. Le dernier tour est prolongé à la base en un canal large et droit. Les granulations se continuent, mais plus fines et plus serrées. Quelques varices sont irrégulièrement éparses sur les tours, mais il y en a une sur le dernier tour constamment opposée à l'ouverture. Celle-ci est allongée, ovalaire, atténuée à ses extrémités. Le bord droit est mince, légèrement onduleux et orné en dedans de quatre linéoles d'un beau brun sur un fond blanc. Toute la coquille est d'un gris sale, quelquefois brunâtre. Les rangées de granulations, dans quelques individus, sont d'un brun assez foncé.

Cette coquille a 25 mill. de long et 8 de large.

## † 52. Cérite corail. *Cerithium corallium*. Kiener.

*C. testâ elongato-acuminatâ, rubescente, longitudinaliter plicatâ, transversim striatâ et trifariam nodosâ ; anfractibus numerosis, subplanis, varicosis; aperturâ ovatâ ; labro tenui, crenato.*

Kiener. Spec. des coq. p. 32. n° 22. pl. 8. f. 3.

Habite l'Océan Indien, d'après M. Kiener.

Espèce allongée, turriculée, très pointue au sommet; on compte douze tours à la spire : ces tours sont à peine convexes, et leur surface est chargée de stries très fines et transverses; ils sont plissés dans leur longueur et présentent trois côtes transverses, qui se relèvent en tubercules oblongs en passant sur les plis. Sur le dernier tour, il y a de plus cinq autres petites côtes granuleuses qui vont graduellement en s'amoindrissant. Outre les varices qui se montrent irrégulièrement sur la spire, il y en a toujours une sur le dernier tour opposée à l'ouverture. Celle-ci est petite, ovalaire, atténuée à ses extrémités, et terminée en avant par un canal court et oblique. Le bord droit est sillonné à l'intérieur; il est mince et crénelé et à peine sinueux latéralement. Toute cette coquille est d'un rouge peu intense, uniforme, assez semblable à celle de la variété pâle du corail. Elle est longue de 35 millim. et large de 12.

## † 53. Cérite zèbre. *Cerithium zebrum*. Kiener.

*C. testâ minimâ, conico-turritâ, acuminatâ; tenuissimè granulosâ, albâ, fusco fasciatâ ; ultimo anfractu bifasciato; aperturâ minimâ, ovato-rotundâ; canali brevi, angusto, profundo.*

Kiener. Spec. des Coq. p. 71. n° 56. pl. 25. f. 4.

Habite l'Océan de l'Inde, l'Ile de France, d'après M. Kiener.

Très petite coquille, fort élégante à laquelle M. Kiener eût pu choisir un nom dont la traduction latine s'accordât mieux avec les règles du langage. Nous remarquons avec peine, et cela d'une manière

générale, que beaucoup des noms spécifiques sont d'une latinité
très barbare que Linné et Lamarck et d'autres naturalistes ont su
éviter.

Cette petite coquille est fort élégante, allongée, turriculée. Ses tours,
peu convexes, sont ornés d'un très grand nombre de stries transverses, très finement granuleuses. Ces stries sont alternativement
plus grosses et plus fines. L'ouverture est petite, ovale-obronde ;
son bord droit est simple, et son angle supérieur est dépourvu de
la petite rigole qui existe dans le plus grand nombre des espèces.
le canal terminal est court, étroit, mais profond. La coloration de
cette espèce la rend facile à reconnaître. Elle est d'un blanc laiteux, et ornée, à la base des tours, d'une linéole assez large d'un
beau brun. A la circonférence du dernier tour, se montre une
seconde linéole semblable à la première. Cette petite espèce a 7
mill. de long et 3 de large.

## † 54. Cérite courte. *Cerithium breve.* Quoy.

*C. testá ovato-conoideá, luteá aut viridi, transversim tenuissimè striatá,
nodis albis seriatim cinctá ; canali brevi, truncato.*

Quoy et Gaim. Voy. de l'Astrol. t. 3. p. 116. pl. 54, f. 9-12.
Kiener. Spec. des Coq. p. 50. n° 37. pl. 14. f. 2.
Habite les mers de l'Océanie, les côtes de Tonga, d'après M. Quoy.

Espèce singulière qui se rapproche un peu du *Cerithium morus*, par
sa forme générale ; mais qui s'en distingue facilement ainsi que du
*Cerithium rugosum* avec lequel elle a également de la ressemblance. La spire est courte et conique : on y compte dix tours
étroits sur lesquels se relèvent des plis longitudinaux nombreux,
coupés en travers par deux côtes décurrentes, ce qui divise toute
la surface en compartimens quadrangulaires qui ont plus ou moins
de régularité selon les individus. Outre les accidens que nous venons de mentionner, toute la surface de la coquille présente des
stries transverses très fines. Toute la coquille est blanche, et elle
est ornée de taches noirâtres, subquadrangulaires, irrégulièrement
éparses. L'ouverture est très petite, ovale, atténuée à ses extrémités,
terminée antérieurement par un canal étroit et court ; le bord droit
est très épais à l'intérieur ; il est creusé en dedans de cinq petites
rigoles qui correspondent aux côtes transverses de l'extérieur. Cette
ouverture est largement bordée au dehors, ce qui contribue à donner à l'espèce un caractère particulier.

Cette coquille est longue de 25 mill. et large de 11.

## † 55. Cérite rugueuse. *Cerithium rugosum.* Kiener.

*C. testá conico-turritá, brevi, tenuè striatá, transversim trifariàm*

*granulosá ; granulis alternatim albis fuscisque ; aperturá ovato-
subcirculari, canali brevissimo, obliquo terminatá.*

*Strombus rugosus.* Wood. Ind. test. Sup. pl. 4. f. 10.

Kiener. Spec. des Coq. p. 54. n° 49. pl. 15. f. 8.

Habite les côtes de la Nouvelle-Guinée, d'après M. Kiener.

Il y a trois espèces qui ont entre elles la plus grande analogie : ce
sont les *Cerithium breve, moniliferum* et celle-ci. Malgré leurs
rapports, elles paraissent avoir des caractères assez constans pour
être toutes trois maintenues dans les catalogues. Celle-ci est
allongée conique, elle est formée de huit tours de spire peu
convexes, finement striés, sur lesquels s'élèvent trois rangs de
granulations assez régulières qui, dans le plus grand nombre des
individus, sont alternativement noires et blanches. L'ouverture
est en proportion plus grande dans cette espèce que dans les deux
autres ci-dessus mentionnées. Cette ouverture est ovale obronde,
son bord droit est épais, blanc à l'intérieur et plissé ; le canal de la
base est fort étroit, fort court et peu profond. Cette coquille a 25
mill. de long et 13 de large.

## † 56. Cérite monilifère. *Cerithium moniliferum.* Kiener.

*C. testá turbinato-conicá, acuminatá, cinereá, transversìm serialiter
nigro punctatá, sulcatá, tenuè striatá ; aperturá minimá ; labro
intùs sulcato ; canali truncato.*

Kiener. Spec. des Coq. p. 49. n° 36. pl. 16. f. 3.

Habite le port Praslin, d'après M. Lesson ; l'Océan de l'Inde, d'après
M. Kiener.

Espèce qui a de l'analogie avec le *Cerithium breve* de M. Quoy, et
surtout avec le *Rugosum* de Wood. Il est court, épais, ovale-conique, à spire pointue, à laquelle on compte neuf à dix tours étroits,
très distingués les uns des autres par une suture nettement étagée.
Non-seulement les tours présentent trois gros sillons transverses,
mais de plus ils sont couverts de fines stries transverses peu apparentes. Des plis longitudinaux découpent les sillons en granulations oblongues, alternativement tachées de noir et de blanc, sur
un fond gris-cendré. L'ouverture est petite, ovalaire ; son bord
droit, sillonné, est orné de cinq lignes d'un beau noir alternant
avec un nombre égal de lignes blanches de la même largeur.

Cette coquille a 30 mill. de longueur et 15 de large.

## † 57. Cérite renflée. *Cerithium inflatum.* Quoy.

*C. testá ovato-ventricosá, tuberculosá, subplicatá, tenuissimè trans-
versìm striatá, nigrá ; aperturá amplá, subrotundá, albo et fusco
striatá ; canali brevi, truncato.*

Quoy et Gaim. Voy. de l'Astrol. t. 3. p. 130. pl. 55. f. 10.

Kiener. Spec. des Coq. p. 44. n° 29. pl. 7. f. 1.

Habite l'île de Vanikoro.

Petite coquille raccourcie qui, par sa forme générale, rappelle assez
le *Cerithium breviculum* de Sowerby. Elle est ovale ventrue; la
spire n'est pas plus grande que le dernier tour. Les tours sont au
nombre de six, ils sont étroits et divisés en deux parties égales
par un angle sur lequel se relève une série de tubercules courts et
aplatis. Toute la surface de la coquille est très finement striée;
l'ouverture est assez grande, ovalaire, terminée en avant par un
canal court et oblique. L'angle postérieur est creusé d'une petite
gouttière très étroite. Le bord droit est sillonné en dedans, il est
d'un brun marron foncé. Toute la coquille est d'un brun noir très
intense et uniforme. Elle est longue de 21 mill. et large de 15.

### † 58. Cérite purpuriforme. *Cerithium breviculum.* Sow.

*C. testá ovato-ventricosá, brevi, transversìm striatá, fuscá, albo
punctatá; anfractibus convexiusculis; primis biseriatìm granuloso-
spinosis; ultimo quadri seriatìm spinoso; aperturá ovatá, canali
brevissimo truncatá; labro tenui, acuto, intùs striato.*

Sow. Genera of shells. Cerith. f. 1.

Kiener. Spec. des Coq. p. 53. n° 39. pl. 15. f. 4.

Reeve. Conch. Syst. t. 2. p. 178. pl. 226. f. 1.

Habite....

Coquille fort singulière qui a autant la forme d'une pourpre que
d'une Cérite. Elle est très courte, ovalaire, composée de sept tours
légèrement convexes, dont le dernier est plus grand que les autres;
toute leur surface est striée transversalement et ils offrent de plus
les premiers, deux rangées de tubercules pointus subspiniformes,
et le dernier, quatre. Toute la coquille est d'un brun assez foncé;
les intervalles des tubercules sont tachetés de blanc. L'ouverture
est assez grande, ovalaire, peu oblique et terminée en avant par un
canal court et peu profond, comparable à celui de certaines pourpres. Le bord droit est mince, strié en dedans et orné, sur un
fond blanc, d'un assez grand nombre de linéoles brunes.

Cette coquille a 21 mill. de long et 14 de large.

### † 59. Cérite fluviatile. *Cerithium fluviatile.* Pot. et Mich.

*C. testá elongato-turritá, longitudinalìter plicatá; transversìm tri-
sulcatá, fuscescente, albo lineatá; anfractibus planulatis; ultimo
ad aperturam gibboso, basi depresso, striato; aperturá ovatá, obliquissimá, canali brevissimo terminatá; labro magno, dilatato,
anticè uncinato.*

Potiez et Mich. Cat. des Moll. de Douai. page 363. n° 29. pl. 31.
fig. 19, 20.

Kiener. Spec. génér. des Coq. p. 92. n° 75. pl. 19. f. 3.

Lister. Conch. pl. 122. f. 19.

Habite l'Océan Indien.

Il y a dans Gmelin un *Murex fluviatilis* qui est une Cérite, mais ce
n'est pas la même que celle-ci ; l'espèce de Gmelin fait un double
emploi du *Cerithium radula*. Ce naturaliste compilateur répète
au *Fluviatilis* une synonymie déjà donnée quelques pages aupara-
vant à son *Strombus aculeatus*.

Coquille connue depuis long-temps dans les collections, mais qui a
été récemment nommée par MM. Potiez et Michaud, dans l'ouvrage
estimable qu'ils ont intitulé : *Catalogue de la collection de Coquilles du Musée de Douai*. Cette espèce se distingue facilement de
toutes ses congénères. Elle est allongée, turriculée ; ses tours de
spire sont nombreux et étroits ; ils sont chargés de nombreux plis
longitudinaux, découpés en granulations par trois stries transver.
ses assez profondes. Quelques-uns de ces plis, plus gros, simulent
des varices ; mais sur le dernier tour, ordinairement au-dessous de
l'ouverture, s'élève une gibbosité variciforme très épaisse. Ce dernier tour est aplati à la base, et le canal qui le termine est extrêmement court. L'ouverture est fort singulière ; elle est ovalaire.
Son angle supérieur est creusé d'une gouttière qui s'applique assez
haut sur l'avant-dernier tour. Le bord droit est grand, dilaté, simple, mince et projeté en avant de manière à couvrir une partie de
l'ouverture. Il est orné en dedans de linéoles d'un beau brun. La
coloration de cette espèce est assez constante ; elle consiste en
deux ou trois linéoles brunes et blanches qui alternent sur les
tours. Cette espèce à 32 mill. de long et 12 de large.

## † 60. Cérite variqueuse. *Cerithium varicosum*. Sow.

*C. testâ elongato-turritâ, plicato-granosâ, fuscâ, albo zonatâ ; an-
fractibus convexiusculis ; varicibus numerosis, interruptis ; ultimo
basi depresso, striato ; aperturâ albâ, circulari, basi vix emar-
ginatâ.*

Sow. Genera of shells. f. 5?

Kiener. Spec. des Coq. p. 94. n° 77. pl. 30. f. 2.

Reeve. Conch. Syst. t. 2. p. 178. pl. 226. f. 5?

Habite les mers du Chili.

La coquille que nous avons sous les yeux est la même que celle que
M. Kiener a représentée sous le nom de *Cerithium varicosum ;*
mais nous ne sommes pas certain que cette espèce soit parfaite-

ment identique avec celle que nomme de même M. Sowerby, dans
son *Genera of shells*. L'imperfection de la figure de l'auteur anglais ne permet pas de constater l'identité des coquilles en question, et je pense que M. Kiener, en donnant le nom de *Cerithium
varicosum* à son espèce, s'est assuré préalablement qu'il ne faisait pas un double emploi. Cette coquille appartiendrait indubi-
tablement au genre Potamide de M. Brongniart. Elle peut servir
aussi d'intermédiaire entre les Cérites et certaines espèces de Turritelles. Elle est allongée, turriculée; ses tours, nombreux et
étroits, sont médiocrement convexes, et ils sont chargés d'un
grand nombre de plis longitudinaux peu saillans, très serrés, divisés en 4 ou 5 rangs de granulations par des stries transverses.
Sur ces tours, se trouvent un grand nombre de varices très irrégulièrement distribuées; la dernière, plus grosse que les autres,
est constamment opposée à l'ouverture qui est arrondie. Le bord
droit évasé, souvent garni d'un bourrelet, est peu proéminent en
avant. La columelle est droite, et elle se joint au bord droit en
formant une légère dépression comparable à celle qui caractérise
le genre *Rissoa*. Toute cette coquille est d'un brun marron intense, et, dans la plupart des individus, on remarque sur le milieu
des tours une petite zone blanchâtre.

Cette coquille est longue de 40 mill. et large de 16.

## † 61. Cérite petite aile. *Cerithium microptera*. Kiener.

> *C. testá elongato-turritá, longitudinaliter plicatá, transversìm tri-
> seriatim granulosá, fuscá ; suturis sulcisque nigrescentibus; an-
> fractibus planis, angustis: ultimo ad aperturam varicoso; aperturá
> ovato-depressá ; labro magno , dilatato, simplici, intùs fusco
> lineato.*

Kiener. Spec. des Coq. p. 93. n° 76. pl. 30. f. 3.

Habite l'Océan Indien, d'après M. Kiener.

Coquille fort singulière qui ne manque pas d'analogie avec le *Ceri-
tium fluviatile* ; mais qui s'en distingue éminemment par le développement extraordinaire du bord droit, et le prolongement de
l'angle postérieur de l'ouverture en une gouttière qui remonte
latéralement, à la manière de la plupart de celles des Rostellaires.
La spire est très pointue, composée de 14 à 15 tours étroits, à
suture subcanaliculée, chargée de nombreux plis longitudinaux,
divisés en travers de manière à former trois séries transverses de
granulations aplaties. Il y a toujours sur le dernier tour une grosse
varice opposée à l'ouverture. La base de la coquille est aplatie et
couverte de stries étroites et profondes. La coquille est ordi-

nairement fauve, plus ou moins foncée selon les individus, et la
suture, aussi bien que les sillons transverses, sont d'un beau brun
noirâtre. Le bord droit est très dilaté; il forme en avant une sorte
de bec qui couvre un canal terminal très court et à peine creusé.
Cette coquille a 35 mill. de long et 15 de large.

## † 62. Cérite élégante. *Cerithium elegans*. Blainv.

*C. testâ elongato-turritâ, eleganter granulosâ, albâ fusco-fasciatâ;
anfractibus planis, angustis, numerosis, quadriseriatìm granulosis; ultimo basi plano, ad periphœriam angulato; aperturâ subquadrangulari, canali contorto terminatâ.*

Blainv. Faune franc. Moll. p. 159. n° 6. pl. 62. fig. 9.
Habite...

J'ai trouvé autrefois cette coquille parmi d'autres espèces de la
Méditerranée, et je n'ai pas la certitude absolue qu'elle provienne
de cette mer. Elle est allongée, turriculée, composée d'un grand
nombre de tours aplatis, séparés par une suture faiblement canaliculée. Ces tours sont légèrement creusés dans le milieu; ils sont
ornés de trois rangées transverses de fines granulations, dont la
moyenne est la plus petite et, par conséquent, la moins saillante. Le
dernier tour est lisse et aplati à la base; il est anguleux à la circonférence. L'ouverture est quadrangulaire et terminée en avant
en un canal assez allongé et comme tordu dans sa longueur. La
coloration de cette espèce consiste en une linéole brune qui suit
la base des tours sur le fond d'un blanc sale de la coquille.
Cette petite espèce a 9 mill. de long et 3 de large.

## † 63. Cérite chagrinée. *Cerithium granarium*. Kiener.

*C. testâ elongato-turritâ, angustâ, rubescente, transversim quadri-
seriatìm granulosâ; anfractibus planis, subconjunctis; ultimo basi
obtuso, striato; aperturâ minimâ, basi depressâ; labro tenui, acuto.*

Kiener. Spec. génér. des Coq. viv. p. 72. n° 57. pl. 19. f. 3.
Menke. Moll. Novæ Holl. Spec. p. 20. n° 84.
Habite la Nouvelle-Hollande.

Cette espèce a quelque analogie avec le *Cerithium scabrum*; elle est
plus grande; la spire, très pointue, se compose de 14 tours à peine
convexes et dont la suture se distingue assez difficilement. Sur ces
tours se montrent quatre rangées transverses de fines granulations
bien isolées, demi-sphériques, régulières et égales. Ces granulations,
d'un rouge ferrugineux, se détachent agréablement sur le fond
blanc de la coquille. Le dernier tour est obtus à la base; il est
strié et simplement échancré, ou plutôt déprimé. Le bord droit est

mince et tranchant'; il est simple, à peine sinueux dans sa longueur. Cette coquille est longue de 22 mill. et large de 6.

### † 64. Cérite de Diemen. *Cerithium Diemenense.* Quoy.

*C. testâ minimâ, turrito-subulatâ, plicatâ, transversìm striatâ, fus-cescente; anfractibus quadristriatis; aperturâ subovali, nigro-viola-ceâ; canali brevissimo; ultimo anfractu vittâ albâ cincto.*

Quoy et Gaim. Voy. de l'Astrol. t. 3. p. 128. pl. 55. f. 11-13.
Kiener. Spec. des Coq. p. 70. n° 55. pl. 23. f. 1.
Habite les côtes de l'île Van Diemen.

Petite espèce qui a de l'analogie, pour la forme et la couleur, avec le *Cerithium conicum.* Elle est allongée, turriculée, d'un brun grisâtre, plissée longitudinalement et sillonnée en travers. L'entrecroisement des sillons et des plis produit à la surface des tours quatre rangées de tubercules oblongs. L'ouverture est petite, ovalaire, d'un beau brun à l'intérieur et terminée en avant par un canal court et étroit.

Cette petite espèce a aussi beaucoup d'analogie avec le *Cerithium turritellatum* de M. Quoy; mais elle se distingue au premier coup-d'œil par les plis longitudinaux qui tombent perpendiculairement, tandis qu'ils sont arqués et obliques dans le *Turritellatum.* Cette espèce a 24 millim. de long et 6 de large.

### † 65. Cérite conique. *Cerithium conicum.* Blainv.

*C. testâ elongato-turritâ, griseâ, granulosâ, longitudinaliter sub-plicatâ; anfractibus planis, triseriatìm granulosis; ultimo basi subangulato, striato; aperturâ minimâ, ovatâ, basi canali lato, truncato, terminatâ.*

Blainv. Faune franç. Moll. p. 158. n° 5. pl. 6 A. f. 10.
*Cerithium Sardoum.* Cantraine. Kiener. Spec. des coq. p. 65. n° 50. pl. 22. f. 2.
*Cerithium conicum.* Kiener. loc. cit. n° 51. pl. 23. f. 8.
Habite la Méditerranée.

M. Kiener, en adoptant le *Cerithium Sardoum* de M. Cantraine, aurait dû traduire le mot latin. Cérite de Sardoum ne signifie rien, lorsque le mot latin doit se traduire par Cérite de Sardaigne.

Nous réunissons au *Cerithium conicum* de M. de Blainville l'espèce nommée *Sardoum* par M. Cantraine. Nous ne voyons pas entre ces coquilles de différence spécifique suffisante; nous serions même porté à y joindre encore une troisième espèce nommée *Cerithium peloritanum* par le même auteur, et que probablement une série de variétés viendra joindre aux deux premières. Le *Cerithium conicum* est une petite coquille turriculée grisâtre ou brunâtre, à

tours nombreux, à peine convexes, sur lesquels s'élèvent deux ou
trois rangées transverses de granulations, qui se placent avec assez de régularité pour former en même temps de petits plis longitudinaux. A la base du dernier tour, on remarque de petits
sillons en saillie qui en limitent la circonférence. L'ouverture est
très petite, ovalaire ; le canal est très court, ou plutôt il est remplacé par une simple dépression ; le bord droit est mince et tranchant, sinueux latéralement.

Cette petite coquille, assez commune dans les eaux saumâtres, a 18
à 20 millim. de longueur et 5 à 6 de large.

### † 66. Cérite de Caillaud. *Cerithium Caillaudi.* Pot. et Mich.

*C. testá elongato turritá, fusco griscá, albo zonatá ; anfractibus pla-
nis, transversìm biseriatìm granosis : ultimo anfractu ad periphœriam subangulato ; aperturá ovatá, luteolá ; labro tenui, lateraliter
sinuoso.*

Potiez et Mich. Cat. des Moll. de Douai. p. 359. n° 7. pl. 31. f. 17. 18.
Habite la Mer Rouge.

Petite coquille qui paraît assez commune sur différens points du littoral ; elle est allongée, turriculée, d'un blanc jaunâtre ou grisâtre,
quelquefois brunâtre, les tours du spire sont nombreux, étroits et
ornés de deux rangées de petites perles séparées par des stries
transverses. La base des tours se distingue par une linéole blanche qui suit la suture. L'ouverture est petite, ovalaire ; la columelle est presque toujours d'un fauve assez foncé, et le bord droit
est orné en dedans de plusieurs lignes de la même couleur. Le
canal de la base est très court et peu profond, ce qui ferait recevoir cette espèce parmi les Potamides si ce genre était adopté.

Cette espèce est longue de 17 mill, et large de 5.

### † 67. Cérite de Sydney. *Cerithium australe.* Quoy.

*C. testá turritá, plicatá, tuberosá, tenuissimè transversìm et undula-
tìm striatá, fuscá, vittá decurrente, albá cinctá ; canali brevissimo.*

Quoy et Gaim. Voy. de l'Astrol. t. 3. p. 131. pl. 55. f. 7.
Kiener. Spec. des Coq. p. 60. n° 46. pl. 8. f. 2.
Habite la Nouvelle-Hollande, au port Jackson.

Coquille allongée turriculée, à laquelle on compte neuf à dix tours
peu convexes, plissés longitudinalement et striés en travers. Ces
plis se succèdent assez régulièrement d'un tour à l'autre, de manière à former sur toute la coquille une pyramide polygonale, à
8 ou 9 angles, suivant les individus. Les stries transverses sont inégales, il y en a deux ou trois des plus grosses sur chaque tour entre
lesquelles se placent les plus petites. Toute la coquille est d'un

brun noirâtre, quelquefois grisâtre, et dans certains individus on
remarque sur le milieu des tours une fascie fauve. L'ouverture est
petite, ovalaire, terminée en avant par un canal très court, peu
oblique et tronqué. Le bord droit est orné à l'intérieur de six ou
sept lignes brunes sur un fond blanchâtre : ce bord est à peine sinueux dans sa longueur; il est mince et tranchant.
Cette coquille a 40 mill. de longueur et 17 de large.

#### † 68. Cérite turritelle. *Cerithium turritella.* Quoy.

*C. testá turritá, acutá, longitrorsùm transversìmque striatá, granu-*
*losá, apice plicatá ; basi ventricosá, fuscescente, vittá albá cinctá;*
*anfractibus convexis; aperturá subrotundá ; canali brevissimo.*

Quoy et Gaim. Voy. de l'Astrol. t. 3. p. 132. pl. 55. f. 8.
Menke. Moll. Novæ Holl. Spec. p. 19. n° 83.
Kiener. Spec. des Coq. p. 64. n° 49. pl. 22. f. 1.
Habite la Nouvelle-Zélande.
Petite coquille qui a de l'analogie avec le *Cerithium conicum* de
M. de Blainville. Elle est allongée, turriculée, très pointue; ses
tours, médiocrement convexes, sont pourvus de nombreux plis
longitudinaux, à peine arqués dans leur longueur et découpés en
granulations aplaties par trois petits sillons transverses régulièrement espacés. L'ouverture est petite, arrondie; le bord droit est
toujours mince et tranchant, la columelle est redressée, tronquée
à la base, et le canal terminal consiste en une dépression étroite
et peu profonde. Toute la coquille est d'un brun grisâtre uniforme. Elle est longue de 25 mill. et large de 8.

#### † 69. Cérite de Pélore. *Cerithium Peloritanum.* Cant.

*C. testá minimá, elongato-turritá, acutissimá, longitudinaliter pli-*
*catá, trifariàm transversìm granulosá, albá, nigro fasciatá;*
*anfractibus convexiusculis ; aperturá minimá, ovatá, canali brevis-*
*simo terminatá.*

Cantraine. Kiener. Spec. des Coq. p. 67. n° 52. pl. 23. f. 2. 2.a.
Habite la Méditerranée, et particulièrement les côtes de la Sicile.
Petite coquille qui, par l'ensemble de ses caractères, se rapproche
du *Cerithium conicum* de M. de Blainville. Elle est allongée, turriculée, étroite, très pointue au sommet et composée de onze à douze
tours peu convexes, très étroits, sur lesquels se trouvent trois rangées transverses de granulations qui se disposent également, par
leur régularité, en plis longitudinaux peu saillans. Le dernier
tour est très court. L'ouverture qui le termine est fort petite,
ovale-oblonde, à bord droit mince et tranchant, et terminé par un

canal, ou plutôt une dépression extrêmement courte et peu profonde. Si le genre Potamide de M. Brongniart eût été conservé, cette espèce aurait dû en faire partie. Elle se distingue aussi par sa coloration, qui consiste, dans le plus grand nombre des individus, en une zone d'un beau brun noir qui divise chaque tour à-peu-près par moitié. Le reste est blanc ou grisâtre.

Cette coquille a 21 mill. de long et 6 de large.

## † 70. Cérite boueuse. *Cerithium lutulentum*. Kiener.

*C. testá elongato-turritá, acuminatá, longitudinaliter plicatá, griseo-fuscá; anfractibus convexiusculis; ultimo ad periphæriam bicarinato; aperturá subrotundá, castaneá, canali brevi, angusto, recto terminatá.*

Kiener. Spec. des Coq. p. 63. n° 48. pl. 22. f. 3.

Habite les côtes de la Nouvelle-Zélande, d'après M. Kiener.

Petite coquille allongée, turriculée, d'un brun sale, grisâtre, uniforme. Sur ses tours, au nombre de 9 ou 10, s'élèvent, à des distances assez grandes, des petits plis aigus, étroits, courbés dans leur longueur, et dont la succession régulière d'un tour à l'autre rend la plupart des individus assez régulièrement polygonaux. Le dernier tour rend cette espèce facile à distinguer par les deux carènes transverses et aiguës qui occupent la circonférence.

Cette petite espèce, assez rare dans les collections, a 25 millim. de long et 10 de large.

## † 71. Cérite de Lafond. *Cerithium Lafondi*. Mich.

*C. testá elongato-turritellatá, subcorneá, rubro fuscescente, longitudinaliter tenuè plicatá; plicis arcuatis; anfractibus convexis, profundè separatis: ultimo convexo, ad periphæriam subangulato; aperturá subrotundá, basi depressá.*

Michaud. Actes de la Soc. linnéenne de Bord. 1829. pl. 5. f. 7. 8.

Kiener. Spec. des Coq. p. 97. n° 80. pl. 24. f. 3.

Habite la Méditerranée.

Petite coquille allongée, turriculée, qui a plutôt l'apparence d'une Turritelle que d'une Cérite. Ses tours sont nombreux et étroits, ils sont très convexes, séparés par une suture profonde. Toute leur surface est occupée par un grand nombre de petits plis longitudinaux arqués dans leur longueur. Le dernier tour est légèrement déprimé à la base, et cette base, qui est lisse, est circonscrite à la circonférence par un angle obtus que l'on peut comparer à celui de certaines Scalaires. L'ouverture est petite et obronde. Le bord droit est mince et tranchant, et c'est à peine si l'on trouve une légère dépression au point où il se réunit à la base avec le bord columellaire. Toute cette coquille est d'un brun rougeâtre uniforme. Elle est longue de 10 mill. et large de 3.

## *Espèces fossiles.*

### 1. Cérite interrompue. *Cerithium interruptum*. Lamk.

C. *testá pyramidatá, subvaricosá, transversè striatá; striis alternis minoribus; costellis longitudinalibus arcuatis; infimo anfractu ventricoso.*

*Cerithium interruptum.* Ann. du Mus. vol. 3. p. 270. n° 1. et t. 7. pl. 13. f. 6.

[*b*] *Var. anfractibus subcarinatis.*

* Potiez et Mich. Cat. des Coq. de Douai. p. 365. n° 39.

* Roissy. Buf. Moll. t. 6. p. 117. n° 8.

* Desh. Coq. foss. de Paris. t. 2. p. 417. n° 125. pl. 45. f. 1. 2.

Habite... Fossile de Grignon. Mon cabinet et celui de M. *Defrance.* Longueur, près de 5 centimètres.

### 2. Cérite hexagone. *Cerithium hexagonum*. Lamk.

C. *testá pyramidatá, hexagoná; striis transversis granosis; anfractu infimo turgido, supernè tuberculis subacutis spinoso.*

*Murex hexagonus.* Chemn. Conch. 10. t. 162. f. 1554. 1555.

*Cerithium hexagonum.* Brug. Dict. n° 31

*Cerithium hexagonum.* Ann. ibid. p. 271. n° 2.

* *Murex angulatus.* Brander. Foss. p. 24. f. 46.

* Sow. Min. Conch. pl. 127.

* *Cerithium maraschini.* Brong. Vicent. pl. 3. f. 19.

* Desh. Coq. foss. de Paris. t. 2. p. 327. n° 26. pl. 45. f. 4. **5.** pl. 48. f. 15. 16.

* Potiez et Mich. Cat. des Coq. de Douai. p. 365. n° 37.

* *Murex hexagonus.* Gmel. 3548.

* *Id.* Dillw. Cat. t. 2. p. 757. n° 159.

Habite... Fossile de Houdan et Courtagnon. Mon cabinet. Longueur, plus de 6 centimètres.

### 3. Cérite à dents de scie. *Cerithium serratum*. Brug. (1)

---

(1) Lamarck rapporte dans la synonymie de cette espèce une coquille vivante figurée par Martyns et qui est bien différente de la fossile. Ces deux espèces devront être séparées.

*C. testâ turritâ, echïnatâ; anfractuum costis binis transversis serrato-
spinosis; serraturis compressis; costâ inferiori minimâ.*

Martyns. Conch. 2. t. 58.

*Cerithium serratum.* Brug. Dict. n° 15.

*Cerithium serratum.* Ann. ibid. n° 3.

* Desh. Coq. foss. de Paris. t. 2. p. 302. pl. 41. f. 3. 4.

* Potiez et Mich. Cat. des Coq. de Douai. p. 362. n° 20.

Habite... Fossile de Grignon, Courtaguon, etc. Mon cabinet. Longueur, environ 8 centimètres.

## 4. Cérite tricarinée. *Cerithium tricarinatum.* Lamk. (1)

*C. testâ pyramidatâ, asperatâ; anfractuum carinis tribus transversis
denticulatis; infimâ majore; labro angulato lamelloso.*

*Cerithium tricarinatum.* Ann. ibid. p. 272. n° 4.

[b] *Var. carinâ intermediâ minimâ.*

* Desh. Coq. foss. de Paris. t. 2. p. 325. n° 25. pl. 51. f. 1 à 9.

* Potié et Mich. Cat. des Coq. de Douai. p. 371. n° 69.

* Roissy. Buf. Moll. t. 6. p. 117. n° 9.

Habite... Fossile de Grignon et Houdan. Cabinet de M. *Defrance.*
Longueur, 57 millimètres.

## 5. Cérite à bandes. *Cerithium vittatum.* Lamk. (2)

*C. testâ turritâ; anfractibus supernè lævibus, infernè tricarinatis; ca-
rinis transversis subtuberculosis: superiore majore.*

*Cerithium vittatum.* Ann. ibid. n° 5.

* Roissy. Buf. Moll. t. 6. p. 118. n° 10.

Habite... Fossile de Courtagnon. Mon cabinet. Longueur, environ
55 millimètres.

## 6. Cérite clavatulée. *Cerithium clavatulatum.* Lamk.

*C. testâ subasperatâ; anfractibus costis transversis carinato-tubercu-
losis: infimo unicostato; superioribus bi seu tri-costatis; labro emarginato.*

---

(1) Le *Cerithium umbrellatum* de Lamarck, n. 12, est une variété à épines plus longues et plus réunies à la base que dans
celui-ci. Ces deux espèces dont nous avons vu un grand nombre de variétés se joignent par un grand nombre d'intermédiaires.

(2) Espèce qu'il faudra supprimer; elle a été établie sur un
fragment d'une Mélanie, *Melania inquinata.* Def.

*Cerithium clavatulatum.* Ann. ibid. n° 6.

* Roissy. Buf. Moll. t. 6. p. 118. n° 11.

Habite... Fossile de Courtagnon, Grignon et Houdan. Mon cabinet. Longueur, 35 millimètres.

## 7. Cérite échidnoïde. *Cerithium echidnoides.* Lamk. (1)

C. *testá asperatá; anfractuum costis binis trinisve transversis tuberculato-muricatis, inæqualibus.*

*Cerithium echidnoides.* Ann. ibid. p. 273. n° 7.

* Desh. Coq. foss. de Paris. t. 2. p. 346. n° 46. f. 5 à 10.

* Potiez et Mich. Cat. des Coq. de Douai. p. 362. n° 22.

* Roissy. Buf. Moll. t. 6. p. 119. n° 12.

Habite... Fossile de Grignon. Mon cabinet. Longueur, environ 40 millimètres.

## 8. Cérite anguleuse. *Cerithium angulosum.* Lamk.

C. *testá pyramidatá, transversè striatá; anfractibus medio carinato-angulatis; canali brevissimo.*

*An cerithium decussatum?* Brug. Dict. n° 23.

*Cerithium angulosum.* Ann. ibid. n° 8.

* Desh. Coq. foss. de Paris. t. 2. p. 418. n° 126. pl. 45. f. 3. pl. 48. f. 6. 7. pl. 49. f. 6. 7. 8.

Habite... Fossile de Grignon. Mon cabinet. Longueur, environ 42 millimètres.

## 9. Cérite à crêtes. *Cerithium cristatum.* Lamk.

C. *testá turritá, basi transversè sulcatá; anfractibus non striatis, medio carinato-dentatis.*

*Cerithium cristatum.* Ann. ibid. n° 9.

[b] *Var. anfractuum cariná brevissimá, subdentatá.* Mon cabinet.

* Potiez et Mich. Cat. des Coq. de Douai. p. 361. n° 17.

* Desh. Coq. foss. de Paris. t. 2. p. 420. n° 128. pl. 44. f. 5. 6. 7. pl. 60. f. 10. 11.

Habite... Fossile de Grignon. Cabinet de M. *Defrance.* Longueur, 30 à 35 millimètres.

## 10. Cérite calcitrapoïde. *Cerithium calcitrapoides.* Lamk.

C. *testá turritá, echinatá; anfractuum costá transversali mediá tuberculis compressis muricatá; striis transversis nullis.*

---

(1) Le *Cerithium clavatulatum* de Lamarck est une simple variété de celui-ci, comme nous l'ont prouvé un grand nombre de variétés intermédiaires.

*Cerithium calcitrapoides.* Ann. ibid. p. 274. nᵒ 10.

[b] *Var. anfractuum margine infimo crenato.*

* Potiez et Mich. Cat. des Coq. de Douai. p. 359. nᵒ 8.

* Desh. Coq. foss. de Paris. t. 2. p. 347. pl. 46. f. 18. 19. 23.

Habite... Fossile de Grignon. Mon cabinet. Longueur, 32 millim.

**11. Cérite dentelée.** *Cerithium denticulatum.* **Lamk.** (1)

> C. *testâ pyramidato-subulatâ; anfractibus supernè carinâ denticulatâ coronatis; posticè striâ transversâ unicâ vel geminâ tuberculatâ.*
>
> *Cerithium denticulatum.* Ann. ibid. nᵒ 11.
>
> [b] *Var. spirâ supernè subulatâ, muticâ.*
>
> * Potiez et Mich. Cat. des Coq. de Douai. p. 361. nᵒ 19.
>
> * Desh. Coq. foss. de Paris. t. 2. p. 303. nᵒ 3. pl. 47. f. 1. 2.
>
> Habite... Fossile de Grignon. Cabinet de M. *Defrance.* Longueur, 20 à 25 millimètres.

**12. Cérite à ombrelles.** *Cerithium umbrellatum.* **Lamk.**

> C. *testâ anfractibus supernè carinâ denticulatâ coronatis; margine inferiore dilatato, crenato; spirâ apice muticâ, subpunctatâ.*
>
> *Cerithium umbrellatum.* Ann. ibid. p. 343. nᵒ 12.
>
> Habite.. Fossile de Grignon. Mon cabinet. Longueur, 35 millim.

**13. Cérite lamelleuse.** *Cerithium lamellosum.* **Brug.**

> C. *testâ turritâ, longitudinaliter costatâ, subplicatâ; striis transversis, distantibus; ultimo anfractu basi trilamelloso.*
>
> *Cerithium lamellosum.* Brug. Dict. nᵒ 22.
>
> *Cerithium lamellosum.* Ann. ibid. nᵒ 13. et t. 7. pl. 13. f. 7.
>
> * Desh. Coq. foss. de Paris. t. 2. p. 370. nᵒ 74. pl. 44. f. 8. 9.
>
> * Potiez et Mich. Cat. des Coq. de Douai. p. 366. nᵒ 42.
>
> Habite... Fossile de Grignon. Mon cabinet. Longueur, 44 millim.

**14. Cérite tiare.** *Cerithium tiara.* **Lamk.** (2)

---

(1) Le *Cerithium gracile*, n. 53, est le jeune âge de celu  ci ; il sera  donc nécessaire de le rapporter ici dans la synonymie du *Denticulatum.*

(1) Après un examen attentif des types de Lamarck, soit dans sa propre collection, soit dans celle de M. Defrance, nous avons réuni à cette espèce deux de celles qui sont inscrites ici, l'un le *Cerithium mitra*, n. 26, l'autre le *Cerithium trochiforme*, n. 32, qui ne sont que de simples variétés.

*C. testá turritá ; anfractibus suprà planis, tuberculoso-coronatis, om-
nibus transversè striatis; aperturá obliquá.*
*Cerithium tiara.* Ann. ibid. n° 14.
[*b*] *Var. anfractibus inferioribus infrà coronam sublœvibus; supremis
costatis et striatis.*
[*c*] *Var. anfractibus omnibus vix striatis.*
* Desh. Coq. foss. de Paris. t. 2. p. 315. pl. 44. f. 12. 13. 18. 19.
pl. 48. f. 21. 22.
* Potiez et Mich. Cat. des Coq. de Douai. p. 371. n° 67.
Habite... Fossile de Grignon, Courtagnon, Betz, etc. Mon cabinet.
Longueur, 24 ou 25 millim.

## 15. Cérite changeante. *Cerithium mutabile.* Lamk.

*C. testá anfractibus transversè tristriatis : infimorum striá supremá
tuberculato-coronatá ; superiorum striis omnibus subæqualibus
punctatis.*
*Cerithium mutabile.* Ann. ibid. p. 344. n° 15.
[*b*] *Var. granulis striarum transversarum eminentioribus.*
* Desh. Coq. foss. de Paris. t. 2. p. 303. n° 5. pl. 47. f. 16 à 23.
* Potiez et Mich. Cat. des Coq. de Douai. p. 360. n° 10.
Habite... Fossile de Grignon. Longueur, 34 millim.

## 16. Cérite demi-couronnée. *Cerithium semicoronatum.* L.

*C. testá turritá; anfractuum striis transversis tribus granosis : supe-
riore tuberculatá; columellá uniplicatá.*
*Cerithium semi-coronatum.* Ann. ibid. n° 16.
* Desh. Coq. foss. de Paris. t. 2. p. 306. n° 6. pl. 50. f. 1. 2.
Habite... Fossile de Grignon. Mon cabinet et celui de M. *Defrance.*
Longueur, environ 40 millim.

## 17. Cérite cerclée. *Cerithium cinctum.* Brug.

*C. testá conico-turritá; anfractuum costis transversis tribus sub-æqua-
libus, granosis; suturis subcanaliculatis; columellá uniplicatá.*
*Cerithium cinctum.* Brug. Dict. n° 30.
*Cerithium cinctum.* Ann. ibid. p. 345. n° 17.
[*b*] *Var. anfractuum costis granosis, inæqualibus.*
* Desh. Coq. foss. de Paris. t. 2. p. 388. n° 95. pl. 49. f. 12. 13. 14.
* Potiez et Mich. Cat. des Coq. de Douai. p. 360. n° 9.
* Bronn, Leth. Geognost. t. 2. p. 1055. pl. 41. f. 6. 9.
Habite... Fossile de Pontchartrain, Beynes, la falaise de Houdan, etc.
Longueur, 52 millimètres.

**18. Cérite plissée.** *Cerithium plicatum.* **Brug.**

> *C. testâ turritâ, subcylindricâ ; anfractibus longitudinaliter plica-tis, transversìm tri seu quadrisulcatis ; labro crenulato.*

*Cerithium plicatum.* Ann. ibid. n° 18.

[b] *Var. plicis anfractuum profundioribus et distinctioribus.* Mon cabinet.

*Cerithium plicatum.* Brug. Dict. n° 21.

* Desh. Coq. foss. de Paris. t. 2. p. 389. n° 96. pl. 55. f. 5 à 9.
* Brong. Vicent. pl. 6. f. 12.
* Bast. Foss. de Bordeaux. p. 55. n° 5.

Habite... Fossile de Pontchartrain. Cabinet de M. *Defrance.* Longueur, 25 à 28 millimètres.

**19. Cérite conoïde.** *Cerithium conoideum.* **Lamk.**

> *C. testâ conicâ, brevi ; anfractuum striis transversis quaternis trinis-que granulatis ; anfractibus distinctis, suprà spiratis.*

*Cerithium conoideum.* Ann. ibid. n° 19.

* Potiez et Mich. Cat. des Coq. de Douai. p. 361. n. 14.
* Desh. Coq. foss. de Paris. t. 2. p. 338. n° 32. pl. 45. f. 14. 15.

Habite.... Fossile de Houdan. Cabinet de M. *Defrance.* Longueur 25 millimètres.

**20. Cérite confluente.** *Cerithium confluens.* **Lamk.**

> *C. testâ turritâ; anfractibus carinis tribus transversis granulatis; in-fimâ eminentiore ; granulis confluentibus.*

*Cerithium confluens.* Ann. ibid. n° 20.

* Desh. Coq. foss. de Paris. t. 2. p. 407. n° 115. pl. 55. t. 12. 13. 14.

Habite... Fossile de Beynes. Cabinet de M. *Defrance.* Longueur, environ 20 millimètres.

**21. Cérite clou.** *Cerithium clavus.* **Lamk.**

> *C. testâ tereti-subulatâ; anfractibus striis transversis binis granulatis; granulis verticaliter confluentibus; canali contorto.*

*Cerithium clavus.* Ann. ibid. p. 346. n° 21.

[b] *Var. anfractuum striis transversis ternis.*

[c] *Var. granulis vix confluentibus.*

* Potiez et Mich. Cat. des Coq. de Douai. p. 360. n° 12.
* Desh. Coq. foss. de Paris. t. 2. p. 391. pl. 58. f. 14. 15. 16.

Habite.... Fossile de Beynes. Cabinet de *M. Defrance.* Longueur, 22 millimètres.

**22. Cérite bâtonnet.** *Cerithium bacillum.* **Lamk.**

> *C. testâ tereti-subulatâ ; anfractuum striis transversis suboctonis ob-scurè granulosis inæqualibus ; costis longitudinalibus, obsoletis.*

*Cerithium bacillum.* Ann. ibid. n⁰ 22.

* Desh. Coq. foss. de Paris. t. 2. p. 394. n⁰ 101. pl. 56. f. 3 à 6.

Habite... Fossile de Beynes. Cabinet de M. *Defrance.* Longueur, environ 20 millimètres.

### 23. Cérite scabre. *Cerithium scabrum.* Lamk.

*C. testâ pyramidatâ, echinatâ; anfractibus bicarinatis; carinis dentatis; inferiore majore.*

*Cerithium scabrum.* Ann. ibid. n⁰ 23.

[b] *Var. carinarum dentibus minoribus et crebrioribus.*

* Desh. Coq. foss. de Paris. t. 2. p. 421. n⁰ 129. pl. 60. f. 14 à 18.

Habite... Fossile de Grignon. Cabinet de M. *Defrance.* Longueur, 22 millimètres.

### 24. Cérite aspérelle. *Cerithium asperellum.* Lamk.

*C. testâ conicâ; anfractibus bicarinatis; carinis multidentatis; obsoletè costatis, subæqualibus.*

*Cerithium asperellum.* Ann. ibid. p. 347. n⁰ 24.

[b] *Var. spirâ, productiore; anfractibus vix costellatis.*

Habite... Fossile de Grignon, Pontchartrain. Cabinet de M. *Defrance.* Longueur, à peine 12 millimètres.

### 25. Cérite trois-stries. *Cerithium tristriatum.* Lamk.

*C. testâ turritâ; anfractibus convexis, transversìm striatis; striis tribus eminentioribus; costellis verticalibus subarcuatis.*

*Cerithium turritellatum.* Ann. ibid. n⁰ 25.

[b] *Var. costellis brevioribus et rarioribus.*

[o] *Var. costellis minoribus, magis confertis et arcuatis.*

* *Cerithium crispum.* Def. Desh. Coq. foss. de Paris. t. 2. p. 406. n⁰ 113. pl. 59. f. 21 à 23.

Habite... Fossile de Beynes. Cabinet de M. *Defrance.* Longueur, 25 à 26 millimètres.

### 26. Cérite mitre. *Cerithium mitra.* Lamk.

*C. testâ conicâ; anfractibus suprà depressis, transversim quadristriatis : infimis dentato-coronatis; supremis costellis granosis verticalibus.*

*Cerithium mitra.* Ann. ibid. n⁰ 26.

Habite... Fossile de Beynes, Grignon. Cabinet de M. *Defrance.* Longueur, 17 millimètres.

### 27. Cérite pleurotomoïde. *Cerithium pleurotomoides.* Lamk.

*C. testâ conico-turritâ; anfractibus tuberculis obtusis biserialibus; labro emarginato, rotundato.*

* *Cerithium pleurotomoides*. Ann. ibid. p. 348. n° 27.

* Desh. Coq. foss. de Paris. t. 2, p. 344. n° 45. pl. 46. f. 11 à 15.

* Potiez et Mich. Cat. des Coq. de Douai. p. 368. n° 53.

Habite... Fossile de Grignon et de Crépy en Valois. Cabinet de M. *Defrance*. Longueur, 11 millim.

## 28. Cérite enveloppée. *Cerithium involutum*. Lamk.

C. *testâ conico-turritâ; anfractibus planis, involuto-imbricatis : inferioribus lævibus; superioribus striato-granulatis.*

*Cerithium involutum*. Ann. ibid. n° 28.

* Desh. Coq. foss. de Paris. t. 2. p. 328. n° 27. pl. 41. f. 10 à 13.

* Potiez et Mich. Cat. des Coq. de Douai. p. 362. n° 24.

Habite... Fossile de Houdan. Cabinet de M. *Defrance*. Longueur, 28 millim.

## 29. Cérite tuberculeuse. *Cerithium tuberculosum*. Lamk.

C. *testâ turritâ, echinatâ; anfractuum costis transversis binis tuberculatis : superiori tuberculis validioribus; margine inferiore crenato.*

*Cerithium tuberculosum.* Ann. ibid. n° 29.

* Desh. Coq. foss. de Paris. t. 2. p. 307. n° 7. pl. 48. f. 1. 5.

Habite... Fossile de Courtagnon. Mon cabinet. Longueur, 38 millim.

## 30. Cérite bicarinée. *Cerithium bicarinatum*. Lamk.

C. *testâ turritâ; anfractibus bicarinatis; carinis subangulatis.*

*Cerithium bicarinatum.* Ann. ibid. n° 30.

* Desh. Coq. foss. de Paris. t. 2. p. 356. n° 57. pl. 53. f. 14. 15.

Habite... Fossile de Betz, près Crépy. Mon cabinet. Longueur, 23 millim.

## 31. Cérite cabestan. *Cerithium trochleare*. Lamk.

C. *testâ conicâ, subturritâ, multicarinatâ; anfractibus septis verticalibus subfavosis; canali contorto.*

*Cerithium trochleare.* Ann. ibid. p. 349. n° 31.

* Desh. Coq. foss. de Paris. t. 2. p. 388. n° 94. pl. 10. 11.

Habite... Fossile de Grignon, Pontchartrain. Cabinet de M. *Defrance*.

## 32. Cérite trochiforme. *Cerithium trochiforme*. Lamk.

C. *testâ conicâ, brevi; striis transversis obsoletis; costis longitudinalibus serialibus crenulatis; aperturâ subquadratâ.*

*Cerithium trochiforme.* Ann. ibid. n° 32.

Habite... Fossile de Beynes. Cabinet de M. *Defrance*. Longueur, 6 millim.

### 33. Cérite muricoïde. *Cerithium muricoides.* Lamk. (1)

*C. testá ventricoso-conicá, brevi, transversè striatá; striis tuberculatis et striis granosis intermixtis; anfractibus convexis.*

*Cerithium muricoides.* Ann ibid. nº 33.

* Desh. Coq. foss. de Paris. t. 2. p. 426. nº 135. pl. 61. f. 13 à 15.

Habite... Fossile de Grignon. Mon cabinet et celui de **M.** *Defrance.*

Longueur, environ 15 millim.

### 34. Cérite pourpre. *Cerithium purpura.* Lamk.

*C. testá conicá, brevi, transversè striatá; anfractibus carinatis, tuberculosis; tuberculis compressis, distantibus.*

*Cerithium purpura.* Ann. ibid. nº 34.

Habite... Fossile de Grignon. Cabinet de M. *Defrance.*

### 35. Cérite conoïdale. *Cerithium conoidale.* Lamk.

*C. testá conoideá, brevi, transversè striatá; striis inæqualibus : aliis punctatis, aliis subtuberculosis; anfractibus planulatis.*

*Cerithium conoidale.* Ann. ibid. p. 350. nº 35.

* Desh. Coq. foss. de Paris. t. 2. p. 425. nº 137. pl. 61. f. 5 à 8.

Habite... Fossile de Grignon. Cabinet de M. *Defrance.* Longueur, 11 ou 12 millim.

### 36. Cérite costulée. *Cerithium costulatum.* Lamk.

*C. testá turrito-subulatá; costellis longitudinalibus, noduliformibus; striis transversis obsoletis; spirá subulatá.*

*Cerithium subulatum.* Ann. ibid. nº 36.

[*b*] *Var. costellis lævigatis.*

* *Cerithium subalatum.* Desh. Coq. foss. de Paris. t. 2. p. 364. pl. 53. f. 19. 20. 21.

Habite... Fossile de Grignon. Mon cabinet et celui de **M.** *Defrance.*

### 37. Cérite des pierres. *Cerithium lapidum.* Lamk.

---

(1) Nous réunissons à cette espèce la suivante, *Cerithium purpura.* Guidé par une série de variétés, nous avons reconnu que ce *Cerithium purpura* se rattachait au *Muricoides* par des modifications insensibles; il forme l'extrémité d'une série dont l'autre est le commencement. Lamarck n'a connu que ces points extrêmes. Nous avons eu sous les yeux la série entière, ce qui nous a fait porter un jugement différent sur la valeur de cette espèce.

*C. testâ turritâ; anfractibus convexis, obtusis, medio subtuberculosis; costellis verticalibus arcuatis obsoletissimis.*

**Cerithium lapidum.** Ann. ibid. nº 37.

[*b*] *Var. anfractibus lævigatis; striis transversis subbinis.*

[*c*] *Var. anfractibus multistriatis.* Cabinet de M. *Defrance.*

* Desh. Coq. foss. de Paris. t. 2. p. 421. nº 130. pl. 60. f. 21 à 24.

* Potiez et Mich. Cat. des Coq. de Douai. p. 368. nº 52.

Habite... Fossile des champs près de Grignon; se trouve aussi dans les pierres des environs de Paris. Mon cabinet. Longueur, 34 millim.

## 38. Cérite pétricole. *Cerithium petricolum.* Lamk. (1)

*C. testâ turritâ, lævigatâ; anfractibus margine superiore crasso supráque depresso coronatis : infimis transversè sulcatis.*

**Cerithium petricolum.** Ann. ibid. p. 851. nº 38.

[*b*] *Var. anfractuum margine superiore tuberculis raris coronato.*

Habite... Fossile des pierres des carrières des environs de Paris, dans lesquelles il est incrusté. Mon cabinet. Longueur, 25 ou 30 millimètres.

## 39. Cérite à rampe. *Cerithium spiratum.* Lamk.

*C. testâ tereti-turritâ, lævigatâ; anfractibus planiusculis, suprà canaliculatis, basi subunisulcatis ; caudâ extùs plicatâ.*

Favanne. Conch. pl. 66. fig. O. 6.

*Cerithium spiratum.* Ann. ibid. nº 39.

* Desh. Coq. foss. de Paris. t. 2. p. 379. nº 85. pl. 44. f. 3. 4.

Habite... Fossile de Chaumont. Mon cabinet. Longueur, 72 millimètres.

## 40. Cérite en colonne. *Cerithium columnare.* Lamk. (2)

*C. testâ tereti-subulatâ, striis verticalibus et transversis decussatâ ; anfractibus infrà marginem superiorem sulco marginatis.*

**Cerithium columnare.** Ann. ibid. nº 40.

Habite... Fossile des environs de Nogent-sur-Marne. Mon cabinet. Longueur, 26 à 28 millimètres.

---

(1) Des coquilles roulées méconnaissables parmi lesquelles on en reconnaît à peine quelques-unes voisines de notre *Cerithium tuberculosum*, ont servi à Lamarck à l'établissement de cette espèce qui doit être rayée des catalogues.

(2) Cette espèce n'est autre chose qu'un tronçon du *Terebra pertusa* des environs de Bordeaux, il faut donc supprimer cette espèce puisqu'elle n'est même pas du genre Cérite.

## 41. Cérite substriée. *Cerithium substriatum*. **Lamk.**

*C. testá conico-turritá, sublævigatá; anfractibus inferioribus striis transversis laxis simplicibus: superioribus striis obsoletè crenatis.*

*Cerithium substriatum.* Ann. ibid. p. 352. n° 41.

Habite... Fossile de Maulette. Mon cabinet et celui de **M.** *Defrance.* Longueur, 32 millimètres.

## 42. Cérite à quatre sillons. *Cerithium quadrisulcatum*. **Lamk.**

*C. testá turrito-subulatá; anfractibus planis, transversìm subquadrisulcatis; aperturá quadratá.*

*Cerithium quadrisulcatum.* Ann. ibid. n° 42.

[v] *Var. anfractibus obsoletè convexis; sulcis profundioribus.*

* Desh. Coq. foss. de Paris. t. 2. p. 3g5. n° 102. pl. 55. f. 21. 22. 23.

Habite... Fossile de Grignon. Cabinet de **M.** *Defrance.* Longueur, environ 20 millimètres.

## 43. Cérite ombiliquée. *Cerithium umbilicatum*. **Lamk.**

*C. testá turrita-subulatá; anfractibus planis, transversìm quadrisulcatis; columellá umbilicatá.*

*Cerithium umbilicatum.* Ann. ibid. p. 436. n° 43.

* Desh. Coq. foss. de Paris. t. 2. p. 3g8. n° 106. pl. 58. f. 7 à 10.

Habite... Fossile de Grignon. Longueur, 13 millimètres.

## 44. Cérite perforée. *Cerithium perforatum*. **Lamk.** (1)

*C. testá subulatá; anfractibus convexiusculis, transversìm multistriatis; columellá perforatá.*

*Cerithium perforatum.* Ann. ibid. n° 44. et t. 7. pl. 14. f. 2. a. b.

[b] *Var. lævigata; striis transversis subnullis; anfractibus obsoletè carinatis.*

* Desh. Coq. foss. de Paris. t. 2. p. 33g. n° 107. pl. 58. f. 1. 2. 3. 18 à 23.

Habite... Fossile de Grignon. Cabinet de **M.** *Defrance.* Longueur, 16 millimètres.

---

(1) Dans notre ouvrage sur les coquilles fossiles des environs de Paris, nous avons réuni à titre de variété de cette espèce le *Cerithium acicula*, n. 48. Cette opinion se fonde sur la connaissance de plusieurs variétés intermédiaires que Lamarck ne connut pas.

**45. Cérite en cheville.** *Cerithium clavosum.* **Lamk.**

> *C. testâ turritâ, lœvigatâ; striis transversis obsoletissimis; anfracti-*
> *bus planis : inferioribus superiores involventibus.*

*Cerithium clavosum.* Ann. ibid. n° 45.

* Desh. Coq. foss. de Paris. t. 2. p. 385. n° 91. pl. 41. f. 1. 2.
pl. 54. f. 29.

Habite... Fossile de Betz et d'autres lieux en France. Cabinet de
M. *Defrance.* Longueur, près de 14 centimètres.

**46. Cérite cancellée.** *Cerithium cancellatum.* **Lamk.**

> *C. testâ turrito-subulatâ; anfractibus convexis, striis transversis et*
> *verticalibus cancellatis; columellâ subplicatâ.*

*Cerithium cancellatum.* Ann. ibid. p. 437. n° 46.

*Desh. Coq. foss. de Paris. t. 2. p. 358. n° 60. pl. 53. f. 26
à 29.

Habite... Fossile de Grignon. Longueur, 10 millimètres.

**47. Cérite subgranuleuse.** *Cerithium subgranosum.* **Lamk.**

> *C. testâ turritâ, varicosâ; anfractibus striis transversis et verticali-*
> *bus cancellatis decussatis subgranosis; canali brevissimo.*

*Cerithium semigranosum.* Ann. ibid. n° 47.

[*b*] *Var. varicibus nullis.*

* Desh. Coq. foss. de Paris. t. 2. p. 360. n° 62. pl. 54. f. 3 à 6.

* Potiez et Mich. Cat. des Coq. de Douai. p. 370. n° 64.

Habite... Fossile de Grignon. Cabinet de M. *Defrance.* Longueur
12 millimètres.

**48. Cérite aiguillette.** *Cerithium acicula.* **Lamk.**

> *C. testâ subulatâ, lœviusculâ; anfractibus subcarinatis; striis trans-*
> *versis raris vix perspicuis; aperturâ quadratâ.*

*Cerithium acicula.* Ann. ibid. n° 48.

Habite... Fossile de Parnes. Cabinet de M. *Defrance.* Longueur, 13
millimètres.

**49. Cérite visée.** *Cerithium terebrale.* **Lamk.**

> *C. testâ turritâ, muticâ, subvaricosâ; anfractibus convexis; striis*
> *transversis obsoletis.*

*Cerithium terebrale.* Ann. ibid. n° 49.

* Potiez et Mich. Cat. des coq. de Douai. p. 373. n° 74.

* Desh. Coq. foss. de Paris. t. 2. p. 401. n° 109, pl. 56. f. 29, 30
et 31.

[*b*] *Var. brevior et latior; striis nullis.*

Habite... Fossile de Grignon. Cabinet de M. *Defrance.* Longueur, 8
ou 9 millimètres.

## 5o. Cérite inverse. *Cerithium inversum*. Lamk.

*C. testâ turritâ seu turrito-subulatâ, sinistrorsâ; anfractibus carinis
tribus transversis striisque verticalibus subobliquis cancellatis et
granulatis.*

*Cerithium inversum.* Ann. ibid. p. 438. n° 5o.

* Desh. Coq. foss. de Paris. t. 2. page 397. n° 105. pl. 56. f. 15.
à 20.

[*b*] *Var. longior et gracilior.*

Habite... Fossile de Grignon. Cabinet de M. *Defrance.* Longueur,
18 à 20 millimètres.

## 51. Cérite mélanoïde. *Cerithium melanoides*. Lamk.

*C. testâ ovato-turritâ, transversè tenuissimèque striatâ; aperturâ
ovatâ, basi sinu obliquo terminatâ.*

*Cerithium melanoides.* Ann. ibid. n° 51.

* Desh. Coq. foss. de Paris. t. 2. p. 384. n° 90. pl. 55. f. 15, 16
et 17.

Habite... Fossile de Grignon. Cabinet de M. *Defrance.* Longueur, à
peine 6 ou 7 millimètres.

## 52. Cérite larve. *Cerithium larva*. Lamk.

*C. testâ cylindrico-turritâ; anfractibus carinis transversis binis gra-
nosis æqualibus.*

*Cerithium larva.* Ann. ibid. n° 52.

* Desh. Coq. foss. de Paris. t. 2. p. 392. n° 99. pl. 58. f. 11, 12,
et 13.

Habite... Fossile de Grignon. Cabinet de M. *Defrance.* Longueur, 3
millimètres.

## 53. Cérite grêle. *Cerithium gracile*. Lamk.

*C. testâ turrito-subulatâ; anfractibus inverso imbricatis; striis tri-
bus transversis obscurè granosis.*

*Cerithium gracile.* Ann. ibid. p. 439. n° 53.

Habite... Fossile de Grignon. Cabinet de M. *Defrance.* Longueur,
environ 9 millimètres.

## 54. Cérite indécise. *Cerithium incertum*. Lamk.

*C. testâ turritâ; anfractibus convexis; striis transversis distantibus:
verticalibus crebrioribus; aperturâ rotundatâ.*

*Cerithium incertum.* Ann. ibid. n° 54.

Habite... Fossile de Grignon. Cabinet de M. *Defrance.* Longueur, 7
ou 8 millimètres.

**55. Cérite émarginée. *Cerithium emarginatum*. Lamk.**

> *C. testâ turritâ, transversè sulcatâ; sulcis superioribus granulatis; anfractibus margine superiore subcanaliculatis; labro emarginato.*

*Cerithium emarginatum.* Ann. ibid. n° 55.

* Desh. Coq. foss. de Paris. tom. 2. page 332. n° 31. pl. 45. f. 12 et 13.

Habite... Fossile de Grignon. Cabinet de M. *Defrance*. Longueur, 52 millimètres.

**56. Cérite ridée. *Cerithium rugosum*. Lamk.**

> *C. testâ turritâ; anfractibus superioribus decussato-granulatis inferioribus lævibus subunisulcatis : infimo subtùs rugoso.*

* Desh. Coq. foss. de Paris. t. 2. p. 371. n° 75. pl. 44. f. 10 et 11.

*Cerithium rugosum.* Ann. ibid. n° 56.

Habite... Fossile de Grignon. Cabinet de M. *Defrance*. Longueur, 36 millimètres.

**57. Cérite nue. *Cerithium nudum*. Lamk.**

> *C. testâ turritâ; anfractibus supernè plicatis, transversìm multistriatis; columellâ nudâ.*

*Cerithium nudum.* Ann. ibid. p. 440. n° 58.

* Fav. Conch. pl. 66. f. O 8.

* Desh. Coq. foss. de Paris. t. 2. p. 382. n° 88. pl. 48. f. 17 à 20.

Habite..... fossile de Grignon. Mon cabinet. Longueur, 58 millimètres.

**58. Cérite unisillonnée. *Cerithium unisulcatum*. Lamk.**

> *C. testâ turritâ, transversìm multistriatâ; anfractibus sulco submediano distinctis; plicis nullis.*

* Desh. Coq. foss. de Paris. t. 2. p. 384. n° 89. pl. 57. f. 14, 15 et 16.

*Cerithium unisulcatum,* Ann. ibid. n° 59.

[b] *Var. minima, nitidula; striis transversis subnullis.*

Habite... Fossile de Grignon. Mon cabinet et celui de M. *Defrance*. Longueur, près de 18 millimètres.

**59. Cérite turritellée. *Cerithium turritellatum*. Lamk.**

> *C. testâ turritâ; anfractibus convexis, transversìm striatis; striis inæquaìibus.*

*Cerithium turritellatum.* Ann. ibid. p. 441. n° 60.

Desh. Descript. des Coq. foss. de Paris. t. 2. p. 415. n° 123. pl. 49. f. 10. 11.

Habite.... Fossile de Crépy. Cabinet de M. *Defrance.* Longueur, 8 ou 9 millimètres.

60. Cérite géante. *Cerithium giganteum.* **Lamk.**

*C. testâ turritâ, longissimâ, transversè striatâ; anfractibus supernè tuberculato-nodosis ; columellâ subbiplicatâ.*

*Cerithium giganteum.* Ann. ibid. p. 439. n° 57. et t. 7. pl. 14. f. 1.

* Guettard. sur les Ac. des Coq. Mém. de l'Ac. 1759. pl. 11. f. 1.

* Knorr, Test. Dillu. 2e part. pl. C. 7. f. 1.

* Fav. Conch. pl. 66. f. O 4.

* Sow. Min. Conch. pl. 188. f. 2.

* Desh. Coq. foss. de Paris. t. 2. p. 300. n° 1. pl. 42. f. 1. 2.

* Desh. Coq. caract. des terrains. pl. 2. f. 3.

* Potiez et Mich. Cat. des coq. de Douai. p. 364. n° 31.

Habite... Fossile de Grignon. Mon cabinet. Cette Cérite singulière, tant par sa taille que par sa forme, et qui se trouve fossile à Grignon, est d'autant plus intéressante à considérer, que c'est précisément la même espèce qui est actuellement vivante dans les mers de la Nouvelle-Hollande; ce que constatent les deux individus de mon cabinet, dont l'un, dans l'état frais ou vivant, se trouve mentionné en tête de ce genre, et l'autre est le fossile dont il est ici question. Dans tous les deux, il n'y a réellement qu'un pli à la columelle; mais la base de cette columelle se relève en un bourrelet oblique qui borde le canal et qui a l'apparence d'un second pli. La longueur de l'individu fossile de ma collection est d'environ un pied; mais on en trouve qui sont un peu plus grands encore.

Le fait très remarquable que présente cette espèce, dont les individus dans deux états très différens, se trouvent maintenant dans des régions du globe si éloignées l'une de l'autre, sans offrir néanmoins dans leur forme aucune différence notable, prouve assurément, selon nous, que les divers climats de la terre ont nécessairement changé, et les preuves que nous fournit ce fait ne sont pas les seules que nous puissions citer: nous en offrirons d'autres effectivement dans le cours de cet ouvrage.

---

**PLEUROTOME**. (Pleurotoma.)

Coquille soit turriculée, soit fusiforme, terminée inférieurement par un canal droit, plus ou moins long. Bord droit muni, dans sa partie supérieure, d'une entaille ou d'un simus.

*Testa vel turrita, vel fusiformis, infernè canali recto, plùs minùsve elongato terminata. Labrum supernè fissurâ vel sinu emarginatum.*

OBSERVATIONS. — Jusqu'à présent les *Pleurotomes* furent confondus avec les *Murex* par Linné, et avec les Fuseaux par Bruguières. Ils sont cependant très distincts des uns et des autres, soit parce qu'ils manquent de varices dont les *Murex* sont pourvus, soit par l'entaille ou l'échancrure singulière de leur bord droit, laquelle manque généralement dans les Fuseaux, ainsi que dans les *Murex*.

Je les avais distingués eux-mêmes en deux genres, séparant ceux qui ont le canal allongé de ceux qui ont le canal court, et donnant à ces derniers le nom de *Clavatule* et celui de *Pleurotome* aux premiers; mais les nuances intermédiaires qu'offrent certaines espèces, relativement à la longueur du canal, m'ont engagé depuis à réunir ces coquilles en un seul genre, en n'ayant égard qu'à l'entaille que présente le bord droit de leur ouverture, vers sa partie supérieure.

J'ignore si tous ces coquillages offrent la singulière particularité que mentionne d'*Argenville* à l'égard d'une de leurs espèces (1). Selon cet auteur, lorsque l'animal rampe, il soutient à-la-fois sa coquille et son manteau sur un pédicule assez allongé qui naît verticalement de son dos, ce qui le fait souvent trébucher, par suite du poids qu'il supporte; mais, au lieu de s'en inquiéter, il reprend aussitôt sa première attitude, et continue de ramper. Son manteau, toujours selon le même auteur, déborde sur les côtés de la coquille, et est terminé antérieurement par un prolongement en forme de tube. Un petit opercule oblong et corné est attaché à son pied.

Si, d'après cette description, c'est le corps même de l'animal qui rampe sur le sol, il faut donc supposer qu'il ne soit nullement contourné en spirale, ce qui serait absolument contraire à tout ce que l'on observe à cet égard dans les trachélipodes.

[Lamark n'eut sur l'animal du genre *Pleurotome* que les ren-

(1) Zoomorphose, pl. 4. fig. B.

seignemens erronés, publiés par d'*Argenville*, dans sa Zoomorphose. Ceux des naturalistes qui ont eu occasion de voir vivans des Mollusques gastéropodes, pouvaient, sans difficulté, révoquer en doute les observations de d'Argenville. Pourquoi, en effet, le genre Pleurotome, qui est si voisin des Fuseaux, aurait-il eu un animal dont les caractères eussent été en contradiction avec ceux des animaux de la même classe ? MM. Quoy et Gaimard ont fait cesser toutes les incertitudes qui pouvaient rester sur l'animal du genre Pleurotome. On voit, d'après leur figure, que l'animal ressemble beaucoup à celui du Fuseaux ; il rampe sur un pied ovale, court, mince sur les bords, à l'extrémité postérieure duquel est placé un opercule corné assez épais, semblable, pour la plupart des caractères, à celui des Buccins, par conséquent, non spirale, et terminé en arrière par une pointe très aiguë. La tête de l'animal est aplatie, et de ses angles partent deux tentacules coniques et pointus à la base desquels, et du côté externe, se montrent les points oculaires. L'ouverture buccale est au dessous, et consiste en une fente longitudinale par laquelle l'animal fait probablement sortir une trompe cylindrique. Le manteau ressemble à celui des Fuseaux, seulement il est fendu sur le côté, et cette fente correspond à celle de la coquille. Comme on le voit, rien de cette description ne se rapporte à celle de d'Argenville reproduite par Lamarck.

Depuis que Lamarck, lui-même, a réuni son genre Clavatule aux Pleurotomes, ce genre est devenu tellement naturel que personne n'a songé à le diviser et à former d'autres genres à ses dépens. Lorsque l'on a sous les yeux un grand ensemble d'espèces vivantes et fossiles, on voit les différens caractères se nuancer, et il est des espèces qui semblent établir un véritable passage entre les pleurotomes et les cônes. Cependant, la saillie de la spire, et surtout la forme et l'échancrure latérale du bord droit, servent à distinguer ces Pleurotomes coniformes des cônes proprement dits.

Le nombre des espèces, dans ce beau genre, s'est accru considérablement. Lamarck en a mentionné 23 espèces vivantes seulement ; nous en possédons actuellement plus de 100, et d'après les renseignemens que m'a communiqués M. Reeve, les collections d'Angleterre en contiennent plus de 200 espèces. Quant aux espèces fossiles, on en compte au moins autant que de vivantes, et il y a un fait remarquable, c'est que, jusqu'à présent du moins, il n'y en a pas une seule au-dessous des terrains tertiaires.

## ESPÈCES.

### 1. Pleurotome impérial. *Pleurotoma imperialis*. Lamk.

*Pl. testá abbreviato-fusiformi, medio ventricosissimá, tuberculiferá, squalidè rufá; anfractibus supernè squamis complicatis brevibus coronatis : ultimo medio lævigato, basi striato.*

*Clavatula imperialis.* Encyclop. pl. 440. f. 1. a. b.

* Desh. Encyclop. méth. Vers. t. 3. p. 792. n° 1.

* Kiener. Spec. des coq. p. 41. n° 32. pl. 20. f. 1.

* Reeve. Conch. Icon. n° 33. pl. 5. f. 33.

Habite... Mon cabinet. Son dernier tour, ventru dans le milieu, est plus grand que la spire. Longueur, 16 lignes trois quarts.

### 2. Pleurotome auriculifère. *Pleurotoma auriculifera.* Lamk. (1)

*Pl. testá subturritá, infernè ventricosá, tuberculato-spinosá, lividá; anfractibus supernè squamis complicatis spiniformibus coronatis; spinis inferioribus auriculiformibus; caudá brevissimá.*

*Strombus lividus.* Lin. Syst. nat. ed. 12. p. 1213. n° 517. Gmel. p. 3523. n° 49.

Chemn. Conch. 9. t. 136. f. 1269, 1270.

*Clavatula auriculifera.* Encyclop. pl. 439. f. 10. a. b.

* *Strombus lividus.* Wood. Ind. Test. pl. 25. f. 42.

* Kiener. Spec. des coq. p. 51. n° 30. pl. 11. f. 2.

* Reeve. Conch. Icon. n₀ 69. pl. 8. f. 69.

* Schrot. Einl. t. 1. p. 449. n° 31.

* Clavatule auriculifère. Blain. Malac. pl. 15. f. 4.

---

(1) Dès que Lamarck reconnaît lui-même l'identité de son espèce avec le *Strumbus lividus* de Linné, on est en droit de lui demander pourquoi il a changé ce nom spécifique, et comme il ne peut y avoir aucune raison qui justifie ce changement, il est nécessaire de rendre à l'espèce le nom qu'elle n'aurait jamais dû perdre et de l'inscrire sous celui de *Pleurotoma livida*.

* *Strombus lividus.* Lin. Syst. nat. ed. 10. p. 746. n° 442

* *Id.* Lin. Mus. Ulric. p. 625. n° 290.

* *Id.* Dillw. Cat. t. 2. p. 678. n° 42.

Habite... Mon cabinet. Spire plus courte que le dernier tour. Longueur, 1 pouce.

## 3. Pleurotome muriqué. *Pleurotoma muricata.* Lamk. (1)

*Pl. testá ovato-conicá, infernè ventricosá, tuberculiferá, striis decussatá, albidá, apice rufescente; anfractibus plano-concavis, supernè tuberculato-muricatis : ultimo angulato; caudá brevi, subumbilicatá.*

*Pleurotoma conica.* Encycl. pl. 439. f. 9. a. b.

* *Turris babilonica coronata.* Mart. Conch. t. 4 p. 143. fig. 39. f. C.

* *Murex clavatulus pars.* Dillv. Cat. t. 2. p. 713. n° 63.

* Sowerby Genera of shells. *Pleurotoma.* f. 3.

* Reeve. Conch. syst. t. 2. p. 189. pl. 235. f. 3.

* Kiener. Spec. des coq. p. 24. n° 33. pl. 17. f. 2. 2 a.

* Reeve. Conch. Icon. n° 31. pl. 5. f. 31.

* *Murex mitra.* Wood. Cat. sup. pl. 5. f. 5.

Habite... Mon cabinet. Longueur, 18 lignes.

## 4. Pleurotome hérissé. *Pleurotoma echinata.* Lamk.

*Pl. testá turritá, tuberculato-echinatá, albidá, maculis elongatis rufescentibus radiatìm pictá; anfractibus medio angulatis : angulo tuberculis compressis instructo; caudá brevi, attenuatá.*

*Clavatula echinatá.* Encyclop. pl. 439. f. 8.

* *Murex echinatus.* Wood. Ind. Test. sup. pl. 5. f. 6.

* Kiener. Spec. des coq. pl. 45. n° 35. pl. 20. f. 2.

* Quoy et Gaim. Voy. de l'Astr. Zool. t. 2. p. 523. pl. 35. f. 8 et 9.

* Reeve. Conch. syst. t. 2. p. 189. pl. 234. f. 19.

* Reeve. Conch. Icon. n° 48. pl. 6. f. 48.

Habite... Mon cabinet. Longueur, 20 lignes et demie.

## 5. Pleurotome flavidule. *Pleurotoma flavidula.* Lamk.

*Pl. testá turrito-subulatá, longitudinaliter subplicatá, transversìm striatá, flavidulá; anfractuum plicis è margine inferiore antè superiorem evanidis; caudá brevi.*

---

(1) L'ouvrage de Wood, que nous citons dans la synonymie, étant plus nouveau que celui de Lamarck, c'est le nom de ce dernier qui doit être conservé à cette espèce.

* Kiener. Spec. des coq. p. 3o, n° 23. pl. 6. f. 2.
* Reeve. Conch. Icon. n° 66. pl. 8. f. 66.

Habite dans la mer Rouge. Mon cabinet. Ses plis naissent du bord
inférieur de chaque tour et se terminent avant d'avoir atteint l'autre bord. Longueur, 17 lignes.

## 6. Pleurotome interrompu. *Pleurotoma interrupta*. Lamk.

*Pl. testá turrito-subulatá, longitudinaliter et interruptè costatá,
transversìm tenuissimè striatá, pallidè fulvá; anfractibus margine
superiore cingulatis; costis lævibus, rufis, è margine inferiore enatis, cingulo terminatis; caudá brevi.*

Encyclop. pl. 438. f. 1. a. b.
* Kiener. Spec. des coq. p. 32. n° 25. pl. 12. f. 2.
* Reeve. Conch. Icon. n° 51. pl. 7. f. 51.

Habite... Mon cabinet. Longueur, 14 lignes.

## 7. Pleurotome crénulaire. *Pleurotoma crenularis*. Lamk.

*Pl. testá turrito-acutá, transversìm sulcatá; anfractibus infernè gri-
seis, supernè rufo-violaceis, nodoso-crenatis; nodis albis, lævibus; suturis marginatis; caudá breviusculá.*

*Clavatula crenularis.* Encyclop. pl. 440. f. 3. a. b. *Mala.*
* Kiener. Spec. des coq. p. 31. no 24. pl. 19. f. 2.
* Reeve. Conch. Icon. n° 54. pl. 7. f. 54.

Habite... Mon cabinet. La figure citée rend mal les nodosités oblongues qui couronnent l'angle supérieur de chacun de ses tours.
Longueur, 15 lignes et demie.

## 8. Pleurotome cerclé. *Pleurotoma cincta*. Lamk.

*Pl. testá oblongá, cylindraceo-attenuatá, succinctá, flavo-rufes-
cente; anfractibus annulis tumidis lævibus cinctis; caudá brevi.*
* Kiener. Spec. des coq. p. 60. n° 38. pl. 19. f. 3.

Habite les mers de l'Ile-de-France. Mon cabinet. Coquille courte,
un peu renflée vers son milieu, et entièrement cerclée. Longueur,
7 lignes trois quarts.

## 9. Pleurotome unizonal. *Pleurotoma unizonalis*. Lamk.

*Pl. testá subturritá, longitudinaliter costellatá, albido-griseá; ul-
timo anfractu zoná fuscá cincto; caudá subnullá; columellá supernè callosá.*
* Kiener. Spec. des coq. p. 54. n° 42. pl. 22. f. 2.

Habite... Mon cabinet. Longueur, 9 lignes trois quarts.

**10.  Pleurotome rayé.** *Pleurotoma lineata.* Lamk. (1)

> *Pl. testâ subfusiformi, caudatâ, ventre lævi, albidâ; lineis longitu-*
> *dinalibus undulato-angulatis spadiceis; ultimo anfractu supernè*
> *angulato; spirâ minimâ, mucronatâ; caudâ longiusculâ, striatâ;*
> *columellâ supernè callosâ.*
>
> *Clavatula lineata.* Encyclop. pl. 440. f. 2. a. b.
>
> [*b*] *Var.* *testâ castaneâ, fusco-lineatâ.*
>
> * Desh. Encycl. méth. Vers. t. 3. p. 792. n° 2.
>
> * Schub. et Wagn. Suppl. à Chemn. p. 556. pl. 234. f. 4104. a. b.
>
> * Kiener. Spec. des Coq. p. 47. n° 37. pl. 22. f. 1.
>
> * Reeve. Conch. Syst. t. 2. p. 188. pl. 234. f. 16.
>
> * Sow. Conch. Man. f. 551.
>
> Habite.... Mon cabinet. Coquille assez jolie, renflée et subanguleuse
> au sommet de son dernier tour, et ayant la forme d'une massue
> mucronée. Longueur, 1 pouce. Sa variété, qui n'en diffère que
> par la coloration, a 11 lignes un quart.

**11.  Pleurotome escalier.** *Pleurotoma spirata.* Lamk. (2)

> *Pl. testâ subfusiformi, caudatâ, læviusculâ, albidâ, luteo-nebulosâ;*
> *anfractibus supernè planis, acutè annulatis: parte superiore in*
> *aream planam spiraliter ascendente; caudâ longiusculâ.*
>
> Encyclop. pl. 440. f. 5. a. b.
>
> *An murex Perron?* Chemn. Conch. 10. t. 164. f. 1573. 1574.
>
> Gmel. p. 3559. n° 167?
>
> * *Murex Perron.* Wood. Ind. Test. pl. 27. f. 120.

---

(1) Dans le *Genera of shells*, M. Sowerby donne le nom de
celle-ci a une autre espèce qui est très différente. M. Kiener donne
ce *lineata* comme identique, de son *Pleurotoma fulgurata*; mais
à comparer les figures, elles présentent bien des différences, et je
doute qu'elles représentent la même espèce.

(2) M. Reeve dans son *Conchologia iconica*, en parlant de
cette espèce, annonce avoir une coquille qui se rapporte entièrement à la figure de Chemnitz et qui constitue une espèce
bien distincte du *Spirata* de Lamarck. Il faudrait donc supprimer de la synonymie de l'espèce de Lamarck, la citation du
*Murex Perron* de Chemnitz et de Gmelin, pour la transporter à
l'espèce que M. Reeve propose de rétablir dans les catalogues sous le nom de *Pleurotoma Perron.*

* *Pleurotoma spirata.* Kiener. Spec. des Coq. p. 46. n° 36. pl. 5. f.2.
* Reeve. Conch. Icon. n° 44. pl. 6. f. 44.
* Desh. Encycl. méth. Vers. t. 3. p. 792. n° 3.
* Reeve. Conch. Syst. t. 2. p. 188. pl. 234. f. 17.
* Davila. Cat. t. 1. pl. 5. f. L.
* *Perrona tritonum.* Schum. Nouv. Syst. p. 218.

Habite les mers de la Chine. Mon cabinet. La figure citée de *Chemnitz* offre, sur la base du dernier tour, des sillons dont notre coquille est absolument dépourvue. Longueur, 15 lignes et demie.

12. **Pleurotome facial.** *Pleurotoma fascialis.* **Lamk.**

Pl. *testâ subfusiformi, caudatâ, transversim striatâ et carinatâ, albo et rufo alternatim fasciatâ ; anfractibus supernè angulato-carinatis ; caudâ breviusculâ.*

* Kiener. Spec. des Coq. p. 27. n° 21. pl. 4. f. 2.
* Reeve. Conch. Icon. n° 24. pl. 1. f. 24.

Habite... Mon cabinet. Elle est très distincte de la précédente, quoique, par sa forme générale, elle en soit rapprochée ; mais ses tours, au-dessus de leur angle supérieur, n'offrent qu'un talus en spirale et non une rampe aplatie. Longueur, environ 20 lignes.

13. **Pleurotome bimarginé.** *Pleurotoma bimarginata.* **Lamk.**

Pl. *testâ fusiformi-turritâ, crassiusculâ, transversim sulcatâ, obsoletè decussatâ, fulvo-rubente ; anfractibus medio concavis et fuscatis, supernè infernèque marginatis; caudâ brevi.*

* Kiener. Spec. des Coq. p. 29. n° 22. pl. 2. f. 2.
* Reeve. Conch. Icon. n° 34. pl. 5. f. 34.

Habite... Mon cabinet. Longueur, 21 lignes.

14. **Pleurotome buccinoïde.** *Pleurotoma buccinoides.* **Lamk. (1)**

Pl. *testâ turritâ, longitudinaliter costatâ, fulvâ aut fusco-nigricante;*

---

(1) Born étant le premier qui ait donné un nom à cette espèce, c'est ce nom que les naturalistes auraient dû adopter; c'est ce que n'ont fait ni Gmelin ni Lamarck. Aujourd'hui, que, pour éviter une plus grande confusion il est indispensable de revenir à des principes plus sévères de nomenclature, il faut corriger toutes ces négligences. Cette espèce devra donc prendre le nom de *Pleurotoma sinuata.*

*anfractibus convexiusculis; costellis subobliquis, è margine infe-
riore anfractuum enatis, ante suturas terminatis ; aperturâ basi
emarginatâ, ecaudatâ.*

Martini. Conch. 4. t. 155.f. 1464. 1465.

*Buccinum phallus.* Gmel. p. 3503. n° 146.

* *Buccinum sinuatum.* Born. Mus. p. 268.

* Schrot. Einl. t. 1. p. 403. *Buccinum.* n° 179.

* *Buccinum sinuatum.* Dillw. Cat. t. 2. p. 651. n° 154.

* *Buccinum phallus.* Wood. Ind. Test. pl. 24. f. 151.

* Desh. Encycl. méth. Vers. t. 3. p. 793. n° 4.

* Kiener. Spec. des Coq. p. 38. n° 30. pl. 13. f. 1.

* Reeve. Conch. Icon. n° 68. pl. 8. f. 68.

Habite l'Océan des Grandes-Indes. Mon cabinet. Coquille très singulière en ce que son ouverture offre à sa base l'échancrure des
Buccins et n'a aucun canal ; tandis que son bord droit présente supérieurement l'entaille ou le sinus des Pleurotomes. Longueur, 2
pouces.

## 15. Pleurotome cingulifère. *Pleurotoma cingulifera.* Lamk.

*Pl. testâ turrito-subulatâ, transversìm striatâ, sulcatâ et cingulatâ,
albâ ; anfractibus convexiusculis, propè suturas cingulo unico circumvallatis ; cingulo masculis quadratis rufis picto ; caudâ brevi,
recurvâ ; labro margine scabro.*

* Kiener. Spec. des Coq. p. 17. n° 12. pl. 17. f. 1.

* Reeve. Conch. Icon. n° 1. pl. 1. f. 1.

Habite... Mon cabinet. Belle espèce, très distincte, et qu'il est éton-
nant de trouver inédite. Longueur, 2 pouces 4 lignes.

## 16. Pleurotome unicolore. *Pleurotoma virgo.* Lamk.

*Pl, testâ fusiformi, transversìm striatâ et carinata, albâ aut fulvâ,
immaculatâ ; anfractibus convexis, medio carinâ majore cinctis ;
caudâ elongatâ.*

D'Argenv. Zoomorph. pl. 4. fig. B.

Favanne. Conch. pl. 71. fig. D.

Martini. Conch. 4. p. 143. vign. 39. fig. B.

Encyclop. pl. 439. f. 2.

* *Murex babylonius.* Var. y. Gmel. p. 3541.

* *Murex tornatus.* Var. Dillw. Cat. t. 2. p. 715. n° 68.

* *Murex virgo.* Wood. Ind. Test. pl. 26. f. 63.

* Desh. Encycl. méth. Vers. t. 3. p. 793. n° 5.

* Perry. Conch. pl. 32. f. 4.

* Kiener. Spec. des Coq. p. 5. n° 2. pl. 3. f. 1.

* Reeve. Conch. Icon. n° 20. pl. 3. f. 20.

Habite.... Mon cabinet. Longueur, 3 pouces 9 lignes.

## 17. Pleurotome tour-de-Babel. *Pleurotoma babylonia.* Lamk.

*Pl. testâ fusiformi-turritâ, transversìm carinatâ et cingulatâ, albâ ; cingulis nigro-maculatis: maculis quadratis; anfractibus convexis ; caudâ longiusculâ.*

*Murex babylonius.* Lin. Syst. Nat. t. 12. p. 1220. Gmel. p. 3541. n° 52.

Lister. Conch. t. 917. f. 11.

Rumph. Mus. t. 29. fig. L.

Petiv. Amb. t. 4. f. 7.

Gualt. Test. t. 52. fig. N.

D'Argenv. Conch. pl. 9. fig. M.

Favanne. Conch. pl. 33, fig. D ?

Seba. Mus. 3. t. 79. *figuræ laterales.*

Knorr. Vergn. 4. t. 13. f. 2.

Martini. Conch. 4. t. 143. f. 1331. 1332.

*Pleurotoma babylonia.* Encyclop. pl. 439. f. 1. a. b.

* Perry. Conch. pl. 2. f. 2.

* Var. Perry. Conch. pl. 32. f. 5.

* Brookes. Introd. of Conch. pl. 7. f. 91.

* Roissy. Buf. Moll. t. 6. p. 72. n° 1. pl. 59. f. 3.

* Schum. Nouv. Syst. p. 217.

* Regenf. Recueil de Coq. pl. 1. f. 9.

* Blainv. Malac. pl. 15. f. 3.

* Knorr. Delic. Nat. Select. t. 1. Coq. pl. B IV. f. 6.

* Linn. Syst. Nat. éd. 10. n° 754. p. 639.

* Linn. Mus. Ulric. p. 639. n° 317.

* Schrot. Einl. t. 1. p. 512. n° 32.

* Desh. Encycl. méth. Vers. t. 3. p. 793. n° 6.

* Wood. Ind. Test. pl. 26. f. 67.

* Quoy et Gaim. Voy. de l'Astrol. t. 2. pl. 35. f. 4 à 7.

* *Murex babylonius.* Born. Mus. p. 308.

* *Id.* Dillw. Cat. f. 2. p. 714. n° 66.

* Kiener. Spec. des coq. p. 4. n° 1. pl. 1. f. 1. *Varietate exclusâ.*

* Reeve. Conch. Icon. n° 5. pl. 1. f. 5.

* Sow. Conch. Man. f. 579.

Habite l'Océan des Grandes-Indes et des Moluques. Mon cabinet. Longueur, 3 pouces une ligne.

18. **Pleurotome ondé.** *Pleurotoma undosa.* Lamk. (1)

> *Pl. testá fusiformi-turritá, transversìm striatá et carinatá, albá, striis
> longitudinalibus undatis rufis ornatá ; anfractibus convexis, me-
> dio cariná majore cinctis ; caudá breviusculá.*

Encyclop. pl. 439. f. 5.

* Reeve. Conch. Icon. n° 18. pl. 3. f. 18.

Habite..... Mon cabinet. Longueur, 2 pouces 4 lignes.

19. **Pleurotome marbré.** *Pleurotoma marmorata.* Lamk.

> *Pl. testá fusiformi, transversìm striatá et carinatá, albo et rufo mar-
> moratá ; anfractibus convexis, medio cariná majore cinctis ; caudá
> elongatá.*

Martini. Conch. 4. t. 145. f. 1345. 1346.

* Reeve. Conch. Icon. n° 21. pl. 3. fig. 21.

* Schub. et Wagn. Suppl. à Chemn. p. 154. pl. 234. f. 4101. 4102.

* Kiener. Spec. des coq. p. 9. n° 5. pl. 6. f. 1. *Exclusá varietate.*

Habite..... Mon cabinet. Coquille remarquable par la profondeur de
son entaille que la figure citée de *Martini* ne rend pas. Longueur,
2 pouces 3 lignes.

20. **Pleurotome tigré.** *Pleurotoma tigrina.* Lamk.

> *Pl. testá fusiformi-turritá, multicarinatá, abido-griseá, nigro-punc-
> tatá ; anfractibus convexis, medio cariná majore cinctis ; caudá
> longiusculá.*

*Pleurotoma marmorata.* Encyclop. pl. 439. f. 6.

* Perry. Conch. pl. 54. f. 5.

* Desh. Encyclop. méth. Vers. t. 3. p. 794. n° 7.

* Kiener. Spec. des coq. p. 10. n° 6. pl. 8. f. 1.

* Reeve. Conch. Icon. n° 3. pl. 1. f. 3.

*An eadem species ? Pleurotoma punctata.* Schub. et Wag. Suppl. à
Chemn. p. 155. pl. 234. f. 4103. a. b.

Habite..... Mon cabinet. Il diffère du précédent par sa queue plus

---

(1) En comparant les figures que MM. Reeve et Kiener donnent sous le nom spécifique de *Pleurotoma undosa* dans leurs ouvrages, on reconnaît d'abord qu'elles représentent deux espèces bien distinctes ; il est évident que toutes deux ne peuvent
appartenir à l'espèce de Lamarck. Il me semble que la figure de
M. Reeve s'accorde mieux avec la courte description de Lamarck, et se rapproche davantage de la figure assez défectueuse
de l'Encyclopédie.

courte, ses carènes plus inégales et plus nombreuses, et les points noirs dont il est muni. Son entaille est encore très profonde. Longueur, 2 pouces une ligne.

### 21. Pleurotome crépu. *Pleurotoma crispa.* Lamk. (1)

*Pl. testâ fusiformi, transversìm carinatâ, albidâ, lineolis rufis, longitudinalibus, interruptis pictâ; anfractibus convexis, multicarinatis; carinarum interstitiis imbricato-crispis; caudâ elongatâ.*

Encyclop. pl. 439. f. 4.

Reeve. Conch. Icon. n° 11. pl. 2, f. 11. a. b.

Habite..... Mon cabinet. Longueur, 2 pouces une ligne.

### 22. Pleurotome albin. *Pleurotoma albina.* Lamk.

*Pl. testâ fusiformi-turritâ, tenuissimè decussatâ, albâ; anfractibus supernè angulatis: angulo punctis quadratis, rufis maculato; caudâ gracili, spirâ breviore.*

* Kiener. Spec. des coq. p. 11. n° 7. pl. 15. f. 1.

* Reeve. Conch. Icon. n° 77. pl. 9. f. 77.

Habite..... Mon cabinet. Coquille grêle, ainsi que la précédente. Longueur, 19 lignes et demie.

### 23. Pleurotome nodifère. *Pleurotoma nodifera.* Lamk. (2)

*Pl. testâ fusiformi, turritâ, fulvo-rubente; anfractibus medio an-*

---

(1) La courte description de Lamarck, ainsi que la figure de l'Encyclopédie à laquelle il renvoie, démontrent que M. Kiener s'est trompé en faisant figurer sous le nom de *Pleurotoma crispa,* une grande et belle espèce nommé *Pleurotoma grandis,* par M. Gray, dans le Règne animal de Griffith. M. Reeve, dans son *Conchologia iconica,* a reconnu l'erreur de M. Kiener, et a fait figurer le véritable *Pleurotoma crispa.* Par suite de l'erreur que nous venons de signaler, la figure du *Pleurotoma crispa* manque à l'ouvrage de M. Kiener.

(2) Il est très probable que cette espèce est le *Murex javanus* de Linné et non celle à laquelle M. de Roissy, d'abord, et M. Kiener, ensuite, ont à tort attribué ce nom; en effet, le *Murex javanus* de Linné, est *une coquille turriculée ayant une rangée de nodosités, sans taches sur chaque tour, la lèvre divisée par un sinus;* et Linné ajoute en observation : *elle se rapproche*

*gulatis, ultra angulum lævibus, infrà transversìm sulcatis : angulo nodulis oblongis, obliquis, uniseriatis cincto; caudâ spirâ breviore.*

*Pleurotoma javana.* Encyclop. pl. 439. f. 3.

*An murex javanus?* Lin. Gmel. p. 3541. n° 53.

* Perry. Conch. pl. 32. f. 1.

* Crouch. Lamk. Conch. pl. 17. f. 4

* Burrow. Elem. p. 165. pl. 18. f. 5.

* *Murex Babylonius.* Var. Gmel. p. 3541.

* Martini. Conch. t. 4. pl. 143. f. 1334. 1335.

* Dillw. Cat. t. 2. p. 714. n° 67. *Exclus. variet.*

* *Murex javanus.* Lin. Syst. ed. 12. p. 1221. n° 550.

* *Murex javanus.* Born. Mus. p. 309.

* Knorr. Vergn. t. 6. pl. 27. f. 3 ?

* Schrot. Einl. t. 1. p. 513. n° 33.

* *Pleurotoma nodifera.* Desh. Encyclop. méth. vers. t. 3. p. 794. n° 8.

* *Id.* Kiener. Spec. des coq. p. 22. n° 17. pl. 12. f. 1.

* *Id.* Reeve. Conch. Icon. n° 628. pl. 4. f. 28.

* *Murex javanus.* Wood. Ind. Test. pl. 26. f. 68.

---

*du* Murex babylonius, *mais elle est sans taches ; les tours sont substriés et ceints, soit d'une carène, soit d'une rangée de tubercules noueux ou anguleux. La lèvre est fendue vers la base, mais la sinuosité est plus large et plus obtuse, le canal de la base varie pour la longueur.* Il est évident que cette courte description ne peut convenir à la coquille nommée *Pleurotoma javana,* par M. de Roissy et par M. Kiener; il est probable que l'erreur de ces conchyliologues a pris sa source dans l'ouvrage de Gmelin ; car celui-ci accommode la description aux figures 1336, 1338 de Martini, qui représentent une coquille entièrement lisse, l'espèce enfin qui depuis a été donnée sous le nom de *Pleurotoma javana,* par MM. de Roissy et Kiener. Dillwyn a très bien rétabli la synonymie de l'espèce, exemple que n'a pas suivi M. Reeve dans son *Conchologia iconica.* Il résulte des observations précédentes que : 1° le *Pleurotoma nodifera* de Lamarck doit devenir le *Pleurotoma javana;* 2° le *Pleurotoma javana* de Roissy, Kiener et Reeve doit prendre le nom de *Pleurotoma tornata,* nom que Dillwyn le premier a imposé à cette espèce.

* Sow. Genera of shells. *Pleurotoma.* f. 1.
* Reeve. Conch. Syst. t. 2. p. 189. pl. 235. f. 1.

Habite..... Mon cabinet. Les figures citées par *Gmelin* comme synonymes du *Murex javanus* de Linné n'appartiennent point à mon espèce, ni probablement à celle de Linné. Longueur, 20 lignes.

† 24. **Pleurotome austral.** *Pleurotoma australis.* **Roissy.**

*Pl. testâ elongato-fusiformi, fulvâ, tenuè striatâ, transversìm regulariter sulcatâ; sulcis rubescentibus, distantibus, granulosis; aperturâ ovato-angustâ; labro tenui, crenulato, sinu profundissimo supernè separato.*

*Murex australis.* Chemn. Conch. t. 11. pl. 190. f. 1827. 1828.

Roissy. Buff. Moll. t. 6. p. 72. n° 3.

*Murex javanus.* Var. Dillw. Cat. t. 2. p. 715.

Kiener. Spec. des Coq. p. 6. n° 3. pl. 4. f. 1.

Reeve. Conch. Icon. n° 14. pl. 2. f. 14.

Habite la mer de Chine.

Très belle et grande espèce fusiforme, ayant le canal de la base à-peu-près aussi long que la spire. Les tours sont nombreux, arrondis et couverts de fines stries transverses entrecroisées par des stries d'accroissement assez régulières. Outre ces stries, on voit s'élever à la surface un assez grand nombre de côtes transverses distantes, d'un rouge ferrugineux et chargées de granulations très serrées. L'ouverture est ovale-oblongue, son bord droit, mince et tranchant, est finement dentelé dans sa longueur, et une très profonde échancrure la sépare de l'avant-dernier tour. Toute cette coquille est d'un fauve pâle. Elle est une des plus faciles à distinguer dans le genre auquel elle appartient.

Elle a 80 mill. de long et 25 de large.

† 25. **Pleurotome ombiliqué.** *Pleurotoma cryptorrhaphe.* **Sow.**

*Pl. testâ elongato-fusiformi, angustâ, transversìm tenuè striatâ, fulvâ, basi umbilicatâ; anfractibus angustis, in medio carinatis; caudâ breviusculâ, latâ; margine simplici, acuto, fissurâ subtriangulari separato.*

Sow. Cat. Tanker. sup. p. 14. 1503.

*Murex bicarinatus.* Wood. Ind. Test. suppl. pl. 5. f. 7.

*Pleurotoma Voodii.* Kiener. Spec. des Coq. p. 12. n° 8. pl. 7. f. 1.

*Pleurotoma cryptorrhaphe.* Reeve. Conch. Icon. n° 7. pl. 1. f. 7.

*Id.* Reeve. Conch. Syst. t. 2. p. 188. pl. 234. f. 16.

Beechey. Voy. Zool. p. 120. pl. 34. f. 8.

23.

Habite les îles Philippines.

Cette espèce ayant été mentionnée, pour la première fois, par
M. Sowerby, dans le Taankerville Catal., elle doit conserver son
premier nom que ni M. Wood, ni M. Kiener ne devaient changer.

Fort belle espèce de Pleurotome rare encore dans les collections. Elle
se distingue facilement parmi ses congénères par sa forme étroite
et subturriculée, son canal court, large et ombiliqué, ainsi que par
la carène aiguë qui règne sur le milieu des tours. Sur ces tours, on
remarque aussi des stries transverses très fines, et sur le dernier
une seconde carène, presque aussi élevée que la première, s'ajoute
un peu au-dessous de la circonférence. L'ouverture est petite, ovalaire, d'un blanc rosé ou violacé; le bord droit reste mince et tranchant, et l'échancrure qui le sépare supérieurement de l'avant-
dernier tour est large et peu profonde. Toute cette coquille est
d'un fauve brunâtre uniforme.

Les grands individus ont 80 mill. de longueur et 20 de large.

## † 26. Pleurotome lisse. *Pleurotoma tornata*. Desh.

*Pl. testâ elongato-fusiformi, albâ, aliquantisper fulvo-flammulatâ;
caudâ gracili, longiusculâ; anfractibus supernè depressis, tenuissimè striatis, in medio convexis, lævigatis : ultimo basi striato;
aperturâ albâ, ovatâ; labro tenuissimo, supernè latè profundèque
fisso.*

*Murex javanus*. Gmel. p. 3541.

Lister. Conch. pl. 915. f. 8.

Martini. Conch. t. 4. pl. 143. f. 1336. 1337. 1338.

Roissy. Buf. Moll. t. 6. p. 72. n.° 2. *Pleurotoma javanica.*

*Turricula flammea*. Schum. Nouv. Syst. p. 218.

*Murex javanus*. Schrot. Einl. t. 1. p. 513.

*Murex tornatus*. Dillw. Cat. t. 2. p. 715. n° 68. *Excl. Var.*

*Pleurotoma javana*. Kiener. Spec. des Coq. p. 20. n° 15. pl. 5. f. 1.

*Id.* Reeve. Conch. Icon. n° 26. pl. 4. f. 26.

*Murex tornatus*. Wood. Ind. Test. pl. 26. f. 69.

Habite Java.

La plupart des auteurs, depuis M. de Roissy surtout, ont pris cette espèce pour le *Murex javanus* de Linné, les recherches minutieuses
que nous avons faites sur l'espèce linnéenne nous ont démontré
que le *Murex javanus* est exactement la même coquille que le
*Pleurotoma nodifera* de Lamarck. Nous avons donc recherché si
l'espèce, dont il est actuellement question, avait déjà reçu un nom,
et nous l'avons trouvée inscrite sous le nom de *Murex tornatus*
dans le Catalogue de Dillwyn; nous avons adopté ce nom, le seul

que l'espèce doive porter, puisqu'il est le plus ancien. M. Kiener a eu le tort, à nos yeux, de conserver le nom de *Pleurotoma javana*. S'il eût fait quelques recherches synonymiques, 'il aurait évité cette faute dans la nomenclature.

Cette espèce est très connue dans les collections, elle est presque toujours blanche, très rarement flammulée de fauve, comme l'a représentée Martini. Les tours sont déprimés à leur partie supérieure, convexes et lisses dans le reste de leur étendue. Le dernier se prolonge en un canal étroit, grêle, légèrement contourné et strié dans toute sa longueur. L'ouverture est ovale ; son bord droit, très mince, est séparé de l'avant-dernier tour par une échancrure profonde et subtriangulaire ; sa longueur est de 80 mill., sa largeur de 28.

### † 27. Pleurotome indien. *Pleurotoma indica*. Desh.

*Pl. testá elongato-fusiformi, transversìm inæqualiter substriatá, fulvo-squalidá, fusco irregulariter maculatá; anfractibus convexis, in medio fasciolá planá bipartitis; caudá brevi, latá, basi umbilicatá; aperturá ovatá; labro fissurá profundá supernè separato.*

Desh. Voy. dans l'Inde par Bell. Zool. pl. 10. f. 9. 10.
Kiener Spec. des Coq. p. 16. n° 11. pl. 11. f. 1.
Habite l'Océan de l'Inde.

Coquille allongée, fusiforme, ayant le dernier tour plus court que la spire ; celle-ci est composée de 13 à 14 tours dont les premiers sont tricarinés transversalement, tandis que les derniers sont convexes, chargés de stries inégales, très rapprochées et divisées en deux parties égales par une petite zone déprimée, plate ou creusée en rigole et limitée de chaque côté par une strie angulaire un peu plus saillante que les autres. La base se prolonge en un canal court et large, ombiliqué dans la plupart des individus et légèrement contourné dans sa longueur. L'ouverture est blanche ; son bord droit est mince, tranchant, et la fissure que l'on voit à son tiers supérieur est profonde, ses bords sont parallèles. Toute la coquille est d'un fauve brunâtre sale, elle est tachetée irrégulièrement de brun disposé, soit en flammules, soit en ponctuations sur les stries.

La longueur de cette espèce est de 75 mill. et sa largeur de 24.

### † 28. Pleurotome tuberculifère. *Pleurotoma tuberculifera*. Br. et Sow.

*Pl. testá fusiformi, striatá, tuberculiferá; apice acuto; anfractibus fusco fasciatis.*

Brod. et Sow. Zool. Journ. p. 378.

Reeve. Conch. Icon. n° 63. pl. 8. f. 63.

Habite l'Océan Pacifique, la mer de Californie.

Espèce intéressante qui ne manque pas d'analogie avec quelques-unes de celles qui sont fossiles dans nos terrains. Par sa forme générale, elle se rapproche un peu du *Nodifera* de Lamarck, elle est cependant un peu moins ventrue. Ses tours, étroits, sont irrégulièrement striés en travers, et ils sont chargés à leur partie moyenne d'une série de nodosités blanches et bifides. La partie supérieure du tour est creusée en rigole, elle est d'un brun fort intense. La base du dernier tour se prolonge en un canal droit, étroit et strié dans toute sa longueur. L'ouverture est ovalaire. Le bord droit, sillonné en dedans, est séparé de l'avant-dernier tour par une échancrure large et peu profonde. Sur ce dernier tour, les stries sont blanches et les intervalles qui les séparent sont bruns. Au milieu de la columelle, on remarque une tache rougeâtre.

Rare encore dans les collections, cette espèce est longue de 30 mill. et large de 20.

### † 29. Pleurotome diadème. *Pleurotoma diadema*. Kien.

*Pl. testâ elongato-fusiformi, griseo-fucescente, fulvo marmoratâ; anfractibus angustis, supernè lævigatis, ad suturam tuberculis depressis, spiniformibus coronatis: ultimo basi longitudinaliter plicato, transversìm striato, canali recto terminato; aperturâ angustâ, ovatâ.*

Kiener. Spec. des Coq. p. 43. n° 34. pl. 8. f. 2.

Reeve. Conch. Syst. t. 2. p. 188. pl. 234. f. 18 et 20.

Reeve. Conch. Icon. n° 46. pl. 6. f. 46.

Habite le Sénégal.

Petite coquille fort élégante et très facile à distinguer. Elle est allongée, fusiforme, renflée dans le milieu; sa spire, très pointue, est composée de 11 à 12 tours fort étroits, creusés en gouttière supérieurement et tout-à-fait lisses dans cet endroit; le bord, immédiatement au-dessous de la suture, se relève en une rangée de longues épines aplaties qui forment une espèce de couronne à plusieurs étages, le dernier tour est presque aussi long que la spire; il se prolonge à la base en un canal droit, conique. Cette partie de coquille présente des accidens que l'on ne voit pas sur le reste de la spire. On y trouve en effet des plis longitudinaux obliques qui sont découpés en granulation par des stries transverses. L'ouverture est petite, étroite, ovalaire; son bord droit est mince et tranchant, et la fissure que l'on y remarque est large et peu profonde. Toute la coquille est d'un blanc grisâtre, et assez souvent elle est ornée de larges marbrures fauves.

Elle est longue de 25 à 3o millim. et large de 11 ou 12.

† 3o. **Pleurotome pyramide.** *Pleurotoma pyramidata.* **Kiener.**

*Pl. testá elongato-subulatá, subfusiformi, fuscá, in medio albo-zonatá ; anfractibus tenuè striatis, longitudinaliter plicato nodosis, ad suturam marginatis : ultimo canali brevi terminato ; aperturá brevi, ovatá ; labro fissurá angustá emarginato.*

Encyclop. méthod. pl. 439. f. 7. a. b.

Kiener. Spec. des coq. p. 57. n° 35. pl. 21. f. 3.

Reeve. Conch. Syst. t. 2. p. 187. pl. 233. f. 1.

Reeve. Conch. Icon. n° 41. pl. 6. f. 41.

Habite les côtes du Sénégal. Petite espèce facile à distinguer. Elle est allongée, subfusiforme, étroite et pointue ; le dernier tour est court, il est du tiers de la longueur totale de la coquille. Les tours sont striés, déprimés à leur partie supérieure et bordés d'un petit bourrelet immédiatement au-dessous de la suture. Des plis longitudinaux et obliques occupent le reste de la surface de chaque tour ; ces plis, en forme de nodosités, sont blancs à leur sommet, les intervalles qui les séparent sont bruns comme le reste de la coquille. Le dernier tour est strié à la base, et il se termine, de ce côté, en un canal court, légèrement tordu à son extrémité. L'ouverture est petite, ovalaire, d'un brun foncé en dedans, avec une zone blanche qui correspond à celle du dehors.

Cette petite espèce est longue de 22 mill. et large de 8.

† 3i. **Pleurotome volutelle.** *Pleurotoma vulpecula.* **Brocchi.**

*Pl. testá fusiformi, angustá, longitudinaliter plicatá, transversìm eleganter striatá ; albo lutescente fusco bifasciatá ; aperturá minimá, ovato-augustá ; labro simplici, supernè ad suturam detracto.*

Brocchi. Conch. subap. t. 2. p. 420. n° 40, pl. 8. f. 10.

*Pleurotoma Comarmondi.* Kiener. Spec. des coq. p. 68. n° 15. pl. 24. f. 2.

*Pleurotoma Comarmondi.* Mich. Bull. de la Soc. linn. de Bord. 1829. f. 1.

Habite la Méditerranée et se trouve fossile dans le Plaisantin et en Sicile.

Cette espèce, connue d'abord à l'état fossile, a été nommé *Pleurotoma vulpecula* par Brocchi, et ce nom doit rester à l'espèce puisqu'il est le plus ancien. Cette coquille est de petite taille, elle est

allongée, fusiforme. Le dernier tour est presque aussi long que
le reste de la spire. Celle-ci est pointue, composée de neuf à dix
tours sur lesquels on remarque de gros plis longitudinaux un peu
obliques, et de fines stries transverses inégales qui s'élargissent et
s'aplatissent un peu en passant sur les côtes. Le canal de la base
est grêle et strié dans toute sa hauteur, les plis longitudinaux
cessent vers son origine. L'ouverture est petite, étroite; le bord
droit est ordinairement mince et tranchant, quelquefois épaissi
dans les vieux individus. Il se détache de l'avant-dernier tour
par une échancrure large et peu profonde et qui est immédiatement au-dessous de la suture, ce qui ne se voit que dans un petit
nombre d'espèces. Toute cette coquille est d'un blanc-fauve, et
elle est ornée sur le dernier tour de deux fascies brunâtres dont
la plus étroite suit les sutures, tandis que la plus large occupe
la base.

Cette petite coquille est longue de 22 mill. et large de 6.

## † 32. Pleurotome lance. *Pleurotoma taxus*. Kiener.

*Pl. testá conico subulatá, longitudinaliter striatá, supernè costatá;
anfractibus planiusculis, zoná depressá in medio bipartitis: ultimo
anfractu brevi, basi transversìm striato ; aperturá albá, ovato
angustá; labro tenui, simplici, supernè brevi, emarginato.*

*Murex taxus.* Chemn. Conch. t. 10. p. 259. pl. 162. f. 1550, 1551.
*Murex babylonius.* Var. Gmel. p. 3541.
*Murex clavatulus.* Var. Dillw. Cat. t. 2. p. 713. n° 63.
*Pleurotoma taxus.* Kiener. Spec. des coq. p. 37. n° 29. pl. 10. f. 1.
Reeve. Conch. Icon. n° 25. pl. 4. f. 25.
Habite les mers du cap de Bonne-Espérance.

Dillwyn confond cette espèce, à titre de variété, avec le *Murex turris
coronata* de Chemnitz, qui est fort différent; en effet, ce *Turris
coronata* est probablement le *Pleurotoma bimarginata* de Lamarck.
M. Kiener a donc bien fait de séparer les deux espèces, et celle-
ci se reconnaît facilement aussi bien à sa taille que par tous ses
autres caractères. Sa spire est allongée, conique, deux fois plus
longue que le dernier tour. Ces tours sont aplatis, presque conjoints. Les stries d'accroissement se montrent sous forme d'angles
emboîtés les uns dans les autres. On remarque aussi quelques
côtes courtes sur les premiers tours. Une zone aplatie et qui aboutit
à l'échancrure du bord droit sépare la surface des tours en deux
parties presque égales. Le canal de la base est très court ; il est
strié en dessus. L'ouverture est étroite, allongée; son bord droit,
simple et tranchant, présente une fissure peu profonde vers le

tiers supérieur de sa hauteur. La figure de M. Kiener représente
un individu d'un fauve-uniforme, tandis que celle de M. Reeve
en montre d'un brun presque noir. Il est à présumer que cette
différence provient de ce que celui de M. Kiener est resté exposé
pendant long-temps aux rayons du soleil. L'individu représenté
dans l'ouvrage de M. Kiener a 10 centim. de long et 30 mill.
de large.

### † 33. Pleurotome géant. *Pleurotoma grandis*. Gray.

*Pl. testâ longissimâ, fusiformi, multicarinatâ, albâ maculis irregulari-*
*bus, fuscis marmoratâ, strigis longitudinalibus, nebulosâ; anfrac-*
*tibus convexis; carinarum interstitiis imbricato-crispis; canali*
*elongato; aperturâ ovato-angustâ.*

Gray. Anim. King. of Griff. Moll. pl. 2 3 .f. 1.
*Pleurotoma crispa.* Kiener. Spec. des Coq. p. 8. no 4. pl. 2. f. 1.
*Pleurotoma grandis.* Reeve. Conch. Icon. n° 13. pl. 2. f. 14.
Habite les mers de Chine.

Comme nous l'avons déjà vu, M. Kiener a commis une erreur à
l'occasion de cette espèce, la confondant avec le *Pleurotoma crispa*
de Lamarck. Cette coquille est la plus grande de tout le genre, en
cela on la reconnait facilement. Elle est allongée, fusiforme, étroite.
Ses tours présentent ordinairement trois carènes principales entre
lesquelles on en remarque une plus petite. Entre ces carènes, les
stries d'accroissement se relèvent sous forme de petites écailles,
caractère qui se montre aussi dans le véritable *Pleurotoma crispa*,
ce qui probablement aura contribué à l'erreur de M. Kiener ; le
dernier tour, malgré la longueur du canal qui le termine, est plus
court que la spire. L'ouverture est étroite, blanche, et la fissure du
bord droit est profonde et étroite. Sur un fond blanc, cette coquille est agréablement colorée de nombreuses taches subquadrangulaires, d'un beau brun, irrégulièrement éparses. Souvent ces
taches forment des fascies longitudinales que l'on remarque principalement sur le dernier tour.

Les grands individus ont 15 centim. de long et 30 mill. de largeur.

### † 34. Pleurotome foudroyé. *Pleurotoma fulminata*. Kien.

*Pl. testâ elongato-fusiformi, lævigatâ, basi transversìm striatâ, albâ,*
*flammulis fulvis, inæqualibus fulminatâ; anfractibus supernè de-*
*pressis : ultimo canali angusto terminato; aperturâ ovato-angustâ;*
*labro tenui, simplici, supernè profundè fisso.*

Kiener. Spec. des Coq. p. 21. n° 16. pl. 10. f. 2.
Reeve. Conch. Icon. n° 37. pl. 5. f. 37.

Habite l'Océan Indien, d'après M. Kiener.

Il y a plusieurs rectifications à faire à l'occasion de cette espèce. M. Kiener donne dans sa synonymie une figure du *Genera of shells* de Sowerby, qui, pour nous et pour M. Reeve, représente une espèce très distincte de celle-ci. Cette espèce, nommée, à tort, par l'auteur anglais, *Pleurotoma lineata*, est beaucoup plus courte et présente des caractères assez constans pour être distinguée. Le *Pleurotoma fulminata* est une coquille fusiforme ; elle se rapproche du *Pleurotoma tornata* dont elle se distingue, au reste, par la coloration qui consiste en flammules inégales, onduleuses, longitudinales, d'un beau fauve sur un fond blanc. Le canal de la base est allongé, assez grêle et strié dans toute sa hauteur. L'ouverture est blanche en dedans ; elle est ovale-oblongue. Son bord droit, mince et tranchant, se projette en avant comme dans la *Pleurotoma australis*, étant séparé de l'avant-dernier tour par une échancrure large et très profonde. En examinant la coquille à la loupe, on remarque quelques stries très fines à la partie supérieure des tours. Il existe à l'état fossile, dans le bassin de Paris, une espèce qui a beaucoup d'analogie avec celle-ci : c'est le *Pleurotoma transversaria*.

Les grands individus de cette espèce ont 60 mill. de long et 25 de large.

## † 35. Pleurotome bossu. *Pleurotoma gibbosa.* Kiener.

*Pl. testá elongato-turritá, subfusiformi, griseo-fulvá, albo transversìm unizonatá, longitudinaliter plicatá, transversìm striatá; anfractibus supernè depresso-marginatis : ultimo canali brevi terminato; aperturá minimá, angustá; labro tenui, plicato, rimulá profundá callosáque separato.*

*Murex gibbosus.* Born. Mus. p. 321. pl. 11. f. 12. 13.

*Pleuromata gibbosa.* Kiener. Spec. des Coq. pl. 35. n° 27. pl. 16. f. 2.

*Murex gibbosus.* Gmel. p. 3564.

Chemn. Conch. t. 11. p. 112. pl. 190. f. 1829. 1830.

*Murex gibbosus.* Dillw. Cat. t. 2. p. 713. n° 64. *Exclus. plur. synonymis.*

Reeve. Conch. Icon. n° 30. pl. 5. f. 30.

*Murex gibbosus.* Wood. Ind. Test. pl. 26. f. 65.

Chemnitz rapporte à son *Murex gibbosus* deux espèces très distinctes qui ne sont peut-être ni l'une ni l'autre identiques avec la coquille qui porte le même nom dans Born : l'une d'elles cependant, celle que nous rapportons dans la synonymie, nous semble plutôt le véritable *Gibbosus* que l'autre. Dillwyn a admis dans l'espèce de Born, non-seulement les deux de Chemnitz, mais encore une troisième figurée par Martini et nommée *Murex alatus* par Gmelin. Dans les ouvrages les plus récens de conchyliologie, tels que ceux de M. Kiener et de M. Reeve, le *Pleurotoma gibbosa* nous paraît plutôt pris de celui de Chemnitz que de celui de Born.

Coquille allongée, turriculée, subfusiforme. Ses tours, réguliers et étroits, sont déprimés à la partie supérieure, légèrement creusés en une rigole lisse, et au-dessus de cette rigole, règne un bourrelet blanc qui accompagne la suture. Des plis nombreux et obliques s'élèvent sur les tours ; ils sont coupés transversalement par un petit nombre de stries distantes et assez profondes. Le dernier tour est très court ; il porte ordinairement sur le dos une sorte de varice qui le rend bossu. Il y a des individus où cette varice se répète sur les tours précédens. L'ouverture est petite, étroite, et terminée par un canal court, subéchancré à son extrémité comme dans les *Buccins*. L'échancrure du bord droit est assez profonde ; son bord supérieur, qui est très près de la suture, est formé par une petite callosité blanche. La coloration de cette espèce est d'un fauve grisâtre ou brunâtre uniforme avec une ou deux fascies blanches sur le dernier tour. Longueur, 38 mill. ; largeur, 15.

† 36. **Pleurotome farois.** *Pleurotoma mitrata.* Wood.

*Pl. testá turbinato-fusiformi, transversìm striatá, in medió angulatá, albá, spadiceo maculatá; anfractibus suprà concavis, infernè angulato-dentatis : ultimo basi conoidali biseriatìm granuloso; basi umbilicato; aperturá ovato-angustá; labro tenui, supernè vix emarginato.*

Le Farois. Adans. Senég. p. 143. pl. 9. f. 34.

*Murex mitratus.* Wood. Ind. Test. Supp. pl. 5. f. 5.

Habite les mers du Sénégal.

Coquille fusiforme, un peu turbinée et qui, par ses caractères, se rapproche un peu du *Pleurotoma bimarginata* de Lamarck ; il constitue cependant une espèce très distincte. La spire est pointue, conique, un peu plus longue que le dernier tour. Les tours sont étroits, les deux tiers de leur surface sont occupés par une zone concave limitée par un angle saillant sur lequel s'élève une rangée de dentelures courtes et tranchantes. Cet angle occupe le tiers supérieur du dernier tour. Au-dessous de lui, vers le milieu, s'élèvent deux rangées de granulations au-dessous desquelles se montrent quelques grosses stries qui occupent l'extrémité antérieure de la coquille. Le canal terminal est court ; la columelle est droite et le bord gauche laisse à découvert un petit ombilic étroit et peu profond. Le bord droit est mince et tranchant. L'échancrure, qu'il montre à sa partie supérieure, est large et peu profonde. Toute cette coquille est d'un blanc grisâtre, et elle est ornée de taches irrégulières d'un rouge ferrugineux.

Cette coquille est longue de 35 mill. et large de 15.

### † 37. Pleurotome mitré. *Pleurotoma mitræformis.* Kien.

*Pl. testá elongato-angustá, subfusiformi, fuscescente, striis transversis et plicis longitudinalibus clathratá; anfractibus in medio nodulosis, suprà concaviusculis; aperturá elongato-angustá; marginibus subparallelis; dextro tenui, supernè brevi fisso.*

Le Genot. Adans. Voy. au Sénég. p. 145. pl. 9. f. 35.

*Buccinum mitriformis.* Wood. Ind. Test. Sup. pl. 5. f. 25.

*Pleurotoma mitræformis.* Kiener. Spec. des Coq. pl. 49. n° 28. pl. 21. f. 1. *Exclusá varietate.*

Reeve. Conch. Icon. n° 23. pl. 4. f. 23.

Habite les mers du Sénégal. M. Kiener rapporte à cette espèce, à titre de variété, une coquille qui a avec elle beaucoup d'analogie, mais qui en est cependant parfaitement distincte. Le Pleurotome mitré, par sa forme générale, se rapproche, en effet, de plusieurs espèces de Mitres. Il est allongé, fusiforme, étroit; son dernier tour ressemble un peu à celui de certaines espèces de cônes très étroites, comme le *Mitratus*, par exemple. La spire est pointue, plus courte que le dernier tour. Les tours sont assez larges et divisés en deux parties égales par une rangée de petits plis noduleux et obliques. Au-dessus de ces plis, les tours sont légèrement concaves et seulement striés en travers. Au-dessous, ils sont chargés de petits plis longitudinaux et obliques découpés d'une manière régulière par des stries transverses assez distantes et aplaties. L'ouverture est très longue et très étroite; elle est brun fauve en dedans. Ses bords sont parallèles; le bord droit, mince et tranchant, présente à sa partie supérieure une petite échancrure large et peu profonde. Il y a parmi les espèces fossiles de Bordeaux, du Plaisantin et des faluns de la Touraine, une espèce qui a la plus grande analogie avec celle-ci : elle a été nommée *Pleurotoma reticulata.*

L'espèce vivante a 45 millim. de long et 13 de large. Il y a de plus grands individus.

### † 38. Pleurotome de Quoy. *Pleurotoma Quoyi.* Desh.

*Pl. testá turrito-acutá, transversè sulcatá, longitrorsùm striatá, al-*

*bido-roseá; suturis marginatis nodulosis; caudá elongatá, sub-*
*acutá.*

*Pleurotoma rosea.* Quoy. et Gaim. Voy. de l'Astrol. t. 2. p. 524.
pl. 35. f. 10 et 11.

Kiener. Spec. des coq. p. 18. n° 13. pl. 22. f. 4.

Habite sur les côtes de la Nouvelle-Zélande.

Dès 1833, dans les *Proceedings* de la société zoologique de Londres,
M. Sowerby avait donné le nom de *Rosea* à une autre espèce de
Pleurotome. Celle-ci doit donc changer de nom, et nous proposons de lui consacrer celui du voyageur qui en a fait la découverte.

Ce Pleurotome est une jolie espèce qui, par sa forme générale, se
rapproche assez du *Pleurotoma vulpecula.* Il est un peu ventru.
Sa surface est sillonnée transversalement, et des stries longitudinales, presque aussi profondes que les sillons, les découpent
en granulations assez régulières. Un bourrelet granuleux, assez
gros, accompagne la suture et se termine à l'échancrure du bord
droit dont il forme le côté supérieur. Le dernier tour se prolonge en un canal court. L'ouverture est petite, ovale, oblongue
et d'un beau rose violacé en dedans. Le bord droit est mince,
tranchant, et la fissure que le sépare de l'avant-dernier tour est
étroite et peu profonde. Toute cette coquille est d'un rose violacé
avec une fascie brunâtre à la base du dernier tour.

Elle est longue de 30 mill. et large de 10.

**† 39. Pleurotome petite harpe. *Pleurotoma harpula.* Kien.**

*Pl. testá elongato-fusiformi angustá, fulvá vel rubro-ferrugineá, ele-*
*ganter plicatá, transversim striatá; anfractibus convexiusculis, su-*
*pernè marginatis; aperturá minimá, angustá; labro tenui, supernè*
*latè et profundè fisso.*

Kiener. Spec. des coq. p. 58. n° 36. pl. 18. f. 3.

Habite les côtes de la Nouvelle-Hollande, d'après M. Kiener.

Petite coquille allongée, subturriculée, étroite, ayant le dernier tour
plus court que la spire; les tours sont nettement distingués les
uns des autres par un petit bourrelet aigu, simple, qui accompagne la suture. Le reste de la surface est occupé par un grand nombre de petits plis longitudinaux, un peu obliques, que leur régularité rend élégans. Ils sont coupés transversalement par trois
stries peu profondes, qui deviennent plus apparentes à la base du
dernier tour. Celui-ci est conique; l'ouverture est très petite,
fort étroite; ses bords sont presque parallèles, et le droit, mince
et tranchant, se détache par une échancrure large et assez pro-

foude, assez semblable à celle du *Pleurotoma gibbosa*. Cette petite coquille est d'une couleur uniforme d'un brun fauve ou d'un fauve ferrugineux.

Elle est longue de 20 mill. et large de 7.

## † 40. Pleurotome lymnéiforme. *Pleurotoma lymnæiformis.* Kien.

> *Pl. testá ovato subfusiformi, tenuè striatá, apice eleganter plicatá, tenui, fragili, albo-lutescente, spadiceo marmoratá; aperturá ovatá, supernè ad suturam brevi emarginatá.*

Kiener. Spec. des coq. p. 62. n° 40. pl. 22. f. 3.

Habite les côtes de la Sicile.

Petite coquille fort intéressante et dont la forme diffère assez notablement de celle des autres Pleurotomes; elle est ovale, oblongue. Ses tours de spire sont larges et couverts de stries transverses fines, serrées et régulières. Sur les premiers tours, ces stries transverses sont plus grosses, et l'on remarque aussi sur ces premiers tours des plis longitudinaux qui disparaissent assez vite; le canal de la base est extrêmement court. L'ouverture est petite, ovale-oblongue, son bord droit, mince et tranchant, aboutit à une petite échancrure qui est immédiatement au-dessous de la suture. Toute cette coquille est d'un blanc fauve, et elle est ornée de marbrures d'un jaune ferrugineux assez souvent disposées en flammules longitudinales. Nous n'avons jamais vu d'individus aussi grands que celui représenté par M. Kiener, ce qui nous fait présumer que cette figure représente l'espèce grossie.

La longueur de nos individus est de 15 mill. et leur largeur de 5.

## *Espèces fossiles.*

## 1. Pleurotome striatulé. *Pleurotoma striatulata.* Lamk.

> *Pl. testá fusiformi-turritá, transversìm tenuiter striatá; anfractibus convexiusculis, supernè striá eminentiore cinctis : ultimo plicis longitudinalibus obsoletis et obliquis distincto.*

Habite... Fossile des environs de Bordeaux. Mon cabinet. Longueur, 2 pouces 4 lignes. Queue un peu fruste.

## 2. Pleurotome semi-marginé. *Pleurotoma semimarginata.* Lamk.

> *Pl. testá fusiformi-turritá; anfractibus lævibus : supremis supernè infernèque marginatis, subconcavis; inferioribus planulatis; caudá sulcatá.*

Habite... Fossile des environs de Bordeaux. Mon cabinet. Longueur,
2 pouces 3 lignes. Son dernier tour est subanguleux à sa base.

## 3. Pleurotome aspérulé. *Pleurotoma asperulata*. Lamk. (1)

*Pl. testá subturritá, transversim sulcatá, tuberculis acutis muri-
catá; anfractibus medio angulato-tuberculatis: ultimo sulcis scabris distincto ; caudá brevi.*

Habite... Fossile des environs de Bordeaux. Mon cabinet. Longueur,
environ 22 lignes.

## 4. Pleurotome ridé. *Pleurotoma turris*. Lamk. (2)

*Pl. testá fusiformi-turritá, transversim sulcato-rugosá ; striis lon-
gitudinalibus tenuissimis, in arcis planulatis perundulatis ; anfractibus infrà medium angulatis, ultrà angulum plano-concavis, propè suturas marginatis.*

Encyclop. pl. 441. f. 7. a. b.

* *Murex interruptus*. Brocchi. Conch. foss. subap. t. 2. p. 433. pl.
9. f. 21.

*Pleurotoma interrupta*. Desh. Ency. méth. vers. t. 3. p. 795. n° 9.

Habite... Fossile des environs de Sienne, en Italie. Mon cabinet.
2 pouces 1 ligne et demie.

## 5. Pleurotome courte-queue. *Pleurotoma turbida*. Lamk. (3)

*Pl. testá subturritá, transversim sulcatá, longitudinaliter tenuissimè
striatá: striis undulatis ; anfractibus infernè angulatis, ultrà angulum plano-concavis: angulo nodulifero; caudá brevi.*

Encyclop. pl. 441. f. 8.

---

(1) M. Bronn, dans son *Lethea geognostica*, pense que cette
espèce est probablement la même que le *Pleurotoma tuberculosa*
de Basterot; mais rien ne le prouve, la description de Lamarck
est beaucoup trop courte pour que l'on puisse rien décider à
cet égard.

(2) Le nom donné par Lamarck à cette espèce devra être
changé, puisque Brocchi, long-temps avant lui, en avait imposé un autre; cette coquille devra donc à l'avenir porter le
nom de *Pleurotoma interrupta*.

(3) Cette espèce avait déjà reçu le nom de *Murex cataphractus* de Brocchi, lorsque Lamarck lui donna celui-ci : l'antériorité
du nom de l'auteur italien doit le faire préférer.

* *Murex cataphractus.* Brocchi. *Conch. foss. subap.* t. 2. p. 427. pl. 8. f. 16.
* *Pleurotoma cataphracta.* Borson. *Oryc. Pedem.* p. 75. n° 1.
* Bast. foss. de Bord. p. 65.
* Philip. Enum. moll. sicil. p. 199.
* Bronn. *Lethea geognostica.* t. 2. p. 1062. pl. 41. f. 12.

Habite... Fossile du Piémont. Mon cabinet. Longueur, 17 lignes et demie.

## 6. Pleurotome à filets. *Pleurotoma filosa.* Lamk.

*Pl. testá ovato-fusiformi, lineis transversis, elevatis, distinctis cinctá ; labro alæformi.*

Encyclop. pl. 440. f. 6. a. b.

*Pleurotoma filosa.* Ann. du Mus. vol. 3. p. 164. n° 1.

* Roissy. Buf. moll. t. 6. p. 73. n° 4.
* Desh. Encyclop. méth. vers. t. 3. p. 795. n° 10.
* Desh. Coq. foss. de Paris. t. 2. p. 448. n° 14. pl. 68. f. 25, 26.

Habite... Fossile de Grignon. Mon cabinet. Longueur, 38 millimètres.

## 7. Pleurotome à petites lignes. *Pleurotoma lineolata.* Lamk.

*Pl. testá ovato-fusiformi, lineis transversis coloratis, subinterruptis cinctá ; labro alæformi.*

Encyclop. pl. 440. f. 11. a. b.

*Pleurotoma lineolata.* Ann. ibid. p. 165. n° 2.

* Desh. Encyclop. méth. vers. t. 3. p. 795. n° 11.
* Desh. Coq. foss. de Paris. t. 2. p. 440. n° 6. pl. 69. f. 11 à 14.

Habite... Fossile de Grignon. Mon cabinet. Longueur, 28 millimètres.

## 8. Pleurotome claviculaire. *Pleurotoma clavicularis.* Lam.

*Pl. testá fusiformi-turritá, subglabrá, basi transversè sulcatá ; marginibus anfractuum striato-marginatis; labro alæformi.*

Encyclop. pl. 440. f. 4. *Mala.*

*Pleurotoma clavicularis.* Ann. ibid. n° 3.

* Roissy. Buf. moll. t. 6. p. 73. n° 5.
* Desh. Encyclop. méth. vers. t. 3. p. 796. n° 12.
* Desh. Coq. foss. de Paris. t. 2. p. 437. n° 2. pl. 69. f. 14 15 à 18.

Habite... Fossile de Grignon. Mon cabinet. Longueur, au moins 50

millimètres. **M.** *Defrance* en possède une variété qui a 75 millimètres de longueur, et dont les stries marginales ne sont plus apparentes. Elle a été trouvée à Betz, près Crépy.

### 9. Pleurotome lisse. *Pleurotoma glabrata.* Lamk.

*Pl. testá fusiformi, glabrá, subnitidá ; labro alæformi, supernè
sinu terminato.*
*Pleurotoma glabrata.* Ann. ibid. n° 4.
* Roissy. Buf. moll. t. 6. p. 74. n° 6.
* Desh. Coq. foss. de Paris. t. 2. p. 439. n° 5. pl. 69. f. 7. 8.
Habite... Fossile de Grignon. Mon cabinet. Longueur, 35 milli-
mètres.

### 10. Pleurotome marginé. *Pleurotoma marginata.* Lamk.

*Pl. testá fusiformi, glabriusculá, basi transversè sulcatá ; sulcis et
anfractuum marginibus impresso-punctatis.*
Encyclop. pl. 440. f. 9. a. b.
*Pleurotoma marginata.* Ann. ibid. p. 166. n° 5.
[b] *Var. minùs ventricosa.*
[c] *Var. sulcis crispatis, impunctatis.*
Habite... Fossile de Grignon. Mon cabinet et celui de M. *Defrance.*
Longueur, 15 à 20 millimètres.

### 11. Pleurotome transversaire. *Pleurotoma transversaria.* Lamk.

*Pl. testá fusiformi, transversìm sulcatá, infernè decussatá ; sinu maxi-
mo ; anfractuum medio subcarinato.*
*Pleurotoma transversaria.* Ann. ibid. n° 6.
* Desh. Encyclop. méth. vers. t. 3. p. 796, n° 14.
* Desh. Coq. foss. de Paris. p. 450. n° 16. pl. 62. f. 1. 2.
Habite... Fossile de Betz, près Crépy. Cabinet de M. *Defrance.* Lon-
gueur, 7 centimètres.

### 12. Pleurotome à chaînettes. *Pleurotoma catenata.* Lamk.

*Pl. testá fusiformi, undiquè decussatá ; striis transversis, majoribus
subtuberculatis, catenatis ; spirá nodosá.*
*Pleurotoma catenata.* Ann. ibid. n° 7.
* Desh. Encyclop. méth. vers. t. 3. p. 797. n° 15.
* Desh. Coq. foss. de Paris. t. 2. p. 451. n° 17. pl. 62. f. 11.
12. 13.
* Roissy. Buf. moll. t. 6. p. 741. n° 9.
Habite... Fossile de Grignon. Cabinet de M. *Defrance.* Longueur,
54 millimètres.

### 13. Pleurotome denté. *Pleurotoma dentata.* Lamk.

*Pl. testá fusiformi ; striis transversis tenuissimis, subundatis; anfractibus medio carinato-nodosis.*

*An murex exortus?* Brand. Foss. p. 20. f. 32.

Encyclop. pl. 440. f. 8.

*Pleurotoma dentata.* Ann. ibid. p. 167. n° 8.

[*b*] *Var. caudá abbreviatá.* (1)

[*c*] *Var. spirá prælongá, multidentatá.* Mon cabinet.

* Desh. Encyclop. méth. Vers. t. 3. p. 797. n° 16.

* Desh. Coq. foss. de Paris. p. 452. n° 18. pl. 62. f. 3. 4. 7. 8.

Habite... Fossile de Grignon. Mon cabinet et celui de M. *Defrance.* Longueur, 40 à 45 millimètres.

### 14. Pleurotome ondé. *Pleurotoma undata.* Lamk.

*Pl. testá fusiformi-turritá, transversìm striatá ; spirá costellis undato-arcuatis crenulatá; caudá breviusculá.*

*An murex innexus?* Brand. Foss. p. 19. f. 30.

Encyclop. pl. 440. f. 10. a. b.

*Pleurotoma undata.* Ann. ibid. n° 9.

[*b*] *Var. anfractuum costellis eminentioribus et biserialibus.*

* Roissy. Buf. Moll. t. 6. p. 75. n° 8.

* Desh. Encycl. méth. Vers. t. 3. p. 798. n° 17.

* Desh. Coq. foss. de Paris. t. 2. p. 456. n° 22. pl. 63. f. 11. 12. 13. pl. 64. f. 21. 22. 23.

Habite..... Fossile de Grignon. Mon cabinet. Longueur, 36 millimètres.

### 15. Pleurotome multinode. *Pleurotoma multinoda.* Lamk.

*Pl. testá fusiformi-turritá, transversìm striatá ; anfractibus submarginatis, medio nodulosis.*

Encyclop. pl. 440. f. 7. a. b.

*Pleurotoma multinoda.* Ann. ibib. n° 10.

* Desh. Encycl. méth. Vers. t. 3. p. 798. n° 18.

Habite... Fossile de Grignon. Mon cabinet et celui de M. *Defrance.* Longueur, 2 centimètres.

### 16. Pleurotome crénulé. *Pleurotoma crenulata.* Lamk.

---

(1) Cette variété a des caractères d'une telle constance que nous avons cru devoir la séparer comme espèce distincte ; elle est devenue notre *Pleurotoma brevicauda* (*Coq. foss.* de Paris, t. 2., pag. 453, n° 19. pl. 52, f. 9-10).

*Pl. testâ fusiformi-turritâ, transversè striatâ; anfractibus medio costellis serialibus rotatìm crenulatis.*

*Pleurotoma crenulata.* Ann. ibid. p. 168. n° 11.

* Des. Coq. foss. de Paris, t. 2. p. 475. n° 41. pl. 65. f. 8. 9. 10.

Habite... Fossile de Grignon. Cabinet de M. *Defrance.* Longueur, 18 millimètres.

## 17. Pleurotome double-chaîne. *Pleurotoma bicatena.* Lamk.

*Pl. testâ fusiformi-turritâ, tranversè striatâ; anfractibus supernè biseriatìm nodosis : nodis marginalibus minoribus.*

*Pleurotoma bicatena.* Ann. ibid. n° 12.

* Desh. Encycl. méth. Vers. t. 3. p. 798. n° 19.

* Desh. Coq. foss. de Paris. t. 2. p. 457. n° 23. pl. 63. f. 27. 28 29. pl. 65. f. 15. 16. 17.

Habite..... Fossile de Grignon. Cabinet de M. *Defrance.* Longueur. 19 millimètres.

## 18. Pleurotome à petites côtes. *Pleurotoma costellata.* Lamk.

*Pl. testâ ovato-fusiformi, transversìm striatâ; costellis longitudinalibus.*

*Pleurotoma costellata.* Ann. ibid. n° 13.

* Desh. Coq. foss. de Paris. t. 2. p. 488. n° 59. pl. 66. f. 14 à 16.

Habite... Fossile de Grignon. Cabinet de M. *Defrance.* Longueur, près de 15 millimètres.

## 19. Pleurotome plissé. *Pleurotoma plicata.* Lamk.

*Pl. testâ fusiformi-turritâ; striis transversis exiguis; costellis longitudinalibus plicæformibus, curvulis.*

*Pleurotoma plicata.* Ann. ibid. p. 169. n° 14.

* Desh. Coq. foss. de Paris. t. 2. p. 487. n. 58. pl. 66. f. 17. 18. 19.

Habite... Fossile de Grignon. Cabinet de M. *Defrance.* Longueur, 5 ou 6 millimètres.

## 20. Pleurotome sillonné. *Pleurotoma sulcata.* Lamk.

*Pl. testâ fusiformi-turritâ, infernè decussatâ, costellis crebris curvulisque longitudinaliter sulcatâ.*

*Pleurotoma sulcata.* Ann. ibid. n° 15.

* Desh. Coq. foss. de Paris, t. 2. p. 476. n. 44. pl. 67. f. 19 à 21.

Habite... Fossile de Grignon. Cabinet de M. *Defrance.* Longueur, 1 centimètre.

24.

21. Pleurotome à côtes courbes. *Pleurotoma curvicosta.* Lamk.

> *Pl. testá avoto-fusiformi, transversìm sulcatá ; costellis curvis supernè subbifidis ; caudá brevi.*
>
> *Pleurotoma curvicosta.* Ann. ibid. n° 16.
>
> * Desh. Coq. foss. de Paris. t. 2. p. 460. n° 26. pl. 63. f. 4. 5. 6.
>
> Habite..... Fossile de Grignon. Cabinet de M. *Defrance.* Longueur, 15 millimètres.

22. Pleurotome fourchu. *Pleurotoma furcata.* Lamk.

> *Pl. testá fusiformi-turritá, transversè striatá ; costellis ultrà medium coarctatis : infimis basi furcatis.*
>
> *Pleurotoma furcata.* Ann. ibid. n° 17.
>
> [*b*] *Var. minor et gracilior ; costellis undato-curvis.*
>
> * Roissy. Buf. mol. t. 6. p. 75. n. 9.
>
> * Desh. Coq. foss. de Paris. t. 2. p. 464. n° 30. pl. 63. f. 23 à 26. pl. 65. f. 21 à 23.
>
> * Desh. Encycl. méth. Vers. t. 3. p. 799. n° 20.
>
> Habite..... Fossile de Grignon. Cabinet de M. *Defrance.* Longueur, 14 millimètres.

23. Pleurotome noduleux. *Pleurotoma nodulosa.* Lamk.

> *Pl. testá ovato-fusiformi ; striis transversis obsoletis ; spirá pyramidatá, nonofariàm nodulosá.*
>
> *Pleurotoma nodulosa.* Ann. ibid. p. 170. n° 18.
>
> [*b*] *Var. spirá breviore, octofariàm nodulosá.*
>
> * Desh. Coq. foss. de Paris, p. 466. n° 32. pl. 65. f. 11 à 14.
>
> Habite... Fossile de Grignon. Cabinet de M. *Defrance.* Longueur, près de 14 millim.

24. Pleurotome ventru. *Pleurotoma ventricosa.* Lamk.

> *Pl. testá ovato-fusiformi, caudatá, medio-ventricosá ; striis transversis ; anfractibus costellis brevissimis æmulantibus.*
>
> *Pleurotoma ventricosa.* Ann. ibid. p. 266. n° 19.
>
> * Desh. Coq. foss. de Paris. t. 2. p. 469. n° 36. pl. 65. f. 1 à 7.
>
> Habite... Fossile de Grignon. Cabinet de M. *Defrance.* Longueur, 12 millim.

25. Pleurotome térébral. *Pleurotoma terebralis.* Lamk.

> *Pl. testá fusiformi, subventricosá ; striis transversis eleganter granulatis ; anfractibus exquisitè carinatis : carinis dentatis, rotæformibus.*
>
> *Pleurotoma terebralis.* Ann. ibid. n° 20.
>
> * Desh. Ency. méth. Vers. t. 3. p. 799. n° 21.

* Desh. Coq. foss. de Paris. t. 2. p. 455. n° 21. pl. 62. f. 14. 15. 16.
Habite... Fossile de Parnes. Cabinet de M. *Defrance.* Longueur, près de 14 millim.

### 26. Pleurotome granulé. *Pleurotoma granulosa.* Lamk.

*Pl. testâ subturritâ, undiquè granulata; granulorum seriebus transversis, in anfractuum medio elevatioribus; caudâ brevissimâ.*

*Pleurotoma granulata.* Ann. ibid. n° 21.

* Desh. Ency. méth. Vers. t. 3. p. 799. n° 22.

* Desh. Coq. foss. de Paris. t 2. p. 476. n° 45. pl. 67. f. 1. 2. 3.

Habite... Fossile de Parnes. Cabinet de M. *Defrance.* Longueur, 11 millim.

### 27. Pleurotome à côtes pliées. *Pleurotoma inflexa.* Lamk.

*Pl. testâ subturritâ, transversìm striatâ; costellis plurimis medio inflexis; anfractibus carinâ granulatâ distinctis.*

*Pleurotoma inflexa.* Ann. ibid. p. 267. n° 22.

* Desh. Coq. foss. de Paris. t. 2. p. 475. n° 43. pl. 66. f. 11 à 13. pl. 67. f. 12 à 14.

Habite... Fossile de Grignon. Cabinet de M. *Defrance.* Longueur, 8 millim.

### 28. Pleurotome tourelle. *Pleurotoma turrella.* Lamk.

*Pl. testâ subturritâ, transversìm striatâ; anfractibus carinatis; spirâ supernè tuberculatâ.*

*Pleurotoma turrella.* Ann. ibid. n° 23.

[b] *Var. tuberculis spirœ nullis.*

* Desh. Coq. foss. de Paris. t. 2. p. 471. n° 38. pl. 64. f. 17 à 20.

Habite... Fossile de Grignon. Cabinet de M. *Defrance.* Longueur, 6 à 9 millim.

### 29. Pleurotome striarelle. *Pleurotoma striarella.* Lamk.

*Pl. testâ fusiformi-turritâ, muticâ; striis transversis, tenuissimis, contiguis; costis raris, obsoletis.*

*Pleurotoma striarella.* Ann. ibid. n° 24.

* Desh. Coq. foss. de Paris. t. 2. p. 477. n$_0$ 46. pl. 67. f. 28 à 30.

Habite... Fossile de Grignon. Cabinet de M. *Defrance.* Longueur, 8 millim.

### 30. Pleurotome treillissé. *Pleurotoma decussata.* Lamk.

*Pl. testâ fusiformi-turritâ, striis transversis longitudinalibusque decussatâ; spirâ nodulosâ.*

*Pleurotoma decussata.* Ann. ibid. n$_0$ 25.

* Desh. Coq. foss. de Paris. t. 2. p. 470. n° 37. pl. 64. f. 3. 4. 5. 7.

Habite... Fossile de Grignon. Mon cabinet. Longueur, 16 millim.

## TURBINELLE (Turbinella).

Coquille turbinée ou subfusiforme, canaliculée à sa base, ayant sur la columelle trois à cinq plis comprimés et transverses.

*Testa turbinata vel subfusiformis, basi canilaculata. Columella plicis tribus ad quinque compressis et transversalibus instructa.*

Observations. — La plupart des *Turbinelles* furent rapportées par Linné à son genre *Voluta*; il laissa les autres parmi ses *Murex*. Quoique la columelle de ces coquilles soit chargée de plis remarquables, il est certain qu'elles ont beaucoup plus de rapports avec les *Murex* qu'avec les Volutes. Le canal de la base de leur ouverture les éloigne sans contredit de ces dernières, et suffit pour les en séparer; de même, leur défaut de varices s'oppose à ce qu'on les associe avec les *murex*. Il ne paraît pas d'abord aussi aisé de les distinguer des Fasciolaires; néanmoins, la direction des plis de leur columelle m'a autorisé à les en séparer.

L'animal de ces coquilles est muni d'un petit opercule suborbiculaire et corné; il y a deux tentacules obtus et en massue; les yeux saillans et situés à la base extérieure de ces tentacules; son manteau est terminé par un prolongement plié en tube, qui passe par le canal de la coquille. [D'Argenv. *Zoomorph.* pl. 3. fig. E. ]

[Lamarck a rassemblé dans son genre Turbinelle des coquilles qui n'ont pas toutes les mêmes caractères, ce qui déterminera probablement, par la suite, les zoologistes à y faire au moins une coupure. Nous ne pensons pas cependant que l'on doive adopter toutes celles que propose M. Schumacher, dans son nouveau système de classification des coquilles. En effet, cet auteur forme un genre de toutes les espèces fusiformes, telles que le *Turbinella infundibulum*, par exemple; il donne à ce genre le nom de *Polygona*; il en propose un autre sous le nom de *Cynodona* pour les espèces turbinées, comme le *Ceramica, Turbinellus*, etc. Enfin un troisième démembrement qui porte le nom de *Lagena* rassemblerait celles des espèces qui sont ovoïdes, telles que le *Turbinella rustica* de Lamarck, *Leucozonalis* et d'autres encore. M. Schumacher, ne laisserait, par conséquent, dans le genre Turbinelle, proprement dit, que quatre ou cinq espèces auxquelles la *Turbinella pyrum*, pourrait servir de type. Nous le répétons, nous ne pouvons partager les opinions de M. Schumacher. En effet, Lamarck a fondé son genre Turbinelle en donnant comme type le *Voluta turbinellus* de Linné. Si l'on apporte des changemens dans le genre qui nous occupe, et que cependant il subsiste dans la science, son type doit rester le même, et par conséquent, les véritables Turbinelles devront comprendre d'abord toutes les espèces analogues au type choisi.

Lorsque l'on examine le genre dans son ensemble, on s'aperçoit bien qu'il a besoin d'être réformé. Les espèces auxquelles M. Schumacher conserva le nom de Turbinelles sont très différentes de toutes les autres. Leur columelle, très épaisse, porte sur le milieu des plis dont la forme et les caractères n'ont que peu d'analogie avec ce qui se montre dans les autres, et quoique l'on ne connaisse pas encore l'animal de ce groupe, nous proposerions d'en constituer un genre à part auquel le nom de *Scolymus* conviendrait assez. Quant aux autres espèces, il serait plus difficile de les séparer en genres; car on voit s'établir entr'elles des modifications nombreuses qui détruisent la constance des caractères; aussi l'on voit les espèces turbinées passer, par des nuances insensibles, à celles qui sont fusiformes.

Quoique Lamarck ait décrit l'animal des Turbinelles, on peut dire cependant qu'il ne l'a point connu, puisqu'il a été obligé de s'en rapporter uniquement à une très mauvaise figure de la zoomorphose de d'Argenville. Lamarck rapporte un peu arbitrairement, au reste, cette figure au genre Turbinelle ; car la coquille, elle-même, d'où sort cet animal presque fantastique est si mal figurée que l'on pourrait tout aussi bien la prendre pour un *Murex*. On peut donc dire que c'est à MM. Quoy et Gaimard que l'on doit la connaissance exacte des caractères extérieurs de l'animal du genre Turbinelle. Leur ouvrage prouve même déjà, l'impossibilité de séparer, d'une manière rationnelle, les genres proposés par M. Schumacher, puisque l'animal du *Turbi-*

*nella rustica* ne diffère pas sensiblement de celui du *Turbinella Cornigera*. On doit également aux mêmes naturalistes la connaissance d'une espèce fusiforme et cette espèce a les mêmes caractères que les deux premières. Il faut en convenir, Lamarck avait jugé des rapports des Turbinelles avec beaucoup de sagacité, la connaissance des animaux ne dérange en rien l'arrangement qu'il a proposé. Ces animaux appartiennent, en effet, au type représenté par le grand genre *Murex* de Linné ; ils diffèrent très peu de ceux des Fuseaux, des Tritons et des Rochers proprement dits. Ils rampent sur un pied court, assez épais, duquel s'élève un pédicule cylindracé qui entre dans la coquille et qui sert d'appui à une tête petite, aplatie, terminée antérieurement en deux tentacules coniques assez épais à la base et portant les yeux au côté externe vers les deux tiers antérieurs de leur longueur. Cette position paraît varier un peu selon les espèces : cette tête est fendue en dessous longitudinalement d'une fente buccale étroite, en forme de boutonnière, à travers laquelle passe une trompe rétractile. Le manteau revêt l'intérieur de la coquille comme à l'ordinaire, il se prolonge en avant en un siphon charnu qui dépasse un peu l'extrémité du canal de la coquille.

Le genre Turbinelle est aujourd'hui nombreux en espèces. Nous en comptons 68 de vivantes, ce qui prouve combien la monographie de M. Kiener est incomplète. Nous n'en connaissons encore que trois espèces fossiles appartenant aux terrains tertiaires de Paris et de Bordeaux.

## ESPÈCES.

**1. Turbinelle artichaut.** *Turbinella scolymus.* Lamk.

> *T. testá subfusiformi, medio ventricosá, tuberculatá, pallidè fulvá; spirá conicá, tuberculato-nodosá ; ultimo anfractu supernè tuberculis magnis coronato ; caudá transversim sulcatá; columellá aurantiá, triplicatá.*

Martini. Conch. 4. t. 142. f. 1325.

*Murex scolymus.* Gmel. p. 3553. n° 101.

*Turbinella scolymus.* Encyclop. pl. 431 bis. f. 2. a. b.

* *Murex scolymus.* Dillw. Cat. t. 2. p. 737. n° 112.

* Schrot. Einl. t. 1. p. 618. *Murex* n° 210.

* Wood. Ind. Test. pl. 27. p. 415.
* Kiener. Spec. des coq. p. 9. n° 5. pl. 2. 3.
* *Turbinelle scolyme.* Blainv. Malac. pl. 17. f. 1.
* Roissy. Buf. Moll. t. 6. p. 81. n° 2.
* Desh. Encycl. méth. vers. t. 3. p. 1084. n° 1.

Habite.... l'Océan des Grandes-Indes? Mon cabinet. Coquille grande, épaisse, pesante, très tuberculeuse supérieurement. Longueur, 9 pouces. Vulg. l'*Artichaut*.

## 2. Turbinelle rave. *Turbinella rapa.* Lamk.

> T. *testá subfusiformi, medio ventricosá, crassá, ponderosissimá, muticá, albá; anfractibus supernè basim præcedenti obtegentibus; caudá breviusculá; columellá subquadruplicatá.*

Knorr. Vergn. 6. t. 39. f. 1.
Martini. Conch. 3. t. 95. f. 916.
Encycl. pl. 431 bis. f. 1.
* Var. *sinistra.* Chemn. Naturf. f. 12. pl. 3. f. 1 a. b.
* *Voluta pyrum non Linnæi.* Schrot. Einl. t. 1. p. 240. n° 42.
* Desh. Encycl. méth. vers. t. 3. p. 1084. n° 2.
* Kiener. Spec. des Coq. p. 3. n° 1. pl. 4. 5.
* Mus. Gottv. pl. 33. f. 221. 222. *Junior.* pl. 34. f. 221 a.
* Walch. Naturf. t. 19. p. 23. f. 2. monstr.
* *Voluta pyrum.* var. *a.* Born. Mus. p. 234.

Habite l'Océan des Grandes-Indes. Mon cabinet. Cette espèce, bien distincte, a été confondue par Gmelin avec le *Voluta pyrum* de Linné. Mais elle n'est jamais mucronée à son sommet, devient beaucoup plus grosse et plus grande, très massive, fort pesante, et n'offre qu'à son sommet et sur sa queue des stries que les marchands font disparaître en la polissant. Elle a sur la columelle trois véritables plis, et un faux à la naissance de la queue. Longueur, 6 pouces 9 lignes.

## 3. Turbinelle navet. *Turbinella napus.* Lamk. (1).

> T. *testá abbreviato-clavatá, ventricosissimá, crassá, ponderosá, muticá, subecaudatá, albido-fulvá; spirá brevi, mucrone parvo terminatá; caudá non striatá; columellá triplicatá.*

---

(1) Dans la conviction où je suis que cette espèce est la même que le *Voluta gravis* de Dillwyn, j'ai complété la synonymie négligée par Lamarck. Aussi je propose de lui restituer son premier nom spécifique qu'elle a perdu et de l'inscrire désormais sous celui de *Turbinella gravis.*

* *Voluta gravis.* Dillw. Cat. t. 1. p. 569. n° 164.

* Martini. Conch. t. 3. pl. 95. f. 917.

* Encycl. méth. pl. 390. f. 1.

* *Varietas sinistrorsa.* Chemn. t. 9. p. 37. pl. 104. f. 884. 885.

* Wood. Ind. Test. pl. 21. f. 161.

* Kiener. Spec. des Coq. p. 4. n° 2. pl. 6.

* *Turbinella clavata.* Schub. et Wagn. Supplém. à Chemn. p. 99. pl. 227. f. 4018.

Habite... l'Océan des Grandes-Indes? Mon cabinet. Cette espèce paraît avoir de grands rapports avec celle dont Chemnitz donne la figure dans sa Conch. (vol. 9. t. 104. f. 884. 885); mais, outre que celle-ci est sinistrale, sa queue est un peu plus allongée que dans la mienne, et son bord columellaire est fortement réfléchi. La coquille que je mentionne ici ressemble à une grosse poire un peu raccourcie. Longueur, 4 pouces 3 lignes.

## 4. Turbinelle poire. *Turbinella pyrum.* Lamk.

*T. testá supernè ventricoso-clavatá, pyriformi, caudatá, albido-fulvá, maculis spadiceis punctiformibus pictá ; spirá parvá, mucrone tenui terminatá: apice mamillatá ; caudá longiusculá striatá; columellá quadriplicatá.*

*Voluta pyrum.* Lin. Syst. Nat. ed. 12. p. 1195. n° 433.

Lister. Conch. t. 816. f. 26. 27.

Rumph. Mus. t. 36. f. 7.

Knorr. Vergn. 6. t. 27. f. 2.

Martini. Conch. 3. t. 95. f. 918. 919.

Chemn. Conch. 11. t. 176. f. 1697. 1698.

* Perry. Conch. pl. 17. f. 9.

* Brookes. Introd. of conch. pl. 6. f. 75.

* Crouch. Lamk. Conch. pl. 17. f. 75.

* Roissy. Buf. moll. t. 6. p. 80. pl. 59. f. 5.

* Schum. Nouv. Syst. p. 242.

* Wood. Ind. Test. pl. 21. f. 160.

* *Turbinellus pyrum.* Sow. Genera of shells. f. 1.

* Reeve. Conch. Syst. t. 2. p. 179. pl. 228.

* *Voluta pyrum.* Var. β. Born. Mus. p. 234.

* *Murex dentatus.* Burrow. Elem. of conch. pl. 23. f. 2.

* *Voluta pyrum. pars.* Dillw. Cat. t. 1. p. 568. n° 163.

* Desh. Encyc. méth. Vers. t. 3. p. 1085. n° 3.

* Kiener. Spec. des coq. p. 6. n° 3. pl. 7. f. 12.

Habite l'Océan des Grandes-Indes. Mon cabinet. Coquille agréablement tachetée ou ponctuée, surtout dans les jeunes individus; sa

spire est légèrement noduleuse, ainsi que le sommet du dernier
tour. Longueur, 3 pouces 10 lignes.

**5. Turbinelle aigrette.** *Turbinella pugillaris.* **Lamk.** (1)

*T. testá turbinatá, umbilicatá, crassá, ponderosá, transversìm sul-*
*catá, tuberculiferá, albá; ultimo anfractu supernè infernèque tu-*
*berculis conico-acutis muricato; columellá quinqueplicatá: plicis*
*inæqualibus.*

Lister. Conch. t. 810. f. 19.

Knorr. Vergn. 6. t. 35. f. 1.

Martini. Conch. 3. t. 99. f. 949. 950.

*Turbinella capitellum.* Encyclop. pl. 431 bis. f. 3.

* Bonanni. Recr. 3. f. 284.

* Desh. Encyc. méth. Vers. t. 3. p. 1085. n° 4.

* *Voluta muricata.* Born. Mus. p. 233.

* *Voluta capitellum.* Var. β Gmel. p. 3468.

* Schrot. Einl. t. 1. p. 275. n° 117.

* Dillw. Cat. t. 1. p. 567. *Voluta muricata.*

* *Voluta muricata.* Wood. Ind. Test. pl. 21. f. 158.

* Kiener. Spec. des coq. p. 17. n° 11. pl. 8.

Habite l'Océan des Antilles. Mon cabinet. Coquille presque de la
grosseur du poing, massive, pesante, sans queue particulière. Son
dernier tour offre supérieurement une rangée de tubercules, et,
près de sa base, trois autres inégales. Spire pointue, très muriquée. Longueur, 3 pouces 7 lignes. Vulg. l'*Aigrette.*

**6. Turbinelle rhinocéros.** *Turbinella rhinoceros.* **Lamk.**

*T. testá ovato-turbinatá, subtrigoná, perforatá, crassá, transversìm*
*sulcatá, tuberculiferá, albá, castaneo-venosá; ultimo anfractu su-*
*pernè tuberculis posticè furcatis subgeminatis coronato et propè*
*basim tuberculis simplicibus muricato; columellá fulvá, triplicatá;*
*labro crenulato, intùs sulcato.*

---

(1) Long-temps avant Lamarck, cette espèce avait reçu le nom
de *Voluta muricata* par Born, la description de cet auteur et la
figure de Martini à laquelle il renvoie, ne laissent aucun doute à
cet égard. Il faut donc rectifier la nomenclature en rendant
à cette espèce son premier nom *Turbinella muricata.* M. Kiener
qui assez souvent cite l'auteur qui a mentionné une espèce pour
la première fois l'oublie pour celle-ci et ne fait aucune rectification au sujet de son nom spécifique.

*Voluta rhinoceros.* Chemn. Conch. 10. t. 150. f. 1407, 1408. Gmel. p. 3458. n° 128.

* Desh. Encyclop. méth. vers. t. 3. p. 1086. n° 5.

* Wood. Ind. Test. pl. 21. f. 157.

* Kiener. Spec. des coq. p. 19. n° 12. pl. 10. f. 1.

* Roissy. Buff. moll. t. 6. p. 81. n° 4.

* *Voluta rhinoceros.* Dillw. Cat. t. 1. p. 567. n° 160.

Habite les mers de la Nouvelle-Guinée. Mon cabinet. Coquille fort rare, à spire courte, noduleuse, presque mucronée. Longueur, 3 pouces 2 lignes.

### 7. Turbinelle cornigère. *Turbinella cornigera.* Lamk.

*T. testá ovato-turbinatá, subtrigoná, transversè sulcatá, tuberculis albis undiquè muricatá : tuberculorum interstitiis nigris; ultimo anfractu supernè tuberculis elongatis crassis posticè trifurcatis coronato et prope basim aliis simplicibus muricato; spirá brevissimá, acuminatá; columellá quadriplicatá.*

*Voluta turbinellus.* Linn. Syst. nat. éd. 12 p. 1195. Gmel. p. 3462. n° 99.

Bonanni. Recr. 3. f. 373.

Rumph. Mus. t. 24. fig. B.

Gualt. t. 26. fig. L.

D'Argenv. Conch. pl. 14. fig. P.

Seba. Mus. 3. t. 60. f. 8.

Knorr. Vergn. 2. t. 2. f. 3, et t. 13. f. 2, 3.

Martini. Conch. 3. t. 99. f. 944.

Chemn. Conch. 11. t. 179. f. 1725, 1726.

* Mus. Gottw. pl. 11. f. 79. a. b.

* Klein. Tentam. ostrac. pl. 7. f. 112.

* *Murex turbinellus.* Lin. Syst. nat. éd. 10. p. 750.

* *Id.* Mus. Ulric. p. 634.

* Perry. Conch. pl. 26. f. 1.

* *Voluta turbinellus.* Schrot. Einl. t. 1. p. 236. n° 39.

* *Id.* Dillv. Cat. t. 1. p. 566. n° 158.

* Desh. Encyl. méth. vers. t. 3. p. 1086. n° 6.

* Quoy et Gaim. Voy. de l'Astr. t. 2. p. 518. pl. 35. f. 24 à 26.

Habite l'Océan des Grandes-Indes et des Moluques. Mon cabinet. Celle-ci tient de près au *T. rhinoceros* par ses rapports; mais elle n'est point ombiliquée. Sa spire est armée de longs tubercules qui, ainsi que ceux de son dernier tour, ressemblent presque à des cornes. Vulg. la *Dent-de-chien.* Longueur, 2 pouces 8 lignes.

**.8. Turbinelle de Céram.** *Turbinella ceramica.* Lamk.

> *T. testá fusiformi, transversìm sulcatá, tuberculis muricatá, albo et nigro variá; ultimo anfractu supernè tuberculis longis posticè furcatis echinato, medio basique aliis simplicibus armato; spirá conicá, supernè muticá; columellá quinqueplicatá.*

Voluta ceramica. Lin. Syst. nat. éd. 12. p. 1195. Gmel. p. 3462. n° 101.

Lister. Conch. t. 829. f. 51.

Bonanni. Recr. 3. f. 286.

Rumph. Mus. t. 24. fig. A. et t. 49. fig. L.

Petiv. Amb. t. 11. f. 13.

Gualt. Test. t. 55. fig. D.

D'Argenv. Conch. pl. 15. fig. E.

Favanne. Conch. pl. 24. fig. C. 3.

Knorr. Vergn. 2. t. 2. f. 2.

Martini. Conch. 3. t. 99. f. 943.

* Lesser. *Testaceo theol.* p. 282. f. n° 76.

* Wood. Ind. Test. pl. 21. f. 159.

* *Murex ceramicus.* Linn. Syst. nat. éd. 10. p. 751.

* *Cynodona ceramica.* Schum. Nouv. syst. p. 241.

* *Voluta ceramica.* Born. Mus. p. 233.

* *Id.* Schrot. Einl. t. 1. p. 239. n° 41.

* *Id.* Dillw. Cat. t. 1. p. 568. n° 162.

* Desh. Encycl. méth. vers. t. 3. p. 1086. n° 1.

* Kiener. Spec. des coq. p. 10. n° 6. pl. 11. f. 1.

Habite l'Océan des Moluques, près de l'île de Céram. Mon cabinet. Elle se distingue éminemment par sa forme allongée. Point d'ombilic. Vul. la *Chausse-trappe.* Longueur, 3 pouces 2 lignes.

**9. Turbinelle muriquée.** *Turbinella capitellum.* Lamk.

> *T. testá ovato-subfusiformi, umbilicatá, longitudinaliter costatá, sulcis scaberrimis cinctá, tuberculis acutis muricatissimá, albá; anfractibus angulatis : ultimo supernè basique tuberculis longis armato; spirá conicá; columellá triplicatá.*

Volutella capitellum. Lin. Syst. nat. éd. 12. pag. 1195. Gmel. page 3462. n° 100.

Bonanni. Recr. 3. f. 270.

Gualt. Test. t. 37. fig. A.

D'Argenv. Conch. pl. 15. fig. K.

Seba. Mus. 3. t. 49. f. 76.

Knor. Vergn. 6. t. 35. f. 2.

Martini. Conch. 3. t. 99. f. 947, 948.

Chemn. Conch. 11. t. 179. f. 1723, 1724.

*Turbinella muricata.* Encyclop. pl. 431 bis. f. 4. a. b.

* Desh. Encycl. méth. vers. t. 3. p. 1087. n° 8.

* Kiener. Spec. des coq. p. 14. n° 9. pl. 12. f. 1.

* Reeve. Conch. syst. t. 2. p. 181. pl. 229. n° 5.

* *Murex capitellum.* Lin. Syst. nat. éd. 10. p. 750.

* *Id.* Lin. Mus. Ulric. p. 633.

* Perry. Conch. pl. 26. f. 4.

* Roissy. Buff. moll. t. 6. p. 81. n° 3.

* *Voluta capitellum.* Born. mus. p. 232.

* *Id.* Schrot. Einl. t. 1. p. 238. n° 48.

* *Id.* Dillw. Cat. t. 1. p. 566. n° 159.

* Wood. Ind. Test. pl. 21. f. 156.

Habite... l'Océan indien? Mon cabinet. Ses tours sont anguleux
et très muriqués. Longueur, 2 pouces 4 lignes. Il devient plus
grand.

## 10. Turbinelle douce. *Turbinella mitis.* Lamk.

> *T. testá ovatá, umbilicatá, longitudinaliter costatá, transversim sul-
> catá, tuberculato-nodosá, fulvo-rufescente; tuberculis breviusculis,
> obtusissimis, nodiformibus; præcipuis in anfractuum summitatibus;
> sulcis nodisque albis; columellá triplicatá.*

* *Turbinella capitellum.* Var. Kiener. Spec. des coq. p. 14. pl. 12.
f. 2.

Habite... Mon cabinet. Coquille apparemment très rare, puisqu'elle
paraît inédite : elle est fort remarquable par ses caracteres. Longueur, environ 2 pouces.

## 11. Turbinelle petit-globe. *Turbinella globulus.* Lamk.

> *T. testá ventricoso-globosá, umbilicatá, crassá, transversim striatá
> et sulcatá, albá; plicis longitudinalibus crassis; sulcis crenato-
> scabris; spirá brevi; aperturá roseá; columellá triplicatá.*

*Voluta globulus.* Chemn. Conch. 11. t. 178. f. 1715. 1716.

*Turbinella globulus.* Encycl. pl. 431 bis. f. 2.

* *Voluta globosa.* Dillw. Cat. t. 1. p. 569. n° 165.

* Vood. Ind. Test. pl. 21. f. 162.

* Kiener. Spec. des Coq. p. 16. n° 10. pl. 10. f. 2.

Habite... Mon cabinet. Jolie coquille, raccourcie, sans queue, et
dont l'ouverture est fort étroite. Longueur, 19 lignes.

## 12. Turbinelle cordon-blanc. *Turbinella leucozonalis.*

> *T. testá ovato-acutá, ventricosá, muticá, lævigatá, rufá aut fuscá;*

*anfractibus convexis : ultimo infrà medium fasciá albá cincto ;
aperturá albá ; columellá triplicatá.*

*An* Favanne. Conch. pl. 35. fig. H 2 ?

* Desh. Encycl. méth. Vers. t. 3. p. 1087. n° 9.

* Kiener. Spec. des Coq. p. 35. n° 24. pl. 21. f. 2.

* Valentyn. Amboina. pl. 8. f. 73.

Habite... Mon cabinet. La coquille de *Favanne* est plus allongée et
moins ventrue que la nôtre. Longueur, 19 lignes.

**13.** Turbinelle pruniforme. *Turbinella rustica* Lamk. (1)

*T.* testá ovato-ventricosissimá, crassá, lævigatá, in fundo albo lineis
spadiceis aut nigris confertissimis transversim pictá ; anfractibus
convexis ; spirá breviusculá, tumidá, apice obtusiusculá ; columellá
subquadriplicatá.

Lister. Conch. t. 831. f. 55.

Gualt. Test. t. 43. fig. X.

Seba. Mus. 3. t. 54. f. 15. 16.

Knorr. Vergn. 3 t. 14. f. 5.

Martini. Conch. 3. t. 120. f. 1104. 1105.

*Buccinum rusticum.* Gmel. p. 3486. n° 65.

* Deshr. Encycl. méth. Vers. t. 3. p. 1088. n° 10.

* Quoy et Gaim. Voy. de l'Astr. t. 2. p. 513. pl. 35. f. 20 à 23.

* Kiener. Spec. des Coq. p. 39. n° 27. pl. 19. f. 1.

* *Buccinum smaragdulus.* Lin. Syst. nat. ed. 10. p. 739.

* *Id.* Lin. Mus. Ulric. p. 610. n° 264.

* *Id.* Lin. Syst. nat. id. 12. p. 1203. n° 468.

* *Id.* Gmel. p. 3484. n° 54.

* *Buccinum smaragdulus.* Dillw. Cat. t. 2. p. 615. n° 65.

---

(1) Voici une espèce Linnéenne de plus à rétablir dans les
catalogues ; en lisant attentivement sa description dans la *Museum Ulricæ*, on en retrouve tous les caractères et l'on en reconnaît l'identité avec le *Turbinella rustica* de Lamarck. Dans la
10ᵉ édition du *Systema*, la seule citation de la fig. P, pl. 9 de
d'Argenville, laisse douteuse l'espèce de Linné ; mais dans la
12ᵉ, la citation des figures 114 et 115 de la planche 54 de Seba
ne permet plus le moindre doute. En conséquence, le double emploi de Gmelin étant reconnu, et cette coquille devant rester dans
le genre Turbinelle, elle devra prendre à l'avenir le nom de *Turbinella smaragdulus.* M. Schumacher a fait de cette espèce un
genre particulier sous le nom de *Lagena*, il ne peut être adopté.

* *Lagena crassa.* Schum. Nouv. syst. p. 240.
» *Buccinum smaragdalus.* Born. Mus. p. 256.
* *Id.* Schrot. Einl. t. 1 p. 338. n. 31.

Habite l'Océan Indien et Africain. Mon cabinet. Bord droit légèrement crénelé et strié à l'intérieur. Son ouverture est un peu étroite
et d'un beau blanc. Longueur, 20 lignes.

## 14. Turbinelle porte-ceinture. *Turbinella cingulifera* (1). Lamk.

*T. testá fusiformi-turritá, tuberculato-nodosá, lœviusculá, nitidá,
aurantiá ; anfractibus medio tuberculato-nodosis : ultimo cingulo-
lato, calloso, albo notabili ; aperturá albá ; columellá triplicatá.*

Lister. Conch. t. 828. f. 50.
Knorr. Vergn. 6. t. 20. f. 7. (2)
Martini. Conch. 4. t. 122. f. 1131. 1132. et t. 123. f. 1133. 1134.
*Murex nassa.* Gmel. p. 3551. n° 93.
*Fasciolaria cingulifera.* Encyclop. pl. 429. f. 1. a. b.
* *Murex nassa.* Dillw. Cat. t. 2. p. 734. n° 107.
* Schrot. Einl. t. 1. p. 502. *Voluta.* n° 228. pl. 1. f. 15.
* Wood. Ind. Test. pl. 27. f. 110.
* Kiener. Spec. des Coq. p. 33. n° 23. pl. 15. f. 1.
* Regenf. Conch. t. 1. pl. 7. f. 1.
* Desh. Encycl. méth. Vers. t. 3. p. 1088. n° 11.

Habite l'Océan des Antilles. Mon cabinet. Espèce très distincte, va-
riant un peu dans sa coloration, mais toujours munie d'une côte
transversale blanche sur son dernier tour. Bord droit strié à l'intérieur. Longueur, 2 pouces 8 lignes.

---

(1) La *Turbinella cingulifera* de Lamarck est certainement la
même espèce que le *Murex nassa* de Gmelin. Ce dernier admet
dans sa synonymie, la citation de deux figures qui n'appartiennent pas à l'espèce; l'une, de Valentyn, représente le *Turbinella
leucozonalis*; l'autre de Knorr que Lamarck admet également,
appartient à une espèce distincte des deux autres à laquelle
nous proposons de donner le nom de *Turbinella Knorrii*. Ces rectifications faites, l'espèce doit reprendre son premier nom et se
nommer *Turbinella nassa*.

(2) La figure citée ici de Knorr, représente une espèce beaucoup plus allongée et toute différente du type de l'espèce fort
bien figuré par Regenfuss et Martini.

### 15. Turbinelle polygone. *Turbinella polygona*. Lamk.

*T. testá fusiformi, subpolygoná, longitudinaliter plicatá, trans-versìm striatá, fulvo-rufescente; plicis distantibus nigris, trans-versìm albo-sulcatis; anfractibus medio angulatis, ultrà angulum planulatis.*

Lister. Conch. t. 922. f. 15.

Bonanni. Recr. 3. f. 75.

D'Argenv. Conch. pl. 10. fig. L.

Favanne. Conch. pl. 34. fig. L 2.

Seba. Mus. 3. t. 79. *in latere dextro.*

Knor. Vergn. 6. t. 15. f. 5. et t. 37. f. 1.

Martini. Conch. 4. t. 140. f. 1306—1309. et t. 141. f. 1314—1316.

*Murex polygonus.* Gmel. p. 3555. n. 109.

*Fusus polygonus.* Encyclop. pl. 423. f. 1.

* Perry. Conch. pl. 1. f. 2.

* *Murex polygonus.* Dillw. Cat. t. 2. p. 736. n° 110. *excluso. mur. Gilbulo Gmelini.*

* Wood. Index. test. pl. 27. f. 113.

* Desh. Encycl. méth. Vers. t. 3. pl. 1188. n° 12.

* Kiener. Spec. des Coq. p. 22. n° 14. pl. 15. f. 2.

Habite les mers de l'Inde, de l'Ile-de-France. Mon cabinet. Trois à quatre plis transverses sur la columelle; bord droit strié à l'intérieur. Vulg. l'*Ananas.* Longueur, 2 pouces 7 lignes.

### 16. Turbinelle carinifère. *Turbinella carinifera*. Lamk. (1)

*T. testá fusiformi-turritá, carinato-muricatá, longitudinaliter costatá, transversè sulcatá, luteo-rufescente; anfractibus medio angulato-carinatis, tuberculatis; caudá perforatá, sulcato-scabrá, spirá breviore.*

Martyns. Conch. 1. f. 4. *Bona.*

*Fusus cariniferus.* Encycl. pl. 423. f. 3.

----

(1) Lamarck confond deux espèces sous cette dénomination; il suffit pour s'en convaincre de mettre en regard les deux figures citées dans la synonymie. Aussi nous proposons de laisser le nom de *Carinifera* à l'espèce figurée dans l'*Encyclopédie*, et que reproduit M. Kiener, tout en citant, pour elle, la figure de Martyns, et de rétablir pour cette dernière une *Turbinella spinosa* lui conservant ainsi le nom que Martyns le premier lui imposa.

TOME IX.        25

* Desh. Encycl. méth. Vers. t. 3. p. 1089. n° 13.
* *Turbinella recurvirostra*. Schub. et Wagn. Sup. a. Chemn. p. 100. pl. 227. f. 4012.
* Kiener. Spec. des Coq. p. 23. n° 15. pl. 13. f. 1.
Habite... Mon cabinet. Trois petits plis à la columelle; bord droit strié à l'intérieur. Longueur, 2 pouces 4 lignes.

### 17. Turbinelle étroite. *Turbinella infundibulum*. Lamk.

*T. testá fusiformi-turritá, angustá, multicostatá, transversè sulcatá; costis longitudinalibus crassis; sulcis lævibus rubris : interstitiis fulvis ; caudá perforatá; aperturá albá.*

Lister. Conch. t. 921. f. 14.
Bonanni. Recr. 3. f. 104.
Seba. Mus. 3. t. 50. f. 54.
Martini. Conch. 4. p. 143. vign. 39. fig. A.
*Murex infundibulum*. Gmel. p. 3554. n° 108.
*Fusus infundibulum*. Encyclop. pl. 424. f. 2.
* Schub. et Wagn. Sup. à Chemn. p. 102. pl. 227. f. 4022.
* Kiener. Spec. des coq. p. 27. n° 18. pl. 14. f. 1.
* Mus. Gottv. pl. 34. f. 222. f. i.
* Perry. Conch. pl. 2. f. 1.
* *Polygona fusiformis*. Schum. Nouv. Syst. p. 241.
* Desh. Encyclop. méth. Vers. t. 3. p. 1089. n° 14.
* Wood. Ind. test. pl. 27. f. 118.
Habite.... Mon cabinet. Trois petits plis à la columelle, dont un plus enfoncé dans l'ouverture; bord droit strié en dedans. Longueur, 2 pouces 10 lignes.

### 18. Turbinelle costulée. *Turbinella craticulata*. Lamk. (1)

*T. testá subturritá, crassá, longitudinaliter costulatá, transversim sulcatá, albá aut fulvo-rufescente; costellis obtusis obliquis rubro-castaneis ; caudá brevi.*

*Murex craticulatus*. Lin. Syst. nat. éd. 12. p. 1224. Gmel. p. 3554. n° 105.
Lister. Conch. t. 919. f. 13. et t. 967. f. 22.
Seba. Mus. 3. t. 50. f. 55. 56. et t. 51. f. 31. 32.
Knorr. Vergn. 2. t. 3. f. 6.

---

(1) Sous ce nom de *Craticulata* MM. Schubert et Wagner ont décrit et figuré une espèce très distincte du véritable *Murex craticulatus* de Linné et des autres auteurs.

Martini. Conch. 4. t. 149. f. 1382. 1383.

*Voluta craticulata.* Gmel. p. 3464. n° 108.

*Fasciolaria craticulata.* Encyclop. pl. 429. f. 3. a. b.

* Wood. Ind. test. pl. 27. f. 131.

* Kiener. Spec. des coq. p. 31. n° 21. pl. 19. f. 2.

* *Murex craticulatus.* Born. Mus. p. 319.

* *Id.* Schrot. Einl. t. 1. p. 533. n. 53.

* Desh. Encyc. méth. Vers. t. 3. p. 1090. n° 15.

* *Murex craticulatus.* Dillw. Cat. t. 2. p. 740. n° 118.

* Schrot. Einl. t. 5. p. 284. *Voluta,* n° 159.

Habite.... dans la Méditerranée, selon *Linné.* Mon cabinet. Trois petits plis à la columelle, bien transverses. Longueur, 2 pouces une ligne.

19. **Turbinelle siamoise.** *Turbinella lineata.* **Lamk. (1)**

> *T. testá subturritá, longitudinaliter obsoletè plicatá, transversìm sulcatá, aurantio-rufescente; sulcis lævibus rubro-fuscis; caudá brevissimá.*

Martini. Conch. 4. t. 141. fr. 1317. 1318.

*Voluta turrita.* Gmel. p. 3456. n° 77.

*Fasciolaria lineata.* Encycl. pl. 429. f. 4. a. b.

* Quoy et Gaim. Voy. de l'Astr. p. 516. pl. 35. f. 14 à 16.

* Kiener. Spec. des coq. p. 32. n° 22. pl. 18. f. 2.

* Schrot. Einl. t. 1. p. 286. *Voluta,* n° 166.

* *Voluta turrita.* Dillw. Cat. t. 1. p. 551. n° 121.

* Desh. Encyc. méth. Vers. t. 3. p. 1090. n° 16.

Habite... Mon cabinet. Celle-ci tient à la précédente par ses rapports, et est rayée comme les étoffes dites *siamoises.* Trois petits plis transverses à la columelle. Longueur, 17 lignes.

20. **Turbinelle nassatule.** *Turbinella nassatula.* **Lamk.**

> *T. testá subturritá, longitudinaliter costatá, transversè sulcatá et striatá; costis interruptis albis: interstitiis luteo-roseis; caudá brevissimá; aperturá roseo-violacescente.*

* Schub. et Wagn. Sup. à Chemn. p. 104. pl. 227. f. 4025. 4026.

* Quoy et Gaim. Voy. de l'Astrol. t. 2. p. 515. pl. 35. f. 17 à 19.

---

(1) Lamarck reconnaît lui-même que cette espèce a été nommée avant lui, et cependant il change son nom sans nécessité. Il faut restituer à l'espèce son premier nom de *Turrita,* elle deviendra le *Turbinella turrita.*

* Kiener. Spec. des coq. p. 42. n° 30. pl. 11. f. 2.

Habite.... Mon cabinet. Son dernier tour est un peu ventru. Trois petits plis à la columelle, dont l'inférieur est presque obsolète; ouverture remarquable par sa coloration. Longueur, 16 ligues.

## 21. Turbinelle trisériale. *Turbinella triserialis.* Lamk.

*T. testá ovato-acutá, longitudinaliter plicatá , transversìm striatá; fulvo-rufescente; tuberculis albis subacutis transversìm seriatis : seriis tribus in ultimo anfractu ; caudá brevissimá ; aperturá albá.*

*An* Lister. Conch. t. 924. f. 16 ?

* Kiener. Spec. des coq. p. 40. n° 28. pl. 17. f. 2.

Habite..... Mon cabinet. Elle est un peu ventrue et a trois petits plis transverses sur sa columelle. Longueur, 11 ligues trois quarts. Dans la figure citée de *Lister*, la queue est un peu trop allongée.

## 22. Turbinelle variolaire. *Turbinella variolaris.* Lamk.

*T. testá ovatá, abbreviatá, tuberculato-nodosá , nigricante ; ultimo anfractu supernè tuberculis crassis, obtusis, confertis, nodiformibus, albis coronato; spirá conoideá, nodulosá, obtusá; columellá quadriplicatá.*

Kiener. Spec. des coq. p. 13. n₀ 8. pl. 21. f. 1.

Habite.... Mon cabinet. Les tubercules nodiformes qui couronnent la sommité du dernier tour sont remarquables par leur grosseur. Toute la coquille d'ailleurs est couverte de nodosités blanches, obtuses, et comme pustuleuses; queue très courte. Longueur, 10 lignes.

## 23. Turbinelle ocellée. *Turbinella ocellata.* Lamk.

*T. testá ovato-acutá , noduliferá , rufá aut nigricante ; ultimo anfractu supernè nodis remotis albis coronato ; columellá triplicatá.*

Martini. Conch. 4. t. 124. f. 1160. 1161.

*Buccinum ocellatum.* Gmel. p. 3488. n° 73.

* Kiener. Spec. des coq. p. 41. n. 29. pl. 21. f. 4.

* Schrot. Einl. t. 1. p. 367. *Buccinum.* n. 41.

* *Buccinum ocellatum.* Dillw. Cat. t. 2. p. 624. n. 88.

Habite.... Mon cabinet. Coquille voisine de la précédente par ses rapports , mais qui en est très distincte, sa spire étant conique-pointue, ses nodosités moins grosses, écartées entre elles, et sa columelle n'ayant que trois plis. Longueur, 11 lignes trois quarts.

## † 24. Turbinelle ovoïde. *Turbinella ovoidea.* Kien.

*T. testá ovato-oblongá, utrinquè attenuatá, albo-fulvá vel albo-*

*roseá, sub epidermide fuscescente, lævigatá, basi tantummodo
striatá; anfractibus angustis : ultimo caudá brevi terminato; aperturá ovato-angustá; labro tenui, supernè emarginato; columellá
crassissimá, inæqualiter quadriplicatá.*

Kiener. Spec. des coq. p. 7. n° 4. pl. 17. f. 1.

Habite les côtes de Baya.

Très belle espèce de Turbinelle qui appartient à la section des *Turbinella scolymus, pyrum, rapa,* etc. C'est avec cette dernière qu'elle
a le plus d'analogie. Elle est ovale-oblongue, fusiforme à la manière du *Fusus bulbiformis,* fossile des environs de Paris. La spire
est plus courte que le dernier tour ; elle est lisse, si ce n'est dans
quelques individus où l'on remarque quelques stries transverses.
Le dernier tour est lisse dans le milieu et strié à la base. Cette
base se prolonge en un canal épais et court, profond, en partie
recouvert par une lamelle redressée qui se continue du bord gauche.
L'ouverture est petite en proportion de la grosseur de la coquille.
Son bord droit, assez épais, est séparé de l'avant-dernier tour par
une rigole assez profonde que l'on peut comparer à celle de plusieurs
espèces de volutes, telles que le *Scapha,* par exemple. Le bord
gauche est large, s'étale sur une partie du ventre de la coquille ;
il se détache et se relève obliquement le long du canal terminal ;
la columelle, très épaisse, porte des plis inégaux : celui du milieu
est plus saillant ; le premier et le troisième sont moyens ; le quatrième, qui est aussi l'antérieur, est très rapproché du troisième
et le plus petit de tous. Cette coquille, très épaisse et très pesante, est ordinairement d'un très beau blanc ; il y en a une variété rosée. Elle est longue de 14 centim., et large de 60 mill.

## † 25. Turbinelle noueuse. *Turbinella nodata.* Desh.

*T. testá elongato-fusiformi, fulvo roseá, sub epidermide fuscescente,
lævigatá, basi sulcato-striatá, umbilicatá ; anfractibus angustis,
regulariter nodosis : ultimo canali longo terminato; aperturá ovato-
oblongá, intùs roseo purpurascente ; columellá crassá, cylindraceá, triplicatá.*

*Buccinum nodatum.* Martyns. univ. Conch. pl. 51.

*Murex nodatus.* Gmelin. p. 3536.

*Murex nodatus.* Dillw. Cat. t. 2. p. 708. n° 52.

*Turbinellus rigidus.* Reeve. Conch. syst. t. 2. p. 180. pl. 229. f. 3.

*Murex rigidus.* Wood. Ind. test. sup. pl. 5. f. 3.

*Turbinella rigida.* Beeck. Voy. zool. p. 113.

Habite la Nouvelle-Hollande.

Nous rendons à cette espéce son premier nom, qui lui a été donné

par Martyns, dans son bel ouvrage. Comme on le voit dans notre
synonymie, cette coquille a reçu un autre nom, qui, étant postérieur à celui de Martyns, doit être pour toujours abandonné.
Cette coquille se reconnaît facilement parmi les espèces du genre,
et nous sommes surpris de ne pas la rencontrer dans la monographie de M. Kiener. Elle est fusiforme, et, en cela, elle ressemble à la *Turbinella infundibulum* de Lamarck. La surface extérieure est lisse, revêtue d'un épiderme tenace, lisse, d'un brun
marron plus ou moins foncé. Le dernier tour se prolonge à la base
en un canal long et étroit, sur lequel s'élèvent obliquement de
petites côtes obliques et quelques stries transverses. L'ouverture
est ovale-oblongue; le bord droit est mince et tranchant, et la
columelle, épaisse et cylindrique, présente vers la base trois petits
plis transverses. Toute cette ouverture, ainsi que le canal qui la
termine, sont d'une belle couleur rose pourprée; la coquille, dénudée de son épiderme, est d'un jaune fauve foncé.
Cette espèce est longue de 65 mill. et large de 25.

## † 26. Turbinelle acuminée. *Turbinella acuminata*. Kiener.

*T. testá elongato-fusiformi, angustá, crassá, lævigatá basi obliquè
sulcatá, fulvá, aliquandò castaneá, longitudinaliter plicatá; anfractibus angustis, subscalariformibus; plicis majoribus latis;
aperturá ovatá, albá; columellá cylindraceá, triplicatá.*

*Murex acuminatus.* Wood. Ind. test. Sup. pl. 5. f. 12.
Kiener. Spec. des Coq. p. 28. n° 19. pl. 15. f. 2.
Habite l'Océan Indien, d'après M. Kiener.
Espèce fort intéressante en ce qu'elle semble former le passage entre
la section des *Scolymus* et celle des Turbinelles proprement dites.
Elle est allongée, fusiforme, et, par l'ensemble de sa forme extérieure, rappelle assez bien le *Fusus longævus* qui est fossile aux
environs de Paris. La spire est un peu plus courte que le dernier
tour. Les onze ou douze tours dont elle est composée sont séparés par un léger aplatissement supérieur qui forme une espèce de
rampe au-dessous de la suture. Ces tours sont chargés d'un petit
nombre de gros plis larges et épais qui sont plus profondément
creusés à la base qu'au sommet. Le dernier tour se prolonge à la
base en un canal cylindracé, allongé, sur lequel se relèvent des
sillons obliques et assez gros. L'ouverture est petite, ovalaire,
blanche; son bord droit est mince et tranchant, et la columelle,
épaisse et cylindrique, porte à la base trois plis assez gros et transverses, plus gros qu'ils ne le sont dans la plupart des espèces fusiformes du genre qui nous occupe. Cette coquille est d'une colora-

tion uniforme, tantôt d'un brun marron peu foncé, tantôt d'un fauve clair ou jaunâtre. Les grands individus ont 73 millim. de long et 25 de large.

**† 27. Turbinelle de Knorr. *Turbinella Knorrii*. Desh.**

*T. testâ elongato-turbinatâ, subfusiformi, transversim striatâ, casta-neâ vel fuscâ, nodulosâ, basi canali brevi, contorto, terminatâ; an-fractibus angustis, convexis, nodosis : ultimo in medio leucozo-nato; aperturâ ovatâ, albo-lutescente; labro tenui, unidentato, co-lumellâ triplicatâ.*

Knorr. Vergn. t. 6. pl. 20. f. 7.

*Murex lignarius pars.* Born. Mus. p. 318.

Schrot. Einl. t. 1. p. 553. *Murex* n° 30.

Habite les côtes du Pérou?

On trouve dans Knorr la figure exacte de cette espèce, et comme elle a été confondue et méconnue jusqu'aujourd'hui, nous la signalons en lui imposant le nom de l'auteur qui en a, le premier, donné une bonne figure. Par une confusion qui est assez rare dans ses travaux, Born rapporte cette espèce à son *Murex lignarius*, qui n'est pas le *Murex lignarius* de Linné, et encore moins le *Fusus lignarius* de Lamarck. Cette coquille est allongée, subfusiforme, et ne manque pas d'analogie avec la *Turbinella cingulifera* de La-marck; elle s'en distingue cependant par sa forme plus étroite et sa spire en proportion plus allongée. Les tours sont étroits, iné-galement striés en travers; une ou deux fines stries se trouvent in-tercalées entre les plus grosses. Ces tours sont un peu déprimés en dessus, subanguleux dans le milieu et chargés dans cette par-tie de tubercules courts et légèrement comprimés. Le dernier tour se termine en un canal court faiblement contourné dans sa lon-gueur. On remarque vers le milieu de la base une petite zone blanchâtre qui aboutit au bord droit et s'y termine en une dent peu saillante. L'ouverture est petite, ovale obronde, d'un blanc jaunâtre. La columelle, épaisse et cylindracée, porte à la base trois petits plis égaux, presque aussi obliques que ceux des Fascio-laires. Toute cette coquille est d'un brun plus ou moins foncé. Elle est longue de 45 millim. et large de 25.

**† 28. Turbinelle à filets. *Turbinella filosa*. Schub. et Wagn.**

*T. testâ elongato-fusiformi, longitudinaliter plicatâ; plicis arcuatis turgidis transversim castaneo-filosâ; caudâ brevi, basi perforatâ aperturâ albâ, labro tenui denticulato; columellâ obsoletè plicatâ.*

Schub. et Wagn. Suppl. à Chemn. p. 100. pl. 227. f. 4019. 4020.

Kiener. Spec. des Coq. p. 30. n° 20. pl. 14. f. 2.

Habite l'île du Prince, d'après M. Kiener.

Les individus de ma collection proviennent du Sénégal.

Coquille allongée, fusiforme, assez rapprochée de la *Turbinella infun-dibulum*, et qui en diffère par sa taille qui est un peu plus petite et par la base de son canal qui n'est jamais si largement ombiliqué. Les tours sont convexes, chargés de plis longitudinaux un peu obliques, sur lesquels passent de petits filets transverses, saillans, égaux, espacés également, et d'un beau rouge brun sur le fond blanchâtre de la coquille. L'ouverture est ovalaire, son bord droit est dentelé, et de la base des dentelures partent à l'intérieur des filets saillans qui correspondent à ceux du dehors. Le bord gauche est étroit, peu épais; il se relève le long du canal et laisse à découvert une très petite fente ombilicale. Lorsque cette coquille est bien fraîche, elle est revêtue d'un épiderme d'un brun jaunâtre; il est composé de très fines lamelles longitudinales, hérissées de poils fins et courts, ce qui lui donne l'apparence d'un velours.

Cette coquille est longue de 60 millim. et large de 24.

† 29. **Turbinelle épineuse.** *Turbinella spinosa.* **Desh.**

**T.** *testá ovato-turbinatá, longitudinaliter plicatá, transversìm striatá, castaneá, albo-unifasciatá; anfractibus angustis in medio carinato spinosis ; ultimo basi carinato ; caudá brevi basi perforatá; aperturá violaceá, columellá quadriplicatá.*

*Buccinum spinosum.* Martyns. Univ. Conch. pl. 4.

*Murex colombarium.* Chemn. Conch. t. 10. p. 284. pl. 169. fig. 1637. 1638.

*Id.* Gmel. p. 3559.

*Id.* Dillw. Cat. t. 2. p. 738. n° 114.

Wood. Ind. test. pl. 27. f. 117.

Habite les îles des Amis (Martyns).

Belle espèce restée rare jusqu'à présent dans les collections; elle est ovale, turbinée; sa spire pointue est aussi longue que le dernier tour. Les tours sont chargés de côtes longitudinales et divisés en deux parties égales par un angle tranchant qui se relève en dents aplaties en passant sur les côtes longitudinales. Sur le dernier tour s'élève une seconde carène au-dessus de la première, et, enfin, vers la base, on remarque deux ou trois rangées de tubercules. Outre les accidens dont nous venons de parler, la coquille présente encore un grand nombre de stries transverses fines et régulières. Le canal de la base est court, épais, et percé d'un ombilic assez large et profond. L'ouverture est petite, ovale-oblongue , d'un beau violet ; le bord droit, mince et tranchant, est finement strié à l'intérieur, et la columelle porte quatre petits plis égaux et obliques. Toute la partie supérieure des tours, jusqu'à la carène, est d'un beau brun, toute la moitié inférieure est d'un blanc grisâtre. La base du dernier tour est d'un beau brun, si ce n'est vers l'extrémité du canal où il redevient blanchâtre.

Cette espèce a 40 mill. de long et 28 de large.

† 3o. **Turbinelle crenelée.** *Turbinella crenulata*. Kiener.

*T. testâ ovato-subfusiformi, ventricosâ, longitudinaliter plicatâ, transversìm striatâ; striis squamulosis, castaneo-fuscâ, albo-zonatâ, anfractibus angustis, convexiusculis, ultimo brevi caudâ brevissimâ terminato; aperturâ albâ, columellâ biplicatâ.*

Kiener. Spec. des Coq. p. 43. n° 31. pl. 9. f. 2.

Habite la mer Rouge.

Espèce petite, ovale-subfusiforme, épaisse et solide, à spire pointue presque aussi longue que le dernier tour. Ses tours sont étroites, convexes, et l'on voit s'élever à leur surface de petites côtes obliques distantes et qui finissent par s'effacer presque entièrement sur le dernier tour de la plupart des individus; le dernier tour est subglobuleux et prolongé en un canal épais et très court. Toute la surface de cette coquille est chargée des stries transverses inégales sur lesquelles se relèvent de petits tubercules ou de petites écailles. Entre ces stries transverses on voit à la loupe, dans les individus bien frais, un grand nombre de fines stries longitudinales qui semblent la trame d'une toile. L'ouverture est petite, d'un blanc jaunâtre, ovale-oblongue. Le bord droit est fortement sillonné en dedans. La columelle est fort épaisse, cylindracée, et l'on y compte trois plis obtus peu apparens. Toute cette coquille est d'un brun marron foncé, interrompu sur le milieu des tours par une zone blanchâtre ou d'un brun beaucoup plus pâle.

Cette espèce a 25 mill. de long et 14 de large.

† 3ı. **Turbinelle tuberculée.** *Turbinella turberculata*. Gray.

*T. testâ turbinatâ, utrinquè attenuatâ, in medio angulatâ, transversìm tenuè striatâ, castaneâ; anfractibus ad basim angulato nodosis ultimo quadricostato; aperturâ albâ canali brevi terminatâ; columellâ cylindraceâ, triplicatâ.*

Gray dans Griffith. Anim. Kingd. pl. 3o. f. 3.

Kiener. Spec. des coq. p. 26. no 17. pl. 16. f. 2.

Habite l'océan Pacifique, les côtes de Masatlan (Kiener).

Coquille ovale, turbinée, qui semble formée de deux cônes ajoutés

base à base et se joignant à un angle qui est à la partie supérieure
du dernier tour. La spire est à-peu-près aussi longue que le dernier tour. Elle est pointue, conique, finement striée en travers,
et les tours sont divisés en deux parties inégales par un angle noduleux. Les deux tiers de leur surface sont concaves; le tiers inférieur présente des côtes qui partent de la carène. Sur le dernier
tour, outre les stries transverses dont nous avons parlé, on voit se
relever quatre côtes onduleuses également distantes. Le canal de
la base est court, sans ombilic; l'ouverture est blanche en dedans,
elle est ovale-oblongue; son bord droit est mince, tranchant, substrié, et la columelle, calleuse à la base, porte trois plis dont le
médian est le plus étroit. Toute cette coquille est d'un brun très
intense avec quelques marbrures d'un brun pâle.

Elle est longue de 40 mill. et large de 25.

## † 32. Turbinelle jaunâtre. *Turbinella incarnata*. Desh.

*T. testá ovatá, subfusiformi carneo-lutescente, longitudinaliter obli-
què plicatá, transversìm sulcatá; anfractibus angustis, aperturá
lutescente, minimá; labro incrassato intùs dentato; columellá biplicatá.*

Desh. Voy. en Arabie, par M. Laborde. pl. 65. f. 20. 21. 22.
Kiener. Spec. des coq. p. 45. n° 32. pl. 18. f. 3.
Habite la mer Rouge.

Nous devons la connaissance de cette espèce à M. Léon de Laborde,
qui la rapporta de son voyage dans l'Arabie Pétrée. Nous l'avons
fait figurer ainsi que plusieurs autres dans une planche qui fait
partie de l'Atlas publié par ce savant voyageur; mais nous n'a-
vons jamais eu l'occasion de donner à l'appui de ces figures la
description des espèces représentées.

Cette jolie Turbinelle est ovale-oblongue, elle a un peu l'apparence
d'un Buccin. La spire est aussi longue que le dernier tour; elle
est formée d'un assez grand nombre de tours étroits, peu convexes
et chargés de côtes longitudinales fort obliques. Le dernier tour
est convexe, subglobuleux, et les côtes que l'on y voit se prolongent jusqu'à l'extrémité du canal. Celui-ci est très court et épais.
Sur toute la surface de la coquille s'élèvent de petits filets transverses d'un brun rouge, égaux, également distans, et qui, en passant sur les côtes, s'y élargissent et s'y aplatissent. Entre chacun
de ces filets on remarque une ou plusieurs stries intermédiaires
beaucoup plus fines; l'ouverture est très étroite, d'un beau rose
pourpré, et s'approchant un peu de celle des Columbelles à cause
de l'épaississement du bord droit et des six dentelures inté-

rieures qui s'y élèvent. La columelle est épaisse, cylindracée, et
elle est pourvue de deux plis seulement. Toute cette coquille est
d'un fauve plus ou moins foncé, selon les individus, et les filets
transverses dont nous avons parlé sont d'un brun rougeâtre. Il y
a une variété dans laquelle les filets transverses sont de la même
couleur que le reste.

Cette coquille a 23 mill. de long et 12 de large.

## † 33. Turbinelle amplustre. *Turbinella amplustre.* Kiener.

*T. testâ turbinato-fusiformi, lævigatâ, albâ, eleganter transversim
fusco tæniatâ; anfractibus angustis, in medio angulato-nodosis,
suprà planiusculis, ultimo basi caudâ brevi terminato; aperturâ
albâ, labro tenui, fusco intùs punctato; columellâ triplicatâ; plicis
tenuibus obsoletis.*

*Buccinum amplustre.* Martyns. Univ. Conch. pl. 3.

Kiener. Spec. des Coq. p. 37. n° 26. pl. 20. f. 2.

Wood. Ind. test. pl. 27. f. 111. *Murex amplustre.*

*Murex amplustre.* Chemn. Conch. t. 11. p. 119. pl. 191. f. 1841.
1842.

*Id.* Dillw. Cat. t. 2. p. 735. n° 108.

Habite l'Amérique méridionale.

Coquille fort élégante dont la forme générale se rapproche de celle de
la *Turbinella tuberculata.* Elle est ovale-turbinée, sa spire, pointue et conique, est formée de neuf à dix tours étroits, peu convexes,
subanguleux vers le milieu et rendus onduleux par quelques
grosses côtes irrégulièrement espacées. Le dernier tour est conique, il se prolonge en un canal court et épais. Ce dernier tour
porte un angle à sa partie supérieure au-dessus duquel il est légèrement concave. L'ouverture est ovale, d'un beau blanc laiteux,
et son bord droit, mince et tranchant, est élégamment marqué
d'une série de taches brunes subquadrangulaires. La columelle est
épaisse, cylindracée, et présente à la base quatre petits plis obliques
dont les plus gros sont les antérieurs. Cette coquille est d'une coloration fort élégante qui consiste en un grand nombre de raies
transverses inégales, très nettes, d'un beau brun, légèrement violacé sur un fond d'un beau blanc.

Cette espèce, assez rare, a 55 millim. de long. et 32 de large.

## † 34. Turbinelle cassidiforme. *Turbinella cassidiformis.* Kiener.

*T. testâ turbinatâ, crassâ, ponderosâ, albo-griseâ vel fuscâ, trans-
versim sulcatâ; sulcis profundis squamulosis; spirâ brevi, conicâ,*

*ultimo anfractu supernè tuberculis majoribus coronato; aperturá
castaneá supernè dilatatá, labro crassissimo, plicato; columellá
depressá, triplicatá.*

Kiener. Spec. des Coq. p. 20. n° 13. pl. 9. f. 1.

Habite l'océan Atlantique austral, sur les côtes de Baya.

Cette coquille a de l'analogie avec la *Turbinella rhinoceros* de Lamarck, elle en a également avec le *Pugillaris*, et elle constitue une
espèce bien distincte que M. Kiener a reconnue. Elle est turbinée,
à spire courte, ayant le dernier tour armé, à sa partie supérieure,
d'une rangée de gros tubercules spiniformes, assez semblables à
ceux de la *Turbinelle aigrette.* Toute la surface de ce dernier tour
est chargée de gros sillons transverses sur lesquels se relèvent des
écailles tuilées, inégales, et dans les interstices on voit d'autres
écailles lamelliformes beaucoup plus courtes. A la base du dernier
tour il y a un ou deux de ces sillons beaucoup plus gros et plus
saillans que les autres. Les écailles qui se relèvent sur eux sont
plus épaisses, plus espacées et ressemblent davantage aux tubercules que l'on voit à la base de la Turbinelle aigrette. L'ouverture
est étroite, d'un brun un peu vineux. Son angle supérieur est
creusé d'une rigole assez profonde qui remonte dans toute la largeur du bord droit. La columelle est fortement aplatie à la base et
ressemble en cela à celle des pourpres. Sur le milieu, elle porte
trois gros plis inégaux. Le bord droit est très épais, aplati, un peu
renversé en dehors, et il est irrégulièrement sillonné. La coquille
est ordinairement d'un blanc jaunâtre sale, et elle est ornée de
quelques fascies transverses d'un brun peu foncé. Nous avons une
variété à ouverture blanchâtre. Les grands individus ont 75 mill.
de long et 60 dans leur plus grande largeur.

## † 35. Turbinelle impériale. *Turbinella imperialis.* Reeve.

*T. testá ovato-turbinatá, transversìm sulcatá, latè umbilicatá, fuscá
spirá conicá ; anfractibus angustis tuberculis longiusculis in medio
coronatis ; ultimo supernè basique tuberculis spiniformibus muricato ; aperturá angustá, intùs albá ; columellá plicis quinque inæqualibus prædita.*

Reeve. Conch. syst. t. 2. p. 181. pl. 229. f. 4.

Habite...

Cette espèce a beaucoup d'analogie avec la *Turbinella cornigera* de
Lamarck. Elle est ovale, turbinée. Ses tours sont couronnés par
une rangée de longues épines épaisses à la base, solides, obtuses
au sommet. Le dernier tour est conique et présente à la base une
série de gros tubercules squamiformes, assez semblables à ceux

qui existent dans la *Turbinella ceramica*. Entre la rangée supérieure d'épines et cette rangée inférieure de tubercules, le dernier tour est pourvu à sa surface de quatre à cinq gros sillons, égaux et également distans. La base du dernier tour est largement ombiliquée ; l'ouverture est ovale, oblongue, étroite ; le bord droit, assez épais, est irrégulièrement découpé. La columelle, très épaisse, cylindrique, porte cinq plis inégaux, transverses, dont le second, en allant d'arrière en avant, est le plus petit ; cette columelle est pourvue d'une large tache d'un beau brun-marron. Le reste de l'ouverture est d'un blanc assez pur. Toute cette coquille est d'un brun-marron foncé avec quelques marbrures blanchâtres qui se montrent particulièrement entre les épines du sommet. Les grands individus ont 75 millimètres de longueur et 50 millimètres de large, sans y comprendre la longueur des épines.

## *Espèces fossiles.*

### † 1. Turbinelle parisienne. *Turbinella parisiensis.* Desh.

*T. testâ ovato-turbinatâ, subfusiformi, longitudinaliter costatâ, transversìm rugosâ ; striâ unicâ inter rugas interjectâ ; anfractibus convexis : ultimo globuloso, spirâ longiore, canali brevi terminato ; aperturâ ovatâ ; columellâ valdè arcuatâ, in medio biplicatâ ; basi perforatâ ; labro incrassato, intùs sulcato, ad marginem tenuè denticulato.*

Desh. Coq. foss. de Paris, t. 2. p. 496. pl. 79. f. 14. 15.

Habite,... fossile à Valmondois, Mary. Tancrou.

Il est facile de reconnaître cette espèce et de la distinguer des Fuseaux buccinoïdes, avec lesquels on pourrait la confondre ; elle est ovale oblongue, ventrue dans le milieu et rétrécie à ses extrémités ; la spire régulièrement conique, composée de six tours très convexes, sur lesquels sont disposés régulièrement huit à neuf grosses côtes longitudinales fort épaisses, traversées sur les premiers tours par trois sillons qui deviennent plus saillans en passant sur le sommet de ses côtes. Ces sillons, régulièrement espacés, ont entre eux, dans la plupart des individus, une seule strie, tandis que dans d'autres on en voit deux, quelquefois trois, beaucoup plus fines, s'entrecroisant avec quelques stries irrégulières d'accroissement. Le dernier tour est plus grand que la spire ; il est subglobuleux et les côtes dont il est pourvu s'étendent dans toute sa longueur ; les sillons et les stries transverses occupent aussi toute sa surface. L'ouverture est ovale oblongue ; la columelle, assez épaisse, est revêtue d'un bord gauche et elle est pourvue vers le milieu de deux plis transverses. Derrière le bord gauche s'ouvre une fente ombilicale, infundibuliforme, assez profonde; le bord droit est épais; il est sillonné à l'intérieur, et chaque sillon aboutit, vers son extrémité, à une petite dent aiguë.

Cette coquille, assez rare, est longue de 31 millimètres et large de 16.

---

## CANCELLAIRE. (Cancellaria.)

Coquille ovale ou turriculée. Ouverture subcanaliculée à sa base : le canal, soit très court, soit presque nul. Columelle plicifère : les plis tantôt en petit nombre, tantôt nombreux, la plupart transverses; bord droit sillonné à l'intérieur.

*Testa ovalis vel turrita. Apertura basi subcanaliculata: canali brevissimo, sæpiùs subnullo. Columella plicifera: plicis modò perpaucis, modò numerosis, plerisque transversis; labro intùs sulcato.*

OBSERVATIONS. — Quoique le canal des Cancellaires soit extrêmement court, et que même, dans la plupart des espèces, on ne l'aperçoive presque plus, cependant, comme il est manifeste dans quelques-unes, nous avons cru devoir placer ici leur genre. Elles ont en effet des rapports évidens avec les Turbinelles, ce qui nous a obligé à ne les en point écarter. Sans doute la considération de toutes les espèces dans lesquelles le canal est peu apparent aurait pu nous porter à ranger les Cancellaires parmi les Columellaires; mais nous eussions altéré le caractère général de cette famille en y introduisant des coquilles qui ont encore un canal, quoique très court. D'ailleurs nous eussions manqué à la conservation du rapport qui existe entre les Cancellaires et les Turbinelles.

Linné rapportait encore à son genre *Voluta* les coquilles dont il s'agit ici. Elles sont cependant très distinguées des Olives, des Volutes proprement dites, des Mitres, des Marginelles, etc., qu'il y rapportait également, puisque plusieurs d'entre elles sont subcanaliculées à leur base; ce qui n'a nullement lieu dans aucune espèce des genres que nous venons de citer.

Les Cancellaires ne sont point véritablement lisses; ce sont

les coquilles striées, cannelées, réticulées, et en général assez
âpres au toucher. Toutes sont marines.

[Le genre Cancellaire, tel qu'il a été institué par Lamarck,
doit être conservé à-peu-près sans changemens : il est fondé sur
des caractères naturels. Mais les opinions des zoologistes ont
varié à l'égard des rapports que doit avoir ce genre et de la
place qu'il doit occuper dans une méthode naturelle. Si on se laisse
guider par les seuls caractères des coquilles, on se trouve en
présence de deux opinions formulées depuis assez long-temps,
l'une qui consiste à mettre le genre, avec Lamarck, parmi les
coquilles canaliculées et à columelle plissée ; l'autre, qui se
rapproche beaucoup plus de l'opinion de Linné, et qui consiste à maintenir, avec Cuvier, le genre Cancellaire dans le voisinage des Volutes. De ces deux opinions, celle de Lamarck
semblait devoir prévaloir, puisqu'en effet les Cancellaires sont
des coquilles à canal très court, il est vrai, mais non échancré,
comme dans les Volutes et les Mitres. Pour décider définitivement des rapports du genre, il fallait en connaître l'animal.
MM. Quoy et Gaimard ont donné la figure d'une espèce, et
nous avons eu occasion d'en observer une autre : celle qui est si
abondamment répandue dans toute la Méditerranée. L'animal
que j'ai vu présenterait d'assez notables différences avec celui
des zoologistes que nous venons de citer ; mais nous sommes
d'accord sur ce fait important, qu'il n'existe point d'opercule
dans le genre Cancellaire, comme l'a dit Adanson. L'animal du
*Cancellaria cancellata* de la Méditerranée, rampe sur un pied
presque aussi long que sa coquille, très mince, très aplati, dont
le bord antérieur subtronqué dépasse un peu la tête. Celle-ci
est très élargie et fort aplatie ; son bord antérieur, mince et
tranchant, est courbé en segment de cercle, et c'est aux extrémités de cette courbe que s'élève de chaque côté un tentacule
allongé, conique, grêle ; le point oculaire est situé au côté externe de la base où il produit une très légère saillie. Je n'ai jamais vu sortir de trompe de la fente buccale, ayant toujours
rencontré ce genre sur les plantes marines, je pense qu'il s'en
nourrit et les broie au moyen de mâchoires cornées comparables à celles des autres Mollusques qui se nourrissent de végétaux. Cet animal est, du reste, très timide, rentre promptement

dans sa coquille, au moindre mouvement, et n'en sort que très lentement. Sa progression est lente, et, en cela, on ne peut le comparer aux Buccins dont les allures sont beaucoup plus vives. D'après ces caractères, le genre Cancellaire ne pourra jamais rester dans le voisinage des Volutes et des Mitres; car on sait que les animaux de ces genres sont très voraces, et sont pourvus d'une longue trompe, au moyen de laquelle ils attaquent et sucent les animaux dont ils font leur proie. Et quoique l'opercule soit d'une valeur assez considérable, on ne peut cependant le faire entrer en première ligne, lorsque l'on voit, par exemple, les Tonnes et les Harpes dépourvues d'opercule, quoiqu'elles soient si voisines des Buccins et des Casques dans lesquels l'opercule existe toujours. Malgré la connaissance de l'animal du genre Cancellaire, la place qu'il doit occuper est encore incertaine. On ne pourra se fixer à cet égard que lorsque l'on connaîtra les particularités plus intimes de l'organisation : les organes de la circulation, ceux de la respiration ; lorsque enfin l'anatomie donnera les moyens d'établir une comparaison complète dans toutes les parties de l'organisation. Si, comme je le crois, les Cancellaires vivent de végétaux, il est évident qu'elles ne peuvent pas rester dans le voisinage des Turbinelles et des Fuseaux, et peut-être alors l'opinion que j'ai émise dans l'*Encyclopédie* se trouverait plus près de la vérité qu'aucune de celles qui ont été généralement adoptées. Cette opinion consiste à rapprocher les Cancellaires de la famille des Plicacées de Lamarck.

Le nombre des espèces mentionnées par Lamarck, soit vivantes, soit fossiles, est peu considérable. On en compte dix-neuf en tout, et parmi elles, il y en a une que nous avons signalée depuis long-temps, comme devant rentrer dans le genre Buccin : c'est la *Cancellaria senticosa*. Depuis long-temps, aussi, et avant tous les autres conchyliologues, nous avons appelé l'attention sur une coquille très singulière, excessivement rare encore dans les collections où elle était connue autrefois, sous le nom de Bordstrap. Lamarck, n'ayant pas fait attention aux plis peu apparens qui sont sur la columelle de cette coquille, la mentionne dans le genre Dauphinule; mais c'est au genre Cancellaire qu'elle doit appartenir, comme l'ont reconnu, depuis nous, MM. Sowerby et Kiener. Il y a une autre coquille, la *Cancellaria citharella* de Lamarck, et dont M. Kiener ne parle pas dans sa *Monographie*. Une telle lacune est fâcheuse dans un ouvrage aussi spécialement consacré à l'illustration de la partie conchyliologique des animaux sans vertèbres. M. Sowerby suppose que cette coquille appartient à un autre genre, et si l'on s'en rapporte à la figure citée de Martini, elle ne serait en effet qu'un jeune Strombe. Il appartenait donc à M. Kiener d'éclairer la science à ce sujet. Actuellement, le nombre des espèces s'est considérablement accru; et si l'on s'en rapporte à la publication qu'en a faite M. Sowerby le jeune, dans ses *Illustrations conchyliologiques*, le nombre des espèces vivantes serait au moins de quarante-huit. Quant aux espèces fossiles, nous en comptions une trentaine, il y a quelques années; mais les recherches qui se multiplient de tous côtés sur les terrains tertiaires de l'Europe et de l'Amérique en ont doublé le nombre. Parmi les personnes qui se sont le plus occupées des espèces fossiles de Cancellaires, dans le pays qui en possède le plus, nous devons citer M. Bellardi qui a récemment publié une très bonne *Monographie* des espèces du Piémont. Cette *Monographie* se recommande particulièrement par une synonymie qui paraît bien châtiée, mais dans laquelle cependant nous avons remarqué quelques erreurs faciles à réparer. Les Cancellaires fossiles ne se sont jamais montrées que dans les terrains tertiaires, et deviennent de plus en plus abondantes, à mesure que ces terrains sont plus récens. ]

## ESPÈCES.

### 1. Cancellaire réticulée. *Cancellaria reticulata.* Lamk. (1)

*C. testâ ovatâ, ventricosâ, perforatâ, crassâ, transversim rugosâ*

---

(1) M. Kiener rapporte à cette espèce trois de celles que M. Sowerby donne comme très distinctes dans son *Conchological illustration* : ce sont les *Cancellaria candida, obesa* et *acuminata*. N'ayant sous les yeux que les figures fort médiocres de l'ouvrage anglais, il nous est difficile de contrôler utilement l'opinion de M. Kiener.

*strii longitudinalibus obliquis reticulatá, albo luteo rufoque subzonatá ; anfractibus convexis; suturis coarctatis; columellá supernè lævi, infernè triplicatá.*

*Voluta reticulata.* Lin. Syst. nat. éd. 12. p. 1190.

* Sow. Conch. illustr. n° 1.

* Desh. Encycl. méth. vers. t. 2. p. 184. n° 11.

* Sow. Genera of shells. f. 1.

* Sow. Conch. Man. f. 385.

* Museum. Gottw. pl. 25. f. 165. a. b.

* Blainv. Malac. pl. 22. f. 1.

* Perry. Conch. pl. 27. f. 1 ?

* Crouch. Lamk. Conch. pl. 17. f. 6.

* Roissy. Buf. moll. t. 6. p. 12. n° 1. pl. 57. f. 3.

* Schum. Nouv. syst. p. 240.

* *Voluta reticulata.* Schrot. Einl. t. 1. p. 214. n° 17.

* *Id.* Dillw. Cat. t. 1. p. 531. n° 72.

Lister. Conch. t. 830, f. 52.

Bonanni. Recr. 3. f. 52.

D'Argenv. Conch. pl. 17. fig. M.

Seba. Mus. 3. t. 49. f. 53 et 55.

Knorr. Vergn. 5. t. 18. f. 7.

Martini. Conch. 3. t. 121. f. 1107-1109.

Encyclop. pl. 375. f. 3. a. b.

[*b*] *Var. testá minore, rufo-fuscescente, subgranosá.*

Habite l'Océan Atlantique austral. Mon cabinet. Son dernier tour est très renflé, et son ouverture d'une éclatante blancheur. Le bord gauche est muni d'une lame columellaire appliquée, qui n'existe pas dans la Var. [b], et le bord droit est fortement sillonné. Le pli supérieur de la columelle est très proéminent. Longueur, 2 pouces.

## 2. Cancellaire aspérelle. *Cancellaria asperella.* Lamk.

*C. testá ovato-acutá, ventricosá, transversim sulcatá, longitudinaliter striatá, cancellatá, scabriusculá, rufo-fuscescente; suturis canaliculatis; columellá subquinqueplicatá : plicis tribus elatioribus.*

* Desh. Encycl. méth. vers. t. 2, p. 185, n° 13.

* *Cancellaria elegans.* Sow. Genera of shells. f. 3.

* Kiener. Spec. des coq. p. 4. n° 2. pl. 3. f. 1.

* Martini. Conch. t. 1. pl 123. f. 1136.-1137.

* Encyclop. pl. 374. f. 3. a. b.

Habite.. Mon cabinet. Coquille ventrue, bien réticulée, âpre au tou-

cher. Elle est perforée, et a aussi une lame appliquée sur sa columelle. Les plis columellaires sont très inégaux , et parmi les trois
plus grands, le supérieur est le plus élevé. Longueur, 16 lignes et
demie.

## 3. Cancellaire scalarine. *Cancellaria scalarina*. Lamk. (1)

*C. testâ ovato-conicâ, ventricosiusculâ, umbilicatâ, longitudinaliter*
*plicatâ, transversim tenuissimè striatâ, albâ aut fuscescente;*
*plicis obliquis distantibus; spirâ contabulatâ; columellâ tripli-*
*catâ.*

* *Voluta nassa.* Dillw. Cat. t. 1. page 537. n° 86. *Exclus. plur.*
*syno.*

* Desh. Encyclop. méth. vers. t. 2. p. 189. n° 22.

* Kiener. Spec. des coq. p. 8. n° 5. pl. 5. f. 3.

* Petiv. Gaz. t. 102. f. 11.

Knorr. Vergn. 4. t. 26. f. 6.

Martini. Conch. 4. p. 1. vign. 37. fig. a. b. c. et t. 124. f. 1172.
1173.

---

(1) En adoptant les deux espèces de Gmelin dans sa *Synony-*
*mie*, Lamarck a consacré une fâcheuse confusion à laquelle il
sera assez difficile de porter remède , parce que les figures citées
par Gmelin, à l'appui de ses espèces, sont médiocres, et que
Gmelin lui-même, dans les deux espèces en question, en a confondu plusieurs autres. C'est ainsi que, dans le *Voluta nassa*,
Gmelin confond deux espèces, l'une représentée par Seba et
Knorr, et l'autre par Martini. Quant au *Buccinum scalare*, du
même auteur, il contient aussi deux espèces qui n'appartiennent
probablement pas au même genre; elles sont très distinctes
toutes deux du *Voluta nassa*. Maintenant à laquelle de ces quatre
espèces doit-on rapporter celle de Lamarck? La réponse est
embarrassante. Cependant il me semble qu'il est possible de
conserver l'espèce de Lamarck, en la restreignant à la figure de
Martini, et d'introduire, sous le nom de *Cancellaria nassa*,
comme l'a proposé M. de Roissy dans le *Buffon* de Sonnini, pour
l'espèce que représentent les figures de Knorr et Seba. Pour le
*Buccinum scalare*, dont il faudrait avant tout retrancher la variété, il faudra peut-être établir une troisième espèce qui a les
plus grands rapports avec la *Cancellaria trigonostoma*.

26.

*Voluta nassa.* Gmel. p. 3464. n° 107.

*Ejusd. Buccinum scalare.* p. 3495. n° 113.

Habite les mers de l'Ile-de-France. Mon cabinet. Elle est un peu ventrue et canaliculée à ses sutures. Côtes distantes et un peu obliques. Elle n'a rien de rude au toucher. Longueur 12 lignes et demie.

4. **Cancellaire scalariforme.** *Cancellaria scalariformis.* Lamk.

> *C. testá ovato-acutá, scalariformi, perforatá, longitudinaliter plicatá, transversìm tenuissimè striatá, cinereo-cærulescente ; anfractibus supernè angulatis, suprà planis ; columellá uniplicatá.*

* Kiener. Spec. des coq. p. 12. no 8. pl. 5. f. 4.

Habite... Mon cabinet. Ses côtes sont un peu moins distantes et moins obliques que dans la précédente, dont elle est d'ailleurs distinguée par l'angle et la planulation de ses tours, ainsi que par sa columelle, qui n'a qu'un pli. Longueur, 10 lignes et demie.

5. **Cancellaire noduleuse.** *Cancellaria nodulosa.* Lamk. (1)

> *C. testá ovato-acutá, ventricosá, longitudinaliter costatá, transver-sìm striatá, rufescente; costis per totam longitudinem nodulosis;*

---

(1) Comme l'atteste la *Synonymie* de Lamarck lui-même, cette espèce avait déjà reçu un nom; il aurait donc fallu le conserver. Aussi nous proposons de le lui restituer et de la nommer, à l'avenir, *Cancellaria piscatoria.* M. Bellardi, dans ses Cancellaires du Piémont, donne une coquille fossile comme analogue de celle-ci; mais nous croyons qu'il se trompe, et cela est d'autant plus croyable que cet auteur rapporte comme variété de ce *Nodulosa* la *Cancellaria hirta* de Brocchi, qui en est très distincte. Nous regrettons de n'être pas d'accord en cela avec M. Bellardi. Nous avons sous les yeux l'espèce vivante que nous comparons de nouveau et avec la plus grande attention avec les diverses espèces fossiles, et entre autres avec plusieurs variétés de la *Cancellaria hirta*, et nous trouvons toujours des différences spécifiques constantes qui nous permettent de distinguer facilement les deux espèces en question. Nous pouvons ajouter que, jusqu'à présent, moins heureux que M. Bellardi, nous n'avons jamais vu l'analogue fossile de la *Cancellaria nodulosa* de Lamarck.

*anfractibus convexis, supernè angulatis, suprà planis; columellá
uniplicatá.*

* Desh. Encyclop. méth. vers. t. 2. p. 286. n° 16.
* Kiener. Spec. des Coq. p. 15. no 10. pl. 6. f. 1.
* *Le Solat.* Adans. Sénég. p. 112. pl. 8. f. 15.
* Schrot. Einl. t. 1. p. 365. *Buccinum.* n° 36.
* *Buccinum piscatorium.* Dillw. Cat. t. 2. p. 640. no 127.

Martini. Conch. 4. t. 124. f. 1151. 1152.

*Buccinum piscatorium.* Gmel. p. 3496. n° 116.

Habite... Mon cabinet. Celle-ci a un peu le port de la précédente,
mais ses côtes sont moins élevées, non pliciformes, et portent,
dans toute leur longueur, des nodulations qui la distinguent. Elle
n'a aussi qu'un pli columellaire. Longueur, 11 lignes.

## 6. Cancellaire rosette. *Cancellaria cancellata.* Lamk.

*C. testá ovato-acutá, valdè ventricosá, subcaudatá, longitudinaliter
et obliquè plicatá, transversìm striatá, albá, castaneo-bizonatá;
anfractibus convexis; spirá brevi; columellá tri-quadriplicatá.*

*Voluta cancellata.* Lin. Syst. nat. éd. 12. p. 1191. Gmel. p. 3448.
no 39.

* Payr. Cat. des moll. de Corse. p. 146. n° 290.
* Philip. Enum. moll. sicil. p. 201. n° 2.
* *Murex scabriculus.* Lin. Syst. nat. ed. 10. p. 751 ?
* Perry. Conch. pl. 27. f. 2.
* Lister. Conch. pl. 830. f. 53.
* Desh. Encyclop. méth. vers. t. 2. p. 184. n° 12.
* *Cancellaria costata.* Sow. Genera of shells. f. 2.
* Kiener. Spec. des coq. p. 7. n° 4. pl. 2. f. 2.
* Brookes. Introd. of conch. pl. 6. f. 74.
* Roissy. Buff. moll. t. 6. p. 12. n° 2.
* *Voluta cancellata.* Schrot. Einl. t. 1. p. 219. n° 22.
* *Id.* Olivi. Adriat. p. 141.
* *Id.* Dillw. Cat. t. 1. p. 537. n° 85. *Syn. plur. exclus.*

Gualt. Test. t. 48. fig. B. C.

Adans. Seneg. t. 8. f. 16. *le Bivet.*

Knorr. Vergn. 4. t. 5. f. 5.

Born. Mus. p. 224. t. 9. f. 7. 8.

Encyclop. pl. 374. f. 5. a. b.

* *Fossilis. Voluta cancellata.* Brocchi. Conch. foss. subap. tom. 2.
p. 307.
* *Id.* Bast. foss. de Bord. p. 47. n° 7.
* Knorr. Petrif. t. 2. pl. C. 4.

  * Borson. Oryeth. pede. p. 211.

  * Bronn. Terr. tert. de l'Ital. p. 43. n₀ 201.

  * Dujardin, Mém. de la Soc. géol. de France. Foss. de la Tour. t. 2. p. 293. nº 1.

  * Grateloup. Tabl. des coq. de l'Adour. p. 9. nº 42.

  * Bronn. Lethea geog. t. 2. p. 1066.

  * Bellardi. Cancel. foss. du Piémont, p. 27. nº 14. pl. 3. f. 5. 6.

Habite les mers du Sénégal. Mon cabinet. Jolie coquille très ventrue, un peu mince, presque transparente, bien treillissée par ses plis longitudinaux et ses stries transverses. Longueur, 12 lignes et demie.

7. **Cancellaire lime.** *Cancellaria senticosa.* **Lamk.** (1)

*C. testâ ovato-oblongâ, subturritâ, scabrâ, longitudinaliter plicatâ, striis transversis elevatis cancellatâ, albida aut pallidè fulvâ, infernè zonâ rufo-rubente cinctâ ; plicis per totam longitudinem denticulato-asperis ; columellâ obsoletè triplicatâ.*

*Murex senticosus.* Lin. Syst. nat. éd. 10. p. 751.

  * Lin. Syst. nat. éd. 12. p. 1220.

  * Karsten. Mus. Lesk. t. 1. pl. 4. f. 6.

  * *Murex senticosus.* Born. Mus. p. 306.

  * *Id.* Schrot. Einl. t. 1. p. 508. nº 29.

  * *Buccinum senticosum.* Brug. Encyclop. méth. vers. t. 1. p. 272.

  * Dillw. Cat. t. 2. p. 709. nº 56. *Murex senticosus.*

  * *Id.* Wood. Ind. Test. p. 124. pl. 26. f. 58.

  * *Buccinum senticosum.* Kiener. Spec. des Coq. p. 26. nº 27. pl. 9. f. 31.

Bonanni. Recr. 3. f. 35.

---

(1) Lamarck a été évidemment trompé sur les caractères essentiels de cette espèce; elle appartient sans le moindre doute au genre *Buccinum*, comme Bruguières le premier l'a bien senti. L'opinion de Bruguières étant oubliée, celle de Lamarck prévalut chez la plupart des conchyliologistes, jusqu'au moment où, dans la continuation de l'*Encyclopédie*, à l'article Cancellaire, nous fîmes voir qu'en effet cette espèce est un véritable Buccin. Depuis, tous les conchyliologistes ont adopté cette opinion. M. Kiener attribue à tort à Linné le nom de *Buccinum senticosum*, que l'on doit à Bruguières, comme on vient de le voir.

Rumph. Mus. t. 29. fig. N.

Petiv. Amb. t. 9. f. 17.

Gualt. Test. t. 51. fig. G.

D'Argenv. Conch. pl. 9. fig. O.

Favanne. Conch. pl. 31. fig. L.

Seba. Mus. 3. t. 49. f. 45—48.

Knorr. Vergn. 4. t. 23. f. 4-5.

Martini. Conch. 4. t. 155. f. 1466-1467.

Chemn. Conch. 11. t. 193. f. 1864.—1866.

*Murex senticosus.* Encyclop. pl. 419. f. 3. a. b.

[*b*] *Var. costis crebrioribus.*

*Buccinum lima.* Chemn. Conch. 11. t. 188. f. 1808. 1809.

Habite les mers de l'Inde, des Moluques et de la Nouvelle-Hollande.

M. *Macleay.* Mon cabinet. Coquille remarquable par sa forme générale et les aspérités de ses côtes. Dans la var. [b], les côtes sont plus fréquentes et tous les tours sont bien zonés. Longueur, 17 lignes et demie.

## 8. Cancellaire citharelle. *Cancellaria citharella.* Lamk. (1)

*C. testá ovato-oblongá, subfusiformi, longitudinaliter costatá, albidá, lineis luteo-rufis remotis eleganter, cinctá; costis lævibus; columellá multiplicatá : plicis tenuissimis.*

Martini. Conch. 4. t. 142. f. 1330.

Habite..... Mon cabinet. Petite coquille oblongue, subfusiforme, peu ventrue, munie de côtes disposées comme les cordes d'une harpe,

---

(1) M. Kiener nous laisse dans l'ignorance la plus complète, à l'égard de cette espèce de Lamarck. Nous avons toujours cru que l'un des buts que se proposait l'auteur du *Species* des coquilles, était de donner des renseignemens positifs sur les espèces de Lamarck, mises à sa disposition. En s'abstenant, M. Kiener ôte gratuitement à son ouvrage ce qui lui aurait donné le plus d'intérêt, non-seulement aux yeux des simples amateurs, qui tous consultent les travaux de Lamarck, mais aussi à ceux des personnes qui font de la science d'une manière sérieuse et qui recherchent avec avidité tout ce qui peut les éclairer sur les espèces de Lamarck. Cette *Cancellaria citharella,* d'après la figure de Martini, nous semble une jeune *Strombus plicatus* de Lamarck.

et agréablement rayée transversalement. Ouverture étroite, allongée, à bord droit épais, recourbé en dedans. Longueur, 10 lignes.

## 9. Cancellaire canaliculée. *Cancellaria spirata*. Lamk.

*C. testâ ovali, ventricosâ, læviusculâ, striis impressis tenuissimis
cinctâ, albido-fulvâ ; anfractibus ad suturas canaliculatis ; columellâ triplicatâ.*

* Sow. Conch. illustr. p. 4. n° 26. f. 25.
* Kiener. Spec. des coq. p. 38. n° 28. pl. 4. f. 3.

Habite... Mon cabinet. Petite coquille mutique, douce au toucher,
n'offrant à l'extérieur que de fines stries enfoncées, elle est canaliculée aux sutures. Longueur, 8 lignes et demie.

## 10. Cancellaire côtes-obliques. *Cancellaria obliquata*. Lamk.

*C. testâ, ovato-acutâ, ventricosâ, umbilicatâ, albido-fulvâ ; costis
longitudinalibus crebris obliquis asperulatis ; striis transversis tenuissimis ; columellâ triplicatâ.*

* Sow. Conch. illustr. p. 4. n° 27. f. 26.
* Kiener. Spec. des Coq. p. 21. n° 14. pl. 6. f. 2.

Habite... Mon cabinet. Ses sutures sont enfoncées et un peu canaliculées. Un bourrelet en dehors, près du bord droit. L'obliquité de
ses côtes la distingue. Longueur, 8 lignes et demie.

## 11. Cancellaire ridée. *Cancellaria rugosa*. Lamk.

*C. testâ, ovali, ventricosâ, longitudinaliter costatâ, transversim sul-
catâ, albidâ ; costis crassis rugæformibus ; columellâ subquadri-
plicatâ.*

* Desh. Encycl. méth. vers. t. 2 p. 187. n° 18.
* Kiener. Spec. des coq. p. 19. n° 13. pl. 6. f. 3.

Encycl. pl. 375. f. 8. a. b.

Habite... Mon cabinet. Tours convexes; spire courte. Longueur, 8
lignes un quart.

## 12. Cancellaire brune. *Cancellaria ziervogeliana*. Lamk. (1)

*C. testâ, ovato-acutâ, crassâ, longitudinaliter et obliquè rugosâ,
infernè transversim sulcatâ, castaneo-fuscâ ; suturis crenato-cris-*

---

(1) Cette coquille échancrée à la base est une véritable Mitre
et non une Cancellaire, comme l'a cru Lamarck ; elle devra
donc passer dans le genre Mitre.

*pis ; ultimo anfractu supernè tumido, basi attenuato; aperturâ subringente : columellâ quadriplicatâ, calliferâ ; labro dentato.*

* *Voluta ziervogelii.* Wood. Ind. pl. 20. f. 72.

* *Mitra ziervogeliana.* Kiener. Spec. des Coq. p. 54. n° 53. pl. 16. f. 52.

*Voluta ziervogeliana.* Chemn. Conch. 10. t. 149. f. 1406.

*Volusa ziervogelii.* Gmel. p. 5457. n° 127.

* *Voluta ziervogelii.* Dillw. Cat. t. 1. p. 532. n° 73.

Encyclop. pl. 375. f. 9. a. b.

* *Buccinum strombiforme.* Burrow. Elem. of Conch. pl. 26. f. 3.

Habite... Mon cabinet. Coquille fort rare, précieuse, et remarquable par ses caractères. Quoique son dernier tour soit bombé supérieurement et atténué vers sa base, ceux de sa spire n'offrent presque point de convexité. Le bord supérieur des tours est froncé et comme crénelé contre les sutures. Columelle fortement plicifère, portant une callosité à son sommet. Longueur, 11 lignes trois quarts.

## † 13. Cancellaire trigonostome. *Cancellaria trigonostoma.* Desh.

*C. testâ elongato-turbinatâ, scalariformi, latè profundèque umbilicatâ, albido-griseâ, transversìm sulcatâ, longitudinaliter subplicatâ; anfractibus trigonis, supernè planis, ad periphæriam angulato-nodosis; aperturâ trigonâ; columellâ biplicatâ.*

*Cancellaria trigonostoma.* Desh. Encycl. vers. t. 1. p. 180.

*Delphinula trigonostoma.* Lamk. Anim. s. vert.

Perry. Conch. pl. 51. f. 1.

Fav. Conch. pl. 79. f. CC.

Sow. Conch. Illustr. f. 44.

Kiener. Spec. des Coq. p. 41. n° 30. pl. 1. f. 1. 1a.

Habite les mers de l'Inde, les côtes de Ceylan, d'après M. Kiener.

Coquille fort singulière dont j'ai le premier reconnu le véritable genre. Elle est oblongue-turbinée, composée de dix tours triangulaires qui ne se touchent et ne s'attachent entre eux que par l'angle interne. L'une des surfaces du triangle constitue la face supérieure des tours. Elle est large et plane, ce qui la fait ressembler à une rampe qui remonte jusqu'au sommet. La seconde face du triangle forme la partie inférieure des tours. Elle est plane aussi et forme avec la première un angle d'environ 45 degrés. Enfin, la troisième face qui est à-peu-près aussi longue que les deux autres, se voit dans l'intérieur de l'ombilic dont elle forme la surface. Cet ombilic est très large et très profond, et il est circonscrit

à la base par un petit bourrelet qui vient aboutir à l'angle antérieur de l'ouverture. Celle-ci est triangulaire ; elle est brunâtre
en dedans ; ses bords sont minces et celui de la columelle n'a pas
plus d'épaisseur que les autres. Sur cette columelle s'élèvent deux
petits plis transverses. Le canal de la base est excessivement court,
à peine creusé, et l'on pourrait croire que cette coquille a l'ouverture entière. Sur la surface extérieure, il y a un petit nombre
de sillons transverses coupés en travers par de petites côtes longitudinales peu saillantes, peu nombreuses et assez également distantes. Toute cette coquille est d'un blanc grisâtre, quelquefois tirant un peu sur le fauve. L'un des plus beaux individus connus,
celui figuré par M. Kiener, appartient à la collection de M. Benjamin Delessert. Il a 40 millim. de long et 25 de large.

## † 14. Cancellaire nasse. *Cancellaria nassa.* Roissy.

*C. testá subglobosá, longitudinaliter costatá, transversìm tenuissimè
striatá, castaneá; basi umbilicatá; spirá brevi, acutá; anfractibus
convexis, canali angusto separatis; aperturá ovatá, triplicatá.*

Roissy. Buf. Moll. t. 6. p. 13. n° 3.
*Voluta nassa* (pars). Gmel. p. 3464. n° 107.
Seba. Mus. t. 3. pl. 53. f. 42.
Knorr. Verg. t. 4. pl. 26. f. 6.
Habite...

Espèce très distincte reconnue par M. de Roissy, figurée par Seba
et par Knorr, mais que je ne retrouve pas dans les monographies
publiées plus récemment par M. Kiener ou par M. Sowerby. Cette
coquille est globuleuse, à spire courte, composée d'un petit nombre de tours convexes, très nettement séparés par une petite gouttière creusée à leur partie supérieure. Sur ces tours s'élèvent, à
des distances régulières, des côtes longitudinales, tranchantes et
obliques ; outre ces côtes, on remarque sur la surface un très
grand nombre de stries transverses très fines, régulières et très serrées. Le dernier tour est très globuleux, obliquement tronqué à la
base et percé d'un ombilic assez large dont le bord est circonscrit
par un petit bourrelet qui aboutit au canal très court qui termine
l'ouverture. Celle-ci est ovale-obronde, assez courte, d'un brun
pâle en dedans et la columelle porte trois plis obliques. Toute
cette coquille est d'un brun noisette uniforme. Elle a 20 à 25 mill.
de long et 16 à 18 de large.

La Cancellaire nommée *Ferrauxii* par M. Kiener a avec celle-ci beaucoup d'analogie.

† † **15. Cancellaire aspérule.** *Cancellaria asperula.* **Desh.**

*C. testâ albâ, ovato-acutâ, ventricosissimâ, longitudinaliter plicatâ transversìm striatâ; anfractibus rotundatis, supernè spinis coronatis, canaliculatis; aperturâ ovato-acutâ, vix basi canaliculatâ; labro incrassato, striato; columellâ triplicatâ, basi truncatâ; umbilico minimo, perforato, profundo.*

Desh. Ency. méth. Vers. t. 2. p. 187. n° 17.

Habite...

Jolie coquille ovale, très ventrue, son dernier tour est beaucoup plus grand que tous les autres réunis; ces tours sont au nombre de sept; ils sont convexes, canaliculés en dessus près de la suture, et couronnés sur le bord du canal au sommet des spires par une rangée de tubercules épineux; ils indiquent la naissance des côtes ou des plis longitudinaux, obliques, tranchans; ils sont rendus âpres au toucher par de petites dentelures ou aspérités aiguës qui naissent sur le bord, dans l'endroit où s'entrecroisent avec eux les stries transverses qui sillonnent toute la coquille. Elles sont nombreuses, peu saillantes et régulièrement espacées. L'ouverture est assez grande, on pourrait dire qu'elle est entière, tant est peu profond le canal de la base; la lèvre droite est bordée extérieurement d'un bourrelet fort épais et bien distinct des plis longitudinaux. En dedans, elle est garnie d'un autre bourrelet strié, mais beaucoup moins saillant que celui de l'extérieur, la columelle est concave dans le milieu, et chargée vers la base de trois plis égaux, dont l'antérieur saillant au-dessus de la columelle, la tronque obliquement dans cet endroit. Le bord gauche se détache inférieurement au-dessus de l'ombilic, qu'il laisse bien à découvert; il est petit, arrondi, perforé et profond; il est séparé par un angle à peine saillant. Cette coquille est toute blanche en dedans et en dehors.

Elle est longue de 22 mill. et large de 15.

† **16. Cancellaire scalaire.** *Cancellaria scalata.* **Sow.**

*C. testâ ovato-acutâ, scalariformi, fuscescente, transversìm albo-lineolatâ, longitudinaliter costato-crenulatâ; anfractibus supernè canaliculatis; aperturâ albâ, ovatâ; labro tenui, intùs sulcato; columellâ quadriplicatâ.*

Sow. Conch. illustr. *Cancellaria.* f. 27.

Kiener. Spec. des Coq. p. 11. n° 7. pl. 7. f.3.

Habite les mers de l'Inde.

Espèce très élégante et fort rare jusqu'à présent dans les collections

Elle est ovale-oblongue; sa spire est composée d'un petit nombre

de tours cylindracés et fortement séparés les uns des autres par
une gouttière large et profonde qui remonte en spirale jusqu'au
sommet. Toute la surface de cette coquille est ornée de côtes obliques et longitudinales très régulières et dont le sommet s'élève en
crénelures élégantes sur le bord de la gouttière des tours. Sur ces
côtes passent un grand nombre de petits filets transverses blanchâtres, saillans, qui les rendent rudes et comme crénelées. L'ouverture est d'un beau blanc éclatant. Elle est ovale-oblongue et elle
se termine en avant par un petit canal très court et peu profond.
Le bord droit, mince et tranchant, est finement strié en dedans ;
la columelle porte quatre plis inégaux, obliques, peu saillans ; quelquefois le quatrième, qui est le plus petit, et en même temps le
postérieur, est à peine apparent. Cette coquille est d'une coloration uniforme : tantôt d'un fauve rougeâtre, tantôt d'un rouge
ocracé très tendre.

L'individu de notre collection a 20 mill. de long et 12 de large.

### † 17. Cancellaire lactée. *Cancellaria lactea*. Desh.

*C. testâ ovatâ, ventricosâ; acutâ, tenui, translucidâ, candidissimâ*
*luteolâve, lævigatâ; anfractibus turgidulis; aperturâ ovato-acutâ;*
*labro tenui intùs non striato; columellâ triplicatâ.*

Desh. Ency. méth. Vers. t. 2. p. 180. n⁰ 1.
Kiener. Spec. des Coq. p. 36. n° 26. pl. 6. f. 4.
Sow. Conch. illustr. f. 24.
Habite...

Coquille d'un médiocre volume, ovalaire, subglobuleuse, formée de
six à sept tours de spire, dont le dernier est plus grand que tous
les autres réunis ; ils sont arrondis et séparés par une suture simple. L'ouverture et semilunaire ; la columelle étant presque droite
ou à peine arquée : elle se termine à la base en formant, avec le
bord droit, un canal peu profond, non échancré. Cette columelle
est garnie de trois plis obliques presque égaux, le postérieur est
cependant un peu plus saillant que les deux autres. Le bord gauche n'est point saillant, il se confond avec la columelle, si ce n'est
à sa base, où on l'aperçoit un peu. Le bord droit est simple, mince,
tranchant, jamais épaissi en bourrelet, et toujours dépourvu de
stries ou de sillons. Toute la face externe est lisse, aussi bien que
l'interne. Cette coquille est d'un blanc pur, et quelquefois, mais rarement, jaunâtre : la Cancellaire lactée est presque la seule dans
le genre qui soit lisse et sans bourrelet strié à l'intérieur de la
lèvre droite.

Elle a 22 à 25 mill. de long sur 13 à 15 de large.

† † 18. Cancellaire bifasciée. *Cancellaria bifasciata*. Desh.

> *C. testâ ovato-elongatâ, utrâque extremitate attenuatâ, striis tenui-*
> *bus, longitudinalibus et transversalibus clathratâ; anfractibus con-*
> *vexis : ultimo majore, lutescente, zonis duabus albis ornato; colu-*
> *mellâ triplicatâ.*

Desh. Ency. méth. Vers. t. 2. p. 181. n° 2.

*Cancellaria oblonga.* Kiener. Spec. des Coq. p. 6, n° 3. pl. 3. f. 3.

*Cancellaria oblonga.* Sow. Conch. illus. f. 19.

Ni M. Kiener ni M. Sowerby ne devaient changer le nom de cette espèce, décrite pour la première fois dans l'*Encyclopédie*. Elle doit
conserver le nom que je lui ai donné. Il ne peut y avoir aucune raison qui permette de substituer un nom à un autre. M. Kiener peut
trouver préférable le nom de M. Sowerby au mien, et il le serait en
effet s'il était antérieur; comme il ne l'est pas, si défectueux qu'il
soit, il doit rester. Si cette règle n'est pas suivie, désormais il n'y
aura jamais de nomenclature faite; car à ce nom d'*Oblonga* que
choisit M. Kiener, arbitrairement, on peut objecter qu'il y a une
autre espèce à laquelle il convient bien mieux. Les auteurs en
agissant ainsi, remaniant à leur fantaisie la nomenclature, détrui-
raient bientôt toute la science qui ne vit et n'existe que par la nomenclature, c'est-à-dire l'ordre.

Jolie espèce qui ne manque pas d'analogie avec la *Cancellaria aspe-*
*rella* de Lamarck. Elle se distingue en ce qu'elle est plus étroite; le
réseau de stries qui la couvrent est plus fin; les stries longitudinales sont beaucoup moins obliques et plus arrondies. Le plan de
l'ouverture est moins oblique à l'axe, et la callosité columellaire
est beaucoup moins étendue. La coloration est également différente. Ici elle est d'un jaune tirant sur l'orangé, tandis que dans
l'asperelle elle est d'un fauve brun.

Cette coquille est longue de 23 mill. et large de 10.

† 19. Cancellaire tuberculeuse. *Cancellaria tuberculosa.*
Sow.

> *C. testâ subglobosâ, albicante; spirâ breviusculâ subacuminatâ; an-*
> *fractibus 5-bullatis, supernè obtusè angulatis, spiraliter sulcatis et*
> *turberculatis tuberculorum triplici serie; suturâ latè canaliculatâ;*
> *aperturâ obtusè subtrigonali, infrà integrâ; peritremate acuto; co-*
> *lumellâ biplicatâ, plicis parvis obliquis; umbilico magno.*

Sow. Proceed. of Zool. Soc. Lond. t. 2, p. 51.

Sow. Conch. illustr. f. 35.

Kiener. Spec. des Coq. p. 39. n° 29. pl. 1. f. 2. pl. 9. f. 1.

Habite l'Amérique méridionale.

Coquille subglobuleuse, un peu plus haute que large, composée d'un petit nombre de tours convexes, séparés par un canal étroit, assez profond, qui règne le long de la suture. Ces tours sont très obtusément anguleux dans le milieu; ils sont inégalement striés en travers, à peine plissés à leur partie supérieure, et les plis se terminent en une série de tubercules qui s'élèvent sur le bord du canal de la suture. Sur le dernier tour on remarque trois côtes transverses, obtuses et tuberculeuses; ces côtes sont écartées, la troisième, placée à la limite de la base, circonscrit un ombilic infundibuliforme dans lequel on aperçoit deux tours seulement. L'ouverture est d'un blanc rougeâtre ou tirant sur le fauve; elle est subtriangulaire, son bord droit est mince, tranchant et orné à l'intérieur de linéoles rousses. La columelle est oblique, et elle porte sur le milieu deux plis égaux peu saillans. Cette coquille, lorsqu'elle est fraiche, est d'un brun peu foncé, et les granulations sont soutenues par des taches d'un brun plus intense situées à leur base.

Les grands individus ont 38 mill. de long et 26 à 28 mill. de large.

## † 20. Cancellaire chrysostome. *Cancellaria chrysostoma.* Sow.

*C. testá globoso-pyramidali, albicante, fusco-fasciatá, ore aurantiaco; spirá brevi, acuminatiusculá; anfractibus 6-rotundatis, spiraliter sulcatis, longitudinaliter costatis, costis plurimis obtusis, propè suturam elevatis; aperturá subrotundatá, supernè subacuminatá, infrà in canalem brevem, reflexam, desinente; peritremate crenato labio externo intersulcato, interno corrugato; columellá triplicatá; umbilico mediocri, margine elevatá.*

Sow. Proced. of Zool. Soc. Lond. t. 2, p. 54.

Sow. Conch. illustr. f. 39.

Kiener. Spec. des Coq. p. 18. n° 12. pl. 8. f. 2.

Habite Panama et Sainte-Hélène.

Les personnes qui connaissent la *Cancellaria rugosa* de Lamarck peuvent se faire une très juste idée de celle-ci, en agrandissant l'ombilic d'un *rugosa* et en lui teignant l'ouverture d'une belle couleur rouge sanguinolente, on aura une Cancellaire chrysostome; à l'extérieur, la coloration consiste sur le dernier tour en deux zones assez larges formées de petites linéoles transverses brunes. Ces zones sont séparées par une ligne blanche placée sur le milieu du dernier tour.

Cette jolie espèce a 25 mill. de long et 18 de large.

† 21. **Cancellaire Spenglerienne.** *Cancellaria Spengle-riana.* Desh.

> C. *testá ovato-acutá, ventricosá, longitudinaliter obliquè costatá, transversim striatá, albidá, luteá, rufo maculatá; anfractibus convexis supernè angulatis, suprà planis, unicá, serie tuberculorum coronatis, columellá triplicatá; labro incrassato, striato.*

Desh. Ency. méth. Vers. t. 2. p. 185. n° 14.
Kiener. Spec. des Coq. p. 23. n° 16. p. 14. f. 1.
*Cancellaria tritonis.* Sow. illustr. Conch. f. 15.
*Id.* Reeve. Conch. Syst. t. 2. p. 182. pl. 230. f. 15.
Habite...

Cette belle espèce de Cancellaire est ovale, allongée, pointue aux deux extrémités, ventrue dans le milieu; le dernier tour de spire est plus grand que tous les autres réunis, ils sont convexes, ornés de côtes longitudinales, obtuses, régulières, écartées, un angle aigu les sépare supérieurement en deux parties inégales, la plus petite est plane ou peu oblique, elle forme une sorte de rampe qui monte en spirale en suivant la suture. En aboutissant à cet angle, les côtes donnent naissance à des tubercules qui couronnent tous les tours de spire; des stries écartées, assez profondes, fines et transverses se voient sur toute la partie inférieure des tours de spire. Sa partie plane est occupée par des stries plus fines encore, très serrées et fort nombreuses. L'ouverture est grande, ovale, pointue aux deux extrémités, terminée à la base par un canal superficiel assez long, légèrement relevé en dessus et à gauche. La columelle est excavée dans le milieu, elle offre trois plis écartés, le supérieur est le plus gros et le moins oblique. En dehors des plis, on remarque sur la columelle 10 à 12 granulations peu saillantes. Le bord gauche est élargi supérieurement. Plus étroit à sa base, il est plus épais et cache en partie un ombilic rétréci, borné par un bourrelet saillant et arrondi.

Elle est longue de 45 mill. et large de 25.

† 22. **Cancellaire granuleuse.** *Cancellaria granosa.* Sow.

> C. *testá ovato-oblongá, griseo-lutescente vel fuscescente, utrinquè attenuatá, spiratá, longitudinaliter costato-granosá, transversim inæqualiter sulcatá; anfractibus convexis, ad suturam marginato-depressis; aperturá angustá, subsemilunari, albo-fuscescente; columellá biplicatá.*

Sow. Conch. illustr. f. 16. 17.
Kiener. Spec. des Coq. p. 30. n° 21. pl. 8. f. 1.

Habite les côtes du Pérou.

Coquille ovale-oblongue que l'on distingue facilement parmi ses congénères par les granulations arrondies et assez régulières distribuées le long des côtes longitudinales. Outre ces côtes granuleuses,
on remarque aussi sur la surface des sillons transverses inégaux,
moins apparens sur le dernier tour que sur les premiers. La spire
est pointue, aussi longue que l'ouverture ; les tours sont convexes
et nettement séparés entre eux par une petite rampe aplatie placée
au-dessous de la suture et qui remonte jusqu'au sommet. L'ouverture est oblique, semi-lunaire. Le canal qui la termine à la base
est fort court et la columelle droite porte deux plis seulement dans
le milieu de sa longueur. Cette coquille varie, quant à la couleur,
depuis le gris jaunâtre jusqu'au brun marron grisâtre.

Elle est longue de 42 mill. et large de 22.

### † 23. Cancellaire clavatule. *Cancellaria clavatula.* Sow.

*C. testá turritá brunneá, albicante, bivittatá, varicosá; spirá atte-*
*nuatá, acuminatá ; anfractibus 7-rotundatis, spiraliter striatis,*
*longitudinaliter costatis et varicosis, varicibus sparsis; aperturá*
*subovali, in canalem desinente; labio externo intùs sulcato; colu-*
*mellá biplicatá; peritremate reflexo.*

Sow. Proced. of Zool. Soc. Lond. t. 2, p. 52.

Sow. Conch. illustr. fig. 12.

Kiener. Spec. des Coq. p. 31. n° 22. pl. 5. f. 2.

Habite Panama et Payta.

Petite coquille ovale-oblongue, étroite, ayant la spire plus longue que
l'ouverture. Cette spire est allongée, pointue, formée de sept tours
convexes sur lesquels sont disposées régulièrement des petites côtes
longitudinales, obtuses, qui descendent du sommet à la base des
tours et qui, sur le dernier, atteignent jusque vers l'origine du canal. Toute la surface est couverte de stries transverses peu nombreuses, peu profondes, cependant régulières et au nombre de 4 ou
5 sur chaque tour. L'ouverture est ovale-oblongue, plus étroite
que dans la plupart des espèces ; son bord droit est blanc, épaissi
et crénelé en dedans; dans le fond, l'ouverture est brune, et l'on
voit sur le bord droit deux zones blanches distantes. La columelle
est presque droite; elle est accompagnée d'un petit bord gauche
étroit et épais, et elle porte dans le milieu deux petits plis blanchâtres, égaux et écartés. Le canal de la base est plus allongé et plus
profond que dans la plupart des autres espèces, ce qui donne à
celle-ci un faciès particulier. La coloration est d'un beau brun
rougeâtre, interrompu sur le dernier tour par deux zones blan-

châtres étroites, l'une vers le sommet et l'autre vers la base.
Cette petite espèce est longue de 20 mill. et large de 10.

## † 24. Cancellaire obtuse. *Cancellaria obtusa*. Desh.

*C. testá globosá, spirá brevi, obtusissimá, luteolá, transversìm rugosá,
supernè subplicatá; aperturá albá, magná, ovatá; columellá supernè callosá, in medio biplicatá, umbilico minimo perforatá.*

Desh. Ency. méth. Vers. t. 2. p. 187. n° 19.

Desh. dans Cuvier, Règn. anim. Nouv. édit. Moll. pl. 52. f. 6.

Habite...

Coquille rarissime jusqu'à présent. L'individu que nous possédons est
jusqu'à ce jour le seul qui soit connu ; aussi M. Kiener a commis
une erreur en appliquant le nom à une espèce beaucoup plus
grande et parfaitement distincte. La figure que nous avons donnée
de cette espèce, dans la nouvelle édition du Règne animal de Cuvier,
ne permettra plus d'ambiguïté à son égard.

La Cancellaire obtuse est une coquille arrondie, globuleuse, à spire
excessivement courte, très obtuse au sommet, à laquelle on compte
cinq tours étroits nettement séparés par une légère dépression de
la suture. Le dernier tour est tellement grand qu'à lui seul il constitue presque toute la coquille. Il est couvert de gros sillons transverses, aplatis, et, vers son sommet, on remarque quelques plis
longitudinaux courts, obliques et peu saillans. L'ouverture est blanche, grande, ovalaire, atténuée à ses extrémités, terminée en avant
par un canal extrêmement court qui ressemble plutôt à une dépression qu'à un canal. Le bord droit est faiblement sillonné en dedans;
la columelle, régulièrement arquée dans sa longueur, porte dans le
milieu deux petits plis peu obliques, et elle est accompagnée d'un
bord gauche qui s'étale supérieurement en une callosité un peu
large et laisse à la base une petite fente ombilicale. Toute cette
coquille est d'un jaune fauve uniforme. Elle a 30 mill. de long et
25 de large.

## *Espèces fossiles.*

## 1. Cancellaire cabestan. *Cancellaria trochlearis*. Lamk.

*C. testá ovato-oblongá, ventricosá, latè umbilicatá, transversìm ru-
gosá ; costis longitudinalibus obliquis, obsoletis ; anfractibus supernè
valdè canaliculatis ; columellá biplicatá.*

* Desh. Encycl. méth. vers. t. 2. p. 189. n° 22.

* Bast. Foss. de Bord. p. 46. n° 2. pl. 2. f. 2.

* Faujas. Mém. du Mus. t. 3. pl. 10. f. 2. a. b.

Habite... Fossile des environs de Bordeaux. Mon cabinet. Grande et belle espèce, remarquable par le sommet largement canaliculé de ses tours. Longueur, 2 pouces, 3 lignes.

## 2. Cancellaire acutangulaire. *Cancellaria acutangularis.* Lamk.

C. *testá ovato-acutá, ventricosá, subumbilicatá, transversìm striatá, longitudinaliter et obliquè costatá ; anfractibus supernè angulatis, suprà planis, ad angulum dentibus coronatis; columellá subtriplicatá.*

* Desh. Encycl. méth. vers, t. 2. p. 188. nº 21.

* Bast. Foss. de Bord. p. 45. nº 1. pl. 2. f. 4.

* Faujas. Mém. du Mus. t. 3. pl. 10. f. 1. a. b.

* Pusch. Polenpalœont. p. 128. nº 1.

* Dujard. Mém. de la Soc. géol. de Fr. t. 2. p. 292. nº 2.

* Grat. Tab. des coq. de l'Adour. p. 9. nº 42.

* Bellardi. Canc. du Piémont. p. 18. nº 9. pl. 1. f. 19. 20.

Habite... Fossile des environs de Bordeaux. Mon cabinet. Coquille beaucoup plus courte que la précédente, à tours bien anguleux supérieurement. La columelle n'a que deux plis dans plusieurs individus. Canal de la base à-peu-près nul. Longueur, 18 lignes.

## 3. Cancellaire treillissée. *Cancellaria clathrata.* Lamk. (1)

C. *testá ovato-acutá, ventricosá, perforatá, costis longitudinalibus transversisque clathratá, asperatá ; anfractibus convexis, supernè angulatis, suprà concavo-planis ; columellá uniplicatá.*

* *Cancellaria hirta.* Broc. Conch. subap. t. 2. p. 311. pl. 4. f. 1. a. b.

* Def. Dict. sc. nat. t. 6. sup. p. 88.

* Borson. Oritt. Piém. p. 33. nº 4.

* Desh. Encycl. méth. vers. t. 2. p. 188, nº 20.

* Bronn. Ter. tezt. de l'Ital. p. 43. nº 205.

* Phil. Enum. moll. Sicil. p. 201. nº 1.

* *Cancellaria nodulosa.* Var. Major, Bellar. Canc. Foss. du Piém. p. 19. nº 10. pl. 2. f. 1. 2.

---

(1) Il sera convenable de rendre à cette espèce son premier nom de *Cancellaria hirta,* donné par Brocchi, dès 1811, bien long-temps avant que Lamarck ne l'inscrivît dans cet ouvrage, sous une autre dénomination.

**4. Cancellaire tourelle.** *Cancellaria turricula.* Lamk. (1)

> C. *testá oblongo-turritá, infernè ventricosá, longitudinaliter costatá, transversìm et tenuissimè striatá, tuberculis asperatá; anfractibus medio angulatis: angulo tuberculis coronato; columellá triplicatá.*
>
> * *Voluta lyrata.* Brocchi. Conch. Foss. subap. t. 2. p. 311. pl. 7. f. 6.
> * Borson. Oritt. Piémont. p. 31. n° 1.
> * Bronn. Ter. tert. de l'Ital. p. 44. n° 214.
> * Desh. Encycl. méth. vers. t. 2. p. 182. n° 6.
> * Sow. Genera of shells. f. 5.
> * Bellardi. Canc. Foss. du Piém. p. 14, n° 5. pl. 5. f. 1. 2.
> * Risso. Europe mérid. t. 3. p. 186, pl. 4. f. 82.
> Knorr. Pétrif. vol. 2. part. 1. pl. 46. f. 1.
> Habite... Fossile des environs de Florence. Mon cabinet. Longueur 19 lignes.

**5. Cancellaire buccinule.** *Cancellaria buccinula.* Lamk.

> C. *testá ovato-conicá, longitudinaliter tenuiterque costatá, transversè striatá, cancellatá; anfractibus convexis; suturis coarctatis; columellá triplicatá.*
>
> Habite... Fossile des environs de Crépy, dans le Valois [M. *Héricart de Thury*], et se trouve aussi dans ceux de Bordeaux. Mon cabinet. Longueur, 6 lignes trois quarts.

**6. Cancellaire petites-côtes.** *Cancellaria costulata.* Lamk.

> C. *testá ovato-oblongá, varicosá; costis longitudinalibus, crebris, obsoletè decussatis; columellá triplicatá.*
>
> *Cancellaria costulata.* Ann. du Mus. vol. 2. p. 63. n° 1.
> * Desh. Ency. Méth. vers. t. 2. f. 183. n° 8.
> * Desh. Coq. foss. de Paris, t. 2. p. 499. n° 1. pl. 79. f. 22. 23.
> * Roissy. Buf. Moll. t. 6. p. 13. n° 4. et t. 6. pl. 44 f. 11.
> Habite.... Fossile de Grignon. Mon cabinet. Longueur, 6 lignes.

---

(1) Cette espèce avait été nommée depuis long-temps par Brocchi *Cancellaria lyrata*, lorsque Lamarck lui imposa un autre nom; mais il doit être remplacé par celui de Brocchi, à cause de son antériorité. Dans sa *Monographie* des Cancellaires fossiles du Piémont, M. Bellardi laisse échapper une erreur de synonymie; il cite Basterot, page 64, et à cette page il y a des Pleurotomes. L'espèce n'est pas mentionnée parmi les Cancellaires de l'auteur en question.

7. Cancellaire volutelle. *Cancellaria volutella*. Lamk. (1)

> *C. testá turritá, varicosá ; costis crebris, longitudinalibus ; striis transversis obsoletis ; caudá brevi, subemarginatá.*
>
> *Cancellaria volutella.* Ann. ibid. n° 2.
>
> * Desh. Coq. foss. de Paris, t. 2. p. 504. n° 7. pl. 79. f. 19. 20. 21.
> * Roissy. Buf. Moll. t. 6. p. 13. n° 5.
>
> Habite.... Fossile de Grignon. Cabinet de M. *Defrance.* Longueur, 16 millimètres.

† 8. Cancellaire ampullacée. *Cancellaria ampullacea.* Broc.

> *C. testá ovato-ventricosá, confertìm transversè striatá, costis subtetragonis, crassis munitá ; anfractibus rotundatis, valdè separatis, supernè planulatis, ad angulum crenulato-carinatis ; aperturá ovato-acutá ; columellá triplicatá ; umbilico profundo.*
>
> Brocch. Conch. foss. subap. t. 2. p. 313. pl. 3. f. 9.
>
> Desh. Encycl. méth. vers. t. 2. p. 190. n° 25.
>
> Borson. oritt. piemont. p. 34. n° 7.
>
> Bronn. Terr. tert. de l'Italie, p. 43, n° 407.
>
> Bellardi. Canc. foss. du Piémont, t. 35. n° 21. pl. 4. f. 7. 8.
>
> Habite fossile dans le Plaisantin.
>
> Cette espèce est des plus élégantes, d'une forme ovale raccourcie ; sa spire, de six tours seulement, est peu saillante ; le dernier tour est beaucoup plus grand que tous les autres réunis. Tous sont convexes et fortement séparés les uns des autres par un large aplatissement de leur partie supérieure qui forme une rampe spirale qui gagne le sommet ; cette rampe est séparée du reste des tours de spire par un angle subcariné couronné par un rang de tubercules qui naissent à l'origine de chaque côte. Celles-ci sont longitudinales, légèrement obliques, subtétragones et terminées supérieurement par un tubercule saillant. Toute la surface extérieure de cette coquille est élégamment striée en travers ; les stries

---

(1) Petite coquille singulière, étroite, allongée, variqueuse, comme un Triton, et ayant l'ouverture bordée comme les coquilles de ce genre ; elle est remarquable encore en cela que le canal terminal est plus long que dans les autres espèces, redressé du côté du dos et échancré à son extrémité. Cette coquille appartiendrait aux Volutes ou aux Mitres ; mais les plis columellaires sont plutôt ceux des Cancellaires.

sont saillantes, très régulières, un peu rugueuses ou obscurément grenues : dans le milieu de l'intervalle qui les sépare, on remarque une strie très fine et saillante. L'ouverture est ovale, pointue, le canal de la base est peu profond, le bord droit est épais, garni en dehors d'un bourrelet et en dedans de stries peu prolongées. Le bord gauche est calleux supérieurement, se détache au-dessus de l'ombilic en se renversant un peu sur lui. La columelle, arquée dans son milieu, porte trois plis fort gros. Derrière le bord gauche on remarque un ombilic peu évasé, mais très profond, bordé à sa base par un bourrelet saillant et arrondi.

Elle a 40 mill. de longueur et 30 de large.

† 9. Cancellaire perforée. *Cancellaria umbilicaris.* Broc.

*C. testá ovato-acutá, scalariformi, transversè rugosá, longitudinaliter costatá ; anfractibus convexis, valdè separatis, supernè planulatis, angulatis, spinis magnis, recurvis, coronatis ; aperturá subintegrá, trigoná ; umbilico magno, usquè ad apicem pervio.*

Brocch. Conch. foss. subap. t. 2. p. 313. pl. 3. f. 10, 11.

Desh. Encycl. méth. vers, t. 2. p. 190. n° 27.

Borson. oritt. piem. p. 33, n° 5.

Bronn. Terr. tert. de l'Italie. p. 43. n° 206.

Bellardi. Canc. foss. du Piém. p. 36. n° 22. pl. 4. f. 17, 18.

Habite fossile du Plaisantin.

M. Bellardi confond avec cette espèce une coquille très distincte, décrite et figurée par M. Bastérot sous le nom de *Cancellaria Geslini.*

Il existe les rapports les plus incontestables entre cette coquille fossile et celle que M. Lamarck a nommée *Delphinula trigonostoma.* Sans être de la même espèce, l'une doit nécessairement entrainer l'autre dans le même genre. Cette coquille est fort belle, ovale, allongée, scalariforme, composée de sept tours de spire fortement séparés par une large rampe oblique qui monte avec eux jusqu'au sommet ; cette rampe est due à l'aplatissement de la partie supérieure de chaque tour. Elle est séparée du reste par un angle aigu couronné par un rang d'épines élégantes recourbées vers la spire. Ces épines sont à l'origine des côtes longitudinales et obliques qui descendent du sommet à la base de chaque tour. Ces côtes sont subvariqueuses, étant chargées d'écailles ou de petits tubercules plus gros que dans le reste de la coquille. Les sillons transverses, dont nous avons parlé, sont plus ou moins saillans, plus ou moins écailleux, selon les individus ; entre chacun des plus gros, on en remarque toujours un très fin. L'ouverture est petite et tout-à-fait

triangulaire, presque entière, et plus que dans l'espèce précédente,
car le canal est très court et à peine marqué par une légère dépression. La lèvre droite est assez épaisse et striée en dedans dans
toute sa longueur; il n'existe pas de columelle; le bord gauche
est libre dans toute son étendue; il est même tranchant et muni à
l'intérieur de deux plis aigus, parallèles et égaux; il se renverse
un peu au-dessus d'un grand ombilic lisse en dedans, conique et
traversant la coquille de la base au sommet. Un angle aigu circonscrit cet ombilic à la base.

Cette belle coquille a 35 mill. de longueur et 25 de largeur.

### † 10. Cancellaire variqueuse. *Cancellaria varicosa.* Brocc.

*C. testá ovato-turritá, elongatá, apice acuminatá, transversìm te-
nuissimè striatá, longitudinaliter costatá; costis distantibus, rotundatis; tuberculis minimis, acutis, exasperatis; aperturá ovatá; basi
acutá; labro incrassato, intùs striato; columellá leviter arcuatá,
biplicatá.*

Brocc. Conch. foss. subap. t. 2 p. 311. pl. 3. f. 8.
Def. Dict. des sc. nat. t. 6. sup. p. 87.
Borson. Oritt. piem. p. 31. n° 2.
Desh. Encycl. méth. vers. t. 2. p. 182. n° 4.
Bronn. Ter. tert. d'Italie. p. 44. n° 213.
Philip. Enum. moll. sicil. p. 201. n° 2.
Bronn. Lethæa geogn. p. 1067. n° 4. pl. 42. f. 47.
Bellardi. Cancel. foss. du Piém. p. 12. n° 3. pl. 1. f. 7. 8.
Habite fossile dans les terrains tertiaires de l'Italie.

Coquille allongée, turriculée. Ses tours de spire, au nombre de sept
à huit, sont arrondis, convexes, séparés par une suture simple,
profonde, onduleuse; des côtes longitudinales obtuses, arrondies,
au nombre de 7 à 9 sur les derniers tours de spire, descendent
obliquement; elles sont, aussi bien que le reste de la coquille,
couvertes de stries transverses fines, régulières et égales. Le dernier tour est plus petit que les autres réunis; il se termine par une
ouverture courte, ovale, pointue à la base; sa lèvre droite, fort
épaisse, est garnie d'un bourrelet extérieur formé par la dernière
côte, et quelquefois d'un épaississement intérieur qui est couvert
de stries dans toute sa longueur. Le bord gauche s'applique dans
presque toute sa longueur sur la columelle, il en reste cependant
bien distinct; il se relève un peu vers la base dans quelques individus, surtout les vieux, et laisse ainsi à découvert une fente ombilicale. La columelle est légèrement arquée, elle n'a que deux plis
vers le milieu. M. Brocchi dit cependant qu'il y en a trois; nous

avons examiné dix ou douze individus de cette espèce, et nous n'en avons jamais vu que deux. Nous pensons que M. Brocchi aura pris pour un pli la terminaison de la columelle au-dessus du canal peu profond et fort court de la base.

Elle est longue de 40 à 45 millimètres.

† 11. Cancellaire angulaire. *Cancellaria uniangulata.* Desh.

> *C. testâ elongato-subturriculatâ, scalariformi, acutâ; anfractibus supernè spiratis, valdè angulato-serratis, costis longitudinalibus, distantibus ornatis; anfractu ultimo ad basim sulco unico circumdato; aperturâ abbreviatâ; columellâ subtriplicatâ.*

Desh. Ency. méth. vers. t. 2. p. 181.

*Cancellaria fusus.* Bronn. Terr. tert. de l'Ital. p. 44.

*Cancellaria uniangulata.* Bellardi. Cancell. foss. du Piém. p. 17. n° 8. pl. 2. f. 19. 20. *Exclus. varietatibus?*

Habite... Fossile à Asti et dans le Plaisantin.

Cette coquille est élancée, turriculée à la manière de quelques Cérites ou de quelques scalaires à base un peu large. Les tours de spire, au nombre de sept à huit, sont fortement séparés entre eux par l'aplatissement de leur partie postérieure qui forme une espèce de rampe un peu oblique, qui monte jusqu'au sommet. Cette rampe est séparée du reste par un angle aigu, découpé élégamment en feston dont les pointes sont formées par les côtes qui descendent longitudinalement et dans l'endroit où elles passent sur la carène. Ces côtes sont simples, distantes, régulièrement espacées, lisses aussi bien que tout le reste de la coquille; elle offre cependant quelquefois plusieurs stries d'accroissement assez régulières; le dernier tour est moins long que tous les autres réunis; il se présente vers la base un sillon unique, transverse, saillant, qui coupe transversalement toutes les côtes. L'ouverture est petite, subtrigone; la columelle est droite, terminée en pointe; elle porte dans le milieu deux plis obliques, et à la base un troisième peu élevé et peu sensible : il n'y a aucune trace d'ombilic.

Cette belle espèce, d'une forme très élégante, est longue de 20 à 25 millim.

† 12. Cancellaire tordue. *Cancellaria contorta.* Bas.

> *C. testâ ovato-acutâ, in medio ventricosâ, utrâque extremitate acuminatâ, longitudinaliter costatâ, transversim striatâ; anfractibus rotundatis; aperturâ magnâ; labro incrassato, striato; columellâ excavatâ, triplicatâ.*

Bast. Foss. de Bord. p. 47. pl. 2. f. 3.

Desh. Ency. méth. vers. t. 2. p. 186. n° 15.

Habite... Fossile aux environs de Bordeaux, à Dax et en Italie.

La figure que M. Bastérot a donnée de cette espèce est fort bonne; il dit qu'elle est contournée. Nous ne voyons pas qu'elle le soit plus que beaucoup d'autres; elle l'est moins certainement que les *Cancellaria trochlearis* et *acutangularis*. Cette coquille se distingue néanmoins facilement de toutes ses congénères; elle est ovale, allongée, pointue aux deux extrémités, un peu oblique par la manière dont l'ouverture se dirige; elle est composée de six ou sept tours arrondis, convexes, chargés de côtes longitudinales, obliques, variables par leur nombre et l'élévation, quelquefois légèrement anguleux vers leur sommet, cet angle indiquant un aplatissement peu prononcé qui borde la suture. On remarque, sur toute la surface de cette coquille, des stries transverses, nombreuses; les unes, plus saillantes, sont distantes entre elles, et l'intervalle qui les sépare est occupé par trois stries plus fines, dont celle du milieu est cependant plus saillante que les deux autres. L'ouverture est grande, ovalaire ou subtrigone; le canal de la base est large, peu profond et se confond insensiblement avec le bord droit: celui-ci est épaissi et strié en dedans dans toute sa longueur. Le bord gauche est étalé supérieurement, beaucoup plus étroit inférieurement. Il se relève un peu et laisse à découvert une petite fente ombilicale; la columelle est légèrement arquée; elle présente dans son milieu trois plis écartés dont l'antérieur est obsolète.

Cette coquille est longue de 50 mill. et large de 28.

## † 13. Cancellaire tonne. *Cancellaria doliolaris*. Bas.

*C. testá globosá, abbreviatá; spirá depressá, profundè canaliculatá, rugis elatis, rotundatis apertá; striá unicá minimá, rugis interpositá; aperturá ovato-acutá; columellá rectá, biplicatá; umbilico magno, patulo, infundibuliformi, profundo, emarginato.*

Bast. Foss. de Bord. p. 46. pl. 2. f. 17.

Desh. Ency. méth. vers. t. 2. p. 189: n° 24.

Habite... Fossile aux environs de Bordeaux.

Par sa forme arrondie et globuleuse, cette coquille fort remarquable a de l'analogie avec le *Cancellaria obtusa*, mais elle en diffère par tous les autres caractères spécifiques. Celle-ci, comme son nom l'indique, ressemble à une petite tonne; sa spire de cinq tours est très obtuse, à peine saillante. La suture est profondément canaliculée, et toute la surface extérieure est chargée de neuf à dix grosses rides ou côtes convexes, transverses, séparées par un sillon presque aussi large qu'elles, et laissant apercevoir dans son milieu une strie élevée parallèle aux deux côtes entre lesquelles elle marche. L'ouverture est presque aussi haute que la coquille elle-même; elle est ovale, pointue; le bord droit, bien arqué, est festonné et strié en dedans dans toute sa longueur; le bord gauche, subcalleux supérieurement, se détache et se redresse au niveau de l'ombilic, sans se renverser sur lui. La columelle arquée se porte un peu à droite par sa base, elle est munie dans son milieu de deux gros plis; le canal de la base est assez profond, un peu relevé vers le dos, mais non échancré; l'ombilic qui perce cette coquille dans son axe jusqu'au sommet, est grand, infundibuliforme, très profond, élargi et bordé à la base par un bourrelet crénelé : au dedans, cet ombilic est strié.

Cette coquille a 33 mill. de longueur et 28 de largeur.

† **14.** Cancellaire scabre. *Cancellaria scabra.* Desh.

*C. testâ ventricosâ, transversè rugosâ, longitudinaliter subcostatâ; rugis convexis, squamulis minimis erectis, numerosis, opertis; anfractibus convexis, supernè canaliculatis; aperturâ subintegrâ, ovato-acutâ; columellâ biplicatâ; umbilico magno, infundibuliformi, profundissimo.*

Desh. Ency. méth. vers. t. 2. p. 190. n° 25.

Bellardi. Cancell. foss. du Piémont. p. 33. n° 20. pl. 4. f. 1. 2.

Habite... Fossile du Plaisantin.

Cette coquille est ventrue, globuleuse, à spire courte, formée de six tours arrondis séparés par une suture largement canaliculée; toute leur surface extérieure est couverte de gros sillons transverses, convexes, interrompus obliquement par des côtes longitudinales peu saillantes, quelquefois variqueuses, qui descendent du sommet à la base de chaque tour; les sillons transverses sont chargés d'un grand nombre de petites écailles serrées, imbriquées qui rendent toute la coquille rude au toucher; l'intervalle qui sépare les sillons est occupé par une ou deux stries également écailleuses. L'ouverture, qui n'est pas fort grande, est appuyée seulement par son angle interne et supérieur contre l'avant-dernier tour, son bord gauche est entièrement libre, et il n'y a véritablement pas de columelle. Le bord droit est très épais, festonné sur son tranchant et fortement strié en dedans dans toute sa longueur; le bord gauche, mince et tranchant, libre dans toute sa longueur, est fortement arqué vers la droite; à l'intérieur il porte deux gros plis; il se renverse un peu en dehors, en dessus d'un ombilic très grand largement ouvert à la base de la coquille et la traversant jusqu'au sommet.

Elle a 45 mill. de longueur et 38 de large.

† 15. Cancellaire suturale. *Cancellaria suturalis.* Sow.

*C. testâ ovato-acutâ, utrinquè attenuatâ, varicosâ, longitudinaliter
granoso-costulatâ, striis transversis decussatâ; anfractibus convexis, suturâ canaliculatâ separatis; aperturâ ovato-angustâ; labro
marginato, intùs striato; columellâ obliquè triplicatâ.*

Sow. Genera of shells f. 4. *Cancellaria biplex* sur la planche.

*Cancellaria granifera.* Desh. Coq. foss. de Paris. t. 2. p. 500. n° 2.
   pl. 79. f. 34. 35.

Habite... fossile aux environs de Paris dans le calcaire grossier,
   particulièrement à Parnes.

M. Sowerby, dans son *Genera*, ayant donné avant nous un nom à
   cette espèce, nous abandonnons le nôtre pour celui de l'auteur
   anglais, nous appliquant à nous-même les règles de la nomenclature que nous avons établie.

Cette Cancellaire est fort élégante, elle est allongée, étroite, et tous les
   individus ont des varices irrégulièrement distribuées sur les tours.
   Il y en a quelques-unes chez lesquels ces varices se succèdent sur
   les tours exactement comme dans les Ranelles. La spire est un peu
   moins grande que l'ouverture et très pointue au sommet, et les
   tours convexes sont nettement séparés entre eux par un petit canal étroit et assez profond qui règne à leur partie supérieure. La
   surface des tours rencontre de petites côtes longitudinales régulières, traversées par des petits filets transverses, en petit nombre,
   et également distans; une granulation s'élève au point d'intersection des filets et des côtes. Ces divers accidens s'effacent en partie,
   sur la première moitié du dernier tour, et disparaissent quelquefois entièrement sur le reste. L'ouverture est ovale-oblongue,
   étroite; son bord droit, garni d'un bourrelet extérieur, est crénelé en dedans. La columelle, faiblement arquée dans sa longueur,
   porte trois petits plis égaux. Le canal de la base est un peu plus
   saillant que dans d'autres espèces; mais il est peu profond.

Cette coquille a 25 mill. de long et 14 de large.

† 16. Cancellaire de Geslin. *Cancellaria Geslini.* Bas.

*C. testâ ovato-oblongâ, acutâ, longitudinaliter costato-lamellosâ,
   transversìm sulcatâ, basi umbilicatâ; anfractibus supernè planis,
   angulatis; aperturâ ovato-trigonâ; labro intùs sulcato; columellâ
   rectâ, biplicatâ.*

Bast. Mém. sur les foss. de Bord. p. 46. n° 4. pl. 5.

Habite fossile des environs de Bordeaux.

M. Bellardi rapporte cette espèce dans la synonymie du *Cancellaria
   umbilicaris* de Brocchi, il est à présumer que ce naturaliste n'avait

pas sous les yeux l'espèce pour la première fois décrite par M. Basterot ; car le moindre examen eût suffi pour lui faire éviter cette erreur. La *Cancellaria Geslini* est une coquille oblongue, pointue, ayant la spire à-peu-près aussi longue que le dernier tour. Elle est composée de six tours convexes, scalariformes, nettement séparés par une large surface qui remonte jusqu'au sommet et qui est séparée du reste par un angle assez aigu, mais non saillant. Le dernier tour est ventru, atténué à son extrémité inférieure, il est ouvert à la base par un ombilic infundibuliforme qui se rétrécit subitement et ne laisse point apercevoir les tours de la spire. Cette coquille est ornée d'un assez grand nombre de côtes longitudinales, saillantes, aiguës, sublamelleuses et qui se relèvent en écailles spiniformes en passant sur l'angle des côtes. Outre ces lamelles longitudinales, la coquille est ornée de sillons transverses en petit nombre entre lesquels on remarque quelques stries beaucoup plus fines. L'ouverture est triangulaire, elle est épaisse ; son bord est sillonné en dedans et la columelle est pourvue de deux petits plis inégaux.

Les grands individus de cette espèce ont 32 millim. de long et 20 de large.

### † 17. Cancellaire de Brander. *Cancellaria evulsa*. Sow. ·

*C. testâ ovato-oblongâ, varicosâ, utrinquè attenuatâ, longitudinaliter costellatâ, transversìm striatâ ; striis subæqualibus ; aperturâ ovatâ ; labro incrassato, intùs regulariter sulcato ; columellâ obliquâ, basi triplicatâ.*

Sow. Min. Conch. pl. 361. f. 2. 3. 4.

*Buccinum evulsum.* Brander. Foss. hant. pl. 1. f. 14.

Desh. Ency. méth. vers. t. 2. p. 183. n° 10.

Nyst. Coq. foss. de Klein Spaw. p. 33. n° 86. pl. 3. f. 86.

Koninck. Coq. foss. de Bas. et de Boom. p. 10. n° 1.

Bronn. Lethæa Geogn. t. 2. p. 1065. pl. 41. f. 17.

*Fusus biplicatus.* Lamk. Ann. du Mus. t. 3. p. 388. n° 31.

Habite... Fossile aux environs de Paris, particulièrement dans les grès marins ; on la trouve plus rarement dans les calcaires grossiers, et elle se trouve aussi dans les terrains de la même époque que ceux de Paris, en Belgique et en Angleterre. Il est à présumer que la confondant avec une autre espèce des environs de Bordeaux, Lamarck l'a inscrite sous le nom de *Cancellaria buccinula;* mais cette dénomination doit être abandonnée pour deux raisons : d'abord parce qu'elle pourrait s'appliquer à deux espèces très distinctes, et ensuite parce que l'espèce qui nous occupe avait reçu un nom depuis long-temps par Brander et par Sowerby. M. Bellardi a commis également une erreur au sujet de cette espèce, en donnant comme son analogue fossile une coquille des environs de Turin, qui en est parfaitement distincte. Aujourd'hui que la géologie puise des renseignemens très utiles dans l'appréciation rigoureuse des espèces qu'établissent les zoologistes, ils doivent y mettre une extrême attention; c'est le seul moyen d'éviter pour l'avenir de fâcheuses dissidences.

Le *Cancellaria evulsa* est une coquille ovale-oblongue, à tours convexes, chargés de petites côtes longitudinales entre lesquelles se montrent des varices irrégulièrement distribuées comme dans les Tritons. Ces côtes sont coupées transversalement par des stries inégales, les plus fines se trouvant entre les plus grosses. L'ouverture est ovale; le bord droit, épaissi dans les vieux individus, est sillonné en dedans. La columelle, infléchie obliquement à droite, forme un petit bourrelet cylindrique sur lequel s'élèvent trois petits plis égaux.

Les plus grands individus de cette espèce ont 30 mill. de long et 17 de large.

### † 18. Cancellaire striatulée. *Cancellaria striatulata*. Desh.

C. *testá elongato-turritá, buccinoideá; spirá acuminatá, ultimo anfractu longiore; anfractibus convexis, primis decussatis, alteris striis transversalibus ornatis, varicibus interruptis; aperturá ovato-angustá; columellá basi arcuatá, triplicatá.*

Desh. Coq. foss. de Paris. t. 2. p. 503. n° 5. pl. 79. f. 29–30.
Habite... Fossile de Mouchy-le-Châtel.

Cette coquille a quelque analogie avec la Cancellaire granifère; elle est à-peu-près de la même taille; mais son dernier tour étant beaucoup plus court par rapport à la spire, elle s'en distingue ainsi au premier aspect, et on la reconnait au reste par d'autres bons caractères non moins constans: elle est allongée; sa spire, longue et pointue, est composée de huit tours très convexes, à suture simple, et non canaliculés. Sur les premiers on voit des côtes longitudinales nombreuses, petites et rapprochées, formant un réseau assez régulier avec les stries fines qui les traversent. Ces côtes longitudinales disparaissent peu-à-peu vers les derniers tours, sur lesquels on ne trouve plus que les stries transverses; ces stries sont fines et rapprochées; inégales sur le premier tour, elles deviennent presque égales sur le dernier, et elles le garnissent dans toute son étendue. Ce dernier tour est beaucoup plus court que la spire; il est enflé, globuleux, et on y remarque quelques varices irrégulières,

ainsi que sur les tours précédens. L'ouverture est ovale-oblongue;
le bord droit est épaissi et bordé en dehors par un bourrelet peu
épais et assez large; la columelle est très courte, tordue sur elle-
même et garnie de trois plis presque égaux.

Cette coquille, assez rare et dont nous n'avons vu qu'un très petit
nombre d'individus, est longue de 20 mill. et large de 10.

† 19. **Cancellaire crénelée.** *Cancellaria crenulata.* Desh.

C. *testá elongato-subturritá, angustá; spirá acuminatá, longitudinaliter et obliquè costatá ; costis simplicibus; anfractibus convexis,
suturá crenulatá separatis; aperturá ovato-angustá ; labro incrassato, intùs dentato; columellá triplicatá.*

Var. a. (Desh.) *Testá majore; anfractibus transversìm regulariter
striatis ; striis æqualibus et distantibus.*

Desh. Coq. foss. de Paris. t. 2. p. 501. n° 3. pl. 99. f. 31. 32. 33.
Habite... Fossile de Rétheuil, Guise-Lamothe.

Petite coquille fort élégante, allongée, étroite, subturriculée; on
compte sept à huit tours à la spire. Ils sont étroits, convexes et
fortement séparés par une suture canaliculée ; ils sont ornés d'un
assez grand nombre de côtes longitudinales, simples, assez étroites et
saillantes, quelquefois interrompues par quelques varices irrégulièrement éparses; les côtes, en aboutissant vers le bord supérieur
des tours, s'élèvent sensiblement et forment au sommet des crénelures élégantes; le dernier tour est un peu plus grand que la spire.
L'ouverture est ovale-oblongue, étroite ; son bord gauche est mince
et un peu relevé le long de la columelle. Cette columelle est étroite,
cylindracée et garnie de trois petits plis parallèles, égaux et obliques ; le bord droit est épaissi à l'intérieur et garni de dents fines
et régulières ; en dehors, il est suivi par un bourrelet étroit, très
convexe et fort saillant ; le canal de la base est extrêmement court
et produit par une légère dépression que l'on voit en dessous de
l'extrémité de la columelle.

La variété est assez rare, et elle se distingue par un petit nombre de
stries transverses légèrement saillantes, en petit nombre, et qui découpent les côtes en petites crénelures régulières.

Cette espèce, assez rare, est longue de 11 mill. et large de 5.

† 20. **Cancellaire élegante.** *Cancellaria elegans.* Desh.

C. *testá elongato-subturritá, utrinquè attenuatá, longitudinaliter
costellatá, transversìm regulariter striatá; striis inæqualibus; anfractibus convexis, latis, suturá profundá et canaliculatá separatis;
aperturá ovato-angustá; columellá cylindraceá, triplicatá; plicis
inæqualibus; labro incrassato, intùs tenuè dentato.*

Var. a. (Desh.) *Testâ latiore, breviore; striis distantioribus.*

Desh. Coq. foss. de Paris. t. 2. p. 502. n° 4. pl. 79. f. 24. 25. 26.

Habite... Fossile de Grignon, Parnes, Senlis.

Petite coquille allongée, subturriculée, beaucoup plus étroite que ne
le sont la plupart des Cancellaires. Sa spire est plus longue que
le dernier tour; elle commence au sommet par deux tours tout-à-
fait lisses, tandis que les suivans sont ornés d'un grand nombre de
petites côtes longitudinales, disposées régulièrement, en général
peu saillantes et traversées par un grand nombre de stries fines et
inégales; vers le sommet des tours, deux de ces stries sont un peu
plus saillantes que les autres, et forment deux angles à peine marqués; les autres stries sont très serrées, une ou deux petites se trouvant entre les plus grosses. L'ouverture est petite, proportionnellement plus courte que dans la Cancellaire crénelée; le bord gauche est étroit et devient saillant le long de la columelle; celle-ci
est garnie de trois petits plis inégaux; le premier est le plus gros
et le dernier le plus petit. Le bord droit est fort épaissi à l'intérieur, et il est garni de dentelures fines et régulières, transverses,
qui occupent toute sa largeur; en dehors il est bordé par un bourrelet épais et saillant.

La variété a le dernier tour un peu plus large, les sutures un peu
moins profondes, et parmi ses stries transverses on en remarque
quatre ou cinq sur le dernier tour, régulièrement espacées, plus
saillantes et plus aiguës que les autres.

Cette coquille, assez rare, est longue de 11 mill. et large de 5 1|2.

---

## FASCIOLAIRE. (Fasciolaria.)

Coquille subfusiforme, canaliculée à sa base, sans bourrelets persistans, ayant sur la columelle, près du canal,
deux ou trois plis très obliques.

*Testa subfusiformis, basi canaliculata; varicibus nullis.
Columella plicis duabus seu tribus valdè obliquis instructa.*

OBSERVATIONS. — Les Fasciolaires sont un démembrement
du genre *Murex* de Linné. Elles ont, en effet, comme les *Murex*, un canal au bas de leur ouverture; mais comme elles sont
dépourvues de varices, Bruguières les en avait séparées et les
confondait avec les Fuseaux. Sans doute, il fut très fondé dans

cette séparation ; seulement il ne l'était point lorsqu'il les réunit aux Fuseaux ; car elles en sont éminemment distinguées par des plis sur leur columelle, tandis que ceux-ci en manquent généralement. Ces plis rapprochent davantage les Fasciolaires des Turbinelles ; mais ils sont très obliques, au lieu que ceux des Turbinelles sont parfaitement transverses. Voici les principales espèces de ce genre.

[Peu de zoologistes ont admis le genre Fasciolaire au même titre que Lamarck. Ce genre, en effet, ne présente pas des caractères aussi considérables en apparence que la plupart des autres, et l'on ne doit pas s'étonner, si la plupart des conchyliologues en ont fait un sous-genre, ou seulement une section dans les Fuseaux. Cette opinion a acquis récemment d'autant plus de valeur, que MM. Quoy et Gaimard ont fait voir, dans leur grand ouvrage, que les animaux des Fasciolaires ont tous les caractères extérieurs de ceux des Fuseaux. Plusieurs espèces ont été représentées dans l'ouvrage que je viens de mentionner, et ces figures, comparées à celles des Fuseaux, ne permettent plus aucun doute sur l'extrême analogie qui lie les deux genres. Cette analogie a même paru tellement grande à MM. Quoy et Gaimard, qu'ils ont supprimé le genre Fasciolaire et l'ont fait rentrer parmi les Fuseaux. L'animal de la Fasciolaire rampe sur un pied ovalaire, tronqué en avant, très épais et très propre à fixer solidement l'animal aux rochers. Ce pied porte obliquement, à son extrémité postérieure, un opercule corné proportionné à la grandeur de l'ouverture de la coquille, épais, solide, et onguiculé. Cet opercule varie selon les espèces, et il y en a une, entre autres, où il est assez élégamment rayonné de grosses côtes. La tête est assez large et épaisse; elle se prolonge en avant en deux tentacules coniques sur lesquels les points oculaires se montrent au côté externe de la base. Ainsi, à l'extérieur, il n'y a rien dans cet animal qui le différencie réellement de celui des Fuseaux et même de celui des Turbinelles. Les caractères du genre existent donc uniquement dans les coquilles, et ces caractères consistent, comme l'a dit Lamarck, en trois ou quatre plis très obliques placés à la base de la columelle et augmentant graduellement de grosseur, en allant d'arrière en avant. Lamarck comptait huit espèces seulement dans le genre Fasciolaire, M. Kiener en a ajouté quatre; mais nous en connaissons quelques espèces qu'il n'a point mentionnées. Lamarck n'a point connu d'espèces fossiles appartenant à ce genre. Nous en connaissons actuellement sept à huit, provenant des terrains tertiaires de la Touraine et des environs de Bordeaux, et un provenant du bassin de Paris. ]

# ESPÈCES.

1. **Fasciolaire tulipe.** *Fasciolaria tulipa.* **Lamk.**

> *F. testá fusiformi, medio ventricosá, muticá, lævigatá, nunc aurantio-rufescente , nunc albá et spadiceo-marmoratá ; lineis fuscis transversis, inæqualiter confertis ; anfractibus valdè convexis ; suturis marginato-fimbriatis ; caudá sulcatá ; labro intùs albo, striato.*

*Murex tulipa.* Lin. Syst. Nat. éd. 12. p. 1213.

* Lin. Syst. nat. éd. 10. p. 754.

Bonanni. Recr. 3. f. 187.

* Bona. Obser. *circà vivent.* Coq. f. 38.

Lister. Conch. t. 911. f. 2.

Rumph. Mus. t. 49. fig. H.

Gualt. Test. t. 46. fig. A.

D'Argenv. Conch. pl. 10. fig. K.

Favanne. Conch. pl. 34. fig. L,

Seba. Mus. 3. t. 71. f. 23—32.

* Regenf. Conch. t. 3. pl. 9. f. 35.

* Mus. Gottw. pl. 29. f. 220 a. b.

Knorr. Vergn. 5. t. 18. f. 5. et 6. t. 27. f. 1.

Martini. Conch. 4. t. 136. f. 1286. 1287. et t. 187. f. 1288—1291.

* *Murex tulipa.* Born. Mus. p. 317.

* *Id.* Schrot. Einl. t. 3. p. 527. n° 46.

*Fasciolaria tulipa.* Encyclop. pl. 431. f. 2.

* Roissy. Buf. Moll. f. 6. p. 76. n° 1. pl. 59. f. 4.

* Perry. Conch. pl. 50. f. 1. 2.

* *Id.* Dillw. Cat. t. 2. n° 95. p. 729.

* Schem. Nouv. syst. p. 243.

* Wood. Ind. test. pl. 27. f. 98.

* Blainv. Malac. pl. 17. f. 2.

* Desh. Ency. Méth. vers. t. 2. p. 125. n° 1.

* Kiener. Spec. des Coq. p. 2. n° 1. pl. 1. 2.

Habite l'Océan des Antilles. Mon cabinet. Belle coquille, très variée
dans sa coloration, et distincte de la suivante par ses sutures toujours marginées, même un peu froncées, ainsi que par le rapprochement de ses lignes transverses. Longueur, 6 pouces 3 lignes.

## 2. Fasciolaire distante. *Fasciolaria distans.* Lamk.

*F. testá fusiformi-turritá, ventricosá, muticá, lævi, albá, strigis lon-*
*gitudinalibus, undatis, luteo-roseis pictá ; lineis nigris, transversis,*
*distantibus; anfractibus convexis; suturis simplicibus; caudá bre-*
*viusculá, sulcatá; labro intùs striato.*

Lister. Conch. t. 910. f. 1.
* Perry. Conch. pl. 50. f. 4.
* Kiener. Spec. des Coq. p. 4. nº 2. pl. 3.
* Desh. Ency. méth. Vers. t. 2. p. 125. nº 2.

Habite dans la baie de Campêche. Mon cabinet. Cette espèce est sans
doute très voisine de la précédente, et a, en effet, l'aspect d'une
Tulipe ; mais elle en est constamment distincte par ses sutures non
marginées, par ses lignes transverses toujours distantes, et par sa
queue plus courte. Vulg. la *Tulipe rubanée* ou la *Tulipe d'Inde.*
Longueur, 3 pouces 10 lignes.

## 3. Fasciolaire robe-de-Perse. *Fasciolaria trapezium.* Lamk.

*F. testá fusiformi, ventricosá, tuberculiferá, læviusculá, albá aut ru-*
*fescente, lineis rufis cinctá ; tuberculis conicis, subcompressis, in an-*
*fractuum medio uniseriatis ; columellá fulvo-rubente ; labro intùs*
*eleganter striato : striis rubris.*

*Murex trapezium.* Lin. Syst. Nat. éd. 12. p. 1224. Gmel. 3552, nº 99.
Bonanni. Recr. 3. f. 287.
Lister. Conch. t. 931. f. 26.
Rumph. Mus. t. 29. fig. E. et t. 49. fig. K.
Gualt. Test. 46. fig. B.
D'Argenv. Conch. pl. 10. fig. F.
Favanne. Conch. pl. 35. fig. B. 2.
Seba. Mus. 3. t. 79. *Figuræ duæ in angulo superiore et exteriore pa-*
*ginarum.*
Knorr. Vergn. 4. t. 20. f. 1.
Martini. Conch. 4. t. 139. f. 1298. 1299.
*Fasciolaria trapezium.* Encyclop. pl. 431. f. 3. a. b.
* Mus. Gottw. pl. 29. f. 210.
* Lin. Mus. Ulric. f. 634.
* Perry. Conch. pl. 54. f. 3.
* Crouch. Lamk. Conch. pl. 17. f. 7.
* Roissy. Buf. Moll. t. 6. p. 78. nº 2.

* *Murex trapezium*. Born. Mus. p. 319.
* *Id.* Schrot. Einl. t. 1. p. 531. n° 51.
* *Id.* Dillw. Cat. t. 2. p. 735. n° 109. *excl. variet.*
* Wood. Ind. test. pl. 27. f. 112.
* Kiener. Spec. des Coq. p. 8. n° 3. pl. 6.
* Sow. Conch. Man. f. 386.
* Desh. Ency. méth. Vers. t. 2. p. 125. n° 3.

Habite l'Océan des Grandes-Indes. Mon cabinet. Belle espèce, fort
commune dans les collections. Vulg. la *Robe* ou le *Tapis-de-Perse.*
Longueur, 5 pouces 3 lignes.

## 4. Fasciolaire orangée. *Fasciolaria aurantiaca*. Lamk.

F. *testâ subfusiformi, ventricosâ, contabulatâ, tuberculato-nodosâ,
transversìm rugosâ, albo et aurantio variegatâ; anfractibus medio
angulatis, ultrà angulum planulatis : angulo tuberculifero; caudâ
breviusculâ; aperturâ albâ; labro intùs striato.*

D'Argenv. Conch. pl. 10. fig. N.
Favanne. Conch. pl. 34. fig. N.
Encyclop. pl. 430. f. 1. a. b.
* Kiener. Spec. des Coq. p. 14. n° 10. pl. 7.
* Desh. Ency. méth. Vers. t. 2. p. 126. n° 4.

Habite.... l'Océan des Grandes-Indes? Mon cabinet. Coquille fort
rare, très belle, remarquable par sa coloration, par ses tubercules
noduleux, et par les rides transverses de son dernier tour, qui ont
aussi des nodulations, mais plus petites. Son bord droit est fortement strié à l'intérieur. Vulg. la *Veste-persienne.* Longueur, 3
pouces 10 lignes.

## 5. Fasciolaire filamenteuse. *Fasciolaria filamentosa.* Lamk.

F. *testâ elongatâ, fusiformi-turritâ, transversìm sulcatâ, albâ, strigis
aurantio-rufis, longitudinalibus, radiatim pictâ; anfractibus medio
subangulatis, tuberculis compressis, brevibus coronatis ; caudâ
longiusculâ; labro intùs striato.*

Gualt. Test. t. 52. fig. T.
D'Argenv. Conch. pl. 10. fig. H.
Favanne. Conch. pl. 34. fig. H.
Seba. Mus. 3. t. 79. *Figuræ duæ in parte supremâ tabulæ.*
Knorr. Verg. 2. t. 15. f. 3.
*Fusus filamentosus.* Martini. Conch. 4. t. 140. f. 1310. 1311.
*Fasciolaria filamentosa.* Encyclop. pl. 424. f. 5.
* Perry. Conch. pl. 54. f. 4.
* *Murex trapezium.* Var. Dillw. Cat. t. 2. p. 705.

* *Fusus filamentosus.* Quoy et Gaimard. Voy. de l'Astr. t. 2.
p. 5o8. pl. 33. f. 2. 3.

* Kiener. Spec. des Coq. p. 11. n° 8. pl. 8. f. 1. pl. 9. f. 2.

* Desh. Ency. méth. Vers. t. 2. p. 126. n° 5.

Habite l'Océan des Grandes-Indes. Mon cabinet. Celle-ci est remarquable par sa forme allongée, peu ventrue, et par ses tubercules
comprimés, à peine saillans. Bord droit ayant des stries colorées
à l'intérieur. Longueur, 4 pouces 2 lignes.

## 6. Fasciolaire couronnée. *Fasciolaria coronata.* Lamk.

*F. testá fusiformi, ventricosá, transversìm sulcatá, infernè ferrugi-
neá, supernè cinereo-virente ; anfractibus medio tuberculato-nodosis: ultimo supernè tuberculis eminentioribus coronato ; labro
intùs lævi.*

* Kiener. Spec. des Coq. p. 9. n° 6. pl. 9. f. 1.

* Desh. Ency. méth. Vers t. 2. p. 126. n° 6.

Habite les mers de la Nouvelle-Hollande, près des îles King et des
Kanguroos. *Péron.* Mon cabinet. Longueur, 3 pouces 4 lignes.

## 7. Fasciolaire ferrugineuse. *Fasciolaria ferruginea.* Lamk.

*F. testá fusiformi-turritá, muticá, transversìm striatá, ferrugineo-
rufescente ; anfractibus convexis ; spirá caudá longiore; labro intùs striato: striis rubentibus.*

* *An eadem.* ? Mus. Gottw. pl. 31. f. 210 a.

* Mus. Gottw. pl. 34. f. 221. et 222 a.

* Perry. Conch. pl. 1. f. 3.

Habite les mers de la Nouvelle-Hollande. Voyage de *Baudin.* Mon
cabinet. Longueur, 3 pouces 2 lignes et demie.

## 8. Fasciolaire de Tarente. *Fasciolaria tarentina.* Lamk.

*F. testá fusiformi-turritá, noduliferá ; nodis posticè in plicam ter-
minatis, albis ; interstitiis cinereo-cærulescentibus ; caudá brevi ;
labro intùs sulcato.*

* Delle Chiaje dans Pol. Testac. Sicil. t. 3. pl. 49. f. 3. 4.

* Payr. Cat. des moll. de Corse. p. 146. pl. 7. f. 16.

* Schub. et Wagn. Supp. à Chemn. t. 12. pl. 227. f. 4027. 4028.

* Kiener. Spec. des Coq. p. 10. n° 7. pl. 8. f. 2.

* Desh. Exp. sc. de Morée. Zool. p. 172. n° 276.

Habite dans le golfe de Tarente. Mon cabinet. Elle n'est nullement
striée ; son bord droit seul est fortement sillonné. Longueur, environ un pouce et demi.

## † 9. Fasciolaire géante. *Fasciolaria gigantea.* Kien.

*F. testá ovato-fusiformi, ventricosá, caudá gracili basi terminatá,*

*maximâ, transversìm sulcatâ , nodis crassioribus coronatâ; aper-*
*turâ magnâ, ovatâ; intùs albido-fuscescente ; columellâ cylindra-*
*ceâ, aurantiâ, basi triplicatâ.*

Lister. Hist. Conch. *tabulâ ultimâ.*

Kiener. Spec. des Coq. p. 5. nᵘ 3. pl. 10. 11.

Habite.....

On trouve dans Lister une figure de cette espèce, la plus grande des
coquilles turbinées connues, qui serait parfaitement exacte si le
dessinateur n'avait oublié de représenter les plis de la columelle.
Elle est allongée, fusiforme, ventrue. Ses tours, convexes, un peu
déprimés au-dessous de la suture, portent dans le milieu une rangée de très gros tubercules obtus. Le dernier tour est très convexe, et il se prolonge à la base en un canal grêle relativement à la
grandeur de la coquille, profond, et en partie recouvert par une
callosité qui se continue de la base de la columelle. Toute la surface extérieure présente de gros sillons transverses, étroits, distans et inégaux. L'ouverture est d'un blanc fauve à l'intérieur; le
bord droit est tranchant et faiblement sillonné en dedans. La columelle est épaisse, cylindrique, et elle porte à la base trois gros
plis obliques. Sous un épiderme d'un brun marron très foncé,
toute cette coquille est d'un brun fauve peu foncé.

L'individu que nous possédons a 42 centimètres de longueur et 20
centimètres de large. Celui figuré par Lister a 48 centimètres de
long et 28 de large. Dans l'un et l'autre individu, le sommet de la
spire n'est point entier.

## † 10. Fasciolaire impériale. *Fasciolaria princeps.* Sow.

*F. testâ magnâ , elongato-fusiformi, ventricosâ, transversìm sulcatâ,*
*subepidermide fuscescente, aurantio ferrugineâ; anfractibus con-*
*vexiusculis, in medio angulato-nodosis; aperturâ ovato-oblongâ;*
*labro tenui, denticulato , intùs aurantio, tenuissimè striato ; colu-*
*mellâ cylindraceâ , basi triplicatâ.*

*Fasciolaria princeps.* Sow. Tank. Cat. append. p. 16.

Sow. Genera of Shells. *Fasciolaria aurantiaca.*

Reeve. Conch. Syst. t. 2. p. 184. pl. 231.

Kiener. Spec. des Coq. p. 6. nᵒ 4. pl. 12. 13.

Habite les mers du Pérou.

Très belle coquille qui a beaucoup d'analogie avec la Fasciolaire
géante, mais qui s'en distingue constamment. Elle est allongée, fusiforme; par sa forme générale elle se rapproche du *Fasciolaria*
*tulipa ;* sa spire, longue et pointue, est composée de neuf à dix tours
anguleux dans le milieu, médiocrement convexes et chargés de

grosses nodosités sur cet angle médian. Toute la coquille présente de gros sillons transverses, ou plutôt des côtes arrondies, distantes, assez régulières et qui, en aboutissant sur le bord droit, le festonnent dans toute sa longueur. L'ouverture est ovale oblongue, elle est d'un brun fauve à l'intérieur, et son bord droit est orné, dans le fond, d'un grand nombre de linéoles d'un jaune orangé intense. La columelle est cylindracée, et elle porte à la base trois plis très obliques. Le dernier tour se prolonge à la base en un canal assez grêle pour une coquille du volume de celle-ci. Sous un épiderme d'un brun foncé, toute cette coquille est d'un brun fauve et rougeâtre.

Elle est longue de 22 centimètres et large de 85 millimètres. Son opercule, très épais, est fort remarquable, parce qu'il est orné au dehors de cinq grosses côtes rayonnantes et qu'il est dentelé sur son bord interne.

† 11. **Fasciolaire granuleuse.** *Fasciolaria granosa.* Brod.

*F. testá fusiformi, tuberculiferá, luteo-albidá, transversim striatá ; anfractibus suturam versùs subangulatis, duobus ultimis præcipuè tuberculiferis : tuberculis magnis, distantibus; columellá luteá, triplicatá; aperturá transversim striatá, albidá, marginem versùs subluteá; labro denticulato; epidermide fuscá, granosá.*

Brod. Proced. of zool. Soc. Lond. 1832, t. 2. p. 32.

Kiener. Spec. des Coq. p. 15. n° 11. pl. 5.

Habite l'île de Panama.

Coquille pyruliforme, assez épaisse, ayant de l'analogie avec le *Fasciolaria coronata* de Lamarck ; mais elle se rapproche davantage, par sa forme générale, du *Pyrula vespertilio.* La spire est conique, courte, pointue ; les premiers tours sont divisés en deux parties à-peu-près égales par un angle simple d'abord, sur lequel naissent de gros tubercules qui ne se montrent que sur les deux ou trois derniers tours. La partie supérieure des tours est légèrement concave; sur le dernier, les tubercules qui le couronnent sont courts et épais, toute la surface est couverte de stries inégales, généralement fines, rendues granuleuses par les stries d'accroissement qui les traversent. Toute cette coquille est d'un brun rougeâtre terne. Son ouverture, ovalaire, est blanche en dedans ; son bord droit est dentelé dans toute sa longueur. La columelle est jaunâtre, calleuse, et elle porte deux plis très obliques et fort obtus. Cette ouverture se termine en un canal large, mais sans ombilic.

Cette coquille a 95 millim. de long et 50 de large.

† 12. **Fasciolaire carnéole.** *Fasciolaria salmo.* Desh.

> *F. testá ovato-oblongá, pyruliformi, ventricosá, transversim obso-*
> *leté sulcatá, fulvo-incarnatá ; spirá conicá, brevi; anfractibus an-*
> *gustis : ultimis coronatis, superné depressis ; aperturá ovato-*
> *oblongá, incarnatá; columellá crassá, callosá, basi obliqué bipli-*
> *catá; caudá longiusculá, obliquá.*

*Murex salmo (pyrula).* Wood. Ind. test. sup. pl. **5. f. 14.**

*Fasciolaria valenciennesi.* Kiener. Spec. des Coq. p. **16.** n° **12.** pl.
    4. f. 1.

Habite...

Lorsque cette coquille est vieille, les plis de la columelle deviennent
obtus et disparaissent presque complétement. C'est un individu
dans cet état qui a été nommé *Murex salmo* dans le catalogue de
Wood, et que M. Gray, dans le même ouvrage, a rapporté au
genre Pyrule. Un individu plus jeune, et dont les plis sont plus
apparens, a été figuré par M. Kiener sous le nom de *Fasciolaria
valenciennesi*, qui devra être changé pour le nom spécifique de
Wood. Lorsque cette coquille est vieille, elle est pyruliforme et
elle a quelque analogie avec le *Pyrula vespertilio.* Sa spire est
courte. Les premiers tours sont toujours dénués de tubercules, et
ces tubercules ne se montrent que sur le dernier tour des vieux individus. Ces tubercules sont inégaux, souvent irréguliers et sont séparés de la suture par un espace assez large et légèrement creusé. Le
dernier tour, ventru supérieurement, se prolonge à la base en une
queue assez grêle qui est presque toujours déjetée à gauche lorsque
l'on regarde la coquille en dessus. L'ouverture est ovale-oblongue;
son angle supérieur est creusé d'une petite rigole ; la columelle,
régulièrement arquée dans sa longueur, est accompagnée d'un bord
gauche extrêmement épais qui forme une callosité qui s'étend dans
toute sa longueur. Cette columelle, dans les jeunes individus, offre
trois plis inégaux, il n'en reste plus que deux obsolètes dans les
vieux. Toute l'ouverture est couleur de chair de Saumon. En dehors, la coquille, obscurément sillonnée, est d'un fauve sale peu
foncé.

Cette coquille est longue de 11 centimètres et large de 55 millim.


## *Espèce fossile.*


† 1. **Fasciolaire cordelée.** *Fasciolaria funiculosa.* Desh.

> *F. testá elongato-fusiformi, subcontabulatá, longitudinaliter costatá*
> *et tenué striatá, transversim rugosá; striis exilibus alteris decus-*

*santibus; anfractibus convexis, supernè subdepressis; ultimo an-*
*fractu spiræ æquali, canali longo terminato; aperturâ ovatâ; colu-*
*mellâ arcuatâ, basi plicis tribus inæqualibus instructâ; labro te-*
*nui, simplici.*

Desh. Coq. foss. de Paris. t. 2. p. 508. pl. 79. f. 12. 13.
Habite... Fossile à Beyne, près Grignon.

Coquille allongée, fusiforme, un peu ventrue dans le milieu, composée de sept tours très convexes, dont le dernier est aussi long que
la spire. Ces tours sont pourvus de côtes longitudinales assez
grosses, subrégulières et traversées sur les premiers tours par
deux ou trois gros sillons. Ces sillons se continuent sur le dernier
tour jusqu'à la base, et l'on voit entre eux un réseau très fin, mais
non très régulier, formé par les stries longitudinales d'accroissement et des stries transverses; le canal terminal est presque aussi
long que l'ouverture; il est profond, assez large et un peu contourné dans sa longueur. L'ouverture est ovale-oblongue; la columelle, courbée sur elle-même, est accompagnée d'un bord gauche
très mince appliqué dans presque toute son étendue et se déta-
chant au-dessus d'une petite fente ombilicale. Le bord droit est
mince et tranchant; il est simple, sans rides ni dentelures à l'intérieur.

Cette coquille est longue de 33 mill. et large de 14.

---

## FUSEAU. (Fusus.)

Coquille fusiforme ou subfusiforme, canaliculée à sa
base, ventrue dans sa partie moyenne ou inférieurement,
sans bourrelets extérieurs, et ayant la spire élevée et allongée. Bord droit sans échancrure. Columelle lisse. Un opercule corné.

*Testa fusiformis aut subfusiformis, basi canaliculata,
medio vel infernè ventricosa; varicibus nullis. Spira elongata. Labrum non fissum. Columella lævis. Operculum
corneum.*

Observations. C'est Bruguières qui, le premier, a établi le
genre des *Fuseaux*, et il y rapportait tous les *Murex* de Linné
qui n'ont pas de bourrelets constans sur la spire. Ainsi, il n'en
distinguait point les Pyrules, les Fasciolaires, les Pleurotomes,

etc., et alors le genre *Fuseau* n'était pas réduit à ses véritables limites.

Nous croyons nous être plus rapproché du but qu'il fallait atteindre, par les réductions que nous avons opérées; en sorte que notre genre *Fuseau*, démembrement des *Murex* de Linné, et même des *Fuseaux* de Bruguières, nous parait maintenant convenablement circonscrit et caractérisé.

Les *Fuseaux* dont il s'agit sont des coquilles allongées, fusiformes en général, canaliculées à leur base, ventrues dans leur partie moyenne ou inférieurement, et dépourvues de bourrelets persistans sur les différens tours de leur spire. Leur columelle n'est presque jamais plissée, comme celle des Fasciolaires et des Turbinelles, et le bord droit de leur ouverture n'offre point cette fissure ou cette échancrure qui caractérise les Pleurotomes. Enfin la spire formant un cône élevé, dans toutes les espèces, les distingue suffisamment des Pyrules.

Tous les *Fuseaux* sont des coquillages marins, la plupart ridés, striés ou tuberculeux à l'extérieur. Ils sont recouverts en dehors d'un *drap marin* qui cache, dans plusieurs espèces, les belles couleurs dont ils sont ornés.

[A envisager le genre Fuseau d'une manière générale, on s'aperçoit que Lamarck et la plupart des conchyliologues qui lui ont succédé, ont rassemblé dans ce genre des espèces fort différentes par leur forme et leur aspect général; et les zoologistes ont le droit de se demander s'il ne conviendrait pas d'emprunter à la science d'autres caractères pour fonder d'autres genres à la place de ceux au moyen desquels s'est opéré le démembrement du genre Murex de Linné. Les observations sont assez nombreuses pour permettre aujourd'hui de constater ce fait important, c'est que les animaux des genres Turbinelle, Fasciolaire, Pleurotome, Fuseau, la plus grande partie des Pyrules, des Ranelles, des Tritons, des Rochers enfin, ont tous les mêmes caractères extérieurs, et rentrent évidemment dans une même famille, et c'est cette famille actuellement qu'il faudrait diviser de la manière la plus commode et la plus conforme aux observations. Il est évident que les Fuseaux touchent à presque tous les genres que nous venons de mentionner et servent, pour ainsi dire, à établir leur lien commun. Otez les

plis columellaires à la plupart des Turbinelles et des Fasciolaires, vous en ferez des Fuseaux; ôtez à la plupart des
Tritons leurs varices, vous en ferez également des Fuseaux;
augmentez sur certains Fuseaux l'importance des lames d'accroissement, et vous les aurez changés en Murex. La limite entre
les Pyrules et les Fuseaux est des plus incertaines, puisque cette
limite repose sur des proportions généralement variables, de
la longueur de la spire, par rapport à celle du canal terminal.
D'après ce que nous venons de dire, on concevra facilement les
difficultés que l'on doit éprouver pour placer dans l'un des
genres certaines espèces ambiguës qui participent à-la-fois aux
caractères de plusieurs. Aussi, par une conséquence qui ne paraîtra pas exagérée, nous serions disposés à rassembler en un seul
ceux des genres qui ont trop de contact entre eux pour conserver
des limites nettes et tranchées. Les genres Ranelle, Triton, Pleurotome pourraient rester ce qu'ils sont; on pourrait même aussi
conserver les Fasciolaires et les Turbinelles; mais, selon nous,
il serait utile de réunir les genres Pyrule, Fuseau et Murex
pour en distribuer ensuite les espèces en un nombre plus ou
moins considérable de groupes naturels. Nous verrons bientôt
qu'il faudrait préalablement retirer des Pyrules un genre qui
nous paraît bien nettement circonscrit, et qui a pour type le
*Pyrula ficus*. Dans cet arrangement, il resterait, en dehors
des Fuseaux, un certain nombre d'espèces qui ont beaucoup plus
l'apparence des Buccins que des Fuseaux proprement dits : ces
espèces ont été signalées autrefois à l'attention des zoologistes
par Muller qui, dans son *Fauna suecica*, a proposé pour elles un
genre *Tritonium* qui n'est pas du tout le même que le genre
Triton de Lamarck. Il serait utile de rétablir dans la méthode
ce genre de Muller, qui comprendrait avec le *Buccinum undatum*
les *Fusus antiquus, despectus, carinatus* de Lamarck, ainsi que
les *Fusus buccinatus* et *aculeiformis* du même auteur, et probablement le Nifat d'Adanson. Comme ce genre *Tritonium* a plus
de rapport avec les Buccins qu'avec les Fuseaux, que, d'ailleurs,
le *Buccinum undatum* en est le type principal, c'est à la
suite des Buccins qu'on trouvera les caractères du genre de
Muller.

MM. Quoy et Gaimard, dans la *Zoologie du voyage de l'As-*

*trolabe*, ont fait connaître les animaux de plusieurs espèces de Fuseaux, et déjà nous les avons mentionnés dans nos additions aux genres Turbinelle et Fasciolaire; nous n'avons donc rien à ajouter, si ce n'est que dans la plupart des espèces, le pied est subquadrangulaire, très court, et que la tête, fort petite, a les yeux tantôt à la base des tentacules, tantôt vers le milieu de leur longueur. Si l'on connaissait les animaux d'un plus grand nombre d'espèces, il est probable qu'à l'aide de ce caractère, on pourrait circonscrire au moins deux groupes naturels; car il est à remarquer que les yeux sont à la base des tentacules dans les espèces étroites et à canal très allongé, tandis qu'ils sont sur le milieu des tentacules dans les espèces ovalaires et à canal court.

Le genre Fuseau rassemble aujourd'hui un grand nombre d'espèces aussi élégantes par la forme qu'agréables par leur couleur; elles se rencontrent dans toutes les mers, mais les plus grandes et les plus nombreuses proviennent toujours des climats chauds. Les terrains tertiaires renferment un très grand nombre d'espèces à l'état fossile. On a mentionné des Fuseaux dans les terrains secondaires; mais, jusqu'ici, nous n'avons pu constater le fait, et nous pensons que les coquilles qu'on a attribuées à ce genre appartiennent à des Rostellaires ou à des Ptérocères incomplétement observées. Nous comptons aujourd'hui près de cent espèces vivantes, dans le genre Fuseau, sur lesquelles M. Kiener en donne quarante-sept seulement, dans son Spécies. Il y en a au moins cent cinquante à l'état fossile.

## ESPÈCES.

### 1. Fuseau colossal. *Fusus colosseus*. Lamk.

> *F. testâ maximâ, fusiformi, ventricosâ, transversìm sulcatâ et striatâ, pallidè fulvâ; anfractibus convexis, medio serie unicâ transversìm nodosis: ultimo sensìm in caudam attenuato; labro intùs lævi.*

Favanne. Couch. pl. 35. fig. B. 4.

Encyclop. pl. 427. f. 2.

* *Junior*. Bonanni. Test. 3. f. 360 ?

* *Murex colosseus*. Wood. Ind. test. pl. 26. f. 72.

* *Fusus colosseus, junior*. Sow. Genera of Shells. f. 3.

* Desh. Encyclop. méth. Vers. t. 2. p. 155. n° 21.
* Reeve. Conch. syst. p. 185. pl. 232. f. 3.
* Kiener. Spec. des Coq. p. 50. n° 44. pl. 25.

Habite... Mon cabinet. Il paraît que ce grand Fuseau est fort rare, puisqu'on trouve si peu d'auteurs qui en aient fait mention. Son bord droit se rétrécit insensiblement jusqu'à l'extrémité du canal, en sorte qu'il n'offre point de queue subite et particulière. Ses tours montent et tournent un peu obliquement. Longueur, 11 pouces 4 lignes.

## 2. Fuseau élancé. *Fusus longissimus*. Lamk.

**F.** *testá fusiformi, prælongá, transversìm sulcatá, penitùs candidá ; anfractibus convexis, medio serie unicá transversìm tuberculato-nodosis ; caudá gracili ; labro crenulato, intùs sulcato.*

Seba. Mus. 3. t. 70. *figuræ tres in parte inferiore tabulæ : unicá centrali, duabus lateralibus.*

*Fusus magnus.* Martini. Conch. 4. t. 144. f. 1339.

*Ejusd. Fusus longissimus.* Conch. 4. t. 145. f. 1344.

*Murex candidus.* Gmel. p. 3556. n° 113.

*Ejusd. Murex longissimus.* ibid. n° 116.

* Desh. Encyclop. méth. Vers. t. 2. p. 148. n° 1.
* Kiener. Spec. des Coq. p. 3. n° 1. pl. 2. f. 1.

Habite l'Océan des Grandes-Indes. Mon cabinet. Queue grêle ; spire presque aussi longue ; bord droit assez épais. Longueur, 9 pouces 3 à 4 lignes.

## 3. Fuseau quenouille. *Fusus colus*. Lamk. (1)

**F.** *testá fusiformi, angustá, transversìm sulcatá , albá, apice basique rufá ; ventre parvulo ; anfractibus convexis, medio carinato-nodulosis ; caudá gracili, longá ; labro intùs sulcato ; margine denticulato.*

---

(1) Dillwyn, qui a ordinairement une synonymie assez correcte, confond, sous le nom de *Murex colus*, plusieurs espèces, et ses variétés ne sont pas nettement distinctes. Dans la première, on trouve à-la-fois le *Colus* et le *Longissimus*. MM. Quoy et Gaimard, dans la Zoologie du *Voyage de l'Astrolabe*, rapportent au *Fusus colus* de Lamarck une espèce qui en est très distincte et qui me paraît semblable à celle nommée *Fusus nicobaricus* par M. Kiener, et qui n'est pas le vrai *Nicobaricus* , comme nous le disons un peu plus loin.

*Murex colus.* Lin. Syst. Nat. éd. 12. p. 1221. Gmel. p. 3543. n° 61.
Lister. Conch. t. 918. f. 11, a.
Rumph. Mus. t. 29. fig. F.
Petiv. Amb. t. 6. f. 5.
Gualt. Test. t. 52. fig. L.
D'Argenv. Conch. pl. 9. fig. B.
Seba. Mus. 3. t. 79. *figuræ duæ in medio tabulæ et laterales.*
Knorr. Vergn. 3. t. 5. f. 1.
Martini. Conch. 4. t. 144. f. 1342.
*Fusus longicauda.* Encyclop. pl. 423. f. 2.
* *Murex longicaudus.* Wood. Ind. test. pl. 26. f. 73.
* Desh. Encyclop. méth. Vers. t. 2. p. 148. n° 3.
* Potiez et Mich. Moll. de Douai. p. 440. n° 18.
* Kiener. Spec. des Coq. p. 5. n° 2. pl. 4. f. 1.
* Lin. Syst. Nat. éd. 10. p. 753.
* Lin. Mus. Ulric. p. 639.
* Roissy. Buf. Moll. t. 6. p. 60. n° 1. pl. 59. f. 1.
* *Fusus longirostris.* Schum. Nouv. Syst. p. 816.
* *Murex colus.* Born. Mus. p. 310. *Syn. Mart. exclus.*
* *Id.* Schrot. Einl. t. 1. p. 514. n° 34.
* Dillw. Cat. t. 2. p. 716. n° 71. *exclus. variat.*
* *Var. minor.* Lister. Conch. pl. 917. f. 10.
* Klein. Tentam. Ostrac. pl. 4. f. 78.
Habite l'Océan des Grandes-Indes. Mon cabinet. Queue plus longue
que la spire ; bord droit dentelé et sillonné à l'intérieur ; lame co-
lumellaire saillante. Vulg. la *Quenouille blanche.* Longueur, 6
pouces 2 lignes.

## 4. Fuseau tuberculé. *Fusus tuberculatus.* Lamk.

*F. testâ fusiformi, transversim sulcatâ, albâ ; ventre majusculo ; an-
fractibus convexis, medio angulatis ; angulo unicâ serie tuberculifero, interstitiis tuberculorum rufis ; labro intùs sulcato.*
*Fusus colus.* Encyclop. pl. 424. f. 4.
* Desh. Encyclop. méth. Vers. t. 2. 149. n° 4.
* Potiez et Mich. Moll. de Douai. p. 441. n° 26.
* Kiener. Spec. des Coq. p. 9. n° 5. pl. 7. f. 1.
Habite.... l'Océan des Grandes-Indes? Mon cabinet. Voisin du précédent par ses rapports, il est moins grêle, plus ventru, et à queue
beaucoup plus courte. Il a une rangée de tubercules sur chaque
tour ; ces tubercules sont assez éminens, et ont leurs interstices
marqués de taches rousses. Longueur, 4 pouces 7 lignes.

**5.  Fuseau de Nicobar.** *Fusus nicobaricus.* Lamk. (1)

> *F. testá fusiformi, transversìm sulcatá et striatá , albá, rufo, fusco*
> *nigroque variegatá ; anfractibus convexis, medio angulato-tuber-*
> *culatis : tuberculis eminentibus, acutiusculis ; spirá conico-subu-*
> *latá ; labro margine dentato, intùs sulcato.*

Favanne. Conch. pl. 33. fig. A. 5.

*Murex nicobaricus.* Chemn. Conch. 10. t. 160. f. 1523.

* *Murex colus.* Wood. Ind. test. pl. 26. f. 71.

* Desh. Encycl. méth. Vers. t. 2. p. 149. n° 5.

* Chemn. Naturf. t. 28. p. 118. pl. 2. f. A. B. *Monstrum.*

* Kammerer. Rudols. Cat. pl. 9. 10. f. 1.

* *Murex colus.* Var. γ. Gmel. p. 3543. n° 61.

* *Murex colus.* Var. B. Dillw. Cat. t. 2. p. 717.

Habite l'Océan des Grandes-Indes, près des îles de Nicobar.  Mon
cabinet. Vulg. la *Quenouille tigrée.* Belle coquille, dont les extrémités sont bien effilées, surtout celle de la spire, et qui, outre sa
coloration, diffère fortement du  *F. colus* par les tubercules éminens de sa spire et du sommet de son dernier tour. La lame qui
recouvre la columelle se relève ensuite, et forme un bord interne
tranchant. Longueur, 5 pouces.

**6.  Fuseau distant.** *Fusus distans.* Lamk. (2)

> *F. testá fusiformi, transversìm sulcatá, rufescente ; anfractibus medio*

---

(1) M. Kiener donne sous le nom de *Nicobaricus* une espèce
très distincte de celle de Chemnitz ; il n'y a pas à s'y tromper,
le vrai *Nicobaricus* est une coquille beaucoup plus ventrue, à
sillons transverses beaucoup plus gros, telle enfin que la représente Chemnitz. Nous avons dans notre collection l'espèce de
Chemnitz que nous croyons aussi être celle de Lamarck, et nous
pouvons assurer qu'elle est très différente de celle de M. Kiener.

(2) Cette espèce de Lamarck ne serait-elle pas la même que le
*Murex ansatus* de Gmelin? Je l'ai cru pendant long-temps. La
phrase caractéristique s'accorde parfaitement avec la figure de
Regenfuss ; mais celle que donne M. Kiener, que je suppose
représenter le type de Lamarck, appartiendrait à une espèce
voisine, peut-être à une variété, car l'exactitude de cette figure
ne me paraît pas suffisante pour que je doive me confier entièrement à elle.

*carinâ tuberculatâ cinctis; carinis inferioribus distantibus; caudâ spirâ longiore; columellâ nudâ ; labro intùs sulcato.*

* Kiener. Spec. des Coq. p. 10. n° 6. pl. 8. f. 1.

* Regen. Conch. t. 1. pl. 12. f. 62 ?

* Desh. Encycl. méth. Vers. t. 2. p. 150. n° 9.

* Potiez et Mich. Moll. de Douai. p. 436. n° 6.

Habite..... Mon cabinet. Celui-ci , déjà distinct par sa forme et sa coloration, l'est principalement par sa columelle nue, c'est-à-dire dépourvue de lame recouvrante. Longueur, 3 pouces 9 lignes et demie.

## 7. Fuseau toruleux. *Fusus torulosus.* Lamk.

*F. testâ fusiformi, ventricosâ, transversìm sulcatâ, tuberculiferâ, albo et rufo nebulosâ ; anfractibus convexis, medio tricarinatis, longitudinaliter plicatis : plicis apice tuberculo terminatis ; aperturâ albâ ; labro intùs sulcato.*

Encycl. pl. 423. f. 4.

* Desh. Encycl. méth. Vers. t. 2. p. 150. n° 6.

* Kiener. Spec. des Coq. f. 14. n° 10. pl. 9. f. 1.

Habite... Mon cabinet. Très belle coquille, remarquable par ses plis, ses carènes et ses nodulations. Longueur, 5 pouces et demi.

## 8. Fuseau épais. *Fusus incrassatus.* Lamk. (1)

*F. testâ fusiformi, solidâ, crassâ, plicato-nodosâ, transversìm striatâ, albâ ; anfractuum nodis posteriùs crassè plicatis; spirâ conico-acutâ, ferè subulatâ ; labro crasso, denticulato, intùs sulcato.*

*Fusus longissimus.* Martini. Conch. 4. t. 145. f. 1343.

*Murex undatus.* Gmel. p. 3556. n° 115.

*Fusus incrassatus.* Encycl. pl. 423. f. 5.

* Desh. Encycl. méth. Vers. t. 2. p. 150. n° 9.

Habite l'Océan des Grandes-Indes. Mon cabinet. Coquille rare , épaisse, pesante, unicolore et remarquable par les gros plis coudés qui se terminent antérieurement par un nœud. Longueur, 5 pouces 9 lignes.

---

(1) Dillwyn confond cette espèce avec le *Fusus longissimus* et les rapporte toutes deux au *Fusus colus.* Gmelin a distingué l'espèce et lui a donné le nom de *Murex undulatus*, nom que Lamarck aurait dû conserver en faisant passer l'espèce parmi les Fuseaux. L'espèce devra désormais porter le nom de *Fusus undulatus.*

### 9. Fuseau multicariné. *Fusus multicarinatus*. Lamk.

*F. testâ fusiformi, transversìm sulcatâ et striatâ, cinereo-rufescente; sulcis dorso acutis, cariniformibus; anfractibus convexis, medio plicato-nodosis; labro intùs sulcato.*

* Potiez et Mich. Moll. de Douai. p. 438. n° 12.
* Kiener. Spec. des Coq. p. 17. n° 12. pl. 10. f. 1. et pl. 1. f. 1 *Var.*
* Menke. Spec. Moll. Nouv.-Holl. p. 25. n° 121.

Habite dans la mer Rouge. Mon cabinet. Tours très arrondis, à plis ou nœuds d'autant plus saillans qu'ils approchent davantage du sommet; spire presque aussi longue que la queue. Longueur, 5 pouces 2 lignes.

### 10. Fuseau sillonné. *Fusus sulcatus*. Lamk.

*F. testâ subfusiformi, ventricosâ, transversim sulcatâ, griseâ; sulcis prominulis, spadiceis; anfractibus valdè convexis, ultimo dempto, longitudinaliter plicatis; caudâ recurvâ, spirâ breviore; aperturâ albâ.*

Ency. pl. 424. f. 3.
* Fab. Columna. aquat. et terr. Observ. p. LIII. f. 7.
* Desh. Ency. méth. Vers. t. 2. p. 130. n° 8.
* Kiener. Spec. de Coq. p. 26. n° 20. pl. 13. f. 1.

Habite... Mon cabinet. Le bord droit est lisse dans le fond et n'est sillonné qu'en son limbe interne; il est un peu crénelé. Columelle nue, c'est-à-dire sans lame relevée en bord. Longueur, 4 pouces 7 lignes.

### 11. Fuseau du nord. *Fusus antiquus*. Lamk.

*F. testâ ovato-fusiformi, ventricosâ, muticâ, transversim tenuissimè striatâ, albidâ, in junioribus rufescente; anfractibus valdè convexis; caudâ brevi; aperturâ patulâ; labro intùs lævigato.*

*Murex antiquus.* Lin. Syst. nat. éd. 12. p. 122. Gmel. p. 3546. n° 73.

Muller. Zool. Dan. 3. t. 118. f. 1-3.

Oth. Fabr. Faun. Groenl. p. 397. n° 396.

Bonanni. Recr. 3. f. 190.

Lister. Conch. t. 962. f. 15.

Seba. Mus. 3. t. 39. f. 75. t. 83. f. 3-6. et t. 93. f. 3.

Pennant. Zool. Brit. 4. t. 78. f. 98.

Martini. Conch. 4. t. 138. f. 1292 et 1294.

*Fusus antiquus.* Ency. pl. 426. f. 5.

* Lister. Anim. Angl. t. 3. f. 1.

* D'Acosta. Conch. Brit. pl. 6. f. 4.
* *Murex antiquus.* Dillw. Cat. t. 2. p. 724. n° 86. *Excl. var.*
* *Id.* Wood. Ind. test. pl. 26. f. 89.
* Desh. Ency. méth. Vers. t. 2. p. 158. n° 30.
* Blainv. Faune franç. Moll. p. 80. n° 1. pl. 4 A. f. 3.
* Potiez et Mich. Moll. de Douai. p. 439. n° 14.
* Kiener. Spec. des Coq. p. 28. n° 22. pl. 18. f. 1.
* Lin. Syst. nat. éd. 10. p. 754.
* Schuma. Nouv. syst. p. 215.
* *Murex despectus.* Born. Mus. p. 314. *Non Linnei.*
* *Id.* Schrot. Einl. t. 1. p. 522. n° 42.
* *Tritonium antiquum.* Mull. Zool. Dan. Prodr. p. 243. n° 2939.
* Pennant. Zool. Brit. 1812. t. 4. pl. 81.
* *Tritonium antiquum.* Fabricius. Faun. groenl. p. 397.

Habite les mers du nord. Mon cabinet. Bord droit lisse à l'intérieur, columelle nue. Longueur, 5 pouces 9 lignes.

## 12. Fuseau double-crête. *Fusus despectus.* Lamk. (1)

*F. testá ovato-turritá, subfusiformi, ventricosá, transversìm striatá, albido-lutescente; anfractibus convexis, medio bicarinatis : cariná unicá prominente, tuberculato-nodosá; caudá brevi; aperturá albá; labro intùs lævigato.*

*Murex despectus.* Lin. Syst. nat. éd. 12. p. 1222. Gmel. p. 3547. n° 74.

Oth. Fabricius. Faun. Groenl. p. 396. n₀ 395.

Martini. Conch. 4. t. 138. f. 1293 et 1296.

Schroëter. Einl. in Conch. 1. p. 523. n° 43. t. 3. f. 5.

*Fusus despectus.* Ency. pl. 426. f. 4.

* Dillw. Cat. t. 2. p. 726. n° 89.
* *Murex subantiquatus.* Dillw. Cat. t. 2. p. 726. n° 90.
* Wood. Ind. test. pl. 27. f. 93. 94.
* Desh. Ency. méth. Vers. t. 2. p. 159. n° 31.
* Lin. Syst. nat. éd. 10. p. 754.

---

(1) Le *Murex despectus* de Linné se confondrait avec l'*Antiquus*, si l'on s'en rapportait uniquement à la figure de Lister à laquelle il renvoie, car cette figure représente très fidèlement l'*Antiquus ;* mais il ne peut néanmoins exister de doute sur la validité des deux espèces linnéennes, celle-ci étant caractérisée par Linné, au moyen des deux angles élevés qui règnent sur les tours de la spire.

* *Tritonium despectum.* Mull. Faun. Sueci. prodr. p. 243. n° 2940.
* Blainv. Faune franç. Moll. p. 81. n° 2.
* Kiener. Spec. des Coq. p. 29. n° 23. pl. 19. f. 2.

Habite les mers du Nord. Mon cabinet. Voisin du précédent par ses rapports, il s'en distingue par ses carènes et les tubercules de sa spire. Longueur 4 pouces 2 lignes.

## 13. Fuseau cariné. *Fusus carinatus.* Lamk.

*F. testâ fusiformi-turritâ, transversìm striatâ, cariniferâ, fulvo-rufescente; anfractibus angulatis, suprà planulatis, bicarinatis : carinâ inferiore submarginali ; spirâ apice mamilari ; labro intùs albo, lævigato.*

*Murex carinatus.* Pennant. British. Zool. 4. t. 77. f. 96.

*An* Martini. Conch. 4. t. 138. f. 1295?

* *Murex fornicatus.* Pars. Dillw. Cat. t. 2. p. 725. n° 88.
* Lister. Mantissa. pl. 3. f. 1?
* Desh. Ency. méth. Vers. t. 2. p. 159. n° 32.
* Kiener. Spec. des Coq. p. 30. n° 24. pl. 19. f. 1.

Habite dans les mers du Groënland. Mon cabinet. Queue courte ; ouverture arrondie ; bord droit parfaitement lisse, ainsi que la columelle qui est nue. Longueur, 2 pouces 4 lignes.

## 14. Fuseau proboscidifère. *Fusus proboscidiferus.* Lamk. (1)

*F. testâ fusiformi, ventricosâ, transversìm sulcatâ, fulvo-rufescente; anfractibus angulatis, suprà planulatis : angulo tuberculis nodiformibus coronato; spirâ parte superiore cylindraceâ, proboscidiformi, apice mamillari; labro intùs lævigato.*

* Bonanni. Recr. 3. f. 101.
* Lesser. Testaceo-théol. p. 278. f. n° 69.

---

(1) Comme le dit très bien Lamarck, ce n'est pas à cette espèce que doit appartenir le nom de *Fusus aruanus;* il suffit de lire attentivement la description du *Murex aruanus* de Linné, dans le *Museum Ulricæ*, pour être convaincu que cette espèce n'est autre que le *Pyrula carica* de Lamarck, qui doit devenir le *Pyrula aruana.* Dillwyn, en modifiant la Synonymie défectueuse de Linné, a fait du *Murex aruanus* une autre espèce qui se rapporte à celle-ci. Cette espèce doit donc conserver le nom que Lamarck lui a imposé.

* Rumph. Mus. Amb. pl. 28. f. A.

* *Murex aruanus.* Born. Mus. p. 313.

* Martini. Conch. t. 4. p. 191. Vign. 39. f. D.

* Fav. Conch. pl. 35. f. M?

* *Murex aruanus.* Dillw. Cat. t. 2. p. 723. n° 84.

* *Id.* Wood. Ind. test. pl. 26. f. 87.

* *Fusus proboscidiferus.* Desh. Ency. méth. Vers. t. 2, p. 148, n. 2.

* Kiener. Spec. des Coq. p. 22. n° 16. pl. 16 et pl. 16 bis.

* Swain. Exot. Conch. pl. 19.

Habite... Mon cabinet. Je l'ai eu sous le nom de *Trompe d'Aru*; mais les caractères et les synonymes du *Murex aruanus* de Linné et de Gmelin ne lui conviennent nullement. Ce Fuseau est extrêmement remarquable par la partie supérieure de sa spire qui ressemble à une trompe droite, comme implantée et terminale. Longueur, 3 pouces 11 lignes.

### 15. Fuseau d'Islande. *Fusus islandicus.* Lamk. (1)

> *F. testá fusiformi-turritá, infernè ventricosá, muticá, transversìm striatá, albidá; anfractibus convexis; labro tenui, intùs lœvigato; caudá breviusculá, subrecurvá.*

*Fusus islandicus.* Martini. Conch. 4. t. 141. f. 1312. 1313.

*Murex islandicus.* Gmel. p. 3555. n° 110.

*Fusus islandicus.* Ency. pl. 429. f. 2.

* Lister. Anim. Angl. pl. 3. t. 4?

* Crouch. Lamk. Conch. pl. 17. f. 8.

* D'Acosta. Conch. Brit. pl. 6. f. 5.

* *Murex corneus.* Gmel. p. 3552.

* Schrot. Einl. t. 1. p. 616. n° 206.

* *Murex corneus.* Dillw. Cat. t. 2. p. 733. n° 104.

* *Id.* Wood. Ind. Test. pl. 27. f. 107.

---

(1) Quoique la courte description de Linné du *Murex corneus* soit incomplète, cependant on peut y reconnaître l'espèce à laquelle plus tard Lamarck a donné le nom de *Fusus islandicus.* C'est en raison de l'identité reconnue des deux coquilles, que nous proposons d'en réunir toute la synonymie, sous le nom de *Fusus corneus.* M. Kiener confond avec cette espèce, à titre de variété, une coquille bien distincte, toujours plus courte, de la spire et du canal; il suffit pour s'en convaincre de mettre en regard les deux figures de M. Kiener.

* Desh. Ency. méth. Vers. t. 2. p. 160. n° 34.
* Potiez et Mich. Cat. des Moll. p. 437. n° 10.
* Bouch. Chant. Cat. des Moll. du Boul. p. 63.
* Kiener. Spec. des Coq. p. 37. n° 30. pl. 6. f. 2. *Excl. varietate.*
Habite les mers d'Irlande. Mon cabinet. Il est voisin par ses rapports du *F. antiquus*. Columelle nue; bord droit très simple. Longueur, 3 pouces et demi.

## 16. Fuseau noir. *Fusus morio.* Lamk. (1)

*F. testâ fusiformi, ventricosâ, transversìm striatâ, nigrâ, fasciis albis binis, inæqualibus cinctâ; anfractibus convexis, medio obsoletè nodulosis, versùs apicem tuberculatis ; caudâ spirâ breviore.*

*Murex morio.* Lin. Syst. nat. éd. 12. p. 1221. Gmel. p. 3544. n° 62.

Adans. Sénég. pl. 9. f. 31. le Nivar. *specimen junius.*

Knorr. Verg. 1. t. 20. f. 1.

*Fusus morio.* Ency. pl. 430. f. 3. a.

* Knorr. Del. nat. Select. t. 1. Coq. pl. BV. f. 4.
* Bonanni. Recr. 3. f. 357.
* Lin. Syst. nat. éd. 10. p. 753.
* Seba. Mus. t. 3. pl. 79. *Duæ figuræ inferiores.* pl. 80. *Figuræ omnes.*
* Perry. Conch. pl. 1. f. 4. 5.
* Roissy. Buf. Moll. t. 6. p. 61. n° 2.
* *Murex morio.* Wood. Ind. test. pl. 26. f. 78.
* Mus. Gottw. pl. 29. f. 209 a. *Junior.* pl. 31. f. 209 a. b. c.

---

(1) Lorsque les collections étaient pauvres en individus d'une même espèce, il pouvait arriver ce que nous avons déjà remarqué plusieurs fois dans l'ouvrage de Lamarck ; deux espèces étaient établies pour les variétés extrêmes d'un même type. Aujourd'hui, que l'on peut mettre entre les deux espèces un grand nombre de variétés intermédiaires, les naturalistes peuvent et doivent réunir ce que leurs devanciers ont séparé. Ceci s'applique exactement aux *Fusus morio et coronatus.* Huit ou dix individus choisis prouvent que ces deux espèces n'en font qu'une, à laquelle le nom de *Fusus morio* doit rester. M. Schumacher, joignant à cette espèce le *Pyrula citrina* de Lamarck, en a fait un genre *Pugilina*, qui ne saurait être admis dans une bonne méthode.

* Regenf. Conch. t. 1. pl. 11. f. 61.
* Lin. Mus. Ulric. p. 640.
* *Murex morio.* Born. Mus. p. 310.
* *Id.* Schrot. Einl. t. 1. p. 515. n° 35.
* *Id.* Dillw. Cat. t. 2. p. 719. n° 76. *Excl. variet.*
* Kiener. Spec. des Coq. p. 56. n° 46. pl. 22. f. 2. pl. 23. f. 2.
* Menke. Spec. Moll. Nouv.-Holl. p. 25. n° 123.

Habite l'Océan Atlantique, sur les côtes d'Afrique. Mon cabinet. Coquille fort commune dans les collections, et qui sans doute ne l'était pas autrefois, puisqu'on n'en trouve presque aucune figure dans
les auteurs. *Linné* en exprime très bien les caractères; et cependant sa synonymie indique l'espèce suivante qu'il ne distinguait
pas. Le tour inférieur de notre coquille est arrondi et n'offre que
des nodulations déprimées et fort obtuses. Columelle nue; intérieur du bord droit fortement sillonné. Vulg. la *Cordelière.* Longueur, 6 pouces.

## 17. Fuseau couronné. *Fusus coronatus.* Lamk.

*F. testá fusiformi, valdè veutricosá, transversè sulcatá, nigrá, fasciis albis binis, inæqualibus cinctá; anfractibus angulatis suprà
planulatis; angulo tuberculis eminentibus, compressis coronato;
caudá spirá breviore.*

Lister. Conch. t. 928. f. 22.
Bonanni. Recr. 3. f. 357.
Seba. Mus. 3. t. 79. *figuræ tres,* et t. 80. *ferè omnes.*
Martini. Conch. 4. t. 139. f. 1300. 1301.
Encyclop. pl. 430. f. 4.
[*b*] *Var. testá multo minore; tuberculis anfractuum crebrioribus.*
*Fusus morio.* Var. Ency. pl. 430. f. 3. b.
* *Pugilina fasciata.* Schum. Nouv. syst. p. 216.
* Desh. Ency. méth. Vers. t. 2. p. 155. n° 23.
* Potiez et Mich. Gal. des Moll. de Douai. p. 436. n° 5.

Habite l'Océan des Antilles. Mon cabinet. Seul parmi les auteurs qui
ont parlé de cette coquille, je ne la confonds point avec la précédente, et je crois pouvoir la présenter comme espèce. Effectivement, elle en est toujours distincte : 1° parce qu'elle s'offre constamment sous une forme plus raccourcie ; 2° qu'elle est plus ventrue; 3° que ses tours sont très anguleux; 4° que le dernier surtout est couronné de grands tubercules; 5° qu'enfin sa spire est
bien étagée. Longueur, 4 pouces une ligne; de la variété, 2 pouces
3 lignes.

1 18. **Fuseau rampe.** *Fusus cochlidium.* Lamk.

> *F. testá, fusiformi, transversè sulcatá, rufá; anfractibus supernè angulatis, suprà planissimis, areá ambulacriformi et spirali æmulantibus : supremis angulo tuberculatis; aperturá albá; labro intùs lævigato.*

* Lin. Syst. nat. éd. 10. p. 753.

* Lin. Mus. Ulric. p. 640.

*Murex cochlidium.* Lin. Syst. nat. éd. 12. p. 1221. Gmel. p. 3544. n° 63.

* *Murex cochlidium.* Born. Mus. p. 311.

D'Argenv. Conch. pl. 9. fig. A.

Seba. Mus. 3. t. 52. f. 6. et t. 57. f. 27. 28.

Chemn. Conch. 10. t. 164. f. 1569.

Favanne. Conch. pl. 35. fig. B 3.

* *Id.* Schrot. Einl. t. 1. p. 516. n° 36.

* Roissy. Buf. Moll. t. 6. p. 61. n° 3.

*Pyrula cochlidium.* Ency. pl. 434. f. 2.

* *Murex cochlidium.* Dillw. Cat. t. 2. p. 20. n° 77.

* *Id.* Wood. Ind. test. pl. 26. f. 79.

* Desh. Ency. méth. Vers. t. 2. p. 156. n° 24.

* Kiener. Spec. des Coq. p. 55. n° 45. pl. 30. f. 1.

Habite l'Océan des Grandes-Indes. Mon cabinet. Espèce remarquable par sa rampe spirale bien aplatie; cette rampe est divisée dans sa longueur par un sillon qui la parcourt. Columelle nue. Longueur, 3 pouces 9 lignes.

19. **Fuseau mexicain.** *Fusus corona.* Lamk.

> *F. testá abbreviato-fusiformi, ventricosá, coronatá, rufo-fuscá, albo-fasciatá; anfractibus supernè angulatis, suprà planis : angulo lamellis plicato-acutis, erectis, spiniformibus coronato; caudá sulcatá; aperturá albidá; labro intùs lævigato.*

*Murex corona mexicana.* Chemn. Conch. 10. t. 161. f. 1526. 1527.

*Murex corona.* Gmel. p. 3552. n° 161.

*Fusus corona.* Ency. pl. 430. f. 4.

* *Murex corona.* Dillw. Cat. t. 2. p. 732. n° 102.

* *Id.* Wood. Ind. test. pl. 27. f. 105.

* Desh. Ency. méth. Vers. t. 2. p. 156. n° 25.

* Kiener. Spec. des Coq. p. 58. n° 47. pl. 24. f. 1.

* Davila. Cat. t. 1. pl. 9. f. A.

Habite dans le golfe du Mexique. Mon cabinet. Son dernier tour a deux fascies. Le bord droit se rétrécit graduellement jusqu'à l'extrémité du canal. Longueur, 2 pouces 8 lignes. Vulg. la *Couronne du Mexique*. Coquille fort rare, qui a aussi une rampe spirale aplatie, mais bordée d'épines.

## 20. Fuseau raifort. *Fusus raphanus*. Lamk. (1)

> *F. testá fusiformi-turritá, ventricosá, tenui, transversè striatá, albidá, fulvo-nebulosá; anfractibus medio angulato-carinatis : ultimo bicarinato; carinis omnibus tuberculato-dentatis; aperturá albá; labro intùs lœvigato.*

*Buccinum nodosum*. Martyns, Conch. 1. f. 5.

*Murex raphanus*. Chemn. Conch. 10. t. 163. f. 1558.

*Fusus raphanus*. Encyclop. pl. 435. f. 1.

* Desh. Ency. méth. Vers. t. 2. p. 161. n° 39.

* Kiener. Spec. des Coq. p. 33. n° 26. pl. 21. f. 2.

Habite la mer Pacifique, près des îles des Amis. Mon cabinet. Coquille rare, mince, légère, remarquable par ses carènes dentées et ses sutures crénelées. Longueur, 2 pouces 3 lignes.

## 21. Fuseau aurore. *Fusus filosus*. Lamk. (2)

> *F. testá fusiformi-turritá, crassá, nodosá, tactu lœvigatá, albidofulvá, lineis aurantio-rubris creberrimis cinctá; anfractibus supernè nodosis : nodis hemisphœricis; aperturá albá; labro intùs striato.*

Encyclop. pl. 429. f. 5.

* Perry. Conch. pl. 1. f. 1.

* *Murex gibbulus*. Gmel. p. 3557, n° 125.

* *Murex polygonus pars*. Dillw. Cat. f. 2. p. 736.

* Schub. et Wagn. Sup. à Chemn. p. 156. pl. 234. f. 4105.

* *Fusus filosus*. Kiener. Spec. des Coq. p. 40. n° 32. pl. 21. f. 1.

* Knorr. Vergn. t. 5. pl. 16. f. 4.

* Desh. Encycl. méth. Vers. t. 2. p. 157. n° 26.

---

(1) Cette espèce, nommée *Buccinum nodosum* par Martyns, doit conserver ce premier nom spécifique, parce qu'il est le plus ancien. Dans une bonne nomenclature, cette coquille devra prendre le nom de *Fusus nodosus*.

(2) Ayant remarqué sur un individu de cette espèce quelques traces de plis columellaires, j'en ouvris les tours, à l'aide de la meule, et je reconnus sur la columelle des plis qui doivent faire passer cette espèce parmi les Turbinelles. Cette coquille avait déjà reçu le nom de *Gibbulus* par Gmelin, ce nom devra lui être rendu.

Habite les mers de la Nouvelle-Hollande ; expédition de *Baudin*.
Mon cabinet. Queue courte, subombiliquée. Longueur, 2 pouces
11 lignes. Espèce rare.

## 22. Fuseau polygonoïde. *Fusus polygonoides*. Lamk. (1)

*F. testá fusiformi, transversè sulcatá, pliciferá et tuberculatá, albidá,
rufo-maculosá ; anfractibus medio angulato-tuberculatis, infernè
pliciferis ; labro margine dentato, intùs rufo et striato ; laminá
columellari albá, prominente.*

Habite les mers de la Nouvelle-Hollande. *Péron.* Mon cabinet. Le
dernier tour offre deux rangées de tubercules. Queue subombiliquée. Longueur, 2 pouces 8 lignes.

## 23. Fuseau verruculé. *Fusus verruculatus*. Lamk.

*F. testá fusiformi, transversè sulcatá, pallidè rufescente ; sulcis
dorso planulatis ; anfractibus cingulo medio elatiore, verrucoso
instructis : verrucis rufo-fuscis ; labro intùs lævigato ; caudá sub-
recurvá.*

Martini. Conch. 4. t. 144. f. 1341.

*Fusus ocelliferus.* Encycl. pl. 429. f. 7.

* Kiener. Spec. des Coq. p. 12 n° 8. pl. 15. f. 1.

* *Murex verrucosus junior.* Dillw. Cat. t. 2 p. 710. n° 75.

* Desh. Encycl. méth. Vers. t. 2. p. 151, n° 11.

Habite..... Mon cabinet. Variété du *Murex verrucosus* de Gmelin:
Ses verrues colorées le font paraître ocellifère. Longueur, 2 pouces et demi.

## 24. Fuseau veiné. *Fusus lignarius*. Lamk. (2)

*F. testá subturritá, crassiusculá, glabrá, albidá, rufo aut fusco ve-*

---

(1) D'après M. Kiener, le Fuseau que j'ai fait figurer dans
le voyage de M. de Laborde, sous le nom de *Biangulatus*, serait
le même que le *Fusus polygonoides* de Lamarck. Il était impossible, sans le secours d'une figure, de reconnaître mon espèce de la Mer-Rouge, dans la courte description d'une coquille indiquée de la Nouvelle-Hollande. Il est à présumer
que Lamarck a été trompé sur la patrie de l'espèce.

(2) Sous le nom de *Murex lignarius*, Born donne une espèce
très différente de celle de Linné. La coquille de Born n'est même
pas du genre Fuseau, puisqu'elle a trois plis à la columelle,
comme il le dit lui-même : elle appartient au genre Turbinelle. C'est notre *Turbinella Knorii* (Voy. p. 391 de ce volume).

*nulatá ; anfractibus supernè unicá serie nodulosis ; caudá brevi; labro intùs sulcato.*

*Murex lignarius.* Lin. Syst. nat. éd. 12. pl. 1224. Gmel. p. 3552. n° 98.

Seba. Mus. 3 t. 52. f. 4.

*Fusus lignarius.* Encycl. pl. 424. f. 6.

* Lin. Syst. nat. éd. 10. p. 755.

* Delle Chiaje, dans Poli, Testac. t. 3. 2ᵉ p. pl. 48. f. 16. 17.

* Bonanni. Recr. 3 f. 72.

* *Murex lignarius.* Dillw. Cat. t. 2. p. 734. n° 106.

* *Id.* Schrot. Einl. t. 1. p. 531. n° 50.

* Payr. Cat. des moll. de Corse. p. 147. n° 293.

* Desh. Encycl. méth. Vers. t. 2. p. 162. n° 40.

* Desh. Exp. scien. de Morée, Zool. p. 172. n° 277.

* Blainv. Faune franç. Moll. p. 82. n° 3. pl. 4. A. f. 1.

* Potiez et Mich. Moll. de Douai. p. 442. n° 28.

* Phil. Enum. moll. Sicil. p. 202. n° 1.

* Kiener. Spec. des Coq. p. 43. n° 35. pl. 22. f. 1.

* *Fossilis.* Brocchi. Conch. foss. subap. t. 2. p. 426.

Habite les mers du Nord. Mon cabinet. Longueur, 2 pouces 5 lignes.

### 25. Fuseau rubané. *Fusus syracusanus.* Lamk.

*F. testá fusiformi-turritá, longitudinaliter plicatá, transversìm striatá, albo et rufo alternè zonatá ; anfractibus supernè angulato-carinatis : carinis tuberculato-nodosis; caudá breviusculá ; labro intùs striato.*

*Murex syracusanus.* Lin. Syst. nat. éd. 12. p. 1224. Gmel. p. 3554. n° 104.

Bonanni. Recr. 3 f. 80.

Chemn. Conch. 10. t. 162. f. 1542. 1543.

*Fusus syracusanus.* Encycl. pl. 423. f. 6. a. b.

* Lin. Syst. nat. éd. 10. p. 755.

* Blainv. Malac. pl. 15. f. 1.

* Kammerer Rudolst. Cab. pl. 9. f. 7.

* *Murex syracusanus.* Schrot. Einl. t. 1 p. 533. n° 42.

* *Id.* Dillw. Cat. t. 2. p. 739. n° 116.

* *Id.* Wood. Ind. test. pl. 27. f. 119.

* Delle Chiaje, dans Poli, Testac. t. 3. 2ᵉ p. pl. 48. f. 11. 12.

* Payr. Cat. des moll. de Corse. p. 147.

* Desh. Encycl. méth. Vers. t. 2. p. 152. n° 13.

* Desh. Expéd. sc. de Morée. Zool. 173. n° 280.

* Blainv. Faune franç. Moll. p. 84. n° 6. pl. 4. A. f. 2.

* Poliez et Mich. Moll. de Douai. p. 440. n° 21.
* Phil. Enum. moll. Sicil. p. 203. n° 2.
* Kiener. Spec. des Coq. p. 23. n° 17. pl. 4. f. 2.

Habite dans la Méditerranée. Mon cabinet. Spire bien étagée. Longueur, 22 lignes.

**26. Fuseau de Tarente.** *Fusus strigosus.* **Lamk.** (1)

*F. testá subfusiformi, scabrá, longitudinaliter plicatá, transversim sulcatá, albá, rufo-nebulosá; anfractibus convexis, medio cariná dentatá cinctis; plicis remotiusculis, dorso scabris; labro intús striato, margine denticulato.*

* Delle Chiaje, dans Poli, Testac. t. 3. 2ᵉ p. pl. 48. f. 13. 18.
* *Murex craticulatus?* Lin. Syst. nat. éd. 12. p. 1224.
* *Murex rostratus.* Olivi. Adriat. p. 153.
* *Fusus rostratus.* Desh. Encycl. méth. Vers. t. 2. p. 151. n° 12.
* Ginnani. Adriat. t. 2. pl. 7. f. 56.
* Desh. Expéd. sc. de Morée. Zool. p. 175. p. 281.
* *Fusus aciculatus.* Delle Chiaje, dans Poli. Test. t. 3. pl. 48. f. 13.
* Var. *Murex lignosus.* Delle Chiaje. loc. cit. pl. 48. f. 18.'
* Blainv. Fauv. franç. Moll. p. 87. n° 10. pl. 4. D. f. 1. *Fusus provincialis.*
* *Fossilis.* Brocchi. Conch. foss. subap. t. 2. p. 416. n° 36. pl. 8. f. 1.

Habite dans le golfe de Tarente. Mon cabinet. Queue plus courte que la spire. Coquille assez jolie et âpre au toucher. Longueur près de 23 lignes.

**27. Fuseau varié.** *Fusus varius.* **Lamk.** (2)

*F. testá fusiformi, scabriusculá, longitudinaliter plicatá, transversim*

---

(1) C'est avec quelque doute que je rapporte à cette espèce le *Murex craticulatus* de Linné : il y a dans la courte description quelques caractères qui conviendraient mieux à une variété du *Fusus syracusanus.* Si le doute est permis pour Linné, il ne l'est pas pour le *Murex rostratus* d'Olivi : aussi je propose de substituer le nom de l'auteur italien à celui de Lamarck, à cause de son antériorité. L'espèce à laquelle M. de Blainville donne le nom de *Fusus strigosus,* dans la *Faune française*, est très différente de celle de Lamarck. M. de Blainville a cependant connu le vrai *Fusus strigosus;* mais il le prend pour une espèce nouvelle qu'il décrit sous le nom de *Fusus provincialis.*

(2) Cette espèce, la suivante, ainsi que celle n° 30, n'ont

*sulcatá, albo et rufo variá ; anfractibus convexis, tuberculis mini-*
*mis, acutis, submuricatis; caudá gracili ; labro crenulato, intùs lœ-*
*vigato.*

Habite les mers de la Nouvelle-Hollande ; voyage de *Baudin*. Mon
cabinet. Longueur, 2 pouces une ligne. Il devient plus grand.

28. Fuseau côtes-serrées. *Fusus crebricostatus*. Lamk.

*F. testá fusiformi-turritá, longitudinaliter costatá, transversìm sul-*
*catá : costis crassiusculis, crebris, albis, apice nodulosis : inter-*
*stitiis spadiceo-punctatis; labro intùs sulcato.*

Habite..... Mon cabinet. Longueur, 16 lignes.

29. Fuseau d'Afrique. *Fusus afer*. Lamk.

*F. testá ovatá, subfusiformi, ventricosá, transversè sulcatá, cinereo-*
*rufescente; anfractibus planiusculis, margine inferiore tuberculato-*
*nodosis : ultimo supernè tuberculis posticè costellatis coronato; la-*
*bro intùs striato.*

Adans. Seneg. pl. 8. f. 18. le Lipin.
*Murex afer*. Gmel. p. 3558. n° 129.
*Fusus afer*. Ency. pl. 426. f. 6. a. b.
* Kiener. Spec. des Coq. p. 34. n° 27. pl. 18. f. 2.
* Schrot. Einl. t. 1. p. 640. *Murex*. n° 275.
Habite les mers du Sénégal. Mon cabinet. Longueur, 1 pouce.

30. Fuseau rougeâtre. *Fusus rubens*. Lamk.

*F. testá fusiformi-abreviatá, subovatá, transversìm sulcatá, rubente,*
*apice albidá; sulcis prominulis, albis; anfractibus convexis, obso-*
*letè plicato-nodulosis; aperturá angustatá, albá ; labro denticulato.*

Habite les mers de l'Ile-de-France. Mon cabinet. Longueur, 10 lig.

31. Fuseau sinistral. *Fusus sinistralis*. Lamk. (1)

*F. testá sinistrorsá, fusiformi-turritá, angustá, transversìm sulcatá,*

---

point été mentionnées par M. Kiener dans sa *Monographie des
Fuseaux*. Nous avons déjà remarqué des lacunes semblables
dans l'ouvrage de ce naturaliste, elles sont d'autant plus regret-
tables qu'elles privent la science de renseignemens utiles. On
devait s'attendre cependant à trouver dans l'ouvrage de M. Kiener toutes les espèces de Lamarck, il avait fait la promesse de
les y mettre, et c'est par là que sa publication devait acquérir
un grand intérêt.

(1) Voici encore une espèce dont le nom devra être changé.

*longitudinaliter costatâ, albido-fulvâ; anfractibus convexis; caudâ breviusculâ, mucroniformi; labro intùs sulcato, margine denti-culato.*

Favanne. Conch. pl. 33. fig. A 6.

*Fusus maroccanus.* Chemn. Conch. t. 105. f. 896.

*Murex maroccensis.* Gmel. p. 3558. n° 132.

*Fusus sinistralis.* Ency. p. 424. f. 1. a. b.

* Chemn. Naturf. t. 12. pl. 3. f. 2.

* Schrot. Einl. t. 1. p. 644. *Murex.* n° 287.

* *Murex moroccensis.* Dillw. Cat. t. 2. p. 741. n° 121.

* *Id.* Wood. Ind. test. pl. 27. f. 124.

* Desh. Ency. méth. Vers. t. 2. p. 161. n° 37.

* Kiener. Spec. des Coq. p. 35. n° 28. pl. 6. f. 2.

Habite l'Océan des Antilles, près de la Guadeloupe. Mon cabinet. Vulg. la *Quenouille-d'enfant.* Ouverture arrondie. Longueur, 9 lignes et demie.

## 32. Fuseau marqueté. *Fusus Nifat.* Lamk.

*F. testâ fusiformi-turritâ, lævi, albâ, maculis quadratis, luteo-rufis, transversìm seriatis pictâ; anfractibus convexis; caudâ brevi, emar-ginatâ; labro simplicissimo.*

Lister. Conch. t. 914. f. 7.

Adans. Seneg. pl. 4. f. 3. le Nifat.

Favanne. Conch. pl. 33. fig. I.

Martini. Conch. 4. t. 147. f. 1357.

*Buccinum Nifat.* Brug. Dict. n° 56.

*Murex pusio.* Gmel. p. 3550. n° 90. *Non Linnæi.*

* *Fusus Nifat.* Sow. Genera of Shells. f. 3.

* Desh. Encycl. méth. Vers. t. 2. p. 161. n° 38.

* Reeve. Conch. Syst. t. 2. p. 185. pl. 252. f. 5.

* *Buccinum Nifat.* Roissy. Buf. Moll. t. 6. p. 29. n° 33.

* *Murex pusio.* Born. Mus. p. 316. *non Linnæi.*

* *Id.* Dillw. Cat. t. 2. p. 728. n° 94.

* *Id.* Schrot. Einl. t. 1. p. 526. n° 45.

* *Id.* Wood. Ind. Test. pl. 27. f. 97.

* Kiener. Spec. des Coq. p. 42. n° 34. pl. 23. f. 1. pl. 24. f. 2.

Habite les mers du Sénégal. Mon cabinet. Son canal, quoique court,

---

Chemnitz, le premier, l'a fait connaître sous le nom de *Murex maroccanus.* En passant dans le genre Fuseau, cette espèce doit prendre le nom de *Fusus maroccanus.*

est manifeste, et se termine par une échancrure analogue à celle
des Buccins; mais il ne saurait appartenir au genre de ceux-ci,
puisqu'il est canaliculé. Longueur, 22 lignes.

## 33. Fuseau articulé. *Fusus articulatus.* Lamk. (1)

*F. testá fusiformi-turritá, transversìm tenuissimè striatá, nitidá, luteá
aut violaceo-cærulescente, lineis spadiceo-fuscis, articulatis cinctá;
labro intùs sulcato; columellá supernè uniplicatá; caudá brevi,
emarginatá.*

*Fusus pusio.* Ency. pl. 426. f. 1. a. b.

* Lister. Conch. pl. 823. f. 41.

* Gualt. Ind. pl. 52. f. 1.

* Lister. Conch. pl. 912. f. 3?

* Knorr. Vergn. t. 4. pl. 21. f. 6.

* *Murex pusio.* Lin. Syst. nat. t. 12. p. 1223?

* Martini. Conch. t. 4. pl. 127. f. 1218 à 1220.

* *Buccinum plumatum.* Gmel. p. 3494. n° 108.

* *Buccinum plumatum.* Dillw. Cat. t. 2. p. 624. n° 87.

* Blainv. Faun. franç. Moll. p. 83. n° 4. pl. 4 D. f. 4.

* Potiez et Mich. Cat. des Moll. de Douai. p. 435. n° 1.

* Kiener. Spec. des Coq. p. 44. n° 36. pl. 26. f. 2.

Habite... Mon cabinet. L'extrémité de son canal offre l'échancrure du
précédent; mais les caractères de son bord droit et du sommet de
sa columelle l'en distinguent fortement. Outre ses lignes articulées, il a toujours une fascie blanche sur le milieu de son dernier
tour et à la base du pénultième. Longueur, 18 lignes. Il a été
nommé *Pusio* mal-à-propos dans l'Encyclopédie.

---

(1) Il y a bien des raisons de croire que cette espèce n'est
point le *Murex pusio* de Linné : aussi je ne l'ai cité qu'avec
doute. Linné renvoie, il est vrai, à une figure de Gualtieri qui
appartient bien au *Fusus articulatus*, et sa phrase caractéristique
pourrait s'appliquer à cette espèce; mais dans sa phrase expli-
cative, Linné dit : *Testa glauco cærulescens, fasciis longitudinalibus griseis undatis,* ce qui ne convient pas au *Fusus articulatus,* ni à aucune de ses variétés. Trompé sur les caractères de
l'espèce linnéenne, Born a transposé, sous le nom de *Pusio,* la
description et la synonymie du *Fusus Nifat;* ce qui a été imité
par Gmelin et par Dillwyn. Aussi ces auteurs ont donné le nom
de *Buccinum plumatum* à l'espèce qui est peut-être le *Pusio* de

## 34. Fuseau bucciné. *Fusus buccinatus*. Lamk. (1)

*F. testá subturritá, transversìm tenuissimè striatá, albá aut fuscá; an-
fractibus convexiusculis; labro simplici; caudá brevi, dorso sulcatá, emarginatá.*

*An Murex vulpinus?* Born. Mus. p. 317. t. 11. f. 10. 11.

* Le Rafel. Adans. Seneg. p. 52. pl. 4. f. 2.

* Schrot. Einl. t. 1. p. 640. *Murex.* n° 274.

* *Murex vulpinus.* Gmel. p. 3558. n° 128.

* *Murex vulpinus.* Dillw. Cat. t. 2. p. 728. n° 93.

* *Id.* Wood. Ind. Test. pl. 27. f. 96.

* Kiener. Spec. des Coq. p. 46. n° 37. pl. 8. f. 2.

Habite... Mon cabinet. Couleur uniforme, mais variable; canal distinct, quoique court. Longueur, 17 lignes.

## 35. Fuseau aculéiforme. *Fusus aculeiformis*. Lamk. (2)

*F. testá subturritá, angustá, lævi, nitidá, rufo-castaneá; anfractibus
planulatis : supremis longitudinaliter plicatis; aperturá albá; labro simplicissimo; caudá brevi, dorso sulcatá, emarginatá.*

---

Linné. Au lieu de donner encore un nom à cette coquille, Lamarck aurait dû préférer celui de Gmelin qui, par sa priorité,
doit être préféré. Cette espèce deviendra donc le *Fusus plu-
matus.*

(1) Cette espèce est, sans le moindre doute, le *Murex vulpinus* de Born, et je suis convaincu que si Lamarck avait consulté
la description aussi bien que la figure de l'auteur en question, il
aurait omis le point de doute qui accompagne la citation qu'il
en fait. Aussi, dans la persuasion où je suis que le *Fusus buccinatus* est la même espèce que le *Murex vulpinus*, cette espèce
doit prendre le nom de *Fusus vulpinus*, à cause de l'antériorité de ce dernier nom.

(2) Cette coquille, ainsi que celle qui précède et peut-être
aussi le *Nifat*, ne sont point des Fuseaux; le canal est court et
il est véritablement échancré, comme dans les Buccins. Aussi,
depuis long-temps, nous avions reporté ces deux espèces au
genre Buccin, et l'opercule de l'*Aculeiformis* est venu confirmer
notre opinion. Cet opercule a tous les caractères de celui du
*Buccinum undatum*. Ces espèces devront entrer dans les *Tritonium*
de Muller.

Ency. pl. 426. f. 3. a. b.

* Kiener. Spec. des Coq. p. 47. n° 38. pl. 29. f. 2.

Habite... Mon cabinet. Coquille étroite, à spire très pointue, d'un beau roux-marron, sauf le tour de l'ouverture qui est blanc vers le bord. Longueur, 14 lignes. La figure citée le rend assez mal, en ce qu'elle représente les tours de spire comme étant convexes, et qu'elle donne trop d'ampleur au dernier.

## 36. Fuseau scalarin. *Fusus scalarinus.* Lamk. (1)

*F. testá fusiformi-turritá, subventricosá, lævi, nitidá, albo-lutescente, maculis quadratis fuscis subtessellatá; anfractibus præsertìm infimis, supernè angulatis, suprà planulatis, aream ferè scalariformem æmulantibus; spirá peracutá; caudá breviusculá, emarginatá.*

Encyclop. pl. 437. f. 2.

Habite..... Mon cabinet. Jolie coquille à rampe étroite, dont la planulation est un peu inclinée. Bord droit lisse à l'intérieur. Longueur, 16 lignes et demie.

## 37. Fuseau pervers. *Fusus contrarius.* (2)

*F. testá sinistrorsá, fusiformi-turritá, contortá, obliquè ventricosá, transversìm striatá, albá aut fulvá; anfractibus valdè convexis; labro simplici, intùs lævigato; caudá brevi, emarginatá.*

---

(1) Si l'on rassemble un certain nombre d'individus du *Fusus Nifat*, on en rencontre qui ont un angle à la partie supérieure des tours, et une rampe aplatie règne jusqu'au sommet. Entre ces individus à rampe et ceux à tours arrondis, on trouve toutes les nuances, et l'on a ainsi la preuve que toute la série appartient à un même type spécifique. Lamarck, qui probablement ne connaissait pas ces intermédiaires, a fait le *Fusus scalarinus* avec la variété anguleuse du *Nifat*.

(2) D'après ce que dit M. Kiener du *Fusus contrarius*, Lamarck y aurait confondu deux espèces, l'une vivante et l'autre fossile. M. Kiener, ayant comparé l'individu vivant de la collection de Lamarck, avec quelques autres répandus dans les collections des amateurs de Paris, s'assura de l'identité de cet individu avec celui qui nous a servi de type pour l'espèce que nous avons nommée *Fusus sinistrorsus*, dans l'*Encyclopédie méthodique*. De cette identité, M. Kiener conclut à la suppression de notre espèce et à sa réunion avec le *Fusus contrarius*, et il se croit tellement cer-

*Murex contrarius.* Lin. Gmel. p. 3564. n° 156.

Lister. Conch. t. 950. f. 44. b. c.

Favanne. Conch. pl. 32. fig. N. pl. 79. fig. F. et pl. 80. fig. R.

Chemn. Conch. 9. t. 105. f. 894. 895.

*Fusus contrarius.* Encyclop. pl. 437. f. 1. a b.

* *Murex despectus.* Herman. Natur. t. 16. pl. 2. f. 7.

˙ *Murex contrarius fossilis.* Blumenb. Abbild. Nat. pl. 20.

˙ *Murex contrarius.* Lin. Mantissa. p. 551.

* *Murex antiquus.* Var. Dillw. Cat. t. 2. p. 724. n° 86.

* Desh. Encyc. méth. Vers. t. 2. p. 160. n° 35.

* Potiez et Mich. Moll. de Douai. p. 459. n° 15.

Habite la mer du Nord. Mon cabinet. L'individu vivant ou frais que je possède est blanc; l'extrémité de son canal a une échancrure à la manière de celle des Buccins. Longueur, 23 lignes. J'ai aussi deux individus fossiles de cette espèce, trouvés en Angleterre,

tain de son opinion qu'il décrit et figure, sous le nom de *Contrarius*, un individu bien frais de notre *Fusus sinistrorsus*. Il me semble que M. Kiener, en agissant ainsi, ne s'est point assez préoccupé s'il existait une science en dehors des collections dont il dispose; si M. Kiener eût seulement consulté l'ouvrage de Lamarck, il aurait vu que le *Fusus contrarius* est une coquille linnéenne mentionnée pour la première fois par l'immortel auteur du *Systema naturæ*, dans son *Mantissa plantarum*; si, remontant à toutes les sources, il avait mis à côté de la description de Linné les figures de Hermann dans le *Naturforscher*, celles de Blumenbach; si, à ces figures, il eût joint celles que mentionne Lamarck dans sa Synonymie, il aurait facilement reconnu que le *Murex contrarius* de Linné est une coquille à part, dont les caractères sont constamment différens de ceux de l'espèce que nous avons nommée *Fusus sinistrorsus*. En se livrant aux recherches préparatoires dont nous venons de parler, M. Kiener eût évité de confondre deux espèces, de transposer leurs noms, et enfin, sans cette confusion, il aurait fait figurer dans son ouvrage le véritable *Contrarius* qui ne s'y trouve pas. Tout ce qui précède nous fait persister à maintenir notre *Fusus sinistrorsus* auquel nous rapportons la figure du soi-disant *Contrarius* de M. Kiener.

dans le comté d'Essex. Ils sont fauves ou roussâtres. Longueur, 2
pouces 7 lignes.

## † 38. Fuseau pagode. *Fusus pagoda*. Less.

*C. testâ elongato-fusiformi, gracili, fuscescente; spirâ brevi; anfrac-
tibus convexis, in medio carinato-serratis: ultimo ad basin subangulato, canali gracili, longissimo terminato; aperturâ ovato-angu-
losâ, violascescente; labro tenui.*

Lesson. Illustr. de zool. n° 40. pl. 40.

Muller. Synop. Test. p. 108. n° 3.

*Fusus pagodus.* Kien. Spec. des Coq. p. 7. n° 4. pl. 5. f. 2.

Habite....

Coquille fort élégante qui rappelle notre *Fusus serratus*, fossile des
environs de Paris. La spire est plus courte que le canal terminal,
elle est régulièrement conique et terminée, comme dans la plupart
des Fuseaux, par un sommet lisse, obtus et mamelonné. Les tours,
au nombre de sept à huit, sont divisés en deux parties égales par
une carène mince et tranchante dont le bord est profondément découpé en dents de scie. En dessus de cette carène, les tours de spire
sont plans; en dessous, ils sont médiocrement convexes. Le dernier
tour est court. Vers la base, il présente un angle assez aigu, et il
se termine subitement en un canal très grêle fermé, dans toute sa
longueur, par un bord gauche relevé qui se rapproche du bord
droit et ne laisse ouverte qu'une fente très étroite. En dehors, on
remarque sur le canal quelques stries obliques sur lesquelles se
relèvent de petites aspérités. L'ouverture est ovale obronde; elle
est d'un blanc légèrement violacé, et son bord droit, mince et
tranchant, présente deux angles dont l'un correspond à la carène
dentelée, et l'autre à l'angle de la base.

Cette coquille, très rare, et qui appartient à la collection de M. Delessert, est d'un brun pâle uniforme. Elle a 60 millimètres de long
et 25 de large.

## † 39. Fuseau engaîné. *Fusus vaginatus*. Desh.

*F. testâ fusiformi turritâ, glabrâ, albo-fuscescente; spirâ acuminatâ;
anfractibus profundè separatis, in medio carinato-serratis: ultimo
anfractu basi convexiusculo, in canali longo, gracili, desinente;
aperturâ brevi, subtrigonâ.*

*Murex vaginatus.* Philippi. Enum. moll. Sicil. p. 211. pl. 11.
f. 27. *fossilis.*

*Fusus echinatus.* Kiener. Spec. des Coq. p. 19. n° 14. pl. 2. f. 2.

Habite les mers de Sicile, et se trouve fossile dans les terrains tertiaires récens de la Sicile.

Nous rendons à cette espèce le nom que M. Philippi, le premier, lui imposa. En transportant l'espèce du genre *Murex* dans celui des Fuseaux, M. Kiener n'avait pas le droit de changer le nom spécifique.

Cette curieuse espèce ne manque pas d'analogie avec le *Fusus pagoda;* elle est allongée, fusiforme; sa spire est à-peu-près aussi longue que le canal terminal; on y compte sept tours profondément séparés entre eux par une suture qui se rapproche sans cesse de l'axe central de la coquille. Ces tours sont médiocrement convexes, et ils sont divisés en deux parties égales par une rangée de longues écailles spiniformes, comprimées, creusées en dessous. Le dernier tour est convexe à sa base; il se termine subitement en un canal très grêle, légèrement courbé vers son extrémité et ouvert dans toute sa longueur comme dans les autres Fuseaux. L'ouverture est petite, courte, obronde; son bord droit, mince et tranchant, est rendu anguleux par l'angle spinifère qui y aboutit. Toute cette coquille est lisse; elle est d'un fauve pâle en dehors et d'un beau blanc en dedans.

Les grands individus ont 45 à 5o mill. de long et 22 à 25 de large, en y comprenant la longueur des épines.

### † 4o. Fuseau aiguillette. *Fusus lancea.* Desh.

*F. testá elongato-fusiformi, angustissimá, acuminatá, griseo-fuscescente, longitudinaliter crebri-costatá, transversìm inæqualiter striatá; anfractibus convexis, numerosis : ultimo brevi, caudá gracili terminato; striis distantibus, subgranulosis; aperturá minimá, ovato-rotundá; labro tenui, crenulato.*

*Murex lancea.* Gmel. p. 3556. n⁰ 117.

*Murex angustus.* Gmel. p. 3556. n⁰ 118?

Schrot. Einl. t. 1 .p. 622. *Murex.* n⁰ 221.

*Id.* p. 623. n⁰ 222?

Valentyn. Amboi. pl. 1. f. 6?

Martini. Conch. f. 4. pl. 145. f. 1347.

*Murex lancea.* Dillw. Cat. 2. p. 718. n⁰ 73.

*Fusus aculeiformis.* Sow. Genera of Shells. f. 2.

*Fusus ligula.* Kiener. Spec. des Coq. p. 18. n⁰ 13. pl. 9. f. 2.

*Murex lancea.* Wood. Ind. Test. pl. 26. f. 75.

*Fusus lanceola.* Reeve. Conch. syst. t. 2. p. 185. pl. 232. f. 2.

Habite les mers d'Amboine, d'après Valentyn. Nous rétablissons la synonymie complète de cette espèce, et l'on peut s'apercevoir des variations qu'elle a subies. Cela nous donne occasion de lui restituer son premier nom oublié par presque tous les auteurs.

Cette coquille a beaucoup d'analogie avec le *Fusus aciculatus* qui est fossile aux environs de Paris ; elle se distingue néanmoins par des caractères spécifiques constans, ce qui ne permet pas de la regarder comme l'analogue de l'espèce parisienne. Elle est allongée, fusiforme, très étroite; la spire, très pointue au sommet, est plus longue que le canal de la base. On y compte un grand nombre de tours étroits, très convexes, chargés de côtes longitudinales épaisses, rapprochées, sur lesquelles passent des stries transverses, inégales, peu distantes et subgranuleuses. Le canal terminal est cylindracé et la fente qui se continue avec l'ouverture est extrêmement étroite : cette ouverture est jaunâtre en dedans, elle est petite, ovalaire, et son bord droit est crénelé et dentelé dans sa longueur. Les côtes de cette coquille sont d'un fauve gris pâle, leurs insterstices sont d'un brun assez foncé.

Cette coquille, fort rare dans les collections, a 5o millimètres de long et 1o de large.

### † 41. Fuseau tourelle. *Fusus forceps*. Perry.

**F.** *testâ elongato-fusiformi, angustâ, albâ, longitudinaliter costatâ, transversìm sulcatâ, striis longitudinalibus, creberrimis ornatâ ; anfractibus convexis, suturâ profundâ separatis : ultimo brevi, canali gracili, longissimo terminato ; aperturâ ovato-rotundâ ; labro tenui, intùs profundè sulcato.*

*Murex forceps.* Perry. Conch. pl. 2. f. 4.

*Fusus turricula.* Kiener. Spec. général. des Coq. p. 6. pl. 5. f. 1.

*Fusus longissimus junior.?* Sow. Genera of Shells. f. 1.

*Fusus turricula.* Reeve. Conch. syst. pl. 232. f. 1.

Habite les mers de l'Inde et de la Chine.

Nous rendons à cette espèce son premier nom que M. Kiener n'aurait pas dû lui ôter. Quoique l'ouvrage de Perry soit peu estimé, il contient cependant quelques bonnes figures, et celle qu'il a donnée du *Fusus forceps* fait reconnaître l'espèce avec la plus grande facilité.

Cette coquille a beaucoup d'analogie avec le *Fusus colus ;* mais elle s'en distingue constamment. Elle est allongée, étroite; la spire est presque aussi longue que le canal de la base; elle est pointue et se compose d'un assez grand nombre de tours très convexes, séparés par une suture profonde et subcanaliculée. Sur ces tours s'élèvent de grosses côtes longitudinales, au nombre de huit ou neuf, et elles sont traversées par des sillons transverses nombreux, égaux, entre lesquels se montre assez souvent une petite strie. Entre ces sillons et ces côtes, on remarque, à l'aide de la loupe, un très grand nombre de très fines stries longitudinales, lamelleuses qui résultent des accroissemens. L'ouverture est obronde, la columelle est peu arquée, tandis que le bord droit se développe en demi-cercle. Ce bord droit est chargé à l'intérieur d'un nombre assez considérable de sillons profonds. Le canal terminal est grèle et allongé comme dans le *Fusus colus*.

Cette coquille, fort élégante, a 12 centimètres de long et 30 millimètres de large.

### † 42. Fuseau de Martyns. *Fusus toreuma*. Desh.

*F. testâ elongato-fusiformi, angustâ; spirâ longâ, acuminatâ; anfractibus convexiusculis, longitudinaliter costatis, in medio angulato-nodosis, transversìm tenuè sulcatis : ultimo caudâ gracili, longâ terminato ; aperturâ ovatâ, albâ ; labro serrato, intùs sulcato.*

*Murex toreuma*. Martyns. Univ. Conch. pl. 56.

Habite l'île Pulo-Coudore, dans l'Océan de l'Inde.

Cette belle espèce a beaucoup d'analogie avec celle que M. Kiener donne comme le *Nicobaricus*. Nous avions même pensé que ces deux coquilles appartenaient à la même espèce; mais un examen plus approfondi nous a fait découvrir des caractères constans sur tous les individus. Le *Fusus toreuma* est une coquille allongée, étroite, qui se rapproche un peu du *Fusus colus*, mais qui est un peu plus ventrue. La spire, très longue et très pointue, compte un grand nombre de tours convexes sur lesquels s'élèvent des côtes longitudinales qui diminuent d'épaisseur vers les derniers tours et disparaissent sur le dernier. Un angle médian, peu saillant, divise les tours en deux parties égales. Cet angle devient noduleux en passant sur les côtes, et chacun des tubercules blanchâtres est rendu plus apparent par une tâche d'un brun foncé qui, sur l'angle, occupe l'intervalle de chacun d'eux. Le dernier tour est court; il se prolonge à la base en un canal très grèle, presque aussi long que la spire et sur lequel il n'y a jamais que des stries obliques. Ce canal, à son extrémité surtout, est d'un brun marron plus foncé que le reste. L'ouverture est ovalaire, d'un très beau blanc; la columelle est accompagnée d'un bord droit assez épais; le droit est finement dentelé dans toute sa longueur, il est sillonné en dedans. Nous pourrions signaler plusieurs variétés de couleur dans cette espèce. Il y a des individus qui, comme celui figuré par Martyns, sont d'un brun uniforme, avec les tubercules blancs marqués de brun foncé à la base ; d'autres ont les côtes blanches avec les intervalles bruns ; d'autres, enfin, sont blanchâtres, flammulés de brun.

Cette coquille est longue de 11 centimètres et demi et large de 30 millimètres.

## † 43. Fuseau à larges côtes. *Fusus variegatus.* Desh.

*F. testâ fusiformi, elongatâ, angustâ, acutâ, albâ ; anfractibus convexis, medio tuberculatis, costatis ; costis transversalibus latis, depressis, striatis, convexis, sulco separatis ; caudâ spirâ breviore ; labro crenulato, intùs sulcato.*

*Murex variegatus.* Perry. Conch. pl. 2. f. 3.

*Fus. laticostatus.* Desh. Encyc. méth. Vers. t. 2. p. 151. n° 10.

Desh. Magas. de Zool. Coq. pl. 21. 1831.

*Fus. laticostatus.* Kiener. Spec. des Coq. p. 13. n° 9. pl. 16.

Habite Ceylan.

Lorsque nous avons donné le nom de *Laticostatus* à cette espèce, nous ne connaissions pas l'ouvrage, du reste fort médiocre, de Perry, dont il n'existait qu'un seul exemplaire à cette époque, à Paris. Nous l'étant procuré depuis, nous y avons trouvé une figure passable de notre espèce sous le nom de *Murex variegatus,* et ce dernier nom doit être préféré au nôtre à cause de son antériorité.

Cette coquille est grande, allongée, étroite, solide, épaisse, toute blanche, à spire longue et pointue, formée de dix tours convexes à peine carénés dans le milieu, où ils présentent un rang de tubercules peu saillans qui s'effacent sur les derniers tours et se changent en côtes longitudinales sur les premiers ; chaque tour de spire est muni de sept côtes transverses, larges, aplaties, séparées par un sillon étroit, et finement striées dans toute leur longueur ; à la base du dernier tour se trouvent des côtes semblables aux autres, mais celles qui sont sur le dos du canal sont étroites, saillantes, subcarénées et beaucoup plus distantes que les autres ; le canal de la base est cylindracé, plus court que la spire ; en dessous, il est bordé dans toute sa longueur par le bord gauche qui est peu saillant. L'ouverture est petite, toute blanche en dedans ; le bord droit est subcaréné, sillonné et strié à l'intérieur.

Sa longueur est de 13 centimètres.

## † 44. Fuseau de Dupetit-Thouars. *Fusus Dupetit-Trouarsii.* Kiener.

*F. testâ elongato fusiformi, acuminatâ, albâ, transversìm sulcatâ ; anfractibus convexis, primis longitudinaliter costatis, in medio subcarinatis : ultimo brevi, canali longo, incrassato terminato ; aperturâ ovatâ ; labro dentato, intùs sulcato.*

Kiener. Spec. des Coq. p. 15. n° 11. pl. 11.

Habite les côtes de la Californie.

Grande et belle espèce qui a de l'analogie avec le *Murex versicolor* de Gmelin, mais qui s'en distingue aussi bien que de toutes les autres espèces du même genre. Elle est allongée, fusiforme, à spire pointue, plus longue que le canal terminal. On compte à cette spire 14 tours convexes dont les premiers sont pourvus de côtes longitudinales larges et peu saillantes, lesquelles se perdent et disparaissent sur les deux derniers tours. Toute la surface de la coquille est ornée d'un grand nombre de gros sillons transverses, simples, qui viennent aboutir au bord droit de l'ouverture et du canal, et s'y terminent en autant de dentelures assez aiguës. Le dernier tour se prolonge insensiblement à la base en un canal un peu moins long que la spire, épais, subcylindracé, assez souvent renflé dans le milieu de sa longueur, et dans la plupart des individus, ouvert à la base en une fente ombilicale infundibuliforme. L'ouverture est ovale-oblongue, d'un très beau blanc; son bord droit est sillonné en dedans; le bord gauche est mince et chargé de quelques rides à sa partie supérieure. Sous un épiderme d'un brun jaunâtre, cette coquille est d'un blanc uniforme.

Les grands individus ont jusqu'à 20 centim. de longueur et 60 mill. de large.

### † 45. Fuseau versicolore. *Fusus versicolor*. Desh.

*F. testâ magnâ, elongato-fusiformi, longitudinaliter costatâ, transversim multisulcatâ, albâ, fulvo-nebulosâ, fusco maculatâ; anfractibus convexis, in medio nodoso subcarinatis : ultimo basi convexo, caudâ angustâ terminato; aperturâ ovato-angustâ, albâ; labro tenui, dentato, intùs sulcato; sulcis geminatis.*

*Murex versicolor.* Gmel. p. 3556. n° 119.

Schrot. Einl. t. 1. p. 623. *Murex.* n° 223.

Knorr. Vergn. t. 3. pl. 14. f. 1.

Martini. Conch. t. 4. pl. 146. f. 1348.

*Murex versicolor.* Dillw. Cat. t. 2. p. 718. n° 74.

Habite les mers de l'Inde.

Grande et belle coquille que je ne trouve mentionnée dans aucun des ouvrages récens : ni Lamarck, ni M. Kiener n'en donnent la description. La figure de Martini rend cette espèce assez reconnaissable, surtout si l'on consulte les premiers exemplaires de l'ouvrage publié par ce naturaliste. Cette coquille est allongée, fusiforme; elle est aussi grande que le Fuseau de Dupetit-Thouars, et, par sa coloration, elle se rapproche un peu des grands individus du *Fusus nicobaricus.* Sa spire, pointue au sommet, compte onze et douze tours convexes sur lesquels s'élèvent des côtes longitudinales peu proéminentes, larges, et qui disparaissent peu-à-peu sur le dernier tour. On voit également sur la surface de cette coquille un assez grand nombre de sillons transverses, égaux, fort saillans, dont l'un, placé au milieu des tours, est un peu plus gros que les autres et devient noduleux en passant sur les côtes longitudinales. Le dernier tour est assez ventru et se termine en un canal plus court que la spire, cylindracé, peu épais et sur lequel les sillons transverses sont beaucoup plus rapprochés. L'ouverture est ovale-oblongue, d'un beau blanc ; son bord droit est dentelé et sillonné en dedans, et ces sillons sont accouplés deux à deux. Toute cette coquille est d'un blanc fauve, et elle est irrégulièrement tachetée de brun ou flammulée de cette couleur. Les taches brunes se montrent particulièrement sur le sillon du milieu des tours.

Cette belle coquille a 17 centim. de long et 45 de large.

### † 46. Fuseau austral. *Fusus australis.* Quoy.

*F. testâ fusiformi, subventricosâ, transversìm tenuiter striatâ, ferrugineâ, rufescente ; anfractibus convexis, subnodulosis ; spirâ caudam æquante ; aperturâ ovali ; labro margine den Tato, intùs leviter striato.*

Quoy et Gaim. Voy. de l'Astrol. t. 2. p. 495. pl. 34. f. 9-14.

Kiener. Spec. des Coq. p. 25. n° 19. pl. 12. f. 1.

Menke. Spec. Moll. Nov.-Holl. p. 25. n° 122.

Habite la Nouvelle-Hollande, dans les ports du roi Georges et Western.

Cette espèce tient du Fuseau sillonné et du multicaréné, mais elle diffère de ce dernier par des stries plus rapprochées, des bourrelets moins prononcés, et des tours de spire plus gros ; elle diffère du sillonné par l'allongement de son canal et sa bouche plus ovale ; et d'un autre côté, en la voyant par le dos, on a de la peine à la distinguer de la Fasciolaire ferrugineuse. Elle est assez grande, un peu ventrue, ayant le canal presque aussi long que la queue. L'ouverture ovalaire, à peine striée en dedans, assez fortement denticulée sur le bord droit qui forme un petit sinus en se joignant à la columelle. Celle-ci est rugueuse, presque aplanie, puis relevée en lame le long du canal, qui est ondulé et rouge brun foncé intérieurement. Ses lignes transverses sont inégales en grosseur et parfois accouplées : elles sont traversées par d'autres lignes en long, infiniment plus déliées. L'extrémité de la queue est noduleuse. La couleur générale est d'un brun rouge, plus intense sur

les reliefs. L'ouverture est flambée de la même couleur, mais plus
claire, l'épiderme est velu et roussâtre. (Quoy.)

La longueur de cette espèce est de 77 mill., son épaisseur de 27.

## † 47. Fuseau costulé. *Fusus craticulatus*. Blainv.

*F. testá ovato-fusiformi, medio ventricosá, albo fulvá; anfractibus
subcarinatis, plicato-nodosis, suprà planulatis ; lineis striisve
transversis, squamulosis; aperturá ovatá, canali gracili, contorto,
clauso terminatá.*

*Fusus craticulatus.* Blainv. Faun. franç. p. 87. nº 11. pl. 4 D. f. 2.

*Var. Fusus strigosus.* Blainv. *Id.* p. 86. nº 6. pl. 4 D. f. 3.

Habite la Méditerranée et se trouve fossile en Sicile.

Fort belle espèce de Fuseau qui se rapproche des *Murex*, en cela, du
moins, que les deux bords de son canal se rapprochent et se soudent
entre eux. Cette coquille est allongée, fusiforme, ventrue dans le
milieu ; la spire, très pointue, se compose de sept à huit tours divisés en deux par un angle aigu, mais non saillant. La partie supérieure des tours est plane et même concave ; la partie inférieure
est convexe. Sur ces tours, des côtes longitudinales se mettent en
relief, elles deviennent noduleuses à l'angle des tours. Toute la
coquille est chargée de stries transverses inégales qui, toutes, dans
les individus bien frais, sont chargées d'un très grand nombre de
fines écailles que l'on ne distingue bien qu'à l'aide de la loupe. Le
dernier tour se prolonge insensiblement à la base en un canal plus
court que la spire, assez fortement tordu sur lui-même. L'ouverture est régulièrement ovalaire ; elle est d'un blanc légèrement
violacé en dedans. Le bord droit est mince et tranchant ; il est sillonné en dedans. La coloration de cette espèce est peu variable ;
elle est d'un fauve pâle et blanchâtre, et l'extrémité du canal est
teintée d'un brun marron assez foncé.

Les grands individus ont 38 mill. de long et 20 de large.

## † 48. Fuseau mandarin. *Fusus mandarinus*. Duclos.

*F. testá ovato-fusiformi, longitudinaliter subcostatá, albá, transver-
sìm fusco lineatá; anfractibus convexis : ultimo magno, ventricoso.
canali brevi, contorto terminato; aperturá albá, ovatá; labro intus
sulcato, fusco punctato.*

*Fusus mandarinus.* Duclos. Mag. de Zool. pl. 8. (1831).

*Fusus zelandicus.* Quoy et Gaim. Voy. de l'Astrolabe, t. 2. p. 500.
pl. 34. f. 4. 5. (1833).

*Id.* Kiener. Spec. des Coq. p. 27. nº 31. pl. 14. f. 1.

Habite les mers de la Nouvelle-Hollande.

Cette coquille était déjà nommée par M. Duclos lorsque MM. Quoy et Gaimard la publièrent de nouveau sous un autre nom dans l'ouvrage de zoologie qui fait partie du Voyage de l'Astrolabe. En conséquence de l'antériorité du nom de M. Duclos, nous le rendons à l'espèce.

Coquille ovale, oblongue, ventrue, à spire plus longue que le canal terminal. Cette spire est obtuse au sommet et elle est composée de sept à huit tours convexes sur lesquels se relèvent des côtes longitudinales peu régulières et plus ou moins nombreuses selon les individus. Toute la surface de la coquille est occupée par un grand nombre de sillons transverses, ou plutôt de petits filets saillans assez rapprochés, d'un beau brun rouge foncé, qui ressortent d'une manière élégante sur le fond blanc de la coquille. Le dernier tour est ventru, et il se termine insensiblement à la base en un canal court, un peu contourné dans sa longueur, et présentant à sa base une fente ombilicale étroite. L'ouverture est ovale-oblongue; elle est blanche en dedans; le bord droit est sillonné à l'intérieur et terminé par des cannelures entre chacune desquelles se montre une tache brune qui correspond aux linéoles de cette couleur qui sont en dehors de la coquille.

Cette espèce est longue de 75 mill. et large de 38.

## † 49. Fuseau de Blosvillie. *Fusus Blosvillei*. Desh.

*F. testá oblongá, pyriformi, ventricosá, transversìm striatá et sulcatá, fuscá; anfractibus medio angulatis, supernè subplanulatis, longitudinaliter costatis; ultimo sensìm in caudam attenuato; labro intùs sulcato.*

Desh. Ency. méth. Vers. t. 2. p. 155. n° 22.

Habite Ceylan.

Cette petite coquille rappelle en miniature la forme du *Fusus colosseus*, tout en conservant cependant des caractères qui lui sont propres. Elle est allongée, ventrue, formée de six à sept tours convexes, anguleux dans le milieu, chargés de sept à huit côtes longitudinales, sur chacune desquelles s'élève un tubercule à l'endroit de l'angle des tours; la partie supérieure des tours est aplatie en plan oblique et couverte de fines stries transverses, tandis que leur partie inférieure, au-dessous de l'angle, est chargée de sillons entre lesquels se voient quelques stries fines; toute la partie inférieure du dernier tour, qui s'atténue insensiblement, est munie des mêmes sillons. L'ouverture est ovale, oblongue, terminée inférieurement par un canal largement ouvert. La columelle forme une petite torsion à son origine; le bord gauche est confondu avec la columelle, et le droit, très épais, iargement crénelé, est profondément sillonné à l'intérieur. La couleur de cette espèce est uniformément brun foncé ; l'ouverture est d'un blanc jaunâtre.

Elle est longue de 35 mill.

† 5o. **Fuseau turritellé.** *Fusus turritellatus.* Desh.

*F. testâ elongato-angustâ, turriculatâ, apice acutâ, fusco-nigrescente, longitudinaliter costatâ, transversìm tenuè striatâ; anfractibus convexiusculis : ultimo brevissimo; aperturâ minimâ; fuscâ; labro incrassato, intùs denticulato.*

Desh. Expéd. scient. de Morée. Zool. p. 174. n° 284. pl. 19. f. 28 à 3o. 43 à 45.

Habite les côtes de Morée.

Ce très petit Fuseau a quelque ressemblance, quant à sa forme extérieure, avec une Cérite ou avec une autre coquille turriculée ; il est allongé, à spire pointue, composée de six à sept tours légèrement convexes, sur lesquels on remarque des petites côtes longitudinales et des stries transverses assez fines ; de ces dernières on en compte quatre ou cinq sur l'avant-dernier tour ; le dernier tour est beaucoup plus court que la spire ; il est terminé par un petit canal un peu relevé vers le dos. L'ouverture est très petite, ovalaire, d'un brun rougeâtre ; son bord droit légèrement épaissi est finement dentelé dans toute sa longueur : toute cette coquille est d'un brun noirâtre et foncé.

Sa longueur est de 6 mill. et sa largeur de 2.

† 5i. **Fuseau violet.** *Fusus violaceus.* Desh.

*F. testâ minimâ, ovatâ, utrinquè acuminatâ, longitudinaliter costatâ, transversìm striatâ; striis distantibus, fuscis ; aperturâ angustâ , violaceâ ; labro incrassato, inœqualiter intùs dentato ; anfractibus convexis, primis violaceis, alteris albo violascentibus.*

Desh. Expéd. scient. de Morée. Zool. p. 174. n° 283. pl. 19. f. 19. 20. 21.

Habite les côtes de Morée.

Petite coquille ovale-oblongue, à spire pointue, à-peu-près aussi longue que le dernier tour ; elle est composée de six à sept tours très convexes, sur lesquels sont disposées très régulièrement un petit nombre de côtes longitudinales, saillantes et presque aiguës sur leurs bords. Ces côtes sont traversées par quatre ou cinq stries légèrement saillantes, fort étroites et également distantes les unes des autres ; le dernier tour est enflé et prolongé à la base en un canal court, sur le dos duquel on voit trois rides obliques ; l'ouverture est petite, plus longue que large, violette en dedans ; le

bord droit est épaissi; il est garni à l'intérieur d'une série de petites dents inégales, dont les supérieures sont les plus grosses; le
canal de la base est étroit, assez profond et découvert dans
toute sa longueur; la couleur de cette espèce est d'un violet assez
foncé au sommet, d'un violet pâle dans le reste de son étendue,
et les stries transverses sont d'un brun foncé. Elle est longue de
7 mill. et large de 3 et demi.

† 52. Fuseau nain. *Fusus minutus.* Desh.

> F. *testâ minimâ, ovatâ, utrinquè attenuatâ, incrassatâ, longitudi-
> naliter plicatâ, transversìm tenuè striatâ, fulvâ; anfractibus con-
> vexis, angustis; ultimo caudâ brevi terminato; aperturâ ovatâ,
> angustâ, ovatâ; labro incrassato, intùs denticulato, violascente.*

Desh. Expéd. scient. de Morée. Zool. p. 193, n° 282. pl. 19. f. 31.
32. 33.

Habite sur les côtes de Morée, de Sicile, d'Afrique.

Jolie petite coquille qui paraît fort rare et que l'on pourrait peut-
être rapporter au genre Murex; mais comme elle n'a point de
varice, il nous semble qu'elle convient mieux aux Fuseaux; elle
est petite, ovalaire, renflée dans le milieu, pointue à ses extrémités; sa spire est courte, composée de cinq à six tours convexes, pourvue de plis longitudinaux légèrement obliques, rapprochés et traversés par un grand nombre de stries saillantes
régulières, presque égales, dont les deux premières, plus grosses,
couronnent les tours de petits tubercules. Le dernier tour est globuleux; il se prolonge à la base en un canal court, assez profond
et recouvert en avant d'une lame courte et mince, qui le change
en un véritable tuyau; l'ouverture est fort petite, ovalaire; le
bord gauche est mince et appliqué dans toute l'étendue de la columelle; le droit s'épaissit en dedans, et il est pourvu dans sa
longueur de sept crénelures égales; ce bord est teint d'une couleur
pourpre violacée; le reste de la coquille est d'un brun fauve,
quelquefois assez foncé, approchant de la couleur marron.

Elle a 6 mill. de long et 4 de large.

† 53. Fuseau contraire. *Fusus sinistrorsus.* Desh.

> F. *testâ ovato-acutâ, sinistrorsâ, ventricosâ, albidâ, transversìm
> striatâ et sulcatâ; anfractibus regularibus, convexis; caudâ latâ,
> brevi, contortâ.*

Fav. Conch. pl. 32. f. A.

Desh. Ency. méth. Vers. t. 2. p. 160. n° 36.

*Fusus contrarius.* Kiener. Spec. des Coq. p. 36. n° 29. pl. 20 f. 1.

Habite la Méditerranée et l'Océan de l'Inde. Fossile en Sicile, aux environ des Falerme (Voyez la note du *Fusus contrarius*, p. 462).

Ce Fuseau est grand, ovalaire, ventru, atténué à ses deux extrémités, terminé à la base par un canal fort court et oblique ; il est composé de sept tours de spire, le premier est mamelonné, et les suivans sont régulièrement espacés, arrondis, convexes, à suture simple, mais profonde. Toute la coquille est couverte de sillons nombreux, convexes, simples, rapprochés sur les premiers tours, plus distans et séparés par une strie interposée sur les derniers ; ils sont généralement plus fins et plus serrés à la partie supérieure des tours de spire, dans le voisinage de la suture. L'ouverture est ovale, oblongue, pointue à ses deux extrémités ; inférieurement elle se termine par le canal qui est indiqué par une torsion de la columelle ; celle-ci est bordée par le bord gauche, mince et peu saillant, qui s'épaissit et s'aplatit d'une manière notable, à la base, en laissant à découvert une fente ombilicale peu profonde ; le bord droit est assez épais, simple, lisse en dedans et un peu sinueux à sa partie supérieure.

La longueur de l'individu vivant est de 95 mill. Celle du fossile de 120.

## † 54. Fuseau dilaté. *Fusus dilatatus*. Quoy et Gaim.

*F. testá ovatá, turgidá, transversìm tenuissimè striatá, albo rubente ; anfractibus carinato-tuberculatis ; aperturá amplá, subovali, albá ; margine dextro valdè angulato, sulcato ; columellá planá.*

Quoy et Gaim. Voy. de l'Astrol. t. 2. p. 498. pl. 34. f. 15. 16. 17. excluez l'analogue fossile.

Kiener. Spec. des Coq. p. 31. n° 25. pl. 1. f. 2.

Habite la baie des Iles, à la Nouvelle-Zélande.

Cette espèce est remarquable par l'ampleur de son dernier tour très dilaté, caréné au sommet comme tous ceux de la spire, avec de gros bourrelets anguleux et espacés. Le sommet est épais, court, de même que le canal qui est large, un peu recourbé en haut et rejeté à gauche. L'ouverture est grande, ovalaire, d'un beau blanc ; le bord droit, qui forme un angle presque droit, est ondulé sur le bord et sillonné intérieurement. Ces sillons sont quelquefois rougeâtres dans une partie de leur trajet vers le limbe. La columelle est plane et lisse. Tout le têt est transversalement strié en ondes par de grosses et petites raies. Dépouillé de son enveloppe marine, qui est grisâtre, ce Fuseau, sur un fond blanc, est strié de brun rougeâtre (Quoy).

Il est long de 77 mill. et large de 5.

† 55. **Fuseau linéolé.** *Fusus linea.* Desh.

> *F. testâ ovato-oblongâ, utrinquè attenuatâ, lævigatâ, albâ, roseâ, lineis confertis, regularibus, castaneo rubris, transversis ornatâ; anfractibus convexiusculis : ultimo caudâ brevi terminato; aperturâ albâ, ovato-acuminatâ; labro simplici, intùs striato.*

*Buccinum linea.* Martyns. Univ. Conch. pl. 48.

*Murex lineatus.* Chemn. Conch. t. 10. p. 278. pl. 164. f. 1572.

*Id.* Gmel. p. 3559.

*Id.* Dillw. Cat. t. 2. p. 734. n° 105.

*Fusus lineatus.* Quoy. Voy. de l'Astr. t. 2. p. 501. pl. 34. f. 6. 7. 8.

*Id.* Kiener. Spec. génér. des Coq. p. 48. n° 39. pl. 30. f. 2.

Habite les mers de la Nouvelle-Zélande.

Les auteurs récens qui ont mentionné cette espèce ont oublié qu'elle était depuis long-temps nommée et figurée par Martyns, dans son *Universal conchologist.* Nous rendons, en conséquence de cette antériorité, son véritable nom à cette espèce. Quoique la figure de Martyns représente une coquille plus grande que ne le sont celles nouvellement figurées, elle appartient cependant à la même espèce, ce que nous pouvons constater par un individu de notre collection qui est presque aussi grand que celui de l'auteur anglais.

Cette coquille est très distincte de toutes ses congénères, et des plus faciles à reconnaître. Elle est d'un médiocre volume, ovale, oblongue; son canal est court, ce qui la place parmi les Fuseaux bucciniformes; elle est toute lisse, d'un blanc rose, et elle est ornée d'un grand nombre de linéoles régulières assez également distantes, transverses, d'un beau rouge brun, plus ou moins intense selon les individus. L'ouverture est ovale, blanche en dedans; et le bord droit, mince et tranchant, est strié à l'intérieur.

Cette jolie coquille a 37 millim. de long et 20 de large.

† 56. **Fuseau flammé.** *Fusus igneus.* Desh.

> *F. testâ ovato-oblongâ, angustâ, buccinoideâ, lævigatâ, fuscescente, flammulis rubescentibus castaneisve ornatâ; anfractibus convexiusculis; primis longitudinaliter tenuè plicatis : ultimo transversim basi striato.*

Martini. Conch. t. 4. p. 72. pl. 127. f. 1217.

*Buccinum igneum.* Gmel. p. 3494.

Schrot. Einl. t. 1. p. 372. *Buccinum.* n° 68.

*Buccinum igneum.* Dillw. Cat. t. 2. p. 624. n° 86.

*Id.* Wood. Ind. Test. pl. 83. f. 87.

Habite.....

Jolie espèce qui paraît avoir été oubliée par ceux des auteurs récens qui ont traité de la conchyliologie. Quoiqu'elle se rapproche
des Buccins, nous pensons cependant qu'elle doit rester parmi les
Fuseaux au même titre que l'*Articulatus* de Lamarck, et que plusieurs autres espèces. Elle est allongée, étroite ; la spire, obtuse
au sommet, paraît avoir été tronquée naturellement comme dans
le *Bulimus decollatus*, par exemple ; ses tours sont peu nombreux,
médiocrement convexes et les deux premiers sont chargés de petits plis longitudinaux. Le reste de la coquille est lisse, si ce n'est
à la base du dernier tour où l'on remarque un petit nombre de
stries fines et obliques. L'ouverture est un peu plus courte que la
spire ; elle est ovalaire, blanche, et son angle supérieur est creusé
d'une petite rigole intérieure. Le canal de la base est très court ;
il est profond et ouvert de telle manière qu'il laisse apercevoir
une partie de l'enroulement de la columelle, à-peu-près comme
dans le genre Tarière. La coloration de cette espèce la rend facile à distinguer. Sur un fond d'un fauve pâle et uniforme, se dessinent de grandes et larges flammules qui descendent d'une suture
à l'autre. Dans la plupart des individus, ces flammules sont inter
rompues sur le dernier tour par deux rangées transverses de taches quadrangulaires de la même couleur.
Cette coquille a 40 mill. de long et 20 de large.

## † 57. Fuseau variqueux. *Fusus varicosus*. Kiener.

F. *testâ ovato-subventricosâ, buccinoideâ, longitudinaliter costatâ,
transversìm tenuè striatâ, albâ, costis fuscescentibus ; anfractibus
convexiusculis : ultimo ventricoso, canali brevi et angusto terminato ; aperturâ ovatâ, albâ ; labro obsoletè dentato.*

*Murex varicosus.* Chemn. Conch. t. 10. p. 256. pl. 162. f. 1546.
1547.
*Fusus varicosus.* Kiener. Spec. des Coq. p. 41. n° 33. pl. 10. f. 2.
Habite les mers du Pérou.

Coquille qui a autant l'apparence d'un Buccin que d'un Fuseau ; elle
est ovale, ventrue, à spire obtuse au sommet, composée de six ou
sept tours convexes sur lesquels s'élèvent un assez grand nombre
de côtes longitudinales qui se suivent obliquement d'un tour à
l'autre. Toute la surface est occupée par des stries transverses, peu
nombreuses, peu profondes et qui deviennent plus grosses vers la
base du dernier tour. Celui-ci est ventru, subglobuleux et se termine brusquement en une queue étroite et courte. L'ouverture est
régulièrement ovalaire, elle est d'un beau blanc, et le bord droit,
peu épaissi, présente en dedans quelques dentelures obsolètes.

Cette coquille est d'un blanc légèrement jaunâtre, et ses côtes sont d'un brun pâle.

Cette coquille est longue de 35 mill. et large de 20.

## † 58. Fuseau ventru. *Fusus saturus.* Desh.

*F. testá ovato-ventricosá, longitudinaliter subplicatá, transversìm obsoletè bi-costatá, fuscescente; anfractibus convexis, angustis, suturá canaliculatá separatis; ultimo ventricoso, canali brevi desinente; aperturá magná, albo-lutescente; labro simplici.*

*Buccinum saturum.* Martyns. Univ. Conch. pl. 47.

*Buccinum ventricosum.* Gmel. p. 3498.

*Id.* Dillw. Cat. t. 2. p. 641. n° 131.

Habite les mers de la Nouvelle-Hollande.

Belle espèce figurée pour la première fois par Martyns et que nous ne trouvons pas mentionnée dans les auteurs plus modernes qui se flattent de doter la science de monographies. Cette coquille a de l'analogie avec le *Fusus despectus*, elle en a également avec l'*Antiquus*, et, comme eux, elle appartient probablement au genre *Tritonium* de Muller. Elle est ovale-ventrue; sa spire, peu allongée, est composée d'un petit nombre de tours convexes, séparés entre eux par une suture étroite et canaliculée : sur ces tours s'élèvent des plis longitudinaux peu réguliers; ils sont traversés par deux côtes transverses obtuses, distantes et peu saillantes. Les plis restent à la partie supérieure du dernier tour, et aux deux côtes transverses dont nous avons parlé, il s'en ajoute deux autres beaucoup plus effacées. Ce dernier tour, très ventru, se termine insensiblement en un canal court, large, légèrement relevé vers le dos. L'ouverture est grande, ovalaire, d'un blanc jaunâtre; son bord droit est simple et son bord gauche, fort étroit, laisse à découvert une petite fente ombilicale. Toute cette coquille est d'un fauve brunâtre uniforme, ce qui lui donne un peu l'apparence de la corne.

Elle a 90 mill. de long et 60 de large.

## † 59. Fuseau en lyre. *Fusus lyratus.* Desh.

*F. testá magná, ovato-ventricosá, fuscescente; spirá acuminatá; anfractibus transversìm bicostatis : ultimo ventricoso, multicostato; costis distantibus, obtusis, ultimis minoribus; aperturá magná, ovatá, albo-rubente; labro incrassato, subdentato; canali brevi, lato, profundo.*

*Buccinum lyratum.* Martyns. Univ. Conch. pl. 43.

*Murex lyratus.* Gmel. p. 3531.

*Murex glomus cereus.* Chemn. Conch. t. 10. p. 281. pl. 169. f. 1634.

*Murex lyratus.* Dillw. Cat. t. 2. p. 696. n° 30.

Habite les mers de la Nouvelle-Hollande, au port du roi Georges.

Grande et magnifique coquille restée jusqu'à présent extrèmement rare dans les collections ; elle se rapproche, à certains égards, du *Fusus carinatus* dont elle se distingue cependant par de très bons caractères spécifiques. Elle est ovale-ventrue ; sa spire, conique, est à-peu-près aussi longue que le dernier tour. On y compte neuf tours séparés entre eux par une suture subcanaliculée. Leur partie supérieure est formée par un plan incliné qui, sous l'apparence d'une rampe oblique, remonte jusqu'au sommet. Deux gros cordons s'élèvent sur le milieu inférieur des tours ; ils sont gros, épais, distans, et sur le dernier tour, à ces deux cordons, sept autres s'ajoutent et forment autant de cercles réguliers autour de la coquille. Ce dernier tour, très ventru, se termine insensiblement en un canal large, comme écrasé et largement ouvert du côté de l'ouverture : celle-ci est ovalaire, d'un blanc fauve rougeâtre ; le bord droit est épais, subdenté, simple ; le gauche est étroit, épaissi et calleux vers la base de la columelle. Toute cette coquille est d'un brun corné plus ou moins foncé, selon les individus, mais toujours uniforme.

La longueur de cette espèce est de 13 centim. et sa largeur de 9.

## † 60. Fuseau squamuleux. *Fusus squamulosus.* Phil.

*F. testâ fusiformi, medio ventricosâ, albâ ; anfractibus convexis, longitudinaliter costatis, transversìm cingulatis ; cingulis squamulis, fornicatis, exasperatis ; aperturâ albâ, ovatâ, caudâ gracili, recurvâ terminatâ.*

Philip. Enum. Moll. Sicil. p. 204, n° 6. pl. 11. p. 31.

Habite les mers de la Sicile.

Coquille qui n'est point très rare dans les collections, et cependant elle n'est point mentionnée par M. Kiener, dans sa monographie du genre Fuseau. Elle est ovale-oblongue ; sa spire, pointue au sommet, est composée de huit tours convexes dont les premiers sont aplatis à leur partie supérieure. Des côtes longitudinales obtuses et saillantes descendent obliquement d'une suture à l'autre ; sur le dernier tour, elles gagnent jusqu'à l'origine du canal. Outre ces côtes, la coquille est ornée de petits filets saillans également distans et sur lesquels se relèvent une multitude de petites écailles imbriquées qui rendent cette coquille âpre et rude au toucher. Le dernier tour se termine insensiblement en un canal étroit et court, contourné dans sa longueur et faiblement relevé du côté du dos. L'ouverture est petite, toute blanche, ovale-obronde ; son bord droit,

mince et tranchant, est finement festonné dans toute sa longueur.
Les grands individus de cette coquille ont 45 mill. de long et 25 de
large.

### *Espèces fossiles.*

#### 1. Fuseau ventre-lisse. *Fusus longævus.* Lamk.

*F. testâ fusiformi, ventricosâ, crassâ; anfactibus infimis dorso pla-
nulatis, lævigatis; margine superiore obtuso, incurvo : supremis
striatis et plicato-nodulosis; caudâ gracili.*

D'Argenv. Conch. pl. 29. f. 6. *fig. quarta.*

Martini. Conch. 4. t. 141. f. 1319. 1320.

*Murex lævigatus.* Gmel. p. 3555. nº 111.

*Murex longævus.* Brander. Foss. Hant. f. 40. et 93.

*Fusus longævus.* Annales du Mus. vol. 2. p. 317. nº 3.

Encyclop. pl. 425. f. 3. a. b. et f. 4.

* Fav. Conch. pl. 66. f. M. 2.

* Knorr. Petrif. suppl. pl. 5 A. f. 7.

* Seba. Mus. t. 4. pl. 106. f. 17. 18.

* Desh. Encyc. méth. Vers. t. 2. p. 154. nº 19.

* Guettard. Sur les acc. des coq. mém. de l'Ac. 1739. p. 189. pl. 6. f. 1.

* Roissy. Buf. moll. t. 6. p. 63. nº 6.

* Desh. Coq. foss. de Paris. 2. p. 523. nº 10. pl. 74. f. 18 à 21.

* Bronn. Leth. Géogn. t. 2 p. 1068. pl. 41. f. 22.

* Sow. Min. Conch. pl. 548.

Habite... Fossile de Grignon. Mon cabinet. Il offre différentes variétés d'âge, bien distinguées par leur aspect. Longueur, 4 pouces.

#### 2. Fuseau Noé. *Fusus Noæ.* Lamk.

*F. testâ fusiformi, apice basique transversìm sulcatâ; spirâ costulis
nodulosâ; anfractuum margine superiore retuso, crispo.*

*Murex Noæ.* Chemn. Conch. 11. t. 212. f. 2096. 2097.

*Fusus Noæ.* Annales du Mus. *ibid.* nº 2. et pl. 46. f. 2.

Encyclop. pl. 425. f. 5.

* Desh. Encycl. méth. Vers. t. 2. p. 54. nº 20.

* Desh. Coq. foss. de Paris. t. 2. p. 528. nº 14. pl. 75. f. 8. 9.
12. 13.

* Roissy. Buf. moll. t. 6. p. 62. nº 5.

Habite... Fossile de Grignon. Mon cabinet. Longueur, 3 pouces
3 lignes.

#### 3. Fuseau ridé. *Fusus rugosus.* Lamk.

*F. testâ fusiformi, subcancellatâ; sulcis transversis remotiusculis; cos-
tis longitudinalibus, distantibus; supremis nodulosis.*

*Murex porrectus*. Brander. Foss. Hant. t. 2. f. 35.
*Fusus rugosus*. Annales du Mus. *ibid.* p. 316. n° 1.
Encyclop. pl. 425. f. 6.
*An murex fossilis?* Gmel. p. 3555. n° 112.
* Roissy. Buf. Moll. t. 6 p. 62. n° 4.
* Fav. Conch. pl. 66. f. m. 7?
* Desh. Encyc. Méth. Vers. t. 2. p. 153. n° 18.
* *Id.* Coq. foss. de Paris. t. 2. p. 519. n° 7. pl. 73. f. 4 à 11.
Habite... Fossile de Grignon. Mon cabinet. Longueur, 2 pouces
    8 lignes.

## 4. Fuseau clavellé. *Fusus clavellatus*. Lamk. (1)

*F.* *testâ fusiformi-clavatâ, transversè striatâ; costis obtusis, nodulosis;*
   *caudâ longâ, gracili.*
*Murex deformis.* Brander. Foss. t. 2. f. 37. 38.
*Fusus clavellatus.* Annales, *ibid.* p. 317. n° 4.
Encyclop. pl. 425. f. 1. a. b. et f. 2. a. b.
Habite... Fossile de Grignon. Mon cabinet. Longueur, 2 pouces une
    ligne.

## 5. Fuseau en escalier. *Fusus scalaris*. Lamk.

*F. testâ abbreviato-fusiformi, ventricosâ; anfractibus duobus ultimis*
   *læviusculis, supernè scalariformibus : supremis striatis et margine*
   *inferiore nodulosis.*
Encyclop. pl. 425. f. 7.
* *Fusus longævus.* Brand. Foss. Hant. pl. 6. f. 73.
* *Id.* Sow. Min. Conch. pl. 63.
* Desh. Coq. foss. de Paris. t. 2. p. 525. n° 11. pl. 72. f. 13. 14.
Habite... Fossile de Valmondois, Assy, Mary, Taucron, Senlis, Lé-
   vemont. Mon cabinet. Longueur, 2 pouces.

## 6. Fuseau épineux. *Fusus minax*. Lamk.

*F. testâ abbreviato-fusiformi, ventricosâ, transversìm striatâ, spinis*
   *longis armatâ; anfractibus supernè coronato-spinosis : ultimo in-*
   *frà spinas tuberculis acutis unicâ serie prædito; caudâ recurvâ.*
*Murex minax.* Brander. Foss. t. 5. f. 62.
*Murex minax.* Encyclop. pl. 441. f. 4.
* *Murex minax.* Sow. Min. Conch. pl. 229. f. 2.

---

(1) Espèce établie avec de jeunes individus du *Fusus longæ-*
*vus;* il faudra donc la supprimer et en reporter la citation au
*Longævus.*

* Desh. Coq. foss. de Paris. t. 2. p. 568. n° 53. pl. 77. f. 1 à 4.

Habite.... Fossile de Mondieu, près Sedan, et des environs de Pontoise. Mon cabinet, intérieur du bord droit muni de sillons interrompus. Longueur, 2 pouces 7 lignes.

## 7. Fuseau costulé. *Fusus costulatus*. Lamk.

F. *testâ ovato-fusiformi, ventricosâ, longitudinaliter costatâ, transversim sulcatâ ; costis nodulosis ; caudâ spirâ breviore.*

*Fusus torulosus*. Encyclop. pl. 428. f. 3, a. b.

* *Fusus polygonatus*. Brong. Vicent. p. 73. pl. 4. f. 4.

* Desh. Coq. Foss. de Paris. t. 2. p. 562. n° 48. pl. 75. f. 16. 17.

Habite... Fossile de Beyne, Grignon, Betz. Mon cabinet. Limbe intérieur du bord droit subcrénelé. Longueur, 13 lignes et demie.

## 8. Fuseau bulbiforme. *Fusus bulbiformis*.

F. *testâ ovato-fusiformi, ventricosâ, glabrâ ; spirâ mucronatâ, brevi ; caudâ obsoletè striatâ, subarcuatâ.*

Lister. Conch. t. 1028. f. 3.

Favanne. Conch. pl. 66. fig. M 11.

*Murex bulbus*. Brander. Foss. t. 4. f. 54.

*Murex bulbus*. Chemn. Conch. 11. t. 212 f. 3000. 3001.

*Fusus bulbiformis*. Annales, ibid. p. 387. n° 26.

Encyclop. p. 428. f. 1. a. b.

* Sow. Min. Conch. pl. 291. f. 1. 2. 4. 5. 6.

* Desh. Coq. Foss. de Paris. t. 2. p. 570. n° 54. pl. 78. f. 5 à 10, 14 à 18.

* Sow. Conch. Man. f. 549.

* Seba. Mus. t. 4. pl. 106. f. 21 à 25.

* Walch et Knorr. Reliq. diluv. t. 2. pl. C 4. f. 3.

* Bronn. Leth. geogn. t. 2. p. 1069. pl. 41. f. 20.

Habite.... Fossile de Grignon, de Courtagnon, etc. **Mon cabinet.** Longueur, 2 pouces 7 lignes. Vul. la *Globosite*.

## 9. Fuseau petite-figue. *Fusus ficulneus*. Lamk.

F. *testâ ovato-fusiformi, ventricoso-turgidâ, lamelloso-costatâ ; anfractibus spiræ margine inferiore squamoso-asperatis : ultimo supernè angulato, subspinoso ; columellâ intortâ, basi uniplicatâ.*

*Murex ficulneus*. Chemn. Conch. 11. t. 212. f. 3004. 3005.

*Fusus ficulneus*. Annales. ibid. p. 386. n° 25.

Encyclop. pl. 428. f. 2. a. b.

* *Murex bulbus*. Brand. Foss. Hant. pl. 1. f. 56 ?

* Sow. Min. Conch. pl. 291. f. 9.

* Desh. Coq. Foss. de Paris. t. 2. p. 572. n° 55. pl. 73. f. 21 à 26.

Habite.... Fossile de Grignon. Mon cabinet. Le pli dont sa columelle est munie, contre l'ordinaire de son genre, la rend remarquable. Sa queue est courte et arquée. Longueur, 2 pouce.

**10. Fuseau tortillé. *Fusus intortus*. Lamk.**

> F. *testâ fusiformi-turritâ, subtorulosâ, decussatim striatâ; striis
> transversis inferioribus eminentioribus distinctis ; columellâ in-
> tortâ.*

*Fusus intortus*. Annales, ibid. p. 318. n° 8. et t. 6. pl. 46. f. 4 à 6.

Encyclop. pl. 441. f. 6. a. b.

* Desh. Coq. foss. de Paris. t. 2. p. 538. n° 23. pl. 73. f 4. 5. 10.
11. 14. 15.

Habite.... Fossile de Grignon. Mon cabinet. Longueur, 17 lignes.

**11. Fuseau aciculé. *Fusus aciculatus*. Lamk.**

> F. *testâ fusiformi, angustissimâ, transversìm striatâ, longitudina-
> liter costulatâ; caudâ longâ, strictâ, subaciculatâ.*

*Fusus aciculatus*. Annales, ibid. n° 5. et t. 6. pl. 46. f. 6.

Encyclop. pl. 425. f. 8. a. b.

* Brand. Foss. Hant. pl. 2. f. 36.

* Desh. Coq. foss. de Paris. t. 2. p. 514. n° 2. pl. 71. f. 7. 8.

* *Fusus acuminatus*. Sow. Min. Conch. pl. 274. f. 1. 2. 3.

* *Fusus asper*. *Id.* loc. cit. f. 4 à 7.

* Desh. Encyclop. méth. Vers. t. 2. p. 152. n° 14.

Habite.... Fossile de Grignon. Mon cabinet. Il n'est presque point
ventru. Longueur, 2 pouces.

**12. Fuseau cordelé. *Fusus funiculosus*. Lamk.**

> F. *testâ fusiformi-elongatâ, obsoletè costatâ, decussatâ, rugosâ; ru-
> gis transversis, alternis majoribus; columellâ subplicatâ.*

*Fusus funiculosus*. Annales, ibid. p. 386. n° 22.

Encyclop. pl. 428. f. 6. a. b.

* Desh. Encyclop. méth. Vers. t. 2. p. 153. n° 15.

*Id.* Coq. foss. de Paris. t. 2. p. 516. n° 4. pl. 72. f. 5. 6.

Habite..... Fossile de Grignon. Mon cabinet. Longueur, 14 lignes.

**13. Fuseau coupé. *Fusus excisus*. Lamk.**

> F. *testâ ovato-oblongâ, transversè rugosâ; costis longitudinalibus
> obsoletis; columellâ obliquè excisâ; caudâ brevi: labro intùs
> dentato.*

*Fusus excisus*. Annales. ibid. p. 319. n° 11.

Encyclop. pl. 428. f. 4. a. b.

[b] *Var. columellâ basi subbiplicatâ.*

31.

* Brand. Foss. Haut. pl. 1. f. 19.

* Desh. Coq. foss. de Paris. t. 2. p. 556. n° 43. pl. 74. f. 6. 7. 8.

Habite.... Fossile de Grignon. Cabinet de M. *Defrance*. Longueur de sa variété, près de 9 lignes. Mon cabinet.

*Nota.* Voyez, pour les autres espèces fossiles, l'exposition qui s'en trouve dans les Annales

## 14. Fuseau subulé. *Fusus subulatus.* Lamk.

*F. testá fusiformi-turritá, subulatá , longitudinaliter costatá ; striis transversis tenuissimis, obsoletis ; caudá brevi.*

*Fusus subulatus.* Annales. Vol. 2. p. 318. n° 6.

* Desh. Coq. foss. de Paris. t. 2. p. 535. n° 20. pl. 76. f. 13. 14. 15.

Habite..... Fossile de Grignon. Mon cabinet et celui de M. *Defrance.* Petit Fuseau très élégant et très différent par sa forme du Fuseau aciculé. Le canal de sa base est beaucoup plus court que la spire ce qui donne à la coquille une forme presque turriculée. Long. 2 centimètres environ.

## 15. Fuseau grain-d'orge. *Fusus hordeolus.* Lamk.

*F. testá fusiformi, turritá ; anfractibus lævibus , convexis ; caudá brevi.*

*Fusus hordeolus.* Ann. ibid. n° 7.

* Desh. Coq. foss. de Paris. t. 2. p. 548. n° 33. pl. 96 *bis.* f. 6. 7. 8.

Habite.... Fossile de Grignon. Cabinet de M. *Defrance.* C'est la plus petite espèce de Fuseau que je connaisse; elle n'a que 5 ou 6 millim. de longueur.

## 16. Fuseau polygone. *Fusus polygonus.* Lamk.

*F. testá ovatá, multicostatá, transversim rugosá ; marginibus anfractuum elevatis, oppressis ; aperturá dentatá.*

*Fusus polygonus.* Ann. ibid. p. 319. n° 9.

* Brong. Vicent. p. 73. pl. 4. f. 3.

* Desh. Coq. foss. de Paris. t. 2. p. 563. pl. 71. f. 5. 6.

* Bronn. Lethea. Geogn. t. 2. p. 2. 1070. pl. 41. f. 19.

Habite.... Fossile de Grignon. Mon cabinet et celui de M. *Defrance.* Coquille courte, presque ovale, ventrue, ayant sur chaque tour de spire neuf à douze côtes obtuses et longitudinales. Elle est , en outre, fortement ridée transversalement, et a le bord supérieur de chaque tour élevé et appliqué contre celui qui le précède. Longueur, 35 millimètres.

## 17. Fuseau raccourci. *Fusus abbreviatus.* Lamk.

*F. testá ovato-conicá, óasi abbreviatá ; cingulis transversis , rugosis, costato-nodulosis ; columellá obsoletè umbilicatá.*

*Fusus abbreviatus.* Ann. ibid. n° 10.

* Desh. Coq. foss. de Paris. t. 2. p. 55o. n° 35. pl. 76. f. 10. 11. 12.

Habite.... Fossile de Grignon. Cabinet de **M.** *Defrance.* Il est ovale-conique, raccourci à sa base, et offre sur chaque tour de spire une bande transverse, ridée ou sillonnée et noduleuse. Longueur, 12 à 13 millimètres.

18. **Fuseau nain.** *Fusus minutus.* **Lamk.**

> *F. testá ovatá, costulis crebris nodulosá; transversis, cingulatim coalitis.*

*Fusus minutus.* Ann. ibid. p. 32o. n° 12.

* Desh. Coq. foss. de Paris. t. 2. p. 552. n° 38. pl. 96 *bis.* f. 16 à 20.

Habite.... Fossile de Grignon. Cabinet de **M.** *Defrance.* Espèce fort petite, à spire conique, offrant sur chaque tour des costules nombreuses. Longueur, 5 ou 6 millimètres.

19. **Fuseau stries-rudes.** *Fusus asperulus.* **Lamk.**

> *F. testá ovato-turritá, costulatá; striis transversis, asperiusculis; aperturá striatá.*

*Fusus asperulus.* Ann. ibid. n° 13.

* Desh. Coq. foss. de Paris. t. 2. p. 546. n° 3o. pl. 96 *bis* f. 15. 16. 17.

Habite.... Fossile de Grignon. Cabinet de **M.** *Defrance.* Espèce encore fort petite, sa longueur n'excédant pas 7 ou 8 millimètres. Elle est ovale-turriculée, à canal raccourci, et n'offre que cinq à sept tours de spire. Toute sa superficie présente de petites côtes nombreuses et des stries transverses qui la rendent rude au toucher.

20. **Fuseau plissé.** *Fusus plicatus.* **Lamk. (1)**

> *F. testá ovato-turritá, costulis longitudinalibus lævissimis plicatá; caudá brevi.*

*Fusus plicatus.* Ann. ibid. n° 14.

Habite.... Fossile de Grignon. Cabinet de **M.** *Defrance.* Autre espèce encore fort petite, avoisinant la précédente par sa forme, mais n'ayant point de stries transverses apparentes. Les plus grands individus n'ont que 10 millimètres de longueur.

---

(1) Cette coquille n'est point un Fuseau, comme l'a cru Lamarck qui n'a eu à sa disposition que des individus mutilés; elle appartient au genre Pleurotome, et nous lui avons donné le nom de *Pleurotoma simplex*, ignorant alors que cette espèce, par suite d'une erreur de Lamarck, était parmi les Fuseaux.

21. **Fuseau scalaroïde.** *Fusus scalaroides*. **Lamk.**

> F. *testá turritá ; costulis longitudinalibus, angustis, distinctis; striis transversis obsoletis; caudá brevi.*
>
> *Fusus scalaroides.* Ann. ibid. n° 15.
>
> [*b*] *Var. striis transversis , exquisitis et asperulis.*
>
> * Desh. Coq. foss. de Paris. t. 2. p. 544. n° 29. pl. 74. f. 1 à 3. pl. 75. f. 1. 2. 3.

Habite.... Fossile de Grignon. Mon cabinet et celui de M. *Defrance.* Ce Fuseau est turriculé, et a jusqu'à 16 ou 17 millimètres de longueur. Ses tours de spire sont garnis d'une multitude de petites côtes longitudinales, étroites, séparées, et assez semblables à celle de la Scalaire nommée *Faux Scalata.* Ces côtes ne sont pas toutes égales entre elles; car quelques-unes, plus grosses que les autres, pourraient être considérées comme des bourrelets persistans, si l'on pouvait distinguer la fissure qui unit leur bord droit à la coquille. Ses stries transverses sont fines, égales, nombreuses, peu apparentes; mais dans la var. [b], elles sont beaucoup plus éminentes.

22. **Fuseau multinode.** *Fusus multinodus*. **Lamk.**

> F. *testá ovatá, utrinquè conicá, infernè transversim striatá ; spirá nodulis minimis et creberrimis coronatá.*
>
> *Fusus coronatus.* Ann. ibid. p. 321. n° 16.
>
> * Desh. Coq. foss. de Paris. t. 2. p. 575. n° 58. pl. 74. f. 15. 16. 17.

Habite.... Fossile de Grignon. Cabinet de M. *Defrance.* Coquille courte, ovale, ressemblant à un barillet conique aux deux bouts. Sa moitié inférieure n'offre que des stries fines et transverses, et la supérieure présente une spire conique, dont les tours sont chargés d'une multitude de très petits nœuds ou côtes en tubercules, qui la font paraître couronnée à chaque étage. Longueur, 12 millimètres.

23. **Fuseau cerclé.** *Fusus alligatus*. **Lamk.** (1)

> F. *testá ovato-turritá, subdecussatá; rugis transversis prominulis; caudá breviusculá.*
>
> *Fusus alligatus.* Ann. ibid. n° 17.

Habite... Fossile de Grignon. Cabinet de M. *Defrance.* Ce Fuseau est rare, et a environ 12 millimètres de longueur. Sa spire est conique, plus longue que l'ouverture, en y comprenant le canal de sa

---

(1) Cette espèce, ayant été établie sur une variété du *Fusus funiculosus*, devra disparaître des catalogues.

base. Des stries longitudinales très fines se croisent avec ses rides
transverses; mais ces rides, plus grosses et plus éminentes, font
paraître la coquille comme cerclée transversalement dans toute sa
longueur.

## 24. Fuseau marginé. *Fusus marginatus.* (1)

*F. testá fusiformi-turritá; spirá costulis numerosis nodulosá; anfrac-*
*tuum margine superiore prominulo, tumidiusculo.*
[b] *Var. abbreviata; spiræ nodulis turgidioribus.*
Habite... Fossile de Grignon. Cabinet de M. *Defrance.* Toute sa superficie est finement striée en travers, et sa spire est ornée d'une
multitude de petites côtes qui la rendent également noduleuse.
Longueur, 10 ou 11 millimètres.

## 25. Fuseau noduleux. *Fusus nodulosus.* Lamk.

*F. testá ovatá, lævi, costulis nodulosá; columellá obscurè biplicatá.*
*Fusus nodulosus.* Ann. ibid. p. 385. n° 19.
Habite... Fossile de Grignon. Cabinet de M. *Defrance.* Il est à-peu-
près lisse, noduleux d'une manière remarquable par la saillie de
ses petites côtes oblongues; et sa columelle porte deux plis transverses peu apparens. Longueur, environ 12 millimètres.

## 26. Fuseau anguleux. *Fusus angulatus.* Lamk.

*F. testá fusiformi-ventricosá; costis grossis, acuto-angulatis; striis*
*transversis, prominulis, remotis.*
*Fusus angulatus.* Ann. ibid. n° 20.
* Desh. Coq. foss. de Paris. t. 2. p. 520. n° 8. pl. 74. f. 4. 5. 11. 12.
Habite... Fossile de Grignon. Cabinet de M. *Defrance.* Coquille
fusiforme, ventrue dans sa partie moyenne, à queue grêle ou
étroite, de la longueur de la spire. Des côtes anguleuses, gros-
sières et un peu distantes, rendent cette spire très raboteuse. Les
stries longitudinales sont serrées et peu remarquables; mais les
transverses sont écartées et saillantes. La columelle porte deux
plis à peine apparens. Longueur, près de 3 centimètres.

## 27. Fuseau à un pli. *Fusus uniplicatus.* Lamk.

*F. testá subcostatá, decussatá, asperulá; striis transversis elevatis;*
*columellá uniplicatá.*
*Fusus uniplicatus.* Ann. ibid. n° 21. et t. 6. pl. 46. f. 3. a b.

---

(1) Espèce que l'on devra supprimer parce qu'elle a été faite
avec un jeune individu du *Fusus polygonus.*

* Desh. Coq. foss. de Paris. t. 2. p. 536. pl. 96 bis. f. 1. 2.

Habite... Fossile de Grignon. Mon cabinet et celui de M. *Defrance*. Très belle espèce, qui a jusqu'à 35 millimètres de longueur. Elle a des côtes obtuses, médiocrement élevées, et deux sortes de stries qui se croisent, mais dont les transversales sont moins serrées et bien plus saillantes. La columelle est chargée d'un seul pli.

*Nota.* Peut-être conviendrait-il de rapporter cette espèce au genre des Fasciolaires, ainsi que quelques autres Fuseaux ici mentionnés, et qui portent sur leur columelle quelques plis peu élevés.

## 28. Fuseau heptagone. *Fusus heptagonus.* Lamk.

*F. testá fusiformi-elongatá, pyramidatá, septifariàm costatá ; striis decussatis, obsoletis; columellá subuniplicatá.*

*Fusus heptagonus.* Ann. ibid. p. 386. n° 23.

* Desh. Coq. foss. de Paris. t. 2. p. 534, n° 19. pl. 71. f. 9. 10.

Habite... Fossile de Courtagnon? Mon cabinet. Cette coquille a la forme d'un Fuseau allongé, peu ventru et pyramidal. Sa spire est régulièrement heptagone, ce qui fait reconnaître au premier aspect cette espèce singulière. Longueur, 46 millimètres.

## 29. Fuseau subcariné. *Fusus subcarinatus.*

*F. testá ovatá, turgidá, transversè striatá; anfractibus carinato-angulatis, supernè planiusculis.*

*Fusus subcarinatus.* Ann. ibid. n° 24.

* Brogn. Vicent. p. 73. pl. 6. f. 5.

* Desh. Coq. foss. de Paris. t. 2. p. 565. n° 51. pl. 77. f. 7 à 14.

Habite... Fossile de Chaumont. Cabinet de M. *Defrance*. Ce Fuseau est court, renflé, et a l'aspect d'un *Murex ;* mais il manque de véritables bourrelets, et n'a que des côtes longitudinales peu élevées, qui, dans leur partie supérieure, forment chacune un angle un peu pointu, presque épineux. Ses tours de spire sont carinés, anguleux et un peu aplatis en dessus. Il résulte de cet aplatissement, une rampe qui tourne en spirale, et dont le plan est légèrement incliné et chargé de stries qui se croisent.

## 30. Fuseau térébral. *Fusus terebralis.* Lamk. (1)

*F. testá striis transversis et granulatis cinctá; anfractibus medio carinatis, dentatis ; spirá terebratá.*

---

(1) Cette espèce est identiquement la même que le *Pleurotoma terebralis* de Lamarck; elle fait donc un double emploi qu'il faut faire disparaître, puisqu'en effet l'espèce est du genre Pleurotome.

*Fusus terebralis.* Ann. ibid. p. 387. n° 27.

Habite... Fossile de Grignon. Cabinet de M. *Defrance.* Coquille
rare, d'une forme élégante et très remarquable. Elle est exactement fusiforme, chargée de stries transverses, granuleuses, en
quelque sorte semblables à des rangs de perles. Ses tours de spire
sont carinés dans leur milieu, et chaque carène est dentée sur son
bord tranchant, comme les roues d'une montre. Ce petit Fuseau
a l'aspect d'un Pleurotome; mais son bord droit n'a point d'échancrure. Longueur 6 millimètres.

## 31. Fuseau petite-lyre. *Fusus citharellus.* Lamk. (1)

*F. testá turritá ; costulis longitudinalibus lævibus, angustis ; caudá
brevi ; columellá rectá.*

*Fusus citharellus.* Ann. ibid. p. 388. n° 28.

Habite... Fossile de Grignon. Cabinet de M. *Defrance.* Ses petites
côtes longitudinales sont très lisses , et disposées à-peu-près
comme les cordes d'une lyre ou d'une harpe. Columelle droite.
Taille petite.

## 32. Fuseau lisse. *Fusus lævigatus.* Lamk.

*F. testá fusiformi-turritá ; spirá conicá, lævigatá ; mamillá terminali.*
*Fusus lævigatus.* Ann. ibid. n° 29.
* Desh. Coq. foss. de Paris. t. 2. p. 547. n° 32. pl. 72. f. 15. 16. 17.

Habite.... Fossile de Grignon. Cabinet de M. *Defrance.* Spire lisse.
exactement conique et proportionnellement plus longue que la
queue. Longueur, 6 millimètres.

## 33. Fuseau striatulé. *Fusus striatulatus.* Lamk. (2)

*F. testá fusiformi-turritá ; anfractibus planiusculis, supernè depressis;
striis transversis subtilissimis æqualibus.*

*Fusus striatulatus.* Ann. ibid. n° 30.

Habite.... Fossile de Grignon. Cabinet de M. *Defrance.* Ce petit Fuseau est bien caractérisé par la forme particulière de ses tours
de spire, et par la finesse et la régularité de ses stries. Il n'a que
5 millimètres de longueur. Chaque tour de spire est un peu aplati
sur le ventre, et déprimé en dessus.

---

(1) Le *Fusus citharellus* est encore un Pleurotome auquel
nous avons donné le nom de *Harpula,* ne sachant pas que l'espèce était déjà parmi les Fuseaux.

(2) Celui-ci est encore un Pleurotome; c'est notre *Pleurotoma fragilis,* auquel il faudra substituer le nom de *Striatulata.*

### 34. Fuseau à deux plis. *Fusus biplicatus*. Lamk. (1)

*F. testá ovatá, transversìm striatá ; costis longitudinalibus crebris, obtusis ; columellá biplicatá.*

*Fusus biplicatus.* Ann. ibid. n° 31.

Habite.... Fossile de Grignon. Cabinet de M. *Defrance.* Sa spire est conique, composée de cinq ou six tours un peu convexes, chargés de petites côtes longitudinales, obtuses et peu élevées. Longueur, 6 millimètres.

### 35. Fuseau variable. *Fusus variabilis*. Lamk.

*F. testá ovatá, multicostatá, transversè striatá; anfractibus subangulosis.*

*Fusus variabilis.* Ann. ibid. p. 389. n° 32.

* Desh. Coq. foss. de Paris. t. 2. p. 551. n° 36. pl. 96 bis. f. 9. 10. 11.

Habite.... Fossile de Grignon. Ce petit Fuseau présente une espèce qui n'a rien de bien prononcé, et qui, en outre, varie un peu dans les individus qui s'y rapportent : elle n'a que 9 millimètres de longueur.

### 36. Fuseau troncatulé. *Fusus truncatulatus*. Lamk.

*F. testá ovato-turritá, transversè striatá ; anfractibus margine superiore truncatis; spirá plicatá.*

*Fusus truncatulatus.* Ann. ibid. n° 33.

Habite.... Fossile de Grignon. Cabinet de M. *Defrance.* Petit Fuseau très rare, et bien caractérisé par la saillie et la troncature du bord supérieur de ses tours de spire. Il est strié transversalement, et sa spire est assez élégamment plissée dans sa longueur. Il est long d'environ 7 millimètres.

### † 37. Fuseau à dents de scie. *Fusus serratus*. Desh.

*F. testá elongatá, angustá, fusiformi, prælongá; caudá gracili, spirá longiore ; anfractibus convexis, trisulcatis, in medio carinatis; cariná serrato-dentatá.*

Desh. Dict. class. d'hist. nat. atlas. n° 7. f. 3.

*Id.* Encycl. méth. Vers. t. 2. p. 153. n° 16.

*Id.* Coq. foss. de Paris. t. 2. p. 513. n° 1. pl. 74. f. 12. 13.

Habite... Fossile de Parnes, Mouchy.

---

(1) Lorsque nous avons publié notre ouvrage sur les fossiles de Paris, nous nous sommes assuré que cette espèce était une véritable Cancellaire, le *Cancellaria evulsa*, Sow.

On peut comparer cette espèce pour sa forme au *Fusus colus*. Il est
en effet allongé, assez étroit ; sa spire, très pointue, est à-peu-près
aussi longue que le canal terminal ; elle se compose de 11 à 12
tours, dont les premiers sont régulièrement convexes et chargés
de petites côtes longitudinales égales et régulières, sur lesquelles
passent des stries transverses ; sur le quatrième ou cinquième tour,
l'une de ces stries, celle qui est placée sur le milieu, devient un
peu plus grosse et plus saillante que les autres, et, s'accroissant plus
rapidement qu'elles, produit bientôt sur tous les tours suivans une
carène médiane tranchante. Les côtes longitudinales, d'abord rapprochées et s'étendant d'une suture à l'autre sur les premiers
tours, se raccourcissent peu-à-peu et finissent par être remplacées
par une série de tubercules comprimés et aigus, qui, placés sur
la carène, la découpent en dentelures assez régulières. Le nombre
des stries transverses ne s'est point accru depuis le jeune âge ; et,
réparties sur les derniers tours sur une plus grande surface, elles
paraissent beaucoup plus écartées. On compte ordinairement trois
de ces stries au-dessus de la carène ; une seule et rarement deux
au-dessous. Le dernier tour est fort court ; il est convexe en dessous, et la seconde des deux stries est toujours plus saillante que
l'autre. De la base de ce tour s'élève un canal grêle, subcylindri-
que, fort étroit et très fragile, couvert en dehors de stries très
obliques et présentant en dessous une gouttière assez profonde et
très étroite. L'ouverture est subarrondie ; la columelle est droite,
simple, dépourvue de bord gauche ; le bord droit est mince, tranchant et légérement sinueux sur le côté.

Le plus grand individu que nous connaissions de cette espèce est
long de 10 centimètres et large de 32 millimètres.

## † 38. Fuseau longirostre. *Fusus longirostris*. Brocc.

*F. testá elongato-fusiformi, angustá, transversìm striatá et sulcatá,
longitudinaliter costatá; costis brevibus interruptis, nodulosis; anfractibus convexis, supernè subplanulatis; ultimo caudá prælongá,
gracili terminato.*

Brocchi. Conch. Foss. subap. t. 2. p. 418. pl. 8. f. 7.
Desh. Exp. sc. de Morée. Zool. p. 172. n° 278.
Desh. Encycl. méth. Vers. t. 2. p. 153. n° 17.
Habite... Fossile dans les terrains subapennins.

Coquille qui ne manque pas d'analogie avec quelques-unes des espèces vivantes connues, et particulièrement avec le *Fusus longissimus*; mais celle-ci reste toujours plus petite. Elle est allongée, à
spire turriculée, pointue, dont les tours sont convexes et sensi-

blement aplatis en dessus. Sur ces tours se montrent des côtes longitudinales qui se terminent sans atteindre les sutures. Le dernier tour est convexe à la base, et il se termine assez subitement en une queue grêle, presque aussi longue que la spire. Sur la surface des tours se montrent des sillons transverses assez gros, distans, entre lesquels il existe un réseau assez fin, quoique peu régulier de stries longitudinales et transverses. L'ouverture est ovalaire, étroite; le bord droit est mince, et il est faiblement sillonné en dedans.

Cette belle espèce a 12 centimètres de long et 38 millimètres de large.

† 39. **Fuseau gothique.** *Fusus gothicus.* Desh.

*F. testá elongato-fusiformi, clariformi, transversim rugosá; anfractibus supernè granulatis, striatis, in medio carinato-dentatis; ultimo caudá gracili, contortá terminato; aperturá ovatá; labro tenui, intus sulcato.*

Desh. Coq. foss. de Paris. t. 2. p. 518. n° 6. pl. 74. f. 9. 10.

Habite... Fossile de Parnes et de Mouchy.

Très belle et très rare coquille, dont la spire ressemble, par ses ornemens, au sommet de certaines tours gothiques. Elle est allongée, fusiforme, proportionnellement plus ventrue que les espèces qui précèdent. La spire, à laquelle on compte dix tours, est très pointue; les tours sont assez larges et divisés en deux parties à-peu-près égales; la supérieure forme une rampe aplatie qui remonte jusqu'au sommet; elle est couverte de stries transverses fines, au nombre des cinq ou six; l'autre partie des tours est séparée de la première par une carène assez saillante, épaisse et régulièrement dentelée; au-dessous d'elle on voit deux ou trois gros sillons, entre lesquels viennent se placer, dans quelques individus, une ou deux stries très fines. Le dernier tour est globuleux; il se termine insensiblement en un canal grêle, un peu contourné à son extrémité. Toute cette partie inférieure de la coquille est couverte de sillons semblables à ceux de la spire, alternant avec deux stries et graduellement décroissant jusqu'à l'extrémité du canal. L'ouverture est presque aussi large que haute; la columelle, légèrement arquée dans sa longueur, est revêtue d'un bord gauche mince et étroit, qui se relève vers l'origine du canal et la recouvre en partie. Le bord droit est assez mince et tranchant; il est festonné et sillonné à l'extérieur. Outre les parties que nous avons signalées sur la surface externe de ce Fuseau, on remarque encore, dans la plupart des individus, un grand nombre de petites stries longitudinales, produites par les accroissemens.

Cette coquille est longue de 65 millimètres et large de 27.

† † 40. **Fuseau massue.** *Fusus clavatus.* Brocc.

> *F. testâ turritâ, angustâ, apice acuminatâ, anfractibus convexis,*
> *longitudinaliter costatis ; costis crassis, obtusis ; cingulis transver-*
> *sis elevatis, sulco profondo discreto cum striâ filiformi interpositâ ;*
> *ultimo anfractu subglobuloso, non carinato, caudâ prolongâ ter-*
> *minato.*

Brocchi. Conch. foss. subap. t. 2. p. 418. pl. 8. f. 2.

Desh. Expéd. Sci. de Morée. Zool. p. 193. n° 279.

Habite... Fossile dans les terrains tertiaires du Plaisantin.

Coquille très distincte du *Fusus rostratus* dont elle se rapproche le plus, en ce qu'elle est constamment dépourvue de la carène qui divise les tours dans le plus grand nombre des individus. Ce *Fusus clavatus* est étroit ; sa spire est allongée, pointue ; ses tours sont très convexes, il s'élève à leur surface huit ou neuf côtes longitudinales grosses, épaisses, rapprochées. Sur le dernier tour, ces côtes n'atteignent pas la base. On remarque sur toute la surface de la coquille de nombreux sillons transverses dans l'intervalle desquels il y a toujours une strie très fine. L'ouverture est ovale, subsémilunaire ; le bord droit, assez épais, est profondément sillonné en dedans ; le canal terminal est grêle, mais un peu plus court que la spire.

Les grands individus ont 70 mill. de long et 25 de large.

† 41. **Fuseau très grand.** *Fusus maximus.* Desh.

> *F. testâ maximâ, giganteâ, incrassatâ, ponderatâ ; spirâ acumi-*
> *natâ ; anfractibus primis costellatis et transversìm striatis ; alteris*
> *lævigatis, supernè planulato-spiratis ; ultimo anfractu maximo,*
> *subcylindraceo, caudâ incrassatâ terminato ; aperturâ ovato-ob-*
> *longâ, supernè valdè emarginatâ ; columellâ cylindraceâ, incras-*
> *satâ, marginatâ.*

Desh. Coq. foss. de Paris. t. 2. p. 526. n° 12. pl. 71. f. 11. 12.

Habite. Fossile de Chaumont.

Cette coquille est la plus grande du genre que nous connaissions à l'état fossile. Par sa forme générale, elle se rapproche beaucoup du *Fusus longævus ;* elle est allongée, claviforme ; la spire est allongée et pointue, elle est formée de neuf à dix tours dont les premiers sont coniques et pourvus, comme dans les espèces précédentes, de côtes longitudinales assez épaisses, traversées à leur partie supérieure seulement par un petit nombre de stries transverses. Ces premiers tours ont la suture bordée par un bourrelet aplati, qui, bientôt s'élevant peu-à-peu, finit sur les derniers tours par se changer en une large rampe spirale. Le dernier tour est

très grand, un peu subcylindracé; il se termine à la base en une
queue longue et épaisse, creusée en une gouttière assez large et
profonde. Sur la surface extérieure de ce dernier tour, on remarque des stries longitudinales, fines, assez régulières et légèrement
onduleuses. L'ouverture est ovale-oblongue; la gouttière qui la
termine à sa partie supérieure est très profonde dans les vieux individus. La columelle est très épaisse, cylindrique; elle est revêtue d'un bord gauche assez large et appliqué dans toute son étendue; le bord droit est épais, et il offre un caractère particulier par
la forme de la large sinuosité concave qui occupe presque toute sa
longueur.

Cette coquille, extrêmement rare, devait avoir au moins deux déci-
mètres de longueur.

## † 42. Fuseau lisse. *Fusus lævigatus.* Desh.

*F. testá fusiformi, elevatá, bulbiformi, apice acuminatá, obsoletè lon-*
*gitudinaliter costatá, lævigatá; spirá brevi, conicá; anfractibus*
*convexiusculis; ultimo globuloso, caudá gracili, spirá breviore ter-*
*minato; aperturá ovato-angustá, utrinquè attenuatá; columellá*
*obsoletè biplicatá; labro tenui, simplici.*

[Var. a. Desh.] *Testá angustiore; anfractibus transversim tenuissimè*
*striatis; striis obsoletis, inæqualibus.*

Seb. Mus. t. 4. pl. 106. f. 19. 20.

Mart. Conch. t. 4. tab. 141. f. 1319. 1320.

*Murex lævigatus.* Gmel. Syst. nat. p. 3555. 111.

Desh. Coq. foss. de Paris. t. 2. p. 532. n° 16. pl. 70. f. 14. 15.

Habite... Fossile de Parnes, Mouchy, Grignon.

On voit par la synonymie que cette coquille a été connue long-temps
avant Lamarck, et qu'elle portait déjà le nom de *Murex lævigatus,*
lorsque, par une inattention fâcheuse, le savant naturaliste proposa
celui de *Fusus lævigatus* pour une espèce différente de celle-ci et
de celle de Gmelin. Il sera nécessaire de rectifier la synonymie
d'après les indications que nous donnons ici. Gmelin et Martini
avaient confondu, sous une même dénomination, des individus de
cette espèce et des jeunes du *Fusus longævus.* Une fois cette rectification convenablement faite, la synonymie devient très facile à
saisir.

Le Fuseau lisse est une coquille allongée, fusiforme, en massue, ayant
la spire courte, conique, pointue, composée de sept tours légèrement convexes, réunis par une suture simple et sur lesquels se
montrent un petit nombre de côtes longitudinales, irrégulières et
presque obsolètes. Le dernier tour est subglobuleux, il est convexe

à la base et se termine de ce côté en une queue grêle et cylindracée, faiblement contournée à son extrémité : toute la surface extérieure de la coquille est lisse ; son ouverture est ovale–oblongue ; son angle supérieur est aigu, mais sans gouttière. La columelle est cylindracée, revêtue d'un bord gauche très mince et appliqué dans toute son étendue. Vers son extrémité, on remarque deux plis presque transverses, mais inégaux ; ces plis columellaires ne se voient bien que lorsque la coquille est cassée. Le bord droit est mince et tranchant ; il est simple et sans inflexion. La variété se distingue par un assez grand nombre de stries transverses, inégales, que l'on remarque principalement sur les premiers tours de spire.

Les grands individus ont 60 mill. de long et 21 de large.

† **43. Fuseau à côtes épaisses.** *Fusus crassicostatus.* Desh.

*F. testá ovato-fusiformi, utrinquè attenuatá, in medio ventricosá, apice basique obsoletè striatá; anfractibus convexiusculis costis sex crassis, latis, instructis; ultimo anfractu ventricoso, basi caudá brevi, contortá terminato ; aperturá ovatá ; columellá valdè contortá ; labro tenui, simplici, supernè sinuoso.*

Seba. Mus. t. 4. pl. 106. f. 14-15.
Desh. Coq. foss. de Paris. t. 2. p. 541. n° 25. pl. 72. f. 1. 2.
Habite... Fossile à Parnes.

Cette coquille est allongée, fusiforme, atténuée à ses extrémités, renflée dans le milieu ; la spire est conique, composée de neuf tours convexes un peu déprimés à leur partie supérieure et pourvus de six grosses côtes longitudinales obtuses, plus saillantes à la base qu'au sommet des tours. Dans la plupart des individus, ces côtes sont irrégulièrement espacées ; dans d'autres, elles se correspondent d'un tour à l'autre, et alors la spire prend la forme d'une pyramide hexagone ; le dernier tour est très renflé et les côtes qui s'y voient sont larges, grosses, obtuses et peu prolongées à la base ; de ce côté, la coquille se rétrécit assez subitement en un canal fort court, épais et fortement relevé en dessus à son extrémité. La surface extérieure semble toute lisse ; mais, examinée à la loupe, on remarque au sommet des tours, et dans l'espace déprimé, quelques stries très fines et obsolètes ; à la base du dernier tour il en existe aussi, mais plus écartées et moins régulières. L'ouverture est ovale-anguleuse supérieurement ; elle se termine inférieurement en un canal étroit et profond. La columelle est épaisse, cylindracée, fortement contournée dans sa longueur : elle est accompagnée d'un bord gauche peu épais, appliqué dans toute sa longueur ; ce bord se renverse dans une fente ombilicale assez large, creusée à la base de la columelle.

On trouve cette coquille assez fréquemment. Les grands individus ont 63 mill. de long et 25 de large.

### † 44. Fuseau de Lamarck. *Fusus Lamarckii.*

*F. testâ ovato-elongatâ, fusiformi, acuminatâ; spirâ ultimo anfractu longiore, contabulatâ, in medio carinatâ, longitudinaliter plicis minimis, irregularibus ornatâ; ultimo anfractu canali obliquo, brevi terminato; aperturâ ovatâ, angustâ; labro tenuissimo, fragili.*

Desh. Coq. foss. de Paris. t. 2. p. 543. pl. 94 bis. f. 3. 4. 5.

Habite... Fossile à Grignon.

Cette coquille est mince, fragile, allongée, fusiforme, très pointue au sommet ; sa spire est plus longue que le dernier tour ; les deux premiers tours sont lisses, arrondis et séparés par une suture profonde. Ces deux tours, d'un aspect particulier, ne paraissent pas appartenir à la même coquille ; les suivans sont divisés en deux parties presque égales par une carène obtuse, saillante et en forme de bourrelets ; au-dessus de cette carène, les tours sont aplatis et forment une rampe spirale ; en dessous, ils sont légèrement convexes et l'on remarque, entre la carène et la suture, une seule strie simple et médiocrement saillante. On remarque de plus, sur toute la surface de la coquille, des petits plis longitudinaux irréguliers. Le dernier tour est court ; il se termine par un canal étroit, peu allongé et légèrement contourné dans sa longueur. L'ouverture est étroite, ovale ; la columelle est simple, cylindracée ; le bord droit est mince et tranchant.

Cette petite coquille est longue de 9 mill. et large de 4.

### † 45. Fuseau costellifère. *Fusus costellifer.* Desh.

*F. testâ oblongâ, fusiformi, subventricosâ, longitudinaliter costatâ, transversìm rugosâ ; costis crassis, regularibus, arcuatis, sulcis distantibus, striis tenuibus interpositis; anfractibus convexis; ultimo subventricoso, spirâ longiore, caudâ latâ brevique terminato; aperturâ ovato-oblongâ; columellâ contortâ; labro tenui, intùs obscurè plicato.*

Desh. Coq. foss. de Paris. t. 2. p. 558. n° 45. pl. 76. f. 27-28.

Habite... Fossile à Rétheuil.

Coquille ovale-oblongue, fusiforme, atténuée à ses extrémités, ventrue dans le milieu ; sa spire est courte et composée de six tours, dont le dernier est plus grand que tous les autres réunis ; ces tours sont très convexes et chargés de grosses côtes longitudinales,

très régulières, obtuses et assez fortement arquées dans leur longueur ; sur les premiers tours, elles sont traversées par deux sillons presque médians, écartés et égaux entre eux ; en dessus
et au-dessous d'eux, on remarque des sillons plus petits et des
stries très fines ; sur le dernier tour, ces deux sillons se continuent à sa partie supérieure, ainsi que les stries ; le reste de la
surface est couvert de sillons et de stries semblables, mais de
plus en plus rapprochées et plus fines, à mesure que l'on s'ap-
proche de l'extrémité antérieure. Ce dernier tour est convexe,
ventru à sa partie supérieure et conique à la base, où il se termine
insensiblement en un canal large et court. Les côtes longitudinales disparaissent vers le milieu de sa longueur. L'ouverture est
ovale-oblongue, étroite ; son angle supérieur est aigu, mais sans
gouttière intérieure. La columelle est assez épaisse, tordue vers
son extrémité ; le bord droit est peu épais ; il est contourné dans
sa longueur, et il offre intérieurement quelques rides ou dentelures obsolètes.

La longueur de cette espèce est de 26 mill. et sa largeur de 12.

## † 46. Fuseau tiare. *Fusus thiara*. Brocc.

*F. testá elongato-angustá, subulatá, eleganter plicatá ; anfrac-
tibus planis, supernè papillis marginatis ; ultimo anfractu caudá
supernè striatá, angustá, terminato ; aperturá lanceatá, augustá ;
labro intùs sulcato.*

Brocchi. Conch. foss. subap. t. 2. p. 424. pl. 8. f. 6.

Habite... Foss. des terrains tertiaires du Plaisantin.

Coquille allongée, fusiforme, étroite, très pointue au sommet et fort
élégante. Ses tours sont nombreux, aplatis, ornés de plis longitudinaux, réguliers, un peu obliques. Le sommet de ces plis
s'élève en un tubercule pointu, placé au-dessous de la suture et
dont la succession produit pour celle-ci un bord élégamment
crénelé. Le dernier tour est subanguleux vers la base, et il se
prolonge en un canal cylindracé, étroit, obliquement strié en
dessus. L'ouverture est très petite, oblongue, lancéolée ; son bord
droit s'épaissit avec l'âge, et il est finement sillonné en dedans.

Cette jolie coquille a 32 mill. de long et 10 de large.

## † 47. Fuseau demi-plissé. *Fusus semiplicatus*. Desh.

*F. testá ovato-fusiformi, subventricosá, utrinquè attenuatá, supernè
longitudinaliter costatá, transversim sulcatá ; spirá ultimo anfractu breviore ; aperturá ovato-angustá, supernè canaliculatá,
infernè canali brevi, contorto terminatá ; labro incrassato, subplano, intùs valdè sulcato.*

Tome IX. 32

Var. a Desh. *Testâ breviore; plicis minoribus; caudâ breviore.*
Desh. Coq. foss. de Paris. t. 2. p. 554. n° 40. pl. 76. f. 37. 38, et
pl. 78. f. 1. 2.
Habite. Fossile à Rétheuil, Guise-Lamothe.
Coquille assez singulière, se rapprochant des Buccins par sa forme
générale ; elle est ovale-oblongue, ventrue dans le milieu, atténuée à ses extrémités ; sa spire est plus courte que le dernier tour ;
elle est régulièrement conique, et composée de six à sept tours
étroits, médiocrement convexes ; leur suture est simple et à peine
creusée en gouttière; leur surface est occupée par des côtes longitudinales, obliques, épaisses, larges et peu saillantes ; elles sont
traversées par des sillons réguliers, aplatis, larges, dans l'intervalle desquels se montrent quelquefois une ou deux stries transverses. Sur le dernier tour, les côtes se terminent brusquement
vers le milieu de sa longueur, et alors on n'aperçoit plus jusqu'à
la base que les sillons transverses dont nous avons parlé. Cette
base du dernier tour se prolonge insensiblement en un canal très
court, assez large et un peu tordu dans sa longueur. L'ouverture
est ovalaire ; son angle supérieur est très aigu et creusé en une petite gouttière fort étroite. La columelle est tordue dans sa longueur ; elle est revêtue d'un bord gauche mince et étroit ; le bord
droit est fort épais dans les vieux individus ; il est aplati en avant,
et il semble avoir été coupé de manière à montrer toute son épaisseur ; il est pourvu, dans sa longueur, de dentelures rapprochées,
lesquelles se prolongent à l'intérieur en sillons transverses.
Nous avions d'abord pris la variété pour une espèce distincte; mais
une comparaison plus attentive nous a fait découvrir l'identité des
caractères principaux; elle se distingue par les caractères que nous
avons signalés.
Les grands individus ont 34 mill. de long et 16 de large.

† 48. **Fuseau mitre.** *Fusus mitræformis.* **Brocc.**

*F. testâ elongato-fusiformi, angustâ, tenuissimè transversim striatâ ;*
*striis minutissimè punctatis ; anfractibus convexiusculis, primis bi-*
*carinatis, tenuè plicatis: ultimo oblongo, caudâ brevi, ascendente*
*terminato ; aperturâ angustâ, utrinquè attenuatâ ; labro lævi, sub-*
*marginato.*

Brocchi. Conch. foss. subap. t. 2. p. 425. pl. 8. f. 20.
Habite dans les terrains tertiaires du Plaisantin.
Si cette coquille avait des plis à la columelle, on la prendrait indu-
bitablement pour une mitre ; elle est allongée, étroite, fusiforme ;
la spire est aussi longue que le dernier tour ; elle est composée de

huit tours peu convexes , dont les premiers sont ornés de deux
petites carènes granuleuses et de petits plis longitudinaux qui disparaissent promptement. Toute la coquille est ornée d'un grand
nombre de stries très fines, parfaitement régulières et très finement ponctuées. Le dernier tour, ovalaire, se termine insensiblement en un canal très court, un peu relevé en dessus. L'ouverture est lancéolée, allongée, étroite ; son bord droit est épais et
simple dans toute sa longueur.

Les grands individus de cette espèce ont 43 mill. de long et 15 de
large.

## † 49. Fuseau plicatule. *Fusus plicatulus*. Desh.

*F. testá ovato-oblongá, utrinquè attenuatá, apice acutá ; anfrac-
tibus convexiusculis, primis longitudinaliter costatis, alteris supernè nodulosis, transversìm tenuè striatis ; ultimo anfractu spirá
longiore, basi striis crassioribus instructo, canali brevi, profundo,
angusto, terminato ; aperturá ovatá, supernè angulatá ; columellá
arcuatá ; labro incrassato, intùs sulcato.*

Desh. Coq. foss. de Paris. t. 2. p. 575. n° 57. pl. 73. f. 18-20.

Habite... Fossile à Monneville.

Petite coquille assez singulière et qui rappelle plutôt par sa forme
certaines espèces de la Touraine et des environs de Dax que
celles des environs de Paris. Elle est ovale-oblongue, à spire
pointue, un peu plus courte que le dernier tour. Les tours sont
convexes ; les premiers sont chargés de côtes longitudinales rapprochées et un peu obliques, sur lesquelles passent des stries
transverses très fines. Sur l'avant-dernier tour, ces côtes disparaissent complétement et sont remplacées par une seule rangée
de tubercules peu saillans et obtus. Les stries persistent sur tout
le reste de la coquille, seulement plusieurs de celles qui sont à la
base du dernier tour sont plus saillantes et plus grosses que les
autres. Ce dernier tour se termine en un canal fort court, étroit,
profond et presque droit. L'ouverture est régulièrement ovale ;
son angle supérieur est à peine creusé par une petite gouttière
intérieure, décurrente. La columelle est arquée, et le bord gauche
dont elle est munie est mince, étroit et peu apparent ; le bord
droit est épaissi, un peu évasé et plissé régulièrement à l'intérieur.

Cette coquille paraît fort rare : nous n'en avons vu qu'un petit
nombre d'individus. Elle a 18 mill. de long et 10 de large.

## † 50. Fuseau bicaréné. *Fusus bicarinatus*. Desh.

*F. testá ovatá, buccinoideá, ventricosá, longitudinaliter costatá ; an-*

*fractibus brevibus, convexis, transversìm bicarinatis ; ultimo an-
fractu spirá longiore , basi conoideo, transversìm sulcato ; aperturá ovatá, angustá ; labro incrassato, intùs obsoletè sulcato, supernè sinuoso.*

Desh. Coq. foss. de Paris. t. 2. p. 564. n° 50. pl. 76. f. 3-4.

Habite... Fossile à Beynes, Parnes.

Coquille singulière qui a quelque analogie avec le *Fusus bifidus.*
Elle est ovale, ventrue, et, par sa forme, plus voisine des *Buccins*
que des *Fuseaux.* Sa spire est courte, conique, composée de sept à
huit tours très courts, convexes, sensiblement aplatis à leur partie
supérieure ; ils sont pourvus de côtes longitudinales au nombre
de neuf ou dix ; elles sont assez étroites, obtuses, distantes et traversées par deux petites carènes qui s'élèvent en dentelures assez
aiguës lorsqu'elles passent sur le sommet des côtes. Le dernier
tour est plus allongé que la spire ; il est très ventru, et ses côtes,
moins nombreuses que sur les tours précédens, viennent se pro-
longer jusqu'à la base ; outre les carènes placées à la partie supérieure de ce dernier tour, on voit sur sa base des sillons transverses, presque égaux et à-peu-près à égale distance les uns des
autres. L'ouverture est ovale–oblongue ; son angle supérieur est
creusé par une petite gouttière à peine apparente, tant elle est
peu profonde. La columelle est un peu tordue à son extrémité ;
elle est accompagnée d'un bord gauche mince, étroit et appliqué
dans toute son étendue. Le bord droit est épais, faiblement sillonné en dedans et présentant, à sa partie supérieure, une sinuosité
large et superficielle qui rappelle un peu celle de certains Pleurotomes.

Cette coquille, rare, a 26 mill. de long et 17 de large.

## † 51. Fuseau à courtes lames. *Fusus sublamellosus.* Desh.

*F. testá fusiformi, subventricosá, longitudinaliter plicatá, transver-
sìm rugosá ; ultimo anfractu spirá longiore, caudá contortá, angustá terminato ; aperturá ovatá, labro tenui, intùs plicato.*

*An Murex defossus ?* Sow. Min. Conch. pl. 411. f. 1.

Var. a Desh. *Testá minore ; plicis longitudinalibus numerosioribus,
irregularibus ; sulcis transversis, numerosis.*

*An Murex sexdentatus ?* Sow. Min. Conch. pl. 411. f. 3.

Desh. Coq. foss. de Paris. t. 2. p. 549. n° 34. pl. 76. f. 22. 23.
24. 25. 26. 29.

Habite fossile à Monneville.

En nous en rapportant uniquement aux figures citées de M. Sowerby,
son *Murex defossus* aurait la plus grande ressemblance avec notre

espèce, et son *Murex sexdentatus* avec notre variété ; mais, n'ayant pas ces coquilles sous les yeux, nous ne les citons qu'avec doute.

Le *Fusus sublamellosus* est allongé, atténué à ses extrémités, ventru dans le milieu ; sa spire, un peu plus courte que le dernier tour, se compose de sept à huit tours très convexes, sur lesquels sont disposés en nombre plus au moins considérable, selon les individus, des plis longitudinaux aigus et tranchans, quelquefois un peu lamelliformes et assez semblables à ceux que l'on remarque dans le *Murex magellanicus* de Lamarck. Outre ces plis, on voit sur la surface de la coquille des sillons transverses égaux, très réguliers, aplatis, assez semblables à de petites cordelettes que l'on aurait posées avec régularité sur une surface lisse. A la base du dernier tour, ces sillons sont un peu plus rapprochés et plus profonds. Le canal terminal est moins long que l'ouverture : il est étroit, profond et fortement contourné sur lui-même, de sorte que son extrémité se relève vers le dos de la coquille. L'ouverture est ovale-oblongue ; son angle supérieur n'a point de gouttière ; la columelle est subcylindracée et accompagnée d'un bord gauche mince et assez large ; le bord droit est épaissi à l'intérieur, plissé et quelquefois dentelé sur l'épaississement. La variété de cette espèce mériterait peut-être d'en être distinguée ; ses plis longitudinaux sont plus nombreux et plus réguliers, et les sillons transverses sont également plus nombreux et beaucoup plus rapprochés.

Cette espèce, assez rare, est longue de 23 millim. et large de 10.

## † 52. Fuseau régulier. *Fusus regularis*. Sow.

*F. testâ oblongâ, fusiformi, ventricosâ; spirâ conicâ, acuminatâ, ultimo anfractu breviore; anfractibus convexis, suprà subplanis, longitudinaliter costatis, transversìm regulariter tenuè sulcatis : sulcis æquidistantibus, striïs tenuissimis clathratis; ultimo anfractu ventricoso, basi caudâ brevi, angustâ, contortâ, terminato; aperturâ ovatâ, labro supernè latè et profondè sinuoso.*

*Murex antiquus.* Brand. Foss. hant. pl. 6, f. 74.

*Id.* Sow. Min. Conch. pl. 187. f. 2.

*An eadem species, varietas? Murex carinella.* Sow. loc. cit. f. 3. 4.

*Fusus regularis.* Sow. Min. Conch. pl. 423. f. 1.

Desh. Coq. foss. de Paris. t. 2. p. 559. n° 46. pl. 76. f. 35. 36.

Habite... Fossile à Rétheuil, Guise-Lamothe, Soissons ; à Barton, en Angleterre.

Brander avait assimilé cette coquille au *Murex antiquus* de Linné ;

mais le plus superficiel examen suffit pour découvrir l'erreur de cet auteur, erreur, du reste, rectifiée par M. Sowerby qui, dans son *Mineral Conchology*, a donné à cette coquille un nouveau nom spécifique.

Cette espèce est ovale-oblongue, un peu buccinoïde ; l'ouverture et le canal qui la termine sont aussi longs que la spire : celle-ci est régulièrement conique, composée de huit à neuf tours convexes sur lesquels sont disposées, avec régularité, de grosses côtes longitudinales légèrement arquées dans leur longueur. Ces côtes disparaissent vers le milieu du dernier tour. Toute la surface de la coquille est chargée d'un très grand nombre de stries transverses inégales ; les plus grosses, en moindre nombre, sont assez régulièrement espacées, et se montrent particulièrement sur le milieu et à la base du dernier tour. Outre ces stries, on en trouve encore d'autres longitudinales dont l'entrecroisement avec les premières établit sur la surface de cette coquille un réseau fin et assez régulier. L'ouverture est ovale, oblongue ; le bord droit, assez épaissi, présente à sa partie supérieure une large dépression peu profonde et qui a une analogie éloignée avec l'échancrure de certains Pleurotomes. Le canal terminal est peu allongé ; il est légèrement courbé en dessus et à gauche, et il est percé, à la base de la columelle, d'une petite fente ombilicale.

Les grands individus de cette espèce ont 65 millim. de long et 40 de large.

---

## PYRULE. (Pyrula.)

Coquille subpyriforme, canaliculée à sa base, ventrue dans sa partie supérieure, sans bourrelets en dehors, et ayant la spire courte, surbaissée quelquefois. Columelle lisse. Bord droit sans échancrure.

*Testa subpyriformis, basi canaliculata, supernè ventricosa ; varicibus nullis. Spira brevis, interdùm subretusa. Columella lævis. Labrum non fissum.*

OBSERVATIONS. — Linné confondait les Pyrules, ainsi que bien d'autres genres, parmi ses *Murex*. Il lui suffisait, pour caractériser ce dernier genre, que la coquille eût un canal à sa base : aussi ce même genre est-il d'une étendue exorbitante ; et il comprend des familles fort différentes qui méritaient d'en être

distinguées. Bruguières, qui le réforma, ne distingua point les
Pyrules des Fuseaux, et n'eut égard, pour ceux-ci, qu'à leur
défaut de varices. Néanmoins, les Pyrules diffèrent fortement
des Fuseaux par leur spire courte, et parce que le renflement
remarquable du dernier tour se trouve toujours dans la partie
supérieure de la coquille : ce qui n'arrive jamais dans aucun de
nos Fuseaux, ces derniers étant ventrus, soit dans leur milieu,
soit inférieurement. Aussi les coquilles des Pyrules ont-elles à-
peu-près la forme d'une poire ou d'une figue.

[ Les remarques que nous avons ajoutées aux genres qui
précèdent abrègent de beaucoup ce que nous avons à dire sur
le genre Pyrule. En effet, nous avons vu qu'un certain nombre
d'espèces ne pouvaient guère se séparer des Fuseaux, tandis
qu'il y en a un groupe qui devra, par la suite, constituer un
genre à part, à moins qu'on ne veuille lui conserver plus spécialement le nom de Pyrule. Le groupe, dont il est ici question, est
représenté par le *Pyrula ficus* de Linné, et il suffit de le comparer
avec les autres Pyrules pour s'apercevoir que toutes les espèces
se distinguent par un *facies* particulier, que l'on ne retrouve pas
dans les autres Pyrules. Nous savons qu'un jeune naturaliste,
M. L. Rousseau, qui, dans un voyage récemment entrepris, a développé un très grand zèle pour l'histoire naturelle, a observé
vivant l'animal du *Pyrula ficus* et qu'il l'a trouvé beaucoup plus
semblable à celui des Harpes ou des Tonnes, qu'à celui des *Murex* ou des autres Pyrules. L'animal en question a le pied très
grand, très épais, dépourvu d'opercule, ce qui le rapproche éminemment des deux genres que nous venons de citer; mais ce
rapprochement éprouvera des difficultés de la part de ceux des
conchyliologues qui adoptent en principe, et comme fondamen-
tale, la division des Mollusques gastéropodes zoophages en ceux
qui ont la coquille canaliculée à la base et  ceux qui l'ont seulement échancrée. Il est évident que cette classification devra
souffrir des exceptions, puisque ces Pyrules canaliculées devront être rapprochées des coquilles qui sont échancrées, à
moins que les zoologistes ne consentent à subordonner les caractères tirés des animaux à ceux que fournissent les coquilles.

Plusieurs personnes ont déjà senti qu'il était nécessaire de
réformer le genre Pyrule; déjà elles en ont retiré un grand

nombre d'espèces pour les ranger parmi les Pourpres. Le *Pyrula melongena* et la plupart des espèces buccinoïdes, à columelle légèrement aplatie, ont été transportées d'un genre dans l'autre, sans que cette opinion puisse se justifier, et nous pouvons même affirmer pour le *Melongena*, entre autres, que, par son opercule, il appartient au type des *Murex*. Nous pensons qu'il en est de même du *Pyrula bezoar*, et que de toutes les Pyrules de Lamarck, que l'on a voulu faire passer dans les Pourpres, une seule devra y rester : c'est le *Pyrula neritoidea*. Il y a encore dans le genre Pyrule deux coquilles bien singulières, et qui probablement ne devront pas y rester. L'une, le *Murex spirillus* de Linné, qui a certainement plus d'analogie avec le *Murex haustellum* qu'avec les Pyrules ; l'autre est le *Bulla rapa* de Linné, dont Lamarck a fait son *Pyrula papyracea*. Cette coquille souvent irrégulière, très variable, paraît appartenir à un type particulier dont l'animal diffère vraisemblablement de celui du *Pyrula ficus* et de celui des autres espèces de Pyrules proprement dites. Quelques auteurs ont déjà tenté de faire avec cette coquille un genre à part ; mais il ne pourra être sanctionné qu'au moment où l'animal sera connu. Après avoir retiré quelques espèces du genre Pyrule, M. Kiener les réduit à 22. Nous en connaissons 33, auxquelles il faut en ajouter au moins une vingtaine de fossiles appartenant, pour le plus grand nombre, aux terrains tertiaires. On en mentionne quelques-unes dans les terrains crétacés, et ce sont les espèces qui se rapprochent, pour leur forme générale, du *Murex spirillus* de Linné.]

## ESPÈCES.

### 1. Pyrule canaliculée. *Pyrula canaliculata.* Lamk.

> *P. testá pyriformi, ventricoso-tumidá, tenui, lœviusculá, pallidè fulvá; anfractibus supernè angulatis, suprà planulatis, ad suturam canali distinctis : anfractuum superiorum angulo crenulato; caudá longiusculá.*

*Murex canaliculatus.* Lin. Syst. nat. éd. 12. p. 1222. Gmel. p. 3544. n° 65.

Gualt. Test. t. 47. fig. A.

Martini. Conch. 3. t. 66. f. 738-740. et t. 67. f. 742. 743.

*Pyrula canaliculata.* Encyclop. pl. 436. f. 3.

* Lin. Syst. nat. éd. 10. p. 753.
* Lin. Mus. Ulric. p. 641.
* *Murex canaliculatus*. Born. Mus. p. 312. *Exclus. plur. syn.*
* Lister. Conch. pl. 878. f. 2.
* *Murex canaliculatus*. Dillw. Cat. t. 2. p. 721. n° 80.
* *Id*. Wood. Ind. Test. pl. 26. f. 82.
* *Pyrula spirata*, Kiener. Spec. des Coq. p. 11. n° 7. pl. 10. f. 1. *exclus var*.
* Desh. Encycl. méth. Vers. t. 3. p. 866. n° 5.
* Knorr. Delic. nat. select. t. 1. Coq. pl. BVI. f. 4.
* Mus. Gottw. pl. 3o. f. 1.
* Valentyn Amboina. pl. 11. f. 92.

Habite la Mer Glaciale et celle du Canada. Mon cabinet. Grande coquille, peu pesante pour son volume, et éminemment canaliculée aux sutures. Dans les jeunes individus, l'angle du dernier tour est crénelé comme celui des autres. Spire un peu saillante. Longueur, 6 pouces 10 lignes.

2. **Pyrule bombée.** *Pyrula carica.* **Lamk.** (1)

> P. *testâ pyriformi, ventricoso-tumidâ, crassâ, ponderosâ, transver-sìm tenuissimè striâtâ, albido-fulvâ; ultimo anfractu supernè unicâ serie tuberculato : superioribus basi tuberculiferis; caudâ breviusculâ.*

* *Murex aruanus*. Lin. Mus. Ulric. p. 641. n° 322.
.  * *Murex aruanus pars*. Lin. Syst. nat. éd. 10. p. 753.
* *Murex aruanus*. Lin. Syst. nat. éd. 12. p. 1222.

Lister. Conch. t. 880. f. 3. b.

Gualt. Test. t. 47. fig. B.

* Baster. Opuscula subsc. p. 33. pl. 6AB. f. 1. .
* Ellis. Corall. p. 85. pl. 33. f. 6.

---

(1) C'est à cette espèce que l'on doit rapporter le *Murex aruanus* de Linné; il est vrai que, si l'on examinait uniquement la synonymie, on pourrait éprouver de l'embarras, car Linné y confond la Pyrule nommée *Carica* par Lamarck, et le *Fusus proboscidiferus* du même auteur; mais la description de Linné, de son *Murex aruanus*, dans le *Museum Ulricæ*, coïncidant avec les caractères de la Pyrule, il est évident que c'est à celle-ci qu'il faut reporter l'espèce linnéenne; par la même raison, le nom spécifique de Lamarck, doit être remplacé par celui de Linné.

Knorr. Vergn. 1. t. 30. f. 1. et 6. t. 27. f. 1.

Martini. Conch. 3. t. 67. f. 744. et t. 69. f. 756. 757.

* Schrot. Einl. t. 1. p. 544. *Murex.* n° 7.

* *Murex carica.* Dillw. Cat. t. 2. p. 722. n° 81.

*Pyrula carica.* Encyclop. pl. 433. f. 3.

*Murex carica.* Gmel. p. 3545. n° 67.

* *Id.* Wood. Ind. Test. pl. 26. f. 83.

* Desh. Encyc. méth. Vers. t. 3. p. 866. n° 6.

* Kiener. Spec. des Coq. p. 3. n° 1. pl. 3 f. 1.

Habite... Mon cabinet. Coquille encore fort grande, épaisse, pesante, et souvent très rembrunie ou colorée par le limon. Longueur, 6 pouces.

## 3. Pyrule sinistrale. *Pyrula perversa.* Lamk.

P. *testá sinistrorsá, pyriformi, valdè ventricosá, glabrá, albido-fulvá, lineis longitudinalibus latis rufo-fuscis ornatá; ultimo anfractu supernè tuberculis coronato : superioribus basi tuberculiferis; caudá longiusculá, striatá.*

*Murex perversus.* Lin. Syst. nat. éd. 12. p. 1222. Gmel. p. 3546. n° 72.

Lister. Conch. t. 907. f. 27. et t. 908. f. 28.

Gualt. Test. t. 30. fig. B.

D'Argenv. Conch. pl. 15. fig. F.

Favanne. Conch. pl. 23. fig. H 2.

Seba. Mus. 3. t. 68. f. 21. 22.

Born. Mus. t. 11. f. 8. 9.

Chemn. Conch. 9. t. 107. f. 904-907.

*Pyrula perversa.* Encyclop. pl. 433. f. 4. a. b.

* Lin. Syst. nat. éd. 10. p. 753.

* Lin. Mus. Ulric. p. 642.

* Roissy. Buf. Moll. t. 6. p. 66. n° 3.

* *Murex perversus.* Born. Mus. p. 313.

* *Id.* Schrot. Einl. t. 1. p. 521. n° 41.

* *Id.* Dillw. Cat. t. 2. p. 724. n° 85.

* *Id.* Wood. Ind. Test. pl. 26. f. 88.

* Reeve. Conch. Syst. t. 2. p. 191. pl. 236. f. 5.

* Kiener. Spec. des Coq. p. 7. n° 4. pl. 9. 12.

* *Id. Var. dextra?* pl. 8. f. 2.

* Desh. Encyc. Méth. Vers. t. 3. p. 867. n° 7.

* Sow. Conch. Man. f. 388.

Habite l'Océan des Antilles, la baie de Campêche, etc. Mon cabinet.

Vulg. l'*Unique.* Dans sa jeunesse, elle est finement striée en dehors, et a l'intérieur de son bord droit sillonné. Longueur, 6 pouces 10 lignes.

## 4. Pyrule candelabre. *Pyrula candelabrum.* Lamk.

*P. testá pyriformi, supernè ventricosá, caudatá, transversìm striatá, grisco-cœrulescente; ultimo anfractu supernè lamellis maximis, complicatis, distantibus, muricato; spirá planulatá, retusissima · aperturá albá; labro intùs striato.*

Encyclop. pl. 437. f. 3. et pl. 438. f. 3.

* Kiener. Spec. des Coq. p. 8. n° 5. pl. 8. f, 2.

Habite... Mon cabinet. Coquille très rare, et très singulière par l'aplatissement extraordinaire de sa spire. Posée sur cette partie, elle s'y soutient, sa queue étant presque verticale, ce qui lui donne la forme d'un candelabre. Sa rareté est si grande, qu'aucun auteur, que je sache, ne l'a figurée ni mentionnée. Je l'ai eue de M. *Paris.* Longueur, 4 pouces 11 lignes.

## 5. Pyrule trompette. *Pyrula tuba.* Lamk. (1)

*P. testá subpyriformi, caudatá, transversìm sulcatá, pallidè fulvá; ventre superiùs ultrà medium disposito; anfractibus medio angulatotuberculatis : ultimo supernè tuberculis longis armato; spirá exsertiusculá.*

Martini. Conch. 4. t. 143. f. 1333.

*Murex tuba.* Gmel. p. 3554. n° 103.

*Fusus tuba.* Encyclop. pl. 426. f. 2.

* Desh. Encycl. méth. Vers. t. 3. p. 869. n° 12.

* *Fusus tuba.* Kiener. Spec. des Coq. p. 51. n° 42. pl. 26 f. 1.

* Schrot. Einl. t. 1. p. 619. *Murex.* n° 212.

* *Murex tuba.* Dillw. Cat. t. 2. p. 726. n° 78.

* *Buccinum tuba.* Wood. Ind. Test. pl. 23. f. 68.

* *Murex tuba.* Wood. Ind. Test. pl. 26. p. 80.

---

(1) M. Kiener rapporte cette espèce au genre Fuseau; elle a, en effet, beaucoup de rapports avec le *Fusus colosseus,* et elle doit appartenir au même genre; mais M. Kiener confond avec le *Tuba* une petite coquille que nous avons décrite, pour la première fois, dans l'*Encyclopédie,* sous le nom de *Fusus Blosvillei.* Nous pouvons affirmer que M. Kiener se trompe; notre espèce, d'un pouce et demi de longueur tout au plus, a des caractères qui lui sont propres.

Habite les mers de la Chine. Mon cabinet. Vulg. la *Trompette-des-dragons*. Longueur, 5 pouces 2 lignes.

## 6. Pyrule bucéphale. *Pyrula bucephala.* Lamk.

> P. *testá pyriformi, crassá, ponderosá, anteriùs muricatá, pallidè fulvá; ultimo anfractu duplici serie tuberculorum armato : tuberculis seriei superioris multò majoribus; caudá sulcatá, subumbilicatá.*

Lister. Conch. t. 885. f. 6. b.

*Murex carnarius.* Chemn. Conch. 10. t. 164. f. 1566. 1567.

* *Murex pugilinus.* Var. Dillw. Cat. t. 2. p. 737.

* Kiener. Spec. des Coq. p. 4. n° 2. pl. 4. f. 1.

Habite l'Océan indien. Mon cabinet. Spire courte, à tours anguleux et tuberculeux, et à sutures enfoncées; queue subombiliquée; ouverture d'un blanc rosé. Longueur, 4 pouces 9 lignes. Vulg. la *Téte-de-taureau.*

## 7. Pyrule chauve-souris. *Pyrula vespertilio.* Lamk. (1)

> P. *testá subpyriformi, crassá, ponderosá, anteriùs muricatá, spadiceo-rufescente; ultimo anfractu supernè tuberculis compressis coronato ; spirá exsertiusculá ; suturis simplicibus; caudá sulcatá, subumbilicatá.*

Lister. Conch. t. 884. f. 6. a.

*Fusus carnarius.* Martini. Conch. 4. t. 142. f. 1323. 1324. *et forté* 1326. 1327.

*Murex vespertilio.* Gmel. p. 3553. n° 100.

*Pyrula carnaria.* Encyclop. pl. 434. f. 3. a. b.

" *Murex pugilinus.* Born. Mus. p. 314.

* *Id.* Dillw. Cat. t. 2. p. 737. n° 111. *Exclus. varietate.*

* *Murex vespertilio.* Wood. Ind. Test. pl. 27. f. 114.

* Kiener. Spec. des Coq. p. 6. n° 3. pl. 5. f. 1.

* Desh. Encycl. méth. Vers. t. 3. p. 871. n° 16.

Habite l'Océan indien. Mon cabinet. Celle-ci a de grands rapports

---

(1) Il est fâcheux que Lamarck n'ait pas conservé à cette espèce le nom de *Pyrula pugilina,* qui doit lui revenir, puisque c'est le premier nom qu'elle a reçu de Born. Depuis la publication du *Voyage dans l'Inde,* de M. Bellanger, dans l'ouvrage duquel nous avons donné quelques espèces nouvelles de coquilles, nous avons eu occasion d'examiner de nombreuses variétés du *Pyrula vespertilio,* et nous avons reconnu que notre *Pyrula fulva* venait prendre place parmi elles.

avec la précédente, et, en effet, a été confondue avec elle par quelques auteurs; mais elle en est constamment distincte : 1° parce qu'elle n'a point de sutures enfoncées ou subcanaliculées; 2° que sa spire est plus saillante ; 3° que son dernier tour n'a qu'une rangée de tubercules. Longueur, 4 pouces 4 lignes. Vulg. la *Tête-de-veau*.

## 8. Pyrule mélongène. *Pyrula melongena.* Lamk. (1)

*P. testá pyriformi, ventricoso-turgidá, glauco-cærulescente aut rufo-rubente, albo-fasciatá ; anfractibus ad suturas canaliculatis : ultimo interdùm mutico, sæpiùs tuberculis acutis, variis, muricato; spirá brevi; aperturá lævi, albá.*

*Murex melongena.* Lin. Syst. nat. éd. 12. p. 1220. Gmel. p. 3540. n° 50.

Lister. Conch. t. 904. f. 24.

Bonanni. Recr. 3. f. 186. 295.

Rumph. Mus. t. 24. f. 2 et 3.

Gualt. Test. t. 26. fig. F.

D'Argenv. Conch. pl. 15. fig. H.

Favanne. Conch. pl. 24. fig. E. 2.

Seba. Mus. 3. t. 72. f. 1—9.

Knorr. Vergn. 1. t. 17. f. 5. et 2. t. 10. f. 1.

Martini. Conch. 2. t. 39. f. 389—393 et t. 40. f. 394—397.

Chemn. Conch. 10. t. 164. f. 1568.

*Pyrula melongena.* Encyclop. pl. 435. f. 3. a. b. c. d. e.

* Lin. Syst. nat. éd. 10. p. 750.

* Perry. Conch. pl. 34. f. 3.

* Blainv. Malac. pl. 17. f. 3.

* Kiener. Spec. des Coq. p. 13. n° 8. pl. 1. pl. 2. f. 3.

Desh. Encycl. méth. Vers. t. 3. p. 871. n° 17.

* Fav. Conch. pl. 66. f. 1. 8.

* Bast. Foss. de Bord. p. 68. n° 4.

* *Fossilis.* d'Arg. Conch. pl. 29. p. 10. n° 4.

* Regenf. Conch. t. 1. pl. 5. f. 49. et pl. 10. f. 36

* Blainv. Malac. pl. 17. f. 3.

---

(1) Martini met cette espèce, ainsi que celles qui ont avec elle de l'analogie, à la suite de ses Casques, sous le titre de *Semicassides*. Il fait du *Melongena* de Linné deux espèces, l'une pour les variétés tuberculeuses ou épineuses, l'autre pour les variétés lisses.

* Lin. Mus. Ulric. p. 637.
* Roissy. Buf. Moll. t. 6. p. 67. n° 4.
* *Melongena fasciata*. Schem. Nouv. Syst. p. 212.
* *Murex melongena*. Born. Mus. p. 306.
* *Id.* Schrot. Einl. t. 1. p. 509. n° 30.
* *Id.* Dillw. Cat. t. 2. p. 710. n° 59.
* *Id.* Wood. Ind. Test. pl. 26. f. 59.
* Sow. Conch. Man. f. 552.

Habite l'Océan des Antilles. Mon cabinet. espèce bien distincte, et très remarquable par ses caractères, mais qui offre un grand nombre de variétés dans sa taille, ses murications diverses, et sa coloration. Taille de la plus grande, dont le bord droit est un peu plus dentelé que dans les autres, 5 pouces 2 lignes.

## 9. Pyrule réticulée. *Pyrula reticulata.* Lamk. (1)

*P. testá ficoideá vel ampullaceá, cancellatâ, albá; striis transversis majoribus, distantibus; spirá brevissimá, convexo-retusá, centro mucronatá; aperturá candidá.*

Gualt. Test. t. 26. fig. **M.**

Seba. Mus. 3. t. 68. f. 1. et 3. **4.**

Knorr. Vergn. 3. t. 23. f. 1.

Martini. Conch. 3. t. 66. f. 733.

Encyclop. pl. 432. f. 2.

* *An eadem?* Sow. Genera of Shells. f. 1.
* Kiener. Spec. des Coq. p. 28. n° 19. pl. 12. f. 1.
* Desh. Encyclop. méth. Vers. t. 3. p. 804. n° 1.

Habite l'Océan indien. Mon cabinet. Espèce constamment distincte de la suivante, avec laquelle *Linné* l'a confondue. Le treillis épais que forment ses stries la rend très remarquable. Dans sa jeunesse, elle a, sur celles qui sont transverses, de petites taches jaunes qui disparaissent en grande partie dans un âge plus avancé. Longueur, 4 pouces. Vulg. la *Figue-blanche.*

## 10. Pyrule figue. *Pyrula ficus.* Lamk.

*P. testá ficoideá vel ampullaceá, tenuissimè decussatá, griseo-cærulescente, maculis variis, spadiceis aut violaceis adspersá; striis*

---

(1) Lamarck comprend dans la synonymie de cette espèce une figure de Martini (pl. 66, f. 733), qui représente certainement une autre espèce. M. Kiener la désigne sous le nom de *Pyrula ventricosa* de Sowerby.

*transversis majoribus, confertissimis; spirá brevi, convexá, centro
mucronatá ; fauce violaceo-cœrulescente.*

*Bulla ficus.* Lin. Syst. nat. ed. 12. p. 1184. Gmel. p. 3426. n° 14.

Lister. Conch. t. 751. f. 46. a.

Bonanni. Recr. 3. f. 15.

Rumph. Mus. t. 27. fig. K.

Petiv. Amb. t. 6. f. 9.

Gualt. Test. t. 26. fig. I.

D'Argenville. Conch. pl. 17. fig. O.

Favanne. Conch. pl. 23. fig. H. 5.

Seba. Mus. 3. t. 68. f. 5. 6.

Knorr. Vergn. 1. t. 19. f. 4.

Martini. Conch. 3. t. 66. f. 734. 735.

*Pyrula ficus.* Encyclop. pl. 432. f. 1.

* Mus. Gottw. f. 70. a. b.

* Knorr. Delic. nat. selec. t. 1. coq. pl. B. II. f. 7.

* *Murex ficus.* Lin. Syst. nat. ed. 10. p. 752.

* *Id.* Lin. Mus. Ulric. p. 637.

* Brookes. Introd. of Conch. pl. 5. f. 64.

* Crouch. Lamk. Conch. pl. 17. f. 9.

* Roissy. Buf. Moll t. 6. p. 65. n° 1. pl. 59. f. 2.

* Schum. Nouv. Syst. p. 215.

* *Bulla ficus.* Born. Mus. p. 2. 4.

* *Id.* Schrot. Einl. t. 1. p. 177. n° 14.

* Burrow. Elem. of Conch. pl 14. f. 6.

* *Bulla ficus.* Dillw. Cat. t. 1. p. 484. n° 29.

* *Id.* Wood. Ind. Test. pl. 13. f. 29.

* Kiener. Spec. des Coq. p. 30. n° 21. pl. 13. f. 1.

* Desh. Encyclop. méth. Vers. t. 3. p. 865. n° 2.

* Sow. Conch. Man. f. 390.

Habite l'Océan des Grandes-Indes et des Moluques. Mon cabinet.
Son réseau très fin et très serré et son ouverture violette la
distinguent éminemment. Vulg. la *Figue traitée* ou *violette*. Longueur, 3 pouces 4 lignes.

## 11. Pyrule ficoïde. *Pyrula ficoides.* Lamk.

*P. testá ficoideá, cancellatá, albo-lutescente, fasciis albis, spadiceo-
maculatis cinctá; striis transversis distantibus; spirá brevissimá,
plano-retusá, centro mucronatá; aperturá albo-cœrulescente.*

Lister. Conch. t. 750. f. 46.

Knorr. Vergn. 6. t. 27. f. 46.

*Schub. et Wagn. Sup. à Chemn. p. 95. pl. 226. f. 4014. 4015.
*Exclus. variet.*

Kiener. Spec. des Coq. p. 291. n° 20. pl. 13. f. 2.

* Desh. Encyclop. méth. Vers. t. 3. p. 865. n° 3.

Habite... l'Océan des Grandes-Indes? Mon cabinet. Son réseau, moins fin que celui de la précédente, offrant des stries transverses bien écartées, et sa spire très réfuse, ne permettent pas de la confondre avec celle que l'on vient de citer. Ses fascies, d'ailleurs, sont maculées d'une manière très particulière. Longueur, 2 pouces 8 lignes.

12. **Pyrule à gouttière.** *Pyrula spirata.* Lamk. (1)

*P. testá pyriformi, subfusoideá, caudatá, transversim striatá, albá, luteo rufoque nebulosá; anfractibus ad suturas canaliculatis; spirá exsertiusculá, mucronatá; labro intùs albo, sulcato.*

Lister. Conch. t. 877. f. 1.

Martini. Conch. 3. t. 66. f. 736. 737.

Encyclop. pl. 433. f. 2. a. b.

* *Pyrula spirata.* Var. Kiener, Spec. des Coq. p. 11. n° 7. pl. 10. f. 21.

* *Pyrula canaliculata.* Schub. et Wagn. Sup. à Chemn. p. 93. pl. 226. f. 4010 et 4011.

* Desh. Encycl. méth. Vers. t. 3. p. 865. n° 4.

* *Bulla ficus.* Var. β. Gmel. p. 3426.

* Schrot. Einl. t. 1. p. 189. *Bulla.* n° 7.

* *Bulla pyrum.* Dillw. Cat. t. 1. p. 485.

* *Id.* Wood. Ind. Test. pl. 13. f. 30.

Habite... Mon cabinet. Quoique canaliculée aux sutures, cette coquille est fort différente de notre *P. canaliculata*, n° 1. Elle tient de très près aux figues par sa forme générale; mais elle a une véritable queue. Longueur, 2 pouces 11 lignes. Vulg. la *Contre-unique.*

---

(1) Le nom de cette espèce devra être changé pour celui de Dillwyn. L'ouvrage de l'auteur anglais, ayant été publié en 1817, est antérieur de cinq ans à celui de Lamarck. Le nom de *Pyrula pyrum* devra donc remplacer celui de *Pyrula spirata.* M. Kiener confond, sous le nom de *Spirata*, deux espèces bien distinctes reconnues par tous les auteurs, le *Canaliculata* et celleci. Cette confusion est cause que M. Kiener s'est contenté de figurer une variété et non le type du *Pyrula spirata.*

**13. Pyrule tête-plate.** *Pyrula spirillus.* **Lamk.**

> P. *testâ anteriùs ventricosâ, longè caudatâ, transversìm tenuissimè
> striatâ, albidâ, luteo-maculatâ; ventre abbreviato, medio carinato,
> suprà planulato, infrà medium tuberculato; spirâ depressissimâ,
> centro mamilliferâ.*

*Murex spirillus.* Lin. Syst. nat. éd. 12. p. 1221. Gmel. p. 3544.
  n° 64.

Knorr. Vergn. 6. t. 24. f. 3.

Martini. Conch. 3. t. 115. f. 1069.

Schroëter. Einl. in Conch. 1. t. 3. f. 4

*Pyrula spirillus.* Encyclop. pl. 437. f. 4. a. b.

 * Perry. Conch. pl. 3. f. 4.

 * Kiener. Spec. des Coq. p. 10. n° 6. pl. 15. f. 2.

 * Desh. Ency. méth. Vers. 1. t. 3. p. 872. n° 18.

 * Sow. Conch. Man. f. 384. et 550.

 * *Turbinellus spirillus.* Swain. Zool. illus. 1^re série. t. 3. pl. 177.

 * *Haustellum carinatum.* Schum. Nouv. syst. p. 213. (1)

 * *Murex spirillus.* Born. Mus. p. 312.

 * *Id.* Schrot. Einl. t. 1. p. 517. n° 27.

 * *Id.* Dillw. Cat. t. 2. p. 721. n° 79.

 * *Id.* Wood. Ind. Test. pl. 26. f. 81.

Habite l'Océan indien, sur les côtes de Tranquebar. Mon cabinet.
  Queue longue et grêle; ventre court, à carène légèrement feston-
  née et toujours tachetée de fauve, ainsi que la spire. Longueur,
  3 pouces 1 ligne. Vulg. le *Ton-ton.*

**14. Pyrule allongée.** *Pyrula elongata.* **Lamk.**

> P. *testâ elongato-pyriformi, angustâ, longicaudâ, læviusculâ, luteo-
> rufescente; anfractibus supernè longitudinaliter plicatis: plicis
> anteriùs nodo terminatis; spirâ caudâque transversè striatis.*

Martini. Conch. 3. t. 94. f. 908.

*Buccinum tuba.* Gmel. p. 3484. n° 55.

 * *Fusus elongatus.* Kiener. Spec. des Coq. p. 53. n° 44. pl. 28.

Habite l'Océan des Grandes-Indes. Mon cabinet. Ouverture étroite;
  bord droit lisse à l'intérieur. Longueur, 4 pouces 3 lignes.

**15. Pyrule ternatéenne.** *Pyrula ternatana.* **Lamk.**

> P. *testâ pyriformi, anteriùs ventricosâ, longè caudatâ, transversìm
> striatâ, longitudinaliter plicatâ, luteo-rufescente; anfractibus me-*

---

(1) Voyez la note du *Murex haustellum.*

*dio angulato-tuberculatis, suprà planulatis, contabulatis: ultimo
supernè tuberculis longiusculis coronato.*

Lister. Conch. t. 892. f. 12.

Seba. Mus. 3. t. 52. f. 5.

Knorr. Vergn. 6. t. 15. f. 4. et t. 26. f. 1.

*Fusus ternatanus.* Martini. Conch. 4. t. 140. f. 1304. 1305.

*Murex ternatanus.* Gmel. p. 3554. n° 107.

*Fusus pyrulaceus.* Encyclop. pl. 429. f. 6.

* Mus. Gottw. pl. 31. f. 211 a. b. c. 212 a. b. 213 b. 214.

* Valentyn Amboine. pl. 1. f. 2.

* *Fusus ternatanus.* Kiener. Spec. des Coq. p. 52. n° 43. pl. 27.

* Schrot. Einl. t. 1. p. 614. n° 203.

* *Murex ternatanus.* Dillw. Cat. t. 2. p. 738. n° 113.

* *Id.* Wood. Ind. Test. pl. 27. f. 116.

* Desh. Encyclop. méth. Vers. t. 3. p. 867. n° 8.

Habite les mers des Moluques, près de Ternate. Mon cabinet. Espèce
voisine de la précédente par ses rapports, mais plus ventrue, à
spire mieux étagée, et ayant ses tours couronnés de tubercules
plus saillans. Ouverture blanche, bord droit lisse à l'intérieur.
Longueur, 4 pouces 11 lignes.

## 16. Pyrule bezoar. *Pyrula bezoar.* Lamk. (1)

P. *testá ovato-abbreviatá, ventricosissimá, crassá, rudi, sulcis latis
transversìm cinctá, tuberculiferá, squalidè fulvá; ultimo anfractu
tuberculorum seriebus tribus muricato, anteriùs lamelloso; canali
brevi, emarginato.*

*Buccinum bezoar.* Lin. Syst. Nat. éd. 12. p. 1204. Gmel. p. 3491.
n° 91.

Martini. Conch. 3. t. 68. f. 754. 755.

* *Murex rapiformis.* Var. β. Born. Mus. p. 307.

* Wood. Ind. Test. pl. 23. f. 104.

* Desh. Encyclop. méth. Vers. t. 3. p. 868. n° 9.

* *Purpura bezoar.* Kiener. Spec. des Coq. p. 64. n° 40. pl. 17.
f. 49.

---

(1) Comme nous l'avons dit, le genre Pyrule demande des
réformes; mais il est impossible d'admettre celles que propose
M. Schumacher, dans son Essai d'un nouveau système des vers
testacés. Cet auteur a créé un genre *Rapana* pour le *Pyrula bezoar* à laquelle il joint le *Buccinum tranquebaricum*. On conçoit
que des genres ainsi constitués ne peuvent être adoptés.

* *Buccinum bezoar.* Dillw. Cat. t. 2. p. 63o. n° 1o3.
* *Junior.* Mus. Gottw. pl. 27. f. 1872.
* *Davila.* Cat. t. 1. pl. 11. f. E. e.
* *Rapana foliacea.* Schum. Nouv. Syst. p. 314.
* *Buccinum bezoar.* Schrot. Einl. t. 1. p. 343. n° 36.

Habite les mers de la Chine. Mon cabinet. Coquille de forme très
ramassée, raboteuse, d'une couleur sale, et d'un aspect peu agréable; spire contabulée, médiocrement élevée: queue courte, re-
troussée, ombiliquée. Longueur, 3 pouces une ligne.

17. **Pyrule radis.** *Pyrula rapa.* **Lamk.** (1)

*P. testá pyriformi, anteriùs ventricosissimá, solidiusculá, transver-
sìm striatá, albido-rufescente; ultimo anfractu bifariàm aut trifariàm tuberculato; suturis impressis; spirá brevi; caudá latè
umbilicatá, depressá, recurvá.*

Lister. Conch. t. 894. f. 14.
Knorr. Verg. 5. t. 21. f. 2.
Martini. Conch. 3. t. 68. f. 750-753.
*Murex rapa.* Gmel. p. 3545. n° 68.
*Pyrula rapa.* Encyclop. pl. 434. f. 1. a. b. *figuræ mediocres.*
* Schrot. Einl. t. 1. p. 545. *Murex* n° 8.
* *Buccinum bulbosum.* Dillw. Cat. t. 2. p. 631. n. 104.
* *Id.* Wood. Ind. Test. pl. 23. f. 105.

---

(1) On doit reprocher à Lamarck de n'avoir pas assez respecté la nomenclature de Linné et d'y avoir apporté des changemens arbitraires et inutiles; jamais la science ne sera faite, si
l'on doit suivre encore long-temps un si funeste exemple. Il y a
deux rectifications à faire au sujet des *Pyrula rapa* et *papyracea.*
Le nom que Lamarck leur donne doit être changé. En effet,
Linné, dans la 10ᵉ édition du *Systema naturæ*, établit avec une
très bonne synonymie le *Murex rapa* dont il fait plus tard son
*Bulla rapa.* Cette espèce est exactement la même que le *Pyrula
papyracea* de Lamarck; mais Lamarck, au lieu de conserver à
l'espèce son premier nom, a le tort de lui en substituer un autre et de donner le nom de *Rapa* à une coquille que Linné ne
connut pas. On pourrait bien restituer à l'espèce son premier
nom de *Rapiformis* donné par Born, ce qui serait préférable au
nom de *Bulbosum* adopté par Dillwyn d'après les manuscrits de
Solander.

33.

* Schub. et Wagn. suppl. à Chem. p. 97, pl. 226. f. 4016, 4017.

* Reeve. Conch. Syst. t. 2. p. 190. pl. 236. f. 3.

* Desh. Encyclop. méth. Vers. t. 3. p. 868. n° 10.

* Mus. Gottw. pl. 11. f. 77. 78.

* Roissy. Buf. Moll. t. 6. p. 66. n° 2.

* *Murex rapiformis.* Var. a. Born. Mus. p. 307.

* Kiener. Spec. des Coq. p. 23. n. 15. pl. 7. f. 1.

Habite l'Océan indien. Mon cabinet. Queue fortement recourbée et lamelleuse; large ombilic. Longueur, 2 pouces 5 lignes. Vulg. le *Radis.*

18. Pyrule papyracée. *Pyrula papyracea.* Lamk.

P. *testá pyriformi, anteriùs ventricosissimá, tenui, pellucidá, transversìm tenuissimè striatá, posticè sulcatá, pallidè citriná; spirá retusissimá, mucronatá; caudá subumbilicatá, recurvá.*

*Bulla rapa.* Lin. Syst. Nat. éd. 12. p. 1184. Gmel. p. 3426. n° 15.

Rumph. Mus. t. 27. fig. F.

Petiv. Amb. t. 9. f. 8.

Gualt. Test. t. 26. fig. H.

D'Argenv. Conch. pl. 17. fig. K.

Seba. Mus. 3. t. 38. f. 13-24. et t. 68. f. 7. 8.

Knorr. Vergn. 1. t. 19. f. 5.

Martin. Conch. 3. t. 68. f. 747-749.

*Pyrula papyracea.* Encyclop. pl. 436. f. 1. a. b. c.

* Klein. Tentam. Ostrac. pl. 80.

* Reeve. Conch. Syst. t. 2. p. 191. pl. 136. f. 4.

* Kiener. Spec. des Coq. p. 31. n° 22. pl. 14. fi. 1. 2. 3.

* Desh. Encyclop. méth. Vers. t. 3. p. 869. n° 11.

* Sow. Conch. Man. f. 389.

* Knorr. Deliciæ Nat. Selec. t. 1. Coq. pl. BII. f. 8.

* Valentyn Amboine. pl. 9. f. 84.

* *Murex rapa.* Lin. Syst. Nat. éd. 10. p. 752.

* *Id.* Lin. Mus. Ulric. p. 638.

* *Bulla rapa.* Born. Mus. p. 205.

* *Id.* Schrot. Einl. t. 1. p. 179. n° 15.

* *Id.* Dillw. Cat. t. 1, p. 485. n° 31.

* *Id.* Wood. Ind. Test. pl. 3. f. 31.

Habite l'Océan indien. Mon cabinet. Singulière par la ténuité de son test et par ses sillons postérieurs qui sont presque imbriqués; cette Pyrule varie dans la longueur de sa queue, qui est tantôt plus ou moins allongée et tantôt presque nulle. Longueur, 2 pouces 2 lignes. Vulg. le *Radis papyracé.*

## 19. Pyrule galéode. *Pyrula galeodes*. Lamk.

> P. *testâ ovato-pyriformi, anteriùs ventricosâ, crassâ, transversim sul-catâ, griseo-fulvâ ; sulcis rufis ; ultimo anfractu tuberculis com-plicatis subquadriseriatis muricato; margine superiore squamoso; spirâ caudâque brevibus.*

Rumph. Mus. t. 23. fig. D.

Petiv. Amb. t. 8. f. 11.

* Mus. Gottw. pl. 11. f. 74. 75. pl. 28. f. 207 b.

* Griw. Mus. Reg. Soc. pl. 9. Wilk. With. plaited spilles, f. 1. 2.

Gualt. Test. t. 31. fig. F.

D'Argenv. Conch. pl. 15. fig. G. *figura mediocris.*

Favanne. Conch. pl. 24. fig. F 3 *idem.*

Seba. Mus. 3. t. 49. f. 80—82.

Knorr. Vergn. 3. t. 7. f. 3.

Martini. Conch. 2. t. 40. f. 398. 399.

*Pyrula hippocastanum.* Encycl. pl. 432. f. 4.

* *Buccinum Bezoar.* Born. Mus. p. 259.

* *Murex hippocastanum.* Born. Mus. p. 304. (1)

* *Murex calcaratus.* Var. B. Dillw. Cat. t. 2. p. 711.

* Schrot. Einl. t. 1. p. 543. *Murex.* n° 1.

* Kiener. Spec. des Coq. p. 21. n° 14. pl. 5. f. 2.

Habite l'Océan des Moluques. Mon cabinet. Queue subombiliquée, un peu recourbée vers le dos et échancrée; ouverture blanche; bord droit lisse à l'intérieur. Longueur, 2 pouces une ligne.

## 20. Pyrule anguleuse. *Pyrula angulata*. Lamk.

> P. *testâ ovato-pyriformi, anteriùs ventricosâ, transversim striatâ, albidâ; ultimo anfractu supernè angulato, ad angulum et ver-sùs basim tuberculis longiusculis armato ; spirâ exsertiusculâ; caudâ brevi.*

Seba. Mus. 3. t. 52. f. 19. 20. et t. 60. f. 10.

Martini. Conch. 2. t. 40. f. 400. 401.

*Pyrula lineata.* Encycl. pl. 432. f. 5.

---

(1) Par un singulier double emploi chez un auteur d'ailleurs fort exact et dont la synonymie est généralement très bonne, on trouve deux fois cette espèce sous deux noms et dans deux genres différens. Comme on le comprendra facilement, Born a été complétement dans l'erreur à l'égard du *Murex hyppocastrum* de Linné, qui est une Pourpre, tandis que le sien est une Pyrule.

* Schrot. Einl. t. 1. p. 596. *Murex.* n° 165.

* Rumph. Mus. pl. 24. f. n° 4.

* Knorr. Vergn. t. 6. pl. 24. f. 2.

* *Murex calcaratus.* Var. B. Dillw. Cat. t. 2. p. 711.

* Kiener. Spec. des Coq. p. 20. n° 13. pl. 7. f. 2.

Habite la mer Rouge. Mon cabinet. Queue subombiliquée, légèrement recourbée, échancrée au bout. Longueur, 2 pouces.

## 21. Pyrule écailleuse. *Pyrula squamosa.* Lamk.

*P. testá pyriformi, anteriùs ventricosá, transversìm sulcatá, albidá, fulvo-fasciatá; ultimo anfractu penultimoque margine superiore squamosis; spirá exsertiusculá; caudá subumbilicatá, brevi, emarginatá; labro margine interiore sulcato.*

Seba. Mus. 3. t. 60. f. 9.

Martini. Conch. 2. t. 40. f. 402.

*Pyrula myristica.* Encycl. pl. 432. f. 3. a. b.

* Schrot. Einl. t. 1. p. 543. *Murex.* n° 2.

* *Murex calcaratus.* Var. D. Dillw. Cat. t. 2. p. 711.

* Kiener. Spec. des Coq. p. 19. n° 12. pl. 4. f. 2.

* Desh. Encycl. méth. Vers. t. 3. p. 870. n° 14.

Habite.... Mon cabinet. Elle a quelquefois une rangée de petits tubercules au sommet de son dernier tour. Longueur, 2 pouces 5 lignes.

## 22. Pyrule noduleuse. *Pyrula nodosa.* Lamk.

*P. testá pyriformi, anteriùs ventricosá, medio læviusculá, infernè sulcatá, pallidè luteá; ultimo anfractu supernè nodis coronato, suprà depresso, concavo; spirá brevi, acutá; labro intùs striato.*

*Murex ficus nodosa.* Chemn. Conch. 10. t. 163. f. 1564. 1565.

* Kiener. Spec. des Coq. p. 16. n° 10. pl. 6. f. 1. 2.

* Desh. Encycl. méth. Vers. t. 3. p. 870. n° 15.

* Savigny. Expéd. d'Eg. Coq. pl. 4 f. 16.

* Gmel. p. 5545.

* Martini. Conch. t. 3. pl. 66. f. 741.

* *Murex ficus.* Dillw. Cat. t. 2. p. 722. n° 82.

* *Id.* Wood. Ind. Test. pl. 26. f. 85.

Habite la mer Rouge. Mon cabinet. Queue courte, ombiliquée. Longueur, environ 2 pouces. Elle a de grands rapports avec la suivante.

## 23. Pyrule citrine. *Pyrula citrina.* Lamk.

*P. testá pyriformi, anteriùs ventricosá, muticá, medio lævi, infernè sulcatá, citriná; ultimo anfractu supernè obtusè angulato, suprà depressiusculo ; spirá brevi, acutá ; aperturá luteo-aurantiá ; labro crasso, margine interiore sulcato.*

Martini. Conch. 3. t. 94. f. 909. 910.

*Buccinum pyrum.* Gmel. p. 3484. n° 56.

* *Pugilina lævis.* Schum. Nouv. syst. p. 816.

* Schrot. Einl. t. 1. p. 358. *Buccinum.* n° 7.

* *Buccinum pyrum.* Dillw. Cat. t. 2. 616. n° 68.

* *Id.* Wood. Ind. Test. pl. 23. f. 69.

* Kiener. Spec. des Coq. p. 17. n° 11. pl. 3. f. 2.

* Desh. Encycl. méth. Vers. t. 3. p. 869. n° 13.

Habite l'Océan indien et la Mer Rouge, selon *Gmelin.* Mon cabinet. Coquille solide ; queue courte, échancrée au bout. Longueur, 2 pouces 1 ligne. Vulg. la *Poire lisse à bouche orangée.*

## 24. Pyrule raccourcie. *Pyrula abbreviata.* Lamk. (1)

*P. testá subpyriformi, ventricosissimá, scabriusculá, transversim sulcatá, albido-cinerascente ; spirá exsertiusculá; caudá brevi, latè umbilicatá, dorso sulcis elevatis, subechinatis, muriculatá ; labro intùs striato, margine denticulato.*

Lister. Conch. t. 896. f. 16.

*Murex galea.* Chemn. Conch. 10. t. 160. f. 1518. 1519.

*Pyrula abbreviata.* Encyclop. pl. 436. f. 2. a. b.

* *Purpura abbreviata.* Kiener. Spec. des Coq. p. 75. n° 47. pl. 19. f. 36. *Exclus. variet.*

Habite.... Mon cabinet. Longueur, 18 lignes et demie.

## 25. Pyrule bouche-violette. *Pyrula neritoidea.* Lamk.

*P. testá subpyriformi, ventricosá, crassá, rudi, transversim striatá, squalidè albá; anfractibus turgidis ; spirá exsertiusculá ; caudá brevi; fauce violaceá.*

---

(1) Plusieurs conchyliologues rangent cette espèce, ainsi que les deux suivantes, dans le genre Pourpre. Ces coquilles ont, en effet, le *Neritoidea* surtout, la plus grande partie des caractères des Pourpres. Cependant il serait bon, pour se fixer définitivement, que l'on connût au moins l'opercule de ces espèces. Déjà, MM. Quoy et Gaimard ont représenté l'animal du *Neritoidea*, dont l'opercule est bien celui des Pourpres. M. Kiener regarde comme une variété du *Pyrula abbreviata* le *Deformis* de Lamarck ; cependant les figures que M. Kiener donne de ces coquilles nous semblent seules suffire pour combattre son opinion.

*Murex neritoideus.* Chemn. Conch. 10. t. 165. f. 1577. 1578.
Gmel. p. 3559. n° 169.

*Fusus neritoideus.* Encyclop. pl. 435. f. 2. a. b.

* *Purpura neritoidea.* Quoy et Gaim. Voy. de l'Astr. Zool. t. 2.
pl. 38. f. 22. 23. 24.

* *Id.* Kiener. Spec. des Coq. p. 77. n° 48. pl. 19. f. 57.

* Mus. Gottw. pl. 11. f. 80. c.

Habite.... Mon cabinet. Sa spire varie dans ses dimensions, selon les
individus. Son ouverture, d'un violet foncé, la rend remarquable.
Bord droit strié en dedans. Longueur, 18 lignes.

## 26. Pyrule difforme. *Pyrula deformis.* Lamk.

P. *testá ventricosá, scabriusculá, albidá ; anfractibus angulato-cari-*
*natis, nodulosis : ultimo disjuncto, carinis duabus cincto, subplici-*
*fero ; caudá brevi, umbilicatá ; fauce violacescente ; labro tenui.*

* *Purpura abbreviata.* Var. Kiener. Spec. des Coq.

Habite.... Mon cabinet. Ouverture arrondie ; spire un peu saillante.
Longueur, près d'un pouce.

## 27. Pyrule rayée. *Pyrula lineata.* Lamk.

P. *testá pyriformi-abbreviatá, ventricosá, glabrá, pallidè fulvá,*
*longitudinaliter rufo-lineatá ; aperturá patulá ; columellá albá ;*
*labro intùs albo-lutescente.*

* *Pyrula clata.* Schub. et Wagn. Sup. à Chemn. p. 94. pl. 226.
f. 4012. 4013.

* *Buccinum bulbus.* Wood. Ind. Test. Sup. pl. 4. f. 8.

* *Pyrula lineata.* Gray. Beeck. Voy. Zool. p. 114.

* Kiener. Spec. des Coq. p. 24. n° 5. pl. 15. f. 1.

Habite.... Mon cabinet. Son dernier tour est légèrement déprimé supérieurement. Spire courte ; queue un peu relevée, échancrée au
bout ; point d'ombilic. Longueur, 13 lignes.

## 28. Pyrule plissée. *Pyrula plicata.* Lamk. (1)

P. *testá pyriformi, obovatá, ventricosá, longitudinaliter plicatá,*
*transversìm tenuissimè striatá, flavescente ; plicis tenuibus, dis-*

---

(1) Nous signalons avec regret cette nouvelle lacune dans
l'ouvrage de M. Kiener. Cette espèce n'y est pas même mentionnée. Il nous semble, cependant, que l'un des principaux ré-
sultats que devait se proposer l'auteur, était de satisfaire tous
les besoins de la science, en figurant et en décrivant toutes les
espèces de Lamarck, et, plus soigneusement surtout, celles qui,

*tantibus; anfractibus margine superiore carinulá cinctis; spirá brevi, acutá ; labro intùs lævigato.*

Habite.... les mers du Brésil? Elle vient d'un cabinet de Lisbonne. Mon cabinet. Longueur, 14 lignes. Sa queue me paraît un peu fruste. Elle n'est point ombiliquée.

*Nota.* Voyez, pour les espèces fossiles, les *Annales du Muséum,* vol. 2. p. 389 et suiv.

† 29. **Pyrule ventrue.** *Pyrula ventricosa.* Kiener.

*P. testá ovato-oblongá, ficoideá, ampullaceá, tenui, apice obtusissimá, albo-spadiceá, costis transversis distantibus, fusco subarticulatis cinctá, tenuè obsoletè decussatá; aperturá ovatá, albo pallidè violascente.*

Kiener. Spec. des Coq. p. 27. n° 18. pl. 12. f. 2.

Martini. Conch. t. 3. pl. 36. f. 733.

*An Bulla decussata?* Wood. Ind. Test. Suppl. par Gray. pl. 3. f. 3.

Habite les mers de l'Inde et de la Chine.

Espèce bien distincte que l'on reconnaît facilement à ses côtes transverses, distantes, assez grosses et obtuses, sur lesquelles sont disposées assez régulièrement des taches d'un brun roux. Entre ces côtes, dans le plus grand nombre des individus, il y a une strie un peu plus saillante que les autres; elle est accompagnée de plusieurs autres plus fines encore qui, traversées par des stries d'accroissement, multipliées et assez régulières, forment à la surface de la coquille un réseau de mailles fines et obsolètes. L'ouverture est très ample, elle se prolonge en un canal largement ouvert, peu profond, sans échancrure terminale. Cette ouverture est blanche, teinte d'une très légère nuance de violet; en dehors, la coquille est d'un fauve roussâtre très pâle.

Cette coquille, qui était rare autrefois dans les collections, y est maintenant assez abondamment répandue. Elle a 11 centim. 1|2 de long et 65 mill. de large.

† 30. **Pyrule de Dussumier.** *Pyrula Dussumieri.* Kiener.

*P. testá elongatá, ficoideá, tenui, apice obtusá, striis transversis, planulatis longitudinalibusque decussatá , pallidè fuscescente, strigis longitudinalibus, angulatis, fuscis ornatá; aperturá ovatooblongá, intùs castaneá, ad marginem albo pallidè violascente.*

Kiener. Spec. des Coq. p. 25. n° 17. pl. 11.

---

comme celle-ci, manquent de synonymie et n'ont point encore été figurées.

Habite les mers de Chine.

M. Dussumier qui, dans ses divers voyages, s'est constamment appliqué à enrichir les collections du Muséum, ayant rapporté, pour la première fois, cette espèce, méritait bien d'y voir attacher son nom par M. Valenciennes. Cette coquille remarquable est, parmi les Pyrules ficoïdes, celle qui, en proportion, est la plus étroite et a la queue la plus allongée. Son têt mince est couvert en dehors d'un grand nombre de petites côtes transverses, assez larges, mais très aplaties. Il semble qu'ayant été molles, on les a écrasées avec le doigt; ce qui leur a donné un autre caractère particulier, c'est que les bords, à peine relevés, sont très aigus. Ces côtes sont assez égales dans la plupart des individus; dans d'autres, elles alternent avec des côtes beaucoup plus petites. Enfin, des stries longitudinales étroites qui ont le même caractère d'aplatissement que les côtes par leur entrecroisement forment un réseau assez régulier. Si l'on examine ce réseau à la loupe, il semble que les stries longitudinales passent dessous les transverses. L'ouverture est allongée, ovalaire, d'un brun assez intense dans le fond, mais d'un brun violacé très pâle à l'entrée. Elle se prolonge en avant en un canal peu large et peu profond, dont l'extrémité, d'un brun foncé, est sensiblement relevée en dessus. Sur un fond d'un blanc roussâtre, cette coquille est ornée d'un très grand nombre de fascies longitudinales d'un brun roux, onduleuses, ou plutôt festonnées.

Cette coquille est longue de 12 centim. 1|2 et large de 60.

### † 31. Pyrule élargie. *Pyrula patula*. Brod. et Sow.

> P. *testâ pyriformi, ventricosâ; spirâ brevissimâ; anfractibus superioribus tuberculato muricatis : ultimo supernè angulato; aperturâ magnâ, patulâ; labio supernè angulato, spiram versùs in finem profundè excavato; columellâ arcuatâ, ad basim flexuosâ; labio columellari tenui; epidermide crassâ, striatâ.*

Brod. et Sow. Zool. Journ. t. 4. p. 377.

Gray. Beeck. Voy. Zool. p. 115. pl. 35. f. 1. 34. f. 10. 35. f. 3.

Kiener. Spec. des Coq. p. 14. n° 9. pl. 2. f. 1. 2.

Habite les rivages de l'Océan Pacifique.

Cette espèce a la plus grande analogie avec le *Pyrula melongena*. Quelques personnes pensent même que l'on devrait réunir cette espèce avec le *Melongena* et en constituer une variété. Nous pensons qu'elles doivent être séparées, parce que tous les individus que nous avons vus nous ont présenté quelques caractères constans qui, quoique peu apparens, deviennent importans par leur con-

stance même. Cette coquille est grande et épaisse; elle est pyruliforme, et c'est principalement par le jeune âge qu'elle diffère le
plus constamment du *Melongena*; en effet, dans les individus bien
conservés, les premiers tours sont constamment carénés dans le milieu, et sur les côtes longitudinales qui les traversent, s'élève une
série de tubercules aplatis et assez comparables, pour la forme, à
ceux que l'on voit sur les derniers tours du *Pyrula Vespertilio*. Ces
tubercules disparaissent sur les derniers tours, ou sont remplacés
par d'autres tubercules beaucoup plus gros et variables, à-peu-près
comme dans le *Pyrula melongena*. L'ouverture est très ample,
d'un blanc jaunâtre, toute lisse; la columelle est large et aplatie à
la base; le bord droit se détache, à sa partie supérieure, de l'avant-
dernier tour par une rigole étroite, profonde et fort oblique. La
surface extérieure est lisse, striée à la base du dernier tour; elle
est d'une belle couleur brune et ornée de fascies transverses blanchâtres, inégales, et plus ou moins nombreuses, selon les individus.
Long., 13 cent.; larg., 9. Il y a de plus grands individus.

### † 32. Pyrule subrostrée. *Pyrula subrostrata*. Gray.

> **P.** *testâ ovato-subclaviformi, lævigatâ substriatâve, in medio ven-*
> *tricosâ, albido straminea; spirâ brevi, acutâ; anfractibus pri-*
> *mis costato angulatis, transversìm striatis: ultimo basi canali brevi,*
> *crasso terminato; aperturâ ovato-oblongâ, albâ; labro acuto,*
> *obsoletè crenulato.*

*Buccinum subrostratum.* Gray dans Wood. Ind. Test. Sup. pl. 4.
f. 9.

*Fusus lapillus.* Brod. et Sow. Zool. journ. t. 4. p. 378.

*Pyrula subrostrata.* Gray. Beeck. Voy. Zool. p. 115. pl. 36. f. 15.

Habite les rivages de l'Océan Pacifique.

Coquille qui, par sa forme et l'épaisseur de son têt, rappelle un peu
quelques espèces fossiles des environs de Paris; elle est au
nombre de celles que l'on pourrait placer indifféremment, soit
dans les *Fuseaux*, soit dans les *Pyrules*. Son têt est épais et solide;
elle est ovale subclaviforme, à spire courte. Les premiers tours
sont anguleux dans le milieu, pourvus de côtes longitudinales et
chargés de stries transverses assez profondes. Tous ces accidens
diminuent insensiblement et disparaissent sur le dernier tour qui
est lisse, arrondi et strié seulement à la base. De ce côté, il se
prolonge en un canal court et solide, fort épais, légèrement contourné dans sa longueur et relevé en dessus. L'ouverture est ovale
oblongue; elle est d'un beau blanc laiteux; le bord droit est
légèrement crénelé et il s'épaissit subitement en dedans; la colu-

melle est très épaisse, cylindracée et dépourvue de bord gauche. Sous un épiderme très mince, d'un brun verdâtre pâle, toute la coquille est d'un jaunâtre très pâle.

Cette espèce, rare encore, a 37 mill. de long et 23 de large.

## † 33. Pyrule chinoise. *Pyrula sacellum.* Desh.

*P. testá ovato-abbreviatá, turbinatá, ventricosá, squalidè rufescente, fusco marmoratá; anfractibus in medio carinatis, ad suturam canaliculatis, supernè planulatis, trisulcatis; cariná dentato-squamosá: ultimo anfractu transversìm tricostato, in interstitiis tenuè sulcato, basi latè umbilicato; aperturá albá, ovatá; labro profundè sulcato, acuto, tenuè dentato.*

*Murex sacellum.* Chemn. Conch. t. 10. p. 267. pl. 163. f. 1561. 1562.

*Id.* Gmel. p. 3530.

*Id.* Dillw. Cat. t. 2. p. 691. n° 20.

Habite...

Nous rétablissons ici une espèce que Lamarck et la plupart des auteurs paraissent avoir confondue avec le *Pyrula bezoar*; la figure de Chemnitz, que nous citons dans notre synonymie, représente cette espèce d'une manière assez exacte, et nous voyons cependant que Lamarck l'a rapportée à une Pourpre qu'il nomme également *Sacellum*, mais dont la description ne s'accorde pas avec la figure mentionnée. M. Kiener consacre l'erreur de Lamarck en figurant parmi les Pourpres, et sous le nom de *Sacellum*, une véritable Pourpre, mais qui est tellement différente de la figure de Chemnitz, mentionnée par M. Kiener lui-même, qu'il semblerait que l'auteur du *Species* a cité Chemnitz de mémoire; et il se convaincra lui-même qu'il n'a pas vu la figure de Chemnitz, s'il veut se donner la peine de mettre en regard avec elle, celle de son *Purpura sacellum.*

Le *Pyrula sacellum* est une coquille ovale-obronde, courte, qui est intermédiaire entre les *Pyrula bezoar* et *rapa* de Lamarck, mais qui se distingue nettement des deux. Sa spire est courte, conique, pointue au sommet, composée de sept à huit tours, à suture canaliculée, aplatie en dessus et divisée en deux par une carène dentelée. Sur la partie supérieure des tours, on compte ordinairement trois, rarement quatre gros sillons transverses. Sur la partie inférieure, il y a trois fines stries. Le dernier tour est grand, très convexe, subcaréné supérieurement, et sa surface est divisée par trois côtes transverses, obtuses, subnoduleuses, entre lesquelles il y a un petit nombre de petits sillons rapprochés et

assez souvent subgranuleux. Ce dernier tour se prolonge à la base
en une queue large et épaisse, percée d'un grand ombilic infundibuliforme. L'ouverture est ovalaire, elle est blanche, et le bord
droit, dentelé dans toute sa longueur, est profondément sillonné
en dedans. Toute cette coquille est d'un fauve pâle terne. Longueur, 55 mill., largeur, 40.

### Espèces fossiles.

**1. Pyrule lisse. *Pyrula lævigata*. Lamk. (1)**

P. *testá obovatá, lævi, obsoletissimè striatá; spirá retusá, mucronatá.*

*Pyrula lævigata.* Annales. vol. 2. p. 390. n° 1. et t. 6. pl. 46. f. 7.

* Martini. Conch. t. 3. p. 191. Vign. f. 3.
* *Buccinum candidum.* Gmel. p. 3485.
* Schrot. Einl. t. 1. p. 359. *Buccinum.* n° 11.
* *Id.* Dillw. Cat. t. 2. p. 618. n° 72.
* Desh. Coq. foss. de Paris. t. 2. p. 579. n° 1. pl. 78. f. 3. 4. et
11 à 14.
* Roissy. Buf. Moll. t. 6. p. 67. n° 5.

Habite... Fossile de Grignon et Courtagnon. Mon cabinet. Elle a
l'aspect, surtout dans les jeunes individus, de notre *Pyrula Ficus ;*
mais la coquille est plus épaisse et n'offre point ces stries croisées
et bien apparentes qu'on observe sur les Pyrules appelées *Figues.*
Dans les individus les plus âgés, le ventre de la coquille est beaucoup plus élevé, moins arrondi, et présente une saillie remarquable. Bord gauche plus épais et calleux dans sa partie supérieure.
Longueur, 55 millimètres.

**2. Pyrule subcarinée. *Pyrula subcarinata*. Lamk.**

P. *testá lævi ; dorso obtusè carinato ; anfractibus supernè concavis,
subcanaliculatis ; spirá acuminatá.*

*Pyrula subcarinata.* Ann. ibid. n° 2.

* Desh. Coq. foss. de Paris. t. 2. p. 580. n° 2. pl. 79. f. 16. 17.

Habite... Fossile de Houdan. Cabinet de M. *Defrance.* Elle a presque la forme du *Voluta labrella ;* mais sa columelle n'a aucun pli.
Elle est lisse comme la précédente, dont elle se rapproche beau-

---

(1) En étudiant avec soin le *Buccinum candidum* de Gmelin,
nous avons reconnu en lui cette espèce de Pyrule fossile. Il sera
donc nécessaire de substituer le nom de Gmelin à celui de Lamarck, et cette espèce deviendra le *Pyrula candida.*

coup par ses rapports. On l'en distingue néanmoins facilement par l'espèce de saillie du ventre de la coquille, qui forme supérieurement une carène obtuse, et par le sommet concave de ses tours de spire.

### 3. Pyrule tricarinée. *Pyrula tricarinata*. Lamk. (1)

*P. testá clavatá, decussatá; striis tribus transversis, remotis, eminentioribus.*

*Pyrula tricarinata*. Ann. ibid. p. 391. n° 3. et t. 6. pl. 46. f. 9.

* Sow. Genera of Shells. f. 3.

Habite... Fossile de Parnes. Cabinet de M. *de Jussieu*. Espèce rare et très remarquable, qui appartient à la division des Pyrules dites *Figues*, et qui est chargée comme elles de stries longitudinales et de stries transverses qui se croisent. Mais, dans cette espèce, trois des stries transverses sont beaucoup plus élevées que les autres, et font paraître la coquille tricarinée. Longueur, 33 millimètres.

### 4. Pyrule élégante. *Pyrula elegans*. Lamk.

*P. testá ovatá, subventricosá, decussatá; striis transversis elevatis, undulatis, distinctis.*

*Pyrula elegans*. Ann. ibid. n° 4.

* *Pyrula Greenwoodii*. Sow. Min. Conch. pl. 498.

* Desh. Coq. foss. de Paris. t. 2. p. 581. n° 3. pl. 79. f. 8. 9.

* Roissy. Buf. Moll. t. 6. p. 68. n° 6.

Habite... Fossile de Grignon. Cabinet de M. *Defrance*. Celle-ci est plus ovale et a la spire un peu plus élevée que les autres. Sa superficie est ornée de stries fines, croisées, dont les transverses sont onduleuses.

### 5. Pyrule à grille. *Pyrula clathrata*. Lamk. (2)

*P. testá obovato-clavatá, decussatá; striis transversis, alternis minoribus.*

*Pyrula clathrata*. Ann. ibid. n° 5. et t. 6. pl. 46. f. 8.

---

(1) Nous considérons cette espèce de Lamarck comme une variété de son *Pyrula nexilis*. Il suffit, en effet, d'avoir sous les yeux une douzaine d'individus pour observer le passage insensible, entre ces espèces, et rester convaincu de la nécessité de leur réunion.

(2) Nous n'avons jamais pu retrouver cette coquille pour l'examiner, et jamais non plus aucune espèce semblable n'a été depuis

Habite... Fossile de Grignon. Cabinet de feu M. *Richard*. Elle a tout-à-fait la forme du *Bulla ficus* de Linné, et peut être regardée comme l'analogue fossile de l'une des deux espèces vivantes dont les synonymes ont été confondus parmi ceux de la *Figue*. Ses stries transverses sont plus fortes que les longitudinales : mais on en observe une petite dans l'intervalle qui sépare les grosses.

## 6. Pyrule tricotée. *Pyrula nexilis*. Lamk.

P. *testâ ovato-clavatâ, decussatâ; striis transversis majoribus, sub-æqualibus, distinctis.*

*Pyrula nexilis.* Ann. ibid. n° 6.

* *Murex nexilis*. Brand. Foss. hant. pl. 4. f. 55.

* *Pyrula nexilis*. Sow. Min. Conch. pl. 331.

* Desh. Coq. foss. de Paris. t. 2. p. 582. n° 4. pl. 79. f. 1 à 7.

Habite... Fossile de Courtagnon et de Grignon. Cabinet de M. *Defrance*. Cette espèce paraît être la même que le *Murex nexilis* de Brander [Foss. Hanton. p. 27. n° 55]. Elle ressemble beaucoup à la Figue; mais sa spire est un peu plus élevée, et on la trouve toujours plus petite.

## † 7. Pyrule à trois côtes. *Pyrula tricostata*. Desh.

P. *testâ ovato-oblongâ, subclaviformi, apice obtusâ; spirâ longius-culâ; anfractibus convexis, transversìm tenuissimè striatis : ultimo anfractu ventricoso, supernè transversìm costellis tribus instructo: costis nodoso-plicatis.*

Desh. Coq. foss. de Paris. t. 2. p. 584. pl. 79. f. 10. 11.

Habite fossile de Retheuil, Guise-Lamothe.

Cette petite coquille a de la ressemblance, par sa forme et par ses accidens extérieurs, avec le *Pyrula clava*, fossile aux environs de Bordeaux, et figuré par M. Bastérot dans le 2ᵉ volume des *Mémoires de la société d'histoire naturelle*. Mais il s'en faut de beaucoup que cette ressemblance soit assez parfaite pour regarder comme analogues ces deux espèces; celle-ci est toujours petite, mince et fragile, ovale-oblongue, en massue; la spire, assez longue, est formée de six tours étroits et légèrement convexes; le dernier est très grand, ovalaire, un peu aplati; à sa partie supérieure, il est

---

retrouvée, soit à Grignon, soit dans d'autres localités du bassin de Paris. Il y a, en Italie, une espèce, et à Bordeaux une autre, auxquelles pourrait s'appliquer ce que dit ici Lamarck de son *Pyrula clathrata*. Est-ce l'une d'elles qu'il a eue sous les yeux avec une fausse indication de localité ?

traversé par trois côtes égales, dont les deux inférieures sont plus rapprochées. Ces côtes sont ornées de petites nodosités plus ou moins rapprochées, selon les individus, et s'allongeant quelquefois longitudinalement de manière à descendre d'une côte à l'autre sous forme de petits plis. Le dernier tour se termine à la base en un canal grêle et pointu, légèrement contourné dans sa longueur. Toute la surface extérieure est ornée de stries transverses, régulières et très fines. Ces stries se montrent aussi bien sur les côtes et sur les tubercules que sur le reste de la surface. L'ouverture est oblongue, étroite. Son extrémité supérieure forme un angle assez aigu; la columelle, faiblement arquée, est revêtue d'un bord gauche très mince et à peine apparent; le bord droit est lui-même très mince et fragile; il présente trois petites ondulations correspondantes aux côtes de l'extérieur.

Cette coquille est assez rare. Les grands individus ont 30 millimètres de long et 13 de large.

## † 8. Pyrule massue. *Pyrula clava.* Bast.

*P. testâ ovato-oblongâ, ficoideâ, tenui, fragili, striis transversis longitudinalibusque decussatâ; anfractibus supernè planulatis, in medio angulatis, nodulosis: ultimo quadricostato; costis nodoso-plicatis; aperturâ ovatâ, oblongâ, in canali lato, longo, contorto desinente.*

Bast. Foss. de Bord. p. 67. n° 2. pl. 7. f. 12.

Sow. Genera of Shells. f. 2. *Pyrula burdigalensis.*

Habite... Fossile aux environs de Bordeaux et de Dax.

Fort belle espèce de Pyrule fossile appartenant à la section des Ficoïdes; elle est ovale-oblongue; sa spire est en proportion plus allongée que dans les autres espèces du même groupe; elle est composée d'un petit nombre de tours aplatis en dessus, anguleux dans le milieu, et sur cet angle s'élève une rangée de nodosités obtuses et pliciformes. Le dernier tour est très grand, et toute sa surface est assez grossièrement treillissée par l'entrecroisement des stries longitudinales et transverses. Outre ce réseau de stries, on remarque encore sur ce dernier tour quatre grosses côtes transverses plus ou moins grosses, selon les individus, et sur lesquelles se relèvent des tubercules oblongs, pliciformes, très variables pour le nombre et la grosseur; le canal terminal prolonge insensiblement le dernier tour; il est long et grêle comme dans la Pyrule de Dussumier. Il est un peu contourné à gauche lorsque l'on met la coquille sur l'ouverture, le canal en avant. L'ouverture est ovale-oblongue, étroite, lisse; le bord droit est mince et tranchant et finement dentelé dans sa longueur.

Cette belle espèce, rare surtout quand elle est entière, a 86 mill. de long et 30 de large. Nous avons des individus mutilés qui annoncent une taille plus considérable.

## † 9. Pyrule de Lainé. *Pyrula Lainei*. Bast.

*P. testâ ovato-turbinatâ, utrinquè attenuatâ; spirâ conicâ, supernè profundè sulcatâ, transversim obsoletè sulcatâ; anfractibus infernè angulato-tuberculosis; tuberculis crassis, spiniformibus : ultimo anfractu basi tuberculato; aperturâ ovatâ, angustâ; labro denticulato; columellâ incrassatâ, basi perforatâ.*

Bast. Foss. de Bord. p. 67. n° 3. pl. 7. f. 8.

Habite... Fossile aux environs de Bordeaux et de Dax.

Les personnes qui connaissent le *Turbinella pusillaris* peuvent se faire une assez juste idée de cette espèce; car toutes deux se ressemblent quant aux caractères généraux, et diffèrent aussi par des caractères génériques et spécifiques.

Cette Pyrule se distingue d'abord, parce qu'elle n'a pas de plis à la columelle, et elle se reconnaît avec la plus grande facilité comme espèce, au moyen de quatre gros sillons très profonds et subécailleux qui occupent la partie supérieure des tours, entre la suture et la rangée des grands tubercules spiniformes. Dans le *Pyrula melongena*, il y a souvent à la base du dernier tour une rangée de tubercules spiniformes; dans cette espèce, cette rangée de tubercules existe toujours, et elle est placée exactement comme dans la Turbinelle dont nous venons de parler. La surface du dernier tour est occupée par un grand nombre de petits sillons transverses, inégaux, aplatis, obtus; ils sont traversés par un grand nombre de stries d'accroissement assez régulières; le bord droit est dentelé dans toute sa longueur, et la columelle, très épaisse, est ouverte à la base en un ombilic en grande partie recouvert par une lame renversée du bord gauche.

Cette coquille est longue de 80 mill. et large de 55. Nous avons vu des individus ayant presque le double du volume.

## DEUXIÈME SECTION.

*Un bourrelet constant sur le bord droit dans toutes les espèces.*

### STRUTHIOLAIRE. (Struthiolaria.)

Coquille ovale, à spire élevée. Ouverture ovale, sinueuse, terminée à sa base par un canal très court, droit, non échancré. Bord gauche calleux, répandu ; bord droit sinué, muni d'un bourrelet en dehors.

*Testa ovata; spira exserta. Apertura ovalis, sinuata, canali brevissimo, recto integroque basi terminata. Labio calloso, ad ultimum anfractûs explanato; labro sinuato, replicato, extùs marginato.*

OBSERVATIONS. — Les Struthiolaires, vulgairement nommées *Pieds-d'autruche*, sont des coquillages exotiques fort rares et très singuliers par les caractères des deux bords de leur ouverture. Elles paraissent tenir un peu aux Buccins; mais, outre qu'elles n'ont point d'échancrure à la base de leur canal, elles offrent, sur leur bord droit, un bourrelet dont ceux-ci sont dépourvus. Quoique ces coquilles soient marines, je présume que les Mollusques auxquelles elles appartiennent viennent souvent sur les rivages, où alors, sortant fréquemment de leur coquille, ils y produisent les callosités qu'on observe aux deux bords de son ouverture.

Il est bon de remarquer que, dans ce genre, le bourrelet du bord droit est le seul qui se trouve sur la coquille; tandis que, dans les trois suivans, il y en a en outre sur la spire.

Nous ne connaissons encore que deux espèces de celui dont il s'agit maintenant.

[Long-temps avant que Lamarck instituât son genre Struthiolaire, trois espèces qu'il aurait pu y ranger, avaient été signalées, dès 1785, par Martyns, dans son *Universal conchiologist*. L'année suivante, Spengler, dans le xvii<sup>e</sup> volume du *Naturforscher*, reproduisit deux des espèces de Martyns qu'il ne cite pas, parce que très probablement il n'avait pas encore connaissance de l'ouvrage du Conchyliologiste anglais. Depuis cette époque, Martyns et Chemnitz figurèrent l'espèce la plus commune de Struthiolaire, et enfin, en 1812, Lamarck proposa le genre dans l'extrait du cours, et le plaça dans sa famille des Canalifères, à la suite des *Murex* et des Ranelles : à dater de ce moment, ces coquilles, confondues par Gmelin et par Dillwyn parmi les Murex, furent séparées en genre, et tous ceux des auteurs qui l'adoptèrent, et c'est le plus grand nombre, le maintinrent dans les rapports que Lamark lui donna. M. de Blainville, cependant, dans son *Traité de malacologie*, le rapprocha des tritons sans motiver son opinion sur des observations nouvelles. Lamarck, en donnant de sa famille des Canalifères une nouvelle distribution dans son *Histoire des animaux sans vertèbres*, entraîna le genre Struthiolaire dans la seconde section de cette famille, et le mit en rapport avec les Ranelles et les Tritons, se fondant sur ce caractère que, dans les Struthiolaires, il y a à l'ouverture un seul bourrelet persistant sans qu'il y en ait sur la spire, tandis qu'il y en a deux opposés dans les Ranelles, et que ces bourrelets sont irrégulièrement épars dans les Tritons. Cet arrangement pouvait paraître rationnel, et cependant il ne nous satisfaisait pas. Dès 1829, à l'article Struthiolaire du *Dictionnaire classique d'histoire naturelle*, nous discutions des caractères du genre, nous les comparions à ceux des Rostellaires ; et, guidé par une analogie qui nous paraissait suffisante, nous proposions de faire passer le genre en question de la famille des Canalifères dans celles des ailées de Lamarck, et de lui faire prendre place à côté des Rostellaires. Nous avons soutenu cette opinion dans l'*Encyclopédie*, et quelques années après, les travaux de MM. Quoy et Gaimard sont venus la justifier d'une manière éclatante. En effet, nous trouvons dans leur ouvrage de zoologie, faisant partie du *Voyage de circumnavigation de l'Astrolabe*, la description et la figure de l'animal d'une petite espèce de Struthiolaire, et cet animal a les plus grands rapports avec celui du *Rostellaria pes pelicani* que nous avons eu occasion d'observer vivant dans la Méditerranée.

L'animal de la Struthiolaire rampe sur un pied ovalaire, fort épais, du centre duquel s'élève un pédicule assez long, fort gros, qui rentre dans la coquille, et qui sert d'appui à une tête fort singulière, en ce qu'elle est prolongée en une trompe cylindracée, conique, plus longue que la coquille elle-même et terminée par une petite troncature dans laquelle se trouve l'ouverture de la bouche. A la base de cette tête, et de chaque côté, s'élève un tentacule assez long, très grêle, très pointu, portant un point oculaire très noir au côté externe de la base. Sur l'extrémité postérieure du pied se trouve attaché un petit opercule corné rudimentaire. Le manteau revêt l'intérieur de la coquille; mais il ne se prolonge pas en canal exsertile, comme dans les Buccins. Ce caractère lui est commun avec le Rostellaire, dont nous parlions tout-à-l'heure.

On ne connaît encore qu'un petit nombre d'espèces de ce genre curieux. Toutes, jusqu'à présent, proviennent des mers de la Nouvelle-Hollande; jusqu'à présent, aucune n'a été trouvée à l'état fossile. On a cru cependant, en avoir rencontré dans le bassin de Paris, dans les sables inférieurs des environs de Beauvais; mais, ayant eu l'occasion d'examiner ces coquilles dans un bon état de conservation, nous avons reconnu que ces espèces, attribuées aux Struthiolaires, dépendent du genre Buccin, et sont voisines d'une espèce vivante fort remarquable, figurée par Chemnitz, sous le nom de *Buccinum plumbeum*. La connaissance de l'animal de cette coquille déterminera probablement sa séparation en un genre particulier.

M. Kiener, dans son *Species général des coquilles vivantes*, en traitant du genre Struthiolaire, a rappelé notre opinion à son sujet, l'a discutée, et a conclu de cette discussion qu'elle ne devait pas être adoptée, et qu'il fallait préférer celle de M. Menke, qui place les Struthiolaires dans le voisinage des Cassidaires. Pour arriver à cette conclusion, M. Kiener examine les caractères extérieurs de l'animal de la Struthiolaire figuré par MM. Quoy et Gaimard, et il trouve à cet animal les plus grands rapports avec ceux des Pourpres et des Cassidaires. L'erreur de M. Kiener est manifeste, et j'en appelle à son propre ouvrage, dans lequel les animaux des trois genres en question sont représentés. Il suffirait de mettre les figures en pré-

sence pour être convaincu qu'il y a de notables différences entre les genres dont il s'agit; mais la différence des Struthiolaires
ressortirait bien mieux si, au lieu de représenter cet animal
contracté par la liqueur, M. Kiener avait reproduit la figure
faite d'après le vivant, publiée par MM. Quoy et Gaimard.
En faisant intervenir dans la question un renseignement aussi
précieux que celui-là, nous pensons que nous aurons démontré qu'il n'y a aucune ressemblance entres les animaux des
Struthiolaires, des Cassidaires et des Pourpres. Il est vrai que
depuis que nous avons publié notre opinion, la science a acquis
de nouveaux renseignemens sur les animaux des Rostellaires;
ces renseignemens sont tels qu'ils détermineront la séparation
en deux genres des espèces que Lamarck comprenait dans celui
des Rostellaires. En effet, l'animal du *Rostellaria curvirostris*,
par exemple, et de trois ou quatre autres espèces analogues,
est très voisin de celui des Ptérocères et des Strombes, tandis
que l'animal du *Rostellaria pes pelicani* est tout différent, et
comme nous le verrons bientôt, c'est avec lui que les Struthiolaires ont la plus grande analogie. Il suffira, pour s'en convaincre, de rapprocher les figures que nous venons de citer avec
celle du *Rostellaria pes pelicani*, figurée dans le t. III de Poli.
Si on adopte le genre Aporrhaïs de Monfort, comme l'a récemment proposé M. Sowerby, ce sera donc près de lui que devront se trouver les Struthiolaires. Il reste à discuter actuellement si ces deux genres doivent ou non faire partie de la famille des ailées, question que nous aurons à examiner pro-
chainement. Nous ajouterons encore une observation sur les
espèces de Struthiolaires de M. Kiener. On voit que ce naturaliste n'a pas recherché, dans les ouvrages originaux, les espèces
distinguées avant lui; il confond toujours avec le *Struthiolaria
nodulosa* de Lamarck, le *Buccinum papulosum* de Martyns qui
constitue une espèce parfaitement distincte. Sous le nom de *Crenulata*, M. Kiener confond également deux espèces dont l'une
avait déjà été bien reconnue par Martyns, sous le nom de *Buccinum vermis*. M. Sowerby, dans son *Thesaurus conchyliorum*,
a mieux distingué les espèces que ne l'a fait M. Kiener; mais il
a eu le tort, à notre avis, de ne pas rétablir pour elle la véritable nomenclature, et de donner des noms nouveaux à des co-

quilles, depuis long-temps connues, et nommées dans les auteurs anglais particulièrement.

## ESPÈCES.

1. **Struthiolaire noduleuse.** *Struthiolaria nodulosa.* (1)

> *St. testâ ovato-conicâ, crassâ, transversim striatâ, albâ, flammulis longitudinalibus, undatis, luteis, pictâ; anfractibus supernè angulatis, supra planulatis, ad angulum nodulosis; suturis simplicibus; labro intùs luteo-rufescente.*
>
> Martyns. Conch. 2. f. 53. 54.
> Favanne. Conch. pl. 79. fig. S.
> *Murex pes struthiocameli.* Chemn. Conch. 10. t. 160. f. 1520. 1521.
> *Murex stramineus.* Gmel. p. 3542. n° 55.
> *Struthiolaria nodulosa.* Encyclop. pl. 431. f. 1. a. b.
> * Blainv. Malac. pl. 17. f. 1.
> * Spengler. Naturf. t. 17. p. 24. pl. 2. f. A. B.
> * Crouch. Lamk. Conch. pl. 17. f. 10.
> * *Murex stramineus.* Wood. Ind. Test. pl. 26. f. 62.
> * *Struthiolaria nodulosa.* Kiener. Spec. des Coq. p. 3. n° 1. pl. 1. exclus. varietate.

---

(1) Deux espèces ont été confondues, jusqu'à ce jour, sous une même dénomination: cela tient probablement à ce que ces espèces ont été long-temps rares dans les collections, et que l'on pouvait bien attribuer à l'imperfection des figures les différences que l'on apercevait entre elles. Aujourd'hui que, plus abondantes, on peut les comparer, les naturalistes doivent séparer les espèces d'après leurs véritables caractères, et en rectifier la nomenclature. Ainsi, il faut supprimer du *Struthiolaria nodulosa* la figure de Martyns, qui représente une espèce bien distincte, et revenant sans cesse à restituer aux espèces leur premier nom, celui-ci reprendra celui de Chemnitz et sera inscrite sous le nom de *Struthiolaria pes struthiocameli.* L'espèce de Martyns devra prendre le nom que ce naturaliste lui donna le premier, et non pas celui de *Struthiolaria gigas* que propose M. Sowerby, dans son *Thesaurus conchyliorum ;* le *Buccinum papulosum* de Martyns deviendra donc pour nous le *Struthiolaria papulosa.*

* *Struthiolaria straminea.* Sow. Genera of Shells.
* *Id.* Sow. Thes. Conch. p. 23. pl. 5. f. 16. 18. 20. fig. 1. 2.
* Reeve. Conch. Syst. t. 2. p. 200. pl. 245. f. 1. 2.

Habite les mers de la Nouvelle-Zélande. Mon cabinet. Longueur,
   2 pouces 1 ligne. Vulg. le *Pied-d'autruche.*

### 2. Struthiolaire crénulée. *Struthiolaria crenulata.* (1)

*St. testá ovato-conicá, griseo-lutescente ; anfractibus supernè angu-*
   *latis, suprà planulatis ; suturis plicato-crenatis.*

*Auris vulpina.* Chemn. Conch. 11. t. 210. f. 2086. 2087.
* Spengler. Naturf. t. 17. p. 24. pl. 2. f. C. D.
* *Buccinum vermis.* Martyn. Univ. Conch. pl. 53.
* *Struthiolaria inermis.* Sow. Thes. Conch. part. 1. p. 23. n° 2. pl.
   5. f. 12. 13. 19.
* *Struthiolaria crenulata.* Kiener. Spec. génér. des Coq. p. 5. pl. 2.
   f. 3. *exclus varietate.*
* *Murex australis.* Gmel. p. 3542. n° 36.
* *Id.* Dillw. Cat. t. 2. p. 712. n° 61.
* Reeve. Conch. Syst. t. 2. p. 200. pl. 245. f. 3. 4.
* *Struthiolaria inermis.* Sow. Genera of Shells. f. 5. 4.

Habite... Collection du Museum. Celle-ci a ses sutures crénelées
et l'angle de ses tours simple, ce qui la distingue principalement
de celle qui précède.

### † 3. Struthiolaire pustuleuse. *Struthiolaria papulosa.* Desh.

*S. testá ovato-conicá, crassá, fulvo-castaneá, transversìm striatá ;*
   *anfractibus in medio angulatis , nodulis papilliformibus ornatis ;*
   *aperturá albâ ; labro collumelláque callosis.*

---

(1) Il est certain qu'en s'en rapportant uniquement à la synonymie que Lamarck donne à cette espèce, on doit la rejeter
du catalogue. En effet, l'*Auris vulpina* de Chemnitz n'est point
une coquille marine, ce n'est point une Struthiolaire, mais bien
une bulle à lèvre épaisse de l'île Sainte-Hélène ; mais la coquille de la collection du Museum, que Lamarck mentionne, est
une véritable Struthiolaire figurée dans l'ouvrage de Martyns,
sous le nom de *Buccinum vermis* ; il faut donc substituer ce
dernier nom spécifique à celui de Lamarck, et nommer à l'avenir cette espèce *Struthiolaria vermis.*

*Buccinum papulosum.* Martyn. Univ. conch. pl. 54.

*Struthiolaria gigas.* Sow. Thes. conch. part 1. p. 23. n° 3. pl. 5. f. 17.

*Struthiolaria nodulosa.* Var. Kiener. Spec. génér. des Coq. p. 5. pl. 2. f. 2.

Habite les mers de la Nouvelle-Zélande.

Nous avons rendu à cette espèce son premier nom, et nous avons dû rejeter celui qu'a proposé tout récemment M. Sowerby. M. Kiener a confondu l'espèce comme variété du *Nodulosa* de Lamarck. Cette coquille, restée rare jusqu'à présent dans les collections, est la plus grande espèce du genre; elle ressemble beaucoup au *Struthiolaria nodulosa*, mais on la distingue par plusieurs caractères qui sont constans : 1° les stries transverses. Elles sont ici moins nombreuses, plus grosses, on en compte sept principales sur chaque tour, une plus petite est interposée entre chacune d'elles ; 2° les granulations qui sont sur l'angle des tours : dans le *nodulosa*, elles sont coniques et pointues, ici elles sont obtuses, beaucoup plus petites et presque toujours oblongues ; 3° la callosité columellaire. Dans le *Nodulosa*, cette callosité, par son bord supérieur, reste à une certaine distance de l'angle de l'avant-dernier tour, elle forme une courbure régulière et sans sinuosité jusqu'à la base du canal. La callosité, du reste, semble plutôt appuyée que soudée sur l'avant-dernier tour. Dans le *Papulosa*, la callosité remonte jusqu'à l'angle de l'avant-dernier tour; elle est plus large, et elle se soude par un bord aminci, et enfin, vers le milieu de la hauteur de l'ouverture, elle forme en dehors une sinuosité profonde qui ne se montre jamais dans l'autre espèce ; 4° enfin, la coloration : dans le *Nodulosa*, on sait qu'elle consiste en flammules rougeâtres d'un brun rouge sur un fond d'un blanc fauve. Ici, la coloration est uniforme, d'un brun ferrugineux peu foncé, tirant un peu sur le fauve.

L'individu de notre collection a 10 centim. de long et 57 mill. d large.

† 4. **Struthiolaire oubliée.** *Struthiolara scutulata.* Desh.

*S. testá ovali, lœvi; anfractibus angulatis; suturá varice tumidá, lœvi, impletá; labio externo vix reflexo, paululùm incrassato ; labio interno crasso* (Sow.).

*Buccinum scutulatum.* Martyns. Univ. conch. pl. 55.

*Chemn. Conch.* t. 10. p. 179 Vig. 21 f. CD.

*Gmel.* p. 3498. n° 174.

*Struthiolaria oblita.* Sow. Thes. conch. part. 1. p. 24. pl. 5.
f. 14. 15.

*Buccinum scutulatum.* Dillw. Cat. t. 2. p. 622. n° 80.

Wood. Ind. Test. pl. 23. f. 81.

Sow. Tank. Cat. app. p. 18.

Habite les mers de la Nouvelle-Zélande.

Nous mentionnons cette espèce uniquement d'après les auteurs, car nous ne la possédons pas, et nous ne pouvons, par conséquent, en donner une description un peu complète; nous insisterons cependant sur deux caractères qui rendent cette coquille facile à reconnaître parmi ses congénères. La suture est occupée par une callosité lisse, assez semblable à celle des ancillaires. Le bord droit est beaucoup moins épais que dans les autres espèces, et l'individu, représenté par Martyns, a ce bord mince et tranchant.

Comme pour la précédente espèce, nous avons rétabli la nomenclature, et lui avons restitué son premier nom.

L'individu, figuré par Martyns, a 55 mill. de long et 35 de large.

---

## RANELLE. (Ranella.)

Coquille ovale ou oblongue, subdéprimée, canaliculée à sa base, et ayant à l'extérieur des bourrelets distiques. Ouverture arrondie ou ovalaire.

Bourrelets droits ou obliques, à intervalle d'un demi-tour, formant une rangée longitudinale de chaque côté.

*Testa ovata vel oblonga, subdepressa, basi canaliculata, extùs varicibus distichis onusta. Apertura rotundata vel subovata.*

*Varices plùs minùsve obliqui ad dimidiam partem anfractùs remoti, utroque latere seriem longitudinalem efformantes.*

OBSERVATIONS. — Moyennes, en quelque sorte, entre les Struthiolaires et les Rochers, les Ranelles sont singulièrement remarquables par la situation particulière de leurs bourrelets, et même par la légère dépression que leur coquille offre en général.

A chaque nouvelle pièce que l'animal ajoute à sa coquille, lorsque son accroissement l'oblige, cet animal sort et se met à découvert d'un demi-tour entier, et reste ainsi stationnaire jusqu'à ce que le nouveau demi-tour soit formé. Ce fait, qu'indique l'examen de la coquille, se reconnaît par les bourrelets disposés constamment sur deux côtés opposés ; et c'est en partie à ces bourrelets latéraux qu'est due la légère dépression de la coquille, puisqu'ils accroissent les dimensions de ses côtés, en n'ajoutant jamais à celles de son dos et de son ventre.

Les bourrelets des Ranelles sont les uns mutiques, les autres tuberculeux, quelquefois même épineux.

[ Ce que Lamarck dit relativement à l'accroissement des Ranelles, prouve que ce zoologiste ne s'était pas rendu un compte très exact de l'accroissement des coquilles envisagé d'une manière générale. Il est impossible qu'un Mollusque s'avance subitement hors de sa coquille, d'une quantité plus ou moins considérable, et reste ainsi découvert pendant le temps nécessaire à la sécrétion de la partie de son têt qui doit le recouvrir. Pour admettre ce mécanisme de l'accroissement des Ranelles, des Tritons ou des Murex, il faudrait supposer que, dans ces genres, le manteau jouit de propriétés que ne possèdent pas le reste des Mollusques. Il faut se rappeler, en effet, que la coquille, formée de parties distinctes, est sécrétée particulièrement par le bord du Manteau ; que c'est ce bord, modifié presque à l'infini, qui donne naissance aux tubercules, aux épines, aux digitations, en un mot, à toutes les parties extérieures des coquilles. Dans la partie intérieure du têt, la partie la plus mince du manteau, celle qui enveloppe toute la masse viscérale, sécrète une couche lisse et polie de matière calcaire qui contribue à consolider toute la coquille en lui donnant de l'épaisseur. Si tel est le mécanisme véritable de l'accroissement des coquilles, on ne peut supposer, avec Lamarck, que l'animal des genres que nous venons de mentionner puisse faire d'un seul coup les pièces calcaires qui séparent les bourrelets. Si l'accroissement avait lieu de cette manière, on n'observerait aucune strie d'accroissement, et cependant, elles sont là aussi nombreuses que partout ailleurs. L'observation prouve que les mollusques des Ranelles et des Rochers ont deux périodes dans leur accroissement. Pendant la première, ils construisent l'intervalle d'un bourrelet à un autre ; pendant la seconde, le manteau prend un état particulier ; il se tuméfie, acquiert quelquefois des digitations plus ou moins longues, diminue insensiblement de volume, change d'état pour reprendre celui qu'il avait d'abord. Ces changemens s'opèrent, suivant les genres, à des intervalles égaux ou inégaux ; il en résulte la succession régulière des bourrelets dans les Ranelles et les Murex, et l'irrégularité de ces parties dans les Tritons. Si l'on rassemble les divers états d'accroissement dans une même espèce, on s'aperçoit qu'au moment où se développe un bourrelet, le têt en est très mince, et ce bourrelet, gonflé à l'extérieur, est creux en dedans, et s'il en part des épines ou des digitations, ces épines ou ces digitations sont elles-mêmes creusées en canal. Peu-à-peu ce bourrelet, ces épines, se remplissent de matière calcaire, finissent par s'obstruer, et souvent un épaississement intérieur est ajouté à celui du dehors. Pendant toute cette seconde période de la formation du bourrelet, il est manifeste que toutes les parties protubérantes du bord du manteau se sont successivement amoindries, et c'est au moment où cet organe a repris son état le plus habituel, que l'animal recommence un nouvel accroissement en avant, jusqu'au moment où une nouvelle turgescence du bord du manteau détermine la sécrétion d'un nouveau bourrelet. On a recherché la cause déterminante de ces changemens successifs dans l'état du manteau : quelques zoologistes ont cru pouvoir les assujettir à l'ordre régulier des saisons ; d'autres, et particulièrement M. de Blainville, prétendent que ces périodes s'accordent avec celles de la génération. Nous pensons que ces explications ne sont point suffisantes ; car, d'un côté, les Ranelles et les Rochers vivent dans des climats où il n'y a qu'une seule saison, puisque la température de la mer est à-peu-près la même pendant toute l'année. D'un autre côté, les bourrelets, se montrant sur la coquille, dès ses premiers accroissemens, il faudrait supposer que, dès sa sortie de l'œuf, l'animal est propre aux fonctions de la génération, ce qui n'a pas lieu, comme le savent très bien les zoologistes. Ce que nous pouvons dire de plus certain de cette périodicité de ces coquilles, c'est que nous n'en connaissons pas la cause.

L'animal des Ranelles a la plus grande ressemblance avec celui des Murex : aussi, nous nous abstiendrons d'en donner ici la description. Quant aux espèces, elles se distinguent facilement de celles des autres genres par cette succession régulière de bourrelets opposés qui, en donnant à la coquille une largeur plus grande en proportion, font croire qu'elle est plus aplatie que celle des autres genres, quoiqu'en réalité il n'en soit rien. Lamarck, comme on le voit, n'a mentionné qu'un petit nombre d'espèces auxquelles M. Kiener en a ajouté douze seulement. M. Sowerby le jeune, dans son *Conchological illustration*, en a fait connaître dix espèces de plus que M. Kiener, ce qui porte à trente-sept le nombre des espèces vivantes connues actuellement. Quant aux fossiles, elles sont peu nombreuses; nous en connaissons six appartenant aux terrains tertiaires moyens et supérieurs.

## ESPÈCES.

1. Ranelle géante. *Ranella gigantea*. Lamk. (1)

*R. testâ fusiformi-turritâ, ventricosâ, transversim sulcatâ et striatâ,*

---

(1) Il y a plusieurs observations à faire sur cette espèce, l'une des plus anciennement connues. On en trouve une figure reconnaissable dans l'ouvrage de Rondelet. A cette figure de Rondelet, Linné, dans la 10ᵉ édition du *Systema naturæ*, ajoute une figure de Columna, sans avoir lu les détails que ce naturaliste donne à son sujet; s'il en eût pris connaissance, Linné aurait cité cette figure à son *Murex tritonis*, qu'elle représente assez fidèlement. A ces deux figures, Linné en associe deux autres, l'une de Rumphius, qui est la même que celle de Rondelet, et une de Gualtieri, qui est probablement la même, variété ventrue. Si l'on retranche la figure de Columna de la synonymie de Linné, on peut admettre l'espèce à laquelle il donne le nom de *Murex olearium*. Ce *Murex olearium* est exactement la même espèce que celle à laquelle Lamarck donne ici le nom de *Ranella gigantea*. Comme beaucoup d'autres, cette espèce est variable, et c'est avec une de ses variétés qui a conservé, jusque dans l'âge adulte, les caractères de la jeunesse, que Linné a fait une autre espèce, sous le nom de *Murex reticularis*. Il cite dans la synonymie de cette seconde espèce une figure de Bonanni (f. 193),

*albâ, rufo-nebulosâ; sulcis tuberculoso-asperatis; ultimo anfractu,
penultimoque medio tuberculis majoribus serie unicâ cinctis; caudâ
ascendente.*

*Murex reticularis.* Lin. Gmel. p. 3536. n° 17.

Lister. Conch. t. 935. f. 3o. *Mala.*

Bonanni. Recr. 3. f. 193. *idem.*

Peliv. Gaz. t. 153. f. 6. *idem.*

Gualt. Test. t. 49. fig. M. et t. 5o. fig. A.

Born. Mus. t. 11. f. 5.

Martini. Conch. 4. 1. 128. t. 1228.

*Ranella gigantea.* Encyclop. pl. 413. f. 1.

  * Apolle gyrin. *Murex gyrinus.* Blainv. Malac. pl. 19. f. 1. *Ranella
ranina. Id.* Malac. p. 400.

  * Delle Chiaje, dans Poli. Test. t. 3. pl. 49. f. 1.

---

qui est la variété en question, et une autre de Gualtieri (pl. 49,
f. M), qui est la représentation du jeune âge. Plus tard, dans la
12ᵉ édition du *Systema naturæ*, Linné a maintenu cette synonymie et y a ajouté une troisième figure, celle de Rumphius
(pl. 29, f. N.), qui est la représentation assez exacte du *Buccinum senticosum.* Il nous semble qu'il était facile de mettre un
terme à cette confusion, en réunissant la seconde espèce, le
*Murex reticularis* fait pour une variété, à la première qui représente le type, et en épurant autant que possible la synonymie. Lamarck, malheureusement, n'a pas suivi cette marche simple et rationnelle; il néglige le *Murex olearium,*
prend pour type le *Murex reticularis,* et au lieu d'en adopter le nom, comme cela était naturel, il lui en substitue un
autre sans nécessité. Voilà donc une espèce qui a trois noms, et
à laquelle nous proposons de rendre celui qui lui convient, de
*Ranella reticularis.* Il ne faut point admettre toute la synonymie
que donne Linné au *Murex olearium,* dans la 12ᵉ édition du
*Systema*, parce que Linné, entre la 10ᵉ et la 12ᵉ édition de son
œuvre, avait modifié son opinion sur son *Murex olearium*; car,
dans la 10ᵉ édition, il fait dominer sous ce nom l'espèce nommée *Ranella gigantea* par Lamarck, tandis que, dans la 12ᵉ, c'est
le *Triton succinctum* du même auteur; aussi, dans la note qui concerne le *Triton succinctum,* nos observations s'appliquent exclusivement au *Murex olearium* de la 12ᵉ édition.

 * Rondel. Hist. des poiss. p. 56.
 * Gesner. de Crust. P. 347. f. 1.
 * Aldrov. de Test. p. 349.
 * Lesser. Testaceo-théol. p. 260. t. n° 64.
 * *Murex olearium.* Lin. Syst. nat. éd. 10. p. 748.
 * Desh. Encyclop. méth. Vers. t. 3. p. 877. n° 1.
 * *Rumphius.* Mus. Amb. pl. 49. f. 1.
 * *Gyrina maculata.* Schum. Nouv. Syst. p. 253.
 * *Murex reticularis.* Born. Mus. p. 300.
 * *Id.* Schrot. Einl. t. 1. p. 500. n° 21.
 * *Id.* Olivi. Adriat. p. 152.
 * Kiener. Spec. des Coq. p. 25. n° 17. pl. 1.
 * *Ranella gigantea.* Payr. Cat. des moll. de Corse. p. 148. n° 291.
 * Blainv. Faune franç. p. 119. pl. 4 C. f. 1.
 * Philip. Enum. moll. Sicil. p. 211. n° 1.
 * Potiez et Mich. Cat. de Douai. p. 542. n° 3.

Habite les mers de l'Amérique. Mon cabinet. Grande coquille, éminemment tuberculeuse, et qui n'est point véritablement réticulée, mais dont les rangées de tubercules, qui sont toutes transverses, se trouvant fort rapprochées entre elles, particulièrement sur les tours supérieurs, semblent former un treillis qu'on a outré dans les figures. Bord droit denté en son limbe interne. Longueur, 5 pouces et demi.

2. **Ranelle bouche-blanche.** *Ranella leucostoma.* **Lamk.**

> *R. testâ ovato-conicâ, transversìm tenuissimè striatâ, rufo-castaneâ; anfractibus medio tuberculis parvulis serie unicâ cinctis; varicibus albo nigroque variis; fauce albâ.*

 * Grew. Mus. Reg. Soc. pl. 10. Thick Lipp'd Wilk. f. 1. 2. ?
 * Perry. Conch. pl. 4. f. 2. 4.
 * *Triton leucostomum.* Quoy et Gaim. Voy. de l'Astrol. Zool. t. 3. p. 546. pl. 40. f. 3. 4.
 * Kiener. Spec. des Coq. p. 29. n° 21. pl. 9. f. 1.
 * Desh. Encyclop. Méth. Vers. t. 3. p. 878. n° 12.

Habite les mers de la Nouvelle-Hollande. Mon cabinet. Très belle coquille, fort rare, probablement inédite, remarquable par la blancheur de son ouverture et la coloration de ses bourrelets. Bord droit denté, très lisse à l'intérieur; un pli assez fort au sommet de la columelle; queue un peu courte, recourbée. Longueur, 3 pouces 11 lignes.

3. **Ranelle turriculée.** *Ranella candisata.* **Lamk.**

> *R. testâ turritâ, transversìm striato-granulosâ, albâ, luteo-nebu-*

*losâ ; striis granosis, confertis : unicâ majore prominulâ in dorso anfractuum ; anfractibus infrà suturas marginatis ; columellâ rugosâ ; labro intùs sulcato.*

Murex candisatus. Chemn. Conch. 10. t. 162. f. 1541. 1545.

Murex conditus. Gmel. p. 3565. n° 174.

* *Murex candisatus.* Dillw. Cat. t. 2. p. 699. n° 35.

* *Ranella candisata.* Sow. Genera of Shells. f. 1.

* Kiener. Spec. des Coq. p. 35. n° 26. pl. 13. f. 1.

* *Colubraria granulata.* Schum. Nouv. Syst. p. 251.

* Potiez et Mich. Cat. de Douai. p. 427. n° 9.

Habite... Mon cabinet. Ouverture ovale-arrondie, queue courte. Longueur, 2 pouces 9 lignes.

## 4. Ranelle Argus. *Ranella Argus.* Lamk. (1)

*R. testâ ovali, valdè ventricosâ, transversim tenuissimè striatâ, longitudinaliter plicato-nodosâ, lutescente, spadiceo-fasciatâ ; nodis rubris, subocellatis ; labro crasso, intùs albo, limbo interiore crenato.*

Rumph. Mus. t. 49. fig. B.

Petiv. Amb. t. 6. f. 6.

Knorr. Vergn. 5. t. 3. f. 3.

Favanne. Conch. pl. 32. fig. F.

Martini. Conch. 4. t. 127. f. 1223.

Murex Argus. Gmel. p. 3547. n° 78.

Ranella polyzonalis. Encyclop. pl. 414. f. 3. a. b.

---

(1) Sous le nom de *Murex olearium*, Born confond avec un Triton le *Ranella Argus* de Lamarck. Cette confusion a été cause sans doute que Gmelin d'abord, et plus tard Dillwyn, ont rapporté au *Murex Argus* une variété qui est un Triton voisin de l'*Olearium*. Indépendamment de ce Triton facile à séparer de la Ranelle, on confond encore avec l'*Argus* une autre Ranelle qui est constamment distincte, et qui a été séparée récemment par M. Cuming, sous le nom de *Ranella vexillum*. Cette espèce a été très bien figurée par Rumphius, pl. 49, f. B. Si M. Kiener eût comparé les caractères du *Ranella Argus* avec ceux du *Vexillum*, judicieusement séparé par M. Sowerb., il aurait vu que l'*Argus* a toujours sur le bord droit une grosse dent saillante, comme dans les *Monoceros*, dent qui n'existe jamais dans le *Vexillum*.

* Schrot. Einl. t. 1. p. 554. n° 32. *Murex.*
* *Murex Argus.* Dillw. Cat. t. 2. p. 694. n° 26. *excl. variet.*
* *Id.* Wood. Ind. Test. pl. 25. f. 27.
* Kiener. Spec. des Coq. p. 31. n° 23. pl. 3. f. 1.
* Desh. Encyclop. méth. Vers. t. 3. p. 878. n° 3.
* Poliez et Mich. Cat. de Douai. p. 425. n° 1.

Habite l'Océan indien et des Moluques. Mon cabinet. Belle coquille, large, épaisse, noduleuse, remarquable par ses fascies assez nombreuses, sur lesquelles seules ses nœuds sont situés. Longueur, 3 pouces 1 ligne. Vulg. l'*Argus fascié.*

5. Ranelle grenouille. *Ranella crumena.* Lamk. (1)

*R. testâ ovato-acutâ, ventricosâ, tuberculato-muricatâ, transversè sulcatâ aut striato-granulosâ, albido-rufescente; tuberculis lon—*

---

(1) Nous avons plusieurs observations à présenter au sujet du *Murex rana* de Linné. D'abord nulle part, dans ses ouvrages, Linné ne parle de la couleur de l'ouverture de cette coquille, couleur fort remarquable cependant et fort caractéristique. Linné, sous ce nom de *Murex rana,* a confondu plusieurs espèces, comme cela se voit dans la 10ᵉ édition du *Systema,* ainsi que dans le *Museum Ulricæ.* Dans la 12ᵉ édition du *Systema,* les variétés sont supprimées, et la synonymie se rapporte presque entièrement à une seule espèce; il suffirait en effet, pour la rendre correcte, de supprimer les figures de d'Argenville. La plupart des auteurs ont bien reconnu l'espèce de Linné; mais, au lieu de suivre l'exemple qu'il donne dans la 12ᵉ édition du *Systema,* presque tous, Born, Gmelin, Schrœter, etc., y rapportent diverses espèces à titre de variétés. Dillwyn a rendu la synonymie correcte, et Lamarck a ajouté à la précision des caractères spécifiques. Tant que cette espèce a été la seule connue qui eût l'ouverture d'un rouge orangé, elle a été facile à distinguer; mais actuellement il y en a une seconde qui en est très voisine; elle a été décrite, pour la première fois, sous le nom de *Ranella foliata,* par Broderip, dans le tome 2 du *Zoological journal,* et pour que la confusion fût impossible, l'auteur anglais ajouta la description du *Crumena,* et il eut la précaution de faire figurer les deux espèces sur la même planche (*Zool. journ.,* pl. sup. 11). Malgré ces précautions, M. Kiener

*giusculis, acutis, fusco-maculatis ; aperturá aurantio-rub á, alb<*
*sulcatá.*

* Lin. Syst. Nat. éd. 10. p. 748. *exclus. variet.*

* *Id.* Lin. Mus. Ulric. p. 629. n° 298.

*Murex rana.* Lin. Syst. Nat. éd. 12. p. 1216. *excl. plur. synonym.*
Gmel. p. 3531. n° 23. *exclus. varietatibus.*

Lister. Conch. t. 995. f. 58.

Bonanni. Recr. 3. f. 182.

Rumph. Mus. t. 24. fig. G.

Petiv. Gaz. t. 100. f. 12. et Amb. t. 11. f. 15.

Gualt. Test. t. 49. fig. L.

Seba. Mus. 3. t. 60. f. 13. et 15–18.

Knorr. Vergn. 2. t. 13. f. 6. 7.

* Grew. Mus. Reg. Soc. pl. 10. Square Wilk. f. 1. 2.

* Born. Mus. p. 295. *Murex rana.* Var. a.

* *An eadem junior?* Regenf. Conch. t. 1. pl. 6. f. 64.

Favanne. Conch. pl. 32. fig. B. 4.

Martin. Conch. 4. t. 133. f. 1270. 1271.

* *Murex rana.* Var. 1. Schrot. Einl. t. 1. p. 486. n° 10.

*Ranella crumena.* Encyclop. pl. 412. f. 3.

* *Id.* Burrow. Elem. of Conch. pl. 18. f. 3.

* Dillw. Cat. t. 2. p. 691. n° 21.

* *Ranella granulata.* Blainv. Malac. pl. 400. Ranelle crapaud. *Id.*
pl. 18. f. 2.

* Wood. Ind. Test. pl. 25. f. 21.

* Sowerby, junior. Conch. illustr. pl. 3. f. 9.

* Broderip. Zool. Journ. t. 2. p. 200. pl. sup. 11. f. 2.

* *Ranella elegans.* Kiener. Spec. des Coq. p. 4. n° 2. pl. 3. f. 1.

* Potiez et Mich. Cat. de Douai. p. 426. n° 5.

Habite les mers de l'Inde. Mon cabinet. Le dernier tour a trois rangées de tubercules pointus ; les autres n'en ont qu'une. Longueur,
3 pouces. Vulg. la *Bourse.*

## 6. Ranelle épineuse. *Ranella spinosa.* Lamk.

*R. testá ovatá, depressá, tuberculis acutis, brevibus, sparsis, muricatá,*
*griseo-fulvá ; varicibus lateralibus longè spinosis ; caudá sulcatá;*
*labro intùs crenato.*

---

a cependant donné le *Foliata* pour le *Crumena* ; et, d'après
M. Beck, il nomme *Ranella elegans* le véritable *Crumena.* Cette
erreur signalée, il est facile de l'éviter.

Lister. Conch. t. 949. f. 44.
Seba. Mus. 3. t. 60. f. 19.
Knorr. Vergn. 3. t. 7. f. 5.
Favanne. Conch. pl. 32. fig. B. 2.
Martini. Conch. 4. t. 133. f. 1274. 1276.
Encyclop. pl. 412. f. 5. a. b.
* Lesser Testaceo-théol. p. 260. f. n° 65.
* Perry. Conch. pl. 5. f. 6.
* Crouch. Lamk. Conch. pl. 17. f. 11.
* Sow. Genera of Shells. f. 3.
* Wood. Ind. Test. pl. 25. f. 22.
* Kiener. Spec. des Coq. p. 7. n° 4. pl. 5.
* Desh. Encycl. méth. Vers. t. 3. p. 879. n° 4.
* *Bufonaria spinosa.* Schum. Nouv. Syst. p. 252.
* *Murex rana.* Var. β. Born. Mus. p. p. 295.
* *Id.* Var. 2. Schrot. Einl. t. 1. p. 487.
* *Murex spinosus.* Dillw. Cat. t. 1. p. 692. n° 22.
* Poliez et Mich. Cat. de Douai. p. 425. n° 2.

Habite les mers de l'Inde. Mon cabinet. Espèce fort remarquable par ses épines longues et latérales. Vulg. le *Crapaud à pattes.* Longueur, 2 pouces 2 lignes.

7. **Ranelle gibbeuse.** *Ranella bufonia.* Lamk. (1)

R. *testâ ovali, gibbâ, crassâ, tuberculato-nodosâ, albo-griseâ, ma-*

---

(1) Gmelin est le premier qui ait séparé une espèce sous le nom de *Murex bufonius.* Après une phrase caractéristique peu précise, il rassemble quatre citations dans sa synonymie, et si l'on en rapproche les figures citées, on s'aperçoit facilement qu'elles représentent au moins trois espèces distinctes. A cette synonymie défectueuse que Dillwyn adopte, il ajoute une quatrième espèce figurée par Chemnitz. Lamarck n'a apporté aucun changement dans la synonymie de l'espèce; mais, par sa phrase caractéristique, il désigne surtout, comme *Ranella bufonia,* la coquille dont nous établirions la synonymie de la manière suivante: D'Argenville, pl. 9, f. R; Favanne, pl. 32, f. B1; Seba, pl. 60, f. 14? Chemnitz, pl. 192, f. 1845, 1846; *Encyclop.,* pl. 412. f. 1 *a. b.* Nous supprimerions, comme représentant une autre espèce, la figure 20 de Seba, les figures de Martini, la figure 1843, 1844 de Chemnitz.

*culis minimis fuscis pictâ ; laterum nodulis utrinquè tribus canali-
feris; aperturâ albâ, subrotundâ ; labro crassissimo, margine interiore dentato.*

D'Argenv. Conch. pl. 9. fig. R.

Favanne. Conch. pl. 32. fig. B 1.

Seba. Mus. 3. t. 60. f. 14. 20.

Martini. Conch. 4. t. 129. f. 1240. 1241.

*Murex bufonius.* Gmel. p. 3534. n° 32.

Chemn. Conch. 11. t. 192. f. 1843-1846.

*Ranella bufonia.* Encyclop. pl. 412. f. 1. a. b.

* Blainv. Malac. pl. 18. f. 2 ?

* Wood. Ind. Test. pl. 25. f. 26.

* Kiener. Spec. des Coq. p. 11. n° 7. pl. 7. f. 1.

Habite l'Océan indien. Mon cabinet. Coquille épaisse, gibbeuse,
chargée de grosses tubérosités noduleuses, à bourrelets scrobiculés
et munis de trois tuyaux canalifères qui s'élèvent à chaque côté
de la spire. Vulg. le *Crapaud à gouttières.* Longueur, 2 pouces 10
lignes.

## 8. Ranelle granuleuse. *Ranella granulata.* Lamk. (1)

*R. testâ ovato-acutâ, striis granulosis confertis cinctâ, pallidè luteâ ,
fulvo-zonatâ ; columellâ sulcatâ ; labro crasso, dentato.*

Lister. Conch. t. 995. f. 56?

Martini. Conch. 4. t. 133. f. 1272. 1273.

Encyclop. pl. 412. f. 4. a. b.

[*b*] *Var. dorso ventreque unituberculatis.*

* Aldrov. de Test. p. 357. f. 6.

* *Murex crassus.* Dillw. Cat. t. 2. p. 692. n° 23.

* *Id.* Wood. Ind. Test. pl. 25. f. 23.

* Kiener. Spec. des Coq. p. 18. n° 12. pl. 12. f. 1.

* Grew. Mus. Reg. Soc. pl. 10. Long Square Wilk. f. 1. 2.

* Desh. Encyclop. méth. Vers. t. 3. p. 880. n° 6.

Habite... l'Océan indien ? Mon cabinet. Espèce très distincte par
ses nombreuses rangées de granulations. La var. [b] n'en diffère
que parce qu'elle offre un tubercule un peu élevé, comprimé sur
les côtés, et disposé transversalement sur le dos et sur le ventre
de son dernier tour. Longueur, 2 pouces 3 lignes.

---

(1) Dillwyn, dans son *Catalogue,* a nommé cette espèce, long-
temps avant Lamarck, *Murex crassus.* Ce premier nom devra
lui être restitué, et l'espèce deviendra le *Ranella crassa.*

9. **Ranelle granifère.** *Ranella granifera.* **Lamk.**

*R. testá oblongá, ovato-conicá, scabriusculá, striis granosis cinctá,
albo-lutescente aut rufá, albo-fasciatá ; granis subacutis ; colu-
melllá sulcatá ; labro margine dentato.*

Lister. Conch. t. 939. f. 34.

Seba. Mus. 3. t. 60. f. 21—24.

Knorr. Vergn. 6. t. 24. f. 6.

Favanne. Conch. pl. 32. fig. B. 6.

Martini. Conch. 4. t. 157. f. 1224—1227.

Encyclop. pl. 414. f. 4.

* Mus. Gottv. pl. 136. f. 235. a. b. 236.

* *An. Murex reticularis ?* Murray. Fund. testac. Amæn. Acad. t. 8.
p. 143. pl. 2. f. 18.

* Kiener. Spec. des Coq. p. 16. n° 11. pl. 11. f. 1.

Desh. Encyclop. méth. Vers. t. 3. p. 880. n° 7.

* Potiez et Mich. Cat. de Douai. p. 426. n° 4.

Habite... Mon cabinet. Celle-ci est plus allongée et moins large que
la précédente. Ses granulations sont assez fortes et un peu pointues. Longueur, 23 lignes.

10. **Ranelle semi-grenue.** *Ranella semigranosa.* **Lamk.** (1)

*R. testá ovato-conicá, transversìm tenuissimè striatá, rufo-fuscá ;
ultimo anfractu dorso nudo, subtùs granifero ; anfractibus superioribus utrinquè granosis ; columellá sulcatá ; labri limbo intùs nodoso.*

* Kiener. Spec. des Coq. p. 19. n° 13. pl. 2. f. 2.

Habite.... Mon cabinet. Le milieu des tours supérieurs a deux rangées de granulations plus fortes que celles qui sont près des sutures. Longueur, 19 lignes.

11. **Ranelle bituberculaire.** *Ranella bitubercularis.* **Lamk.**

*R. testá ovato-acutá, transversè sulcatá et striatá, albidá ; anfrac-
tibus dorso subtùsque bituberculatis ; tuberculis distinctis, compressis, apice spadiceis ; caudá ascendente.*

Encyclop. pl. 412 f. 6.

---

(1) M. Kiener prend pour la même espèce que celle-ci le
*Ranella cœlata* de M. Broderip ; mais M. Kiener se trompe. Nous
avons sous les yeux les deux espèces, et elles se distinguent par
de très bons caractères.

* Desh. Encyclop. méth. Vers. t. 3. p. 880. n° 8.
* *Murex tubercularis*. Wood. Ind. Test. p. 25. f. 25.
* Kiener. Spec. des Coq. p. 26. n° 18. pl. 6. f. 2.

Habite... Mon cabinet. Espèce remarquable par les deux tubercules dorsaux de chacun de ses tours, qui sont répétés également
en dessous. Longueur, 19 lignes et demie.

## 12. Ranelle grenouillette. *Ranella ranina*. Lamk. (1)

R. *testâ ovato-acutâ, striis granosis cinctâ, albâ, zonis rufo-cas-
taneis pictâ; caudâ brevi; aperturâ rotundâ; labro margine
dentato.*

*Murex gyrinus.* Syst. nat. ed. 12. p. 1216. Gmel. p. 3531. n° 24.
* Lin. Syst. nat. ed. 10. p. 748.
* *Murex gyrinus.* Born. Mus. p. 296.
Martini. Conch. 4. t. 128. f. 1333—1235.
Knorr. Vergn. 6. t. 25 f. 5. 6.
Seba. Mus. 4. t. 60. f. 25—27.
* Mus. Gottv. pl. 36. f. 237. a. b. ?
* *Murex gyrinus.* Schrot. Einl. t. 1. p. 488. n° 11.
*Ranella ranina.* Encyclop. pl. 412. f. 2 a. b.
* Perry. Conch. pl. 5. f. 2.
* *Id.* Dillw. Cat. t. 2. p. 693. n° 24. *exclus. variet. pluribusque
synony.*
* *Id.* Wood. Ind. Test. pl. 25. f. 24.
* Desh. Encycl. méth. Vers, t. 3. p. 881. n° 9.
* Kiener. Spec. des Coq. p. 28. n° 20. pl. 2. f. 3.
* Sowerby. Conch. Man. f. 393.

Habite dans la Méditerranée, selon *Linné*. Mon cabinet. Espèce
petite et fort jolie, que Linné paraît comparer à l'insecte aquati-
que nommé *Gyrin*. Longueur, 13 lignes et demie.

---

(1) Linné, dès la 10ᵉ édition du *Systema naturæ*, avait donné
un nom à cette espèce, et l'avait décrite de manière à la faire
reconnaître facilement. Lamarck a eu tort de l'inscrire sous un
nom nouveau, et nous proposons de lui rendre la dénomination spécifique que Linné le premier lui imposa; dès-lors elle
deviendra la *Ranella gyrinus*. Dillwyn confond plusieurs espèces
avec celle-ci, de sorte que, sous le nom linnéen, il y a cinq
espèces parmi lesquelles se trouve le véritable *Gyrinus*.

### 13. Ranelle gladiée. *Ranella anceps*. Lamk.

*R. testâ parvulâ, sublanceolatâ, ancipiti, lævi, nitidâ, albâ; varicibus lamelliformibus, ad latera oppositis; lamellis longitudinalibus medianis suprà infràque dipositis; caudâ brevi, complanatâ.*

* *Ranella pyramidalis.* Brod. Proc. of Zool. soc. 1832. p. 194.

* *Id.* Sow. junior. Couch. illus. *Ranella.* pl. 1. f. 2.

* Kiener. Spec. des Coq. p. 36. n° 27. pl. 4. f. 2.

Habite.... Mon cabinet. Longueur, 6 lignes trois quarts.

### 14. Ranelle pygmée. *Ranella pygmæa*. Lamk.

*R. testâ parvâ, ovato-acutâ, ventricosâ, decussatâ, cinereo-rufescente; costellis longitudinalibus exiguis, crebris; caudâ brevi; labro denticulato.*

* Kiener. Spec. Coq. p. 33. n° 24. pl. 10. f. 2.

* Desh. Encycl. méth. Vers. t. 3. p. 881. n° 10.

* Blainv. Faun. franç. p. 121. n° 3. pl. 4 C. f. 3.

* Bouch. Chant. Cat. des moll. du Boul. p. 63. n° 114.

* Potiez et Mich. Cat. de Douai. p. 427. n° 8.

Habite dans la Manche, sur les côtes du Havre. M. *Lucas*. Mon cabinet. Ses stries et ses petites côtes la font paraître treillissée. Longueur, 5 lignes et demie.

### 15. Ranelle lisse. *Ranella lævigata*. Lamk.

*R. testâ fossili, ovatâ, ventricosâ, lævi; caudâ spiráque brevibus; labro intùs crenulato.*

Knorr. Foss. pl. 46. f. 8. 19.

* Bonan. Observ. circà viv. Coq. f. 42.

* Sow. Genera of Shells. f. 2.

* Sow. junior. Conch. illust. *Ranella.* f. 15.

* Kiener. Spec. des Coq. p. 34. n° 25. pl. 13. f. 2.

* Desh. Encycl. méth. Vers. t. 3. p. 882. n° 11.

* Potiez et Mich. Cat. de Douai. p. 426. n° 6.

Habite.... Fossile du Piémont. Mon cabinet. Longueur 17 lignes.

### † 16. Ranelle perlée. *Ranella margaritula*. Desh.

*R. testâ ovatâ, utrinquè attenuatâ, depressâ, rufo fuscoque pictâ; anfractibus convexis, in medio angulato-nodosis, transversìm striatis: striis alternis minoribus, granulis tenuissimis ornatis; aperturâ ovatâ, intùs violacescente, utráque extremitate canaliculatâ; margine incrassato, dentato; columellâ rugosâ, basi granulosâ.*

Desh. Voy. de Bellanger dans l'Inde. Zool. pl. 3. f. 13. 14. 15.

*Ranella neglecta.* Sow. jun. Conch. illustr. f. 22.

Kiener. Spec. des Coq. p. 14. n° 9. pl. 8. f. 2.

* Sow. Conch. Man. f. 394. *Ranella neglecta.*

Habite les mers de l'Inde.

Nous avions depuis long-temps décrit et figuré cette espèce dans le voyage de M. Bellanger, lorsque M. Sowerby lui donna un autre nom qui ne saurait être adopté. Voisine du *Ranella bufonia,* cette espèce se distingue, non-seulement par la forme de son ouverture, mais encore par le grand nombre de fines stries transverses inégales, et toutes chargées de fines granulations arrondies et assez semblables à ces petits grains colorés dont on fait de la tapisserie. Les interstices de ces petits cordons sont ponctués très finement et d'une manière très élégante. Les tours sont divisés en deux parties égales par un angle sur lequel s'élèvent trois tubercules comprimés sur lesquels les stries granuleuses se montrent comme sur le reste. Les bourrelets sont aplatis, élargis, l'ouverture est ovale, régulière, légèrement violacée en dedans, et ses extrémités se prolongent en un canal court et assez profond, dont le supérieur est en partie obstrué par une callosité assez profondément cannelée. La columelle est ridée dans sa longueur, et ces rides deviennent granuleuses à la base. La coloration de cette espèce consiste en taches nuageuses brunes sur un fond fauve.

Cette coquille a 39 mill. de long et 27 de large.

† 17. **Ranelle subgranuleuse.** *Ranella subgranosa.* Beck.

*R. testá ovato-oblongá, utrinquè attenuatá, depressá, rufo fuscoque strigatá, transversìm inæqualiter striatá: striis granulosis; anfractibus angulato-nodosis: nodulis acutis: aperturá ovatá, intùs fusco violacescente; labro dentato, basi expanso.*

*An biplex rana.* Perry. Conch. pl. 5. f. 4?

Kiener. Spec. des Coq. pl. 4. f. 1. *Ranella Beckii.*

*Ranella subgranosa.* Sow. jun. f. 18.

* Reeve. Conch. syst. t. 2. p. 196. pl. 252. f. 18.

Habite la mer de Chine.

M. Beck ayant donné ce nom de *Subgranosa* à cette espèce, M. Kiener ne devait pas le changer, surtout sous le prétexte que le mot *subgranosa* ressemble beaucoup au *semigranosa* qui appartient à une espèce de Lamarck. Nous le répétons, un nom spécifique ne doit être changé sous aucun prétexte.

Espèce bien distincte, qui a de l'analogie avec le *Ranella crumena* de Lamarck, mais qui n'a jamais l'ouverture orangée. Elle a d'ailleurs d'autres caractères qui la font reconnaître aisément parmi toutes ses congénères. Elle est ovale-oblongue, à spire pointue, à laquelle on compte huit tours anguleux dans le milieu. Sur cet angle s'élèvent cinq à six tubercules pointus. Tout le reste de la coquille est couvert de stries fines et inégales qui ressemblent à de petits chapelets de perles disposés avec assez de symétrie. Le dernier tour se termine insensiblement en un canal assez allongé et plus étroit que dans la plupart des espèces. Les bourrelets sont peu saillans, et ils sont eux-mêmes chargés de stries granuleuses. L'ouverture est assez grande; elle est ovalaire; son angle supérieur se prolonge en une gouttière évasée à son extrémité et surmontée latéralement d'une petite oreillette. Le bord droit est épais, il est dentelé dans les deux tiers supérieurs de sa longueur, mais à la base il se renverse et se prolonge en une languette plissée dans sa longueur. Cette coquille est d'un brun ocracé ou vineux, orné de stries brunes irrégulières : elle est blanchâtre sur les côtés.

Cette coquille a 70 mill. de long et 40 de large.

### † 18. Ranelle rhodostome. *Ranella rhodostoma*. Sow.

*R. testá ovato-turbinatá, albo-lutescente; anfractibus angustis, in medio angustato-nodosis, nodulis bipartitis, apice granosis et rubris : ultimo anfractu triseriatim granuloso, canali lato, brevissimo, terminato ; aperturá rotundá, intùs roseá, supernè infernèque brevi, canaliculatá.*

Sow. jun. Conch. illus. *Ranella*. f. 10.

*An eadem ?* Perry. Conch. pl. 4. f. 1 *biplex-rosa.*

Habite à Mahsba, l'une des Philippines.

Petite coquille fort singulière et que l'on distingue facilement de toutes ses congénères. Elle est ovale-ventrue, subturbinée ; ses tours étroits, au nombre de six, sont anguleux vers le milieu, et sur cet angle se relèvent un petit nombre de gros tubercules ponctués de rouge au sommet. Sur le dernier tour, deux autres rangées de tubercules s'ajoutent à la première ; elles sont plus étroites, et se relèvent en côtes transverses en passant sur les bourrelets marginaux. Dans cet endroit, devenues plus saillantes, ces côtes laissent entre elles de grandes cavités quadrangulaires. L'ouverture est très petite, elle est arrondie, et d'un très beau rose pourpré dans toutes ses parties. L'angle supérieur est occupé par une gouttière décurrente à l'intérieur qui vient aboutir à un petit canal étroit et oblique. Le bord droit est très épais, il est dentelé à l'intérieur ; le gauche élargi, surtout à la base, est profondément ridé. Quand cette coquille est fraîche, elle est d'un

blanc jaunâtre,  et ses tubercules ainsi que ses côtes, sont ponctués de rouge brun.

Elle est longue de 30 mill. et large de 20.

### † 19. Ranelle foliacée. *Ranella foliata*. Brod.

*R. testá ovato-conicá, ventricosá, transversim subgranuloso-sulcatá ,
interstitiis longitudinaliter striatis, albescente vel subroseá ; anfractibus tuberculorum acutiusculorum serie unico armatis ; labio columellari expanso, foliato ; labii exterioris margine expanso, tenui;
aperturá ovatá , valdè sulcatá, aurantiacá, supernè in sinu alto,
foliato, varicem prætereunte, desinente.*

Brod. Zool. Journ. (1826) t. 2. p. 199.

*Ranella crumena.* Kiener. Spec. des Coq. p. 3. n° 1. pl. 2. f. 1.

Habite... l'île Maurice?

Très belle espèce connue depuis un petit nombre d'années, décrite
et figurée, pour la première fois, par M. Broderip, dans le t. 2 du
*Zoological Journal.* Comme nous l'avons vu dans la note relative
au *Ranella crumena*, M. Kiener a pris cette espèce pour le *Crumena* lui-même, malgré le soin minutieux que l'auteur anglais
avait mis à la distinguer. Cette coquille est ovale ventrue ; sa
spire, pointue, est formée de huit tours anguleux dans le milieu
et ayant sur cet angle une série de grands tubercules pointus, subspiniformes, au nombre de quatre dans l'intervalle de chaque
bourrelet. Sur le dernier tour, outre cette rangée de grands tubercules, il y en a une, quelquefois deux, de tubercules plus petits.
Toute la surface extérieure est couverte d'un grand nombre de
stries granuleuses assez grosses, égales et rapprochées. L'ouverture est ovalaire ; tout son pourtour est du jaune orangé le plus
vif ; son bord droit s'étale en une large expansion foliacée sur laquelle on voit un grand nombre de rides dont le sommet est
blanchâtre. Il y a sur la columelle un large bord gauche qui se
détache particulièrement vers la base, et sur lequel se montrent
des rides assez semblables à celles du bord droit. Enfin, ce qui
caractérise cette espèce, non moins bien que ce qui précède, c'est
l'angle supérieur de l'ouverture qui se prolonge en une gouttière
profonde jusqu'à la hauteur de l'avant-dernier tour. Sur un fond
d'un blanc fauve peu foncé, cette coquille est marbrée et ponctuée de fauve roussâtre.

Les grands individus ont 65 mill. de long et 45 de large.

### † 20. Ranelle pavillon. *Ranella vexillum*. Sow.

*R. testá ovato-ventricosá, albá, transversim castaneo-fasciatá; fas-*

*ciis plicato-granosis; anfractibus convexis; varicibus simplicibus, depressis, latis; aperturâ albâ, ovatâ, utroque latere dentatâ.*

*Rumphius.* Mus. pl. 49. f. B.

Klein. Tent. Ostrac. pl. 7. f. 128.

Sow. jun. Conch. illus. *Ranella.* pl. 1. f. 3.

Habite les mers du Pérou.

Cette espèce est restée confondue avec le *Ranella argus*, et M. Sowerby, le premier, l'a séparée. Malgré cet exemple, M. Kiener, tout en décrivant et figurant l'Argus véritable, a néanmoins considéré cette espèce comme une variété. Elle est cependant constamment distincte par tous ses caractères; elle est ovale-oblongue, ventrue, épaisse; les tours sont arrondis, et les bourrelets qui en partagent la surface sont larges, aplatis, peu saillans. Sur la surface se dessinent agréablement un grand nombre de fascies brunes, transverses, sur lesquelles s'élèvent des granulations aplaties. Souvent, dans l'interstice de ces fascies transverses, il y a une ou deux stries brunes; l'ouverture est ovalaire, toute blanche, sans canal supérieur; son bord droit est épaissi en dedans, et il est armé de neuf dents assez aiguës. La columelle est également pourvue, surtout à la base, de sept à huit dents transverses pliciformes. Comme nous l'avons dit à l'occasion du *Ranella argus*, le *Ranella vexillum* n'a jamais sur le bord droit la dent saillante que nous avons fait remarquer dans l'autre espèce.

Cette coquille est longue de 70 mill. et large de 42.

## † 21. Ranelle cachée. *Ranella cœlata.* Brod.

*R. testâ pyramidali, subponderosâ, castaneâ, costis striisque transversis granoso-moniliformibus, nigricantibus; aperturâ rugoso-granosâ, fulvâ, dentibus rugisque albidis; labri limbo fimbriato, lato, fusco, albo radiato.*

Brod. Proced. of Zool. Soc. Lond. 1832. p. 179.

Sow. jun. Conch. illustr. *Ranella.* pl. 2. f. 8.

Habite à Panama.

M. Kiener confond cette espèce avec le *Ranella semigranosa* de Lamarck, quoiqu'en effet elle soit parfaitement distincte. La figure seule de M. Sowerby, assez médiocre cependant, suffirait pour faire reconnaître l'espèce aux personnes qui seraient moins préoccupées que M. Kiener de la réunion aux espèces de Lamarck, de celles qui peuvent avoir avec elles une ressemblance plus ou moins directe.

Cette coquille est ovale, déprimée; ses tours, convexes, sont anguleux dans le milieu, et cet angle est formé par une petite côte bi-

lide. Sur la surface des tours, il y a plusieurs rangées de granulations, dont une, particulièrement, plus grosse que les autres, borde
la suture. L'ouverture est particulièrement remarquable ; elle est
ovale, fauve ; le bord droit est épaissi, et les six dents dont il est
garni sont blanches au sommet. Ce bord droit se renverse en dehors en une lamelle assez mince, brune, sur laquelle sont creusées
cinq digitations blanchâtres et rayonnantes. L'angle supérieur est
creusé en une gouttière courte et oblique ; le bord gauche est peu
épais, et il est irrégulièrement parsemé de petites aspérités blanches. Sur un fond d'un brun rouge assez foncé, les rangées de granulations se dessinent en fascies d'un brun noir.

Les grands individus de cette espèce ont 45 mill. de long et 28 de
large.

† 22. **Ranelle tuberculée.** *Ranella tuberculata.* **Brod.**

*R. testá pyramidali, seriatim tuberculatá, transversìm striatá, sub-*
*fulvá, albo fasciatá ; tuberculis subæqualibus, nigricantibus ; aper-*
*turá albidá ; columellá subrugosá ; labri limbo intùs dentato, den-*
*tibus subremotis.*

Brod. Proced. of Zool. Soc. Lond. 1832. p. 179.

Sow. junior. Conch. illustr. *Ranella.* f. 13.

Kiener. Spec. des Coq. p. 27. n° 19. pl. 12. f. 2.

Habite l'océan Pacifique.

Coquille ovale-oblongue, comprimée, se distinguant particulièrement
par les tubercules dont est garnie sa surface. Les tours sont étroits,
au nombre de neuf, et sur leur surface se montre un réseau à
grandes mailles formé par l'entrecroisement de petites côtes longitudinales et transverses. C'est à l'entrecroisement de ces côtes que
s'élèvent les tubercules qui, de cette manière, forment à-la-fois
des rangées transverses et des rangées longitudinales. Dans l'intervalle des côtes transverses, on remarque quelques stries inégales.
L'ouverture est ovale-obronde, elle est blanche, sans canal supérieur. Le bord droit est épais, et il est garni dans sa longueur de
sept à huit dents peu saillantes. La coloration de cette espèce est
d'un brun noir uniforme, avec une fascie blanche sur le milieu du
dernier tour.

Cette espèce est longue de 40 mill. et large de 25.

† 23. **Ranelle ventrue.** *Ranella ventricosa.* **Brod.**

*R. testá ovato-acutá ventricosissimá, tuberculatá, transversìm striatá,*
*subgranosá, albidá, fasciis angustis, castaneis ; aperturá albá,*
*crenatá.*

Brod. Proced. of Zool. Soc. Lond. 1832. p. 178.
Sow. junior. Conch. illustr. *Ranella*. f. 16.
Kiener. Spec. des Coq. p. 15. n° 10. pl. 14. f. 2. 2a.
Habite le Pérou.

Les varices de cette espèce sont très effacées; il y a même des individus chez lesquels on pourrait contester leur existence; cependant,
par l'ensemble de ses caractères, cette coquille appartient au genre
Ranelle. Elle est ovale-ventrue; sa spire, courte et conique, se
compose de six tours étroits, anguleux dans le milieu. Cet angle
est chargé de tubercules obtus. Lorsque cette coquille est bien conservée, ce qui est excessivement rare, on voit sur sa surface un réseau de stries excessivement fines, ainsi qu'un petit nombre de
cordons peu saillans transverses, obscurément granuleux. Dans
quelques individus, la rangée supérieure de tubercules devient
grosse et proéminente. Le dernier tour est très ventru, il se termine en un canal très court et largement ouvert. L'ouverture est
grande, ovale-obronde; elle est blanche sur ses bords et violacée
en dedans. Le bord droit, médiocrement épaissi, se détache de l'a-
vant-dernier tour au moyen d'une échancrure large et profonde
que l'on pourrait comparer à celle des Pleurotomes. La columelle
est fortement arquée, et le bord gauche qui la revêt est large, aplati
et calleux. Cette coquille est d'un brun marron assez foncé, mais
sale, et elle est ornée d'un petit nombre de fascies transverses d'un
brun beaucoup plus intense.

Cette espèce a 65 mill. de long et 45 de large.

† 24. **Ranelle précieuse.** *Ranella perca.* Desh.

> R. *testá subfusiformi, turritá, fulvá; anfractibus convexis, suturá
> subcanaliculatá separatis; costis transversis longitudinalibusque
> clathratis, nodosis; varicibus depressissimis, latis, spinosis; aper-
> turá subrotundá, intùs violacescente, canali gracili, longo, ter-
> minatá,*

Biplex perca. Perry. Conch. pl. 4. f. 5.
*Ranella pulchra.* Sow. Conch. illust. f. 19.
Jay. Cat. on the Shells. p. 115. pl. 2. f. 6.
Kiener. Spec. des Coq. p. 8. n° 5. pl. 6. f. 1.
Habite les mers des Indes-Orientales, d'après M. Kiener.

Coquille rare et précieuse qui a été figurée pour la première fois
par Perry, dans sa Conchyliologie, il lui a donné le nom que nous
restituons actuellement à l'espèce. Cette coquille est allongée,
fusiforme; sa spire est allongée, étroite, et l'on y compte neuf
tours convexes fortement séparés entre eux par une suture pro-

fonde et subcanaliculée. Outre des stries fines et transverses qui se voient sur toute la surface de la coquille, il y a encore un réseau à grandes mailles formé de petites côtes longitudinales et transverses, à l'entrecroisement desquelles s'élève un petit tubercule arrondi. Le dernier tour est globuleux, et il se termine assez brusquement à la base en un canal grêle, plus allongé que dans la plupart des autres espèces. La forme des bourrelets rend surtout cette espèce des plus remarquables. Ils sont, en effet, très aplatis, foliacés, soutenus par deux côtes qui, sur leur bord, se prolongent en épines saillantes. L'ouverture est très petite, arrondie, sans canal supérieur. Son bord droit est simple et violacé à l'intérieur. Toute cette coquille est d'un fauve brun pâle, uniforme.

Elle est longue de 48 mill. et large de 35, en y comprenant la longueur des épines.

† 25. **Ranelle brillante.** *Ranella nitida.* **Brod.**

*R. testâ subrhomboideâ, valdè depressâ, transversìm tuberculato-striatâ (tuberculis subacutis), nigro-purpureâ, interdùm albo-fasciatâ, varicibus latis, pinnatis, laciniatis, albis; columellâ cavâ; labri limbo intùs denticulato : canali subelongato.*

Brod. Proced. of Zool. Soc. Lond. 1832. p. 179.

Sow. junior. Conch. illustr. *Ranella.* f. 4.

Kiener. Spec. des Coq. p. 9. n° 6. pl. 2. f. 2.

Habite la Colombie occidentale.

Petite coquille fort singulière qui se rapproche beaucoup du *Ranella perca.* Elle est allongée, subfusiforme, sillonnée en travers, et garnie de trois ou quatre plis longitudinaux dans l'intervalle des bourrelets. Les bourrelets rendent cette espèce facile à reconnaître, car ils sont très aplatis, très larges, et leur bord tranchant est découpé en six épines qui sont les prolongemens des côtes transverses. Ces bourrelets sont blanchâtres, tandis que le reste de la coquille est d'un brun très foncé. L'ouverture est ovalaire, étroite, sans canal supérieur. Le canal terminal est à-peu-près aussi long qu'elle ; il est fort étroit, et le dernier bourrelet s'étend jusqu'à son extrémité.

Cette petite coquille, fort curieuse, est longue de 25 mill. et large de 16.

---

**ROCHER.** (Murex.)

Coquille ovale ou oblongue, canaliculée à sa base, ayant

à l'extérieur des bourrelets rudes, épineux ou tuberculeux. Ouverture arrondie ou ovalaire.

Bourrelets triples ou plus nombreux sur chaque tour de spire ; les inférieurs se réunissant obliquement avec les supérieurs par rangées longitudinales. Un opercule corné.

*Testa ovata vel oblonga, basi canaliculata, extùs varicibus asperis, tuberculatis aut spinosis onusta. Apertura rotundata.*

*Varices in anfractibus ternæ vel plures ; inferioribus cum aliis per series longitudinales obliquè adjunctis. Operculum corneum.*

Observations. — Après les nombreuses réductions qu'il a fallu faire subir au genre *Murex* de Linné, celui que je présente ici sous le même nom constitue encore néanmoins un genre fort considérable en espèces, très naturel quant à l'association de celles qu'il embrasse, et en outre fort intéressant par la beauté ou la singularité des coquillages qui s'y rapportent.

Bruguières avait réduit les *Murex* à ceux qui offrent des bourrelets persistans sur la surface de la coquille ; ce qui en écarte les Fasciolaires, les Fuseaux, les Pyrules, etc., etc. En admettant cette considération, qui réunit des objets bien rapprochés par leurs rapports, j'ai remarqué que l'ensemble qui en résultait offrait cependant une sorte de famille. Cette famille, néanmoins, peut être encore partagée en trois coupes très distinctes, telles que les Ranelles, les Rochers et les Tritons, chacune d'elles embrassant un assez grand nombre d'espèces. Il ne s'agit pour cela que de considérer l'étendue des pièces que l'animal ajoute à sa coquille lorsqu'il a besoin de l'agrandir, et par suite la disposition des bourrelets, ainsi que leur nombre sur chaque tour de la spire.

Les Rochers dont il s'agit ici sont, parmi les coquilles variciferes, celles dont les bourrelets sont les plus nombreux : il y en a au moins trois et souvent davantage sur chaque tour. Il suffit de les compter sur celui qui est inférieur. On remarquera que ces bourrelets s'ajustent, quoique un peu obliquement, avec ceux des tours supérieurs, et que tous ensemble forment sur la coquille des rangées longitudinales qui deviennent obliques vers le sommet de la spire.

Ainsi les Rochers sont très faciles à reconnaître au premier aspect, ayant trois rangées de bourrelets ou davantage sur chaque tour, tandis que les Ranelles n'en ont que deux, et que les Struthiolaires n'ont que le bourrelet du bord droit. Les pièces que l'animal des Rochers ajoute à sa coquille, à chaque station qu'il forme pour l'agrandir, sont donc toujours plus petites que celles que l'animal des Ranelles ajoute à la sienne, dans les mêmes circonstances.

[Les observations précédemment faites sur les genres de la famille des Canalifères, nous dispensent de détails étendus sur le genre *Murex*, tel qu'il a été restreint par Lamarck. Nous dirons seulement, que ce sont les animaux de ce genre vivant dans la Méditerranée, qui ont fourni aux anciens cette belle teinture pourpre si estimée chez eux. La teinture la plus belle était fournie par l'espèce que l'on trouve le plus abondamment répandue dans toute la Méditerranée. Des dissertations nombreuses sur la Pourpre des anciens ont démontré jusqu'à l'évidence que l'espèce connue par les naturalistes sous le nom de *Murex brandaris*, est celle qui produisait la teinture la plus estimée. Rondelet, le premier, a soutenu cette opinion, qui a été successivement appuyée par d'autres auteurs, jusqu'au moment où Réaumur, dans les Mémoires de l'Académie, prétendit que cette Pourpre des anciens était fournie par un mollusque très abondant sur nos côtes océaniques et qui est connu sous le nom de *Purpura lapillus*. L'opinion de Réaumur ne pouvait être soutenue avec avantage ; on pouvait, en effet, lui objecter que les anciens n'allaient pas chercher au loin la matière tinctoriale de leurs étoffes, cela eût entraîné pour eux trop de dépenses et trop de dangers. Or, ce *Purpura lapillus* ne s'est jamais montré dans la Méditerranée ; indépendamment d'autres preuves, on peut donc, de ce fait seul, conclure contre l'opinion de Réaumur. On est revenu aujourd'hui à l'opinion de Rondelet, et notre savant ami, M. Boblaye, nous a fourni une preuve matérielle de la validité de cette manière de voir. M. Boblaye, faisant partie de la commission scientifique de Morée, fut étonné de rencontrer, sur certains points peu éloignés

de la mer, des amoncellemens considérables de la seule espèce
du *Murex brandaris.* Il avait supposé d'abord que ces dépôts
étaient dus à un phénomène géologique; mais un examen plus
attentif des lieux et des circonstances lui fit découvrir que ces
dépôts sont toujours placés dans le voisinage d'établissemens
ruinés, parmi lesquels il s'en trouva dont les vestiges étaient assez conservés pour reconnaître en eux les restes d'anciennes
usines à teinture. Il paraît que, pour les teintures du moindre
prix, on réunissait plusieurs autres espèces de mollusques, tels
que le *Murex trunculus* de Linné, le *Purpura hæmastoma* et plusieurs autres; car la matière tinctoriale existe dans un assez
grand nombre de ces animaux. On a cherché à rétablir les procédés au moyen desquels les anciens tiraient des mollusques
leur teinture pourpre; on y est parvenu, et un Espagnol,
Marti, envisageant la question sous le rapport économique,
proposa, dans un mémoire publié en 1779, de rétablir sur plusieurs points des côtes espagnoles des usines pour la teinture
pourpre par le procédé des anciens; mais cette proposition ne
pouvait être alors prise en sérieuse considération, parce que les
procédés pour obtenir de belles teintures pourpres par d'autres
matières étaient assez connus et assez sûrs pour que l'on pût se
passer de la teinture antique. Il serait ici hors de propos de
chercher avec Pline et Marti quels étaient les moyens employés
par les anciens pour extraire la pourpre des mollusques.

Nous ne reviendrons pas actuellement sur les diverses réformes dont le genre *Murex* de Linné a été l'objet. Toutes celles tentées par Bruguières et Lamarck, ont été depuis long-
temps adoptées dans la science, et le temps a déjà sanctionné
cette adoption. Cependant, comme nous l'avons vu, plusieurs
des genres proposés par ces naturalistes ne sont pas très naturels, et nous les avons signalés. Nous ne parlerons pas de plusieurs genres proposés par Montfort et par M. Schumacher,
parce qu'ils ne répondent pas aux besoins de la science. Il en
est un cependant créé par Montfort, sous le nom de Typhis,
qui semble devoir faire exception à la réprobation que méritent, à tant de titres, la plupart des genres proposés par le
même auteur. Tout le temps que l'on ne connut qu'une ou deux
espèces dans ce groupe, on les joignit sans difficulté aux *Murex;*

mais depuis que le nombre s'en est augmenté, la constance dans le caractère a fait de nouveau surgir le genre Typhis, particulièrement parmi les conchyliologues anglais. Pour nous, nous ne l'acceptons pas au même titre que les autres genres de la même famille ; nous le considérons comme un groupe sous-générique, si nous acceptions le sous-genre dans une méthode naturelle. Les personnes qui ne connaissent que les espèces vivantes peuvent croire plus que nous à la validité des caractères du genre Typhis. On sait que ce groupe se caractérise particulièrement par une épine tubuleuse qui s'élève entre les varices, et dont la dernière reste ouverte et pénètre dans la coquille, non loin de l'ouverture. Dans la plupart des espèces, cette épine fistuleuse occupe le milieu de l'intervalle qui sépare les varices. Dans d'autres espèces, on voit cette épine se rapprocher d'une manière notable de la varice elle-même ; et enfin, il en est une dans laquelle cette épine est comprise dans l'épaisseur de la varice même, et pendant l'accroissement, cette épine, en partie ouverte, a la ressemblance la plus grande, soit avec le canal supérieur des Ranelles, soit avec l'épine tout extérieure que l'on trouve à la même place dans beaucoup de rochers. Il s'établit donc un passage insensible entre les *Murex* proprement dits et les *Typhis*, et si l'on joint à cela la ressemblance des opercules, l'on pourra conclure avec nous qu'il faut faire de ces coquilles, non un genre, mais un groupe dans le genre des *Murex*.

Malgré les réformes considérables qui se sont opérées dans le genre *Murex*, il reste cependant composé d'un très grand nombre d'espèces, soit vivantes, soit fossiles. En réunissant les espèces vivantes publiées à celles qui sont répandues dans les collections, on peut les porter à 170 au moins. Quant aux espèces fossiles, M. Michelotti en compte 44 dans les terrains subapennins ; nous en avons 19 dans le bassin de Paris, et il en existe une cinquantaine au moins, tant aux environs de Bordeaux que dans les faluns de la Touraine, dans le bassin de Vienne, etc. On voit, d'après cela, que la *Monographie* de M. Kiener est incomplète, puisqu'il mentionne seulement 94 espèces. Pour faire aujourd'hui une monographie des *Murex* vivans et fossiles, l'on aurait à décrire près de 300 espèces.

Nous venons de mentionner l'ouvrage de M. Michelotti : il est intitulé *Monographie* du genre *Murex* , avec l'énumération des espèces qui se trouvent à l'état fossile dans les terrains supra-crétacés de l'Italie. Cette Monographie, comme nous venons de le dire, mentionne 44 espèces, parmi lesquelles l'auteur en signale un assez grand nombre dont les analogues, d'après lui, vivent encore, soit dans la Méditerranée, soit dans l'Océan de l'Inde ; il est à croire que l'auteur, fort bon observateur du reste, n'a pas eu à sa disposition une collection bien nommée, et les ressources nécessaires pour en châtier la nomenclature ; car nous avons remarqué un assez grand nombre d'erreurs que le peu de netteté de figures données par l'auteur ne nous a pas permis de rectifier, et nous avons été contraint, à regret, de faire peu d'usage de la *Monographie* de M. Michelotti. ]

# ESPÈCES.

*Queue grêle, subite, toujours plus longue que l'ouverture.*

### 1. Rocher cornu. *Murex cornutus*. Lin.

*M. testâ subclavatâ, anteriùs ventricosâ, longè caudatâ, transversìm striatâ, albidâ, luteo vel rufo zonatâ; ventre magno, bifariàm cornuto : cornibus canaliculatis, crassiusculis, curvis ; spirâ brevissimâ ; caudâ spinis sparsis armatâ.*

*Murex cornutus.* Lin. Syst. nat. éd. 12. p. 1214. Gmel. p. 3525. n° 3.

Lister. Conch. t. 901. f. 21.

Bonanni. Recr. 3. f. 283.

Rumph. Mus. t. 26. f. 5.

Gualt. Test. t. 30. fig. D.

Seba. Mus. 3. t. 78. f. 7—9.

Favanne. Conch. pl. 38. fig. E 2.

Martini. Conch. 3. t. 114. f. 1057.

* *Purpura cornuta.* Fab. Columna aquat. et terr. Observ. p. LX. f. 1.

* Adans. Voy. au Sén. p. 127. pl. 8. f. 20. Le Bolin.

* Lin. Syst. nat. éd. 10. p. 746.

* Lin. Mus. Ulric. p. 627.

* Roissy. Buf. Moll. t. 6. p. 52. n° 4.

* Born. Mus. p. 288.

* Schrot. Einl. t. 1. p. 478. n. 3.

* Dillw. Cat. t. 2. p. 683. n° 5.

* Potiez et Mich. Cat. de Douai. p. 414. n° 9.

* Desh. Encyc. méth. Vers. t. 3. p. 894. n° 1.
* Wood. Ind. Test. pl. 25. f. 5.
* Schub. et Wagn. Sup. à Chemn. t. 12. p. 134. pl. 131. f. 4068-4069.
* Kiener. Spec. des Coq. p. 14. n° 9. pl. 2. f. 14.

Habite l'Océan des Grandes-Indes et des Moluques. Mon cabinet. Vulg. la *Grande-massue-d'Hercule*. Longueur, 6 pouces.

## 2. Rocher droite-épine. *Murex brandaris*. Lin.

M. testâ subclavatâ, anteriùs ventricosâ, caudatâ, albido-cinereâ; ventre magno, bifariàm spinoso : spinis canaliculatis, rectis; spirâ prominulâ, muricatâ; caudâ versùs extremitatem nudâ.

*Murex brandaris*. Lin. Syst. nat. éd. 12. p. 1214. Gmel. p. 3526. n° 4.

Bonanni. Recr. 3. f. 282.

Lister. Conch. t. 900. f. 20.

Rumph. Mus. t. 26. f. 4.

Petiv. Gaz. t. 68. f. 12.

Gualt. Test. t. 30. fig. F.

D'Argenv. Zoomorph. pl. 4. fig. C.

Favanne. Conch. pl. 38. fig. E 1. et pl. 71. fig. N 1.

Seba. Mus. 3. t. 78. f. 10. 11.

Knorr. Vergn. 6. t. 17. f. 1.

Martini. Conch. 3. t. 114. f. 1058. 1059.

Chemn. Conch. 10 t. 164. f. 1571.

* La Pourpre. Rondel. Hist. des Poiss. p. 44.
* Gesner. De Crust. p. 242.
* Mus. Moscardo. p. 212. f. 1.
* Jonst. Hist. nat. de exang. pl. 10. f. 5. 6.
* Le Bolin. Adans. Voyage au Sénég. p. 127. pl. 8. f. 20.
* Knorr. Vergn. t. 2. pl. 18. f. 12. et pl. 22. f. 4. 5.
* Born. Mus. p. 289.
* Schrot. Einl. t. 5. p. 479. n° 4.
* Mus. Gottv. pl. 38. f. 262. 263. 264.
* Regenf. Conch. t. 1. pl. 6. f. 67.
* Delle Chiaje dans Poli, Testac. t. 3. pl. 49. f. 8.
* *Fossilis*. Var. *brevicaudata Mercati metal. Vatic.* p. 299. f. 2. 3. 5.
* Lin. Syst. nat. éd. 10. p. 747.
* Roissy. Buf. Moll. t. 6. p. 52. n° 3.
* Olivi. Adriat. p. 151.
* Marti. Memor. sobre la purp. de los Antiguos. f. 2.
* Rosa. Delle Porpore. f. 2. 3.

* Dillw. Cat. t. 2. p. 683. n° 6.
* Lieblein. Observ. anat. sur le *Murex brandaris*. Ann. des scienc. natur. t. 14. p. 177. pl. 10.
* Payr. Cat. des Moll. de Corse. p. 149. n° 297.
* Philip. Enum. Moll. Sicil. p. 207. n° 1.
* Blainv. Faune franç. p. 123. n° 1. pl. 5. f. 6. et pl. 4 D. f. 8.
* Potiez et Mich. Cat. de Douai. p. 415. n° 14.
* Guérin. Icon. du règne animal. pl. 19. f. 1.
* *Fossilis*. Brocch. Conch. foss. subap. t. 2. p. 389.
* Desh. Encycl. méth. Vers. t. 3. p. 894. n° 2.
* Wood. Ind. Test. pl. 25. f. 6.
* Desh. Expéd. scient. de Morée. Zool. p. 189. n° 323. pl. 25. f. 10. 11.
* Kiener. Spec. des Coq. p. 16. n° 10. pl. 3. f. 1.
* *Fossilis*. Bronn. Leth. Geogn. t. 2. p. 1080. pl. 41. f. 26.

Habite les mers Méditerranée et Adriatique. Mon cabinet. Coquille sillonnée transversalement; ouverture fauve. Vulg. la *Petite-massue*. Longueur, 3 pouces et demi.

## 3. Rocher forte-épine *Murex crassispina*. Lamk. (1)

M. *testá anteriús ventricosá, longè caudatá, per totam longitudinem trifariàm spinosá, pallidè fulvá; spinis longis, validis, infernè crassis; ventre majusculo, transversè sulcato et striato; spirá prominente.*

*Murex tribulus.* Lin. Syst. nat. éd. 12. p. 1214.

---

(1) Il est bien certain que cette espèce est la même que celle nommée *Murex tribulus* par Linné. Lamarck le reconnaît lui-même en citant le nom linnéen au commencement de sa synonymie; il est donc nécessaire de restituer à cette espèce un nom qu'elle n'aurait jamais dû perdre. Il est certain que Linné rapporte à son espèce quelques figures de la suivante *Murex tenuispina*; mais cette confusion, facile à rectifier, n'autorise pas à changer le nom de l'espèce. Olivi assure avoir trouvé une coquille de cette espèce sur la plage de Venise; mais il est à croire qu'elle y était par accident, car elle ne vit pas dans la Méditerranée. Nous devons faire observer que Lamarck confond dans sa synonymie deux espèces bien distinctes, l'une le vrai *Tribulus* de Linné auquel le nom devra être rendu; l'autre le *Tribulus maximus* de Chemnitz avec laquelle Dillwyn a fait

Bonanni. Recr. 3. f. 269.

Lister. Conch. t. 902. f. 22.

Rumph. Mus. t. 26. fig. G.

Gualt. Test. t. 31. fig. A. [*ultimâ dextrâ exceptâ.*]

Seba. Mus. 3. t. 78. f. 4.

Knorr. Vergn. 1. t. 11. f. 3. 4.

Martini. Conch. 3. t. 113. f. 1052—1054.

*Murex tribulus maximus.* Chemn. Conch. 11. t. 189. f. 1819. 1820.

* Blainv. Malac. pl. 17 bis. f. 2.

* Fab. Columna. aquat. et terrest. Observ. p. LX. f. 6.

* Mus. Moscardo. p. 212. f. 2.

* Ferrari Imperato. Hist. nat. p. 686. fig. infer.

* *Murex tribulus.* Var. A. Born. Mus. p. 287.

* *Murex tribulus.* Schrot. Einl. t. 1. p. 476. n° 2.

* *Id.* Olivi. Adriat. p. 151.

* *Id.* Burrow. Elem. of. Conch. pl. 18. f. 1.

* *Murex tribulus.* Murray. Fund. Test. amœn. acad. t. 8. p. 143.
pl. 2. f. 15.

* Knorr. Delic. nat. select. t. 1. Coq. pl. BV. f. 5.

---

le *Murex scolopax.* Ce *Murex* avait déjà été figuré par Martini,
comme variété du *Tribulus*, pl. 113, f. 1052. Pour rendre
bonne la synonymie du *Murex crassispina* de Lamarck, il faut
donc en supprimer les figures que nous venons de mentionner.
M. Sowerby, dans ses *Illustrations conchyliologiques*, a commis
une erreur qui l'a conduit à un double emploi ; il donne comme
*Crassispina* de Lamarck la figure 1052 de Martini; puis, au
*Murex scolopax*, les figures 1819, 1820 de Chemnitz, sans s'a-
percevoir qu'elles représentent exactement la même espèce ; il
en résulte une autre erreur, c'est que M. Sowerby n'a point figuré le vrai *Tribulus* ou *Crassispina* de Lamarck. M. Kiener
tombe exactement dans les mêmes fautes que le naturaliste
anglais, et tous deux les commettent pour n'avoir pas recherché dans les auteurs l'origine de ces espèces : il ne faut donc pas
chercher la figure du *Crassispina* dans l'ouvrage de M. Kiener.
L'espèce nommée *M. rarispina* par M. Sowerby *junior*, dans
son *Conch. illustr.*, f. 52, nous paraît une variété du *Tribulus* ;
ce n'est pas le vrai *Rarispina* de Lamarck.

* Lin. Syst. nat. éd. 10. p. 746. *Murex tribulus.*
* Lin. Mus. Ulric. p. 626.
* Perry. Conch. pl. 45. f. 2.
* Roissy. Buf. Moll. t. 6. p. 51. n° 2.
* *Murex tribulus.* Var. A. Dillw. Cat. t. 2. p. 682. n° 4.
* Potiez et Mich. Cat. de Douai. p. 417. n° 19.
* Desh. Encycl. méth. Vers. 3. p. 895. n° 3.

Habite l'Océan des Grandes-Indes. Mon cabinet. Espèce assez commune dans les collections. Vulg. la *Grande-bécasse épineuse.*
Longueur, 4 pouces 8 lignes.

4. Rocher fine-épine. *Murex tenuispina.* Lamk.

*M. testá anteriùs ventricosá, longè caudatá, per totam longitudi-
nem trifariàm elegantissimè spinosá, griseá; spinis longissimis,
tenuibus, creberrimis, supernè aduncis; ventre mediocri, transversim sulcato et striato; spirá prominente.*

Rumph. Mus. t. 26. f. 3.
Gualt. Test. t. 31. fig. B. [Fig. A, *ultimá dextrá.*]
D'Argenv. Conch. pl. 16. fig. A.
Favanne. Conch. pl. 38. fig. A 1. A 2.
Seba. Mus. 3. t. 78. f. 1—3.
Knorr. Vergn. 5. t. 27. f. 1.
*Murex tribulus duplicatus.* Chemn. Conch. 11. t. 189. f. 1821. et
t. 190. f. 1822.
* Lesser. Testaceothéol. p. 278. f. n° 72.
* Perry. Conch. pl. 45. f. 3.
* *Murex tribulus.* Var. B. Dillw. Cat. t. 2. p. 682.
* Desh. Encycl. méth. Vers. t. 3. p. 896. n° 4.
* *Murex tribulus.* Wood. Ind. Test. pl. 25. f. 4.
* Sow. Genera of Shells. *Murex.* f. 2.
* Sow. jun. Conch. Illus. n° 1.
* Kiener. Spec. des Coq. p. 5. n° 2. pl. 6 et 7. f. 1.
* *Murex tribulus.* Var. β. Born. Mus. p. 288.
* Quoy et Gaim. Astr. Zool. t. 3. p. 528. pl. 36. f. 3. 4.

Habite l'Océan des Grandes-Indes et des Moluques. Mon cabinet. Espèce très distincte de la précédente, quoique, dans l'une et l'autre,
les mêmes sortes de parties se retrouvent; mais dans celle-ci, les
épines des trois rangées principales sont beaucoup plus fines, plus
longues, plus serrées, et forment des rangées plus élégantes. Elle
est assez rare dans les collections et très recherchée des amateurs.
Longueur, 4 pouces 11 lignes.

**5. Rocher rare-épine.** *Murex rarispina* Lamk. (1)

> *M. testá anteriùs ventricosá, longè caudatá, trifariàm spinosá,*
> *griseo-violacescente ; sulcis transversis submuricatis ; spinis ante-*
> *rioribus longis, raris, subcurvis, cæteris brevioribus, inæqualibus ;*
> *caudá versùs extremitatem nudá.*

Martini. Conch. 3. t. 113. f. 1056.

* Potiez et Mich. Cat. de Douai. p. 418. n° 28.

* Desh. Encycl. méth. Vers. t. 3. p. 896. n° 5.

* Kiener. Spec. des Coq. p. 17. n° 11. pl. 2. f. 1.

* *Murex formosus.* Sow. jun. Conch. illustr. f. 112.

Habite les mers de Saint-Domingue. Mon cabinet. Ouverture arrondie ; partie nue de la queue assez grêle. Longueur, 3 pouces
5 lignes.

**6. Rocher triple-épine.** *Murex ternispina.* **Lamk.**

> *M. testá anteriùs ventricosá, longè caudatá, transversìm sulcatá,*
> *trifariàm spinosá, albidá ; spinis anterioribus prælongis, ternis :*
> *unicá minore ; posterioribus brevioribus, subcurvis.*

* Sow. jun. Conch. illustr. n° 2. f. 68 et 110.

* Kiener. Spec. des Coq. p. 6. n° 3. pl. 8. f. 1. pl. 9. f. 1.

Habite.... Mon cabinet. Deux des trois épines supérieures sont extrêmement grandes ; partie nue de la queue scabre sur les côtés ;
spire courte, muriquée. Longueur, 2 pouces 4 lignes.

**7. Rocher courte-épine.** *Murex brevispina.* **Lamk.**

> *M. testá anteriùs ventricosá, longè caudatá, transversìm tenuissimè*
> *striatá, tuberculiferá, albido-glaucescente ; caudá nudá, anteriùs*

---

(1) M. Sowerby le jeune, ainsi que M. Reeve, l'un dans ses
*Conchological illustrations*, l'autre dans son *Conchologia syste-*
*matica*, prennent pour le *Murex rarispina* de Lamarck une coquille qui est voisine du *Tribulus*, qui n'en est peut-être qu'une
variété. Ces naturalistes se sont trop attachés à la figure fort
médiocre de Martini, citée par Lamarck, plutôt comme renseignement, que comme représentation exacte de son espèce.
Au reste, la figure de M. Kiener représente fidèlement le *Murex*
*rarispina* de Lamarck. M. Kiener rapporte à cette espèce quatre
de celles de M. Sowerby le jeune. Nous pensons, avec M. Kiener, qu'en effet le *Murex formosus* est bien le même que le *Ra-*
*rispina*, mais les trois autres sont distinctes.

*subspinosá ; spirá brevi, muricatá ; spinis omnibus brevissimis.*

* Potiez et Mich. Cat. du Douai. p. 414. n° 10.

* Kiener. Spec. de Coq. p. 17. n° 8. pl. 13. f. 2.

* *Murex brandaris var.* Blainv. Faune franc. p. 123. pl. 4 D. f. 9.

Habite. . . Mon cabinet. Quoique cette espèce soit très distincte, je ne la vois mentionnée nulle part. Elle a, entre ses varices, deux rangées transverses de tubercules distans les uns des autres. Ouverture rousse ; bord droit denté. Longueur, 2 pouces et demi.

## 8. Rocher tête-de-bécasse. *Murex haustellum.* Lin.

*M. testá anteriùs ventricosá, nudá, submuticá, fulvo-rubente, spadiceo-lineatá ; ventre rotundato, tuberculorum seriis tribus transversis intrà varices instructo ; caudá longissimá, gracili ; spirá brevi ; fauce subrotundá, rubente.*

*Murex haustellum.* Lin. Syst. nat. éd. 12. p. 1214. Gmel. p. 3524. n° 1.

Lister. Conch. t. 903. f. 23.

Bonanni. Recr. 3. f. 268.

Rumph. Mus. t. 26. fig. F.

Petiv. Amb. t. 4. f. 8.

Gualt. Test. t. 30. fig. E.

D'Argenv. Conch. pl. 16. fig. B.

Seba. Mus. 3. t. 78. f. 5. 6.

Knorr. Vergn. 1. t. 12. f. 2. 3.

Martini. Conch. 3. t. 115. f. 1066.

* Bronte. *Murex haustellum.* Blainv. Malac. pl. 19. f. 5.

* Klein. Testam. Ostrac. pl. 4. f. 81.

* Born. Mus. p. 287.

* Schrot. Einl. t. 1. p. 475. n° 1.

* Dillw. Cat. t. 2. p. 680. n° 1.

* Potiez et Mich. Cat. de Douai. p. 418. n° 30.

* Sow. Genera of Shells. *Murex* f. 1.

* Desh. Ency. méth. Vers. t. 3. p. 897. n° 6.

* Wood. Ind. Test. pl. 25. f. 1.

* Sow. Conch. Man. f. 396.

* Lesser. Testaceothéol. p. 278. f. 71.

* Lin. Syst. Nat. éd. 10. p. 746.

* Marsye Méth. néces. aux voy. pl. 2. p. 34.

* Lin. Mus. Ulric. p. 626.

* Perry. Conch. pl. 45. f. 1.

* Brockes. Introd. of Conch. pl. 17. f. 12.

* Crouch. Lamk. Conch. pl. 17. f. 12.

* Roissy. Buf. Moll. t. 6. p. 51. n° 1.

* *Haustellum lœve.* Schum. Nov. Syst. p. 213. (1)
* Kiener. Spec. des Coq. p. 10. n° 6. pl. 13. f. 1.

Habite l'Océan des Grandes-Indes et des Moluques, etc. Mon cabinet. Espèce bien connue et d'une forme remarquable. Ouverture
ronde, blanche et lisse dans le fond, couleur de chair et sillonnée
à l'entrée, offrant sur la columelle une lame appliquée, fortement
relevée, et dont le bord saillant complète la rondeur. Vulg. la
*Tête-de-bécasse.* Longueur, 4 pouces.

## 9. Rocher tête-de-bécassine. *Murex tenuirostrum.* L. (2)

*M. testâ anteriùs ventricosâ, nudâ, muticâ, albido-lutescente; ventre
mediocri, striis transversis nodulosis cincto; caudâ gracili, longissimâ; fauce albâ.*

* Potiez et Mich. de Douai. p. 419. n° 31.

Habite... Mon cabinet. Coquille très rare, et bien distincte de la
précédente, qu'elle avoisine néanmoins par ses rapports. Queue
extrémement longue et fort grêle, couleur uniforme; ouverture
blanche; lame columellaire presque point relevée. Longueur, 3
pouces 1 ligne.

## 10. Rocher motacille. *Murex motacilla.* Chemn. (3)

*M. testâ ventricosâ, posticè caudatâ, submuricatâ, longitudinaliter
plicato-nodosâ, albâ, lineis spadiceis cinctâ; caudâ nudâ, longiusculâ, ascendente.*

---

(1) M. Shumacher joint à cette coquille le *Pyrula spirillus*
de Lamarck, et propose, dans son *Essai d'un nouveau système
des vers testacés*, un genre *Haustellum* pour ces deux espèces.
Sans doute, il existe entre ces coquilles quelques rapports dans
les formes extérieures, et quand même nous admettrions
qu'elles appartiennent au même genre, il nous semble, dans
l'état actuel de la science, que toutes deux viendraient se ranger dans le genre *Murex*, car elles n'offrent point de caractères
suffisans pour constituer un genre nouveau.

(2) Nous ferons observer que M. Kiener ne mentionne pas
cette espèce dans sa *Monographie des Murex.*

(3) Lamarck prend pour le *Motacilla* un espèce très distincte
nommé *Murex elegans* par M. Beck, et il donne le vrai *Motacilla* comme variété de cet *Elegans.* Ce que nous disons ici suffit sans doute pour rectifier cette erreur de Lamarck.

*Murex motacilla*. Chemn. Conch, 10. t. 163. f. 1563.

Gmel. p. 3530. n° 165.

[*b*] *Var. ventre minore, albido-rufescente ; spirá scabrá ; caudá anteriùs bispinosá.*

* Dillw. Cat. t. 2. p. 681. n° 2.

* Potiez et Mich. Cat. de Douai. p. 417. n° 22.

* Desh. Encycl. méth. Vers. t. 3. p. 897. n° 7.

* Wood. Ind. Test. pl. 25. f. 2.

* Kiener. Spec. des Coq. p. 12. n° 18. pl. 12. f. 1. 1, a.

* *Murex similis*. Sow. jun. Conch. Illus. n° 20. f. 70. *An eadem species ? Mur. motacilla*. Sow. loc. cit. f. 69.

Habite l'Océan des Grandes-Indes. Mon cabinet. Bord droit crénelé et sillonné. Longueur, 2 pouces. Vulg. le *Hoche-queue*.

### *Queue épaisse, non subite, plus ou moins longue.*

(a) *Varices au nombre de trois.*

11. Rocher chicorée-renflée. *Murex inflatus*. Lamk. (1)

*M. testá ovato-oblongá, ventricosá, transversè sulcatá et striatá, trifariàm frondosá, albo rufoque nebulosá ; frondibus maximis curvis, canaliculatis, inciso-serratis, sublaciniatis ; caudá recurvá ; columellá roseá.*

---

(1) La synonymie que Linné donne à son *Murex ramosus* a besoin sans doute d'être réformée. Cependant l'espèce peut rester, et Lamarck l'a bien senti, puisqu'il l'admet dans sa synonymie ; mais il a le tort d'en changer le nom sans aucun motif. Ces changemens dans la nomenclature sont très nuisibles et jettent le trouble dans la science. Nous voyons qu'il est nécessaire de rendre à l'espèce son nom de *Murex ramosus* que Linné le premier lui a imposé. Si l'on s'en tenait à la synonymie de la 12ᵉ édition du *Systema*, il faudrait abandonner l'espèce de Linné comme nous l'avons fait pour plusieurs autres, car cette synonymie renvoie à quatre ou cinq espèces ; mais dans le *Museum Ulricæ*, la synonymie est correcte, la description exacte, et il suffit de retrancher les variétés pour rétablir l'espèce. Gmelin, Dillwyn et la plupart des auteurs ont adopté l'espèce telle que Linné l'a faite dans la 12ᵉ édition du *Systema*, et ont cru la compléter en ajoutant un grand nombre de citations dans la synony-

*Murex ramosus.* Lin. Syst. Nat. éd. 12. p. 1215. Gmel. p. 3528.
n° 13.

Bonanni. Recr. 3. f. 275.

Rumph. Mus. t. 26. fig. **A.**

Gualt. Test. t. 38. fig. **A.**

Seba. Mus. 3. t. 77. f. 4.

Martini. Conch. 3. t. 102. f. 980 et t. 103. f. 981.

* Fab. Columna, aquat. et terrest. Observ. p. LX. f. 9?

* Marvye. Méth. néces. aux voy. pl. 2. f. 35?

* *Murex ramosus, pars.* Born. Mus. p. 292.

* *Id.* Schrot. Einl. t. 1. p. 481. n° 6.

* Burrow. Elem. of Conch. pl. 18. f. 2?

* Potiez et Mich. Cat. des Moll. de Douai. p. 414. u° 7.

* Sow. Conch. Man. f. 395.

* Kiener. Spec. des Coq. p. 21. n° 14. pl. 1.

* Lin. Syst. Nat. éd. 10. p. 747.

* *Murex ramosus.* Herb. Hist. verm. pl. 49.

* Lesson on Shells. pl. 4. f. 1.

Habite les mers des Indes-Orientales, etc. Mon cabinet. Belle coquille
dont il n'y a guère de bonnes figures, relativement aux proportions de ses parties. Elle a une rangée longitudinale de tubercules
dans le milieu de l'intervalle qui sépare ses varices. Son ouverture est arrondie, blanche dans le fond et teinte de rose sur les
bords. Linné comprenait avec elle, sous le nom de *M. ramosus,*
plusieurs des espèces qui suivent. Longueur, 4 pouces 10 lignes.
Elle devient plus grande.

## 12. Rocher chicorée-longue. *Murex elongatus.* Lamk.

*M. testá fusiformi-elongatá, trifarìam frondosá, rufo-fuscescente ;
frondibus breviusculis, inciso-serratis, crispis ; striis transversis
scabriusculis : tuberculo majusculo intrà varices ; aperturá albá*

* Knorr. Vergn. t. 5. p. 11. f. 1.

* Regenfuss. Conch. pl. 7. f. 6.

---

mie et plusieurs variétés. C'est ainsi que Gmelin, par exemple,
réunit sous cette seule dénomination spécifique 10 à 12 espèces,
et d'après cela on conçoit l'embarras que doit éprouver le conchyliologue pour déterminer rigoureusement une telle espèce.
Dans sa réforme, Lamarck est revenu au type linnéen, et en cela
son exemple doit être suivi.

* Potiez et Michaux. Cat. de Douai. p. 414. n° 6.
* Kiener. Spec. des Coq. p. 24. n° 16. pl. 15 et 16. f. 1.

Habite l'Océan-Indien. Mon cabinet. Ce rocher, qu'on retrouve constamment le même dans les collections, n'atteint jamais la taille du précédent, et, sous une forme allongée, offre toujours des digitations plus courtes. Il est d'un roux très brun, marqué transversalement de lignes noires, et n'a qu'un tubercule entre ses varices. Queue aplatie, assez grande, ascendante ; digitations singulièrement hérissées du côté de leur canal ; ouverture d'un beau blanc ; point de lame relevée sur la columelle, ce qui est le contraire dans celui qui précède. Longueur, 4 pouces 2 lignes.

## 13. Rocher palme-de-rosier. *Murex palmarosæ*. Lamk. (1)

*M. testâ fusiformi-elongatâ, angustâ, trifariàm frondosâ, transversè striatâ, luteo-rufescente, lineis fuscis cinctâ ; frondibus brevissimis, dentato-crispis, in summitate roseo-violacescentibus ; interstitiorum tuberculis parvis inæqualibus ; spirâ longâ ; aperturâ albâ.*

Bonanni. Recr. 3. f. 276.
Lister. Conch. t. 946. f. 41.
* Crouch. Lamk. Conch. pl. 17. f. 13.
* Potiez et Mich. Cat. de Douai. p. 418. n° 23.
* Desh. Encyclop. méth. Vers. t. 3. p. 898. n° 8.
* Quoy et Gaim. Voy. de l'Astr. Zool. t. 3. p. 533. pl. 36. f. 10 à 12.
* Kiener. Spec. des Coq. p. 28. n° 19. pl. 17 et 18. f. 1.
* Schub. et Wagn. Supp. à Chemn. t. 12. p. 20. pl. 219. f. 3044 à 3045.
* Valentyn. Amboina. pl. 9. f. 87.
* Perry. Conch. pl. 6. f. 3.

Habite l'Océan-Indien ? Mon cabinet. Cette espèce est sans doute voisine de la précédente, et néanmoins on l'en distingue facilement ; car elle est encore moins ventrue, plus allongée, à digitations beaucoup plus courtes, et à tubercules des interstices fort petits. Elle est fauve, rayée de brun, et les sommités de ses digi-

---

(1) On confondait assez généralement dans les collections, avec celle-ci, une espèce qui en est très voisine. M. Sowerby jeune, dans ses *Illustrations*, l'a désignée sous le nom de *Murex saulii*, et M. Kiener, à tort, selon nous, persiste à maintenir cette espèce comme variété du *Palmarosæ*.

tations sont teintes d'un rose qui tire sur le violet dans les individus bien conservés. Longueur, 4 pouces 3 lignes et demie.

## 14. Rocher laitue-sanguine. *Murex brevifrons*. Lamk.

*M. testâ subfusiformi, ventricosâ, crassâ, ponderosâ, transversè sul-
catâ et striatâ, trifariàm frondosâ, albâ, sæpiùs lineis rubris cinctâ;
frondibus brevibus; insterstitiorum tuberculo maximo.*

Knorr. Vergn. 1. t. 25. f. 1, 2.
Regenf. Conch. 1. t. 7. f. 6.
Martini. Conch. 3. t. 103. f. 983 et t. 104. f. 984-986.
* Mus. Gottv. pl. 37. f. 255 a. ? pl. 38. f. 257 a. ?
* Kiener. Spec. des Coq. p. 26. n° 17. pl. 20. f. 1.

Habite l'Océan-Américain. Mon cabinet. Coquille remarquable par
son épaisseur, et qui est quelquefois toute blanche. Longueur,
4 pouces 1 ligne.

## 15. Rocher chausse-trape. *Murex calcitrapa*. Lamk.

*M. testâ fusiformi, transversè sulcatâ, trifariàm frondosâ, luteo-
rufescente, lineis fuscis cinctâ; frondibus anticis longissimis,
dentato-muricatis; tuberculis intrà varices; aperturâ rotundatâ,
parvulâ, albâ.*

D'Argenv. Conch. pl. 16. fig. C. *Mala*.
Favanne. Conch. pl. 36. fig. H. 1. *idem*.
Knorr. Vergn. 5. t. 11. f. 1.
Martini. Conch. 3. t. 103. f. 982.
* *Murex saxatilis*. Murray. Fund. Test. p. 145. pl. 2. f. 26.
* Potiez et Mich. Cat. de Douai. p. 413. n° 4.
* Desh. Encyclop. méth. Vers. t. 3. p. 898. n° 9.
Kiener. Spec. des Coq. p. 29. n° 20. pl. 19. f. 1.

Habite... Mon cabinet. Ses digitations antérieures sont fort longues,
arquées au sommet. Longueur, 3 pouces 7 lignes.

## 16. Rocher chicorée-brûlée. *Murex adustus*. Lamk. (1)

*M. testâ abbreviato-fusiformi, subovali, ventricosâ, crassâ, trifariàm
frondosâ, transversìm sulcatâ, nigerrimâ; frondibus brevibus,*

---

(1) M. Kiener dit qu'il faut joindre à cette espèce les *Murex
rubescens* et *maurus* de M. Broderip. Cela prouve que M. Kiener n'a pas eu sous les yeux ces espèces du naturaliste anglais.
Leur examen eût fait trouver à M. Kiener les caractères qui
les distinguent très nettement de toutes leurs congénères.

*curvis, hinc dentato-muricatis; interstitiorum tuberculo maximo; aperturá parvá, subrotundá, albá.*

D'Argenv. Conch. pl. 16. fig. H.

Favanne. Conch. pl. 36. fig. I. 1.

Seba. Mus. 3. t. 77. f. 9. 10.

Knorr. Vergn. 2. t. 7. f. 4. 5.

Martini. Conch. 3. t. 105. f. 990. 991.

* Blainv. Malac. pl. 19. f. 4.

* Besleri. Gazophyl. nat. pl. 19. f. 1.

* Perry. Conch. pl. 6. f. 4.

* Potiez et Mich. Cat. de Douai. p. 413. n° 5.

* Desh. Encyclop. méth. Vers. t. 3. p. 899. n° 10.

* Sow. jun. Conch. illustr. n° 36.

* Kiener. Spec. des Coq. p. 38. n° 27. pl. 33. f. 1.

Habite l'Océan des Grandes-Indes. Mon cabinet. Coquille épaisse, à gros tubercules interstitiaux, et singulière par sa coloration, qui est presque partout d'un beau noir, mais offrant au côté gauche de chacune de ses varices une partie blanche, en forme de raie, qui accompagne ce côté dans toute sa longueur. Sa columelle est teinte de jaune, et son ouverture est très blanche. Longueur, 3 pouces 3 lignes.

## 17. Rocher chicorée-rousse. *Murex rufus.* Lamk.

*M. testá ovatá, subfusiformi, transversè sulcatá et striátá, trifariám frondosá, rufá; frondibus rectis, compressis: anterioribus majoribus; interstitiorum tuberculo mediocri; aperturá rotundatá, albá.*

* Kiener. Spec. des Coq. p. 37. n° 26. pl. 32. f. 1.

Habite... Mon cabinet. Ce rocher est très distinct du précédent, ses franges étant toujours plus grandes, droites et comprimées, ses tubercules interstitiaux plus petits, et sa coloration uniforme à l'extérieur. Queue comprimée, recourbée. Longueur, 2 pouces 9 lignes.

## 18. Rocher bois-d'axis. *Murex axicornis.* Lamk.

*M. testá ovato-fusiformi, transversìm striatá, trifariám frondosá, rufescente; frondibus laxis, rariusculis, tenuibus, supernè dilatato-ramosis; interstitiis bituberculatis; aperturá parvá, subrotundá, albá.*

Rumph. Mus. t. 26. f. 1.

D'Argenv. Conch. pl. 16. fig. E.

Favanne. Conch. pl. 36. fig. G 4.

Seba. Mus. 3. t. 77. f. 7.

Knorr. Vergu. 3. t. 9. f. 3.

Martini. Conch. 3. t. 105. f. 989.

* Klein. Tentam. Ostrac. pl. 4. f. 82.

* Potiez et Mich. Cat. de Douai. p. 413. n° 2.

* *An eadem.* Sow. jun. Conch. illus. f. 66. *Murex axicornis Var.* ?

* Kiener. Spec. des Coq. p. 31. n° 21. pl. 42. f. 2.

Habite l'Océan des Grandes-Indes et des Moluques. Mon cabinet. Ce rocher est joli, élégant même, ayant ses digitations écartées, menues, subrameuses. Longueur, 2 pouces 2 lignes.

19. **Rocher bois-de-cerf.** *Murex cervicornis.* Lamk.

> M. *testá parvulá, obovatá, transversim striatá, trifariàm frondosá, albo-lutescente; frondibus angustis, rectis, rariusculis, anterioribus apice furcatis; interstitiorum tuberculis obsoletis; aperturá subrotundá.*

* Sow. Genera of Shells. *Murex.* f. 4.

* Kiener. Spec. des Coq. p. 52. n° 22. pl. 20. f. 2.

Habite les mers de la Nouvelle-Hollande. Mon cabinet. Espèce très rare et fort recherchée. Longueur, 17 lignes.

20. **Rocher à aiguillons.** *Murex aculeatus.* Lamk.

> M. *testá parvulá, oblongá, transversè striatá, trifariàm frondosá, albá, apice caudáque roseá; frondibus brevibus, ramosis, roseis, apice aculeiformibus; interstitiis tuberculo posticè plicifero.*

* Sow. Conch. illus. n° 32. f. 63.

* Kiener. Spec. des Coq. p. 27. n° 18. pl. 39. f. 3.

Habite... Mon cabinet. Ouverture arrondie, rosée, à bord droit scabre. Sa coloration le rend fort joli. Longueur, 18 lignes et demie.

21. **Rocher petites-feuilles.** *Murex microphyllus.* Lamk. (1)

> M. *testá subfusiformi, crassiusculá, transversim sulcatá, trifariàm frondosá, albidá, fusco-lineatá; frondibus brevissimis; posterioribus subramosis; interstitiis bituberculatis; spirá exsertá.*

---

(1) C'est avec beaucoup de doute que nous rapportons au *Murex microphyllus* de Lamarck la coquille figurée sous ce nom par M. Kiener. Cette coquille a des caractères qui ne s'accordent pas avec la phrase caractéristique de Lamarck; ils ne s'accordent pas non plus avec les figures citées dans la *Synonymie*, d'où nous concluons que l'espèce de M. Kiener est diffé-

Favanne. Conch. pl. 37. fig. G.

Encyclop. pl. 415. f. 5.

* Desh. Encyclop. méth. Vers. t. 3. p. 899. n° 11.

* Reeve. Conch. Syst. 2. p. 193. pl. 238. f. 105.

* Sow. jun. Conch. illus. n° 38. f. 105.

* Valentyn Amboina. pl. 5. f. 42.

* Potiez et Mich. Cat. de Douai. p. 418. n° 24.

* Kiener. Spec. des Coq. p. 40. n° 28. pl. 23. f. 1??

Habite... Mon cabinet. Ouverture ovale-arrondie; bord droit denté, sillonné au limbe interne. Longueur, 2 pouces 4 lignes.

### 22. Rocher capucin. *Murex capucinus*. Lamk.

*M. testá elongatá, fusiformi-turritá, crassá, transversè sulcatá, trifariàm varicosá, rufo-fuscescente; varicibus subdepressis, scabris; aperturá albá; labro margine crenato.*

*Murex monachus capucinus.* Chemn. Conch. 11. t. 192. f. 1849. 1850. *Specimen junius.*

* *Murex ramosus Var.* C. Dillw. Cat. t. 2. p. 687.

* Desh. Encyclop. méth. Vers. 3. p. 900. n° 12.

* Kiener. Spec. des Coq. p. 42. n° 20. pl. 45. f. 2.

Habite... Mon cabinet. Coquille très rare dans son entier développement. Elle est épaisse, pesante, à queue un peu relevée, et d'un roux très rembruni. Longueur de mon plus grand individu, 4 pouces 9 lignes.

### 23. Rocher raboteux. *Murex asperrimus*. Lamk. (1)

*M. testá fusiformi, valdè ventricosá, scaberrimá, transversìm striatá et carinato-muricatá, trifariàm varicosá, fulvo aut rufo-fuscescente; varicibus lamellis complicatis brevibus echinatis; aperturá majusculá, lutescente; lamellá collumellari margine erectá.*

Lister. Conch. t. 944. f. 39 a.

---

rente du *Microphyllus* de Lamarck. Au reste, cette espèce a été distinguée par M. Sowerby, sous le nom de *Murex torrefactus*, et c'est elle que M. Kiener a prise pour l'espèce de Lamarck. M. Kiener pourra d'autant mieux s'assurer de la justesse de nos remarques, qu'il lui suffira de contrôler sa figure par la phrase latine qu'il emprunte à Lamarck, et la figure assez défectueuse de Favanne.

(1) Nommée depuis long-temps *Murex pomum* par Gmelin; cette espèce doit reprendre son premier nom.

Favanne. Conch. pl. 37. fig. B. 2.

Martini. Conch. 3. t. 109. f. 1021-1023.

*Murex pomum.* Gmel. p. 3527. n° 6.

* Dillw. Cat. t. 2. p. 685. n° 9. *Mur. pomum.*

* *Murex pomum.* Blainv. Faune franç. p. 132. n° 9. pl. 5 A. f. 1-2.

* Potiez et Mich. Cat. de Douai. p. 418. n° 27.

* Desh. Encyclop. méth. Vers. t. 8. p. 900. n° 13.

* Wood. Ind. Test. pl. 25. f. 9.

* *Murex pomum.* Sow. jun. Con. Ill. n° 27.

* Kiener. Spec. des Coq. p. 46. n° 33. pl. 25. f. 1.

Habite l'Océan Atlantique. Mon cabinet. Bord droit, denté et sillonné en son limbe interne; queue large, aplatie, ascendante. Longueur, 4 pouces 2 lignes.

**24.** Rocher phylloptère. *Murex phyllopterus.* Lamk.

*M. testá oblongá, fusiformi, trialatá, transversim sulcatá, albá, roseo tinctá; alis magnis, membranaceis, supernè inciso-fimbriatis; interstitiorum costellis duabus tuberculiferis; aperturá ovato-angustá; labro margine dentato.*

* Davila. Cat. t. 1. pl. 16. f. K.

* Sow. Genera of Shells. *Murex.* f. 5.

* Schub. et Wagn. Chemn. Supp. t. 12. p. 19. pl. 219. f. 3042-3043.

* Kiener. Spec. des Coq. p. 103. n° 78. pl. 24. f. 1.

Habite... Mon cabinet. Coquille très belle et très rare, dont l'individu que je possède, qui paraît unique par son volume et le bel état de sa conservation, a été figuré dans les dessins posthumes et inédits de *Chemnitz*, qui me furent communiqués par *M. le baron de Moll.* J'ignore si on les a publiés. La coquille dont il s'agit a sa spire pyramidale pointue, la queue assez longue, un peu relevée au bout, et le bord droit de son ouverture très denté. Ce n'est point le *M. tripterus* de Gmelin. Longueur, 3 pouces 2 lignes.

**25.** Rocher acanthoptère. *Murex acanthopterus.* Lamk.

*M. testá oblongá fusiformi, trialatá, transversim sulcatá et striatá, albá; alis membranaceis, supernè incisis, ad spiram interruptis et subspinosis; anfractibus angulatis; aperturá ovato-rotundatá.*

Schroëtter. Einl. in Conch. 1. t. 3. f. 8.

Encyclop. pl. 417. f. 2. a. b.

* Desh. Encycl. méth. Vers. t. 3. p. 906. n° 14.

* Wood. Ind. Test. pl. 27. f. 91.

* Sow. jun. Conch. illus. n° 59. f. 85.

* Kiener. Spec. des Coq. p. 105. n° 79. pl. 38. f. 2.

Habite... Mon cabinet. *Schroetter,* en figurant notre coquille, ren·
voie à différentes figures de *Martini* qui n'y appartiennent nullement. Le caractère essentiel de cette espèce consiste en ce que
les trois ailes membraneuses dont elle est munie sont interrompues
sur tous les étages de la spire, et ne sont continues que depuis le
sommet du dernier tour jusqu'à l'extrémité de la queue. Son ouverture est ovale-arrondie, à bord droit crénelé en son limbe interne. Longueur, 2 pouces 7 lignes.

26. Rocher triptère. *Murex tripterus.* Born. (1)          ·

*M. testá oblongá, subfusiformi, trialatá, transversè sulcatá, albá,
interdùm rufo-zonatá; alis membranaceis, supernè inciso-cre-
natis, ad spiram interruptis; interstitiis bicarinatis; carinis unituberculatis.*

*Murex tripterus.* Born. Mus. p. 291. t. 10. f. 18-19.

*Murex purpura alata.* Chemn. Conch. 10. t. 161. f. 1538-1539.

*Murex tripterus.* Gmel. p. 3530. n° 21.

* Perry. Conch. pl. 7. f. 5.

* Roissy. Buf. Moll. t. 6 p. 54. n° 8.

* Dillw. Cat. t. 2. p. 688. n° 15. *Exclus. plur. syno.*

* Wood. Ind. Test. pl. 25. f. 15.

* Reeve. Conch. Syst. t. 2. p. 193. pl. 237. f. 54.

* Sow. jun. Conch. Syst. n° 55. f. 54.

* *Murex trialatus.* Kiener. Spec. des Coq. p. 112. n° 85. pl. 31.
f. 2.

---

(1) La figure de Chemnitz, représentant le *Murex purpura
alata*, devra disparaître de la synonymie de l'espèce; elle se
rapporte au *Murex foliatus* de Gmelin. Tout en citant Born pour
le *Murex tripterus*, Gmelin dit cependant que cette espèce est
fossile en Champagne, ce qui prouve qu'il la confond avec le
*Murex tripteroides* de Lamarck. Cette rectification faite, il y en
a une autre à opérer dans l'ouvrage de M. Kiener, qui figure le
véritable *Foliatus* sous le nom de *Tripterus*, tout en citant de
mémoire sans doute les figures de Born, qui représentent une
toute autre espèce que M. Kiener lui-même a figurée sous le
nom de *Trialatus*, d'après M. Sowerby; mais le naturaliste
anglais a reconnu un peu plus tard que son *Trialatus* est la
même espèce que celle de Born.

Habite l'Océan des Grandes-Indes. Mon cabinet. Il a une zone rousse sur la sommité de chacun de ses tours, et une autre sur le milieu du dernier. Son ouverture est ovalaire, blanche, à bord droit crénelé. Spire plus courte que le dernier tour. Longueur, 23 lignes. Notre *M. tripteroides* s'en rapproche, mais en est distinct.

**27. Rocher trigonulaire. *Murex trigonularis*. Lamk. (1)**

*M. testá ovato-oblongá, subfusiformi, trigono-alatá, læviusculá, albo-lutescente ; alis perangustis, continuis; tuberculis interstitiorum geminis ; aperturá ovali.*

*An* Martini. Conch. 3. t. 110. f. 1031? 1032 ?

* Reeve. Conch. Syst. t. 2. p. 193. pl. 238. f. 107.

* Sow. jun. Conch. illus. n° 56. f. 107.

Habite.... l'Océan indien ? Mon cabinet. Ses ailes sont fort étroites. Longueur, 15 lignes.

**28. Rocher à crochets. *Murex uncinarius*. Lamk. (2)**

*M. testá ovatá, trigono-alatá, albido-fulvá; alis infernè dentatis ; lateralibus anticè divisis ; laciniis acutis sursùm uncinatis ; aperturá ovato-rotundatá.*

*An* Martini. Conch. 3. t. 111. f. 1034? 1035 ?

* *Murex capensis.* Sow. jun. Conch. illust. n° 53. f. 76.

* Kiener. Spec. des Coq. p. 115. n° 87. pl. 6. f. 2.

Habite... Mon cabinet. Ses ailes latérales seules ont antérieurement des crochets qui le rendent fort remarquable. Longueur 11 lignes.

**29. Rocher hémitriptère. *Murex hemitripterus*.**

*M. testá oblongo-clavatá, infernè triatatá, transversè sulcatá, squalidè albá; anfractibus angulatis, suprà planulatis, intrà alas costato-tuberculatis; spirá brevi.*

---

(1) M. Kiener assure que cette espèce a été établie par Lamarck avec un individu roulé et détérioré du *Murex phyllopterus.*

(2) On aurait pu croire, d'après la citation que fait Lamarck, des figures 1034 et 1035 de Martini, que cette espèce était très voisine, si ce n'est semblable à celle nommée *Murex clavus* par M. Kiener; mais il n'en est rien, car l'*Uncinarius* de Lamarck est une petite espèce du genre *Typhis* de Montfort, à laquelle M. Sowerby a donné le nom de *Capensis.*

Encyclop. pl. 418. f. 4. a. b.

★ *Murex jatonus.* Sow. jun. Conch. illus. n° 79. f. 60.

★ *Murex gibbosus, jun.* Kiener. Spec. des Coq. pl. 7. f. 4.

Habite... Mon cabinet. Son dernier tour seul est ailé. Ouverture arrondie. Longueur, 13 lignes.

### 30. Rocher gibbeux. *Murex gibbosus.* Lamk. (1)

*M. testâ oblongo-trigonâ, infernè trialatâ, supernè gibboso-callosâ, rufâ ; varicibus anticè perobtusis, callosis ; tuberculo interstitiali majusculo ; tuberculis varicibusque albis.*

Adans. Seneg. pl. 9. f. 21. le Jaton.

*Murex lingua vervecina.* Chemn. Conch. 10. t. 161. f. 1540-1541.

*Murex jatonus.* Encyclop. pl. 418. f. 1. a. b.

★ *Murex lingua.* Dillw. Cat. t. 2. p. 688. n° 14.

★ *Murex decussatus.* Pars. Gmel. p. 3527. n° 7.

★ Desh. Encycl. méth. Vers. t. 3. p. 901. n° 15.

★ *Murex lingua.* Wood. Ind. Test. pl. 25. f. 12.

★ Gray, Beck. Voy. Zool. p. 109.

★ Kiener. Spec. des Coq. p. 118. n° 89. pl. 7. f. 3. *Exclus. var.*

Habite les mers du Cap-Vert, près de l'île de Gorée. Mon cabinet. Spire un peu courte ; ouverture blanche, ovale arrondie. Longueur, 16 lignes. Vulg. la *Langue-de-mouton.*

### 31. Rocher triquètre. *Murex triqueter.* Born. (2)

*M. testâ oblongâ, subfusiformi, trigonâ, trifariàm varicosâ, longitudinaliter subplicatâ, transversè sulcatâ, albâ, interdùm rubro-*

---

(1) Nommée *M. lingua vervecina* par Chemnitz, cette espèce a été inscrite par Dillwyn, sous le nom de *Murex lingua*, nom qui, par son antériorité, doit être restitué à l'espèce. Sous le nom de *Murex jatonus*, M. Sowerby le jeune figure, dans son *Conchological illustration*, une coquille qui n'est pas le Jaton d'Adanson ; elle a la plus grande analogie avec le *Murex hemitripterus* de Lamarck. Cet *Hemitripterus* est figuré par M. Kiener, à titre de jeune âge du *Murex gibbosus*. Il faut que la figure de M. Kiener soit inexacte, car elle ne ressemble pas aux jeunes *Gibbosus* que nous avons eu occasion de voir. Dans notre opinion, le *Murex hemitripterus* doit être conservé, en y joignant comme synonyme le *Jatonus* de M. Sowerby le jeune.

(2) Nous trouvons dans M. Kiener, sous le nom de *Trigonulus*, le véritable *Murex triqueter* de Born, tandis que le même

*maculatá ; varicibus muticis, dorso rotundatis ; aperturá ovato-rotundatá.*

*Murex triqueter.* Born. Mus. p. 291. t. 11. f. 1-2.

Martini. Conch. 3. t. 111. f. 1038.

*Murex trigonulus.* Encyclop. pl. 417. f. 4. a. b.

[b] *Var. testá minore, magis ventricosá et plicatá, rubro-tinctá.*

Encyclop. pl. 417. f. 1. a. b.

* *Murex ramosus.* Var. ξ. Gmel. p. 3529.

* Schrot. Einl. t. 1. p. 599. *Murex.* n° 175.

* Dillw. Cat. t. 2. p. 688. n° 16.

* Desh. Encyc. Méth. Vers. t. 3. p. 901. n° 16.

* *Murex trigonulus.* Kiener. Spec. des Coq. p. 119. n° 90. pl. 25. f. 2.

* Davila. Cat. t. 1. pl. 16. f. N. O.

* Wood. Ind. Test. pl. 25. f. 16.

Habite... l'Océan indien. Mon cabinet. Longueur de l'espèce principale, 21 lignes et demie ; de la variété, 18 lignes et demie.

## 32. Rocher trigonule. *Murex trigonulus.* Lamk.

*M. testá oblongá, subfusiformi, transversìm striatá, obsoletè plicatá, trifariàm varicosá, albo rufoque nebulosá ; varicibus dorso subacutis.*

* *Murex triqueter.* Kiener. Spec. des Coq. p. 120. n° 91. pl. 46. f. 3.

Habite... Mon cabinet. Coquille plus étroite que la précédente, et qui en est bien distincte d'ailleurs par ses bourrelets subanguleux. Longueur, 18 lignes.


[b] *Plus de trois varices.*


## 33. Rocher pomme-de-chou. *Murex brassica.* Lamk.

*M. testá ventricosissimá, tuberculiferá, sexfariàm varicosá, transversè sulcatá, albá ; varicibus planis, decumbentibus, lamelliformibus, hinc serratis, roseis ; tuberculis maximis, ad caudam subspinosá ; caudá umbilicatá, recurvá ; fauce purpureá.*

* Potiez et Mich. Cat. de Douai. p. 418. n° 25.

* Gray. Beck. Voy. Zool. p. 108. pl. 33. f. 1.

* *Murex Ducalis.* Brod. et Sow. Zool. Jour. t. 5. p. 377.

* Sow. jun. Conch. illustr. n° 88. f. 56.

---

auteur donne au *Trigonulus* de Lamarck le nom de *Triqueter* ; il est facile de rectifier cette double erreur.

* Kiener. Spec. des Coq. p. 68. n° 49. pl. 26 et 27. f. 1.

Habite... Mon cabinet. Grande et belle coquille, voisine de la suivante par ses rapports, mais qui en est très distincte par ses varices aplaties et nues sur le dos, ainsi que par ses tubercules. Du reste, elle a, comme le *M. saxatilis*, une ouverture grande, arrondie, avec la columelle d'un rose vif, de même que le limbe interne du bord droit; celui-ci denté en scie, comme les varices. Queue large et comprimée. Longueur, 6 pouces 2 lignes.

## 34. Rocher feuille-de-scarole. *Murex saxatilis*. Lamk. (1)

*M. testâ subfusiformi, valdè ventricosâ, sexfariàm frondosâ, transversim rugosâ et striatâ, albâ, roseo aut purpureo zonatâ; frondibus simplicibus, erectis, foliaceis, complicato-canaliculatis; caudâ umbilicatâ, compressâ; fauce roseo-purpurascente.*

---

(1) Il en est du *Murex saxatilis* de Linné, comme de plusieurs autres espèces de ce grand naturaliste, c'est-à-dire que l'imperfection de la synonymie et la brièveté de la description ne permettent pas d'appliquer le nom à une espèce plutôt qu'à une autre. Linné a inscrit son *Murex saxatilis* pour la première fois dans la 10ᵉ édition du *Systema*. Il cite cinq figures de trois auteurs; chacune de ces figures représente une espèce particulière. Dans le *Museum Ulricæ*, la synonymie est réduite à trois figures qui se rapportent à trois espèces distinctes. Malheureusement, ici, la description est tout-à-fait insuffisante, Linné étant préoccupé de l'idée que cette espèce pourrait être une variété des deux précédentes, *Murex ramosus* et *scorpio*. Cependant Linné conserva son espèce dans la 12.ᵉ édition du *Systema*, y ajouta la citation de trois autres espèces de Seba. Gmelin, Dillwyn, Schroter ajoutèrent encore à la confusion, en cherchant à compléter la synonymie de Linné, déjà si défectueuse. Lamarck tenta de régénérer l'espèce linnéenne en la restreignant. Il choisit parmi les 10 ou 12 mentionnées, celle qui lui était le mieux connue, et l'inscrivit dans cet ouvrage, réduisant à trois citations toute la synonymie. Nous nous demandons: pourquoi Lamarck a-t-il choisi cette espèce plutôt qu'une autre? Rien que le hasard l'a guidé, et ce hasard a été malheureux, car Linné dit: *Testa quinquefariàm frondosa.* Or, celle de Lamarck a toujours sept ou huit varices, tandis qu'il en est d'autres à cinq, parmi

*Murex saxatilis.* Lin. Syst. nat. éd. 12. p. 1215. Gmel. p. 3529.
n° 15.

Rumph. Mus. t. 26. f. 2.

Regenf. Conch. 1. t. 9. f. 26.

Martini. Conch. 3. t. 108. f. 1011-1014.

* Klein. Tentam. Ostrac. pl. 6. f. 109.

* *Murex erystomus.* Swain. Zool. illustr. 2e série. t. 3. pl. 100.

* Desh. Encycl. méth. Vers. t. 3. p. 902. n° 17.

* Mus. Gottv. pl. 37. f. 255 aa. bb.

* Lin. Syst. nat. éd. 10. p. 747.

* Lin. Mus. Ulric. p. 629.

* Sow. jun. Conch. illustr. n° 86.

* Kiener. Spec. des Coq. p. 47. n° 34. pl. 30. f. 1.

Habite l'Océan des Grandes-Indes, etc. Mon cabinet. C'est peut-être
la plus grande des espèces parmi les rochers à six rangs de franges. Ses varices sont formées par des rangées de lames foliacées,
en général assez droites, canaliculées, non laciniées, et un peu
pointues à leur sommet. Ouverture grande, vivement colorée de
rose. Longueur, 7 pouces 4 lignes. Vulg. la *Pourpre-de-Gorée.*
Cette coquille est d'un roux brun dans sa jeunesse.

## 35. Rocher endive. *Murex endivia.* Lamk.

M. *testá ovato-subglobosá, ventricosá, sexfariàm frondosá, transversè sulcatá, albá, interdùm rufo-zonatá; frondibus foliaceis,
complicato-canaliculatis, laciniato-muricatis, breviusculis, curvis,
nigris; caudá depressá, ascendente.*

D'Argenv. Conch. pl. 16. fig. K.

Favanne. Conch. pl. 36. fig. K.

Seba. Mus. 3. t. 77. f. 5-6.

Knorr. Vergn. 3. t. 9. f. 2.

Regenf. Conch. 1. t. 1. f. 6.

Martini. Conch. 3. t. 107. f. 1008.

*Murex cichoreum.* Gmel. p. 3530. n° 17.

* Crouch. Lamk. Conch. pl. 18. f. 1.

* Potiez et Mich. Cat. de Douai. p. 416. n° 15.

* Desh. Encycl. méth. Vers. t. 3. p. 902. n° 18.

---

lesquelles il eût pu choisir plus heureusement. Les espèces de
Linné, qui, comme celle-ci, sont absolument incertaines, pou-
vant rester long-temps encore une cause d'erreurs et de discus-
sions, nous avons proposé de les supprimer des catalogues.

* *Murex saxatilis.* Wood. Ind. Test. pl. 25. f. 18.
* Sow. jun. Conch. illustr. n° 92.
* Kiener. Spec. des Coq. p. 52. n° 37. pl. 35. f. 1.

Habite... Mon cabinet. Jolie coquille, très distincte de la précédente, bien moins grande, de forme presque globuleuse, et à six
rangs de franges foliacées, un peu courtes, très laciniées, muri-
quées, et dont la couleur noirâtre tranche sur un fond blanc,
quelquefois fascié de brun. Spire plus courte que le dernier tour;
ouverture arrondie; bord droit denté. Longueur, 2 pouces 9 lignes.
Vulg. la *Pourpre-impériale.*

## 36. Rocher hérisson. *Murex radix.* Gmel.

*M. testá ovato-globosá, rotundatá, multifariàm frondosá, echinatá,*
*albá; frondibus foliaceis, laciniato-muricatis, breviusculis, nigris;*
*spirá brevissimá; caudá brevi, umbilicatá.*

D'Argenv. Conch. Append. pl. 2. fig. K.

Favanne. Conch. pl. 37. fig. D.

*Murex radix.* Gmel. p. 3527. n° 10.

* Schrot. Einl. t. 1. p. 548. *Murex.* n° 17.
* *Murex Milanomathos.* Pars. Dillw. Cat. t. 2. p. 686. n° 11.
* Swain. Zool. illustr. 2ᵉ série. t. 3. pl. 113.
* Sow. jun. Conch. illustr. n° 85.
* Kiener. Spec. des Coq. p. 60. n° 43. pl. 37 et 38. f. 1.
* Schub. et Wagn. Supp. à Chemn. t. 12. p. 132. pl. 230.
f. 4064-4065.

Habite la mer Pacifique, sur les côtes d'Acapulco. MM. *de Humboldt*
*et Bonpland!* Coquille très rare et très précieuse. Je ne la possède
point; mais j'ai eu occasion de l'observer et d'examiner ses caractères.

## 37. Rocher échidné. *Murex melanomathos.* Gmel. (1)

*M. testá obovato-globosá, octofariàm varicosá, echinatá, albá;*
*varicibus spiniferis; spinis simplicibus, subfistulosis, clausis,*
*nigerrimis; spirá brevi.*

Martini. Conch. 3. t. 108. f. 1015.

*Murex melanomathos.* Gmel. p. 3527. n° 9.

Encycl. pl. 418. f. 2. a. b.

---

(1) Dillwyn confond avec celle-ci l'espèce précédente; elles
sont bien distinctes cependant, comme Gmelin et Lamarck l'ont
reconnu.

* Schrot. Einl. t. 1. p. 548. *Murex.* n° 18.
* Dillw. Cat. t. 2. p. 686. n° 11.
* Sow. Genera of Shells. *Murex.* f. 6.
* Sow. jun. Conch. illustr. n° 82.
* Davila. Cat. t. 1. pl. 15. f. H.
* Wood. Ind. Test. pl. 25. f. 11.
* Kiener. Spec. des Coq. p. 62. n° 44. pl. 29. f. 2.

Habite... Mon cabinet. Coquille toujours plus petite que la précédente, dont elle est éminemment distinguée par ses épines constamment simples et subfistuleuses. Queue un peu allongée. Longueur, environ 15 lignes.

## 38. Rocher scolopendre. *Murex hexagonus.* Lamk.

*M. testá subfusiformi, hexagoná, sexfariàm spinosá, albidá aut
fulvá; spinis tenuibus, simplicibus, breviusculis, crebris, rufis;
spirá exsertá.*

Encyclop. pl. 418. f. 3. a. b.
* Kiener. Spec. des Coq. p. 96. n° 72. pl. 8. f. 5.
* Blainv. Faun. franç. p. 130. n° 7. pl. 5 A. f. 3-4.
* Desh. Encycl. méth. Vers. t. 3. p. 903. n° 19.

Habite..... Mon cabinet. Coquille rarissime, ayant six rangées
d'épines simples, rousses et très fines. Elle est sillonnée transversalement. Ouverture ovale-arrondie. Longueur, près de 17 lignes.

## 39. Rocher scorpion. *Murex scorpio.* Lin.

*M. testá oblongá, quinquefariàm frondosá, albido-rufescente; vari-
cibus dentatis, nigris: unicá laterali majore: frondibus apice
dilatatis, subpalmatis; corpore anticè subcapitato; suturá ultimá
valdè coarctatá; spirá brevissimá.*

*Murex scorpio.* Lin. Syst. nat. ed. 12. p. 1215.—Gmel. p. 3529. n° 14.
Rumph. Mus. t. 26. f. D.
Petiv. Amb. t. 9. f. 14.
Gualt. Test. t. 37. f. M.
D'Argenv. Conch. pl. 16. f. D.
Favanne. Conch. pl. 36. f. G. 3.
Seba. Mus. 3. t. 77. f. 13-16.
Knorr. Vergn. 2. t. 11. f. 4. 5.
Martini. Conch. 3. t. 106. f. 998-1003.
* Desh. Encyclop. méth. Vers. t. 3. p. 903. n° 20.
* Wood. Ind. Test. pl. 25, f. 17.
* Sow. Genera of Shells. *Murex.* f. 3.
* Kiener. Spec. des Coq. p. 59. n° 42. pl. 9. f. 3.

* Linn. Syst. nat. ed. 10. p. 747.
* Valentyn. Amboin. pl. 4. f. 36. 37.
* Lin. Mus. Ulric. p. 628.
* Perry. Conch. pl. 8. f. 1. 3.
* Roissy. Buf. Moll. t. 6. p. 54. n° 7.
* Born. Mus. p. 293.
* Schrot. Einl. t. 1. p. 483. n° 7.
* Dilsw. Cat. t. 2. p. 689. n° 17.

Habite l'Océan des Grandes-Indes et des Moluques. Mon cabinet.
Les digitations palmées de son bord droit et la strangulation suturale de son dernier tour le rendent fort remarquable. Ouverture
blanche et arrondie. Longueur, 17 lignes et demie. Vulg. la *Patte-
de-crapaud.*

## 40. Rocher unilatéral. *Murex secundus.* Lamk.

*M. testá obovatá, transversè sulcatá, sexfariàm frondosá, albá ;
varicibus nigerrimis : unicá laterali marginalique multò latiore ;
frondibus simplicibus, planis, confertis, hinc fissurâ notatis :
suturá ultimá subcoarctatá ; spirâ brevi.*

* *An eadem?* Sow. jun. Conch. ill. n° 75, f. 116 ?
* Kiener. Spec. des Coq. p. 116, n° 88. pl. 8. f. 2.

Habite..... Mon cabinet. Ce rocher tient un peu au précédent par
sa forme générale ; mais les languettes de son bord droit sont
serrées, très simples et nullement palmées au bout. Longueur,
21 lignes.

## 41. Rocher quaterné. *Murex quadrifrons.* Lamk.

*M. testá ovatá, ventricosá, transversim sulcatá, quadrifariàm
frondosá, asperrimá, rufá ; frondibus brevibus, inæqualiter
muricatis ; tuberculis interstitialibus obtusis, subsolitariis ; spirá
exsertá, scabrá.*

* Kiener. Spec. des Coq. p. 41. n. 29. pl. 34. f. 1.

Habite..... Mon cabinet. Ouverture très blanche ; bord droit denté,
à limbe interne crénelé. Longueur, 2 pouces 8 lignes.

## 42. Rocher turbiné. *Murex turbinatus.* Lamk. (1)

*M. testá subturbinatá, ventricosá, transversè sulcatá, tuberculis
coronatá, septifariàm varicosá, albá, fasciis rufis interruptis
cinctá, varicibus supernè tuberculo majore, complicato, acuto terminatis ; spirá brevi conicá.*

---

(1) Si, comme on peut le croire, la figure de cette espèce,

* Kiener. Spec. des Coq. p. 71, n° 51. pl. 22, f. 1.

Habite.... Mon cabinet. Bord droit légèrement crénelé en son limbe interne. Son dernier tour seul est couronné de tubercules sub-épineux. Cette coquille avoisine la suivante; mais elle est plus raccourcie et de forme presque turbinée. Longueur, 2 pouces 5 lignes.

### 43. Rocher fascié. *Murex trunculus*. Lin.

*M. testâ subfusiformi, ventricosâ, transversim sulcatâ et striatâ, tuberculiferâ, anteriùs muricatâ, sexfariàm varicosâ, albo et fusco zonatâ ; anfractibus angulatis, ad angulum tuberculato-coronatis ; spirâ exsertâ, caudâ subumbilicatâ, ascendente.*

*Murex trunculus*. Lin. Syst. nat. ed. 12, p. 215. — Gmel. p. 3526. n° 5.

Lister. Conch. t. 947. f. 42. et pl. 952, f, 1. *ex columna*.

Bonanni. Recr. 3. f. 271. 274. 277.

Gualt. Test. t. 31. fig. C. *Mala*.

Seba. Mus. 3. t. 52. f 15. 16.

Knorr. Vergn. 3. t. 13. f. 1 et 5. t. 13. f. 4. et t. 19. f. 6.

Martini. Conch. 3. t. 109. f. 1018-1020.

* Aldrov. de Test. p. 356. f. 1. 2.

* Fab. Columna. de Purp. p. 1. et p. 13. f. 1.

* Daniel major. Fab. Colum. de Purp. p. 13.

* *Fossilis*. Mercati Metall. Vatic. p. 299. f. 4.

* Klein. Tenta. Ostrac. pl. 6. f. 104.

* Lin. Syst. nat. ed. 10. p. 747.

* Lin. Mus. Ulric. p. 627.

* Born. Mus. p. 290.

* Schrot. Einl. t. 1. p. 480, n° 5.

* Mus. Gottw. pl. 37. f. 256 a. pl. 38. f. 257b. 258. 259. 261 a.b.

* Delle Chiaje, dans Poli, Testac. t. 3. pl. 49. f. 7.

* Oliv. Adriat. p 151.

---

donnée par M. Kiener, est exacte, ce naturaliste aurait eu tort de renvoyer à la figure 8 de la pl. 77 de Seba, qui représente une espèce très différente qui n'a jamais que trois varices; tandis que celle de Lamarck en a sept. Il résulterait ainsi toujours, d'après la figure de M. Kiener, que M. Sowerby le jeune aurait donné pour le *Murex turbinatus* une espèce qui est très distincte.

* Marti. Memor. sobre la purp. de los antiguos. f. 1.
* Rosa delle porpore. fig. 1.
* Dillw. Cat. t. 2. p. 184. nº 7.
* Payr. Cat. des Moll. de Corse. p. 146. nº 298.
* Phil. Enum. Moll. Sicil. p. 209. nᵉ 4.
* Blainv. Faun. franç. p. 125. n. 2. pl. 5. f. 5.
* Potiez et Mich. Cat. de Douai. p. 417. n. 18.
* Desh. Encycl. méth. Vers. t. 3. p. 904. n. 21.
* Wood. Ind. Test. pl. 25. f. 7.
* Desh. Exped. sc. de Morée. Zool. p. 191. nº 324.
* Kiener. Spec. des Coq. p. 73. n. 53. pl. 23. f. 2.
* *Fossilis.* Brown Leth. Geogn. t. 2. p. 1079. pl. 41. f. 25 a. b.
* *Id.* Brocchi Conch. foss. subap. t. 2. p. 391.

Habite la Méditerranée et l'Océan Atlantique. Mon cabinet. Coquille commune, quelquefois très muriquée par les tubercules pointus qui couronnent ses étages. Ses zones blanches ont souvent une légère teinte de rose. Ouverture ample. Longueur, 2 pouces 9 lignes.

## 44. Rocher angulifère. *Murex anguliferus.* Lamk. (1)

*M. testâ abbreviato-fusiformi, valdè ventricosâ, subtrigonâ, crassâ, transversìm striatâ, trifariàm aut quadrifariàm varicosâ, albo-flavescente; varicibus vel muticis vel anticè tuberculatis; interstitiis*

---

(1) Sous le nom de *Murex anguliferus*, Lamarck réunit deux espèces très distinctes provenant du Sénégal. Le *Sirat* d'Adanson diffère d'une manière très notable du véritable *anguliferus* représenté dans Martini. Il semble que Gmelin ait eu l'intention de distinguer les deux espèces, mais un examen attentif des descriptions de ses *Murex costatus* et *senegalensis* démontre bientôt que l'auteur n'a fait qu'un double emploi de plus dans son indigeste compilation. Ne trouvant aucun inconvénient à utiliser l'un des noms de Gmelin, nous donnons celui de *Murex costatus* ou *Sirat d'Adanson.* On trouve dans le supplément de l'*Index Testaceologicus* de Wood un *Murex ferrugo* reproduit depuis par M. Reeve, dans son *Conchologia systematica;* cette coquille, dont nous avons sous les yeux un exemplaire, nous paraît une variété plus brune du véritable *Murex anguliferus* de Lamarck.

*tuberculo magno, posticè in plicam terminato ; caudâ ascendente,
spinis muricatâ.*

Adans. Voyage au Sénég. pl. 8. f. 19. le Sirat.

Martini. Conch. 3. t. 110. f. 1029.-1030.

*Murex costatus.* Gmel. p. 3549. n° 86.

*Ejusd. Murex senegalensis.* p. 3537. n° 40.

Var. *Fusca. Murex ferrugo.* Wood. Ind. Test. Supp. pl. 5. f. 16.

*Id.* Reeve. Conch. syst. t. 2. p. 193. pl. 237. f. 53.

* Desh. Encyclop. méth. Vers. t. 3. p. 904. n° 22.

* Sow. jun. Conch. illustr. n° 23. f. 53.

* Kiener. Spec. des Coq. p. 23. n° 15. pl. 31. f. 1.

Habite l'Océan Atlantique, sur les côtes d'Afrique. Mon cabinet.
Coquille épaisse, pesante, très ventrue, dont les varices sont terminées antérieurement, sur le dernier tour, par un gros tubercule
conique. Spire pointue, muriquée; canal de la queue ouvert; ouverture blanche, rose sur ses bords; le droit denté. Longueur,
3 pouces 8 lignes.

**45. Rocher côtes-de-melon.** *Murex melonulus.* Lamk. (1)

*M. testâ ovato-subglobosâ, ventricosâ, septifariàm varicosâ, trans-
versè sulcatâ, albâ ; varicibus nodosis, anticè tuberculatis, nigro-
maculatis, uno latere roseo tinctis ; fauce roseâ..*

Favanne. Conch. pl. 37. f. B. 1.

*An murex rosarium?* Chemn. Conch. 10. t. 161. f. 1528-1529.

* *Murex rosarium.* Reeve. Conch. syst. t. 2. p. 194. pl. 239. f. 118.

* *Id.* Wood. Ind. Test. pl. 25. f. 8.

* Sow. jun. Conch. illus. n° 87. f. 118.

* Kiener. Spec. des Coq. p. 72. n° 52. pl. 45. f. 1.

Habite... Mon cabinet. Jolie coquille, très rare, dont les caractères
sont fort remarquables. Elle est blanche, et ses côtes, bordées de
rose, sont en outre ornées de larges taches noires carrées. Spire
conoïde; queue tantôt presque droite et muriquée en dessus, tantôt un peu relevée et mutique; ombilic peu apparent. Longueur,
2 pouces 7 lignes.

**46. Rocher feuilleté.** *Murex magellanicus.* Lamk. (2)

*M. testâ ovato-subfusiformi, M. ventricosâ, multifariàm varicosâ,*

---

(1) Cette espèce est bien la même que celle nommée *Murex
rosarium*, par Chemnitz. Il faut donc lui restituer ce premier
nom, à l'exemple de Wood, Sowerby, et d'autres conchyliologues.

(2) Il est à présumer que cette espèce ne restera pas dans le

*albá ; varicibus lamelliformibus, fornicatis; interstitiis transversè
sulcatis ; anfractibus supernè angulatis, suprà planis ; caudá umbilicatá, ascendente ; aperturá amplá; labro simplici.*

*Buccinum fimbriatum.* Martyns. Conch. 1. f. 6.

*Buccinum geversianum.* Pallas. Spicil. Zool. t. 3. f. 1.

Knorr. Vergn. 4. t. 3o. f. 2.

Favanne. Conch. pl. 37. f. H. 1.

Martini. Conch. 4. t. 13g. f. 1297.

* Davila. Cat. t. 1. pl. 10. f. B. d.

* Perry. Conch. pl. 9. f. 4. 5.

---

genre *Murex;* elle a plus d'analogie avec les *Fuseaux.* Quelle
que soit la place qu'elle occupe par la suite dans la méthode,
il deviendra nécessaire de changer le nom que lui ont consacré
Gmelin et Lamarck: en effet, dès 1769, Pallas avait imposé le
nom de *Buccinum geversianum* à cette espèce; et comme ce
nom est antérieur à tous les autres sans exception, c'est lui qui
devra être conservé. Cette espèce deviendra donc le *Murex*
ou le *Fusus geversianus*, selon qu'on l'admettra dans l'un ou
l'autre de ces genres. M. Schumacher, dans son essai, n'a laissé,
dans le genre *Murex* que cette seule coquille, à laquelle il
ajoute le *Fusus antiquus* de Lamarck; ainsi constitué, ce genre
*Murex* ne saurait être adopté.

Pour éviter la rectification de quelques erreurs de synonymie,
Dillwyn a complétement changé la valeur de cette espèce: il
attribue presque toute sa synonymie au *Murex lamellosus*, et
n'a laissé sous le nom de *Magellanicus* que la variété admise
à tort par Gmelin dans l'espèce. Dillwyn a fait l'inverse de ce
qui eût été nécessaire: il fallait laisser au type de l'espèce son
nom, et donner un nom nouveau à la variété. Il résulte de cela
que le *Murex magellanicus* de Dillwyn n'est pas de la même espèce que celui de Gmelin et de Lamarck. M. Kiener dit, à la
page 3 de la *Monographie des Murex*, qu'il considère comme
appartenant aux Fuseaux les *Murex magellanicus*, *Lamellosus*
et *Lyratus* de Lamarck. M. Kiener adopte en cela notre opinion,
et il était naturel qu'on ne trouvât pas ces espèces parmi les
*Murex;* mais c'est en vain qu'on les chercherait parmi les Fuseaux; elles manquent dans l'ouvrage de M. Kiener.

* *Murex foliatus.* Schum. Nouv. Syst. p. 215.

*Murex magellanicus.* Gmel. p. 3548. n° 80. *Exclusa.* Var. β.

Encyclop. pl. 419. f. 4. a. b.

[b] *Var. lamellis angustissimis, subnullis.*

*Murex peruvianus.* Encyclop. pl. 419. f. 5. a. b.

* Schrot. Einl. p. 557. n° 38.

* *Buccinum harpa.* Var. β. Gmel. p. 3482. n° 47.

* *Murex lamellosus* pars. Dillw. Cat. t. 2. p. 730. n° 97.

* Wood. Ind. Test. pl. 26. f. 90.

Habite dans le détroit de Magellan. Mon cabinet. Coquille toute lamelleuse, à spire conique, et étagée par l'aplatissement de la partie supérieure de ses tours. Elle est unicolore; mais, dans les
jeunes individus, l'ouverture est roussâtre. Longueur, 3 pouces
9 lignes. Vulg. le *Rocher feuilleté.* La variété [b] habite dans les
mers du Pérou. Je l'ai reçue de Dombey.

### 47. Rocher foliacé. *Murex lamellosus.* Lamk. (1)

*M. testâ ovato-oblongâ, tenui, multifariàm varicosâ, albâ; va-
ricibus lamelliformibus, suberectis, apice truncatis, angulo
externo subspinosis; interstitiis lævibus; anfractibus supernè
angulatis, suprà planis; caudâ breviusculâ; aperturâ fulvo-
rufescente.*

*Buccinum laciniatum.* Martyns. Conch. 2. f. 42.

Favanne. Conch. pl. 79. f. I.

*Murex foliaceus minor.* Chemn. Conch. 11. t. 190. f. 1823. 1824.

*Murex lamellosus.* Gmel. p. 3536. n° 174.

*Murex lamellosus.* Var. Dillw. Cat. t. 2. p. 730. n° 97.

* Wood. Ind. Test. pl. 27. f. 100.

Habite les mers australes, près des îles Falkland. Mon cabinet. Vulg.
le *Buccin feuilleté.* Espèce bien distincte de la précédente, et toujours
moins grande. Longueur, 20 lignes.

### 48. Rocher érinacé. *Murex erinaceus.* Lin. (2)

*M. testâ ovatâ, subfusiformi, transversìm sulcato-rugosâ, qua-*

---

(1) Cette espèce a beaucoup d'analogie avec la précédente;
aussi Dillwyn l'a-t-il confondue avec elle. Gmelin a eu tort de
lui donner un nom nouveau, ce que l'on peut également reprocher à Chemnitz; car Martyns, en donnant une excellente figure
de cette coquille, lui imposa le premier le nom de *Buccinum
laciniatum.* En passant dans le genre *Murex*, cette espèce doit
prendre le nom de *Murex laciniatus.*

(2) Le *Murex erinaceus* est une espèce intéressante, citée

*drifariàm ad septifariàm varicosá , albido-fulvá ; varicibus
valdè elevatis , frondoso-muricatis ; spirá contabulatá , echinatá ; caudá recurvá ; canali clauso.*

*Murex erinaceus.* Lin. Syst. nat. vol. 12. p. 1216. Gmel. p. 3530.
n° 19.

Gualt. Test. t. 49. f. II.

Pennant. Brith. Zool. 4. t. 76. f. 95.

Knorr. Vergn. 4. t. 23. f. 3.

---

partout, soit vivante, soit fossile, et sur laquelle il sera utile de
donner quelques renseignemens. Etablie par Linné, dans la
12ᵉ édition du *Systema*, la phrase caractéristique est très
courte, insuffisante et la seule *Synonymie*, renvoyant à une
figure très médiocre de Gualtieri, ne contribue pas beaucoup à
faire reconnaître l'espèce. Je rapporte ici tout ce que dit Linné
de l'espèce, pour mettre à même le lecteur de juger si nos auteurs récens l'ont bien reconnue. *M. testá multifariàm subfrondoso-
spinosá, spiræ anfractibus retuso - coronatis, caudá abbreviatá.*
Gualt. Test., t. 49, f. II. *habitat in mare Mediterraneá.* Il est
certain que les caractères indiqués conviennent assez à une espèce qui se rencontre dans divers parages de la Méditerranée ;
mais avec cette espèce il y en a une autre qui l'avoisine et qui
a été également prise pour l'*Erinaceus* ; enfin, il y a dans l'O-
céan, et jusque dans les mers du nord, une coquille intermédiaire entre les deux espèces de la Méditerranée ; presque tous
les auteurs ont regardé comme une variété de l'*Erinaceus* cette
espèce de nos côtes de la Manche. Nous avouons qu'il est bien
difficile de résoudre la difficulté même, en présence d'un grand
nombre d'individus des diverses localités. D'après les renseignemens que nous fournit M. Bouchard Chantereaux, dans son intéressant *Catalogue des Mollusques du Boulonnais*, l'animal de l'*E-
rinaceus* de l'Océan, aurait la plus grande ressemblance avec
celui de la Méditerranée pour les caractères de la forme et les
couleurs. La question serait définitivement résolue, si M. Chantereaux avait eu l'occasion de voir également l'animal de la
Méditerranée. Néanmoins, nous sommes porté à croire, que
l'*Erinaceus* de la Méditerranée est de la même espèce que celui
de l'Océan.

Born. Mus. p. 294. t. 11. f. 3. 4.

*An* Favanne. Conch. pl. 37. f. C. 1.?

Martini. Conch. 3. t. 110. f. 1026-1028.

*Murex decussatus.* Gmel. p. 3527. n° 7.

*Murex erinaceus.* Encyclop. pl. 421. f. 1. a. b. c.

[*b*] *Var. testâ minore, rugarum interstitiis imbricato squamosis.*

* Lin. Syst. nat. ed. 10. p. 748.

* Schrot. Einl. t. 1. p. 485. n° 9.

* *Fossilis.* Brocchi. Conch. foss. subap. t. 2. p. 391. pl. 7. f. 11.

* Delle Chiaje dans Poli Testac. t. 3. pl. 49. f. 6.

* Olivi. Adria. p. 151.

* Dillw. Cat. t. 2. p. 690. n° 19.

* Payr. Cat. des Moll. de Corse. p. 148. n° 296.

* Philip. Enum. mol. Sicil. p. 208. n° 3.

* Blainv. Faune. franç. p. 129. n° 3. pl. 5. f. 1. 2. 3.

* Gerville. Cat. p. 391. n° 1.

* Collard. Des Ch. Cat. des Test. du Finistère. p. 51. n° 1.

* Bouch. Chant. Cat. des Moll. du Boulon. p. 63. n° 115.

* Potiez et Mich. Cat. de Douai. p. 416. n° 17.

* Desh. Encyclop. méth. Vers. t. 3. p. 905. n° 23.

* Wood. Ind. Test. p. 25. f. 19.

* Kiener. Spec. des Coq. p. 78. n° 57. pl. 44. f. 1. 1.

Habite les mers d'Europe; commun dans la Manche. Mon cabinet. Il est très scabre. Ses rides transversales sont fort élevées. Longueur, 2 pouces 4 lignes.

## 49. Rocher de Tarente. *Murex Tarentinus.* Lamk.

*M. testâ ovato-oblongâ, transversim sulcatâ, sexfariàm varicosâ, fulvo-rufescente; varicibus muticis, anteriùs nodosis; caudâ spirâ breviore, recurvâ; aperturâ albâ; labro margine intùs crenato.*

* Kiener. Spec. des Coq. p. 79. n° 58. pl. 44. f. 2.

* *An eadem? Murex triqueter.* Olivi. Adriat. p. 153.

* D'Acosta. Conch. brit. pl. 8. f. 7.

Habite dans le golfe de Tarente. Mon cabinet. Longueur, 17 lignes.

## 50. Rocher scabre. *Murex scaber.* Lamk. (1)

*M. testâ ovato-conicâ, ventricosâ, scabrâ, transversim sulcatâ, octofariàm varicosâ, griseâ; anfractibus supernè angulatis; caudâ breviusculâ; aperturâ albâ.*

---

(1) Lamarck confond deux espèces sous le nom de *Murex scaber;* toutes deux pourraient passer dans le genre Fuseau. L'une

Ency. pl. 419. f. 6. a. b.

[*b*] *Var. testá minore, minùs scabrá; spirá contabulatá.*

Ency. pl. 438. f. 5. a. b.

Habite... Mon cabinet. Spire pointue; queue subombiliquée. Longueur, 18 lignes.

### 51. Rocher costulaire. *Murex costularis.* Lamk. (1)

*M. testá ovatá, infrà medium ventricosá, transversim acutè sulcatá, septifariam varicosá, griseá; spirá caudá longiore; aperturá violaceá; labro subdenticulato.*

Ency. pl. 419. f. 8. a. b.

* *Purpura costularis.* Blainv. Pourp. Nouv. Ann. du Mus. t. 1. p. 232. n° 65. pl. 11. f. 9.

Habite... Mon cabinet. L'extrémité des sillons rend le bord droit dentelé. Longueur, environ 16 lignes.

### 52. Rocher polygonule. *Murex polygonulus.* Lamk.

*M. testá ovatá, subfusiformi, ventricosá, transversè sulcatá et striatá, novemfariam varicosá, albá; anfractibus supernè angulatis, suprà planulatis, ad angulum tuberculato-coronatis; spirá prominente.*

* Kiener. Spec. des Coq. p. 75. n° 54. pl. 41. f. 2.

Habite... Mon cabinet. Ouverture grande et ovalaire. Longueur, 21 lignes.

---

d'elles (*Ency.* pl. 419, f. 6) a la plus grande analogie avec le *fusus squamulosus* de Philippi (p. 479, n° 60 de ce volume); l'autre espèce (*Var. b. Ency.* pl. 438, f. 5) fait déjà partie du genre Fuseau; elle est inscrite dans ce genre sous le nom de *Fusus craticulatus* Blainville, qui doit lui rester ; cependant, d'après la phrase caractéristique, il conviendrait mieux à l'autre espèce. Le nom de *Murex scaber* doit disparaître, parce qu'il ne peut s'appliquer à-la-fois à deux espèces. M. Kiener, sous le nom de *Scaber*, décrit et figure la variété *b*, et la citation de cette figure doit être ajoutée à la synonymie du *Fusus craticulatus*, p. 471, n° 47 de ce volume.

(1) M. de Blainville fait passer cette espèce parmi les Pourpres, quoiqu'elle ait un canal assez allongé. Comme M. de Blainville n'apporte à l'appui de son opinion aucune preuve nouvelle tirée de l'animal ou de son opercule, nous pensons qu'elle peut aussi bien rester parmi les Murex. M. Kiener n'a mentionné cette espèce ni parmi les Pourpres ni parmi les Murex.

## 53. Rocher râpe. *Murex vitulinus*. Lamk. (1)

*M. testâ ovato-oblongâ, ventricosâ, scabriusculâ, septifariàm vari-*
*cosâ; varicibus obtusis, asperulatis, rufo-rubentibus : interstitiis*
*albidis; caudâ angustâ, subacutâ; aperturâ albâ; labro internè*
*dentato.*

Knorr. Vergn. 3. t. 29. f. 5. *Mala.*
Martini. Conch. 3. p. 303. Vign. 36. f. 1-5.
*Murex purpura scabra.* Chemn. Conch. 10. t. 161. f. 1532. 1535.
*Murex miliaris.* Gmel. p. 3536. n° 39.
*Murex vitulinus.* Ency. pl. 419. f. 1. a. b. et f. 7. a. b.
* *Murex brandaris. Var.* β. Gmel. p. 3526.
* Schrot. Einl. t. 1. p. 549. *Murex.* n° 19.
* *Murex miliaris.* Dillw. Cat. t. 2. p. 685. n° 10.
* Desh. Encycl. méth. Vers. t. 3. p. 905. n° 24.
* Valentyn. *Amboina.* pl. 2. f. 14 à 18.
* Kammerer. Rudolst Cab. pl. 9. f. 1.
* *Murex miliaris.* Wood. Ind. Test. pl. 25. f. 10.
* Kiener. Spec. des Coq. p. 123. n° 93. pl. 47. f. 2.
Habite... Mon cabinet. Vulg. la *Langue-de-veau.* Spire médiocre,
émoussée au sommet. Longueur, 23 lignes.

## 54. Rocher angulaire. *Murex angularis*. Lamk.

*M. testâ ovatâ, valdè ventricosâ, transversìm sulcatâ et striatâ, sep-*
*tifariàm varicosâ; varicibus elevatis, angulatis, tuberculiferis, au-*
*rantio-rubentibus; interstitiis albis; caudâ breviusculâ, subumbili-*
*catâ.*

*An cofar?* Adans. Seneg. pl. 9. f. 22.
* Sow. jun. Conch. illus. n° 96. f. 32. *Murex actenus.*
* Kiener. Spec. des Coq. p. 76. n° 55. pl. 16. f. 2.
* Mus. Gottv. pl. 38. f. 257. c.

---

(1) De toute manière, cette espèce devra changer de nom.
Chemnitz l'a figurée et décrite sous le nom de *Murex purpura
scabra.* Comme ces noms doubles ne sont point acceptés dans
la nomenclature, Gmelin a proposé celui de *Miliaris*, qui a été
généralement adopté; nous pensons, cependant, qu'il faut faire
pour cette espèce ce qui s'est répété pour plusieurs autres, et
lui appliquer l'un des noms du premier auteur; nous proposons
en conséquence d'inscrire à l'avenir cette espèce sous le nom de
*Murex purpura.*

38.

Habite... Mon cabinet. Ouverture arrondie, légèrement crénelée en son limbe interne. Longueur, 19 lignes.

## 55. Rocher crispé. *Murex crispatus*. Lamk. (1)

*M. testâ ovato-turritâ, infernè ventricosâ, transversim rugosâ. scabrâ, multifariàm varicosâ, luteo-rufescente; varicibus lamellosis, cariniformibus, crispatis; caudâ brevissimâ; labro intùs lævigato.*

*Buccinum crispatum.* Chemn. Conch. 11. t. 187. f. 1802. 1803.

*Murex crispatus.* Ency. pl. 419. f. 2. *Mala.*

* *An Var. Buccinum plicatum.* Martyns. Univ. Conch. pl. 44.?

* *Buccinum lamellosum.* Gmel. p. 3498. n° 173.

* *Buccinum compositum.* Chemn. Conch. t. 10. p. 179. f. 21. p. 176. f. A. B.

* *Buccinum lamellosum.* Dillw. Cat. t. 2. p. 612. n° 59.

---

(1) Nous réunissons, avec quelque doute, le *Buccinum plicatum* de Martyns au *crispatum* de Chemnitz; ce doute est fondé sur ce que les individus figurés dans Martyns sont plus grands que tous ceux que nous avons vus jusqu'à présent du *Crispatus*, et que les lames sont plus régulières. Quant aux autres caractères, la forme générale, celle de l'ouverture, le nombre et la forme des rides transverses, les dentelures du bord droit: tout cela est semblable dans les deux espèces, et c'est cette similitude des caractères principaux qui nous a déterminé à réunir le *Plicatum* au *Crispatum.* Cette coquille n'est probablement pas un *Murex*, mais bien une Pourpre, comme le dit M. Kiener à la page 3 du genre *Murex*, dans son *Species des Coquilles*. Voulant compléter la synonymie de l'espèce par la citation de la figure de M. Kiener, je cherchai en vain l'espèce dans le genre Pourpre; elle n'y est point mentionnée, et ce ne fut pas sans étonnement que je la retrouvai indirectement, il est vrai, dans le genre *Murex*, d'où M. Kiener semble la repousser. En effet, nous trouvons à la page 86 des *Murex* le *Murex labiosus*, pour lequel M. Kiener renvoie aux figures 1802, 1803 de la pl. 187 de Chemnitz, et ces figures représentent justement le *Murex crispatus*. Il paraîtra sans doute singulier de retrouver dans la synonymie fautive d'un *Murex* une coquille que M. Kiener lui-même fait passer dans les Pourpres, et où elle ne se trouve pas.

* *Buccinum crispatum.* Dillw. Cat. t. 2. p. 613. n° 60.

Habite... Mon cabinet. Il a le port d'une Cancellaire; mais son bord droit l'en distingue. Longueur, 20 lignes.

### 56. Rocher croisé. *Murex fenestratus.* Chemn. (1)

*M. testá fusiformi, crassiusculá, septifariàm varicosá, sulcis transver-sis cancellatá, areis impressis quadratis fenestratá; varicibus sulcis-que albis; areis rufis; caudá longiusculá; labro margine intùs den-tato.*

Favanne. Conch. pl. 35. fig. C 1. *Pessima.*

*Murex fenestratus.* Chemnitz. Conch. 10. t. 161. f. 1536. 1537.

* *Murex colus. Var.* γ. Gmel. p. 3543.

* Dillw. Cat. t. 2. p. 716. n° 70.

* Potiez et Mich. Cat. de Douai. p. 415. n° 13.

Habite... Mon cabinet. Coquille très singulière, des plus rares, et pré-cieuse. Vulg. le *Cul-de-Dé.* Longueur, 22 lignes.

### 57. Rocher cerclé. *Murex cingulatus.* Lamk. (2)

*M. testá ovato-acutá, ventricosá, transversim cingulatá, octofariàm varicosá, albo-fulvá; anfractibus supernè angulatis : ultimo no-dulis coronato; caudá brevissimá, perforatá; labro intùs sulcato.*

Habite... Mon cabinet. Bord droit entièrement sillonné à l'intérieur. Longueur, 18 lignes.

### 58. Rocher cingulifère. *Murex cinguliferus.* Lamk. (3)

*M. testá ovato-fusiformi, subventricosá, transversim sulcatá, sexfa-*

---

(1) M. Sowerby, et, plus tard, M. Kiener ont figuré sous le nom de *Murex fenestratus* une coquille qui nous paraît différer d'une manière notable du *Fenestratus* de Chemnitz. La coquille de Chemnitz est plus ventrue, moins fusiforme que celle de ces messieurs. Nous ne lui avons jamais vu de digitations sur les varices, soit même sur la dernière; l'ouverture est violette dans celle de Chemnitz, elle est blanche dans l'autre; enfin, dans la figure de M. Kiener, la coquille a trois rangées de vacuoles; il y en a toujours cinq dans celle de Chemnitz. Ces observations sont cause que nous ne rapportons pas dans la synonymie de l'espèce les figures de M. Kiener et de M. Sowerby.

(2) Nous n'ajoutons aucune citation synonymique à cette es-pèce, qui paraît avoir été oubliée par M. Kiener: nous ne la trouvons pas dans la *Monographie des Murex* de cet auteur.

(3) D'après la figure de M. Kiener, il est évident que cette

*riàm varicosá, rufá; anfractibus supernè angulatis, ad angulum cingulo albo notatis; caudá breviusculá; aperturá albá; canali clauso.*

* Kiener. Spec. des Coq. p. 80. n° 59. pl. 30. f. 2.

Habite... Mon cabinet. Longueur, 17 lignes et demie.

## 59. Rocher subcariné. *Murex subcarinatus*. Lamk.

*M. testá ovato-fusiformi, medio ventricosá, transversè sulcatá, novemfariàm varicosá, griseá; anfractibus supernè angulato-carinatis, suprà planulatis : ultimo infrà angulum sulco eminentiore; caudá longiusculá, angustá.*

* Kiener. Spec. des Coq. p. 102. n° 77. pl. 46. f. 1.

Habite... Mon cabinet. Bord droit sillonné en dedans. Longueur, 15 lignes et demie.

## 60. Rocher cordonné. *Murex torosus*. Lamk.

*M. testá ovato-oblongá, medio ventricosá, exquisitè cingulatá, septifariàm varicosá, rufescente; anfractibus supernè angulato-nodulosis, suprà planis; cingulorum interstitiis profundè cavis; spirá caudá breviore.*

Encycl. pl. 441. f. 5. a. b.

* Sow. Jun. Conch. illus. n° 65. f. 39.

* Kiener. Spec. des Coq. p. 82. n° 60. pl. 35. f. 2.

Habite... Mon cabinet. Ouverture ovale. Vulg. le *Faux-Cabestan*. Longueur, près de 15 lignes.

## 61. Rocher turricule. *Murex lyratus*. Lamk.

*M. testá fusiformi-turritá, tenui, multifariàm varicosá, corneo-fulvá; varicibus tenuibus, lamelliformibus; interstitiis lævigatis; anfractibus convexis; caudá brevi.*

Encycl. pl. 438. f. 4. a. b.

* *Buccinum lamellosum*. Gmel. p. 3498.

* *Id.* Dill. Cat. t. 2. p. 630. n° 107.

* Kamm. Rudolst. Cab. p. 134. pl. 9. f. 2.

* Olafsen. Voy. en Islande. pl. 10. f. 4.

Habite... Mon cabinet. Coquille assez élégante, ayant ses tours bien arrondis, à varices étroites, lamelliformes, un peu inclinées. Queue courte; bord droit simple. Longueur, 14 lignes et demie.

---

espèce a été fondée sur une variété océanique du *Murex crinaceus*; il faudra donc la joindre à cette dernière, à titre de variété.

**62.** **Rocher enchaîné.** *Murex concatenatus* Lamk. (1)

> *M. testâ ovatâ, tuberculato-nodulosâ, transversim tenuissimè striatâ,*
> *octofariàm varicosâ, luteâ aut rubente; tuberculorum seriebus va-*
> *rices æmulantibus; caudâ brevi; labro intùs dentato.*
>
> Lister. Conch. t. 954. f. 5.
> Knorr. Vergn. 4. t. 26. f. 2.
> Martini. Conch. 4. t. 124. f. 1155–1157.
> * *Purpura concatenata.* Blainv. Pourp. Nouv. Ann. du Mus. t. 1.
> p. 204. n° 7.
> * *Id.* Kiener. Spec. des Coq. p. 32. n° 17. pl. 8. f. 20.
> Habite les mers de l'Ile-de-France. Mon cabinet. Son ouverture est
> ovale, et son bord droit, assez épais, est denté en son limbe inté-
> rieur. Longueur, près de 11 lignes.

**63.** **Rocher chagriné.** *Murex granarius.* Lamk. (2)

> *M. testâ ovato-acutâ, multifariàm varicosâ, transversè sulcatâ, luteo-*
> *aurantiâ; sulcis crebris, lævibus, albis; caudâ breviusculâ.*
>
> *An* Martini. Conch. 4. t. 122. f. 1124? 1125?
> * *Purpura granaria.* Blainv. Pourp. Nouv. Ann. du Mus. t. 1.
> p. 206. n° 13.
> Habite... Mon cabinet. Les sillons transverses, se croisant avec les
> varices, le font paraître comme granuleux. Ouverture étroite,
> blanche; bord droit épais, à limbe interne denté. Longueur, 10
> lignes.

**64.** **Rocher côtes-aiguës.** *Murex fimbriatus.* Lamk. (3)

> *M. testâ ovato-acutâ, scabrâ, transversè sulcatâ, septifariàm varicosâ,*

---

(1) Cette espèce est une véritable Pourpre, comme l'a reconnu M. de Blainville dans le travail sur ce genre qu'il a publié dans les *Nouvelles Annales du Muséum.*

(2) Lamarck ne rapporte à cette espèce qu'une seule figure, et
encore elle est douteuse. Pour nous, cette figure de Martini représente fidèlement la variété écailleuse du *Purpura lapillus.*
M. de Blainville rapporte au genre Pourpre cette espèce, qui a
été oubliée par M. Kiener, qui ne la mentionne ni parmi les
*Pourpres* ni parmi les *Murex.*

(3) M. Kiener ne mentionne nulle part cette espèce; il en est
de même de la suivante, *Murex aciculatus*, n° 66. Nous regrettons vivement que ces *lacunes* se montrent si souvent dans l'ouvrage de M. Kiener.

*cinereá: varicibus dorso acutis, subcristatis; caudá breviusculá ; aperturá roseo-violacescente.*

Habite les mers de la Nouvelle-Hollande; port du roi Georges. Mon cabinet. Bord droit denticulé et sillonné en dedans. Longueur, 8 lignes un quart.

## 55. Rocher élégant. *Murex pulchellus*. Lamk. (1)

*M. testá parvulá, ovato-turritá, transversìm striatá, multifariàm varicosá, albá; varicibus tenuibus, rufo-fuscis; anfractibus convexis: ultimo zoná albá cincto.*

Habite... Mon cabinet. Longueur, 6 lignes un quart.

## 66. Rocher aciculé. *Murex aciculatus*. Lamk.

*M. testá angusto-turritá, subaciculatá, parvulá, novem aut decemfariàm varicosá, corneo-glaucescente, transversìm lineatá; varicibus tenuibus, lævigatis; caudá breviusculá.*

* Collard des Ch. Cat. des Test. du Finist. p. 51. n° 2.

Habite l'Océan européen, sur les côtes de Bretagne, près de Vannes. M. *Aubry*. Mon cabinet. Ouverture étroite. Longueur, 6 lignes un quart.

## † 67. Rocher long-bec. *Murex scolopax*. Dillw.

*M. testá ventricosá, longè caudatá, per totam longitudinem trifariàm spinosá, sublævigatá, pallidè fulvá, transversìm fusco zonatá ; spinis longiusculis, validis, raris; aperturá magná, ovatá, fuscescente.*

*Murex tribulus maximus.* Chemn. t. 11. p. 101. pl. 189. f. 1819-1820.

*Murex tribulus.* Var. Martini. t. 3. pl. 113. f. 1052.

Wood. Ind. Test. pl. 25. f. 3.

*Murex crassispina et Scolopax.* Sow. jun. Conch. illustr. n° 3 et 5.

*Murex crassispina.* Kiener (non Lamarck). Spec. de Coq. p. 4. n° 1. pl. 4 et 5. f. 1.

Habite la mer Rouge.

Belle et grande espèce dont nous avons déjà parlé à l'occasion du *Murex crassispina* de Lamarck; nous avons vu que les figures qu'en ont données Martini et Chemnitz, confondues avec celles du *Murex tribulus*, ont été prises par M. Kiener pour la repré-

---

(1) D'après M. Kiener, le *Murex pulchellus* aurait été établi avec un individu jeune du *Buccinum d'Orbignyi* de M. Payraudeau.

sentation exacte du *Murex crassispina* de Lamarck : ce qui est
erroné, comme nous l'avons dit. Ce *Murex* est le plus grand parmi
ceux de la première section de Lamarck ; il se distingue au premier abord par sa surface presque lisse, le dernier tour présentant
seulement quatre ou cinq côtes étroites transverses, très obsolètes,
presque effacées, et qui sont constamment d'une couleur de brun
roussâtre assez nettement marquée sur le fond blanchâtre de la
coquille. Le canal terminal est long et étroit, et il est armé, dans
toute sa longueur, de trois rangées d'épines distantes, fortes, au
nombre de huit. Il y en a trois plus courtes qui s'élèvent perpendiculairement sur le bord droit du canal.

Cette coquille, assez rare, a quelquefois 19 centimètres de longueur
sur 70 millimètres de large, sans y comprendre la longueur des
épines.

## † 68. Rocher herse. *Murex occa.* Sow. jun.

*M. testá ovato-ventricosá, supernè angulatá, longè caudatá, per
totam longitudinem trifariàm spinosá, albo-griseá vel pallidè
fulvá ; spinis superioribus longioribus, arcuatis, uncinatis ; anfractibus in medio angulatis, in interstitiis varicum binodosis ;
aperturá ovatá, intùs castaneá ; labro acuto, ad basin producto.*

Sow. jun. Conch. illustr. n° 6. f. 45.

Kiener. Spec. des Coq. p. 7. n° 4. pl. 10. f. 1.

Habite la Mer-Rouge et les mers de l'Inde.

Espèce très distincte, qui a de l'analogie avec le *Murex crassispina*
de Lamarck, mais que l'on ne saurait confondre avec lui. Elle est
allongée, fusiforme, à queue longue et grêle, sur laquelle il y a
quatre ou cinq épines seulement, inégales, distantes, et laissant
nue près de la moitié du canal. Sur le dernier tour, les épines qui
s'élèvent de chaque varice sont au nombre de trois grandes, entre
chacune desquelles on en remarque une beaucoup plus petite. Ces
épines du sommet se redressent en arrière, et sont courbées en
crochet dans leur longueur. Les tours sont anguleux dans le milieu, et ils portent sur l'angle deux tubercules dans chacun des
intervalles des varices. Sur ces tours, on remarque des stries transverses inégales, peu saillantes, si ce n'est celles qui se montrent
sur le canal, et qui sont comme autant de petites cordelettes allant
obliquement d'une épine à l'autre. L'ouverture est ovalaire, presque toujours d'un brun fauve ; le bord droit est mince, et il se
relève en une dent plate et conique dont la base occupe l'intervalle qui sépare la seconde de la troisième épine. La coloration de

cette coquille est assez uniforme, d'un blanc gris, ou d'un blanc légèrement fauve.

Elle est longue de 90 millimètres, et large de 35.

## † 69. Rocher ratissoire. *Murex messorius*. Sow. jun.

*M. testâ ovato-ventricosâ, submuticâ, trifariàm varicosâ, transversìm angulariter sulcatâ, albo fuscoque marmoratâ; spinis tribus, brevissimis, recurvis; aperturâ ovato-angustâ; labro intùs plicato, albo; caudâ brevi, gracili, leviter contortâ.*

Sow. jun. Conch. illustr. n° 9. f. 93.

Kiener. Spec. des Coq. p. 9. n° 5. pl. 10. f. 2.

Habite les côtes du Sénégal.

M. Kiener rapporte à cette espèce deux de celles de M. Sowerby, le *Rectirostrum* qui est toujours distinct, et le *Nigrescens* que nous ne connaissons que par la figure de M. Sowerby, et qui nous parait nettement séparé des deux autres.

Cette espèce a de l'analogie avec le *Murex brevispina* de Lamarck. Elle est ovale-ventrue, rendue triangulaire par l'épaisseur de ses varices. Au sommet de chacune de ces varices s'élève une courte épine très pointue et attachée par une base large. A la base de la coquille, et à l'origine du canal terminal, s'élèvent sur chaque varice deux épines courtes, plus longues cependant que les premières, et toujours courbées en crochet. La première de ces épines est toujours plus longue que l'autre. Le canal terminal est grêle, légèrement courbé dans sa longueur, ce qui lui donne de l'analogie avec celle du *Murex motacilla*. Dans l'intervalle des varices, se trouvent deux côtes longitudinales découpées en nodules par le passage des sillons transverses. L'ouverture est petite, ovalaire, blanche en dedans; son bord droit est légèrement plissé à l'intérieur, et l'on remarque quelques rides irrégulières sur le bord gauche. Cette coquille est d'un brun rougeâtre terne, et elle est marquée de blanc grisâtre. Elle est longue de 50 mill. et large de 25.

## † 70. Rocher élégant. *Murex elegans*. Beck.

*M. testâ ovato-ventricosâ, trifariàm varicosâ, in interstitiis varicium binodeâ, albâ, lineis tenuibus rubro fuscis pictâ; anfractibus sub-conjonctis: ultimo basi caudâ gracili, nudâ, ascendente, terminali.*

Sow. jun. Zool. Proc. 1840.

Id. Conch. illustr. n° 19. f. 84.

Kiener. Spec. des Coq. p. 20. n° 13. pl. 12. f. 2.

Habite les mers de l'Inde.

Très jolie espèce, long-temps confondue avec le *Murex motacilla* de Chemnitz, et qui a été distinguée d'abord par M. Beck, et ensuite par MM. Sowerby et Kiener. Ce qui distingue cette espèce du *Motacilla*, c'est que : 1° les varices sont plus arrondies et sans épines; 2° dans les interstices qui les séparent, il y a deux gros tubercules simples, tandis que dans le *Motacilla* ce sont des côtes longitudinales assez profondément découpées; 3° dans l'élégant, la coloration est toujours différente : elle consiste en linéoles transverses fort régulières, d'un beau brun rouge sur le fond blanc rosé de la coquille. Les différences que nous signalons suffisent pour faire reconnaître facilement cette espèce, qui est assez rare dans les collections. Elle a 65 mill. de long et 3o de large.

## † 71. Rocher du Sénégal. *Murex costatus*. Gmel.

*M. testá ovato-ventricosá, transversim æqualiter striatá, trifariàm varicosá, trispinosá, albo-lutescente vel fusco-ferrugineá; anfractibus convexiusculis, bicostatis; aperturá albá; labro producto, extùs expanso, laciniato.*

Le Sirat. Adans. Sénég. p. 125. pl. 8. f. 19.

*Murex costatus.* Gmel. p. 3549. n° 86.

*Murex senegalensis.* Sow. jun. Conch. illustr. n° 24. f. 61.

*Murex brasiliensis. Id. Var.* loc. cit. f. 55.

*Murex senegalensis.* Kiener. Spec. des Coq. p. 33. n° 23. pl. 8. f. 9.

Habite les mers du Sénégal.

Cette coquille, connue d'Adanson, a été nommée par lui le Sirat. La description qu'il en donne est tellement précise, que nous avons de la peine à concevoir comment Lamarck a pu la confondre avec son *Murex anguliferus.* Gmelin laisse échapper à son sujet une singulière confusion. On trouve dans son catalogue un *Murex costatus* et un *Murex senegalensis*, qui, tous deux, ont pour unique synonymie le Sirat d'Adanson. Tout en renvoyant à une même figure, Gmelin ne donne pas la même phrase caractéristique aux deux espèces, et l'une de ses phrases, celle du *Murex senegalensis*, se rapporte beaucoup mieux au *Murex anguliferus,* tandis que la phrase du *costatus* s'adapte mieux à l'espèce d'Adanson. M. Sowerby, le jeune, en rétablissant l'espèce d'Adanson, n'aura peut-être pas fait les mêmes observations que nous, et a préféré le nom de *senegalensis,* tandis que nous, nous croyons restituer à l'espèce son véritable nom, en l'inscrivant dans les catalogues sous le nom de *Murex costatus.*

Cette coquille est ovale, ventrue; trois varices régulières la rendent triangulaire. Vers le sommet de chacune de ces varices, s'élève une épine courte, solide et presque droite. Dans chacun des interstices se trouvent deux côtes longitudinales qui descendent presque jusqu'à la base du dernier tour. Le canal terminal est peu allongé ; il est muni sur le côté de deux épines courtes. Toute la surface est chargée de stries inégales, subgranuleuses, très rapprochées et comme pressées ; le bord droit est épais, et il est élargi vers la base, surtout par une petite expansion mince, plissée et découpée. La coloration de cette espèce est peu variable ; le plus souvent elle est d'un roux ferrugineux, quelquefois elle est blanchâtre. Les grands individus ont 75 mill. de long, et 50 de large.

### † 72. Rocher monodonte. *Murex monodon.* Sow.

*M. testá ovato-fusiformi, tenui, transversìm costato-striatá, fuscescente, trifariàm varicosá; varicibus spinis longis, recurvis, dentatis armatis; anfractibus convexis, suturà profundà separatis : ultimo caudà longiusculà, subrecurvà terminato ; aperturà rotundatá, ad peripheriam roseá ; labro infrà medium dente valido instructo.*

*Murex monodon.* Sow. Tank. Cat. app. p. 19. n° 1703.

Martini. Conch. t. 3. pl. 105. f. 987–988.

*Murex aranea.* Kiener. Spec. des Coq. p. 34. n° 24. pl. 36. f. 1.

Seba. Mus. t. 3. pl. 77. n° 1.

Habite les mers de l'Inde.

Fort belle coquille, restée rare pendant fort long-temps dans les collections. Presque tous les auteurs, jusque dans ces derniers temps, la confondaient avec le *Murex ramosus.* M. Sowerby, le premier, dans le catalogue de la collection Tankerville, a fait ressortir ses caractères spécifiques, et lui a donné le nom que nous lui conservons. Elle est ovale, ventrue, subfusiforme ; son têt est peu épais. Sa surface est divisée par trois varices qui ne se suivent pas toujours régulièrement d'un tour à l'autre. Sur le dernier tour, les varices présentent le caractère suivant : en allant d'arrière en avant, on compte sur chacune d'elles cinq épines, dont les trois dernières sont très grandes, arquées dans leur longueur, et dentelées sur leurs côtés. Les deux dernières épines sont droites, et beaucoup plus courtes. Sur le canal, il y a deux épines seulement : la première est extrêmement longue, recourbée vers le dos, et elle présente presque un demi-cercle. Toute la surface de la coquille est chargée de nombreuses stries transverses irrégulières, subgranuleuses, interrompues à des distances régulières par de petites côtes transverses qui partent de la base de chacune des épines des varices. L'ouverture est arrondie, l'extrémité de ses bords est ordinairement teinte d'un beau rose pourpré ; le bord droit, ordinairement découpé, présente

vers sa base, entre la troisième et la quatrième épine, une grande
dent conique et légèrement contournée. La couleur de cette coquille est uniformément d'un beau brun marron, plus foncé sur les
épines. Elle est longue de 95 mill , et large de 50, sans les épines.

## † 73. Rocher ailé. *Murex pinnatus*. Wood.

*M. testâ elongato-subfusiformi, albâ, trifariàm varicosâ, transver-*
*sìm eleganter striatâ, striis longitudinalibus decussatâ; spirâ*
*acuminatâ; varicibus lamellosis, latis, eleganter striatis; aperturâ*
*ovato-angustâ; labro incrassato, tenuè denticulato.*

Wood. Ind. Test. Suppl. pl. 5. f. 20.

Swain. Zool. illustr. 2⁰ série. t. 3. pl. 122.

*Murex Pinnatus.* Kiener. Spec. des Coq. p. 114. n° 86. pl. 5. f. 3.

Martini. Conch. t. 3. pl. 111. f. 1036-1037?

Habite les mers de la Chine.

Belle espèce de *Murex* qui a quelque analogie avec l'*Acanthopterus*
de Lamarck. Elle est allongée, subfusiforme; la spire, assez régulièrement pyramidale, est presque aussi longue que le dernier
tour; on y compte dix tours peu convexes, étroits, à la surface
desquels se montrent des stries transverses inégales, élégamment
découpées par des stries longitudinales plus fines, qui se relèvent
en petites écailles. Toute la coquille est divisée par trois varices
qui descendent un peu obliquement du sommet à la base. Un tubercule obtus et fort large occupe l'intervalle qui sépare chaque
varice. Les varices elles-mêmes sont élargies, aplaties; leur bord
devient membraneux, et il est finement plissé. Le dernier tour se
termine insensiblement en un canal large, qui semble bifurqué,
quoiqu'il ne le soit pas en réalité. Cette bifurcation est due à la
présence du canal que l'animal occupait lorsqu'il faisait la varice
précédente. L'ouverture est petite, ovalaire; le bord droit, légèrement relevé en dehors, est plus ou moins renflé dans toute sa
longueur. Toute cette coquille est du blanc le plus pur. Elle est
longue de 65 millimètres, et large de 30.

## † 74. Rocher foliacé. *Murex foliatus*. Gmel.

*M. testâ ovato-oblongâ, transversìm costatâ, trifariàm varicosâ,*
*fuscescente; varicibus albo-griseis, latissimis, submembranaceis;*
*aperturâ ovatâ, albâ, ad basin unidentatâ.*

*Murex foliatus.* Gmel. p. 3529.

*Murex purpura foliata.* Chemn. Conch. t. 10. p. 250. pl. 161.
f. 1538-1539?

*Purpura foliata.* Martyn. Univ. Conch. pl. 66.

*Murex foliatus.* Dillw. Cat. t. 2. p. 687. n° 13.

Wood. Ind. Test. pl. 25. f. 13.

*Murex tripterus.* Kiener. Spec. des Coq. p. 108. n° 82. pl. 26. f. 2.

Habite la côte nord-ouest de l'Amérique, d'après Martyns, et les mers de l'Inde, d'après M. Kiener.

Nous avons rectifié la synonymie de cette espèce, et nous l'avons rendue aussi exacte que nous l'avons pu. On voit qu'après avoir reçu de presque tous les auteurs le nom de *Murex foliatus*, M. Kiener a jugé à propos de lui attribuer le nom d'une autre espèce, qui est fort différente. Il est vrai que Lamarck a contribué pour quelque chose à cette erreur, en introduisant mal-à-propos dans la synonymie du *Tripterus* la citation du *Murex purpura foliata* de Chemnitz. En mettant en regard les trois figures de Martyns, de Chemnitz et de M. Kiener, on reste convaincu qu'elles représentent une seule et même espèce, parfaitement distincte de toutes les autres.

Cette coquille est particulièrement remarquable par la grandeur des varices, qui sont minces et foliacées autant au moins que dans le *Murex philopterus.* Cette espèce se distingue encore par les sept à huit côtes transverses que l'on voit sur le dernier tour, lesquelles, en se prolongeant sur les varices, y produisent des plis assez comparables à ceux d'un jabot. L'ouverture est blanche, ovalaire, et son bord droit porte, vers la base, une dent longue et pointue, tout-à-fait comparable à celle des *Monoceros.*

Cette belle coquille, très rare jusqu'à présent dans les collections, a 65 millimètres de long, et 45 de large, en y comprenant la largeur des varices.

## † 75. Rocher macroptère. *Murex macroptera.* Desh.

*M. testá elongato-fusiformi, rufá, obsoletè transversìm striatá, trialatá; spirá elongato-acutá; in ultimo anfractu varicibus explanatis maximis, lamelliformibus, quadrilobatis, in paginá inferiore eleganter squamoso-lamellosis; aperturá ovatá, canali longo, clauso terminatá.*

Desh. Mag. de Zool. 1841. pl. 38.

Kiener. Spec. des Coq. p. 110. n° 83. pl. 32. f. 2.

Habite...

Cette coquille est allongée, fusiforme; la spire, pointue au sommet, est formée de sept à huit tours médiocrement convexes, divisés en trois parties égales par trois varices régulières, peu saillantes sur les premiers tours, et entre lesquelles se relève un tubercule aplati et obtus. Chaque tour présente donc trois varices et trois tubercules : le dernier tour est court, peu ventru et il se termine à la

base en un long canal faiblement contourné et à peine relevé à son
extrémité. Ce canal, comme dans quelques autres espèces, est complétement fermé, la lame interne de ce canal s'avançant jusqu'à la
lame externe et se soudant avec elle. Les varices de ce dernier
tour sont des plus singulières ; elles s'élargissent en ailes lamelliformes, dont la longueur est en proportion très considérable. Le
bord libre des ailes est découpé en quatre lobes obtus dont les deux
médians sont les plus petits ; la face supérieure de ces ailes se continue avec celle du reste de la coquille, et offre les mêmes accidens
et la même coloration ; mais la face inférieure présente un grand
nombre de petites lamelles longitudinales onduleuses, submbri-
quées et d'une admirable régularité. Ces lamelles semblent produites par le décroissement régulier de la partie du manteau qui se
dilate périodiquement pour donner lieu aux varices. L'extrémité
inférieure de l'aile est en partie détachée du canal par une échancrure assez large, dans la longueur de laquelle le bord, renversé sur
lui-même, est garni de quelques crénelures. L'ouverture est régulièrement ovalaire ; elle semble entière à cause de la continuité de
son bord, très mince et médiocrement relevé. Outre les accidens
extérieurs dont nous venons de parler, on remarque encore un petit nombre de stries ou de fines côtes transverses à peine saillantes,
et que l'on voit aboutir en formant l'éventail jusque sur le bord
des ailes. Toute la coquille est d'un brun fauve uniforme ; les côtes
principales sont d'un brun un peu plus foncé. La longueur de cette
espèce est de 43 mill., la largeur est de 23, en y comprenant la
largeur des ailes.

## † 76. Rocher de Saul. *Murex Saulii.* Sow.

*M. testâ elongato-fusiformi, trifariàm obliquè varicosâ, transversim
inæqualiter striatâ, fulvâ ; striis fuscis ; varicibus frondosis, purpu-
reo-roseis ; aperturâ ovatâ, supernè emarginatâ, albâ, ad periphæriam roseâ ; labro tenuè et profundè denticulato.*

Sow. jun. Zool. Soc. Proc. 1840.

Sowerby, Conch. illustr. n° 34. f. 77.

Habite les Philippines.

Coquille habituellement confondue, dans les collections, avec le *Murex
palma rosæ*, dont elle se distingue constamment par des caractères
que l'on retrouve dans tous les individus, de sorte que cette espèce
mérite d'être maintenue, malgré l'opinion contraire de M. Kiener.
On la distingue en ce qu'elle est plus étroite ; elle a toujours trois
épines rameuses dans la longueur du canal ; et, entre chacune des
grandes épines des varices, il y en a une plus petite se relevant

perpendiculairement et formant un angle presque droit avec les premières. Un autre caractère non moins constant et peut-être plus important, c'est que le bord droit, à sa jonction avec l'avant-dernier tour, présente toujours une échancrure courte comparable à celle des Pleurotomes. La coloration de cette coquille est des plus élégantes; elle a beaucoup d'analogie avec celle du *palma rosæ*, et c'est à cause de cela qu'elle a été confondue avec lui.

Elle a 85 mill. de long. et 45 de large, en y comprenant la longueur des épines.

### † 77. Rocher octogone. *Murex octogonus*. Quoy et Gaim.

*M. testá fusiformi, subventricosá, apice acutá, transversè sulcatá, octofariàm spinosá, rubro-fuscescente ; anfractibus sulcatis, echinatis ; canali suprá valdè varicosá; aperturá ovali, violaceá et striatá.*

Quoy et Gaim. Voy. de l'Astr. Zool. t. 3. p. 521. pl. 36. f. 8. 9.
Sow. jun. Conch. Illustr. n° 112. f. 103. *Murex peruvianus.*
Kiener. Spec. des Coq. p. 64. n° 46. pl. 15. f. 2.
Habite les mers du Pérou (Pacosmayo), la baie des Iles, à la Nouvelle-Zélande (Quoy).

Assez petite espèce fusiforme, peu ventrue, dont la spire est longue, pointue, ayant des tours bien distincts; le dernier subitement plus gros, séparé de celui qui le précède par une suture profonde. Il est chargé de huit rangées longitudinales de varices épineuses, pressées, cannelées, déjetées à droite et recourbées en arrière ; elles sont réunies par des cannelures arrondies qui sillonnent profondément la coquille en travers. Le reste de la spire présente la même disposition en décroissant jusqu'à la pointe, qui n'est plus que tuberculeuse. L'extrémité du canal a trois rangées obliques d'épines recourbées. L'ouverture est ovalaire, sillonnée et violacée sur le bord droit, blanche à la columelle. Le fond de la couleur est rougeâtre et les reliefs bruns.

Cette coquille est longue de 38 mill. et large de 16.

### † 78. Rocher zélandais. *Murex zelandicus*. Quoy et Gaim.

*M. testá globosá, anteriùs ventricosá, subfragili, albidá longitrorsùm quinquies spinosá, leviter transversìm sulcatá; spinis ultimis anfractús longioribus, recurvatis; spirá longá, acutá; aperturá ovali et albá; canali brevi contorto, squamoso.*

Quoy et Gaim. Astr. Zool. t. 3. p. 529. pl. 36. f. 5-7.
Sow. jun. Conch. Illustr. n° 99. f. 34.
Kiener. Spec. des Coq. p. 54. n° 38. pl. 27. f. 2.

Habite la Nouvelle-Zélande, dans le détroit de Cook.

Jolie espèce assez fragile, courte, très épineuse, peu ventrue, à spire longue, très pointue, dont les tours sont arrondis, bien distincts, carénés dans leur milieu par le rang d'épines dont ils sont couverts. Le dernier en a cinq rangées longitudinales, bien distinctes, se touchant par leur base. Les plus grandes avoisinent la suture. Toutes sont canaliculées, très aiguës, et plus ou moins recourbées en arrière. Le dernier tour seul est faiblement sillonné. L'ouverture est grande, ovalaire, d'un beau blanc; la columelle lisse, le canal gros, assez long, un peu tordu et fortifié de cinq lamelles décroissantes qui existent chez les plus petits individus. Le bord droit est fortement épineux, et porte la plus longue de toutes les pointes en arrière. La couleur de ce rocher est d'un blanc jaunâtre uniforme; les jeunes sont plus élancés, et ont la spire proportionnellement plus longue (Quoy).

Cette coquille est longue de 54 mill. et large de 20.

† 79. **Rocher princier.** *Murex princeps.* Brod.

*M. testâ subrhomboideâ, ventricosâ, sexfariàm frondosâ, frondibus longioribus, laciniatis, transversim substriatâ, albâ rufo-purpureo fasciatâ; operculo crasso, parvo.*

Brod. Proced. of Zool. soc. Lond. 1832. p. 175.

Sow. jun. Conch. Illustr. n° 83. f. 43.

Kiener. Spec. des Coq. p. 56. n° 40. pl. 29. f. 1.

Habite l'Amérique centrale.

Très belle espèce ovale-ventrue, subfusiforme, reconnaissable aux six varices qui divisent les tours. Sur ces varices s'élèvent des épines dont la première est la plus grosse; les trois autres sont assez grêles, droites, concaves en dessous et dentelées sur les bords; les intervalles qui les séparent ne sont pas égaux, celui de la seconde et de la troisième est le plus large, et l'on y remarque deux petites épines obliques très courtes, tandis qu'il n'y en a qu'une semblable dans l'intervalle des autres grandes. Le canal terminal est assez grêle, légèrement infléchi en dessus, et il porte deux rangées d'épines dont la première est la plus longue. Ces épines se redressent dans l'intervalle des épines des varices, et se croisent avec elles. L'ouverture est ovale-obronde; elle est d'un très beau blanc bordé de brun. La coloration de cette espèce est fort élégante : elle consiste en fascies transverses de la largeur des épines, et du plus beau rouge brun, très foncé, sur un fond blanc.

Cette belle coquille, rare encore dans les collections, a 80 mill. de long et 45 de large, sans y comprendre les épines.

† 80. **Rocher royal.** *Murex regius.* Wood.

>*M. testá ovato-subglobosá, transversìm sulcatá ; sexfariàm duplicato-spinosá ; spinis canaliculatis, rubentibus, albo-lutescente, posteriùs purpurascente, suturis fasciá piceo-nigrá zonalis ; labio interiore suprá nigropicto, subtùs roseo ; umbilico subtecto ; caudá subascendente.*

Wood. Ind. Test. Sup. pl. 5. f. 13.

*Phillonotus regius.* Swain. Exot. Conch. pl. 15.

*Murex regius.* Sow. jun. Conch. Ill. n° 89.

Kiener. Spec. des Coq. p. 65. n° 47. pl. 42 et 43. f. 1.

Habite les côtes du Pérou.

Espèce fort élégante, l'une des plus richement ornées par sa coloration. Elle est ovale-ventrue; ordinairement sa surface est divisée par six varices, quelquefois il y en a sept. Ces varices sont découpées en épines courtes, comprimées, squamiformes, dont la première, plus grande que les autres, forme une rangée supérieure qui couronne les tours. Ces dentelures sont à double rang. Dans le rang inférieur, elles sont plus courtes, et elles viennent se placer assez fréquemment dans la concavité des supérieures. Les intervalles des varices sont ordinairement sillonnés ; dans quelques individus ils sont striés seulement. L'ouverture est du rose pourpré le plus vif et de la nuance la plus agréable. Cette ouverture est ovalaire ; elle est accompagnée d'un bord gauche qui s'étale sur le ventre de la coquille en une callosité large, mais peu épaisse, et qui, à sa partie supérieure, est teinte du plus beau noir. Le bord droit est assez épais, et il est profondément denté dans toute sa longueur. Le canal terminal est assez large et épais; on y remarque trois rangées d'épines qui se projettent dans des directions différentes. Sur un fond d'un blanc rosé, cette coquille présente trois ou quatre zones transverses de taches du plus beau brun. L'une de ces zones, plus continue, occupe la suture des tours. Sur le sommet des sillons, il y a souvent de petites taches d'un brun moins foncé; enfin, le bord des varices se dessine en rose pourpré.

Cette coquille a jusqu'à 95 mill. de long, et 60 de large.

† 81. **Rocher érythrostome.** *Murex erythrostomus.* Swain.

>*M. testá ovato-oblongá, quinquefariàm duplicato-spinosá, transversìm sulcatá, albidá ; spinis compressis, canaliculatis, simplicibus, roseis ; spirá exsertá ; caudá umbilicatá ; fauce roseá.*

Swains. Zool. illustr. 2e série, t. 2. pl. 73.

*Murex bicolor.* Kiener. Spec. des Coq. p. 67. n° 48. pl. 28. f. 1. Sow. jun. Conch. illust. n° 91.

*Murex regius.* Schub. et Wagn. Supp. Chemn. t. 12. p. 133. pl. 230 f. 4066-4067.

Habite... l'Océan pacifique, les côtes du Pérou.

Coquille fort remarquable, qui a la plus grande analogie avec la *Murex regius.* On la distingue, au premier aspect, d'abord parce qu'elle n'a que cinq varices, que ces varices ont un moindre nombre d'épines, et que les trois épines médianes sont ordinairement obstruées, et jamais creusées en tuile comme toutes les autres. Dans l'intervalle des varices s'élève une côte longitudinale profondément découpée en tubercule, et presque aussi saillante que les varices mêmes. Enfin, dans les individus bien frais, on voit, sur toute la surface de la coquille, des stries transverses très fines, très serrées et irrégulièrement granuleuses. L'ouverture est ovalaire, du rouge pourpré le plus brillant ; elle est garnie d'un bord gauche très large, et relevé en une lamelle très saillante dans presque toute sa longueur. Le bord droit est mince profondément dentelé ; les dentelures sont deux à deux, chaque paire étant séparée par une gouttière plus profonde. A l'extérieur, cette coquille est d'un blanc rosé, terne, et les bords des varices ont le rouge pourpré de l'ouverture.

Cette coquille a 10 cent. et demi de longueur et 65 mill. de largeur.

† **82. Rocher impérial.** *Murex imperialis.* Swain.

*M. testá ovato-ventricosá, crassá, ponderosá, quinque varicosá, transversìm costatá et striatá, albidá, aliquandò roseo-tinctá ; varicibus crassis, subdentatis ; aperturá ovatá, aurantiá, canali lato, contorto, umbilicato terminatá ; labro denticulato ; columellá basi rugosá.*

Swains. Zool. illustr. 2e série. t. 2. pl. 67.

Sow. jun. Conch. Illust. n° 90.

Kiener. Spec. des Coq. p. 69. n° 50. pl. 39 et 40. f. 1.

Habite... l'Océan pacifique, sur les côtes de l'île Marguerite, d'après M. Kiener.

Fort belle espèce qui a beaucoup d'analogie avec les *Murex regius* et *Erythrotomus.* Elle est ovale, ventrue, épaisse, pesante et rendue pentagonale par les cinq grosses varices qui descendent du sommet à la base. Ces varices ne sont point armées d'épines comme dans les autres espèces : ces épines sont remplacées par de gros tubercules comprimés, et assez tranchans au sommet. La base de ces tubercules se continue dans les interstices sous forme de côtes transverses, au nombre de cinq ou six. Indépendamment de ces accidens extérieurs, on voit encore sur la surface un grand nombre de stries transverses, irrégulières ou sub-écailleuses. Ces découpures des stries ne se montrent que dans les individus les plus frais. L'ouverture est ovalaire, d'un beau jaune orangé pâle et uniforme. Un bord gauche, assez large, s'étale sur l'avant-dernier tour, et se relève dans une grande partie de sa longueur en une lame saillante et épaisse qui vient gagner obliquement l'origine du canal pour se terminer au-dessous de lui en un angle saillant et triangulaire. Le bord droit est épais et profondément découpé en dentelure.

Cette belle espèce a 95 mill. de long, et 70 de large.

## † 83. Rocher scalaroïde. *Murex distinctus*. Jan et Crist.

*M. testá elongato-subturritá, albá, subdecussatá, quinquefariàm varicosá ; varicibus obliquatis, angustis, acutis; anfractibus convexis, suturá profundá separatis : ultimo caudá brevi, basi perforatá terminato; aperturá ovatá, albá, simplici.*

*Murex distinctus*. Jan. et Cristo. Cat. n° 4.

*Murex scalarinus*. Bivon. p. 27. pl. 3. f. 11.

*Murex distinctus*. Philip. Enum. Moll. Sicil. p. 209. n° 5. pl. 11. f. 32.

*Murex scalaroïdes*. Blainv. Faune Franç. p. 131. n° 8. pl. 5 A. f. 5. 6. *ampliata*.

*Id.* Kiener. Spec. des Coq. p. 95. n° 71. pl. 9. f. 2.

Habite les mers de la Sicile.

Petite espèce très singulière, qui a assez l'apparence d'une coquille du genre Scalaire. Elle est allongée, étroite ; la spire est aussi longue que le dernier tour, et sa surface est divisée par cinq varices qui n'ont de régularité que dans un petit nombre d'individus. Ces varices sont étroites, disposées obliquement, de sorte qu'elles semblent monter en tournant en spirale jusqu'au sommet. Ce qui rend particulièrement cette espèce remarquable, c'est que lorsqu'elle est fraiche et non roulée, elle est naturellement enduite d'une couche calcaire d'un blanc mat, dans laquelle sont creusées des stries transverses, longitudinales, qui ne deviennent apparentes qu'autant que la couche extérieure a subi des dégradations. Dans un petit individu que nous possédons, on voit que ces stries intérieures s'ouvrent au dehors sur l'angle des varices. Lorsque cette croûte calcaire est enlevée, la coquille est d'un jaune pâle, couleur de corne, et elle est tellement changée que l'on pourrait la prendre pour une autre espèce. L'ouverture est régulièrement ovale, et son bord droit est pourvu, vers la base, de deux ou trois dents très obsolètes. Le canal terminal est court, et il est percé à la base d'un ombilic étroit, mais profond.

Les grands individus de cette espèce ont 20 mill. de long, et 10 de large.

### † 84. Rocher rude. *Murex salebrosus.* King.

*M. testâ elongato-ovatâ, subalbidâ, fasciis fuscis ornatâ, sub epidermide cinereâ; spirâ brevi; anfractibus angulatis, nodulosis; aperturâ oblongâ, ad basin angustâ, castaneâ, intùs albâ; labro internè denticulato, dentibus obtusis, albis; columellâ rectâ, lævi; canali brevi.*

King. Zool. journ. t. 5. p. 347. n° 57.

*Murex vitulinus.* Gray. Beeck. Voy. Zool. p. 108. pl. 33. f. 4. 6.

Sow. jun. Conch. Illustr. n° 116. f. 5. e. t. 48.

Kiener. Spec. des Coq. p. 121. n° 92. pl. 47. f. 1. i. a.

Habite les côtes de l'Amérique méridionale.

Coquille qui a beaucoup d'analogie avec le *Murex vitulinus* de Lamarck; mais elle en a beaucoup plus avec une espèce fossile des environs de Bordeaux, et que M. Basterot a fait connaître sous le nom de *Murex lingua bovis.* Celle-ci est allongée, fusoïde, son sommet est comme écrasé et aplati; les premiers tours sont courts et anguleux, les suivans sont plus larges et plus arrondis. Les varices sont à peine saillantes sur les premiers tours; il y en a quelquefois trois ou quatre régulièrement espacées sur le dernier. Ces dernières varices sont composées de plusieurs feuillets rapprochés et disjoints. Le dernier tour s'atténue insensiblement en un canal assez long, droit, largement ouvert, et qui ressemble peu à celui des *Murex.* Toute la surface de cette coquille est chargée d'un grand nombre de granulations inégales, irrégulières, et très irrégulièrement distribuées. Toute la coquille est d'un brun terne, se fondant avec des marbrures irrégulières de brun plus foncé entre lesquelles on distingue trois zones brunes transverses sur le dernier tour.

Cette coquille intéressante a 85 mill. de long, et 40 de large.

### † 85. Rocher de Blainville. *Murex cristatus.* Brocc.

*M. testâ oblongâ, subfusiformi, longitudinaliter costatâ aut varicosâ, transversim sulcatâ, rubente vel fuscescente; varicibus spinosis; aperturâ ovatâ; labro incrassato, intùs inæqualiter quinque dentato.*

Brocchi. Conch. Foss. subap. t. 2. p. 394. pl. 7. f. 15.

*Murex Blainvillei.* Payr. Cat. des Moll. de Corse. p. 149 pl. 7. f. 17. 18.

*Murex cristatus.* Philip. Enum. Moll. Sicil. p. 209. n° 6. pl. 11. f. 25. *Pro Var. B.*

*Cancellaria Blainvilei.* Blainv. Faun. franç. p. 139. pl. 5. f. 4. et pl. 56. f. 6. 7.

*Murex cristatus.* Potiez et Mich. Cat. de Douai. p. 413. n° 3.

*Murex Blainvillei.* Desh. Expéd. scient. de Morée. Zool. p. 188. n° 321.

*Murex cataphractus et cristatus.* Sow. jun. Conch. ill. n° 121. f. 40.

*Murex Blainvillei.* Kiener. Spec. des Coq. p. 98. n° 74. pl. 40. f. 2.

Habite la Méditerranée.

Nous rendrons à cette espèce son premier nom, parce qu'en effet les individus vivans, d'après lesquels M. Payraudeau a institué le *Murex Blainvillei,* sont tout-à-fait identiques avec l'espèce fossile nommée long-temps avant *Murex cristatus* par Brocchi.

Cette coquille est allongée, étroite, fusiforme; sa spire est presque aussi longue que le dernier tour; elle est divisée par sept ou huit varices très variables; car tantôt elles sont armées de pointes aiguës, tantôt elles en sont dénuées, et ressemblent alors à des côtes longitudinales. Outre ces varices, la surface de la coquille présente un assez bon nombre de filets transverses égaux, réguliers qui, en passant sur les varices, se relèvent en forme d'épines. Entre ces filets, on remarque un réseau obsolète de stries transverses et longitudinales. L'ouverture est ovale et rétrécie d'une manière notable par les cinq dentelures assez grosses qui garnissent le bord droit à l'intérieur. La coloration de cette espèce est très variable. Il y a des individus bruns, d'autres jaunâtres; nous en avons vu de violets, et il y a une variété rouge assez constante.

Les grands individus ont 35 mill. de long et 18 de large.

## † 86. Rocher tétraptère. *Murex tetrapterus.* Bronn.

*M. testá minimá, ovato-oblongá, lævigatá, quadrifariàm varicosá; varicibus angulosis, ad suturam abruptè truncatis; anfractibus superaè subdepressis, in interstitiis tubulosis : ultimo anfractu in canalem latum sensim desinente; canali anticè clauso; aperturá ovatá; labro lateraliter expanso.*

Phil. Enum. Moll. Sicil. p. 208. n° 2. *M. fistulosus.*

Blainv. Faune franç. p. 129. n° 6. pl. 5. b. f. 2. 3.

*Typhis Sowerbyi. Var.* Sow. jun. Conch. ill. f. 9.

Kiener. Spec. des Coq. p. 124. n° 94. pl. 6. f. 4.

Bronn. Lethb. Geogn. t. 2. p. 1077. pl. 41. f. 13. a. b.

Michelotti. Monog. del genere *Murex*. p. 6. n° 3. pl. 1. f. 6. 7.

*Murex tubifer*. Borson. Oritt. Piem.

Michelot. Sag. Oritt. p. 37. pl. 3. f. 3. 4.

Habite la Méditerranée. Fossile en Sicile.

Presque tous les auteurs, et nous-même, à leur exemple, avons
autrefois confondu cette espèce avec le *Murex fistulosus* de Brocchi. M. Bronn, et M. Michelotti ensuite, ont reconnu qu'elle méritait d'être distinguée, et, adoptant leur opinion, nous avons rétabli, aussi exactement que possible, la synonymie de cette espèce
intéressante. Elle appartient au genre *Typhis* de Montfort ; et, malgré le désir que nous avions d'observer l'animal vivant, il nous a
été impossible de le recueillir pendant notre séjour sur les côtes de
l'Algérie. On ignore encore quel organe passe à travers cette épine
fistuleuse qui est ouverte près de l'ouverture, et que l'on retrouve
entre chaque varice jusqu'au sommet de la coquille. La spire est
courte ; elle est aplatie en dessus, et les varices elles-mêmes sont
subitement tronquées à l'endroit de cet aplatissement. Les varices
sont au nombre de quatre ; elles sont simples, anguleuses, et la dernière, celle qui borde l'ouverture, est en proportion plus dilatée
que les précédentes. Toute la surface de la coquille est lisse, cependant il y a des individus qui ont quelques stries transverses obsolètes, d'après M. Michelotti. Le dernier tour se continue insensiblement à la base en un canal assez long, légèrement relevé, et
entièrement fermé comme dans le *Murex gibbosus*. L'ouverture est
petite, régulièrement ovale ; ses bords relevés semblent continus.
La couleur de cette espèce est ordinairement le blanc grisâtre,
quelquefois teinté de brun clair ferrugineux. Il y a une variété de
très beau brun.

Cette petite coquille a 18 mill. de long et 12 de large.

## *Espèces fossiles.*

**1. Rocher triptéroïde. *Murex tripteroides*. Lamk.**

*M. testâ fossili, elongatâ, subfusiformi, trigonâ, transversè sulcatâ,
trialatâ; alis membranaceis, indivisis; tuberculis interstitialibus
majusculis; labro crenulato, intùs dentato.*

*Murex tripterus*. Annales du Mus. vol. 2. p. 222. n° 1.

*Murex tripterus*. Encyclop. pl. 417. f. 3. a. b.

* Knorr. Petrif. t. 2. pl. C. 11. f. 8.

* Favanne. Conch. pl. 66. f. 12. t. 122. n° 4 ?

* Desh. Coq. foss. de Paris. t. 2. p. 595. n° 9. pl. 82 f. 1. 2.

* De-h. Encyclop. méth. Vers. t. 3. p. 906. n° 25.
* Brocc. Ceth. Geogns. p. 1078 n° 5. pl. 40. f. 24.

Habite... Fossile de Grignon. Mon cabinet. Je le considérais comme l'analogue fossile du *Rocher triptère*, n° 26 ; mais il est plus al-longé, et offre des caractères différens (1). Longueur, 2 pouces 4 lignes.

### 2. Rocher tricariné. *Murex tricarinatus*. Lamk.

*M. testâ fossili, ovato-oblongâ, trigonâ, transversè sulcatâ, trifa-riàm varicosâ ; varicibus dentato-crispis, anticè subspinosis ; caudâ ascendente.*

*Murex asper*. Brand. Foss. t. 3. f. 77. 78.

*Murex tricarinatus*. Annales, ibid. p. 223. n° 2.

Encyclop. pl. 418. f. 5. a. b.

* Roissy. Buf. Moll. t. 6. p. 55. n° 9.
* Potiez et Mich. Cat. de Douai. p. 419. n° 32.
* De-h. Encyclop. méth. Vers. t. 3. p. 906. n° 26.
* Desh. Coq. foss. de Paris. t. 2. p. 597. n° 11. pl. 82. f. 11. 12.

Habite... Fossile de Grignon. Mon cabinet. Longueur, 18 lignes.

*Nota*. Pour les autres fossiles de ce genre, voyez-en la suite dans le volume cité des Annales du Muséum.

### 3. Rocher contabulé. *Murex contabulatus*. Lamk.

*M. testâ elongatâ, trigonâ, transversè sulcatâ, tricarinato-frondosâ ; anfractuum angulis distinctis, subspinosis.*

*Murex contabulatus*. Annales. vol. 2. p. 223. n° 3.

* Desh. Coq. foss. de Paris. t. 2. p. 595. n° 8. pl. 82. f. 5. 6.

Habite... Fossile de Grignon. Cab. de M. *Defrance*. Je soupçonne fort que ce Rocher fossile n'est qu'une variété du *Murex tricari-natus*. Il est seulement plus allongé, moins ventru, et a sa spire pyramidale. Son ouverture est obscurément trigone.

### 4. Rocher calcitrapoïde. *Murex calcitrapoides*. Lamk.

*M. testâ ovatâ, subseptifariàm frondosâ ; superficie crispâ ; angulis spinosis ; columellâ subumbilicatâ.*

*Murex calcitrapa*. Ann. ibid. n° 4.

* *An eadem ?* *Murex cristatus*. Sow. Min. Conch. pl. 230. f. 1. 2.

---

(1) Ce que dit ici Lamarck de ce Murex semble contredire son opinion touchant l'analogie qu'il lui trouve avec le Rocher triptère : si le fossile est plus allongé et offre des caractères différens, il n'est donc point l'analogue de l'espèce vivante.

* Desh. Coq. foss. de Paris. t. 2. p. 588. n° 2. pl. 81. f. 26. 27.

Habite... Fossile de Grignon. Mon cabinet. Celui-ci n'est pas rare, et cependant il est assez difficile à déterminer, à cause de ses rapports avec les suivans. Comme le bord droit de son ouverture se prolonge dans sa partie supérieure en une pointe allongée et épineuse, les épines du dernier tour de spire le font paraître hérissé de pointes comme une chausse-trape. Il est un peu ridé transversalement, et toute sa superficie est légèrement feuilletée et crépue. Ouverture trigone, à canal ouvert. Longueur, 3 centimètres.

## 5. Rocher crépu. *Murex crispus.* Lamk.

*M. testâ ovatâ, subnovemfariàm frondosâ, ferè muticâ; superficie crispâ; sulcis transversalibus.*

*Murex crispus.* Ann. *ibid.* p. 224. n° 5.

* Desh. Coq. foss. de Paris. t. 2. p. 589. n° 5. pl. 81. f. 7 à 12.

Habite... Fossile de Grignon. Mon cabinet. Ce Rocher a de si grands rapports avec le précédent, qu'il semble n'en être qu'une variété, néanmoins il n'est presque pas épineux; sa spire est plus allongée, son ouverture est plus courte, ainsi que le canal de sa base, et il devient moins grand. Sa longueur est d'environ 2 centimètres.

## 6. Rocher frondiculé. *Murex frondosus.* Lamk.

*M. testá ovato-oblongâ, subnovemfariàm varicosâ; superficie varicibusque frondoso-crispis; caudâ longiusculâ.*

*Murex frondosus.* Ann. *ibid.* n° 6.

* Desh. Coq. foss. de Paris, t. 2. p. 591. n° 5. pl. 82. f. 20 à 25.

[b] *Var. anfractibus supernè spinoso-coronatis, costarumque interstitiis vix frondosis.* Cab. de M. *Defrance.*

Habite... Fossile de Grignon. Mon cabinet et celui de M. *Defrance.*

Coquille petite, fort jolie, et remarquable en ce que ses bourrelets, qui sont au nombre de sept à neuf, et toute sa superficie, sont élégamment feuilletés, plissés, et comme crépus ou frisés. Elle a, comme les deux précédentes, des sillons ou des rides transverses; mais son dernier tour n'est pas armé de longues épines ouvertes, comme le Rocher en chausse-trape, et le canal de sa base n'est pas raccourci comme dans le Rocher crépu. Longueur, 20 à 23 millimètres.

## 7. Rocher grillé. *Murex clathratus.* Lamk.

*M. testá ovatá, costulatá, transversìm sulcatá; labro intùs dentato; caudâ brevi.*

*Murex clathratus.* Ann. *ibid.* n° 7.

Habite... Fossile de Grignon. Cab. de M. *Defrance*. Ce Rocher
avoisine les Buccins par son aspect. Il a sur ses tours de spire dix
à douze petites côtes longitudinales, entre lesquelles on voit des
rides transverses qui le font paraître grillé ou cancellé. Longueur, 4 à 5 millimètres.

### 8. Rocher subanguleux. *Murex subangulatus*. Lamk.

*M. testá ovato-oblongá, subangulatá, rugis transversìm cingulatá ;
rugarum interstitiis squamosis ; canali obtecto.*

*Murex cingulatus.* Ann. *ibid.* n° 8.

Habite... Fossile de Courtagnon. Mon cabinet. Ce Rocher, assez
commun à Courtagnon, a quelque chose du *Murex craticulatus*
de Linné dans son aspect ; mais il est moins grand, moins chargé
de varices ou de bourrelets, et les interstices de ses rides ou cordelettes transverses sont écailleux, ce qui l'en distingue fortement.
Longueur, environ 4 centimètres.

### 9. Rocher striatule. *Murex striatulus*. Lamk.

*M. testá oblongá, sublævigatá ; striis transversis, obsoletis, inæquali-
bus ; varicibus subsolitariis ; aperturá dentatá.*

*Murex striatulus.* Ann. *ibid.* p. 225. n° 9.

* *Triton striatulus.* Desh. Coq. fossiles de Paris. t. 2. p. 612. n° 5.
pl. 80. f. 13. 14. 15.

Habite.... Fossile de Grignon. Cabinet de M. *Defrance*. Il paraît
lisse, et ne présente sur chaque tour de sa spire que quelques
bourrelets rares et convexes. Le bord droit de son ouverture est
denté en dedans. Longueur, à peine 2 centimètres.

### 10. Rocher pyrastre. *Murex pyraster*. Lamk. (1)

*M. testá ovatá, caudatá, transversìm sulcatá; costis longitudinalibus
obsoletis, subnodulosis; aperturá rotundatá.*

*Murex pyraster.* Ann. *ibid.* n° 11.

* *Triton pyraster.* Desh. Coq. foss. de Paris. t. 2. p. 616. n° 11.
pl. 80. f. 36. 37. 38.

* Potiez et Mich. Cat. de Douai. p. 423. n° 15.

* Roissy. Buf. Moll. t. 6. p. 57. n° 13.

Habite... Fossile de Grignon. Mon cab. et celui de M. *Defrance*. Ce
Rocher sera pproche beaucoup, par ses rapports, du *Murex pyrum*

---

(1) Cette espèce, ainsi que la précédente, doit quitter le genre
*Murex* pour entrer dans celui des Tritons; elle est voisine, par
ses caractères, du *Triton clandestinum*.

de Linné [l'un de nos Tritons] ; mais ses varices ne sont point alternativement interrompues. Longueur, 35 ou 36 mill.

## 11. Rocher tricoté. *Murex textiliosus*. Lamk.

*M. testâ ovatâ, obsoletè costatâ, transversim striatâ; striarum interstitiis squamulosis; columellâ unidentatâ, subumbilicatâ.*

*Murex textiliosus.* Ann. ibid. n° 12.

* *Fusus textiliosus.* Desh. Coq. foss. de Paris. t. 2. p. 576. n° 59. pl. 82. f. 17. 18. 19.

Habite... Fossile de Chaumont. Cab. de M. *Defrance.* Ce Rocher est ovale-fusiforme, et a environ 38 mill. de longueur. Il est garni transversalement de stries inégales, entre lesquelles des rangées longitudinales de très petites écailles donnent à sa surface l'apparence d'un tissu de tricot.

## 12. Rocher tête-de-couleuvre. *Murex colubrinus* (1). Lamk.

*M. testâ elongatâ, subfusiformi; striis transversis, granulosis, tenuissimis; varicibus raris.*

*Murex colubrinus.* Ann. ibid. p. 226. n° 13.

*Triton colubrinum.* Desh. Coq. foss. de Paris. t. 2. p. 610. n° 3. pl. 80. f. 22. 23. 24.

Habite... Fossile de Grignon. Cab. de M. *Defrance.* Il est presque fusiforme, porte des bourrelets rares, et une rangée de tubercules très peu élevés sur le milieu de chaque tour. La finesse de ses stries transversales lui donne beaucoup d'élégance. Bord droit denté à l'intérieur. Longueur, un peu plus de 3 centimètres. Serait-ce un Triton.

## 13. Rocher réticuleux. *Murex reticulosus*. Lamk.

*M. testâ ovatâ, utrinquè acutâ, costulis decussatis reticulatâ; aperturâ triangulari; labro intùs dentato.*

*Murex reticulosus.* Ann. ibid. n° 16.

*Triton reticulosum.* Desh. Coq. foss. de Paris. t. 2. p. 615. n° 9. pl. 80. f. 30. 31. 32.

Habite... Fossile de Grignon. Coquille réticulée, ayant de petites côtes longitudinales nombreuses et des stries transverses qui se croisent avec ces côtes. Elle a des rapports avec le *Murex magellanicus* de Gmelin ; mais elle est fort petite, et n'est presque point feuilletée. Longueur, 7 à 8 mill.

---

(1) Cette espèce et la suivante doivent passer dans le genre Triton, dont elles ont tous les caractères.

## 14. Rocher tubifère. *Murex tubifer.* Lamk.

*M. testá ovatá, utrinquè attenuato-acutá, subquadrifariàm spinosá; spinis erectis, arcuatis; anfractibus tubiferis.*

*Murex pungens.* Brander. Foss. Hant. pl. 3. f. 81. 82.

*Murex tubifer.* Brug. Journ. d'hist. nat. n° 1. p. 28. pl. 2. f. 3. 4.

*Murex tubifer.* Ann. ibid. n° 17.

* Blainv. Malacologie. pl. 17 bis. f. 3.

* Roissy. Buff. Moll. p. 53.

* Sow. Conch. Ill. f. 397.

* *Typhis tubifer.* Montf. Conch. t. 2. p. 614.

* Defrance. Dict. des Sc. nat. t. 45. p. 539. *Excl. plur. syno.*

* Sow. Min. Conch. pl. 189. f. 3 à 8.

* Bronn. Leth. Geogn. t. 2. p. 1073. n° 1.

Habite... Fossile de Grignon où il n'est pas rare. Mon cabinet. Les caractères de ce Rocher fossile sont extrêmement remarquables. Il est ovale, atténué en pointe aux deux bouts, garni d'environ quatre rangées de bourrelets épineux, à épines montantes, arquées et fistuleuses. Dans les interstices de ces bourrelets, on voit sur chaque tour de spire des tubes courts, isolés dans chaque intervalle. Ces tubes ne sont point des épines cassées, car celles-ci ne se forment que sur des bourrelets. Longueur, 14 lignes trois quarts. Selon *Bruguières*, l'analogue marin de cette coquille singulière existe à Londres, dans le cabinet de feu le docteur Hunter.

## 15. Rocher torulaire. *Murex torularius.* Lamk.

*M. testá obovatá, anteriùs ventricosá, crassá, suboctofariàm varicosá; varicibus supernè bituberculatis; spirá depressá, mucronatá; caudá longiusculá, tuberculis subspinosis muricatá.*

Habite... Fossile du Piémont. Mon cabinet. Coquille épaisse, ventrue et élargie antérieurement comme dans les Pyrules, à sept ou huit rangées de varices. Sa spire est très déprimée, presque mutique, et mucronée au centre. Le dernier tour, qui forme la plus grande partie de la coquille, offre supérieurement deux rangées de grands tubercules bien séparés et fort épais. La queue est un peu allongée, subombiliquée, hérissée de tubercules presque spiniformes. La surface de cette coquille est sillonnée transversalement. Longueur, 2 pouces 9 lignes.

---

**TRITON** (Triton.)

Coquille ovale ou oblongue, canaliculée à sa base; à bourrelets, soit alternes, soit rares ou subsolitaires, et ne

formant jamais de rangées longitudinales. Ouverture oblongue. Un opercule.

*Testâ ovatâ vel oblongâ, basi canaliculatâ ; varicibus vel*
*alternis vel raris aut subsolitariis, seriesque longitudinales*
*nequaquàm formantibus.. Aperturâ oblongâ. Operculum.*

OBSERVATIONS. — Quelque grands que soient les rapports
qui lient les Tritons aux Rochers et aux Ranelles, il y a dans
les coquilles de chacun de ces genres des différences constantes
qui les font toujours distinguer au premier aspect. En effet,
dans les Ranelles, les bourrelets de la coquille sont disposés par
rangées longitudinales, mais seulement sur deux côtés opposés;
en sorte que la coquille n'offre que deux séries de bourrelets.
Dans les Rochers, les bourrelets sont encore disposés par rangées longitudinales; mais ces rangées sont plus nombreuses que
dans les Ranelles, car il y en a toujours trois, ou davantage. Enfin, dans les Tritons, la disposition des bourrelets est très différente de celle qui s'observe dans les deux genres précédens. Ici,
jamais ces bourrelets ne forment de rangées longitudinales, c'est-
à-dire, ne sont pas disposés en séries continues dans la longueur
de la coquille; au contraire, ils sont alternes, rares, et presque
solitaires sur chaque tour de la spire. Cette disposition des
bourrelets provient de ce que chaque nouvelle pièce que l'animal a ajoutée à sa coquille est de plus d'un demi-tour. Chaque
pièce ajoutée est donc plus grande que dans les Ranelles, et
l'est bien davantage encore que dans les Rochers. Quelquefois il
n'y a de bourrelet que celui du bord droit, qui ne manque jamais. Ces bourrelets sont en général mutiques, toujours sans
épines.

[ Les animaux des Tritons diffèrent très peu de ceux des Rochers; ils ont cependant une apparence qui leur est propre,
car tous, sans exception, ont une coloration disposée en
ocelles : il faut en excepter seulement les *Triton variegatum*,
*nodiferum* et *australe*. Ces animaux rampent sur un pied court,
mais épais, ovalaire, tronqué en avant, et portant en arrière un
opercule qui a, en effet, beaucoup d'analogie avec celui des
*Murex*, mais qui en diffère par une forme plus oblongue, par
une surface plus lisse, et par un sommet un peu plus inférieur.

On peut dire aussi qu'en général les opercules des Tritons sont moins épais que ceux des Rochers. La tête est assez grosse et saillante ; elle est un peu aplatie de haut en bas, subquadrangulaire, et, des angles antérieurs, s'élève une paire de tentacules longs, coniques, vers le milieu desquels, et du côté externe, se trouve le point oculaire. En dessons de la tête se voit une fente en boutonnière par laquelle l'animal fait sortir une trompe cylindrique assez allongée, au moyen de laquelle il suce et dévore les animaux dont il fait sa proie.

Les coquilles, rassemblées dans le genre Triton, à l'exception de quelques-unes, présentent un ensemble de caractères qui en font un groupe naturel. Les coquilles qui semblent faire exception ont déjà servi de prétexte à Montfort pour en faire un genre *Persona*. Plus tard, M. Schumacher a proposé pour elles un genre *Distorta* ; et, aujourd'hui, un certain nombre de conchyliologues paraissent disposés à adopter ce genre, surtout depuis la publication du voyage de MM. Quoy et Gaimard. En effet, ces naturalistes nous ont appris que, dans l'animal du *Triton anus*, l'opercule est fort différent de celui des autres Tritons, et, qu'à cause de cela, le genre méritait d'être séparé. Si nous en croyons ces mêmes naturalistes, l'animal aurait une tête proboscidiforme ouverte au sommet et donnant passage, par cette ouverture, à une trompe très grêle, fort longue et subclaviforme. Du reste, la position des yeux sur les tentacules, la forme extérieure du corps, sont tout-à-fait semblables à ce qui existe dans les Tritons. Si l'on juge nécessaire de séparer le genre *Persona*, quoique l'opercule se rapproche assez, par sa structure, de celui des Cérites, ce genre devra néanmoins rester dans les connexions les plus intimes avec les Tritons. Pour les personnes qui étudient exclusivement les espèces vivantes, ce genre paraîtra beaucoup plus nettement circonscrit qu'il ne l'est pour nous, qui faisons intervenir les espèces fossiles, espèces au moyen desquelles nous voyons s'établir un passage insensible entre les Tritons proprement dits et ce genre *Persona* de Montfort. Aussi, nous attribuons au groupe la même valeur, à l'égard des Tritons, qu'au petit genre *Typhis* à l'égard des *Murex*.

Lamarck n'a mentionné qu'un petit nombre de Tritons vivans et fossiles. M. Kiener n'en a ajouté qu'un bien petit nombre aux espèces vivantes de Lamarck ; et nous avons été bien surpris de ne trouver aucuns renseignemens dans l'ouvrage de ce naturaliste sur les seize espèces qui ont été publiées dans les *Proceedings de la Société zoologique de Londres*, pour l'année 1833. M. Kiener se contente de publier trente-deux espèces dans un genre où notre seule collection, qui est loin d'être complète, contient cinquante-six espèces. La collection de M. Cuming, à Londres, en renferme près du double. Quant aux espèces fossiles, elles appartiennent toutes au terrain tertiaire, et l'on en compte plus de trente répandues dans les divers étages de ce terrain.]

## ESPÈCES.

### 1. Triton émaillé. *Triton variegatum*. Lamk.

*Tr. testâ elongato-conicâ, tubæformi, infernè ventricosâ, costis lævibus, obtusissimis, cinctâ, albo rubro, spadiceoque eleganter variegatâ; suturis marginato-crispis; aperturâ rubrâ; columellâ albo-rugosâ, supernè uniplicatâ; labri limbo nigro-maculato : maculis albo-bidentatis.*

*Murex tritonis.* Lin. Syst. nat. éd. 12. p. 1222. Gmel. p. 3549. n° 89.

Bonanni. Recr. 3. f. 188.

Lister. Conch. t. 959. f. 12.

Rumph. Mus. t. 28. f. B. et 1.

Petitv. Gaz. t. 151. f. 5. et Amb. t. 12. f. 15.

Gualt. Test. t. 48. f. A.

Seba. Mus. 3. t. 81. *fig. omnes.*

Knorr. Vergn. 2. t. 16. f. 2. 3. et 5. t. 5. f. 1.

Favanne. Conch. pl. 32. f. G 1. G 2.

Martini. Conch. 4. t. 134. f. 1277-1281. et t. 135. f. 1282. 1283.

*Triton variegatum.* Ency. pl. 421. f. 2. a. b.

 * *Buccinum variegatum.* Fab. *Columna.* aquat. et terrestr. Observ. p. LIII. f. 4.

 * *Strombus magnus,* Jonst. Hist. nat. de Exang. pl. 10. f. 4.

 * Lin. Syst. nat. éd. 10. p. 754.

 * Lin. Mus. Ulric. p. 642.

 * *Junior.* Crouch. Lamk. Conch. pl. 18. f. 2.

 * Mus. Gottw. pl. 34. f. 224 a. pl. 35. f. 226.

 * *Trion varié.* Blainv. Malac. pl. 18. fr 3.

* Knorr. Délic. nat. Select. t. 1. Coq. pl. BVI. f. 1.
* Kundmann. Rar. natur. et art. p. 83. pl. 4. f. 8.
* *Murex tritonis*. Dillw. Cat. t. 2. p. 727. n° 91.
* Phili. Enum. Moll. Sicil. p. 212. n° 1.
* Desh. Ency. méth. Vers. t. 3. p. 1054. n° 1.
* Potiez et Mich. Cat. de Douai. p. 421. n° 6.
* *Rariora*. Mus. Besleriani. pl. 20. f. 4.
* Valentyn. Amboina. pl. 8. f. 68. 69.
* Junior. Klein. Tentam. Ostrac. pl. 7. f. 127.
* Roissy. Buf. Moll. t. 6. p. 58. n° 15.
* *Lampusia tritonis*. Schum. Nouv. Syst. p. 250.
* *Murex tritonis*. Pars. Born. Mus. p. 315.
* *Id.* Schrot. Einl. t. 1. p. 525. n° 44.
* Wood. Ind. Test. pl. 27. f. 95.
* Kiener. Spec. des Coq. p. 28. n° 22. pl. 2.

Habite les mers de l'Asie, et spécialement celles de la zone torride. Mon cabinet. Très belle coquille, vivement colorée, agréablement émaillée, ayant ses tours bien arrondis, et qui n'est point noduleuse comme les deux suivantes. Elle est cerclée par des espèces de rides larges et très peu élevées, et le bord supérieur de chacun de ses tours forme un cordon ridé transversalement. Sa queue est courte et ascendante. Elle est assez commune dans les collections. Vulg. la *Trompette-marine* ou la *Conque-de-Triton*. L'un des individus que je possède a jusqu'à 15 pouces 8 lignes de longueur.

## 2. Triton nodifère. *Triton nodiferum.* Lamk. (1)

*Tr. testá ovato-conicá, tubæformi, infernè ventricosá, nodiferá, albâ et rufo-fuscescente nebulosá; anfractibus cingulato-nodosis, supernè obtusè angulatis; columellá supernè biplicatá, infernè rugosá.*

Lister. Conch. t. 960. f. 13.
Martini. Conch. 4. t. 136. f. 1284. 1285.
* Le Cor de mer. Rondel. Hist. des Poissons. p. 52.
* Aldrov. de Test. p. 325.
* Joust. Hist. nat. de Exang. pl. 10. f. 8.

---

(1) Dillwyn confond cette espèce avec la suivante, sous le nom de *Murex nervi.* Il est facile de les distinguer aujourd'hui, étant répandues dans toutes les collections ; ces espèces ont dû recevoir des noms particuliers, et ceux imposés par Lamarck doivent leur rester.

* Marti. Mem. sobre purp. de los antiguos. f. 3.
* *Murex nerei. Pars.* Dillw. Cat. t. 2. p. 728.
* Payr. Cat. des Moll. de Corse. p. 150. n° 300.
* Philip. Enum. Moll. Sicil. p. 212. n° 2.
* Delle Chiaje. dans Poli. Testacea t. 3. pl. 49. f. 9.
* Desh. Ency. méth. Vers. t. 3. p. 1055. n° 12.
* Potiez et Mich. Cat. de Douai. p. 423. n° 12.
* Blainv. Faune franç. p. 113. n° 1. pl. 4. B. f. 2.
* Coilard des Ch. Cat. des Moll. du Finist. p. 51. n° 1.
* Desh. Exp. scient. de Morée. Zool. t. 3. p. 187. n° 318.
* Kiener. Spec. des Coq. p. 29. n° 23. pl. 1.
* Mus. Gottv. pl. 85. f. 224.

Habite la Méditerranée et l'Océan Atlantique. Mon cabinet. Espèce
très distincte de la précédente. Elle est très ventrue, raccourcie
dans sa forme générale, éminemment noueuse sur ses tours, et faiblement colorée. Elle acquiert aussi une assez grande taille.

## 3. Triton austral. *Triton australe.* Lamk.

*Tr. testâ ovato-conicâ, tubæformi, infernè ventricosâ, transversìm
cingulatâ et striatâ, striis longitudinalibus, tenuissimis, decussatâ,
albo et roseo-violacescente nebulosâ, maculis rufescentibus pictâ;
anfractibus dorso biseriatìm tuberculatis; columellâ supernè uniplicatâ, medio lævigatâ, basi rugosâ.*

*Murex tritonium australe.* Chemn. Conch. 11. t. 194. f. 1867.
1868.

* *Murex nerei altera pars.* Dillw. Cat. t. 2. p. 728.
* Sow. Genera of Shells. Triton. pl. 1.
* Reeve. Conch. Syst. t. 2. p. 197. pl. 243. f. 1.
* Kiener. Spec. des Coq. p. 31. n° 24. pl. 3. f. 1.

Habite les mers de la Nouvelle-Hollande, près de Botany-Bay. Mon
cabinet. Ses tubercules sont d'autant plus élevés que la coquille est
plus jeune. Ouverture très blanche, à limbe interne du bord droit
marqué de taches d'un roux brun, offrant chacune deux petites
dents blanches. Longueur, 6 pouces 7 lignes.

## 4. Triton tuberculeux. *Triton lampas.* Lamk.

*Tr. testâ ovato-conicâ, infernè ventricosâ, transversìm striato-gra-
nosâ, tuberculis eminentibus valdè muricatâ, fulvo-rufescente; anfractibus angulatis : ultimo tuberculis magnis coronato; caudâ
breviusculâ, contortâ; columellâ rugosâ; labro margine dentato.*

*Murex lampas.* Lin. Syst. nat. éd. 12. p 1216. Gmel. p. 3532.
n° 26.

Lister. Conch. t. 1023. f. 87.

TOME IX. 40

Bonanni. Recr. 3. f. 103.

Rumph. Mus. t. 28. f. C. D.

Petiv. Amb. t. 12. f. 16. 17.

Gualt. Test. t. 50. f. D.

D'Argenv. Conch. pl. 9. f. D.

Favanne. Conch. pl. 31. f. E 2. E 3.

Knorr. Vergn. 2. t. 28. f. 1.

Martini. Conch. 4. t. 128. f. 1236. 1237 et t. 129. f. 1238.1239.

*Triton lampas.* Ency. pl. 420. f. 3. a. b.

* Blainv. Malac. pl. 18. f. 1.

* Dillw. Cat. t. 2. p. 694. n° 27.

* Desh. Ency. méth. Vers. t. 3. p. 1055. n° 3.

* Potiez et Mich. Cat. de Douai. p. 425. n° 22.

* Wood. Ind. Test. pl. 25. f. 23.

* Kiener. Spec. des Coq. p. 38. n° 30. pl. 5. f. 1.

* Mus. Gottv. pl. 25. f. 174. X a.

* *An eadem junior?* Mus. Gottv. pl. 26. f. 174. a. b.

* Blainv. Malac. pl. 18. f. 1.

* Klein. Tentam. Ostrac. pl. 3. f. 59?

* Lin. Syst. nat. éd. 10. p. 748.

* Lin. Mus. Ulric. p. 630.

* Perry. Conch. pl. 4. f. 3?

* *Lampas hyans.* Schum. Nouv. Syst. p. 252.

* *Murex lampas.* Born. Mus. p. 296.

* *Id.* Schrot. Einl. t. 1. p. 489. n° 12.

Habite les mers de l'Inde. Mon cabinet. Coquille fortement tuberculeuse, et qui devient quelquefois fort grande. Ses varices sont
noueuses et accompagnées de fossettes comme dans l'espèce qui suit.
Lame columellaire relevée. Longueur de mon plus grand individu,
8 pouces 10 lignes. Vulg. la *Culotte-suisse.*

## 5. Triton scrobiculé. *Triton scrobiculator.* Lamk. (1)

*Tr. testá subturritá, inferné ventricosá, læviusculá, fulvo et rufo va-
riegatá; varicibus nodosis, ad latera scrobiculatis; aperturá dilatatá, intùs albá : marginibus luteis, albo-rugosis.*

---

(1) M. Sowerby, le jeune, dans ses *Illustrations conchyliologiques*, et M. Kiener, donnent, comme variété de cette espèce,
une coquille qui me paraît toujours différente. J'en ai vu plusieurs exemplaires et plusieurs figures, et j'ai observé des différences spécifiques constantes. Cette soi-disant variété a plutôt

*Murex scrobiculator.* Lin. Syst. nat. éd. 12. p. 1218. *Plur. syn.*
   *exclus.* Gmel. p. 3535. n° 36.
Lister. Conch. t. 943. f. 39.
Gualt. Test. t. 49. f. B.
Favanne. Conch. pl. 32. f. E.
Chemn. Conch. 10. t. 163. f. 1556. 1557.
*Triton scrobiculator.* Ency. pl. 414. f. 1. a. b.
* *Ranella scrobiculator.* Kiener. Spec. des Coq. p. 22. n° 15. pl. 10.
   f. 1. *Exclusâ varietate.*
* Phil. Enum. Moll. Sicil. p. 213. n° 3.
* Desh. Ency. méth. Vers. t. 3. p. 1656. n° 4.
* Blainv. Faune franç. p. 114. n° 2. pl. 4 B. f. 4.
* Wood. Ind. Test. pl. 26. f. 43.
* Lin. Syst. nat. éd. 10. p. 749.
* *Bufonaria pes leonis.* Schum. Nouv. syst. p. 252.
* *Murex scrobiculator.* Schrot. Einl. t. 1. p. 499. n° 20.
* Payr. Cat. des Moll. de Corse. p. 151. n° 301.
Habite la Méditerranée, selon *Linné.* Mon cabinet. Ses bourrelets
   sont fort noueux, et accompagnés de chaque côté d'une rangée de
   fossettes ; de chacun des nœuds part une côte obtuse, souvent à
   peine apparente, qui fait le tour de la coquille. Limbe interne du
   bord droit fortement denté. Longueur, 3 pouces et demi. Vulg.
   la *Patte-de-lion.*

## 6. Triton ridé. *Triton Spengleri.* Lamk.

*Tr. testâ ovato-oblongâ, ventricosâ, transversim rugosâ, albido-fla-*
   *vescente; rugis transversè striatis, sulco excavato, rufo-rubente, sepa-*
   *ratis; anfractibus supernè tuberculato-nodosis; aperturâ albâ, am-*
   *plâ, ætate valdè dilatatâ; caudâ brevi, rectâ.*
*Murex Spengleri.* Chemn. Conch. 11. t. 191. f. 1839. 1840.
* *Murex cutaceus elongatus.* Chemn. Conch. 10. p. 266. pl. 163.
   f. 1559. 1560.
* *Murex cutanus. Var.* Dillw. Cat. t. 2. p. 697.
* *Murex Spengleri.* Dillw. Cat. t. 2. p. 700. n° 37.
* Desh. Ency. méth. Vers. t. 3. p. 1056. n° 5.
* Quoy et Gaim. Astr. t. 3. p. 588. pl. 40. f. 1. 2.

---

les caractères des Ranelles que le *Scrobiculator* proprement dit,
et c'est sans doute ce qui explique pourquoi un certain nombre
de conchyliologues veulent que le *Scrobiculator* soit une Ranelle.
Pour nous, qui en avons vu l'animal, c'est un Triton.

* Wood. Ind. Test. pl. 26. f. 38.
* Kiener. Spec. des Coq. p. 32. n₀ 25. pl. 4. f. 1.

Habite les mers de la Nouvelle-Hollande. Mon cabinet. Belle coquille, fort rare, épaisse, et dont les individus, selon leur âge, varient dans leur aspect, les plus âgés ayant leur bord droit fort dilaté. A l'intérieur, ce bord est fortement sillonné. Longueur, 4 pouces et demi.

### 7. Triton froncé. *Triton corrugatum*. Lamk.

*Tr. testâ fusiformi-turritâ, transversìm rugosâ, noduliferâ, albâ; rugis elevatis, noduliferis; interstitiis striatis; aperturâ angustatâ; labro crasso, intùs valdè dentato, sulcato.*

Ency. pl. 416. f. 3. a. b.
* Delle Chiaje. dans Poli. Testac. t. 3. pl. 49. f. 2.
* Payr. Cat. des Moll. de Corse. p. 151. n° 7.
* Philip. Enum. Moll. Sicil. p. 213. n° 4.
* Desh. Ency. méth. Vers. t. 3. p. 1056. n° 16.
* Mus. Gottv. pl. 36. f. 230 a. b.
* Potiez et Mich. Cat. de Douai. p. 422. n° 7.
* Blainv. Faun. franç. p. 116. n° 4. pl. 4 B. f. 3.
* Kiener. Spec. des Coq. p. 15. n° 10. pl. 8. f. 1.

Habite... Mon cabinet. Spire un peu allongée et très noduleuse ; ouverture médiocre, petite même, toujours moins dilatée que dans le suivant; queue subascendante. Longueur, 3 pouces 4 lignes.

### 8. Triton cerclé. *Triton succinctum*. Lamk. (1)

*Tr. testâ fusiformi-turritâ, ventricosâ, rugis elevatis succinctâ, decussatìm striatâ, albâ aut fulvo-rufescente; anfractibus supernè an-*

---

(1) Cette espèce va nous donner encore un exemple des incertitudes que jettent dans la science conchyliologique une synonymie incorrecte et des descriptions insuffisantes. Dans la 12ᵉ édition du *Systema*, Linné a inscrit une espèce sous le nom de *Murex olearium*. Dans la synonymie, assez considérable, on compte trois espèces, dont l'une, celle de Rumphius, peut être considérée comme une faute de copiste ou de typographie ; des deux autres espèces, l'une est reproduite deux fois seulement, l'autre cinq. Je ne parle pas des figures incertaines de Rondelet et de Columna, ni de celle de Gualtieri, douteuse à nos yeux. Je pourrais dire que je retrouve le type de l'espèce de Linné dans celle qui est représentée cinq fois dans la synonymie, et

*gulatis, suprà planulatis, ad angulum nodulosis; aperturâ dilatatâ:
marginibus fulvo-rubentibus, albo-rugosis.*

Lister. Conch. t. 932. f. 27. et t. 936. f. 31.

Seba. Mus. 3. t. 57. f. 29-31.

Knorr. Vergn. 5. t. 21. f. 1.

Martini. Conch. 4. t. 131. f. 1252. 1253.

Chemn. Conch. 11. t. 191. f. 1837. 1838.

Ency. pl. 416. f. 2.

* Desh. Ency. méth. Vers. t. 3. p. 1057. n° 7.

* Kiener. Spec. des Coq. p. 33. n° 26. pl. 6. f. 1.

* *Murex olearium.* Lin. Syst. nat. éd. 12. p. 1216.

* Delle Chiaje. dans Poli. Test. t. 3. 2ᵉ p. pl. 48. f. 14.

* Fab. Colum. Aquat. et terr. Observ. p. XII. f. 5.

* Klein. Ostrac. tentam. pl. 3. f. 63.

* *Monoplex Australasiæ.* Perry. Conch. pl. 3. f. 3.

* *Murex costatus.* Born. Mus. p. 297.

* *Murex parthenopus.* Dillw. Cat. t. 2. p. 696. n° 29.

Habite les mers de la Nouvelle-Hollande. Mon cabinet. Spire allongée, plus ou moins étagée ; limbe interne du bord droit tacheté de
noir et bien denté. Longueur, 5 pouces 2 lignes.

---

qu'il suffirait d'éliminer les autres figures pour rectifier l'espèce et la rendre propre à être conservée dans nos catalogues les plus corrects pour la nomenclature. Ce procédé si simple n'a point été suivi. Ainsi, Born, le premier, tout en réduisant assez maladroitement la synonymie linnéenne, y laisse cependant deux espèces étrangères, et en introduit une troisième,
le *Murex argus* de Gmelin. Gmelin s'attache à la moins citée des
espèces dans la synonymie de Linné, en fait le type de son *Murex olearium*, et, entassant la synonymie sans contrôle et sans
critique, il assemble plusieurs coquilles que Linné n'aurait jamais jointes à son espèce. Schroter a méconnu l'espèce de
Linné plus que Gmelin, si cela est possible ; et, tout en la
divisant en plusieurs variétés, il y jette une très grande confusion. Dillwyn, ordinairement plus correct, suit malheureusement la mauvaise route tracée par Schroter et Gmelin, et pour
lui le *Murex olearium* est réduit à une variété mal établie sur une
synonymie défectueuse du *Murex pileare*, et il donne le véri-

9. **Triton bouche-sanguine.** *Triton pileare.* Lamk.

*Tr. testâ fusiformi-turritâ, transversè sulcatâ, striis longitudinalibus decussatâ, albo et rufo variegatâ; anfractibus convexis, distortis, supernè noduliferis: caudâ ascendente; aperturâ longitudinali, sanguineâ, albo-rugosâ.*

*Murex pileare.* Lin. Syst. nat. éd. 12. p. 1217. Gmel. p. 3534. n° 31.

Lister. Conch. t. 934. f. 29.

Gualt. Test. 49. f. G.

D'Argenv. Conch. pl. 10. f. M.

Favanne. Conch. pl. 34. f. G 4.

Seba. Mus. 3. t. 57. f. 23. 24.

---

table *Olearium*, sous le nom de *M. Parthenopus*. Enfin Lamarck crut sans doute trancher toutes les difficultés en regardant comme non avenu tout ce qui avait été fait sur cette espèce, même par Linné, et lui imposa un nouveau nom, celui de *Triton succinctum*, en y réunissant justement les cinq figures qui sont pour nous les indicatrices du type de l'espèce de Linné. Cette courte histoire du *Murex olearium* de Linné me conduit à revenir encore sur le danger d'une mauvaise synonymie, chaque naturaliste devenant maître d'y choisir son type et de lui appliquer le nom. Ici ils auraient pu être guidés vers le type linnéen par le procédé que j'ai suivi, et c'est par une conséquence de mes observations que je termine, en proposant de substituer le nom de Linné à celui de Lamarck, et de nommer l'espèce *Triton olearium*. M. Kiener rapporte à cette espèce des individus provenant des mers de l'Amérique méridionale. Après en avoir examiné plusieurs comparativement, nous pensons que la coquille de la Méditerranée constitue une espèce, et celle de l'Amérique une autre. Nous en connaissons même une troisième de la Nouvelle-Hollande, qui a également les plus grands rapports avec les deux précédentes. Il est à présumer que Lamarck les confondait, puisqu'il cite la Nouvelle Hollande pour seule patrie de l'espèce. On sait aujourd'hui que le véritable *Succinctum*, ou plutôt l'*Olearium* de Linné est une coquille de la Méditerranée.

Knorr. Vergn. 3. t. 9. f. 5.

Martini. Conch. 4. t. 130. f. 1242. 1243. et 1246-1249.

*Murex pileare.* Schrot. Einl. in Conch. 1. p. 493. t. 3. f. 3.

*Triton pileare.* Ency. pl. 415. f. 4. a. b.

* Quoy et Gaim. Astr. Zool. t. 3. p. 539. pl. 40. f. 13. 14. 15.

* Blainv. Faune franç. p. 116. pl. 4 D. f. 6. 7.

* Wood. Ind. Test. pl. 26. f. 35.

* Sow. Conch. Man. f. 398.

* Kiener. Spec. des Coq. p. 15. n° 11. pl. 7. f. 1.

* Mus. Gottw. pl. 35. f. 227. a. b.

* *An eadem junior?* Mus. Gottw. pl. 36. f. 228 c. d. 231. b.

* Fab. *Columna* aquat. et terrest. Obs. pl. LIII. f. 5.

* Lin. Syst. nat. éd. 10. p. 749.

* *Lamposia pilearis.* Schum. Nouv. Syst. p. 250.

* Desh. Ency. méth. Vers. t. 3. p. 1057. n° 8.

* Potiez et Mich. Cat. de Douai. p. 420. n° 3.

Habite l'Océan des Antilles. Mon cabinet. Coquille épaisse, fort belle, remarquable par la vive coloration de son ouverture. Bord droit denté et sillonné à l'intérieur. Longueur, 4 pouces une ligne.

## 10. Triton baignoire. *Triton lotorium.* Lamk. (1)

*Tr. testâ fusiformi-turritâ, infernè distortâ, valdè tuberculatâ, transversè rugosâ et striatâ, rufo-rubente; anfractibus supernè angulato-tuberculatis; caudâ tortuosâ, extremitate recurvâ; aperturâ trigono-elongatâ, albâ; labro intùs dentato.*

*Murex lotorium.* Lin. Syst. nat. éd. 12. p. 1217. Gmel. p. 3533. n° 30.

Rumph. Mus. t. 26. f. B.

Petiv. Amb. t. 12. f. 3.

D'Argenv. Conch. pl. 10. f. B.

Favanne. Conch. pl. 34. f. A. 3.

Regenf. Conch. 1. t. 2. f. 21.

Knorr. Vergn. 6. t. 26. f. 2.

*Triton distortum.* Ency. pl. 415. f. 3.

---

(1) Dillwyn, le plus souvent exact dans l'appréciation des espèces de Linné, a dénaturé celle-ci à ce point, que l'on y trouve plusieurs espèces; mais le *Lotorium* véritable n'y est pas: il faut donc regarder comme non avenu le *Murex lotorium* de Dillwyn, et faire une nouvelle distribution de la synonymie qui s'y trouve.

* Sow. Genera of Shells. pl. 2. f. 4.
* Reeve. Conch. Syst. p. 198. pl. 244. f. 1.
* Wood. Ind. Test. pl. 26. f. 34.
* Sow. Conch. Man. f. 400.
* Kiener. Spec. des Coq. p. 11. n° 8. pl. 9. f. 1.
* Mus. Gottw. p. 32. f. 218. i.
* Lotoire baignoire. Blainv. Malac. pl. 19. f. 2.
* Lin. Syst. nat. éd. 10. p. 749.
* Lin. Mus. Ulric. p. 631.
* Perry. Conch. pl. 14. f. 6.
* Desh. Ency. méth. Vers. t. 3. p. 1058. n° 9.
* Potiez et Mich. Cat. de Douai. p. 420. n° 2.

Habite l'Océan des Grandes-Indes. Mon cabinet. Grande et belle coquille, épaisse, très tuberculeuse, et qui se distingue principalement de la suivante par la forme tortueuse de sa queue. Bord droit replié en dedans, mince dans la jeunesse, et fort épais avec l'âge. Longueur, 4 pouces 11 lignes. Vulg. le *Rhinocéros* ou la *Gueule-de-lion*.

## 11. Triton triangulaire. *Triton femorale*. Lamk.

*Tr. testá fusiformi-trigoná, transversim sulcato-rugosá et striatá, fulvo-rufescente; anfractibus supernè angulatis : ultimo triangulari, ad angulum tuberculo majusculo instructo; caudá rectá, longiusculá.*

*Murex femorale.* Lin. Syst. nat. éd. 12. p. 1217. *Syn. plur. exclus.* Gmel. p. 3533. n° 28.

Lister. Conch. t. 941. f. 37.

Bonanni. Recr. 3. f. 290.

Gualt. Test. t. 50. f. C.

Seba. Mus. 3. t. 63. f. 7-10.

Knorr. Vergn. 4. t. 16. f. 1.

Martini. Conch. 3. t. 111. f. 1039.

*Triton lotorium.* Ency. pl. 415. f. 2.

* Dillw. Cat. t. 2. p. 696. n° 31. *Murex femorale. Excl. varietate.*
* Desh. Ency. méth. Vers. t. 3. p. 1058. n° 10.
* Potiez et Mich. Cat. de Douai. p. 424. n° 21.
* Wood. Ind. Test. pl. 26. f. 32.
* Kiener. Spec. des Coq. p. 10. n° 7. pl. 10. f. 1.
* Mus. Gottw. pl. 32. f. 218. a. b. c. d. f. g.
* Knorr. Delic. nat. Select. t. 1. Coq. pl. BIV. f. 2.
* Grew. Mus. Rég. Soc. pl. 10. Triangular. Wilk. f. 1. 2.
* Lin. Syst. nat. éd. 10. p. 749.

* Lin. Mus. Ulric. p. 630.
* Roissy. Buf. Moll. t. 6. p. 56. n° 11.
* *Murex femorale*. Born. Mus. p. 298.
* *Id*. Schrot. Einl. t. 1. p. 494. n° 14.

Habite l'Océan des Antilles. Mon cabinet. Sa queue grêle et droite et
la forme triangulaire de son dernier tour le distinguent éminemment de celui qui précède. Ouverture blanche, trigone; spire un
peu courte. Longueur, 3 pouces 3 lignes et demie; mais il devient
plus grand. Vulg. le *Dragon*.

## 12. Triton poire. *Triton pyrum*. Lamk.

*Tr. testá subpyriformi, ventricosá, caudatá, tuberculiferá, transver-
sìm sulcatá, longitudinaliter striatá, luteo-rufescente; anfractibus
supernè angulatis; spirá brevè conicá; fauce luteá, albo-rugosá;
caudá ascendente, contortá.*

*Murex pyrum*. Lin. Syst. nat. éd. 12. p. 1218. Gmel. p. 3534.
n° 33.

Rumph. Mus. t. 26. f. F.

Petiv. Amb. t. 12. f. 4.

Gualt. Test. t. 37. f. E.

D'Argenv. Conch. pl. 10. f. O. et pl. 16. f. I.

Favanne. Conch. pl. 34. f. A. 2?

Knorr. Vergn. 2. t. 7. f. 2. 3.

Regenf. Conch. 1. t. 6. f. 60.

Martini. Conch. 3. t. 112. f. 1040-1043.

* Wood. Ind. Test. pl. 26. f. 39.
* Kiener. Spec. des Coq. p. 7. n° 5. pl. 11. f. 1.
* Mus. Gottv. pl. 32. f. 218. e.
* Lin. Syst. nat. éd. 10. p. 749.
* *Murex pyrum*. Born. Mus. 299.
* *Id*. Schrot. Einl. t. 1. p. 497. n° 18.
* *Murex pyrum*. Dillw. Cat. t. 2. p. 700. n° 38. *Exclus. varietatibus.*
* Desh. Encycl. méth. Vers. t. 3. p. 1059. n° 11.
* Potiez et Mich. Cat. de Douai. p. 423. n° 14.

Habite l'Océan des Grandes-Indes. Mon cabinet. Coquille épaisse,
à spire étagée. Bord droit épais, bien denté. Longueur, 3 pouces
7 lignes.

## 13. Triton cynocéphale. *Triton cynocephalum*. Lamk.

*Tr. testá ovato-oblongá, ventricosá, caudatá, transversè sulcatá et
striatá, striis longitudinalibus decussatá, albido-fulvá; tuberculis
parvis, crebris, noduliformibus; anfractibus supernè angulatis, suprá
planulatis; caudá subascendente; labro valdè dentato.*

Seba. Mus. 3. t. 49. f. 74. 75.

Favanne. Conch. pl. 34. f. A. 1?

Encycl. pl. 422. f. 3. *Mala*.

* Kiener. Spec. des Coq. p. 3. n° 1. pl. 12. f. 1.

Habite... Mon cabinet. Ses tubercules sont moins gros et plus nombreux que dans le précédent. Columelle en grande partie lisse; limbe interne du bord droit très denté. Longueur, 3 pouces 4 lignes.

## 14. Triton à gouttière. *Triton tripus*. Lamk. (1)

*Tr. testâ ovato-oblongâ, subtrigonâ, caudatâ, tuberculatâ, transversè sulcatâ et striatâ, albo-flavescente; sulcis transversè striatis; anfractibus superaè angulatis, ad suturas canaliculatis.*

*Murex tripus.* Chemn. Conch. 11. t. 193. f. 1858. 1859.

* *Murex femorale. Var.* Dillw. Cat. t. 2. p. 697.

* Desh. Encycl. méth. Vers. t. 3. p. 1059. n° 12.

* Potiez et Mich. Cat. de Douai. p. 422. n° 9.

* Kiener. Spec. des Coq. p. 9. n° 6. pl. 8. f. 2.

Habite... Mon cabinet. Spire subconique, muriquée; queue grêle. Longueur, 3 pouces 1 ligne.

## 15. Triton canalifère. *Triton canaliferum*. Lamk. (2)

*Tr. testâ subpyriformi, caudatâ, transversim sulcatâ, longitudinaliter plicato-nodulosâ, subdecussatâ, albido-fulvâ; anfractibus ad suturas canaliculatis; spirâ brevi; caudâ gracillimâ.*

Martini. Conch. 3. t. 112. f. 1045-1047.

*Murex caudatus.* Gmel. p. 3535. n° 34.

* Lister. Conch. pl. 893. f. 13?

* Kiener. Spec. des Coq. p. 5. n° 3. pl. 13. f. 2.

* *Murex caudatus.* Dillw. Cat. t. 2. p. 701. n° 40.

---

(1) Dillwyn confond cette espèce, à titre de variété, avec le *femorale*; et il lui attribue une grande partie de la synonymie du *Triton lotorium*. Il ne faut donc prendre la citation de Dillwyn que pour la mention qu'il fait de Chemnitz, et supprimer tout le reste de la *Synonymie*.

(2) Gmelin ayant donné un nom à cette espèce, ce nom, par droit d'antériorité, devra lui être rendu; l'espèce deviendra donc le *Triton caudatum*.

M. Kiener décrit un *Triton* caudata, qui n'est pas le même que celui-ci, et dont le nom devra être changé.

* *Id.* Wood. Ind. Test. pl. 26. f. 41.

Habite... l'Océan des Grandes-Indes? Mon cabinet. Coquille mince
à tours bien arrondis. Spire en cône court; ouverture arrondie
ovale; le bord droit légèrement denté. Longueur, 2 pouces.

## 16. Triton masse-rétuse. *Triton retusum.* Lamk.

*Tr. testâ subclavatâ, ventricoso-globosâ, apice retusâ, longè cau-
datâ, transversè sulcatâ, albidâ; ventre supernè angulato et tuberculifero; spirâ brevissimâ; caudâ rectâ, pergracili.*

Martini. Conch. 3. t. 67. f. 745. 746.

* Perry. Conch. pl 3. f. 2.

* Potiez et Mich. Cat. de Douai. p. 422. n° 11.

* Kiener. Spec. des Coq. p. 6. n° 4. pl. 4. f. 2.

Habite... Mon cabinet. Ouverture ovale allongée; columelle ridée;
bord droit fortement denté à l'intérieur. Longueur, 23 lignes.

## 17. Triton masse-torse. *Triton clavator.* Lamk.

*Tr. testâ ovato-ventricosâ, caudatâ, longitudinaliter plicatâ, trans-
versè sulcatâ, albo et luteo variâ; anfractibus supernè angulato-
tuberculatis; spirâ breviusculâ.*

Regenf. Conch. 1. t. 5. f. 50.

Martini. Conch. 3. t. 112. f. 1048. 1049.

*Murex clavator.* Chemn. Conch. 11. t. 190. f. 1825. 1826.

* Perry. Conch. pl. 3. f. 5.

* Sow. Genera of Shells. Triton. f. 3.

* Reeve. Conch. Syst. t. 2. p. 198. pl. 243. f. 3.

* Wood. Ind. Test. pl. 26. f. 40.

* Kiener. Spec. des Coq. p. 4. n° 1. pl. 10. f. 2.

* *Ranularia longirostra.* Schum. Nouv. Syst. p. 254.

* *Murex pyrum.* Var. B. Dillw. Cat. t. 2. p. 700.

* *Murex clavator.* Dillw. Cat. t. 2. p. 701. n° 39.

Habite... l'Océan des Grandes-Indes? Mon cabinet. Queue un peu
torse; ouverture jaunâtre; bord droit sillonné à l'intérieur. Longueur, 20 lignes.

## 18. Triton dos-noueux. *Triton tuberosum.* Lamk.

*Tr. testâ ovatâ, caudatâ, transversim sulcatâ, rufo-rubente; ventre
magno, tuberoso, supernè angulato; anfractibus angulo tuberculiferis: tuberculo dorsali magno, compresso; caudâ ascendente; columellâ supernè callosâ.*

Lister. Conch. t. 935. f. 29. a.

Rumph. Mus. t. 24. f. I. *et fortè* f. II.

Petiv. Amb. t. 11. f. 16 et 17?

Martini. Conch. 3. t. 112. f. 1050. 1051.

* *Murex pyrum*. Var. C. Dillw. Cat. t. 2. p. 701.
* Desh. Encycl. méth. t. 3. p. 106. n° 13.
* Quoy et Gaim. Astr. Zoolog. t. 3. p. 542. pl. 40. f. 18.
* Kiener. Spec. des Coq. p. 12. n° 9. pl. 14. f. 2.

Habite l'Océan des Grandes-Indes. Mon cabinet. Il varie un peu dans
sa coloration, et offre quelquefois une zone blanche sur son dernier tour. Columelle calleuse et très blanche; bord droit jaune
dans le fond, blanc et denté en son limbe. Longueur, 23 lignes.

19. **Triton guêpe-de-mer.** *Triton vespaceum*. **Lamk.**

Tr. testá oblongá, medio subventricosá, transversìm sulcatá, longitudinaliter striatá, tuberculato-nodosá, cinereo-cærulescente; anfractibus supernè angulatis; caudá breviusculá, curvá.

* Kiener. Spec. des Coq. p. 18. n° 13. pl. 3. f. 2.

Habite... Mon cabinet. Petite coquille, à spire saillante, à dos élevé
et noduleux, et à queue un peu aplatie. Longueur, 14 lignes.

20. **Triton chlorostome.** *Triton chlorostomum*. **Lamk.**

Tr. testá subturritá, crassiusculá, transversìm sulcatá et striatá, tuberculato-muricatá, griseo-cærulescente, maculis variis pictá;
caudá breviusculá, contortá; aperturá flavá; columellá rugosá;
labro intùs dentato.

* Quoy et Gaim. Astr. Zoolog. t. 3. p. 541. pl. 40. f. 16. 17.
* Kiener. Spec. des Coq. p. 19. n° 14. pl. 12. f. 2.

Habite l'Océan des Antilles. Mon cabinet. Coquille subturriculée,
bien muriquée, ayant ses tours convexes, anguleux, très tuberculeux sur leur angle. Longueur, 2 pouces 3 lignes.

21. **Triton grimaçant.** *Triton anus*. **Lamk.**

Tr. testá ovatá, ventricoso-gibbosá, distortá, subtùs planulatá, suprà
nodulosá, subcancellatá, albidá, rufo-maculatá; aperturá, coarctatá, sinuosá, irregulari, ringente; labro valdè dentato; caudá
brevi, recurvá.

*Murex anus*. Lin. Syst. nat. éd. 12. p. 1218. Gmel. p. 3536.
n° 38.

Bonanni. Recr. 3. f. 279. 280.

Lister. Conch. t. 833. f. 57.

Rumph. Mus. t. 24. f. F.

Petiv. Gaz. t. 74. f. 9. t. 99. f. 10 et Amb. t. 6. f. 4.

Gualt. Test. t. 37. f. B. E.

D'Argenv. Conch. pl. 9. f. H.

Favanne. Conch. pl. 31. f. H 1.

Seba. Mus. 3. t. 60. f. 4. et 6. 7.

Knorr. Vergu. 3. t. 3. f. 5.

*Cassis vera.* Martini. Conch. 2. t. 41. f. 403. 404.

*Triton anus.* Encycl. pl. 413. f. 3. a. b.

* Lin. Syst. nat. ed. 10. p. 750.

* Perry. Conch. pl. 10. f. 2.

* Potiez et Mich. Cat. de Douai. p. 422. n° 10.

* Quoy et Gaim. Astr. Zoolog. t. 3. p. 544. pl. 40. f. 6 à 10.

* Sow. Genera of Schells. Triton. pl. 2. f. 5.

* Reeve. Conch. Syst. t. 2. p. 198. pl. 244. f. 2.

* Wood. Ind. Test. pl. 26. f. 45.

* Sow. Conch. Man. f. 401.

* Kiener. Spec. des Coq. p. 22. n° 17. pl. 15. f. 1.

* Mus. Gottw. pl. 26. f. 177.

* Lin. Mus. Ulric. p. 632.

* *Murex anus.* Roissy. Buf. Moll. t. 6. p. 56. n° 10.

* *Distorta rugosa.* Schum. Nouv. Syst. p. 249.

* *Murex anus.* Born. Mus. p. 301.

* *Id. Pars.* Schrot. Einl. t. 1. p. 501. n° 22.

* *Id.* Dillw. Cat. t. 2. p. 703. n° 44.

* Desb. Encycl. méth. Vers. t. 3. p. 1060. n° 14.

Habite l'Océan des Grandes-Indes. Mon cabinet. Coquille très singulière, difforme et surtout fort remarquable par son ouverture. Elle
est beaucoup plus bombée que la suivante, et marquée de taches ou
nébulosités rousses. Les bords externes de sa face plane sont minces
et presque membraneux. Longueur, 3 pouces. Vulg. la *Grimace
ramassée.*

**22. Triton gauffré.** *Triton clathratum.* Lamk. (1)

Tr. testâ fusiformi-turritâ, distortâ, dorso gibbosâ, obsoletè nodu-

---

(1) Schroter confond cette espèce avec la précédente, et réunit toute la synonymie sous le *Murex anus;* c'est pour cette
raison que nous citons deux fois l'espèce de cet auteur, partie
pour le *Triton anus,* partie pour le *Triton clathratum.* Ce
nom de *Clathratum* devra être changé; car, M. de Roissy, dans
le *Buffon de Sonnini,* avait déjà donné celui de *Cancellinus* long-
temps avant Lamarck. Dillwyn n'ayant pas eu connaissance du
nom du naturaliste dont je viens de rappeler l'ouvrage, a proposé pour cette espèce le nom de *Mulus:* de ces trois noms le
plus ancien doit être préféré.

*losá, sulcis eminentibus clathratá, albá; caudá longiusculá; aper-
turá ferè præcedentis.*

Gualt. Test. t. 31. f. D.

Favanne. Conch. pl. 31. f. H 2.

Martini. Conch. 2. t. 41. f. 405. 406.

Encycl. pl. 413. f. 4. a. b.

* Perry. Conch. pl. 10. f. 1.

* *Murex cancellinus.* Roissy. Buf. Moll. t. 6. p. 56. n° 12.

* Desh. Encycl. méth. Vers. t. 3. p. 1061. n° 15.

* Potiez et Mich. Cat. de Douai. p. 422. n° 8.

* *Murex mulus.* Dillw. Cat. t. 2. p. 704. n° 45.

* *Id.* Wood. Ind. Test. pl. 26. f. 46.

* Kiener. Spec. des Coq. p. 21. pl. 14. f. 1.

* Mus. Gottw. pl. 26. f. 178. a. b.

* Seba. Mus. t. 3. pl. 60. f. 5.

* *Murex anus. Pars altera.* Schrot. Einl. t. 1. p. 501. n° 22.

Habite les mers de l'Amérique méridionale. Mon cabinet. Coquille
bien moins ventrue que celle qui précède, éminemment réticulée,
ordinairement toute blanche, et à queue allongée, presque droite.
Longueur, 2 pouces 4 lignes. Vulg. la *Grimace gauffrée.*

### 23. Triton subdistors. *Triton subdistortum.* Lamk.

*Tr. testá ovato-conicá, subdistortá, nodulosá, transversè sulcatá,
fulvo-rufescente; ultimo anfractu cingulo albo notato; aperturá
obovatá, albá; columellá medio lævigatá; caudá brevi.*

* Potiez et Mich. Cat. de Douai. p. 424. n° 18.

* Kiener. Spec. des Coq. p. 37. n° 29. pl. 16. f. 2.

Habite les mers de la Nouvelle-Hollande. Mon cabinet. Les tours de
sa spire sont un peu distors, ce qui lui a fait donner le nom de
*Fausse grimace;* mais son ouverture n'offre rien qui soit analogue
à celle des deux espèces précédentes. Longueur, 23 lignes.

### 24. Triton treillissé. *Triton cancellatum.* Lamk.

*Tr. testá ovato-conicá, ventricosá, tenui, cancellatá, albidá; anfrac-
tibus valdè convexis; caudá breviusculá; aperturá albá; labro lævigato.*

Davila. Cat. 1. t. 7. f. Q.

*Murex magellanicus.* Chemn. Conch. 10. t. 164. f. 1570.

*Triton cancellatum.* Encycl. pl. 415. f. 1.

* Potiez et Mich. Cat. de Douai. p. 324. n° 20.

* Kiener. Spec. des Coq. p. 35. n° 36. pl. 16. f. 1.

Habite les mers de l'Amérique méridionale. Mon cabinet. Coquille

assez mince, légère, éminemment treillissée, et fort différente, par
ses varices très rares et surtout son défaut de lames, de notre *Murex magellanicus*. Elle a un pli transverse, bien marqué, au sommet de sa columelle. Son bord droit est très simple et très lisse.
Longueur, 3 pouces 4 lignes.

## 25. Triton tour-tachetée. *Triton maculosum*. Lamk.

*Tr. testá turritá, crassá, striis decussatá, albá, luteo et rufo macu-
latá; aperturá angustá, albá; columellá medio lævigatá; labro
crenulato, intùs sulcato; caudá brevi.*

Lister. Conch. t. 1022. f. 86.

Bonanni. Recr. 5. f. 48.

Rumph. Mus. t. 49. f. G.

Petiv. Amb. t. 8. f. 15.

Seba. Mus. 3. t. 51. f. 20. 21.

Favanne. Conch. pl. 33. f. X 3 ?

Martini. Conch. 4. t. 132. f. 1257. 1258.

Chemn. Conch. 10. t. 162. f. 1552. 1553.

*Murex maculosus*. Gmel. p. 3548. n° 79.

*Triton maculosum*. Encycl. pl. 416. f. 1. a. b. et pl. 420. f. 2.

* Lessons on Shells. pl. 4. f. 3.

* Desh. Encycl. méth. Vers. t. 3. p. 1661. n° 16.

* Potiez et Mich. Cat. de Douai. p. 424. n° 19.

* Wood. Ind. Test. pl. 26. f. 36.

* Kiener. Spec. des Coq. p. 23. n° 18. pl. 17. f. 1.

Habite les mers des Indes orientales. Mon cabinet. Coquille épaisse,
solide, et bien distincte par sa forme turriculée. Queue un peu
relevée. Longueur, 2 pouces 10 lignes et demie.

## 26. Triton filé. *Triton clandestinum*. Lamk.

*Tr. testá oblongá, subfusiformi, transversim elegantissimè sulcatá,
fulvá; sulcis lævibus, spadiceis : interstitiis longitudinaliter et subtilissimè striatis; anfractibus convexis; caudá breviusculá, ascendente.*

Lister. Conch. t. 940. f. 36.

Knorr. Vergn. 6. t. 29. f. 5.

*Murex clandestinus*. Chemn. Conch. 11. t. 193. f. 1856. 1857.

*Triton clandestinum*. Encycl. pl. 433. f. 1.

* Klein. Tentam. Ostrac. pl. 3. f. 61.

* *Murex clandestinus*. Dillw. Cat. t. 2. p. 723. n° 83.

* Desh. Encycl. méth. Vers. t. 3. p. 1661. n° 17.

* Sow. Genera of Shells. *Triton*. f. 2.

* *Triton clandestin*. Blainv. Malac. pl. 15. f. 2.

* Reeve. Conch. Syst. t. 2. p. 197. pl. 243. f. 2.
* Wood. Ind. Test. pl. 26. f. 86.
* Kiener. Spec. des Coq. p. 35. n° 27. pl. 11. f. 2.

Habite les mers de l'Ile-de-France. Mon cabinet. Spire renflée et obtuse; ouverture ovale arrondie; limbe interne du bord droit muni d'une série de petites dents d'un rouge brun. Longueur, 2 pouces 2 lignes.

### 27. Triton rouget. *Triton rubecula.* Lamk. (1)

*Tr. testâ ovato-oblongâ, crassâ, transversim sulcato-granosâ, aurantio-rubente; ultimo anfractu zonâ albâ cincto; spirâ obtusâ; columellâ albo-striatâ; labro intùs albo, margine dentato; caudâ breviusculâ.*

*Murex rubecula.* Lin. Syst. nat. éd. 12. p. 1218. Gmel. p. 3535. n° 35.

Gualt. Test. t. 49. f. I.

D'Argenv. Conch. pl. 9. f. K.

Seba. Mus. 3. t. 49. f. 6.

Knorr. Vergn. 1. t. 13. f. 3. 4. et 3. t. 5. f. 2. 3.

Martini. Conch. 4. t. 132. f. 1259-1267.

*Triton rubecula.* Encycl. pl. 413. f. 2. a. b.

* Dillw. Cat. t. 2. p. 702. n° 41. *Murex rubecula. Exclus. varietate.*

* Desh. Encycl. méth. Vers. t. 3. p 1062. n° 18.

* Poliez et Mich. Cat. de Douai. p. 424. n° 17.

* Wood. Ind. Test. pl. 26. f. 42.

* Kiener. Spec. des Coq. p. 20. n° 15. pl. 18. f. 2.

* Mus. Gottw. pl. 36. f. 229 b.

* Lin. Syst. nat. éd. 10. p. 749.

* Lin. Mus. Ulric. p. 631.

* Perry. Conch. pl. 14. f. 2.

* *Murex rubecula.* Born. Mus. p. 300.

* *Id.* Schrot. Einl. t. 1. p. 498. n° 19.

Habite... les mers équatoriales? Mon cabinet. Ses varices sont alternativement blanches et rouges, et il a un tubercule au sommet du dernier tour. Longueur, près de 18 lignes.

### 28. Triton cutacé. *Triton cutaceum.* Lamk.

*Tr. testâ ovatâ, ventricoso-depressâ, cingulatâ, tuberculato-no-*

---

(1) Dillwyn ajoute à tort, à titre de variété du *Rubecula*, une coquille très différente, appartenant aux Fuseaux, et que nous avons décrite sous le nom de *Fusus varicosus*, p. 477, n° 57 de ce volume.

dosá, fulvo-rufescente; cingulis prominulis, sulco divisis; anfractibus supernè angulato-tuberculatis, suprà planulatis; caudá brevi,
umbilicatá; labro intùs crenato.

*Murex cutaceus.* Lin. Syst. nat. éd. 12. p. 1217. Gmel. p. 3533.
n° 29.

Lister. Conch. t. 942. f. 38.

Seba. Mus. 3. t. 49. f. 71-73.

Martini. Conch. 3. t. 118. f. 1085-1088.

*Triton cutaceum.* Encycl. pl. 414. f. 2. a. b.

* Aquile cutacé. Blainv. Malac. pl. 19. f. 3.

* Rondel. Hist. des Poiss. p. 53.

* Aldrow. de Test. p. 330. f. 2.

* Dillw. Cat. t. 2. p. 697. n° 32. *Murex cutaceus. Excl. variet.*

* Payr. Cat. des Moll. de Corse. p. 151. n° 303.

* Delle Chiaje. Dans Poli. Testac. t. 3. pl. 49. f. 5.

* *Murex cutaceus.* Born. Mus. p. 299.

* *Id.* Schrot. Einl. t. 1. p. 495. n° 15.

* Phil. Enum. Moll. Sicil. p. 213. n° 5.

* Desh. Encycl. méth. Vers. t. 3. p. 1062. n° 19.

* Potiez et Mich. Cat. de Douai. p. 421. n° 5.

* Blainv. Faun. franç. p. 115. n° 3. pl. 4. B. f. 5. 5 a.

* Collard des Ch. Cat. des Moll. du Finis. p. 52. n° 3.

* Desh. Exp. scient. de Morée. Zool. t. 3. p. 187. n° 317.

* Sow. Genera of Shells. Triton. pl. 2. f. 6.

* Reeve. Conch. Syst. t. 2. p. 198. pl. 244. f. 3.

* Wood. Ind. Test. pl. 26. f. 33.

* Sow. Conch. Man. f. 399.

* Kiener. Spec. des Coq. p. 40. n° 32. pl. 13. t. 1

Habite l'Océan atlantique, etc. Mon cabinet. Spire un peu saillante,
subconique; queue courte, déprimée; ouverture blanche, ovalaire; de grosses dents obtuses au limbe interne du bord droit; columelle lisse, ayant un pli au sommet. Longueur, 2 pouces et demi.

## 29. Triton rétus. *Triton dolarium.* Lamk.

*Tr. testá ovato-ventricosá, tenui, cinguliferá, tuberculato-nodosá,
rufescente; cingulis elevatis, sulco divisis, transversè striatis, noduliferis; anfractibus supernè angulatis, suprà planis; spirá brevi,
apice retusá; caudá brevi, perforatá.*

*Murex dolarium.* Lin. Syst. nat. éd. 12. p. 1223. Gmel. p. 3552.
n° 96.

*An* Bonanni. Recr. 3. f. 347?

Petiv. Gaz. t. 101. f. 14.

Tome IX.                                                          41

Seba. Mus. 3. t. 52. f. 10. 11.

Knorr. Verg. 2. t. 24. f. 5. et 5. t. 3. f. 5.

*Triton cutaceum.* Encycl. pl. 422. f. 1. a. b. et pl. 441. f. 2. a. b. [var.]

* *Murex dolarium.* Born. Mus. p. 318.

* *Id.* Schrot. Einl. t. 1. p. 529. n° 48.

* *Id.* Dillw. Cat. t. 2. p. 733. n° 103.

* Desh. Encycl. méth. Vers. t. 3. p. 1063. n° 20.

* Wood. Ind. Test. pl. 27. f. 106.

* Kiener. Spec. des Coq. p. 41. n° 33. pl. 15. f. 2.

Habite... Mon cabinet. Coquille toujours distincte de la précédente par sa spire rétuse, comme tronquée. Elle n'a toujours qu'une varice, qui est celle du bord droit. Longueur, 2 pouces 5 lignes.

## 30. Triton annelé. *Triton tranquebaricum.* Lamk.

*Tr. testá ovatá, ventricosá, cingulatá, nodulosá, fulvo-rubente; cingulis prominulis, sulco divisis, transversè striatis, cærulescentibus; spirá contabulatá, subacutá; aperturá albá; columellá rugosá; caudá brevi.*

Encycl. pl. 422. f. 6.

* Desh. Encycl. méth. Vers. t. 3. p. 1063. n° 21.

* Kiener. Spec. des Coq. p. 42. n° 34. pl. 7. f. 2.

Habite l'Océan indien, sur les côtes de Tranquebar. Mon cabinet. Coquille élégamment cerclée. Ouverture ovale; bord droit épais, crénelé et sillonné. Longueur, 18 lignes.

## 31. Triton bucciné. *Triton undosum.* Lamk. (1)

*Tr. testá ovato-acutá, crassiusculá, elegantissimè cingulatá : cingulis creberrimis, lævibus, vel spadiceis vel nigris : interstitiis albis; ultimo anfractu plicis crassis, longitudinalibus, distincto; aperturá candidá; labro intus sulcato; caudá brevissimá.*

---

(1) Nous avons plus d'une observation à faire au sujet de cette espèce. D'abord, ce n'est point un Triton, comme Lamarck le suppose, c'est un véritable Buccin. Ce Buccin a été établi par Linné, et non par MM. Quoy et Gaimard, comme le croit M. Kiener. Lamarck réunit dans sa *Synonymie* trois des espèces de Gmelin, sans citer cet auteur. Nous pensons que Lamarck a raison de réunir les *Buccinum undosum* et *affine* de Gmelin; mais qu'il a tort d'y joindre le *Strigosum*, qui nous semble toujours distinct. En transportant cette espèce parmi

*Buccinum undosum.* Lin. Syst. nat. éd. 12. p. 1203. n° 472. Gmel.
p. 3490. n° 84.

Lister. Conch. t. 938. f. 33.

Rumph. Mus. t. 29. f. O.

Petit. Amb. t. 13. f. 4.

D'Argenv. Conch. pl. 9. f. N.

Favanne. Conch. pl. 31. f. K.

Seba. Mus. 3. t. 52. f. 26.

Knorr. Vergn. 2. t. 14. f. 4. 5.

Martini. Conch. 4. t. 122. f. 1126. 1127. et t. 123. f. 1135 et 1145.
1146.

*Buccinum affine.* Gmel. p. 3490. n° 85.

*Triton undosum.* Encycl. pl. 422. f. 5. a. b.

* *Buccinum undosum.* Wood. Ind. Test. pl. 23. f. 97.

* *Buccinum affine.* Wood. id. f. 98.

* *Buccinum undosum.* Kiener. Spec. des Coq. p. 39. n° 40. pl. 12.
f. 41 b. c. *Exclus. variet.* A.

* Lin. Syst. nat. éd. 10. p. 740. n° 409.

* Lin. Mus. Ulricæ. p. 612. n° 268.

---

les *Buccins*, M. Kiener, comme nous le disions, l'attribue à
MM. Quoy et Gaimard, et comme Lamarck, il y réunit les trois
espèces de Gmelin. Après cette réforme utile, on ne devait pas
s'attendre à retrouver parmi les Tritons de M. Kiener un *Triton undosum*, qui n'a plus le moindre rapport avec le *Buccinum
undosum* de Linné. Ceux des zoologistes qui aiment à retrouver
les traditions des espèces linnéennes au moyen de la nomenclature, évitent avec le plus grand soin, dans de semblables circonstances, une similitude de noms qui peut entraîner avec elle des
erreurs quelquefois, et toujours des recherches inutiles. Ce nom
est choisi d'autant plus malheureusement par M. Kiener, que
déjà ce *Triton undosum* Kien. avait été nommé par Lamarck *Cas-
sidaria cingulata*. M. Kiener n'avait pas le droit de changer son nom
spécifique, et il aurait dû l'introduire parmi les Tritons, puisque
telle était son intention, sous le nom de *Triton cingulatum*. Reste
à savoir si cette espèce est véritablement un Triton. Lamarck
en fait une Cassidaire, et plus d'un conchyliologue partage son
opinion; pour nous, nous resterons incertain jusqu'au moment
où l'opercule au moins nous sera connu.

41.

* Born. Mus. p. 258.
* Schrot. Einl. t. 1. p. 342.
* *Buccinum undosum.* Dillw. Cat. t. 2. p. 628. nº 96.
* *Buccinum affine.* Gmel. 3490.
* Schrot. Einl. t. 1. p. 364. *Buccinum.* nº 29.
* *Buccinum affine.* Dill. Cat. t. 2. p. 628. nº 97.

Habite dans le détroit de Malacca. Mon cabinet. Le bourrelet de son bord droit décide son genre, et l'exclut des Buccins. On le distingue en deux variétés : l'une à cordelettes noires, l'autre à cordelettes rougeâtres. Longueur, 19 lignes et demie.

## †. 32. Triton fusiforme. *Triton fusiforme.* Kien.

*Tr. testá elongato-fusiformi, longitudinaliter costellatá, transversìm tenuissimè striatá, dorso gibbosá, castaneá, albo irregulariter nebulosá ; spirá acuminatá ; striis tenuè granulosis ; ultimo anfractu caudá ascendente terminato ; aperturá ovato-rotundá, albá; labro incrassato, intùs quinque plicato.*

Kiener. Spec. des Coq. p. 36. nº 28. pl. 5. f. 2.

Habite les mers du Sud.

Espèce rare encore dans les collections, et que l'on distingue facilement de ses congénères. Par sa forme générale, elle se rapproche un peu du *Triton chlorostome* de Lamarck ; elle est allongée, fusiforme ; la spire, pointue au sommet, est plus longue que le dernier tour. On y compte dix tours, sur lesquels s'élèvent de petites côtes longitudinales qui sont beaucoup plus saillantes à la base qu'au sommet ; elles sont interrompues par des varices nombreuses, irrégulièrement dispersées. Le dernier tour est irrégulièrement gibbeux sur le dos, et il présente ordinairement une varice opposée à l'ouverture. Le canal qui le termine assez brusquement à la base se relève vers le dos ; il est peu allongé et assez étroit. Toute la surface de cette coquille est ornée d'un très grand nombre de stries fines et serrées, transverses, sur lesquelles se montrent un grand nombre de granulations oblongues qui résultent de tremblemens alternatifs opérés sur la longueur de la spire. L'ouverture est d'un très beau blanc ; elle est ovale-obronde ; la columelle est fortement arquée dans sa longueur, et elle est revêtue d'un bord gauche détaché et tranchant. Le bord droit est épaissi en dedans et en dehors. Dans les individus adultes, on trouve cinq plis égaux, peu saillans. Dans l'angle supérieur se trouve une gouttière décurrente, limitée, d'un côté, par un gros tubercule placé au sommet de la columelle. La coloration de cette coquille varie peu. Elle est ordinairement d'un brun fauve et marqué de blanc, surtout vers les varices. Il y a des individus d'un brun plus foncé et sans taches blanches. Sur ces derniers, les stries principales du dernier tour sont souvent ponctuées de blanc.

La longueur de cette coquille est de 53 mill., sa largeur de 28.

## †. 33. Triton tordu. *Triton distortum.* Schub. et Wagn.

*Tr. testá elongato-turritá, distortá, crassá, striis granulosis, transversis, eleganter cinctá, luteá, fusco maculatá; varicibus depressis, aliquantisper conjunctis; labro integro, intùs sulcato; columellá minutissime granulatá.*

Schub. et Wagn. Suppl. à Chemn. t. 12. p. 138. pl. 231. f. 4074. 4075.

Kiener. Spec. des Coq. p. 25. n° 19. pl. 17. f. 2.

Habite les mers de l'Inde.

Cette coquille a beaucoup d'analogie avec le *Triton maculosum* de Lamarck ; elle a la même forme, mais elle reste constamment plus petite. Très souvent, la spire, au lieu de rester droite, s'incline d'un côté, comme cela a lieu fréquemment dans les espèces du genre *Eulima.* La spire est deux fois aussi longue que le dernier tour ; elle est pointue, composée de onze à douze tours peu convexes, sur lesquels s'élèvent, à des distances inégales, des varices larges et aplaties sur lesquelles il y a des taches d'un brun foncé. Dans quelques individus, ces varices se rencontrent et se suivent obliquement d'un tour à l'autre, et c'est alors que la spire est contournée. Le dernier tour s'atténue insensiblement à la base en un canal court, profond et un peu relevé en dessus. L'ouverture est ovale–oblongue, atténuée à ses extrémités ; la columelle, arquée dans sa longueur, est pourvue d'un bord gauche qui est fortement renversé, et qui se détache dans une partie de sa longueur. Le bord droit est épaissi en dedans et en dehors, et il est garni à l'intérieur de neuf à dix petits plis transverses. Toute la surface de la coquille est ornée d'un assez grand nombre de rangées transverses de petits tubercules arrondis et très réguliers. La coloration consiste en un petit nombre de taches d'un brun fauve, transverses, formant une zone à la partie supérieure des tours sur un fond blanchâtre ou d'un fauve clair jaunâtre.

Cette coquille a 47 mill. de long et 17 de large

## † 34. Triton réticulé. *Triton reticulatum.* Blainv.

*T. testá elongato-turritá, angustá, fuscá, aliquandò lutescente et fusco zonatá; anfractibus convexis; striis granulosis, clathratis;*

*varicibus depressis, irregulariter interruptis; aperturâ albidâ, ovato-acuminatâ; labro incrassato, intùs tenuè sulcato.*

Blainv. Faune franç. p. 118. n° 6. pl. 4 D. f. 5.

Potiez et Mich. Cat. de Douai. p. 423. n° 16.

*Murex reticulatus.* Dillw. Cat. t. 2. p. 758. n° 160.

*Triton turriculatum.* Desh. Exp. scient. de Morée, Zool. t. 3. p. 187. n° 329. pl. 19. f. 58. 59. 60.

Kiener. Spec. des Coq. p. 26. n° 20. pl. 18. f. 3.

Habite la Méditerranée.

Nous avons plus d'un motif pour douter de l'identité de cette espèce avec le *Murex reticulatus* des auteurs anglais. Il est certain, par exemple, que le *Strombiformis reticulatus* de Dacosta, rapporté par Dillwyn dans la synonymie de son *Murex reticulatus,* n'est point du tout la même espèce ; car la coquille de Dacosta est une véritable Cérite, et la coquille qui nous occupe appartient au genre Triton. Dans l'incertitude où nous nous sommes trouvé à l'égard de cette espèce, nous lui avons imposé le nom de *Triton turriculatum* lorsque nous l'avons décrite dans la partie conchyliologique de l'expédition de Morée. L'ayant retrouvée depuis, sous le nom de *Reticulatum,* dans la Faune française, nous avons dû restituer à l'espèce ce nom, à cause de son antériorité.

Cette espèce est l'une des plus allongées du genre. Sa spire est plus longue que le dernier tour ; elle est très pointue, et composée de 10 tours peu convexes. Ces tours sont irrégulièrement interrompus par un assez grand nombre de varices blanchâtres, pourvues d'une tache quadrangulaire d'un brun foncé. Le dernier tour est terminé insensiblement en un canal court, légèrement relevé en dessus. L'ouverture est ovale, blanche, rétrécie à ses extrémités. La columelle est faiblement arquée dans sa longueur ; elle est accompagnée d'un bord gauche blanc, aplati et assez épais. Le bord droit est épaissi en dedans et en dehors : en dehors, il est orné de trois taches brunes quadrangulaires et inégales ; en dedans, il est blanc et finement plissé dans toute sa longueur. La surface extérieure offre un réseau fin et régulier de stries sur l'intersection desquelles s'élève un petit tubercule arrondi. La coloration est ordinairement d'un brun marron assez foncé, à l'exception des varices, qui sont blanchâtres. Il y a une variété d'un brun très pâle, sur laquelle se montrent une ou deux petites zones d'un brun plus foncé.

Cette coquille est longue de 23 mill. et large de 8.

† 35. **Triton lancéolé.** *Triton lanceolatum.* Kien.

*T. testá ovato-oblongá, acutá, striis granulosis, longitudinalibus
transversalibusque, confertis, decussatá, albá vel fulvá, unicolore;
vel albá fusco fasciatá; spirá exsertá, anfractu ultimo longiore,
columellá lævi; labro intùs sulcato.*

*Ranella lanceolata.* Menke. Syn. Moll. p. 145.

*Triton lanceolatum.* Kiener. Spec. des Coq. p. 27. n° 21. pl. 18.
f. 1.

Habite à Porto-Rico.

Petite coquille qui a l'analogie la plus grande avec la *Cancellaria
volutella* de Lamarck, fossile aux environs de Paris. Sa forme générale, la distribution de ses varices, la disposition de ses stries,
la rapprochent, d'une manière étonnante, de la coquille fossile;
mais dans la Cancellaire il y a des plis à la columelle; ici, ces plis
n'existent jamais. M. Menke, dans son *synopsis*, rapporte cette
coquille au genre Ranelle; mais il est très rare que les varices se
suivent régulièrement d'un tour à l'autre; elles sont irrégulièrement distribuées. M. Kiener a eu raison de la placer au nombre
des Tritons. Elle est la plus petite et la plus étroite des coquilles de
ce genre. Elle est allongée, subturriculée; sa spire, composée de
huit tours, est deux fois plus longue que l'ouverture. Ces tours,
peu convexes, sont ornés d'un grand nombre de petites côtes longitudinales, régulières, treillissées par des stries transverses qui
en passant sur elles, y laissent un petit tubercule. L'ouverture est
blanche, oblongue et étroite, atténuée à ses extrémités; le canal
terminal est profond, étroit, court et relevé vers le dos. La columelle est peu arquée dans sa longueur; elle est accompagnée d'un
bord gauche, étroit et détaché dans une grande partie de sa hauteur. Le bord droit est épais, finement strié en dedans, garni en
dehors d'un bourrelet sur lequel il y a de petites taches brunes.
La coloration de cette espèce est assez variable. Souvent elle est
blanche, quelquefois fauve, et dans quelques individus, on remarque des taches irrégulières brunes.

Cette petite coquille est longue de 23 mill. et large de 7.

## Espèces fossiles.

1. **Triton gauffré.** *Triton clathratum.*

*Tr. testá ovato-oblongá, gibbosá, cancellatá; aperturá oblongá, ir-
regulari, sinuosá, dentatá.*

*Murex cancellinus.* Annales. vol. 2. p. 225. n° 10.

Habite... Fossile de Grignon. Cabinet de feu M. *Richard*. Cette coquille est l'analogue fossile bien remarquable de notre *Triton clathratum*, nommé vulgairement la *Grimace blanche* ou *gaufrée*, qui est une espèce très distincte, vivant actuellement dans l'Océan austral, et que j'ai mentionnée dans son genre, p. 186, n° 22.

2. **Triton tête-de-vipère.** *Triton viperinum*. (1)

> *Tr. testâ elongatâ, subturritâ; striis transversis, inæqualibus, rariter obscurèque granulosis; caudâ breviusculâ.*
>
> *Murex viperinus*. Ann. ibid. p. 226. n° 14.
>
> * Desh. Coq. foss. de Paris. t. 2. p. 611. n° 4. pl. 80. f. 16. 17. 18.
>
> Habite... Fossile de Grignon. Mon cabinet. Il y a dans sa partie supérieure de petites côtes longitudinales très peu élevées. Longueur, 2 centimètres.

3. **Triton nodulaire.** *Triton nodularium*.

> *Tr. testâ ovatâ, subcancellatâ; striis transversis, inæqualibus: majoribus nodulosis : nodulis costatìm dispositis.*
>
> *Murex nodularius*. Ann. ibid. n° 15.
>
> * Desh. Coq. foss. de Paris. t. 2. p. 613. n° 7. pl. 80. f. 39. 40.
>
> * Potiez et Mich. Cat. de Douai. p. 123. n° 13.

---

(1) M. Kiener croit avoir découvert l'analogue vivant de cette espèce dans une petite coquille qui a été rapportée par MM. Quoy et Gaimard, de la Nouvelle-Hollande. Nous la possédons, grâce à l'obligeance de M. Quoy, et nous avons pu l'examiner avec tout le soin imaginable, lorsque en donnant la description des coquilles fossiles de Paris, nous cherchions avec empressement les analogies plus ou moins éloignées des espèces fossiles avec celles qui vivent actuellement; nous avons fait de nouvelles études sur cette espèce, lorsque nous dressâmes pour la première fois nos tableaux des terrains tertiaires publiés dans la première édition des *Principes de Géologie*, de M. Lyell; enfin, craignant de nous être trompé, d'après le dire de M. Kiener, nous venons encore d'étudier ces coquilles, et nous disons: non, elles ne sont point identiques, elles ne sont même pas analogues, dans la plus large acception de ce mot: que M. Kiener y regarde bien, et il s'assurera que nous avons raison.

Habite… Fossile de Grignon. Mon cabinet. Il est assez commun, et
a, comme le précédent, le bord droit denté à l'intérieur. Le canal
de sa base est un peu court, et courbé en dehors. Long., 24 mill.,
ou davantage.

———

## LES AILÉES.

*Coquille ayant un canal plus ou moins long à la base de
son ouverture, et dont le bord droit change de forme avec
l'âge, et a un sinus inférieurement.*

Les *Ailées* constituent une famille très naturelle, qui
avoisine celle des canalifères par ses rapports, mais qui en
est éminemment distincte. Cette famille offre un fait très
remarquable, parce qu'il est peu commun : c'est celui d'une
coquille qui, dans sa jeunesse, a une forme différente de
celle qu'elle acquiert dans un âge plus avancé. Ce n'est
guère que dans les *cypræa* (les porcelaines) que l'on observe
un fait analogue.

Linné a réuni toutes les races de cette famille en un seul
genre, auquel il a donné le nom de *Strombus ;* mais il y a
joint des coquillages qui ne lui appartiennent point. D'ailleurs, il n'en a point indiqué le caractère essentiel, qui
consiste dans le développement singulier du bord droit de
la coquille à un certain âge de l'animal, et surtout dans le
sinus particulier qu'on observe constamment vers le bas
de ce bord, lorsqu'il est développé en aile. L'opercule des
mollusques de cette famille est corné, allongé et étroit.

*D'Argenville* donnait le nom de Rocher à toutes ces coquilles, et confondait avec elles des coquilles de familles
différentes.

Je divise cette famille, c'est-à-dire les vrais *Strombus*
de Linné, en trois genres, d'après la considération du
canal de la base, jointe à celle des caractères du bord

droit de l'ouverture. Voici les noms de ces trois genres: *Rostellaire*, *Ptérocère* et *Strombe*.

[La famille des Ailées est très naturelle, et elle aura peu de changemens à supporter. En traitant du genre Struthiolaire, nous avons établi, d'après les faits connus, ses rapports avec plusieurs espèces du genre Rostellaire de Lamarck, et cette analogie nous a conduit à cette conclusion: que les Struthiolaires doivent entrer dans la famille des Ailées. Cependant, en considérant les différences très notables qui se montrent, d'une part, entre les animaux des Chenopus et des Struthiolaires, et de l'autre, avec ceux des Ptérocères, des Rostellaires et des Strombes, nous sommes porté à séparer plutôt les deux premiers genres que nous venons de mentionner, de la famille des Ailées, qu'à les y réunir. Lorsque M. Philippi eut observé l'animal du *Rostellaria pes pelecani*, il proposa pour lui, et les espèces analogues, un genre auquel il donna le nom de *Chenopus*. M. Philippi reconnut la différence considérable qui existe entre cet animal et celui des Strombes, et ce zoologiste, après avoir comparé ses caractères avec ceux des Cérites, conclut que son genre *Chenopus* doit en être rapproché: nous ne partageons pas entièrement l'opinion de M. Philippi. Nous pensons que les deux genres Chenopus et Struthiolaire devront constituer une petite famille dont il est actuellement assez difficile de déterminer les rapports, parce que nous manquons d'observations suffisantes sur l'organisation de ces mollusques. Dans tous les cas, s'il est vrai, comme nous le supposons, que les animaux des Struthiolaires et des Chenopus manquent de trompe, et que leur bouche est munie de mâchoires cornées, il faudrait croire que ces animaux ne sont point carnassiers, et se rapprochent des Cérites, au moins à cause de leur manière de vivre. D'après ce qui précède, la famille des Ailées resterait composée des trois genres que Lamarck y a introduits, en faisant subir à celui

des Rostellaires un démembrement pour rétablir le genre
Chenopsus de M. Philippi.]

----

**ROSTELLAIRE**. (Rostellaria.)

Coquille fusiforme ou subturriculée, terminée inférieurement par un canal en bec pointu. Bord droit entier ou
denté, plus ou moins dilaté en aile, avec l'âge, et ayant
un sinus contigu au canal.

*Testa fusiformis vel subturrita, basi desinens in canalem
rostrum acutum simulantem. Labrum integrum vel denta-
tum, plùs minùsve œtate dilatatum, lacunâ canali contiguâ
instructum.*

Observations. — Les Rostellaires commencent à s'approcher
des Strombes, mais elles en sont moins voisines que les Ptérocères. Ce sont des coquilles fusiformes, à spire allongée, et qui
sont terminées inférieurement par un canal en bec pointu. Leur
bord droit s'appuie supérieurement sur la spire, et y est quelquefois décurrent. Mais ce qui caractérise fortement ce genre,
c'est que le sinus de la partie inférieure du bord droit est entièrement contigu au canal, ce qui n'a nullement lieu dans les
Ptérocères ni dans les Strombes. Voici les espèces qui se rapportent à ce genre.

[Depuis la création du genre Rostellaire, presque tous les
zoologistes l'ont conservé, à l'exemple de Lamarck, dans le voisinage des Strombes. Férussac, l'un des premiers, dans ses *Tableaux systématiques*, proposa de le rapprocher des genres
*Murex* et *Fusus*, dans ce qu'il appelle sa famille des Pourpres.
M. de Blainville, dans son *Manuel de Malacologie*, a admis cet
arrangement, et l'on trouve les Rostellaires dans sa famille des
Syphonostomes, entre les Pleurotomes et les Fuseaux. Il n'est
pas nécessaire de discuter aujourd'hui la valeur de cette opinion, puisque les faits nouvellement acquis à la science ont démontré que l'opinion de Lamarck était la seule qui méritât de
prévaloir. En effet, la discussion pouvait se soutenir avant que
l'on connût les animaux des Rostellaires. Aujourd'hui, ils le sont

suffisamment pour établir invariablement l'étendue et les rapports du genre. MM. Quoy et Gaimard ont fait connaître les animaux singuliers des Strombes et des Ptérocères ; on sait, depuis eux, que le pied de ces Mollusques, singulièrement modifié, n'est plus propre à la reptation, et que l'animal, pour changer de place, est obligé de sauter en s'appuyant sur l'extrémité du pied qui porte l'opercule. Un autre caractère non moins remarquable, dans ces genres, se montre dans les Tentacules. Ces organes, très gros, sont bifurqués au sommet ; l'un des côtés de la bifurcation, le plus gros, est subitement tronqué, et un œil très grand occupe toute la surface de la troncature. La tête est proboscidiforme, terminée en avant par une ouverture buccale longitudinale, par laquelle l'animal fait sortir un trompe cylindrique assez longue. Tous ces caractères se retrouvent exactement dans l'animal du *Rostellaria curvirostris* ; et l'opercule corné qui ferme la coquille présente aussi tous les caractères de l'opercule des Ptérocères et des Strombes. Cette ressemblance entre ces animaux prouve qu'ils appartiennent à une même famille, et que Lamarck a eu raison de les rapprocher.

On trouve parmi les espèces de Rostellaires de Lamarck une coquille qui est très commune dans les mers de l'Europe, qui était connue de Pline et des anciens naturalistes, et que Linné comprenait dans son genre Strombe, sous le nom de *Strombus pes pelecani*. M. Delle Chiaje, dans le troisième volume du grand ouvrage de Poli, donna une figure de l'animal du *Rostellaria pes pelecani*, et, quoique médiocre, elle était suffisante cependant pour faire apercevoir la grande différence qui existe entre cet animal et celui des autres Rostellaires. Depuis, M. Philippi, et nous-même, avons eu l'occasion d'observer vivant le même Mollusque ; ce qui a porté, M. Philippi à proposer un genre *Chenopus*, et nous à l'adopter.

Le genre Rostellaire devra donc subir un démembrement qui le diminuera d'un nombre assez considérable d'espèces vivantes et fossiles, et qui auront pour type le *Rostellaria pes pelecani*. Après cette réforme, le genre Rostellaire comprendra encore un assez grand nombre d'espèces intéressantes : cinq vivantes, et au moins quinze fossiles appartenant à presque tous les étages des terrains de sédiment. On commence, en effet, à rencontrer ce genre dans le lias supérieur, et on le voit remonter jusque dans les terrains tertiaires; mais c'est aux environs de Paris, ainsi que dans les argiles de Londres, que l'on trouve cette rare et précieuse coquille, que Lamarck a fait connaître sous le nom de *Rostellaria macroptera*, coquille extraordinaire par l'énorme développement de son bord droit.

Pour compléter les caractères génériques donnés au genre Rostellaire par Lamarck, il faut y ajouter les caractères de l'animal, d'après la figure qu'en a donnée M. Ehrenberg.

Animal spiral allongé, ayant un pied divisé en deux parties, l'une postérieure, cylindracée, obliquement tronquée, et portant un opercule corné, onguiforme sur cette troncature ; l'autre partie du pied est aplatie, arrondie en avant, et peut servir à l'animal à s'attacher aux corps solides. Tête grosse et épaisse, se prolongeant en un mufle proboscidiforme fendu en avant. Deux gros tentacules divergens, cylindracés, bifurqués. La branche interne plus grêle et pointue ; l'externe tronquée au sommet, et portant l'œil sur cette troncature.

Nous avons emprunté à M. Eudes Deslonchamps la description de plusieurs des espèces des terrains oolitiques qu'il a fait connaître dans le septième volume des *Mémoires de la Société linnéenne de Normandie*. M. E. Deslonchamps est un observateur aussi patient qu'infatigable; il a rassemblé, avec une persévérance bien louable, tous les fossiles des terrains de la Normandie; et, parvenu à les dégager de roches dures, les a dessinés et décrits avec toute la perfection désirable, et nous ne pouvions mieux faire que de prendre à son travail les descriptions d'espèces très intéressantes.]

## ESPÈCES.

1. **Rostellaire bec-arqué.** *Rostellaria curvirostris*. Lamk. (1)

> R. *testâ fusiformi-turritâ, crassissimâ, ponderosâ, lævigatâ, transversim subtilissimè striatâ, fulvo-rufescente; anfractibus convexiusculis : supremis obsoletè plicatis; aperturâ albâ; labro margine dentato; rostro breviusculo, curvo.*

(1) Il nous paraît évident que ce n'est pas à cette espèce qu'il convient de rapporter le *Strombus fusus* de Linné. Ce *Strombus*

*Strombus fusus.* Lin. Gmel. p. 3506. n° 1.
Lister. Conch. t. 854. f. 12.
Seba. Mus. 3. t. 56. f. 1.
Knorr. Vergn. 5. t. 6. f. 1. et t. 7. f. 1.
Martini. Conch. 4. t. 158. f. 1495, 1496.
*Rostellaria curvirostra.* Encyclop. pl. 411. f. 1. a. b.
* Blainv. Malac. pl. 16. f. 1.
* Gesner. *De Crust.* p. 247. f. 2.
* Jonst. Hist. nat. *de Exanguibus.* pl. 11. *Turbo longus.*
* Spengler. Naturf. t. 9. pl. 6. f. 1.
* Perry. Conch. pl. 10. f. 3.
* Roissy. Buf. Moll. t. 6. p. 94.
* *Rostellaria brevirostra.* Schum. Nouv. syst. p. 223.
* Desh. Encycl. méth. vers. t. 3. p. 908. n° 1.
* Kiener. Spec. des Coq. p. 1. pl. 3. f. 1.
* *Strombus fusus.* vari. Born. Mus. p. 270.
* *Id.* Schrot. Einl. t. 1. p. 416. n° 1.
* *Id.* Dillw. Cat. t. 2. p. 684. n° 1.
* *Rostellaria fusus.* Sow. Genera of Shells. f. 1.
* *Rostellaria curvirostrum.* Sow. Thes. Conch. p. 22. pl. 5. f. 9.

---

*fusus* se trouve, pour la première fois, dans la 10ᵉ édition du *Systema naturæ*, sous le nom de *Murex fusus*. La synonymie qui appuie l'espèce est très correcte, et elle appartient tout entière au *Rostellariæ rectirostris* de Lamarck. S'il pouvait rester le moindre doute sur le *Murex fusus*, la description que Linné en donne dans le *Museum Ulricæ*, doit les faire cesser. A sa première synonymie, Linné, dans la 12ᵉ édition du *Systema*, ajoute trois figures de Seba, dont deux appartiennent au *Rostellaria curvirostris*; mais on sent que ce n'est pas une si faible erreur qui doit déterminer la réunion du *Strombus fusus* au *curvirostris*; il faut simplement rectifier la synonymie de Linné, et porter son *Murex fusus* ou son *Strombus fusus*, qui est la même espèce, au *Rostellaria rectirostris* de Lamarck. Il reste après cela un autre changement à faire: c'est de rendre à l'espèce son nom linnéen, et de substituer le nom de *Rostellaria fusus* à celui de *Rostellaria rectirostris*. On ne peut donc adopter le nom de *Strombus unicornis* proposé par Dillwyn.

* *Strombus fusus.* Wood. Ind. Test. pl. 24. . 1.

* Sow. Conch. Man. f. 402.

Habite l'Océan des Moluques. Mon cabinet. Belle coquille, épaisse, pesante, en fuseau conique, la plus grande de son genre, et très distincte de celle qui suit. Vulg. le *Fuseau de Ternate.* Longueur 7 pouces 5 lignes.

## 2. Rostellaire bec-droit. *Rostellaria rectirostris.* Lamk.

*R. testâ fusiformi-turritâ, medio lævigatâ, squalidè albâ; anfractibus convexiusculis : ultimo infernè transversìm sulcato : supremis convexioribus cancellatis; labro margine dentato; rostro prælongo, gracili, rectissimo.*

Lister. Conch. t. 854. f. 11. et t. 916. f. 9.

Bonanni. Recr. 3. f. 121.

D'Argenv. Conch. pl. 10. fig. D.

Favanne. Conch. pl. 34. fig. B 3.

Seba. Mus. 3. t. 56. f. 2.

Martini. Conch. 4. t. 159. f. 1500 et p. 344. Vign. 41.

*Eadem testâ juniore; labro indiviso.*

D'Argenv. Conch. pl. 10. fig. A.

Favanne. Conch. pl. 34. fig. B 1.

Martini. Conch. 4. t. 159. f. 1501. 1502.

*Strombus clavus.* Gmel. p. 3510. n° 7.

* Lesser. Testaceo-theol. p. 144. f. n° 36.

* Klein. Tentam. ostrac. pl. 4. f. 77.

* Marvye. Méth. néc. aux Voy. pl. 2. f. 32.

* Perry. Conch. pl. 11. f. 5.

* *Rostellaria subulata.* Schum. Nouv. Syst. p. 222.

* *Strombus fusus.* Var. β. Born. Mus. p. 270.

* *Strombus unicornis.* Dillw. Cat. t. 2. p. 655. n° 2.

* *Rostellaria subulata.* Lamarck. Syst. An. sans. Vert. p. 81.

* *Rostellaria rectirostrum.* Sow. Thes. Conch. p. 22. pl. 5. f. 8. 10.

* *Strombus unicornus.* Wood. Ind. Test. pl. 24. f. 2.

* *Murex fusus.* Lin. Syst. Nat. éd. 10. p. 752.

* *Id.* Lin. Mus. Ulric. p. 316.

* *Strombus fusus.* Lin. Syst. Nat. éd. 12. p. 1207.

* *Junior, Strombus clavus.* Lin. Mant. p. 549.

* *Id.* Schrot. Einl. t. 1. p. 424. n° 7.

* Desh. Encycl. méth. Vers. t. 3. p. 909. n° 2.

* Kiener. Spec. des Coq. pl. 2. f. 1.

* Reeve. Conch. Syst. t. 2. p. 202. pl. 246. f. 4.

Habite..... les mers de la Chine? Mon cabinet. Espèce fort différente de celle qui précède, étant toujours plus étroite et n'en acquérant jamais l'épaisseur. C'est une coquille précieuse, rare, très recherchée dans les collections, en fuseau allongé, turriculé, fort pointu au sommet, et remarquable par son canal en bec long, grèle et très droit. Dans sa jeunesse, le bord droit, n'étant pas encore développé, n'offre aucune dent ; aussi est-il alors mince et tranchant. Vulgair. le *Fuseau de la Chine.* Longueur, 5 pouces 10 lignes.

## 3. Rostellaire pied-de-pélican. *Rostellaria pes pelecani.* Lamk. (1)

*R. testá turritá, griseo-rufescente; anfractibus medio angulato-nodulosis; labro palmato, in tres digitos partito : digitis acutis, divaricatis; canali baseos obliquo, subfoliaceo.*

---

(1) Comme nous l'avons dit dans les généralités sur le genre Rostellaire de Lamarck, il est nécessaire d'en retrancher le *Rostellaria pes pelecani,* pour rétablir avec lui le genre Chenopus de M. Philippi. Tant que l'animal de cette espèce resta inconnu, il était impossible d'accepter le genre, car la coquille offre les principaux caractères du genre Rostellaire, et on ne pouvait prévoir que l'animal différerait d'une manière aussi considérable de celui des Ptérocères. Le genre Chenopus peut être caractérisé de la manière suivante

### GENRE CHENOPUS. Philip.

Coquille allongée, fusiforme, terminée à la base en un appendice court, à peine canaliculé ; columelle droite, garnie d'une callosité plus ou moins épaisse, bord droit dilaté, détaché supérieurement par un sinus large et peu profond, tantôt simple, tantôt découpé en digitations plus ou moins longues.

Animal spiral, marchant sur un pied ovalaire, tronqué en avant, pointu en arrière, et portant vers son extrémité un très petit opercule corné, oblong, et subonguiforme. Tête très grosse, proboscidiforme, subcylindracée, tronquée obliquement en avant. La bouche longitudinale occupe

*Strombus pes pelecani.* Lin. Syst. nat. éd. 12. p. 1207. Gmel. p. 3507. n° 2.

toute la longueur de la troncature. Tentacules très allongés, grêles et pointus, portant à la base, en dessous et un peu en dehors, un pédicule très court dont le sommet est occupé par l'œil; manteau mince, simple, ou lobé, selon les espèces, le nombre des lobes correspondant à celui des digitations de la coquille; organe de la génération mâle, cylindracé, sur le côté droit, très en arrière du tentacule.

D'après les caractères qui précèdent, il est bien évident que les Chenopus constituent un genre très différent de celui des Rostellaires. Si, maintenant, on veut comparer ces caractères avec ceux des Struthiolaires, on restera bientôt convaincu que ces deux genres ont entre eux les plus grands rapports. Il reste à savoir quelle place ils doivent occuper dans la méthode naturelle, et, comme nous le disions tout-à-l'heure, cette question est difficile à résoudre dans l'état actuel de la science. Nous croyons que de nouvelles observations sont indispensables, et que l'anatomie devra prêter son secours aux zoologistes; car, dans cette question difficile, les formes extérieures ne suffisent plus. On ne pourra être bien guidé qu'au moyen de la connaissance de l'organisation profonde. M. Philippi a proposé, comme nous l'avons vu, de rapprocher le *Rostellaria pes pelecani* du genre *Cerithium;* mais cette opinion ne peut être adoptée sans un examen très approfondi.

Le genre Chenopus comprend actuellement trois espèces vivantes et cinq à six espèces fossiles; presque toutes ces dernières appartiennent aux terrains tertiaires. Il y en a une cependant qui descend dans la craie, et peut-être faudra-t-il y ajouter quelques-unes des espèces à deux ou trois digitations qui se trouvent dans les terrains oolitiques.

## ESPÈCES.

† 1. **Ansérine pied-de-grue.** *Chenopus pes carbonis.* **Brong.**

*A. testá elongato-fusiformi, acuminatá, transversìm tenuè striatá, longitudinaliter plicato-nodosá, fuscescente; anfractibus convexius-*

Lister. Conch. t. 865. f. 20. t. 866. f. 21. b. et t. 1059. f. 3.

Bonanni. Recr. 3. f. 85 et 87.

---

*culis, in medio subcarinatis, granoso-tuberculatis: ultimo anfrac-*
*tu tricarinato; aperturá albá, angustá; labro dilatatissimo, pen-*
*tadactylo.*

Brong. Terr. du Vicent. p. 75. pl. 4. f. 2 (*Fossilis*).

*Rostellaria serresiana.* Mich. Descr. de plusieurs Coq. viv. de la Mé-
diter. Bull. de la Soc. Linn. de Bord. t. 2. pl. 1. f. 3. 4.

*Aporrhais pes carbonis.* Sow. Thes. Conch. p. 21. pl. 5. f. 1.

*Rostellaria pes pelecani. Var.* Kiener. Spec. des Coq. pl. 4. f. 1 b. c.

Habite la Méditerranée, sur les côtes de Sicile. Plusieurs personnes,
et M. Kiener particulièrement, confondent cette espèce avec le
*Rostellaria pes pelecani* de Lamarck. Nous pensons, avec M. Michaud, que cette espèce mérite d'être séparée; car l'observation
d'un grand nombre d'individus nous a prouvé qu'ils avaient des
caractères constans.

Cette coquille a une très grande ressemblance avec le *pes pelecani.*
On la distingue en ce que son bord droit est plus largement dilaté,
et ce bord est constamment découpé en cinq digitations, en y comprenant celle qui tient lieu de canal terminal. Cette coquille est
généralement plus rare que le *pes pelecani,* et elle est toujours de
moindre taille. Elle a 35 mill. de long et 25 de large, en y comprenant la longueur des digitations.

† 2. **Ansérine occidentale.** *Chenopus occidentalis.* **Beck.**

*A. testá elongato-turritá, livido-plumbeá, transversìm tenuè striatá;*
*anfractibus convexiusculis, longitudinaliter obliquè costellatis; aper-*
*turá angustá, oblongá, rubrá; labro dilatato, aiato, mutico.*

Beck in Lyell. Cat. of the foss. of Saint-Laurence Bay. Géol. Trans.

Beck. Magas. de Conch. 1836. f. 72.

*Aporrhais occidentalis.* Sow. Thesaur. Conch. p. 21. pl. 5. f. 2.

Reeve. Conch. Syst. t. 2. p. 202. pl. 246. f. 3.

Habite l'Océan Atlantique américain. dans le golfe Saint-Laurent,
dans les mers du Groenland, et quelquefois aussi au banc de Terre-
Neuve.

Coquille fort rare encore dans les collections. Elle est allongée, turriculée, et ressemble assez bien, par sa forme générale, au *Rostel-*
*laria columbaria,* fossile des environs de Paris, auquel on aurait
rompu le canal de la base. La spire est allongée, turriculée; les
tours dont elle est composée sont peu convexes, et ils sont ornés,
non-seulement de petites côtes longitudinales régulières et apla-

Petiv. Gaz. t. 79. f. 6.
Gualt. Test. t. 53. fig. A. B. C.
D'Argenv. Conch. pl. 14. f. M.
Favanne. Conch. pl. 22. fig. D 1. D 2.
Seba. Mus. 3. t. 62. f. 17.

---

ties, mais encore de stries transverses très fines et très rapprochées. Le dernier tour est un peu moins grand que la spire, il se termine en un canal étroit et peu profond. L'ouverture est ovale-allongée, étroite ; la columelle est droite et est garnie, dans toute sa longueur, d'une large callosité blanche, dont le bord extérieur forme un segment de cercle. Le bord droit est épaissi ; il est dilaté en aile un peu relevée à son extrémité postérieure, comme dans la *Rostellaire colombaire*. Ce bord droit est mutique, c'est-à-dire, sans aucune trace de digitation. Toute cette coquille est d'un blanc grisâtre ou plombé ; elle est d'un très beau blanc en dedans.

Elle est longue de 58 mill. et large de 40, en y comprenant la largeur du bord droit.

## † 3. Ansérine de Margerin. *Chenopus Margerini*. Desh.

*A. testâ turritâ, striatâ; striis numerosis, tenuibus, transversalibus; anfractibus longitudinaliter plicatis; plicis obliquis, ab unâ ad alteram suturam extensis; penultimo anfractu subtuberculato; ultimo tribus carenis tuberculatis munito; labro lato, in alam magnam, angulatam, supernè spirâ adnatam, ampliato; rostro brevi, acuto.*

*Rostellaria Margerini.* Koninck. Mém. de l'Ac. des sc. et bell. lett. de Bruxelles. t. 11. pl. 2. f. 6. pl. 3. f. 3.

Habite... Fossile à Basèle, Boonn, Schelle.

Cette coquille est allongée, turriculée, pointue et ornée d'un grand nombre de petites stries transversales très nombreuses et très fines ; les tours supérieurs sont garnis de plis obliques, longitudinaux, s'étendant de l'une à l'autre suture. Sur l'avant-dernier tour, ces plis deviennent tuberculeux, et sur le dernier, ils sont totalement changés en une carène fortement tuberculeuse, sous laquelle il s'en trouve deux autres qui le sont moins. Ces trois carènes se prolongent jusqu'à une gouttière très sinueuse qui sépare la spire du prolongement du bord ; ce bord se transforme en une aile très large, bianguleuse, qui s'étend jusqu'au-delà du sommet de la spire, et qui donne lieu à une callosité très forte et très lisse, recouvrant à-peu-près la moitié de la coquille. La bouche est oblongue, très déprimée, en fente oblique.

Elle est longue de 43 mill., large de 34, dont 19 pour l'aile.

Knorr. Vergn. 3. t. 7. f. 4.

Martini. Conch. 3. t. 85. f. 848—850.

* Martini. Conch. t. 3. p. 79. Vig. f. 3.

* Lessons on Shells. pl. 3. f. 5. 6.

* Perry. Conch. pl. 10. f. 2.

* Crouch. Lamk. Conch. pl. 18. f. 3.

* *Pterocera pes pelecani*. Roissy. Buf. Mol. t. 6. p. 92. n° 5.

* Born. Mus. p. 269. Vign. f. 6. *Strombus pes pelecani*. p. 270.

* Rondel. Hist. des Poiss. p. 60.

* Gesner de Crust. p. 246. f. 3 et p. 249.

* Aldrov. de Test. p. 330. f. 4. et p. 357. *Figuræ inferiores*.
　　p. 358. f. 1 à 5.

Jonst. Hist. nat. des Exang. f. 16.

* Mus. Gottv. pl. 130. a. b.

* *Strombus pes pelecani*. Murray. Fund. Test. Amœn. Acad. p. 144.
　　pl. 2. f. 21.

* Delle Chiaje, dans Poli, Testac. t. 3. 2e p. f. 7 à 10.

* *Fossilis*. Scilla la vana specul. pl. 16. f. 3.

* Lesser. Testaceo-theol. p. 305. f. n° 80.

* Pontoppidan. Voy. t. 2. p. 270. f. 12. 13.

* Klein. Testam. Octrac. p. 2. f. 41. 42.

* *Strombus pes pelecani*. Lin. Syst. nat. éd. 10. p. 742.

* Lin. Mus. Ulric. p. 615.

* D'Acosta. Conch. Brit. pl. 7. f. 7.

* *Strombus pes pelecani*. Schrot. Einl. t. 1. p. 118. n° 2.

* *Id*. Oliv. Adriat. p. 148.

* *Id*. Burrow. Elem. of Conch. pl. 17. f. 1. et pl. 25. f. 4. 5.

* *Tritonium pes pelecani*. Mull. Zool. Dan. Prod. p. 244. n° 2945.

* *Strombus pes pelecani*. Dillw. Cat. t. 2. p. 656. n° 4.

* Blainv. Malac. pl. 28. f. C.

* *Strombus pes pelecani*. Gerville. Cat. p. 39. n° 1.

* Collard des Ch. Cat. des Moll. du Finist. p. 52. n° 1.

* Payr. Cat. des Moll. de Corse. p. 152. n° 304.

* Blainv. Faun. franç. p. 202. n° 1. pl. 8. f. 1.

* Desh. Encycl. méth. Vers. t. 3. p. 909. n° 3.

* Sow. Genera of Shells. f. 3.

* *Chenopus pes pelecani*. Philip. Enum. Moll. Sicil. p. 215.

* *Id*. Bronn. Leth. Geogn. p. 1088. pl. 41. f. 30 (*Fossilis*). **Exclus.**
　　*pluribus synon*.

* *Aporrhais pes pelecani*. Sow. Thes. Conch. pl. 5. f. 3. 4.

* Kiener. Spec. des Coq. pl. 4. f. 1. 1 a.

* *Strombus pes pelecani*. Wood. Ind. Test. pl. 24. f. 4.

* Sow. Conch. Man. f. 404.
* Reeve. Conch. Syst. t. 2. p. 202. f. 5.
* Brocchi. Conch. Foss. subap. t. 2. p. 385 (*Fossilis*).

Habite les mers d'Europe. Mon cabinet. Coquille commune, très connue, même des anciens naturalistes. Son canal, rejeté un peu de côté, semble former une quatrième digitation à son bord droit. Le sinus de ce bord, étant contigu au canal, la distingue des Ptérocères auxquelles elle semb'e appartenir. Longueur, 20 lignes.

## 4. Rostellaire grand-aile. *Rostellaria macroptera*. Lamk.

R. *testá fossili, fusiformi-turritá, lævigatá, apice acutá; labro latissimo, in alam maximam, rotundatam, supernè spirá adnatam, ampliato; rostro breviusculo.*

] *Var. labro supernè sinu mediocri distincto.*

*Strombus amplus.* Brander. Foss. pl. 6. f. 76.

*Rostellaria macroptera.* Annales du Mus. vol. 2. p. 220. n° 1.

* Roissy. Buf. Moll. t. 6. p. 94. n° 2.
* Sow. Min. Conch. pl. 298. 299. 300.
* Desh. Encycl. méth. Vers. t. 3. p. 910. n° 4.
* Burtin. Oryct. de Brux. pl. 15. f. a. b.
* Desh. Coq. foss. de Paris, t. 3. p. 620. n° 1. pl. 83. 84. f. 1. pl. 85. f. 10.

Habite... Fossile de Saint-Germain-en-Laye. Mon cabinet. Coquille très singulière par la grandeur de son aile qui s'appuie assez près du sommet de la spire et s'étend en demi-cercle jusque sur le canal, vers son extrémité. Longueur, 4 pouces 2 lignes.

## 5. Rostellaire aile-de-colombe. *Rostellaria columbata*. Lamk.

R. *testá fossili, fusiformi-turritá, lævigatá, apice acutá; labro in alam sursùm falcatam formato et parte interná suprà spiram decurrente; rostro longiusculo, recto.*

Knorr. Petrif. 2. t. 102. f. 1.

*Strombus fissura.* Bullet. des Sciences. n° 25. f. 4.

*Rostellaria columbina.* Annales. ibid. n° 2.

*Rostellaria columbaria.* Encycl. pl. 411. f. 2. a. b.

* Blainv. Malac. pl. 28. f. 5.
* Desh. Encycl. méth. Vers. t. 3. p. 910. n° 5.
* Sow. Genera of Shells. f. 2.
* Desh. Coq. foss. de Paris, t. 3. p. 621. n° 2. pl. 83. f. 5. 6.
* Bronn. Leth. Geogn. p. 1087. pl. 41. f. 29.
* Roissy. Buf. Moll. t. 6. p. 96. n° 3.

* Sow. Conch. Man. f. 403.

Habite... Fossile de Saint-Germain-en-Laye. Mon cabinet. Jolie espèce, dont les tours de spire n'offrent aucune convexité et se continuent en formant un cône allongé, pointu. Longueur, 2 pouces et demi.

6. Rostellaire fissurelle. *Rostellaria fissurella*. Lamk. (1)

R. *testâ fossili, turritâ, longitudinaliter costulatâ ; costellis dorso acutis; labro supernè in carinam fissam usquè ad apicem decurrente; rostro brevi, acuto.*

*Strombus fissurella.* Lin. Syst. nat. éd. 12. p. 1212. Gmel. p. 3518. n° 28.

Petiv. Gaz. t. 73. f. 7. 8.

D'Argenv. Conch. pl. 29. fig. 2.

Favanne. Conch. pl. 66. fig. M 5.

Martini. Conch. 4. t. 158. f. 1498. 1499.

*Rostellaria fissurella.* Annales. ibid. p. 221. n° 3.

Encycl. pl. 411. f. 3. a. b.

* Desh. Encycl. méth. Vers. t. 3. p. 910. n° 6.

* *Rostellaria lucida, Rostellaria rimosa.* Sow. Min. Conch. pl. 91. f. 1. a. b.

* *Rostellaria fissurella.* Sow. Genera of Shells. f. 4.

* Desh. Coq. foss. de Paris. t. 3. p. 622. n° 3. pl. 83. f. 2. 3.

* Bronn. Leth. Geogn. p. 1086.

* Wood. Ind. Test. pl. 25. f. 31.

* *Strombus fissurella.* Murray. Fund. Test. Amœn. Acad. p. 8. p. 146. f. 30.

* Roissy. Buf. Moll. t. 6. p. 96. n° 4.

* *Strombus fissurella.* Schrot. Einl. t. 1. p. 444. n₀ 25.

* *Id.* Dillw. Cat. t. 2. p. 672. n° 31.

Habite... Fossile de Grignon et de Courtagnon. Mon cabinet. Elle vit dans les mers de l'Inde, selon Linné. Longueur, 17 lignes et demie.

---

(1) Linné dit que cette espèce provient des mers des Indes. Orientales; il est à présumer qu'il a été trompé, car cette coquille n'a jamais été trouvée qu'à l'état fossile dans les terrains tertiaires de l'époque du bassin de Paris. Linné n'aurait-il pas confondu avec l'espèce fossile un petit Strombe vivant (*Strombus cancellatus* Lamarck), qui a beaucoup d'analogie avec l'espèce fossile?

## † 7. Rostellaire écourtée. *Rostellaria curta*. Sow.

*R. testá elongato-fusiformi, apice acuminatá, fuscescente, castaneo supernè vittatá, in medio lævigatá; anfractibus planulatis, primis tenuè plicatis; ultimo brevi, basi undatìm sulcato, rostro brevi, recto, terminato; aperturá ovatá, supernè canaliculatá; labro dilatato, in medio quadridentato.*

*Rostellaria curta.* Sow. Thes. Conch. p. 22. pl. 5. f. 7. 11.

Brookes. Introd. of Conch. pl. 7. f. 87.

Roissy. Buf. Moll. t. 6. pl. 58. f. 6.

Habite la mer Rouge?

On confondrait facilement cette espèce avec le *Rostellaria curvirostris* dont elle a presque tous les caractères extérieurs; cependant, lorsque l'on vient à comparer attentivement ces deux espèces, on s'aperçoit d'abord que celle-ci, a toujours le bec droit, à-peu-près de la même longueur que dans le *Curvirostris*. Le dernier tour est en proportion beaucoup plus court. Par ce fait, l'ouverture elle-même change naturellement de proportion. Elle est ovale, assez courte, et le canal qui la termine supérieurement ne dépasse jamais la hauteur de l'avant-dernier tour, tandis que ce canal se prolonge beaucoup plus que dans le *Curvirostris*. La callosité columellaire présente aussi des différences: elle est ici plus élargie; elle n'est point détachée de la coquille, et elle est moins épaisse à la base du canal terminal. Enfin, un dernier caractère, éminemment distinctif, c'est que, dans le *Rostellaria curta*, l'échancrure qui sépare la lèvre droite à la base est plus large, et les dents qui sont sur le bord droit, au nombre de quatre seulement, sont beaucoup plus latérales. La coloration présente aussi quelques différences: ici, sur un fond d'un brun pâle, la coquille est ornée d'une zone d'un brun plus foncé qui occupe la partie supérieure des tours.

Cette coquille est longue de 4 centim. et large de 50 mill.

## † 8. Rostellaire épineuse. *Rostellaria fissa*. Desh.

*R. testá turritá, lævi, ex albo-flavescente pictá, rectè caudatá; aperturá oblongiusculá, subovatá; labio reflexo, albo, adnato, incrassato, sinuato, ad apicem usquè diducto et protenso; labro subalato, fimbriato, dentato, serrato, aculeato, continuato; lacuná sinu fissurá longitudinali solutá à ventre et spirá; rostro recto, elongato; basi striatá, cavitate seu fauce candidá.*

*Strombus fusus fissus aculeatus.* Chemn. Conch. t. 11. p. 141. pl. 195 A. f. 1869.

Favanne. Conch. pl. 79. f. Y.
*Rostellaria serrata*. Perry. Conch. pl. 11. f. 2.
*Strombus fissus*. Dillw. Cat. t. 2. p. 656. n° 3.
*Id.* Wood. Ind. Test. pl. 24. f. 3.
*Rostellaria Favanni.* Kiener. Spec. des Coq. pl. 3. f. 2.

M. Sowerby, qui se flatte de donner à la science des monographies complètes dans son *Thesaurus conchyliorum*, ne mentionne seulement pas cette espèce, constatée avant lui par trois auteurs.

MM. Pfeiffer et Kiener, oubliant sans doute que cette coquille a reçu un nom depuis long-temps, en proposent un autre qui ne peut être accepté.

Nous empruntons à Chemnitz la phrase caractéristique de cette espèce curieuse, et jusqu'à présent des plus rares. Nous n'avons jamais vu un seul exemplaire de cette Rostellaire; elle n'existe pas dans les collections de Paris, et nous avons cru devoir la mentionner cependant, pour lui restituer le premier nom qu'elle a reçu, et la signaler de nouveau à l'attention des collecteurs.

Cette espèce est particulièrement remarquable par le canal, qui remonte jusqu'au sommet de sa spire, comme dans le *Rostellaria fissurella*, mais dont le bord droit est garni d'épines dans toute sa longueur.

## † 9. Rostellaire de Powis. *Rostellaria Powisii*. Petit.

*R. testâ elongato-fusiformi, acuminatá, crassá, transversim sulcatá, longitudinaliter tenuissimè striatá, rufo fuscescente; anfractibus convexis, ad suturam canaliculatis; ultimo basi rostro recto terminato; aperturá ovatá, albo roseá, supernè canaliculatá; labro incrassato, marginato, quinque-dentato.*

Petit. Magasin de Conch. 1842. pl. 53.
Sow. Thes. Conch. p. 22. n° 4. pl. 5. f. 5. 6.
Kiener. Spec. des Coq. pl. 2. f. 2.
Reeve. Conch. Syst. t. 2. p. 202. pl. 246. f. 1.
Habite les mers de la Chine.

Fort belle espèce, qui a de l'analogie avec le *Rostellaria rectirostris*; mais qui en est éminemment distincte par tous ses caractères. Elle est allongée, subturriculée; ses tours, convexes, sont fortement séparés par une suture canaliculée. Sur ces tours, on remarque de petits sillons transverses, ou plutôt de petites côtes étroites, régulières, également distantes, médiocrement saillantes, dans l'intervalle desquelles on voit, à l'aide de la loupe, des stries longitudinales extrêmement fines. L'ouverture est ovalaire; son extrémité supérieure se termine en un canal fort étroit et profond, qui remonte jusque vers le milieu de l'avant-dernier tour. Le bord droit est épais, garni d'un bourrelet extérieur, duquel partent cinq courtes digitations égales, qui garnissent tout le bord droit. Le canal terminal est étroit et se prolonge dans l'axe de la columelle.

Cette coquille, très rare encore dans les collections, est longue de 56 mill., et large de 20.

## Espèces fossiles.

### † 1. Rostellaire à lèvre épaisse. *Rostellaria labrosa*. Sow.

*R. testâ oblongâ, acutâ; spirâ ultimo anfractu longiore; anfractibus convexiusculis, tenuè plicatis, basi tenuissimè striatis; aperturâ ovatâ, angustâ; labro crasso, simplici, in fissuram brevem terminato; rostro brevi, recto, acuto.*

Sow. Genera of Shells. f. 5.

*Rostellaria crassilabrum.* Desh. Coq. foss. de Paris, t. 3. p. 624. nº 4. pl. 84. f. 2. 3. 4.

Habite.... Fossile de Monneville.

Espèce très voisine du *Rostellaria fissurella*; elle en a à-peu-près la forme; elle est allongée, subturriculée; sa spire, très pointue, est composée de huit à neuf tours légèrement convexes et chargés d'un grand nombre de petits plis longitudinaux, traversés, à la base du dernier tour, de stries très fines, dont les dernières remontent jusque sur le ventre du dernier tour; ce dernier tour se prolonge à la base en un bec court et pointu: l'ouverture est très petite, ovale-oblongue; la columelle, simple et faiblement arquée, est garnie dans sa longueur de callosités assez épaisses; le bord droit est très épais, faiblement dilaté, renversé en dehors; ce bord, ainsi que la callosité de la columelle, remonte le long de la spire, sans jamais parvenir jusqu'au sommet; il s'arrête ordinairement à la suture de l'avant-dernier tour: c'est dans l'épaisseur de ce prolongement que l'on trouve un petit canal très étroit et très profond, dont le commencement forme l'angle supérieur de l'ouverture.

Cette coquille, assez rare, a 35 mill. de long. et 15 de large.

### † 2. Rostellaire à trois pointes. *Rostellaria trifida*. Desl.

*R. testâ fusiformi, turritâ, transversè striatâ; anfractibus medio carinato-acutis: ultimo bicarinato, gibbo; alâ didactylâ; digitis in ætate adultâ longissimis, recurvatis; in juniore, modo duobus inæqualibus digitis, seu inferiore, seu superiore longiore ; caudâ longissimâ, recurvatâ; aperturâ angustâ.*

Phill. Geol. Yorks. pl. 5. f. 4.

*Rostellaria bispinosa ? Id. ibid.* pl. 4. f. 32.

Desl. Mém. Soc. Linn. de Norm. t. 7. p. 171. pl. 9. f. 28-31.

Habite.... Fossile depuis le Lias supérieur jusqu'au Kimmeridge-Clay, en passant à travers la série oolitique et l'Oxford-Clay.

Coquille fusiforme, à spire élancée, presque toujours couverte de stries transverses, fines et régulières ; tours de spire munis, dans leur milieu, d'une carène aiguë et très saillante, le dernier tour gibbeux et bicaréné. Carène supérieure plus prononcée que l'inférieure ; aile proprement dite très courte, mais portant, dans l'âge adulte, deux digitations fort longues, rarement égales, recourbées du côté de la spire, canaliculées en dessous, au moins à leur origine. Lorsque la coquille n'a pas atteint tout son accroissement, il n'y a souvent qu'une digitation développée, l'autre n'étant que comme une petite dent ; ou bien elles sont d'une longueur fort inégale, et c'est tantôt la supérieure, tantôt l'inférieure, qui prédomine. Queue ou canal très long et fortement recourbé ; ouverture oblongue.

### † 3. Rostellaire hameçon. *Rostellaria hamus.* Desl.

*R. testâ turritâ ; anfractibus transversè striatis, medio angulato nodosis : nodulis plùs minùsvè crebris ; ultimo anfractu gibbo, bicarinato ; carinâ superiore majore ; alâ parvâ, in digitum unicum, robustum, suprà recurvum, seu hamulum, evadente ; caudâ longiore, curvâ ; aperturâ trigonâ.*

*Rostell. composita ?* Phill. Geol. Yorks. pl. 9. f. 28.

*Ead. ?* Sow. Min. Conch. pl. 558. f. 2.

Desl. Mém. Soc. Linn. de Norm. t. 7. p. 173. pl. 9. f. 22-36.

Habite... Fossile de l'oolite ferrugineuse, Bayeux, les Moutiers. De la grande oolite, Ranville.

Coquille turriculée, striée partout transversalement ; tours de spire carénés dans le milieu ; carène ornée de tubercules assez aigus, plus ou moins nombreux ; dernier tour gibbeux, pourvu de deux carènes, dont la supérieure est plus saillante que l'inférieure.

### † 4. Rostellaire petit hameçon. *Rostellaria hamulus.* Desl.

*R. testâ parvâ; ultimo anfractu subgibbo, transversè striato ; striis inæqualibus, majoribus alternatìm et minoribus ; carinâ partìm nodulosâ seu plicatâ ; alâ subnullâ, varicosâ, subcrenulatâ, in*

*digitum unum recurvum, apice acutum, trigonum, subtùs canali-*
*culatum evadente; caudâ brevi; aperturâ subellipticâ.*

*Rostell. composita?* Sow. Min. Couch. pl. 554.

Desl. Mém. Soc. Linn. de Norm. t. 7. p. 175. pl. 9. f. 37-40.

Habite.... Fossile de la pierre blanche, à Langrune.

Coquille de taille moitié moindre que la précédente (probablement
   turriculée, à spire carénée et noduleuse?), dernier tour n'ayant
   qu'une seule carène, un peu gibbeux (gibbosité longitudinale et
   située à l'opposite de l'aile, comme si la coquille avait déjà formé
   une première aile incomplète et sans prolongement digitiforme),
   strié transversalement; stries inégales, les plus grandes alternant
   avec les plus petites; carène noduleuse ou plissée, mais seulement
   dans la moitié opposée à la digitation; aile très peu développée,
   ressemblant à une varice, légèrement crénelée, portant une digitation unique, recourbée, aiguë, triangulaire, canaliculée en dessous; canal court, sinus apparent; ouverture subelliptique.

## † 5. Rostellaire queue de souris. *Rostellaria myurus.* Desl.

*R. testâ turritâ, fusiformi, striis tenuibus, æqualibus, transversis, or-*
*natâ; anfractibus rotundatis, penultimo vix unicarinato, ultimo*
*bicarinato; carinâ superiore eminentiore, gibbum transversè ob-*
*longum ori oppositum gerente; alâ brevissimâ, in ætate juniore*
*primùm monodactylâ, dein (ætate progrediente) didactylâ; digitis*
*longis, divaricatis, tenuibus, trigonis, subtùs canaliculatis, à cari-*
*nis ortis; caudâ longissimâ, rectâ, apice tamen incurvâ; aperturâ*
*oblongâ; labro sinistro subcalloso.*

Habite... Fossile de l'oolite ferrugineuse; aux Moutiers; à Athys.

Coquille fusiforme, à spire turriculée, couverte de stries transverses,
   fines et régulières; tours de spire un peu renflés et arrondis,
   avant-dernier tour montrant une trace de carène qui se prononce
   davantage sur le dernier, et qui devient la carène supérieure de ce
   tour, car il en existe une seconde à quelque distance au-dessous
   de celle-ci, moins saillante que la première; sur son trajet, et à
   l'opposite de la bouche, existe une gibbosité très saillante, transversalement oblongue. Aile très petite, ne portant d'abord qu'une
   seule digitation qui fait suite à la carène supérieure; mais par le
   progrès de l'âge, l'aile s'accroît en laissant derrière elle sa première
   digitation; elle forme ensuite deux autres digitations, l'une sur la
   même ligne que la première, c'est-à-dire, sur le prolongement de
   la carène supérieure; l'autre, sur celui de la carène inférieure,
   toutes deux assez grêles, mais fort longues, triangulaires, droites,
   un peu divergentes, canaliculées en dessous. Queue ou canal très

long, subulé, droit dans presque toute son étendue, un peu courbé
à son extrémité; sinus non apparent; ouverture oblongue; lèvre
gauche distincte, un peu calleuse.

† 6. **Rostellaire tonton.** *Rostellaria cirrus.* **Desl.**

*R. testá turritá , apice acuminatá, transversìm striatá; anfractibus*
*medio carinatis : ultimo inflato, bicarinato.*

Desl. Mém. Soc. Linn. de Norm. t. 7. p. 178. pl. 9. f. 26.

Habite... fossile de la grande oolite, à Ranville.

Coquille turriculée, acuminée à son sommet, transversalement
striée; tours de spire carénés en leur milieu, dernier tour très
élargi, comme déprimé de haut en bas, et pourvu de deux carènes presque égales; le reste de la coquille est encore inconnu,
et ressemble probablement aux mêmes parties de l'espèce précédente.

† 7. **Rostellaire bidentée.** *Rostellaria bidentata.* **Desh.**

*R. testá elongato-fusiformi, apice subulatá, in medio lœvigatá, su-*
*pernè longitudinaliter plicatá , basi transversìm striato-sulcatá;*
*anfractibus planis ; ultimo brevi, ventricoso, basi rostro recto,*
*gracili, terminato ; aperturá ovatá; labro subdilatato, ad basim*
*bidentato.*

*Rostellaria curvirostris. Var.* Bast. Foss. de Bord. p. 69. n° 2.
pl. 4. f. 1.

Habite... Fossile aux environs de Dax et de Bordeaux.

M. Basterot, dans l'ouvrage que nous venons de citer, a donné
cette coquille comme l'analogue fossile du *Rostellaria curvirostris*
de Lamarck; mais aujourd'hui, que l'on a mieux apprécié l'importance de l'étude des analogues, il a suffi d'un examen plus attentif pour s'apercevoir que cette coquille fossile constitue une
espèce parfaitement distincte de toutes ses congénères.

Cette coquille est allongée, fusiforme; elle a beaucoup plus d'analogie avec le *Rostellaria curta* qu'avec le *curvirostris;* elle est plus
petite; la spire est subulée, ses premiers tours sont plissés longitudinalement, tous les autres sont lisses, si ce n'est le dernier, qui, à
la base, présente des stries et des sillons transverses. Ce dernier
tour est très court; il se termine à la base en un canal assez
long, très grêle, pointu; l'ouverture est ovalaire, atténuée à ses
extrémités. De son angle supérieur part un canal latéral, qui remonte jusqu'à la suture de l'avant-dernier tour. La columelle est
régulièrement arquée, concave dans sa longueur; elle est pourvue
d'une callosité peu épaisse, étroite, qui l'accompagne dans toute
sa longueur. Le bord droit est à peine dilaté; il se renverse en

dehors sous forme de bourrelet ; il se détache à la base par une échancrure large et peu profonde, et il est pourvu de deux dents latérales inégales. Il est des individus où l'on aperçoit la trace d'une troisième. Il est très rare de rencontrer cette coquille entière ; nous en avons cependant deux exemplaires dans un parfait état de conservation. Le plus grand a 13 cent. de long, et 40 millim. de large.

## PTÉROCÈRE. (Pterocera.)

Coquille ovale-oblongue, ventrue, terminée inférieurement par un canal allongé. Bord droit se dilatant avec l'âge en aile digitée, et ayant un sinus vers sa base. Spire courte.

*Testa ovato-oblonga, ventricosa, in canalem elongatum basi desinens. Labrum ætate ampliatum, in alam digitatam, infernè lacunâ interruptam distinctum. Spira brevis.*

OBSERVATIONS. — Les coquilles de ce genre n'ont pas le canal de leur base raccourci et tronqué comme dans les Strombes. Il est, au contraire, allongé en manière de queue, atténué vers son extrémité, et souvent fermé. D'ailleurs leur bord droit est fort remarquable, en ce qu'il se dilate, avec l'âge, en aile digitée éminemment, dont le bord supérieur s'appuie sur toute la spire, tandis que l'inférieur est interrompu par une lacune assez grande. Ici cette lacune n'est point contiguë au corps de la coquille, comme dans les Rostellaires ; mais elle en est écartée et se trouve semblable à celle que l'on observe dans nos Strombes, lesquels ne se distinguent que par leur défaut de digitations, et leur canal raccourci.

La plupart des Ptérocères deviennent fort grandes. On les compare à des araignées, des scorpions, à cause des grandes digitations arquées de leur bord droit.

[Depuis que, par les soins de MM. Quoy et Gaimard, on connaît les animaux des genres Ptérocère et Strombe, les conchyliologues ont pu se convaincre que le genre Ptérocère avait été fondé sur des caractères artificiels. Si l'on compare ces deux genres, on s'aperçoit, en effet, que les animaux ont identiquement la même structure ; ils présentent, les uns et les autres, cette particularité si remarquable d'un pied qui ne peut plus servir à la reptation, et dont l'usage se réduit à opérer des sauts, au moyen desquels l'animal s'avance vers le lieu qu'il veut atteindre. Dans ce genre, comme dans les Rostellaires et les Strombes, l'animal est pourvu d'une grosse tête, proboscidiforme, à la base de laquelle s'implante latéralement une paire de très gros tentacules cylindracés, un peu renflés au sommet, et largement tronqués. Sur cette troncature est placé un organe de vision beaucoup plus grand que dans la plupart des autres mollusques gastéropodes : cet organe paraît plus complet que dans les autres mollusques du même groupe; car on distingue, au-dessous d'une cornée transparente, un iris coloré diversement, selon les espèces, percé au centre pour laisser pénétrer la lumière dans la chambre postérieure de l'œil. Vers le sommet de ces tentacules, et du côté interne, se montre un petit appendice conique, pointu, qui devrait être la continuation du tentacule lui-même, si les yeux avaient moins d'importance. Le manteau, dans l'un et l'autre genre, revêt toute la surface interne de l'ouverture de la coquille : c'est dans cet organe que se montre la véritable différence qui existe entre les Ptérocères et les Strombes. Dans les Ptérocères, le bord droit du manteau est découpé en un nombre plus ou moins considérable de lanières qui sécrètent les digitations de la coquille. Ces digitations palléales s'atrophient à mesure que leur sécrétion remplit les digitations calcaires; et lorsque l'animal a vieilli, il ne présente plus, sous ce rapport, aucune différence avec celui des Strombes. Si l'on considère les caractères des coquilles des deux genres, on s'aperçoit bientôt que la principale différence consiste en ce que le canal terminal, dans les Ptérocères, se prolonge en avant ou latéralement, et ressemble en cela à celui des Rostellaires, tandis que dans les Strombes il est très court et relevé brusquement vers le dos. A part ce caractère, les coquilles des deux genres ont la plus grande ressemblance; car, dans les Ptérocères, le bord droit est pourvu, comme dans les Strombes, d'une dépression latérale pour le passage de la tête.

Les Ptérocères sont des coquilles marines qui habitent les mers chaudes des deux hémisphères. Le nombre des espèces est peu considérable. Il est curieux de rencontrer ce genre à l'état fossile dans les terrains anciens, tandis qu'il est inconnu, jusqu'à présent du moins, dans les terrains tertiaires. M. Deslonchamps, dont nous avons déjà cité les intéressantes recherches sur les fossiles de la Normandie, a récemment publié un mémoire parmi ceux de la *Société linnéenne de Normandie*, dans lequel il décrit dix espèces appartenant aux terrains oolitique et jurassique. M. Deslonchamps a constaté un fait intéressant que n'ont point présenté, jusqu'à présent, les espèces vivantes : il arrivait que l'animal, après avoir développé le bord droit de sa coquille, reprenait un nouvel accroissement, comme le font les Rochers et les Ranelles, et reproduisait un second bord dilaté et digité comme le premier. Nous le répétons, les Ptérocères vivantes n'ont jamais présenté un accroissement semblable à celui-là.]

## ESPÈCES.

### 1. Ptérocère tronquée. *Pterocera truncata*. Lamk. (1)

*Pt. testâ ovato-oblongâ, ventricosâ, dorso tuberoso subgibbosâ, heptadactylâ, albidâ; digitis unilateralibus; spirâ tuberculatâ, apice truncato-retusâ; aperturâ lævissimâ, roseâ.*

Lister. Conch. t. 882. f. 4.

Seba. Mus. 3. t. 63. f. 3.

*An.* Favanne. Conch. pl. 21. fig. E. 1? E 2? E 3?

Martini. Conch. 3. t. 93. f. 904. 905.

Chemn. Conch. 10. t. 159. f. 1512–1515.

*Strombus bryonia*. Gmel. p. 3520. n° 33.

* *Junior Davila*. Cat. pl. 12. *Senior*. pl. 13. *Adultus*. pl. 14.

* Aldrov. de Testac. p. 343 et 344.

* Mus. Calceolari. p. 55.

---

(1) Il est assez singulier que Lamarck et Dillwyn se soient rencontrés pour donner le même nom à cette espèce; cependant ce nom ne pourra rester, car depuis long-temps Chemnitz avait proposé celui de *Strombus Radix bryonia*, que Gmelin abrégea par celui de *Strombus bryonia*. En passant dans le genre Ptérocère, cette coquille doit donc prendre le nom de *Pterocera bryonia*. Dans un mémoire publié en 1840 sur plusieurs espèces de coquilles, M. Grateloup donne la description et la figure d'un individu très jeune de cette espèce, sous le nom de *Pyrula Bengalina*. Il suffit de signaler cette erreur pour la rendre facile à rectifier.

* *Strombus truncatus.* Dillw. Cat. t. 2. p. 659. n° 8.

* Desh. Encycl. méth. Vers. t. 3. p. 855. n° 1.

* *Strombus bryonia.* Wood. Ind. Test. pl. 24. f. 8.

* Kiener. Spec. des Coq. p. 1. pl. 10. f. 3.

Habite... Mon cabinet. La plupart des auteurs ne représentent cette
espèce que dans son jeune âge, et manquant de ses digitations. Je
la possède complète; et, dans cet état, elle ressemble à un très
grand *lambis.* Mais sa spire est aplatie et tout-à-fait tronquée:
caractère qui lui est tellement particulier, qu'aucune autre espèce,
soit de son genre, soit de toute sa famille, n'en offre d'exemple.
En lui attribuant sept digitations, j'y comprends le canal. De
l'extrémité de la supérieure à celle de l'inférieure, l'intervalle est
de 13 pouces. Vulg. la *Racine-de-bryone.*

## 2. Ptérocère lambis. *Pterocera lambis.*

*Pt. testá ovato-oblongá, tuberculato-gibbosá, heptadactylá, albo
rufo et fusco variegatá; digitis terminalibus rectis; spirá conico-
acutá; aperturá lævissimá, roseá.*

*Strombus lambis.* Lin. Syst. nat. éd. 12. p. 1208. Gmel. p. 3508.
n° 5.

Lister. Conch. t. 866. f. 21.

Rumph. Mus. t. 35 fig. D. E. F. H. et t. 36. fig. G.

Petiv. Amb. t. 14. f. 4–6.

Gualt. Test. t. 30. fig. A. t. 35. fig. C. et t. 36. fig. A. B.

D'Argenv. Conch. pl. 14. fig. E.

Favanne. Conch. pl. 22. fig. A 4.

Seba. Mus. 3. t. 82. *figuræ plures.*

Knorr. Vergn. 1. t. 28. f. 1. 2. t. 27. f. 4. et 3. t. 7. f. 1.

Martini. Conch. 3. t. 86. f. 855. t. 87. f. 858. 859. t. 90. f. 884.
t. 91. f. 888. 889. et t. 92. f. 902. 903.

*Strombus camelus.* Chemn. Conch. 10. t. 155. f. 1478.

* *Ptérocère scorpion.* Blainv. Malac. pl. 25. f. 3. 4.

* *Murex aporrhais.* Rond. Hist. des Poiss. p. 51.

* Gesner de Crust. p. 245.

* Lesser. Testaceo-théol. p. 305. f. n° 82.

* Martini. Conch. t. 3. Vig. p. 67. f. 2.

* Barrelier. Plant. per Gall. pl. 1326. f. 7.

* Brookes. Introd. of Conch. pl. 7. f. 86.

* Roissy. Buf. Moll. t. 6. p. 90.

* Desh. Encycl. méth. Vers. t. 3. p. 856. n° 2.

* Wood. Ind. Test. pl. 24. f. 7.

* Kiener. Spec. des Coq. pl. 3. et pl. 4. f. 1.

* *Junior.* Mus. Gottw. pl. 18. f. 128. b. pl. 20. f. 140.

* *Senior*. Mus. Gottv. pl. 20. f.141. a. pl. 21. f. 139 a. b. 142. 143.
* Regenf. Conch. t. 1. pl. 4. f. 45.
* Linné. Syst. nat. éd. 10. p. 743.
* Lin. Mus. Ulric. p. 617.
* *Strombus lambis*. Born. Mus. p. 273.
* *Id*. Schrot. Einl. t. 1. p. 422. n° 5.
* *Id*. Dillw. Cat. t. 2. p. 658. n° 7.

Habite les mers de l'Inde. Mon cabinet. Moins grande que celle qui
précède, celle-ci a la spire conique-pointue, et est fort commune
dans les collections. Dans l'une comme dans l'autre, la digitation
supérieure est accolée contre la spire; mais ici, les digitations
moyennes sont toutes crochues. Quant aux tubercules dorsaux,
l'un d'entre eux est très comprimé de devant en arrière. L'intervalle entre les extrémités des digitations terminales est de 6 pouces 4 lignes.

## 3. Ptérocère mille-pieds. *Pterocera millepeda*. (1)

> *Pt. testâ ovato-oblongâ, tuberculato-gibbosâ, sulcato-nodosâ, deca-
> dactylâ, rufescente; digitis medianis et posticis brevibus, inflexis;
> caudâ breviusculâ, contortâ; fauce rubro-violacescente, albo-ru-
> gosâ.*

*Strombus millepeda*. Lin. Syst. nat. éd. 12. p. 1208. Gmel. p. 3509.
n° 6.
Lister. Conch. t. 868. f. 23. et t. 869. f. 23.
Bonanni. Recr. 3. f. 311.
Rumph. Mus. t. 36. f. I.
Petiv. Amb. t. 14. f. 7.
D'Argenv. Conch. pl. 15. fig. B.
Favanne. Conch. pl. 22. fig. A 6.
Martini. Conch. 3. t. 88. f. 861. 862. et t. 93. f. 906. 907.

---

(1) Plusieurs espèces sont assez souvent confondues par les
auteurs, sous le nom de *Millepeda*; il y en a trois qui se distinguent plus facilement lorsqu'on les a sous les yeux, que d'a-
près les figures. Linné n'en connut qu'une à laquelle le nom
doit être conservé. Lamarck les a toutes confondues; aussi il
faut supprimer de sa synonymie les figures de Lister, de Favanne, de Chemnitz et de l'*Encyclopédie*. Dillwyn a préparé la
distinction de ces espèces, en les séparant, à titre de variétés du
*Strombus millepeda*.

TOME IX.                                      43

Chemn. Conch. 10. t. 155. f. 1479. 1480. et t. 157. f. 1494. 1495.

*Pterocera millepeda.* Encycl. pl. 410. f. 1. a. b.

* *Strombus millepeda.* Var. A. Dillw. Cat. t. 2. p. 660.

* Wood. Ind. Test. pl. 24. f. 9.

* Swain. Exot. Conch. app. p. 33.

* Kiener. Spec. des Coq. pl. 9.

* Lin. Syst. nat. éd. 10. p. 743.

* Lin. Mus. Ulric. p. 618.

* Perry. Conch. pl. 13. f. 1.

* Roissy. Buf. Moll. t. 6. p. 91. n° 3.

* *Strombus millepeda.* Born. Mus. p. 274.

* *Id.* Schrot. Einl. t. 1. p. 423. n° 6.

Habite l'Océan Indien. Mon cabinet. Elle est éminemment distincte de ses congénères par un plus grand nombre de digitations, lesquelles sont très courtes, à l'exception des deux antérieures. L'intervalle, etc., est de 5 pouces 10 lignes.

### 4. Ptérocère faux-scorpion. *Pterocera pseudo-scorpio.*

*Pt. testá majusculá, ovato-oblongá, tuberculato-gibbosá, heptadactyli, albo et rufo variegatá; digitis obsoletè nodosis, spadiceo-fuscis; fauce rufo-violacescente, albo-rugosá.*

Bonanni. Recr. 3. f. 312.

Lister. Conch. t. 867. f. 22.

Habite... Mon cabinet. Cette coquille, plus grande, et à digitations plus épaisses, bien moins noueuses, et plus fortement colorées que dans la suivante, paraît à peine mentionnée par les conchyliologistes. Vulg. le *Grand-Scorpion.* L'intervalle, etc., est de 6 pouces 2 lignes.

### 5. Ptérocère scorpion. *Pterocera scorpio.*

*Pt. testá ovato-oblongá, tuberculato-gibbosá, transversìm rugoso-nodosá, heptadactylá, albidá, rufo-maculosá; dactylis gracilibus per longitudinem nodosis: anterioribus caudáque prælongis, curvis; fauce rubro-violaceá, albo-rugosá.*

*Strombus scorpius.* Lin. Syst. nat. éd. 12. p. 1208. Gmel. p. 3508. n° 4.

Rumph. Mus. t. 36. fig. K.

Petiv. Amb. t. 3. f. 2.

Gualt. Test. t. 36. fig. C.

D'Argenv. Conch. pl. 17. fig. B.

Favanne. Conch. pl. 22. fig. B.

Seba. Mus. 3. t. 82. *fig. duæ.*

Knorr. Vergn. 2. t. 3. f. 3.

Martini. Conch. 3. t. 88. f. 860.

*Pterocera nodosa.* Encycl. pl. 410. f. 2.

* *Strombus scorpius.* Born. Mus. p. 272.

* *Id.* Schrot. Einl. t. 1. p. 421. n° 4.

* *Id.* Dillw. Cat. t. 2. p. 657. n° 6.

* Desh. Encycl. méth. Vers. t. 3. p. 857. n° 4.

* Wood. Ind. Test. pl. 24. f. 6.

* Kiener. Spec. des Coq. pl. 6.

* *Pterocera nodosa.* Swain. Exot. Conch. app. p. 32.

* Mus. Gottv. pl. 21. f. 144. a.

* *Strombus scorpio.* Murray. Fund. Test. anæm. acad. t. 8. p. 145.
    pl. 2. f. 29.

* Valentyn. Amboina. pl. 3. f. 28.

* Lin. Syst. nat. éd. 10. p. 743.

* Lin. Mus. Ulric. p. 616.

* Perry. Conch. pl. 13. f. 3.

* Roissy. Buf. Moll. t. 6. p. 91. n° 4. pl. 58. f. 5.

* Schum. Nouv. Syst. p. 221.

Habite les mers des Grandes-Indes. Mon cabinet. Vulg. le *Scorpion goutteux.* L'intervalle, etc., est de 5 pouces 2 lignes.

## 6. Ptérocère orangée. *Pterocera aurantia.* Lamk.

*Pt. testá ovatá, tuberculato-gibbosá, transversim rugosá, heptadac-
tylá, albo et luteo nebulosá; dactylis gracilibus peracutis, obsoletissimè nodulosis; caudá prælongá, gracillimá, lævi, curvá; fauce
aurantiá, lævissimá.*

Knorr. Vergn. 5. t. 4. f. 3.

Schroëtter. Einl. in Conch. 1. t. 2. f. 15. et 2. t. 7. f. 1.

Chemn. Conch. 10. t. 158. f. 1508. 1509.

* Perry. Conch. pl. 13. f. 2.

* Crouch. Lamk. Conch. pl. 18. f. 4.

* *Strombus lambis.* Var. B. Dillw. Cat. t. 2. p. 658.

* Desh. Encycl. méth. Vers. t. 3. p. 857. n° 5.

* Sow. Conch. Man. f. 405.

* Kiener. Spec. des Coq. pl. 7.

* Swain. Exot. Conch. pl. 9.

Habite les mers des Indes orientales. Mon cabinet. Espèce très distincte des deux précédentes par son ouverture lisse. Vulg. le *Scorpion orangé.* L'intervalle, etc., est de 4 pouces et demi.

## 7. Ptérocère araignée. *Pterocera chiragra.* Lamk.

*Pt. testá ovato-oblongá, crassá, dorso tuberoso subgibbosá, hexa-*

*dactylá, albá, rufo-maculosá; dactylis longiusculis, sursùm curvis, utroque latere prominentibus; fauce roseá, albo-striatá.*

*Strombus chiragra.* Lin. Syst. nat. éd. 12. p. 1207. Gmel. p. 3507. n₀ 3.

Lister. Conch. t. 870. f. 24. t. 875. f. 31. et t. 883. f. 6.

Bonanni. Recr. 3. f. 314. 315.

Rumph. Mus. t. 35. fig. A. B. C. et t. 37. f. 1.

Petiv. Amb. t. 14. f. 1-3.

Gualt. Test. t. 35. fig. A. B.

Seba. Mus. 3. t. 82. *fig. septem.*

Knorr. Vergn. 1. t. 27. f. 1.

Favanne. Conch. pl. 21. fig. C 2.

Martini. Conch. 3. t. 85. f. 851. 852. t. 86. f. 853. 854. t. 87. f. 856. 857. et t. 92. f. 895. 896. 898. 900 et 901.

* *Purpura pentadactylus.* Belon de Aquat. p. 412.

* *Id.* Gesner de Crust. p. 243.

* Aldrov. de Test. p. 286.

* Besleri Gazophyl. nat. pl. 20. f. 2.

* Lesser. Testaceothéol. p. 305. n° 81.

* Marvye. Méth. nécess. aux voy. pl. 2. f. 26.

* Barrelier. Plant. per Gall. pl. 1327. f. 8. 9.

* Roissy. Buf. Moll. t. 6. p. 90.

* *Strombus chiragra.* Schrot. Einl. t. 1. p. 419. n° 3.

* Mus. Gottv. pl. 20. f. 141 b.

* Knorr. Delic. nat. Select. t. 1. Coq. pl. BII. f. 1.

* *Rariora.* Mus. Besleriani. pl. 21. f. 6.

* Lin. Syst. nat. éd. 10. p. 742.

* Lin. Mus. Ulric. p. 615.

* *Strombus chiragra.* Born. Mus. p. 271.

* *Id.* Dillw. Cat. t. 2. p. 657. n° 5.

* Desh. Encycl. méth. Vers. t. 3. p. 858. n° 16.

* Sow. Genera of Shells. f. 2.

* Wood. Ind. Test. pl. 24. f. 5.

* Reeve. Conch. Syst. t. 2. p. 204. pl. 247.

* Kiener. Spec. des Coq. pl. 5.

Habite les mers des Grandes-Indes. Mon cabinet. Grande et belle coquille, singulièrement remarquable par la disposition de ses digitations sur deux côtés opposés, ce qui lui donne en quelque sorte l'aspect d'une *araignée.* Sa spire est en cône court et pointu. L'ouverture est allongée et un peu étroite. Lorsque la coquille est incomplète, c'est-à-dire sans digitations, l'espèce alors est presque méconnaissable; mais si l'on étudie la spire, dans les objets com-

parés, cette espèce se reconnaît facilement. Longueur du corps de
la coquille, les digitations non comprises, 6 pouces 2 lignes.

## † 8. Ptérocère à pieds nombreux. *Pterocera multipes.* Desh.

*Pt. testâ ovato-oblongâ, tuberculato-gibbosâ, transversim sulcato-
nodosâ, decadactylâ, dactylo posteriore bifido, albâ vel rufescente, fusco seriatìm punctatâ ; aperturâ subquadrangulari, angustâ, in profundo violaceâ ; labro dilatato, eleganter striato,
albo, ad marginem aurantio maculato ; columellâ in medio callosâ ; callo violacescente, lævigato.*

*Strombus multipes.* Chemn. Conch. t. 10. p. 216. pl. 157. f. 1494,
1495.

*Pterocera millepeda.* Lamck. *Pars.*

*Strombus millepeda.* Var. C. Dillw. Cat. t. 2. p. 660.

Desh. Cuv. Règ. anim. nouv. édit. Moll. pl. 61. f. 3.

Sow. jun. Thesaur. Conch. pl. 11. f. 8.

Reeve. Conch. Syst. t. 2. p. 204. pl. 248. f. 1.

*Pterocera violacea.* Swain. Exot. Conch. App. p. 33.

*Pterocera millepeda.* Var. Kiener. Spec. des Coq. pl. 10.

Habite les mers de l'Inde.

Rare et belle espèce, mentionnée, pour la première fois, par Chemnitz, et presque toujours confondue par les auteurs avec le *Strombus millepeda* de Linné. Elle se distingue cependant de toutes ses
congénères avec la plus grande facilité. Elle est ovale; sa spire,
conique, est formée de sept à huit tours déprimés à leur partie
supérieure et tuberculeux à la base. Le dernier tour est grand,
et le tubercule dorsal prend un développement beaucoup plus
considérable que ceux qui précèdent. Sur le milieu et sur la base
de la coquille s'élèvent des petites côtes transverses, noueuses, assez régulières et également distantes entre elles. Des stries, assez
fines et en petit nombre, existent dans les intervalles des côtes.
Le bord droit est assez fortement dilaté ; en arrière, il dépasse la
spire, et il se prolonge de ce côté en très longues digitations aplaties, dont la première, celle qui s'appuie sur la spire, est toujours
plus large à la base et bifide au sommet, une partie restant constamment plus courte que l'autre. Le bord droit s'épaissit considérablement avec l'âge, et il est garni dans sa longueur de dix
digitations qui diminuent graduellement en allant d'arrière en
avant. L'ouverture est fort étroite, d'un très beau violet dans le
fond, et la columelle est garnie d'une longue callosité de la même
couleur. Le bord droit est élégamment sillonné en dedans; il est

blanc, si ce n'est à la base des digitations, où il présente une série de taches du plus bel orange. A l'extérieur, cette coquille est blanche ou jaunâtre, et ses petites côtes sont ornées de taches d'un brun assez foncé.

Cette coquille a 12 cent. de long et 60 mill. de large.

## † 9. Ptérocère à neuf pieds. *Pterocera novem dactylis.* Desh.

*Pt. testá ovato-oblongá, crassá, ponderosá, tuberculato-nodosá, gibbosá, enneadactylá, rufescente, fuscescente, marmoratá; aperturá elongatá, subquadrangulari, intùs albo sulcatá; columellá rugosá, albo lineatá; labro incrassato.*

*Strombus novem dactylis.* Chemn. Conch. t. 10. p. 207. pl. 155. f. 1479. 1480.

Lister. Conch. pl. 868. 869. f. 23.

*Strombus millepeda.* Var. B. Dillw. Cat. t. 2. p. 660.

*Pterocera millepeda pars.* Lamarck. Encycl. méth. Vers. pl. 410. f. 1. a. b.

*Pterocera crocea.* Reeve. Conch. Syst. t. 2. p. 204. pl. 248. f. 2.

*Id.* Sow. Thesaur. Conch. pl. 11. f. 4.

*Pterocera elongata.* Kiener. Spec. des Coq. pl. 8.

*Id.* Swain. Exot. Conch. app. p. 32.

Habite. . .

La plupart des conchyliologues ont confondu cette espèce avec le *Millepeda*, et nous lui rendons son premier nom proposé par Chemnitz. On voit par notre synonymie que cette espèce en a reçu plusieurs autres qui devront être désormais abandonnés.

Ce Ptérocère se distingue bien facilement de tous ses congénères; il devient à-peu-près aussi gros que le *Lambis.* Sa spire est tuberculeuse, et son dernier tour est rendu bossu par deux gros tubercules qui sont sur le dos. On remarque sur le dernier tour deux côtes transverses principales tuberculeuses et assez écartées. Les tubercules disparaissent vers le milieu du tour, et ces côtes restent plates dans le reste de leur étendue. L'ouverture est assez grande, dilatée, subquadrangulaire; elle se rétrécit assez subitement et l'on remarque une large tache d'un brun noirâtre, sur laquelle ressortent avec élégance les sillons blancs qui parcourent une partie du bord droit. Ce bord s'épaissit considérablement avec l'âge; il est garni dans sa longueur de huit digitations : la neuvième est produite par le canal de la base. De ces digitations, les deux postérieures sont beaucoup plus grandes que les autres; celle qui s'appuie contre la spire se recourbe latéralement; elle est large à

la base, et souvent elle a une tendance à se diviser. Les autres digitations diminuent graduellement d'arrière en avant; la columelle est garnie dans toute sa hauteur d'une callosité étroite, mais
épaisse vers la base. Elle est d'un brun rougeâtre, et les rides dont
elle est chargée sont blanches. Ces rides sont souvent dichotomes.
A l'extérieur, cette coquille est d'un blanc fauve et elle est ornée
de marbrures irrégulières et de taches d'un fauve brunâtre, peu
foncé. Cette espèce, rare encore dans les collections, a 17 cent.
de longueur et 85 mill. de large, en comprenant dans ces dimensions la longueur des digitations.

## Espèces fossiles.

† 1. **Ptérocère chauve-souris.** *Pterocera vespertilio.* **Desl.**

*Pt. testâ tenui, papyraceâ, ellipticâ, anticè et posticè acutâ, trans-
versìm tenuiter striatâ; anfractibus subplanis : ultimo obsoletè transversìm tricarinato; alâ dodedactylâ, ex apice per caudam usquè ad
latus sinistrum expansâ; digitis brevibus, inæquidistantibus, subtùs
canaliferis; aperturâ perangustâ.*

End. Deslonc. Mém. Soc. Linn. de Norm. t. 7. p. 161. pl. 9. f. 1.
Habite... Fossile de l'argile d'Honfleur (Kimmeridge-Clay), à Vil-
lerville.

Coquille à têt excessivement mince dans toutes ses parties, elliptique, terminée en pointe à son sommet et à son extrémité antérieure
comprise dans l'aile, très finement striée transversalement; tours
de spire un peu aplatis, le dernier pourvu de trois carènes transversales, distantes et peu prononcées; aile très grande et très
mince, s'étendant du sommet de la spire jusque vers le milieu du
côté gauche du dernier tour sur lequel elle s'appuie, et où elle
vient se confondre avec la lèvre gauche qui est peu saillante, mais
qui se distingue du dernier tour parce qu'elle en masque les stries;
digitations au nombre de douze, non compris celle qui s'appuie
immédiatement sur la spire, toutes canaliculées en dessous, à-peu-
près égales en longueur, mais inégalement distantes les unes des
autres et peu prolongées au-delà de l'aile; ouverture très longue
et très étroite; sinus de la base non distinct.

† 2. **Ptérocère pontien.** *Pterocera ponti.* **D'Orb.**

*Pt. testâ fusiformi, tumidâ; anfractibus rotundatis : ultimo gibbo; alâ
obliquè expansâ, costis sex transversis, inæqualibus, remotis, instructâ; caudâ subtùs incurvâ.*

*Pterocera ponti.* D'Orb. Ann. Sc. nat. t. 5. p. 190. pl. 5. f. 1.

Bronn. Lethæa. p. 400. pl. 21. f. 6.

*Pterocerus ponti.* Passy. Desc. géol. de la Seine-Infér. p. 334.

*Strombus ponti.* Brong. Ann. des Mines. 1821. 6. p. 554. 170.
pl. 7. f. 3. a. b.

Desl. Mém. Soc. Linn. de Norm. t. 7. p. 162. pl. 9. f. 2. 3.

Habite... Fossile de l'argile d'Honfleur (Kimmeridge-Clay), au
Havre.

Coquille d'assez grande taille, fusiforme, à tours de spire arrondis,
s'accroissant régulièrement jusqu'au dernier tour qui est très renn-
flé et muni au milieu d'une gibbosité transversale, située à l'origine de l'aile; celle-ci est oblique, assez développée, et présente
six côtes transverses dont les deux supérieures, situées près de la
spire et très rapprochées l'une de l'autre, se dirigent en haut;
canal se courbant inférieurement vers son origine.

## † 3. Ptérocère aile-de-mouche. *Pterocera musca.* Desl.

*Pt. testá tenui, ellipticâ, utrinquè attenuatâ; anfractibus subrotunda-*
*tis, transversim tenuissimè striatis et longitudinaliter costulatis :*
*ultimo obsoletè transversim quadricarinato; insterstitiis striatis; alâ*
*pentadactylâ, à tertio anfractu ad caudam expansâ; digitis brevi-*
*bus, subæquidistantibus; caudâ brevi; aperturâ angustâ.*

Desl. Mém. Soc. Linn. de Norm. t. 7. p. 165. pl. 9. f. 4.

Habite... Fossile de l'argile d'Honfleur (Kimmeridge-Clay), à Vil-
lervillle.

Coquille à test fort mince, elliptique, terminée en pointe à ses deux
extrémités, couverte partout de stries transverses, très fines, à spire
ornée de petites côtes longitudinales; dernier tour pourvu de quatre carènes transversales, peu saillantes : aile médiocre, très mince,
s'étendant depuis le troisième tour de spire jusqu'au bec ou canal,
mais sans le dépasser; digitations au nombre de cinq (non compris
celle qui s'appuie contre la spire, ni le canal qui termine antérieurement la coquille), peu prolongées au-delà de l'aile, à-peu-
près égales en longueur, et également espacées entre elles. Ouverture étroite; échancrure peu distincte.

## † 4. Ptérocère six côtes. *Pterocera sexcostata.* Desl.

*Pt. testá utrinquè acuminatâ; anfractibus rotundatis : ultimo subin-*
*flato, gibbo, costas sex æquè distantes gerente; alâ...*

Desl. Mém. Soc. Linn. de Norm. t. 7. p. 164. pl. 9. f. 5.

Habite... Fossile de l'argile d'Honfleur (Kimmeridge-Clay), au cap
de la Hève, près du Havre.

Coquille ovale, terminée en pointe à ses deux extrémités; tours de
spire arrondis, le dernier un peu renflé, ayant une bosse longitu-

dinalement oblongue, placée à la base de l'aile, et six côtes transverses, également espacées ; l'aile et le canal manquent ; il ne reste
que l'empreinte de la digitation la plus rapprochée de la spire, et
elle s'étend jusqu'au troisième tour.

### † 5. Ptérocère incertain. *Pterocera incerta*. Desl.

*Pt. testâ fusiformi, utrinquè acuminatâ; anfractibus rotundatis : ul-*
*timo subinflato, lævi; alâ...*

Desl. Mém. Soc. Linn. de Norm. t. 7. p. 165. pl. 9. f. 6.

Habite... Fossile de l'argile d'Honfleur (Kimmeridge–Clay), au cap
de la Hève, près le Havre.

Coquille fusiforme, se terminant en pointe à ses deux extrémités ;
tours de spire arrondis, le dernier un peu renflé, lisse. L'aile et le
canal manquent ; il ne reste des empreintes des digitations que la
plus rapprochée de la spire, elle s'étend jusqu'au second tour.

### † 6. Ptérocère atractoïde. *Pterocera atractoides*. Desl.

*Pt. testâ fusiformi, transversìm striatâ; striis alternis altioribus; an-*
*fractibus bicarinatis, longitudinaliter plicato-nodosis; plicis remo-*
*tiusculis; nodis quadratis, acutis : ultimo anfractu subgibbo; caudâ*
*longâ, incurvâ; alâ subexpansâ... vestigio interno in anfracti-*
*bus subnodoso, obsoletissimèque sulcato; sigillo alâ duas apophysas*
*gerente; alterâ superiore majore, alterâ minore.*

Desl. Mém. Soc. Linn. de Norm. t. 7. p. 166. pl. 9. f. 7. 8. 9.

Habite... Fossile de la grande oolite (Caillasse), à Ranville.

Coquille fusiforme, striée transversalement; stries alternativement
grandes et petites; tours de spire régulièrement croissans, pourvus de deux carènes, dont la supérieure est plus saillante que l'inférieure, ornés de plis longitudinaux, écartés, qui forment, sur les
carènes, des nœuds tétragones, aigus ; canal long, courbé; aile
probablement assez étendue, mais dont le nombre et la forme des
digitations sont inconnus. Moule intérieur présentant quelques
nodulosités et sillons très obsolètes ; empreinte de l'aile montrant
un gros appendice dirigé en haut, et une autre, moindre, dirigée
inférieurement.

### † 7. Ptérocère aile-de-guêpe. *Pterocera vespa*. Desl.

*Pt. testâ ellipticâ, anticè acutâ, posticè subattenuatâ, transversìm*
*striatâ; anfractibus carinato-nodosis : ultimo carinam absquè nodis,*
*at vero duas gibbas gerente; alâ crassâ, latâ, subremotâ, digitulis*
*an potiùs dentibus sex inæqualibus ornatâ; caudâ brevi.*

Desl. Mém. Soc. Linn. de Norm. t. 7. p. 167. pl. 9. f. 10. 11.

Habite... Fossile de la grande oolite (Caillasse), à Ranville.

Coquille elliptique, terminée en pointe à ses deux extrémités, striée partout transversalement; tours de spire carénés en leur milieu, carène ornée de tubercules assez écartés, un peu aigus; dernier tour muni également d'une carène, mais dépourvue de tubercules, présentant, en dessus, près de l'origine de l'aile, une assez grosse gibbosité oblongue longitudinalement, et en dessous une autre gibbosité plus petite, située près de la lèvre gauche; celle-ci est distincte et assez saillante. Aile assez grande, très épaisse, séparée de la spire par une large échancrure, et distincte également du canal par une échancrure un peu moins considérable; digitations courtes, inégales en longueur et inégalement distantes entre elles, ressemblant plutôt à des dents, excepté la supérieure plus longue que les autres, dirigée en dessus et faisant suite à la carène du dernier tour; surface inférieure de l'aile comme coupée en biseau et n'ayant pas de petites gouttières à l'origine de ses digitations; sinus apparent, un peu écarté du canal qui est court, si toutefois la coquille n'est pas un peu brisée dans ce point.

## † 8. Ptérocère paradoxal. *Pterocera paradoxa*. Desl.

*Pt. testâ parvâ, ovatâ; spirâ breviusculâ; anfractibus angulato-nodosis, nodis remotiusculis : ultimo anfractu depresso, pluricostato; costis transversis, subæquidistantibus, at vero inæqualibus; interstitiis striatis; caudâ brevi, rectâ; alâ angustâ, varicem simulante, pluridentatâ; dentibus inæqualibus, subtùs canaliculatis; aperturâ angustâ, testâ seniori semi-anfractus additur alam alteram primæ simillimam, eique oppositam gerens, itâ ut testa senior, ob ultimum anfractum scilicet, ranellam mentiatur.*

Desl. Mém. Soc. Linn. de Norm. t. 7. p. 170. pl. 9. f. 16. 17. 18. et f. 20. 21. 22.

Habite.... Fossile de la pierre blanche (oolite coquillière de Bath), à Langrune, à Colleville.

Coquille de petite taille, ovoïde, se terminant en pointe à ses deux extrémités; spire courte, à tours anguleux en leur milieu, ornés de nœuds assez distans; dernier tour très déprimé, beaucoup plus grand que les autres, pourvu de cinq ou six côtes transversales assez régulièrement espacées, mais inégalement saillantes, et dont les interstices sont striés transversalement; canal terminal court et droit; aile étroite, ressemblant à un bourrelet ou varice, dentée plutôt que digitée, dents au nombre de six ou sept, inégales, terminant les côtes transverses, canaliculées en dessous; ouverture très étroite. En vieillissant, la coquille forme au-delà de la première aile un dernier tour déprimé, comme celui qui le précède, muni

d'une seconde aile ressemblant à la première et qui lui est opposée, de sorte que dans cet état, ce Ptérocère a l'aspect d'une Ranelle, mais par son dernier tour seulement.

—

### STROMBE. (Strombus.)

Coquille ventrue, terminée à sa base par un canal court,
échancré ou tronqué. Bord droit se dilatant avec l'âge en
une aile simple, lobée ou crénelée supérieurement, et ayant
inférieurement un sinus séparé du canal ou de l'échancrure
de sa base.

*Testa ventricosa, basi desinens in canalem brevem emar-
ginatum vel truncatum. Labrum œtate ampliatum in alam
simplicem, integram, supernè unilobatam vel crenatam,
infernè lacunâ è canali distinctâ interruptam.*

OBSERVATIONS. — Les Strombes, ici réformés, sont éminemment distingués des Ptérocères, en ce que leur bord droit,
agrandi en aile, n'est point divisé dans sa longueur en digitations, et en ce que le canal de leur base est très court, tronqué
ou échancré. Quoique leur bord droit soit simple, lorsqu'il est
développé, on ne peut les confondre avec les Rostellaires, parce
que dans celles-ci le sinus est contigu au canal, tandis qu'il en
est constamment séparé par une portion du bord dans les
Strombes.

Tous les Strombes vivent dans les mers des climats chauds.
Beaucoup d'espèces sont d'une taille médiocre, même petite;
mais il y en a qui deviennent très grandes et qui ont leur coquille fort épaisse.

[ Les coquilles introduites par Linné dans son genre Strombe,
étaient connues long-temps avant lui, et il suffit d'ouvrir l'ouvrage de Lister pour s'assurer que ce naturaliste, doué d'une
grande sagacité, avait rapproché un assez grand nombre d'espèces sans mélange d'aucune autre, sous le nom de *Purpuræ
bilingues.* On sait que Tournefort, notre célèbre botaniste, est
l'auteur de la méthode conchyliologique qui a été mise en œuvre dans l'ouvrage de Gualtieri. Ce savant classificateur s'em-

pressa d'accueillir le groupe naturel indiqué par Lister; mais il lui donna le nom de *Murex*, nom emprunté à Rondelet. Linné, comme on le voit, n'est point le créateur du genre Strombe; il le trouva tout fait. Seulement, il le mit en harmonie avec le reste de sa méthode, mais il eut tort, à nos yeux, d'y introduire des coquilles que Lister et Gualtieri avaient eu le soin d'en éliminer. Lamarck, le premier, tenta la réforme du genre *Strombus* de Linné, et le partagea, comme nous l'avons vu, en trois genres qui furent adoptés par tous les naturalistes, si ce n'est par ceux qui, attachés au *Systema naturæ*, continuèrent à maintenir le genre Strombe tel que Linné l'avait laissé. Ce sont les auteurs anglais, particulièrement, qui conservèrent le plus long-temps les méthodes linnéennes dans leur intégrité, sans tenir compte des immenses progrès qui se sont réalisés depuis le commencement de ce siècle. Si nous examinons les espèces de Strombes qui sont inscrits dans la 12ᵉ édition du *Systema naturæ*, nous y trouverons, non-seulement des Rostellaires et des Ptérocères, mais encore une Oniscie, une Volute, des Cérites, un Mélanopside et un Pleurotome. On conçoit, dès-lors, combien les réformes de Lamarck devenaient indispensables dans un genre ainsi constitué. Aussi, aujourd'hui, même en Angleterre, il n'est aucun zoologiste qui n'adopte le genre Strombe, tel que Lamarck l'a réduit.

Déjà nous avons eu occasion de parler de l'animal des Strombes. Cet animal, en effet, ne diffère pas de celui des Ptérocères et des Rostellaires; et cette ressemblance est si grande que nous serions portés à réunir actuellement en un seul groupe les trois genres dont il est question. Il existe entre eux les rapports les plus intimes, et il suffit d'avoir sous les yeux un grand nombre d'espèces vivantes et fossiles pour se convaincre qu'il existe des passages d'un genre à l'autre, et qu'il ne sont pas aussi nettement tranchés qu'ils le sembleraient d'abord, d'après les coquilles. Il y a, par exemple, un *Strombus fortisii* de M. Brongniart, fossile au val de Ronca, dont le bord droit est dilaté à la manière des Rostellaires à grande aile, et qui n'a point la double sinuosité caractéristique des Strombes; mais cette coquille n'a pas non plus le canal prolongé en bec, comme dans les Rostellaires; elle est échancrée à la manière des

Strombes. Le *Rostellaria fissurella* a , parmi les Strombes, des espèces qui sont très analogues par la manière dont se relève, jusqu'au sommet de la spire, le canal supérieur de l'ouverture. Nous trouvons, parmi les Strombes, plusieurs coquilles qui ont la plus grande analogie avec les Ptérocères, le *Strombus gallus*, particulièrement, qui a une longue digitation en arrière, et dont le canal terminal est plus allongé et beaucoup moins redressé que dans les autres Strombes. Il y a encore le *Strombus laciniatus* de Chemnitz, qui, par ses trois laciniations postérieures, peut également servir de passage des Strombes aux Ptérocères. Ainsi, comme on le voit, on pourrait, sans aucun inconvénient, rendre au genre Strombe à-peu-près l'étendue que lui avait donnée Linné, pour le rediviser ensuite en trois ou quatre sections qui correspondraient exactement aux genres de Lamarck. A tout ce que nous venons de dire sur les relations des trois genres Ptérocère, Rostellaire et Strombe, nous pouvons ajouter que les deux premiers, Ptérocère et Rostellaire, se joignent dans les rapports les plus intimes, au moyen des espèces des terrains anciens. Que l'on consulte, en effet, le travail si utile que M. Eudes Deslonchamps a récemment publié dans les *Mémoires de la Société linnéenne de Normandie*, et l'on verra que dans les espèces de Ptérocères qu'il a décrites, il n'y a pas ces deux profondes échancrures qui caractérisent les espèces vivantes de ce genre. Cependant, par les digitations du bord droit et par les accidens extérieurs des coquilles, par leur aspect général, elles appartiennent plutôt aux Ptérocères qu'aux Rostellaires, mais elles servent à démontrer que ces genres se rattachent l'un à l'autre par un grand nombre de nuances. Nous l'avons déjà dit, et nous le répétons ici, les genres ne nous paraissent souvent très distincts que par l'imperfection de nos observations; et plus la science marche, et plus nous apercevons l'inutilité d'un certain nombre d'entre eux. Nous savons que notre manière d'envisager le genre, de le considérer comme un groupe naturel, n'est point admise par un certain nombre de zoologistes, qui ne voient dans la création des divisions de cet ordre qu'un moyen tout-à-fait artificiel de grouper un certain nombre d'espèces analogues, et qui est destiné à favoriser la mémoire plutôt qu'à établir des rapports naturels entre les êtres d'une même famille ou d'une même classe.

Le nombre des espèces, connues actuellement dans le genre Strombe, est assez considérable, et il est à présumer que ce nombre s'augmentera d'une manière notable, à mesure que l'on exploitera plus attentivement les mers chaudes dans lesquelles ces animaux pullulent. Lamarck en comptait 32 espèces vivantes, et M. Sowerby a presque doublé ce nombre dans la *Monographie* qu'il a publiée récemment dans son *Thesaurus conchyliorum*. Les Strombes fossiles sont en petit nombre : tous, sans exception, jusqu'à présent du moins, appartiennent aux terrains tertiaires. Nous en comptons neuf seulement : trois dans le bassin de Paris, cinq aux environs de Dax, de Bordeaux et de Vérone, et un seulement dans les terrains plus récens d'Italie.]

## ESPÈCES.

### 1. Strombe aile-d'aigle. *Strombus gigas.* Lin. (1)

*St. testâ turbinatâ, ventricosissimâ, maximâ, transversìm sulcato-rugosâ, albâ; ventre supernè spiràque tuberculis longis, conicis, patentibus, coronatis; labro latissimo, supernè rotundato; aperturâ lævi, roseâ.*

*Strombus gigas.* Lin. Syst. nat. éd. 12. p. 1210. Gmel. p. 3515. n° 20.

Lister. Conch. t. 863. f. 18. b.

Bonanni. Recr. 3. f. 404 et 405.

Gualt. Test. t. 33. fig. A. et t. 34. fig. A.

Favanne. Conch. pl. 20. fig. C 1.

---

(1) Ayant étudié avec soin la synonymie et la courte description que donne Linné de son *Strombus lucifer*, nous pensons qu'il doit être réuni au *Strombus gigas* : en effet, en examinant un grand nombre d'individus de ces deux espèces, en les prenant à différens âges, on peut en distinguer deux variétés principales. Dans l'une, les tubercules de la spire sont courts et peu développés, même sur le dernier tour. Dans l'autre, ces tubercules sont exagérés; mais ces variétés se lient par une foule de nuances insensibles qui ne permet plus de séparer en deux espèces les deux extrémités de la série.

Martini. Conch. 3. t. 80. f. 824.
* Junior. Purpura. Belon de Aquat. p. 410.
* Le Murex Rondel. Hist. des Poiss. p. 48.
* Junior. Conchylium. Rondel. Hist. des Poiss. p. 54.
* Gesner de Crust. p. 244. f. A.
* Junior. Gesner. *id.* p. 246. f. 4.
* Aldrov. de Test. p. 335 et 336.
* Junior. *id.* loc. cit. p. 346.
* Fab. Columna. Aquat. et terrest. Observ. p. LX. f. 4.
* Lin. Syst. nat. éd. 10. p. 745.
* Roissy. Buf. Moll. t. 6. p. 86. n° 2.
* Desh. Encycl. méth. Vers. t. 3. p. 987. n° 1.
* Sow. jun. Illus. Conch. p. 35. n° 47. pl. 10. f. 117.
* Mus. Gottv. pl. 18. f. 128 a.
* Born. Mus. p. 280. *Exclus. plur. synony.*
* Schrot. Einl. t. 1. p. 436. n° 17. *Exclus. plur. synony.*
* Dillw. Cat. t. 2. p. 663. n° 22.
* Wood. Ind. Test. pl. 25. f. 22.
* Kiener. Spec. des Coq. p. 3. n° 1. pl. 33. f. 1.

Habite l'Océan des Antilles. Mon cabinet. C'est peut-être la plus grande espèce de ce genre. Elle est remarquable par les longs tubercules coniques et divergens qui couronnent le sommet de son dernier tour et hérissent sa spire. Celle-ci est très pointue et médiocrement élevée. Ouverture lisse et d'un rose pourpré assez vif. Longueur, 9 pouces 8 lignes.

**2.** **Strombe aile-d'autour.** *Strombus accipitrinus.* Lamk. (1)

*St. testâ turbinatâ, ventricosâ, transversè sulcatâ, albâ, subroseâ; ultimo anfractu supernè tuberculis coronato, quorum unico maximo,*

---

(1) Le *Strombus accipitrinus* de Lamarck est bien la même espèce que le *Strombus costatus* de Gmelin; la synonymie de Lamarck lui-même le constate. Dillwyn aurait accepté le nom de Gmelin s'il n'avait trouvé ce nom déjà donné par d'Acosta à une autre espèce. Il faut se souvenir qu'à l'exemple de Linné, les naturalistes mettaient un assez grand nombre de coquilles de genres divers parmi les Strombes. Le *Strombus costatus* de d'Acosta nous paraît une Clausilie. En rétablissant cette coquille dans son genre, on peut conserver au véritable Strombe le nom de *Costatus,* que Gmelin le premier lui imposa.

*posticè ad latera compresso; spirâ muticâ, acutâ; aperturâ lævi; labro crassissimo.*

Favanne. Conch. pl. 20. fig. A 2.

Martini. Conch. 3. t. 81. f. 829.

*Strombus costatus.* Gmel. p. 3520. n° 32.

* Le Murex couleur de lait. Rondel. Hist. des Poiss. p. 50.

* Gesner, de Crust. p. 244. f. infér.

* Aldrov. de Test. p. 337. f. 2. et p. 339. f. 3.

* *Strombus accipiter.* Dillw. Cat. t. 2. p. 669. n° 24.

* *Id.* Wood. Ind. Test. pl. 25. f. 24.

* Desh. Encycl. méth. Vers. t. 3. p. 987. n° 2.

* Sow. jun. Thes. Conch. p. 34. n° 45. pl. 10. f. 115. 116.

* Kiener. Spec. des Coq. p. 4. n° 2. pl. 3.

Habite.... Mon cabinet. Bien moins grande que celle qui précède, et cependant proportionnellement plus pesante, cette coquille s'en rapproche par sa forme générale; mais sa spire est mutique, légèrement noduleuse vers sa base, et le sommet de son dernier tour est couronné par des tubercules inégaux, dont celui du milieu est fort élevé et comprimé. Ouverture blanche; bord droit très épais. Longueur, 5 pouces 3 lignes.

## 3. Strombe aile-large. *Strombus latissimus.* Lin. (1)

*St. testâ turbinatâ, ventricosâ, dorso lævigatâ, ad alam subrugosâ, aurantiâ, albo-maculatâ; spirâ brevi, nodulosâ; labro latissimo, supernè rotundato, ultrà spiram prominente; margine acuto, latere crassissimo; aperturâ lævi, albâ, roseo tinctâ.*

*Strombus latissimus.* Lin. Syst. nat. éd. 12. p. 1211. Gmel. p. 3516. n° 21.

---

(1) Linné a très bien établi cette espèce, d'abord dans la 10° édition du *Systema*; il en a ensuite donné une très bonne description dans le *Museum Ulricæ*. La synonymie en est très bonne; mais Gmelin, avec sa pernicieuse légèreté, introduit plusieurs autres espèces qui n'ont aucuns rapports spécifiques avec celle-ci. Lamarck n'est point à l'abri d'un semblable reproche. Il rectifie en partie les erreurs de Gmelin, mais il tombe dans une autre faute, en réunissant au *Strombus latissimus* de Linné le *Strombus Goliath* de Chemnitz, qui en est entièrement distinct. M. Schumacher, ayant mal apprécié les caractères de cette espèce, la range parmi les Ptérocères.

Lister. Conch. t. 856. f. 12. c. *imperfecta*. et t. 862. f. 18 a. *completa*.

Rumph. Mus. t. 36. fig. L.

Petiv. Amb. t. 14. f. 9.

Seba. Mus. 3. t. 63. f. 1. 2. et t. 83. f. 12-14.

Martini. Conch. 3. t. 82. f. 832. t. 83. f. 835. et t. 89. f. 874.

*Strombus Goliath.* Chemn. Conch. 11. t. 195 b. fig. A.

* Sow. jun. Illust. Conch. p. 37. n° 57. pl. 10. f. 112.

* Kiener. Spec. des Coq. p. 6. n° 4. pl. 4.

* *Strombus tricornis.* Blainv. Malac. p. 414. pl. 25. f. 1. 2.

* Lin. Syst. nat. éd. 10. p. 745.

* Roissy. Buf. Moll. t. 6. p. 87. n° 3.

* *Pterocera alata.* Schum. Nouv. Syst. p. 221.

* Schrot. Einl. t. 1. p. 438. n° 18.

* Dillw. Cat. t. 2. p. 668. n° 23.

* Wood. Ind. Test. pl. 25. f. 16.

Habite l'Océan des Grandes-Indes. Mon cabinet. Coquille fort belle et même précieuse, lorsque ses couleurs sont bien conservées. Elle est surtout très remarquable par la partie supérieure de son bord droit, qui est fort large, mince, tranchante, arrondie et saillante au-dessus de la spire, tandis que le côté de ce même bord est fort épais dans le reste de sa longueur. Il paraît qu'elle devient très grande; mais je n'en possède qu'un individu de taille fort médiocre et dont la longueur n'excède pas 5 pouces et demi.

## 4. Strombe aile-cornue. *Strombus tricornis.* Lamk.

*St. testâ turbinato-trigonâ, albo et rufo longitudinaliter pictâ; dorso trituberculato : tuberculo medio majore, lateribus compresso; spirâ acutâ, subnodosâ; labro anteriùs in acumen elongatum producto; aperturâ lœvi, albâ.*

Lister. Conch. t. 873. f. 29.

Martini. Conch. 3. t. 84. f. 843-845.

Encycl. pl. 408. f. 1. et pl. 409. f. 2.

* Swain. Exot. Conch. pl. 31.

* Desh. Encycl. méth. Vers. t. 3. p. 987. n° 3.

* Sow. jun. Thes. Conch. p. 34. n° 41. pl. 10. f. 103. 107.

* Kiener. Spec. des Coq. p. 13. n° 9. pl. 7. et pl. 33. f. 3. *Junior.*

* *Strombus gallus. Var.* Dillw. Cat. t. 2. p. 662.

* Wood. Ind. Test. Suppl. pl. 4. f. 16.

* Swain. Conch. Illus. 1re série. t. 3. pl. 135.

Habite l'Océan des Antilles. Mon cabinet. Espèce constamment distincte de la suivante. Les tubercules du sommet de son dernier

tour ne sont point comprimés transversalement ; mais le plus
grand offre postérieurement un prolongement comprimé qui est
longitudinal. Longueur, 4 pouces 2 lignes.

## 5. Strombe aile-d'ange. *Strombus gallus*. Lin.

*St. testá turbinatá, tuberculiferá, transversìm sulcatá, albo et rufo*
*variegatá; ultimo anfractu supernè tuberculis magnis, compressis,*
*coronato : tuberculis cariná transversá coadunatis; labro tenui,*
*supernè in lobum saevius praelongum producto.*

*Strombus gallus*. Lin. Syst. Nat. éd. 12. p. 1209. Gmel. p. 3511.
n° 11. *variet. exclus.*

Lister. Conch. t. 874. f. 30.

Bonanni. Recr. 3. f. 309. 310.

Rumph. Mus. t. 37. f. 5.

Gualt. Test. t. 32. fig. M.

Seba. Mus. 3. t. 62. f. 1. 2.

Knorr. Vergn. 4. t. 12. f. 1.

Favanne. Conch. pl. 21. fig. A 1.

Martini. Conch. 3. t. 84. f. 841. 842. et t. 85. f. 846.

* Born. Mus. p. 275.

* Mus. Gotw. pl. 18. f. 129. a.

* Knorr. Del. Nat. Selec. t. 1. coq. pl. B. IV. f. 3.

* Wood. Ind. Test. pl. 24. f. 12.

* Swain. Exot. Conch. pl. 32.

* Desh. Encycl. méth. Vers. t. 3. p. 988. n° 4.

* Sow. jun. Thes. Conch. p. 34. n° 44. pl. 10. f. 108. 111.

* Kiener. Spec. des Coq. p. 14. n° 10. pl. 9.

* Lesser. Testaceothéol. p. 305. f.   n° 79.

* Lin. Syst. Nat. éd. 10. p. 743.

* Lin. Mus. Ulric. p. 619.

* Roissy. Buf. Moll. t. 6. p. 87. n° 4.

* Schrot. Einl. t. 1. p. 429. n° 9.

* Dillw. Cat. t. 2. p. 662. n° 14. *variet. exclus.*

Habite les mers d'Asie et d'Amérique, dans les climats chauds. Mon
cabinet. Espèce commune dans les collections. Ici, les tubercules
du dernier tour sont comprimés transversalement à la coquille, ce
qui est fort différent dans l'espèce précédente. Spire noduleuse,
un peu élevée et pointue; ouverture blanche et lisse. Longueur
du corps de la coquille, 4 pouces 4 lignes. Vulg. le *Coq.*

## 6. Strombe bituberculé. *Strombus bituberculatus*. Lamk.

*St. testá turbinatá, tuberculiferá, transversìm sulcato-nodulosá, albo*

*et rufo-fuscescente marmoratâ ; ultimi anfractûs tuberculis duo-
bus versùs labrum aliis eminentioribus, trigonis, posticè compressis; spirâ abbreviatâ ; labro latere crassiusculo, supernè in lobum
brevem terminato.*

Lister. Conch. t. 871. f. 25.

Bonanni. Recr. 3. f. 307. 308.

Gualt. Test. t. 32. fig. F.

Seba. Mus. 3. t. 62. f. 4. 5. 9. 12. 13. 14. 15 et 27.

Knorr. Vergn. 3. t. 11. f. 1.

Martini. Conch. 3. t. 83. f. 836. 837.

* Desh. Encycl. méth. Vers. t. 3. p. 988. n° 5.

* *Strombus lobatus.* Sow. jun. Thes. Conch. p. 34. n° 43. pl. 8. f.
76. 77. 78.

* Kiener. Spec. des Coq. p. 15. n° 11. pl. 10. f. 1.

* Mus. Gottv. pl. 19. f. 133. a.

* Valentyn. Amboina. pl. 10. f. 93.

* Barrélier Plant. per Gall. pl. 1327. f. 5.

* Perry. Conch. pl. 12. f. 1.

* Wood. Ind. Test. Suppl. pl. 4. f. 15.

* *Strombus lobatus.* Swain. Zool. illustr. 2ᵉ série. t. 3. pl. 153.

Habite l'Océan des Antilles. Mon cabinet. Il est constamment distinct du précédent par les tubercules de son dernier tour, dont
deux plus grands sont prismatiques, et par son bord droit un peu
épais latéralement. Ouverture lisse et blanchâtre. Longueur, 3
pouces.

7. **Strombe crête-de-coq.** *Strombus cristatus.* **Lamk.** (1)

*St. testâ ovato-oblongâ, tuberculiferâ, albo et luteo variâ ; ultimi
anfractûs tuberculo aliis multò majore; spirâ exsertâ, nodosâ, per-
acutâ ; labro dilatato, latere replicato, supernè crenis profundis
cristatìm inciso.*

Seba. Mus. 3. t. 62. f. 3.

Favanne. Conch. pl. 22. fig. A 2:

*Strombus laciniatus.* Chemn. Conch. 10. t. 158. f. 1506. 1507.

* *Strombus laciniatus.* Wood. Ind. Test. pl. 25. f. 15.

* *Id.* Swain. Exot. Conch. pl. 46.

* *Id.* Sow. jun. Thes. Conch. p. 37. n° 58. pl. 10. f. 105.

* Kiener. Spec. des Coq. p. 8. n° 5. pl. 11.

---

(1) Déjà nommée *Strombus laciniatus* par Chemnitz, cette espèce doit reprendre son premier nom.

* Schrot. Einl. t. 1. p. 466. *Strombus.* n° 50.

* *Strombus laciniatus.* Dillw. Cat. t. 2. p. 663. n° 13.

* *Strombus gallus. Var.* D. Gmel. p. 3512.

Habite.... Mon cabinet. Coquille très rare, et remarquable par les caractères de son bord droit. Ce bord, dilaté et avancé supérieurement jusqu'à la hauteur de la spire, est replié en dedans sur le côté, et offre, dans sa partie supérieure, quatre ou cinq grandes crénelures qui le font paraître lacinié. Ouverture lisse, fauve dans le fond. Longueur. 4 pouces. Vulg. l'*Aile-large-couronnée.*

## 8. Strombe aile-dilatée. *Strombus dilatatus.* Lamk. (1)

St. *testá ovato-oblongá, turgidá, lœvigatá, lutescente, maculis albis triseriatim cinctá ; spirá breviusculá, noduliferá, labrum superante; labro dilatato, undato, infrà marginem crassiusculo.*

Seba. Mus. 3. t. 63. f. 4. 5.

*Strombus latus.* Gmel. p. 3520. n° 35.

Kiener. Spec. des Coq. p. 9. n° 6. pl. 5.

Habite.... Mon cabinet. La partie supérieure de son bord droit, sans former aucun lobe, vient s'appuyer un peu au-dessous du milieu de la spire. Ouverture lisse. Longueur, 4 pouces.

## 9. Strombe aile-de-hibou. *Strombus bubonius.* Lamk. (2)

St. *testá ovatá, subturbinatá, tuberculatá et noduliferá, flavescente, albo-maculatá, roseo-fasciatá ; spirá conicá, obtusiusculá, nodulosá, labrum superante.*

Lister. Conch. t. 860. f. 17.

Bonanni. Recr. 3. f. 366.

Seba. Mus. 3. t. 62. f. 6–8.

---

(1) Ce Strombe devra changer de nom, pour deux raisons : la première, c'est qu'il était nommé *Strombus latus* par Gmelin, long temps avant Lamarck; la seconde, c'est parce que M. Swainson, avant Lamarck aussi, avait déjà donné le nom de *Dilatatus* à un autre Strombe qui est très différent de celui-ci.

(2) Il y a ici plusieurs erreurs à rectifier. Born est le premier qui ait donné le nom de *Strombus fasciatus* à une espèce de ce genre. Gmelin prend ce nom, l'applique à une toute autre espèce, dans laquelle celle de Born trouve sa place comme variété, sans que cependant Born soit cité. Par un double emploi qui se conçoit à peine, ce même *Strombus fasciatus* de Born est reproduit par Gmelin, comme variété du *Lentiginosus.* Nous

Knorr. Vergn. 3. t. 17. f. 1.

Martini. Conch. 3. t. 82. f. 833. 834.

*Strombus fasciatus.* Gmel. p. 3510. n° 9.

* Desh. Encycl. méth. Vers. t. 3. p. 989. n° 6.

* *Strombus fasciatus.* Sow. jun. Thes. Conch. p. 33. n° 38. pl. 10. f. 104. 106.

* Kiener. Spec. des Coq. p. 10. n° 7. pl. 6.

* Mus. Gottr. pl. 17. f. 127.

* *Rariora* Mus. Besleriani. pl. 20. f. 2 ?

* *Aldrov.* testac. p. 340. f. 2 ?

* Klein. Tentam. ostrac. pl. 6. f. 107.

* *Strombus fasciatus.* Wood. Ind. Test. pl. 25. f. 14.

Habite l'Océan des Antilles. Mon cabinet. Ses fascies roses passent sur les rangées de ses tubercules. Sommet du bord droit simplement arrondi; ouverture lisse. Longueur, 3 pouces 5 lignes.

10. **Strombe grenouille.** *Strombus lentiginosus.* Lin.

*St. testâ turbinatâ, crassâ, tuberculiferâ et undique nodosâ, squalidè albâ, cinereo-fuscescente nigroque maculosâ ; ultimo anfractu supernè tuberculis majusculis, subfurcatis, coronato; labro crasso, supernè undatim tricrenato.*

*Strombus lentiginosus.* Lin. Syst. nat. éd. 12. p. 1208. Gmel. p. 3510. n° 8.

Lister. Conch. t. 861. f. 18.

Bonanni. Recr. 3. f. 300.

Rumph. Mus. t. 37. fig. Q.

Petiv. Amb. t. 14. f. 10.

Gualt. Test. t. 32. fig. A.

D'Argenv. Conch. pl. 15. fig. C.

Seba. Mus. 3. t. 62. f. 11 et 30.

Knorr. Vergn. 3. t. 13. f. 2.

Martini. Conch. 3. t. 80. f. 825. 826. et t. 81. f. 827. 828.

* Wood. Ind. Test. pl. 24. f. 10.

* Swain. Zool. illustr. 1ʳᵉ série. t. 3. pl. 134. f. 2.

* Desh. Encycl. méth. Vers. t. 3. p. 989. n° 7.

---

proposons de rectifier ces erreurs de nomenclature, en restituant à l'espèce de Born son premier nom: cette espèce est le *Strombus lineatus* de Lamarck. Celui-ci, qui est le vrai *Fasciatus* de Gmelin, peut conserver le nom que lui a imposé Lamarck.

* Sow. jun. Thes. Conch. p. 37. n° 56. pl. 8. f. 79.

* Kiener. Spec. des Coq. p. 25. n° 18. pl. 18. f. 1.

* Quoy et Gaim. Voy. de l'Astr. Zoolog. pl. 50 f. 3.

* Lin. Syst. nat. éd. 10. p. 743.

* Mus. Gottv. pl. 17. f. 128. a. b. c. d.

* Lin. Mus. Ulric. p. 619.

* Barrelier. Plant. per Gall. pl. 1327. f. 6.

* Perry. Conch. pl. 12. f. 5.

* Born. Mus. p. 274.

* Schrot. Einl. t. 1. p. 425. n° 8.

* Dillw. Cat. t. 2. p. 660. n° 10.

Habite l'Océan des Grandes-Indes. Mon cabinet. Ses sillons transverses sont très noduleux. Les deux ou trois crénelures du sommet de son bord droit le distinguent. Spire courte et pointue. Longueur, 3 pouces 8 lignes. Vulg. la *Tête-de-serpent*.

## 11. Strombe oreille-de-Diane. *Strombus auris Dianæ*. Lin (1).

> *St. testâ ovato-oblongâ, tuberculiferâ, transversìm striatâ, griseâ; spirâ, exsertâ, acutâ; caudâ recurvâ; fauce aurantio-nigricante; labro incrassato, anteriùs lobo digitiformi terminato, intùs lævigato.*

---

(1) Plusieurs espèces sont confondues sous cette dénomination. Linné, par sa phrase et sa description du *Museum Ulricæ*, caractérise l'espèce par des sillons transverses, des tubercules sur le dos et une spire muriquée; il la caractérise aussi par la callosité et le lobe digitiforme qui termine le bord droit du côté postérieur, etc.; mais, parmi les figures qu'il cite dans la 12e édition du *Systema naturæ*, il y introduit deux espèces. Je ne parle pas de Gmelin, qui a porté partout la confusion. Pour moi, le *Strombus auris Dianæ* doit réduire sa synonymie de la manière suivante : Bonanni, f. 301. 302. Rumphius, pl. 37. f. R. Gualtieri, pl. 32. f. D. Favanne, pl. 21, f. A5, A6. Seba, pl. 62. f. 13. Martini, t. 3, pl. 84, f. 838, 839. *Strombus Lamarkii*, Sow. jun., Thes. Conch., p. 35 n° 50, pl. 9, f. 98, 99. exclus. Var., Kiener, Spec. des Coq., p. 22, n° 16, pl. 16, f. 1.

La seconde espèce, déjà nommée *Strombus guttatus* par Martini, se trouve dans les figures suivantes, Lister, pl. 872, f. 28, Gualtieri, pl. 32, f. H. Seba, pl. 61, f. 1, 2. Knorr, t. 2,

*Strombus auris Dianæ.* Lin. Syst. nat. . .12. p. 1209. Gmel.
   p. 3512. n° 12.
Lister. Conch. t. 871. f. 26. et t. 872. f. 27. 28.
Bonanni. Recr. 3. f. 301. 302.
Rumph. Mus. t. 37. fig. R.
Petiv. Amb. t. 14. f. 11.
Gualt. Test. t. 32. fig. D. H.
D'Argenv. Conch. pl. 14. fig. O.
Favanne. Conch. pl. 21. fig. A 5. A 6.
Seba. Mus. 3. t. 61. f. 1–6. et t. 62. f. 13 et 16.
Knorr. Vergn. 2. t. 15. f. 1. 2.
Martini. Conch. 3. t. 84. f. 838. 839.
Chemn. Conch. 10. t. 156. f. 1487. 1488.
Encyclop. pl. 409. f. 3. a. b.
 * Lin. Syst. nat. éd. 10. p. 743.
 * Lin. Mus. Ulric. p. 620.
 * Mus. Gottv. pl. 19. f. 131. a. e. f. g. h. i. k.
 * Schum. Nouv. Syst. p. 200.
 * Born. Mus. p. 269. Vign. fig. C. et p. 276.
 * Schrot. Einl. t. 1. p. 428. n° 10.
 * Burrow. Elem. of Conch. pl. 17 f. 2.
 * Dillw. Cat. t. 2. p. 663. n° 16. *Exclus. var.*
 * Sow. Genera of Shells. f. 4.
 * Reeve. Conch. Syst. t. 2. p. 206. pl. 251. f. 4.
Habite l'Océan des Grandes-Indes. Mon cabinet. Vulg. l'*Oreille-d'âne.*
   Longueur, 3 pouces 4 lignes.

---

pl. 15, f. 1, 2. Perry Conch., pl. 13, f. 4. Crouch., pl. 18, f. 5.
*Strombus auris Dianæ.* Sow. jun., Thes. Conch., pl. 35, n° 49;
pl. 9, f. 101, 102. *Strombus guttatus.* Kiener, Spec., p. 24, n° 17,
pl. 15, f. 1. Quoy et Gaim. Voy. de l'Astr., pl. 51, f. 1.

La troisième espèce est représentée par les figures suivantes:
Lister, pl. 872, f. 27. Chemn., t. 10, pl. 156, f. 1487-1488. *Encycl.*,
pl. 409, f. 3, *a*, *b*. C'est le *Strombus auris Dianæ adusta* de
Chemnitz et la variété B, de l'*Auris Dianæ* de Dillwyn. *Strombus
melanostomus*, Swain. Exot. Conhc., p. 10, pl. 47. Sow. jun.,
Thes. Conch., p. 32, n° 51, pl. 9, f. 89, 90, 94. Kiener, Spec.
A ces trois espèces, Dillwyn en ajoute une quatrième à titre de
variété, le *Strombus Novæ-Zelandiæ* de Chemnitz.

**12. Strombe muriqué.** *Strombus pugilis.* **Lin.**

> St. testá turbinatá, ventricosá, luteo-rufescente ; ultimo anfractu
> supernè tuberculis coronato, medio lævi, basi sulcato ; spirá tu-
> berculis patentibus muricatá, transversè striatá ; labro anteriùs
> lobo brevi, rotundato, et intùs versùs basim sulcato.

*Strombus pugilis.* Lin. Syst. nat. éd. 12. p. 1209. Gmel. p. 3512.
n° 13.

Lister. Conch. t. 864. f. 19.

Bonanni. Recr. 3. f. 299.

Gualt. Test. t. 32. fig. B.

D'Argenv. Conch. pl. 15. fig. A.

Knorr. Vergn. 1. t. 9. f. 1. et t. 3. pl. 16. f. 1.

Martini. Conch. 3. t. 81. f. 830. 831.

Encyclop. pl. 408. f. 4. a. b.

* Schum. Nouv. Syst. p. 200.

* Born. Mus. p. 277.

* Schrot. Einl. t. 1. p. 429. n° 11.

* Dillw. Cat. t. 2. p. 664. n° 17. *Exclus. variet.*

* Chemn. Conch. t. 10. p. 215. pl. 156. f. 1493.

* Wood. Ind. Test. pl. 25. f. 17.

* Lin. Syst. nat. éd. 10. p. 744.

* Mus. Gottv. pl. 17. f. 125. a. b. 126. a. b.

* Aldrov. De Testac. p. 337. f. 13. et p. 340. f. 3.

* Mus. Moscardo. p. 212. f. 3.

* Lin. Mus. Ulric. p. 620.

* Sow. Genera of Shells. f. 1. 2.

* Desh. Encycl. méth. Vers. t. 3. p. 996. n° 22.

* Sow. Conch. Man. f. 406.

* Sow. jun. Thes. Conch. p. 32. n° 33. pl. 8. f. 74.

* Kiener. Spec. des Coq. p. 30. n° 22. pl. 20.

* Perry. Conch. pl. 12. f. 4.

* Brookes. Introd. of Conch. pl. 7. f. 85.

* Roissy. Buf. Moll. t. 6. p. 86. n° 1.

Habite dans la Méditerranée et peut-être l'Océan Atlantique. **Mon**
cabinet. Son ouverture est d'un jaune d'œuf très foncé, presque
rougeâtre. Spire très pointue. Longueur, 3 pouces 5 lignes. **Vulg.**
l'*Oreille-de-cochon.*

**13. Strombe pyrulé.** *Strombus pyrulatus.* **Lamk. (1)**

> St. testá turbinatá, dorso lævigatá, basi spiráque transversim striatá,

---

(1) Voici encore une espèce à laquelle Lamarck a inutile-

*rufescente; ultimo anfractu supernè obtusè angulato ; spirâ co-*
*nico-acutâ , nodulosâ , basi subtuberculiferâ ; labro anteriùs lobo*
*rotundato et intùs striato.*

*An* Knorr. Vergn. 3. t. 16. f. 1?

Martini. Conch. 3. t. 91. f. 894.

Schroëtter. Einl. in Conch. 1. t. 2. f. 14.

*Strombus alatus.* Gmel. p. 3513. n° 14.

* *Strombus pugilis. Var.* E. Dillw. Cat. t. 2. p. 664.

* *Strombus alatus.* Swain. Exot. Conch. pl. 11.

* Sow. jun. Thes. Conch. p. 32. n° 34. pl. 8. f. 72. 75.

* Kiener. Spec. des Coq. p. 29. n° 21. pl. 19. f. 1. et pl. 34. f. 2.

Habite.... Mon cabinet. Très voisin du précédent, il s'en distingue
par sa spire non muriquée, mais seulement un peu tuberculeuse
à sa base. Bord droit un peu épais, strié en son limbe interne,
qui est d'un violet très rembruni, ainsi que la columelle. Longueur,
3 pouces 2 lignes.

**14. Strombe bossu.** *Strombus gibberulus.* **Lin.**

*St. testâ oblongo-ovali, medio lævigatâ; suprà labrum infernèque*
*striatâ , luteo-rufescente , albo-fasciatâ; anfractibus inæqualiter*
*gibbosis ; spirâ brevi, acutâ ; columellâ albâ ; labro intùs striato,*
*violaceo.*

*Strombus gibberulus.* Lin. Syst. Nat. éd. 12. p. 1210. Gmel. p.
3514. n° 17.

Lister. Conch. t. 847. f. 1.

Bonanni. Recr. 3. f. 150.

Rumph. Mus. t. 37. fig. V.

Petiv. Amb. t. 14. f. 13.

Gualt. Test. t. 21. fig. N.

D'Argenv. Conch. pl. 14. fig. N.

Seba. Mus. 3. t. 61. f. 17–19. et 51–53. et t. 62. f. 48. 49.

Knorr. Vergn. 2. t. 14. f. 3.

Martini. Conch. 3. t. 77. f. 792–798.

*Strombus succinctus.* Encyclop. pl. 408. f. 3. a. b. *è specimine ju-*
*niore.*

* Mus. Gottw. pl. 28. f. 190. a. b. c. d.

* Valentyn. Amboina. pl. 7. f. 64.

* Herbst. Hist. Verm. pl. 48. f. 1.

---

ment changé son nom spécifique ; elle devra reprendre celui de
*Strombus alatus* , que Gmelin le premier lui donna.

* Lin. Syst. Nat. éd. 10. p. 744.

* Lin. Mus. Ulr. p. 621.

* Barrélier. Plant. per Gall. pl. 1327. f. 2.

* Perry. Conch. pl. 12. f. 3.

* Roissy. Buf. Moll. t. 6. pl. 58. f. 4.

* Born. Mus. p. 278.

* Schrot. Einl. t. 1. p. 433. n° 14.

* Dillw. Cat. t. 2. p. 666. n° 20.

* Wood. Ind. Test. pl. 25. f. 20.

* Desh. Encycl. méth. Vers. t. 3. p. 997. n° 23.

* Sow. jun. Thes. Conch. p. 31. n° 27. pl. 6. f. 18. 19. 24. 25. 26.

* Kiener. Spec. des Coq. p. 37. n° 28. pl. 28. f. 1. et pl. 33. f. 5.

* Quoy. et Gaim. Voy. de l'Astr. Zoolog. pl. 50. f. 14.

Habite les mers de l'Inde et des Moluques. Mon cabinet. Longueur, 2 pouces 5 lignes.

## 15. Strombe bouche-de-sang. *Strombus luhuanus*. Lin. (1)

*St. testâ oblongo-ovali, tenuiter striatâ, fulvâ, albo-fasciatâ; ultimo anfractu supernè obtusè angulato; spirâ brevi, mucronatâ; columellâ purpureo nigroque tinctâ; labro intùs striato, rubro.*

*Strombus luhuanus.* Lin. Syst. Nat. éd. **12**. p. 1209. Gmel. p. 3513. n° 16.

Lister. Conch. t. 851. f. 6.

Rumph. Mus. t. 37. fig. S.

Petiv. Gaz. t. 38. f. 10. et Amb. t. 14. f. 12.

Gualt. Test. t. 31. fig. H. I.

Seba. Mus. 3. t. 61. f. 11. 12. 20. 21.

Knorr. Vergn. 5. t. 16. f. 5.

Martini. Conch. 3. t. 77. f. 789. 790. 791.

* Quoy et Gaim. Voy. de l'Astr. Zoolog. pl. 51. f. 3.

* Chemn. Conch. t. 10. p. 218. pl. 157. f. 1499. 1500.

* Mus. Gottw. pl. 28. f. 191. a. b.

---

(1) En décrivant cette espèce dans l'*Encyclopédie*, nous y avons joint, à titre de variété, le *Strombus mauritianus*. Nous avons reconnu depuis que ces deux espèces restaient distinctes et qu'elles reposaient sur des caractères constans, ce qui nous détermine à revenir à l'opinion de Lamarck. Nous faisons la même observation au sujet du *Strombus Isabella*, que nous avons réuni à tort au *Strombus canarium*.

* Herbst. Hist. Verm. pl. 48. f. 2.
* Lin. Syst. Nat. éd. 10. p. 744.
* Lin. Mus. Ulric. p. 621.
* Schum. Nouv. Syst. p. 220.
* Born. Mus. p. 277.
* Schrot. Einl. t. 1. p. 432. n° 13.
* Dillw. Cat. t. 2. p. 666. n° 19.
* Wood. Ind. Test. pl. 25. f. 19.
* Desh. Encycl. méth. Vers. t. 3. p. 990. n° 8.
* Sow. jun. Thes. Conch. p. 29. n° 17. pl. 7. f. 54.
* Kiener. Spec. des Coq. p. 39. n° 30. pl. 27. f. 1.

Habite l'Océan indien et des Moluques. Mon cabinet. Sa columelle,
vivement colorée de pourpre et de noir, le rend très remarquable. Longueur, 2 pouces 3 lignes.

**16. Strombe bouche-aurore.** *Strombus mauritianus.* **Lamk.**

*St. testâ oblongo-ovali, lævissimâ, albâ, lineolis rufis angulatis trans-
versim fasciatâ; spirâ brevi, longitudinaliter plicatâ, mucronatâ;
columellâ albâ; labro intùs striato, roseo.*

Lister. Conch. t. 849. f. 4 a. et t. 850. f. 5.
Seba. Mus. 3. t. 61. f. 13.
Knorr. Vergn. 6. t. 15. f. 3.
Martini. Conch. 3. t. 88. f. 865-867.

* *Strombus luhuanus.* Var. A. Nob. Encycl. méth. Vers. t. 3.
p. 990.
* Kiener. Spec. des Coq. p. 38. n° 29. pl. 27. f. 2.
* Mus. Gottw. pl. 28. f. 192.
* *Strombus cylindricus.* Swain. Zool. illus. 1ʳᵉ série, t. 1. pl. 53.
f. 1. 2.
* *Id.* Sow. jun. Thes. Conch. p. 29. n° 16. pl. 7. f. 50. 57. 59.

Habite les mers de l'Ile-de-France. Mon cabinet. Il est bien distinct
du précédent, non-seulement par sa columelle toute blanche,
mais encore par son dernier tour, qui est très lisse. Longueur, 2
pouces 5 lignes.

**17. Strombe poule.** *Strombus canarium.* **Lin.** (1)

*St. testâ obovatâ, dorso læviusculâ, basi striatâ, albâ, lineis rufis
confertissimis longitudinalibus flexuosis pictâ; spirâ brevi, mucro-*

---

(1) **MM. Quoy et Gaimard** établissent une espèce sous le nom
de Strombe de Vanicoro, pour une coquille qui n'est à nos
yeux qu'une variété du *Strombus canarium* de Linné.

*natá, basi planulatá ; aperturá intùs albá, extùs aureo tinctá, labro crasso, dilatato, anteriùs sinu distincto.*

*Strombus canarium.* Lin. Syst. Nat. éd. 12. p. 1211. Gmel. p. 3517. n° 24.

Lister. Conch. t. 853. f. 9.

Bonanni. Recr. 3. f. 146.

Rumph. Mus. t. 36. fig. N.

Petiv. Amb. t. 14. f. 17.

Gualt. Test. t. 32. fig. N.

D'Argenv. Conch. pl. 14. fig. Q.

Seba. Mus. 3. t. 62. f. 28. 29.

Knorr. Vergn. 1. t. 18. f. 5.

Martini. Conch. 3. t. 79. f. 818.

* Klein. Tentam. Ostrac. pl. 4. f. 73.

* Desh. Encycl. méth. Vers. t. 3. p. 990. n° 9.

* Quoy. et Gaim. Voy. de l'Astr. pl. 51. f. 7 a 11.

* Lin. Mus. Ulric. p. 623.

* Mus. Gottw. pl. 19. f. 127. a. b. c.

* Besleri Gozophyl. Nat. pl. 19. f. 9.

* Lin. Syst. Nat. éd. 10. p. 745.

* Born. Mus. p. 269. Vign. f. d. et p. 281.

* Schrot. Einl. t. 1. p. 440. n° 21.

* Dillw. Cat. t. 2. p. 670. n° 27. *Exclusa variet.*

* Wood. Ind. Test. pl. 25. f. 27.

* Sow. jun. Thes. Conch. p. 33. n° 36. pl. 8. f. 69. 70.

* Kiener. Spec. des Coq. p. 33. n° 25. pl. 29. f. 1.

Habite les mers de Ceylan et des Moluques. Mon cabinet. Coquille raccourcie, large, épaisse, à spire courte, mucronée, ayant sa base planulée. Longueur, 23 lignes.

## 18. Strombe Isabelle. *Strombus Isabella.* Lamk.

*St. testá ovato-oblongá, dorso læviusculá, basi striatá, albidá aut pallidè fulvá; spirá exsertá : anfractibus valdè convexis ; aperturá intùs albá, extùs aureo tinctá ; labro anteriùs sinu distincto.*

Bonanni. Recr. 3. f. 147.

Gualt. Test. t. 32. fig. L.

Seba. Mus. 3. t. 62. f. 23. 25.

Knorr. Vergn. 3. t. 13. f. 3.

Martini. Conch. 3. t. 79. f. 817.

* *Strombus canarium.* Var. Dillw. Cat. t. 2. p. 671.

* *Id.* Var. A. Desh. Encycl. méth. Vers. t. 3. p. 990.

* Sow. jun. Thes. Conch. p. 33. n° 37. pl. 8. f. 68. 71.

* Kiener. Spec. des Coq. p. 32. n° 24. pl. 25. f. 2.

Habite l'Océan des Grandes-Indes. Mon cabinet. Très rapproché du précédent, avec lequel on l'a confondu, mais bien plus allongé, il s'en distingue d'ailleurs par sa spire, dont tous les tours sont très convexes. Il est, en outre, dépourvu des lignes colorées et flexueuses que l'on observe dans l'autre. Longueur, 2 pouces 7 lignes.

## 19. Strombe élancé. *Strombus vittatus.* Lin.

*St. testá fusiformi-turritá, fulvo-rufescente, albo-fasciatá; ultimo anfractu supernè obtusè angulato, infernè sulcato; spirá longitudinaliter plicatá, transversìm tenuissimè striatá; suturis marginalis; labro mediocri, rotundato.*

*Strombus vittatus.* Lin. Syst. Nat. éd. 12. p. 1211. Gmel. p. 3517. n° 25.

Lister. Conch. t. 852. f. 8.

Rumph. Mus. t. 36. fig. O.

Petiv. Gaz. t. 93. f. 12. et Amb. t. 7. f. 9.

D'Argenv. Conch. pl. 9. fig. F.

Seba. Mus. 3. t. 62. f. 18-20.

Knorr. Vergn. 3. t. 20. f. 2.

Martini. Conch. 3. t. 79. f. 819. 820 et 822. 823.

Encyclop. pl. 409. f. 1. a. b.

* Lin. Syst. Nat. éd. 10. p. 745.

* Lin. Mus. Ulric. p. 623.

* Junior. Karsten. Mus. Lesk. f. 1. pl. 5. f. 4.

* Born. Mus. p. 182.

* Schrot. Einl. t. 1. p. 441. n° 22.

* Wood. Ind. Test. pl. 25. f. 28.

* Sow. jun. Thes. Conch. p. 26. n° 4. pl. 6. f. 27 à 31.

* Kiener. Spec. des Coq. p. 40. n° 31. pl. 23.

* Desh. Encycl. méth. Vers. t. 3. p. 991. n° 10.

Habite l'Océan des Grandes-Indes et des Moluques. Mon cabinet. Ce qui caractérise cette espèce, c'est d'avoir la spire éminemment allongée et l'aile d'une étendue médiocre, toujours peu épaisse; néanmoins elle offre différentes variétés qui lui appartiennent, car tantôt la spire présente des plis longitudinaux dans presque toute sa longueur, et tantôt on ne lui en voit qu'à sa sommité. Elle varie en outre dans l'étendue de l'allongement de sa spire, certains individus l'ayant extrémement longue, tandis qu'elle l'est bien moins dans d'autres. Ouverture blanche. Longueur, 3 pouces 3 lignes.

### 20. Strombe aile-relevée. *Strombus epidromis.* Lin.

*St. testâ ovato-oblongâ, apice acutâ, lævi, albo et luteo variâ ; ultimo anfractu supernè subtuberculato ; anfractibus spiræ angulatis, crenato-plicatis ; labro dilatato, rotundato, crassiusculo, margine acuto, recurvo.*

*Strombus epidromis.* Lin. Syst. Nat. éd. 12. p. 1211. Gmel. p. 3516. nº 22.

Lister. Conch. t. 853. f. 10.

Rumph. Mus. t. 36. fig. M.

Petiv. Gaz. t. 98. f. 12. et Amb. t. 14. f. 18.

Seba. Mus. 3. t. 62. f. 21. 22 et 26.

Knorr. Vergn. 6. t. 33. f. 2.

Martini. Conch. 3. t. 79. f. 821.

* Mus. Gottv. pl. 19. f. 136.

* Lin. Syst. Nat. éd. 10. p. 745.

* Lin. Mus. Ulric. p. 622.

* Schum. Nouv. Syst. p. 200.

* Born. Mus. p. 281.

* Schrot. Einl. t. 1. p. 439. nº 19.

* Dillw. Cat. t. 2. p. 669. nº 25.

* Wood. Ind. Test. pl. 25. f. 25.

* Desh. Encycl. méth. Vers. t. 3. p. 991. nº 11.

* Sow. jun. Conch. illustr. p. 28. nº 10. pl. 6. f. 12.

* Kiener. Spec. des Coq. p. 48. nº 37. pl. 26. f. 1.

Habite l'Océan des Grandes-Indes et des Moluques. **Mon cabinet.** Bord droit arrondi, sans aucun lobe, s'appuyant antérieurement contre la spire. Celle-ci élevée, étagée et fort aiguë. Ouverture lisse et très blanche. Longueur, 2 pouces 8 lignes.

### 21. Strombe aile-de-colombe. *Strombus columba.* Lamk.

*St. testâ ovato-oblongâ, longitudinaliter plicatâ, transversìm striatâ, albâ ; anfractibus spiræ convexis ; labro suprà infràque valdè striato, margine recurvo ; columellâ striatâ.*

* Sow. jun. Thes. Conch. p. 27. nº 6. pl. 6. f. 2. 3. 6. 7.

* Kiener. Spec. des Coq. p. 51. nº 39. pl. 25. f. 1. 1 a.

Habite.... la mer des Indes ? **Mon cabinet.** Jolie espèce, très distincte. Son bord droit, remarquable par un pli longitudinal, est fortement strié en dessus et en dessous. Sa columelle, pareillement striée, est munie d'une raie verte, ainsi que le limbe interne du bord droit. Longueur, 2 pouces.

**22. Strombe quadrifascié. *Strombus succinctus.* Lin. (1)**

*St. testá ovato-oblongá, apice acutá, transversim subtilissimè striatá,*
*lutescente; ultimo anfractu fasciis quatuor albis fusco-lineolatis*
*cincto, supernè tuberculis raris instructo ; anfractibus spiræ an-*
*gulatis, plicato-crenatis; labro angusto, margine incurvo, intùs*
*striato.*

*Srombus succinctus.* Lin. Syst. Nat. éd. 12. p. 1212. Gmel. p. 3518.
n° 26.

Lister. Conch. t. 859. f. 16.

Rumph. Mus. t. 37. fig. X.

Petiv. Gaz. t. 98. f. 13. et Amb. t. 14. f. 19.

Gualt. Test. t. 33. fig. B.

D'Argenv. Conch. pl. 10. fig. C.

Seba. Mus. 3. t. 61. f. 15.

*Strombus accinctus.* Born. Mus. p. 283. t. 10. f. 14. 15.

Martini. Conch. 3. t. 79. f. 815. et t. 89. f. 877.

* Schrot. Einl. t. 1. p. 442. n° 23.

* *Strombus accinctus.* Dillw. Cat. t. 2. p. 672. n° 30. *Syn. plur.*
*exclus.*

* Wood. Ind. Test. pl. 25. f. 30.

* Desh. Encycl. méth. Vers. t. 3. p. 992. n° 12.

* Kiener. Spec. des Coq. p. 45. n° 35. pl. 10. f. 2.

Habite les mers des Indes-Orientales. Mon cabinet. Son aile est
étroite, à bord courbé en dedans, et a un sinus à sa partie antérieure. Ouverture blanche. Longueur, 23 lignes et demie.

**23. Strombe aile-de-roitelet. *Strombus troglodytes.* Lamk. (2)**

*St. testá ovato-acutá, dorso læviusculá, luteo-rufescente, albo-zona-*

---

(1) Dans la 12e édition du *Systema Naturæ*, il y a dans le
nom de cette espèce une faute de typographie par laquelle les
deux premiers lettres manquent. Presque tous les naturalistes ont
lu *succinctus.* Born a mis *accinctus.* Ces deux mots ont la même
signification, et je n'aurais pas fait cette remarque si je n'avais
craint que l'on supposât la réunion de deux espèces que les auteurs auraient eu l'intention de séparer. Dillwyn rapporte, dans
la synonymie de cette espèce, une partie de celle du *Strombus*
*marginatus* de Lamarck. Il eût été cependant facile d'éviter cette
confusion.

(2) Nommée *Strombus minimus* par Linné, dans son *Man-*

*tá; ultimo anfractu supernè tuberculifero; spiræ anfractibus angulatis, plicato-crenatis; labro crassiusculo, anteriùs sinu distincto, intùs flavescente; columellâ albâ, callosâ.*

*Strombus minimus.* Lin. Mantissa. p. 549. Gmel. p. 3516. n° 23.

Rumph. Mus. t. 36. fig. P.

Petiv. Amb. t. 14. f. 16.

Gualt. Test. t. 31. fig. L.

Schroëtter. Einl. in Conch. 1. t. 2. f. 11.

Chemn. Conch. 10. t. 156. f. 1491. 1492.

* *Strombus minimus.* Sow. jun. Thes. Conch. p. 28. n° 11. pl. 6. f. 4. 5.

* Kiener. Spec. des Coq. p. 52. n° 40. pl. 31. f. 2.

* *Strombus minimus.* Schrot. Einl. t. 1. p. 439. n° 20.

* *Id.* Dillw. Cat. t. 2. p. 670. n° 26.

* *Id.* Wood. Ind. Test. pl. 25. f. 26 ?

* *Id.* Swain. Zool. illust. 1re série. t. 1. pl. 10. f. 2.

* Desh. Encycl. méth. Vers. t. 3. p. 992. n° 13.

Habite l'Océan des Grandes-Indes. Mon cabinet. Longueur, 17 lig.

### 24. Strombe tridenté. *Strombus tridentatus.* Lamk. (1).

*St. testâ oblongâ, supernè attenuato-acutâ, lævigatâ, longitudinaliter subplicatâ, luteo-rufescente; anfractibus spiræ convexis; labro angusto, basi tridentato, intùs striato, rufo-fucescente.*

Lister. Conch. t. 858. f. 14.

Rumph. Mus. t. 37. fig. Y.

Petiv. Amb. t. 14. f. 15.

Gualt. Test. t. 33. fig. C. D.

---

*tissa,* cette espèce doit reprendre son premier nom à la place de celui de *Troglodytes* donné à tort par Lamarck.

(1) Chemnitz est le premier qui ait donné un nom à cette espèce : c'est donc ce nom qui doit prévaloir, à cause de son antériorité, quoique ce nom de Strombe Samar paraisse bizarre comme ceux d'Adanson ; cependant il doit être respecté. En attribuant à cette espèce le nom de *Strombus dentatus,* M. Sowerby commet une erreur, d'abord parce que déjà Linné avait donné ce même nom à une espèce différente (*Strombus plicatus,* Lamarck), ensuite parce que l'espèce était déjà nommée *Strombus Samar* par Chemnitz. Un nom nouveau n'était donc pas nécessaire.

Seba. Mus. 3. t. 61. f. 54. et 41-47.

Martini. Conch. 3. t. 78. f. 810-814.

*Strombus Samar*. Chemn. Conch. 10. t. 157. f. 1503.

*Strombus tridentatus*. Gmel. p. 3519. n° 30.

* *Strombus dentatus*. Sow. jun. Thes. Conch. p. 31. n° 29. pl. 9. f. 86. 87.

* Kiener. Spec. des Coq. p. 64. n° 49. pl. 26. f. 2.

* *An Strombus dentatus*. Lin. Syst. Nat. éd. 12. p. 1213 ?

* Kammerer. Rudolst. Cab. pl. 7. f. 4. 5.

* Schrot. Einl. t. 1. p. 450. *Strombus*. n° 1.

* *Strombus Samar*. Dillw. Cat. t. 2. p. 674. n° 34.

* Wood. Ind. Test. pl. 25. f. 34.

* Sow. Genera of Shells. f. 6.

* Reeve. Conch. Syst. t. 2. p. 207. pl. 251. f. 6.

* Desh. Encycl. méth. Vers. t. 3. p. 992. n° 14.

Habite l'Océan Indien. Mon cabinet. Spire à tours convexes, un peu renflés. Les figures citées de cette coquille sont plus ou moins médiocres, à l'exception de celle de *Seba* qui rendent bien sa forme générale et les trois dentelures de son bord droit. Longueur, 22 lignes.

## 25. Strombe bouche-noire. *Strombus urceus*. Lin. (1)

*St. testâ ovato-oblongâ, apice acutâ, transversè striatâ, cinereo-rufescente, suprà labrum caudamque nigricante; anfractibus supernè angulato-tuberculatis, longitudinaliter subplicatis; fauce nigrâ; labro intùs striato.*

*Strombus urceus*. Lin. Syst. Nat. éd. 12. p. 1212. Gmel. p. 3518. n° 29.

Lister. Conch. t. 857. f. 13.

Bonanni. Recr. 3. f. 144.

Petiv. Gaz. t. 98. f. 14.

Gualt. Test. t. 32. fig. E.

Seba. Mus. 3. t. 60. f. 28. 29. et t. 61. f. 30. 31. etc.

Knorr. Vergn. 3. t. 13. f. 5.

Martini. Conch. 3. t. 78. f. 803-806.

---

(1) M. Schumacher, dans son *Essai d'un nouveau système des vers testacés*, établit un nouveau genre, sous le nom de *Canarium*, pour cette espèce. Ce genre est pour nous inadmissible, la coquille n'offrant point d'autres caractères que ceux des Strombes.

TOME IX. 45

* Schrot. Einl. t. 1. p. 445. n₀ 26.
* Mus. Gottw. pl. 28. f. 196. 197. 198.
* Lin. Syst. Nat. éd. 10. p. 745.
* Rumph. Mus. pl. 37. fig. T.
* Lin. Mus. Ulric. p. 624.
* *Canarium ustalatum*. Schum. Nouv. Syst. p. 219.
* Born. Mus. p. 284.
* Burrow. Elem. of. Conch. pl. 17. f. 3.
* Wood. Ind. Test. pl. 25. f. 32.
* Desh. Encycl. méth. Vers. t. 3. p. 993. n° 15.
* Sow. jun. Thes. Conch. p. 30. n° 21. pl. 7. f. 34. 35. 36.
* Kiener. Spec. des Coq. p. 60. n° 46. pl. 30. f. 2. 3. pl. 15. f. 2.

Habite l'Océan des Grandes-Indes. Mon cabinet. Spire étagée et
pointue ; ouverture noire, mais d'un roux orangé dans le fond ;
aile étroite, atténuée inférieurement. Longueur, 21 lignes et demie.

## 26. Strombe plissé. *Strombus plicatus*. Lamk. (1)

*St. testá ovato-oblongá, apice acutá, longitudinaliter plicatá, luteo-
rufescente, albo fasciatá et punctatá; spirá contabulatá; ultimo
anfractu supernè tuberculis coronato; aperturá striatá; columellá
flavá; labro parvo, intùs violacescente.*

*Strombus dentatus*. Lin. Syst. Nat. éd. 12. p. 1213. n° 513. Gmel.
p. 3519. n° 31.

Rumph. Mus. t. 37. fig. T.

Petiv. Amb. t. 14. f. 21.

Gualt. Test. t. 32. fig. G.

Seba. Mus. 3. t. 61. f. 24. 25.

Schroëtter. Einl. in Conch. 1. p. 446. n° 27. t. 2. f. 12.

*Strombus plicatus*. Encycl. pl. 408. f. 2. a. b.

* Dillw. Cat. t. 2. p. 674. n° 35.
* Sow. jun. Thes. Conch. p. 30. n° 24. pl. 7. f. 56.
* Kiener. Spec. des Coq. p. 62. n° 47. pl. 31. f. 1. a. b.
* Chem. Conch. t. 10. p. 220. pl. 157. f. 1501. 1502.
* Quoy et Gaim. Voy. de l'Astr. pl. 51. f. 5.

Habite l'Océan des Grandes-Indes et les Moluques. Mon cabinet.
Son bord droit n'est point denté, mais offre inférieurement le si-

---

(1) Puisque Lamarck reconnaît lui-même le *Strombus dentatus* de Linné, dans cette espèce, il a bien tort de changer son
nom sans la moindre nécessité. Il faut donc substituer le nom de
Linné à celui de Lamarck.

nus caractéristique du genre. Ses plis longitudinaux, sa spire bien étagée, et ses tubercules dorsaux élevés et comprimés le rendent très distinct. Longueur, 19 lignes.

## 27. Strombe fleuri. *Strombus floridus*. Lamk.

> *St. testá ovato-acutá, suprà labrum infernèque striatá, coloribus variis pictá ; ultimo anfractu anticè tuberculifero; spirá brevi, longitudinaliter subplicatá ; fauce striatá, rubente.*

Lister. Conch. t. 848. f. 3. et t. 859. f. 15.

Rumph. Mus. t. 37. fig. W.

Petiv. Amb. t. 14. f. 20.

Seba. Mus. 3. t. 61. f. 26. 27. 32. 33. 40. 48. 50. 54. 65. et t. 62. f. 42. 43.

Martini. Conch. 3. t. 78. f. 807-809.

* Kiener. Spec. des Coq. p. 63. n° 48. pl. 32. f. 1. a. b.

* Quoy et Gaim. Voy. de l'Astr. pl. 51. f. 12.

* Mus. Gottw. pl. 28. f. 193. 194. a. b.

* Wood. Ind. Test. Suppl. pl. 4. f. 5.

* *Strombus mutabilis*. Swain. Zool. illustr. 1<sup>re</sup> série. t. 2. pl. 71. f. 1.

* Desh. Encycl. méth. Vers. t. 3. p. 993. n° 16.

* *Strombus mutabilis*. Sow. jun. Thes. Conch. p. 29. n° 20. pl. 7. f. 40. 45. 46. 47. 49. 52.

Habite l'Océan Indien et des Moluques. Mon cabinet. Coquille ventrue, tuberculeuse, et très variée dans sa coloration. Longueur, 17 lignes.

## 28. Strombe aile-de-papillon. *Strombus papilio*. Chemn.

> *St. testá ovatá, subacutá, tuberculiferá, albá, luteo-maculosá ; ultimo anfractu tuberculis triseriatis cincto ; columellá lævi, albá ; labro spiræ adnato, anteriùs sinu distincto, intùs striato, aurantio-fuscescente.*

Seba. Mus. 3. t. 52. f. 17. 18.

Knorr. Vergn. 3. . 26. f. 2. 3.

*Strombus papilio*. Chemn. Conch. 10. t. 158. f. 1510. 1511.

* *Strombus exustus*. Swain. Zool. illustr. 1<sup>re</sup> sérte. t. 3. pl. 134. f. 1.

* Desh. Encycl. méth. Vers. t. 3. p. 994. n° 7.

* Sow. jun. Thes. Conch. p. 37. n° 55. pl. 7. f. 44.

* Kiener. Spec. des Coq. p. 26. n° 19. pl. 17.

* Schrot. Einl. t. 1. p. 462. *Strombus*. n° 31.

* *Strombus lentiginosus*. Var. β. Gmel. p. 3510.

* *Strombus papilio*. Dillw. Cat. t. 2. p. 661. n° 11.

* Wood. Ind. Test. pl. 25. f. 13.

* Quoy et Gaim. Voy. de l'Astr. pl. 50. f. 1.

45.

Habite.... Mon cabinet. Il n'a point les trois crénelures du *St. lenti-ginosus*, mais un seul sinus au sommet de son bord droit. Ce dernier est d'ailleurs strié et très coloré. Longueur, 22 lignes.

### 29. Strombe rayé. *Strombus lineatus*. Lamk. (1)

*Str. testá ovato-acutá , lævi , albá , lineis nigris distantibus cinctá ; ultimo anfractu supernè tuberculis majusculis coronato ; aperturá striatá , aurantiá ; labro anteriùs sinu distincto.*

Martini. Conch. 3. t. 78. f. 800-802.

*Strombus polyfasciatus.* Chemn. Conch. 10. t. 155. f. 1483. 1484.

* *Strombus subulatus* Herbst. Hist. Verm. pl. 48. f. 8.

* Fab. Columna , aquat. et terrest. observ. pl. lx. f. 5.

* Barrelier. Plant. per Gall. pl. 1326. f. 4.

* *Strombus fasciatus.* Born. Mus. p. 278.

* *Strombus polyfasciatus.* Dillw. Cat. t. 2. p. 662. n° 13.

* *Strombus fasciatus.* Var. β. Gmel. p. 3511.

* *Strombus lentiginosus.* Var. α. Gmel. p. 3510.

* Seba. Thes. t. 3. pl. 61. f. 7.

* *Strombus polyfasciatus.* Wood. Ind. Test. pl. 24. f. 11.

* *Strombus persicus.* Swain. Zool. illust. 1re série. t. 1. pl. 53.

* *Id.* Wood. Ind. Test. Suppl. pl. 4. f. 19.

* Savigny. Expéd. d'Egypte. Coq. pl. 4. f. 25. 26.

* Desh. Encyc. méth. Vers. t. 3. p. 994. n° 18.

* Sow. junior. Thes. Conch. p. 29. n. 15. pl. 7. f. 32. 33.

Habite... l'Océan Indien? Mon cabinet. Espèce bien distincte par les lignes pourpres ou noires, bien espacées, dont elle est ceinte. Longueur 21 lignes.

### 30. Strombe cariné. *Strombus marginatus*. Lin. (2)

*St. testá ovato-acutá , transversìm striatá , luteo-fulvá , albo fas-*

---

(1) Comme on le voit par la synonymie, cette espèce avait déjà reçu trois noms avant Lamarck. Il est fâcheux qu'au lieu de choisir le plus ancien, il ait préféré en donner un quatrième. Nous proposons, nous, de revenir au nom spécifique, le plus ancien : c'est celui de Born, et l'espèce devra, en conséquence, prendre le nom de *Strombus fasciatus.*

(2) Nous comprenons difficilement comment les auteurs ont pu appliquer à une espèce quelconque le *Strombus margina-tus* de Linné. Cette espèce se trouve, pour la première fois, dans la 10e édition du *Systema.* Martini ne la reconnaît pas,

*ciatá ; anfractibus dorso carinatis , suprà planulatis ; spirá brevi, mucronatá ; aperturá albá ; labro acuto , incurvo , intùs striato , spiræ adnato , anteriùs sinu distincto.*

*Strombus marginatus.* Lin. Syst. nat. éd. 12. p. 1209. n° 499. — Gmel. p. 3513. n. 15.

Schrœtter. Einl. in Conch. 1. p. 431, n° 12. t. 2. f. 10.

Martini. Conch. 4. t. 79. f. 816.

Chemn. Conch. 10. t. 156. f. 1489. 1490.

* *An eadem spec.* Dillw. Cat. t. 2. p. 665. n° 18?

* Desh. Encyc. meth. Vers. t. 3. p. 994. n° 19.

* Sow. jun. Thes. Conch. p. 28. n. 14. pl. 6. f. 17.

* Kiener. Spec. des Coq. p. 44. n° 34. pl. 16. f. 2.

* Mus. Gottw. pl. 19. f. 134. a. b.

Habite... Mon cabinet. Le dernier tour, turbiné , fait la principale partie de la coquille ; il est anguleux et cariné antérieurement , et s'atténue postérieurement en queue courte et sillonnée. Longueur, 22 lignes et demie.

## 31. Strombe turriculé. *Strombus turritus.* Lamk. (1)

*St. testá turritá , longitudinaliter plicatá , transversè striata , albá , luteo-submaculosá ; anfractibus convexis, ad suturas marginatis; labro parvo , intùs striato.*

*An* Lister. Conch. t. 855. f. 12 b?

Favanne. Conch. pl. 20. fig. A 8 ?

Chemn. Conch. 10. t. 155. f. 1481. 1482.

* Kiener. Spec. des Coq. p. 42. n° 32. pl. 24. f. 1.

Habite... Mon cabinet. Il est beaucoup plus turriculé que le

---

tandis que Schrœter croit la trouver dans une espèce qu'il figure et que Martini donne à tort comme une variété du *Strombus succinctus.* C'est cette coquille de Schrœter, qui depuis est devenue le type du *Strombus marginatus.* Mais comment Schrœter a-t-il reconnu l'espèce? C'est ce que nous ignorons; pour nous, nous ne pouvons avoir autant de perspicacité que Schrœter, devant la courte phrase de Linné, que nous rapportons textuellement à dessein. *S. testæ labro prominulo, dorso marginato, lævi, caudá integrá.*

(1) L'examen de cette espèce nous a convaincu qu'elle devait être supprimée et rentrer, à titre de variété, dans le *Strombus vittatus* de Linné.

*Str. vittatus*, et n'a ses tours striés que dans leur partie inférieure. Longueur, 2 pouces 5 lignes.

32. **Strombe treillissé.** *Strombus cancellatus.* Lamk. (1)

> *St. testâ ovato-turritâ, cancellatâ, albâ ; varicibus interruptis alternis; labro intùs striato, extùs marginato ; columellâ callosâ.*
>
> Encyclop. pl. 408. f. 5. a. b.
>
> * *Rostellaria cancellata.* Kiener. Spec. des Coq. pl. 3. f. 3.
> * Wood. Ind. Test. Suppl. pl. 4. f. 6.
> * *Strombus fissurella.* Sow. Genera of Shells. f. 7.
> * Desh. Encyc. meth. Vers. t. 3. p. 995. nº 21.
> * Reeve. Conch. Syst. t. 2. p. 207. pl. 251. f. 7.
> * *Strombus fissurella.* Sow. jun. Thes. Conch. p. 26. nº 1. pl. 8. f. 64. 65.
>
> Habite... Mon cabinet. Petite coquille, singulière en ce qu'elle a le sinus des Strombes, et qu'elle offre des varices alternes, comme dans les Tritons. Longueur, 12 lignes et demie.

† 33. **Strombe en casque.** *Strombus galeatus.* Wood.

> *St. testâ ovato-ventricosâ, lævigatâ, fulvâ ; spirâ brevissimâ, apice mucronatâ : anfractibus concavis : ultimo maximo, supernè obtusissimè subangulato, transversim latè sulcato; aperturâ angustâ ; labro incrassato, dilatato, simplici; columellâ acutâ, latè callosâ.*
>
> Wood. Ind. Test. Supp. pl. 4. f. 13. *junior.* f. 14.

---

(1) Nous ne partageons pas l'opinion de M. Sowerby et de quelques autres conchyliologues qui pensent que le *Strombus fissurella* de Linné est de la même espèce que le *Strombus cancellatus* de Lamarck. D'abord, ces deux coquilles ne sont pas du même genre, et nous pensons, avec Lamarck, que l'espèce de Linné appartient au genre Rostellaire. Il est à présumer que Linné a cru vivante l'espèce fossile si abondante dans les terrains tertiaires de Paris. Il suffit de lire attentivement la description de Linné pour se convaincre qu'elle s'applique à l'espèce fossile et non à la vivante. Celle-ci, en conséquence, devra conserver le nom que Lamarck lui a donné. M. Kiener a figuré le *Strombus cancellatus* parmi les Rostellaires. Ce naturaliste n'aura pas sans doute aperçu les deux sinuosités du bord droit qui caractérisent le genre Strombe.

Sow. jun. Thes. Conch. p. 35. n° 54. pl. 10. f. 114.
Kiener. Spec. des Coq. p. 5. n° 3. pl. 2.
Habite la mer de Californie.

Grande et belle espèce, très facile à distinguer parmi ses congénères, non-seulement par la brièveté de sa spire, mais encore par la concavité des tours. Le dernier constitue à lui seul presque toute la coquille ; on remarque à sa partie supérieure un angle très obtus, au-dessous duquel se voit une douzaine de gros sillons transverses. L'ouverture est allongée, subquadrangulaire, étroite ; elle est blanche en dedans, et le bord droit devient d'un jaune orangé de plus en plus foncé, et il est orné de quatre à cinq taches d'un beau fauve. Le bord droit est un peu dilaté ; son extrémité supérieure se replie jusqu'au-dessous de la spire, et couvre une rigole profonde qui remonte obliquement à gauche, à-peu-près comme le fait la digitation postérieure du *Pterocera chiragra*. La columelle est droite. Dans les vieux individus, elle est revêtue d'une large callosité épaisse qui recouvre toute la face inférieure du dernier tour. La coloration de cette coquille est peu variable ; elle est blanchâtre et assez souvent d'un fauve pâle, sous un épiderme d'un brun foncé.

Cette coquille a 20 centim. de long, et 16 de large.

## † 34. Strombe désarmé. *Strombus inermis.* Sow.

*St. testá ovato-oblongá, apice acuminatá, transversìm sulcatá, albo lutescente ; anfractibus planulatis, striatis, basi tuberculatis : ultimo supernè tuberculato ; labro dilatato, incrassato, rotundato ; aperturá albá, elongato-angustá ; callo columellari latissimo.*

Sow. jun. Thes. Conch. p. 35. n° 46. pl. 10. f. 113.
Habite.....

Coquille très rare, dont nous n'avons jamais vu que le seul individu de notre collection ; il paraît qu'il n'en existe non plus qu'un ou deux exemplaires dans les collections d'Angleterre. Quant à sa forme générale, elle a beaucoup d'analogie avec le *Strombus epidromis* ; mais elle est beaucoup plus grande. Elle est épaisse, solide, pesante ; la spire, allongée, conique, pointue au sommet, se compose de dix tours striés en travers, légèrement creusés et garnis à la base d'un rang de tubercules arrondis. Sur le dernier tour, et à sa partie supérieure, les tubercules s'agrandissent subitement ; ils sont au nombre de six, obtus au sommet, un peu comprimés latéralement. Au-dessous de ces tubercules, le reste de la surface est sillonnée ; mais les sillons sont larges, obtus et peu profonds. L'ouverture est d'un très beau blanc ; elle est allongée, étroite; son bord droit se dilate considérablement, s'épaissit beaucoup, et il remonte jusqu'à la suture de l'avant-dernier tour. La columelle est droite et revêtue d'une large callosité très lisse, un peu grisâtre, qui s'étale sur toute la surface inférieure du dernier tour. Toute l'ouverture, ainsi que son bord droit, sont d'un beau blanc. En dessus, la coquille est d'un blanc grisâtre, et elle a quelques taches jaunâtres dans le fond des sillons.

Elle est longue de 14 centim., et large de 95 millim.

### † 35. Strombe péruvien. *Strombus peruvianus*. Swain.

*St. testá turbinato-trigoná, crassá, transversim sulcatá, rubro fla-*
*vescente; spirá brevi, obtusá; anfractibus depressis, angustis,*
*basi nodosis: ultimo maximo, tuberculis majusculis coronato;*
*aperturá angustá, aurantio rubescente; labro dilatato, supernè*
*in lobum sæpiùs elongatum producto; columellá rectá, supernè*
*plicatá, callo latissimo indutá.*

Swain. Zool. Illust. 2ᵉ série. t. 1. pl. 39.

Sow. jun. Thes. Conch. p. 34. n° 42. pl. 10. f. 110.

Reeve. Conch. Syst. t. 2. p. 206. pl. 250. f. 3.

Kiener. Spec. des Coq. p. 11. n° 8. pl. 8. et pl. 34. f. 1.

Habite les mers du Pérou.

Cette espèce ne manque pas d'analogie, d'un côté, avec le *Strombus gallus*, de l'autre, avec le *Strombus tricornis*. La spire est courte, composée de neuf à dix tours étroits, aplatis, à la base desquels se trouve une rangée de tubercules obtus ; mais ces tubercules se voient à peine, parce que la suture en cache une grande partie. Le dernier tour est très grand, subtriangulaire. Sur le milieu du dos, il s'élève un gros tubercule en pyramide obtuse, au-dessous duquel on en remarque un autre beaucoup plus court. Le reste de la surface présente des côtes transverses, distantes, égales, qui s'amoindrissent et se rapprochent à la base de la coquille. L'ouverture est étroite, allongée, d'une couleur orangée, passant souvent au rouge; son bord droit est fort dilaté et très épaissi dans toute sa longueur. Son angle postérieur se prolonge en une sorte de digitation quelquefois droite, quelquefois recourbée, canaliculée en dessous. En dedans, le bord droit présente toujours des plis transverses, et l'on en remarque aussi à la partie supérieure de la columelle. Toute la base du dernier tour est revêtue d'une large callosité assez épaisse et de la même couleur que le reste de l'ouverture. Sous un épiderme d'un brun marron, cette coquille est d'un fauve rougeâtre.

Elle est longue de 13 centim., et large de 9.

## † 36. Strombe délié. *Strombus gracilior.* Wood.

*St. testá elongato-turbinatá, luteo rufescente, lævigatá; spirá acutá, elongatá; anfractibus basi tuberculatis; aperturá albá, aurantio marginatá; labro coarctato, supernè lobo brevi, rotundato, terminato; columellá rectá, latè callosá.*

Wood. Ind. Test. Sup. pl. 4. f. 1.

Sow. jun. Thes. Conch. p. 32. n° 35. pl. 8. f. 73.

Kiener. Spec. des Coq. p. 31. n° 23. pl. 21. f. 1.

Habite les mers de Californie.

Espèce qu'au premier aspect on pourrait prendre pour une variété du *Strombus pugilis;* mais il suffit de l'étudier avec quelque attention, pour reconnaître ses caractères distinctifs. Elle est ovale, oblongue, turbinée, plus étroite, en proportion, que le *Strombus pugilis;* sa spire est allongée, conique, pointue : on y compte onze à douze tours, dont les premiers sont plissés longitudinalement ; les suivans sont légèrement concaves, et leur base est occupée par un rang de tubercules pointus. Sur le dernier tour, ces tubercules conservent les proportions qu'ils doivent avoir à l'égard de ceux des tours précédens. Toute la coquille est lisse ; l'ouverture est d'un très beau blanc à l'intérieur, et elle est bordée de jaune orangé. Le bord droit est séparé de l'avant-dernier tour par une large échancrure ; il s'avance et se projette en un angle obtus, arrondi et assez proéminent. La columelle est droite, et toute la base du dernier tour est cachée par une callosité large, mince, subvitrée, et d'un jaune orangé chatoyant. Sous un épiderme d'un brun verdâtre, cette coquille, toute lisse, est d'une couleur d'un fauve rougeâtre.

Les grands individus ont 98 mill. de long et 65 de large.

## † 37. Strombe granulé. *Strombus granulatus.* Wood.

*St. testá elongato-cylindraceá, transversìm striatá, et tuberculato-sulcatá, albá, flammulis fuscescentibus maculatá; spirá elongatá, acuminatá; anfractibus supernè planulatis, basi tuberculatis; aperturá elongato-angustá, albá; labro supernè coarctato, aurantio marginato, intùs granuloso.*

Wood. Ind. Test. Suppl. pl. 4. f. 21.

Swain. Exot. Conch. app. p. 36.

Sow. jun. Thes. Conch. p. 33. n. 39. pl. 9. f. 100.

Kiener. Spec. des Coq. p. 28. n. 20. pl. 22. f. 1.

Habite les mers de l'Inde, d'après M. Kiener.

Espèce très distincte, qui a quelque analogie avec le *Strombus bituberculatus* de Lamarck : il y a une coquille fossile aux environs de Dax , nommée *Strombus Bonelli*, et qui a avec celle-ci plus d'analogie encore : elle est allongée, étroite, subcylindracée; sa spire est longue et pointue; on y compte huit tours déprimés en dessus, et portant vers la base une rangée de tubercules courts, mais pointus. Les tubercules qui sont sur le dos du dernier tour sont, en proportion, plus grands que ceux qui les précèdent. Ce dernier tour est allongé, presque aussi large à la base qu'à sa partie supérieure. Outre les stries transverses nombreuses et fines, qu'on y rencontre, on y voit encore trois petites côtes granuleuses, distantes et égales. L'ouverture est allongée, rétrécie, subquadrangulaire : elle est un peu dilatée à la base. Son bord droit, fort épaissi, est bordé de jaune orangé : il est blanc en-dedans et chargé d'un grand nombre de fines granulations. La columelle est droite, lisse ; et le bord droit en est séparé par une gouttière assez large et profonde. Cette coquille est ordinairement d'un blanc jaunâtre ou rougeâtre , et elle est ornée de flammules d'un brun plus ou moins foncé, irrégulièrement distribuées.

Les grands individus ont 90 mill. de long et 45 de large.

## † 38. Strombe difforme. *Strombus deformis*. Griffith.

*St. testá ovato-oblongá , longitudinaliter costellatá , transversim striatá, albo lutescente, supernè castaneo maculatá ; spirá exsertiusculá, acuminatá ; anfractibus in medio subangulatis , supernè concaviusculis, basi plicatis; aperturá angustá, albá ; labro dilatato, intùs striato, supernè sinu disjuncto.*

Griffith. Anim. Kingd. Moll. pl. 25.
Sow. jun. Thes. Conch. p. 27. n° 5. pl. 6. f. 8.
Habite...

La forme de cette coquille rappelle assez bien celle du *Strombus isabella*. Lamk. Elle est ovale, oblongue; sa spire, allongée et pointue, compte dix tours anguleux dans le milieu, déprimés en dessus, striés transversalement, et chargés à la base de petites côtes longitudinales. Ces côtes se continuent sur le dernier tour; dans quelques individus, elles disparaissent insensiblement, et elles sont remplacées sur le dos par quelques tubercules oblongs. L'ouverture est allongée, étroite, tout-à-fait blanche; son bord droit est dilaté, peu épais, et toujours strié en dedans : ce bord droit présente deux caractères dont il faut tenir compte pour reconnaître l'espèce : une sinuosité large et peu profonde le détache nettement de l'avant-dernier tour; mais une languette étroite vient s'appliquer obliquement sur les deux avant-derniers tours, laissant au-dessous d'elle un petit canal assez profond. Toute la coquille est d'un blanc grisâtre, plus souvent, d'un blanc très légèrement fauve; quelquefois elle est sans taches; dans quelques individus, on en remarque quelques-unes d'un brun marron, à l'origine des côtes longitudinales.

Cette coquille a 60 mill. de long et 35 de large.

## † 39. Strombe de Campbell. *Strombus Campbelli*. Sow.

*St. testá ovato-conicá, supernè longitudinaliter plicatá, basi trans-versìm striatá, albá, fusco variegatá; spirá elongato-acutá; an-fractibus convexiusculis, ad suturam sulco marginatis: ultimo anfractu dorso subgibboso; aperturá elongato-angustá, albá; labro intùs striato, granoso.*

Sow. jun. Thes. Conch. p. 26 n° 3. pl. 6. f. 22. 23.
Kiener. Spec. des Coq. p. 55. n° 42. pl. 24. f. 2.
Habite...

C'est avec le *Strombus vittatus* que cette espèce a le plus d'analogie; mais elle est toujours plus courte, plus ovalaire; la spire est moins longue que le dernier tour; elle est pointue, et ses tours, au nombre de 9 à 10, sont nettement séparés entre eux par une suture, au-dessous de laquelle est creusé un sillon assez profond. Ces tours sont chargés d'un grand nombre de petits plis obliques, longitudinaux, qui disparaissent entièrement sur le dernier tour : celui-ci est lisse, surmonté sur le dos d'une petite gibbosité, et il a la base garnie de petites stries transverses. L'ouverture est al-longée, étroite, toute blanche; le bord droit est dilaté de la même manière que dans le *Strombus vittatus*; cependant, son échancrure supérieure est moins profonde. En dedans, on trouve sur cette lèvre des stries obsolètes, irrégulières, entremêlées de granulations. L'angle supérieur de l'ouverture est creusé d'une petite gouttière qui remonte jusqu'à la suture. Le bord gauche est fort étroit; il est calleux, et un peu renflé dans le milieu. Sur un fond d'un blanc quelquefois un peu violacé, cette coquille est ornée de fascies transverses et de petites flammules longitudinales, irrégulières, d'un beau fauve brunâtre.

Elle est longue de 65 mill. et large de 35.

## † 40. Strombe pacifique. *Strombus Novæ-Zelandiæ*. Chemn.

*St. testá ovato-oblongá, albo-flavá, fusco variegatá, transversìm sulcatá; spirá elongato-acutá; anfractibus in medio tuberculatis, supernè striatis: ultimo tuberculis majoribus coronato; aperturá elongato-angustá ; labro incrassato, intùs sulcato ; sulcis fulvo interlineatis; labro posticè lobo digitiformi terminato.*

*Strombus Nova-Zelandiæ.* Chemn. Conch. t. 10. pl. 156. f. 1485–1486.

*Strombus acutus.* Perry. Conch. pl. 12. f. 2.

*Strombus pacificus.* Sow. Thes. Conch. n° 52. pl. 9. f. 95.

*Strombus auris Dianæ.* Var. C. Dillw. Cat. t. 2. p. 664. n° 16.

*Strombus pacificus.* Swain. Exot. Conch. p. 10. pl. 17.

Martyns. Univers. Conch. pl. 1.

*Strombus auris Dianæ.* Var. C. Dillw. Cat. t. 2. p. 664.

Reeve. Conch. Syst. t. 2. p. 206. pl. 250. f. 2.

*Strombus pacificus.* Sow. jun. Thes. Conch. p. 35. n° 52. pl. 9. f. 95.

*Id.* Kiener. Spec. des Coq. p. 18. n° 13. pl. 13. f. 1.

Habite l'Océan Pacifique, les côtes du Pérou.

Cette coquille a beaucoup de ressemblance avec le *Strombus auris Dianæ*, de Linné ; elle se distingue par plusieurs bons caractères, dont le plus constant et le plus apparent consiste en ce que le bord droit, à l'intérieur, est chargé d'un grand nombre de stries, dont les interstices sont d'un beau brun. Nous avons restitué à cette espèce le premier nom qui lui a été donné par Chemnitz. Notre synonymie constate que les auteurs n'ont pas toujours été d'accord sur cette dénomination spécifique, et, tout récemment encore, M. Pfeiffer, dans son explication des planches de Martini et de Chemnitz, a proposé pour cette espèce la dénomination de *Strombus Chemnitzii.*

Cette coquille, assez rare encore dans les collections, a 80 mill. de long et 45 de large.

## † 41. Strombe austral. *Strombus australis.* Sow.

*Str. testá ovato-oblongá, angustá, transversìm sulcatá, fulvá, lineis punctisque fuscis ornatá; spirá elongato-acuminatá ; anfractibus in medio plicato-nodosis, ad suturam tenuè plicatis; aperturá elongato-angustá, supernè productá; labro substriato, supernè lobo digitiformi, brevi, terminato ; columellá basi callosá.*

Sow. jun. Thes. Conch. p. 5. n° 53. pl. 39. f. 96. 97.

Kiener. Spec. des Coq. p. 21. n° 15. pl. 14. f. 1.

Habite les mers Australes ainsi que la mer des Moluques.

Espèce voisine du *Strombus auris Dianæ*, mais que l'on distingue avec la plus grande facilité: elle est allongée, étroite; la spire est presque aussi allongée que le dernier tour; elle est pointue, et les tours sont divisés en deux parties presque égales sur une rangée

de tubercules courts, pointus et pliciformes. La partie supérieure
des tours est un peu creusée, et les sutures sont très finement
plissées. Tous ces tours sont striés transversalement, tandis que le
dernier présente des sillons transverses, dont trois sont plus gros.
L'ouverture est allongée, étroite; le bord droit est peu dilaté; il
est parallèle à l'axe longitudinal de la coquille; mais il remonte
jusqu'au milieu du troisième tour, se détache par une échancrure
peu profonde, et son angle se prolonge en une courte digitation,
sur laquelle se prolonge un angle, qui descend obliquement de la
première grosse côte du dernier tour. La columelle est ornée d'une
tache allongée, d'un brun assez vif; le bord gauche, mince en
arrière, s'épaissit en avant en une callosité grosse et épaisse. Sur
un fond d'un blanc fauve, cette coquille est ornée d'un grand
nombre de petites taches d'un fauve rougeâtre, et elle est ornée
aussi, sur le bord droit, de six ou sept taches fauves ou rougeâtres, placées dans l'intervalle des côtes transverses.

Rare encore dans les collections, cette coquille a 65 mill. de long,
et 32 de large.

## † 42. Strombe tacheté. *Strombus maculatus*. Sow.

*St. testá ovato-acutá, basi striatá, albá, fusco-maculatá; spirá
exsertiusculá; anfractibus submarginatis, multivaricosis; aperturá
albá, angustá; labro supernè incrassato, inflexo, intùs striato;
columellá supernè striatá.*

Sow. jun. Thes. Conch. p. 30. n° 22. pl. 7. f. 53.

Habite les îles Sandwich.

Petite espèce qui a beaucoup de ressemblance avec le *Strombus
floridus* de Lamarck. Cette coquille est ovalaire, étroite, à spire
allongée et pointue, composée de neuf tours convexes, à suture
bordée d'un petit bourrelet. Ces tours offrent des stries transverses, obsolètes, et portent un grand nombre de varices irrégulièrement distribuées, comme dans les Tritons. Le dernier tour est
grand; il constitue les deux tiers de la coquille environ; il est strié
à la base, ainsi que sur le bord droit; le dos et le centre de la
coquille restent lisses. L'ouverture est d'un très beau blanc: elle
est allongée, étroite. Le bord droit est épaissi dans une grande
partie de sa longueur, et il est strié en dedans, dans toute son
étendue. La columelle est légèrement excavée dans le milieu;
elle est garnie d'un bord gauche très étroit, et d'une épaisseur
uniforme. Sous un épiderme jaunâtre et très mince, cette coquille
est d'un blanc laiteux, et elle est ornée de taches irrégulières de
brun marron peu foncé, en petit nombre, et dont les principales

se disposent en deux fascies transverses sur le milieu du dernier tour.

Cette coquille est longue de 35 mill. et large de 18.

## † 43. Strombe fusiforme. *Strombus fusiformis.* Sow.

*St. testâ elongato-angustâ, fusiformi, utrinquè attenuatâ, lævigatâ, basi tenuè striatâ; anfractibus convexiusculis, marginatis; aperturâ angustâ, roseâ; labro angusto, intùs striato, in penultimo anfractu perrecto.*

Sow. jun. Thes. Conch. p. 31. n° 28. pl. 9. f. 91. 92.

Kiener. Spec. des Coq. p. 47, n. 56. pl. 28. f. 2.

Habite la Mer Rouge et l'Océan de l'Inde.

Petite coquille fort intéressante qui ne manque pas d'analogie, quant à sa forme générale, avec le *Strombus gibberulus*, mais qui en est constamment distincte par tous ses caractères : elle est allongée, étroite, un peu renflée dans le milieu, atténuée à ses extrémités ; la spire est allongée, pointue, composée de neuf tours médiocrement convexes, sur lesquels se distribue irrégulièrement un petit nombre de varices aplaties. La suture est bordée d'un très petit bourrelet, et toute la coquille est lisse, si ce n'est à la base du dernier tour, où l'on remarque quelques stries transverses. L'ouverture est très étroite ; le bord droit n'est point dilaté, ce qui donne à cette coquille une apparence toute particulière. A sa partie supérieure, ce bord droit se prolonge en une petite languette, appuyée sur les deux avant-derniers tours. On peut la comparer à celle qui se voit dans la plupart des Rostellaires. L'angle supérieur de l'ouverture se prolonge sous cette languette en un petit canal étroit et profond. Le bord droit est teint de rose pâle en dedans, et il est garni de fines stries dans toute sa hauteur. Cette coquille, sur un fond d'un blanc rosé, est ornée de taches nuageuses d'un fauve brunâtre, interrompues par deux fascies transverses pâles. La columelle a une teinte violacée à sa partie supérieure ; et, dans cet endroit, elle offre quelques rides irrégulières.

Cette coquille est longue de 35 mill. et large de 15.

## † 44. Strombe en tarière. *Strombus terebellatus.* Sow.

*St. testâ elongato-angustâ, subcylindraceâ, lævigatâ, albâ, fusco-punctatâ vel variegatâ; anfractibus convexiusculis: ultimo spirâ longiore; aperturâ elongato-angustâ, basi dilatatâ; labro tenui, angusto, simplici.*

Sow. jun. Thes. Conch. p. 31. n° 30. pl. 9. f. 84. 85.

*Strombus dentatus* Kiener. Spec. des Coq. pl. 18. f. 2.

Habite la Mer Rouge et l'Océan de l'Inde.

M. Kiener confond cette espèce avec le *Strombus dentatus* de Wood, qui n'est autre chose, selon nous, qu'une variété du *tridentatus* de Lamarck. Le *Strombus terebellatus* est une espèce parfaitement distincte de toutes ses congénères. Comme son nom l'indique, elle a, en effet, des rapports avec les coquilles du genre *Terebellum* ; elle est allongée, étroite, subcylindracée, à spire conique, pointue, composée de huit à neuf tours médiocrement convexes et entièrement lisses. Le dernier tour est à peine rétréci à la base, et, si l'on regarde de ce côté, l'échancrure est tellement large et si courte, que l'on peut apercevoir l'enroulement intérieur de la coquille ; le bord droit est mince, simple, non dilaté et comme prolongé en arrière : il est lisse en dedans, et les deux échancrures caractéristiques du genre Strombe sont à peine creusées vers la base. L'ouverture est petite, étroite, en fente triangulaire, sensiblement dilatée à la base. Sur un fond d'un beau blanc ou d'un blanc légèrement fauve, cette coquille est marbrée très irrégulièrement de taches et de linéoles d'un beau brun marron. Il y a une variété jaunâtre qui, presque toujours, est ornée de ponctuations irrégulières d'un brun fauve.

Cette coquille est longue de 35 mill., et large de 15.

## † 45. Strombe crépu. *Strombus crispatus.* Sow.

*St. testá elongato-fusiformi, eleganter longitudinaliter plicatá, et transversìm striatá, fuscescente, castaneo-zonatá ; spirá elongato-acuminatá ; anfractibus convexis : ultimo basi attenuato ; aperturá angustá ; labro dilatato, intùs striato, posticè in canalem angustum, spiratum, spiræ coadunatum, desinente; columellá basi callosá.*

Sow. jun. Thes. Couch. p. 26. n. 2. pl. 8. f. 62. 63.

Kiener. Spec. des Coq. pl. 4. *Rostellaria crispata.*

Habite les îles Philippines.

Très jolie petite espèce de Strombe découverte par M. Cuming. Elle a beaucoup de rapports avec le *Strombus cancellatus* de Lamarck ; elle se rapproche, par conséquent, du *Strombus fissurella* de Linné. Elle est allongée, fusiforme ; la spire est aussi longue que le dernier tour : on y compte dix tours très convexes, très élégamment treillissés par l'entre-croisement de fines côtes longitudinales très saillantes, et de stries transverses beaucoup plus fines. Assez souvent les tours sont interrompus par quelques varices irrégulièrement distribuées. Le dernier tour est renflé, subglobuleux : il se termine insensiblement à la base en un petit canal presque droit, étroit et plus profond que dans la plupart des Strombes. L'ouverture est d'un très beau blanc : elle est ovale, étroite, atténuée à ses extrémités. Le bord droit est fort épais, dilaté, renversé en dehors ; il est élégamment strié dans toute sa longueur. Son extrémité postérieure, ainsi que celle du bord gauche, se prolongent en un canal étroit, qui remonte sur les parties latérales de la spire, quelquefois jusqu'auprès du sommet, et se termine en se courbant en spirale. La columelle est droite, simple, lisse : elle est garnie d'un bord gauche, étroit à la partie supérieure, dilaté et épais vers la base. Cette coquille est assez variable, quant à la couleur ; quelquefois elle est blanchâtre, mais le plus souvent elle est d'un brun marron foncé, et ornée de deux fascies blanchâtres sur le dernier tour.

Cette coquille est longue de 80 mill., et large de 10.

## † 46. Strombe glabre. *Strombus glabratus.* Sow.

*St. testâ elongato-conicâ, politâ, nitidissimâ, luteo corneâ; anfractibus planis, ad suturam lineâ fuscescente marginatis ; aperturâ brevi, subtrigonâ ; columellâ truncatâ ; labro marginato, intùs fuscescente : ultimo anfractu ad suturam plicato.*

Sow. jun. Thes. Conch. p. 82. n° 32. pl. 8. f. 66. 67.

Habite....

Petite coquille des plus singulières ; car, au premier aspect, on la prendrait plutôt pour une nasse que pour un Strombe. Cependant, elle doit entrer dans le genre, non-seulement par la forme de son bord droit, mais encore par l'analogie qu'offre son ouverture avec celle du *Strombus terebellatus.* Cette coquille est lisse, polie, brillante, à la manière de certaines nasses et des ancillaires. Sa spire, pointue, est formée de neuf tours à peine convexes ; elle est aussi longue que le dernier tour : celui-ci est ventru, dilaté à la base, et il présente constamment sur le dos, et à partir de la suture, quelques petits plis longitudinaux. L'ouverture est petite, ovale, subtrigone ; la columelle est arquée dans sa longueur et elle est subitement tronquée à la base, de telle sorte, qu'en regardant la coquille de ce côté, on aperçoit une partie de l'enroulement intérieur de ses tours. Le bord droit n'est point dilaté comme dans les autres Strombes ; il est épaissi, légèrement renversé en dehors ; il est lisse et d'un beau brun rougeâtre. Toute la coquille est diaphane, d'un jaune corné passant quelquefois au brunâtre vers l'ouverture. Les tours sont bordés à la suture par une petite linéole d'un brun foncé.

Cette coquille, qui est la plus petite du genre Strombe, a 15 mill. de long. et 7 de large.

## *Espèces fossiles.*

### 1. Stromhe à fissure. *Strombus canalis.* Lamk.

> *St. testâ fossili, parvulâ, ovato-turritâ, longitudinaliter costulatâ ; labro collumelláque supernè coalitis et carinam fissam usquè ad apicem currentem formantibus ; caudâ brevi.*

*Strombus canalis.* Bullet. de la Soc. philom. n° 25. f. 5.

*Strombus canalis.* Annales du Muséum. vol. 2. p. 219.

Encyclop. pl. 409. f. 4. a. b.

* Desh. Encyc. meth. Vers. t. 3. p. 997. n° 24.

* Desh. Coq. Foss. de Paris. t. 2. p. 629. n° 3. pl. 84. f. 9 à 11.

* Roissy. Buff. Moll. t. 6. p. 88. n° 5.

Habite... Fossile de Grignon. Mon cabinet. Les interstices de ses côtes sont finement striés. Longueur, 8 lignes et demie.

*Obs.* Le *Strombus spinosus* de Linné n'a point le sinus des Strombes, et appartient au genre des Volutes, ayant sa columelle plissée inférieurement.

Le *Strombus lucifer* de Linné est un assemblage de jeunes individus appartenant à plusieurs espèces, sur lesquelles il serait assez difficile de se prononcer à cause de l'imperfection de la plupart des figures.

### † 2. Strombe treillissé. *Strombus decussatus.* Bast.

> *St. testâ minimâ, elongato-angustâ, subturritâ; spirâ elongato-acuminatâ, longitudinaliter tenuè plicatâ, transversim tenuissimè striatâ; anfractibus convexiusculis : ultimo basi canali angusto, ascendente terminato; aperturâ ovato-angustâ; labro columelláque supernè coalitis, et carinam fissam usquè in medio spiræ currentem formantibus; labro incrassato, reflexo, intùs lævigato.*

Bast. Coq. foss. de Bord. p. 69. n° 1.

Habite... Fossile aux environs de Dax et de Bordeaux.

Cette coquille a la plus grande analogie avec le *Strombus glabratus* des Philippines que nous avons précédemment décrit; néanmoins, il se distingue comme espèce, et ne peut pas se confondre non plus avec le *Strombus cancellatus* avec lequel il a également des rapports. Il est allongé, étroit, subturricule; la spire est plus allongée que le dernier tour; elle est très pointue et composée de onze à douze tours convexes, ornés de petites côtes longitudinales sub-anguleuses qui sont plus écartées sur l'avant-dernier tour que sur les premiers et sur le dernier. Ces côtes sont traversées par un grand nombre de fines stries transverses, serrées et régulières. Le dernier tour est atténué à la base, et se termine en un petit canal allongé, étroit et redressé vers le dos. L'ouverture est ovale, étroite, atténuée à ses extrémités. Son angle supérieur se prolonge et remonte obliquement le long de la spire, sous forme d'une petite carène canaliculée et formée de deux lèvres. Ce petit canal ne remonte presque jamais jusqu'au sommet de la spire; il s'arrête vers le milieu de sa longueur, en se recourbant vers le dos. Le bord droit est un peu plus dilaté que dans le *Strombus cancellatus;* il est renversé en dehors, et il est toujours lisse en dedans, caractère qui distingue éminemment cette espèce fossile de celles qui sont vivantes et qui ont avec elle de l'analogie.

Cette coquille est longue de 35 mill. et large de 15.

## † 3. Strombe orné. *Strombus ornatus.* Desh.

*St. testá ovato-oblongá, in medio subventricosá; spirá conicá, acutá; anfractibus convexis; costulis longitudinalibus striisque transversis decussatis : ultimo anfractu spirá longiore, basi attenuato; aperturá elongatá, angustá; angulo superiore fissurá angustá, brevi, terminato; labro incrassato, eleganter denticulato, extùs sulcato.*

*Murex bartoniensis.* Sow. Min. Conch. pl. 34. f. 3. 4. 5.

Desh. Coq. foss. de Paris, t. 2. p. 628. pl. 85. f. 3. 4. 5.

Habite... Fossile de Grignon. Mouchy, Ully, Saint-Georges.

Cette petite coquille est des plus élégantes; on n'en connaissait d'abord que deux individus recueillis à Grignon. Plus tard, M. Grave en découvrit quelques autres dans la riche localité de Mouchy-le-Châtel, et bientôt après elle fut découverte dans la troisième localité que nous citons, où elle est en assez grande abondance. Cette espèce est très facile à distinguer : sa spire, un peu moins longue que le dernier tour, est composée de sept tours convexes, très élégamment treillissés par de petites côtes longitudinales étroites et régulières, et par des stries transverses non moins régulières que les côtes; le dernier tour, ventru à sa partie supérieure, s'atténue à la base pour se terminer en un petit canal étroit et recourbé en dessus. L'ouverture est très étroite; la columelle est très oblique, à peine courbée, et elle est revêtue d'un bord gauche étroit, mais épaissi; le bord droit est dilaté, il est épais; à l'intérieur, il est garni d'un bourrelet plissé, ce qui lui donne l'apparence d'être composé de deux lèvres appliquées l'une sur l'autre; à l'extérieur, ce bord est garni de petites côtes saillantes, formées par la continuation des stries transverses; chacune de ces petites côtes se prolonge sur le bord en une petite dentelure. Les deux bords de l'ouverture se prolongent à son angle supérieur en une petite fissure

qui remonte le long de l'avant-dernier tour. Cette fissure est semblable à celle des Rostellaires.

Les grands individus de cette espèce ont 18 millim. de long et 11 de
large.

### † 4. Strombe calleux. *Strombus callosus*. Desh.

*St. testá ovato-oblongá, utrinquè attenuatá; spirá conicá, lævigatá;
anfractibus convexiusculis, longitudinaliter plicatis; plicis angulosis: ultimo anfractu dorso plicis majoribus instructo; aperturá
ovato-angustá, supernè canali angusto terminatá; columellá valdè
callosá.*

Desh. Coq. foss. de Paris. t. 2. p. 627. pl. 84. f. 7. 8.

Habite... Fossile à Abbecourt, près Beauvais.

Nous n'avons vu jusqu'à présent qu'un seul individu un peu complet de
cette coquille remarquable. Elle est oblongue-allongée; sa spire,
pointue, est formée de dix tours convexes, lisses, sur lesquels des
plis longitudinaux, aigus au sommet, sont disposés régulièrement;
le dernier tour est plus court que la spire, et, comme dans la plupart des Strombes, le dos de la coquille, au lieu de plis, est pourvu
de grands tubercules aplatis, placés immédiatement au-dessus de
la suture; la face inférieure du dernier tour est revêtue d'une
large callosité fort épaisse, formant un roulement remarquable en
forme de talon, servant de base au canal terminal. Cette callosité
s'étale le long de la spire, en remontant jusqu'au quatrième tour,
et elle forme, avec l'extrémité du bord droit qui la suit, une gouttière étroite et assez profonde, tout-à-fait comparable à celle des
Ptérocères; la partie du bord droit que nous connaissons est assez
épaisse, et annonce que ce bord devait être peu dilaté et sans doute
comparable à celui du *Strombus pugilis*, par exemple.

Cette coquille, très rare, à ce qu'il paraît, a 95 mill. de long et 47 de
large.

### † 5. Strombe de Mercati. *Strombus Mercati*. Desh.

*St. testá ovato-turbinatá; spirá brevi, conicá; anfractibus angustis,
basi nodulosis: ultimo anfractu tuberculis longiusculis, conicis, coronato, in medio et ad basim triseriatim obscurè noduloso; aperturá prælongá, angustá, basi profundè emarginatá; labro incrassato, obtuso, basi vix inflexo.*

Mercati. Metalloth. Vaticana. p. 299. f. 1.

Desh. Expéd. de Morée. Zool. p. 192. pl. 25. f. 5. 6.

Dujardin. Foss. de Touraine. p. 296.

Habite... Fossile en Italie, en Morée, et dans les Faluns de la Touraine.

Cette coquille est turbinée, oblongue ; sa spire est courte, pointue, formée d'un assez grand nombre de tours étroits, dont la base est couronnée d'un seul rang de tubercules ; la suture est simple et onduleuse ; le dernier tour est proportionnellement très grand ; il est conique, et son bord droit est peu dilaté en aile ; il est un peu aplati en dessus et couronné sur la carène par un seul rang de grands tubercules coniques, obtus au sommet et un peu comprimés sur les côtés ; le reste de la surface est lisse. Cependant, vers le milieu du dernier tour, ainsi que vers la base, on remarque deux séries parallèles de tubercules arrondis en forme de pustules aplaties. L'ouverture est allongée, étroite ; le bord gauche est largement étalé en une grande callosité qui revêt toute la surface inférieure de l'avant-dernier tour. La base de l'ouverture est terminée par une échancrure large et profonde, renversée vers le dos ; la lèvre droite est très épaisse, très obtuse, renversée en dehors ; elle n'est point prolongée à son sommet, et sa base, au lieu d'une échancrure profonde, comme dans la plupart des Strombes, ne présente qu'une très petite inflexion, de sorte que dans cette espèce ce caractère essentiel aux Strombes s'efface et disparaît presque entièrement.

Les grands individus de cette espèce ont 12 cent. de longueur et 80 mill. de largeur.

## † 6. Strombe de Bonelli. *Strombus Bonellii*. Brong.

*St. testâ elongato-oblongâ, angustâ, subcylindraceâ, transversim sulcatâ; spirâ elongato-acuminatâ; anfractibus convexiusculis, in medio globoso-plicatis : ultimo anfractu supernè tuberculis crassis coronato, basi sulco tuberculato ornato; labro incrassato, simplici, intùs lævigato.*

Brong. Vicent. p. 74. pl. 6. f. 6.

Bronn. Leth. Geogn. t. 2. p. 1085. n° 1.

Bast. Foss. de Bord. p. 69. n° 2.

Habite... Fossile à la Superga, près Turin ; aux environs de Dax.

Cette coquille a beaucoup de ressemblance avec le *Strombus granulatus*, vivant, dont nous avons donné précédemment la description. Il est allongé, étroit ; le dernier tour est cylindracé, n'étant presque point rétréci à la base. La spire est allongée, pointue ; les tours sont convexes et chargés dans le milieu d'une rangée de tubercules peu saillans qui s'allongent en forme de plis. Sur le dernier tour, ces tubercules s'allongent beaucoup plus, en proportion, que sur les précédens ; ils sont un peu comprimés, et il y en a quatre, surtout sur le milieu du dos, qui sont plus proéminens que tous les autres ; vers la base de la coquille, on remarque une rangée de tubercules aplatis sur une côte légèrement proéminente. Toute la surface du dernier tour est occupée par des sillons transverses assez gros. Le bord droit est à peine dilaté ; il est épais et terminé antérieurement par deux échancrures très profondes, assez semblables à celles du *Strombus pugilis*. A sa partie supérieure, ce bord se relève jusqu'à la suture sans former de canal ni d'échancrure. En dedans, il est lisse.

Cette coquille fossile, fort rare jusqu'à présent, a 10 centim. 1/2 de longueur et 55 mill. de large.

FIN DU NEUVIÈME VOLUME.

BIBLIOTHEQUE ROYALE
I

# TABLE DES MATIÈRES

## CONTENUES DANS LE NEUVIÈME VOLUME.


Janthine. *Janthina*. . . . . . . . . . . . . . . . . . . . . . 1
LES MACROSTOMES. . . . . . . . . . . . . . . . . . . . . 6
Sigaret. *Sigaretus*. . . . . . . . . . . . . . . . . . . . 7
Stomatelle. *Stomatella*. . . . . . . . . . . . . . . . . . 15
Stomate. *Stomatia*. . . . . . . . . . . . . . . . . . . . 18
Haliotide. *Haliotis*. . . . . . . . . . . . . . . . . . . . 20
LES PLICACÉS. . . . . . . . . . . . . . . . . . . . . . . 35
Tornatelle. *Tornatella*. . . . . . . . . . . . . . . . . . 37
Piétin. *Pedipes*. . . . . . . . . . . . . . . . . . . . . . 43
Pyramidelle. *Pyramidella*. . . . . . . . . . . . . . . . . 53
LES SCALARIENS. . . . . . . . . . . . . . . . . . . . . . 59
Vermet. *Vermetus*. . . . . . . . . . . . . . . . . . . . 60
Scalaire. *Scalaria*. . . . . . . . . . . . . . . . . . . . 69
Dauphinule. *Delphinula*. . . . . . . . . . . . . . . . . 83
LES TURBINACÉS. . . . . . . . . . . . . . . . . . . . . . 92
Cadran. *Solarium*. . . . . . . . . . . . . . . . . . . . 93
Bifrontie. *Bifrontia*. . . . . . . . . . . . . . . . . . . 104
Roulette. *Rotella*. . . . . . . . . . . . . . . . . . . . 114
Troque. *Trochus*. . . . . . . . . . . . . . . . . . . . 118
Monodonte. *Monodonta*. . . . . . . . . . . . . . . . . 171
Turbo. *Turbo*. . . . . . . . . . . . . . . . . . . . . . 184
Littorine. *Littorina*. . . . . . . . . . . . . . . . . . . 202
Planaxe. *Planaxis*. . . . . . . . . . . . . . . . . . . . 232

Phasianelle. *Phasianella*. . . . . . . . . . . . . . . . . 239
Turritelle. *Turritella*. . . . . . . . . . . . . . . . . . 247
Deuxième Section. . . . . . . . . . . . . . . . . . .
Trachélipodes zoophages. . . . . . . . . . . . . . . . 275
LES CANALIFÈRES. . . . . . . . . . . . . . . . . 278
Première Section. . . . . . . . . . . . . . . . . .
Cérite. *Cerithium*. . . . . . . . . . . . . . . . . 280
Pleurotome. *Pleurotoma*. . . . . . . . . . . . . . . 342
Turbinelle. *Turbinella*. . . . . . . . . . . . . . . 374
Cancellaire. *Cancellaria*.. . . . . . . . . . . . . . 398
Fasciolaire. *Fasciolaria*.. . . . . . . . . . . . . . 430
Fuseau. *Fusus*. . . . . . . . . . . . . . . . . . . 439
Pyrule. *Pyrula*. . . . . . . . . . . . . . . . . . . 502
Deuxième Section. . . . . . . . . . . . . . . . . . . 530
Struthiolaire. *Struthiolaria*. . . . . . . . . . . . . 530
Ranelle. *Ranella*. . . . . . . . . . . . . . . . . . 537
Rocher. *Murex*.. . . . . . . . . . . . . . . . . . . 557
Triton. *Triton*. . . . . . . . . . . . . . . . . . . 620
LES AILÉES. . . . . . . . . . . . . . . . . . . . 649
Rostellaire. *Rostellaria*. . . . . . . . . . . . . . . 651
Ansérine. *Chenopus*. . . . . . . . . . . . . . . . . 656
Ptérocère. *Pterocera*. . . . . . . . . . . . . . . . 669
Strombe. *Strombus*. . . . . . . . . . . . . . . . . . 683


**FIN DE LE TABLE.**

www.ingramcontent.com/pod-product-compliance
Lightning Source LLC
LaVergne TN
LVHW050116180726
843501LV00001BB/29